Das Gehirn

Richard Thompson

Das Gehirn

Von der Nervenzelle zur Verhaltenssteuerung

3. Auflage 2001

Aus dem Englischen übersetzt von Merlet Behncke-Braunbeck, Andreas Held, Eva-Maria Horn-Teka und Johann Peter Prinz

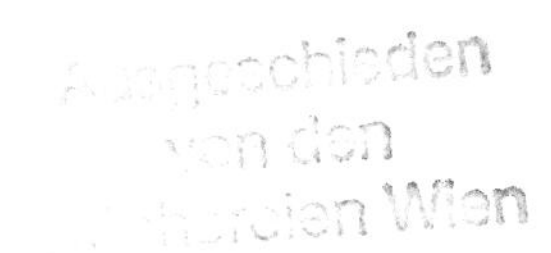

Richard Thompson
Los Angeles, USA

Übersetzung der amerikanischen Ausgabe: The Brain. A Neuroscience Primer, Third Edition von Richard F. Thompson, erschienen bei Worth Publishers, New York, (c) 2000 Worth Publischers. Alle Rechte vorbehalten. Aus dem Englischen übersetzt von Andreas Held (3. Aufl.), Eva-Maria Horn-Teka und Johann Peter Prinz (2. Aufl.) sowie Merlet Behncke-Braunbeck (1. Aufl.)

ISBN 978-3-662-53349-9 ISBN 978-3-662-53350-5 (eBook)
DOI 10.1007/978-3-662-53350-5

Die Deutsche Nationalbibliothek verzeichnet diese Publikation in der Deutschen Nationalbibliografie; detaillierte bibliografische Daten sind im Internet über http://dnb.d-nb.de abrufbar.

Planung und Lektorat: Frank Wigger, Martina Mechler
Redaktion: Markus Numberger

Gedruckt auf säurefreiem und chlorfrei gebleichtem Papier

Springer ist Teil von Springer Nature
Die eingetragene Gesellschaft ist Springer-Verlag GmbH Berlin Heidelberg
Die Anschrift der Gesellschaft ist: Heidelberger Platz 3, 14197 Berlin, Germany

Inhalt

Für Judith, Kathryn, Elisabeth, Virginia,
Matthew, Kristen, Grace,
Abigail, Sabrina und Lillian

Vorwort

Der Erfolg der ersten und zweiten Auflage von *Das Gehirn* und der große Anklang, den das Buch fand, waren ausgesprochen erfreulich. Wir hoffen, in der dritten Auflage darauf aufbauen zu können, indem wir die Leser über die wichtigsten Fortschritte auf dem Gebiet auf dem Laufenden halten. Eine bedeutende Entwicklung in der Neurowissenschaft in jüngster Zeit war die Anwendung nicht invasiver bildgebender Verfahren zur Untersuchung der Aktivität des menschlichen Gehirns. Hierdurch haben wir in den vergangenen zehn Jahren mehr darüber in Erfahrung bringen können, wo verschiedene Funktionen und Aktivitätsmuster des menschlichen Gehirns lokalisiert sind, als in der gesamten Geschichte zuvor. Die Neurowissenschaft erlebt derzeit eine äußerst aufregende Phase.

Eine weitere neue Entwicklung, mit der eine ganz neue Fachrichtung entstand, ist die Neurogenetik – die Anwendung molekulargenetischer Erkenntnisse auf die Erforschung von Nervensystem und Verhalten. Dieses Gebiet steht erst noch an seinem Beginn; die neuen „Knock-out"- und „Knock-in"-Technologien ermöglichen es, „Designer"-Mäuse mit bestimmten genetischen Eigenschaften zu erzeugen.

Die dritte Auflage von *Das Gehirn* ist ausführlich überarbeitet worden. Die weiterführende Literatur wurde großzügig ergänzt und auf den neuesten Stand gebracht. Die Literaturangaben reichen von populärwissenschaftlichen Darstellungen einschlägiger Themen bis hin zu umfassenden Abhandlungen und schließen auch einige ältere klassische Werke ein. Die Kapitel 11 und 12 wurden völlig neu zusammengestellt und erweitert und befassen sich mit unserem gegenwärtigen Kenntnisstand in der kognitiven Neurowissenschaft, mit den Hirnsubstraten solcher Phänomene wie geistiger Bilder, Verschlüsselung des Raumes, Lernen, Gedächtnis, Sprache, Denken und Bewusstsein; hierbei finden insbesondere neue Ergebnisse Berücksichtigung, die man mit Hilfe bildgebender Verfahren erhielt. Der Abschnitt über Molekularbiologie im Anhang wurde ergänzt und umfasst nun auch die neue „Knock-out"-Technologie.

In dem Maße, wie unser Wissen über die Wahrnehmungs-, Denk- und Erinnerungsleistungen unseres Gehirns zunimmt, wächst auch unsere Fähigkeit, künstliche Intelligenz hervorzubringen, die viel leistungsfähiger ist als unsere heutige Computerhardware und -software. Und in der Tat hat die Zukunft hier bereits begonnen. Als man erkannte, dass das Gehirn nicht als serieller Informationsprozessor arbeitet, sondern vielmehr als ein außerordentlich komplexes *paralleles* System, wandte sich die Informatik einer neuen Art von Computer zu – gewaltigen parallelen Prozessoren, wie man sie gerade erst entwickelt und zum Einsatz bringt. Den sich hierdurch eröffnenden langfristigen Möglichkeiten haftet der Beigeschmack von Science-Fiction an, und sie werfen grundlegende philosophische und ethische Fragen auf: Werden wir eines Tages in der Lage sein, Automaten zu konstruieren, deren Geist dem menschlichen gleichkommt oder sogar in allen Belangen überlegen ist, einschließlich der Fähigkeit, neue Konzepte zu entwerfen und zu beurteilen? (Sollte dies der Fall sein, wäre die Nützlichkeit von Wissenschaftlern in Frage gestellt.) Werden wir eines Tages Instrumente entwickeln können, mit denen sich Gedanken „lesen“ lassen? Wird man Gedanken und Wissen eines Tages in den Geist einpflanzen oder von einem Geist auf den anderen übertragen können? Werden sich unsere intellektuellen Fähigkeiten eines Tages durch „Symbiose“ mit der künstlichen Intelligenz wesentlich steigern lassen?

Im Vorwort zur zweiten Auflage meinte ich, dass wir uns mit diesen Möglichkeiten heute noch nicht auseinander zu setzen brauchen. Hierin lag ich falsch. Die Entwicklungen in der Neuro- und Computerwissenschaft schreiten so rasch und zunehmend schneller voran, dass viele dieser wie Science-Fiction anmutenden Möglichkeiten noch zu unseren Lebzeiten Realität werden könnten.

Ich danke Michael McClelland für seine heldenhaften Anstrengungen bei der Textverarbeitung, Dragana Ivkovich für die Erstellung des Glossars und Judith Thompson für zahlreiche Hilfen und Ermutigungen. Mein Dank gilt auch meiner Lektorin Tracey Kuehn für ihre beträchtlichen Mühen, ihre hilfreichen Vorschläge und ihre grenzenlose Fröhlichkeit.

R. F. T.

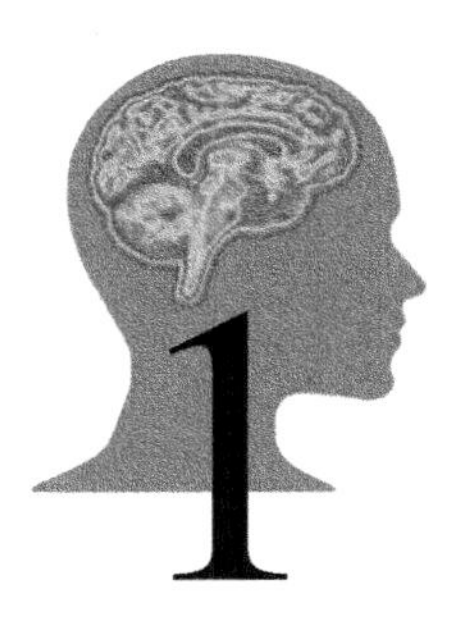

1 Gehirn und Nerven

Der amerikanische Kongress erklärte das letzte Jahrzehnt des 20. Jahrhunderts zum „Jahrzehnt des Gehirns“. Tatsächlich gelangen den Wissenschaftlern in jüngerer Zeit weltweit atemberaubende Fortschritte hin zu einem besseren Verständnis des menschlichen Gehirns und seines Produkts, des menschlichen Geistes. Wir haben eine Menge über das Gehirn und seine Zellen, die Neuronen, in Erfahrung gebracht. Durch ihre Vernetzung und ihre Interaktionen verschaffen uns diese Nervenzellen die Fähigkeit, die Welt zu sehen, zu lernen, uns zu erinnern, zu denken und aufmerksam zu sein. Das Studium des Gehirns und seines Netzwerks aus Neuronen ist wahrlich die letzte Terra incognita der Wissenschaft. Im 21. Jahrhundert wird sich das Gebiet der *Neurowissenschaft*, der Erforschung des Gehirns und seiner unzähligen geheimnisvollen Funktionen, als aufregendstes intellektuelles Unterfangen in der Geschichte der Menschheit erweisen.

Das menschliche Gehirn ist die bei weitem komplizierteste Struktur, die wir im Universum kennen. Die außergewöhnlichen Eigenschaften dieser etwa drei Pfund schweren Masse aus weichem Gewebe haben es der Art *Homo sapiens* ermöglicht, die Herrschaft über die Erde anzutreten, durch gezielte Genmanipulationen in den Lauf der Evolution einzugreifen, auf dem Mond spazieren zu gehen sowie Kunst und Musik von überragender Schönheit zu schaffen. Noch kennen wir die Grenzen des menschlichen Gehirns und seines Leistungsvermögens nicht.

Man schätzt, dass das menschliche Gehirn aus ungefähr einer Billion (1 000 000 000 000 oder 10^{12}) *Neuronen* (Nervenzellen) besteht. Jedes Neuron stellt eine einzelne Zelle dar – eine Tatsache, die heute selbstverständlich erscheint, die jedoch erst zu Beginn des 20. Jahrhunderts endgültig bewiesen wurde. Bis dahin hatten zahlreiche Anatomen geglaubt, das Gehirn bilde eine Ausnahme von dem allgemeinen biologischen Prinzip, wonach sich alle Gewebe aus einzelnen Zellen aufbauen.

Wenn man ein Stück Gehirn mit einem Farbstoff behandelt, der alle Zellbestandteile anfärbt, so wird man anschließend eine mehr oder weniger einheitliche Gewebemasse sehen, mit einem wirren Netz von Fasern und Fortsätzen, in das

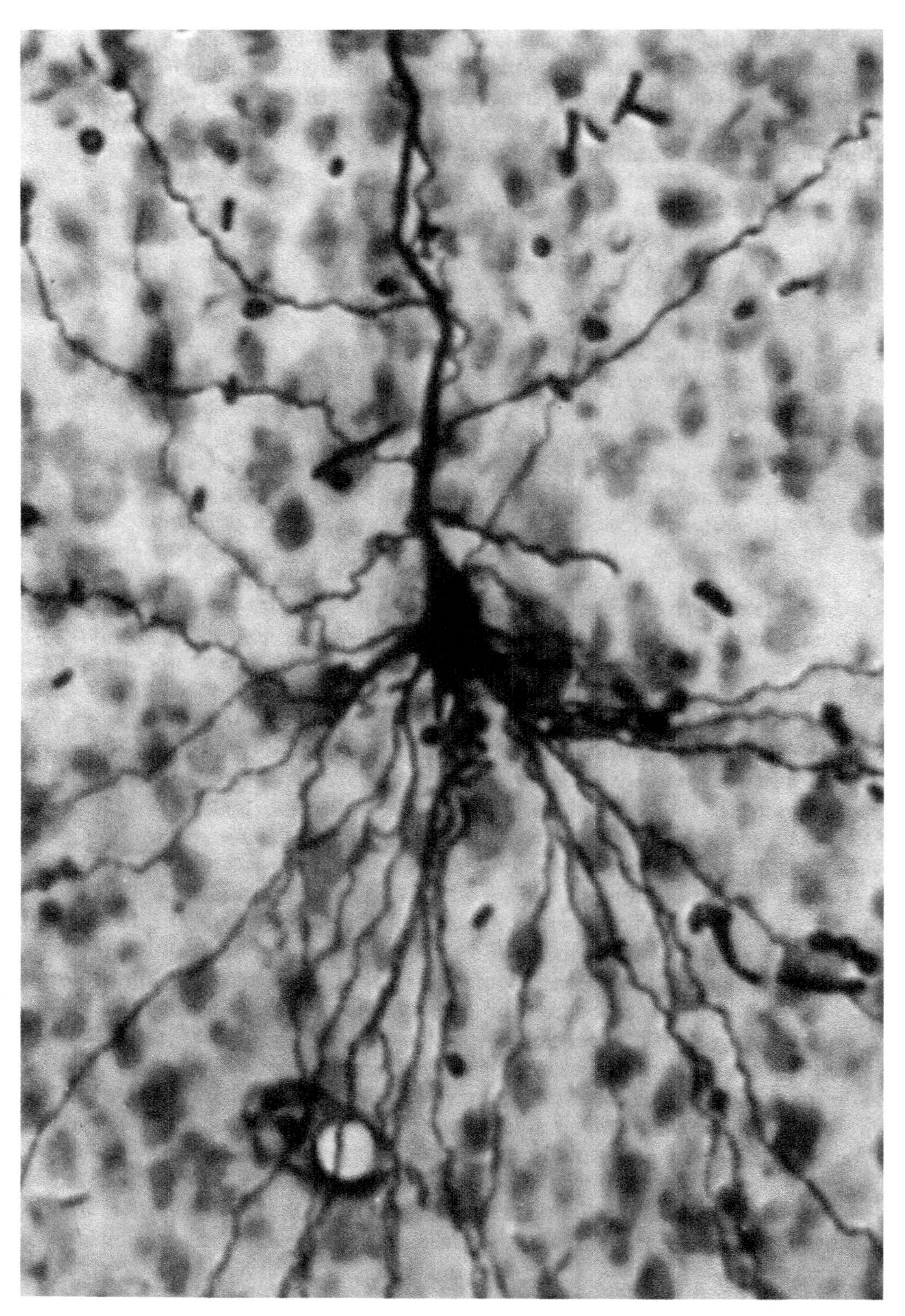

1.1 Ein Neuron aus der Sehrinde der Katze. Durch Anfärben sind der Zellkörper und alle faserförmigen Fortsätze der Nervenzelle sichtbar gemacht worden.

überall Zellkerne eingestreut sind. Im späten 19. Jahrhundert fand der Anatom Camillo Golgi durch Zufall eine Färbung, die nur einzelne Neuronen im Gehirn anfärbt, diese jedoch vollständig. Die Golgi-Färbung ermöglicht es, Neuronen mit all ihren Fortsätzen darzustellen (Abbildung 1.1). Die Entdeckung dieser Färbung geht angeblich darauf zurück, dass eine Putzfrau eines Tages ein Stück Gehirn, das auf Golgis Schreibtisch herumlag, in einen Abfalleimer beförderte, der zufällig etwas Silbernitratlösung enthielt; als Golgi zurückkam, fand er das Stück Gewebe, das auf diese Weise der ersten erfolgreichen Golgi-Färbung unterzogen worden war.

Interessanterweise glaubte Golgi selbst nicht an die „Neuronendoktrin", die besagte, dass das Gehirn aus einzelnen Nervenzellen aufgebaut sei. Ein anderer Anatom, Ramón y Cajal, wandte die Golgi-Färbung systematisch in Tierstudien auf das Gehirn an und wies damit nach, dass sich alle Bestandteile dieses Organs aus einzelnen Neuronen zusammensetzen. Cajal machte sich an die ungeheuer schwierige Aufgabe, den Schaltplan des Gehirns zu entschlüsseln: das Vernetzungsmuster zwischen den Neuronen. Seine Forschungen gehören zu den großartigsten Leistungen in der Geschichte der Wissenschaft.

Die Nervenzelle spielt die Hauptrolle in diesem Buch. Wir werden sie in Kapitel 2 genauer betrachten, aber mit einigen ihrer grundlegenden Eigenschaften sollten wir uns schon jetzt vertraut machen. Ein typisches Neuron besteht aus einem *Zellkörper* mit dem Kern sowie aus einer Reihe von faserartigen Fortsätzen, die davon ausstrahlen. Die Aufgabe eines Neurons ist die Übermittlung von Informationen auf andere Zellen; dies erfolgt nur über eine einzige Faser, das so genannte *Axon*. Alle anderen faserförmigen Fortsätze des Zellkörpers, die so genannten *Dendriten*, erhalten Informationen von anderen Neuronen. Die Axone mancher Nervenzellen im menschlichen Körper erreichen eine Länge von über einem Meter; andere sind kaum länger als Dendriten, deren Länge zwischen zehn und mehreren hundert Mikrometern liegt.

Das Neuron ist die funktionelle Einheit des Gehirns. Über die Dendriten und den Zellkörper empfängt die Nervenzelle Informationen, und über ihr Axon leitet sie Signale an andere Neuronen oder sonstige Zellen weiter. Das Axon spaltet sich am Ende typischerweise in eine Anzahl dünnerer Äste auf, die in kleinen Verdickungen enden; jedes dieser „Endknöpfchen" nimmt an einer so genannten *Synapse* Kontakt mit einer angrenzenden Zelle auf. Die Synapse stellt die funktionelle Verbindung zwischen einer Axonendigung und einem anderen Neuron her: Hier wird die Information von einer Nervenzelle auf die nächste übertragen. Ein ganz schmaler Zwischenraum, der *synaptische Spalt*, trennt die Axonendigung von dem Zellkörper beziehungsweise Dendriten der Nachbarzelle.

Ein bestimmtes Neuron im Gehirn kann mehrere tausend synaptische Kontakte mit anderen Nervenzellen aufweisen. Wenn also das menschliche Gehirn 10^{12} Neuronen enthält, so besitzt es mindestens 10^{15} (eine Billiarde) Synapsen. Die Anzahl der möglichen Kombinationen von synaptischen Verbindungen zwischen den Neuronen in einem einzelnen menschlichen Gehirn ist größer als die Gesamtzahl der Atome im ganzen bekannten Universum. Die Vielfalt der Verknüpfungen im menschlichen Gehirn erscheint daher fast unbegrenzt.

Die Hauptverbindungswege und -systeme der synaptischen Verknüpfungen, die sich im Gehirn entwickeln, unterliegen der genetischen Steuerung und bilden sich bereits vor der Geburt aus. Allerdings sind wir mittlerweile davon überzeugt, dass sich zahlreiche synaptische Verknüpfungen über die gesamte Lebensspanne hinweg formieren und umformieren. Sie werden durch Erfahrungen gestaltet und modelliert und bilden so vielleicht die strukturelle Grundlage des Gedächtnisses, dem wir uns in Kapitel 11 zuwenden.

Lange bevor sich Nervenzellen entwickelten, gab es bereits ökologisch erfolgreiche Organismen – nämlich Bakterien –, die fähig waren, sich an ihre Umwelt anzupassen. In der Tat sehen manche Wissenschaftler in Bakterien geeignete Modelle für die grundlegenden Prozesse, die im Gehirn ablaufen. Diese Lebewesen nehmen Reize, wie beispielsweise Chemikalien, wahr und reagieren darauf in einer Art und Weise, die ihnen – oder zumindest ihren Nachkommen – ein Überleben ermöglicht.

Zellen, Evolution und der Ursprung des Lebens

Ein kurzer Abriss der Geschichte des Lebens und der Zellen, wie man sie sich heute vorstellt, mag für alle Leser hilfreich sein, die mit diesem Stoff nicht vertraut sind. Sämtliche heute lebenden Tier- und Pflanzenarten sind aus der gleichen außergewöhnlichen Grundeinheit aufgebaut – der Zelle. Betrachten wir hierzu die Fichte und den Elch. Beides sind Lebewesen, aber wenn man sie zusammen in einem Wald sieht, erscheinen sie sehr verschieden. Die Fichte ist eine Pflanze, die auf eine Größe von über 30 Metern heranwachsen kann, sich nie vom Ort ihrer Keimung weg bewegt und sich ihre Nahrung aus Sonnenlicht und Kohlendioxid selbst herstellt. Der Elch, so groß er aus der Sicht des Menschen sein mag, ist im Vergleich mit der Fichte ein Zwerg. Er wandert umher, ernährt sich, indem er Pflanzen frisst, und weist ein komplexes Sozialleben auf.

Würde man der Fichte wie dem Elch ein ganz kleines Stückchen Gewebe entnehmen und mikroskopisch untersuchen, so würden sich die beiden Kreaturen plötzlich sehr viel ähnlicher werden. Beide sind aus Zellen aufgebaut, die sich in ihrer Struktur ähneln. Tierische wie pflanzliche Zellen besitzen eine Hülle und enthalten kleine „Organe“, die so genannten Organellen. Jede Zelle besitzt einen Kern: eine zentrale, von einer eigenen Membran begrenzte Region, die das genetische Material, die DNA oder Desoxyribonucleinsäure, enthält. Das „weiterverarbeitende“ Molekül, die Ribonucleinsäure oder RNA, findet sich im Cytoplasma (Abbildung 1.2). Würde man nun ins Labor gehen und die Chemie der Erbsubstanz im Kern der Fichtenzelle und in dem der Elchzelle untersuchen, so würde man feststellen, dass sie im Wesentlichen chemisch identisch zusammengesetzt sind.

Zellen, die einen Kern enthalten, werden *eukaryotisch* genannt (was im Griechischen soviel wie „echter Kern“ bedeutet). Viele Einzeller wie etwa Amöben sowie alle vielzelligen Pflanzen und Tiere, die heute existieren, sind Eukaryoten. Dagegen zählen Bakterien und Cyanobakterien (Blaugrüne Algen) zu jenen heute mit mehreren tausend Arten vertretenen Lebewesen, denen ein Zellkern und spezielle Organellen innerhalb der Zellmembran fehlen. Dieser Zelltyp wird *prokaryotisch* (griechisch: „vor dem Kern“) genannt. Er hat sich lange vor den kernhaltigen Zellen entwickelt. Zwar gibt es nur vergleichsweise wenige Prokaryotenarten, doch

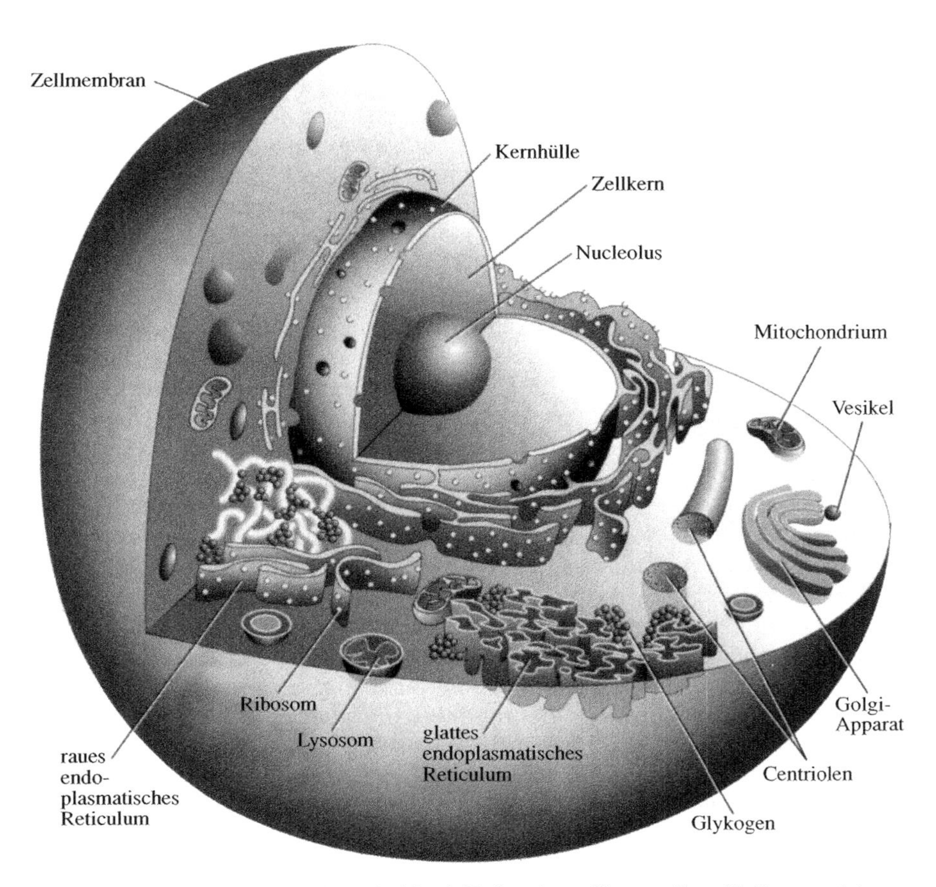

1.2 Typische eukaryotische (kernhaltige) Zelle eines Tieres. Das Zellinnere ist vom Cytoplasma ausgefüllt, das mehrere Strukturen enthält: Das endoplasmatische Reticulum ist von den RNA-haltigen Ribosomen besetzt, an denen die Aminosäuren zu Proteinen zusammengefügt werden; Golgi-Apparate dienen der Endsynthese von Makromolekülen; Mitochondrien produzieren die Energie für die Zelle; der Zellkern enthält die Chromosomen (DNA).

ihre Individuenzahlen sind fast unvorstellbar: Hundert Gramm gute, fruchtbare Erde können bis zu 250 Milliarden Individuen enthalten.

Viren besitzen keinen zellulären Aufbau. Sie bestehen lediglich aus einer geringen Menge genetischen Materials (DNA oder RNA) in einer Proteinhülle und sind in vielfacher Hinsicht rätselhaft. Sie rufen zahlreiche Krankheiten hervor, die vom einfachen Schnupfen über Kinderlähmung bis hin zu einigen Formen von Krebs reichen. Biologen betrachten sie gewöhnlich nicht als echte Lebewesen. Viren vermögen sich nicht selbstständig fortzupflanzen und befallen daher Wirtszellen, um sich für diesen Zweck deren Maschinerie zu bedienen. Der Biologe S. E. Luria, der 1969 für seine Arbeiten über Viren den Nobelpreis erhielt, beschrieb sie als »Stücke von Erbgut auf der Suche nach einem Chromosom«.

Der Ursprung des Lebens auf der Erde ist ein faszinierendes Puzzlespiel. Da man von den allerfrühesten Lebensformen bislang keine fossilen Spuren gefunden hat, kann man nur gelehrte Spekulationen darüber anstellen, wie sie ausgesehen haben mögen. Die Fossilnachweise und damit gesicherte Kenntnisse beginnen mit frühen prokaryotischen Bakterien. Die Ähnlichkeit des genetischen Materials bei allen Lebensformen, die heute auf der Erde existieren – von Bakterien über Pflanzen und Tiere bis hin zum Menschen –, ist ein Hinweis darauf, dass alle lebenden Organismen auf ein und dieselbe „Ur-Zell-Linie" zurückgehen.

Über den Ursprung dieser Zell-Linie, für die eine unglaubliche Zukunft bestimmt war, ist praktisch nichts bekannt. Die folgenden Textpassagen sind lediglich bessere Vermutungen. Vor mehreren Milliarden Jahren waren die Ozeane höchstwahrscheinlich mit einer riesigen Menge organischer Moleküle gefüllt; sie bildeten eine organische Ursuppe. Diese Moleküle konnten sich jedoch nicht fortpflanzen – und der Schlüssel zum Leben ist nun einmal die Fähigkeit zur Reproduktion.

Irgendwann tauchte ein bemerkenswertes Molekül auf. Es muss nicht das komplizierteste Molekül gewesen sein, aber es hatte die einzigartige Fähigkeit, Kopien von sich selbst herzustellen. Daher hat man es auch *Replikatormolekül* genannt. Wie ein derartiges Molekül funktioniert, ist nicht schwer zu verstehen. Es mag einigermaßen groß gewesen sein und sich aus einer Anzahl kleinerer Einheiten oder Bausteine zusammengesetzt haben. Nehmen wir an, jeder solche Baustein war selbst eine relativ einfache Verbindung und übte eine chemische Anziehung auf Substanzen gleichen Typs aus, die frei in der organischen Ursuppe schwammen. Wenn das Replikatormolekül nun eine Kette solcher Verbindungen darstellte, so war es in der Lage, eine zweite, identische Kette aufzubauen, die sich Stück für Stück an das Ausgangsmolekül anheftete. Sobald sich die beiden Ketten trennten, konnte jedes Replikatormolekül ein weiteres aufbauen und so fort.

Da die chemische Zusammensetzung der DNA in sämtlichen Lebewesen praktisch gleich ist, kann man wohl davon ausgehen, dass alles Leben von einem einzigen Typ von Replikatormolekül abstammt. Es ist sogar möglich, dass sich in der Frühgeschichte der Welt überhaupt nur ein einziges Replikatormolekül entwickelt hat. Sollten sich noch andere Typen gebildet haben, so sind ihre Nachkommen jedenfalls ausgestorben. Gegenwärtige Theorien favorisieren ein eher RNA- als DNA-ähnliches Molekül als ersten „Replikator" (Abbildung 1.2 und Anhang).

Die Erde entstand vor etwa 4,5 Milliarden Jahren. Das erste Leben erschien vor etwa 3,5 Milliarden Jahren, der Mensch (*Homo sapiens*) trat erst vor etwa 200 000 Jahren auf. Die Lebensformen, die als Fossilien in sehr alten Gesteinen, wie etwa der Gun-Flint-Formation in Ontario, erhalten sind, waren einzellig und gehörten zu den Bakterien. Das genetische Material, die DNA, lag innerhalb dieser Zellen als einzelnes langes, verschlungenes Molekül vor. Diese frühen Mikroorganismen konnten Energie nur sehr schlecht ausnutzen.

Etwa eine halbe Milliarde Jahre später entwickelten bestimmte Bakterien die Fähigkeit, unter Freisetzung von Sauerstoff Energie aus Sonnenlicht und Kohlendioxid zu gewinnen. Damals enthielt die Erdatmosphäre weniger Sauerstoff als heute, aber viel Kohlendioxid. Über einen Zeitraum von rund 2,5 Milliarden Jahren erlebten die photosynthetisch aktiven Bakterien eine Blüte und bauten den Sauerstoff der Atmosphäre auf. Dann erschien der andere wichtige Zelltyp: die eukaryotische Zelle. Wie wir gesehen haben, besitzen all diese Zellen einen Kern mit DNA und mehrere Organellen.

Mitochondrien (nach den griechischen Worten für „Faden“ und „Korn“) gehören zu den bemerkenswertesten Organellen der Zelle. Diese kleinen, wurstförmigen Gebilde kommen in allen Zellen vielzelliger Tiere vor. Sie haben eine einfache, für das Leben der Zelle aber essenzielle Hauptfunktion: Sie produzieren Energie. Alle zellulären Prozesse benötigen Energie, und sie erhalten sie vor allem aus Glucose, jener Zuckerform, in die im Verdauungstrakt bestimmte Nahrungsmittel umgebaut werden. In den Mitochondrien werden durch den Abbau von Glucose und anderen Nahrungsbestandteilen Substanzen erzeugt, die die Zelle direkt mit Energie versorgen.

Die innere Struktur eines Mitochondriums ist kompliziert. Mitochondrien können insofern als die erstaunlichsten Zellorganellen überhaupt gelten, als sie ein eigenes Leben besitzen. Bei der Zellteilung erhält jede der beiden Tochterzellen einen Teil der Mitochondrien aus der Elternzelle. Falls neue Zellen ihre Mitochondrien nur auf diesem Weg erwerben könnten, wären bald nicht mehr genügend dieser Organellen vorhanden, wenn sich die Zellen im Laufe der Entwicklung weiter teilen. Das Problem wird dadurch gelöst, dass sich die Mitochondrien selbst innerhalb der Zelle teilen und Tochtermitochondrien bilden. Ein Mitochondrium vermag sich zu vermehren, weil es eigenes genetisches Material besitzt. Diese mitochondriale DNA ist viel kürzer und einfacher als die DNA im Zellkern, da ihre Aufgabe allein darin besteht, die Teilung der Mitochondrien zu bewirken und einige relativ einfache weitere Prozesse zu steuern, während die Kern-DNA alle anderen Abläufe in der Zelle regulieren muss.

Mitochondrien sind prokaryotischen Bakterien sehr ähnlich. In beiden ist die DNA nicht in einen Kern eingeschlossen. Viele Biologen nehmen heute an, dass die Vorläufer von Mitochondrien frei lebende Bakterien waren, die irgendwann in andere Zellen aufgenommen wurden und dann als so genannte Symbionten (nach dem griechischen Wort für „zusammenleben“) eine Koexistenz zu beiderseitigem Nutzen begründeten: Während die Zelle die Mitochondrien zur Energieversorgung braucht, erhalten die Mitochondrien all jene Proteine, die sie zu einer ordnungsgemäßen Funktion benötigen, aber nicht selbst synthetisieren können, über die DNA der Wirtszelle.

Faszinierend ist die Tatsache, dass alle Mitochondrien in allen Zellen unseres Körpers von unseren Müttern stammen. Bei der geschlechtlichen Fortpflanzung von Wirbeltieren bringt nur die Eizelle des Weibchens Mitochondrien ein, nicht jedoch die Samenzelle des Männchens. Folglich erhielten wir damals, als wir unser Leben als befruchtetes Ei begannen, alle Mitochondrien aus den Eizellen unserer Mütter. Als sich unsere Zellen teilten und vervielfachten, taten dies auch unsere mütterlichen Mitochondrien. Und so geschieht es, seitdem es unsere Art *Homo sapiens* gibt. Diese Tatsache veranlasste Molekulargenetiker, die Mutationsrate von Genen in menschlichen Mitochondrien zu untersuchen. Ein Ergebnis dieser Arbeiten war die Eva-Hypothese: Die Urmutter der gesamten menschlichen Art lebte vor rund 200 000 Jahren in Afrika! Obwohl diese Hypothese momentan heftig umstritten ist, belegt sie doch eindrucksvoll, dass sich die machtvollen Instrumente der Molekularbiologie auf eine Frage von tief reichendem menschlichen Interesse anwenden lassen, nämlich der Frage nach dem Ursprung unserer Art. Eine ähnliche Argumentation verfolgt die „Adam-Hypothese“; sie beruht auf der Mutationsrate von Genen des männlichen Y-Chromosoms und stellt Adam neben Eva – das heißt, er lebte ebenfalls vor etwa 200 000 Jahren in Afrika.

Pflanzenzellen besitzen Organellen, die *Chloroplasten* genannt werden und den Mitochondrien in gewissem Sinne ähnlich sind. Chloroplasten enthalten Chlorophyll, mit dessen Hilfe Pflanzen die Energie des Sonnenlichtes nutzen, um unter Freisetzung von Sauerstoff aus Wasser und Kohlendioxid Nährstoffe wie Glucose aufzubauen. Man nimmt an, dass auch die Chloroplasten ehemals frei lebende Bakterien waren, die in ähnlicher Weise ihren Weg in die Vorfahren der modernen Pflanzen fanden wie die Mitochondrien in die frühen Tierzellen.

Nach dem Erscheinen der ersten eukaryotischen – also kernhaltigen – Zellen beschleunigte sich die Geschwindigkeit der Evolution. Der nächste große Schritt war die Entwicklung vielzelliger Organismen. Während der folgenden 500 Millionen Jahre drangen Pflanzen und wirbellose Tiere (Invertebraten) auf das Land vor, das bis dahin noch unbesiedelt war und ein riesiges Reservoir neuer ökologischer Nischen bot.

Die Evolution des Nervensystems

Die ersten Nervensysteme in Form einfacher Nervennetze entwickelten Tiere wie Seeanemonen und Quallen. Noch primitivere Tierstämme wie die Schwämme besitzen überhaupt kein Nervensystem. Ein Schwamm zeigt gewissermaßen noch kein Verhalten, er sitzt einfach auf dem Meeresgrund. Wenn sich Nährstoffe im Wasser befinden, überlebt er, wenn nicht, stirbt er. Quallen und Seeanemonen repräsentieren einen großen Fortschritt gegenüber den Schwämmen, denn sie zeigen aktives Verhalten: Eine Qualle kann zum Beispiel auf Nahrung zuschwimmen und diese „erbeuten“. Damit ein vielzelliges Tier fähig ist, sich aktiv zu bewegen, müssen seine Zellen irgendwie zur Bewegung veranlasst werden; dementsprechend haben sich einige Körperzellen zu Muskelgewebe entwickelt, das sich zusammenziehen (kontrahieren) kann. Damit solche Muskelkontraktionen etwas zustande bringen, müssen sie auf irgendeine Weise koordiniert sein. Selbst bei Schwämmen lässt sich schon eine gewisse Koordination beobachten: Wenn man einen Schwamm an einer Stelle berührt, wird dadurch eine begrenzte Bewegung der umliegenden Zellen ausgelöst. Die Zellen kommunizieren also irgendwie miteinander. Vermutlich handelt es sich bei dieser Kommunikation um einen elektrochemischen Prozess, der entlang den Zellmembranen abläuft. Im Grunde genommen wurde der gleiche Vorgang später auf spezialisierte Zellen übertragen, nämlich auf Neuronen, die in der Lage sind, über größere Entfernungen zu kommunizieren. Gruppen von Neuronen konnten dann größere Systeme bilden – wie etwa das Nervennetz der Quallen.

Soweit bekannt ist, nutzen tierische Neuronen – von der Qualle bis zum Menschen – denselben grundlegenden elektrochemischen Mechanismus zur Informationsübertragung. Der einfache Mechanismus, den wir bei den Quallen finden, funktionierte so gut, dass er in der Evolution festgeschrieben wurde. Um über das Verhaltensrepertoire der Qualle hinauszukommen und komplexere, besser angepasste Verhaltensweisen hervorzubringen, mussten vor allem mehr Neuronen in komplizierterer Weise miteinander verknüpft werden.

Betrachtet man die allgemeine Struktur des Nervensystems bei so unterschiedlichen Organismen wie Regenwürmern, Ameisen, Kraken und dem Menschen, so mag man glauben, die Natur hätte unentwegt mit verschiedenen Nervensystemen herumexperimentiert. Doch wie schon gesagt, sind die grundlegenden Wirkungsmechanismen in den Neuronen all dieser Kreaturen dieselben. Was sich gewaltig unterscheidet, ist die Organisation der Nervenzellen, ihr Verknüpfungsmuster.

Viele Wirbellose haben vergleichsweise einfache Nervensysteme, die nur aus ein paar Tausend Neuronen bestehen. Bei diesen Tieren lassen sich viele Nervenzellen individuell erkennen – an ihrer Lokalisation, ihrem Aussehen oder ihren besonderen Funktionen. Die Entwicklung des Nervensystems von Wirbeltieren folgte einem anderen Weg: Jede noch so kleine Region im Gehirn umfasst Tausende oder Millionen von Neuronen. Aufgrund ihres Erscheinungsbildes kann man sie zwar ein paar wenigen Typen zuordnen, doch die Anzahl der Neuronen eines jeden Typs ist astronomisch hoch. Daher lassen sich gewöhnlich auch keine einzelnen Zellen, sondern nur der jeweilige Zelltyp identifizieren.

Die enorme Zunahme der Neuronenzahl ist letztendlich der Hintergrund für die Entwicklung immer komplizierterer Verhaltensmuster und Lernprozesse, das heißt, für die außerordentliche Steigerung der „Intelligenz" im Zuge der Evolution der Wirbeltiere. Der Geist kann nicht in einem einzelnen Neuron sitzen. Er ist vielmehr das Produkt der Wechselwirkung von Myriaden von Nervenzellen innerhalb des Wirbeltiergehirns.

Das Wirbeltiergehirn stellt die Fortsetzung einer Entwicklung dar, die sich bereits in den primitiven „Gehirnen" von Würmern abzeichnet (Abbildung 1.3). Das Nervensystem eines Regenwurmes etwa besteht aus einer Reihe von Nervenzellansammlungen, den so genannten *Ganglien*. Jedes Ganglion ist für ein einzelnes Segment des Tierkörpers zuständig. Es enthält *afferente* (zuleitende oder aufsteigende) *Fasern* von Sinneszellen, die in der Haut des jeweiligen Segments sitzen, *Interneuronen* (oder Zwischenneuronen), die vollständig auf das jeweilige Ganglion beschränkt bleiben, sowie *efferente* (ableitende oder absteigende) *Neuronen*, welche die Bewegung eines Segments kontrollieren (*Motoneuronen*). Als Nervensystem würden die einzelnen Ganglien dem Wurm jedoch für ein sinnvolles adaptives Verhalten nicht ausreichen; alle Abläufe in den Ganglien müssen vielmehr über Nervenbahnen koordiniert werden, die sie miteinander verbinden. Das Ganglion am Vorderende, das größer als die anderen ist, übernimmt die Aufgabe der Koordination und erhält zudem weiteren sensorischen Input (Sinnesinformationen) vom „Kopf" des Wurmes. Das Kopf- oder Oberschlundganglion stellt somit den Beginn eines Gehirns dar.

Das Gehirn der einfachsten Wirbeltiere war nicht viel komplizierter als das eines Wurmes. Im Laufe der Evolution wurde das Kopfganglion größer und übernahm mehr und mehr die Regie über die anderen Ganglien. Der Grundbauplan eines Wirbeltiergehirns lässt sich am deutlichsten in den einzelnen Stadien der Embryonalentwicklung erkennen, denn Wachstum und Entwicklung eines einzelnen Tieres von der befruchteten Eizelle zum Neugeborenen spiegeln zumindest tendenziell die Evolutionsgeschichte wider. Im Detail werden Wachstum und Ent-

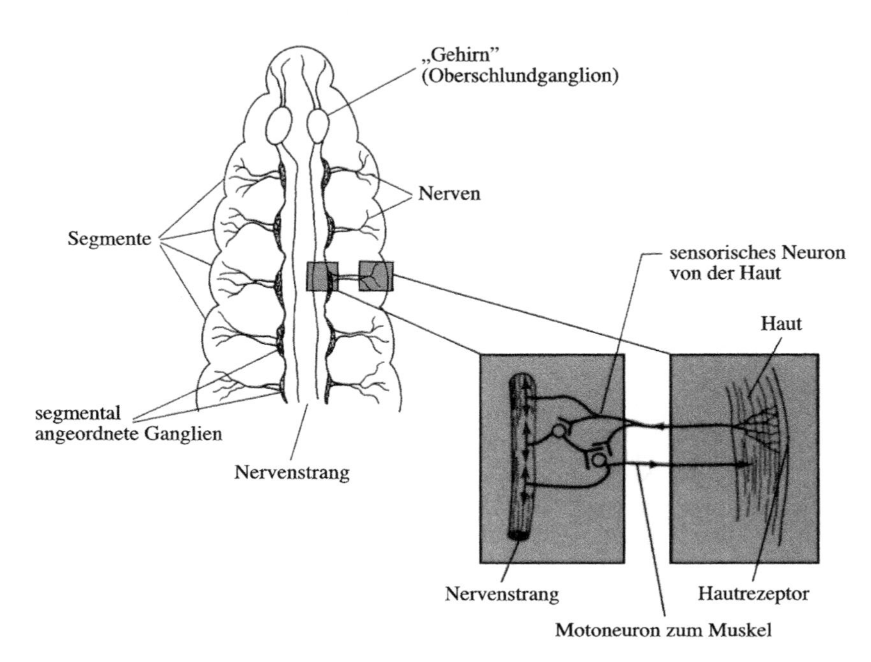

1.3 Grundbauplan eines einfachen Nervensystems am Beispiel des Regenwurmes. Der Körper und der Nervenstrang sind segmentiert. Innerhalb jedes Segments erhält der Nervenstrang sensorische Informationen von Hautrezeptoren und sendet motorische Befehle an die Muskelzellen aus.

wicklung des Gehirns in Kapitel 10 besprochen. Hier sei nur eine kurze Zusammenfassung gegeben: Das Nervensystem der Wirbeltiere beginnt als ziemlich gerades Rohr. In einem frühen Stadium bilden sich am Kopfende drei Ausstülpungen (die primären Hirnbläschen), die sich zum Vorderhirn (Prosencephalon), Mittelhirn (Mesencephalon) beziehungsweise Rautenhirn (Rhombencephalon) entwickeln. In der Folgezeit differenzieren sich Vorderhirn und Rautenhirn weiter; dabei vergrößern sich bei höheren Wirbeltieren die Großhirnhemisphären des Vorderhirns beträchtlich und überwachsen die tiefer liegenden Gehirnpartien.

Eine kurze Reise durch das Gehirn

Die grobe Neuroanatomie des menschlichen Gehirns, also seine allgemeine strukturelle Organisation, ist schwer zu verstehen, da sie scheinbar keinen Sinn ergibt. Die Struktur des Nervensystems so einfacher Tiere wie des Regenwurmes leuchtet dagegen ein: Es gibt Sinneswahrnehmungen (Input), eine gewisse zentrale Verarbeitung und einen motorischen „Output". Im Laufe der Evolution des Gehirns entwickelten sich immer wieder neue Strukturen, die ältere Regionen überdeckten. Diese älteren Gehirnbereiche sind in der Regel nicht verschwunden, können aber neue Funktionen übernommen haben. Die Evolution verläuft in der Regel konservativ: Was einmal entwickelt ist, wird weiter verwendet. Die allgemeine Struktur des menschlichen Gehirns ist nur vor dem Hintergrund der Evolution verständlich.

An dieser Stelle ist eine Anmerkung über Richtungstermini in der Anatomie angebracht. Für ein Tier wie einen Frosch sind sie ausgesprochen sinnvoll und daher auch für die meisten Säugetiere, die sich vierfüßig fortbewegen (Abbildung 1.4). Als *dorsal* bezeichnet man die Rücken- oder Oberseite, als *ventral* die Bauch- oder Unterseite; das gilt gleichermaßen für Körper und Gehirn. Bei Menschen und Menschenaffen mit aufrechtem Gang liegt das Gehirn jedoch im rechten Winkel zur Körperachse. Folglich liegt hier die Dorsalseite des Gehirns oben, im rechten Winkel zur Dorsalseite des Körpers. *Anterior* bezeichnet das Vorderende und *posterior* das Hinterende; *medial* ist zur Mitte oder Mittellinie hin, *lateral* zu den Seiten (Abbildung 1.4).

Ich werde an dieser Stelle einen kurzen Überblick über die wichtigsten Regionen und Strukturen des menschlichen Gehirns geben. Einzelheiten bedeutsamer Strukturen und Systeme sind in späteren Teilen des Buches abgehandelt. Es erscheint am sinnvollsten, den Rest dieses Kapitels durchzulesen, ohne dabei zu versuchen, alle neuen Begriffe im Gedächtnis zu behalten; während der Lektüre späterer Kapitel kann man dann bei Bedarf auf diesen Katalog von Gehirnstrukturen zurückkommen.

Gehirn und Rückenmark bilden zusammen das *Zentralnervensystem* (ZNS). Die wichtigsten Regionen des Gehirns sind in Abbildung 1.5 dargestellt. Das *Großhirn* (Cerebrum) wie auch das *Kleinhirn* (Cerebellum) überdecken die Struk-

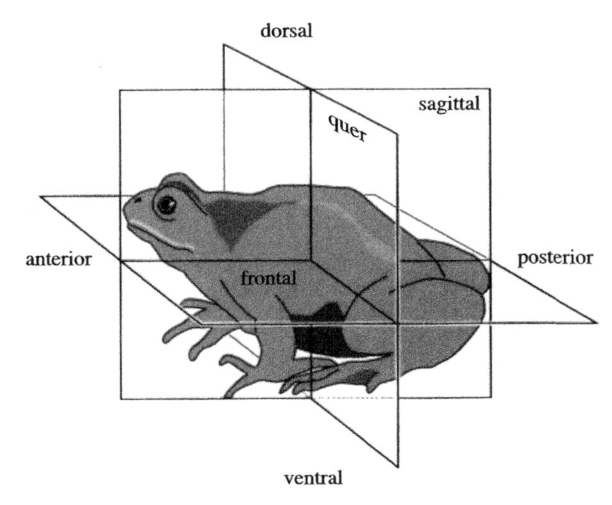

1.4 Richtungstermini am Beispiel eines Frosches. Die Oberseite oder den Rücken bezeichnet man als dorsal, die Unterseite oder Brust und Bauch als ventral; die Vorderseite ist anterior, der Schwanz posterior. Ebenen im rechten Winkel zur Körperachse sind Querschnitte, solche parallel zur Körperachse nennt man Sagittalschnitte. Bei den aufrecht gehenden Menschen sind die Rückseite des Körpers dorsal, die Vorderseite ventral, die Oberseite des Kopfes und Gehirns jedoch dorsal, die Unterseite des Gehirns ventral.

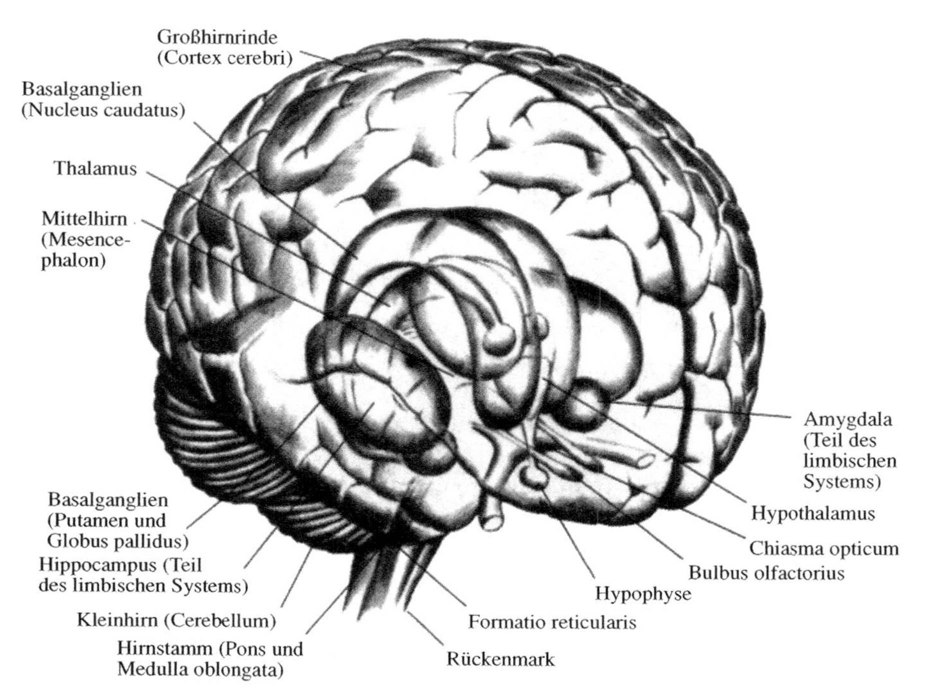

1.5 Das Gehirn des Menschen. Im Inneren des umfangreichen Großhirns (Cerebrum), das sich aus dem Vorderhirn (Prosencephalon) entwickelt und von der Großhirnrinde (dem Cortex cerebri) bedeckt wird, sind zahlreiche Strukturen verborgen. Dazu gehören zum Beispiel die Basalganglien (Nucleus caudatus, Putamen und Globus pallidus), der Thalamus, der Hippocampus und die Amygdala (Mandelkern). Tiefer liegende Strukturen umfassen den Hypothalamus, das Mittelhirn (Mesencephalon), den Hirnstamm mit Brücke (Pons) und verlängertem Mark (Medulla oblongata) sowie das Kleinhirn. Die Hirnanhangsdrüse (Hypophyse) liegt direkt unter dem Hypothalamus und ist mit diesem verbunden, während die hier nicht gezeigte Zirbeldrüse (Epiphyse) im Grunde außerhalb des Gehirns liegt. Als weitere Strukturen sind der Ort der teilweisen Überkreuzung der Sehnerven aus den beiden Augen, das Chiasma opticum, und der Riechkolben (Bulbus olfactorius) dargestellt. Das Rückenmark ist die Fortsetzung des Nervensystems aus dem Gehirn nach unten.

turen des Hirnstammes. Dessen unterer Teil wird *verlängertes Mark* (Medulla oblongata oder Myelencephalon) genannt; die Region unmittelbar darüber mit einem vergrößerten ventralen Anteil ist die *Brücke* (Pons), die vom Kleinhirn überlagert wird. Den obersten Teil des Hirnstammes schließlich bildet das *Mittelhirn* (Mesencephalon). Über beziehungsweise vor dem Hirnstamm liegen *Thalamus, Hypothalamus* und die Strukturen des Großhirns einschließlich der *Großhirnrinde* (des Cortex cerebri), der *Basalganglien* und des *limbischen Systems* (nicht abgebildet). Die hinteren Abschnitte des menschlichen Gehirns, insbesondere Medulla und Mittelhirn, stellen eine Fortsetzung der röhrenförmigen Organisation des Rückenmarks dar und ähneln insofern dem Nervensystem der Würmer. Dagegen hat sich das Vorderhirn bei den höheren Säugetieren so stark ausgedehnt, dass es bei weitem den größten Teil des Gehirns einnimmt.

Im Rückenmark bilden die Zellkörper von Neuronen so genannte Kerne oder *Nuclei* – Zellansammlungen, die im inneren Bereich (des Rückenmarks) liegen und von *Faserbahnen* umgeben sind, die aus den Axonen der Neuronen bestehen (weiße Substanz). Im Gegensatz dazu umschließen im Groß- und im Kleinhirn die Nervenzellkörper in einer zwei bis drei Millimeter dicken Schicht die zentral liegenden Faserbahnen. In beiden Strukturen sind jeweils mehrere Kerne in der Zentralregion verborgen: im Großhirn der Thalamus und die Basalganglien, im Kleinhirn die Kleinhirnkerne.

Wie bereits angemerkt, ist der Hirnstamm im Grunde eine röhrenförmige Struktur, deren zentraler Kanal mit Cerebrospinalflüssigkeit (Liquor cerebrospinalis) angefüllt ist. Im Vorderhirn vergrößert sich dieser flüssigkeitsgefüllte Hohlraum im Bereich des Thalamus und der beiden Hemisphären und bildet die so genannten *Hirnventrikel*, die nichts weiter als mit Cerebrospinalflüssigkeit gefüllte Hohlräume sind. Eine verbreitete Anomalie des Gehirns von Schizophreniepatienten sind abnormale laterale Ventrikel (Hemisphärenräume).

Wechselwirkungen zwischen den Neuronen erfolgen hauptsächlich in unmittelbarer Nähe der Zellkörper, wo Axonendigungen über Synapsen mit dem Zellkörper selbst, mit Dendriten oder mit anderen Axonen in Kontakt stehen. Daher ist die *graue Substanz*, die aus den Zellkörpern der Nervenzellen besteht und sowohl die Großhirnrinde, den cerebralen Cortex, als auch die tiefer liegenden (subcorticalen) Kerne bildet, der Ort der neuronalen Wechselwirkungen. Die *weiße Substanz* besteht aus Fasern, die einfach verschiedene Bezirke der grauen Substanz verbinden.

Das periphere Nervensystem

Nerven sind Bündel von Nervenfasern. Jene Nerven in Körper und Kopf, die Informationen zum und vom Zentralnervensystem leiten, werden als *periphere Nerven* bezeichnet. Eine Untergruppe davon, die so genannten *somatischen Nerven*, stellt die Verbindung zur willkürlich beeinflussbaren Skelettmuskulatur und zu einer Reihe von Sinnesrezeptoren her. Periphere Nerven sind fast auf ihrer gesamten Länge gemischt, das heißt, sie umfassen sowohl zuleitende (afferente) *sensorische* oder *sensible Fasern*, die Informationen von Rezeptoren in der Haut, in Muskeln und Gelenken zum Rückenmark übermitteln, als auch ableitende (efferente) *motorische Nervenfasern* oder *Motoneuronen*, die die Aktivität von Rückenmark und Hirnstamm auf Muskelfasern übertragen (Abbildung 1.6).

Die motorischen Nervenfasern entspringen Zellen im Vorderhorn, dem ventralen Teil der grauen Substanz im Rückenmark. Ihre Axone verlassen das Rückenmark durch seine ventrale Wurzel (Vorderhornwurzel), die nur Motoneuronen enthält, um sich dann mit sensorischen Fasern zu treffen und gemischte Nerven zu bilden, die zu verschiedenen Körperstrukturen ziehen. Wenn diese gemischten Nerven in der betreffenden Körperregion angelangt sind, trennen sich die motorischen und sensorischen Bahnen wieder auf und ziehen zu ihren jeweiligen Zielorten, etwa einem Muskel oder der Haut.

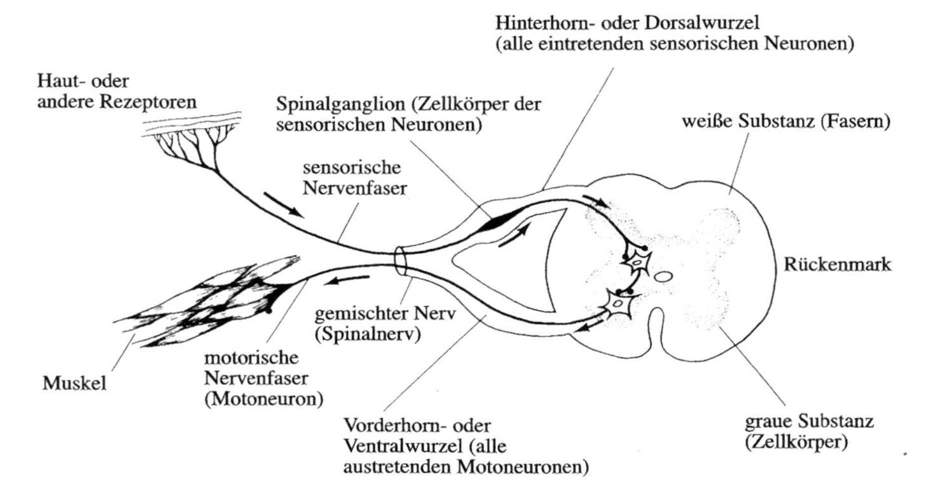

1.6 Querschnitt durch das Rückenmark. In den meisten Nerven im Körper liegen sensorische (sensible) und motorische Fasern gemischt vor. Allerdings verlaufen die beiden Fasertypen getrennt voneinander, wenn sie über die sensorische dorsale „Wurzel" (Hinterhornwurzel) in das Rückenmark eintreten beziehungsweise über die motorische Ventralwurzel (Vorderhornwurzel) aus ihm austreten.

Autonome Nerven ziehen zu Strukturen wie den inneren Organen und Drüsen, die mit so genannten autonomen Funktionen zu tun haben – also Körperprozessen, wie sie im Allgemeinen emotionalen Verhaltensweisen, etwa dem Weinen, sowie dem Schwitzen und bestimmten Funktionen von Magen und Herz zugrunde liegen. Das autonome oder auch vegetative Nervensystem wird untergliedert in das *sympathische* und das *parasympathische* System (gewissermaßen ein „Notfall-" und ein „Erhaltungssystem"), die jeweils etwas unterschiedliche Verknüpfungen aufweisen (Kapitel 5 und 7).

Die *Hirnnerven* unterscheiden sich nicht grundsätzlich von den Rückenmarksnerven, außer dass sie vom Gehirn und nicht vom Rückenmark ausgehen. Es gibt zwölf Hirnnerven, die in der Reihenfolge ihres Austritts aus dem Gehirn von oben (cranial) nach unten (caudal) mit den römischen Ziffern I bis XII nummeriert sind. Sie übermitteln Sinnesinformationen aus dem Gesichts- und Kopfbereich sowie Befehle zur motorischen Kontrolle der Gesichts- und Kopfbewegungen. An allererster Stelle rangiert der Riechnerv (I), der das Gehirn über von der Nase aufgenommene Gerüche informiert. Der Sehnerv (II) übermittelt optische Informationen aus den Augen. Besonders bedeutsam ist auch der statoakustische Nerv (VIII), der Informationen aus den Ohren über Geräusche und aus dem Vestibularapparat über den Gleichgewichtssinn weiterleitet. Sensorische Informationen aus der Gesichts- und Kopfhaut erreichen das Gehirn über den Trigeminusnerv (V). Drei Hirnnerven sind für die Kontrolle der Augenbewegungen zuständig, was unterstreicht, wie wichtig dieses Verhalten für Wirbeltiere ist. Dem Vagusnerv (X) kommt eine herausragende Rolle in der autonomen (parasympathischen) Kontrolle des Herzens und anderer innerer Organe zu.

Das Rückenmark

Generell übernimmt das Rückenmark zwei Arten von Funktionen. Zum einen gehören die *spinalen Reflexe* dazu: muskuläre und autonome Reaktionen auf körperliche Reize, die auch dann noch erfolgen, wenn – wie etwa bei querschnittsgelähmten Unfallopfern – die Verbindung vom Rückenmark zum Gehirn durchtrennt wurde. Zum anderen laufen vielfältige *supraspinale* (also das Gehirn einbeziehende) *Aktivitäten* über das Rückenmark. Die Großhirnrinde und die anderen Gehirnstrukturen, die unsere Körperbewegungen kontrollieren, senden Informationen über das Rückenmark zu den Motoneuronen, die mit den Muskeln in Verbindung stehen. Umgekehrt werden alle Sinneswahrnehmungen des Körpers durch das Rückenmark zum Gehirn hinaufgeleitet. Entsprechende sensorische und motorische Verknüpfungen im Bereich des Kopfes übernehmen das Gehirn und die Hirnnerven direkt.

Wie der schematische Querschnitt durch das Rückenmark in Abbildung 1.6 andeutet, untergliedern die durch die Dorsalwurzel eintretenden und die durch die Ventralwurzel austretenden Fasern jede Rückenmarkshälfte in einen dorsalen, einen lateralen und einen ventralen Bereich von weißer Substanz. (Die weiße Substanz besteht bekanntlich allein aus Nervenfasern.) Der dorsale (obere, beim Menschen hintere) Bereich wird nahezu vollständig von aufsteigenden Fasern eingenommen, die Sinnesreize an das Gehirn übermitteln, während in den mehr lateral (seitlich) und ventral (unten beziehungsweise vorne) gelegenen Bereichen fast nur absteigende motorische Fasersysteme vorkommen.

Der Hirnstamm: Medulla oblongata und Pons

Die Medulla oblongata ist die Fortsetzung des Rückenmarks in das Gehirn (ihre deutsche Bezeichnung lautet verlängertes Mark) und enthält alle auf- und absteigenden Nervenstränge, die Gehirn und Rückenmark miteinander verbinden, sowie eine Reihe wichtiger Kerne (Nuclei) von Nervenzellen (Abbildung 1.5). Die meisten Hirnnerven verlassen beziehungsweise erreichen das Gehirn im Bereich der Medulla sowie in der sich anschließenden Region der Brücke (Pons). Darüber hinaus liegen mehrere lebenswichtige Kerne des autonomen Nervensystems, die Atmung, Herzschlag und Darmfunktion beeinflussen, in der Medulla.

Die Brücke stellt die Fortsetzung der Medulla nach oben dar und umfasst zahlreiche auf- und absteigende Faserbahnen sowie viele weitere Kerne. Ein großes Bündel sich überkreuzender Fasern in der unteren Hälfte der Brücke verbindet den Hirnstamm mit dem Kleinhirn (Cerebellum). Mehrere Kerne von Hirnnerven, die eine Rolle bei der Nahrungsaufnahme und der Kontrolle des Gesichtsausdrucks spielen, liegen ebenfalls im Bereich der Brücke.

Das Mittelhirn

Das Mittelhirn oder *Mesencephalon* ist die vorderste Fortsetzung des Hirnstammes, in dem die röhrenartige Grundstruktur des Rückenmarks noch erhalten ist.

Es geht im vorderen Bereich in den Thalamus und den Hypothalamus über. Der obere Teil des Mittelhirns, das *Tectum* (oder Dach), enthält wichtige Zellansammlungen für das Seh- und das Hörsystem. Im unteren Teil des Mittelhirns befinden sich Kerne der Hirnnerven, die für die Steuerung der Augenbewegungen und die Kontrolle unterer Hirnabschnitte zuständig sind. Hier liegen außerdem eine große, als *Nucleus ruber* (roter Kern) bezeichnete Kernregion und eine Ansammlung schwarzer, stark pigmentierter Zellen, die *Substantia nigra*. Diese Strukturen spielen bei der Bewegungskontrolle eine Rolle. Die Parkinson-Krankheit geht mit einer Degeneration von Neuronen im Bereich der Substantia nigra einher.

Medulla oblongata, Brücke und Mittelhirn haben sich früh in der Evolution entwickelt und sind bezüglich ihrer Struktur und Organisation von den Fischen bis zum Menschen erstaunlich gleich gestaltet, obwohl es natürlich zwischen einzelnen Arten Unterschiede gibt. Ein allgemeines Prinzip der neuronalen Organisation besagt, dass Größe und Komplexität einer Struktur in Beziehung zu deren Bedeutung für das Verhalten stehen. So haben unter den Säugetieren zum Beispiel die Fledermäuse sehr stark vergrößerte Colliculi inferiores (die als mesencephale Umschaltstellen der Hörbahn dienen) – ein Befund, in dem sich die herausragende Bedeutung akustischer Informationen für diese Tiere widerspiegelt. (Fledermäuse wenden ein sonarähnliches Ortungssystem an: Sie senden hochfrequente Laute – Ultraschall – aus, um anhand des zurückgeworfenen Echos Objekte im Raum zu lokalisieren.) Das Prinzip der Korrelation zwischen der Größe und Komplexität einer Struktur und ihrer Bedeutung für das Verhalten hat eine Reihe entscheidender Hinweise auf die möglichen Funktionen bestimmter Gehirnstrukturen geliefert.

Das Kleinhirn

Das Kleinhirn oder Cerebellum ist eine phylogenetisch alte Struktur und war vermutlich als Erste für die sensomotorische Koordination verantwortlich. Es liegt oberhalb der Brücke und weist zahlreiche Lappen (Lobi) auf, die durch Furchen voneinander getrennt sind; dies verleiht ihm ein stark gefälteltes Aussehen (Abbildung 1.5). Wie in der Großhirnrinde bilden die Zellkörper der Nervenzellen hier eine zwei bis drei Millimeter dicke Oberflächenschicht, die die darunter liegende weiße Substanz sowie die Kleinhirnkerne überdeckt. Im Hinblick auf die Organisation der Nervenzellen hat die Kleinhirnrinde ein bemerkenswert gleichförmiges Erscheinungsbild – ganz im Gegensatz zu Strukturen wie der Großhirnrinde, die eine regionale Gliederung aufweist. Die Kleinhirnrinde und die Kernbezirke unter ihr erhalten Eingänge vom *Vestibularsystem* (dem Gleichgewichtssystem des Innenohrs), von den sensorischen Fasern des Rückenmarks, vom Hör- und vom Sehsystem, von verschiedenen Bezirken der Großhirnrinde und vom Hirnstamm. Vom Kleinhirn aus ziehen motorische Fasern zum Thalamus, zum Hirnstamm und zu einigen anderen Strukturen. Das Kleinhirn hat vor allem die Aufgabe, die Motorik zu koordinieren, spielt aber auch eine Rolle für grundlegende Aspekte des Lernens und Gedächtnisses.

Der Thalamus

Der Thalamus ist eine große Ansammlung von Kernen unmittelbar vor und über dem Mittelhirn (Abbildung 1.5). Im äußeren Erscheinungsbild besteht er aus zwei kleinen ovalen Strukturen, je einer innerhalb der beiden Hemisphären oder Hälften des Großhirns. Der Thalamus ist die übergeordnete Schaltstation für die wichtigsten sensorischen Systeme, die zur Großhirnrinde ziehen: für das Seh-, das Hör- und das somatosensorische System. Er schließt zudem weitere Kerngebiete ein, von denen einige auf wieder andere Cortexbezirke projizieren, und erhält auch Eingänge von der Großhirnrinde.

Der Hypothalamus

Der Hypothalamus besteht aus einer Gruppe von kleinen Kernregionen, die im Allgemeinen in der unteren Hälfte des Gehirns im Grenzbereich zwischen Mittelhirn und Thalamus liegen (Abbildung 1.5). Die Kerne sind entlang der Basis des Gehirns (also über dem Dach der Mund- beziehungsweise der Nasenhöhle) aufgereiht und der Hirnanhangsdrüse (der Hypophyse) unmittelbar benachbart; diese wichtigste Hormondrüse wird von Nerven aus dem Hypothalamus innerviert. Der Hypothalamus steht mit zahlreichen Gehirnregionen in Verbindung. Einige davon, darunter der limbische Cortex (jener Teil der Großhirnrinde, der sich in der Evolution zuerst entwickelt hat), Teile des Riechsystems, der Hippocampus, die Area septalis, die Amygdala sowie der Hypothalamus selbst, werden von vielen Anatomen als Teile eines zusammenhängenden Netzwerks, des so genannten limbischen Systems, betrachtet.

Die *Hirnanhangsdrüse* oder *Hypophyse* steht unter der Kontrolle von Hormonen aus dem nahe gelegenen Hypothalamus. Für die Aufklärung einiger wichtiger Beziehungen zwischen Hypophyse und Hypothalamus erhielten Robert Guillemin und Andrew Schally 1977 den Nobelpreis für Physiologie und Medizin. Der Hypothalamus übt eine strenge Kontrolle über zahlreiche Körperfunktionen aus, und zwar zum Teil über die Steuerung der Hypophyse. Der Körper besitzt allgemein zwei Typen von Drüsen. Die so genannten *exokrinen Drüsen* sondern ihr Sekret auf eine Körperoberfläche (wie die Schweiß- oder die Tränendrüsen) oder in ein Hohlorgan ab (wie etwa die Verdauungsdrüsen). Dagegen schütten die Drüsen des anderen Typs, die man als *endokrin* bezeichnet, *Hormone* direkt in den Blutstrom aus, der sie dann zu ihren Wirkorten in verschiedenen Geweben des Körpers und des Gehirns transportiert. Hormone üben einen großen Einfluss auf so verschiedene Prozesse aus wie Wachstum, Kampf-oder-Flucht-Reaktionen, sexuelle Erregung und viele weitere Verhaltensweisen, in denen sich bestimmte seelische Zustände ausdrücken.

Hypothalamus und Hypophyse bilden zusammen ein übergeordnetes Kontrollsystem. Die Hormone, die sie freisetzen, wirken auf andere Hormondrüsen ein und kontrollieren so die Freisetzung von deren Hormonen. Die von den endokrinen Drüsen abgegebenen Hormone wirken dann auf die Hirnanhangsdrüse und den Hypothalamus zurück und regulieren wiederum die Aktivität dieser Steuerzentralen – ein Beispiel für eine Kontrolle durch Rückkopplung („Feedback"). Chemisch gesehen sind die Hormone von Hypothalamus, Hypophyse und einigen anderen endokrinen Drüsen *Peptide,* also kurze Ketten von Aminosäuren. Proteine haben die gleiche chemische Grundstruktur, sind aber weit länger als die Hormonpeptide. Ein Hormonpeptid ist quasi ein kleines Stück eines Proteinmoleküls. Viele Hormone aus anderen endokrinen Drüsen haben eine andere chemische Struktur: Sie enthalten keine Aminosäuren und werden *Steroide* genannt. Wie wir in Kapitel 6 sehen werden, beeinflussen Hormone als chemische „Transmitter" die Aktivität von Nervenzellen und Geweben.

Der Hypothalamus scheint auch das wichtigste Kontrollzentrum für Gefühle zu sein. Eine elektrische Reizung eines bestimmten Teiles des Hypothalamus (wie auch gewisser Regionen des limbischen Systems) kann bei Mensch und Tier Wutausbrüche und Angriffsverhalten auslösen. Die Stimulation einer direkt benachbarten Region dagegen mag Gefühle intensiven Wohlbefindens hervorrufen. Die Entdeckung solcher „Lustzentren" im Gehirn durch James Olds und Peter Milner im Jahre 1953 (beide waren damals an der McGill University) war ein wichtiger Schritt zum Verständnis jener Gehirnprozesse, die mit Motivation und Belohnung in Zusammenhang stehen. In der Tat scheinen Hypothalamus und bestimmte andere limbische Strukturen innerhalb des Gehirns ein System für Freude und Wohlbefinden darzustellen.

Das limbische System

Die wichtigsten Strukturen des limbischen Systems sind die *Amygdala* (der Mandelkern; die exakte lateinische Bezeichnung lautet Corpus amygdaloideum), der *Hippocampus,* benachbarte Regionen des *limbischen Cortex* und die *Area septalis.* Diese Strukturen weisen eine starke Verknüpfung mit Teilen des Hypothalamus, des Thalamus und der Großhirnrinde (hier speziell mit dem *Gyrus cinguli*) auf.

Die allgemeine Lage des limbischen Systems innerhalb des Gehirns ist Abbildung 1.7 zu entnehmen (siehe auch Abbildung 1.5). Es schließt Strukturen im Zentrum des medialen (zur Mitte hin gelegenen) Gehirnbereichs ein und erstreckt sich nach unten und zur Seite hin bis in die Schläfenlappen. In der Evolution entwickelte sich das limbische System als erster Teil des Vorderhirns; bei Krokodilen etwa ist noch heute praktisch das gesamte Vorderhirn „limbisch". Mit diesem Vergleich soll keineswegs etwas Negatives über die Funktion eines limbischen Vorderhirns oder über Krokodile gesagt werden, denn ein Krokodil mag zwar bisweilen bösartig sein, aber es ist zweifellos ein komplettes, funktionierendes Lebewesen, das auf Sinnesreize reagiert und eine Vielfalt von Verhaltensweisen zeigt: Fressen, Flucht, Kampf und Fortpflanzung.

Bei so relativ einfachen Wirbeltieren wie dem Krokodil liegt die Hauptaufgabe des limbischen Vorderhirns im Geruchssinn, also in der komplizierten Analyse von Intensität, Qualität und Richtung von Gerüchen. Als sich das limbische Vorderhirn entwickelte, diente es zunächst dazu, eine präzise Auswertung von Geruchsreizen und angemessene Reaktionen auf solche Reize zu ermöglichen: Annäherung, Angriff, Paarung oder Flucht. Im Laufe der Evolution scheint viel von der spezifischen olfaktorischen Funktion des limbischen Systems verloren ge-

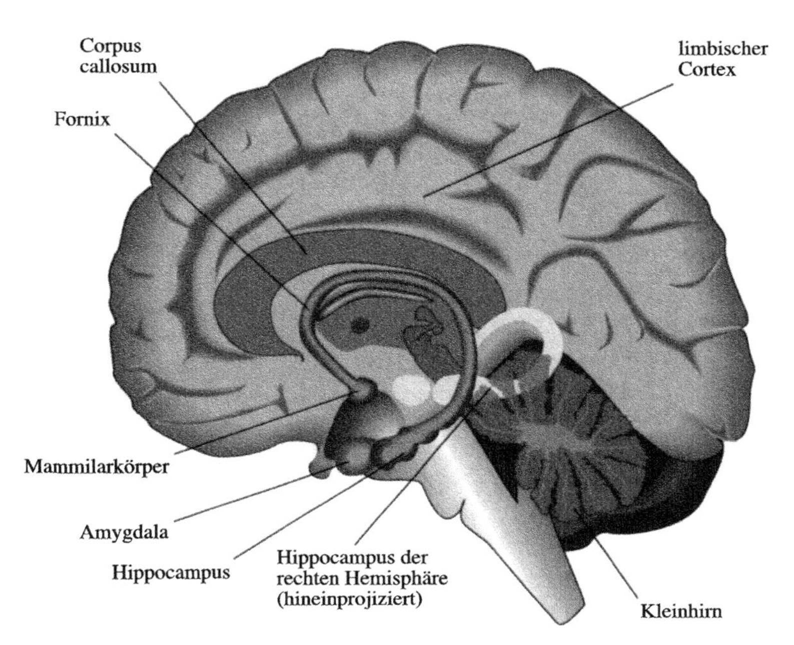

1.7 Die wichtigsten Bestandteile des limbischen Systems. Die linke Hemisphäre wurde mit Ausnahme des limbischen Systems entfernt, und wir betrachten einen medialen Schnitt der rechten Hemisphäre, aus der die limbischen Strukturen der linken Hemisphäre herausschauen.

gangen zu sein. Bei höheren Tieren weist lediglich ein Teil der Amygdala noch direkte Projektionsbahnen vom Geruchssystem auf, wenngleich wichtige sekundäre Bahnen des Geruchssinnes zu Hypothalamus, Area septalis und Hippocampus bestehen bleiben. Einige Strukturen des limbischen Systems jedoch – etwa der Hippocampus – haben während der Evolution ganz andersartige Funktionen übernommen. Der Hippocampus zum Beispiel hat offenbar etwas mit Lernvorgängen und dem Gedächtnis zu tun.

Die Basalganglien

Als Basalganglien bezeichnet man jene Gruppe großer Kerne, die im Zentrum der Großhirnhemisphären liegt (Abbildung 1.8). Sie umgeben teilweise den Thalamus und sind ihrerseits von der Großhirnrinde und der weißen Gehirnsubstanz umhüllt. Diese Kerne scheinen an der Bewegungskontrolle mitzuwirken und bilden das Hauptelement des *extrapyramidalen motorischen Systems.* Das andere bedeutende motorische System, das *pyramidale,* entspringt in der Großhirnrinde. Die drei wichtigsten Strukturen der Basalganglien sind der *Nucleus caudatus* (Schweif- oder Schwanzkern), das *Putamen* – diese beiden fasst man auch als Streifenkörper (*Corpus striatum*) zusammen – und der Globus *pallidus* (der „bleiche Körper"), die Verbindungen zu Cortex, Thalamus, Formatio reticularis, Teilen des

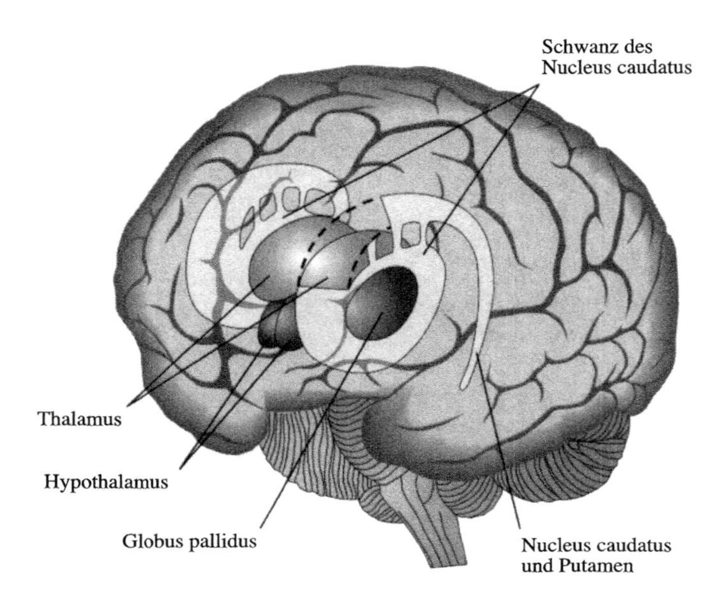

1.8 Die Lage der Basalganglien (Nucleus caudatus, Putamen und Globus pallidus) sowie des Thalamus und Hypothalamus in einem halbtransparent dargestellten Gehirn (siehe auch Abbildung 1.5).

Mittelhirns und Rückenmark aufweisen. Die Substantia nigra und der Nucleus ruber (der „schwarze" und der „rote" Kern) im Mittelhirn, die man normalerweise dem extrapyramidalen motorischen System zurechnet, sind ebenfalls mit dem Corpus striatum verknüpft.

Die Großhirnrinde

Die Großhirnrinde (Cortex cerebri) macht den Menschen zu dem, was er ist. In diesem großen Gehirnbereich verbirgt sich ein entscheidender Teil des Geheimnisses unseres Bewusstseins, unserer überragenden Sinnesleistungen und Empfindsamkeit für die uns umgebende Umwelt, unserer motorischen Fähigkeiten, unseres Denk- und Vorstellungsvermögens sowie insbesondere unserer einzigartigen sprachlichen Fähigkeiten.

Untersuchungen von Personen, die an unterschiedlichen Arten von Hirnschäden litten, erbrachten die ersten Hinweise darauf, dass bestimmte Regionen der Großhirnrinde auf ganz spezifische Fähigkeiten und Bewusstseinskomponenten spezialisiert sind. Bei Rechtshändern schränkt eine Schädigung eines Teiles der linken Großhirnrinde das Sprachverständnis sowie die Fähigkeit, in sinnvoller Weise zu sprechen, ein. Eine Schädigung des entsprechenden Bereichs der rechten Hemisphäre hat keinen Einfluss auf die sprachlichen Fähigkeiten. Allerdings haben Rechtshänder mit rechtshemisphärischen Schädigungen große Schwierigkeiten bei der Orientierung im Raum. Sie verlaufen sich, vergessen altbekannte Wege und tun sich schwer, komplexe Darstellungen und Bilder zu erfassen.

Die vielleicht bemerkenswerteste Entdeckung im Zusammenhang mit der menschlichen Großhirnrinde geht auf die Arbeiten von Roger Sperry und seinen Kollegen am California Institute of Technology an so genannten „Split-Brain"-Patienten zurück. Bei diesen Patienten war der Hauptverbindungsstrang zwischen der Großhirnrinde der beiden Gehirnhälften – der *Balken* oder das *Corpus callosum* – chirurgisch durchtrennt worden, um schwere epileptische Zustände zu behandeln. Sperry fand heraus, dass Bewusstsein und Wahrnehmung in den beiden Großhirnhemisphären der Patienten anscheinend getrennt und unabhängig voneinander existieren. So ist ein Bewusstsein, das sich in Sprache ausdrücken lässt, offenbar der linken Großhirnhälfte vorbehalten, während die rechte über ein eigenes, nonverbales Bewusstsein verfügt (Kapitel 12). Beim gesunden Menschen sind die beiden Hemisphären natürlich miteinander verbunden und arbeiten eng zusammen. Für seine Untersuchungen erhielt Sperry im Jahre 1981 den Nobelpreis für Physiologie und Medizin.

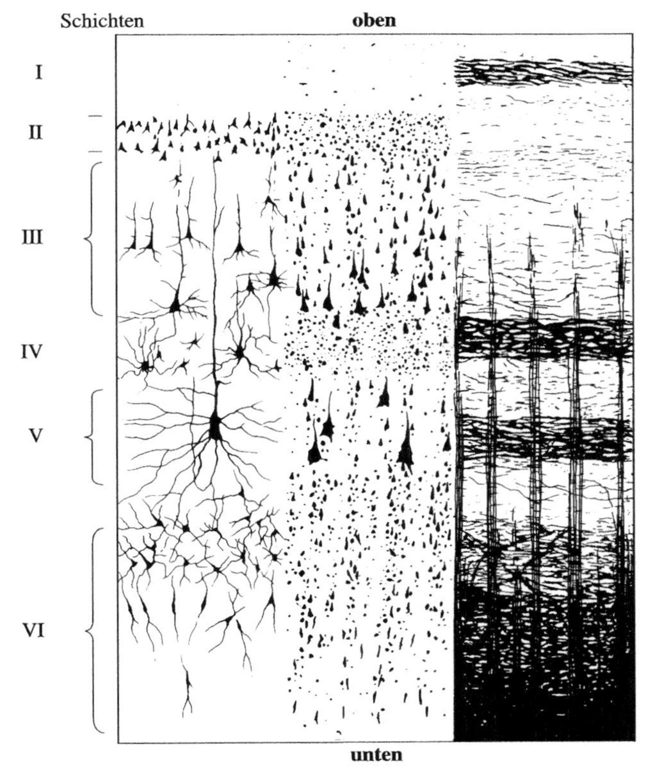

1.9 Querschnitt durch die Großhirnrinde mit ihren sechs Schichten. Auf der linken Seite der Abbildung sind ein paar typische Neuronen dargestellt, der mittlere Bereich zeigt die Verteilung der Nervenzellkörper und die rechte Seite die Organisation der Nervenfasern. Man beachte in der Mitte und rechts die säulenförmige Anordnung der Zellkörper und der Fasern, die durch die Schichten hindurch von oben nach unten verlaufen.

Der Cortex ist die äußere Zellschicht des Gehirns. Er besteht aus Neuronen und anderen Zelltypen und bildet eine drei Millimeter starke Schicht über dem übrigen Gehirn. Auf Aufnahmen vom menschlichen Gehirn entspricht die Oberfläche der beiden Hemisphären der Großhirnrinde.

Wenn man einen Schnitt durch den Cortex betrachtet, sieht man von oben nach unten mehrere Schichten aus Gruppen von Zellkörpern und Fasern (Abbildung 1.9). Es gibt sechs Schichten, wobei Schicht I an der Oberfläche und Schicht VI am Grunde liegt. Ein paar typische Nervenzellen der entsprechenden Schichten sind im linken Teil der Abbildung dargestellt. Das Erscheinungsbild der Zellkörper ist in der Mitte, die Verteilung der Faserfortsätze rechts abgebildet. Bei genauer Betrachtung sieht man im mittleren Teil der Zeichnung Säulen von Zellen und rechts Faserbahnen, welche senkrecht zu den sechs Schichten durch den Cortex ziehen. Erst in den letzten Jahren ist man zu der Einsicht gelangt, dass solche Zellsäulen die grundlegenden funktionellen Einheiten der Großhirnrinde darstellen. In sensorischen Cortexbereichen scheinen sie den Grundelementen der Wahrnehmungsvorgänge zu entsprechen. Wir werden in Kapitel 8 auf die säulenartige Organisation der Großhirnrinde zurückkommen.

Wenn man die Cortexoberfläche insgesamt betrachtet, so kann man sie in mehrere Felder oder Regionen (Areae) aufteilen. Wohl am leichtesten zu identifizieren sind die sensorischen Felder. Sinneseindrücke von Sinnesorganen wie Auge und Ohr werden auf bestimmte Regionen der Großhirnrinde projiziert (Abbildung 1.10). Visuelle Informationen etwa gelangen zum hinteren Teil des Hinterhaupts- oder *Okzipitallappens,* Informationen von Haut und Körper zum vorderen Teil des Scheitel- oder *Parietallappens* und akustische Informationen zur *Hörrinde,* die weitgehend in der Tiefe der großen seitlichen Hirnfurche (Sulcus lateralis) verborgen ist. Unmittelbar vor dem somatosensorischen Cortex und durch die Zentralfurche (Sulcus centralis) von ihm getrennt liegt der *motorische Cortex,* jener Rindenbereich, der vor allem für die Bewegungskontrolle zuständig ist.

Jedes sensorische Feld der Großhirnrinde enthält eine „Karte" – eine geordnete räumliche Projektion – desjenigen Außenbereichs, der von den zugehörigen Rezeptoren erfasst wird. Für die Rezeptoren der Haut etwa ist dies eine Karte der gesamten Körperoberfläche auf der Rinde. Im Falle des Auges wird ein Abbild der Netzhaut erstellt – also der rezeptorbesetzten, lichtempfindlichen Schicht an der Rückseite des Auges. Da die Augenlinse auf der Netzhaut ein zweidimensionales Bild der Außenwelt entwirft, erhält die Sehrinde eine Projektion der jeweiligen visuell wahrgenommenen Umgebung. Die corticale Projektionsfläche für das Ohr ist nicht so einfach aufgebaut: Sie spiegelt die Schicht der Haarzellen wider, also der Rezeptoren, die im Innenohr entlang der Schnecke (Cochlea) angeordnet sind. Die Schallfrequenzen scheinen durch unterschiedliche Orte in der Schnecke repräsentiert zu sein. Offensichtlich gibt es in der Hörrinde dementsprechend eine räumliche Schallfrequenzkarte.

Viele Bereiche der Großhirnrinde kann man auch auf der Grundlage ihres Erscheinungsbildes im histologischen Querschnitt oder am Aufbau ihrer Zellen erkennen (Abbildung 1.8). Nervenzellen, die Sinnesinformationen von Regionen unterhalb der Großhirnrinde auf deren sensorische Felder übermitteln, ziehen immer zu Zellen in der Schicht IV; daher ist diese Schicht im visuellen, somatosensorischen und auditorischen Cortex stark vergrößert. Neuronen, die ihre ableiten-

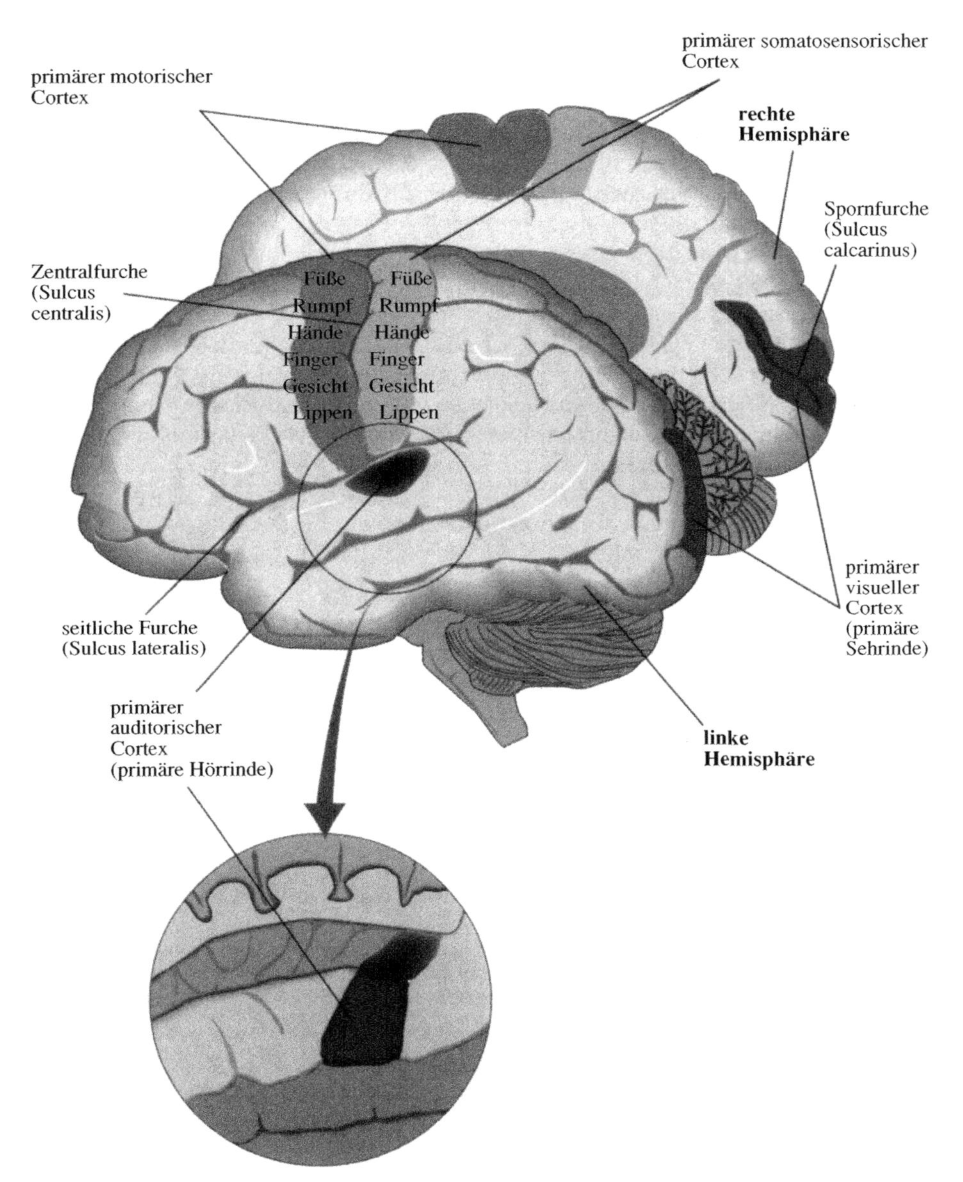

1.10 Diese Ansicht der linken Seite des menschlichen Gehirns und von Teilen der Innenfläche der rechten Seite veranschaulicht die wichtigsten Bereiche der Großhirnrinde; anhand des Ausschnittes ist der primäre auditorische Cortex (die primäre Hörrinde) dargestellt. Der primäre visuelle Cortex (die primäre Sehrinde) liegt im Hinterhauptslappen (Okzipitallappen), der somatosensorische Cortex in der Parietal- oder Scheitelregion und der motorische Bereich im präzentralen oder frontalen Cortex.

den Axone von der Großhirnrinde zu tieferen Gehirnregionen und zu Strukturen des Rückenmarks hinabsenden, liegen meist in den Schichten V und VI. In der Schicht V des motorischen Cortex, von wo aus Axone, die an der Bewegungssteuerung mitwirken, zum Rückenmark ziehen, besitzen viele der Nervenzellen riesige Zellkörper; man nennt sie Betz-Zellen. Auch zahlreiche andere Bereiche der Großhirnrinde lassen sich anhand des Erscheinungsbildes der Zellen unterscheiden. Über die Zahl der Cortexregionen beim Menschen ist sich die Fachwelt allerdings nicht einig; Schätzungen gehen von einigen wenigen bis zu über 200. Einklang besteht jedoch bezüglich der primären sensorischen Felder und des motorischen Cortex.

Die gesamte übrige Großhirnrinde wird willkürlich als Assoziationscortex bezeichnet. Wir stehen gerade erst am Anfang, die Funktionen einiger dieser Assoziationsfelder zu erfassen, die bei Menschen und anderen Primaten einen großen Teil der Großhirnrinde einnehmen. Interessanterweise ist die Grundorganisation der primären sensorischen und motorischen Felder des Cortex bei allen Säugetieren von der Ratte bis zum Menschen praktisch gleich. Steigt man die Stufenleiter der Säugerevolution hinauf, so nehmen jedoch sowohl die absolute Gehirngröße als auch der relative Anteil des Assoziationscortex auffällig zu (Abbildung 1.11).

Die Größe des Gehirns

Der Mensch hat übrigens keineswegs das größte Gehirn. Die Gehirne von Tümmlern, anderen Walen und Elefanten etwa sind weitaus größer, wenngleich die Dichte der Gehirnzellen bei ihnen geringer sein mag als im menschlichen Gehirn. Bezogen auf das Körpergewicht besitzt der Mensch aber eindeutig das größte Gehirn. Der Gorilla, ein naher Verwandter des Menschen, ist zwar deutlich schwerer und

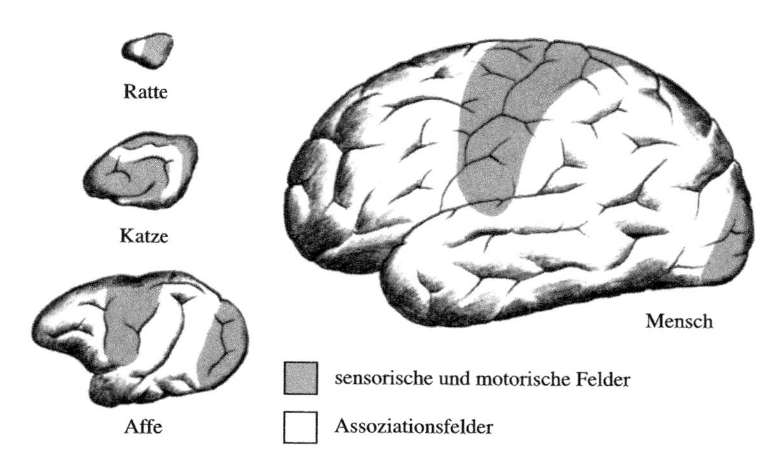

1.11 Umrisse der Großhirnhemisphären von vier Säugetieren im Größenvergleich. Man beachte die Zunahme der absoluten Größe und der Zahl der Furchen sowie die enorme Vergrößerung des Assoziationscortex.

größer als dieser, sein Gehirn erreicht jedoch nur etwa ein Viertel des Volumens eines menschlichen Gehirns.

Die Evolutionslinien, die zum Menschen beziehungsweise zu den modernen (afrikanischen) Menschenaffen geführt haben, begannen sich vor vielleicht 15 Millionen Jahren aufzuspalten. In der Folge nahm die Gehirngröße bei den Vorläufern des Menschen über die meiste Zeit hinweg nicht sonderlich zu. *Australopithecus*, das erste Geschöpf, das man mehr als Affenmenschen denn als Affen bezeichnen könnte, lebte vor etwa drei bis vier Millionen Jahren. Er ging aufrecht auf zwei Beinen und trug den Schädel wie der Mensch senkrecht über der Wirbelsäule. Sein Gehirn war jedoch nicht viel größer als das des Schimpansen heute.

Fossilfunde belegen, dass die Australopithecinen Werkzeuge herstellten. Der Mensch entwickelte nicht zufällig ein großes Gehirn und richtete sich dann auf und produzierte Werkzeuge. Vielmehr kam der aufrechte Gang zuerst; damit wurden die Hände frei, mit denen die frühen Affenmenschen nun Steine und Äste als Werkzeuge und Waffen benutzen konnten. Durch den aufrechten Gang ragte ihr Kopf außerdem deutlich über das Gras der Steppe hinaus, was ihnen vermutlich half, Beutetiere und Feinde in größerer Entfernung zu erblicken. Die Entwicklung vom Affen zum *Australopithecus* nahm etwa zehn Millionen Jahre in Anspruch. Die Gehirngröße blieb jedoch über diesen langen Zeitraum der frühen menschlichen Evolution praktisch unverändert.

Die immer noch geheimnisvolle gewaltige Zunahme der Gehirngröße beim sich entwickelnden Menschen erfolgte während der letzten drei Millionen Jahre, beginnend mit *Homo erectus*, lange nachdem sich unsere Vorfahren von Affen zu aufrecht gehenden Affenmenschen gewandelt hatten. Praktisch die gesamte Volumensteigerung geht auf die außerordentliche Größenzunahme der Großhirnrinde zurück. Über die Ursachen dieses Prozesses haben wir bis heute noch keine genauen Vorstellungen. Die tief greifenden Veränderungen, die im menschlichen Gehirn über die kurze Zeitspanne von drei Millionen Jahren stattfanden, suchen in der Evolution anderer Arten ihresgleichen.

Kommentar

Bei diesem kurzen Gang durch das Gehirn ist eine ganze Reihe spezifischer Strukturen wie Basalganglien, Hippocampus und Großhirnrinde erwähnt und im Bild vorgestellt worden. Man mag leicht den Eindruck gewinnen, das Gehirn sei wie eine Stereoanlage aus verschiedenen speziellen Komponenten wie Empfänger, Tuner und Verstärker aufgebaut. In Wirklichkeit ist das Gehirn vollkommen anders organisiert. Die verschiedenen Strukturen erhielten ihre besonderen Namen, da sie mit bloßem Auge oder im Lichtmikroskop bestimmten vertrauten Objekten ähnlich sehen. (Der Hippocampus beispielsweise – die griechische Wurzel bedeutet Seepferdchen – trägt diese Bezeichnung wegen seiner sichelförmig eingerollten Struktur, die ihm beziehungsweise einem Teil von ihm auch den deutschen Namen Ammonshorn eingebracht hat.) In gewissem Sinne stellen diese Gehirnteile jedoch gar keine echten Strukturen dar, sondern nur Ansammlungen von Zellkörpern, Faserbahnen oder beidem, die sich jeweils aufgrund ihres Erscheinungsbildes identifizieren lassen. Das Gehirn ist im Grunde ein gigantisches Netzwerk von Verbindungen zwischen Nervenzellen.

An jedem Punkt, wo eine Nervenfaser über eine Synapse mit einer anderen Nervenzelle in Kontakt tritt, wird Information übertragen und dabei möglicherweise abgewandelt und verarbeitet. Kontinuierlich fließen Informationen über die zahllosen synaptischen Verbindungen und Vernetzungen innerhalb des Gehirns. In der Evolution haben sich bestimmte Zellregionen, in denen solche Verbindungen vermehrt vorkommen – beim Menschen etwa die Großhirnrinde – enorm ausgedehnt. Das Gehirn ist nicht einfach eine Ansammlung spezieller Strukturen, sondern ein riesiges informationsverarbeitendes System.

Zusammenfassung

Die funktionellen Bausteine des Gehirns sind die Neuronen, einzelne Nervenzellen, die sich schon früh in der Evolution (Stichwort Qualle) darauf spezialisiert haben, Nachrichten zu übermitteln. Neuronen gleichen anderen Zellen des Körpers; sie beherbergen einen Zellkern, der die DNA (das Erbmaterial) enthält, und die üblichen Zellorganellen. Die Mitochondrien etwa sorgen in den Nervenzellen wie in allen anderen Zellen für die Energieproduktion (all unsere Mitochondrien verdanken wir übrigens unseren Müttern). Die Evolution des Nervensystems von den Urquallen zum heutigen Menschen vollzog sich hauptsächlich über eine gewaltige Zunahme von Anzahl und Komplexität der neuronalen Verknüpfungen; die grundlegenden Eigenschaften der Nervenzellen haben sich kaum gewandelt. Die bedeutendste Veränderung liegt darin, dass das Kopfganglion, also das Gehirn, an Größe und Komplexität ungeheuer zugenommen hat. Der Grundriss des menschlichen Gehirns und Nervensystems lässt sich schon beim Regenwurm erkennen. Die einzelnen Körperabschnitte nehmen eingehende Sinnesinformationen auf, die zentral verarbeitet werden und motorische Reaktionen in Gang setzen.

Grundstruktur und Organisation des Gehirns werden erst verständlich, wenn man sie im Kontext der Evolution betrachtet. Die Entwicklung des embryonalen beziehungsweise fetalen Gehirns von der Empfängnis bis zur Geburt offenbart zahlreiche Aspekte der Evolution. Das menschliche Nervensystem beginnt als Röhre, die dem ausgereiften Nervensystem des Wurmes sehr ähnlich ist und die sich schließlich zum Rückenmark formt. Am oberen Ende weitet sich die Röhre zu Hirnstamm, Mittelhirn und Vorderhirn aus. Somatische Nerven sorgen für den Informationsaustausch zwischen Nervensystem, Haut und Muskeln; die Hirnnerven stellen den Kontakt zum Gehirn her. Die autonomen Nerven verbinden sich mit Körperorganen (beispielsweise mit Herz und Magen) und übernehmen (sympathische) Notfall- und (parasympathische) Erhaltungsfunktionen. Das Rückenmark kontrolliert Reflexe und befördert Nachrichten zwischen Körper und Gehirn. Der Hirnstamm bildet eine röhrenförmige Verlängerung des Rückenmarks, in der sich die Kerne (Ansammlungen von Nervenzellkörpern) der meisten Hirnnerven befinden.

Das Kleinhirn (Cerebellum) entwickelt sich aus dem Hirnstamm als ein großes Gebilde mit ausgedehnter Rinde (Schichten von Nervenzellkörpern und

-verbindungen). Diese entwicklungsgeschichtlich sehr alte Struktur beteiligt sich hauptsächlich an der Bewegungskoordination und -kontrolle. Dem Hypothalamus, der an der Nahtstelle zwischen Hirnstamm und Vorderhirn gelegen ist, fällt die Schlüsselrolle in der Steuerung von Motivationen und Gefühlen zu; ferner kontrolliert er das autonome sowie (via Hypophyse) das endokrine System.

Das Vorderhirn beherbergt eine Reihe von Strukturen, die sich erst in jüngerer Zeit entwickelt haben. So enthält der Thalamus die wichtigsten Relaiskerne zwischen Großhirnrinde und sensorischen sowie motorischen Systemen. Das limbische System – zu dem Amygdala (Mandelkern), Hippocampus und benachbarte Regionen der Großhirnrinde gehören – stiftet bedeutende Verbindungen zwischen Hypothalamus und autonomem Nervensystem. Dabei scheint die Amygdala insbesondere Gefühle zu beeinflussen, während der Hippocampus eine wichtige Rolle für das Gedächtnis höherer Tiere spielt. Die Basalganglien sind ausgedehnte Strukturen in der Tiefe des Vorderhirns, die hauptsächlich mit der Kontrolle von Bewegungen befasst sind. Die Großhirnrinde, die das Vorderhirn außen ummantelt, besteht aus einer gewaltigen Ansammlung von Nervenzellkörpern und -verbindungen. Sie hat sich im Laufe der Evolution enorm ausgedehnt, und sie ist es auch, die uns eigentlich erst zu Menschen macht. Ihr kommt eine Schlüsselfunktion für das Bewusstsein, unsere ausgezeichneten sensorischen Fähigkeiten sowie Sprache und Denken zu. Die Großhirnrinde ist überall aus sechs Nervenzellschichten aufgebaut, wobei jede mehrere Neuronen dick ist. Die Nervenzellschichten sind in verschiedenen Rindenbezirken unterschiedlich spezialisiert, so in den sensorischen Feldern, den Feldern zur Bewegungssteuerung und den Assoziationsfeldern. Die Großhirnrinde hat sich in den vergangenen drei Millionen Jahren unglaublich weit entwickelt und schließlich das heutige Gehirn des *Homo sapiens* hervorgebracht.

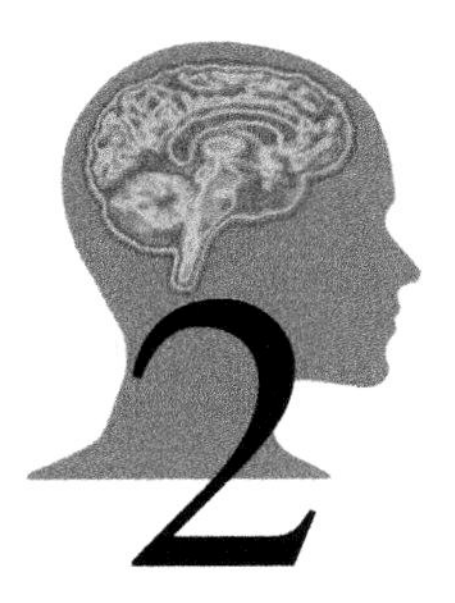

2 Die Nervenzelle

Die Nervenzelle ist die interessanteste Zelle in der gesamten Biologie (Abbildung 2.1). Sie entsteht schon vor der Geburt ihres Besitzers, teilt sich nie, um andere Nervenzellen zu bilden, und bleibt ebenso lange am Leben wie ihr Besitzer. Zwar sprechen wir hier von „sie", in Wirklichkeit finden sich aber in jedem menschlichen Gehirn viele Milliarden von Nervenzellen.

Das Gehirn ist aus einzelnen Nervenzellen oder *Neuronen* aufgebaut. In vielerlei Hinsicht entsprechen Nervenzellen allen anderen Zelltypen im Körper des Menschen. In einer Weise jedoch haben sie sich deutlich spezialisiert: Sie übertragen Information auf andere Neuronen oder auf Muskel- oder Drüsenzellen. Will man das Gehirn verstehen, dann muss man dessen funktionelle Grundeinheit, die Nervenzelle, verstehen. Die Leistungen des Gehirns beruhen auf seiner strukturellen und funktionellen Organisation – also darauf, wie Neuronen im Schaltplan des Gehirns vernetzt sind und wie sie zusammenarbeiten und sich gegenseitig beeinflussen. Das Verständnis der Nervenzelle ist der erste unumgängliche Schritt zum Verständnis des Gehirns.

In den letzten 60 Jahren hat es etliche technische Fortschritte gegeben, die für das eingehende Studium des Gehirns von großer Bedeutung waren. Der erste davon war die Mikroelektrode, eine extrem feine Elektrode, die aus dünnem Draht beziehungsweise einer spitz ausgezogenen, flüssigkeitsgefüllten Glaskapillare besteht und die Messung der elektrischen Aktivität einzelner Gehirnneuronen ermöglicht. Ein großer Teil unseres heutigen Wissens über die Arbeitsweise des Gehirns ist Experimenten mit der Mikroelektrode zu verdanken, so etwa die Erkenntnis, wie Zellen im Bereich der Synapsen miteinander kommunizieren oder wie der für das Sehen zuständige Gehirnbereich visuelle Reize verarbeitet, um Wahrnehmungseindrücke zu erzeugen.

Eine zweite Entwicklung vollzog sich langsamer und ist erst in jüngerer Zeit richtig in Schwung gekommen. Sie hat mit der Chemie der Nervenzelle zu tun. Wissenschaftler wissen schon seit geraumer Zeit, dass die meisten Nervenzellen im Gehirn mit anderen Neuronen sowie mit Muskel- und Drüsenzellen in Verbin-

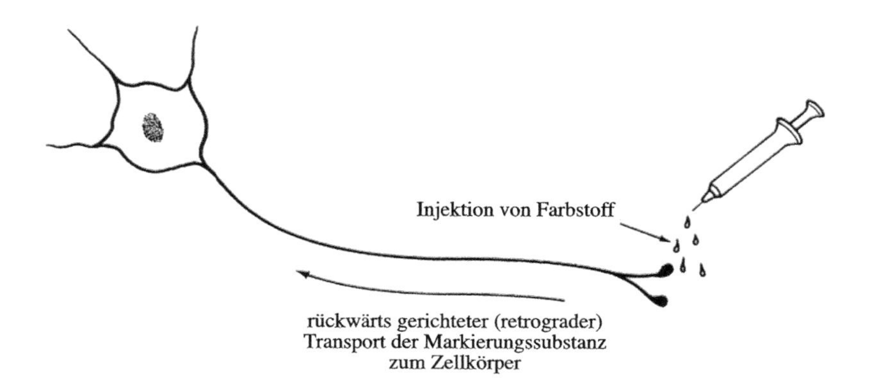

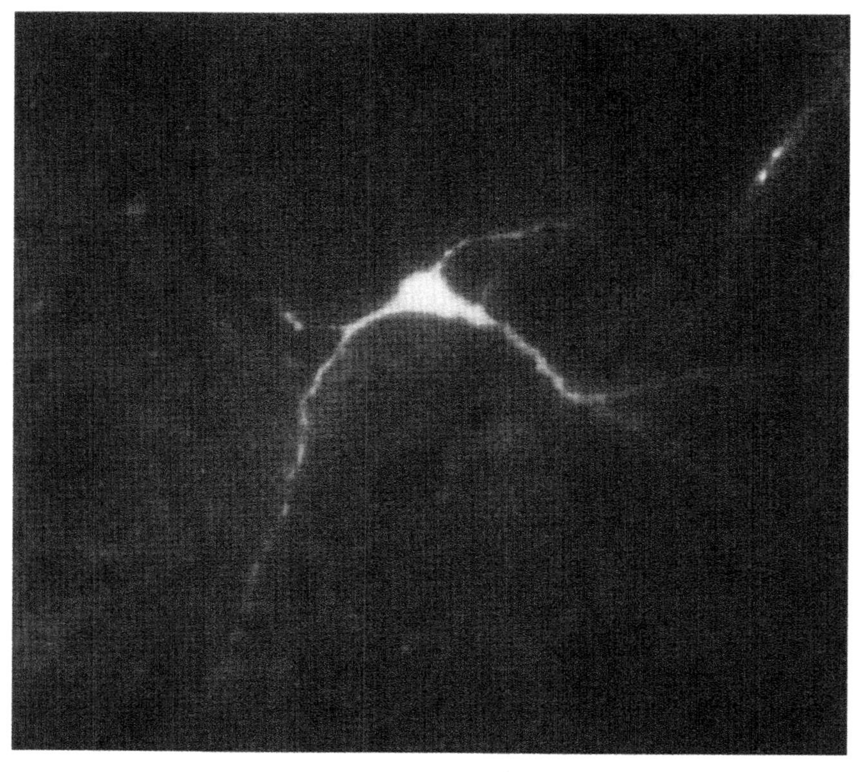

2.1 Die Fotografie zeigt eine Nervenzelle, die durch den so genannten retrograden axoplasmatischen Transport eines Farbstoffs sichtbar gemacht (und somit identifiziert) worden ist. Diese Methode, die man einsetzt, um den Verlauf von Nervenbahnen zu kartieren, ist oben schematisch dargestellt. Zunächst injiziert man einen (Fluoreszenz-)Farbstoff oder eine andere Markierungssubstanz in den Bereich der Axonendigungen; diese nehmen den Stoff auf und transportieren ihn rückwärts (retrograd) zum Zellkörper, der dadurch schließlich „aufleuchtet". In der Schwarzweißfotografie erscheint der Farbstoff (hier Fluorogold) im Zellkörper und in den Dendriten weiß.

dung stehen und diese beeinflussen, indem sie winzige Mengen chemischer Wirkstoffe freisetzen. Diese Substanzen werden *Neurotransmitter* oder kurz *Transmitter* genannt. Zahlreiche neuere Erkenntnisse über das Gehirn gehen auf Entdeckungen aus dem Bereich der chemischen Überträgerstoffe der Nervenzellen zurück.

Eine dritte Entwicklung betrifft die Anatomie der Nervenzellen und ihre Vernetzungsmuster. Das Elektronenmikroskop eröffnete Einblicke in eine gänzlich neue Welt aus Feinstrukturen innerhalb der Nervenzelle. Über spezielle Markierungstechniken wurde es zudem möglich, den genauen Verlauf von Nervenbahnen im Gehirn zu erschließen: Hierzu spritzt man Stoffe, die Nervenzellen anfärben oder sich auf andere Weise nachweisen lassen, in den Zellkörper oder die Axonendigungen eines Neurons ein, von wo aus sie dann das Axon hinab- oder hinauftransportiert werden und somit dessen Verlauf erkennbar machen. Mit wieder anderen Markierungsverfahren kann man aktive Nervenzellen von weniger aktiven unterscheiden.

Die allerneueste Entwicklung betrifft die Anwendungen aktueller Forschungsergebnisse und fortschrittlicher Technologien aus der Molekularbiologie auf die Untersuchung von Nervenzellen und Gehirn. Letztendlich leiten sich die Strukturen der Nervenzellen und die chemischen Substanzen, die sie herstellen und einsetzen, von den Genen ab. Allerdings sind Gene nicht nur am Aufbau des Gehirns beteiligt. Über die gesamte Lebensspanne hinweg regulieren sie aktiv Vorgänge in Neuronen und anderen Zellen. Veränderungen in der *Genexpression* führen dazu, dass unterschiedliche Mengen und Arten von Proteinen zur Steuerung der Nervenzellfunktion produziert werden. Die Erforschung dieser Vorgänge hat gerade erst begonnen. Die Chromosomen (oder DNA) von Säugetierzellen bestehen aus schätzungsweise 100 000 verschiedenen Genen. Das Gehirn nutzt davon vielleicht 50 000. Bemerkenswerterweise sollen 30 000 oder mehr dieser Gene ausschließlich für das Gehirn zuständig sein. Natürlich sind sie in allen Zellen präsent, sie funktionieren aber nur in Nervenzellen.

All diese Entwicklungen konzentrieren sich vor allem auf das einzelne Neuron, insbesondere auf seine elektrische und chemische Funktionsweise sowie seinen Stoffwechsel. Zum Glück sind die grundlegenden Funktionsprinzipien der Nervenzellen, wie wir noch sehen werden, relativ einfach.

Neuronen verglichen mit anderen Zellen

Wie alle anderen Zellen von vielzelligen Organismen aus dem Tier- und Pflanzenreich haben auch Nervenzellen einen gut entwickelten Zellkern, der das genetische Material, die DNA, in Form von Chromosomen enthält. Ein entscheidender Unterschied zwischen Neuronen und sonstigen Zellen besteht aber darin, dass sich Neuronen ab einem bestimmten Punkt nicht mehr vermehren. Wenn sich ein Tier aus einem befruchteten Ei entwickelt, teilen und differenzieren sich die Nervenzellen natürlich, um das Gehirn und die peripheren Nervensystemanteile zu bilden. Bei Säugetieren ist dieser Prozess allerdings zum Zeitpunkt der Geburt bereits weitestgehend abgeschlossen. Tatsächlich sind in diesem Stadium in einigen Gehirnbereichen sogar mehr Zellen vorhanden als später, da ein Teil von ihnen abstirbt. Bestimmte Verhaltensweisen und -abfolgen sind unzweifelhaft das Ergebnis der Entwicklung spezieller Verknüpfungsmuster oder Schaltpläne zwischen den Nervenzellen des Gehirns. Würden sich Neuronen ständig weiter teilen und neue Zellen hervorbringen, so könnten solche Verknüpfungsmuster verloren gehen.

Es gibt allerdings Ausnahmen von dieser Regel. Die auffallendste ist vielleicht jene, die man bei Singvögeln mit einem jahresperiodischen Verhalten wie dem Kanarienvogel beobachtet. Jedes Jahr, wenn sich die Paarungszeit nähert, komponiert der männliche Kanarienvogel ein neues Lied, um ein Weibchen anzulocken. In dieser Zeit wächst der Gehirnteil, der als neurale Grundlage für die Erzeugung des Liedes gelten kann, beträchtlich heran: Es bilden sich neue Verknüpfungen zwischen Nervenzellen, und die Größe jenes Gehirnbereichs nimmt auf mehr als das Doppelte zu. Das Gesangsmuster wird vermutlich in den dort neu entstandenen neuronalen Schaltkreisen festgeschrieben. Nach der Paarungszeit schrumpft das gesangskontrollierende Gebiet im Gehirn. Damit geht auch das Lied verloren. Erst mit dem Beginn der Brutsaison im nächsten Jahr wächst das Gesangszentrum wieder, und das Kanarienvogelmännchen komponiert ein neues Lied. Auf diese ungewöhnliche und ganz spezielle Weise schafft das Gehirn des Kanarienvogels eine strukturelle Grundlage für Lernprozesse: Es baut einen völlig neuen Satz von Schaltkreisen auf. Zum Vergessen kommt es, weil diese „Lernkreise" degenerieren und verschwinden.

Der alljährliche Aufbau neuer „Gesangsschaltkreise" innerhalb des Kanarienvogelgehirns scheint eine hoch spezialisierte Entwicklung für eine ganz besondere Form des Lernens zu sein. Denn die Schaltkreise im Gehirn, die für andere Verhaltensweisen des Kanarienvogels zuständig sind, wachsen und verschwinden nicht. Soweit wir wissen, gibt es im Gehirn von Säugetieren keinen in dieser Weise spezialisierten Prozess. Zwar beruht Lernen auch hier wahrscheinlich auf der Herstellung neuer Verbindungen oder Schaltkreise im Gehirn. Sind diese jedoch erst einmal gebildet, dann scheinen sie relativ stabil zu sein. Was bei uns wirklich in das Langzeitgedächtnis übergegangen ist, etwa das Gefühl für den Klang und den Gebrauch der Muttersprache, bleibt zeitlebens. Man stelle sich einmal die Lebensqualität von Menschen vor, deren Gehirn wie das der männlichen Kanarienvögel funktionieren würde. Jedes Jahr vergäßen sie ihre Muttersprache und alles, was sie gelernt haben, und müssten im nächsten Jahr wieder ganz von vorne anfangen.

Auch wenn sich Neuronen nach der Geburt eines Tieres nicht mehr teilen und Tochterzellen hervorbringen, werden vermutlich das ganze Leben über neue Verknüpfungen gebildet. Neueste Erkenntnisse deuten darauf hin, dass sich *Stammzellen*, die undifferenzierten Zellen in den Bereichen zwischen den Nervenzellen und den Zellen, welche die Ventrikel auskleiden, teilen und neue Zellen bilden können und dass diese Zellen dann zu Neuronen werden können. Mit anderen Worten, im Gehirn von Säugetieren können sich neue Nervenzellen bilden, aber sie gehen nicht aus anderen Neuronen hervor.

Der einzige weitere grundlegende Unterschied zwischen einer Nervenzelle und anderen Zellen liegt in der Zellmembran: Sie ist bei Neuronen darauf spezialisiert, Information weiterzuleiten und zu übertragen. Eine typische Nervenzelle sieht auch anders aus als die meisten übrigen Zellen, da zahlreiche faserförmige Fortsätze von ihr ausgehen. Jeweils eine Faser, das Axon, ist in besonderer Weise für die Übertragung von Information vom Nervenzellkörper auf andere Zellen geeignet. Einer speziellen Funktion angepasst sind auch die Endigungen der Axone, die an den Synapsen chemische Transmitter zur nächsten Zelle hin freisetzen.

Im Verlauf der langen Evolution von der Urqualle bis zum Menschen gab es nur eine bedeutende Veränderung in den Eigenschaften des Axons: eine beträchtliche Erhöhung der Leitungsgeschwindigkeit. Eine schnelle Informationsübertragung zwischen einzelnen Zellen bringt einen adaptiven Vorteil im Verhalten mit sich. Wie schnell ein Axon Information weiterleitet, hängt zunächst einmal von der Größe seines Durchmessers ab. Mit zunehmender Dicke steigt auch seine Leitungsgeschwindigkeit. Viele Wirbellose haben für eine sehr schnelle Signalübertragung Riesenaxone entwickelt. Bei Tintenfischen können solche Axone einen Millimeter dick sein. In der Tat besteht die Aufgabe des Riesenaxons beim Tintenfisch darin, eine Kontraktion des Mantels herbeizuführen, die das Wasser aus der Mantelhöhle auspresst und somit das Tier blitzschnell aus einer Gefahrenzone herausbringen kann.

Mit der Entwicklung der Wirbeltiere erschien ein neuer Axontyp: das myelinisierte Axon. Das ist ganz einfach eine Nervenfaser, die von einer dünnen Hülle oder Scheide aus einer fetthaltigen Substanz namens *Myelin* umgeben ist. (Der Begriff Myelin geht auf das griechische Wort für „Mark“ zurück.) Die Myelinhülle oder Markscheide funktioniert in gewisser Weise wie die Isolierung eines Elektrokabels; sie dient der Axonmembran als Isolator. Vergleicht man die Geschwindigkeit der Informationsübertragung in einem nackten (marklosen) Axon mit der in einem myelinisierten (markhaltigen) Axon entsprechenden Durchmessers, so zeigt sich, dass die myelinisierte Faser Signale um ein Vielfaches schneller weiterleitet. (Der Mechanismus, der dem zugrunde liegt, wird in Kapitel 3 erläutert.) Der grundsätzliche elektrochemische Prozess ist jedoch in marklosen und myelinisierten Axonen der gleiche.

Wirbeltiere nutzen myelinisierte Fasern in großem Maßstab. Im Gehirn und im gesamten übrigen Nervensystem des Menschen haben alle dickeren Axone Myelinhüllen. Interessanterweise gibt es bei Axonen mit sehr geringen Durchmessern einen Punkt, wo Myelin keinen Vorteil mehr bringt, da myelinisierte und nackte Axone dieser Dicke Signale mit gleicher Geschwindigkeit leiten. Dementsprechend sind alle Axone in den Nervensystemen des Menschen und anderer Wirbeltiere, die diesen kritischen Durchmesser unterschreiten, myelinfrei und somit den Axonen der Wirbellosen vergleichbar. Beispiele für nichtmyelinisierte Fasern beim Menschen sind die langsam leitenden Schmerzfasern, die Signale von Verletzungen und Brandwunden in der Haut an das Gehirn übermitteln, sowie Fasern, die Informationen über Temperatur weitergeben.

Der Sehnerv des Menschen, der visuelle Informationen vom Auge zum Gehirn übermittelt, ist ein gutes Beispiel, um sich eine Vorstellung von dem Vorteil zu verschaffen, den der Besitz von Myelin mit sich bringt. Jeder Sehnerv besteht aus etwa einer Million Axone, die alle myelinisiert und ziemlich dünn sind. Wollte man marklose Axone konstruieren, die die visuelle Information genauso schnell übertragen wie die myelinisierten, müsste man ihren Durchmesser sehr stark vergrößern. Ein Sehnerv aus solchen Fasern wäre so groß wie das Auge selbst und würde einen beträchtlichen Teil des Schädelinnenraumes einnehmen, den so das

Gehirn innehat. Tatsächlich beträgt der Durchmesser des menschlichen Sehnervs, der aus myelinisierten Fasern besteht, nur etwa vier Millimeter. Axone mit Myelinhüllen können die gleichen Funktionen also auf sehr viel kleinerem Raum erfüllen.

Der Aufbau einer Nervenzelle

Eine typische Nervenzelle ist in Abbildung 2.2 dargestellt. Von ihrem *Zellkörper* (dem *Perikaryon*) gehen etliche Fortsätze aus, aber nur einer davon ist das *Axon* (auch *Neurit* genannt). Dieses kann sich zwar verzweigen und eigene Fortsätze aussenden, doch an jedem Nervenzellkörper entspringt immer bloß ein einziges

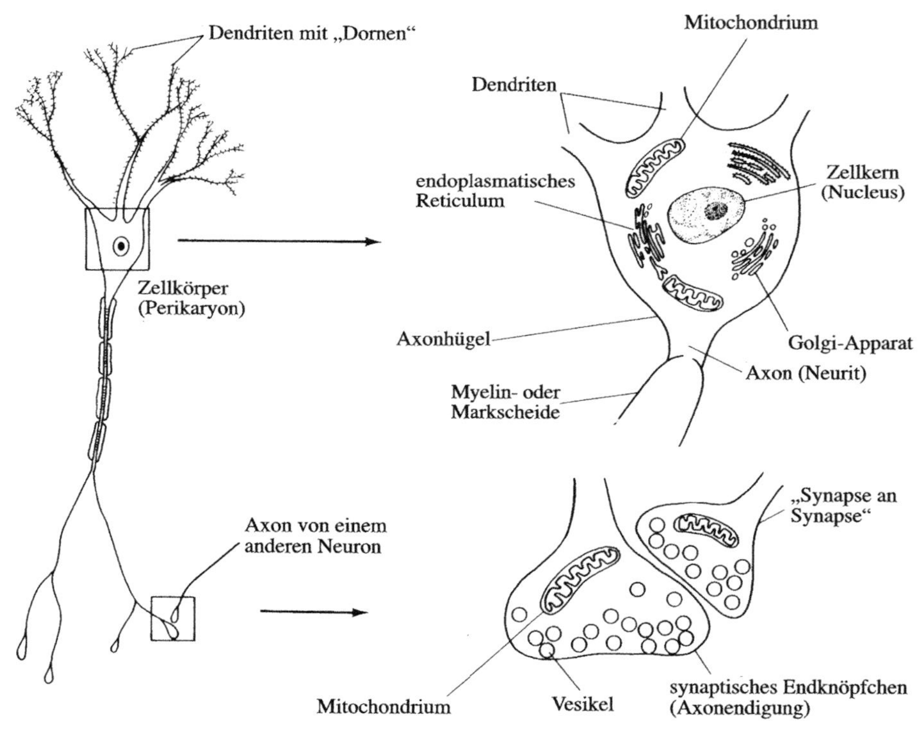

2.2 Die Hauptbestandteile einer Nervenzelle. Der Zellkörper (das Perikaryon) enthält genau die gleichen Organellen wie andere Zellen auch (Abbildung 1.2). Der Axonhügel – die Stelle, an der das Axon den Zellkörper verlässt – ist nackt, also nicht von Myelin bedeckt. Mitochondrien kommen im Zellkörper, in den Fasern und in den Axonendigungen vor. Letztere enthalten zudem kleine runde Vesikel („Bläschen"), welche die Neurotransmittersubstanzen einschließen. Synaptische Verbindungen mit den Endknöpfchen anderer Nervenzellen bedecken sowohl den Zellkörper als auch die Dendriten. Bei vielen Nervenzellen kann man am Ort der Synapsen auf den Dendriten kleine dornartige Fortsätze (englisch *spines*) erkennen. Das Axon selbst weist gewöhnlich keine Synapsen auf, außer manchmal an seinen synaptischen Endknöpfchen, wo andere neuronale Axonendigungen Synapsen an Synapsen bilden.

Axon. In der Nähe seiner Zielzellen – seien es nun andere Neuronen, Muskel- oder Drüsenzellen – spaltet es sich in eine Reihe kleinerer Äste auf, die wiederum in besonderen Verdickungen, den so genannten *synaptischen Endknöpfchen*, enden. Diese Nervenendigungen bilden *Synapsen* mit anderen Zellen aus. Die *Synapse* (nach dem griechischen Wort für „Vereinigung") ist der Ort, an dem ein Neuron Information auf eine andere Zelle überträgt.

Alle übrigen Fasern, die vom Nervenzellkörper ausstrahlen, werden *Dendriten* genannt (eine Ableitung von dem griechischen Begriff für „Baum"). Die Dendriten und der Zellkörper sind oft von Synapsen übersät, die mit den Axonendigungen anderer Nervenzellen gebildet werden. Ein typisches Neuron in der Großhirnrinde weist buchstäblich Tausende von Synapsen mit anderen Zellen auf.

Mitochondrien

Die *Mitochondrien* haben, wie in Kapitel 1 erwähnt, eine einfache, aber für das Leben der Zelle unabdingbare Hauptfunktion: Sie stellen „Bioenergie" zur Verfügung. Mitochondrien brauchen Glucose und Sauerstoff, um derartige Energie in Form von ATP-(Adenosintriphosphat-)Molekülen bereitzustellen. ATP besitzt energiereiche chemische Bindungen, nämlich Phosphatbindungen (genauer: Phosphorsäureanhydridbindungen), die für fast alle Energie verbrauchenden chemischen Reaktionen herangezogen werden. Neben ATP entstehen im Energiestoffwechsel Kohlendioxid (CO_2), das aus dem Körper ausgeschieden wird, wenn wir ausatmen, und Wasser. Der Sauerstoff, den wir einatmen, ist für die Energieerzeugung in den Mitochondrien unverzichtbar. Das Gehirn ist folglich vollständig auf die Versorgung mit Sauerstoff und Glucose durch das Blut angewiesen, da die Mitochondrien in den Nervenzellen ohne diese Substanzen kein ATP synthetisieren können.

Fast alle Prozesse, die in Zellen ablaufen, benötigen Energie. Für die Muskeln, die sich kontrahieren und damit Arbeit verrichten, ist dies ganz offensichtlich. Aber auch die Synthese chemischer Verbindungen, andere zelluläre Reaktionsabläufe und sonstige Mechanismen im Körper brauchen Energie. Interessanterweise gibt es einen Prozess in Neuronen und anderen Zellen, der für sich gesehen fast keiner Bioenergie bedarf: das so genannte Aktionspotenzial, also der Mechanismus, mit dessen Hilfe Axone Information vom Zellkörper zu den Endigungen transportieren. Allerdings müssen selbst im Axon unerwünschte Ionen (geladene Atome oder Moleküle) eliminiert werden, und die Pumpe, die sie durch die Axonmembran hinausbefördert, benötigt ebenfalls Energie. Die übrigen Aufgaben der Nervenzelle beanspruchen allesamt recht viel Energie, zum Beispiel die Synthese chemischer Substanzen wie der Transmitter, die Ausbildung von Synapsen sowie das Wachstum der Nervenfasern und anderer Fortsätze. Dementsprechend sind Mitochondrien überall in der Nervenzelle zu finden: im Zellkörper, im Axon, in den Axonendigungen und in den Dendriten.

Endoplasmatisches Reticulum und Golgi-Apparat

Das *endoplasmatische Reticulum* oder ER ist ein Membransystem, das einen Großteil des Cytoplasmas in der Zelle durchzieht. Wenn es mit Ribosomen besetzt ist, wird es als raues ER bezeichnet. Der *Golgi-Apparat*, ein weiteres intrazelluläres Membransystem, weist dichtere und in Stapeln angeordnete Membranen auf und befindet sich vielfach zwischen dem ER und der Außenseite der Zelle.

In Neuronen ist das ER häufig zu schollenartigen Strukturen verdichtet, die besonders empfindlich auf eine Chemikalie namens Thionin reagieren. Die Thioninfärbung geht auf Franz Nissl, einen der Wegbereiter der Neuroanatomie, zurück. Ihm zu Ehren werden die ER-Klumpen, die sich mit Thionin anfärben lassen, *Nissl-Schollen* genannt; sie kommen nur in den Zellkörpern der Neuronen vor, und somit färben sich bei der Nissl-Färbung lediglich die Zellkörper, nicht aber ihre Fortsätze. Man nimmt an, dass die Nissl-Schollen die gleiche Funktion erfüllen wie das übrige ER und der Golgi-Apparat, nämlich bestimmte chemische Substanzen zu produzieren und freizusetzen. Proteine, Peptide und Transmitterstoffe werden im ER und in den Nissl-Schollen synthetisiert, dann im Golgi-Apparat in kleine Vesikel („Bläschen") verpackt und in dieser Form entweder aus der Zelle ausgeschleust oder für eine spätere Ausschüttung zunächst in andere Zellbezirke transportiert. Sowohl Nerven- als auch Drüsenzellen setzen chemische Stoffe über den Golgi-Apparat frei. Zellen der endokrinen Drüsen entlassen die Hormone, die sie produzieren, direkt in die Blutbahn, während Nervenzellen die von ihnen hergestellten Transmitter an den synaptischen Endigungen ausschütten.

Die Synthese von Proteinen in Zellen ist ein komplexer, aber sehr gut beschriebener Prozess, der einen bedeutenden Aspekt der Fachgebiete Zell- und Molekularbiologie bildet. Kurz zusammengefasst: Die DNA im Zellkern (und in den Kernen der Neuronen) erzeugt eine RNA. Diese RNA „wandert" nun zu den Ribosomen, spezialisierten Strukturen im Cytoplasma, und zum endoplasmatischen Reticulum, wo die Proteine und Peptide hergestellt werden. Neurotransmitter, die an den Synapsen Informationen von einer Nervenzelle auf die nächste übertragen, sind recht kleine Moleküle. Wie wir noch sehen werden, befindet sich der Syntheseort dieser chemischen Substanzen im Normalfall in den synaptischen Endknöpfchen der Nervenzellen, wo sie freigesetzt werden.

Das Axon

Das Axon erfüllt innerhalb der Nervenzelle zwei Hauptfunktionen. Eine besteht darin, Information in Form von Aktionspotenzialen vom Zellkörper zu den synaptischen Endigungen zu leiten, wo daraufhin die synaptische Übertragung stattfindet. Zum anderen haben Axone die Aufgabe, chemische Substanzen vom Zellkörper zu den Synapsen und umgekehrt von den synaptischen Endknöpfchen zum Zellkörper zu transportieren. Dieser Prozess wird *axoplasmatischer* oder *axonaler Transport* genannt (Abbildung 2.3).

Mit der Entwicklung des Elektronenmikroskops wurde offenbar, dass das Cytoplasma der Zelle, das man zuvor eher für strukturlos gehalten hatte, in Wirklichkeit eine Fülle unterschiedlicher Strukturen enthält. Die Membranen des ER sind

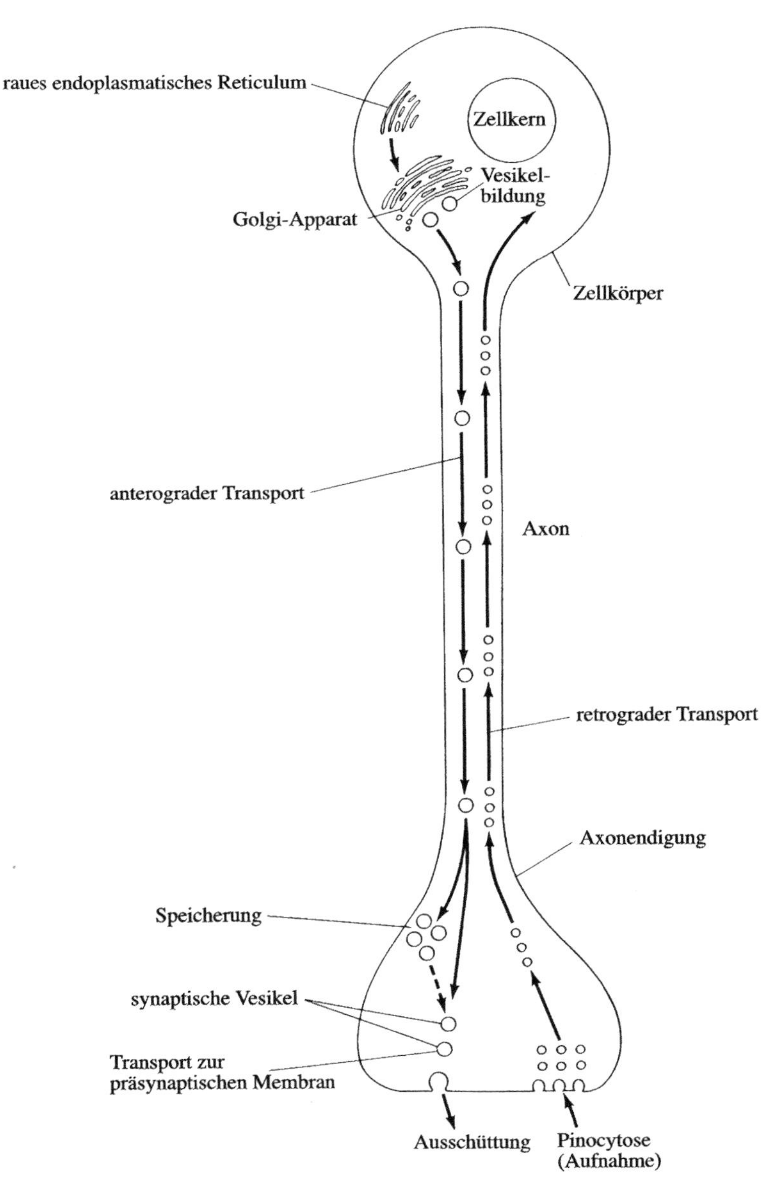

2.3 Beim axonalen (axoplasmatischen) Transport werden chemische Substanzen vom Zellkörper aus zu den synaptischen Endigungen (anterograder Transport) oder in umgekehrter Richtung (retrograder Transport) durch das Axon befördert. Man nimmt an, dass die Stoffe entlang dünner Röhrchen wandern, die das Axon ausfüllen und die man Mikrotubuli nennt.

ein Beispiel, die *Mikrotubuli* ein weiteres. Das Axon einer Nervenzelle ist voll von diesen winzigen Röhrchen, die über die gesamte Länge der Nervenfaser – vom

Zellkörper bis zur Synapse – verlaufen. Die Mikrotubuli ermöglichen es der Zelle, eine Vielzahl von Substanzen in beide Richtungen durch das Axon zu transportieren. So werden bestimmte chemische Transmitter im Zellkörper innerhalb des ER gebildet und anschließend entlang der Mikrotubuli das Axon hinab in die synaptischen Endigungen verfrachtet, wo sie gespeichert werden. Die Axonendigungen ihrerseits nehmen Überträgersubstanzen aus dem synaptischen Spalt auf, die dann faseraufwärts zurück zum Zellkörper gelangen.

Die Einzelheiten des axonalen Transports sind etwas kompliziert, da es sowohl schnelle als auch langsame Prozesse gibt. Die beiden Vorgängen zugrunde liegende Idee ist allerdings einfach. Beim schnellen Transport werden Stoffe mit einer Geschwindigkeit von zehn bis 20 Millimetern pro Tag durch das Axon transportiert. So dauert es oft nur wenige Stunden, bis eine Substanz die gesamte Länge des Axons zurückgelegt hat. Beim langsamen Transport werden Stoffe mit einer Geschwindigkeit von lediglich etwa einem Millimeter pro Tag bewegt.

Neu entwickelte Untersuchungstechniken, die sich den axonalen Transport zunutze machen, ermöglichen es, den Verlauf von Nerven innerhalb des Gehirns nachzuzeichnen. Bei einem dieser leistungsfähigen Verfahren verwendet man fluoreszierende Farbstoffe. Seltsamerweise nehmen Nervenzellen vielerlei Farbstoffe auf und transportieren sie. Injiziert man solche Stoffe in die Nähe einer Gruppe von Nervenzellkörpern, werden sie von diesen aufgenommen und rasch die Axone hinab zu den synaptischen Endigungen befördert. Diesen Prozess nennen die Fachleute *anterograden* (vorwärts gerichteten) Transport. Wenn man umgekehrt Farbstoffe in einen Gehirnbezirk einspritzt, der Axonendigungen enthält, werden die Stoffe von den Endknöpfchen aufgenommen und schnell durch die Axone zu den Zellkörpern transportiert. Dies bezeichnet man als *retrograden* (rückwärts gerichteten) Transport. Setzt man die Farbstoffe am Ende des Experiments bestimmtem Licht aus, beginnen sie im Mikroskop zu leuchten (Abbildung 2.1). Obwohl Farbstoffe in beide Richtungen transportiert werden, funktioniert das Verfahren beim retrograden Transport besser. Manche Substanzen wie beispielsweise PHA-L werden nur in anterograder Richtung transportiert. PHA-L ist ein Protein, das von der Gartenbohne produziert wird. Diese Substanz wird heute bevorzugt für anterograden Transport verwendet.

Eine andere Technik, die man anwendet, um den Verlauf von Nerven aufzuspüren, beruht auf dem Einsatz radioaktiv markierter Aminosäuren. Solche Aminosäuren werden bevorzugt von den Nervenzellkörpern aufgenommen und in anterogradem Transport zu den Axonendigungen geschafft. Wenn man radioaktiv markierte Aminosäuren im Gehirn eines Tieres in eine Region mit Zellkörpern injiziert, werden sie – je nach Länge des Axons – binnen weniger Stunden oder im Laufe von einem oder zwei Tagen zu den Axonendigungen transportiert. Das Gehirn wird dann in dünne Schnitte zerlegt, die auf einen empfindlichen fotografischen Röntgenfilm platziert werden. Solche Autoradiographien verraten, wo die Axonendigungen der Zellen liegen.

Chemische Synapsen

Das Vorkommen von Synapsen ist typisch für Nervengewebe, da sie nur von Nervenzellen und deren Zielzellen ausgebildet werden. Synapsen sind die Orte des funktionellen Kontakts zwischen den Axonendigungen und anderen Zellen. Im Lichtmikroskop erscheint ein Schnitt durch das Gehirn als ein verwirrendes Durcheinander von Verbindungen zwischen Nervenzellen. Die Einführung des Elektronenmikroskops hat uns das Verständnis der Synapse erheblich leichter gemacht und sehr viel mehr Einzelheiten erschlossen. Im Prinzip gibt es lediglich zwei Typen von Synapsen: *chemische* und *elektrische*, wobei die meisten Synapsen im Wirbeltiergehirn zum ersten Typ gehören. (Die elektrischen Synapsen werden später in diesem Kapitel besprochen.)

Chemische Synapsen haben drei charakteristische Kennzeichen, an denen man sie erkennen kann (Abbildung 2.4). Das offensichtlichste Merkmal sind die zahlreichen Bläschen oder *Vesikel*, die sich in der *präsynaptischen* (also vor dem syna-

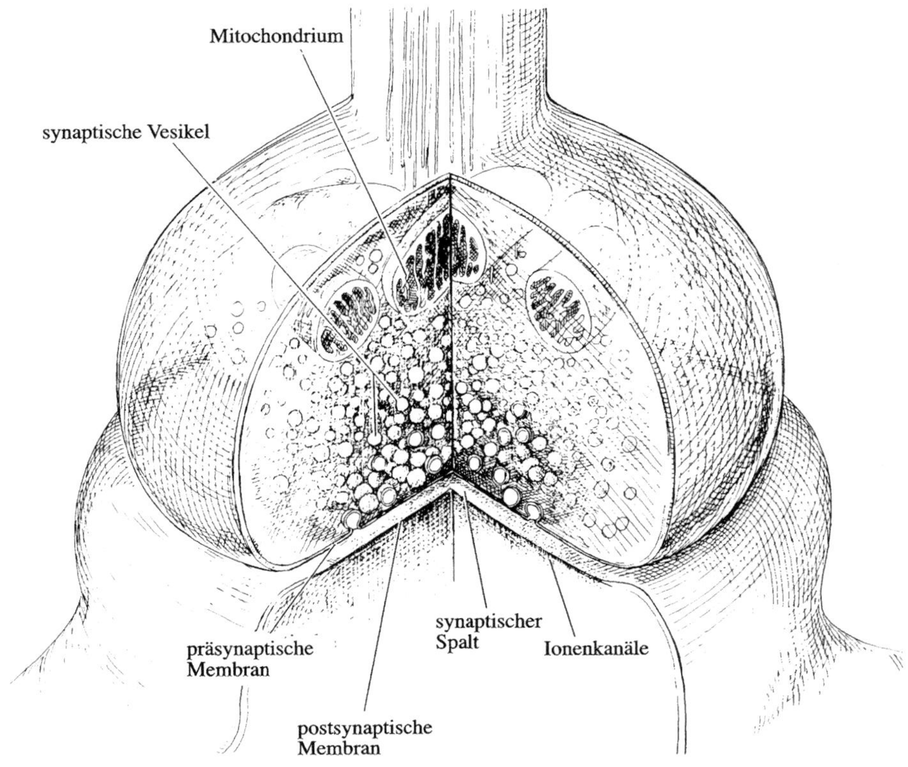

2.4 Dreidimensionale Darstellung einer Synapse. Die obere, knopfähnliche Struktur ist die Axonendigung (das synaptische Endknöpfchen) mit den vielen Transmittervesikeln, die untere der dendritische „Dorn" der empfangenden Nervenzelle. Man beachte den Zwischenraum – den synaptischen Spalt – zwischen der präsynaptischen Axonmembran und der postsynaptischen Zellmembran, die zahlreiche Ionenkanäle aufweist.

ptischen Spalt gelegenen) *Axonendigung* ansammeln; diese Vesikel enthalten die chemischen Überträgersubstanzen für die betreffende Synapse. Als Zweites weist die Zellmembran der *postsynaptischen Zelle* (nach dem Spalt) an der Synapsenregion ein dunkel gefärbtes Band auf, das die seitliche Ausdehnung der Synapse kennzeichnet. (Dieses Band ist von einer chemischen Synapse zur nächsten unterschiedlich stark ausgeprägt.) Zwischen der prä- und der postsynaptischen Membran liegt schließlich – als drittes Kennzeichen – der *synaptische Spalt*. Dieser Zwischenraum ist immer vorhanden und konstant ungefähr 20 Nanometer weit (also 20 Milliardstel eines Meters) – ein sehr schmaler Spalt zwar, aber zweifellos ein Spalt.

Wenn eine Synapse aktiv ist und Information überträgt, verschmelzen die transmittergefüllten Bläschen in der Axonendigung offenbar mit der präsynaptischen Membran und entleeren ihren Inhalt in den synaptischen Spalt (ein Prozess, den man Exocytose nennt). Die Transmittermoleküle diffundieren durch den engen Spalt und heften sich an spezifische Rezeptormoleküle auf der Oberfläche der postsynaptischen Membran (Abbildung 2.5); hierdurch wird die postsynaptische Zielzelle aktiviert.

Elektronenmikroskopisch lassen sich drei verschiedene Arten von chemischen Synapsen unterscheiden. Sie weisen alle die oben beschriebenen Kennzeichen auf, und man nimmt an, dass sie alle auf die gleiche Weise funktionieren; der Hauptunterschied besteht wohl darin, dass jeweils andere Transmitter zum Einsatz kommen. So wirken die *Synapsen mit runden Vesikeln* vermutlich erregend (exzitatorisch), das heißt, sie erhöhen die Aktivität der Zielzelle. Dagegen entfalten *Synapsen mit flachen Vesikeln* wahrscheinlich eine hemmende (inhibitorische) Wirkung, das heißt, sie senken die Aktivität der Zielzelle. Der dritte Typ schließlich, der durch den Besitz von Vesikeln mit *elektronendichtem* (dunklem) *Zentrum* gekennzeichnet ist, scheint Catecholamine zu enthalten, eine bestimmte Klasse von Transmitterstoffen, die entweder exzitatorisch oder inhibitorisch wirken (Abbildung 2.6).

Die Dendriten

Die Dendriten – also alle Fasern, die von der Nervenzelle ausgehen, mit Ausnahme des Axons – stellt man sich am besten als dünne Ausstülpungen des Zellkörpers vor. Die Dendriten verleihen der Nervenzelle ihre charakteristische Gestalt. Ihre Zahl und Größe pro Zelle kann von einigen wenigen und kurzen Fasern bis zu einer riesigen Masse von Fortsätzen reichen, die das Neuron wie einen Baum aussehen lassen.

Dendriten dienen dazu, die reizaufnehmende Oberfläche der Nervenzelle zu vergrößern. Sie sind regelrecht übersät mit Synapsen. Es sei hier daran erinnert, dass die Dendriten wie auch der Zellkörper über die synaptischen Verbindungen mit anderen Nervenzellen Signale empfangen. Die Information wird, wie wir bereits erfahren haben, vom Zellkörper des Neurons über das einzige Axon an die jeweilige Zielzelle – eine andere Nervenzelle, eine Muskel- oder Drüsenzelle – weitergeleitet.

In der Großhirnrinde sind die Dendriten zahlreicher Nervenzellen von Tausenden kleiner Vorsprünge bedeckt, die man „dendritische Dornen“ (englisch *dendritic spines)* nennt (Abbildung 2.6). An jedem dieser Vorsprünge bildet der Dendrit eine Synapse mit dem Axon einer anderen Nervenzelle. Da der „Dorn“ zum Dendriten gehört, stellt er den postsynaptischen Teil der Synapse dar; die präsynapti-

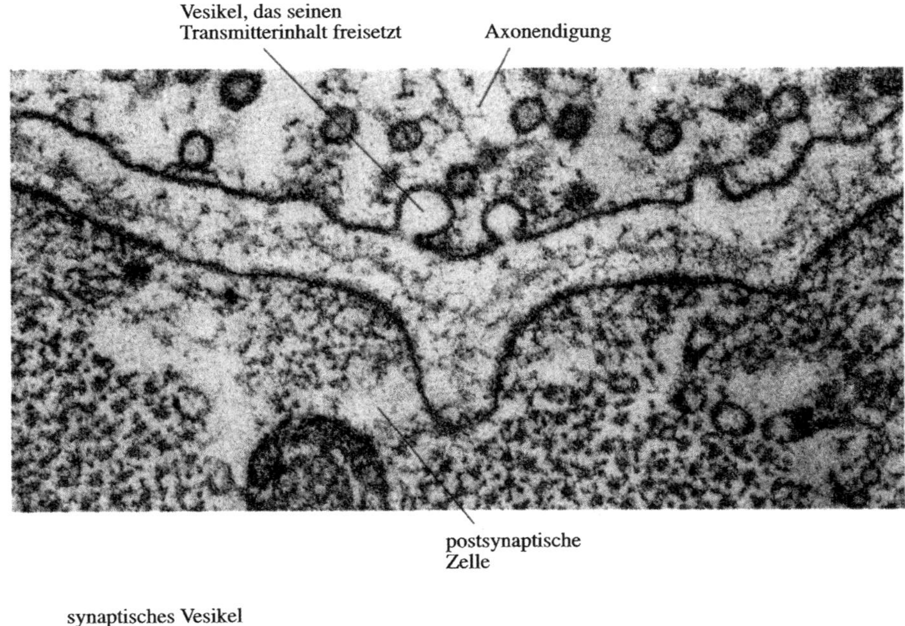

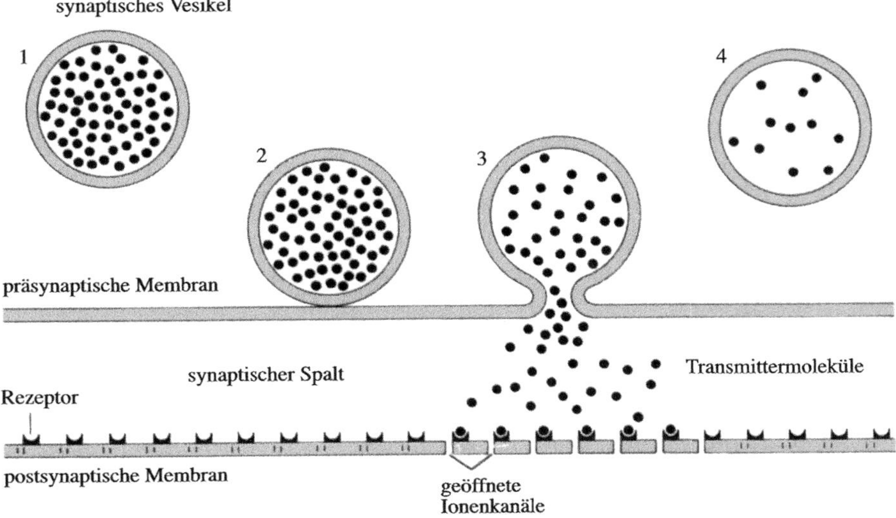

2.5 Oben: Elektronenmikroskopische Aufnahme einer Synapse in Aktion; einige der Vesikel geben gerade ihre Transmittersubstanzen in den synaptischen Spalt ab. Unten: Schematische Darstellung des Prozesses.

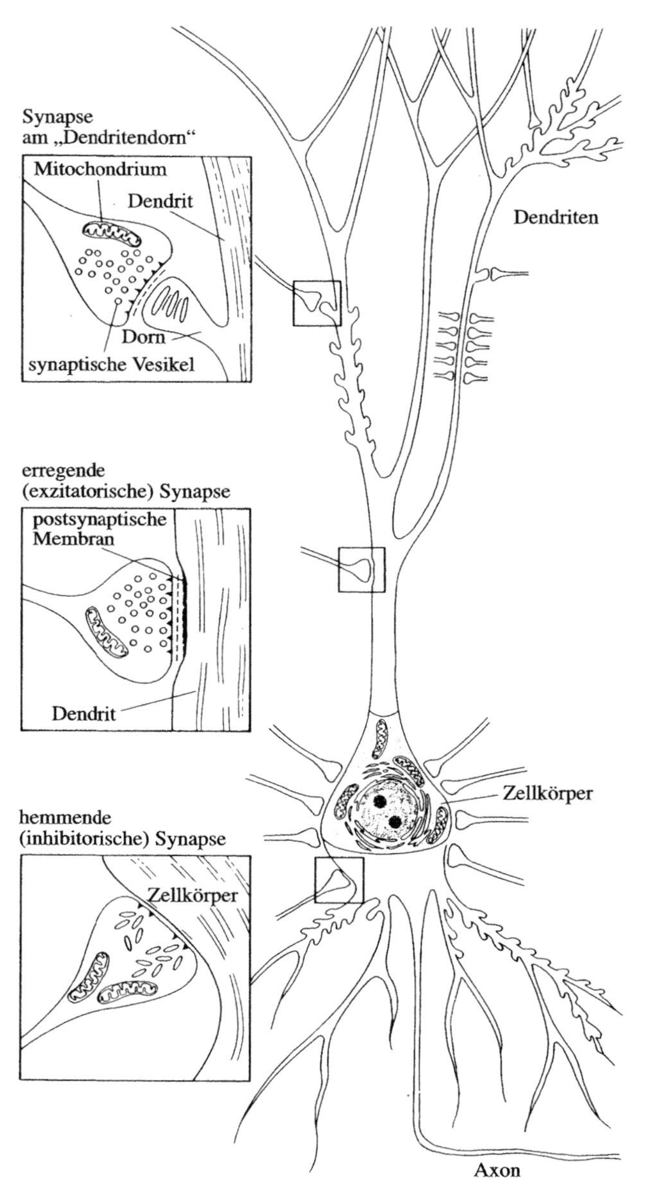

2.6 Schematische Darstellung verschiedener Synapsentypen an einer Nervenzelle. Sowohl Synapsen an dendritischen „Dornen“ (oben) als auch solche, wo die Endknöpfchen runde Vesikel enthalten (Mitte), sind vermutlich exzitatorisch (erregend); Synapsen mit Axonendigungen, in denen abgeflachte Vesikel zu finden sind (unten), dürften inhibitorisch (hemmend) wirken. Hemmende Synapsen kommen vor allem am Zellkörper vor, besonders in der Nähe des Axonhügels, an dem das Axon entspringt. An Dendriten findet man dagegen im Allgemeinen exzitatorische Synapsen.

sche Axonendigung liegt ihm gegenüber. Derartige Synapsen an dendritischen Dornen hält man für exzitatorisch.

Nervenzelltypen

Ein Schnitt durch Hirngewebe, den man – etwa mit der Golgi-Färbung – so anfärbt, dass sowohl die Zellkörper als auch deren Fortsätze (die Dendriten und das Axon) sichtbar werden, zeigt Nervenzellen in vielfältigen Formen und Größen. Glücklicherweise lässt sich die Mehrzahl der Neuronen vor allem anhand ihrer Zielorte in ein paar wenige Klassen oder Typen einordnen. Man sollte sich allerdings im Klaren darüber sein, dass eine derartige Klassifikation eine beträchtliche Vereinfachung darstellt; nicht alle Nervenzellen passen genau in eine der vorgegebenen Kategorien.

Der am einfachsten erkennbare Nervenzelltyp ist das *Motoneuron* (Abbildung 2.7a). Motoneuronen entsenden ihre Axone aus dem Nervensystem in den Körper, wo sie mit Muskelfasern oder Drüsenzellen Synapsen ausbilden. Ein Motoneuron

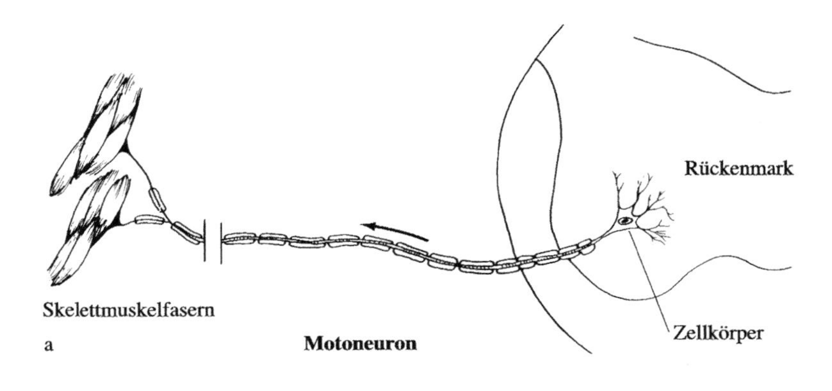

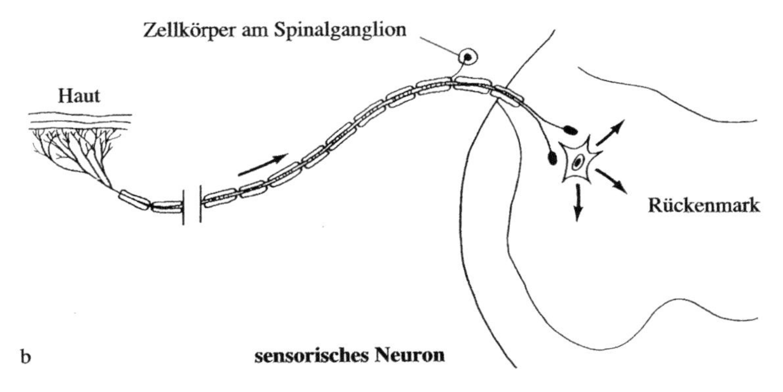

2.7 a) Typisches Motoneuron, das Bewegungsbefehle aus dem Rückenmark an die Muskeln weiterleitet, und b) eine sensorische Faser, die Information von der Haut zum Rückenmark überträgt.

besitzt einen ausgeprägten „Dendritenbaum“, einen großen Zellkörper (größer als der aller anderen Zellen im menschlichen Nervensystem) und ein sehr langes, myelinisiertes Axon. Bei all jenen Motoneuronen, die die Körpermuskulatur innervieren, liegen die Zellkörper im Rückenmark, bei denen, die die Muskulatur des Gesichts und des Kopfes versorgen, im Hirnstamm. Vom Rückenmark oder vom Hirnstamm aus ziehen die Axone in Gruppen – als Nerven – zu den Muskeln. Motoneuronen steuern die Aktivität von Skelettmuskeln. Sie selbst werden von verschiedenen Systemen im Gehirn gesteuert, die man als motorische Systeme oder Zentren bezeichnet.

Einen anderen Neuronentyp stellen die *sensorischen Nervenzellen* (Abbildung 2.7b) dar, die vom Körper zum Zentralnervensystem ziehen. Ein Beispiel für die Aktivität sensorischer (oder sensibler) Neuronen ist das Gefühl, das man empfindet, wenn man einen Gegenstand mit dem Finger leicht berührt. Hierbei werden Rezeptoren in der Haut des Fingers angesprochen, und diese aktivieren ihrerseits sensorische Nervenbahnen, welche vom Finger in das Rückenmark laufen und Tastinformationen an das Gehirn übermitteln. Die Zellkörper der sensorischen Nervenzellen liegen unmittelbar außerhalb des Rückenmarks in Gruppen zusammen, die man *Spinalganglien* nennt. Im Grunde genommen stellt die sensorische Faser zwischen der Fingerspitze und dem Zellkörper im Ganglion einen Dendriten dar, denn sie leitet Information zu einem Zellkörper, wohingegen Axone ihrer Definition nach Information vom Zellkörper weg transportieren. Allerdings sind derartige sensorische Nervenfasern auf eine schnelle Reizleitung spezialisiert; sie sind myelinisiert, und man sollte sie sich besser als Axone vorstellen.

Innerhalb des Gehirns ist die Vielfalt der Größen und Formen der Nervenzellen besonders groß. Die meisten Gehirnneuronen lassen sich einer der beiden folgenden Kategorien zuordnen: Hauptneuronen und Interneuronen. Typische Vertreter der *Hauptneuronen* sind die ganz großen Nervenzellen innerhalb einer bestimmten Gehirnstruktur oder -region, die Verbindungen zu zahlreichen anderen Neuronen aufweisen. Über ihre myelinisierten Axone senden die Hauptneuronen gewissermaßen „endgültige Botschaften“ von der betreffenden Region an andere Gebiete.

Die Axone der *Interneuronen* verlassen dagegen die Region nicht, in der sich ihr Zellkörper befindet. Sie kommen in den unterschiedlichsten Formen und Größen vor. Die meisten Interneuronen besitzen Axone, die Aktionspotenziale zu nahe gelegenen Nervenzellen übertragen (Abbildung 2.8). Andere besitzen kein langes oder überhaupt kein Axon und bilden auch keine Aktionspotenziale aus, können aber dennoch über Synapsen andere Nervenzellen beeinflussen. Unsere Regel, dass Axone Information übermitteln und Dendriten Information empfangen, wird von einigen Interneuronen durchbrochen. Dort kann ein und derselbe Dendrit sowohl Information von einer anderen Nervenzelle über eine Synapse empfangen als auch synaptisch Information an eine andere Nervenzelle weitergeben.

Im Allgemeinen weist eine definierte Region in einer bestimmten Gehirnstruktur nur einen Typ von Hauptneuronen auf, sie kann aber zahlreiche verschiedene Typen von Interneuronen besitzen. Zudem münden hier Nervenfasern von anderen Bereichen. Diese so genannten *afferenten Fasern* (denen die efferenten, also vom Zentralnervensystem zu den Erfolgsorganen führenden Fasern gegenüber-

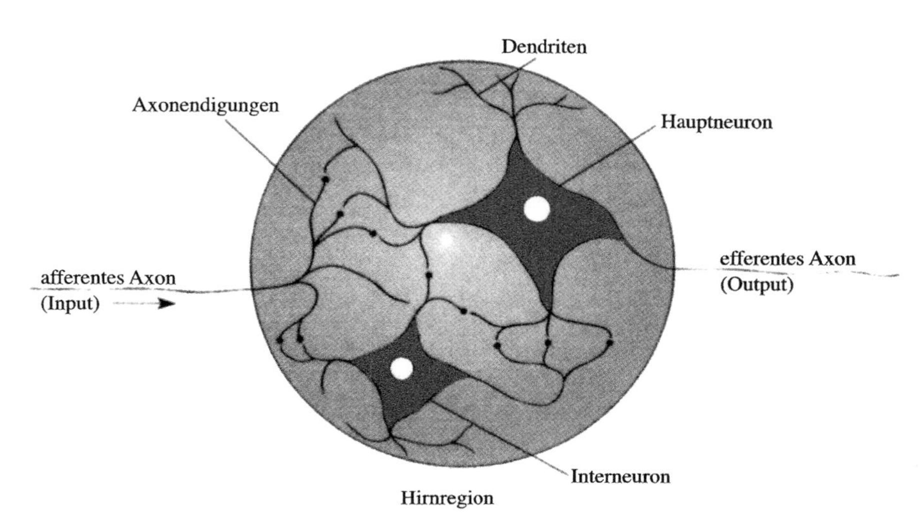

2.8 Beispiel für die Anordnung von Interneuronen. Sie liegen vollständig in einer bestimmten Hirnregion (etwa in einem bestimmten Kern oder in der Hirnrinde) und modifizieren dort den Einfluss, den informationszuführende afferente Axone auf Hauptneuronen ausüben, welche ihrerseits über efferente Axone aus der Region ausstrahlen.

stehen) sind Axone von Hauptneuronen anderer Regionen. Über sie gelangt Information in die betreffende Struktur, in der sie dann von den Interneuronen weiterverarbeitet wird. Die Hauptneuronen dort „entscheiden" schließlich, welche Signale an andere Regionen weitergeleitet werden. Wenn man sowohl die Aktivität jener Hauptneuronen in anderen Bezirken aufzeichnet, die Informationen an eine bestimmte Struktur oder Region entsenden, als auch die Aktivität derjenigen Hauptneuronen, die Signale aus eben dieser Struktur weiterleiten, so hilft das, die Art der Informationsverarbeitung in dieser einen Struktur zu verstehen. Eine Input-Output-Analyse, also eine Analyse der „Eingänge" und „Ausgänge", gestattet uns bis zu einem gewissen Grade festzustellen, was die Interneuronen innerhalb der betreffenden Struktur mit der Information gemacht haben.

Cajal nannte die Hauptneuronen Golgi-I-Neuronen und die Interneuronen Golgi-II-Neuronen. Er beobachtete, dass sich die Großhirnrinden von Mäusen und Affen hinsichtlich der Zelltypen im Wesentlichen darin unterscheiden, dass Affen im Verhältnis viel mehr Interneuronen aufweisen.

Glia

Das menschliche Gehirn enthält schätzungsweise 10^{12} Nervenzellen, aber die Zahl der Gliazellen liegt noch höher. *Gliazellen* sind keine Neuronen, da sie keine Information weiterleiten und übertragen; über ihre genauen Funktionen ist man sich allerdings in vielerlei Hinsicht noch nicht im Klaren. Die Gliazellen bilden ein Netzwerk, welches das gesamte Hirn durchzieht. Früher glaubte man einmal, die

Hauptaufgabe der Gliazellen – oder der (Neuro-)Glia, wie man sie zusammenfassend nennt – bestünde darin, ein strukturelles Gerüst für das Gehirn zu bilden. Wenn man jedoch einen Haufen solcher Zellen in einer Petrischale wachsen lässt, so sind die Fortsätze einiger Gliazelltypen ständig in Bewegung, was vermuten lässt, dass ihre Funktion nicht bloß struktureller Natur ist.

Zu den wichtigsten Aufgaben von Gliazellen gehört es, im Gehirn Substanzen aufzunehmen, die im Überschuss vorhanden sind oder nicht gebraucht werden. Im Bereich der Synapsen fallen zum Beispiel oft überschüssige Transmitter an. Wenn eine Hirnregion verletzt wird, degenerieren dort Nervenzellen und sterben ab. Gleichzeitig vermehren sich in dieser Region die Gliazellen und räumen die Zellbruchstücke weg. Auch in dieser Hinsicht unterscheiden sich Gliazellen stark von Neuronen, deren Zahl im ausgewachsenen Gehirn – zumindest bei Säugetieren – niemals mehr zunimmt. Im Wirbeltiergehirn erfüllen Gliazellen noch zwei spezielle Funktionen: Zum einen bilden sie die Myelinhüllen um die Axone, zum anderen sind sie am Aufbau der Blut-Hirn-Schranke beteiligt.

Neuere Untersuchungen deuten darauf hin, dass einige Typen von Gliazellen aktiv an der Informationsverarbeitung beteiligt sind. So besitzen beispielsweise manche Gliazellen Rezeptoren für Neurotransmitter. Sie mögen zwar keine Aktionspotenziale entwickeln (obwohl es auch dafür einige Hinweise gibt), sind aber erregbar und können ihre unmittelbare chemische Umgebung beeinflussen oder von ihr beeinflusst werden. Der häufigste Typ elektrischer Synapsen, die später erörterte *gap junction*, stellt offenbar einen Hauptweg der Kommunikation zwischen Gliazellen dar. Es gibt sogar ganz neue Indizien dafür, dass ein bestimmter Gliazellentyp aus dem Kleinhirn eine entscheidende Rolle bei Erinnerungsprozessen spielt, die im Kleinhirn ablaufen.

Myelin

Wie wir gesehen haben, sind die größeren Axone im Nervensystem von einem fetthaltigen, isolierenden Material, dem Myelin, umgeben. Diese Myelin- oder Markscheiden dienen dazu, die Geschwindigkeit der Weiterleitung von Aktionspotenzialen über das Axon (die in Kapitel 3 genauer dargestellt wird) beträchtlich zu erhöhen. Sie werden im Zentralnervensystem von einem besonderen Typ von Gliazellen gebildet, den *Oligodendrocyten.* (Die Markscheiden bildenden Zellen des peripheren Nervensystems heißen *Schwannsche Zellen*, benannt nach dem Anatomen Theodor Schwann, der sie als erster beschrieben hat.) Wenn sich Gehirn und Nervensystem im Ungeborenen entwickeln, entsenden die Oligodendrocyten Fortsätze, die sich mehrmals um die Axone der Nervenzellen wickeln. Ein fertiges Axon ist schließlich von den zahlreichen Hüllschichten einer Markscheide umgeben, die den Schichten einer Zwiebel ähnelt.

Multiple Sklerose (MS) ist ein Beispiel für eine demyelinisierende (mit Entmarkung einhergehende) Erkrankung, bei der viele der Myelinscheiden um die größeren Axone im Nervensystem zerfallen. Sie scheint nur beim Menschen vorzukommen, von Tieren gibt es bisher noch keine überzeugenden Belege. Die Auswirkungen der Krankheit sind äußerst unterschiedlich, und die Überlebensdauer der Patienten beträgt mitunter viele Jahre. Die Symptome variieren je nachdem, welche Regionen des Gehirns betroffen sind. Am häufigsten sind Hirnstamm, Kleinhirn und Rückenmark betroffen, wodurch es zu Bewegungsstörungen wie Spastizität und Schwächezuständen kommt. Bislang ist man sich über die Ursachen von MS noch nicht im Klaren, offenbar sind jedoch Veränderungen im Immunsystem daran beteiligt.

Die Blut-Hirn-Schranke

Ein anderer Typ von Gliazellen, die *Astrocyten*, spielt bei der Errichtung der so genannten Blut-Hirn-Schranke eine Rolle. Diese Schranke hindert viele im Blut vorhandene Substanzen daran, in das Gehirn einzudringen. Obwohl das Gehirn nur etwa zwei Prozent des gesamten Körpergewichts ausmacht, empfängt es 16 Prozent der Blutversorgung; auf die gleiche Masse bezogen, erhält Gehirngewebe zehnmal so viel Blut wie Muskelgewebe. Es ist daher sehr bemerkenswert, dass trotz dieser starken Blutversorgung zahlreiche Stoffe nicht ins Gehirn übertreten können, während sie doch in andere Organe, wie etwa die Leber, praktisch ungehindert eindringen. Viele natürlich vorkommende Substanzen sind für das Gehirn insofern giftig, als sie die Tätigkeit von Nervenzellen beeinträchtigen, auch wenn sie anderen Zellen wie Leberzellen kaum schaden; zudem können sich Letztere auf jeden Fall wieder teilen und regenerieren. Es wäre folglich von großem Vorteil, wenn sich derartige Gifte und andere schädliche Substanzen vom Gehirn fern halten ließen. Genau das gewährleistet die Blut-Hirn-Schranke.

Wie man sich die Struktur dieser Barriere heute vorstellt, ist in Abbildung 2.9 wiedergegeben. Fortsätze an den so genannten Astrocyten bilden auf der Außenseite, also der dem Gehirn zugewandten Seite der Blutgefäße und -kapillaren „Füßchen" aus, die sich zu einer fast durchgehenden Hülle um die Blutgefäße zusammenschließen. Diese Astrocytenhülle enthält fetthaltiges Material, sodass sämtliche nicht fettlöslichen Substanzen Schwierigkeiten haben, diese Barriere ins Hirngewebe zu durchdringen. Wie es der Zufall will, sind zahlreiche potenziell schädliche Substanzen nicht fettlöslich.

Die Übertragung an den elektrischen Synapsen

Bis in die vierziger Jahre des 20. Jahrhunderts war unklar, ob die Informationsübertragung an den Synapsen des Zentralnervensystems von Wirbeltieren chemisch oder elektrisch erfolgt; damals fanden John Eccles und andere die ersten Hinweise für eine chemische Übertragung. Eccles erhielt für diese Forschungen den Nobelpreis. Schon weitaus länger war bekannt, dass an der synaptischen Übertragung an neuromuskulären Synapsen (motorischen Endplatten) und anderen peripheren Synapsen, etwa im Herz und autonomen Nervensystem, Acetylcholin (ACh) beteiligt ist.

Die überwiegende Mehrheit der Synapsen im Gehirn von Säugetieren (einschließlich des Menschen) ist chemischer Art. Nach neueren Erkenntnissen sind elektrische Synapsen zwischen Gliazellen im Säugergehirn verbreitet. Man bezeichnet sie als so genannte *gap junctions*. Der Unterschied zwischen elektrischen

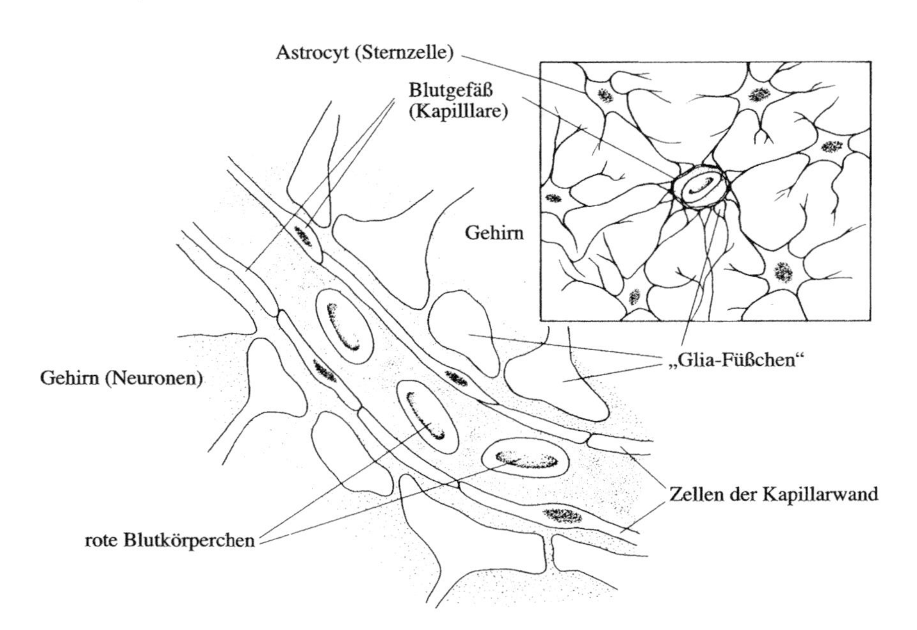

2.9 Schematische Darstellung der Blut-Hirn-Schranke. Astrocyten (eine Sorte von Gliazellen) bilden mit ihren „Füßchen" eine durchgehende Schicht um die Blutgefäße im Gehirn und schaffen so eine fetthaltige Barriere, durch die nicht fettlösliche Substanzen daran gehindert werden, vom Blut ins Gehirn vorzudringen.

und chemischen Synapsen ist von großer Bedeutung. Eine chemische Synapse ist von Natur aus plastisch; sie kann sich auf vielerlei Weise oder über viele verschiedene Schritte ändern und so ihre Aktivität erhöhen oder verringern (Kapitel 3). Elektrische Synapsen sind hingegen starr und unveränderlich. Was ankommt, bestimmt immer, was ausgesandt wird, und kann nicht kurzfristig durch größere strukturelle oder chemische Abwandlungen verändert werden. In einem Nervensystem, das ausschließlich aus elektrischen Synapsen bestünde, könnten sich weder Lernen noch Gedächtnis entwickeln.

Eine elektrische Synapse funktioniert weitgehend wie ein elektrischer Transformator. Die prä- und postsynaptischen Membranen sind bei *gap junctions* verbunden. Kommt an der Endigung einer elektrischen Synapse ein Aktionspotenzial an, erzeugt es im postsynaptischen Neuron ein elektrisches Feld. Wenn dieses groß genug ist, wird an der postsynaptischen Membran die Schwelle für ein Aktionspotenzial erreicht, die spannungsgesteuerten Natriumkanäle öffnen sich, und es entsteht ein Aktionspotenzial. Daran braucht keine Einwirkung chemischer Transmitter beteiligt zu sein.

Gap junctions sind enge Verbindungen zwischen Zellen, die als Wege für geringen elektrischen Widerstand dienen können; dadurch können benachbarte Zellen einander direkt beeinflussen. Erstmals entdeckt wurden sie im Nervensystem von Krebsen, wo sie als elektrische Synapsen fungieren. *Gap junctions* zwischen Zellen werden durch bestimmte Proteine, die so genannten *Connexine* (Abbildung 2.10), gebildet. Diese sind im Gehirn von Wirbeltieren zwischen Neuronen selten,

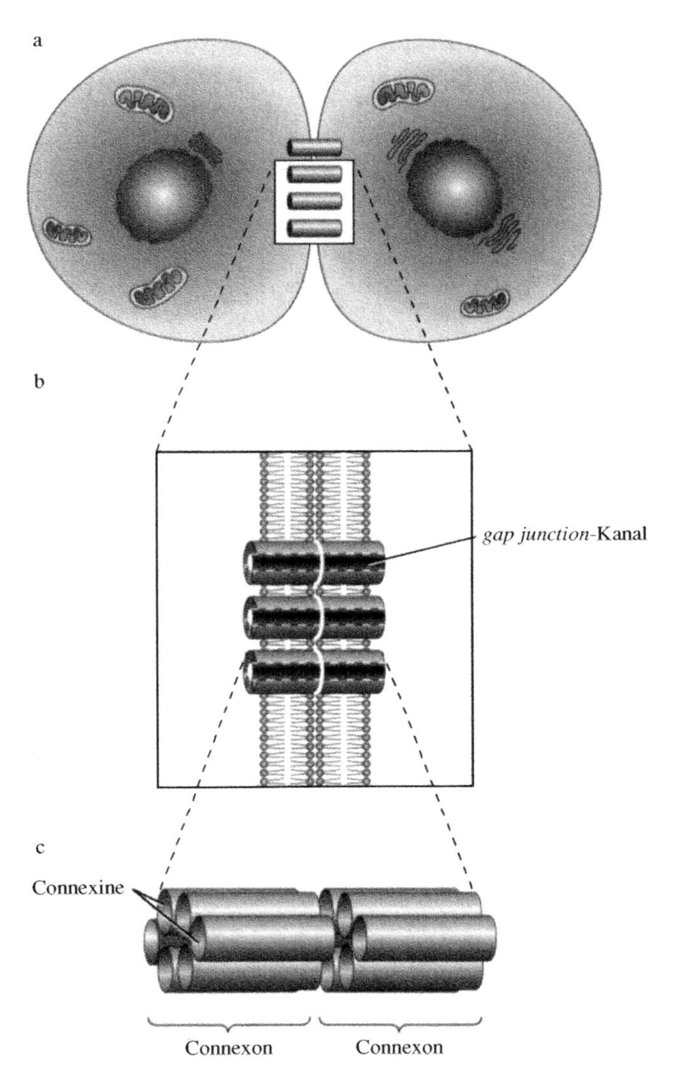

2.10 a) Eine elektrische Synapse. b) Zwei gegenüberliegende Zellen sind über mehrere *gap junctions* miteinander verbunden. c) Drei *gap junctions*, die durch Connexine gebildet werden.

aber zwischen Gliazellen und auch in der Netzhaut des Auges häufig zu finden. Generell kommen sie bei vielen anderen, nicht neuronalen Zellen vor und spielen eine entscheidende Rolle in der Frühentwicklung von Embryonen.

Wie wirkungsvoll elektrische Synapsen sind, hängt sehr stark von Größe und Anordnung der prä- und postsynaptischen Elemente ab. Damit eine solche Synapse verlässlich funktioniert, muss die präsynaptische Endigung dem postsynaptischen Element sehr ähnlich in der Größe sein. Bei einem zu kleinen präsynaptischen Element wäre auch das im postsynaptischen Neuron erzeugte elektrische Feld zu gering. Auch in einer typischen chemischen Synapse kommt es zu dem Effekt eines elektrischen Feldes, aber aufgrund des synaptischen Spaltes und der geringen Größe des präsynaptischen Elements im Vergleich zu seinem postsynaptischen Gegenstück fällt dieser Effekt sehr gering aus und wirkt sich nur unbedeutend auf das postsynaptische Mempranpotenzial aus.

Einfachere wirbellose Tiere besitzen sowohl chemische als auch elektrische Synapsen. Höchstwahrscheinlich waren die ersten Synapsen, die sich im Laufe der Evolution entwickelten, elektrischer Art. Tatsächlich bilden sich bei so primitiven Tieren wie Seeigeln zwischen den ersten Zellen nach Teilung der befruchteten Eizelle elektrische Synapsen aus. Schneidet man im Vier- oder Achtzellstadium zwei benachbarte Zellen aus dem sich entwickelnden Tier heraus, so finden sich dazwischen funktionierende elektrische Synapsen in Form von *gap junctions*. Möglicherweise spielen elektrische Synapsen eine wichtige Rolle für das Wachstum und die Entwicklung von Embryonen.

Elektrische Synapsen sind weitaus einfacher als chemische Synapsen. Warum nahm dann die Evolution all die Schwierigkeiten in Kauf, chemische Synapsen zu entwickeln? Um noch weiter zu gehen: Warum erwiesen sich die chemischen Synapsen in der Evolution als überlegen? Warum sind die meisten (aber nicht alle) Synapsen im Säugetiergehirn chemischer Art? Wie bereits angemerkt, gibt es an chemischen Synapsen sehr viel mehr Möglichkeiten für Veränderungen und Plastizität. Jedoch gibt es chemische Synapsen auch bei sehr primitiven Tieren, die außer durch Habituation (Reizgewöhnung, das heißt eine Abnahme der Reaktion infolge wiederholter Reizung) nichts lernen können. Seeanemonen, Vertreter des niedersten Tierstammes mit einem Nervensystem, besitzen sowohl chemische als auch elektrische Synapsen und zeigen Habituation. Bei Berührung ziehen sie sich zusammen, berührt man sie jedoch immer und immer wieder, ziehen sie sich zunehmend seltener zusammen – sie haben sich an den Reiz gewöhnt.

Es gibt noch einen weiteren, vielleicht noch bedeutenderen Grund, warum die chemischen Synapsen von der Evolution bevorzugt wurden. Chemische Synapsen sind im typischen Fall sehr klein, sodass eine große Zahl chemischer Synapsen auf engsten Raum gepackt werden kann. Das ist bei elektrischen Synapsen anders. Hier muss das präsynaptische Element fast genauso groß sein wie das postsynaptische, damit die elektrische Erregung an der Synapse richtig funktioniert. Dies begrenzt die Zahl der Synapsen auf einige wenige pro Nervenzelle. Ohne die kleineren chemischen Synapsen hätte sich die Komplexität selbst der einfacheren Nervensysteme von Wirbellosen nicht entwickeln können.

Ein weiterer wichtiger Unterschied zwischen chemischen und elektrischen Synapsen hängt mit der synaptischen Verzögerung zusammen. Bei elektrischen Synapsen entsteht die postsynaptische Reaktion im Wesentlichen in der gleichen Zeit wie das präsynaptische Aktionspotenzial. Bei chemischen Synapsen kommt es zu einer Verzögerung, weil es eine gewisse Zeit dauert, bis der Neurotransmitter freigesetzt wird und durch den synaptischen Spalt diffundiert. Durch diese Verzögerung erhöht sich die Fähigkeit der Zelle, Informationen mit der Zeit zu integrieren. (Dieser Sachverhalt wird in Kapitel 4 detaillierter ausgeführt.)

Im Gehirn von Säugetieren existieren elektrische Synapsen vornehmlich zwischen den Zellkörpern unmittelbar benachbarter Neuronen, welche die gleiche

Funktion erfüllen. Benachbarte Motoneuronen in einem motorischen Kern feuern zumeist gemeinsam, um nahe beieinander liegende Muskelfasern zu aktivieren. Durch die elektrischen Synapsen zwischen ihnen wird ihre Wirkung stärker synchronisiert; wenn also ein Motoneuron feuert, wird das andere etwa zur gleichen Zeit feuern und umgekehrt. Die überwiegende Mehrzahl der Synapsen im Gehirn von Säugetieren (und damit auch des Menschen) ist jedoch chemischer Natur. Wir sind, was wir sind, weil unsere Gehirne im Grunde eher chemische als elektrische Maschinerien sind.

Zusammenfassung

Nervenzellen entsprechen in vielerlei Hinsicht anderen Zellen, sind jedoch in besonderer Weise darauf spezialisiert, Information weiterzuleiten und zu übertragen. Wie bedeutend und komplex Nervenzellen sind, veranschaulicht der Tatbestand, dass 30 000 bis 50 000 Gene der menschlichen DNA zwar in allen Zellen präsent, doch ausschließlich in Hirnzellen aktiv sind. Ein bestimmtes Neuron empfängt Signale von den Axonen anderer Nervenzellen, die Tausende von Synapsen mit ihm bilden. Die Synapse ist der Bereich, in dem sich das Axonterminal (die Nervenfaserendigung) und die Membran der Zielzelle (eines anderen Neurons, einer Muskel- oder einer Drüsenzelle) ganz eng aneinander lagern, ohne sich jedoch gegenseitig direkt zu berühren. Aufgrund der jeweiligen Vorgänge an den Synapsen „entscheidet" die Nervenzelle, ob sie über ihr eigenes Axon Information aussendet, um andere Zellen zu beeinflussen oder nicht. Den Prozess, der sich an den Kontaktstellen zwischen den Neuronen abspielt, nennt man synaptische Übertragung. Hat sich die Zelle zur Informationsübermittlung „entschlossen", verlässt ein Nervenimpuls den Zellkörper und wandert rasch das Axon entlang zu dessen synaptischen Endigungen an anderen Zellen. Mit Hilfe solcher Aktionspotenziale wird also Information über das Axon der Nervenzelle weitergeleitet. Ein neuerer Typ von Axon entwickelte sich bei den Wirbeltieren: das myelinisierte Axon. Seine Membran ist von einer fetthaltigen, isolierenden Hülle, der Markscheide, umgeben. Hierdurch vermag sich der Nervenimpuls viel schneller das Axon entlang fortzupflanzen. Synaptische Übertragung und Aktionspotenziale sind die beiden grundlegenden spezialisierten Prozesse in Nervenzellen. Um sie zu verstehen, muss man mehr über die zugrunde liegenden Eigenschaften der Neuronenmembran wissen; dies wird das Thema von Kapitel 3 sein.

Das Neuron besitzt die gleichen Organellen wie alle anderen Zellen: Mitochondrien, die Bioenergie in Form von ATP aus Glucose und Sauerstoff bereitstellen; das endoplasmatische Reticulum (das in Nervenzellen häufig zu Nissl-Schollen verdichtet ist) und den Golgi-Apparat, wo unter der Anleitung von Genen Proteine und Peptide produziert werden; und Mikrotubuli, die sich in den Axonen befinden und dort chemische Substanzen hinauf- und hinuntertransportieren. Die Synapse ist kompliziert aufgebaut: Die Axonendigung (der präsynaptische Teil) besteht aus einer Verdickung, die kleine Vesikel enthält, in denen sich wahrscheinlich Neurotransmittersubstanzen befinden. Wenn die Synapse durch ein Aktionspotenzial aktiviert wird, verschmelzen die Vesikel mit der präsynaptischen Membran und setzen die Neurotransmitter in den synaptischen Spalt frei. Die Moleküle diffundieren über den Spalt hinweg und heften sich an spezifische Rezeptormoleküle auf der postsynaptischen Membran der Zielzelle. Die Dendriten schließlich sind faserförmige Anhänge der Zellkörper, die Tausende von synaptischen Kontakten anderer Nervenzellen aufnehmen (auch der Zellkörper besitzt synaptische Kontakte, das Axon in der Regel jedoch nicht).

Die meisten Synapsen im Gehirn von Säugetieren sind, wie gerade beschrieben, chemischer Natur. Es gibt aber auch als *gap junctions* bezeichnete elektrische Synapsen, an denen die präsynaptische Zelle direkt und elektrisch auf die Zielzelle einwirkt. Diese Synapsen werden zwischen den Zellen durch spezielle Proteine, die so genannten Connexine, gebildet. Eingeschränkt wird die Zahl der elektrischen Synapsen dadurch, dass die präsynaptische „Endigung" nahezu ebenso groß sein muss wie die postsynaptische Zelle, damit die Übertragung funktioniert. Bei chemischen Synapsen sind die präsynaptischen Endigungen in der Regel sehr klein, sodass auf eine einzige Zielzelle Tausende chemischer Synapsen einwirken können.

Es gibt verschiedene Grundtypen von Neuronen. Sensorische Neuronen übermitteln Information aus Sinnesorganen an Gehirn und Rückenmark. Motoneuronen leiten Bewegungsbefehle des Nervensystems an die Skelettmuskeln weiter. Innerhalb des Nervensystems lassen sich zwei Grundtypen von Nervenzellen unterscheiden: Hauptneuronen (Golgi-I-Neuronen), die mittels ihrer Axone Information an andere Regionen übermitteln, und Interneuronen (Golgi-II-Neuronen), deren Axone innerhalb der lokalen Region bleiben.

Das Gehirn besitzt auch verschiedene Typen nichtneuronaler Zellen, die Glia oder Gliazellen. Sie dienen dazu, die Hirnstruktur zu stützen, chemische Substanzen und Abfallstoffe aufzunehmen, die Axone mit Markscheiden zu umhüllen und (gemeinsam mit den Blutgefäßen) die Blut-Hirn-Schranke aufzubauen, die unerwünschte chemische Stoffe daran hindert, aus dem Blut ins Hirngewebe überzutreten. Inzwischen schreibt man ihnen noch weitere Funktionen zu: beispielsweise Kontrolle der unmittelbaren chemischen Umgebung von Nervenzellen. Über *gap junctions* (elektrische Synapsen) können sie miteinander kommunizieren.

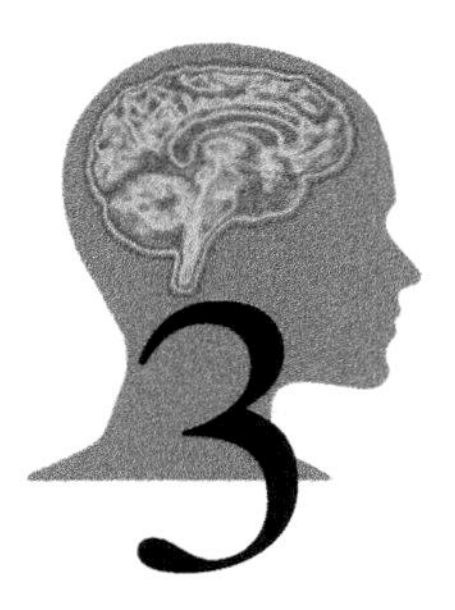

3 Membranen und Potenziale

Elektrizität ist eine grundlegende Eigenschaft biologischer Zellen. Jedes Neuron kann über seine Membran eine elektrische Spannung von einem Zehntel Volt erzeugen. Man könnte denken, dass 10^{12} Neuronen einen ganz schönen Stromstoß abgeben können – was auch der Fall wäre, sofern sie hintereinander gekoppelt wären. Auf genau diese Weise erzeugt ein Zitteraal eine Stromstärke, die ausreicht, um einen Menschen zu betäuben. Seit der Zeit von Galvani und Volta ist uns bekannt, dass die Funktion des Nervensystems von Elektrizität abhängt, aber erst die Entwicklung der Elektronik im 20. Jahrhundert ermöglichte es, die Elektrizität bei Tieren zu verstehen.

Eine Nervenzelle kann Informationen weiterleiten und auf andere Zellen übertragen, weil ihre Außenmembran in besonderer Weise dafür ausgerüstet ist (Abbildung 3.1). Der allgemeine Aufbau dieser Membran entspricht dem anderer Zellmembranen; genau wie jene dient sie der Zelle als Schutzhülle und zum ein- oder auswärts gerichteten Transport von chemischen Substanzen. Eine weitere wichtige Eigenschaft aller Zellmembranen ist der Besitz von *Ionenkanälen*; das sind quasi winzige Löcher in der Membran, durch die bestimmte Ionen – also geladene Teilchen – in die Zelle hinein oder aus ihr heraus gelangen können. Die meisten Zellen weisen über ihre Membran einen verhältnismäßig großen Spannungsunterschied von fast einem Zehntel Volt auf. Dieses so genannte Ruhepotenzial kommt, wie wir noch sehen werden, durch die Tätigkeit der Ionenkanäle zustande.

Als sich bei einfachen vielzelligen Tieren erstmals Nervenzellen entwickelten, erfuhren bestimmte Ionenkanäle eine Spezialisierung, die es der Zelle ermöglichte, eine Nachricht in Form eines Aktionspotenzials entlang des Axons weiterzuleiten und dadurch letztlich andere Zellen zu beeinflussen. In diesem Kapitel wollen wir jene zwei grundlegenden Kennzeichen eines Neurons näher untersuchen: die Ionenkanäle und die Mechanismen, über die solche Kanäle zum einen das Ruhepotenzial, zum anderen das Aktionspotenzial einer Membran erzeugen. Die *Zell-* oder *Plasmamembran* ist eine dünne zweischichtige Lamelle, welche die Zelle von ihrer Umgebung abgrenzt. Viele Zellen besitzen noch weitere spezielle

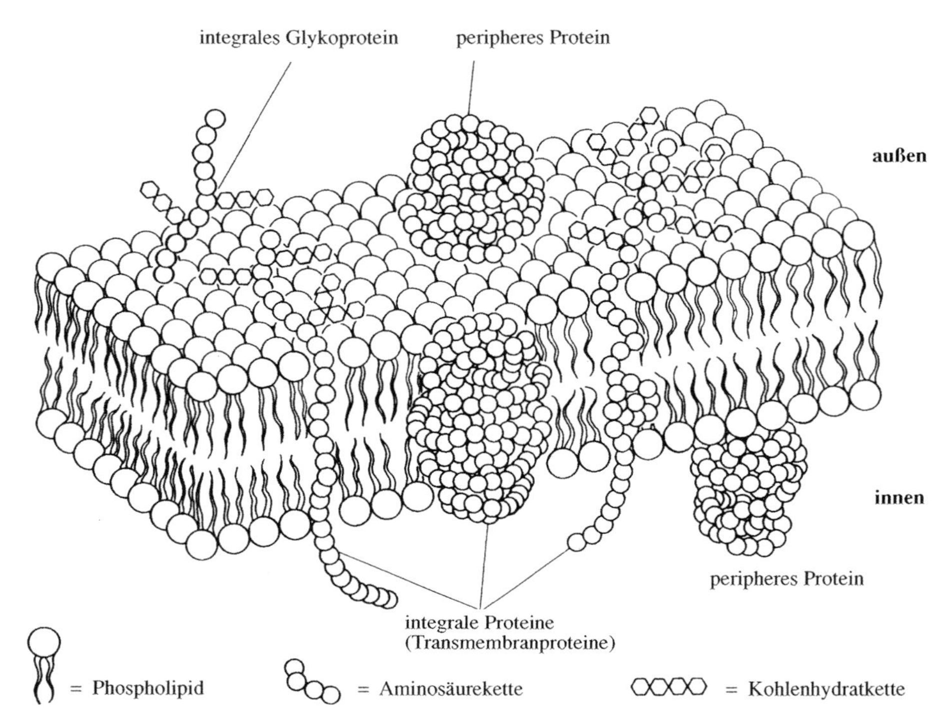

3.1 *Fluid mosaic*-Modell der Zellmembran („flüssiges Mosaik"). In einer Phospholipid-Doppelschicht „schwimmen" Proteinmoleküle, die teils als chemische Rezeptoren, teils als Ionenkanäle fungieren.

Außenhüllen, aber die dünne Zellmembran ist die eigentliche funktionelle Barriere der Zelle. Sie ist recht flexibel – praktisch sogar flüssig (fluide) – und kann daher ihre Form leicht verändern. Trotzdem stellt sie eine stabile und unverzichtbare Grenzschicht für die Zelle dar. Jede Art von Wechselwirkung zwischen der Zelle und ihrer Umgebung muss durch oder über diese Membran erfolgen.

Die Zellmembran ähnelt in gewisser Weise dem Häutchen einer Seifenblase, denn sie ist nicht nur sehr dünn – nämlich ungefähr zehn Nanometer (ein Nanometer entspricht einem Milliardstel Meter) –, sondern baut sich auch wie ein Seifenfilm zu einem großen Prozentsatz aus Fettsäuren auf. Anders als in Seifen kommen die Fettsäuren in der Zellmembran allerdings vor allem in Form von Phosphoglyceriden (Phospholipiden) vor; in einem solchen Molekül sind eine Alkoholgruppe, Phosphorsäure (eine starke Säure), Glycerin und jeweils zwei Fettsäuren miteinander verknüpft (Abbildung 3.2). Ein Phosphoglycerid besitzt einige interessante Eigenschaften, unter anderem die, dass der Phosphorsäureteil des Moleküls – sein „Kopf" – von Wasser stark angezogen wird; allgemein versuchen starke Säuren, sich mit Wasser, soweit verfügbar, zu verbinden. Die Fettsäuren werden dagegen von Wasser abgestoßen – aus demselben Grund, aus dem sich Öl und Wasser nicht miteinander mischen. Gerade die „Schwänze" der Fettsäuren, die lange Kohlenwasserstoffketten darstellen, meiden den Kontakt mit Wasser.

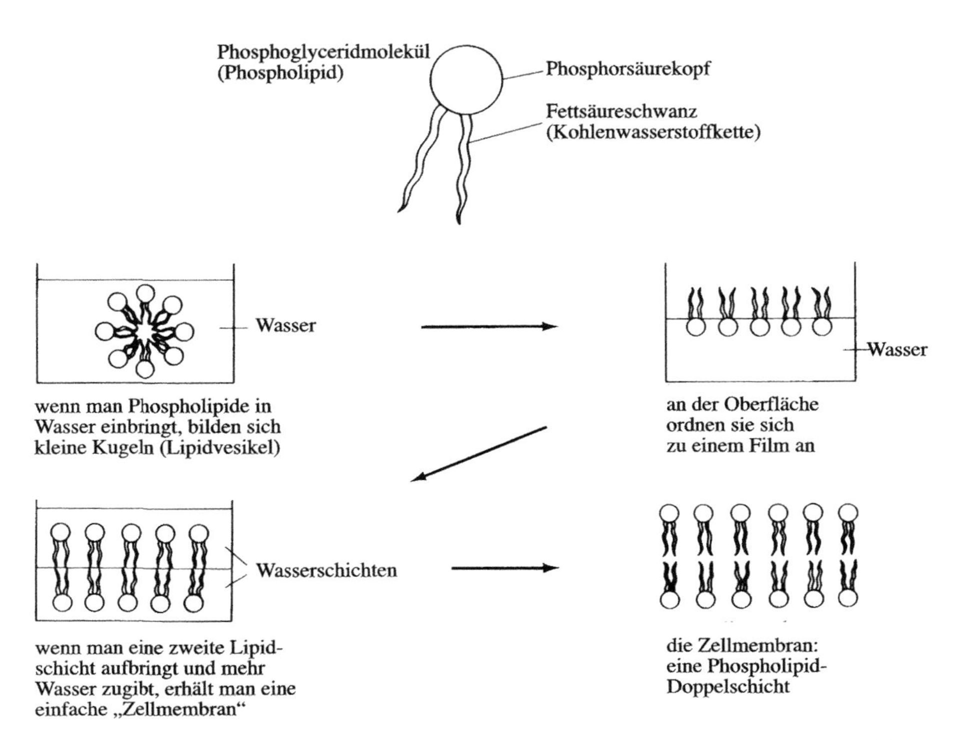

3.2 Zellmembranen bestehen aus zwei Schichten von Phospholipidmolekülen. Diese Moleküle weisen ein Phosphorsäure-"Köpfchen" auf, das von Wasser angezogen wird (Hydrophilie), und Fettsäure-"Schwänze", die von Wasser abgestoßen werden (Hydrophobie). Da sowohl das Innen- als auch das Außenmedium von Zellen hauptsächlich aus Wasser bestehen, ordnen sich die Moleküle in einer Doppelschicht (englisch *bilayer*) an, in der die Köpfchen nach außen und die Schwänze nach innen ragen.

Wirft man Phospholipidmoleküle in Wasser, dann bilden sich kleine Kugeln, in denen die hydrophilen („Wasser liebenden") Säureköpfchen, die vom Wasser angezogen werden, außen und die hydrophoben, vom Wasser abgestoßenen Kohlenwasserstoffschwänze innen liegen (Abbildung 3.2). Wenn man eine Schicht solcher Moleküle sehr vorsichtig auf die Wasseroberfläche aufbrächte, würden die Köpfchen in das Wasser und die Schwänze aus ihm heraus ragen. Würde man nun eine weitere Lage Phospholipide sowie mehr Wasser hinzufügen, erhielte man eine symmetrische Doppelschicht, in der die Säureköpfchen auf beiden Seiten ins Wasser ragen und die Kohlenwasserstoffketten sich dazwischen anordnen würden (Abbildung 3.2). Diese Lipid-Doppelschicht, nach dem entsprechenden englischen Wort auch *Bilayer* genannt, ist die Grundstruktur der Zellmembran.

Die Moleküle einer solchen Lipid-Doppelschicht sind nicht über irgendeine starke chemische Bindung oder strukturell miteinander verknüpft. Die Membran verdankt ihre Existenz der Tatsache, dass sich auf beiden Seiten Wasser befindet und dass die Säureköpfchen das Wasser bevorzugen, die Kohlenwasserstoffschwänze hingegen nicht. Das bedeutet, dass die Membran im Grunde genommen flüssig ist. Gäbe es im umgebenden Wasser Strömungen, dann würde sie sich in etwa mit diesen bewegen. Die Zellmembran scheint somit für die Aufgabe, die Zelle vor der Umgebung zu schützen, eine ziemlich empfindliche Struktur zu sein, aber dennoch tut sie dies mit großem Erfolg.

Zusätzlich zu den fettsäurehaltigen Phosphoglyceriden und einigen anderen Lipiden wie etwa Cholesterin enthält die Zellmembran verschiedene Proteinmoleküle. Diese großen, unregelmäßig über die Membran verteilten Moleküle „treiben" buchstäblich in der Lipid-Doppelschicht (Abbildung 3.1). Einige sind groß genug, um die gesamte Membran zu durchspannen, andere ragen nur auf einer Seite aus der Lipidschicht (integrale Proteine); wieder andere liegen der Membran lediglich auf (periphere Proteine). Ein Proteinmolekül, das in der äußeren Lipidschicht verankert ist, bleibt dort auch im Allgemeinen. Es kann sich lateral, also seitlich, in der Membran bewegen, aber gewöhnlich nicht zur Innenseite wandern oder sich weiter aus der Membran herausschieben. Das gleiche gilt für Proteine, die nach innen orientiert sind. Vor allem die Proteinmoleküle auf der Außenseite besitzen oft Kohlenhydratseitenketten, die aus der Membran in das wässrige Medium ragen. (Zucker, wie Glucose und Saccharose, sind Beispiele für Kohlenhydrate.)

Viele Proteinmoleküle mit Kohlenhydratseitenketten fungieren in der Zellmembran wahrscheinlich als *chemische Rezeptoren*. Das Modell des Rezeptors ist ein Grundpfeiler der modernen Zellbiologie und für unser Verständnis des Nervensystems von entscheidender Bedeutung. Unter einem Rezeptor versteht man ein Proteinmolekül, das einen speziellen *chemischen Botenstoff* erkennt. Die Identifikation erfolgt anhand der Molekülform und der Verteilung der elektrischen Ladungen. Einfach ausgedrückt, ein Botenstoff (englisch *messenger)* passt etwa so in seinen Rezeptor wie ein Schlüssel ins Schloss. Die Botensubstanzen binden jeweils an die geeigneten Proteinmoleküle auf der Zellmembran und können dadurch verschiedene Veränderungen sowohl in der Membran selbst als auch bei den Prozessen im Zellinneren bewirken.

Ionenkanäle

Eine ganz entscheidende Eigenschaft von Zellmembranen besteht darin, dass sie von winzigen, hoch selektiven Poren durchsetzt sind. Dabei handelt es sich nicht um einfache Löcher, sondern um spezielle Membranproteine, die jeweils eine Art Tunnel durch die gesamte Lipid-Doppelschicht bilden. Ein bestimmter Porentyp, der Ionenkanal, ist viel zu eng, als dass so große Partikel wie Zuckermoleküle ihn passieren könnten, doch ist er weit genug, um kleinere Ionen wie Natrium, Kalium und Chlorid hindurchzulassen.

Ionen sind in Wasser gelöste Atome oder Moleküle mit einer elektrischen Ladung (siehe Anhang). Löst man Natriumchlorid, also Kochsalz, in Wasser, dann trennen sich die Natrium- und Chloratome als Ionen voneinander: Die Natriumionen, denen quasi ein Elektron fehlt (Elektronen sind negativ geladene Teilchen), haben eine Ladung von +1, was man mit der Schreibweise Na^+ ausdrückt, die Chloridionen, die ein zusätzliches Elektron aufweisen, sind einfach negativ geladen (Symbol Cl^-). Ein anderes wichtiges Ion, das man bei der Erörterung der Ionenkanäle berücksichtigen muss, ist das einfach positiv geladene Kaliumion, ab-

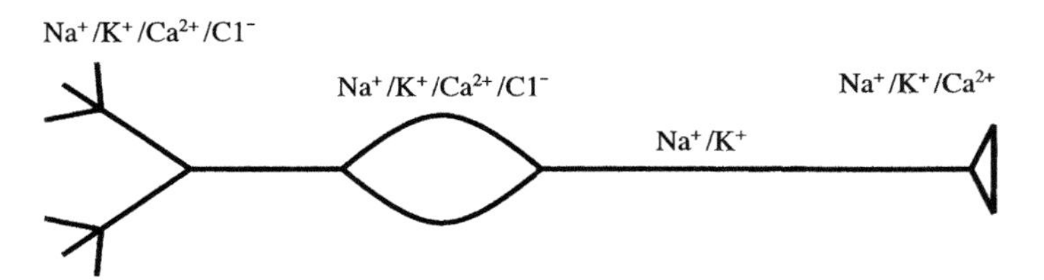

3.3 Die relative Verteilung der wichtigsten Ionenkanäle in einer typischen Säugernervenzelle. Man beachte, dass das Axon in erster Linie nur Natrium- und Kaliumkanäle aufweist.

gekürzt K^+. Darüber hinaus ist für ein Verständnis der Nervenfunktion nur noch ein weiteres Ion entscheidend, nämlich das zweifach positiv geladene Calciumion (Ca^{2+}).

Eine Zellmembran enthält für jede Ionenart eigene Kanäle: Es gibt Kalium-, Natrium- und Chloridkanäle, die in ihr verteilt sind. Die verschiedenartigen Ionenkanäle sind allerdings in den einzelnen Abschnitten der Nervenzelle unterschiedlich stark verbreitet (Abbildung 3.3). So kommen Calciumkanäle in beträchtlicher Anzahl in den Nervenfaserendigungen vor, wo sie eine besondere Aufgabe bei der synaptischen Übertragung übernehmen, die in Kapitel 4 erörtert wird.

Abbildung 3.4 ist eine recht schematische Darstellung der Ionenkanäle in einer Nervenzellmembran. Sie zeigt einen Teil einer Nervenfaser, die wie etwa das Riesenaxon eines Tintenfisches keine Myelinscheide besitzt. Die Dichte der Ionenkanäle ist gewöhnlich geringer als abgebildet; es liegen Schätzungen vor, nach de-

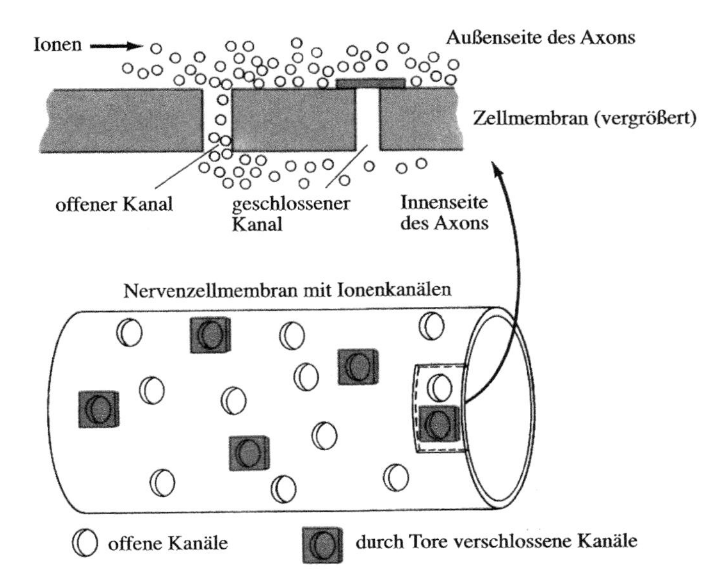

3.4 Schematische Darstellung einer Axonmembran, die sowohl offene als auch durch Tore (englisch *gates*) verschlossene Ionenkanäle aufweist.

nen auf eine Million Membranmoleküle gerade ein Natriumkanal kommt. Wenn wir klein genug wären, um auf einer Nervenzellmembran spazieren gehen zu können, würden wir nur ab und zu auf einen Ionenkanal stoßen. Über die gesamte Membran gesehen gibt es jedoch sehr viele solche Kanäle.

Die Ionenkanäle in den Zellmembranen gehören zwei Typen an: Entweder sind es offene Poren ohne Verschlussmechanismus, oder sie lassen sich durch besondere Tore (englisch *gates*) öffnen und schließen (Abbildungen 3.4 und 3.5). Diese Tore ähneln wohl nicht so sehr richtigen Toren, aber das Prinzip ist ähnlich.

Möglicherweise sind die Kanäle nicht vollkommen spezifisch für die verschiedenen Ionentypen. Im Tintenfischaxon kommen auf jeden Fall offene K^+-Kanäle, verschließbare K^+-Kanäle, verschließbare Na^+-Kanäle und wahrscheinlich auch

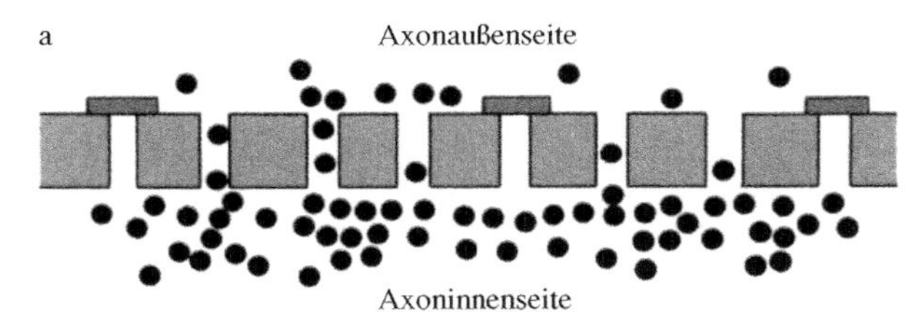

Kaliumkanäle und Kalium-(K^+-)Ionen ●

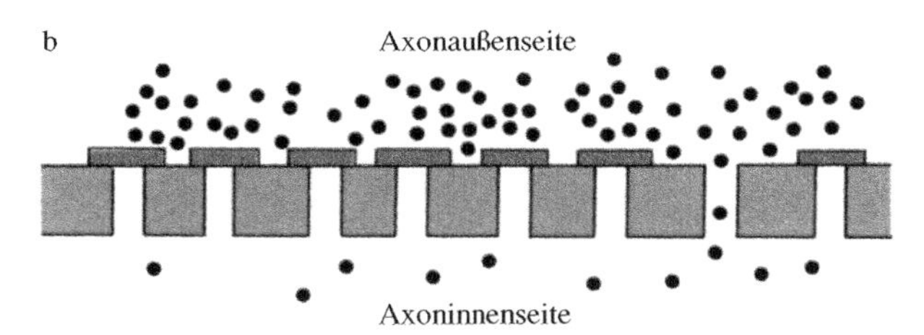

Natriumkanäle und Natrium-(Na^+-)Ionen

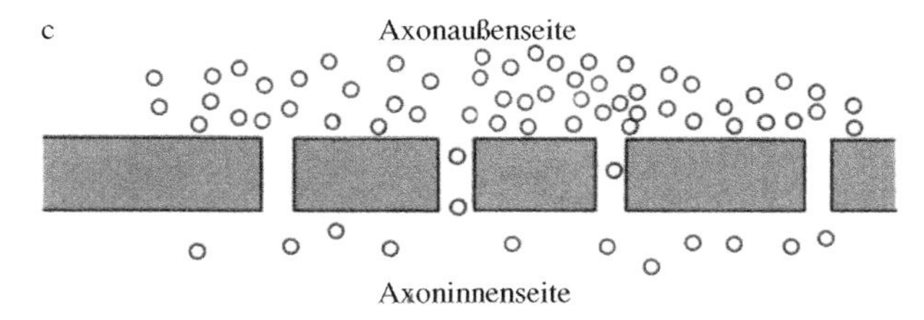

Chloridkanäle und Chlorid-(Cl^--)Ionen

3.5 Häufig vorkommende Ionenkanäle in der Axonmembran. Die meisten Kaliumkanäle (a) gehören zum ständig offenen Typ, und die Kaliumionen befinden sich größtenteils im Axoninneren. Von den Natriumkanälen (b) ist die Mehrzahl durch Tore verschlossen, und die meisten Natriumionen kommen außerhalb des Axons vor. Die Chloridkanäle (c) sind offen, und die entsprechenden Ionen liegen überwiegend außen; es gibt allerdings weniger Chlorid- als Kalium- oder Natriumkanäle.

offene Cl^--Kanäle vor (Abbildung 3.5). Es ist jedoch nicht sicher, ob es auch offene Na^+-Kanäle gibt oder ob Na^+ gelegentlich durch die offenen K^+-Kanäle „sickert“. Im Allgemeinen verhält sich die Membran jedoch so, als seien die Ionenkanäle typspezifisch. Sie scheinen der Größe ihrer jeweiligen Ionen genau angepasst zu sein. In wässrigen Medien gruppieren sich noch Wassermoleküle um die Ionen (die man dann als hydratisiert bezeichnet), sodass die Ionen größer sind als die entsprechenden Atome. Verschiedene Ionen bilden unterschiedlich große Hydrathüllen aus. Die Kaliumkanäle gehören hauptsächlich zum offenen Typ (Abbildung 3.5a). Das bedeutet, dass eine beträchtliche Menge von K^+-Ionen durch die Membran hin und her fließen kann. Wenn sich die Nervenzellmembran im Ruhezustand befindet, bleiben die mit Toren ausgestatteten Kaliumkanäle geschlossen.

Die „passiven“ Eigenschaften der Zellmembran werden durch die offenen Ionenkanäle, also die Poren ohne Tore, bestimmt. Neuronen und andere Zellen besitzen viele Ionenkanäle, die immer offen sind. Vor allem deren zahlenmäßiger Anteil ist entscheidend für das Ruhepotenzial der Zelle sowie für ihren Widerstand und ihre elektrische Kapazität (auf die wir später noch zurückkommen werden).

Das Ruhepotenzial der Zellmembran

Die meisten lebenden Zellen halten eine *Potenzialdifferenz* (einen Spannungsunterschied) über die Zellmembran aufrecht. Wir wollen uns zuerst eine idealisierte Zelle ohne Faserfortsatz anschauen. Wenn man eine Mikroelektrode durch die Membran in das Zellinnere einsticht und den Spannungsunterschied zwischen Innen- und Außenseite misst, dann zeigt sich, dass die Spannung der Innenseite relativ zur Außenseite ungefähr –75 Millivolt beträgt. Eine Spannung von fast einem Zehntel Volt (ein Volt sind 1 000 Millivolt) aufrechtzuerhalten ist eine beträchtliche Leistung für eine winzige Zelle.

Das Potenzial von –75 Millivolt besteht nur über die Zellmembran hinweg. Mit zwei Elektroden auf der Außenseite der Zelle registriert man eine Spannung von Null, denn die Körperflüssigkeiten außerhalb der Zellen sind elektrisch neutral. Sticht man beide Elektroden in die Zelle (aber nicht in den Kern) ein, dann ist die gemessene Spannung ebenfalls Null (Abbildung 3.6).

Eine typische Zelle, die keine Nervenzelle ist, weist ein Ruhepotenzial von ungefähr –75 Millivolt auf, bildet aber kein Aktionspotenzial aus. Eine solche Zelle besitzt mehrere Arten von Ionenkanälen, die alle zum offenen Typ gehören. Am häufigsten kommen Kaliumkanäle vor. Deren Zahl ist so hoch, dass die K^+-Ionen praktisch ungehindert durch die Membran hin und her fließen können.

Zellen enthalten eine beträchtliche Menge an Proteinen, die Gewebeflüssigkeit außerhalb der Zellen dagegen nur sehr wenige. Viele Zellproteine liegen in gelöster Form als Ionen oder geladene Moleküle vor. Die Proteinionen weisen eine negative Nettoladung auf, hier symbolisiert durch P^{2-}. (Die Ziffer „2“ ist nur pauschal eingesetzt und bedeutet nicht, dass jedes Proteinion genau zwei negative Ladungen trägt; oft sind es mehr.) Da die Proteine viel zu groß sind, um durch die Ionenkanäle in der Membran hindurchzupassen, bleiben sie in der Zelle. Das ist

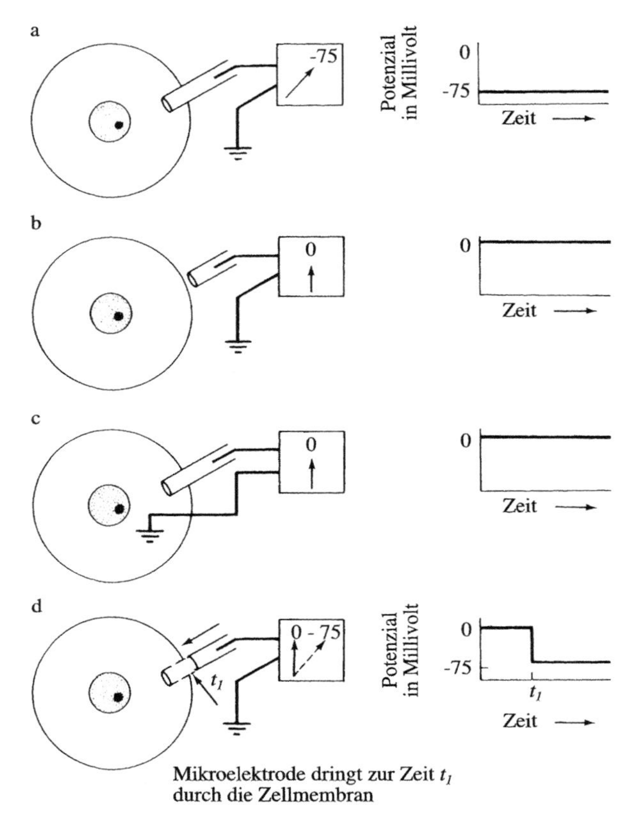

3.6 Im Ruhezustand weist die Innenseite der Zellmembran einer idealisierten Zelle eine Spannung relativ zum Außenmedium von –75 Millivolt auf. Diese Potenzialdifferenz existiert nur über die Zellmembran hinweg, wie in a dargestellt. Das Außenmedium ist ebenso elektrisch neutral wie das Cytoplasma (b, c). In d ist gezeigt, wie eine Elektrode zurzeit t_1 die Membran durchdringt: Das gemessene Potenzial fällt dabei sofort von Null auf –75 Millivolt ab.

der Hauptgrund dafür, dass das Membranpotenzial innen gegenüber außen negativ ist.

Nehmen wir einmal an, eine typische Zelle werde in eine Lösung getaucht, die K^+ und Cl^- enthält. Wie wir bereits wissen, können Kaliumionen die Zellmembran ungehindert durchqueren: Sie ist für K^+ *permeabel.* Nehmen wir weiter an, dass die Cl^--Ionen nicht so gut durch die Zellmembran diffundieren können. Es gibt eine sehr starke Kraft, die *Diffusionskraft,* die bewirkt, dass sich Ionen in einer Lösung so verteilen, dass ihre Konzentration letztlich überall gleich ist. Wenn wir zum Beispiel eine Prise Kochsalz in ein Glas Wasser werfen, dann löst sich das Salz, und die Na^+- und Cl^--Ionen verteilen sich schnell in der gesamten Lösung, bis sie an allen Stellen in gleicher Konzentration vorliegen.

Wenn wir eine Zelle also in eine Lösung von K^+- und Cl^--Ionen legen, dann strömt K^+ durch die offenen Kaliumporen in die Zelle und lässt negativ geladenes

Cl^- zurück. Die Nettoladung des Außenmediums bleibt damit nicht mehr bei Null. Sie hatte diesen Wert zu Beginn, weil jedes K^+ durch ein Cl^- ausgeglichen wurde. Wenn nun K^+-Ionen in die Zelle fließen, baut sich außerhalb der Zellmembran rasch eine starke *elektrostatische Anziehungskraft* oder *elektrische Kraft* auf. Diese wirkt der Diffusionskraft genau entgegen: Sie zieht K^+ aus der Zelle heraus. Am Ende liegt K^+ intra- und extrazellulär so verteilt vor, dass sich die Diffusionskraft und die entgegengesetzt wirkende elektrische Kraft ausgleichen. Natürlich fließt in einem ständigen Pendelverkehr immer etwas K^+ in die Zelle hinein und aus ihr heraus, aber der Nettofluss ist gleich Null: Das System hat ein dynamisches Gleichgewicht (Fließgleichgewicht) erreicht.

Die Situation, die ich hier für eine Zelle beschrieben habe, trifft auch auf künstliche, nicht lebende Membranen zu, wenn sie *semipermeabel* sind. Das bedeutet, dass sie manche Ionen wie K^+ ungehindert passieren lassen, andere – etwa große Proteinionen (P^{2-}) – dagegen nicht. Eine semipermeable Membran funktioniert unabhängig davon, ob sie nun Teil einer lebenden Zelle ist oder nicht. Für die Verteilung der Ionen auf beiden Seiten der Membran wird keine Bioenergie benötigt. In der Tat wurde die im Folgenden näher beschriebene *Nernst-Gleichung* vor vielen Jahren entwickelt, um die Funktion von lebenden wie von toten semipermeablen Membranen zu beschreiben. Die Gleichung ermöglicht es auf einfache Weise, den Spannungsunterschied durch die Membran zu berechnen, der sich einstellt, wenn ein bestimmter Ionentyp seinen Gleichgewichtszustand – das heißt stabile Konzentrationen auf beiden Seiten der Membran – erreicht hat (Gleichgewichtspotenzial). Man setzt dabei voraus, dass das in Frage kommende Ion frei durch die Membran diffundieren kann. Die Nernst-Gleichung für ein positiv geladenes Ion I^+ lautet:

$$E = \frac{RT}{kF} \log \frac{[I^+]_a}{[I^+]_i}$$

wobei k, R und F Konstanten sind, T für die absolute Temperatur steht und $[I^+]$ die Konzentration des Ions auf der jeweiligen Membranseite (außen oder innen) angibt. Unter normalen Druckbedingungen und bei einer Temperatur von 18 Grad Celsius (der Temperatur, bei der das Tintenfischaxon – anders als etwa Säugetierzellen – optimal funktioniert) ergibt sich für das Gleichgewichtspotenzial E folgender Wert:

$$E \text{ (in Millivolt)} = 58 \log \frac{[I^+]_a}{[I^+]_i}$$

Wir wollen nun die Konzentration von K^+-Ionen intra- und extrazellulär messen. Realistische Werte sind (Angaben in Millimol pro Liter): $[K^+]_a = 20$ mmol/l und $[K^+]_i = 400$ mmol/l. Setzen wir diese Werte in die Nernst-Gleichung ein, dann erhalten wir:

$$\begin{aligned} E &= 58 \log \left[\frac{20}{400}\right] = 58 \log (0{,}05) \\ &= 58\,(-1{,}30103) = -75{,}46 \text{ Millivolt (abgerundet } -75 \text{ Millivolt)} \end{aligned}$$

Allein von den K^+-Konzentrationen innerhalb und außerhalb der Zelle ausgehend, sagt die Nernst-Gleichung also ein Membranpotenzial von rund –75 Millivolt (innen gegenüber außen) voraus. Wenn man das wirkliche Potenzial der Zellmembran mit einer Mikroelektrode misst, erhält man tatsächlich einen Wert von –75 Millivolt. Das Membranpotenzial der Zelle scheint demnach vollständig durch die Konzentration von K^+-Ionen innerhalb und außerhalb der Zelle bestimmt zu sein. Da in der Nernst-Gleichung als Grundvoraussetzung festgelegt ist, dass das betreffende Ion frei durch die Membran diffundieren kann, legen unsere Ergebnisse nahe, dass die Membran der betrachteten Zelle für K^+ frei permeabel ist.

Der Mechanismus, der dem Ruhepotenzial von Nervenzellen zugrunde liegt, ist grundsätzlich der gleiche wie in der idealisierten Zelle, die wir oben als Beispiel verwendet haben. Das Ruhepotenzial wird auch hier in erster Linie durch die Verteilung von K^+-Ionen innerhalb und außerhalb der Zelle bestimmt. Für das Riesenaxon des Tintenfisches sind die Innen- und Außenkonzentrationen der häufigsten Ionen in Tabelle 3.1 zusammengestellt. K^+ kommt vor allem im Inneren der Zelle vor. Wendet man die Nernst-Gleichung auf die K^+-Konzentrationen beim Riesenaxon des Tintenfisches an, dann ergibt sich ein Wert von –75 Millivolt, genau wie für die idealisierte Zelle. Sticht man jedoch mit einer Mikroelektrode in ein solches Axon ein, um das tatsächliche Ruhepotenzial zu bestimmen, dann misst man vielleicht –70 Millivolt. Es gibt also einen kleinen, aber wichtigen Unterschied zwischen der wirklichen Spannung über der Riesenaxonmembran und jener, die sich aufgrund der K^+-Konzentrationen aus der Nernst-Gleichung ergibt.

Tabelle 3.1: Typische Ionenkonzentrationen innerhalb und außerhalb eines Axons in Millimol pro Liter

innen	außen
K^+ = 400	K^+ = 20
Cl^- = 30	Cl^- = 590
Na^+ = 60	Na^+ = 436
P^{2-} = hoch	P^{2-} = sehr niedrig

Schlüssel: K^+ = Kaliumionen; Cl^- = Chloridionen; Na^+ = Natriumionen; P^{2-} = Proteinionen

Wir wollen uns nochmals die Ionenkanäle in der Axonmembran anschauen (Abbildung 3.5). Nur die offenen, torlosen Kanäle sind am Ruhepotenzial beteiligt; die mit Toren bleiben im Ruhezustand geschlossen. Die K^+-Kanäle gehören überwiegend zum ersten Typ, doch es gibt auch einige mit einem Tor. Kalium kann die Membran folglich nicht völlig frei passieren, da nicht alle Kanäle offen sind.

Die Cl^--Kanäle in der Axonmembran gehören dem offenen Typ an. Sie sind jedoch seltener als die K^+-Kanäle. Chloridionen können also durch die Membran hin und her strömen, wenn auch nicht im selben Umfang wie Kaliumionen; tatsächlich vermag K^+ die Membran ungefähr doppelt so leicht zu durchdringen wie Cl^-. Das meiste Cl^- befindet sich außerhalb der Zelle; typische Konzentrationen wären 30 Millimol pro Liter innen und 590 außen (Tabelle 3.1). Wendet man die Nernst-Gleichung auf die Cl^--Konzentrationen an (für negative Ionen wie Cl^- kehren sich in dieser Gleichung bei den Konzentrationsangaben Zähler und Nenner um), so ergibt sich für das Membranpotenzial ein Wert von ungefähr –75 Millivolt, was nahe am tatsächlichen Wert des Ruhepotenzials liegt. Auch Cl^- könnte also einen Einfluss auf das Ruhepotenzial der Membran ausüben.

Na^+-Kanäle kommen in der Axonmembran zahlreich vor, aber fast alle besitzen Tore und sind geschlossen. Nur ein paar Kanäle bleiben jederzeit offen. Na^+ hat es zwanzigmal schwerer, die Membran zu passieren, als K^+; es wird praktisch aus dem Axon ferngehalten. Wendet man die Nernst-Gleichung auf die Konzentration von Na^+ innerhalb und außerhalb der Zelle an (Tabelle 3.1), dann erhält man für das Ruhepotenzial der Membran einen Rechenwert von +50 Millivolt, was sich deutlich vom tatsächlichen Niveau von –70 Millivolt unterscheidet. Na^+ scheint bei der Bestimmung des Ruhepotenzials keine besondere Rolle zu spielen.

Die Nernst-Gleichung gibt nur dann den korrekten Wert für das Membranpotenzial an, wenn das betreffende Ion ungehindert durch die Membran diffundieren kann. Der Wert von +50 Millivolt, den man erhält, wenn man Na^+ in die Gleichung einsetzt, verrät also, dass Natriumionen nicht frei durch die Membran strömen können. Da ein paar Na^+-Kanäle aber immer offen sind, dürfen wir erwarten, dass Na^+ ebenfalls einen geringen Beitrag zum Membranpotenzial liefert – und das trifft auch zu.

Die klassischen Untersuchungen von Alan Hodgkin, Andrew Huxley und ihren Mitarbeitern an der Universität Cambridge in England haben uns einem Verständnis der Ruhe- und Aktionspotenziale von Nervenmembranen erheblich näher gebracht. Die Forscher, die das Riesenaxon des Tintenfisches als Modellsystem verwendeten, entwickelten auch die mathematischen Gleichungen, die erklären, wie Ionenkonzentrationen und Ionenflüsse durch die Membran Ruhe- und Aktionspotenziale erzeugen. Für diese Arbeit erhielten Hodgkin und Huxley den Nobelpreis. Zu Beginn ihrer Untersuchungen stellten die beiden auch fest, welche Funktion das Riesenaxon für das Verhalten des Tieres übernimmt; als sie es bei einem betäubten Tintenfisch elektrisch reizten, zog sich dessen Körperoberfläche (Mantel) zusammen und zerschmetterte ihre Aufzeichnungselektroden. Glücklicherweise lässt sich das Axon aus dem Tier herausnehmen und voll funktionstüchtig in einer Schale mit geeigneten Lösungen am Leben erhalten.

Bei ihren Untersuchungen zum Ruhepotenzial einer Membran variierten Hodgkin und Huxley die Konzentrationen der verschiedenen Ionen innerhalb und außerhalb des Riesenaxons. Diese große Nervenfaser ist sehr widerstandsfähig: Ihr Cytoplasma, das man Axoplasma nennt, lässt sich wie Zahnpasta aus einer Tube herausquetschen und dann durch verschiedenste Ionenlösungen ersetzen, ohne dass die Membran zerstört oder in ihrer Funktion beeinträchtigt wird. Hodgkin und Huxley fanden heraus, dass das Ruhepotenzial der Membran des Riesenaxons ganz überwiegend von den K^+-Konzentrationen innen und außen bestimmt wird; Veränderungen der Cl^-- oder Na^+-Konzentrationen wirken sich weit weniger auf das Membranpotenzial aus. Die Abhängigkeit des Ruhepotenzials von der K^+-Konzentration ist jedoch nicht perfekt, denn in geringem Maße tragen auch Cl^- und Na^+ dazu bei.

Die Nernst-Gleichung kann erweitert werden, um die Konzentrationen von mehr als nur einer Ionensorte einzubeziehen. Diese Erweiterung, die so genannte Goldman-Gleichung, ist im Prinzip ebenfalls recht einfach. Als einziger neuer

Ausdruck taucht in der Goldman-Gleichung die *Permeabilität* P auf – ein Maß für den Grad, zu dem ein bestimmtes Ion durch die Membran diffundieren kann. Wie oben erwähnt, ist die Axonmembran für K^+ am durchlässigsten, für Cl^- nur halb so permeabel, und für Na^+ liegt die Permeabilität sogar zwanzigfach niedriger. Hodgkin und Huxley wandten mit diesen Werten die Goldman-Gleichung auf das Tintenfischaxon an und stellten fest, dass sie das Ruhepotenzial der Membran exakt vorhersagt. Erinnern wir uns, dass die Nernst-Gleichung eine uneingeschränkte Permeabilität der Membran für das fragliche Ion – etwa K^+ – voraussetzt. In Wirklichkeit ist jedoch keine echte Membran für irgendein Ion vollständig permeabel. Die Goldman-Gleichung berücksichtigt das und verwendet für jeden Ionentyp die tatsächliche Membranpermeabilität (*P*).

Das Potenzial der Nervenmembran behält nur dann seinen Wert von ungefähr –70 Millivolt, wenn die Ionenkonzentrationen, besonders die von K^+, relativ konstant bleiben. Mit ziemlicher Sicherheit gibt es aber irgendwo kleine „Lecks". Na^+ hat ein starkes Bestreben, in die Zelle zu diffundieren, da es außen in einer viel höheren Konzentration vorliegt als innen; folglich sickert stets etwas Na^+ ein. Dadurch erhöht sich intrazellulär die positive Ladung, was wiederum K^+-Ionen dazu bringt, entlang ihres Konzentrationsgradienten – also von innen nach außen – durch die Membran zu fließen.

Dieses System könnte sich letzten Endes totlaufen. Dass es dies nicht tut, liegt an einem Mechanismus in der Axonmembran, der aktiv Na^+ durch die Membran aus der Zelle herauspumpt und K^+ hineinbefördert. Diese Pumpe braucht für ihre Arbeit eine beträchtliche Menge an Bioenergie in Form von ATP. Sie muss die Ionen gegen deren Konzentrationsgradienten bewegen. Auch wenn dies nicht besonders schnell geschieht, so arbeitet die Pumpe doch ohne Unterbrechung. Sie pumpt stets so viel K^+- und Na^+-Ionen hinein und heraus, dass deren Konzentrationen innerhalb und außerhalb der Zelle konstant bleiben.

Hodgkin und Huxley belegten die Bedeutung der Pumpe durch ein paar einfache Experimente. Sie vergifteten ein Tintenfischaxon mit Cyanid, einer tödlich wirkenden Substanz, welche die Bildung von ATP blockiert – also jener Quelle von Bioenergie, die die Zellmaschinerie antreibt. Zunächst passierte nichts. Das Ruhepotenzial blieb konstant, und Aktionspotenziale (um die es im nächsten Abschnitt geht) wurden normal fortgeleitet. Allmählich jedoch zeigte das Axon Erschöpfungserscheinungen und hörte schließlich auf, Aktionspotenziale weiterzuleiten. Als Hodgkin und Huxley ihm anschließend ATP zuführten, fanden sie heraus, dass es seine normale Funktion wieder aufnahm, bis das ATP aufgebraucht war.

Aus der Wirkung des Cyanids können wir zwei wichtige Schlüsse ziehen. Erstens muss für die Aufrechterhaltung des Ruhepotenzials und die Weiterleitung von Aktionspotenzialen Bioenergie nicht unmittelbar verfügbar sein. Die Natrium-Kalium-Pumpe benötigt jedoch eine dauernde Energiezufuhr, und letztlich hält diese Pumpe die Ionenkonzentrationen auf ihrem konstanten Niveau (Abbildung 3.7). Die Ionenkonzentrationen wiederum erzeugen das Ruhepotenzial und stellen die Energiequelle für das Aktionspotenzial dar. Aktionspotenziale hängen also indirekt von der Bioenergie ab, die von der Pumpe bereitgestellt wird.

Zusammenfassend kann man sagen, dass das Ruhepotenzial der Axonmembran von ungefähr –70 Millivolt in erster Linie den K^+-Konzentrationen innerhalb und

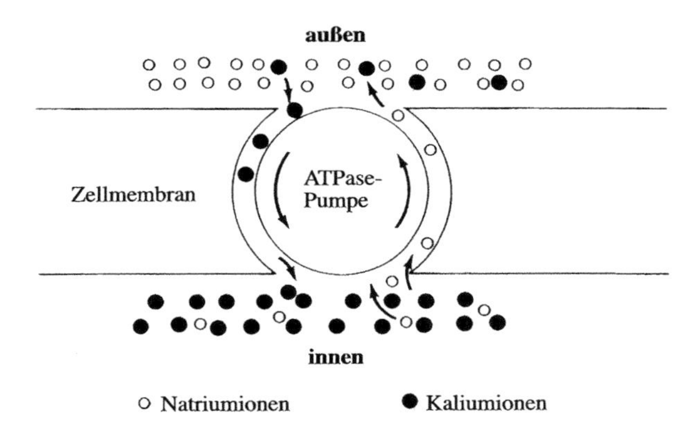

3.7 Die Natrium-Kalium-Ionenpumpe koppelt zwei Prozesse: Sie pumpt Natriumionen aus der Zelle heraus und Kaliumionen hinein. Sie braucht eine beträchtliche Menge an Bioenergie in Form von ATP (das durch ein ATPase genanntes Enzym gespalten wird), da sie beide Ionen gegen ihre jeweiligen Konzentrationsgradienten pumpen muss. Da die Pumpe ein Protein ist, wird ihre Aktivität durch die Konzentration ihrer „Substrate" bestimmt – also der Kaliumionen innen und der Natriumionen außen. Je mehr Natrium sich im Zellinneren befindet, desto aktiver wird die Pumpe – ein perfektes Beispiel eines selbst regulierenden Systems.

außerhalb der Zelle zuzuschreiben ist (innen liegt weit mehr K^+ vor als außen) und einen passiven Ionenfluss durch ständig offene Ionenkanäle in der Membran einschließt. Die K^+-Verteilung ist wiederum auf das Vorkommen negativ geladener Proteine in der Zelle zurückzuführen. Folglich sind die Ionenkonzentrationen das Ergebnis der entgegengesetzten Wirkung von Diffusions- und elektrischer Kraft. Die Diffusion von Cl^- und Na^+ ist viel weniger wichtig als die von K^+, allerdings tragen auch diese beiden Ionen ein bisschen zum Niveau des Ruhepotenzials in der Membran bei. Die Ionenverteilungen werden durch eine Pumpe im Fließgleichgewicht gehalten, die Bioenergie (ATP) einsetzt, um Na^+ aus der Zelle heraus- und K^+ hineinzupumpen.

Das Aktionspotenzial

Die wichtigste Aussage über das Aktionspotenzial ist die, dass es sich das Axon entlang fortpflanzt. In einem typischen Neuron entsteht es an der Stelle, an der die Nervenfaser den Zellkörper verlässt (am Axonhügel), und läuft von dort bis zu den Axonendigungen, die mit anderen Neuronen oder mit Muskel- oder Drüsenzellen Synapsen ausbilden (Abbildung 3.8). Das Aktionspotenzial – eine große und schnelle Änderung der Spannung durch die Axonmembran – umfasst zunächst nur einen sehr kurzen Membranabschnitt am Axonursprung. Diese kleine Zone veränderter Spannung bewegt sich dann wie eine Perle auf einer Kette das Axon entlang. Die Geschwindigkeit, mit der sich ein Aktionspotenzial auf dem Axon fortpflanzt, ist nicht allzu hoch: Sie liegt zwischen weniger als einem und etwa 100 Metern pro Sekunde und damit weit unter der Leitungsgeschwindigkeit eines

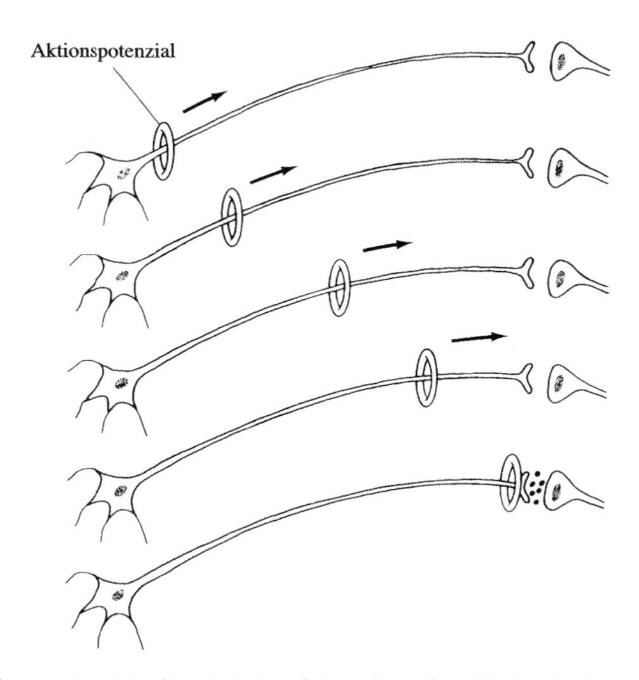

3.8 Das Aktionspotenzial pflanzt sich auf dem Axon fort. Es beginnt an der Stelle, wo das Axon den Zellkörper verlässt, und bewegt sich mit konstanter Geschwindigkeit das Axon hinab. (Die Geschwindigkeit hängt vom Durchmesser des Axons ab und davon, ob es eine Myelinscheide hat oder nicht; sie reicht von weniger als zehn bis zu mehr als 300 Kilometern pro Stunde.) Wenn das Aktionspotenzial die Axonendigung erreicht hat, verschwindet es, löst aber zuvor die Freisetzung chemischer Transmittermoleküle aus der Endigung – also den Prozess der synaptischen Übertragung – aus.

Elektrokabels. Dies ist jedoch für das Gehirn schnell genug, da die meisten Axone ziemlich kurz sind; sie erstrecken sich nur über wenige Millimeter oder Zentimeter. Die Entfernung wird nur in bestimmten Fällen zu einem wichtigen Faktor, zum Beispiel, wenn es um die Zeit geht, die ein Muskelbefehl vom Gehirn eines Wales bis zu dessen Schwanz braucht, oder um die Zeit, die ein Signal benötigt, um von unserer Fingerspitze zum Gehirn zu gelangen, wenn wir eine heiße Herdplatte anfassen.

Bevor wir den Mechanismus für die Fortpflanzung des Aktionspotenzials auf dem Axon untersuchen, müssen wir uns zunächst klarmachen, wie diese Spannungsänderung an einer bestimmten Stelle auf der Axonmembran überhaupt entsteht. Obwohl ein Aktionspotenzial normalerweise am Axonursprung beginnt, kann man es durch einen geeigneten elektrischen Reiz an einer beliebigen Stelle auf dem Axon erzeugen. Irgendeine Komponente des aktionspotenzialauslösenden Mechanismus muss also empfindlich gegenüber Spannungsänderungen sein. Stellen wir uns vor, an einer bestimmten Stelle des Axons werde eine Mikroelektrode eingeführt, die an dieser Stelle die Spannung durch die Membran aufzeichnet. Wenn nun ein Aktionspotenzial über jenen Membranbereich hinwegwandert, wird die Mikroelektrode es in der in Abbildung 3.9a wiedergegebenen Form registrieren; die Spannungsänderung ist hier auf der Ordinate (der senkrechten Achse) aufgetragen, die Zeit auf der Abszisse (der horizontalen Achse). Schauen wir uns dazu auch Abbildung 3.9b an, wo das Aktionspotenzial schematisch als „Aktivitätsring" dargestellt ist, der vom Ort der elektrischen Reizung bis zu dem Axonbereich mit der Messelektrode wandert. Die Messelektrode registriert, was sich an der einen Stelle auf dem Axon im Laufe der Zeit ereignet, während das Aktions-

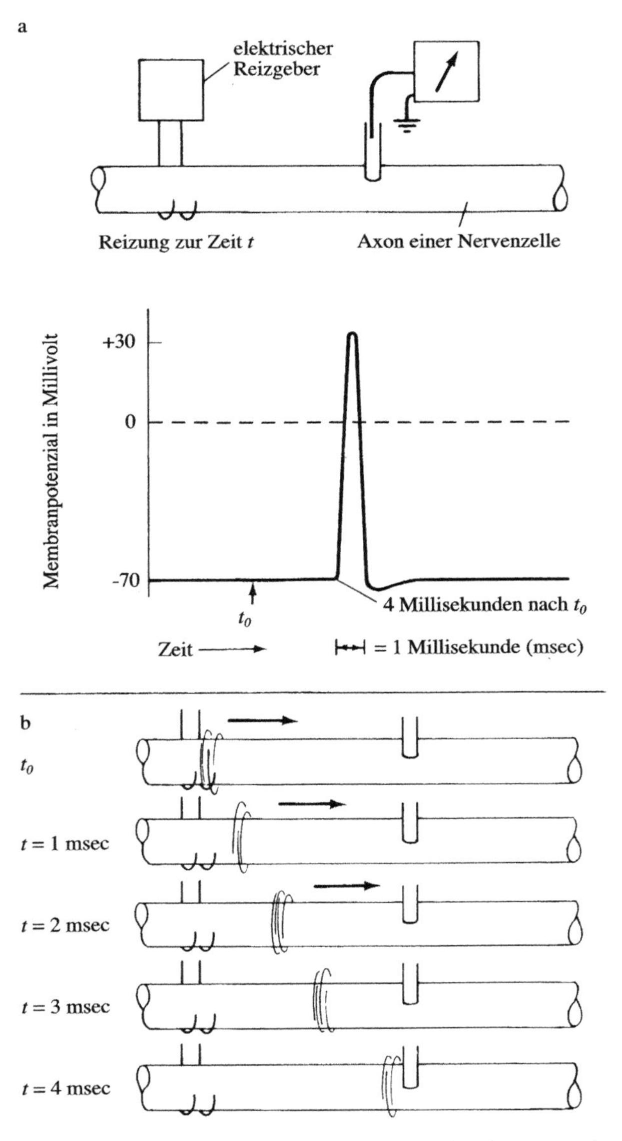

3.9 Mit einer Elektrode, welche die Spannung über der Axonmembran misst, kann man verfolgen, wie sich ein Aktionspotenzial auf einem Axon fortpflanzt.

potenzial sich darüber hinwegbewegt. Ein Vergleich zwischen den beiden Abbildungen sollte deutlich machen, was in dem Diagramm mit dem aufgezeichneten Aktionspotenzial dargestellt ist.

Als Erstes kommt es zu einem plötzlichen und rasanten Anstieg der Spannung über der Membran: vom Ruheniveau, also von –70 Millivolt, auf einen Gipfel von +50 Millivolt. Anschließend erfolgt ein schneller Spannungsabfall. Die Spannung sinkt dabei bis unter das Ruheniveau ab und erreicht dieses erst allmählich wieder. Der Anfangsbereich des Aktionspotenzials – der schnelle Anstieg und Abfall der Membranspannung – wird oft als *Spitzenaktionspotenzial* oder als *Spike* (englisch für „Spitze", „Dorn") bezeichnet, die darauf folgende Phase, in der die Spannung unter das Ruhepotenzial abfällt und sich dann langsam wieder erholt, als *Nachpotenzial*.

Der deutlich positive Wert des Membranpotenzials, den man am Gipfel des Aktionspotenzials misst (+50 Millivolt), mag eine Erinnerung wecken: Er entspricht jenem Spannungsunterschied zwischen der Membraninnen- und -außenseite, der bestehen würde, wenn die Membran für Na^+ frei permeabel wäre. Diesen Wert – nämlich +50 Millivolt – haben wir bei der Erörterung des Ruhepotenzials mit Hilfe der Nernst-Gleichung errechnet. Er ergibt sich, wenn man den Wert für die hohe Na^+-Konzentration außerhalb der Membran und den für die niedrige innerhalb in diese Gleichung einsetzt und dabei voraussetzt, dass die Membran für Na^+ uneingeschränkt durchlässig (permeabel) ist.

Wie wir bereits wissen, ist die Membran im Ruhezustand für Na^+ nur wenig permeabel, ungefähr zwanzigmal weniger als für K^+. Es gibt viele Na^+-Kanäle in der Membran, aber sie besitzen fast alle Tore, und die meisten davon sind geschlossen. Wenn sich an einer Stelle auf der Membran ein Aktionspotenzial entwickelt, springen plötzlich alle Na^+-Tore auf, und die Membran wird für Na^+ frei durchlässig. (Der Prozess ist in Abbildung 3.10 dargestellt.) Da die Na^+-Konzentration an der Membranaußenseite sehr viel höher ist als innen, existiert eine starke Diffusionskraft, die Natriumionen in die Zelle drängt. Das Ruhepotenzial ist innen relativ zur Außenseite negativ (–70 Millivolt), was vor allem auf die Gegenwart negativ geladener Proteinmoleküle zurückgeht. Da die Natriumionen positiv geladen sind, werden sie durch die überschüssige negative Ladung der Proteine nach innen gezogen. Wenn die Tore der Na^+-Kanäle geöffnet sind, dann arbeiten Diffusions- und elektrische Kraft in die gleiche Richtung: Sie befördern Na^+ nach innen. Die Membranpermeabilität für Na^+ steigt auf das 500-fache. Der rasche Einstrom von Na^+ in die Zelle am Ort des Aktionspotenzials ist so massiv, dass er über alle anderen Ionenbewegungen dominiert und das Membranpotenzial sich in kürzester Zeit auf einen Wert nahe des Na^+-Gleichgewichtspotenzials von +50 Millivolt (wie es die Nernst-Gleichung voraussagt) einpegelt. Da Na^+ positiv geladen ist, wird die Membran an den Stellen, wo diese Ionen in die Zelle einwandern, auf der Innenseite positiv.

Ungefähr gleichzeitig mit der stärksten Annäherung an das Na^+-Gleichgewichtspotenzial von +50 Millivolt schließen sich die Natriumionenkanäle wieder. Die Membran ist nun nicht länger für Na^+ permeabel, und ihr Potenzial geht schnell auf das Ruhepotenzial von –70 Millivolt zurück. (Warum das so ist, wird gleich erklärt.) Während sich die Tore der Na^+-Kanäle öffnen und schließen, findet noch ein weiteres Ereignis statt. Die wenigen K^+-Kanäle, die im Ruhezustand

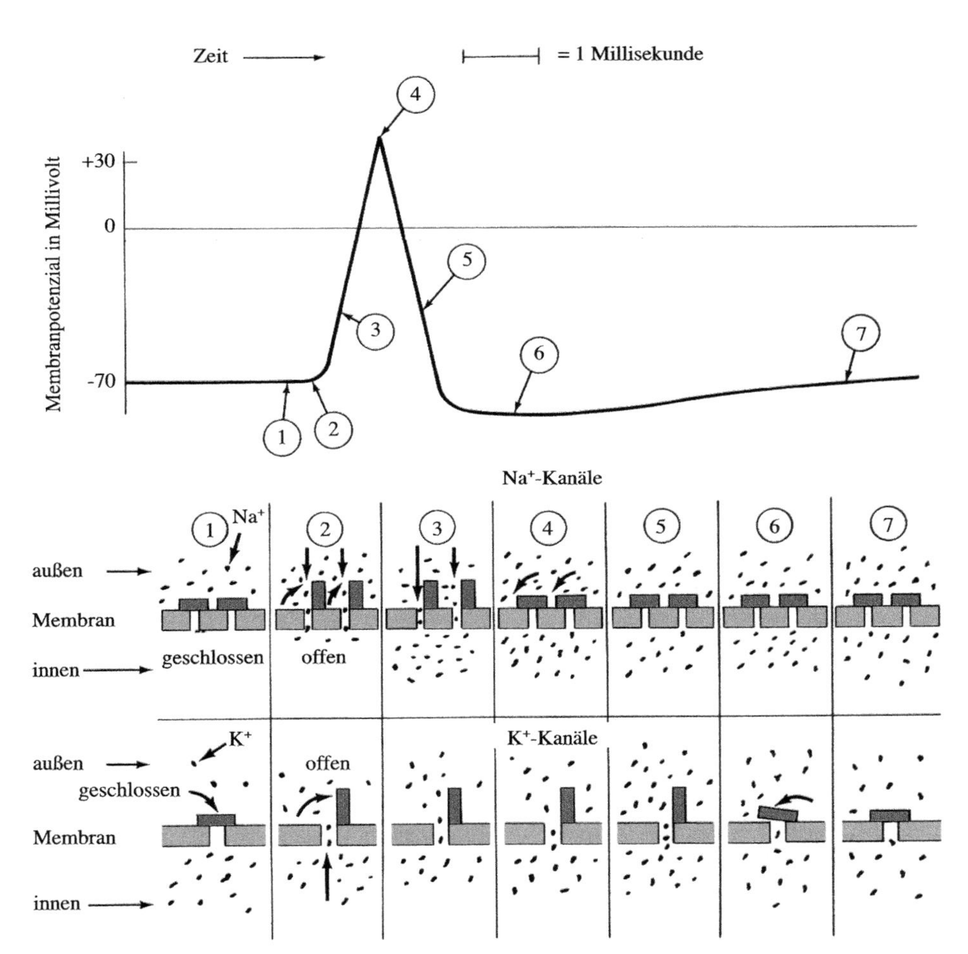

3.10 Bei der Entstehung eines Aktionspotenzials verschiebt sich das Membranpotenzial schnell von –70 auf +50 Millivolt: Die geschlossenen Natriumkanäle springen kurz auf, lassen in großer Zahl positiv geladene Natriumionen eintreten und schließen sich dann wieder. In der Zwischenzeit haben sich auch die wenigen geschlossenen Kaliumkanäle geöffnet; ihre Tore schließen sich jedoch langsamer, wodurch das Nachpotenzial entsteht (bei 6).

normalerweise geschlossen sind, öffnen sich; damit kann K^+ die Membran nun sogar noch leichter passieren als in Phasen der Ruhe. Wir sollten uns daran erinnern, dass das Niveau des Ruhepotenzials der Membran, das die Nernst-Gleichung aus der Innen- und Außenkonzentration von K^+ vorhersagt, bei –75 Millivolt und damit etwas niedriger liegt als der tatsächlich gemessene Wert von –70 Millivolt. Das ist teilweise auf die schwächeren Einflüsse anderer Ionen (Cl^-, Na^+) zurückzuführen, beruht aber auch auf der Tatsache, dass die Membran für K^+ nicht vollkommen permeabel ist: Einige K^+-Kanäle besitzen im Ruhezustand geschlossene Tore.

Das Öffnen der normalerweise geschlossenen K^+-Kanäle erlaubt es den Kaliumionen, frei durch die Membran zu fließen. Diese erreicht das K^+-Gleichgewichtspotenzial von –75 Millivolt, wenn etwas K^+ aus der Zelle herausströmt. Das Öffnen und Schließen der K^+-Tore geht langsamer vonstatten als das der Na^+-Tore. Obwohl sich beide Tortypen während eines Aktionspotenzials ungefähr gleichzeitig öffnen, üben die Na^+-Tore den beherrschenden Einfluss aus, da die Na^+-Konzentrationen auf beiden Seiten der Membran im Ruhezustand deutlich weiter vom Gleichgewicht entfernt sind; folglich ist die Kraft, die Na^+-Ionen nach innen bewegt, viel größer als die, die K^+-Ionen hinausströmen lässt. Die Na^+-Tore werden schnell wieder geschlossen, die K^+-Tore aber bleiben eine Zeitlang offen, sodass das Membranpotenzial auf –75 Millivolt sinkt. Nachdem sich die K^+-Tore geschlossen haben, kehrt es auf sein normales Ruheniveau von –70 Millivolt zurück. Der langsamere Fluss der K^+-Ionen aus der Zelle heraus erzeugt also das Nachpotenzial. Erinnern wir uns, dass K^+-Kanäle mit Toren, die sich öffnen und schließen, bei weitem nicht so häufig sind wie die ständig offenen K^+-Kanäle, die das Ruheniveau des Membranpotenzials bestimmen (Abbildung 3.10).

Zusammenfassend können wir festhalten, dass sich bei der Entstehung eines Aktionspotenzials an einer Stelle der Axonmembran die Tore der Na^+-Kanäle dort für sehr kurze Zeit (ungefähr eine halbe Millisekunde) öffnen und Natriumionen einströmen lassen. Dadurch wird das Membranpotenzial innen positiv gegenüber außen (+50 Millivolt). Die Na^+-Tore schließen sich dann wieder, und das Potenzial geht auf das Ruheniveau zurück. In der Zwischenzeit haben sich aber die K^+-Tore geöffnet, sodass etwas Kalium aus der Zelle austritt und das Membranpotenzial für einige Millisekunden sogar noch negativer wird als im Ruhezustand (–75 Millivolt); das ist das Nachpotenzial. Die wenigen K^+-Kanäle mit Toren schließen sich jetzt, und die Membran kehrt endgültig zu ihrem Ruhepotenzial von –70 Millivolt zurück. Die Zeitspanne vom Öffnen der Na^+-Kanäle und der Entstehung des „Spikes" bis zu dessen Ende wird häufig als *absolute Refraktärzeit* bezeichnet; während dieser Zeit vermag eine elektrische Reizung das Axon nicht zu einem weiteren Aktionspotenzial anzuregen. Während der Phase des Nachpotenzials kann das Axon zwar elektrisch aktiviert werden, aber es ist ein stärkerer Reiz als normal nötig; diese Phase nennt man *relative Refraktärzeit.*

Einige der deutlichsten Belege für die gerade beschriebenen Mechanismen stammen von Experimenten, in denen blockierende Substanzen zum Einsatz kamen. Das Gift Tetrodotoxin (TTX) führt zu einer völligen Blockade der Na^+-Kanäle. Wendet man es auf das Axon an, so blockiert es die nach innen gerichtete Bewegung (das Einströmen) von Natrium, und die Membran wird nicht depolarisiert. TTX gewinnt man übrigens aus japanischen Kugelfischen. Sachgemäß zubereitet gelten diese Fische in Japan als Delikatesse und sind sehr beliebt. Unterläuft dem Chefkoch jedoch ein Fehler, kann es passieren, dass der Gast TTX aufnimmt und stirbt. (Ich hatte das große Vergnügen, in einem Restaurant in Tokio auf Einladung meines Gastgebers, des bedeutenden Neurowissenschaftler Masao Ito, eingelegten Kugelfisch zu essen. Professor Ito warnte mich noch, an den Lippen könnte sich ein Taubheitsgefühl einstellen, was aber glücklicherweise nicht der Fall war.) Die Substanz Tetraethylammonium (TEA) blockiert K^+-Kanäle und verhindert eine Nachpolarisierung durch das Ausströmen von K^+-Ionen.

Wir haben nun sehr viel über die Entstehung eines Aktionspotenzials erfahren, nur nicht, warum sich die Na^+- und K^+-Kanäle überhaupt öffnen, wo doch die meisten Na^+-Tore und die wenigen K^+-Tore normalerweise verschlossen sind. Die Antwort auf diese Frage stellt sich als sehr einfach heraus: Die Tore werden über die Spannung kontrolliert *(spannungsgesteuerte Ionenkanäle)*. Nehmen wir die geschlossenen Na^+-Kanäle als Beispiel. Stellen wir uns vor, die Tore besäßen einen elektrisch kontrollierten Schalter und seien mit einem Federmechanismus verschlossen. Eine bestimmte Spannungsänderung ist erforderlich, um den Schalter zu betätigen. Dieser gibt dann das Tor frei, das sofort aufspringt. Tatsächlich gibt es ein solches *Schwellenpotenzial* der Membran, dessen Erreichen den Schalter betätigt und den Kanal öffnet. In einem Tintenfischaxon dürfte eine Verschiebung vom normalen Ruhepotenzial von –70 Millivolt auf ein Potenzial von ungefähr –60 Millivolt dazu genügen. Sobald der Spannungsunterschied über die Membran diesen Wert erreicht, springen die Na^+-Kanäle auf, Natriumionen strömen ein, und es bildet sich ein Aktionspotenzial. Sobald sich das Membranpotenzial seinem Maximum von +50 Millivolt nähert, wird ein anderer „Schalter-und-Feder-Mechanismus" aktiviert, der die Na^+-Kanäle wieder schließt.

Das Öffnen der Na^+-Kanäle wird oft als *(auto)regenerativ* oder sich selbst verstärkend bezeichnet. Ist das Schwellenpotenzial (zum Beispiel –60 Millivolt) erst einmal erreicht, dann öffnen sich die Kanaltore, und es strömt so lange Na^+ ein, bis fast das Natriumgleichgewichtspotenzial von +50 Millivolt erzielt ist.

Die Entstehung eines Aktionspotenzials ähnelt sehr stark einer chemischen Reaktion, die einen Auslöser braucht, dann aber von alleine bis zum Ende abläuft. Wenn man ein explosives Gas erhitzt, so explodiert es, sobald die Entzündungstemperatur erreicht ist; die Reaktion läuft danach vollständig ab. Wird jedoch zu wenig Hitze zugeführt, um diesen Punkt zu erreichen, so passiert gar nichts. Nicht anders verhält es sich mit dem Aktionspotenzial. Wenn bei einer Änderung des Membranpotenzials das (kanalöffnende) Schwellenniveau von etwa –60 Millivolt nicht erreicht wird, dann geschieht nichts weiter; die Membran kehrt einfach auf ihr Ruheniveau zurück. Sobald jedoch die Schwelle erreicht ist und sich die Na^+-Kanäle öffnen, strömt so lange Na^+ ein, bis die Reaktion zum Endpunkt kommt, das heißt, bis das Membranpotenzial durch den Na^+-Einstrom auf +50 Millivolt erhöht ist. Das Aktionspotenzial stellt also eine Alles-oder-Nichts-Antwort dar: Entweder es entwickelt sich richtig oder gar nicht.

Die wenigen K^+-Kanäle, die Tore aufweisen, sind ebenfalls spannungsgesteuert. Sie öffnen sich vermutlich dann, wenn das Membranpotenzial positiv wird, und schließen sich, wenn dieses Potenzial das Ruheniveau unterschreitet: während des Nachpotenzials.

Die Kanaltore stellt man sich als Proteinmoleküle mit einer negativen elektrischen Nettoladung vor. Wenn die Spannung über die Membran durch Reizung mit einer Elektrode von –70 Millivolt zum Nullniveau hin verschoben wird, dann ändern die elektrisch geladenen Proteintore ihre Lage oder ihre Form und öffnen dadurch die Ionenkanäle. Immer wenn sich ein geladenes Teilchen in einem elektrischen Feld bewegt, führt dies zur Entstehung eines elektrischen Stroms. Geladene Proteintore, die ihre Form oder Lage verändern, sollten also winzige Ströme erzeugen, und tatsächlich ist das auch der Fall; man nennt sie *Torströme* (englisch *gating current*). Obwohl diese Torströme viel kleiner sind als die starken Ströme, die bei der Wanderung von Na^+ oder K^+ durch die Membran erzeugt werden, ist es möglich, sie im Tintenfischaxon zu messen.

Direktregistrierung einzelner Ionenkanäle – die Patch-Clamp-Technik

Ein bemerkenswerter Aspekt der frühen Arbeiten von Hodgkin und Huxley über das Membranpotenzial von Nervenzellen betrifft die Ionenkanäle. Damals, in den vierziger Jahren des 20. Jahrhunderts, konnte man noch nicht beweisen, dass es Ionenkanäle als solche überhaupt gibt. Hodgkin und Huxley kamen zu dem Schluss, dass es für die mathematischen Formeln, die sie zur Erklärung des Ruhe- und Aktionspotenzials entwickelten, notwendig sei, ihre Existenz anzunehmen. Unmittelbare Belege für die Aktivität von Ionenkanälen erhielt man erst in den späten siebziger Jahren. Damals entwickelten Erwin Neher und Bert Sakmann am Max-Planck-Institut für biophysikalische Chemie in Göttingen eine neue Registriertechnik, die *Membranfleck-Klemmen-Methode* (englisch *patch clamp technique*). Sie erlaubt, das Geschehen an einzelnen Ionenkanälen unmittelbar zu messen. Für diese Leistung erhielten die beiden Wissenschaftler 1991 den Nobelpreis.

Bei der Membranfleck-Klemme handelt es sich, kurz gesagt, um eine gläserne Mikroelektrodenpipette, deren abgerundete Spitze einen Durchmesser von ein bis drei Mikrometer aufweist. Sie ist damit etwas breiter als die üblichen spitzen Mikroelektroden, die man benutzt, um die Nervenzellmembranen zu durchdringen. Die Pipettenspitze wird auf die Oberfläche einer Zellmembran aufgesetzt und saugt dann mittels eines schwachen Unterdrucks die Membran an (Abbildung 3.11). Das Glas umschließt die Zellmembran hermetisch und bildet um sie herum eine Abdichtung von hohem elektrischem Widerstand. Auf diese Weise lässt sich die Aktivität eines einzelnen Kanals an der intakten Zelle untersuchen. Verstärkt man den Sog, so reißt die eingeschlossene Membran ein; dann hat die Pipette unmittelbaren Zugang zum Zellinneren und kann die Aktivität der gesamten Zelle aufzeichnen. Noch dramatischer geht es zu, wenn die Pipette von der Zelle weggezogen wird, der Sog aber nicht stark genug ist, um die Zellwand einzureißen. Dann nämlich reißt der Membranbereich aus der Zelle heraus, verbleibt aber an der Pipettenspitze. Dieser kleine Membranfleck behält seine Funktionsfähigkeit und beherbergt einen oder mehrere Ionenkanäle. Mit etwas Glück enthält er nur einen einzigen funktionstüchtigen Kanal. Dann kann man den Strom messen, der durch diesen isolierten Membranfleck fließt. Dessen Aufzeichnung enthüllt ein digitales Geschehen – der Ionenkanal ist entweder geöffnet oder geschlossen. Dieser Technik verdanken wir eine große Anzahl neuartiger und präziser Informationen über Wesen und Typen von Ionenkanälen.

Ein wenig Elektrizitätslehre

Bis zu diesem Punkt haben wir es fast geschafft, das Thema Elektrizität zu umgehen. Das Ruhepotenzial spiegelt einen Fließgleichgewichtszustand wider; einen Nettofluss elektrischer Ladung gibt es dabei nicht. Aktionspotenziale dagegen um-

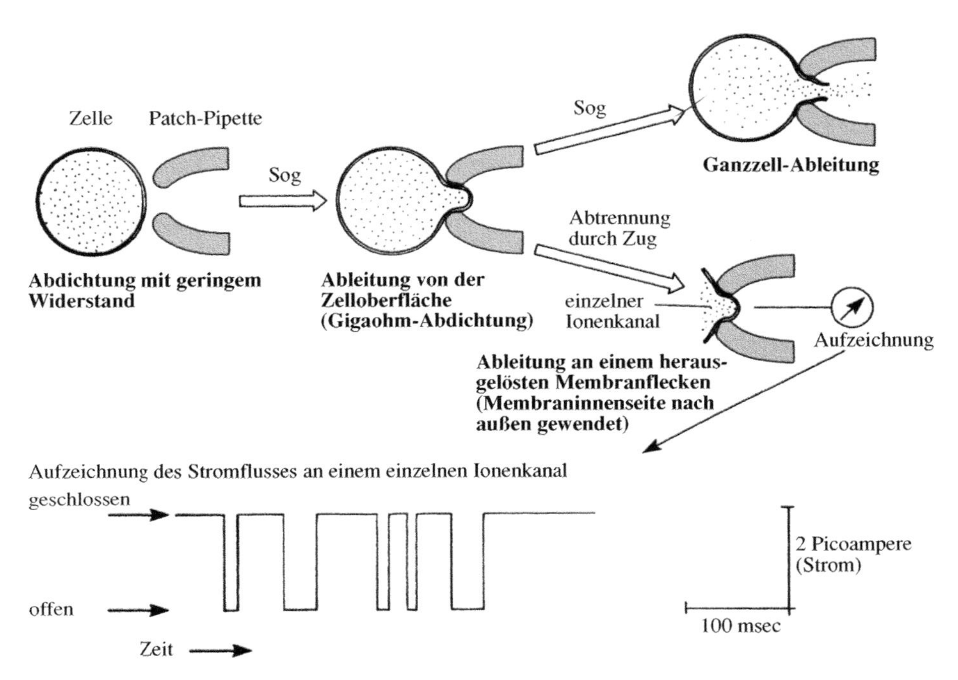

3.11 Oben: Aufzeichnungsmöglichkeiten mittels Membranfleck-Klemme (*patch clamp*). Eine dünne röhrenförmige Glaselektrode, die an der Spitze abgerundet ist, wird bei schwachem Sog auf die Membran einer Nervenzelle aufgesetzt. Sie erzeugt so eine Abdichtung des eingeschlossenen Membranflecks von hohem elektrischem Widerstand (in der Größenordnung von Gigaohm; englisch *gigaohm seal*). Stärkerer Sog kann dazu führen, dass die Membran aufplatzt und die Elektrode nunmehr Aktivitäten aus dem Zellinneren aufzeichnet (Ganzzell-Ableitung; *whole-cell mode*). Zieht man die Elektrode von der Zelle weg, so trennt sie einen kleinen Flecken aus der Membran ab, der vielleicht nur einen einzigen Ionenkanal beherbergt (Ableitung an einem herausgelösten Membranflecken; *excised-patch mode, inside-out*). Unten: Aufzeichnung des Stromflusses an einem einzelnen Ionenkanal. Der Kanal ist entweder geöffnet oder geschlossen.

fassen Bewegungen von geladenen Teilchen, nämlich Ionen. (Bei Bedarf sollte man sich an dieser Stelle den Abschnitt über Elektrizität im Anhang durchlesen.) Eine *Spannung* oder *Potenzialdifferenz* ist ein Ladungsunterschied zwischen der Innen- und der Außenseite einer Membran. Eine einfache Analogie zur Potenzialdifferenz ist der Wasserdruck. Wenn Wasser unter niedrigem Druck steht, kann es nicht sehr weit spritzen; unter hohem Druck aber – wie in einem Feuerwehrschlauch – überbrückt es eine große Entfernung. Eine Taschenlampenbatterie weist eine Spannung von 1,5 Volt auf – eine relativ niedrige Spannung, die man auch erhalten könnte, wenn man ungefähr zwanzig Neuronen auf geeignete Weise hintereinander schalten würde. Der „Druck" der Elektrizität in einer Taschenlampenbatterie von 1,5 Volt ist so gering, dass der Strom nur durch gute Leiter wie etwa Metalldrähte fließt, nicht aber durch die Haut. Wir können die Elektrizität jedoch „schmecken", wenn wir Drähte von den beiden Batteriepolen an unsere Zunge halten, die feucht ist und damit Ladungen besser leitet als Haut. Mit vielen hintereinander geschalteten Taschenlampenbatterien ließe sich eine starke Spannung – sagen wir von 500 Volt – erzeugen, die jemanden, der die Drähte berührt, töten könnte: Die Elektrizität stünde hier unter einem viel größeren „Druck".

Elektrischer *Strom* ist die Bewegung geladener Teilchen und wird in Ampere (A) gemessen. Genauer gesagt, versteht man unter Strom(stärke) die Geschwindigkeit, mit der sich Ladungen in einem Leiter bewegen. In einem Feuerwehrschlauch wäre der Wasser-„Strom" die Geschwindigkeit, mit der das Wasser ausströmt. Diese Geschwindigkeit wird zum einen durch den Druck bestimmt, unter dem das Wasser steht, zum anderen durch die Größe des Schlauches. Ein dünner Schlauch setzt dem Wasserfluss einen höheren Widerstand entgegen: Wasser unter einem bestimmten Druck fließt also aus einem dicken Schlauch schneller heraus als aus einem dünnen, da der Widerstand des dicken gegenüber dem Wasserfluss geringer ist. In einem elektrischen Schaltkreis üben die Drähte und anderen Bauelemente einen *Widerstand* gegen den Fluss der geladenen Teilchen aus. Metalldrähte zeichnen sich dabei durch geringen Widerstand aus, während Substanzen wie Glas und Fett einen hohen Widerstand haben und weit weniger elektrischen Strom, also Ladungen, fließen lassen. Der Widerstand wird in Ohm gemessen.

Die Beziehung zwischen Stromstärke, Spannung und Widerstand wird durch das Ohmsche Gesetz angegeben (siehe Anhang): Spannung (U) = Stromstärke (I) × Widerstand (R) ($U = IR$ oder $I = U/R$). Für eine konstante Spannungsquelle wie die Taschenlampenbatterie von 1,5 Volt gilt, dass die Stromstärke umso geringer ist, je höher der Widerstand ist.

Die Nervenmembran im Ruhestadium ähnelt einer Batterie mit einer konstanten Spannung von ungefähr –70 Millivolt, also einem Zwanzigstel der Spannung einer Taschenlampenbatterie. Im Ruhezustand liegt der Widerstand der Membran ziemlich genau fest. Die Membran besteht überwiegend aus Fettsäuren, die einen ziemlich hohen Widerstand aufweisen. Im Ruhezustand gibt es keinen Nettofluss geladener Teilchen durch die Membran und damit keinen elektrischen Strom. Wenn ein Aktionspotenzial entsteht, dann öffnen sich die Na^+-Kanäle, und es kommt zu einem einwärts gerichteten Strom von Natriumionen. Mit Hilfe des Ohmschen Gesetzes sollten wir die Stromstärke berechnen können: $I = U/R$. Die Spannung verändert sich zwar, kann aber leicht mit einer Mikroelektrode gemessen werden. Der Haken ist nur, dass sich auch der Widerstand der Membran verändert: Er nimmt beträchtlich ab, wenn sich die Na^+-Kanäle öffnen. Somit besteht die Gleichung aus drei Variablen, die sich alle verändern.

Hodgkin und Huxley lösten dieses Dilemma, indem sie ein Gerät entwickelten, das über einen Rückkopplungsmechanismus die Spannung durch eine Membran immer konstant hält. Der dafür notwendige Strom wird durch das Gerät, das man als *Spannungsklemme* bezeichnet, automatisch verändert, wenn sich der Widerstand der Membran ändert. Es ist eine einfache Sache, den „Rückkopplungsstrom" aufzuzeichnen, den das Gerät erzeugt. Damit waren Hodgkin und Huxley in der Lage, die tatsächliche Größenordnung und den Zeitverlauf der Ionenströme zu bestimmen, die dem Aktionspotenzial zugrunde liegen (Abbildung 3.12). Vergleichen Sie diese Ströme mit dem Kurvenverlauf in Abbildung 3.10.

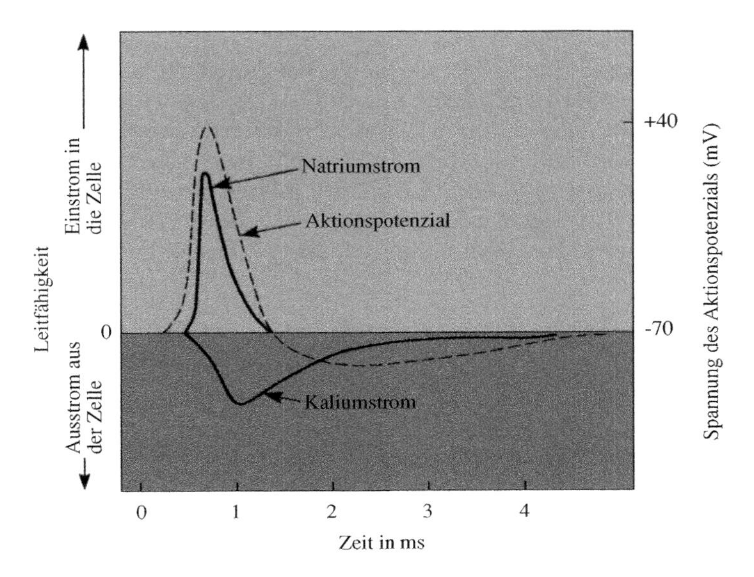

3.12 Zeitkurve der Natrium- und Kaliumströme, die das Aktionspotenzial erzeugen, indem Natriumionen in die Zelle hinein- und Kaliumionen aus ihr herauswandern.

Die Ausbreitung des Nervenimpulses

Nervenmembranen besitzen eine weitere elektrische Eigenschaft: die (elektrische) *Kapazität* – also die Fähigkeit, Ladung zu speichern (siehe Anhang). Wenn man zwei Metallplatten nahe zusammen stellt, sie aber durch eine Glasplatte voneinander trennt und dann mit einer Batterie verbindet, sammeln sich auf einer der beiden Platten elektrische Ladungen an (Kondensator). Die Geschwindigkeit, mit der Ladungen akkumulieren, wird durch den Widerstand des Schaltkreises und die Eigenschaften der Platten bestimmt. Eine Nervenmembran verhält sich in gewisser Hinsicht wie ein Kondensator, denn aufgrund ihrer Lipidzusammensetzung weist sie einen gegenüber den Flüssigkeiten inner- und außerhalb der Zelle relativ hohen Widerstand auf. Bei Kondensatoren – einschließlich den Nervenmembranen – ist die Geschwindigkeit, mit der sich Ladung ansammelt, sehr gering, wenn man sie mit der Geschwindigkeit vergleicht, mit der etwa in einem Draht elektrischer Strom geleitet wird. Ladungen akkumulieren in Tausendsteln einer Sekunde, hingegen braucht elektrischer Strom nur Milliardstelsekunden, um in einem Draht einen Bruchteil eines Millimeters voranzukommen.

Wenn Natriumionen am Ort des Aktionspotenzials in das Axon fließen, dann beginnt sich die Region der Axonmembran, die unmittelbar daneben liegt, zu depolarisieren, das heißt, das Membranpotenzial dort steigt etwas über das Ruheniveau von –70 Millivolt an. Die Geschwindigkeit, mit der das geschieht, hängt von der Kapazität der Membran ab. Die Kapazität kann man sich vielleicht am einfachsten klarmachen, wenn man sich anschaut, was beim Einstrom von Na^+ in die Zelle passiert. Die positive Ladung der Ionen depolarisiert an dieser Stelle die Membran (bis zum Gipfel des Aktionspotenzials von +50 Millivolt). Der positive, einwärts gerichtete Strom muss irgendwie wieder aus der Membran heraustreten, um den elektrischen Kreislauf zu schließen. Die positiven Ladungen sammeln sich auf der Membraninnenseite nahe den offenen Toren, wodurch das Membranpotenzial hier weniger negativ wird (Abbildung 3.13). Schließlich erreicht es die Schwelle, bei der sich die Na^+-Kanäle dort öffnen. Dann strömt Na^+ ein, und das Aktionspotenzial entwickelt sich nun auch an dieser Stelle. Anschließend wird der kleine Membranbezirk direkt neben der Region, wo sich die Na^+-Kanäle geöffnet haben, eben-

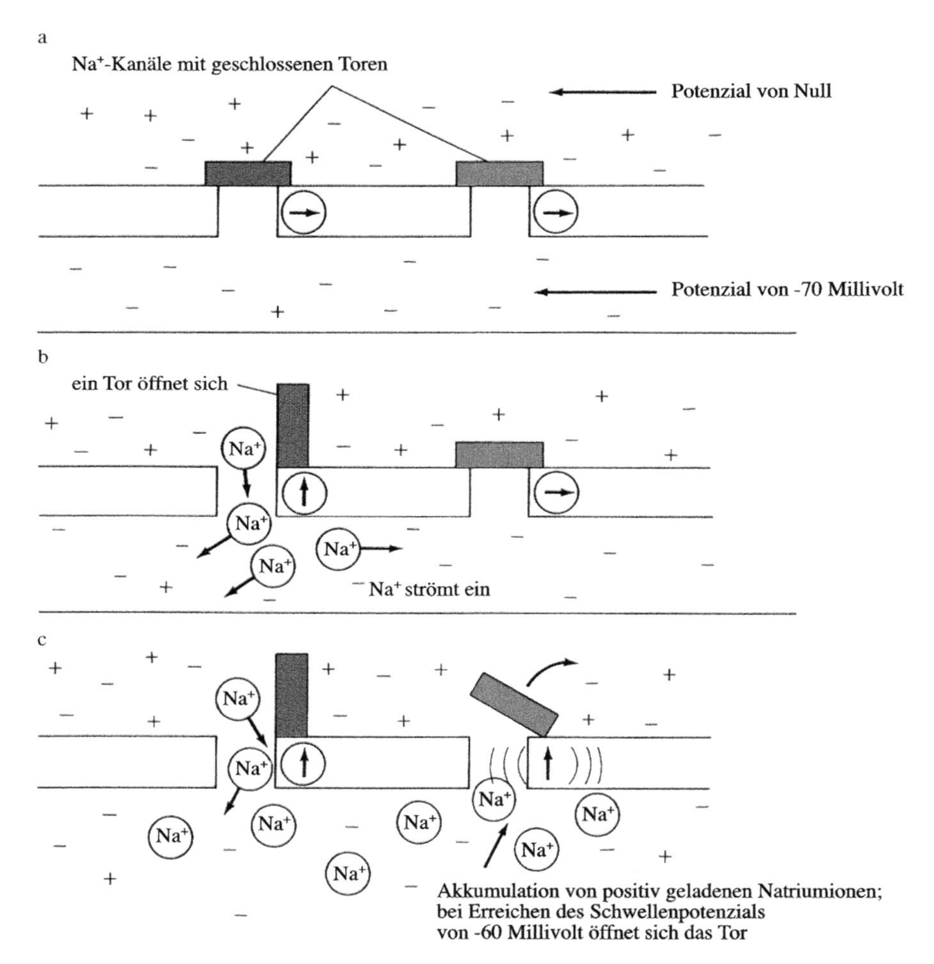

3.13 Diese Serie von Zeichnungen soll verdeutlichen, warum die Natriumkanäle bei der Entstehung des Aktionspotenzials aufspringen. a) Die geschlossenen Tore der Na^+-Kanäle sind spannungsgesteuert; das Schwellenpotenzial liegt wenige Millivolt unter dem Ruhepotenzial von –70 Millivolt. b) In der Abbildung öffnet sich ein Na^+-Tor direkt links neben einem geschlossenen; Na^+ strömt ein und erniedrigt, da es eine positive Ladung trägt, die Spannung an der Innenseite der Membran neben dem geschlossenen Na^+-Kanal. Wenn dadurch schließlich dessen Schwellenpotenzial erreicht wird, springt auch dieses Tor auf (c).

falls die Schwelle für das Öffnen der Na^+-Kanäle erreichen. Auf diese Weise wandert das Aktionspotenzial kontinuierlich das Axon hinab. Seine Ausbreitungsgeschwindigkeit wird durch Eigenschaften des Axons wie dessen Durchmesser und dessen Widerstand bestimmt, die andererseits auch festlegen, wie schnell sich Ladung akkumulieren kann (also die Kapazität des Axons). Je dicker ein Axon ist, desto schneller wandert das Aktionspotenzial an ihm entlang.

Pflanzt sich ein Aktionspotenzial, das durch die elektrische Reizung eines Axons an einer bestimmten Stelle entsteht, nur in eine oder in beide Richtungen fort? Die Mechanismen, die das Aktionspotenzial erzeugen, sind nicht richtungsspezifisch, sodass ein Aktionspotenzial vom Reizort aus sowohl axonaufwärts als auch -abwärts fortgeleitet werden kann. Da Aktionspotenziale aber normalerweise an der Stelle beginnen, an der das Axon den Zellkörper verlässt, wandern sie gewöhnlich vom Zellkörper aus das Axon hinab. Wie sie entstehen, werden wir in Kapitel 4 näher untersuchen.

Die Erregungsleitung in myelinisierten Axonen

Die dickeren, schneller leitenden Axone im Nervensystem von Wirbeltieren sind von einer fetthaltigen, isolierenden Myelinscheide (Markscheide) umgeben. Ein myelinisiertes Axon kann ein Aktionspotenzial wesentlich rascher weiterleiten als ein nichtmyelinisiertes desselben Durchmessers.

Die Myelinscheide eines Axons ist in Abständen von ungefähr einem Millimeter durch kurze myelinfreie Einschnürungen unterbrochen, die man *Ranviersche Schnürringe* nennt. Wenn ein Axon an einer solchen Stelle elektrisch gereizt wird, entsteht hier ein Aktionspotenzial, und Na^+ strömt ein. Da jeder Schnürring seitlich von gut isolierendem Myelin umgeben ist, können Ladungen sich ausschließlich an diesen Einschnürungen sammeln oder durch die Nervenmembran bewegen. Die mit den Natriumionen einströmenden positiven Ladungen verteilen sich schnell im Axon, da das Axoplasma ein relativ guter Leiter ist. Der Strom breitet sich wie in einem elektrischen Kabel unverzüglich aus, schwächt sich allerdings mit zunehmender Entfernung von dem Schnürring, an dem Natrium einwärts strömt, ab. Man spricht hier oft von *elektrotonischer Ausbreitung*. Sie bewirkt, dass sich am nächsten Schnürring die Stärke der positiven Ladung an der Membraninnenseite erhöht; da natürlich auch dort kein Myelin vorliegt und der Widerstand somit lediglich dem der Membran selbst entspricht, genügt die höhere positive Ladung an der Membraninnenseite, um die Na^+-Kanäle an diesem Schnürring zu öffnen und ein Aktionspotenzial entstehen zu lassen. So pflanzen sich die Aktionspotenziale auf dem Axon durch Sprünge von einem Schnürring zum nächsten fort – ein Vorgang, den man als *saltatorische Erregungsleitung* bezeichnet.

In einem nichtmyelinisierten Axon müssen die Membrankondensatoren an jeder Stelle des Axons geladen werden, indem sich dort positive Ladung an der Membraninnenseite anhäuft; dies kostet Zeit. Folglich pflanzen sich Aktionspotenziale, die das Axon entlangspringen, viel schneller fort.

Die Evolution der myelinisierten Nervenfasern bei Wirbeltieren war ein enormer Fortschritt. Axone konnten schnelle Leiter, aber trotzdem noch dünn sein.

Myelin ist wahrscheinlich der wichtigste Faktor für die erhebliche Zunahme der Komplexität des Wirbeltiergehirns. Wirbellose haben typischerweise deutlich weniger Nervenzellen, die sich zu spezialisierten Schaltkreisen für besondere Tätigkeiten zusammenschließen. Wenn diese Verschaltungen schnell arbeiten sollen – und bei manchen ist das unerlässlich, damit das Tier fressen und sich seinerseits vor Fressfeinden schützen kann –, dann müssen die Axone sehr dick sein. Dank des Myelins konnten sich im Wirbeltiergehirn viel mehr Nervenzellen mit weniger speziellen Funktionen entwickeln, weil myelinisierte Axone schnell, aber dennoch dünn sind. So haben wir letzten Endes der „schlichten" Gliazelle, die die Myelinscheide um die Nervenfaser bildet, die hohe Entwicklung des Wirbeltiergehirns zu verdanken.

Bei der Geburt weist das menschliche Gehirn nur einen geringen Myelinisierungsgrad auf. Der Leser mag selbst über die Folgen nachdenken, die sich daraus für das Funktionieren des Gehirns eines Kindes ergeben.

Zusammenfassung

Neuronen und alle anderen Zellen sind von einer begrenzenden Außenhülle, der Zellmembran, umgeben. Sie wird von einer Lipid-Doppelschicht gebildet. Diese besteht zum einen aus Phosphorsäure-„Köpfchen", die von Wasser angezogen werden und daher die inneren und äußeren Umsäumungen der Membran bilden, und zum anderen aus einem inneren Kern von Fettsäure-„Schwänzen", die Wasser meiden. Die Membran erinnert an das Häutchen einer Seifenblase, sie ist flüssig beziehungsweise äußerst beweglich. Innerhalb der Membran schwimmen zahlreiche komplexe Proteinmoleküle, die als chemische Rezeptoren, als Ionenkanäle oder zu anderen Zwecken dienen. Wie alle anderen Zellen, so verfügen auch Neuronen über Ionenkanäle, schmale Tunnel, die bestimmte geladene Teilchen durch die Zellmembran schleusen. Die entscheidenden Ionenkanäle in den Nervenzellen sind die für Kalium (K^+), Natrium (Na^+), Chlorid (Cl^-) und Calcium (Ca^{2+}).

Die Membranen aller Zellen, einschließlich der Nervenzellen, weisen in Ruhe eine elektrische Spannung auf, das so genannte Ruhemembranpotenzial. Das Ruhemembranpotenzial einer Nervenzelle beträgt rund –70 Millivolt, also etwa ein Zehntel Volt. Es kommt zustande, weil die Körperflüssigkeit außerhalb der Zellen (hierzu zählt auch das Blut) elektrisch neutral ist, während das Innere der Zellen eine negative Spannung von –70 Millivolt aufweist. Jede Zelle lässt sich somit als winzige Batterie auffassen. Die elektrische Spannung besteht jedoch nur über die Zellmembran hinweg. Das Ruhepotenzial stellt sich ein, weil die Membran K^+-Ionen ungehindert hindurchtreten lässt; und es ist passiv – es ließe sich in einer Lösung mit geeigneten Chemikalien auch an einer Zellophantüte aufbauen. Sein jeweiliger Wert ist mittels der Nernst-Gleichung zu errechnen. Dass das Ruhepotenzial der Nervenzelle im Verhältnis zu ihrer äußeren Umgebung negativ ist, liegt hauptsächlich daran, dass die Zellmembran semipermeabel ist: K^+-Ionen lässt sie ungehindert passieren, negativ geladene Proteinionen hält sie jedoch im Zellinneren zurück.

Die Nervenzellmembran hat besondere Eigenschaften entwickelt, um Aktionspotenziale weiterzuleiten. Sie verfügt über eine beträchtliche Anzahl geschlossener oder mit Toren versehener Natriumkanäle, insbesondere an der Nervenfaser. Verliert das elektrische Potenzial an der Zellmembran etwas an Negativität, so springen die spannungsgesteuerten Natriumkanäle auf, Natrium strömt ein, und die Membranspannung schnellt auf +50 Millivolt. Dies setzt eine Kettenreaktion in Gang: Benachbarte Natriumkanäle öffnen sich, und das Aktionspotenzial wandert die Nervenfaser entlang zu den Nervenfaserendigungen. Wenn die Natriumionen einströmen, springen die wenigen normalerweise geschlossenen Kaliumkanäle auf. Kalium wandert aus der Zelle hinaus und macht damit das Membranpotenzial der Nervenzelle negativer; so entsteht das Nachpotenzial. Anschließend kehrt die Membran zu ihrem Ruhepotenzial zurück, bereit, das nächste Aktionspotenzial weiterzuleiten. Heute macht es die Membranfleck-Klemme (*patch clamp*) möglich, das Öffnen und Schließen einzelner Ionenkanäle aufzuzeichnen. Bei den myelinisierten Nervenfasern der Wirbeltiere wird die fetthaltige isolierende Markscheide in Abständen von etwa einem Millimeter durch eine myelinfreie Einschnürung, den Ranvierschen Schnürring, unterbrochen. Hier springt das Aktionspotenzial von Schnürring zu Schnürring und pflanzt sich auf diese Weise bedeutend schneller entlang der Nervenfaser fort als bei markscheidenfreien Axonen.

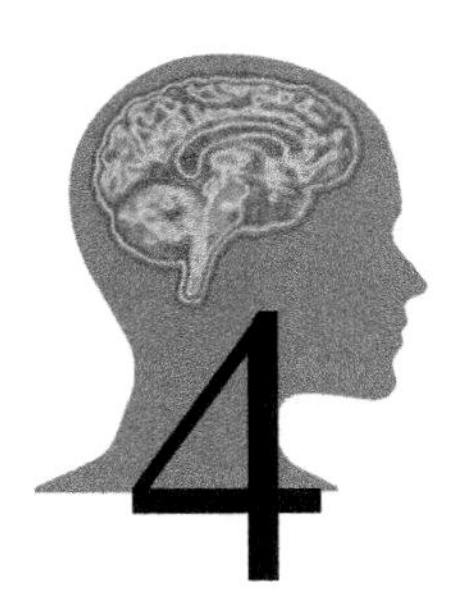

4 Die Erregungsübertragung an Synapsen

Hinter all dem Treiben unseres Nervensystems – von der Planung eines Abends bis zu einem lauten Niesen – steht die *synaptische Übertragung*: die Kommunikation zwischen Nervenzellen (oder von Nervenzellen mit anderen Zellen) über Synapsen (Abbildung 4.1). Das Gehirn des Menschen mit seinen vielleicht einer Billion Neuronen hat mindestens 1 000 Billionen Synapsen; schon eine einzelne typische Nervenzelle im Säugergehirn kann mehrere Tausend besitzen. Trotz der enormen Komplexität, die durch diese Zahlen angedeutet wird, scheinen Synapsen nur ein paar wenige unterschiedliche Arbeitsweisen zu haben. Im Nervensystem der Säugetiere gehören fast alle zum Typ der chemischen Synapse, und auf diesen wollen wir uns im Folgenden auch konzentrieren.

Unsere Kenntnisse über die synaptische Übertragung stammen zu einem großen Teil aus Untersuchungen an der *neuromuskulären* oder *motorischen Endplatte*, wie man jenes besondere Synapsensystem nennt, das sich zwischen der Axonendigung eines Motoneurons und einer Skelettmuskelfaser ausbildet. Bei Wirbeltieren wird in allen Synapsen dieses Typs der chemische Transmitter *Acetylcholin* (abgekürzt ACh) verwendet. Uns soll die neuromuskuläre Synapse hier sowohl als Beispiel für chemische Synapsen im Allgemeinen wie auch als Beispiel für einen speziellen Typ dienen, nämlich die schnelle exzitatorische Synapse. In diesem Kapitel werden wir uns insbesondere mit der schnellen synaptischen Übertragung beschäftigen, und zwar sowohl mit der erregenden als auch der hemmenden, ferner mit Beispielen für synaptische Plastizität sowie mit der Angstneurose, einer Neurosenform, bei der eine bestimmte Art der schnellen synaptischen Hemmung eine Rolle zu spielen scheint.

Die schnelle synaptische Erregung

In Abbildung 4.2 ist eine *neuromuskuläre Synapse* (oder motorische Endplatte) schematisch dargestellt. Wie wir bereits wissen, trennt in chemischen Synapsen

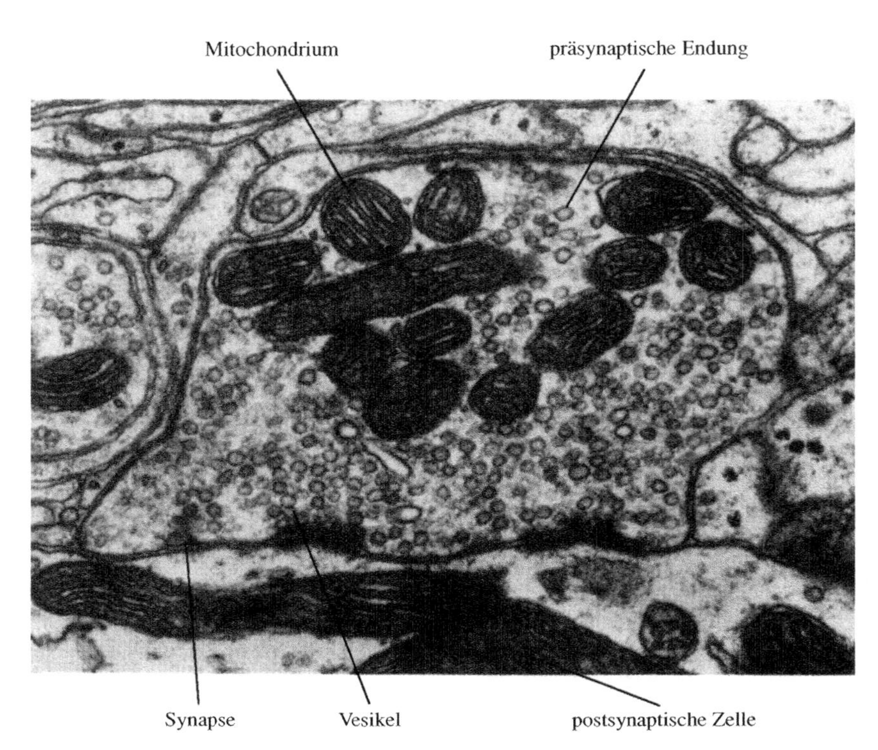

4.1 Elektronenmikroskopische Aufnahme einer Axonendigung, die mit einer anderen Nervenzelle eine Synapse ausbildet.

ein winziger, ungefähr 20 Nanometer weiter Zwischenraum – der *synaptische Spalt* – die Axonendigung, die man als *präsynaptische Endigung* bezeichnet, von der Membran der Zielzelle, die auch *postsynaptische Membran* heißt. Die präsynaptische Endigung enthält eine Vielzahl kleiner Vesikel, die gehäuft in Membrannähe vorkommen und die den Überträgerstoff enthalten – im Falle der neuromuskulären Synapse also Acetylcholin.

Der grundlegende Übertragungsvorgang an der chemischen Synapse ist einfach. Wenn ein über das Axon fortgeleitetes Aktionspotenzial die präsynaptische Endigung erreicht, löst es dort die Freisetzung des Transmitters aus, indem es zunächst die Öffnung von Calciumionen-(Ca^{2+}-)Kanälen bewirkt. Diesen Ionenkanaltyp haben wir bislang noch nicht besprochen. Ca^{2+}-Kanäle kommen in den Membranen der Axonendigungen vor, sind normalerweise geschlossen und spannungsgesteuert. Das Aktionspotenzial verändert die Spannung in der präsynaptischen Membran, wodurch sich die Ca^{2+}-Kanäle kurzzeitig öffnen. Daraufhin strömen Calciumionen in die Zelle, da ihre Konzentration innen (intrazellulär) niedriger ist als außen (extrazellulär). Der Ca^{2+}-Einstrom in das Axon löst dann die Ausschüttung des Neurotransmitters aus.

Der freigesetzte Transmitter (an der motorischen Endplatte also ACh) diffundiert über den schmalen synaptischen Spalt und bindet an Rezeptormoleküle auf

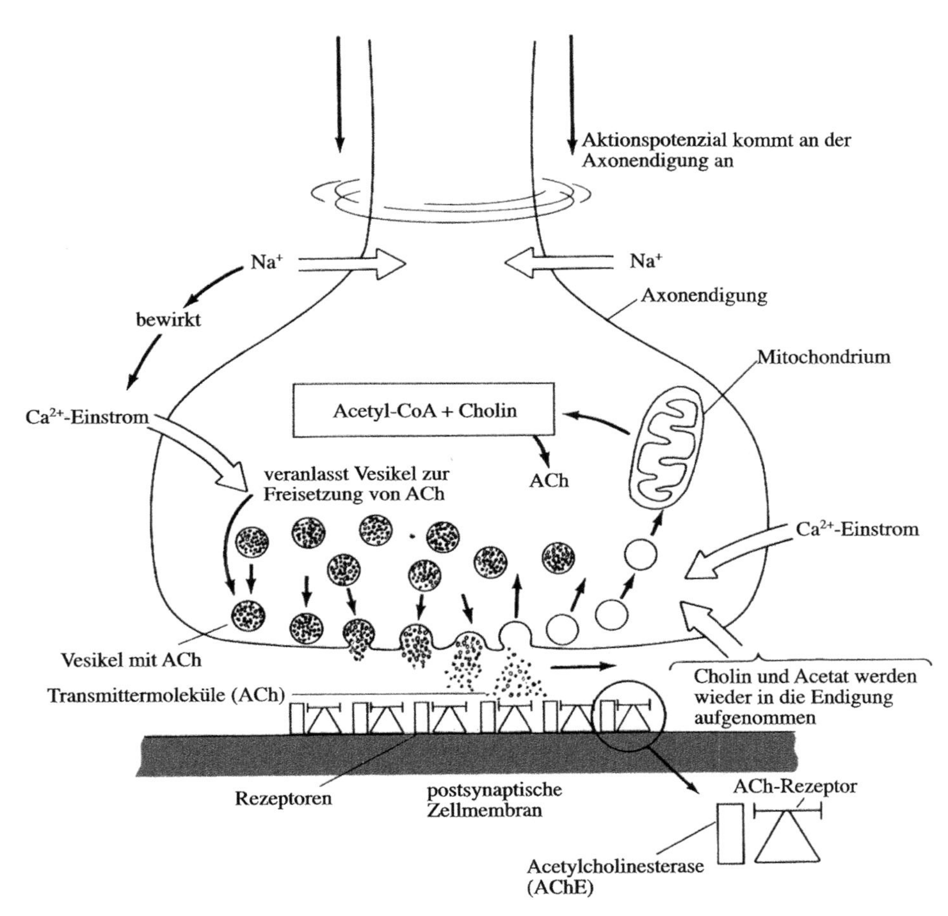

4.2 Beispiel einer chemischen Synapse mit Acetylcholin (ACh) als Transmitter. Acetylcholin wird in der Axonendigung aus Acetyl-Coenzym A (Acetyl-CoA) und Cholin gebildet, in Vesikeln gespeichert und schließlich freigesetzt. Wenn ein Aktionspotenzial die Axonendigung erreicht, öffnen sich die zuvor geschlossenen Calciumkanäle dort und lassen Ca^{2+} einströmen. Dies wiederum sorgt dafür, dass die Vesikel mit der präsynaptischen Membran verschmelzen und ACh-Moleküle in den synaptischen Spalt entlassen. Die freigesetzten Transmitter binden an spezielle ACh-Rezeptoren auf der postsynaptischen Membran und lösen dadurch die Öffnung von Na^+-Kanälen aus. Das ACh an den Rezeptoren wird durch das Enzym Acetylcholinesterase (AChE) sofort zu Cholin und Acetat abgebaut, die von der Endigung aufgenommen und anschließend wieder verwendet werden.

der postsynaptischen Membran. Dies bewirkt wiederum, dass sich (neben K^+-Kanälen) vor allem Na^+-Kanäle öffnen und (positiv geladene) Natriumionen einströmen. Die postsynaptische Zielzelle wird für ein paar Millisekunden leicht *depolarisiert* (ihr Membranpotenzial also etwas weniger negativ). Während dieser Zeit ist die Zelle leichter erregbar als vorher.

Man beachte, dass die Ionenkanäle auf der postsynaptischen Membran durch eine chemische Substanz aktiviert werden: Sie sind nicht spannungs-, sondern *chemisch gesteuert*. Bei den Proteintoren dieser Ionenkanäle handelt es sich um chemische Rezeptoren, die spezifisch auf einen bestimmten Transmitter (wie ACh) ansprechen. Damit begegnet uns hier ein dritter Typ von Ionenkanal. Von der Axonmembran kennen wir bereits die ständig offenen Poren und die spannungsgesteuerten Kanäle, die sich auf eine Änderung des Membranpotenzials hin öffnen können. Da die Tore in den Synapsen nicht durch die Spannung, sondern chemisch aktiviert werden, funktionieren sie auch nicht autoregenerativ (selbst verstärkend): Es gibt also keinen Schwellenwert, oberhalb dessen sie alle offen sind. Vielmehr hängt die Zahl der geöffneten Tore von der jeweils vorhandenen Neurotransmittermenge ab, und ihre Öffnungsdauer wird dadurch bestimmt, wie lange der Transmitter an dem Rezeptor gebunden und somit wirksam bleibt.

Das mag so klingen, als sei die synaptische Übertragung ein ziemlich langsamer Prozess: Ein Aktionspotenzial kommt an der Endigung an, Ca^{2+} strömt ein, der Transmitter wird in den synaptischen Spalt entlassen, diffundiert zur postsynaptischen Membran und bindet an die Rezeptormoleküle; daraufhin öffnen sich in der Membran die Na^{+}-Kanäle und lassen Natriumionen einströmen, wodurch die postsynaptische Zelle schließlich depolarisiert wird. In Wirklichkeit läuft dieser Prozess jedoch ziemlich schnell ab. Von der Ankunft des Aktionspotenzials an der präsynaptischen Axonendigung bis zum Beginn der Depolarisation der postsynaptischen Zelle vergehen oft nur 0,2 Millisekunden. Ein Grund für die hohe Geschwindigkeit liegt darin, dass der synaptische Spalt – der Zwischenraum zwischen der Membran der präsynaptischen Endigung und der postsynaptischen Membran – so schmal ist.

Wie wird der chemische Transmitter aus der präsynaptischen Axonendigung freigesetzt? Noch weiß man nicht genau, welcher Mechanismus durch den Ca^{2+}-Einstrom in Gang gesetzt wird. Als sicher gilt jedoch, dass die eigentliche Transmitterfreisetzung durch *Exocytose* erfolgt. (Die elektronenmikroskopische Aufnahme von Abbildung 2.5 veranschaulicht diesen Prozess, der nach den griechischen Worten für „aus der Zelle heraus" benannt ist.) Ein mit Transmitter gefülltes Vesikel heftet sich an die Membran der Axonendigung an. Die Vesikelmembran verschmilzt (fusioniert) mit der Axonmembran, öffnet sich dadurch nach außen und entleert die Transmittermoleküle in den synaptischen Spalt. Die Vesikelmembran bildet vermutlich anschließend ein neues Vesikel; würde sie in der Axonmembran verbleiben, müsste sich der Umfang der Endigung nach und nach vergrößern, was aber nicht passiert. Man sollte hier darauf hinweisen, dass nicht alle Neurobiologen die Exocytose für den Prozess halten, über den an allen Synapsentypen die Transmitterfreisetzung erfolgt. Sie ist jedoch auf alle Fälle ein sehr hilfreiches Modell, das man sich gut vorstellen und einprägen kann; vergleichbar klare alternative Modelle gibt es nicht.

Der erste Beleg dafür, dass Neurotransmitter an den Axonendigungen als *Pakete* – nämlich jeweils als Vesikel mit ungefähr gleichem Inhalt – abgegeben werden, kam lange vor der Entwicklung des Elektronenmikroskops auf. Die entsprechenden Untersuchungen wurden von Bernard Katz von der Universität London und anderen an der neuromuskulären (motorischen) Endplatte durchgeführt. Katz erhielt für diese Forschungen den Nobelpreis. Diese Nerv-Muskel-Verbindungen lassen sich für Experimente sehr gut präparieren. Man kann sie einem Tier entnehmen und in einer Nährlösung am Leben halten. Damit verfügt man dann über eine Reinkultur motorischer Nervenendigungen, die über (neuromuskuläre) Synapsen mit Muskelzellen in Kontakt stehen. Andere Typen von Synapsen kommen darin nicht vor. Demgegenüber enthält schon ein winziges Stück Gehirngewebe viele verschiedene Synapsentypen.

Man kann die neuromuskuläre Endplatte untersuchen, indem man eine Mikroelektrode in eine postsynaptische Muskelzelle einführt und dann die Axonfaser reizt, die über eine einfache synaptische Endigung mit dieser Zelle in Verbindung steht. Wir wollen zunächst die ruhende Synapse betrachten. In der Axonendigung laufen keine Aktionspotenziale ein, folglich kommt es auch nicht zu einer synaptischen Übertragung. Trotzdem würde eine Mikroelektrode fortwährend eine geringe Aktivität registrieren. Offenbar treten im postsynaptischen Membranpotenzial kontinuierlich, aber in unregelmäßigen Abständen, kleine Änderungen auf. Dabei handelt es sich stets um Depolarisationen, das heißt, die Muskelzellmembran wird jeweils für sehr kurze Zeit etwas positiver (Abbildung 4.3).

Wenn wir uns diese *Miniatur-Endplattenpotenziale*, wie man sie nennt, näher anschauen, dann sehen wir, dass sie eine bestimmte Größe nie unterschreiten. Alle Potenziale, die größer als die kleinsten sind, haben jeweils die doppelte, dreifache oder x-fache Größe. Am einfachsten ist dies zu erklären, wenn man annimmt, dass an der präsynaptischen Endigung spontan Transmitterpakete freigesetzt werden. Das kleinste Miniaturpotenzial entspräche dem Eintreffen genau eines solchen Transmitterpakets an der postsynaptischen Muskelzellmembran. Katz, der die Miniatur-Endplattenpotenziale entdeckte, bezeichnete die kleinste Menge Transmitter als ein *Quant(um)*. Schätzungen ergaben, dass ein solches Quant aus ungefähr 10 000 Molekülen ACh besteht. Mit dem Elektronenmikroskop stellte man später fest, dass die Vesikel in den Endigungen der ACh-Neuronen durchaus groß genug für 10 000 Moleküle ACh sind. Die spontanen Miniaturpotenziale erreichen also deshalb entweder die minimale Größe oder ein Vielfaches davon, weil sie der Entleerung von genau einem oder von zwei, drei oder mehr Vesikeln gleichzeitig entsprechen.

Die Größenverteilung der Miniaturpotenziale an der neuromuskulären Endplatte ist zeitlich ungeordnet, und offenbar entstehen diese Potenziale, die keine synaptische Übertragung bewirken, fortwährend an allen chemischen Synapsen. Soweit wir wissen, hat diese spontane Transmitterfreisetzung keine Funktion; sie ist lediglich ein Rauschen in einem nicht ganz perfekten System.

Stellen wir uns nun vor, dass das Axon, das zu der Synapse an der Muskelzelle führt, gereizt wird. Ein Aktionspotenzial pflanzt sich bis zur Axonendigung fort, wo daraufhin Acetylcholin frei wird. Bei diesem einfachen Ereignis, der Übertragung an einer einzelnen Synapse, entsteht ein *synaptisches Einheitspotenzial* (das eigentliche Endplattenpotenzial). Es ist ungefähr hundertmal größer als das kleinste Miniaturpotenzial, wie die untere Ableitung von Abbildung 4.3 veranschaulicht. Demzufolge werden, wenn es zu einer synaptischen Übertragung kommt, pro Aktivierung an einer Synapse ungefähr 100 Quanten (Vesikelinhalte) von ACh ausgeschüttet.

An einer neuromuskulären Endplatte genügt eine einzige Aktivierung einer Synapse, um eine Kontraktion der Muskelzelle auszulösen. Im Zentralnervensys-

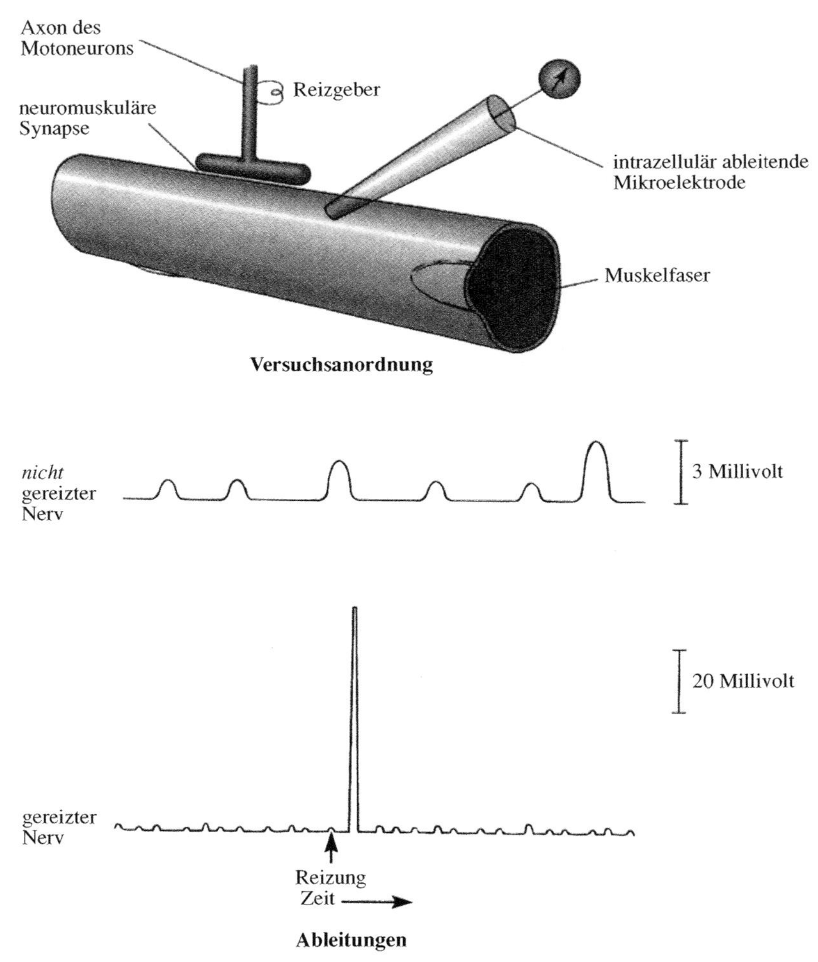

4.3 Aufzeichnung spontaner Miniatur-Endplattenpotenziale und eines Einheitspotenzials an einer Muskelfasermembran. Obere Ableitung: Aufzeichnung spontaner Miniatur-Endplattenpotenziale bei völligem Fehlen von Aktionspotenzialen im Axon. Untere Ableitung: Aufzeichnung eines Einheitspotenzials, ausgelöst durch ein Aktionspotenzial im Axon. Die Miniaturpotenziale entstehen durch spontane Freisetzung von Transmittermolekül-Quanten (Vesikelinhalten). Auf ein Aktionspotenzial hin schütten etwa 100 Vesikel ihren Inhalt aus; das hieraus resultierende synaptische Einheitspotenzial ist rund 100-fach größer als das kleinste Miniaturpotenzial.

tem (von Wirbeltieren) hingegen ist das praktisch nie ausreichend: An einem Gehirnneuron wird die Aktivierung einer einzelnen Synapse nicht zur Bildung eines Aktionspotenzials führen. Dafür müssen mehrere Synapsen zusammenarbeiten.

Wir wollen uns nun ein verallgemeinertes Beispiel für die schnelle exzitatorische Übertragung durch eine Nervenzelle im Gehirn anschauen. Zur Registrierung des Membranpotenzials lässt sich eine Mikroelektrode in das betreffende Neuron einführen, und die Axonendigungen anderer Nervenzellen, die mit ihm exzitatorische Synapsen ausbilden, können elektrisch gereizt werden. Die spontanen Miniaturpotenziale sind mit dieser Methode allerdings nicht analysierbar, denn auf ein Neuron kommen Tausende von Synapsen, von denen wohl zu jeder Zeit einige durch Aktionspotenziale in ihren Axonendigungen aktiviert werden. Nehmen wir zunächst an, das zu untersuchende Neuron selbst entwickle keine Aktionspotenziale. Die Messelektrode im Zellkörper wird dann fast kontinuierlich kleine Veränderungen des Membranpotenzials anzeigen. Viele davon sind wahrscheinlich spontane Miniaturpotenziale, aber bei vielen anderen handelt es sich wohl um echte synaptische Potenziale, die sich nach Eintreffen von Aktionspotenzialen an den synaptischen Endigungen bilden. In einer neuromuskulären Endplatte besitzt eine Muskelzelle genau eine Synapse, und man kann die Mikroelektrode direkt unter dieser einstechen. In einem Gehirnneuron dagegen können synaptische Potenziale irgendwo am Zellkörper oder an den Dendriten erzeugt werden. Wenn man eine Messelektrode in den Zellkörper eines solchen Neurons einführt, zeigt sich, dass das synaptische Potenzial, das man misst, umso kleiner ist, je weiter eine Synapse auf einem Dendriten von der Elektrode entfernt ist. Es lässt sich deshalb nicht feststellen, ob die kleinen Membranpotenzialschwankungen von der spontanen Freisetzung einzelner Transmitterquanten an den Synapsen (also von Miniaturpotenzialen) oder von Fällen echter synaptischer Übertragung (synaptischen Einheitspotenzialen) herrühren. Wahrscheinlich kommt beides vor.

In bestimmten Verschaltungen im Zentralnervensystem kann man eine einzelne Axonendigung reizen, die mit dem Zellkörper des zu untersuchenden Neurons Synapsen ausbildet. In solchen Fällen lässt sich ein synaptisches Einheitspotenzial aufzeichnen, und wie sich herausgestellt hat, weist es die gleichen grundlegenden Eigenschaften auf wie das Einheitspotenzial an einer neuromuskulären Endplatte.

Der grundlegende Mechanismus der schnellen exzitatorischen Synapse ist die Öffnung von Na^+-Toren in der postsynaptischen Membran infolge der Wirkung des Transmitters auf die Rezeptormoleküle. Wie bereits erwähnt, dauert diese Öffnung nur eine kurze Zeit (normalerweise nicht mehr als ein paar Millisekunden), pflanzt sich nicht von selbst fort und bewirkt an der Zellmembran lediglich eine schwache Depolarisation. Die Summe dieser kurzen Depolarisationen wird *exzitatorisches postsynaptisches Potenzial* (*EPSP*) genannt. Wie bringen EPSPs die Zelle zur Bildung eines Aktionspotenzials? Zunächst ist festzuhalten, dass EPSPs in ihrer Höhe abgestuft sind. Je mehr Synapsen an einer Zelle gleichzeitig aktiviert werden, desto größer wird das EPSP an der Zellmembran. Schließlich kann es groß genug sein, um die Schwelle, oberhalb derer ein Aktionspotenzial ausgelöst wird, zu überschreiten. Dann entsteht am Axonursprung, also der Stelle, an der das Axon den Zellkörper verlässt, ein Aktionspotenzial.

Dieses Ursprungssegment des Axons, der *Axonhügel*, hat eine viel niedrigere Schwelle für die Auslösung eines Aktionspotenzials als der eigentliche Zellkörper. Tatsächlich entspricht der Schwellenwert dem für die Membran nichtmyelinisierter Axone typischen Niveau. Der Axonhügel weist auch in myelinisierten Nervenfasern keine Myelinscheide auf und gleicht damit einer einfachen Axonmembran, wie sie etwa das Tintenfischaxon besitzt. Der Axonhügel enthält die normalen spannungsgesteuerten Na^+- und K^+-Kanäle. Wenn das Potenzial auf seiner Innenseite den Schwellenwert (sagen wir, von –60 Millivolt) erreicht, dann öffnen sich die Tore dieser Kanäle, und es entsteht ein Aktionspotenzial, das sich am Axon entlang fortpflanzt.

Die Tatsache, dass das Aktionspotenzial am Axonhügel beginnt, erklärt, warum es im Normalfall stets vom Zellkörper weg zu den Axonendigungen geleitet wird. Wie wir in Kapitel 3 gesehen haben, kann ein Aktionspotenzial prinzipiell in beide Richtungen über das Axon wandern. Dass es das normalerweise nicht tut, liegt eben daran, dass es als Ergebnis der erregenden synaptischen Wirkungen am Zellkörper und seinen Dendriten vom Axonhügel ausgeht.

Der Auslösung eines Aktionspotenzials am Axonhügel durch EPSPs liegt im Wesentlichen der gleiche Mechanismus zugrunde wie seiner Übertragung entlang des Axons: die *elektrotonische Ausbreitung* (Elektronenleitung). Tatsächlich entspricht die Situation im Prinzip genau den Vorgängen bei der Weiterleitung eines Aktionspotenzials in einem nichtmyelinisierten Axon. In Abbildung 4.4 ist eine einzelne exzitatorische Synapse zwischen zwei Nervenzellen im Gehirn dargestellt. Nach der Bindung der Transmittermoleküle an die Rezeptoren öffnen sich vorübergehend die Na^+-Tore in der postsynaptischen Membran, und Na^+ strömt ein; dadurch wird das Membranpotenzial kurzfristig positiver. Die positiven Ladungen, die in die Zelle hineingeströmt sind, müssen sie auch wieder verlassen, um den Kreislauf zu schließen. Die Membran des Zellkörpers und der Dendriten weist einen sehr hohen elektrischen Widerstand auf – ähnlich dem eines myelinisierten Axons –, weil sie mit Synapsen bedeckt ist. Das gilt für alle Stellen mit Ausnahme des Axonhügels, an dem das Axon den Zellkörper verlässt. Wie wir bereits wissen, liegt der Widerstand dort wesentlich niedriger, nämlich auf dem für nackte Axonmembranen typischen Niveau. Überdies gibt es in der Membran von Zellkörper und Dendriten vermutlich weniger spannungsgesteuerte Natriumkanäle als in der Axonmembran. Wenn sich nun positive Ladung zu diesem Bereich niedrigen Widerstands verschiebt, lädt sich der Membrankondensator dort auf, und die Membran wird gegenüber ihrem normalen Ruhepotenzial von –70 Millivolt innen positiver. Sie kann schließlich die Schwelle für die Auslösung eines Aktionspotenzials (–60 Millivolt) erreichen; dann öffnen sich die spannungsgesteuerten Na^+- und K^+-Tore, und das Aktionspotenzial pflanzt sich auf dem Axon fort.

Wie bereits erwähnt, wird die Aktivierung einer einzelnen exzitatorischen Synapse an einer Nervenzelle im Gehirn diese Zelle nicht zum „Feuern", also zur Bildung von Aktionspotenzialen, veranlassen. Ausreichend viele Synapsen müssen gemeinsam aktiviert werden und zusammen ihren Einfluss auf den Axonhügel ausüben. Die Wirkungen von Synapsen an unterschiedlichen Stellen des Neurons addieren sich auf – ein Phänomen, das man als *räumliche Summation* bezeichnet (Abbildung 4.5a). Wenn nur ein paar Synapsen gemeinsam aktiviert werden, mag das allerdings immer noch nicht ausreichen, damit die Zelle zu feuern beginnt. Wenn sie jedoch in genügend schneller Wiederholung aktiviert werden, dann summieren sich ihre Wirkungen über die Zeit auf und erzeugen ein EPSP, das groß genug ist, um die Zelle zum Feuern zu bringen; diesen Effekt nennt man *zeitliche Summation* (Abbildung 4.5b). Ein normal funktionierendes Neuron

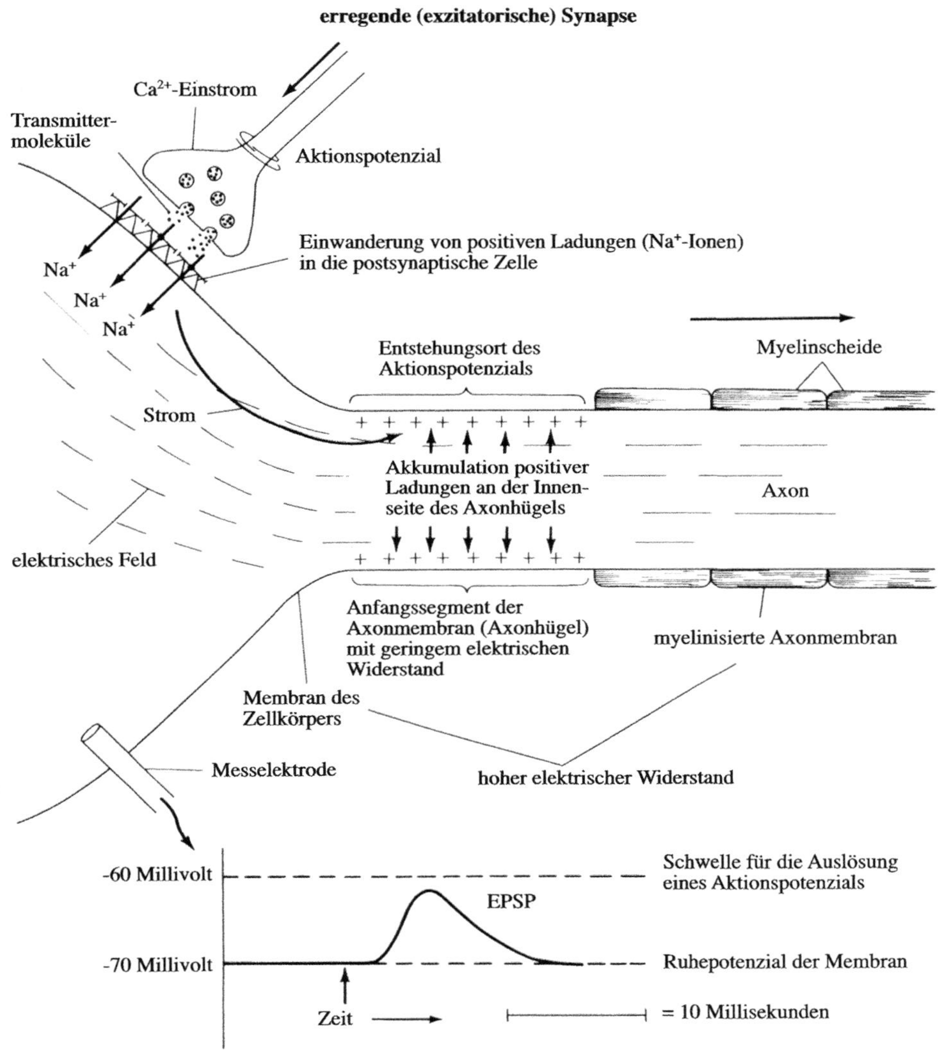

4.4 Die Wirkungsweise einer exzitatorischen (erregenden) Synapse. Nachdem ein Aktionspotenzial die Axonendigung erreicht und dort die Ausschüttung exzitatorischer Neurotransmitter bewirkt hat, öffnen sich in der postsynaptischen Membran für kurze Zeit Na^+-Kanäle, und Na^+ strömt ein. Dadurch erhöht sich die positive Ladung im Zellinneren, und es fließt ein Strom. Da der Axonhügel einen viel niedrigeren elektrischen Widerstand aufweist als der Zellkörper oder das myelinisierte Axon, wird die Schwelle für die Auslösung eines Aktionspotenzials hier zuerst erreicht.

summiert kontinuierlich Informationen über Raum und Zeit auf und „entscheidet" dann, ob es feuert oder nicht. Ausschlaggebend ist dabei die Schwelle für die Aktionspotenzialauslösung am Axonhügel.

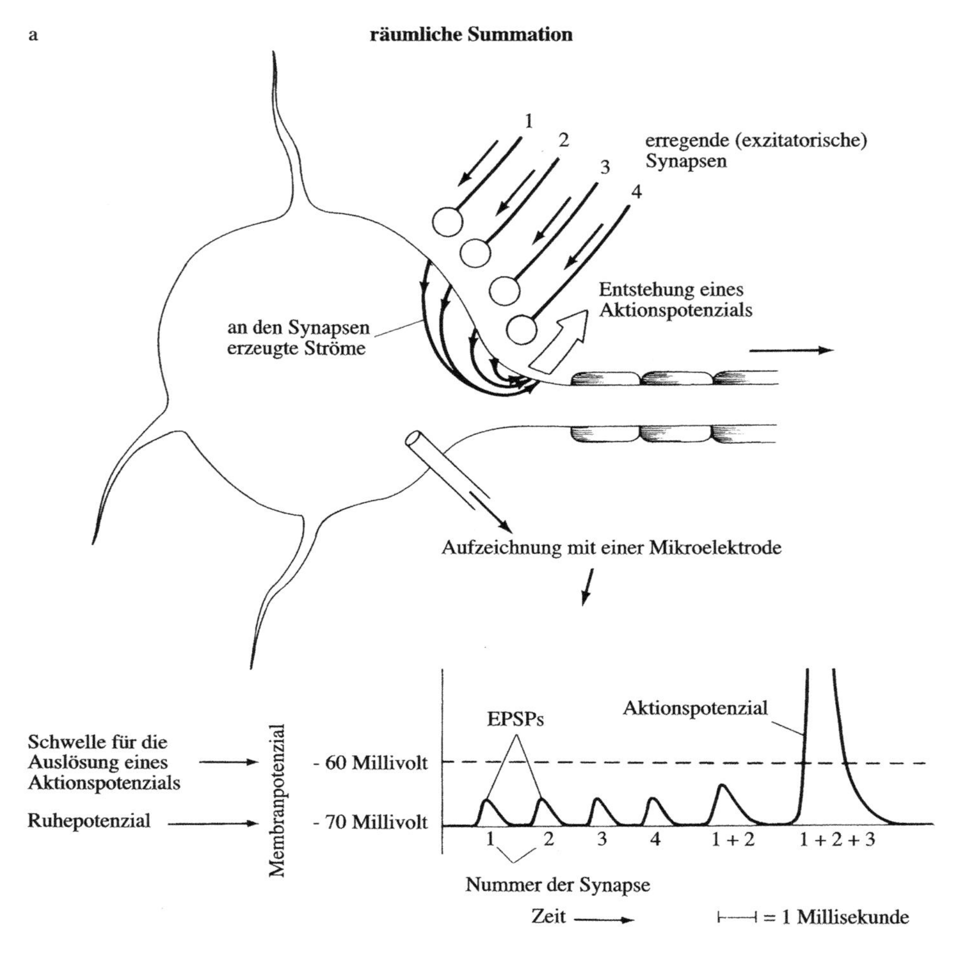

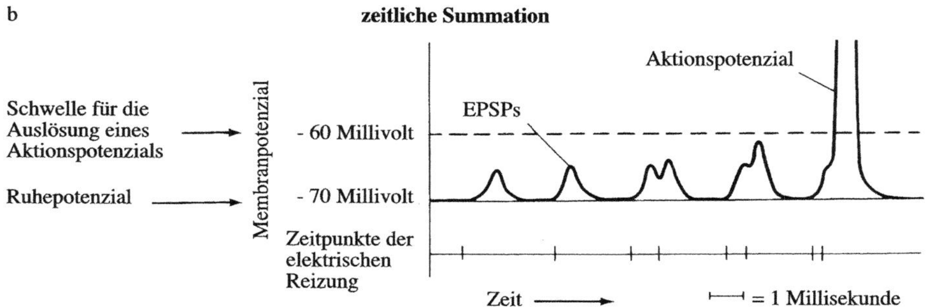

4.5 Die Wirkung exzitatorischer Synapsen. Normalerweise müssen mehrere Synapsen zusammenwirken, damit der Axonhügel bis auf den Schwellenwert von –60 Millivolt depolarisiert wird. a) Üben mehrere Synapsen ihre Wirkung zeitgleich aus, dann spricht man von räumlicher Summation. b) Wird eine Synapse (oder eine Gruppe von Synapsen) in kurzem zeitlichen Abstand mehrmals aktiviert, dann können sich ihre Wirkungen ebenfalls bis zur Auslösung eines Aktionspotenzials aufaddieren; dies wird zeitliche Summation genannt.

Die schnelle synaptische Hemmung

Eine Nervenzelle kann nur zwei grundlegende Dinge tun, um andere Zellen zu beeinflussen: deren Aktivität steigern oder sie reduzieren. Die synaptische Erregung erhöht die Erregbarkeit und Aktivität eines Neurons. Die Hemmung oder Inhibition bewirkt das Gegenteil: Sie erniedrigt beides. Zu einer schnellen synaptischen Hemmung kommt es, wenn inhibitorische Synapsen an einem Neuron aktiviert werden.

Ein Beispiel für die synaptische Hemmung einer Nervenzelle ist in Abbildung 4.6 dargestellt. Bis zu dem Punkt, an dem der Neurotransmitter auf die Rezeptormoleküle in der postsynaptischen Membran einwirkt, läuft die Hemmung genauso ab wie die Erregung. Ein Aktionspotenzial erreicht die präsynaptische Endigung, Ca^{2+} strömt ein, Neurotransmitter wird freigesetzt, diffundiert über den synaptischen Spalt und bindet an die Rezeptormoleküle. Anders als bei einer Erregung öffnen sich aber dann vor allem die Ionenkanäle für Cl^- oder K^+ oder für beide. Die Na^+-Kanäle bleiben während einer synaptischen Hemmung geschlossen.

Chloridionen liegen in den meisten Nervenzellen im Wirbeltiergehirn in einer solchen Konzentration vor, dass das Gleichgewichtspotenzial für Cl^-, wie es sich über die Nernst-Gleichung errechnen lässt, etwas negativer ist als das tatsächliche Ruhepotenzial. Bei einem gemessenen Ruhepotenzial von –70 Millivolt könnte das berechnete Cl^--Gleichgewichtspotenzial beispielsweise bei –75 Millivolt liegen. Wenn die Cl^--Kanäle, die normalerweise geschlossen sind, kurz geöffnet werden, strömt Cl^- in die Zelle hinein, deren Innenseite dadurch noch negativer wird (Abbildung 4.7). Mit einer Messelektrode kann man diese *Hyperpolarisation* der Membran (gewissermaßen ihre angestiegene „Negativität") nachweisen; man bezeichnet sie als *inhibitorisches postsynaptisches Potenzial* (IPSP). Ein IPSP ist also ein Membranpotenzial am Axonhügel, das vom Schwellenwert für die Auslösung eines Aktionspotenzials weiter entfernt liegt als im Ruhezustand, also zum Beispiel bei –75 statt bei –70 Millivolt. IPSPs addieren sich am Zellkörper und an den Dendriten zeitlich und räumlich genauso auf wie EPSPs. Wenn eine Zelle gehemmt wird, geschieht das über IPSPs. Eine synaptische Erregung, die die Zelle normalerweise zum Feuern brächte, wirkt dann nicht.

Die K^+-Hemmung funktioniert ganz ähnlich wie die Cl^--Hemmung. Wie wir in Kapitel 3 gesehen haben, ist das berechnete K^+-Gleichgewichtspotenzial für Neuronen im Normalfall ein paar Millivolt negativer als das tatsächliche Ruhepotenzial. Wenn die K^+-Kanäle an der Synapse geöffnet werden, dann sinkt das Potenzial der Zellmembran unter das Ruheniveau ab, also etwa von –70 auf –75 Millivolt. Der Grund dafür ist, dass K^+-Ionen aus der Zelle herausfließen, wodurch die Innenseite negativer wird.

Synaptische Hemmungen erfolgen auch im Zentralnervensystem von Säugern normalerweise durch Hyperpolarisation der Membran einer Zelle. Ein IPSP ist das charakteristische Kennzeichen. Im Falle der Cl^--vermittelten Hemmung (etwa eines Motoneurons im Rückenmark) kann man recht einfach zeigen, dass das IPSP auf der Einwanderung von Chloridionen über kurzfristig geöffnete Cl^--Kanäle beruht. Die Ionen strömen ein, da die Cl^--Konzentration extrazellulär größer ist als innerhalb der Zelle. Wenn man eine Glaskapillarelektrode, die eine Lösung mit

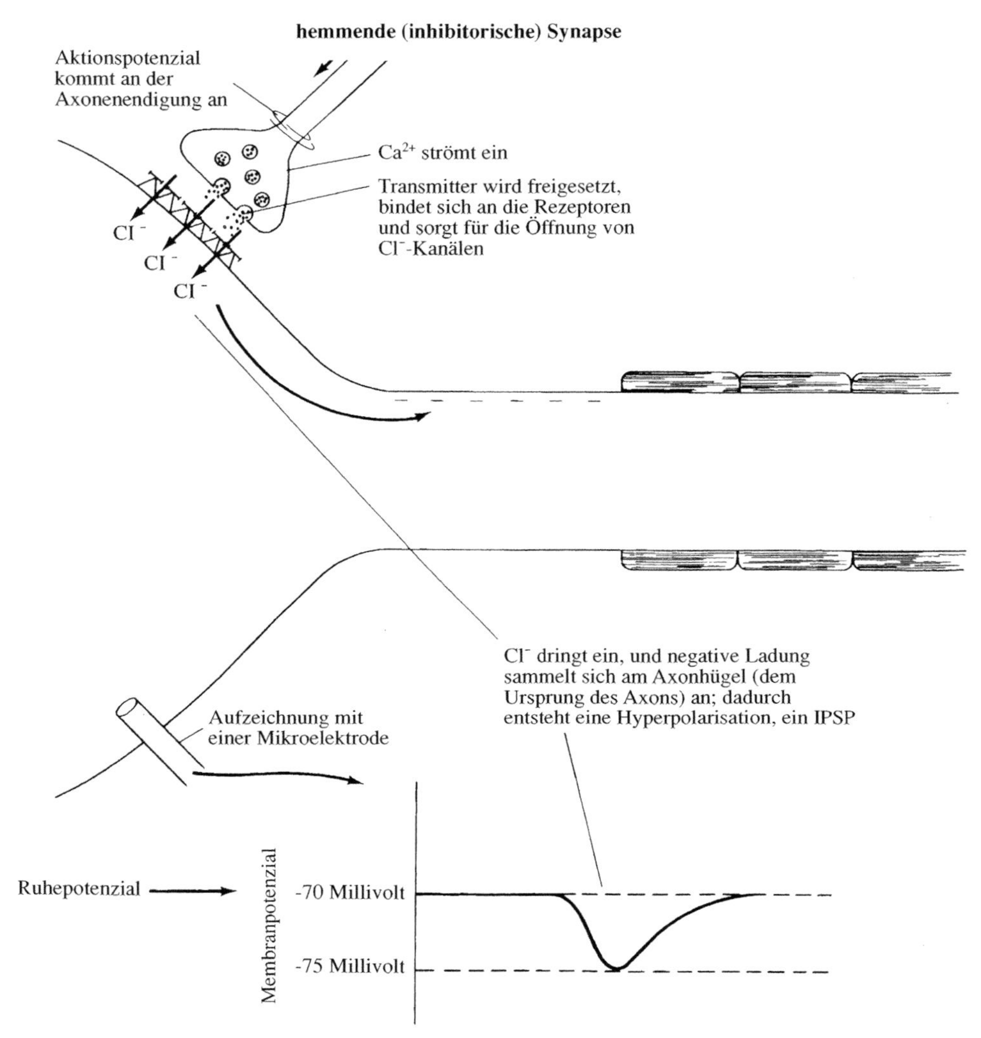

4.6 Die synaptische Hemmung läuft zunächst genauso ab wie die Erregung – allerdings nur bis zu dem Punkt, an dem sich die inhibitorischen Transmittermoleküle an die Rezeptoren auf der postsynaptischen Membran anheften. Dann werden anstelle von Natriumkanälen typischerweise Chlorid- oder Kaliumkanäle geöffnet. In dieser Abbildung ist die Öffnung von Cl^--Kanälen dargestellt. Negativ geladene Chloridionen wandern an der Synapse in die Zelle ein. Dadurch sinkt das negative Potenzial auf der Innenseite der Membran noch unter das Ruhepotenzial: Es entsteht ein inhibitorisches postsynaptisches Potenzial (IPSP), eine Hyperpolarisation der Membran.

Cl^--Ionen, zum Beispiel Kaliumchlorid, enthält, in einen Nervenzellkörper einführt und dann einen geringen Strom durch die Elektrode schickt, sodass Chloridionen aus der Glaskapillare in die Zelle wandern, dann erhöht sich dadurch die intrazelluläre Cl^--Konzentration. Im selben Maße wird das IPSP kleiner; es wan-

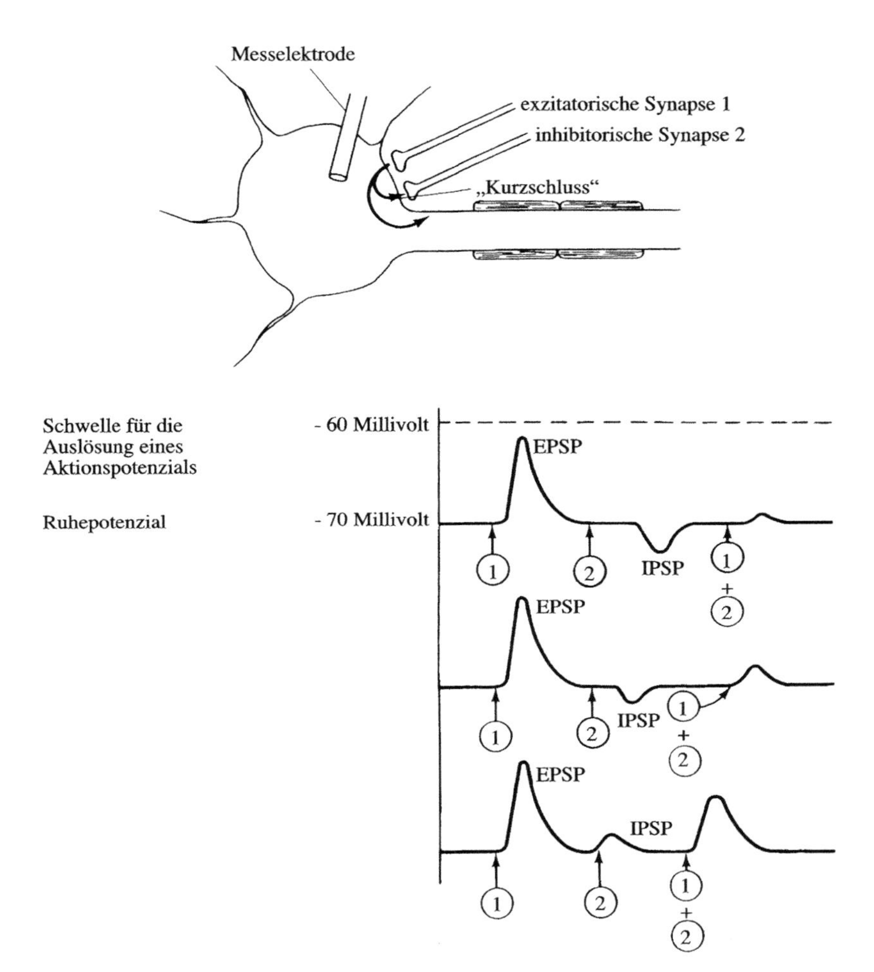

4.7 Wechselwirkung zwischen Erregung und Hemmung. Das inhibitorische postsynaptische Potenzial hat eine stärkere Wirkung als das exzitatorische. Wenn eine inhibitorische Synapse aktiv ist, sorgt sie gewissermaßen für einen Kurzschluss: Die erhöhte positive Ladung an der exzitatorischen Synapse kann dort abfließen, und die Membran am Axonhügel wird folglich viel weniger depolarisiert. Dies geschieht sogar dann, wenn das IPSP depolarisierend wirkt (untere Kurve), wie es sich manchmal aufgrund der Konzentrationen der entsprechenden Ionen (Chlorid oder Kalium) inner- und außerhalb der Nervenzelle ergibt; bei den Nervenzellen mancher Wirbelloser liegt zum Beispiel die Cl^--Konzentration in der Zelle über dem normalerweise sehr niedrigen Wert.

delt sich schließlich zu einem depolarisierenden Potenzial. Stets werden die gleichen Ionenkanäle, die Cl^--Kanäle, geöffnet, und Chloridionen strömen ein und verändern das Membranpotenzial in Richtung auf das Cl^--Gleichgewichtspotenzial; dieses wird jedoch in dem Maße weniger negativ, wie die Ionenkonzentration an Cl^- zunimmt. Für jeden Fall gibt die Nernst-Gleichung – angewandt auf die Innen- und Außenkonzentrationen der Chloridionen – den korrekten Wert für das während des IPSP erreichte Membranpotenzial an.

Wenn in einer Zelle IPSPs induziert werden, dann ist eine synaptische Erregung weniger effektiv: Das IPSP verringert die EPSP-Antwort einer Zelle. Es handelt sich hierbei jedoch nicht um eine einfache Addition von positiven und negativen Spannungen: Die Hemmung wirkt sich stärker aus, als bei einer reinen Addition von IPSP und EPSP zu erwarten wäre (Abbildung 4.7). Interessanterweise ist das IPSP in einigen Neuronen von Wirbellosen ein depolarisierendes Potenzial. Der Grund ist einfach der, dass das Cl^-- oder auch das K^+-Gleichgewichtspotenzial in diesen Nervenzellen weniger negativ ist als das Ruhepotenzial. Doch auch solche depolarisierenden IPSPs wirken inhibitorisch. Das Gleichgewichtspotenzial für Cl^- hängt von der Innen- und Außenkonzentration von Cl^- ab und lässt sich mit der Nernst-Gleichung berechnen. In den meisten Nervenzellen weisen die Chloridionen auf der Außenseite eine so viel höhere Konzentration auf, dass das berechnete Gleichgewichtspotenzial negativer ist (zum Beispiel –75 Millivolt) als das normale Ruhepotenzial der Membran (–70 Millivolt). Läge jedoch die Cl^--Konzentration innerhalb der Zelle nur ein wenig über ihrem normalen, sehr niedrigen Wert, dann würde sich aus der Nernst-Gleichung ein weniger negatives Gleichgewichtspotenzial ergeben, beispielsweise –65 Millivolt. Derartige IPSPs können aber dennoch hemmend wirken, weil die offenen Chloridkanäle eine Kurzschluss-Funktion ausüben und die bei EPSPs im Zellinneren erhöhte positive Ladung (Na^+-Einstrom) herausfließen lassen.

Die synaptische Inhibition ist stark und nicht davon abhängig, ob das IPSP hyper- oder depolarisierend wirkt. Das liegt offenbar daran, dass die Cl^-- oder K^+-Kanäle oder auch beide während des Maximums der hemmenden Wirkung, also während des IPSPs, vollständig offen sind. Die Zellmembran an der inhibitorischen Synapse ist dann völlig frei permeabel für Cl^- oder K^+ oder für beide. Ihr Potenzial wird durch die frei beweglichen Ionen ziemlich nahe am Gleichgewichtspotenzial (für Cl^- oder K^+) gehalten; damit bleibt das Membranpotenzial unterhalb des Schwellenniveaus des Aktionspotenzials.

Ein anderer Grund dafür, dass die synaptische Hemmung im Allgemeinen stärker ist als die Erregung, liegt darin, dass die inhibitorischen Synapsen vor allem auf dem Zellkörper und insbesondere in der Nähe des Axonhügels vorkommen. Sie liegen damit nahe bei der Stelle, wo das Aktionspotenzial erzeugt wird, und können folglich auf dieses stärker einwirken als die exzitatorischen Synapsen, die sich größtenteils an weiter entfernten Regionen des Zellkörpers und den Dendriten befinden.

Der Rezeptor

Dass auf Nervenzellen Rezeptormoleküle vorkommen und dass sie es sind, über die die Transmitter ihre Wirkung auf die Neuronen ausüben, ist das vielleicht wichtigste Grundkonzept der gesamten Neurowissenschaften. Rezeptoren gibt es in oder auf allen Zellen, und sie erfüllen unverzichtbare Aufgaben, etwa bei Immunreaktionen. Die Wirkung, die eine Transmittersubstanz wie ACh entfaltet, beruht letztlich auf der Existenz und den Eigenschaften der ACh-Rezeptormoleküle auf der Muskel- oder Nervenzellmembran.

Die Rezeptoren für Neurotransmitter sind große, komplexe Proteinmoleküle, deren genaue chemische Struktur sich nur schwer bestimmen ließ. Sie treten, wie wir gesehen haben, oft mit Ionenkanälen gekoppelt auf und haben dann für diese Kanäle die Funktion chemisch kontrollierter Tore. Die Rezeptoren können aber auch unabhängig von Ionenkanälen vorkommen und anders geartete Einflüsse auf die Nervenzelle ausüben. Die langsamen synaptischen Wirkungen scheinen über unterschiedliche Rezeptoren zu erfolgen, wie wir in Kapitel 5 noch sehen werden. Man geht heute davon aus, dass Rezeptoren und Transmitter aufgrund ihrer Form spezifisch füreinander sind: Ein bestimmtes Transmittermolekül passt etwa so in seinen Rezeptor wie eine Hand in einen Handschuh oder ein Schlüssel in ein Schloss (Abbildung 4.8a).

Die Darstellungen der synaptischen Übertragung (insbesondere die Abbildungen 4.5 und 4.6) zeigen Rezeptoren auf der postsynaptischen oder Zielzelle. Rezeptoren für Neurotransmitter finden sich jedoch ebenso auf den präsynaptischen

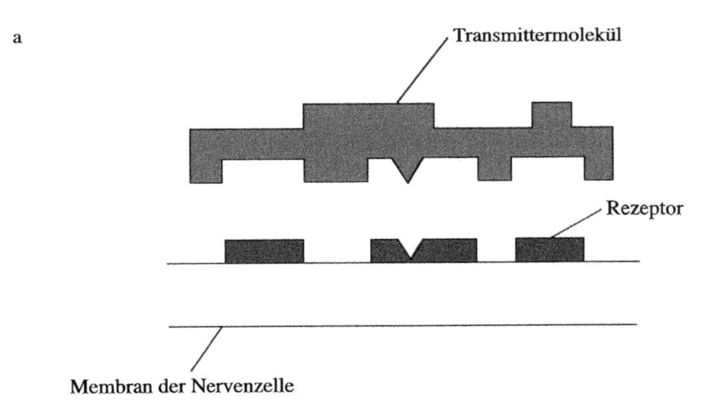

4.8 a) Schlüssel-Schloss-Konzept der Bindung von Transmittermolekülen an ihre jeweiligen Rezeptoren; b) zeigt, wie das Transmitter- an das Rezeptormolekül bindet (links, Mitte) und wieder ablöst (rechts); die Bindungsrate (k_1) ist nicht notwendigerweise mit der Geschwindigkeit der Ablösung (k_2) identisch.

Endigungen; sie sind dort in der Lage, die Aktivität dieser Endigungen zu regulieren. Das bedeutet im Einzelnen, dass auf einer bestimmten Endigung, die ACh freisetzt, auch ACh-Rezeptoren vorkommen können. Diese heißen *Autorezeptoren* und sollen die ACh-Menge, die ausgeschüttet wird, in Abhängigkeit von der bereits im synaptischen Spalt befindlichen ACh-Menge steuern. Auf der Endigung befinden sich unter Umständen aber nicht nur Rezeptoren für den von ihr freigesetzten, sondern auch für andere Neurotransmitter.

Rezeptormoleküle kommen auf Nervenzellen nicht nur im Bereich der Synapsen vor, und sie sind auch nicht allein für synaptische Überträgerstoffe da. So findet man zum Beispiel auf und in vielen Neuronen sowie den Zellen einiger Drüsen und anderer Gewebe Hormonrezeptoren. Hormone werden aus den endokrinen Drüsen ins Blut abgegeben und zirkulieren im ganzen Körper einschließlich des Gehirns. Sie wirken lediglich auf solche Nervenzellen und Gewebe ein, die jeweils die passenden Rezeptormoleküle besitzen. Die Hypophyse setzt beispielsweise so genannte Opioide (Opiate) frei – körpereigene opiumähnliche Substanzen –, die nur auf ganz bestimmte Neuronen im Gehirn wirken, da nur sie die passenden Opioid- oder Opiatrezeptormoleküle aufweisen (Kapitel 6).

Das Rezeptormolekül für Acetylcholin (ACh) ist von allen Neurotransmitterrezeptoren am ausführlichsten beschrieben. Das liegt vor allem daran, dass ACh-Rezeptoren in den elektrischen Organen einiger Fische (wie Zitteraal und Zitterrochen) die einzigen Rezeptoren sind und man sie aus diesen Tieren für Untersuchungen in „Reinkultur" gewinnen kann. Da Rezeptoren Proteinmoleküle sind, lassen sich gegen sie *Antikörper* herstellen. (Antikörper sind selbst wiederum spezifische Proteine, die bei Immunreaktionen vom Körper gebildet werden und eingedrungene körperfremde Substanzen oder Organismen angreifen.) Wenn man solche Antikörper einem Tier einspritzt, binden sie an die zugehörigen Rezeptoren, wo auch immer diese im Körper des Tieres auftreten.

Wenn beispielsweise Antikörper gegen ACh-Rezeptoren einem Kaninchen injiziert werden, dann binden sie an die ACh-Rezeptormoleküle seiner neuromuskulären Endplatten, zerstören sie und rufen einen Zustand hervor, der der beim Menschen vorkommenden Erkrankung Myasthenia gravis zu gleichen scheint. Bei dieser Krankheit werden die Rezeptoren durch eine *Autoimmunreaktion* funktionsuntüchtig gemacht. Aus bisher unbekannten Gründen entwickeln die betroffenen Personen nämlich Antikörper gegen ihre eigenen ACh-Rezeptoren. Diese Antikörper zerstören jeweils unterschiedlich viele ACh-Rezeptoren an den neuromuskulären Endplatten, was zu der verschieden starken Ausprägung der Muskelschwäche führt.

Die Klonierung des ACh-Rezeptors

Durch Nutzung molekularbiologischer Techniken ist es möglich geworden, die chemische Struktur von Rezeptormolekülen zu identifizieren. Dies war eine außergewöhnliche Leistung. Rezeptormoleküle sind sehr große und komplexe Proteine. Die meisten Rezeptoren bestehen sogar aus mehreren verschiedenen Untereinheiten, von denen jede ein großes Proteinmolekül darstellt. All diese Untereinheiten zusammen bilden jenen besonderen Typus von Membrankanal (Ionenkanal), der für Rezeptoren, die Kanäle steuern, kennzeichnend ist. Die Gene – also die DNA-Sequenzen –, die für zahlreiche dieser Untereinheiten codieren, sind mittlerweile bekannt. Folglich ist es möglich, diese Rezeptoren mittels der DNA-Rekombinationstechnik herzustellen.

Elektronenmikroskopische Aufnahmen verschaffen uns ein sehr klares Bild vom ACh-Rezeptor. Betrachten wir hierzu im Vorgriff die ACh-Rezeptoren im elektrischen Organ des Zitterrochens in Abbildung 5.1 auf Seite 120. Jeder Rezeptor – in Abbildung 5.1 sind es Hunderte – sieht aus wie eine winzige Seeanemone oder eine fünfblättrige Blüte. Das kleine Loch in der Mitte eines jeden Rezeptors ist der Ionenkanal: Er ist von fünf kleinen Klumpen umgeben, die jeweils ein großes Proteinmolekül und zusammen die fünf Untereinheiten des Rezeptors darstellen. Um seine Struktur analysieren zu können, muss man den Rezeptor zunächst einmal identifizieren. Wie es sich nun gerade trifft, bindet das Gift der Kobra, das Kobratoxin, spezifisch an den ACh-Rezeptor und an kein anderes Molekül der Zellmembran (dies gehört zur tödlichen Wirkung des Giftes). Das Toxin wird mit einem *radioaktiven Marker*, meist radioaktivem Iod, versehen und auf das elektrische Organ des Zitterrochens aufgebracht. Der Rezeptor lässt sich dann herauslösen und in reiner Form darstellen, wobei die Konzentration des Radiomarkers anzeigt, ob es sich um eine reine Lösung von ACh-Rezeptoren handelt.

Der reine Rezeptor wird dann einem Kaninchen eingespritzt; das Kaninchen produziert, wie wir bereits erwähnt haben, spezifische Antikörper gegen den Rezeptor. Anhand dieses Antikörpers lässt sich eine DNA-"Bibliothek" erstellen und anhand der Bibliothek dann jene DNA-Sequenz erhalten, die ihrerseits die Sequenz der Aminosäuren festlegt, aus denen sich das Protein zusammensetzt. Auf diese Weise wurde die Struktur einer jeden Untereinheit des ACh-Rezeptors bestimmt. Der nächste Schritt ist die Klonierung. Man bringt die DNA (oder RNA), die die Struktur einer jeden Rezeptoruntereinheit determiniert, in Bakterien ein. Die Bakterien teilen und vermehren sich und stellen große Mengen der Rezeptoruntereinheiten für weitere Untersuchungen her (siehe Anhang).

Aus solchen Arbeiten wissen wir, dass der ACh-Rezeptor ein riesiges Protein mit einem Molekulargewicht von 270 000 Dalton ist (ein Dalton entspricht der Masse eines Wasserstoffatoms). Er setzt sich aus vier Typen von Untereinheiten zusammen, die man α (Alpha), β (Beta), γ (Gamma) und δ (Delta) nennt. Der vollständige ACh-Ionenkanal besitzt von den Alpha-Untereinheiten zwei, von den anderen jeweils eine (Abbildung 4.9). Eigentlich binden nur die Alpha-Untereinheiten die ACh-Transmittermoleküle, doch bilden und kontrollieren alle Untereinheiten gemeinsam den Ionenkanal. Wenn sich der ACh-Transmitter an die Alpha-Untereinheiten heftet, öffnet sich der Kanal für kurze Zeit und erlaubt Na^+-Ionen, in die Zelle zu gelangen und eine Depolarisation hervorzurufen – das EPSP.

Noch spektakulärer erscheint es, die genetische Information für die Rezeptoruntereinheiten in die Zellen von Wirbeltieren einzubringen. Das Froschei (Oocyte) ist die Zelle der Wahl, weil sie selbst keine ACh-Rezeptoren besitzt. Die Messenger-RNA für die verschiedenen Rezeptoruntereinheiten wird in das Froschei mikroinjiziert. Die RNA produziert die Rezeptoruntereinheiten, und diese werden in die Eizellmembran eingebaut. Sie lassen sich dann mittels der Patch-Clamp-Technik untersuchen (Abbildung 4.10). Auf diese Weise fand man heraus, dass sich nur dann ein voll aktiver Ionenkanal ausbildet, wenn alle vier Typen der Untereinhei-

a

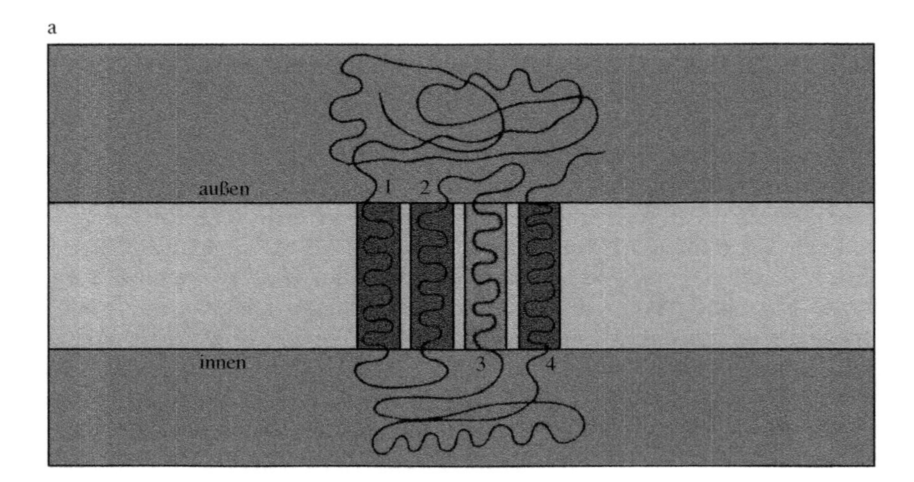

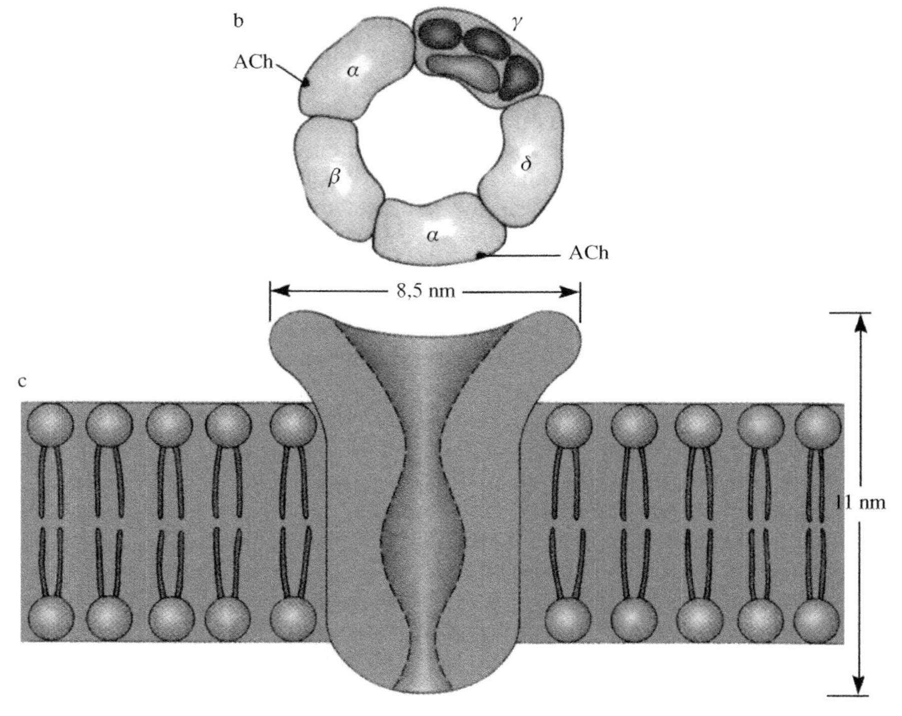

4.9 Der Acetylcholin-(ACh-)Rezeptor und sein zugehöriger Ionenkanal. a) Eine einzelne Untereinheit des ACh-Kanals besteht aus einer einzigen Polypeptidkette und durchquert die Membran vier Mal. b) Die fünf Untereinheiten, die den Kanal bilden, sind in einem Kreis angeordnet und formen so eine wässrige Pore, durch die sich Ionen bewegen können. Acetylcholin bindet an die Untereinheiten. Wie die membrandurchspannenden Bereiche in der Untereinheit angeordnet sind, ist in der Gamma-Untereinheit dargestellt. c) Gesamtansicht und Struktur des ACh-Kanals. Er ist elf Nanometer lang und auf der Zellaußenseite bis zu 8,5 Nanometer weit. Die zentrale Pore wird in Höhe der beiden Reihen von Phospholipidköpfen, die zur Doppelschicht der Membran gehören, eingeschnürt.

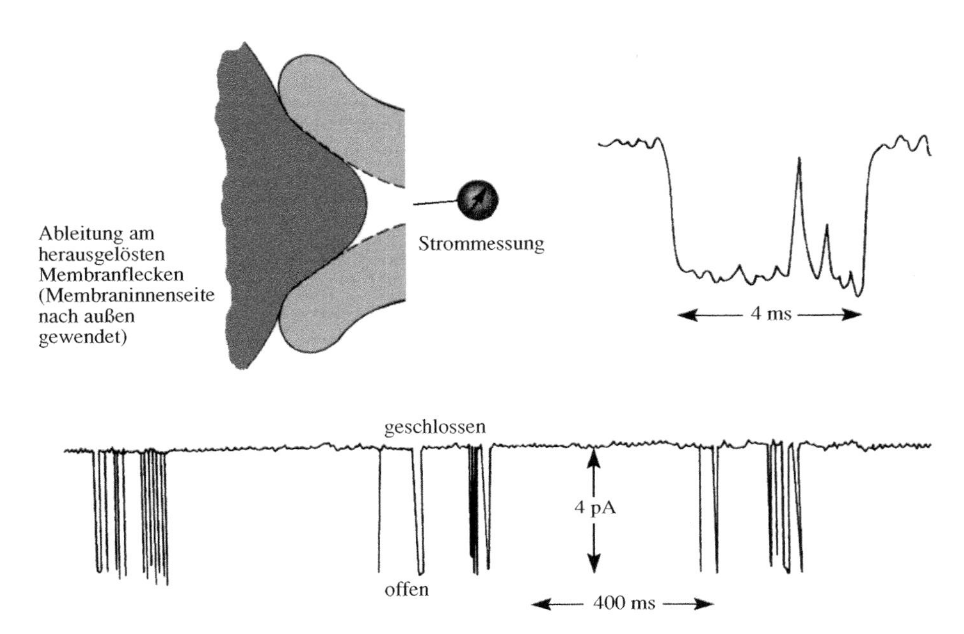

4.10 Patch-Clamp-Aufzeichnung der tatsächlichen Tätigkeit eines einzelnen Acetylcholinrezeptor-Ionenkanals unter Zufügung von ACh. Beachten Sie, dass der Kanal häufig zwischen offenem und geschlossenem Zustand hin- und herwechselt. (pA steht für Picoampere, ms für Millisekunden.)

ten vorhanden sind. Hierbei sei nochmals daran erinnert, dass nur die Alpha-Untereinheiten das Acetylcholin binden.

Die bisherigen Ausführungen betrafen lediglich jene ACh-Rezeptoren, die man an der neuromuskulären Endplatte findet. Tatsächlich gibt es aber zwei gängige Typen von ACh-Rezeptoren, den *nicotinergen* und den *muscarinergen*; beide werden in Kapitel 5 beschrieben. Der neuromuskuläre ACh-Rezeptor ist vom nicotinergen Typ (Nicotin wirkt auf ihn wie Acetylcholin). Es gibt im Gehirn jedoch, soweit momentan bekannt, viele verschiedene Formen von nicotinergen ACh-Rezeptoren mit unterschiedlichen Typen von Untereinheiten. Es ist gut möglich, dass im Säugerhirn zahlreiche Arten von ACh-Rezeptoren mit unterschiedlichen Funktionen vorkommen.

Die Evolution des nicotinergen ACh-Rezeptors ist faszinierend (Abbildung 4.11). Offenbar handelt es sich hierbei um den ersten Neurotransmitterrezeptor, der sich entwickelte und bereits vor zwei Milliarden Jahren existierte. Zu jener Zeit waren die höchstentwickelten Tiere quallenähnliche Kreaturen mit einem Nervennetz. Diese Tiere bestehen aus nur zwei Zellschichten, zwischen denen das Nervennetz liegt, das zu Berührungsempfindungen imstande ist. Das Nervennetz kann die Muskelzellen der äußeren Zellschicht so aktivieren, dass sich das Tier bewegt. Im Laufe der Evolution kam es in den verschiedenen Untereinheiten zu Veränderungen, bis schließlich die vielen heute vorhandenen Formen herauskamen, von denen gegenwärtig etwas mehr als 50 bekannt sind. Aber all diese unterschiedlichen Varianten des nicotinergen ACh-Rezeptors reagieren auf ACh.

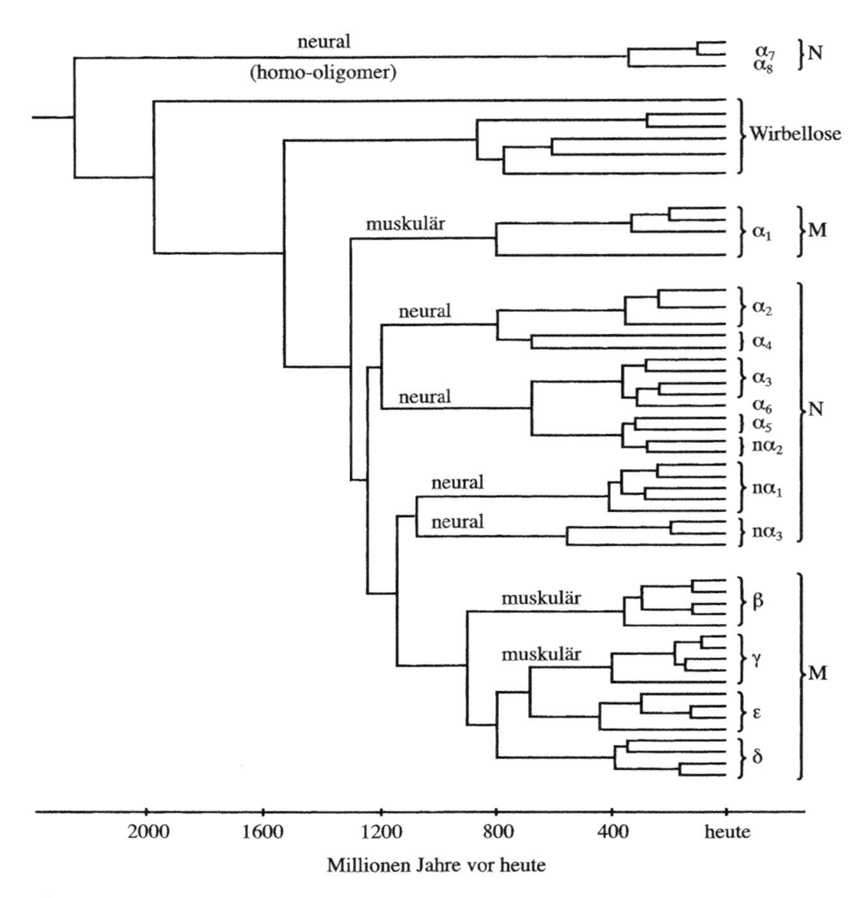

4.11 Übersicht über die Evolution der Acetylcholinrezeptor-Familie nach heutigem Wissensstand. Mit Ausnahme der sechs für Wirbellose aufgeführten Formen beziehen sich alle Evolutionslinien auf Rezeptoruntereinheiten von Wirbeltieren, wobei ein weites Spektrum abgedeckt wird, angefangen vom Menschen über Säugetiere, Vögel, Amphibien und Fische. Vermutlich gingen sie alle aus einem einzigen Ur-Rezeptortyp hervor.

Gifte, Medikamente, Drogen und Rezeptoren

Ein weiterer, äußerst wichtiger Gesichtspunkt bei der Besprechung der Rezeptormoleküle von Neuronen sind die Wirkungen von Medikamenten und Drogen. Viele Arzneistoffe und Rauschmittel üben starke Effekte auf Gehirn und Verhalten aus, weil sie auf bestimmte Rezeptormoleküle einwirken. Solche „psychoaktiven" Substanzen bringen ein Rezeptormolekül dazu, sie so zu akzeptieren, als seien sie die Neurotransmitter. Doch sobald sie sich an den Rezeptor angeheftet haben, können sie völlig anders geartete Wirkungen entfalten. Curare ist eine tödliche Substanz, die südamerikanische Indianer traditionell als Pfeilgift verwenden. Selbst kleine Mengen davon führen sofort zur Muskellähmung und folglich zum Tod durch Atemversagen: Die Brust- und Zwerchfellmuskeln hören auf zu arbeiten. Von Curare weiß man, dass es an die ACh-Rezeptormoleküle auf den Skelettmuskelzellen im Körper bindet. Es aktiviert aber den Rezeptor nicht und folglich auch keine Na^+-Kanäle. Es sitzt gewissermaßen nur da und hindert die ACh-Moleküle, die von den Endigungen der Motoneuronen ausgeschüttet werden, daran, sich an ihre Rezeptormoleküle anzuheften; die Folge ist eine vollständige Lähmung.

Gifte, Medikamente und Drogen, die auf chemische Rezeptoren von Nerven- und anderen Zellen einwirken, unterscheiden sich voneinander im Grad ihrer Wirkung auf einen speziellen Rezeptor beziehungsweise in der Stärke ihrer Verbindung mit diesem. Man bezeichnet dies als *Affinität*. Es liegt nahe anzunehmen, dass die körpereigenen Neurotransmitter die höchste Affinität zu ihren Rezeptoren aufweisen, aber das ist nicht immer der Fall. Einige Drogen und Arzneistoffe haben höhere Affinitäten zu bestimmten Rezeptoren als die natürlicherweise vorkommenden Verbindungen und entfalten stärkere Wirkungen. Andere besitzen zwar eine sehr hohe Rezeptoraffinität, bleiben selbst jedoch ohne Wirkung. Curare ist ein Beispiel für solche Stoffe, die die Bindungsstelle des Transmitters einfach nur blockieren.

Wenn an einer synaptischen Endigung Neurotransmitter freigesetzt werden, treten im Allgemeinen nicht alle Rezeptoren mit Transmittermolekülen in Kontakt. Die Bindung erfolgt jeweils mit unterschiedlicher Geschwindigkeit und in unterschiedlichem Ausmaß. Entsprechendes gilt für die Ablösung der Transmittermoleküle von den Rezeptoren (Abbildung 4.8b). Neurotransmitter, Medikamente, Drogen und Hormone – alle Substanzen, die an einen chemischen Rezeptor binden können – sind gleichermaßen Gegenstand dieser Betrachtungen. Jede Substanz, die an einen Rezeptor bindet, wird *Ligand* genannt.

Man kann ein Stück Nervengewebe, das zahlreiche Rezeptormoleküle eines bestimmten Typs aufweist, im Reagenzglas so aufbereiten, dass man eine Lösung mit noch völlig funktionstüchtigen Rezeptoren erhält. Wenn man nun die passenden Transmittermoleküle radioaktiv markiert und der Rezeptorlösung zugibt, kann man den Anteil der Transmittermoleküle bestimmen, die an die Rezeptoren binden – zum Beispiel dadurch, dass man die Rezeptoren und die nichtgebundenen Transmittermoleküle abtrennt; weil die Rezeptoren große Proteine und die Transmitter kleine Moleküle sind, ist dies nicht schwierig. Die Transmitter heften sich übrigens nicht einfach an die Rezeptoren und bleiben dort, sondern sie binden und lösen sich im Rahmen eines dynamischen Gleichgewichts, das sich in einem Reagenzglas ziemlich schnell einstellt.

Generell merken sollten wir uns, dass sich Neurotransmittermoleküle nicht einfach alle an ihre Rezeptoren binden. Es stellt sich vielmehr, wie erwähnt, ein *dynamisches Gleichgewicht* ein – ein kontinuierlicher Prozess des Bindens und Lösens, ein ständiger Wechsel zwischen freien und gebundenen Transmittermolekülen sowie freien und gebundenen Rezeptoren. Jede Neurotransmitter-, Arzneimittel-, Drogen- oder Hormon-Rezeptor-Kombination hat ihre eigene Bindungsrate und ihre eigene Ablösungsrate und erreicht folglich ihr jeweils charakteristisches Fließgleichgewicht.

Um ein konkretes Beispiel anzuführen: Opiatrezeptoren im Gehirn binden sowohl die Droge Morphin (Morphium) als auch die hirneigenen Opiate (Opioide), die von Nervenzellen und von der Hypophyse abgegeben werden (die Endorphine und Enkephaline). Der Arzneistoff Naloxon heftet sich ebenfalls an die Opiatrezeptoren und blockiert dann die Bindung der anderen Substanzen. Darüber hinaus kann er aufgrund seiner höheren Affinität gegenüber dem Rezeptor sowohl Morphin als auch die Hirnopiate von deren Bindungsorten verdrängen und sich an ihre Stelle setzen. Diese Wirkung von Naloxon ist so stark und tritt so schnell ein, dass jemand, der an einer Überdosis Heroin zu sterben droht – auch Heroin wirkt auf die Opiatrezeptoren ein –, sich nach Verabreichung von Naloxon innerhalb weniger Minuten vollständig erholt. Heutzutage gibt man in den USA jedem Patienten, der bewusstlos und ohne offensichtliche Verletzungen in die Notfallambulanz gebracht wird, routinemäßig Naloxon. Es hat offenbar keine ernsthaften Nebenwirkungen und ist somit harmlos für Personen, die nicht unter dem Einfluss von Drogen stehen. Beruhen die Symptome jedoch auf einer Überdosis von Opiaten, dann sorgt Naloxon in den meisten Fällen für eine rasche Wiederbelebung. (Opiate werden ausführlicher in Kapitel 6 behandelt.)

Aminosäuren – die schnellen Neurotransmitter des Gehirns

Kennzeichnenderweise bezeichnet man die langsamen synaptischen Wirkungen als *Neuromodulation*. Die durch Überträgerstoffe aktivierten Rezeptoren steuern nicht unmittelbar Ionenkanäle, sondern treten mit ihnen auf indirektem Wege über die biochemische Maschinerie innerhalb der Nervenzelle in Wechselwirkung. Zu schnellen synaptischen Wirkungen kommt es an Rezeptoren, die Ionenkanäle direkt öffnen, wie es ACh an der neuromuskulären Endplatte tut. Obwohl ACh auch in verschiedenen Gehirnsystemen als Nervenüberträgerstoff auftritt, verhält es sich dort üblicherweise mehr wie ein langsamer Neuromodulator als ein schneller Neurotransmitter. Tatsächlich üben außer ACh auch einige andere Neurotransmitter sowohl schnelle als auch langsame synaptische Wirkungen aus. Die Wirkungsweise eines Neurotransmitters wird durch den Rezeptor festgelegt. Wir werden uns mit der Neuromodulation noch eingehender in den Kapiteln 5 und 6 beschäftigen.

Einfache Aminosäuren sollen die Arbeitspferde der schnellen Neurotransmission im Gehirn sein. Aminosäuren sind die Bausteine der Proteine; sie kommen in unserer täglichen Nahrung und als normale Bestandteile des Zellstoffwechsels vor. In den Geweben von Körper und Gehirn sind sie in der Tat weit verbreitet; dies machte es so schwierig, Aminosäuren als Neurotransmitter zu studieren. Wie lässt sich eine Aminosäure, die ein Neurotransmitter sein soll, von derselben Aminosäure unterscheiden, die in allen Zellen als Produkt des Zellstoffwechsels vorkommt? Dieses Problem ließ sich teilweise lösen, indem man die Rezeptoren für Aminosäuretransmitter auf den Nervenzellen identifizierte.

Vier chemisch nahe miteinander verwandte Aminosäuren scheinen bedeutende Neurotransmitter zu sein. Mittlerweile liegen ziemlich unumstößliche Beweise dafür vor, dass *Glutamat* der wichtigste schnelle erregende Überträgerstoff im Gehirn ist. Auch *Aspartat*, das dem Glutamat chemisch eng verwandt ist, soll ein erregender Transmitter sein, doch ist man sich bei dieser Substanz nicht so sicher. Sehr überzeugend erscheinen die Beweise wiederum dafür, dass GABA (Gamma-Aminobuttersäure) und *Glycin* die wichtigsten schnellen hemmenden Überträgerstoffe sind. (Abbildung 4.12). Glycin scheint der wichtigste Hemmstoff im Rückenmark zu sein und GABA derjenige im Gehirn. Im Folgenden werden wir uns Glutamat und GABA als den beiden Hauptvertretern widmen.

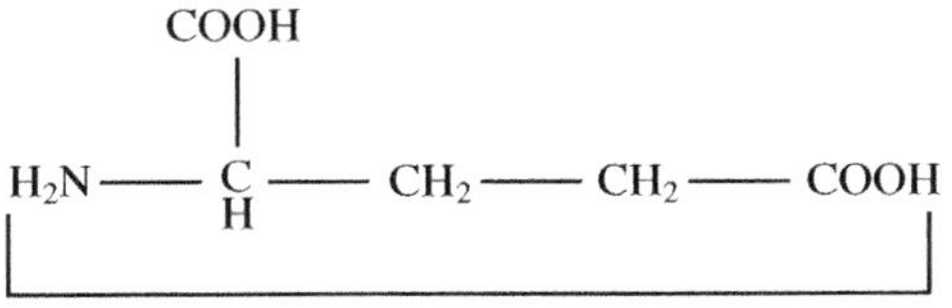

$$H_2N - \underset{H}{\overset{COOH}{C}} - CH_2 - CH_2 - COOH$$

Glutamat

4.12 Das Glutamatmolekül. Alle anderen Aminosäure-Transmitter lassen sich aus diesem Molekül ableiten. Entfernt man eine Carboxylgruppe ($-COO^-$), wird das Molekül zu GABA; entfernt man eine CH_2-Gruppe, wird es zu Aspartat; entfernt man zwei CH_2-Gruppen und eine Carboxylgruppe, wird es zu Glycin.

Glutamat

Die Glutamatsynapse ist schematisch in Abbildung 4.13 dargestellt. Glutamat wird vom Körper aus der Nahrung und dem Zellstoffwechsel gewonnen; es kommt in Vesikeln der präsynaptischen Endigungen vor und wird an der Synapse freigesetzt, sobald ein Aktionspotenzial im Axon die Endigung erreicht und dort den Einstrom von Calciumionen auslöst – die übliche Geschichte also. Das freigesetzte Glutamat wirkt auf einen speziellen Rezeptor ein, den so genannten *AMPA-Rezeptor*, dem Natrium-Kalium-Kanäle zugeordnet sind. Die Kanäle öffnen sich kurz, Natrium strömt ein, und ein EPSP entsteht. Dieser Glutamat-AMPA-Transmitterrezeptor ist der Prototyp einer schnellen erregenden Synapse im Gehirn. Glutamat dissoziiert (entfernt sich) rasch wieder von den Rezeptoren und wird durch Wiederaufnahme in die präsynaptische Endigung inaktiviert – ein Prozess, den man als *Endocytose* bezeichnet. Eigentlich sprechen aber aktuelle Forschungsergebnisse dafür, dass die Inaktivierung des AMPA-Rezeptors eher durch einen sehr raschen Prozess der Desensibilisierung (Verminderung der Empfindlichkeit) einsetzt – der Rezeptor spricht nicht mehr auf Glutamat an, obwohl es anwesend ist. Ein Teil der Schwierigkeiten bei der Analyse der synaptischen Wirkweisen von Glutamat rührt daher, dass es bis in jüngste Zeit keine spezifischen Blocker gab, also chemische Substanzen, die die schnellen erregenden synaptischen Wirkungen von Glutamat blockieren konnten. Der vor einiger Zeit entwickelte Blocker CNQX ist in Abbildung 4.13 mit aufgeführt.

Aber die Glutamat-Story geht noch viel weiter. Anscheinend stellen Glutamat und die ihm zugehörigen Rezeptoren das Schlüsselsystem dar, das an der Speicherung von Gedächtnisinhalten beteiligt ist. An den Glutamatsynapsen findet man zwei Formen lang dauernder synaptischer Plastizität – die Langzeitpotenzierung (LTP, *long-term potentiation*) und die Langzeitdepression (LTD, *long-term depression*). In beiden Fällen können besondere Muster der synaptischen Aktivie-

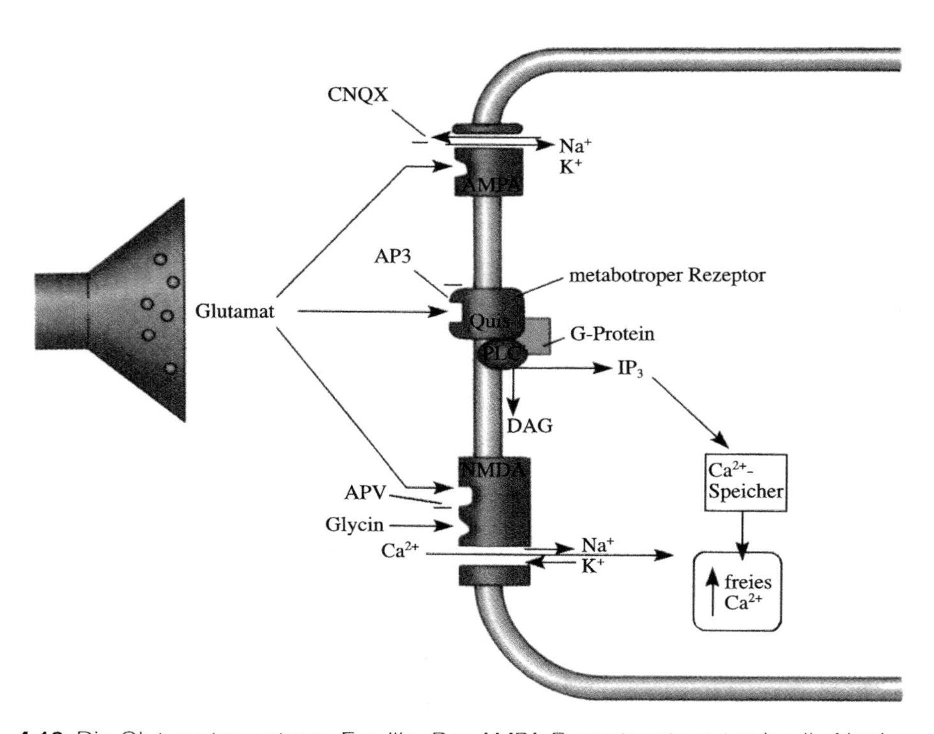

4.13 Die Glutamatrezeptoren-Familie. Der AMPA-Rezeptor steuert schnelle Natrium- und Kaliumkanäle; der NMDA-Rezeptor steuert Calciumkanäle; der Quisqualat- oder metabotrope Rezeptor steuert ein *second messenger*-System über ein G-Protein, das auf die intrazelluläre Maschinerie (IP_3, DAG) einwirkt. Die Substanz CNQX blockiert den AMPA-Rezeptor, APV blockiert den NMDA-Rezeptor, und AP3 blockiert vermutlich den Quis-Rezeptor. Möglicherweise gibt es auch noch andere Rezeptorsubtypen.

rung die Erregbarkeit der Synapsen für Stunden und länger verändern. In der Tat sind diese beiden Erscheinungsformen synaptischer Plastizität momentan die beiden aussichtsreichsten Kandidaten, die als Mechanismen der Gedächtnisspeicherung im Säugerhirn in Frage kommen (Kapitel 11).

Als der norwegische Wissenschaftler T. Lømo und sein britischer Kollege Tim Bliss 1970 in Per Andersens Labor in Oslo untersuchten, wie der Hippocampus auf eine elektrische Reizung seiner zuführenden Leitungsbahnen synaptisch reagiert, machten sie eine Entdeckung: Wenn sie eine zuführende Leitungsbahn kurzzeitig mit hoher Frequenz (beispielsweise eine Sekunde lang mit 100 Hertz, das heißt mit 100 Reizen pro Sekunde) stimulierten, nahm die synaptische Antwort der Nervenzellen des Hippocampus auf einzelne Teststromstöße an derselben Bahn dramatisch zu, und diese Reaktionsstärke blieb über den gesamten Testzeitraum erhalten (Abbildung 4.14). Die Untersucher nannten dieses Phänomen *Langzeitpotenzierung* (*LTP*). Ohne hier weiter ins Detail gehen zu wollen, steigerte sich die synaptische Reaktion an jenen Synapsen hippocampaler Nervenzellen, die von den stimulierten Axonfasern gebildet wurden – es handelte sich um eine *monosynaptische* (Ein-Synapsen-)*Potenzierung*. Das Bemerkenswerte an dieser Poten-

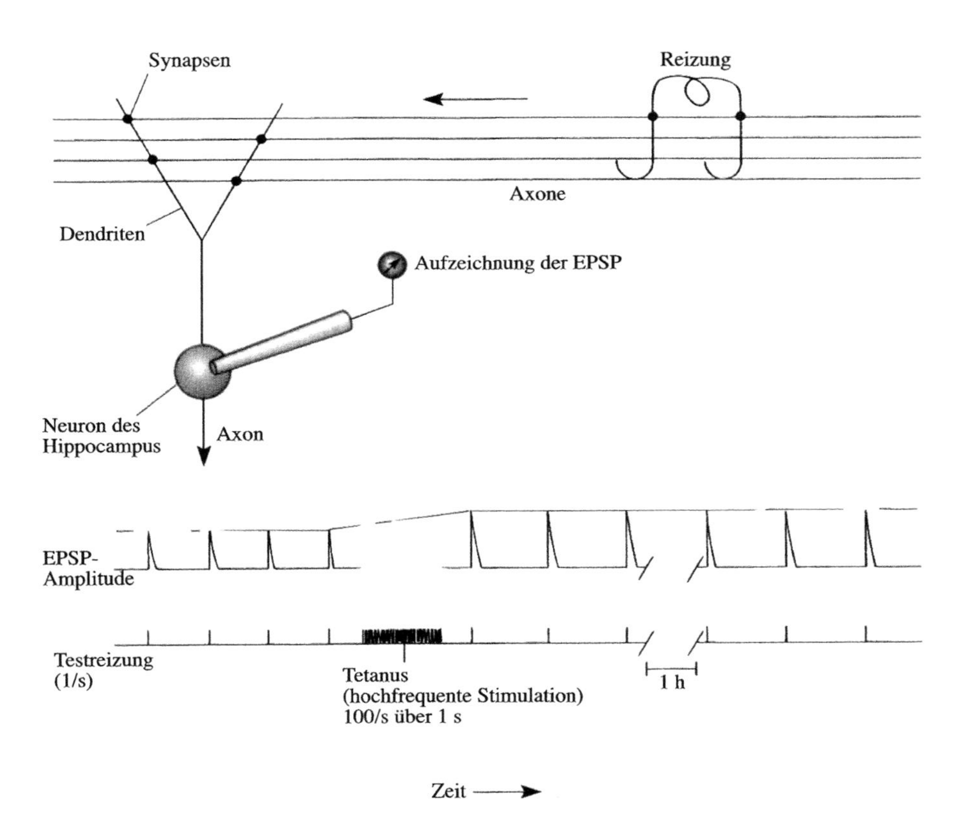

4.14 Langzeitpotenzierung (LTP). Die kurzzeitige hochfrequente Stimulation von Axonen, die mit Neuronen des Hippocampus Synapsen bilden, verursachen einen lang anhaltenden Anstieg der Ansprechbarkeit (Erregbarkeit) dieser Synapsen. Die LTP wird durch eine ausreichende Aktivierung der Glutamat-NMDA-Rezeptoren eingeleitet und, einigen Fachleuten zufolge, durch eine lang anhaltende gesteigerte Erregbarkeit der AMPA-Rezeptoren aufrechterhalten. (Man hält Glutamat für den Neurotransmitter an diesen Synapsen.) (s steht für Sekunde, h für Stunde.)

zierung war, dass sie nach einer solch kurz dauernden Reizung so lange anhielt. Wie weiterführende Untersuchungen zeigten, besaß die LTP zahlreiche jener Eigenschaften, die man von einem Mechanismus zur Gedächtnisspeicherung erwarten würde. So entwickelt sie sich nur dann, wenn eine gewisse Mindestzahl von Fasern gereizt wird, eine Eigenschaft, die man *Assoziativität* nennt – die Aktivierung einer einzigen oder weniger Synapsen zeigt hier keine Wirkung. Zwar wurde die LTP anfangs nur im Hippocampus untersucht, doch hat man sie mittlerweile ebenso für andere Hirnstrukturen nachgewiesen, beispielsweise für Großhirnrinde und Amygdala.

In den synaptischen Leitungsbahnen, die eine Langzeitpotenzierung ausbilden, soll Glutamat der wichtigste Neurotransmitter sein. Bei dem Mechanismus, der eine LTP hervorruft, scheinen AMPA-Rezeptoren allerdings nicht mitzuwirken. Andererseits sind es hauptsächlich die AMPA-Rezeptoren, die die potenzierte synaptische Reaktion erzeugen. Wem das zu verwirrend erscheint, der sollte weiterlesen.

Die Schlüsselrolle bei der Entstehung der LTP spielt ein anderer Typ von Glutamatrezeptor, der *NMDA-Rezeptor*. Obwohl er ein Glutamatrezeptor ist, tritt der NMDA-Rezeptor bei schwachen synaptischen Wirkungen nicht in Aktion.

Der wichtigste Ionenkanal, der mit dem NMDA-Rezeptor in Verbindung steht, ist ein Ca^{2+}-Kanal. Allerdings ist dieser Kanal normalerweise durch Magnesiumionen (Mg^{2+}) blockiert. Wird die Zellmembran, in der sich NMDA-Kanäle befinden, *ausreichend* depolarisiert, verlässt Mg^{2+} die Kanäle, die durch Glutamat aktivierten NMDA-Rezeptoren öffnen sie, und Ca^{2+} kann in die Nervenzelle einströmen. Dies ist das entscheidende Ereignis, das zur Entwicklung einer LTP führt. NMDA-Rezeptoren in hippocampalen Neuronen lassen sich nämlich nur dann aktivieren, wenn neben der Glutamatwirkung das Nervenzellmembranpotenzial ausreichend depolarisiert wird, um den Mg^{2+}-Block aufzuheben. Die Tatsache, dass beide Ereignisse zusammentreffen müssen, erklärt die „Assoziativitäts"-Eigenschaft der LTP – einige wenige Synapsen setzen zwar Glutamat frei, doch genügen sie nicht, die Nervenzelle ausreichend zu depolarisieren.

Erheblich erleichtert wurde die Untersuchung der LTP durch die Entwicklung eines spezifischen Antagonisten (Gegenspielers), der am NMDA-Rezeptor angreift – APV. Diese Substanz blockiert die Wirkung von Glutamat am NMDA-Rezeptor. Folglich blockiert sie auch die Entstehung einer LTP. Die normalen schnellen erregenden Wirkungen von Glutamat, die über den AMPA-Rezeptor vermittelt werden, bleiben von ihr unberührt. Unter normalen (nicht zur LTP führenden) Umständen spielt der NMDA-Rezeptor bei der schnellen erregenden Übertragung an Glutamatsynapsen kaum eine Rolle.

Unser Wissen von der Komplexität des NMDA-Rezeptors wächst rasch. Man vermutet mittlerweile mindestens fünf verschiedene Bindungsstellen auf dem NMDA-Rezeptor, die die Vorgänge am Calciumkanal regulieren. Diese unterschiedlichen Bindungsstellen sind Orte, an denen unterschiedliche Substanztypen ihre Wirkungen entfalten sollen.

Wenn die Aktivierung des NMDA-Rezeptors und der mit ihr verknüpfte Einstrom von Ca^{2+} eine LTP hervorbringt, wie kann sich die gesteigerte Erregbarkeit der Synapsen dann an den Glutamat-AMPA-Rezeptoren zeigen? Der Grund hierfür dürfte darin liegen, dass die NMDA-Rezeptoren, wie wir bereits erwähnt haben, relativ wenig zur schnellen erregenden Reaktion der Nervenzellmembran beitragen. Die anhaltende Steigerung oder Potenzierung an den Synapsen beruht größtenteils auf der gesteigerten Ansprechbarkeit der AMPA-Rezeptoren gegenüber Glutamat. Hierzu kann es nur auf zweierlei Weisen kommen: entweder durch eine anhaltende gesteigerte Freisetzung von Glutamat durch die präsynaptischen Endigungen oder durch eine wie auch immer bedingte anhaltend gesteigerte Ansprechbarkeit oder Affinität des AMPA-Rezeptors gegenüber Glutamat. Momentan sprechen einige Befunde sowohl für die präsynaptische Hypothese (gesteigerte Glutamatfreisetzung) als auch für die postsynaptische Hypothese (gesteigerte Affinität des AMPA-Rezeptors).

Wenn aber die Entstehung einer LTP mit einer gesteigerten Transmitterfreisetzung aus den präsynaptischen Endigungen einhergehen soll, wie kann dies durch Aktivierung des NMDA-Rezeptors in der postsynaptischen Membran geschehen?

Die einzige Möglichkeit bestünde darin, dass irgendwelche chemischen Substanzen postsynaptisch freigesetzt würden und durch den synaptischen Spalt zurückdiffundierten, um auf die präsynaptischen Endigungen einzuwirken. Zwei Substanzen, die momentan als Kandidaten in Frage kommen, sind Stickstoffoxid und Arachidonsäure. Andererseits sprechen mittlerweile überzeugende Hinweise dafür, dass die postsynaptischen AMPA-Rezeptoren ihre Affinität für Glutamat steigern, wenn sich eine LTP entwickelt. Möglicherweise sind normalerweise prä- wie postsynaptische Prozesse an der Aufrechterhaltung der LTP beteiligt.

Das Phänomen der Langzeitdepression (LTD) wurde 1981 von Masao Ito und seinen Kollegen in Tokio entdeckt. Sie untersuchten gerade die Reaktionen der so genannten *Purkinje-Zellen*, eines Nervenzelltyps im Kleinhirn. Die entscheidendsten Eigenschaften dieses Nervenzelltyps und seine zuführenden Leitungsbahnen sind in Abbildung 4.15 dargestellt. Die Purkinje-Zelle ist die Hauptnervenzelle der Kleinhirnrinde und der einzige Typ von Nervenzelle, der Information aus der Kleinhirnrinde hinaus an andere Hirnstrukturen übermittelt. Einen Typ von Eingangsfasern für die Purkinje-Zelle bilden die stark erregend wirkenden *Kletterfasern*, von denen jeweils nur eine einzige die Purkinje-Zelle erreicht und eine schnelle synaptische Tätigkeit ermöglicht. Der andere Typ von zuführenden Fasern, die *Parallelfasern*, sind äußerst zahlreich und bilden etwa 200 000 Synapsen mit jeder Purkinje-Zelle. Auch sie wirken schnell und erregend und setzen vermutlich Glutamat als Neurotransmitter ein. Ito versetzte der Kletterfaser und einer Gruppe von Parallelfasern, die zur selben Purkinje-Zelle zogen, eine Reihe simultaner Reize. Dann gab er den Parallelfasern einzelne Teststromstöße und entdeckte, dass die darauf folgende Reaktion der Purkinje-Zelle stark vermindert war; diese Depression (Abschwächung) hielt mindestens eine Stunde lang an.

Purkinje-Zellen besitzen keine NMDA-Rezeptoren, dafür aber AMPA-Rezeptoren, die die schnelle synaptische Reaktion an den Synapsen der Parallelfasern vermitteln sollen. Allerdings führt die Aktivierung einer Purkinje-Zelle durch eine Kletterfaser zu einem ausgeprägten Einstrom von Ca^{2+}, analog zur Aktivierung von NMDA-Rezeptoren auf hippocampalen Neuronen. Aktuelle Forschungsergebnisse lassen vermuten, dass ein anderer Typ von Glutamatrezeptor, der *metabotrope Rezeptor* (Abbildung 4.13), ebenfalls eine Schlüsselrolle bei der Entstehung der LTD spielt. Zusammenfassend lassen sich drei Ereignisse anführen, die mehr oder weniger streng zusammentreffen müssen, damit es an Purkinje-Neuronen zu einer LTD kommt: die Aktivierung von AMPA-Rezeptoren durch Glutamat (normalerweise über die Parallelfasern), der Einstrom von Calciumionen (normalerweise durch die Kletterfaser induziert) und die Aktivierung des metabotropen Rezeptors durch Glutamat (ebenfalls über die Wirkung von Parallelfasern). Als Nettoergebnis resultiert eine anhaltend abgeschwächte Reaktion von AMPA-Rezeptoren der Purkinje-Zellen auf die über Parallelfasern vermittelte Aktivierung durch Glutamat.

Obwohl die Nettoergebnisse von LTP und LTD gegensätzlich sind, nämlich gesteigerte versus verminderte synaptische Erregbarkeit, besitzen sie viele Gemeinsamkeiten. Beide treten an Glutamatsynapsen auf, beide erfordern den Einstrom von Ca^{2+}, und beide schließen Veränderungen in der Erregbarkeit ein, die durch AMPA-Rezeptoren vermittelt werden. Aktuelle Forschungsergebnisse lassen vermuten, dass möglicherweise auch der metabotrope Glutamatrezeptor eine Rolle

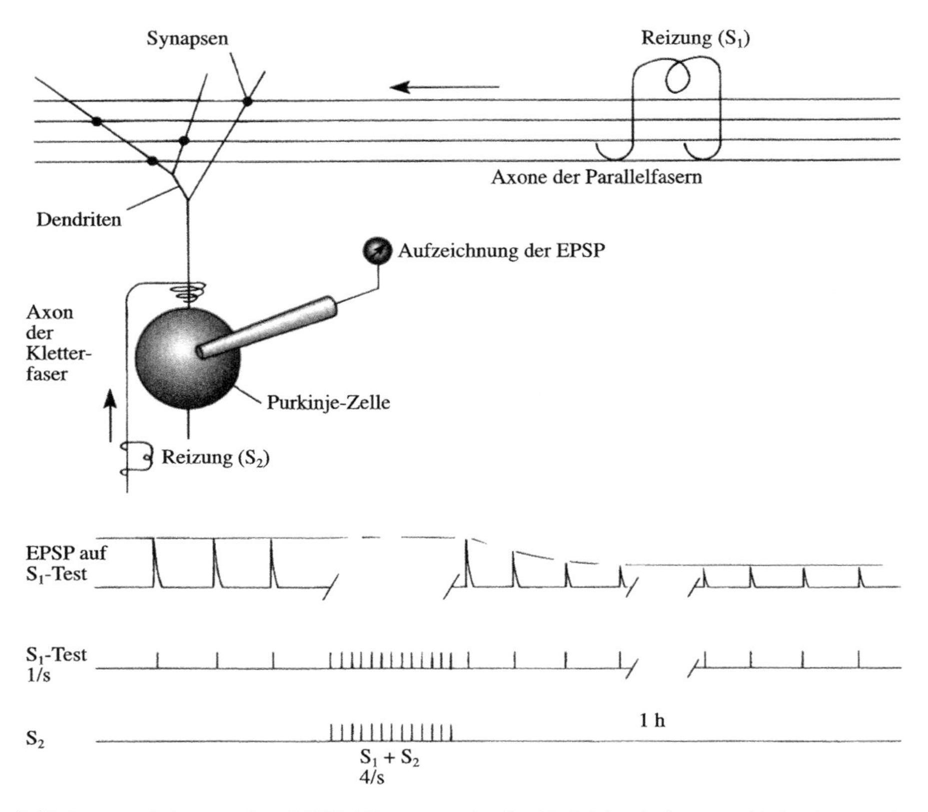

4.15 Langzeitdepression (LTD). Wenn man in der Kleinhirnrinde sowohl die Axone der Parallelfasern (die mit den Dendriten der Purkinje-Zellen Synapsen bilden) als auch die Kletterfaser (die ebenfalls mit den Dendriten der Purkinje-Zellen Synapsen bildet) wiederholt gleichzeitig reizt, so reagiert die Purkinje-Zelle auf eine Stimulation der Parallelfasern für mehrere Stunden merklich schwächer. Der Mechanismus scheint mit einer lang anhaltenden verminderten Ansprechbarkeit von AMPA-Rezeptoren, die von Parallelfasern aktiviert werden, einherzugehen.

bei der LTP spielt. Dieser metabotrope Rezeptor ließe sich übrigens als Rezeptor mit langsamer oder modulierender Wirkung klassifizieren – er steuert nicht unmittelbar Ionenkanäle. So besitzt Glutamat, wie ACh, sowohl schnelle als auch langsame synaptische Wirkungen. Es ist sicherlich von Bedeutung, dass die beiden besterforschten Formen lang dauernder Plastizität an Synapsen des Gehirns mit dem allgegenwärtigen uralten erregenden Neurotransmitter Glutamat verknüpft sind.

Noch komplizierter gerät die Sachlage dadurch, dass es, wie man zum gegenwärtigen Zeitpunkt vermutet, mindestens 16 verschiedene Typen von Glutamatrezeptoren geben soll, je nach Zusammensetzung der Untereinheiten, genauso wie beim ACh-Rezeptor.

GABA

GABA ist die Abkürzung für Gamma-Aminobuttersäure, eine einfache Aminosäure, die sich in einem einzigen simplen Schritt aus Glutamat herstellen lässt (Abbildung 4.16). Wenn ein Aktionspotenzial an der Endigung eintrifft, öffnen sich die Ca^{2+}-Kanäle, Calciumionen strömen ein, und die GABA-Vesikel schütten ihren Inhalt in den synaptischen Spalt aus. Auf der postsynaptischen Membran sitzen GABA-Rezeptoren, an die die GABA-Moleküle binden. Wenn diese Rezeptormoleküle aktiviert werden, öffnen sie lediglich einen Typ von Ionenkanälen, nämlich Cl^--Kanäle. Wie wir bereits früher gesehen haben, wird die Ladung an der Membraninnenseite gegenüber ihrem normalen Niveau von –70 Millivolt noch negativer, wenn sich nur Cl^--Kanäle öffnen. Die überwiegende Zahl von Chloridionen befindet sich außerhalb der Membran, und sie wird gewöhnlich auch dort gehalten, weil ein Großteil ihrer Kanäle normalerweise geschlossen ist. Sobald aber nun Cl^- einströmt, wird die Innenseite der Membran negativer, das heißt, es entsteht ein inhibitorisches postsynaptisches Potenzial, ein IPSP. GABA bewirkt

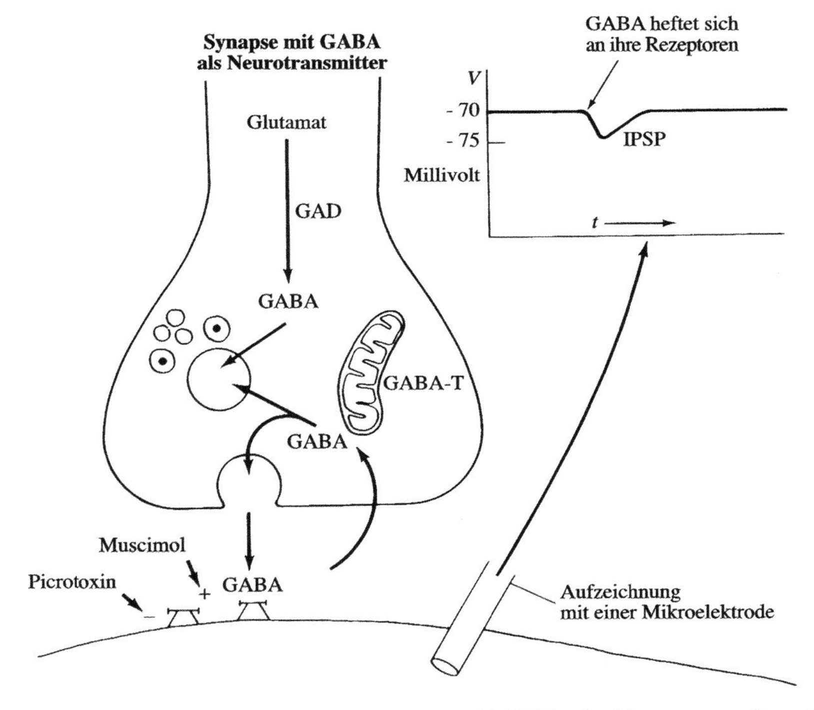

4.16 Synapse mit Gamma-Aminobuttersäure (GABA) als Neurotransmitter. Wenn GABA freigesetzt wird und sich mit ihren Rezeptoren verbindet, dann öffnen sich in der postsynaptischen Membran Chloridkanäle; dies führt zur synaptischen Hemmung, also zu IPSPs. Der Wirkstoff Muscimol ist ein Agonist (er wirkt wie GABA) und Picrotoxin ein Antagonist (er blockiert den GABA-Rezeptor). GABA stellt ein Beispiel eines Neurotransmitters dar, der eine schnelle synaptische Inhibition auslöst und der wahrscheinlich durch Wiederaufnahme in die Axonendigung inaktiviert wird. Bei dem hier abgebildeten Rezeptor handelt es sich um den $GABA_A$-Rezeptor.

also eine synaptische Hemmung: Es sorgt dafür, dass die Erregbarkeit des Zielneurons abnimmt.

Letztlich ist, wie bereits erwähnt, die Öffnung der Cl^--Kanäle für die Hemmung verantwortlich. Eine Öffnung dieser Kanäle führt immer dazu, dass sich die Membran auf das Cl^--Gleichgewichtspotenzial zubewegt und dieses auch zu halten versucht. Gewissermaßen bewirken die offenen Cl^--Kanäle einen Kurzschluss: Die Zelle lässt sich jetzt durch einen erregenden synaptischen Einfluss, durch ein EPSP, weniger gut depolarisieren, weil der dabei fließende Strom kurzgeschlossen wird und quasi durch die offenen Cl^--Kanäle „herausleckt".

Eine der wichtigsten Fragen über Neurotransmittersysteme im Gehirn gilt ihrer Lokalisation und Synthese. Es ist bekannt, dass bestimmte anatomische Einheiten im Gehirn jeweils einen spezifischen Transmitter verwenden. Solch einem System, in dem nur ein einziger Überträgerstoff zum Einsatz kommt, kann im Gehirn eine besondere Aufgabe zukommen, etwa bei der Verhaltenssteuerung. Um im Gehirn einen neurochemischen Schaltkreis zu identifizieren und nachzuzeichnen, brauchen wir eine Art Marker für die jeweils beteiligte chemische Verbindung. Wie erwähnt, sind neuronale GABA und andere Aminosäuren, die im Gehirn als Neurotransmitter agieren, örtlich nur schwer zu fixieren, da sie fast überall vorzukommen scheinen. Wie Glutamat so entsteht auch GABA im gewöhnlichen Zellstoffwechsel – sowohl im Gehirn als auch im übrigen Körper – beim Abbau bestimmter Nahrungsmittel. Diese im Stoffwechsel anfallende (metabolische) GABA findet nicht als Neurotransmitter Verwendung, obwohl sie mit dem Überträgerstoff GABA chemisch identisch ist. Genau hierin liegt das Problem.

Glutaminsäure-Decarboxylase (GAD), das Enzym, das die Synthese von GABA katalysiert, wirkt nur an der Bildung des Neurotransmitters mit; an der Produktion metabolischer GABA ist es nicht beteiligt. Folglich kommt GAD nur in den Nervenzellen vor, die GABA als Neurotransmitter herstellen. Eugene Roberts, ein Neurochemiker am City of Hope Hospital in Südkalifornien und der Entdecker von GABA, hat zusammen mit seinen Kollegen eine wirkungsvolle Methode entwickelt, um den Neurotransmitter GABA zu identifizieren und zu lokalisieren; sie beruht auf immunhistochemischen Prinzipien. Solche Verfahren, bei denen man sich der Mechanismen des Immunsystems bedient, um das Vorkommen einer Substanz im Gehirn zu markieren, werden inzwischen oft bei Hirnuntersuchungen angewandt. Im Falle von GAD gewann man eine chemisch reine Probe dieser Enzymmoleküle aus Hirngewebe und spritzte sie Tieren ein, in denen sie dann eine Immunreaktion auslöste. GAD ist ein Protein, und immer wenn man einem Tier ein fremdes Protein injiziert, tritt sein Immunsystem in Aktion: Es produziert Antikörper, die spezifisch für das Fremdprotein (hier GAD) sind und seine Eliminierung aus dem Körper vorbereiten. Die Antikörper lassen sich anschließend aus dem Blutserum des Tieres isolieren und dann zum Beispiel mit radioaktiven Isotopen markieren. Wenn man solche Antikörper mit ihrem radioaktiven Marker jetzt in ein anderes Versuchstier – sagen wir, eine Ratte – spritzt, binden die Antikörper ausschließlich an GAD-Moleküle, wo auch immer sie im Gehirn dieses Tieres auftreten. Indem man Schnitte des Rattengehirns auf einen Röntgenfilm legt, kann man schließlich das Enzym aufgrund der radioaktiven Markierung lokalisieren.

Dank des Einsatzes der GAD-Markierungstechnik glauben Wissenschaftler heute, die Verteilung des Neurotransmitters GABA im Gehirn zu kennen. Er kommt in hohen Konzentrationen in der grauen Substanz überall im Gehirn vor und findet sich meist in regionalen Interneuronen, denen man eine hemmende Wirkung zuschreibt. Allerdings wird GABA auch von zwei ebenfalls hemmend wirkenden Nervenzellsystemen mit langen Axonen benutzt, nämlich von den Purkinje-Zellen des Kleinhirns und einer Klasse von Nervenzellen in den Basalganglien.

Wenn ein Aktionspotenzial die Freisetzung von GABA auslöst, diffundiert der Transmitter über den synaptischen Spalt und bindet an die GABA-Rezeptoren, die daraufhin Cl^--Kanäle öffnen. Wie bei Glutamat gibt es aber für GABA keine Enzyme im synaptischen Spalt, die den Transmitter abbauen oder inaktivieren. Stattdessen diffundiert ein großer Teil der freigesetzten GABA-Moleküle vom Rezeptor aus über den synaptischen Spalt zurück und gelangt wieder in die präsynaptische Endigung, wo sie in Vesikeln gespeichert und später erneut verwendet werden. Man nimmt an, dass GABA durch *Endocytose* wieder in die Zelle befördert wird, also durch den gleichen Prozess, der auch bei der Wiederaufnahme des Glutamats stattfindet. Die Membran der Endigung umschließt die GABA-Moleküle und schleust sie so in die Zelle ein. Etwas GABA wird auch von der postsynaptischen Membran aufgenommen. Die Zielzelle besitzt ein Enzym, das diese GABA dann abbaut. Ein solches Enzym scheint jedoch im synaptischen Spalt nicht vorzukommen und spielt bei der synaptischen Wirkung von GABA keine direkte Rolle. Offensichtlich kann die an einer synaptischen Endigung ausgeschüttete GABA nur dadurch inaktiviert werden, dass sie wieder von den Rezeptoren freigesetzt und dann von der präsynaptischen Endigung aufgenommen wird.

Den meisten Lesern ist wahrscheinlich die Krankheit Epilepsie bekannt. Deren Symptome können von plötzlichen kurzzeitigen Bewusstseinspausen bis hin zu schweren, den gesamten Körper erfassenden Krampfanfällen reichen. Ein Typ von Epilepsie scheint durch die Schädigung einer bestimmten Hirnregion verursacht zu werden, in der es periodisch zu einer überschießenden Entladung der Nervenzellen kommt. Solche anfallsauslösenden Aktivitätsschübe können sich über andere Hirnregionen ausbreiten. Diese Epilepsieform kann man bei Affen experimentell auslösen, indem man ihnen eine kleine Menge einer reizenden Substanz – etwa einer Tonerdesalbe – in die Großhirnrinde implantiert. Nachdem sich der Affe von dem operativen Eingriff selbst erholt hat, entwickelt er allmählich einen Epilepsieherd im Gehirn und bekommt dann epileptische Anfälle.

Roberts und seine Mitarbeiter am City of Hope Hospital untersuchten bei solchen Affen den GABA-Gehalt der Hirnregionen, die den epileptischen Herd aufwiesen. Dazu prüften sie die Gehirnbereiche mit Hilfe der oben beschriebenen Technik auf radioaktiv markiertes GAD. Sie fanden im Epilepsieherd eine merkliche Verminderung von GAD und damit von GABA, was sehr plausibel erscheint, denn eine überschießende Erregung in Nervenzellen ist am einfachsten zu erreichen, wenn man die inhibitorischen Wirkungen jener Nervenzellen aufhebt, die normalerweise die exzitatorischen Neuronen kontrollieren. Genau diesen Effekt hätte eine verringerte Menge des hemmenden Transmitters GABA.

Wie sich eine Aufhebung der inhibitorischen Kontrolle, die durch die GABA-Nervenzellen vermittelt wird, auswirkt, lässt sich auch mit bestimmten Pharmaka sehr deutlich zeigen. Ein Beispiel ist die Substanz Bicucullin, ein recht spezifischer GABA-Antagonist. Ins Gehirn injiziertes Bicucullin wirkt bei Tieren selbst in geringsten Dosen krampfauslösend oder sogar tödlich. Die Krämpfe entstehen, weil die inhibitorischen GABA-Neuronen nicht länger ihre Aufgabe erfüllen, die Aktivität des Nervensystems zu begrenzen, und die exzitatorischen Nervenzellen im Gehirn somit eine überschießende Erregung erzeugen.

In Wirklichkeit gibt es zwei Haupttypen von GABA-Rezeptoren: $GABA_A$ und $GABA_B$. Wir haben uns hier nur mit $GABA_A$-Rezeptoren befasst, die Cl^--Kanäle steuern und zu einer postsynaptischen Hemmung führen. Über den $GABA_B$-Rezeptor ist weniger bekannt; er ist nicht direkt mit Cl^--Kanälen assoziiert, wirkt aber möglicherweise auf K^+-Kanäle ein. Gegenwärtig geht man davon aus, dass $GABA_B$-Rezeptoren sowohl präsynaptisch wie postsynaptisch vorkommen und eine Hemmung hervorrufen können. Wie andere Ionenkanal-Rezeptoren kommt auch der $GABA_A$-Rezeptor in mehreren verschiedenen Formen vor, die sich in der Zusammensetzung ihrer Untereinheiten unterscheiden. Aber alle verschiedenen Typen von $GABA_A$-Rezeptoren wirken über Cl^--Kanäle und führen so zu einer Hemmung.

GABA und Angstneurose

Üblicherweise geht man davon aus, dass Neurosen im Grunde erlernte Störungen sind, Befürchtungen und Ängste, die sich als ein Ergebnis von Lebenserfahrungen entwickeln, während die schweren Psychosen, wie Schizophrenie und Depression, aus elementaren biochemischen Störungen des Gehirns erwachsen. (Wir werden die schweren Psychosen in Kapitel 5 besprechen.) Jüngere Erkenntnisse lassen jedoch vermuten, dass sich eine Hauptform der Neurose, die Angstneurose, möglicherweise ebenfalls auf eine zugrunde liegende Hirnstörung zurückführen lässt.

Zwei wesentliche Formen der Angstneurose sind die Panikstörung und die generalisierte Angststörung. Bei der Panikstörung leidet der Patient unter plötzlich einsetzenden, schrecklichen Angstanfällen, die episodisch und unvermittelt auftreten. Symptome derartiger Panikattacken sind geweitete Pupillen, gerötetes Gesicht, schweißnasse Haut, rascher Herzschlag, Übelkeit, das Bedürfnis zu urinieren, Würgen, Benommenheit und das Gefühl des drohenden Todes. Die Aktivität des sympathischen Nervensystems und des Hypophysen-Nebennieren-Hormonsystems schießt hoch, und das Stresshormon Cortisol wird freigesetzt. Die generalisierte Angststörung besteht in einem anhaltenden Gefühl von Furcht und Angst, das nicht an ein bestimmtes Ereignis oder einen besonderen Reiz geknüpft ist.

Neueren Erkenntnissen zufolge haben sowohl Panikstörung als auch generalisierte Angststörung einen signifikanten Vererbungsfaktor. Als man im Rahmen klinischer Studien Menschen befragte, die mit Angstpatienten verwandt waren, deutete das Ergebnis der Untersuchungen darauf hin, dass bis zu 40 Prozent der Verwandten ebenfalls unter einer Angstneurose litten. Es ist verlockend, hieraus zu folgern, die Angstneurose sei erlernt: Eine Person, die in einer neurotischen Familie aufwächst, dürfte sich der geistigen Wesensart der anderen Familienmitglieder wahrscheinlich angleichen. In Zwillingsstudien zeigte sich allerdings für den Fall, dass der eine eineiige Zwilling eine Angstneurose hat, für den anderen ein Risiko von mehr als 30 Prozent, ebenfalls eine solche zu entwickeln; bei zweieiigen

Zwillingen dagegen beträgt die Wahrscheinlichkeit, dass beide die Störung aufweisen, nur etwa fünf Prozent. Einzelfälle, in denen ein eineiiger Zwilling durch eine Adoption aus der Familie herausgenommen wurde und die Zwillinge getrennt voneinander aufwuchsen, führen insgesamt zu demselben Ergebnis.

Mitte der dreißiger Jahre des 20. Jahrhunderts zogen Farbstoffverbindungen die Aufmerksamkeit von Chemikern der pharmazeutischen Firma Hoffmann-La Roche auf sich. Diese Chemiker bemühten sich gerade darum, eine spezielle Gruppe von Farbstoffverbindungen bioaktiv zu machen. Sie fügten eine basische Seitenkette hinzu, die chemischen Verbindungen zuvor schon häufig diese Eigenschaft verliehen hatte, doch ohne Erfolg.

Die Verbindungen verschwanden in der Schublade, wie viele andere auch. 1957 waren die Experimentiertische in den Labors schließlich so überfüllt, dass man sich dazu entschloss, einmal gründlich aufzuräumen. Als die Chemiker dabei waren, verschiedene Arzneistoffe und andere Verbindungen wegzuwerfen, nahmen sie einen Wirkstoff für pharmakologische Tests zur Seite. Bei Tieren zeigte er einen außergewöhnlich beruhigenden und muskelentspannenden Effekt. Als die Chemiker die Substanz analysierten, stellte sich heraus, dass es eine völlig andere Verbindung war, als sie hergestellt zu haben meinten. Es handelte sich um Chlordiazepoxid, das auch unter dem Namen Librium bekannt werden sollte.

Die Entdeckung von Chlordiazepoxid und anderen Tranquilizern eröffnete eine faszinierend neue Perspektive zum Verständnis der Angstneurosen. All diese Medikamente sind chemisch nahe miteinander verwandt und bilden eine Klasse von Verbindungen, die man Benzodiazepine (BDZ) nennt. Die Benzodiazepine besitzen alle einen siebengliedrigen Ring (den Diazepinring), der mit einem gewöhnlichen sechsgliedrigen Benzolring verbunden ist.

Die Benzodiazepine bilden heute das Medikament der Wahl zur Behandlung von Panik- und generalisierten Angststörungen. In geeigneter therapeutischer Dosierung sind sie verhältnismäßig sicher, haben wenig Nebenwirkungen und sind nicht sonderlich suchterzeugend. In höheren Dosen machen sie jedoch süchtig, und zwar sowohl hinsichtlich der Toleranz, die der Betreffende ihnen gegenüber entwickelt (immer höhere Dosen sind notwendig, um die gleiche Wirkung zu erzielen), als auch hinsichtlich einer Vielfalt von Entzugserscheinungen, zu denen Angst und Unbehaglichkeit, Übelkeit und Kopfschmerzen und sogar der Tod zählen. Die Benzodiazepine sind zu Suchtmitteln geworden.

Die Benzodiazepine lindern Angstzustände und Panikattacken nahezu spezifisch. Bei Patienten mit Angstneurosen besteht ein enger Zusammenhang zwischen dem zeitlichen Verlauf milder Entzugssymptome, nachdem die Substanz abgesetzt wurde, und dem Wiederauftreten der Symptomatik. Für Schizophrene bieten die Benzodiazepine keine große Hilfe, auch nicht zur Behandlung der mit dieser Krankheit einhergehenden Angstsymptomatik, und eine Depression wird durch diese Substanzen sogar noch verschlimmert. Interessanterweise sind Benzodiazepine auch in der Behandlung spezifischer Phobien nicht sonderlich wirksam.

Die Wirkung von Benzodiazepinen auf GABA

Die Untersuchung der Benzodiazepine rückte blitzartig ins Zentrum des neurowissenschaftlichen Interesses, als man 1977 in Säugerhirnen spezifische Rezeptoren für diese Substanzen entdeckte. Die Benzodiazepinrezeptoren sind weit über das Gehirn hinweg verstreut mit einer besonders dichten Verteilung in Regionen wie der Großhirnrinde, dem Hippocampus und dem Kleinhirn (Abbildung 4.17).

Unterdessen wuchs die Zahl der Belege dafür, dass die Benzodiazepine die Effekte des hemmenden Transmitters GABA verstärken. Bald schon wurde klar, dass Benzodiazepine nicht bloße Analoga von GABA sind, die sich genauso verhalten. Überall dort, wo Benzodiazepinrezeptoren gehäuft anzutreffen sind, findet man zugleich auch eine hohe Konzentration an GABA-Rezeptoren vor. Umgekehrt ist dies nicht der Fall; einige Hirnregionen mit hoher Dichte an GABA-Rezeptoren weisen nicht sonderlich viele Benzodiazepinrezeptoren auf.

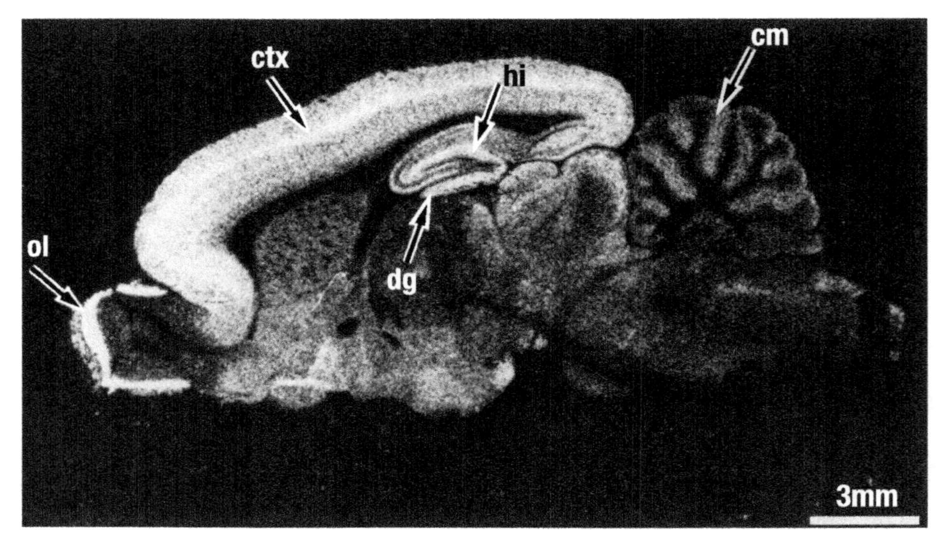

4.17 Die Verteilung von Benzodiazepinrezeptoren im Gehirn der Ratte. Zunächst wurde eine radioaktiv markierte Substanz, die sich an Benzodiazepinrezeptoren anlagert, verabreicht und anschließend Bilder von Hirnschnitten auf einem Röntgenfilm entwickelt. Hier ist ein Sagittal- oder Längsschnitt nahe der Mittellinie des Gehirns abgebildet. Die weißen Bereiche sind Orte mit Benzodiazepinrezeptoren. Besonders dicht sind sie in der Großhirnrinde (ctx), im Hippocampus (hi) mit dem Gyrus dentatus (dg), im Kleinhirn (cm) und im Riechkolben (ol).

Alles in allem scheint der Benzodiazepinrezeptor gemeinsam mit dem GABA-Rezeptor vorzukommen, genauer dem $GABA_A$-Rezeptor. Dem derzeitigen Modell von GABA- und Benzodiazepinrezeptoren zufolge sind beide an $GABA_A$-Synapsen aneinander gekoppelt (Abbildung 4.18). In diesem Modell aktiviert ein Benzodiazepin den Benzodiazepinrezeptor über ein zwischengeschaltetes Molekül und verstärkt so entweder die Bindung der GABA-Moleküle an den GABA-Rezeptor oder die Kopplung zwischen dem GABA-Rezeptor und dem Chloridkanal, oder es verstärkt beides. Als Resultat verstärken sich die hemmenden Wirkungen von GABA. Die synaptische Hemmung durch GABA im Gehirn scheint

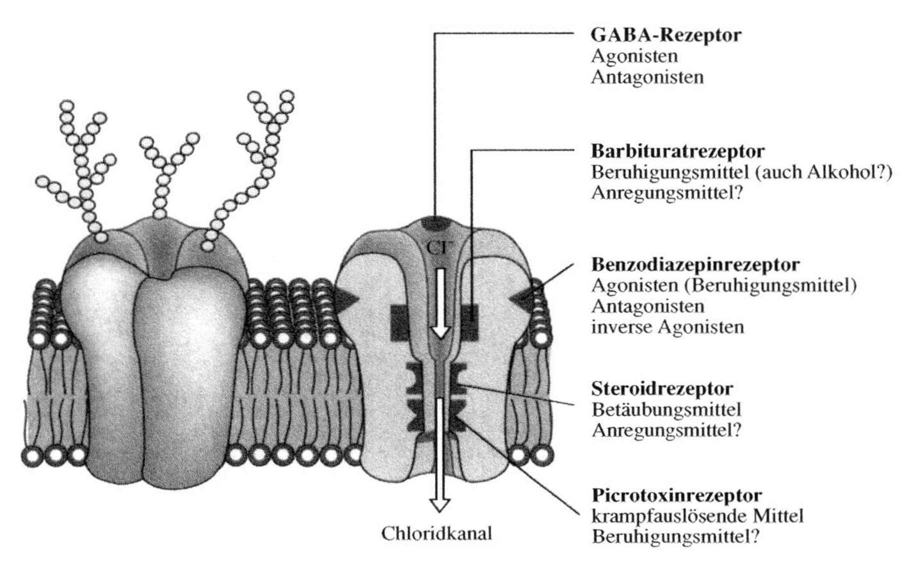

4.18 Strukturmodell des Komplexes aus $GABA_A$-, Benzodiazepinrezeptor und Chloridionenkanal; im linken Teil ist der Komplex unversehrt dargestellt, wie er sich durch die Nervenzellmembran erstreckt, im rechten Teil angeschnitten, sodass die Ziele für verschiedene Verbindungen sichtbar werden, die den Rezeptorkomplex beeinflussen.

eine gute Möglichkeit darzustellen, zumindest die Symptome der Angst zu lindern, wenn nicht gar ihre Ursachen zu bekämpfen.

In Wirklichkeit gibt es am $GABA_A$-Rezeptor mehrere unterschiedliche Bindungsstellen. Auf die Angriffsorte für GABA wirken auch spezifische Agonisten (mit gleicher Wirkung) wie Muscimol und Antagonisten wie das bereits erwähnte Bicucullin ein. Muscimol wurde aus dem bekannten halluzinogenen Pilz *Amanita muscaria* (dem Fliegenpilz) isoliert. Es bringt im Gehirn vorübergehend die neuronale Aktivität zum Stillstand, weil es auf die GABA-Rezeptoren wie GABA selbst wirkt und eine Hemmung hervorruft. Die Wirkung von Muscimol hält jedoch viel länger an als die nur Millisekunden andauernde Wirkung von GABA. Eine Hemmung durch Muscimol kann sich über mehrere Stunden ziehen. Bicucullin blockiert die Hemmung durch GABA und kann anfallsartige Krämpfe bewirken. Auf eine weitere Stelle wirkt ein Medikament namens Picrotoxin ein, das häufig als Antagonist für GABA angesehen wird. Tatsächlich löst es Krämpfe aus, und man vermutet, dass es eher eine eigene Bindungsstelle aufweist als direkt auf die GABA-Bindungsstelle einwirkt.

Zusätzlich zu den Bindungsstellen für GABA, Benzodiazepin und Picrotoxin gibt es mindestens zwei andere Angriffsstellen für Chemikalien am $GABA_A$-Rezeptor. Eine davon ist der Barbituratrezeptor. Barbiturate sind Beruhigungsmittel mit sedativer Wirkung; in großen Dosen führen Sie zur Bewusstlosigkeit und zum Tod. Alkohol entfaltet seine beruhigende Wirkung möglicherweise teilweise ebenfalls über diese Bindungsstelle. Schließlich gibt es am $GABA_A$-Rezeptor noch eine Bindungsstelle für Steroidhormone, insbesondere für das so genannte Stresshormon Cortisol (Kapitel 6). Der $GABA_A$-Rezeptor ist in der Tat ein sehr komplexes Molekül. Molekularbiologen haben das Bild sogar noch weiter verkompliziert: Nach dem letzten Stand der Dinge wurden mindestens 20 verschiedene Untereinheiten von GABA-Rezeptoren identifiziert. Es scheint sich immer stärker herauszukristallisieren, dass die *Rezeptoren* der Neurotransmitter die Schlüssel zum Verständnis der Funktionsweise von Nervenzellen und Gehirn in den Händen halten.

Zusammenfassung

Wie das Gehirn funktioniert, versteht man am besten, wenn man die synaptische Übertragung betrachtet, also die Weise, in der Nervenzellen Information an andere Nerven-, Muskel- oder Drüsenzellen übermitteln. In der Zusammenschau ist dieser Prozess unkompliziert: Sobald ein Aktionspotenzial eine Nervenfaserendigung (den präsynaptischen Teil der Synapse) erreicht, öffnet es normalerweise geschlossene spannungsgesteuerte Calcium-(Ca^{2+}-)Kanäle in der präsynaptischen Membran. Calcium strömt ein und setzt die Ausschüttung von Neurotransmittersubstanzen in Gang, die durch den synaptischen Spalt diffundieren, auf Rezeptoren in der postsynaptischen Membran einwirken und so Reaktionen in der postsynaptischen Nerven-, Muskel- oder Drüsenzelle auslösen.

Sobald Calcium in die präsynaptische Endigung einströmt, veranlasst es die Endigung dazu, Neurotransmittersubstanzen durch Exocytose freizusetzen. Der Neurotransmitter ist in der präsynaptischen Endigung in kleinen Bläschen, den Vesikeln, enthalten. Sobald Calcium einströmt, verschmelzen einige Vesikel mit der präsynaptischen Membran und schütten ihren chemischen Inhalt in den synaptischen Spalt aus. Im Fall von Acetylcholin (ACh), dem Überträgerstoff an der neuromuskulären Endplatte, enthält ein einziges Vesikel rund 10 000 Moleküle Acetylcholin. Dies bezeichnet man als ein Quantum Transmitter. Das Aktionspotenzial und der darauf folgende Calciumeinstrom lösen die Freisetzung von rund 100 Vesikelinhalten, entsprechend 100 Quanten Transmitter, aus. Darüber hinaus kommt es auch ohne Aktionspotenzial zu einer unregelmäßigen, spontanen Ausschüttung von Vesikelinhalten, gewöhnlich von zweien oder dreien gleichzeitig, die Miniaturpotenziale hervorrufen; man hält sie ganz einfach für „Rauschen" in einem unvollkommenen System.

Die Neurotransmittersubstanz heftet sich an chemische Rezeptormoleküle (Proteine) in der postsynaptischen Membran. Diese Rezeptoren bewirken dann Änderungen in der postsynaptischen Zelle. Bei der „schnellen" (weniger als eine Millisekunde benötigenden) synaptischen Übertragung steuern diese Rezeptoren unmittelbar Ionenkanäle. Hierbei handelt es sich nicht um einen spannungsgesteuerten, sondern um einen ligandengesteuerten Ionenkanal: Er ist nur zu öffnen, indem sich der Transmitter an jene Rezeptoren heftet, die die Kontrolle über den Kanal ausüben.

Bei der schnellen erregenden synaptischen Übertragung öffnen die Rezeptoren Natriumkanäle; Natrium strömt ein und verursacht eine gewisse Depolarisation (das heißt, das lokale Membranpotenzial wird weniger negativ). Diese erregende Reaktion (EPSP, exzitatorisches postsynaptisches Potenzial) ist abgestuft und in ihrer Stärke davon abhängig, wie viele Rezeptoren – beziehungsweise Na^+-Kanäle – aktiviert wurden. Sind ausreichend viele Rezeptoren in Tätigkeit versetzt, wird das Membranpotenzial im Anfangsteil der Nervenfaser, dort wo sie den Zellkörper verlässt (am Axonhügel), depolarisiert. Sobald die Aktionspotenzialschwelle der hier befindlichen spannungsgesteuerten Natriumkanäle erreicht ist, entsteht ein Aktionspotenzial, das sich die Nervenfaser entlang fortpflanzt. Bei der schnellen hemmenden synaptischen Übertragung steuern die Rezeptoren gewöhnlich geschlossene Chlorid-(Cl^--)Kanäle. Sie öffnen sie, Cl^- strömt ein, und hyperpolarisieren die Zellmembran (ihr Potenzial wird also negativer als das Ruhepotenzial); die Zelle wird daran gehindert, ein Aktionspotenzial zu erzeugen (IPSP, inhibitorisches postsynaptisches Potenzial).

In den letzten Jahren hat die Molekularbiologie uns das Wissen und die Instrumente an die Hand gegeben, um Neurotransmitterrezeptoren (die alle komplexe Proteinmoleküle darstellen) zu charakterisieren. In zunehmendem Maß wird klar, dass es weniger die bloße, als Transmitter benutzte Substanz ist, sondern der Rezeptor, der die „Botschaft" bei der synaptischen Übertragung in sich trägt. So kann ACh als erregender wie auch als hemmender Neurotransmitter fungieren, je nachdem, auf welchen Rezeptor es einwirkt. Ein Typ von ACh-Rezeptor (nämlich der erregend wirkende Rezeptor an der neuromuskulären Endplatte) hat ein Molekulargewicht von 270 000 Dalton und besteht aus vier Typen von Untereinheiten. Der Grund, weshalb so viele Wirkstoffe einen derart mächtigen Einfluss auf das Gehirn haben, liegt darin, dass sie spezifischen Rezeptoren auf Nervenzellen „vortäuschen", sie wären Neurotransmitter. Dies gelingt ihnen, indem sie sich aufgrund ihrer chemischen Struktur an den Rezeptor anlagern und ihn entweder aktivieren (agonistische Wirkstoffe) oder das normale Transmittermolekül daran hindern, sich an den Rezeptor zu heften (antagonistische Wirkstoffe).

Glutamat, eine Aminosäure, die sowohl in der Nahrung als auch in allen Zellen vorkommt, ist das Arbeitspferd unter den schnellen erregenden Neurotransmittern im Gehirn. Auch bei der Speicherung von Gedächtnisinhalten scheint es eine Schlüsselrolle zu spielen. Ein Beispiel ist die Langzeitpotenzierung (LTP). Wird eine Leitungsbahn, die Glutamat als Transmitter benutzt (etwa im Hippocampus), in rascher Folge gereizt, so ruft dies eine anhaltend gesteigerte Erregbarkeit der aktivierten Synapsen hervor. Diese Potenzierung wird durch Anregung eines bestimmten Typs von Glutamatrezeptor eingeleitet, den NMDA-Rezeptor. Dass die gesteigerte Erregbarkeit so lange anhält, scheint mit einem anderen Typen von Glutamatrezeptor, dem AMPA-Rezeptor, zusammenzuhängen; dieser vermittelt eine schnelle erregende Übertragung (das Öffnen von Na^+-Kanälen). Veränderungen an der präsynaptischen Membran sind ebenfalls möglich. Auch ein anderer Prozess synaptischer Plastizität, die Langzeitdepression (LTD), kann an Glutamatsynapsen (beispielsweise des Kleinhirns) vorkommen; sie geht mit einer lang andauernden abgeschwächten Erregbarkeit von Glutamatrezeptoren des AMPA-Typs einher.

GABA (Gamma-Aminobuttersäure) ist das Arbeitspferd unter den schnellen hemmenden Neurotransmittern im Gehirn. Es gibt zwei Haupttypen von GABA-Rezeptoren, $GABA_A$ und $GABA_B$. Die $GABA_A$-Rezeptoren liegen auf den Zellkörpern und Dendriten von Nervenzellen. GABA bewirkt an den

$GABA_A$-Rezeptoren, dass sich Chloridkanäle öffnen, und löst eine Hemmung (das IPSP) aus. Auf dem $GABA_A$-Rezeptor finden sich mehrere verschiedene Bindungsstellen: eine für GABA selbst, auf die auch der Agonist Muscimol und der Antagonist Bicucullin einwirken. Tranquilizer (Benzodiazepine) wirken auf eine andere Stelle des $GABA_A$-Rezeptors ein und bewirken einen Anstieg der GABA-Hemmung; daher sind sie zur Behandlung bestimmter Formen von Angst hilfreich. Außerdem gibt es verschiedene Bindungsstellen für das krampfauslösende Mittel Picrotoxin und das Stresshormon Cortisol. Aber alle diese Einflüsse auf den $GABA_A$-Rezeptor bewirken letztendlich, dass die Chloridkanäle in unterschiedlichem Ausmaß offen oder geschlossen sind.

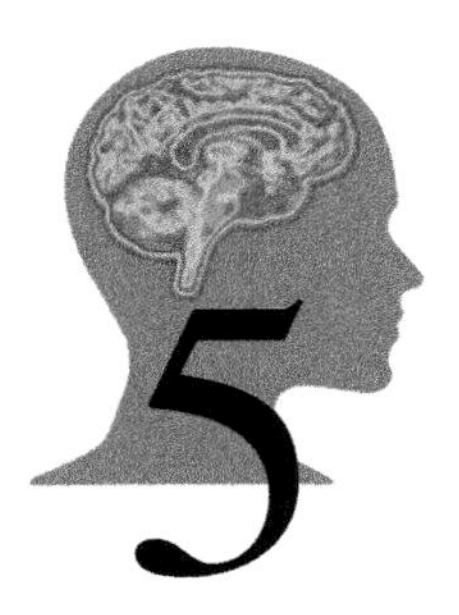

5

Neurotransmitter und chemische Schaltkreise im Gehirn

Die Erkenntnis, dass die Nervenzellen im Gehirn über chemische Substanzen untereinander kommunizieren, löste in der Erforschung von Gehirn und Geist eine Revolution aus. Untersuchungen zur Chemie der synaptischen Übertragung im Gehirn versprechen eine Klärung mancher grundsätzlichen Frage über Gehirn und Verhalten: Wie werden Erinnerungen gespeichert? Worin liegt die starke Antriebskraft der Sexualität begründet? Welche biochemischen Grundlagen haben Geisteskrankheiten? Es ist eine schwierige Aufgabe, sich über die einzelnen Verbindungen in den von Neuronen und chemischen Synapsen gebildeten Schaltkreisen Klarheit zu verschaffen. Aber auch hier sind bedeutsame Fortschritte erzielt worden; zum Beispiel beginnt man heute zu verstehen, welche Verschaltungen bei der Alzheimer- und bei der Parkinson-Krankheit defekt sind. Mit der Analyse der verschiedenen Transmittersubstanzen und der entsprechenden Bahnen im Gehirn sowie der Wirkung von Pharmaka auf diese Verschaltungen und auf einzelne Nervenzellen hat man erst in den letzten zwei Jahrzehnten begonnen, doch mittlerweile ist dieses Feld zum größten Forschungszweig der Neurowissenschaften geworden.

Bevor wir uns einzelnen neurochemischen Transmittern zuwenden, ist es sinnvoll, sich ein paar generelle Dinge klarzumachen, die alle betreffen. Wir haben bereits gesehen, wie ein Aktionspotenzial die Freisetzung von Neurotransmittern an der Axonendigung auslöst, indem es einen Ca^{2+}-Einstrom verursacht, und wie der Transmitter durch seinen Einfluss auf die Rezeptoren in der postsynaptischen Membran (Abbildung 5.1) die Erregbarkeit der Zelle verändert. Aus chemischer Sicht gibt es bei der synaptischen Übertragung ein paar weitere Schritte, die gleichermaßen wichtig sind.

Der Überträgerstoff muss zunächst einmal synthetisiert werden. Alle bisher identifizierten synaptischen Transmitter sind ziemlich einfache chemische Verbindungen, die entweder als Produkte des normalen Stoffwechsels zur Verfügung

5.1 Acetylcholinrezeptoren und Ionenkanäle im elektrischen Organ des Zitterrochens. Diese elektronenmikroskopische Aufnahme zeigt die Rezeptoren als Molekülstrukturen, die aus fünf Proteinuntereinheiten bestehen und einen Ionenkanal umschließen.

stehen oder mit der gewöhnlichen Nahrung aufgenommen werden. Bei einigen handelt es sich schlicht um Aminosäuren wie Glutamat und GABA – die Bausteine der Nahrungsproteine. Nachdem die Transmitter synthetisiert oder von außen aufgenommen worden sind, müssen sie zur Axonendigung transportiert (falls sie nicht direkt dort gebildet werden) und in Vesikeln gespeichert werden, um für die Freisetzung bereitzustehen. Im Gehirn ist von jedem beliebigen Neurotransmitter immer nur eine begrenzte Menge für einen Einsatz verfügbar, da es sonst regelrecht überflutet würde. Normalerweise beschränkt ein ganz bestimmter Schritt oder Faktor bei der Neurotransmittersynthese und -speicherung die verfügbare Menge; man bezeichnet ihn als den *geschwindigkeitsbestimmenden* (*geschwindigkeitsbegrenzenden*) *Faktor*. Die Ermittlung solcher Faktoren ist wichtig, weil viele Gehirnerkrankungen wie etwa die endogene oder Major Depression auf einer zu geringen oder zu hohen Neurotransmitterkonzentration beruhen. Kennt man den geschwindigkeitsbestimmenden Faktor, dann besteht die Möglichkeit, die Erkrankung durch Erhöhung oder Reduzierung der entsprechenden Neurotransmittermenge im Gehirn zu behandeln.

Ein weiterer wichtiger Gesichtspunkt bezüglich der Wirkungen von Transmittern an Synapsen ist ihre *Inaktivierung*. Bliebe ein Transmitter dauerhaft an seinen Rezeptor gebunden und somit ständig wirksam, dann würde das Gehirn außer Kontrolle geraten. Ein Beispiel hierfür haben wir in Kapitel 4 kennen gelernt. Der Neurotransmitter GABA wirkt hemmend, aber seine synaptische Wirkung ist nur von sehr kurzer Dauer – einige wenige Millisekunden –, weil er rasch inaktiviert wird. Das Medikament Muscimol wirkt stark agonistisch auf die gleiche Weise wie GABA: Es hemmt Neuronen mit $GABA_A$-Rezeptoren (das sind die meisten Neuronen). Der Inaktivierungsprozess funktioniert bei Muscimol jedoch nicht, sodass es die Neuronen für Stunden inhibiert. Die Überträgerstoffe müssen also inaktiviert werden, sobald sie sich mit den Rezeptoren verbunden und ihre jeweilige Wirkung entfaltet haben. Das kann auf mehreren Wegen geschehen: Vielleicht baut ein Enzym den Neurotransmitter bereits am Rezeptor ab; oder der Transmitter vermag sich nur kurz an die Membran anzuheften und wird dann durch andere Prozesse abgelöst und fortgetragen. Eine Inaktivierung findet jedenfalls immer statt, wie wir auch schon bei der Erörterung der Rezeptorkinetik in Kapitel 4 festgestellt haben; nur die Geschwindigkeit, mit der sie abläuft, kann stark variieren. Nach der Inaktivierung des Transmitters muss irgendetwas mit ihm geschehen. Im Allgemeinen werden die Überträgermoleküle oder wichtige Bestandteile davon wieder von den Axonendigungen aufgenommen und später erneut verwendet (Endocytose).

Transmitter, die stets wieder aufgenommen und erneut verwendet werden, sollten – so mag man denken – immer in genügender Menge vorhanden sein. Doch obwohl das Recycling von Neurotransmittern ein bemerkenswertes Beispiel der funktionellen Ökonomie von Nervenzellen ist, sind diese Vorgänge keineswegs perfekt. Etwas Transmitter geht immer verloren und wird schließlich im Stoffwechsel abgebaut und aus dem Körper ausgeschieden. Ohne Neusynthese würden sich die Speicher allmählich leeren. Der geschwindigkeitsbestimmende Faktor bei der Transmittersynthese ist in diesem Zusammenhang von entscheidender Bedeutung. Es kann lange dauern, bis eine Veränderung in einem geschwindigkeitsbegrenzenden Faktor nach außen hin zutage tritt, aber nach einer Weile wird sie offenbar werden. Pharmaka, mit denen man so schwere Geisteskrankheiten wie Schizophrenie und Depression behandelt, beginnen beispielsweise oftmals erst nach einer Woche oder noch später den geschwindigkeitsbestimmenden Faktor zu verändern und damit Wirkung zu zeigen.

Acetylcholin

Acetylcholin (ACh) ist der Transmitter an der neuromuskulären Endplatte und an bestimmten anderen peripheren Synapsen des autonomen Nervensystems (zum Beispiel im Herzen). Er kann als der am gründlichsten untersuchte und wohl bekannteste Transmitter gelten. 1924 entdeckte Otto Loewi in einem der klassischen Experimente der Neurobiologie das Acetylcholin und klärte damit die Frage, ob die synaptische Übertragung vom Vagusnerven zum Herzmuskel (und zu anderen Synapsen) elektrischer oder chemischer Natur ist.

Loewis Experiment – ein Modell dafür, wie einfach ein Versuch sein kann – verdient es, hier beschrieben zu werden. Der Vagusnerv ist einer der größeren Nerven, die das Herz kontrollieren. Aus einem Frosch kann man ihn und das Herz herauspräparieren und in einem Schälchen mit so genannter Ringerlösung am Leben halten. (Diese Lösung ähnelt in ihrer Salzzusammensetzung dem Blut.) Eine elektrische Reizung des Vagus, ob im lebenden Tier oder an einem isolierten Herzen in einem Schälchen, verlangsamt den Herzschlag.

Loewi reizte den Vagus eines in Ringerlösung überführten Herzens viele Male und löste jedes Mal eine Senkung der Herzfrequenz aus. Anschließend entnahm er dem Schälchen mit dem stimulierten Herzen etwas Lösung und gab sie in eine andere Schale mit einem zweiten Froschherzen. Auch dieses Herz schlug daraufhin langsamer. Dieses einfache Experiment bewies, dass die synaptische Übertragung chemisch abläuft. Loewi nannte die unbekannte Substanz „Vagusstoff"; bald darauf wurde sie als Acetylcholin identifiziert.

Schnelle Transmitterwirkungen im peripheren Nervensystem

Die Synthese von ACh ist in Abbildung 5.2 angedeutet. Es wird in einem Schritt aus Acetyl-Coenzym A (Acetyl-CoA) und Cholin hergestellt. *Acetyl-CoA* kommt in großen Mengen in den Mitochondrien aller Zellen vor und ist dort am Zitronensäurezyklus (Citratzyklus) beteiligt, einer Reaktionskette am Ende des Glucosestoffwechsels, in deren Verlauf Bioenergie in Form von ATP gebildet wird.

Im Energiestoffwechsel des Gehirns gibt es eine wichtige Besonderheit. Während die übrigen Gewebe und Körperorgane Bioenergie auch durch den Abbau anderer Substanzen als Glucose – etwa von Proteinen und Fetten – produzieren können, vermögen Nervenzellen, soweit wir wissen, ATP nur über den Glucosestoffwechsel zu bilden. Folglich ist das Gehirn vollständig von der Versorgung mit Glucose über das Blut abhängig. Und seine Anforderungen sind erheblich, wie wir bereits erfahren haben: Obwohl das menschliche Gehirn nur ungefähr zwei Prozent des Körpergewichts ausmacht, empfängt es etwa 15 Prozent der Blutversorgung. Das Gehirn braucht außerdem große Mengen an Sauerstoff, der für den

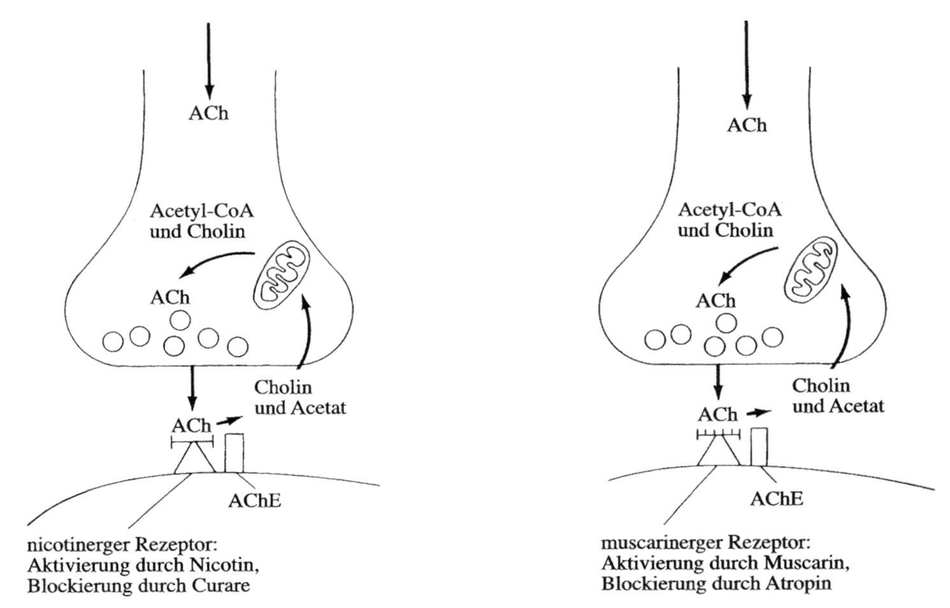

5.2 Die zwei Typen von ACh-Synapsen. Sie unterscheiden sich nur in ihren Rezeptoren, die bewirken, dass die Synapsen auf Pharmaka jeweils anders reagieren. Der nicotinerge (nicotinartige) Rezeptor wird durch Nicotin aktiviert und durch Curare blockiert, der muscarinerge (muscarinartige) dagegen durch Muscarin aktiviert und durch Atropin blockiert.

Glucosestoffwechsel notwendig ist. Glucose und Sauerstoff werden für die Bildung von ATP eingesetzt, und in der Reaktionskette entstehen auch Zwischenprodukte wie Acetyl-CoA und Acetat (Essigsäure). Die Endprodukte des Glucoseabbaus sind Wasser und Kohlendioxid. Letzteres geht zurück ins Blut und wird über die Lunge ausgeatmet.

Cholin, das zusammen mit Acetyl-CoA Acetylcholin bildet, wird nicht im Körper synthetisiert, sondern muss über die Nahrung aufgenommen werden. Eigelb wie auch viele Gemüsesorten sind reich an Cholin. Nach der Verdauung cholinhaltiger Nahrung geht diese Substanz ins Blut über und wird von den Nervenzellen aufgenommen. Tatsächlich ist die Cholinmenge, die den Neuronen zur Verfügung steht, der geschwindigkeitsbestimmende Faktor bei der ACh-Synthese. Acetyl-CoA und das Enzym, das die Synthese von ACh aus Acetyl-CoA und Cholin katalysiert, die Cholinacetyltransferase, kommen in den Zellen immer in ausreichenden Mengen vor. Folglich könnte jemand, der an einer wahrscheinlich auf ACh-Mangel beruhenden Krankheit leidet, unter Umständen auf einfache und sichere Weise dadurch geheilt werden, dass er mehr cholinhaltige Nahrungsmittel zu sich nimmt. Wie wir noch sehen werden, kann diese einfache Behandlung tatsächlich für manche ältere Personen hilfreich sein, die erste, oftmals bedrückende Anzeichen von Senilität zeigen.

Die Inaktivierung von ACh an den Rezeptoren erfolgt sehr schnell durch das Enzym *Acetylcholinesterase* (AChE). Dieses Enzym liegt in enger Verbindung mit den ACh-Rezeptormolekülen vor und baut ACh innerhalb von Millisekunden zu Acetat und Cholin ab. Dadurch wird der Rezeptor frei und kann auf neues ACh reagieren. Ein Großteil des abgespaltenen Cholins wird anschließend von der Axonendigung aufgenommen und dann wieder für die ACh-Synthese verwendet. Das Acetat geht in allen Zellen in aktivierter Form in den Zitronensäurezyklus ein.

Acetylcholin wird entweder in den Axonendigungen gebildet oder im Zellkörper der Nervenzelle synthetisiert und dann das Axon hinab in die Endigungen transportiert (Abbildung 5.2). Dieser Prozess des *axonalen* oder *axoplasmatischen Transports* dauert in einem langen Axon Stunden bis Tage. Trifft ein Aktionspotenzial an der Endigung ein, dann strömt dort Ca^{2+} ein, und die Vesikel geben ihren ACh-Inhalt in den synaptischen Spalt ab. Wie bereits erwähnt, bewirkt ein Aktionspotenzial die Freisetzung von ungefähr 100 Vesikeln mit jeweils etwa 10 000 ACh-Molekülen. Die Überträgerstoffe diffundieren über den synaptischen Spalt und heften sich an die Acetylcholinrezeptoren an. Dadurch öffnen sich in der Membran der betreffenden Skelettmuskelzelle insbesondere die Na^{+}-Kanäle, woraufhin die Muskelzelle ein Aktionspotenzial ausbildet und sich kontrahiert. Fast unmittelbar nach der Bindung des ACh an die Rezeptoren wird es durch die Acetylcholinesterase in Acetat und Cholin gespalten, die dann von der präsynaptischen Zelle aufgenommen und wieder verwendet werden.

Arzneistoffe und Drogen können im Prinzip an vielen Stellen störend auf die ACh-Synapse einwirken. Sie könnten beispielsweise die Synthese des ACh blockieren, aber ebenso gut auch seinen Transport im Axon, seine Speicherung in den Vesikeln, seine Freisetzung an der Synapse, seine Bindung an die Rezeptoren, seinen Abbau durch AChE und so weiter. Schon früh in der Geschichte der Pharmakologie hatte man die Hoffnung gehegt, dass verschiedene Pharmaka, die auf den Menschen die gleiche Wirkung haben, sich als Stoffe mit ähnlicher chemischer Struktur herausstellen würden. Ein kurzer Blick auf die vielen Stellen, an denen solche Stoffe auf ACh-Synapsen einwirken können, zeigt, dass dies zum größten Teil Wunschdenken war. Zum Beispiel sind Curare und das Botulinustoxin (ein Gift, das manchmal in nicht sauber abgefüllten Nahrungskonserven auftritt) zwei ganz unterschiedliche chemische Verbindungen, doch verursachen beide Lähmungen. Curare blockiert, wie wir bereits erfahren haben, die ACh-Rezeptoren und hindert damit das Acetylcholin daran, wirksam zu werden. Das Botulinustoxin hingegen blockiert die Freisetzung von ACh aus den präsynaptischen Endigungen. Diese beiden chemisch nicht miteinander verwandten Wirkstoffe rufen also auf verschiedenen Wegen den gleichen Effekt hervor, nämlich eine Blockade von ACh-Synapsen.

Ein früher erwähnter Befund mag in diesem Zusammenhang rätselhaft erscheinen. Bei der Beschreibung von Otto Loewis Experiment mit dem Vagusnerven des Frosches habe ich gesagt, dass durch eine Reizung des Vagus ACh freigesetzt wird, das den Herzschlag verlangsamt. ACh hemmt also die Aktivität der Herzmuskelzellen, doch die von Skelettmuskelzellen regt es an. Es übt somit auf zwei verschiedene Muskelzelltypen entgegengesetzte (exzitatorische beziehungsweise inhibitorische) Wirkungen aus. Interessanterweise lassen sich die beiden Synapsentypen durch verschiedene Wirkstoffe blockieren. Curare hemmt die ACh-Synapsen an Skelettmuskelzellen, hat aber keinen Effekt auf die der Herzmuskelzellen; Atropin andererseits blockiert zwar die ACh-Synapsen der Herzmuskelzellen, entfaltet aber keine Wirkung auf die der Skelettmuskelzellen. (Atropin ist ein Extrakt der Tollkirsche.) ACh-Moleküle beeinflussen im Normalfall beide Typen von muskulären Synapsen in entgegengesetzter Weise – trotz chemischer Identität. Folglich müssen sich die Rezeptoren voneinander unterscheiden (Abbildung 5.2). Die ACh-Synapsen veranschaulichen hervorragend, dass die Art der durch einen Neurotransmitter hervorgerufenen Wirkungen nicht nur von der Natur des Transmitters, sondern auch von der des Rezeptors abhängt. Untersuchungen an Reinkulturen von ACh-Synapsen aus Muskeln und peripheren Geweben des autonomen Nervensystems zeigten schon vor vielen Jahren, dass es zwei Typen von ACh-Rezeptoren geben muss. Einige Pharmaka aktivieren nur den einen oder den anderen Rezeptor. Nicotin, der aktive Wirkstoff in Tabak, beeinflusst die ACh-Rezeptoren der Skelettmuskelzellen in gleicher Weise wie ACh, hat aber auf die Synapsen der Herzmuskelzellen keinen Einfluss. Der ACh-Rezeptortyp der Skelettmuskeln wird entsprechend als *nicotinerger Rezeptor* bezeichnet.

Ein anderes Mittel, ein Giftstoff mit der Bezeichnung Muscarin, ruft wiederum an den ACh-Synapsen der Herzmuskelzellen und an den meisten derartigen Synapsen im autonomen Nervensystem dieselben Reaktionen wie ACh hervor, übt jedoch auf die ACh-Rezeptoren der Skelettmuskelzellen keine Wirkung aus. Die durch Muscarin aktivierten ACh-Rezeptoren werden als *muscarinerge Rezeptoren* bezeichnet.

Muscarin ist übrigens ein Inhaltsstoff verschiedener Giftpilze, etwa des Fliegenpilzes (*Amanita muscaria*). (Dieser trägt seinen Namen, weil Extrakte von ihm Fliegen zwar nicht direkt töten, sie aber *so* träge machen, dass sie leichter getötet werden können.) Muscarin wirkt halluzinogen, und aus diesem Grunde waren Fliegenpilze unter den frühen Siedlern Sibiriens sehr geschätzt. Die Tatsache, dass es im Körper nicht inaktiviert wird, führte nach Ansicht des Pharmakologen Robert Julian zu der alten sibirischen Sitte, den Urin von Leuten zu trinken, die zuvor von dem Pilz gegessen hatten. Angeblich hielt die Wirkung bis zur vierten oder fünften Person an. Auch das auf $GABA_A$-Rezeptoren wie GABA wirkende Medikament Muscimol leitet sich von Muscarin ab.

Zum gegenwärtigen Zeitpunkt geht man davon aus, dass es eine ganze Reihe verschiedener Typen von nicotinergen Rezeptoren in den Nervenzellen des Gehirns gibt (als Kombinationen zweier unterschiedlicher Alpha- und dreier unterschiedlicher Beta-Untereinheiten) und ebenfalls viele verschiedene Typen muscarinerger Rezeptoren. Die beiden Typen von ACh-Rezeptoren sind sehr unterschiedlich, aber all die verschiedenen Formen dieser beiden Typen funktionieren auf die beiden gleichen grundlegenden Weisen: Nicotinerge Rezeptoren sind schnell und bewirken ein Öffnen von Ionenkanälen (in der Regel Natriumkanälen), muscarine Rezeptoren sind langsam und wirken auf *second messenger*-Systeme wie G-Proteine ein.

Die Wirkungen der vielen verschiedenen *cholinergen* (auf Acetylcholinneuronen wirkenden) *Pharmaka* kann man anhand der Arbeitsweise der ACh-Synapse verstehen. Pharmaka, die in spezifischer Weise entweder die nicotinergen oder die muscarinergen Rezeptortypen beeinflussen, werden natürlich unterschiedliche Wirkungen auf das Nervensystem und den Körper ausüben. Curare wirkt auf die nicotinergen Rezeptoren (zum Beispiel an den neuromuskulären Endplatten von Skelettmuskeln) und verursacht eine vollständige Lähmung, wohingegen Atropin auf die muscarinergen Rezeptoren wirkt und bestimmte Funktionen des autonomen Nervensystems beeinträchtigt.

Wirkstoffe, die wie das Botulinustoxin die Freisetzung von ACh blockieren, haben auf nicotinerge wie muscarinerge Synapsen den gleichen Effekt. In ähnlicher Weise wirken Pharmaka, die das Enzym AChE hemmen und so zu einer verlängerten Wirkung von ACh und damit zu Krämpfen, manchmal sogar zum Tod führen, auf beide Rezeptortypen. Physostigmin (auch Eserin genannt), der zuerst entdeckte AChE-Hemmer, ist ein Extrakt der Kalabarbohne. Nach Julian bezeichneten die Eingeborenen in Nigeria diese Pflanze als „Bohne des Gottesurteils" und verwendeten sie als „Schuldtest". Der Verdächtige wurde gezwungen, die Bohne zu essen. Blieb er am Leben, dann war er unschuldig; starb er, war er schuldig. Das Insektizid Malathion, das vor einiger Zeit in Kalifornien beim Kampf gegen die Mittelmeer-Fruchtfliege eingesetzt wurde, wirkt ebenfalls hemmend auf AChE – genau wie einige der tödlichen Nervengase, die man für die Kriegsführung entwickelt hat.

Acetylcholinbahnen im Gehirn

Erstaunlicherweise ist über die ACh-Nervenzellen und -bahnen im Gehirn viel weniger bekannt als über einige andere Neurotransmittersysteme. Die Identifizierung von ACh-haltigen Nervenzellen und Rezeptoren im Gehirn hat sich als recht schwierig erwiesen. Dass man dagegen über die neuromuskulären ACh-Synapsen so viel weiß, beruht auf der Leichtigkeit, mit der man Reinkulturen solcher peripheren ACh-Synapsen gewinnen und untersuchen kann.

An ein paar Stellen in Rückenmark und Hirnstamm wirkt Acetylcholin nachgewiesenermaßen als schneller Transmitter an nicotinergen Rezeptoren. Rückenmarksmotoneuronen und Hirnnervenkerne, deren Zellkörper in Rückenmark und Hirnstamm liegen, entsenden ihre Axone von dort zu Skelettmuskelzellen und bilden mit diesen Synapsen aus. An allen derartigen Synapsen kommt ACh zum Einsatz, und die Muskelzellrezeptoren sind nicotinerg. Von den Motoneuronen zweigen im typischen Fall kollaterale Axonfasern ab, die mit kleineren Interneuronen nahe den Motoneuronen in synaptischem Kontakt stehen. Auch an diesen Synapsen dient ACh als Transmitter, und die Rezeptoren der Interneuronen scheinen ebenfalls dem nicotinergen Typ anzugehören. Die ACh-Synapsen der großen Hirnnerven sind schnelle exzitatorische Synapsen. Die Interneuronen, die durch sie aktiviert werden, wirken gewöhnlich auf die Motoneuronen zurück, und zwar hemmend – ein Fall von *negativer Rückkopplung* (Abbildung 5.3). In Anbetracht der weiten Verbreitung nicotinerger Rezeptoren im Gehirn erscheint es wahrscheinlich, dass nicotinerge ACh-Rezeptorsysteme an zahlreichen Orten des Gehirns zusätzlich zu den Wirkungen von Motoneuronkollateralen vorkommen.

Es mag überraschen, dass ACh-Synapsen zwischen den Kollateralen der Motoneuronen und den Interneuronen die einzigen Synapsen im Zentralnervensystem von Säugetieren sind, von denen wir *sicher* sagen können, welches ihr Neurotransmitter ist (eben ACh). Die Belege für die Transmitterfunktion anderer neurochemischer Substanzen sind vielfach noch nicht schlüssig und beweiskräftig genug; es ist experimentell außergewöhnlich schwierig, eine bestimmte Substanz

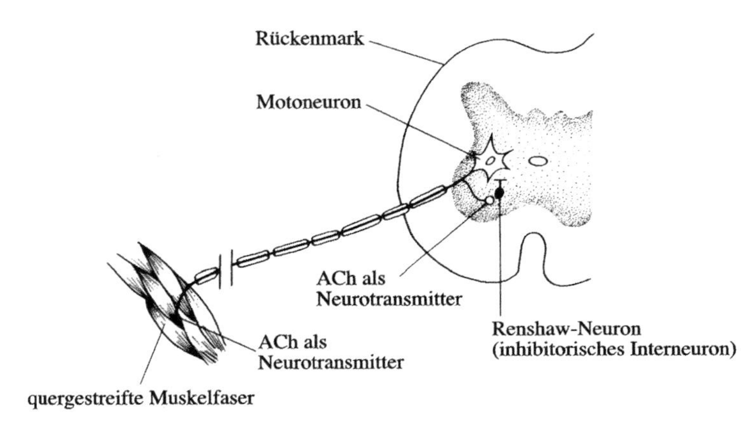

5.3 Synapse im Rückenmark, für die feststeht, dass Acetylcholin als Transmitter dient. Es handelt sich um die Kontaktstelle zwischen der Endigung eines dünnen Motoneuronastes (einer „Kollateralen") und einem kleinen inhibitorischen Interneuron (Renshaw-Zelle), das seinerseits das Motoneuron hemmt. Die Verschaltung ist ein Beispiel für eine Schleife mit negativer Rückkopplung.

eindeutig als den Transmitter an einer Synapse im Gehirn zu identifizieren. Man kann keine Reinkulturen von einem Synapsentyp aus dem Gehirn herstellen, wie man das für die neuromuskuläre Endplatte getan hat. Wir wollen vorläufig – wie die meisten Neurowissenschaftler – einfach davon ausgehen, dass bestimmte chemische Stoffe Neurotransmitter sind. Wir sollten uns jedoch klar darüber sein, dass hier bis zu einem gewissen Grade noch Zweifel bestehen.

Die wichtigsten Systeme von ACh-Neuronen im Gehirn sind in Abbildung 5.4 schematisch dargestellt. Die Nervenzellkörper liegen im Hirnstamm in zwei Hauptregionen, in den *Septumkernen* (oft auch als Kerne des diagonalen Bandes bezeichnet) und im *Nucleus basalis* (Basalkern; eine Struktur im unteren oder basalen Teil des Vorderhirns.). Einige Anatomen sind der Meinung, dass diese beiden Kerngruppen in Wirklichkeit ein kontinuierliches Band von ACh-Nervenzellen darstellen und dass es folglich nur einen einzigen ACh-Kernbereich im Vorderhirn gibt (den Nucleus basalis). Die Axone ziehen von dort zu verschiedenen Vorderhirnbezirken, besonders zum Hippocampus und zur Großhirnrinde. Beide Typen von ACh-Rezeptoren kommen hier vor, obwohl in den höheren Regionen gewöhnlich die muscarinergen überwiegen. (Die Existenz nicotinerger Rezeptoren im Gehirn könnte einer der Gründe dafür sein, dass Tabakrauchen süchtig macht.)

Über die Funktionen der ACh-Systeme im Gehirn weiß man wenig. Neuere Entdeckungen lassen jedoch vermuten, dass sie eine entscheidende Rolle für die normalen geistigen Leistungen spielen. Es ist seit einiger Zeit bekannt, dass Pharmaka, die auf das ACh-System einwirken, bei Tieren die Lern- und Gedächtnisleistungen verändern können. So behindert beispielsweise Scopolamin, ein Arzneistoff, der antagonistisch auf den muscarinergen ACh-Rezeptor wirkt, deutlich die Lernfähigkeit und ruft bereits in geringen Dosen Schläfrigkeit, Gedächtnisschwund und Verwirrtheit hervor.

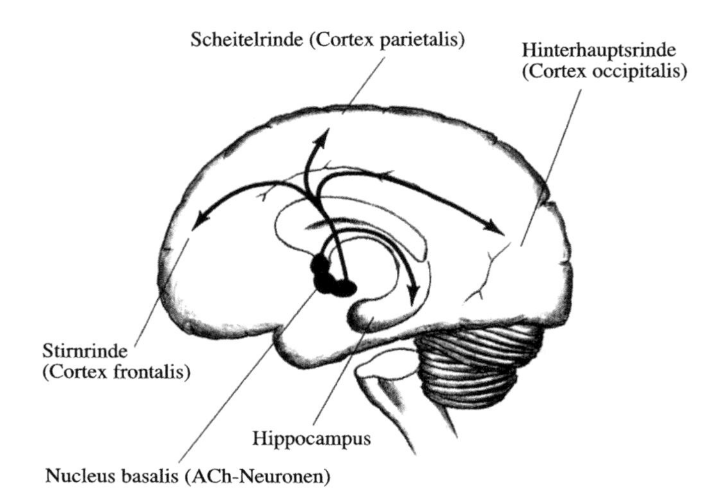

5.4 Das ACh-System des Gehirns. Die Zellkörper der ACh-Neuronen sind in einem Kernbereich an der Hirnbasis zusammengefasst – dem Nucleus basalis oder Basalkern –, und die Axone ziehen zu ganz unterschiedlichen Regionen der Großhirnrinde sowie zum Hippocampus.

Langsame synaptische Wirkungen: Die *second messenger*-Systeme

Bis zu diesem Punkt haben wir nur die schnellen Effekte der synaptischen Transmitter im Detail erörtert: die synaptische Übertragung, die in weniger als einer Millisekunde stattfindet. Die synaptischen Transmitterwirkungen einer weiteren wichtigen Klasse laufen langsamer ab: Sie kommen erst nach ein paar Millisekunden oder Sekunden oder sogar Minuten zum Abschluss. Diese Art der synaptischen Informationsübertragung ist erst in den letzten 20 Jahren erkannt worden. Tatsächlich hat man den Mechanismus zunächst für Hormone bestimmt und dann erst für Neurotransmitter. Diese langsameren chemischen Wirkungen erfolgen über die so genannten *second messenger*-Systeme (die Systeme der „sekundären Boten“).

Wie die schnell wirkenden synaptischen Neurotransmitter verbinden sich auch die langsamer wirkenden Hormone und Neurotransmitter zunächst mit spezifischen Rezeptorproteinen auf oder in einem Neuron (und im Falle der Hormone oft einer anderen Empfängerzelle). Bei der langsamen synaptischen Wirkung laufen zunächst – das heißt bis zur Bindung an das Rezeptormolekül – dieselben Prozesse ab wie bei der Übertragung mit schnellen Transmittern. Ein Aktionspotenzial erreicht die Axonendigung, Ca^{2+} strömt ein, der Transmitter wird freigesetzt, diffundiert über die Synapse und bindet an das Rezeptormolekül. Von da an nimmt die Geschichte aber einen anderen Verlauf.

In Synapsen, die sekundäre Botenstoffe einsetzen, ist das Rezeptormolekül nicht direkt mit einem Ionenkanal gekoppelt. Es löst vielmehr eine Abfolge chemischer Reaktionen in und an der Zellmembran aus. Diese können sich zwar letztlich auch in der Weise auf die Ionenkanäle auswirken, dass Änderungen im Membranpotenzial erfolgen und die jeweilige Zelle erregt oder gehemmt wird, aber diese Wirkung auf die Kanäle ist stets indirekt. Im Endeffekt könnte beispielsweise die stoffwechselaktive Ionenpumpe – und damit die Konzentration bestimmter Ionen in der Zelle – beeinflusst werden. Eine Änderung der Na^+-Konzentration wiederum könnte die Erregbarkeit der Zelle verändern, ohne das Ruhepotenzial der Membran zu verschieben. Ein Anstieg der Na^+-Konzentration in der Zelle hätte keine Auswirkung auf das Ruhepotenzial, da dieses durch die K^+-Konzentration bestimmt wird; wenn aber anschließend EPSPs die Na^+-Tore öffneten, könnte weniger Na^+ einströmen, und die EPSPs fielen kleiner aus. Andere chemische Wirkungen der sekundären Botenstoffe betreffen die DNA im Zellkern; diese kann zum Beispiel veranlasst werden, mehr oder weniger einer bestimmten Substanz herzustellen oder andersartige Stoffe zu bilden. Durch derartige Wirkungsmechanismen können sich tief greifende, in manchen Fällen sogar dauerhafte Veränderungen in der Nervenzelle ergeben.

Ein Beispiel für den Anfangsschritt der Aktivierung eines *second messenger*-Systems ist in Abbildung 5.5 dargestellt. ATP, die chemische Quelle für Bioenergie in der Zelle, wird, wie wir bereits wissen, beim Glucoseabbau gebildet. Es besitzt eine energiereiche Phosphatbindung (Phosphorsäureanhydridbindung), die sich leicht als Energielieferant für diverse chemische und zelluläre Aktivitäten ausnutzen lässt. Erinnern wir uns daran, dass auch die Ionenpumpe, die Na^+ aus den Neuronen heraus- und K^+ hineinpumpt, ATP als Energiequelle einsetzt.

ATP kommt überall in der Zelle vor. Wenn ein Rezeptormolekül von seinem chemischen Botenstoff oder seinem Transmitter (dem *first messenger*) aktiviert wird, dann löst dies eine chemische Reaktion aus, bei der ATP in eine andere Substanz, nämlich *cyclisches Adenosinmonophosphat* (cyclisches AMP oder cAMP), umgewandelt wird. Das Enzym, das diese Reaktion katalysiert, wird *Adenylatcyclase* genannt (Abbildung 5.5). cAMP kann nun seinerseits Prozesse in Gang setzen, die zu Veränderungen bei den Ionenkanälen, der Ionenpumpe, der DNA und so weiter führen. Weil die Substanz cAMP diese Wirkungen auslöst, fungiert auch sie als eine Art Transmitter oder Botenstoff, nur eben innerhalb einer Zelle statt zwischen zwei Neuronen: cAMP ist ein „sekundärer Bote" (*second messenger*). Es gibt auch noch andere sekundäre Botenstoffe. Diese Botensubstanzen werden als sekundär bezeichnet, weil sie erst wirksam werden, nachdem die primären Botenstoffe, also die Neurotransmitter, den synaptischen Spalt überquert und sich an die Rezeptoren angeheftet haben.

Allgemein kann man sich die chemischen Neurotransmittersysteme, die nicht über den schnellen *first messenger*-, sondern über den langsameren *second messenger*-Weg wirken, als „Modulatoren" der Aktivität von Neuronen und Gehirnsystemen vorstellen. Wenn wir etwas Heißes berühren, ziehen wir unsere Hand blitzschnell zurück. Die Information muss nur zwei oder drei Gruppen von synaptischen Verschaltungen im Rückenmark und eine an den neuromuskulären Endplatten unserer Arm- und Schultermuskeln durchqueren, um das Zurückziehen unserer Hand einzuleiten. Dies sind alles schnelle synaptische Wirkungen, ohne die wir in dieser unsicheren Welt wohl kaum unbeschadet überleben könnten. Der Schmerz vom Ort der Verbrennung mag aber gleichzeitig die Freisetzung von endogenen Opiaten (Endorphinen) aus der Hypophyse bewirken – Substanzen, die

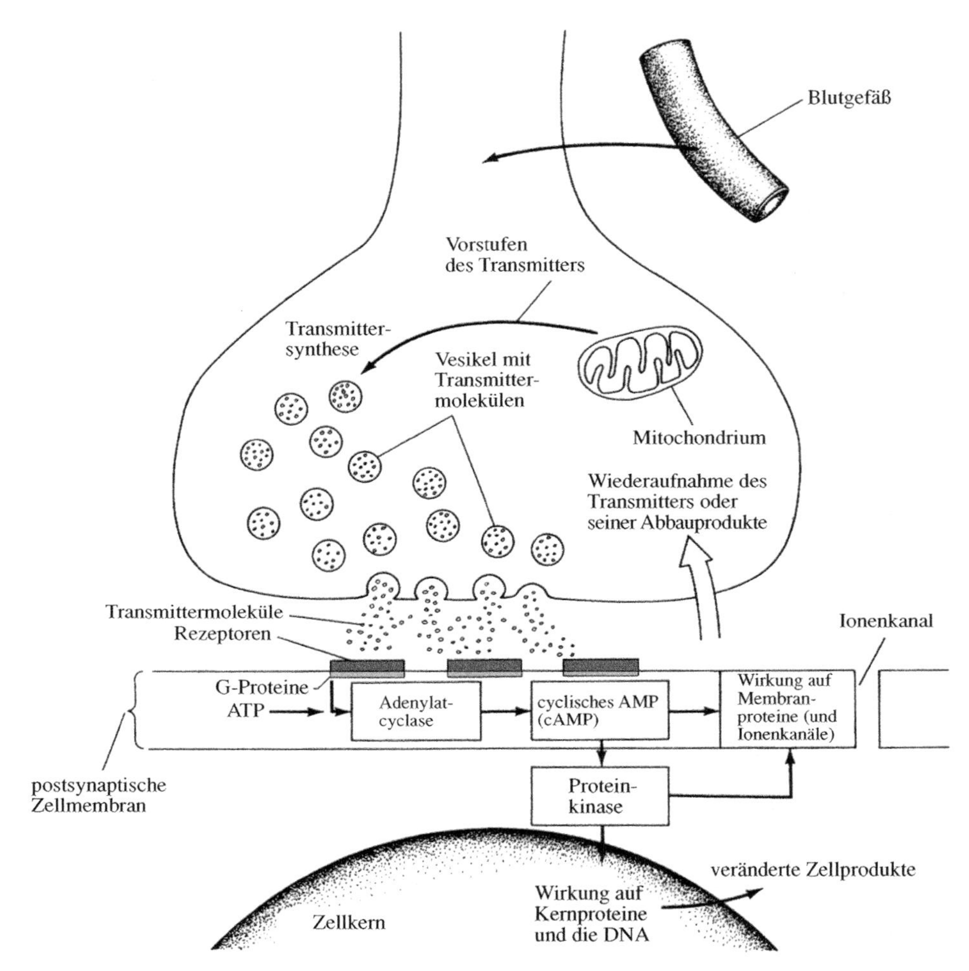

5.5 Wirkung eines sekundären Botenstoffs (*second messenger*) an einer Synapse. Bis zu dem Punkt, an dem die Transmittermoleküle an die postsynaptischen Rezeptoren binden, arbeiten die Synapsen, die sekundäre Botensubstanzen einsetzen, genau wie die schnellen exzitatorischen und inhibitorischen Synapsen. Sobald aber der Rezeptor aktiviert ist und auf das G-Protein einwirkt, löst er in der Zellmembran eine Kette von chemischen Reaktionen aus, in der zunächst ATP in cyclisches AMP (cAMP) umgewandelt wird. Cyclisches AMP wiederum kann vielfältige Einflüsse auf eine Zelle ausüben, die von Veränderungen in der Membran bis zu Veränderungen in der Aktivität der Kern-DNA reichen.

den Schmerz etwas modulieren können, sodass er nicht zu unerträglich ist. Die Regulation über endogene Opiate erfolgt über das *second messenger*-System.

Merken sollte man sich bei den Neurotransmittersystemen auf jeden Fall, dass die Effekte, die ein Neurotransmitter auf eine Nervenzelle und letztlich auf uns ausübt, von den Rezeptormolekülen und deren Wirkungsweise bestimmt werden. Der gleiche Neurotransmitter kann bei einigen Synapsen eine schnelle exzitatorische und bei anderen eine schnelle inhibitorische Wirkung entfalten, je nachdem, welche Ionenkanäle das Rezeptormolekül öffnet. Er kann schließlich auch langsamer über *second messenger*-Systeme wirken. Die nicotinergen ACh-Rezeptoren sollen zu den schnellen *first messenger*-Systemen zählen und die muscarinergen ACh-Rezeptoren allesamt bei langsamen *second messenger*-Systemen mitwirken. Die Botschaft ist gleichermaßen in dem Rezeptormolekül und dessen Wirkungen verschlüsselt wie im Neurotransmitter.

Aktuelle Forschungen auf dem Gebiet der Rezeptoren liefern uns eine sehr feine Klassifizierung der schnellen und langsamen Rezeptoren. Wie schon erwähnt, sind schnelle Neurotransmitterrezeptorsysteme (beispielsweise die nicotinergen ACh-, AMPA-Glutamat- und $GABA_A$-Systeme) direkt mit Ionenkanälen verbunden und wirken in weniger als einer Millisekunde. Die langsamen Transmitterrezeptorsysteme (wie muscarinerge ACh- und die meisten der in diesem Kapitel besprochenen Systeme) bedienen sich alle des *second messenger*-Prinzips und brauchen beträchtlich länger, um eine Wirkung zu erzielen: Sie benötigen Hunderte von Millisekunden. Einige dieser langsamen Systeme stehen mit Ionenkanälen in Verbindung, andere nicht, doch üben sie stets eine modulierende Wirkung aus: Entweder verstärken sie die schnellen Neurotransmitterrezeptorsysteme, oder sie dämpfen sie. Einige langsame Systeme regulieren auch andere Aspekte der biochemischen Zellmaschinerie, unter anderem Veränderungen in der Genexpression.

Allen langsamen Systemen ist, wie sich herausstellte, eins gemeinsam: die *G-Proteine* (Guanylnucleotid-bindende Proteine). All die unterschiedlichen langsamen Rezeptoren sind an G-Proteine gekoppelt (Abbildung 5.5). Wird ein Rezeptor durch seinen Transmitter aktiviert, so regt er in jedem Fall ein G-Protein an. Dies wiederum setzt ein *second messenger*-System in Gang, zum Beispiel das Adenylatcyclasesystem, welches ATP in cyclisches AMP umwandelt. Mittlerweile hat man zwei weitere wichtige *second messenger*-Systeme beschrieben; an dem einen ist Guanylatcyclase beteiligt, an dem anderen die Hydrolyse von Phospholipiden (Abbildung 5.6). Zwar beruhen diese drei unterschiedlichen Systeme auf verschiedenen biochemischen Reaktionen oder „Kaskaden“, doch können sie alle die Zellmaschinerie in vielerlei Weise beeinflussen und dabei auch modulierend auf die Ionenkanäle in der Zellmembran einwirken.

Catecholamine: Dopamin und Noradrenalin

Die Catecholamine stellen eine Gruppe von chemischen Substanzen dar, die sowohl im Gehirn als auch im peripheren Nervensystem weit verbreitet sind. Wir brauchen uns hier nur mit zwei Vertretern zu befassen: mit Dopamin (DA) und mit Noradrenalin (NA), das im Englischen *norepinephrine* heißt.

Der Syntheseweg für diese Transmitter ist in Abbildung 5.7 dargestellt. Die Bezeichnung „Catecholamine“ beruht darauf, dass sie alle eine so genannte Brenzcatechin- oder Catecholgruppe (einen Benzolring mit zwei Hydroxylgruppen) sowie eine Aminogruppe enthalten. Ihr Syntheseweg ist recht einfach. Die Ausgangssubstanz Tyrosin kommt natürlicherweise als Aminosäure in proteinhaltiger Nahrung vor. Sie wird zunächst in L-Dopa umgebaut, dieses dann in Dopamin,

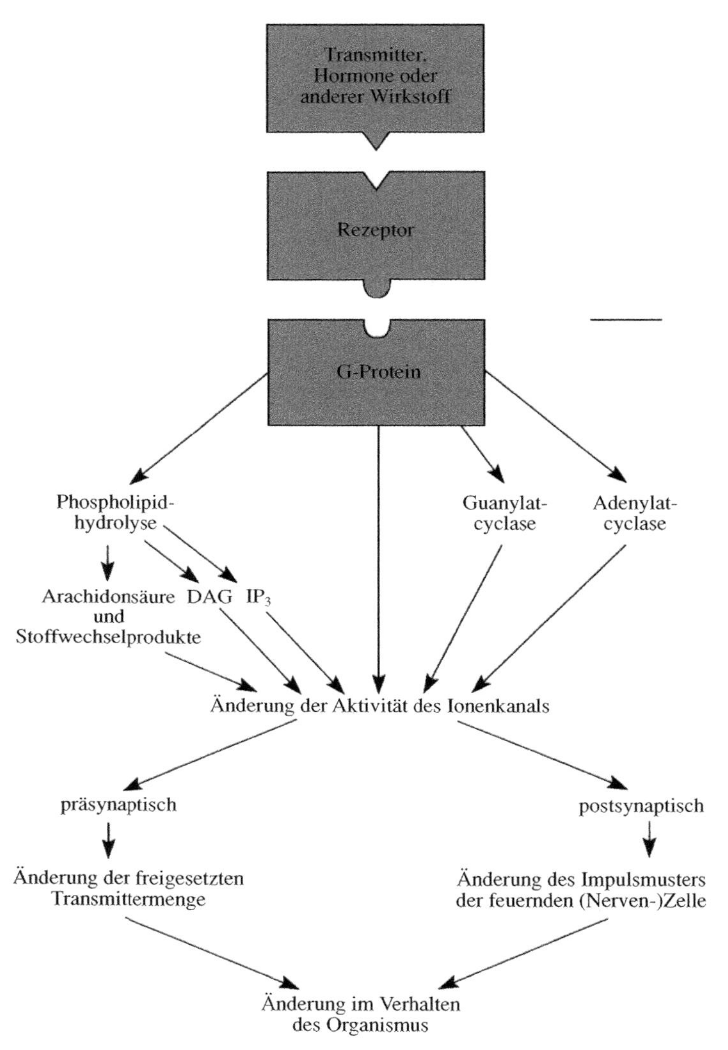

5.6 Wichtige Reaktionsketten in der synaptischen Übertragung via *second messenger*-Systeme. Stets dockt der Transmitter oder das Hormon an einen Rezeptor an, der seinerseits ein G-Protein anregt. Das G-Protein aktiviert dann eine von mehreren unterschiedlichen biochemischen Reaktionsabfolgen in der Zelle. Diese Systeme können die Erregbarkeit der Zelle verändern, indem sie auf Ionenkanäle in der Nervenzellmembran einwirken. Sie haben aber des Weiteren oder alternativ die Möglichkeit, die Zelle auf andere Weise zu beeinflussen, indem sie beispielsweise die Genexpression verändern. (DAG = Diacylglycerol; IP_3 = Inositoltrisphosphat.)

Dopamin wiederum in Noradrenalin und das schließlich in Adrenalin. Für jeden dieser Schritte ist ein spezielles Enzym nötig. Nervenzellen, die Dopamin als Transmitter verwenden, besitzen das erste und zweite Enzym, aber nicht das dritte; folglich wird Tyrosin in ihnen nur bis zum Dopamin umgewandelt. Neuronen,

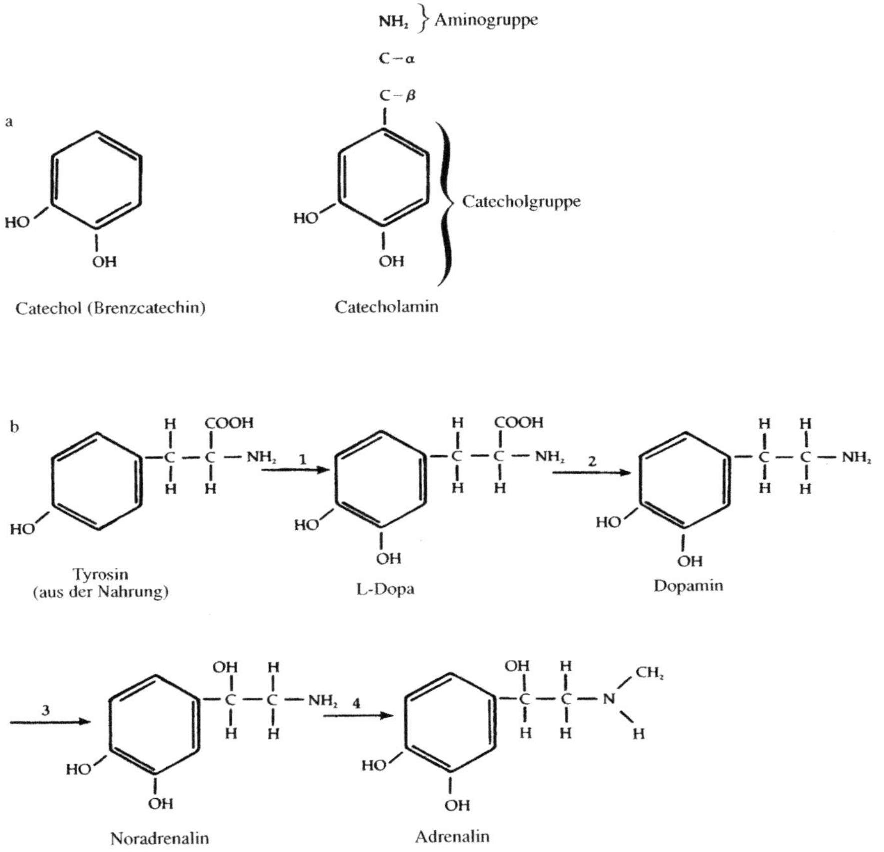

a

NH_2 } Aminogruppe

C–α

C–β

HO, OH

Catecholgruppe

Catechol (Brenzcatechin)

Catecholamin

b

Tyrosin
(aus der Nahrung)

L-Dopa

Dopamin

Noradrenalin

Adrenalin

Enzyme, die die Reaktionen katalysieren:

1 Tyrosin-Hydroxylase
2 aromatische L-Aminosäure-Decarboxylase
3 Dopamin-β-Hydroxylase
4 Phenylethanolamin-*N*-Methyltransferase

5.7 a) Allgemeine Struktur der Catecholamine. Alle Substanzen dieses Typs weisen eine Catechol- oder Brenzcatechingruppe auf, einen Benzolring mit zwei benachbarten Hydroxyl-(OH-)Gruppen. b) Strukturen und Synthese der Catecholamine. Die Kette von Umwandlungen führt vom Tyrosin, einer in der Nahrung enthaltenen Aminosäure, über L-Dopa zu Dopamin, Noradrenalin und schließlich Adrenalin. Wie weit die Reaktion fortschreitet, hängt davon ab, welche Enzyme (1–4) in der Zelle vorkommen.

die Noradrenalin als Transmitter einsetzen, verfügen über die ersten drei Enzyme und können somit Tyrosin bis zu Noradrenalin umbauen.

Adrenalin (englisch *epinephrine*) wird von Nervenzellen im Gehirn nur selten als Neurotransmitter verwendet. Es ist aber eines der wichtigsten Sekretionsprodukte der Nebenniere, die es bei Erregungs- oder Stresszuständen ausschüttet. Die Zellen in der Nebenniere, die Adrenalin sezernieren, besitzen die Enzyme für alle vier Schritte, sodass Tyrosin hier bis zum Adrenalin umgewandelt werden kann, das anschließend bis zur Ausschüttung in der Nebenniere verbleibt.

Das Enzym, das Tyrosin zu L-Dopa umbaut, wird Tyrosin-Hydroxylase genannt. Seine Aktivität ist der geschwindigkeitsbegrenzende Faktor bei der Bildung der Catecholamintransmitter. Wie viel Dopamin oder Noradrenalin in einer Nervenzelle synthetisiert wird, hängt also von ihrem Gehalt an Tyrosin-Hydroxylase ab. Ob eine Nervenzelle Dopamin oder Noradrenalin enthält, wird wiederum davon bestimmt, ob sie nur die ersten beiden oder auch noch das dritte Enzym besitzt. Soweit wir wissen, haben alle Neuronen, die Dopamin oder Noradrenalin als Transmitter verwenden, ausreichende Mengen jenes Enzyms, das L-Dopa in Dopamin umwandelt; daher speichern sie niemals L-Dopa, sondern nur Dopamin oder Noradrenalin.

Das Problem der Identifizierung von dopamin- oder noradrenalinhaltigen Neuronen im Gehirn wurde gelöst, als eine Gruppe von Wissenschaftlern in Schweden eine aufregende Entdeckung machte. Sie fanden ein chemisches Verfahren, mit dem sich diese Nervenzellen zur Fluoreszenz anregen lassen; das heißt, dass diese Zellen farbiges Licht abgeben, wenn sie selbst mit einer geeigneten Lichtquelle bestrahlt werden. Sowohl die Dopamin- als auch die Noradrenalinneuronen leuchten nach der entsprechenden Behandlung in grünlichem Licht. Leider stimmt das Licht, das die beiden abgeben, in seinem Farbton überein. Trotzdem kann man sie mit gewissen Schwierigkeiten voneinander unterscheiden, da Dopamin bereits nach einer kürzeren Behandlungszeit leuchtet als Noradrenalin.

Noradrenalin lässt sich in Teilen des peripheren Nervensystems zweifelsfrei als Neurotransmitter identifizieren, besonders im sympathischen Anteil des autonomen Nervensystems. Das *sympathische Nervensystem* besteht aus einer Reihe von Ganglien (also Ansammlungen von Nervenzellkörpern), die direkt neben dem Rückenmark liegen: dem so genannten Grenzstrang. Diese Ganglien entsenden Nervenfasern an Herz, Blutgefäße, Eingeweide, Geschlechtsorgane, Haut und andere Stellen im Körper, nicht aber an die Skelettmuskeln. Eine vereinfachte Darstellung der sympathischen Innervierung des Herzens ist in Abbildung 5.8 gezeigt. Der Sympathikus übt gewöhnlich eine erregende Wirkung auf seine Zielorgane, zum Beispiel das Herz, aus. Wenn sich jemand aufregt, wenn er zornig wird oder sich fürchtet, entfaltet sein Körper bestimmte Aktivitäten. Die Nerven, die vom sympathischen Nervensystem zu solchen Organen wie dem Herzen ziehen, verwenden Noradrenalin (NA) als Neurotransmitter. Wenn sie aktiv sind, bewirken sie eine Erhöhung der Herzfrequenz. NA ist ein exzitatorischer Transmitter des Herzens, im Gegensatz zu ACh, das hemmend wirkt. Dass wir so viel über NA wissen, liegt nicht zuletzt daran, dass man es an Stellen wie dem Herzen als synaptischen Transmitter identifiziert hat.

Schematische Zeichnungen von DA- und NA-Synapsen im Gehirn zeigen die Abbildungen 5.9 und 5.10. Tyrosin wird im Axon zur synaptischen Endigung transportiert und dort in Dopamin (in einigen Endigungen in Noradrenalin) umgewandelt, das die Zelle dann in Vesikeln speichert. DA wie NA kommen offenbar in zwei Typen von Vesikeln vor. Im Elektronenmikroskop erscheint der eine Typ hell und weißlich; man nimmt an, dass diese hellen Vesikel den Transmitter an der Synapse freisetzen. Sie entsprechen den üblichen synaptischen Vesikeln, wie sie in den Axonendigungen aller chemischen Synapsen vorkommen. Der an-

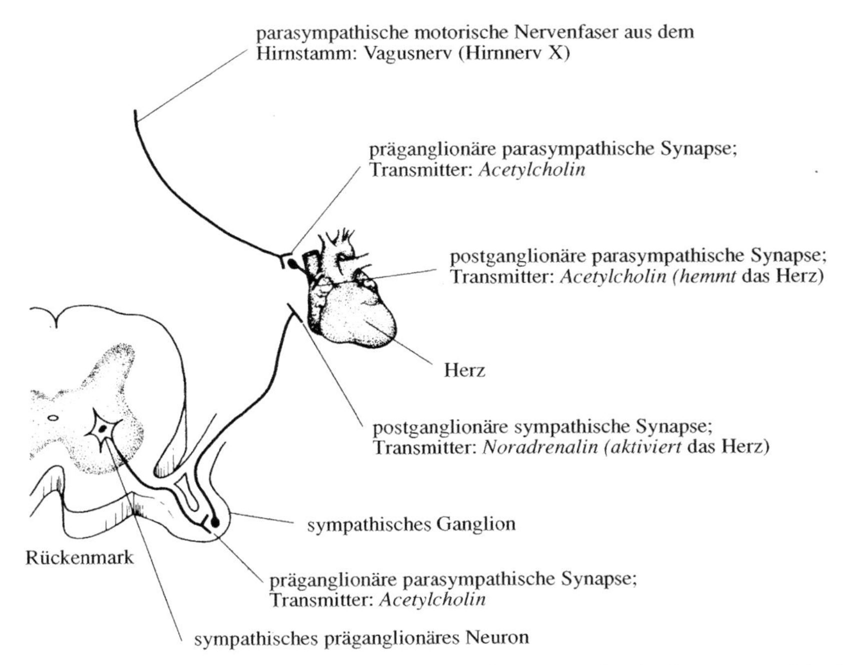

5.8 Beispiel für die doppelte Innervierung von Organen durch den sympathischen und den parasympathischen Teil des autonomen Nervensystems und die von ihnen verwendeten Transmitter. Die präganglionären Fasern entstammen Motoneuronen aus dem Hirnstamm beziehungsweise dem Rückenmark. Diese Fasern verwenden allesamt ACh, und die Rezeptoren sind vom nicotinergen Typ. Die postganglionären parasympathischen Fasern setzen ebenfalls ACh ein, aber die Rezeptoren sind muscarinerg. Die postganglionären sympathischen Fasern verwenden als Neurotransmitter Noradrenalin.

dere Typ ist größer und hat ein dichtes, dunkel erscheinendes Zentrum. Vermutlich enthalten die dichten Vesikel die Reserven der synaptischen Endigungen an DA oder NA; unmittelbar an der synaptischen Übertragung beteiligt sind jedoch nur die kleineren, hellen Vesikel.

Wenn ein Aktionspotenzial an der Endigung eintrifft, strömt Ca^{2+} ein, und die hellen NA- oder DA-Vesikel entlassen ihren Inhalt in den synaptischen Spalt. Die NA- oder DA-Moleküle diffundieren zu der Zielzelle, binden dort an ihre Rezeptoren und bewirken dadurch Veränderungen in der postsynaptischen Membran. Dann lösen sich NA oder DA wieder von ihren Rezeptoren; viele Moleküle diffundieren zurück und werden wieder in die präsynaptische Endigung aufgenommen. Bis hierhin entsprechen die Vorgänge noch in etwa den Prozessen an den Glutamat- und GABA-Synapsen.

Ein wichtiges Enzym in dopaminergen wie noradrenergen Synapsen (aber auch in anderen Zellen des Körpers) ist die Monoaminoxidase (MAO). Dieses Enzym kommt sowohl in der präsynaptischen Endigung als auch in der postsynaptischen Zelle vor, wo es überschüssige Mengen von DA oder NA abbaut. Die Spaltpro-

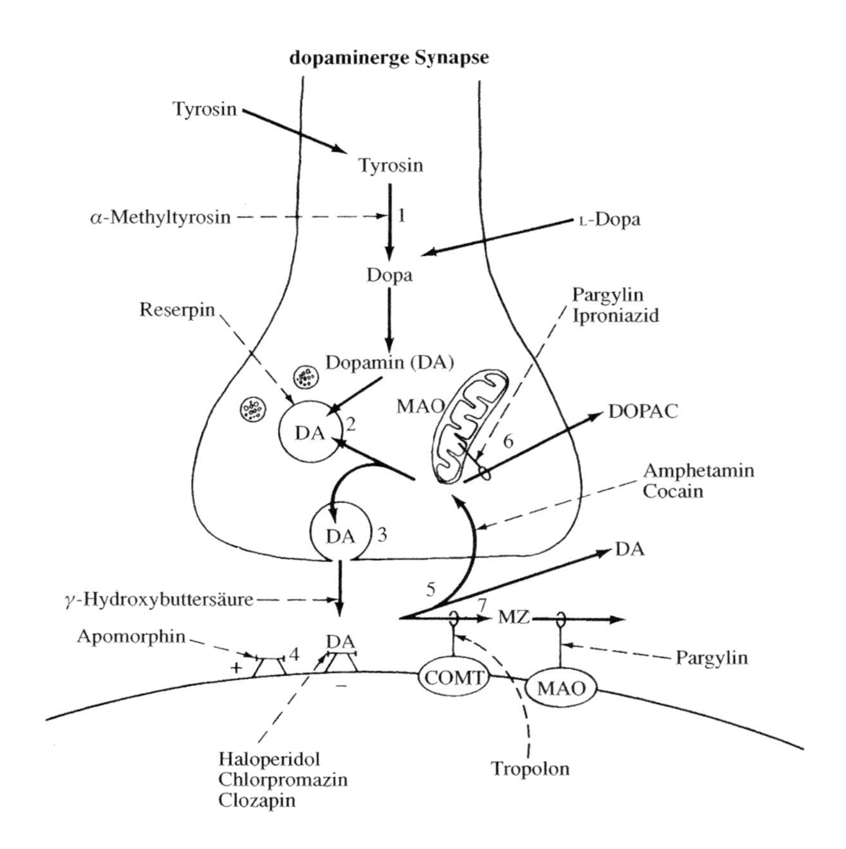

5.9 Schematische Darstellung einer dopaminergen Nervenzelle des Gehirns mit den möglichen Angriffspunkten verschiedener Medikamente. (Die Zahlen beziehen sich auf Schritte bei der synaptischen Übertragung.)
1) Enzymatische Synthese von Dopamin (DA). Bestimmte Medikamente (zum Beispiel α-Methyltyrosin) können eines der Syntheseenzyme hemmen.
2) Speicherung von DA. Reserpin stört den Mechanismus der Aufnahme und Speicherung. Der durch Reserpin hervorgerufene Dopaminverlust hält lange an.
3) Freisetzung von DA. Die Substanz Gamma-Hydroxybuttersäure blockiert die Freisetzung von Dopamin, indem sie die Aktionspotenziale in dopaminergen Nervenzellen hemmt.
4) Rezeptorwirkungen. Apomorphin stimuliert die Dopaminrezeptoren, Chlorpromazin, Clozapin und Haloperidol blockieren sie.
5) Wiederaufnahme von DA durch die Axonendigung. Die Wirkung von Dopamin wird durch Rückführung in die präsynaptische Endigung beendet. Amphetamin und Cocain sind starke Hemmer dieses Wiederaufnahmeprozesses.
6) Enzymwirkungen. Freies Dopamin innerhalb der präsynaptischen Endigung kann durch das Enzym Monoaminoxidase (MAO) abgebaut werden; dabei entsteht Dihydroxyphenylacetat (DOPAC). Pargylin wie auch Iproniazid sind wirkungsvolle MAO-Hemmer. Etwas MAO kommt auch außerhalb der Nervenzelle vor.
7) Enzymwirkungen. Die Catechol-*O*-Methyltransferase (COMT), die vermutlich außerhalb der präsynaptischen Nervenzelle lokalisiert ist, kann Dopamin inaktivieren. Tropolon ist ein Hemmstoff für COMT. MAO baut das Produkt weiter ab und wird durch Pargylin gehemmt.

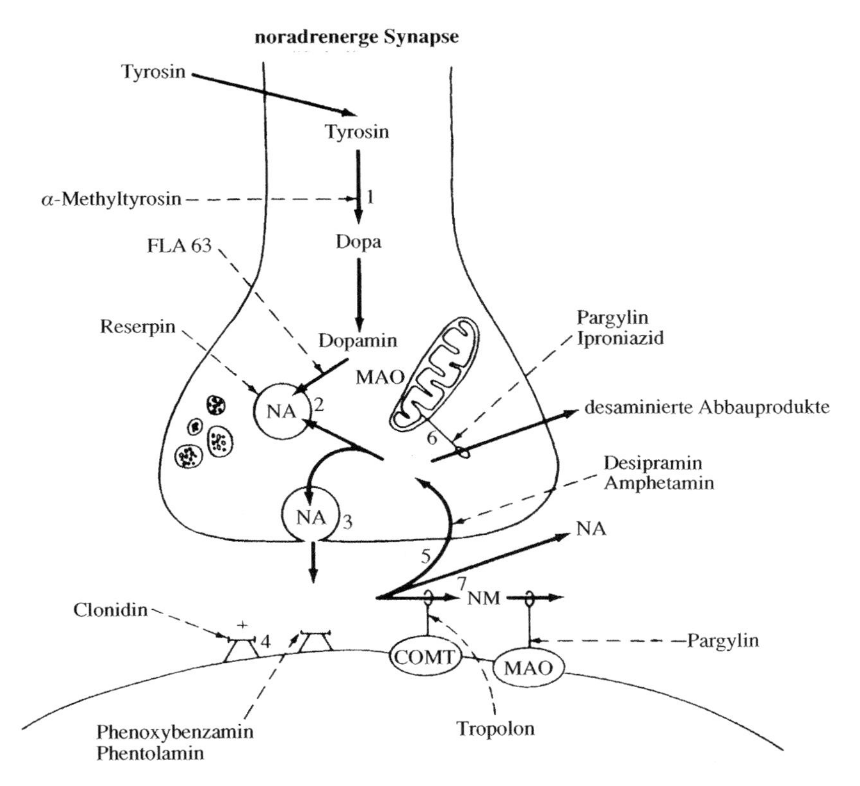

5.10 Schematische Darstellung einer noradrenergen Nervenzelle des Gehirns mit den möglichen Angriffspunkten verschiedener Medikamente. (Die Zahlen beziehen sich auf einzelne Schritte bei der synaptischen Übertragung.)
1) Enzymatische Synthese von Noradrenalin (NA). Der Schritt von Tyrosin zu L-Dopa wird durch α-Methyltyrosin gehemmt, der Schritt von Dopamin zu NA durch FLA-63.
2) Speicherung von NA. Reserpin behindert den Mechanismus der Aufnahme und Speicherung von NA.
3) Freisetzung von NA.
4) Rezeptorwirkungen. Clonidin scheint stark rezeptorstimulierend zu wirken. Phenoxybenzamin und Phentolamin sind dagegen wirksame Hemmer eines NA-Rezeptortyps (des Alpha-Typs).
5) Wiederaufnahme von NA durch die Axonendigung. Die Wirkung von Noradrenalin wird durch seine Rückführung in die präsynaptische Endigung beendet. Das trizyklische Antidepressivum Desipramin wirkt, ebenso wie Amphetamin, stark hemmend auf diesen Wiederaufnahmemechanismus.
6, 7) Enzymwirkungen. Die Wirkungen entsprechen denen bei DA (Abbildung 5.9). Noradrenalin, das frei innerhalb der präsynaptischen Endigung vorkommt, ist durch das Enzym MAO abbaubar. Pargylin und Iproniazid sind wirkungsvolle MAO-Hemmer.

dukte werden dann im Stoffwechsel weiter umgewandelt und letztlich aus dem Körper ausgeschieden. In den postsynaptischen Zellen von DA- und NA-Synapsen kommt als weiteres inaktivierendes Enzym die Catechol-*O*-Methyltransferase (COMT) vor. Weder MAO noch COMT scheinen jedoch an der Inaktivierung jener DA- oder NA-Moleküle teilzuhaben, die direkt bei der synaptischen Übertragung zum Einsatz kommen. Diese werden inaktiviert, indem sie von ihren Rezeptoren in der postsynaptischen Membran freigesetzt und wieder in die präsynaptischen Endigungen aufgenommen werden, genau wie das auch bei GABA der Fall ist.

Wenn sich DA- oder NA-Moleküle an die postsynaptischen Rezeptoren anheften, sorgen sie für Veränderungen in der Membran der Zielzelle. An diesem Punkt weichen die Vorgänge von der schnellen synaptischen Übertragung, wie wir sie vom ACh an der neuromuskulären Endplatte und von Glutamat und GABA kennen, ab und ähneln eher den Prozessen in den ACh-Systemen im Gehirn. Die Rezeptormoleküle für DA und NA öffnen nicht direkt Ionenkanäle in der postsynaptischen Membran, sondern aktivieren stattdessen *second messenger*-Systeme.

Dopaminbahnen im Gehirn

Im Gehirn hat man drei bedeutsame Dopaminsysteme entdeckt. (Aus bestimmten Gründen gibt es auch in der Netzhaut des Auges DA-haltige Zellen, aber diese sollen uns hier nicht weiter beschäftigen.) Alle drei Dopaminsysteme bestehen aus Nervenbahnen mit jeweils nur einem Neuron. Die Zellkörper der Dopaminneuronen befinden sich im Hirnstamm, und ihre Axone ziehen von dort zu anderen Gehirnregionen.

Eines dieser Systeme ist sehr einfach: Die Nervenzellkörper liegen in einer Region des Hypothalamus und senden ihre Axone über eine nur kurze Entfernung in die Hypophyse (Abbildung 5.11). Man nimmt an, dass dieses System ähnliche Funktionen erfüllt wie andere Teile des Hypothalamus-Hypophysen-Systems, des Hauptkontrollzentrums der endokrinen Drüsen. Der Hypothalamus bildet zum einen selbst Hormone und speichert sie in seinen Nervenendigungen in der Hypophyse bis zur Freisetzung, zum anderen löst er die Ausschüttung von Hormonen aus Zellen der Hypophyse aus. Diese Hormone werden dann direkt in den Blutstrom abgegeben.

Das zweite Dopaminsystem ist am besten verstanden. Im tieferen Bereich des Mittelhirns gibt es eine ungewöhnliche Struktur, die man *Substantia nigra* („schwarze Substanz" oder schwarzer Kern) nennt, weil ihre Zellkörper ein dunkel gefärbtes Pigment enthalten. In vielen dieser Zellkörper kommt Dopamin vor. Die DA-haltigen Neuronen der Substantia nigra ziehen zu den Basalganglien, großen Nervenzellmassen, die – wie wir in Kapitel 1 erfahren haben – tief im Großhirn (im Vorderhirn) eingebettet sind. Sie liegen unterhalb der Großhirnrinde und werden von weißer Substanz umgeben, also den Fasermassen, die zum Cortex hin und von ihm weg ziehen. Die dopaminhaltigen Zellen der Substantia nigra projizieren direkt auf diese Basalganglien.

Die meisten DA-Neuronen des Gehirns – sie enthalten ungefähr drei Viertel des gesamten Dopamins im Gehirn – gehören zu diesem System zwischen Substantia nigra und Basalganglien. Dieses Dopaminsystem spielt eine wichtige Rolle bei der Bewegungsabstimmung. Genau in ihm liegen auch die entscheidenden Defekte bei der Parkinson-Krankheit. Aus noch unbekannten Gründen sterben die Dopaminneuronen in der Substantia nigra mit fortschreitender Erkrankung allmählich

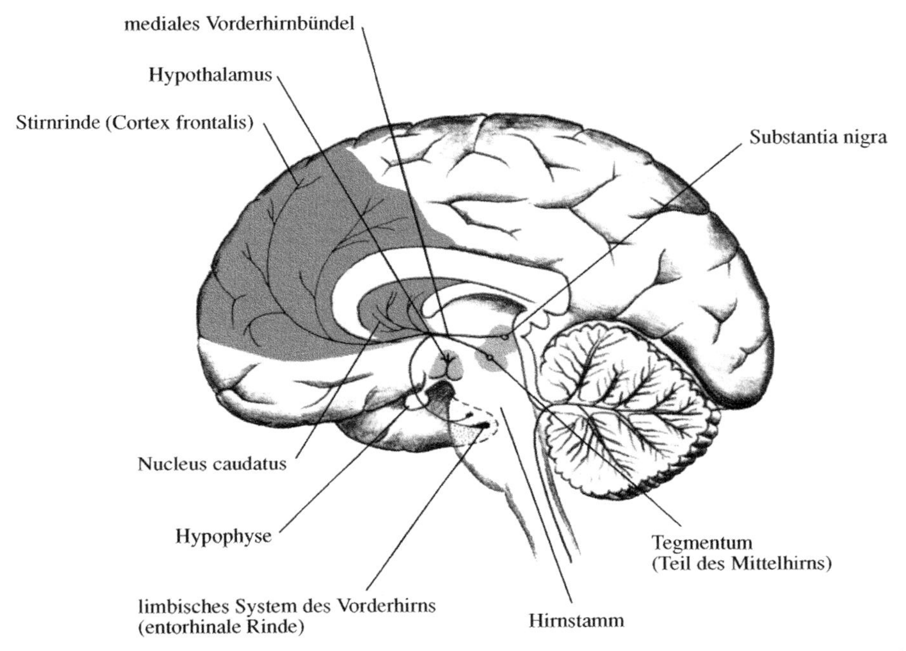

5.11 Die drei Dopaminsysteme im Gehirn. Eines ist eine lokale Verschaltung im Hypothalamus, ein zweites umfasst die Bahn zwischen der Substantia nigra und dem Nucleus caudatus der Basalganglien, die an motorischen Funktionen und an der Parkinson-Krankheit beteiligt ist. Das dritte System schließlich besteht aus Zellkörpern in Hirnstamm und Mittelhirn (Tegmentum), deren Axone zu den Frontalbereichen der Großhirnrinde sowie zum limbischen System des Vorderhirns ziehen (zum entorhinalen Cortex). Das dritte DA-System spielt vermutlich eine wichtige Rolle bei der Schizophrenie.

ab und verschwinden schließlich völlig. Dies ruft die typischen Parkinson-Symptome hervor: Ruhetremor, sich wiederholende Handbewegungen, „Pillendrehbewegungen" der Finger und zunehmende Schwierigkeiten beim Stehen und beim Ingangbringen von allgemeinen Körperbewegungen wie dem Gehen. Als man vor ein paar Jahren entdeckte, dass die Wurzeln der Parkinson-Krankheit in diesem System zu finden sind, entwickelte man bald eine sehr hilfreiche Behandlung: die Verabreichung von L-Dopa. Dies ist, wie wir uns erinnern, die Substanz, aus der Dopamin in den Nervenzellen des Gehirns gebildet wird.

Das dritte Dopaminsystem spielt wahrscheinlich eine entscheidende Rolle bei der Schizophrenie, die zu den schwersten geistigen Erkrankungen zählt, sowie für Phänomene wie Freude und Sucht. Die Funktionen dieses dritten Dopaminsystems sind noch nicht sonderlich gut verstanden, obwohl die Bahn selbst gut beschrieben ist (Abbildung 5.11). Die DA-haltigen Zellkörper liegen im Mittelhirn unmittelbar neben der Substantia nigra. Sie projizieren auf höhere Hirnregionen, die Großhirnrinde und das limbische System. Sie ziehen insbesondere zu den Stirnlappen (Frontallappen) der Großhirnrinde, zum Nucleus accumbens (entscheidend für Sucht), zur Area septalis und zu einem Bezirk der limbischen

Großhirnrinde, den man den entorhinalen Cortex nennt. Die entorhinale Rinde ist der Ursprungsort der meisten Nervenzellen, die zum Hippocampus ziehen.

Weiter kompliziert wird das Bild noch dadurch, dass man bisher mindestens fünf verschiedene Typen von Dopaminrezeptoren identifiziert hat. Am meisten weiß man über D_1; er wirkt auf G-Proteine ein und aktiviert Adenylatcyclase (Abbildung 5.6). Von D_5 vermutet man, dass er ebenfalls auf diese Weise wirkt. D_2 entfaltet seine hemmende Wirkung auf Enzymsysteme auch über G-Proteine, und die Wirkungsweisen von D_3 und D_4 sind bis zum jetzigen Zeitpunkt noch nicht ermittelt. Im Gehirn sind diese Rezeptorsubtypen unterschiedlich verteilt. Im Nucleus caudatus der Basalganglien dominieren D_1- und D_2-Rezeptoren, in der Stirnrinde (Cortex frontalis) der D_4-Rezeptor. Diese ungleichmäßige Verteilung der Rezeptorsubtypen könnte die Erklärung dafür sein, dass sich Dopamin auf die Basalganglien, die Stirnrinde und andere Hirnregionen ganz verschieden auswirkt.

Schizophrenie: Die Dopaminhypothese

Hält man sich die außergewöhnliche Komplexität des menschlichen Geistes und seiner Störungen vor Augen, so ist es erstaunlich, in welchem Maße Psychiatrie, Psychologie und Neurowissenschaft unser Verständnis dieser Erkrankungen in den letzten 50 Jahren erweitern konnten. Üblicherweise nimmt man eine grobe Unterteilung in Neurosen und Psychosen vor. Neurotische Zustände können ernsthafte Behinderungen darstellen, wie etwa extreme Angstzustände, doch verlieren die Betroffenen nicht den Bezug zur Wirklichkeit. Hingegen nehmen die beiden Hauptformen psychotischer Störungen, Schizophrenie und Depression, einen erheblich schwereren Verlauf und wirken sich auf die Patienten weitaus verheerender aus als neurotische Störungen. Menschen, die an diesen Krankheiten leiden, können in unterschiedlichem Grad den Bezug zur Realität verlieren. Bei der Schizophrenie scheint das dopaminerge Neurotransmittersystem eine entscheidende Rolle zu spielen, bei der Depression hingegen die noradrenergen und serotonergen Neurotransmittersysteme. Die Depression wird später in diesem Kapitel im Anschluss an die Beschreibung des serotonergen Systems erörtert.

Menschen, die an Schizophrenie erkrankt sind, verlieren den Kontakt zur Realität. Sie haben irrige Vorstellungen und Denkstörungen. Oftmals leiden sie unter Halluzinationen, sie hören beispielsweise Geräusche, die nicht existieren. Sehr häufig nehmen sie Stimmen wahr, die zu ihnen sprechen und sie zu Handlungen auffordern. Sie führen laute und lebhafte Unterhaltungen ins Nichts hinein. Eigentlich gibt es zwei Symptomkategorien, die für die Schizophrenie typisch sind: Eine produktive oder Plussymptomatik und eine Defekt- oder Minussymptomatik. Die gerade beschriebenen Symptome zählen zu den *Plussymptomen* und lassen sich unschwer erkennen. Die *Minussymptome* sind subtiler. So sind die Patienten nicht in der Lage, auf übliche Weise emotional zu reagieren oder ihre Gefühle auszudrücken; man sagt, ihr Affekt sei „verflacht“. Ihnen fehlt jegliche Motivation, sie verlieren ganz allgemein das Interesse und ziehen sich immer mehr aus sozialen Kontakten zurück. Schließlich muss man noch wissen, dass die Plussymptome bei einigen der Erkrankten zu- und abnehmen können. Zuweilen verhalten sich diese Menschen vergleichsweise unauffällig, und dann sind sie wieder ernstlich gestört.

An Schizophrenie leidet ungefähr ein Prozent der Weltbevölkerung, unabhängig von ethnischer Abstammung, Kultur und augenscheinlich auch Lebenserfahrung. Schizophrenie hat eine genetische Grundlage und tritt deshalb in einzelnen Familien gehäuft auf. Bei eineiigen Zwillingen, von denen einer schizophren ist, stehen die Chancen, dass der andere ebenfalls schizophren wird, 50 : 50. Bei normalen Geschwistern liegt die entsprechende Wahrscheinlichkeit bei 1 : 8. Wenn niemand aus der engeren Verwandtschaft schizophren ist, wird sich diese Erkrankung mit der normalen Wahrscheinlichkeit von ungefähr 1 : 100 ausprägen. Diese Zahlen belegen zwar eindeutig einen genetischen Faktor für die Schizophrenie, zeigen aber auch, dass ihr keine einfache genetische Ursache wie etwa ein einzelnes rezessives Gen zugrunde liegt. Wenn das so wäre, würde nämlich bei Erkrankung des einen eineiigen Zwillings unausweichlich auch der andere diese Krankheit bekommen. Vielleicht spielen bestimmte Erfahrungen eine Schlüsselrolle. Eine genetische Veranlagung muss nicht immer allein ausreichen, um eine Krankheit hervorzurufen. Andererseits könnten mehrere Gene beteiligt sein und der Grad ihrer Expression (ihrer Umsetzung in die Genprodukte) mehr von Entwicklungsfaktoren als von Erfahrungen an sich abhängen. Der namhafte Forscher Sarnoff Medick von der Universität von Südkalifornien postuliert, dass bestimmte mütterliche Krankheiten im vierten bis sechsten Monat der Schwangerschaft zu einer Prädisposition beim dem Kind führen, später Schizophrenie zu entwickeln. Noch sind viele Fragen offen.

Mit bestimmten Medikamenten lässt sich Schizophrenie abschwächen. Es wäre befriedigend, wenn man sagen könnte, die Grundlagenforschung in den Neurowissenschaften habe zu einem klaren Verständnis der Schizophrenie und dieses wiederum zur Entwicklung erfolgreicher Behandlungsmethoden geführt. Doch so war es nicht. Vielmehr wurde das erste Medikament, das sich bei der Schizophreniebehandlung als nützlich erwies, rein zufällig entdeckt. Und die Tatsache wiederum, dass sich Schizophreniesymptome durch Arzneimittel lindern ließen, legte den Grundstein für die heutige Vorstellung, dass diese Krankheit zum Teil auf einer chemischen Störung des Gehirns beruht. Die „Wunderdroge" war ursprünglich ein Produkt der chemischen Farbstoffindustrie des 19. Jahrhunderts in Deutschland, wo man auf der Suche nach besseren Textilfarben etliche neue Verbindungen hergestellt hatte. Eine Gruppe dieser Farbstoffe waren die Phenothiazine. Da man wusste, dass manche Farbstoffe gegen Malaria halfen, wurden auch die Phenothiazine an Malaria-Patienten ausprobiert, jedoch ohne Erfolg.

Einige Ärzte, die offenbar überzeugt waren, dass diese neuen Substanzen für irgendetwas in der Medizin gut sein müssten, testeten sie bei mehreren anderen Erkrankungen. 1949 notierte ein französischer Chirurg, dass die Phenothiazinfarbstoffe auf manche seiner Patienten eine deutlich beruhigende Wirkung ausübten. Bald danach fand man heraus, dass eines dieser Mittel, *Chlorpromazin* (Abbildung 5.9), bemerkenswert positive Effekte auf schizophrene Personen entfaltete. 1954 wurde es in den Vereinigten Staaten für die Behandlung von Schizophrenie zugelassen, und etwa ab dieser Zeit nahm die Zahl der Patienten in den psychiatrischen Krankenhäusern dort deutlich ab. Chlorpromazin heilt die Schizophrenie zwar nicht, ist aber oftmals wirksam bei der Linderung der schwer wiegenderen produktiven Symptome. Viele Patienten werden ruhiger und vernünftiger, sodass sie schließlich in der Lage sind, selbstständig außerhalb des Krankenhauses zu leben.

Der außergewöhnliche Erfolg von Chlorpromazin führte zu der Hoffnung, man könne die Schizophrenie auf chemischem Niveau verstehen, wenn man die Chemie von Chlorpromazin versteht. Dann entdeckte man jedoch weitere Mittel, die ebenfalls bei der Behandlung der Schizophreniesymptome hilfreich sind; *Haloperidol* zum Beispiel ist gleichermaßen wirkungsvoll wie Chlorpromazin, hat aber eine völlig andere chemische Struktur (Abbildung 5.9). Solche Überraschungen sind in den Neurowissenschaften normal. Verschiedene Mittel mit sehr unterschiedlichen chemischen Strukturen können die gleichen Wirkungen auf Gehirn und Verhalten ausüben.

Angesichts eines derartigen zunächst rätselhaften Befunds ist es hilfreich, die Situation möglichst stark zu vereinfachen. Die chemische Aktivität des menschlichen Gehirns bei Schizophrenie kann natürlich nicht direkt untersucht werden, aber die Wirkungen der Medikamente auf spezielle Neurotransmittersysteme des Gehirns lassen sich im Reagenzglas studieren. Alle Säuger haben im Wesentlichen die gleichen Neurotransmittersysteme im Gehirn; somit kann man einem Tier das entsprechende Gehirngewebe entnehmen und seine chemischen Reaktionen im Labor untersuchen.

Aus solchen Experimenten weiß man, dass Chlorpromazin, Haloperidol und all die anderen antischizophren wirkenden Medikamente, so genannte Neuroleptika, im Gehirn der Ratte und sonstiger Labortiere den Neurotransmitter Dopamin stören, da sie sich an die Dopaminrezeptoren anlagern. Tatsächlich bindet Haloperidol sogar besser an diese Rezeptoren als Dopamin selbst. Die Wirksamkeit aller Neuroleptika bei der Behandlung von Schizophrenie lässt sich genau vorhersagen, indem man misst, wie gut sie Haloperidol von den Dopaminrezeptoren verdrängen können.

Wenn Dopamin an der Synapse freigesetzt wird und an die Dopaminrezeptoren bindet, aktiviert es die rezeptortragende Nervenzelle. Die Aktivierung erfolgt über ein *second messenger*-System, das Veränderungen in der Zellmembran, chemische Reaktionen innerhalb der Zelle und sogar im genetischen Material, der DNA, im Zellkern auslösen kann. Wenn sich die Neuroleptika an die Dopaminrezeptoren anlagern, stimulieren sie die entsprechenden Nervenzellen nicht. Offenbar sind diese Mittel nur insofern aktiv, als sie an die Rezeptoren binden. Der Grund für ihre starken Wirkungen liegt darin, dass sie Dopamin daran hindern, sich an seine Rezeptoren anzuheften, genau wie Naloxon die Opiatrezeptoren blockiert. Es sind Antagonisten. Diese außergewöhnliche Tatsache, dass alle Mittel, die bei der Behandlung von Schizophrenie wirksam sind, den Dopaminrezeptor blockieren und dass ihre Effektivität davon abhängt, wie stark sie ihn blockieren, scheint nahe zu legen, dass Schizophrenie durch zu viel Dopamin verursacht wird. Dies ist die „Dopamintheorie" der Schizophrenie. Im Kern geht diese Theorie davon aus, dass die Dopaminbahnen, die vom Hirnstamm zur Großhirnrinde und zum Hippocampus ziehen, hyperaktiv sind. Es handelt sich jedoch nur um eine Theorie, und vieles ist noch unbekannt. Zum Beispiel wurden die Wirkungen der Neuroleptika auf die Dopaminrezeptoren im Reagenzglas und an Hirngewebe von Tieren bestimmt, aber soweit wir wissen, entwickeln Tiere keine Schizophrenie.

In mehreren Untersuchungen hat man die Dopaminkonzentrationen im Gehirn von verstorbenen schizophrenen Patienten gemessen. Die Ergebnisse waren negativ: Der Dopamingehalt im Gehirn scheint normal zu sein. Einige neuere Arbeiten deuten darauf hin, dass bei schizophrenen Personen die Zahl der Dopaminrezeptoren im Gehirn signifikant erhöht sein könnte. Falls sich dies bestätigt, würde es zu den Ergebnissen der chemischen Untersuchungen passen. Das Gehirn eines Schizophrenen wäre demnach wesentlich empfindlicher für Dopamin als ein gesundes Gehirn, weil die Zielneuronen mehr Dopaminrezeptoren aufweisen. Somit läge nicht zu viel Dopamin im Gehirn vor, sondern die normale Dopaminmenge hätte eine zu starke Wirkung. Indem man die Dopaminrezeptoren mit antipsychotisch wirkenden Medikamenten blockiert, lässt sich das System auf ein normales Empfindlichkeits- und Funktionsniveau zurückführen.

Neuere Forschungen haben weitere Belege geliefert, die die Dopaminhypothese der Schizophrenie stützen. Bislang haben wir uns hauptsächlich mit den Plussymptomen beschäftigt; sie lassen sich durch Chlorpromazin und andere Dopaminantagonisten beeinflussen. Auf der anderen Seite können eben diese Substanzen die Minussymptome, die Verflachung des Affekts und den sozialen Rückzug, verschlimmern. Daher postuliert die aktuelle Version der Dopaminhypothese, dass ein *Zuviel* an Dopaminaktivität im dritten dopaminergen System die Plussymptomatik hervorbringt und ein *Zuwenig* die Minussymptomatik. Folglich mag man sich fragen, ob die Parkinson-Krankheit, die auf einer zu geringen Dopaminkonzentration beruht, und die Schizophrenie, die möglicherweise auf zu viel Dopamin zurückzuführen ist, irgendwie miteinander in Beziehung stehen. Ein direkter Zusammenhang besteht vermutlich nicht, weil an der Parkinsonschen Krankheit das zweite Dopaminsystem beteiligt ist – die Bahn von der Substantia nigra zu den Basalganglien –, an der Schizophrenie hingegen das dritte, das sich vom Mittelhirn zur Großhirnrinde und zum limbischen System erstreckt. Unglücklicherweise gibt es jedoch eine Beziehung hinsichtlich der Medikamentenwirkungen: Die Dopaminneuronen und -synapsen scheinen in beiden Systemen auf die gleiche Weise zu arbeiten, und daher kann man kein Mittel verabreichen, das nur ein System, nicht aber das andere beeinflusst. Gibt man einem Parkinson-Patienten L-Dopa, so sollte dieses auch die DA-Konzentrationen in den „Schizophrenie-Bahnen" erhöhen; tatsächlich entwickelt eine signifikante Anzahl von Parkinson-Patienten anfänglich schizophrenieartige Symptome, wenn sie mit L-Dopa behandelt werden.

Medikamente zur Behandlung von Schizophrenie vermindern den Dopamingehalt der DA-Neuronen im Gehirn. Folglich sollten sich bei Patienten, denen man solche Mittel verabreicht, Symptome der Parkinson-Krankheit einstellen, und tatsächlich passiert das auch bei vielen. Diesen Symptomen kann aber mit anderen Mitteln abgeholfen werden. Es gibt jedoch eine viel ernst zu nehmendere Folge bei der Verwendung von Neuroleptika. Diese wurde erst unlängst richtig erkannt, weil sie nur nach jahrelanger, wiederholter Einnahme dieser Psychopharmaka aufzutreten scheint. Bei einer signifikanten Anzahl von Patienten, die mit Neuroleptika behandelt werden, tritt eine Erkrankung auf, die man als *tardive* oder *Spätdyskinesie* bezeichnet. Die Symptome sind wiederholte, unkontrollierte, oft bizarre Bewegungen von Gesicht und Mund. Man deutet diese Erkrankung als ein Spiegelbild der Parkinson-Krankheit: eine Anomalie der Bewegungssteuerung durch die Basalganglien, die auf zu viel Dopamin in dem System Substantia nigra/Basalganglien zurückgeht. Spätdyskinesien sind ein tragisches Beispiel für „iatrogene", das heißt durch ärztliche Einwirkung entstandene Erkrankungen.

Warum nimmt man an, dass die Spätdyskinesie durch zu viel Dopamin bedingt ist? Medikamente, die zur Schizophreniebehandlung eingesetzt werden, vermindern doch den Dopamingehalt und steigern ihn nicht. Hier kommt ein allgemeines Prinzip ins Spiel, das für alle chemischen Synapsen und überhaupt für alle Rezeptoren auf Nervenzellen zuzutreffen scheint. Wenn die normale Funktion eines bestimmten Transmitter- oder Rezeptorsystems irgendwie beeinträchtigt wird, sodass weniger Transmitter verfügbar ist als im Normalzustand, dann versuchen die Nervenzellen und Rezeptoren dies auszugleichen. Die Nervenzellen bilden mehr Transmitter, und Zahl oder Affinität der chemischen Rezeptoren nehmen zu (Hochsteuerung); offensichtlich versuchen die Zellen so, die normalen Funktionen aufrechtzuerhalten. Man bezeichnet diesen Mechanismus manchmal auch als *Supersensitivität* (Überempfindlichkeit) *durch Nichtbenutzung*. Im Falle der Neuroleptika nimmt man an, dass das zweite Dopaminsystem, das an der Parkinson-Krankheit beteiligt ist, anfangs normal arbeitet, dann aber durch die Medikamente in seiner Funktion beeinträchtigt wird. Das System kompensiert das allmählich, indem es immer mehr Dopamin und mehr Rezeptoren bildet. Ab einem bestimmten Punkt kommt es zur Überkompensierung, und das System produziert weit mehr, als nötig wäre, um die Medikamentenwirkungen zu zügeln. Das Ergebnis ist die Spätdyskinesie. Der gleiche Mechanismus der Kompensierung von Pharmakawirkungen liegt wahrscheinlich der Entstehung von Entzugserscheinungen bei Drogenabhängigen zugrunde (Kapitel 6).

Ein weiteres Problem bei Substanzen, die hauptsächlich eine Blockade der dopaminergen Systeme im Gehirn bewirken, ergibt sich daraus, dass sie nur bei etwa 40 Prozent der Patienten die schizophrenen Symptome zu lindern vermögen. In jüngerer Zeit erzielte man mit der Substanz *Clozapin* (Handelsname Clozaril) bessere Erfolge. Dieses Medikament scheint bei einem viel höheren Prozentsatz schizophrener Patienten anzuschlagen. Darüber hinaus beeinflusst es offensichtlich sowohl Plus- als auch Minussymptome der Erkrankung. Hieraus ließe sich folgern, dass die Substanz nicht auf die dopaminergen Systeme des Gehirns einwirkt. Diese Vermutung ist zum Teil richtig. Clozapin blockt sowohl Dopamin als auch Serotonin (Abbildungen 5.9 und 5.14), übt aber einen verhältnismäßig stärkeren Einfluss auf serotonerge Synapsen aus. Dies könnte weitere Probleme für die Dopamintheorie der Schizophrenie aufwerfen.

Wie andere medikamentöse Therapien so ist auch die Behandlung mit Clozapin mit Nachteilen behaftet. Bei ein bis zwei Prozent der Patienten zerstört es das Immunsystem, manchmal mit tödlichem Ausgang. Glücklicherweise lässt sich diese Nebenwirkung durch wöchentliche Bluntuntersuchungen überwachen, und man kann die Behandlung abbrechen, bevor bleibende Schäden im körperlichen Abwehrsystem auftreten. Dies bedeutet jedoch wöchentliche Arztbesuche mit daraus resultierenden jährlichen Kosten, die in die Tausende gehen (Immerhin verursacht die Schizophrenie in den Vereinigten Staaten jedes Jahr Kosten von rund 129 Milliarden Dollar). Unter Clozapin hat sich der Zustand zahlreicher schizophrener Patienten erstaunlich gebessert, umso tragischer erscheinen die vergleichsweise seltenen Entwicklungen der Abwehrschwäche. Der 36-jährige Phil beispielsweise litt

13 Jahre lang unter einer schweren Schizophrenie und sprach auf dopaminhemmende Substanzen nicht an. Clozapin „erweckte“ ihn wieder zu normalem Leben, und er genas so weit, dass er eine Teilzeitbeschäftigung aufnehmen und allmählich soziale Kontakte knüpfen konnte. Dann entwickelte sich die Immunstörung, und das Medikament musste abgesetzt werden. »Jetzt sind seine Stimmen und Stimmungen wieder da«, stellte sein Vater traurig fest. »Es bleibt uns nichts anderes übrig, als auf irgendeine andere Möglichkeit zu warten.«

Noradrenalinbahnen im Gehirn

Die Noradrenalin-(NA-)Systeme im Gehirn sind insofern ziemlich ungewöhnlich, als ein paar kleine Ansammlungen von Zellkörpern im Hirnstamm, die NA enthalten, ihre Fasern fast zu sämtlichen Strukturen und Regionen im Gehirn entsenden (Abbildung 5.12). Diese Fasern verbinden den Hirnstamm direkt mit dem Kleinhirn, dem Hypothalamus, dem Thalamus, der Großhirnrinde, dem Hippocampus, dem Septum, den Basalganglien, der Amygdala und vielen anderen Strukturen. So weit die NA-Fasern auch ausstrahlen, sie entstammen nur verhältnismäßig wenigen Zellkörpern. Hinsichtlich des Gesamtgehalts an Neurotransmittern im Gehirn macht NA nur ungefähr ein Prozent aus. Was könnte die Funktion eines rein zahlenmäßig unbedeutenden, diffus verteilten, jedoch weit verzweigten chemischen Systems sein? Die einfachste Antwort ist, dass das Noradrenalinsystem des Gehirns gewissen sehr allgemeinen und unspezifischen Funktionen dienen muss, vielleicht der Regulierung von Grundniveaus der Erregbarkeit oder Wachsamkeit.

Viele Zellkörper von Noradrenalinneuronen liegen in einem kleinen Kernbereich im Stammhirn, dem *Locus coeruleus*. Diese Zellen sind pigmentiert und haben einen bläulichen Schimmer, der der Struktur den Namen gab (*coeruleus* bedeutet „blau“). Von ihnen geht das so genannte *dorsale noradrenerge Bündel* aus, das zu den meisten der höheren Hirnregionen zieht, die in Abbildung 5.12 als Be-

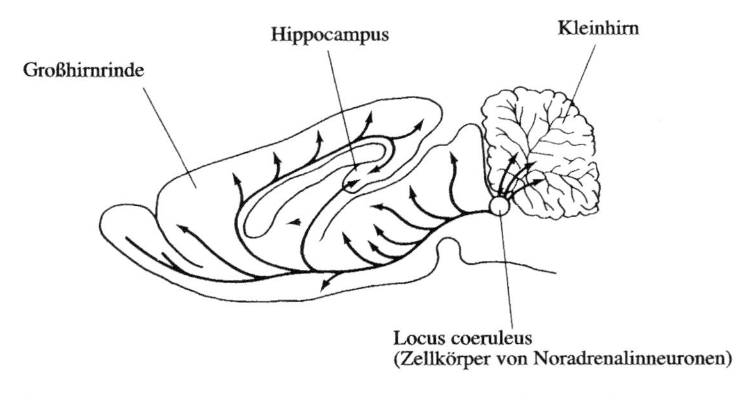

5.12 NA-Projektionsbahnen im Gehirn der Ratte. Die Zellkörper liegen im Locus coeruleus und in benachbarten Regionen des Hirnstammes und ziehen zu vielen verschiedenen Regionen in Vorder- und Kleinhirn sowie zum Hirnstamm und zum Rückenmark.

standteile des NA-Systems im Gehirn dargestellt sind. Die übrigen NA-Zellen im Hirnstamm liegen in mehreren Zellgruppen in der Nähe des Locus coeruleus. Ihre Axone bilden das *ventrale noradrenerge Bündel* aus, das tiefer ins Gehirn hinein zur Formatio reticularis und zum Hypothalamus zieht.

Eine gewisse Parallele kann man zwischen der Nebenniere und dem NA-System des Gehirns ziehen. Beide Systeme setzen Noradrenalin frei, die Nebenniere in den Blutstrom, die NA-Gehirnneuronen über ihre Axonendigungen. Beide bewirken, dass die Gesamtmenge an NA überall im Gehirn zunimmt. Es ist bekannt, dass die Nebenniere Noradrenalin (und Adrenalin) als Antwort auf Stress oder auf erregend wirkende Ereignisse in der Umwelt sezerniert. Obwohl wir die Bedingungen, die zu einer gesteigerten Aktivität des NA-Systems im Gehirn führen, noch nicht kennen, ist es vorstellbar, dass auch dieses System mit Erregung und Aufmerksamkeit zu tun hat. Ein kleines Problem bei dieser Vorstellung ist, dass NA auf die Hirnzellen eher inhibitorisch als exzitatorisch zu wirken scheint, zumindest wenn man es direkt aufbringt. Einer der Hauptgründe für die Annahme, dass das NA-System an Verhaltensweisen beteiligt ist, die den Grad der Erregung oder Aufmerksamkeit widerspiegeln, beruht vor allem auf der Wirkung bestimmter Pharmaka. Amphetamin etwa übt einen stark anregenden Effekt auf das Gehirn aus und beeinflusst die NA- wie auch die DA-Systeme; Gleiches gilt für Cocain. Bestimmte Antidepressiva, die man zur Behandlung von Personen mit schwerer Depression einsetzt, scheinen in erster Linie auf das NA-System zu wirken.

Wie bei anderen Neurotransmittern gibt es eine Reihe verschiedener Typen adrenerger Rezeptoren, auf die sowohl Adrenalin (Organe) als auch Noradrenalin einwirken. Die beiden Haupttypen der Gehirnrezeptoren bezeichnet man als β_1 und β_2; kürzlich wurde auch noch ein dritter Typ identifiziert – β_3. Die β_1-Rezeptoren herrschen in der Großhirnrinde vor, die β_2-Rezeptoren im Kleinhirn. Der andere adrenerge Rezeptortyp trägt die Bezeichnung α; zum gegenwärtigen Zeitpunkt kennen wir sechs verschiedene Typen von α-Rezeptoren. Identifiziert werden die vielen unterschiedlichen Rezeptoren für einen bestimmten Neurotransmitter vor allem pharmakologisch. So fand man Wirkstoffe, die nur auf einen Rezeptorsubtyp reagieren. Beispielsweise wirkt das Medikament Xamoterol nur auf den β_1-adrenergen Rezeptor. NA selbst wirkt auf alle adrenergen Rezeptoren; seine unterschiedlichen Wirkungen beruhen auf den verschiedenen Wirkungsweisen der Rezeptoren selbst.

Es gibt Hinweise darauf, dass Noradrenalin im Gehirn und im übrigen Körper eine wichtige regulatorische Rolle bei Lernprozessen und Gedächtnisleistungen spielen könnte. Die NA-Konzentrationen in Gehirn und Körper sind damit korreliert, wie gut ein Tier oder Mensch etwas lernt oder behält. Um ein einfaches Beispiel zu nennen: Menschen neigen dazu, sich besonders an solche Ereignisse zu erinnern, die mit starken Gefühlsbewegungen wie Ärger, Furcht oder Sorge verbunden waren. Solche Gemütszustände gehen typischerweise mit erhöhten Blutkonzentrationen von NA einher – infolge der Sekretionstätigkeit der Nebenniere –, aber wahrscheinlich auch mit einem gesteigerten NA-Gehalt in den entsprechenden Gehirnsystemen. Wir werden uns damit noch ausgiebig in Kapitel 11 beschäftigen.

Ein NA-Axon, das in der Großhirnrinde Synapsen ausbildet, ist in Abbildung 5.13 schematisch dargestellt. Es weist statt einer einzelnen Axonendigung eine ganze Reihe von Schwellungen auf, die jeweils einer NA-Synapse entsprechen. Vermutlich wird aus allen diesen Schwellungen (den so genannten Varikositäten) NA freigesetzt, wenn ein Aktionspotenzial das Axon entlangwandert. Der ausgeschüttete Transmitter wirkt wahrscheinlich auf die unmittelbar benachbarten Nervenzellen ein, könnte aber auch zu anderen Neuronen in der näheren Umgebung diffundieren.

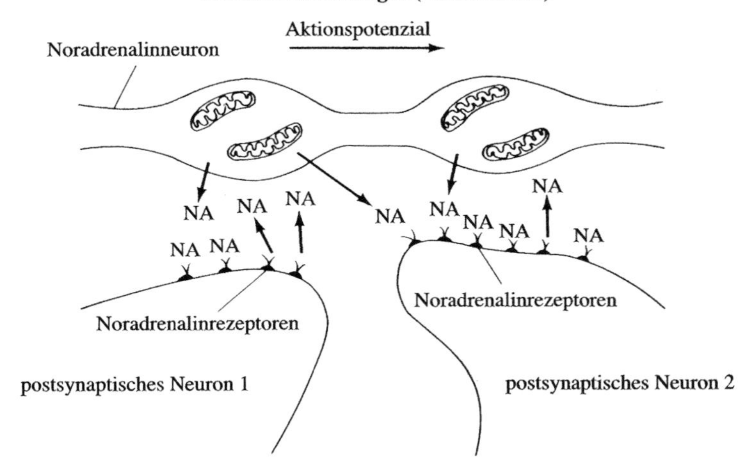

5.13 Noradrenalin wirkt vermutlich mehr als „Neuromodulator" oder als lokales Hormon denn als Transmitter, der ganz konkrete Effekte an der Synapse hervorruft und dadurch spezifische Informationen überträgt. NA-Axone weisen über ihre gesamte Länge zahlreiche Schwellungen (Varikositäten) auf, die nach Aktivierung NA freisetzen; dies beeinflusst dann benachbarte Nervenzellen. Es gibt allerdings auch Endigungen von NA-Neuronen, die echte Synapsen ausbilden (hier nicht dargestellt).

Die synaptischen Wirkungen von NA und DA entfalten sich ziemlich langsam über *second messenger*-Systeme und sind oft erst nach Sekunden oder gar Minuten abgeschlossen – ganz im Gegensatz zu den Zeitspannen von weniger als einer Millisekunde, die für schnelle synaptische Transmitter gelten. Zudem werden NA und DA nicht binnen kurzem durch Enzyme abgebaut, sondern müssen zur Inaktivierung wieder von den Axonschwellungen aufgenommen werden. Vielleicht sollte man die NA- und DA-Synapsen am besten als Systeme in einem „Gleichgewicht" betrachten. Unter normalen Grund- oder Ruhebedingungen kämen die für ein Fließgleichgewicht typischen Wirkungen durch eine gewisse Konzentration von NA oder DA an den Nervenzellen in der Nähe der NA- oder DA-Varikositäten zustande; dieser Grundzustand würde durch fortgesetzte Freisetzung und Wiederaufnahme aufrechterhalten. Nach einer Aktivierung des jeweiligen Systems würde sich die NA- oder DA-Menge eine Zeit lang erhöhen – und zwar immer in dem Maße, wie die Aktivität der NA- oder DA-Neuronen schwankt. Statt nach einem schnellen Alles-oder-Nichts-Prinzip würde sich die vorhandene NA- oder DA-Menge eher allmählich ändern und in entsprechender Weise die Aktivität jener Nervenzellen modulieren, die von NA oder DA beeinflusst werden. In diesem Sinne funktionieren die Catecholaminsysteme im Gehirn, also die DA- und NA-Neuronen, vielleicht eher wie Lieferanten lokal wirkender Hormone als wie herkömmliche Synapsen.

Serotonin

Serotonin, dem letzten Neurotransmitter, den wir ausführlich erörtern wollen, schrieb man ursprünglich eine Rolle beim Bluthochdruck zu. Serotonin kommt nämlich im Blutserum vor und bewirkt eine sehr starke Kontraktion von glatten Muskeln, zum Beispiel in den Eingeweiden und den Blutgefäßen. Als man Serotonin später im Gehirn nachwies, zog man es eine Weile zur Erklärung verschiedener Formen von geistigen Erkrankungen heran. Obwohl viele dieser Theorien sich nicht bestätigt haben, bleibt Serotonin als Neurotransmitter interessant, weil es offenbar bei Depression, Schlaf und der Regulation der Körpertemperatur mitwirkt. Zudem scheint es an den Wirkungen von LSD auf das Gehirn beteiligt zu sein.

Serotonin hat eine etwas kompliziertere Molekülstruktur als die Transmitter, die wir bisher besprochen haben. Es wird in bestimmten Zellen im Gehirn in zwei Schritten aus der natürlich vorkommenden Aminosäure *Tryptophan* gebildet (die beispielsweise in Bananen reichlich enthalten ist). Tryptophan wird über das Zwischenprodukt 5-Hydroxytryptophan in Serotonin (5-Hydroxytryptamin, kurz 5-HT) umgewandelt. Den ersten Reaktionsschritt katalysiert das Enzym Tryptophan-Hydroxylase; er gilt als geschwindigkeitsbestimmend. Zwar weist Serotonin im Gegensatz zu NA und DA keine Catecholgruppe auf, es verfügt aber wie diese beiden über eine Aminogruppe. Daher bezeichnet man alle drei, NA, DA und 5-HT, als *Monoamine* (Moleküle mit einer Aminogruppe).

Eine Serotoninsynapse ist in Abbildung 5.14 dargestellt. Tryptophan wird im Axon bis zur Endigung transportiert und dort in Serotonin umgewandelt, das dann in Vesikeln gespeichert wird. In den Serotoninendigungen scheinen – genau wie in den Catecholaminendigungen – sowohl kleine, helle Vesikel als auch größere mit einem elektronendichten Zentrum vorzukommen. Wenn ein Aktionspotenzial an einer Serotoninendigung eintrifft, werden Serotoninmoleküle in den synaptischen Spalt ausgeschüttet und wirken dann an der Oberfläche der postsynaptischen Nervenzelle auf die Serotoninrezeptoren ein. Das Serotonin wird anschließend von den Rezeptoren abgelöst und von den Endigungen wieder aufgenommen. Wie im Falle von GABA und den Catecholaminen gibt es auch für den Abbau von Serotonin kein spezifisches Enzym an den Rezeptoren. Wie die Catecholamine wird überschüssiges Serotonin durch das Enzym Monoaminoxidase (MAO) abgebaut, das vor allem innerhalb der präsynaptischen Endigungen vorkommt. Bislang ließen sich sieben verschiedene Subtypen von Serotoninrezeptoren identifizieren.

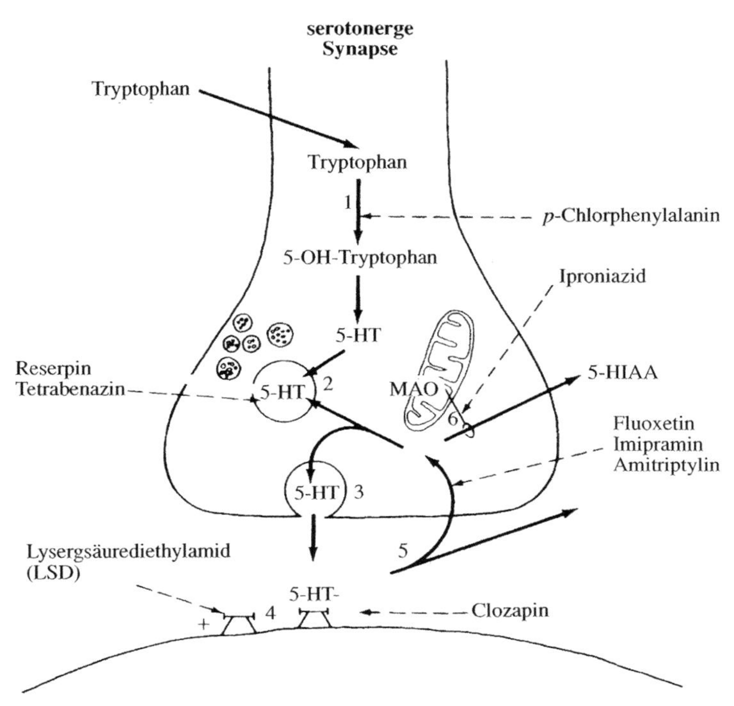

5.14 Schematische Darstellung einer serotonergen Nervenzelle des Gehirns mit den möglichen Angriffspunkten verschiedener Medikamente. (Die Zahlen beziehen sich auf einzelne Schritte bei der synaptischen Übertragung.)
1) Enzymatische Synthese von 5-HT (5-Hydroxytryptamin = Serotonin). Tryptophan wird in ein Serotoninneuron aufgenommen und durch das Enzym Tryptophan-Hydroxylase zunächst in 5-OH-Tryptophan (5-Hydroxytryptophan) umgewandelt. Dieses Enzym kann durch *p*-Chlorphenylalanin gehemmt werden.
2) Speicherung von 5-HT. Reserpin und Tetrabenazin behindern den Aufnahme- und Speichermechanismus, wodurch es zu einer deutlichen Serotoninabnahme kommt.
3) Freisetzung von 5-HT. Bislang kennt man noch keine Substanz, die spezifisch die Freisetzung von 5-HT blockiert.
4) Rezeptorwirkungen. Lysergsäurediethylamid (LSD) wirkt im ZNS als partieller Agonist (das heißt wie 5-HT) auf die serotonergen Synapsen. Clozapin blockt die Rezeptoren (wirkt als Antagonist).
5) Wiederaufnahme von 5-HT durch die Axonendigung. Trizyklische Antidepressiva wie beispielsweise Imipramin und Amitriptylin scheinen diesen Wiederaufnahmemechanismus zu hemmen, ebenso Fluoxetin.
6) Inaktivierung und Abbau. Wie DA und NA wird auch Serotonin, nachdem es durch Wiederaufnahme in die präsynaptische Endigung inaktiviert wurde, von MAO abgebaut. Dieser Prozess lässt sich durch Iproniazid hemmen.

Die Zellkörper der Serotoninneuronen im Gehirn liegen in einem schmalen Band von Kernen, das im Hirnstamm von der Medulla oblongata (dem verlängerten Mark) zum Mittelhirn verläuft. Die Kerne werden zusammen als *Raphe-Kerne* (Nuclei raphes) bezeichnet. Wie die Zellen des NA-Systems entsenden die Serotoninneuronen ihre Axone zu zahlreichen höheren Gehirnregionen (Abbildung 5.15). Die Serotoninendigungen sind jedoch nicht so weit verbreitet. Zum Beispiel laufen die Serotoninfasern, die zum Hypothalamus ziehen, hauptsächlich zu einem einzigen Kernbereich, dem Nucleus suprachiasmaticus, dem man eine Rolle bei der Kontrolle von Biogrundrhythmen wie Schlafen und Wachen zuschreibt. Serotoninfasern ziehen auch zum Septum, zum Hippocampus, zur Großhirnrinde, zu den Basalganglien und zur Amygdala.

Die Zahl der bekannten Serotoninrezeptoren scheint jedes Jahr zuzunehmen. Bis zum gegenwärtigen Zeitpunkt konnten durch Verwendung von Medikamenten mit sehr selektiver Wirkung 13 verschiedene Subtypen identifiziert werden. Der bekannteste Rezeptor, 5-HT_1, kommt in mehreren Hirnregionen vor. Interessanterweise geht man davon aus, dass 5-HT_1-Rezeptoren nur an präsynaptischen Membranen lokalisiert sind und dort die Freisetzung der Transmitter regulieren können, während 5-HT_2-Rezeptoren postsynaptisch liegen, vermutlich als langsame exzitatorische Rezeptoren fungieren und eine Depolarisierung der Membran bewirken.

Überraschenderweise ist die Gehirnstruktur mit der höchsten Serotoninkonzentration die *Zirbeldrüse* oder *Epiphyse*. Diese bemerkenswerte kleine Drüse gehört trotz ihrer Lage im Grunde genommen gar nicht zum Gehirn, weil sie durch die Blut-Hirn-Schranke von ihm getrennt ist. Die Epiphyse empfängt keine Nervenfasern aus dem Gehirn sondern aus dem sympathischen Teil des peripheren autonomen Nervensystems. Diese Fasern verwenden übrigens NA als Transmitter. Serotonin wird in der Epiphyse in ein Pigment umgewandelt, das man als Melatonin bezeichnet und das sich nicht nur auf die Hautpigmentierung auswirkt, sondern auch die Aktivität der weiblichen Keimdrüsen beeinflusst. Serotonin wie Melatonin stehen in der Epiphyse unter der Kontrolle der Tag-Nacht-Rhythmik. Der Hell-Dunkel-Zyklus beeinflusst die Epiphyse über die sympathischen Nervenfasern. Dieses System übt bei vielen Tierarten eine starke Kontrolle auf den weibli-

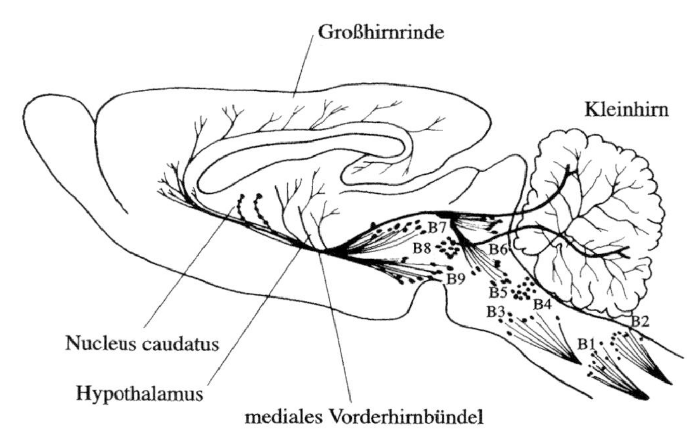

5.15 Die Serotoninbahnen im Gehirn einer Ratte. Die Zellkörper der serotoninhaltigen Nervenzellen liegen in einer Gruppe von Kernen im Hirnstamm, die man als Raphe-Kerne (Mittellinienkerne) bezeichnet (in der Zeichnung B1–B9). Ihre Axone projizieren auf relativ eng umschriebene Regionen des Hypothalamus, der Großhirnrinde und anderer Gehirnstrukturen.

chen Fortpflanzungszyklus aus und spielt wahrscheinlich auch eine Schlüsselrolle für den Rhythmus von Schlafen und Wachsein.

Das gegenwärtige Interesse der Verhaltensforschung am Serotoninsystem im Gehirn konzentriert sich auf drei Aspekte: Schlaf, LSD und Depression. Wenn man die Raphe-Kerne zerstört, wirkt sich das auf das Verhalten eines Tieres so aus, dass es kaum noch schläft. Eine ähnliche Wirkung erzielen Medikamente oder Drogen, die im Gehirn die Speicher für Serotonin entleeren. Das Serotoninsystem hat also etwas mit dem Schlaf zu tun, der Zusammenhang ist allerdings noch nicht geklärt. Bei Tieren normalisieren sich die Schlafmuster trotz Serotoninentzug nach einer Weile.

Lysergsäurediethylamid ist eine der stärksten psychoaktiven Substanzen: Bereits winzige Mengen lösen Halluzinationen aus. LSD ist ein starker Hemmstoff für Reaktionen von serotoninempfindlichem Gewebe – vielleicht weil die Struktur des LSD-Moleküls der Struktur von Serotonin ähnelt.

Serotonin kommt nicht nur im Gehirn und in der Epiphyse vor, sondern auch in bestimmten Körpergeweben, besonders in der glatten Muskulatur, und in einer Sorte von Blutzellen, den Blutplättchen. Wenn man ein Medikament, das auf Serotonin wirkt, systemisch verabreicht (also in den Blutstrom einspritzt), dann beeinflusst es das Serotonin überall, nicht nur in den Gehirnsystemen. Deshalb muss man sehr vorsichtig sein, aus solchen Medikamentenwirkungen Schlussfolgerungen über die Wirkungen von Serotonin im Gehirn zu ziehen; ein bestimmtes Mittel könnte nämlich in erster Linie Serotoninzielzellen außerhalb des Gehirns beeinflussen und erst in zweiter Linie das Gehirn.

Es mag Ihnen als Leser aufgefallen sein, dass das Enzym MAO eine Schlüsselrolle bei der Inaktivierung aller Monoamine spielt. Insbesondere setzt es die freien Monoamine (DA, NA und Serotonin) um, die durch die Axonendigungen wieder aufgenommen werden (Abbildungen 5.9, 5.10 und 5.14). Wie sein Name schon sagt, baut es Monoamine ab. Bei einem Mangel an MAO in Neuronen könnte man erwarten, dass die Konzentration dieser Monoaminneurotransmitter an den Synapsen zunähme. Dies scheint auch der Fall zu sein. Wirkstoffe, welche die Wirkung von MAO hemmen – wie Iproniazid, das man zur Behandlung von Depressionen verabreicht –, führen zu einer Zunahme der Monoaminkonzentration an den Synapsen. Übrigens leiden Patienten mit Depressionen, die mit MAO-Inhibitoren wie Iproniazid behandelt wurden, unter gefährlich hohem Blutdruck, wenn sie Lebensmittel zu sich nehmen, die große Mengen Tyramin enthalten. (Das sind beispielsweise Portwein, bestimmte Käsesorten wie Stiltonkäse und Hering.)

Meiner Kollegin Jean Shih von der Universität von Südkalifornien gelang es als Erster, das MAO-Gen zu sequenzieren. MAO liegt in zwei verschiedenen Formen vor: als MAO_A und MAO_B. In den Niederlanden gibt es eine Großfamilie, in der die Männer ungewöhnlich aggressiv und gewalttätig sind (was recht ungewöhnlich für ein solch friedliebendes Land ist). Wie man feststellte, weisen diese Personen eine ganz spezifische Mutation auf, die dazu führt, dass in den Zellen – einschließlich der Nervenzellen des Gehirns – praktisch keine MAO_A vorhanden ist. Jean und ihre Mitarbeiter entwickelten spezielle Knock-out-Mutanten von Mäusen, bei denen das MAO_A-Gen ausgeschaltet ist, sodass die Zellen zu keinem Zeitpunkt MAO_A produzieren können. (Wir werden diese Knock-out-Technologie in einem späteren Kapitel näher erörtern.) Diese MAO_A-Knock-out-Mäuse waren sehr viel aggressiver als ihre normalen Artgenossen desselben Wildtypstammes; wie erwartet, lag auch die Monoaminkonzentration in ihrem Gehirn – besonders die von NA und Serotonin – höher als normal. Zusammen mit meinen Studenten unterzog ich diese Mäuse einem Test zum Phänomen der erlernten Furcht und fand heraus, dass sie sehr viel ängstlicher waren als die Wildtypmäuse.

Depression: Die Monoaminhypothese

Depression ist ein Zustand, den jeder schon einmal durchgemacht hat. Wir alle fühlen uns gelegentlich traurig, niedergeschlagen oder wie in einem tiefen schwarzen Loch. Gesunde Menschen sind meist aus einem guten Grund traurig und deprimiert: Sie haben vielleicht eine geliebte Person verloren, einen finanziellen Rückschlag erlitten oder Ähnliches. Dagegen gibt es für die psychotische Depression keinen einsichtigen Grund, jedenfalls keinen, der irgendjemandem außer der depressiven Person selbst klar ist. Die Symptome dieses Typs von Depression sind die gleichen wie die der normalen Depression, nur wesentlich stärker ausgeprägt. Ein depressiver Mensch sitzt im typischen Fall einfach da und fühlt sich schlecht. Anders als bei der Schizophrenie sind die Gedankengänge aber normal, wenn man von dem irrationalen Gefühl der Sinnlosigkeit einmal absieht.

Es gibt in Wirklichkeit zwei unterschiedliche Formen der psychotischen Depression: die gerade beschriebene, die man nach der internationalen Klassifikation als *Major Depression* bezeichnet, und den Zustand, den man heute mit dem Begriff *bipolare Störung* umschreibt und der vielen eher unter der Bezeichnung „manisch-depressive Erkrankung" bekannt ist. Personen, die als manisch-depressiv eingestuft werden, haben mindestens eine Phase der Manie durchgemacht: ungezügelte, maßlose Euphorie und Gefühle intensiver Freude und Kraft, die in oft bizarrem, wahnhaftem Verhalten gipfeln. Die manischen Episoden treten bei dieser Krankheit relativ selten auf; die depressiven Phasen sind weitaus häufiger. Obwohl der depressive Zustand bei der Major Depression und der bipolaren Störung im Grunde genommen gleich zu sein scheint, unterscheiden sich die jeweils wirksamsten Behandlungsmethoden voneinander.

Die Major Depression ist eine sehr ernste und häufige Psychose: 20 Prozent aller Frauen und zehn Prozent aller Männer haben zumindest einmal in ihrem Leben einen solchen Zustand durchgemacht. Bei vielen Menschen treten die depressiven Phasen immer wieder auf. Selbstmord, die zehnthäufigste Todesursache in den Vereinigten Staaten, beruht sehr oft auf einer psychotischen Depression. Die bipolare Störung kommt viel seltener vor als die Major Depression. Nur ungefähr ein Prozent der Bevölkerung leidet daran.

Für beide Formen der Depression gibt es eine starke genetische Prädisposition (Veranlagung), besonders für die bipolare Störung. Wenn ein eineiiger Zwilling diese Erkrankung hat, liegt die Chance, dass sie sich auch bei dem anderen entwickelt, bei 72 Prozent – unabhängig davon, ob die beiden Kinder zusammen oder getrennt aufgewachsen sind.

Seymour S. Kety, seinerzeit an der Harvard-Universität tätig, hat mit einer groß angelegten Versuchsreihe zu bestimmen versucht, ob die wichtigsten Psychosen eine starke genetische Komponente aufweisen oder nicht. Die Untersuchungen wurden zum größten Teil in europäischen Ländern durchgeführt, vor allem in Dänemark, und zwar in erster Linie, weil die dortigen Krankheitsregister denen in den Vereinigten Staaten überlegen sind, aber auch, weil die Gerichte in einigen dieser Länder Wissenschaftlern für berechtigte Forschungsziele eher den Zugang zu medizinischen Aufzeichnungen genehmigen.

Eine wichtige Studie über die bipolare Störung wurde in Belgien durchgeführt. Man identifizierte alle Kinder, die als manisch-depressiv eingestuft und im Kleinkindalter von nichtgenetischen Verwandten adoptiert worden waren. Die leiblichen Eltern und die Eltern einer entsprechenden Gruppe gesunder Kinder wurden befragt und untersucht. Die Ergebnisse waren verblüffend: 18 Prozent der leiblichen Eltern waren ebenfalls manisch-depressiv, wohingegen bei den Eltern der unauffälligen Kinder nur ein bis vier Prozent davon betroffen waren.

Es gibt einige Hinweise, dass zumindest eines der Gene, die für bipolare Störung verantwortlich sind, auf dem X-Chromosom, einem der Geschlechtschromosomen, liegt. In mehreren Untersuchungen verfolgte man die Vererbung des Gens (beziehungsweise der Gene) für die bipolare Störung durch den Einsatz von Markergenen. Die bei Farbenblindheit betroffenen Gene liegen ebenfalls auf dem X-Chromosom. Wie man nachweisen konnte, treten bei Verwandten von Personen, die sowohl farbenblind als auch manisch-depressiv sind, diese beiden Merkmale gewöhnlich häufiger zusammen auf, als bei rein zufälliger Verteilung zu erwarten wäre. Das bedeutet jedoch *nicht*, dass farbenblinde Personen eine Veranlagung für die bipolare Störung aufweisen! Die betreffenden anomalen Gene kommen nur eben bei einigen Menschen zusammen auf dem X-Chromosom vor. Man kann das Merkmal Farbenblindheit somit verwenden, um zu zeigen, dass dieses X-Chromosom und mehr noch der spezielle Abschnitt, der für die Farbenblindheit verantwortlich ist, übertragen wird, wenn auch das Gen für die bipolare Störung weitergegeben wird. Gene, die eng benachbart auf einem Chromosom liegen, zeigen das Phänomen der Kopplung: Während der Zellteilung brechen die Chromosomen oftmals und tauschen Stücke miteinander aus, aber diese Stücke sind gewöhnlich nicht so klein, dass eng zusammenliegende Gene dadurch voneinander getrennt werden. Die für die Farbenblindheit und die für die bipolare Störung verantwortlichen Gene scheinen gekoppelt vorzuliegen. Das Gen für die bipolare Störung ist jedoch auch mit dem Gen Xg^a, einem Blutgruppengen, gekoppelt. Der Locus (Genort) für das „bipolare Gen" könnte also zwischen Xg^a und den für Farbenblindheit verantwortlichen Genen auf dem X-Chromosom liegen.

Untersuchungen der Depression mit Hilfe von Chromosomenmarkern sind noch relativ neu und von begrenztem Umfang, und man sollte sie mit Vorsicht betrachten. Es ist wichtig, sich zu vergegenwärtigen, dass bei Personen, die das „Gen" für die bipolare Störung oder die Major Depression besitzen, sich diese Erkrankungen nicht notwendigerweise ausprägen. Sogar bei eineiigen Zwillingen, die identische Gene besitzen, beträgt die Konkordanzrate für die bipolare Störung – also die Häufigkeit des Auftretens dieser Erkrankung bei beiden – nicht 100, sondern (wie erwähnt) 72 Prozent.

Die zwei Formen der Depression können Erwachsene in jedem Alter treffen, während sie sich bei Kindern nur selten ausbilden. Stress und andere Lebenserfahrungen scheinen nicht die unmittelbare Ursache dieser Krankheit zu sein. Die medikamentöse Behandlung hat sich bei beiden Erkrankungsformen als außerordentlich erfolgreich erwiesen. Dank der Medikamente verschwinden die Symptome der Major Depression und der bipolaren Störung oftmals, und der Zustand des Patienten normalisiert sich. Einige Erkrankte erholen sich vollständig, sind allerdings nicht notwendigerweise dauerhaft geheilt. Viele müssen die Einnahme von Medikamenten fortsetzen, aber solange sie dies tun, sind sie die geistig gesunden Personen, die sie vorher waren.

Die wirksamsten Therapien sind bei den beiden Formen der Depression völlig unterschiedlich. Arzneimittel, welche die Tätigkeit der Monoaminneurotransmittersynapsen zu potenzieren (zu verstärken) scheinen – insbesondere jener Synapsen, die die Monoamintransmitter Noradrenalin und Serotonin verwenden –, lindern die Major Depression; bei der bipolaren Störung erweist sich das Element Lithium in Form eines einfachen Lithiumsalzes als wirksam.

Reserpin ist ein Arzneimittel, das zunächst zur Behandlung von Bluthochdruck eingesetzt wurde und sich später als wertvolles Medikament für die Schizophrenietherapie entpuppte. Bereits in einem frühen Stadium der Verwendung von Reserpin als Blutdrucksenker hatte man beobachtet, dass einige Patienten, die mit dem Mittel behandelt wurden, Depressionen entwickelten. Die Hauptwirkung von Reserpin besteht darin, die Verfügbarkeit der Catecholamine Dopamin und Noradrenalin für die synaptische Übertragung zu verringern (Abbildungen 5.9 und 5.10). Normalerweise sind diese Neurotransmitter in den präsynaptischen Axonendigungen in Vesikeln gespeichert. Wenn die Endigung durch ein Aktionspotenzial aktiviert wird, setzen einige Vesikel ihren Transmitterinhalt in den synaptischen Spalt frei. Reserpin bewirkt, dass Dopamin und Noradrenalin aus den Vesikeln in das intrazelluläre Medium der Endigung heraussickern, wo sie für eine Freisetzung an der Synapse weniger leicht verfügbar sind und großenteils durch das abbauende Enzym Monoaminoxidase (MAO) zerstört werden. Reserpin wird heute nicht mehr verwendet, weil man inzwischen neue, wirksamere Medikamente zur Behandlung der Schizophrenie entwickelt hat.

Unterdessen stellte man bei einer Substanz namens Iproniazid, die in der Behandlung der Tuberkulose Verwendung fand, fest, dass sie die depressive Stimmung vieler Tuberkulosepatienten merklich besserte (zu Iproniazid siehe die Abbildungen 5.9, 5.10 und 5.14). Tatsächlich erwies sich dieses Medikament schließlich als wirksames Antidepressivum. Die Primärwirkung von Iproniazid auf Nervenzellen besteht in einer Hemmung der Monoaminoxidase. Die Neurotransmitter Noradrenalin, Dopamin und Serotonin sind allesamt Monoamine. Der wichtigste Punkt dabei ist, dass MAO normalerweise den Abbau und die Inaktivierung dieser Transmitter besorgt. Wenn man nun ein Mittel verabreicht, das MAO hemmt, steht mehr von diesen Neurotransmittern für den Einbau in Vesikeln und für die Freisetzung an den synaptischen Endigungen zur Verfügung. Eine Hemmung von MAO erhöht die Aktivität der Monoaminneurotransmittersysteme.

Bei einer weiteren Klasse von Medikamenten stellte man ebenfalls eine antidepressive Wirkung fest. Imipramin, das als Erstes dieser Mittel zum Einsatz kam, erhöht gleichfalls die Aktivität von Monoaminneurotransmittersynapsen, aber auf einem anderen Weg als Iproniazid. Erinnern wir uns, dass die Neurotransmitter an diesen Synapsen in erster Linie durch Wiederaufnahme in die präsynaptische Endigung inaktiviert werden; dies gilt für Dopamin, Noradrenalin und Serotonin (Abbildungen 5.9, 5.10 und 5.14). Anders als bei ACh, das im synaptischen Spalt durch das Enzym AChE abgebaut wird, befindet sich das abbauende Enzym für die Monoamine, MAO, ganz überwiegend innerhalb der Zellen und Zellendigungen. Die einzige Möglichkeit, Monoamine nach der Freisetzung an den Synapsen zu eliminieren, besteht darin, sie wieder in die Endigung aufzunehmen. Imipramin blockiert diesen Vorgang.

Die Medikamentenklasse, zu der Imipramin gehört, bezeichnet man aufgrund ihrer gemeinsamen chemischen Grundstruktur als trizyklische Verbindungen. All diese antidepressiv wirkenden Mittel blockieren die Wiederaufnahme von Monoaminen, sind dabei aber bis zu einem gewissen Grade selektiv. Imipramin hemmt die Wiederaufnahme von Noradrenalin und Serotonin, nicht aber die von Dopamin. Eine andere trizyklische Verbindung, Amitriptylin, blockiert die Wiederaufnahme von Serotonin, eine weitere, Desipramin, wirkt am stärksten auf die Wiederaufnahme von Noradrenalin. Man sollte sich hier noch einmal klar machen, dass infolge einer Hemmung der Wiederaufnahme mehr Transmitter an der Synapse aktiv ist. Neuerdings findet ein Medikament namens Fluoxetin, das selektiv die Wiederaufnahme von Serotonin blockiert, breite Anwendung in der Behandlung der Depression.

Die Tatsache, dass diese trizyklischen Antidepressiva, die alle bei der Behandlung von Depressionen wirksam sind, eine Erhöhung der an den Synapsen vorhandenen und aktiven Menge von Noradrenalin und Serotonin bewirken, legt unmittelbar eine biochemische Erklärung der Depression nahe: Die Erkrankung wird durch zu wenig Noradrenalin und Serotonin verursacht. Doch offenbar ist in diesem Fall die Therapie, die zuerst da war, besser als die Theorie. Die Hypothese vom Mangel an Noradrenalin und Serotonin wirft zahlreiche Fragen auf. Beispielsweise scheint eine Erhöhung der Konzentration des einen oder des anderen Transmitters an der Synapse wirksam zu sein, doch fungieren Noradrenalin und Serotonin in recht unterschiedlichen Systemen im Gehirn als Neurotransmitter. Eine andere Schwierigkeit bei dieser Theorie ist das Fehlen eines völlig überzeugenden Beweises dafür, dass im Gehirn depressiver Patienten Noradrenalin und Serotonin in niedrigeren Konzentrationen vorliegen als normal. Die Stoffwechselprodukte aus dem Abbau der beiden Neurotransmitter lassen sich im Urin nachweisen und messen. Bei einigen depressiven Personen kommt das Noradrenalinabbauprodukt, bei anderen das Serotoninabbauprodukt in erniedrigter Konzentration vor. Wieder andere weisen erniedrigte Spiegel für beide Abbauprodukte auf; allerdings lassen sich nicht einmal bei allen Patienten erniedrigte Konzentrationen für eines der beiden Abbauprodukte nachweisen. Außerdem ist es im Grunde noch unbekannt, inwieweit die im Urin gemessenen Abbauprodukte den Stoffwechsel der Monoamine im Gehirn widerspiegeln.

Ein weiteres Problem bei der Charakterisierung der Depression als einfacher Noradrenalin- und Serotoninmangel betrifft den zeitlichen Verlauf der Wirkung der trizyklischen Antidepressiva. Diese Medikamente wirken innerhalb von Minuten nach Verabreichung auf die Noradrenalin- und Serotoninsynapsen ein, doch ihre positiven Effekte auf die Depression entfalten sich erst nach ein oder zwei Wochen. Dieses Problem ähnelt dem bei der Dopamintheorie der Schizophrenie: Auch Neuroleptika wirken rasch auf die Dopaminrezeptoren ein, brauchen aber Tage, um ihre antipsychotischen Effekte auszuüben. Der lang gestreckte zeitliche Verlauf der therapeutischen Wirkungen beider Arten von Medikamenten legt nahe, dass Vorgänge neuronaler Plastizität sich über längere Zeiträume erstrecken, weil sie möglicherweise deutliche Veränderungen in der Rezeptorempfindlichkeit, eine Erhöhung oder Erniedrigung der Zahl der Rezeptoren an den postsynaptischen Zellen oder sogar Veränderungen in der Synapsenstruktur beinhalten.

Die besprochenen Antidepressiva sind weniger hilfreich bei der Behandlung der bipolaren Störung. Glücklicherweise ist Lithiumcarbonat, ein Salz des Elements Lithium, bei der Therapie der bipolaren Störung enorm wirksam. Lithium ist eine sehr gefährliche Substanz, buchstäblich ein Gift, und eine Überdosis kann zum Tod führen. Die Konzentration, bei der das Mittel sicher dosiert ist, variiert von Person zu Person und in Abhängigkeit von der Anwendungshäufigkeit. Wenn die Lithiumkonzentration im Blut regelmäßig kontrolliert wird, ist die Einnahme relativ ungefährlich. Verabreicht man einer manischen Person Lithium, so beruhigt sie sich, und eine nachfolgende Depression wird verhindert. Lithium hilft ungefähr 80 Prozent der Patienten mit bipolarer Störung. Bei der Behandlung der Major Depression ist es weitaus weniger wirksam.

Die Gründe für die Wirksamkeit von Lithium liegen noch weitgehend im Dunkeln. Es scheint sowohl die Noradrenalin- als auch die Serotoninsynapsen zu beeinflussen. Seine Wirkungen sind komplex und umfassen sowohl eine Zu- als auch eine Abnahme der Transmitterverfügbarkeit an den Synapsen. Lithium hemmt außerdem ein *second messenger*-System, nämlich die Synthese von cAMP, die normalerweise durch Noradrenalin aktiviert wird. Wie die trizyklischen Antidepressiva und Neuroleptika entfaltet auch Lithium seine Wirkungen an den Synapsen sofort, während sich seine therapeutischen Wirkungen auf die Manie erst nach ein oder zwei Wochen einstellen.

Kommentar

Am meisten weiß man heute über die am wenigsten verbreiteten Transmitter im Gehirn: die Catecholamine, DA und NA. Diese Transmitter und die Nervenzellen, in denen sie vorkommen, können auf vielerlei Wegen identifiziert, lokalisiert und untersucht werden. Sie machen jedoch nur ein paar Prozent der gesamten Neurotransmittermenge im Gehirn aus. Im Gehirn der Ratte gibt es ungefähr 10 000 Noradrenalin- und 35 000 Dopaminneuronen und im menschlichen Gehirn vielleicht viermal so viele – was eine verhältnismäßig geringe Zahl von Nervenzellen darstellt. Die weitaus meisten Neurotransmitter stellen die Aminosäuren – die „Arbeitspferde" der Neurotransmission. Man findet außerdem immer mehr Peptide, die wohl ebenfalls als Neurotransmitter oder Neuromodulatoren im Gehirn fungieren; die körpereigenen Opiate sind Beispiele dafür (Kapitel 6).

Obwohl man versucht ist, bestimmte Transmitter mit speziellen Verhaltensfunktionen zu verbinden, zum Beispiel Serotonin mit Schlaf oder Noradrenalin mit allgemeiner Erregung, kann man solche Zuordnungen nicht mit Bestimmtheit vornehmen. Die Botschaft liegt eben nicht im jeweiligen Molekül. ACh zum Beispiel ist der Neurotransmitter an der neuromuskulären Endplatte. Aber die „Funktion" von ACh ist nicht Bewegung. Dass es Bewegungen auslöst, liegt daran, dass es der Transmitter zwischen den Axonen der Motoneuronen und den Muskelfasern ist. Auch können bestimmte Transmitter wie ACh oder Glutamat je nach Rezeptor sowohl schnell auf Ionenkanäle als auch langsam über *second messenger*-Systeme einwirken. Die Schaltpläne, das heißt, die Art und Weise, wie Nervenzellen in Gehirn und Körper miteinander verbunden sind, bestimmen die Verhaltensweisen. Um das Gehirn zu verstehen, muss man sowohl die Neurotransmitterrezeptoren als auch die jeweiligen Schaltkreise berücksichtigen. Einem so komplizierten Phänomen wie dem Bewusstsein liegt wahrscheinlich die Gesamtheit der ungeheuer komplexen Verschaltungen in der Großhirnrinde zugrunde. Zu wissen, dass Glutaminsäure oder Asparaginsäure an bestimmten Nervenzellen im Gehirn als exzitatorischer Transmitter dient, reicht nicht aus, um das Rätsel des Bewusstseins oder anderer Hirnfunktionen zu lösen. Wir müssen auch die Muster der Verbindungen zwischen den Nervenzellen kennen. Obwohl auf diesem Gebiet in jüngster Zeit einige beachtliche Fortschritte erzielt worden sind, beginnen wir doch gerade erst, den funktionellen Schaltplan im Gehirn zu durchschauen.

Zusammenfassung

Acetylcholin (ACh) ist die vielleicht am besten erforschte Neurotransmittersubstanz, denn sie wirkt an neuromuskulären Endplatten und lässt sich in „Reinkultur" untersuchen. Es gibt zwei Haupttypen von ACh-Rezeptoren, von denen die einen erregend auf die Skelettmuskulatur einwirken (nicotinerge Rezeptoren) und die anderen beispielsweise den Herzmuskel hemmend beeinflussen (muscarinerge Rezeptoren). Über ACh-Bahnen im Gehirn wissen wir weitaus weniger. Die Zellkörper der wichtigsten ACh-Bahn des Gehirns befinden sich im Nucleus basalis (ihre Fasern projizieren auf weite Teile der Großhirnrinde) und in den Septumkernen (deren Fasern zum Hippocampus ziehen).

In den Gehirnbahnen übt ACh anscheinend je nach Rezeptortyp sowohl schnelle synaptische Wirkungen aus (wie es dies an den Muskeln tut) als auch langsame modulatorische synaptische Effekte via *second messenger*-Systeme. Bei der langsamen und schnellen synaptischen Übertragung gleichen sich die ersten Schritte bis einschließlich zu dem Moment, in dem sich der Überträgerstoff an die Rezeptormoleküle der postsynaptischen Membran anlagert – doch dann trennen sich ihre Wege. Langsame Rezeptoren sind nicht direkt an Ionenkanäle gekoppelt. Sie aktivieren stattdessen G-Proteine, die ihrerseits *second messenger*-Systeme aktivieren. Beispielhaft für ein solches System ist die (durch das G-Protein vermittelte) Umwandlung von ATP in cAMP, was wiederum über biochemische Prozesse im Zellinneren die Erregbarkeit der Zelle beeinflussen oder gar das Muster der Genexpression ihrer DNA verändern kann.

Zwei gut untersuchte Neurotransmitter des Gehirns sind die Catecholamine Dopamin (DA) und Noradrenalin (NA). Sie werden in den Zellen aus Tyrosin hergestellt, einer Aminosäure, die gewöhnlich in der Nahrung vorkommt. Tyrosin wird zunächst in L-Dopa, dann in Dopamin, schließlich in Noradrenalin (und zuletzt in Adrenalin) umgewandelt. Welches Endprodukt – ob Dopamin oder Noradrenalin – entsteht, hängt davon ab, welche Enzyme in der Zelle vorliegen.

Es gibt drei wichtige dopaminerge Nervenbahnen im Gehirn. Eine befindet sich im Hypothalamus, eine andere erstreckt sich von der Substantia nigra zu den Basalganglien, eine weitere verläuft vom Hirnstamm zur Großhirnrinde und zu anderen Vorderhirnstrukturen. Bei der Parkinson-Krankheit gehen dopaminhaltige Zellen in der Substantia nigra zugrunde. Die Symptome der Erkrankung sind Ausdruck der daraus resultierenden verminderten Dopaminübertragung in den Basalganglien. Injiziert man den Patienten L-Dopa (welches sich im Gehirn in Dopamin umwandelt), verbessert sich ihr Zustand. Das dopaminerge Systeme, welches auf das Vorderhirn projiziert, scheint eine Rolle bei der schweren Geisteskrankheit Schizophrenie (aber auch bei der Drogensucht) zu spielen. Im Allgemeinen blockieren Substanzen, die schizophrene Symptome lindern, dopaminerge Synapsen im Gehirn. Viele Forscher vertreten daher die Ansicht, Ursache der Schizophrenie sei eine Überaktivität dieses zum Vorderhirn ziehenden Dopaminsystems.

Die noradrenergen Bahnen des Gehirns entspringen allesamt im Locus coeruleus, einer kleinen Nervenzellansammlung im Hirnstamm, und entsenden ihre Fasern zu praktisch allen Vorderhirnstrukturen. Das Noradrenalinsystem soll das Aktivierungsniveau regulieren und möglicherweise an der Konsolidierung des Gedächtnisses mitwirken.

Serotonin ist ein weiterer Neurotransmitter, der in den Zellen aus einer in der Nahrung vorkommenden Aminosäure hergestellt wird, dem Tryptophan (es ist in Bananen reichlich vorhanden). Serotonin hat eine ähnliche chemische Struktur wie DA und NA (alle drei sind Monoamine). Die Zellkörper der serotonergen Bahnen im Gehirn befinden sich hauptsächlich in den Raphe-Kernen des Hirnstammes, ihre Fasern ziehen zum Hypothalamus und zu Vorderhirnstrukturen.

Bei schwerer Depression scheinen die noradrenergen und serotonergen Bahnen eine Rolle zu spielen. Es gibt zwei Formen der Depression: Bei der einen handelt es sich um eine anhaltende schwere Verstimmung (Major Depression), bei der anderen tritt neben der schweren depressiven Verstimmung mindestens eine manische Episode auf (bipolare Störung, früher als manisch-depressive Erkrankung bezeichnet). Im Allgemeinen lassen sich schwere depressive Zustände durch Substanzen günstig beeinflussen, welche die Aktivität noradrenerger und serotonerger Bahnen im Gehirn erhöhen oder verstärken. Allerdings gelingt es diesen Substanzen kaum, die Symptome der bipolaren Störung zu lindern. Doch scheinen Patienten mit bipolarer Störung auf eine andere Substanz, das Lithium (in Form von Lithiumsalz), gut anzusprechen.

All diese für das geistige Wohl und Wehe offenbar entscheidenden Neurotransmittersysteme des Gehirns scheinen über *second messenger*-Systeme zu wirken. Interessanterweise machen sie nur wenige Prozent der gesamten Nervenüberträgerstoffe im Gehirn aus. Die schnellen Transmitter wie Glutamat und GABA kommen sehr viel häufiger vor und sind viel weiter verbreitet.

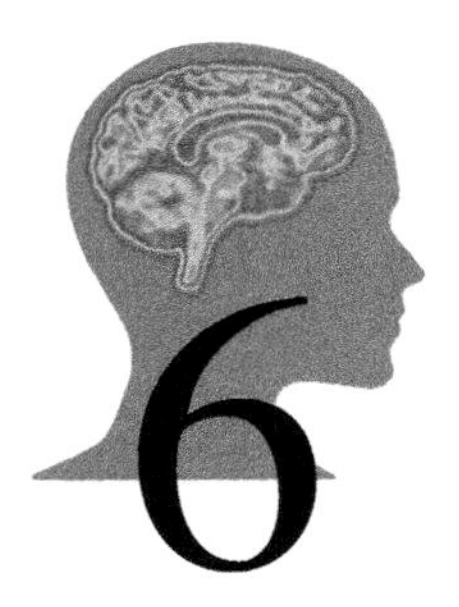

6 Peptide, Hormone und das Gehirn

Wir sind den chemischen Verbindungen in unserem Gehirn auf Gedeih und Verderb ausgeliefert. Das gilt in ganz besonderem Maße für die Hormone. Geschlechtshormone können aus süßen kleinen Kindern unausstehliche Teenager machen und ältere Frauen vor dem Ausbruch der Alzheimer-Krankheit schützen. Hormone spielen eine wichtige Rolle beim Essen und Trinken, im Sexualverhalten und für andere Lebensfunktionen, die für das Überleben des Einzelnen und der Art entscheidend sind. Die Rolle von Opiaten im Gehirn zählt zu den eher überraschenden Aspekten der Hormonfunktion.

Die in den siebziger Jahren entdeckten Hirnopiate sind Beispiele für eine Vielzahl von Peptidsubstanzen, die man in neuerer Zeit im Gehirn aufgespürt hat. Die in Hypophyse und Gehirn vorkommenden *Opiate* (oder *Opioide*) haben eine ähnliche Wirkung wie Opium (Abbildung 6.1). Bei vielen der neu entdeckten Peptide handelt es sich um *Hormone*, die entweder von der Hypophyse oder von Körpergeweben beziehungsweise -organen produziert werden; einige entstehen jedoch auch in Nervenzellen. (Ein *Peptid* ist eine kurze Kette aus miteinander verknüpften Aminosäuren. Proteine sind viel größere und komplexere Moleküle aus Aminosäuren.) Die raschen Fortschritte bei der Aufklärung des Wirkungsmechanismus der Hirnopiate sind darauf zurückzuführen, dass über die Pharmakologie von Morphin (Morphium) und verwandten pflanzlichen Opiaten bereits so viel bekannt war.

Opium, ein Extrakt aus dem Schlafmohn, wurde schon im Altertum sowohl zur Schmerzlinderung als auch zur Berauschung verwendet. *Morphin* und *Codein* sind die beiden aktiven Bestandteile des Opiumsaftes. Morphin (Abbildung 6.2) wurde erstmals zu Beginn des 19. Jahrhunderts in reiner Form gewonnen und fand bald danach breite Anwendung; Arzneimittel des späteren 19. Jahrhunderts enthielten oft große Mengen davon. Heutzutage spritzen sich Drogenabhängige eher Heroin als Morphin. *Heroin* wird aus Morphin künstlich hergestellt und wirkt nicht nur stärker, sondern auch weitaus schneller – vor allem deshalb, weil es die Blut-Hirn-Schranke rascher überquert. Im Gehirn scheint Heroin in Morphin um-

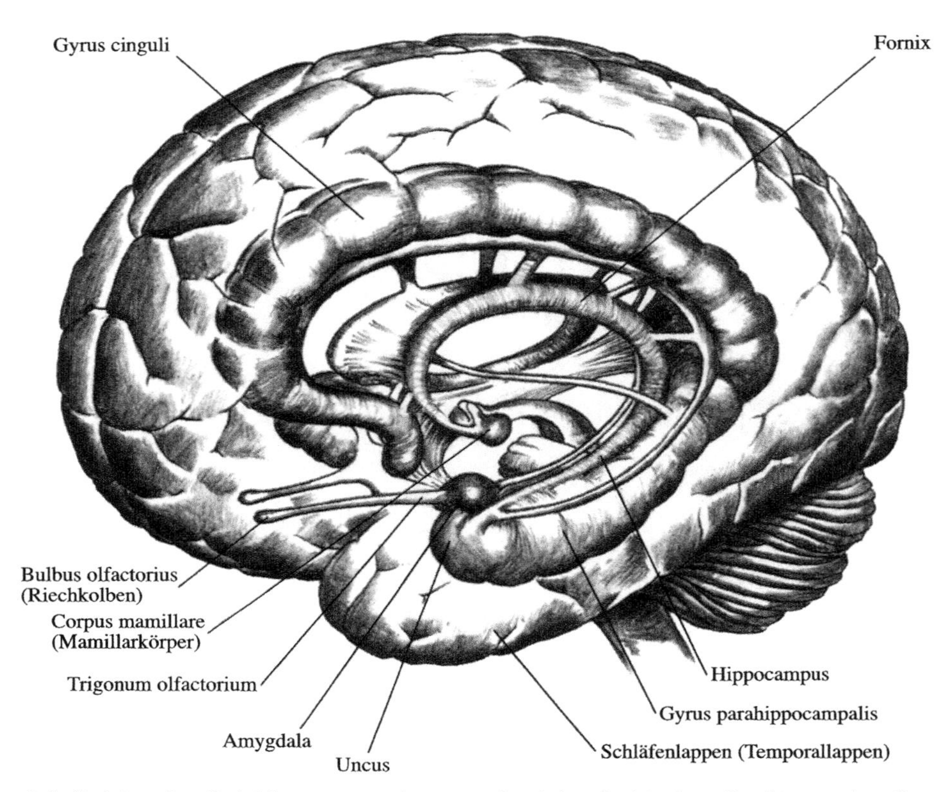

6.1 Opiat- oder Opioidrezeptoren kommen in vielen limbischen Strukturen des Gehirns in hohen Konzentrationen vor. Einige dieser Regionen scheinen in besonderer Weise an Erfahrungen von Lust und Schmerz sowie generell an Gefühlen beteiligt zu sein, so zum Beispiel der Gyrus cinguli, der Hippocampus, die Amygdala (Mandelkern) und das Corpus mamillare.

gewandelt zu werden, sodass die eigentlichen Wirkungen der Droge vom Morphin ausgehen.

Unter all den Rauschmitteln und Medikamenten, die auf das Gehirn wirken, gehört Morphin zu den am besten verstandenen. Das liegt zum großen Teil daran, dass man chemisch ähnliche Moleküle synthetisieren kann, die in sehr spezifischer Weise dem Morphin entgegenwirken (so genannte Antagonisten). *Naloxon* ist ein solcher Morphinantagonist (Abbildung 6.2). Es hat keinerlei offensichtliche Nebenwirkungen, wenn man es einem gesunden Tier oder Menschen verabreicht; jedoch kehrt es die Wirkungen von Morphin sehr schnell und vollständig um.

Der Opiatrezeptor und die Hirnopiate

Die Tatsache, dass Naloxon – also eine Verbindung, die in ihrer chemischen Struktur dem Morphin sehr ähnelt – ein spezifischer Morphinantagonist ist, legte die

Vermutung nahe, dass es auf Nervenzellen ein spezifisches Rezeptormolekül für Morphin geben könnte. Den ersten Hinweis auf die Existenz eines solchen Rezeptors im Gehirn erbrachte Avram Goldstein von der Stanford-Universität; Solomon Snyder und seine Doktorandin Candace Pert von der Johns-Hopkins-Universität lieferten dann 1974 die endgültigen Beweise. Snyder und Pert verwendeten radioaktiv markiertes Naloxon und zeigten, dass es in verschiedenen Gehirnregionen sehr spezifisch an Nervenzellrezeptoren bindet, und zwar insbesondere im gesamten langsamen Schmerzsystem.

Dieses Ergebnis warf sofort eine höchst irritierende Frage auf: Warum um alles in der Welt hat das Gehirn ein so ausgeklügeltes Rezeptorsystem für einen Mohninhaltsstoff entwickelt? Bis vor ungefähr 5 000 Jahren war Opium für die Menschheit nicht einmal verfügbar, denn erst damals wurde es zum ersten Mal aus Mohn gewonnen. Das Opiatrezeptorsystem kommt jedoch im Gehirn aller höheren Wirbeltiere vor. Es schien nur eine Antwort möglich: Das Gehirn muss selbst irgendwelche chemischen Substanzen produzieren oder verwenden, die den Opiumbestandteilen sehr ähnlich sind – eine Hypothese, die schon Goldstein 1967 aufstellte. Nachdem man dann 1974 den Rezeptor gefunden hatte, ging die Suche richtig los: John Hughes und Hans Kosterlitz von der Universität Aberdeen in Schottland isolierten 1975 aus Schweinehirnen einen Stoff, der dieselben Wirkungen wie Morphin hatte und den sie *Enkephalin* (nach den griechischen Worten für „im Kopf") nannten. Chemisch setzt er sich aus zwei einander sehr ähnlichen, relativ einfachen Substanzen, nämlich Met-Enkephalin und Leu-Enkephalin, zusammen, die beide aus fünf Aminosäureeinheiten bestehen. Obwohl Enkephalin auf den ersten Blick dem Morphin in seiner chemischen Struktur nicht zu ähneln scheint, erwies sich dies für einen bestimmten Molekülbereich doch als zutreffend (Abbildung 6.2).

In der Folge wurden weitere hirneigene Opiate entdeckt. Die Gruppe als Ganzes wird heute unter der Bezeichnung *Endorphine* (endogene Morphine, Hirnopiate) zusammengefasst. Das Molekül *Beta-Endorphin* ist viel größer als die Enkephaline (aus 23 Aminosäuren) und kommt fast ausschließlich in der Hirnanhangsdrüse, nicht im Gehirn selbst, vor. Es leitet sich von einem noch größeren Vorläufermolekül der Hypophyse ab, dem so genannten Proopiomelanocortin, aus dem ACTH, Beta-Endorphin und andere Hormone hergestellt werden. Beta-Endorphin kann als ein von der Hirnanhangsdrüse ausgeschüttetes Hormon gelten; es ist ein Opiat, das ähnliche Wirkungen wie Morphin hat. Die kleineren Enkephalinmoleküle kommen in etlichen Hirnregionen in Nervenendigungen vor, besonders im langsamen Schmerzsystem (siehe unten). Zum gegenwärtigen Zeitpunkt glauben einige Wissenschaftler, dass sie dort als Neurotransmitter dienen, doch ist dies noch sehr ungewiss. Man hat mittlerweile noch weitere Hirnopiate entdeckt. So isolierte Goldstein an der Stanford-Universität eine Substanz, die er Dynorphin nannte und die mehr als zweihundertmal stärker wirkt als Morphin. Zusammen mit Kollegen vom California Institute of Technology bestimmte er ihre chemische Struktur und synthetisierte sie anschließend.

Noch komplizierter gestaltet sich das Bild dadurch, dass man momentan vier verschiedene Typen von Opiatrezeptoren zu kennen glaubt, die als My, Delta, Epsilon und Kappa bezeichnet werden. Die verschiedenen Hirnopiate wirken auf die unterschiedlichen Rezeptoren bis zu einem gewissen Grad selektiv ein. So entfal-

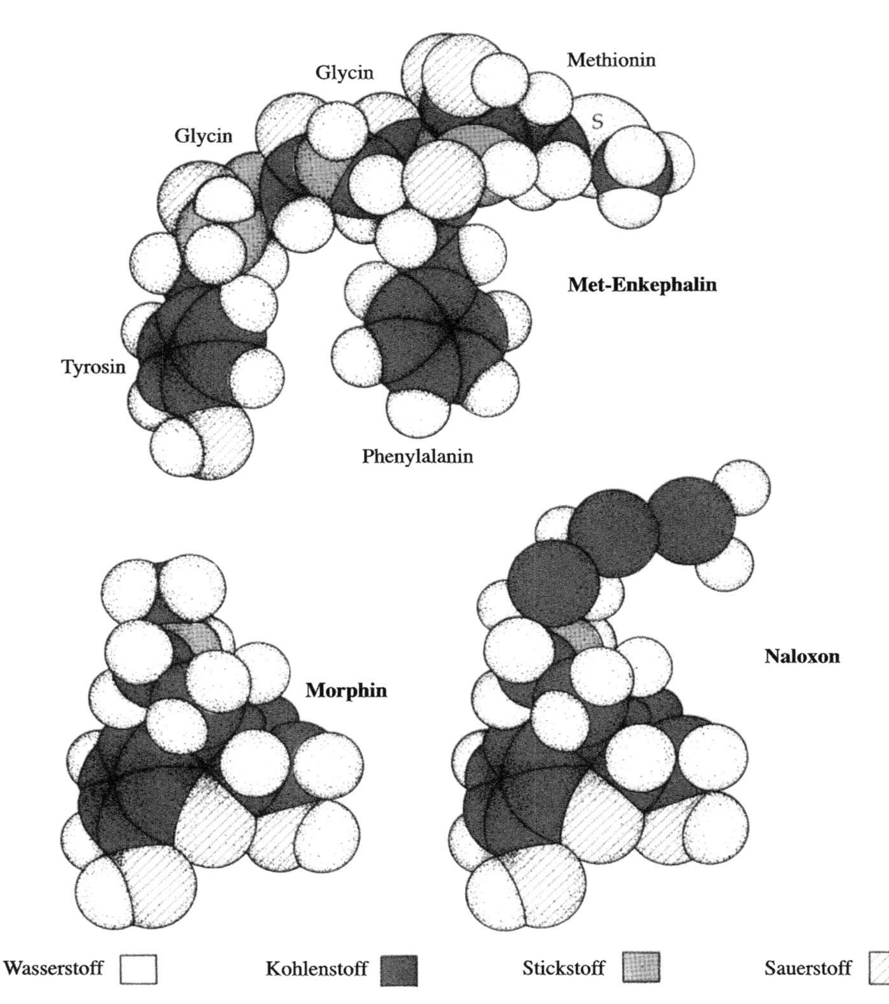

6.2 Molekülmodelle des natürlich vorkommenden hirneigenen Opiatpeptids Met-Enkephalin (oben) sowie von Morphin (Morphium) und Naloxon (unten). Es fällt auf, dass der untere linke Teil bei allen Molekülen sehr ähnlich ist. Vermutlich aus diesem Grunde kann Morphin die Enkephalinrezeptoren im Gehirn irreführen. Naloxon weist zusätzlich noch eine Seitengruppe auf, die der Phenylalaningruppe des Met-Enkephalins ähnelt. Naloxon heftet sich daher noch stärker als Morphin an die Opiatrezeptoren in Körper und Gehirn und blockiert folglich dessen Wirkung.

ten die Dynorphine ihre Wirkung vornehmlich an Kappa-Rezeptoren; der Opiatantagonist Naloxon, der die Morphineffekte aufhebt, tritt zwar an allen Rezeptoren als Gegenspieler auf, seine ausgeprägteste Wirkung zeigt er jedoch an My- und Delta-Rezeptoren. Zum gegenwärtigen Zeitpunkt wissen wir im Grunde nur wenig über die unterschiedlichen Funktionsmöglichkeiten der einzelnen Hirnopiate und der verschiedenartigen Opiatrezeptoren.

Wie bereits erwähnt, handelt es sich bei den Hirnopiaten um *Peptide* – kurze Aminosäureketten. Zwischen der Synthese von Peptiden und Neurotransmittern gibt es aber einen wesentlichen Unterschied. Neurotransmitter sind kleine Moleküle, die in wenigen Schritten aus Substanzen in den Neuronen hergestellt werden; im typischen Fall werden sie an den Nervenendigungen synthetisiert, wo sie auch gebraucht werden. Die DNA im Zellkern der Nervenzelle ist an ihrer Synthese nicht beteiligt. Peptide hingegen werden wie die verwandten, viel größeren Proteine über die DNA und die Synthesemaschinerie des Zellkörpers hergestellt (Abbildung 6.3). Nach Vorlage der DNA entsteht eine entsprechende Messenger-RNA, welche die Informationen zu den Ribosomen und zum rauen endoplasmatischen Reticulum (RER) überträgt; dort werden sehr große Protopeptide wie Endorphine synthetisiert. Diese großen Protopeptide werden im Golgi-Apparat gespeichert und verarbeitet, bis schließlich das Endprodukt, das kleine Peptid, zur Nervenendigung transportiert und dort bis zur Freisetzung gespeichert wird.

Warum haben wir und andere Wirbeltiere diese Substanzen in unseren Gehirnen? Welche Rolle spielen sie für Gehirnfunktion und Verhalten? Diese Fragen

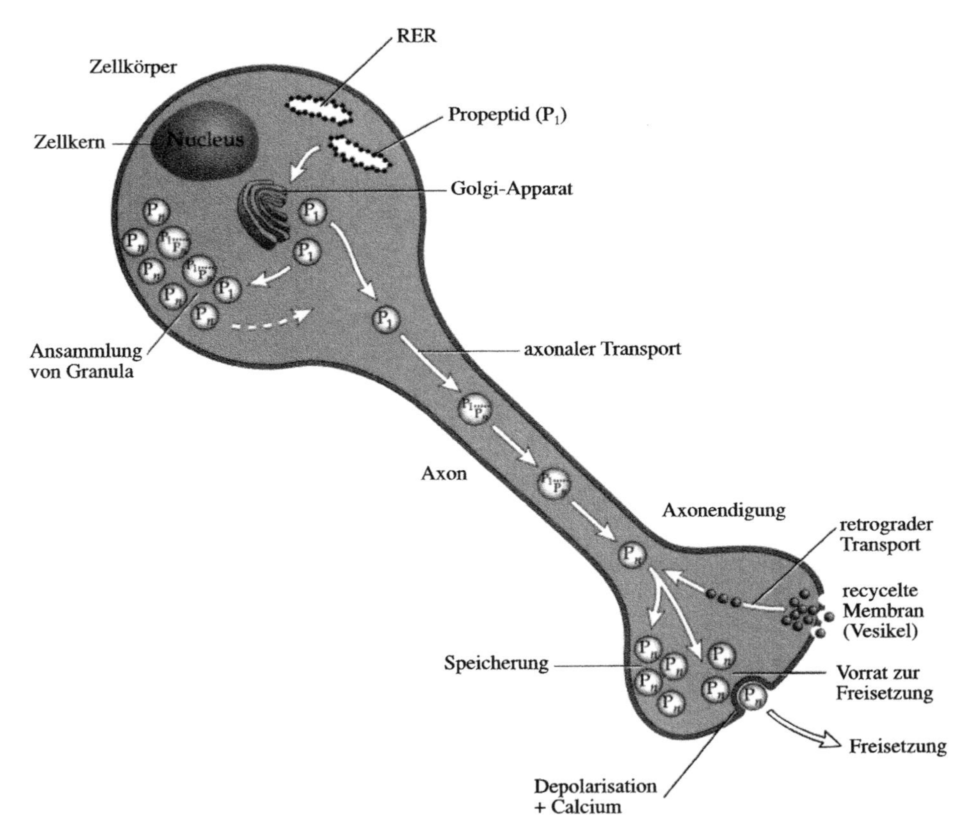

6.3 Modellhafte Darstellung von Synthese, Verarbeitung, Transport und Freisetzung von Peptiden in einer Nervenzelle (RER: raues endoplasmatisches Reticulum; P_1–P_n: Vorläufermoleküle; P_n: fertiges Peptid).

sind noch nicht vollständig aufgeklärt, aber es gibt einige aufregende Hinweise. Die nächstliegende Möglichkeit ist die, dass jene schmerzlindernden Substanzen in Stressphasen von der Hypophyse und den Nervenzellen im Gehirn freigesetzt werden, um Schmerzen zu dämpfen und bestimmte Verhaltensanpassungen zu verstärken. So bemerkt man zum Beispiel bei sportlicher oder anderer körperlicher Aktivität kleine Verletzungen erst viel später.

Die Kehrseite der Medaille ist das Gefühl von Euphorie und Wohlbefinden, das eine Ausschüttung dieser Substanzen im Gehirn hervorrufen kann. Ein bekanntes Beispiel sind die Erfahrungen besonders aktiver Jogger, die nach eigener Aussage oft regelrecht „high" werden, wenn sie regelmäßig und über ausreichend lange Strecken laufen; sie geraten dann in eine freudige oder geradezu euphorische Stimmung. Möglicherweise stellt Joggen einen genügend starken Stress für den Körper dar, um die Abgabe von Hirnopiaten zu induzieren, welche dann auf das Lustsystem im Gehirn einwirken; aber das ist natürlich Spekulation. Morphin wirkt Schmerzen entgegen und löst zugleich starke Freude oder Hochstimmung aus. Genau diese euphorisierende Wirkung scheint dafür verantwortlich zu sein, dass Morphin und insbesondere sein Derivat Heroin zu stark missbrauchten Drogen geworden sind. Heroinabhängige beginnen mit dem Missbrauch zunächst wohl wegen des intensiven Hochgefühls, das sie dadurch erleben. (Im Jargon der Drogenszene spricht man von einem „Flash" oder „Rush".) Bei wiederholter Anwendung stellt sich dieses „High-Sein" jedoch seltener ein, und die negativen Erscheinungen der Morphin- oder Heroinabhängigkeit nehmen überhand, etwa jene Entzugssymptome, die ein Süchtiger erlebt, wenn er versucht, mit dem Drogenkonsum aufzuhören.

Schmerzbahnen im Gehirn

Bestimmte Hirnopiate oder ihre Rezeptoren beziehungsweise beide kommen im Gehirn in enger Verbindung mit den Schmerzbahnen vor. Es gibt im Zentralnervensystem zwei Schmerzsysteme: das *schnelle* und das *langsame Schmerzsystem* (Abbildung 6.4). Entsprechend übertragen auch zwei Arten von Nervenfasern Schmerzinformationen aus der Haut und aus den Körpergeweben, nämlich schnell und langsam leitende Nervenfasern. Die *schnell leitenden Schmerzfasern* sind verhältnismäßig dünn und von einer Markscheide umgeben; ihre Leitungsgeschwindigkeit liegt zwischen fünf und 30 Metern pro Sekunde. Die *langsam leitenden Schmerzfasern* sind extrem dünne, nichtmyelinisierte Fasern mit einer Leitungsgeschwindigkeit von 0,5 bis zwei Metern pro Sekunde; bei diesen so genannten C-Fasern kann es zwei Sekunden dauern, bis ein Schmerzsignal vom Fuß zum Gehirn gelangt. Die schnell leitenden Schmerzfasern und ihre endständigen Rezeptoren versorgen lediglich die Hautoberfläche und die Schleimhäute, die C-Fasern hingegen die gesamte Haut und alle Körpergewebe bis auf das Nervensystem des Gehirns selbst, das gegenüber Schmerz unempfindlich ist.

Man hat nachgewiesen, dass die C-Fasern ein spezifisches Peptid enthalten, das man *Substanz P* nennt. Es wurde 1931 im getrockneten Pulver eines Nervengewebeextrakts entdeckt; so stand das „P" auch ursprünglich für „Pulver" (englisch *powder),* während man es heute eher als Abkürzung für *pain,* das englische Wort

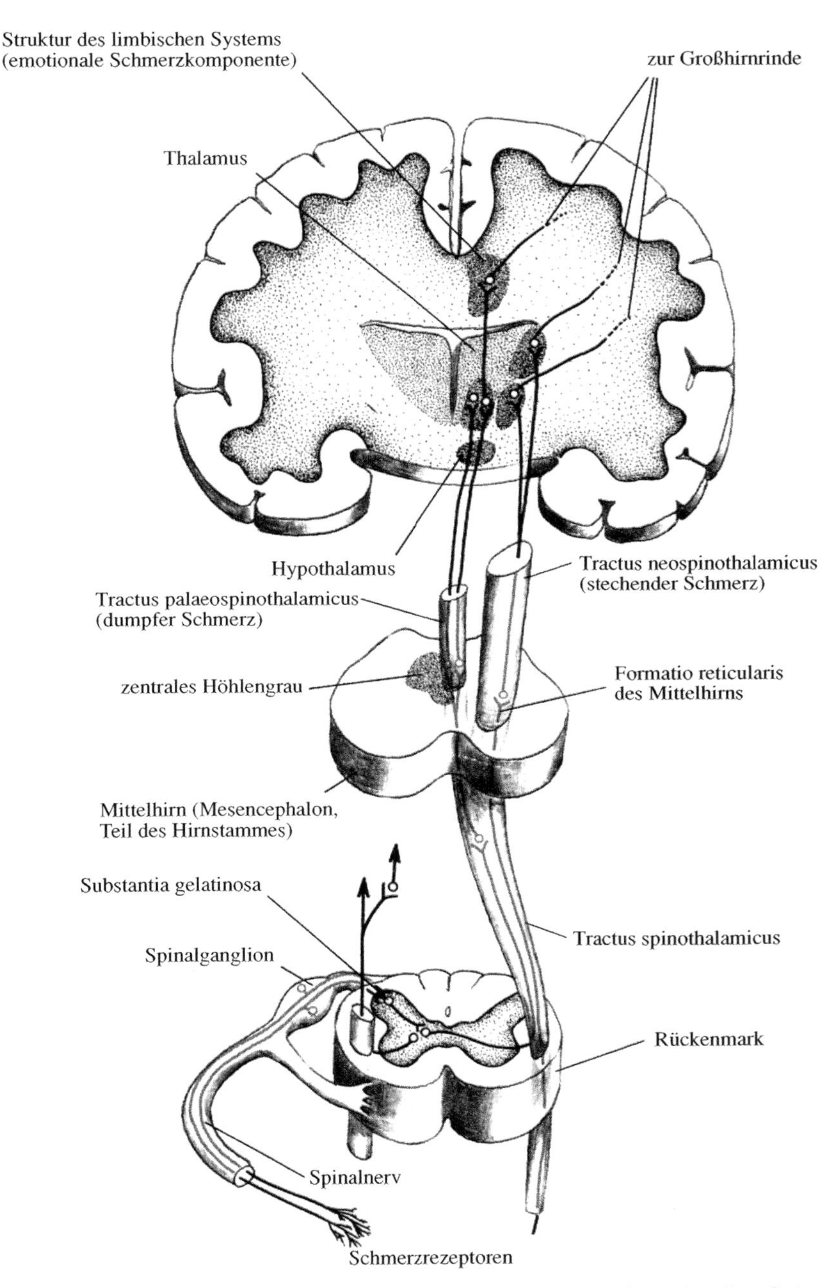

6.4 Schmerzsysteme in Rückenmark und Gehirn. Das System für schnellen Schmerz ist für die rasche Übertragung von scharfem, stechendem Schmerz an die Großhirnrinde verantwortlich; es hat keine Opiatrezeptoren, und Morphin bleibt bei ihm ohne Wirkung. Das System für langsamen Schmerz vermittelt den Typ des dumpfen, brennenden Schmerzes; es weist hohe Konzentrationen an Opiatrezeptoren auf und wird von Morphin stark beeinflusst.

für „Schmerz", versteht, zumindest bei den C-Fasern. Die chemische Struktur der Substanz P ist inzwischen bekannt, und man hat die Verbindung künstlich hergestellt.

Die Substanz P kommt außer in den C-Fasern noch in den Schmerzbahnen des Rückenmarks sowie in mehreren Hirnregionen, etwa den Basalganglien und der Großhirnrinde, vor. Obwohl die C-Fasern dieses Peptid nachweislich enthalten, ist noch nicht endgültig geklärt, ob sie es an ihren Synapsen im Rückenmark auch tatsächlich als Neurotransmitter verwenden. Diese Fasern enthalten auch den schnellen erregenden Neurotransmitter Glutamat.

Obwohl zu vielen Einzelheiten der Schmerzbahnen in Rückenmark und Gehirn noch Fragen offen bleiben, sind die Grundzüge geklärt. Sowohl die schnell leitenden als auch die langsam leitenden Schmerzfasern gehen in einem dorsalen Bereich des Rückenmarks, der aufgrund seiner gelatineartigen Struktur *Substantia gelatinosa* genannt wird, synaptische Verbindungen mit Nervenzellen ein. Die meisten dieser Rückenmarksneuronen kreuzen dann auf die andere Körperseite, ehe sie zum Gehirn ziehen, einige bleiben aber auch auf der gleichen Seite. Die schnelle Schmerzbahn verläuft in enger Beziehung zum primären somatosensorischen System, das Berührungs- und Druckreize sowie die Empfindungen bei Gelenk- und Gliedmaßenbewegungen vermittelt. Sie besitzt Schaltstellen in der Formatio reticularis und endet in zwei Kernen des Thalamus: dem *ventrobasalen Komplex* (Nucleus ventralis posterior; dieser Kernbereich ist auch für die Umschaltung von Druck- und Berührungsempfindungen zuständig) und dem *Nucleus posterior*. Beide Kernbereiche sind wiederum mit der Großhirnrinde verschaltet.

Das langsame Schmerzsystem nimmt einen komplizierteren Lauf. Im Hirnstamm bildet es Schaltstellen in der Formatio reticularis und in einer Region, die man als *zentrales Höhlengrau* (*periacqueductal gray*, PAG) bezeichnet. Dieser Name rührt daher, dass hier zahlreiche Zellkörper (also graue Substanz) den zentral gelegenen Aquädukt – die Fortsetzung des Rückenmarkskanals im Hirnstamm – umhüllen. Das zentrale Höhlengrau ist für Schmerzempfindung und -kontrolle äußerst wichtig und mag auch an erlernter Furcht und Angst entscheidend beteiligt sein. Die langsame Schmerzbahn zieht von dort zum Hypothalamus, zu den so genannten *Nuclei intralaminares* im Thalamus und zu Teilen des limbischen Systems, etwa der Amygdala. Die Organisation und die Aktivitäten dieser übergeordneten Regionen des langsamen Schmerzsystems sind noch nicht gut verstanden. Allgemein nimmt man an, dass sie an den emotions- und motivationsgebundenen Aspekten des Schmerzes beteiligt sind, also der subjektiven Schmerzerfahrung.

Schnelles und langsames Schmerzsystem unterscheiden sich funktionell recht deutlich. Das schnelle System, das Informationen über schmerzhafte Reize an die Großhirnrinde überträgt, kann als die evolutionär jüngere Entwicklung gelten. Das ältere, langsame Schmerzsystem kommt schon bei einfacheren Wirbeltieren vor, die eine kleine oder gar keine Großhirnrinde besitzen. Interessanterweise entfalten Morphin und andere Opiate wenig oder keine Wirkung auf das schnelle Schmerzsystem, aber einen sehr starken hemmenden Einfluss auf das langsame.

Opiatrezeptoren kommen vor allem in der Substantia gelatinosa des Rückenmarks, der Formatio reticularis, dem zentralen Höhlengrau, dem Hypothalamus, den Nuclei intralaminares des Thalamus sowie der Amygdala und mehreren anderen Regionen des limbischen Systems vor. Kurz gesagt: Sie sind über die gesamten Strukturen des langsamen Schmerzsystems (sowie des „Lust"-Systems) im Gehirn verteilt.

Nervenzellen, die Enkephalin enthalten, stehen in einer engen Beziehung zu den tieferen Ebenen des langsamen Schmerzsystems. Für die Verschaltung auf der Ebene des Rückenmarks zeigt die Abbildung 6.5 ein Beispiel. Die Funktion der Enkephalinneuronen besteht vermutlich darin, wie ein Eingangstor zu kontrollieren, wie viel von der Information über langsamen Schmerz, die aus den Körpergeweben einläuft, im Rückenmark zum Gehirn umgeschaltet wird.

Das enkephalinhaltige Interneuron in der Abbildung scheint über Synapsen auf die eintretenden langsamen Schmerzfasern zu wirken, die Substanz P und/oder Glutamat als Neurotransmitter verwenden. Das Interneuron hemmt offenbar die Übertragung von der Endigung der Schmerzfaser auf ihr Zielneuron, das die Schmerzinformation an das Gehirn weiterleitet. Die Enkephalin-Interneuronen können ihrerseits durch lokale Schaltkreise im Rückenmark und durch absteigende Bahnen aus dem Gehirn aktiviert werden. Eine dieser Bahnen wirkt vermutlich erregend auf das Enkephalin-Interneuron, das dadurch in den Substanz-P-Fasern die einlaufenden Schmerzinformationen hemmen würde. Interessanterweise scheint jene vom Gehirn kommende Bahn Serotonin als Neurotransmitter zu verwenden. Mittels dieser absteigenden Schmerzkontrollbahnen vermag das Gehirn

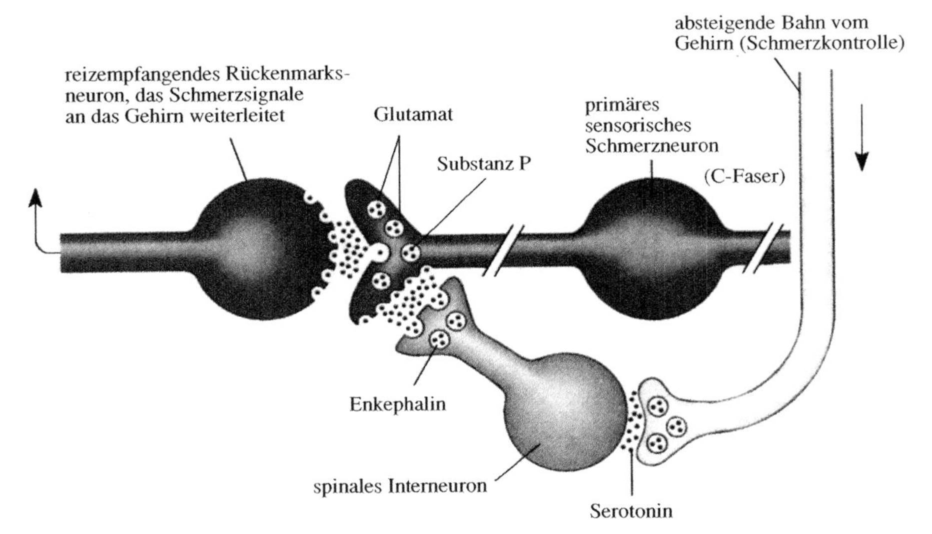

6.5 Bestimmte Interneuronen im Rückenmark scheinen Enkephalin als Neurotransmitter einzusetzen. Sie wirken direkt auf die Endigungen jener eintretenden sensorischen Fasern, die langsame Schmerzinformation aus dem Körper zum Rückenmark übertragen; offensichtlich hemmen sie die Umschaltung dieses Schmerzeingangs auf das Gehirn. Die Endigungen der langsam leitenden Schmerzfasern enthalten Substanz P und Glutamat. Glutamat scheint hier als schneller Überträgerstoff zu wirken, dessen Effekte durch Substanz P moduliert werden. Eine vom Gehirn kommende, der Schmerzkontrolle dienende Nervenbahn beeinflusst wiederum die Enkephalin-Interneuronen; als Transmitter scheint sie Serotonin zu verwenden.

die Summe der Schmerzinformationen, die es aus dem Rückenmark empfängt, zu steuern.

Neuere Forschungsergebnisse aus dem Labor von William Willis am Marine Biomedical Institute in Galveston, Texas, brachten uns weitere Aufschlüsse über dieses Schmerzeingangssystem. Willis injizierte Capsaicin (den aktiven Bestandteil von Cayenne-Pfeffer) in die Haut betäubter Tiere. Dies führte zur Aktivierung der Nervenzellen in der Substantia gelatinosa sowie zu einem Prozess der Sensibilisierung – die Nervenzellen reagierten zusehends stärker. Diese Sensibilisierung ist möglicherweise für den anhaltenden und heftigen Schmerz bei bestimmten Verletzungsarten – etwa Verbrennungen – verantwortlich. Bei diesen Verletzungen werden chemische Substanzen freigesetzt, beispielsweise Histamin, die wie Capsaicin wirken könnten. Wenn man in den betreffenden Bereich des Rückenmarks einen Antagonisten des Glutamatrezeptors vom AMPA-Typ infundiert, dann blockiert dieser, wie Willis herausfand, die Reaktionen der Nervenzellen auf die eingehenden Informationen. Ein Antagonist der Glutamatrezeptoren vom NMDA-Typ hingegen blockiert nicht die Aktivierung, verhindert dafür aber vollständig den Sensibilisierungsprozess. Folglich scheinen sich die entscheidenden synaptischen Vorgänge bezüglich der schnellen Übertragung an den Glutamat-AMPA-Rezeptoren und bezüglich der Sensibilisierung an den Glutamat-NMDA-Rezeptoren abzuspielen – ein Befund, der den Vorgängen an den Glutamatrezeptoren bei der hippocampalen Langzeitpotenzierung in etwa analog ist (Kapitel 4).

Auch Substanz P kommt in den Endigungen dieser langsam leitenden Schmerzfasern vor. Sie kann Neuronen beeinflussen, und zwar durch sehr langsame Erregungen, die sekunden- oder sogar minutenlang andauern; daher könnte sie für die Dauerhaftigkeit von brennenden Schmerzen ebenfalls eine Rolle spielen. Das gemeinsame Vorkommen des verbreiteten schnellen erregenden Transmitters Glutamat und von Substanz P in den gleichen Nervenzellen ist ein Beispiel für *Colokalisation*. In Nervenzellen enthaltene Peptide, von denen man annimmt, dass sie Zielneuronen beeinflussen, sind oft zusammen mit den verbreiteten Neurotransmittern vorhanden. So kommt beispielsweise in Neuronen des Hirnstammes Substanz P gemeinsam mit ACh vor, Enkephalin zusammen mit Serotonin und so weiter.

Drogensucht

Drogenabhängigkeit ist ohne Zweifel eines der gravierendsten Probleme unserer Gesellschaft. Alkohol kann wohl als die Droge gelten, mit der am meisten Missbrauch getrieben wird; so gibt es allein in den Vereinigten Staaten ungefähr zehn Millionen Alkoholiker. Obwohl zum Beispiel die Zahl der Heroinabhängigen wesentlich geringer ist, hat Heroin doch weit mehr Publizität erfahren als Alkohol; und in der Tat handelt es sich hier um ein sehr gefährliches Rauschgift. Auch Barbiturate und Amphetamine sowie Cocain werden häufig missbraucht und sind gefährliche, süchtig machende Wirkstoffe. Im Gegensatz zu einer weit verbreiteten Meinung kann Cocain sogar zu den am stärksten abhängig machenden Drogen zählen.

Nach Ansicht von Alan I. Leshner, dem Leiter des National Institute on Drug Abuse, haben »wissenschaftliche Fortschritte im Laufe der vergangenen 20 Jahre gezeigt, dass Drogensucht eine chronische Erkrankung ist, die durch lang andauernde Einwirkung von Drogen auf das Gehirn entsteht und deren Opfer leicht rückfällig werden ... Die Sucht als Gehirnerkrankung anzuerkennen, die charakterisiert ist durch ... zwanghaftes Verlangen nach Drogen und deren Missbrauch, kann die Gesundheit der Gesellschaft insgesamt sowie die gesellschaftspolitischen Strategien beeinflussen und dazu beitragen, die Kosten im Gesundheitswesen sowie im sozialen Bereich im Zusammenhang mit Drogenmissbrauch und -sucht zu senken.« (Leshner 1997, Seite 45). Der Süchtige ist nicht einfach ein schwacher oder schlechter Mensch, sondern vielmehr ein Mensch mit einer Gehirnerkrankung.

Aus medizinischer Sicht hat wohl der Nicotinmissbrauch, also das Rauchen von Tabak, die weitreichendsten Folgen, denn Raucher sind weitaus häufiger von Emphysemen, Lungenkrebs, anderen Krebsformen und Herzkrankheiten betroffen. Beim starken Rauchen von Marihuana kommen neben all diesen Gefahren noch weitere ernsthafte Risiken hinzu. Ein anderer häufig missbrauchter Stoff ist Coffein, das in beträchtlichen Mengen in Kaffee und einigen Erfrischungsgetränken vorkommt und dessen Missbrauch mindestens genauso verbreitet – wenngleich weit weniger folgenschwer – ist wie der von Nicotin. Es mag für manchen überraschend sein, dass vielfach auch normale Nahrungsmittel ernsthaft missbraucht werden: Mehrere Millionen Amerikaner haben zum Beispiel schwere gesundheitliche Probleme, weil zu viel zu essen bei ihnen zur Sucht geworden ist und sie dadurch fettleibig oder extrem übergewichtig geworden sind.

Sensibilisierung und Entzugserscheinungen

Beim Missbrauch von Stoffen gibt es drei miteinander zusammenhängende Phänomene: Sucht, Toleranz und Entzugserscheinungen. (Nahrungsmittelmissbrauch mag hier eine Ausnahme sein.) *Sucht* oder *Abhängigkeit* beschreibt im Grunde genommen ein bestimmtes Verhalten, nämlich dass der Anwender die jeweilige Substanz immer häufiger begehrt und zu sich nimmt. Unter *Toleranz* versteht man, dass eine immer größere Menge des Suchtmittels erforderlich ist, um die gleiche Wirkung zu erreichen; so muss jemand, der Heroin spritzt, immer wieder die injizierte Dosis erhöhen, um das gleiche Gefühl von Euphorie, den gleichen „Flash" oder „Rush", zu erzielen. Mit *Entzugserscheinungen* schließlich bezeichnet man die Symptome und Gefühle, die auftreten, sobald ein Abhängiger den Missbrauch einstellt.

Praktisch alle missbrauchten Stoffe lassen eine deutliche Toleranz entstehen, auf jeden Fall sämtliche süchtig machenden. Allerdings scheinen einige Drogen, gegenüber denen sich eine Toleranz aufbaut, kaum abhängig zu machen. So entwickelt sich gegenüber LSD zwar eine große Toleranz, aber das Süchtigkeitspotenzial dieser Droge ist gering. Bei der Verwendung von Marihuana baut sich ebenfalls eine Toleranz auf, aber dieser Stoff macht viel weniger süchtig als etwa Heroin.

Die Schwere der Entzugserscheinungen variiert enorm mit der jeweils missbrauchten Droge. Heroinentzug führt – trotz der Aufmerksamkeit, die ihm geschenkt wird – fast nie direkt zum Tod. Zudem kann man die Entzugssymptome heute leicht durch entsprechende Medikation in den Griff bekommen. Dagegen kann der Entzug von Barbituraten wie auch der Alkoholentzug den Tod zur Folge haben. In diesem Sinne sind jene Stoffe gefährlicher als Heroin. Beim Nicotin sind die Entzugserscheinungen, die ein starker Raucher erlebt, wenn er versucht, diese Gewohnheit aufzugeben, viel weniger offensichtlich und scheinen nicht sonderlich gravierend zu sein. Sie treten eher schleichend auf und bleiben lange bestehen; Betroffene beschreiben sie oft als Unfähigkeit, klar zu denken, als erhöhtes Spannungsgefühl und gesteigerte Reizbarkeit. Hinsichtlich des Suchtverhaltens macht Rauchen (Nicotingenuss) jedoch genauso süchtig wie Cocain, gemessen an der Zahl derjeniger, die vergeblich versuchen, davon loszukommen. Viele der am stärksten süchtig machenden und gefährlichsten Drogen rufen bei Entzug keine schweren körperlichen Symptome hervor. Crack-Cocain und Methamphetamin machen beide hochgradig süchtig, aber ihr Entzug bewirkt kaum körperliche Symptome. Viel schlimmer ist, dass Süchtige trotz schwerwiegender gesundheitlicher und sozialer Folgen zwanghaft versuchen, sich diese Drogen zu beschaffen und sie zu konsumieren. Den subjektiven Zustand eines Süchtigen, der eine Droge begehrt, bezeichnet man mit dem englischen Ausdruck *Craving* („heftiges Verlangen, Begierde").

Die Schwere der Entzugserscheinungen steht in engem Bezug zum zeitlichen Verlauf der Drogenwirkung selbst. Heroin wirkt sehr schnell, und so stellen sich auch die (schweren) Entzugserscheinungen rasch ein. Methadon, ein dem Heroin verwandtes synthetisches Produkt, übt dieselben Wirkungen aus wie dieses, nur wesentlich langsamer. Dementsprechend entwickeln sich bei Methadon die Entzugserscheinungen viel langsamer und sind auch weniger schwer, wenngleich sie länger anhalten. Vor diesem Hintergrund sind die Methadonbehandlungsprogramme für Heroinsüchtige zu sehen. Da Methadon und Heroin (sowie Morphin) sehr ähnliche Drogen sind, ergibt sich für sie eine deutliche Kreuztoleranz. Wenn der Körper gegenüber der einen eine Toleranz aufgebaut hat, dann besteht diese auch gegenüber der anderen, geradeso wie es für die bereits erwähnte Kreuztoleranz bei den Hirnopiaten und Morphin gilt.

Die meisten Entzugssymptome lassen sich ziemlich genau aus der Wirkung der jeweiligen Droge vorhersagen, denn gewöhnlich kommt es zu einer Umkehr der Drogeneffekte. Heroin verlangsamt die Kontraktionen des Magens, der Entzug bewirkt Magenkrämpfe. Nicotin (aus dem Tabakrauch) steigert die Herzfrequenz, der Entzug führt zur Verlangsamung. Amphetamin wirkt euphorisierend – löst also ein Gefühl von fast manischem Wohlbefinden aus –, der Entzug verursacht schwere Depressionen.

Angesichts dieser auffallenden entgegengesetzten Wirkungen von Drogengebrauch und -entzug entwickelte man eine allgemeine Entzugs- und Suchttheorie – die so genannte *Hypersensitivitätstheorie* –, die schlicht besagt, dass Körper und Gehirn versuchen, den Drogenwirkungen entgegenzuarbeiten. Der Körper ist normalerweise bestrebt, einen konstanten, optimalen inneren Zustand aufrechtzuerhalten. Wenn dieser durch eine Droge gestört wird, versucht der Körper das zu kompensieren. Nehmen wir zum Beispiel an, dass eine Droge die Herzfrequenz steigert, wie Nicotin das tut. Gehirn und Nervensystem könnten daraufhin die Aktivität des Vagus erhöhen, um den Herzschlag wieder zu verlangsamen. Bei wiederholtem Gebrauch der Droge könnte diese gesteigerte kompensatorische Aktivität des Vagus lange anhalten und relativ beständig werden. Beim Entzug der Droge würde der Vagusnerv seine erhöhte Aktivität eine Zeitlang beibehalten, und in dieser Phase schlüge das Herz dann langsamer als normal.

Nach der Entdeckung des Opiatrezeptors entwickelte man eine einfache Theorie der Opiatabhängigkeit auf der Ebene der Rezeptormoleküle. Es handelt sich ganz einfach um eine Erweiterung der Hypersensitivitätstheorie der Entzugserscheinungen. Opiatrezeptoren üben ihre Wirkungen vermutlich über ein *second messenger*-System aus. Dieses System sei hier noch einmal kurz beschrieben: Sobald sich entsprechende Transmittermoleküle an die Rezeptoren auf der Neuronenmembran angeheftet haben, lösen diese der Theorie zufolge eine Abnahme der Synthese von cyclischem AMP aus. Die Abnahme kann auf die Proteinsynthesemaschinerie der Zelle einwirken und langfristige Veränderungen in der Zellfunktion hervorrufen. Die Primärwirkung der Hirnopiate könnte etwa darin bestehen, die Bildung von cyclischem AMP in den Zielneuronen zu verringern. Wenn man künstliche Opiate wie Heroin verabreicht, wirken auch diese auf die Opiatrezeptoren. Nehmen wir an, dass sie ebenfalls eine Verringerung der cAMP-Synthese auslösen. Die Zelle arbeitet diesem Einfluss nun entgegen, indem sie mehr cyclisches AMP herstellt. Bei wiederholtem Heroingebrauch stellt sich in der Zelle eine lang andauernde Zunahme der cAMP-Synthese ein, die dem hemmenden Einfluss des Heroins entgegenwirkt. Wenn das Heroin jetzt entzogen wird, bildet die Zelle anschließend zu viel cAMP; dadurch kommt es zu den Entzugserscheinungen.

Das Opiatrezeptormodell der Sucht wird von einigen der auf diesem Gebiet arbeitenden Wissenschaftler als Grundmodell für alle Formen der Abhängigkeit angesehen. Das heißt aber nicht, dass der Opiatrezeptor bei allen Suchtformen mitwirkt. Insbesondere hat die Abhängigkeit von Barbituraten, Amphetamin, Nicotin und Alkohol nichts mit diesem Rezeptor zu tun. Viele dieser Drogen wirken über bestimmte Neurotransmitterrezeptorsysteme im Gehirn; Nicotin zum Beispiel beeinflusst die nicotinergen ACh-Rezeptoren, und Amphetamin und Cocain wirken vermutlich auf die dopaminergen Catecholaminrezeptoren ein. Barbiturate heften sich mutmaßlich an Barbituratbindungsstellen auf $GABA_A$-Rezeptoren und haben darüber hinaus noch andere Wirkungen. Der süchtig machende Prozess könnte auch in diesen Systemen über eine Anpassung auf Rezeptorebene erfolgen, wie sie beim Opiatrezeptorsystem auftritt.

Das Belohnungssystem des Gehirns und Sucht

Die meisten Süchtigen beginnen die süchtig machenden Substanzen wegen eben der lustvollen Empfindungen zu konsumieren, die bei Rauschmitteln wie Heroin und Cocain besonders intensiv sein können. Natürlich gibt es auch andere Gründe, mit Drogenmissbrauch zu beginnen, insbesondere Gruppendruck durch Gleichaltrige, aber die lustvolle Erfahrung wird rasch zu einem entscheidenden Faktor. Vermutlich aktivieren bestimmte Drogen ein „Belohnungs"- oder „Lust"-

System im Gehirn. Dieses System wurde 1953 durch Zufall von James Olds und Peter Milner an der McGill University entdeckt und gehört zu den bedeutendsten bisherigen Entdeckungen über die Grundlagen des Verhaltens im Gehirn.

Olds und Milner verabreichten bestimmten Regionen des Gehirns von Ratten milde Stromstöße in der Hoffnung, ein Zentrum für die Schlafsteuerung zu finden. Bei dem Versuchsaufbau durfte sich das Tier frei in einem Kasten bewegen. Jedesmal, wenn sich das Tier in einer bestimmten Ecke des Kastens befand, versetzten sie ihm einen leichten Stromstoß. Wie sie feststellten, kehrte das Tier immer wieder in diese Ecke zurück – es schien, als wolle es ihnen mitteilen, dass ihm die Stromstöße „gefielen".

Nachdem sie diese nachdrückliche Wirkung der Gehirnreizung bei einer Reihe von Tieren bestätigt hatten, wendeten sie die Technik von Skinner an, das heißt, das Tier konnte sich nun durch Drücken eines Hebels den Stromstoß im Gehirn selbst zufügen (Abbildung 6.6). Die Ergebnisse waren außergewöhnlich. Befand sich die Elektrode in einem bestimmten *hot spot* des Gehirns, drückte das Tier den Hebel bis zu 2 000 Mal pro Stunde!

Nach dieser Entdeckung entwickelte sich ein umfangreicher Forschungszweig, der sich mit dem Belohnungssystem des Gehirns befasste. Selbst an menschlichen

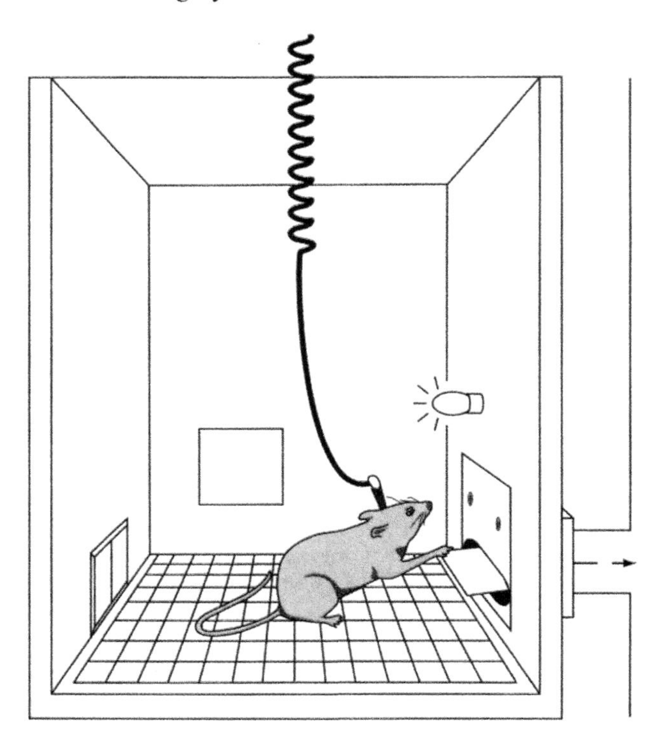

6.6 Der Versuchsaufbau, bei dem sich eine Ratte selbst Stromstöße im Gehirn zufügen kann. Wenn die Ratte den Hebel drückt, löst sie damit eine elektrische Reizung ihres Gehirns aus; gleichzeitig wird aufgezeichnet, mit welcher Geschwindigkeit sie den Hebel drückt – das kann mehr als einmal pro Sekunde sein, sofern die Elektrode an der entsprechenden Stelle im Gehirn sitzt.

Patienten wurden diverse Untersuchungen mit elektrischer Selbstreizung des Gehirns durchgeführt. Man vermutet, dass viele Regionen des Gehirns in gewissem Maße Selbstreizung belohnen; bei manchen ist eine Reizung hingegen äußerst unangenehm, beispielsweise beim System der langsamen Schmerzübertragung. Der laterale Hypothalamus schien zunächst die Region zu sein, die am beständigsten positive Ergebnisse erbrachte; bei weiteren Forschungen zeigte sich jedoch, dass das Belohnungssystem in einer großen aufsteigenden Bahn lokalisiert ist, die durch den lateralen Hypothalamus verläuft und als mediales Vorderhirnbündel bezeichnet wird. Diese Bahn enthält aufsteigende dopaminerge, noradrenerge und serotoninerge Fasersysteme, die vom Mittelhirn auf viele Regionen des Vorderhirns projizieren, etwa auf den präfrontalen Cortex, den Nucleus accumbens, die Amygdala und andere Regionen des limbischen Systems.

Der entscheidende Teil dieses Schaltkreises ist die Dopaminbahn, deren dopaminerge Fasern in der Area tegmentalis ventralis (VTA) des Mittelhirns liegen und über das mediale Vorderhirnbündel zum Nucleus accumbens und anderen Strukturen des Vorderhirns ziehen (Abbildung 6.7). Wenn nun die Elektrode zur Selbstreizung an einer effektiven Stelle im medialen Vorderhirnbündel sitzt, verringert eine Infusion von Dopaminblockern (etwa von Medikamenten, die zur Behandlung von Schizophrenie verabreicht werden) in den Nucleus accumbens die Rate der Selbstreizung. Umgekehrt erhöht sich die Rate der elektrischen Selbstreizung, wenn man einen Dopaminagonisten in den Nucleus accumbens infundiert.

Wenn Tiere ihr mediales Vorderhirnbündel selbst reizen, zeigen sie vollendete Verhaltensweisen wie Nahrungsaufnahme, Trinken, Nagen an Holzklötzen, Kopulation und so weiter – je nachdem, an welcher Stelle im medialen Vorderhirnbündel sich die stimulierende Elektrode befindet und welche Objekte in dem Versuchskäfig vorhanden sind. Mit anderen Worten, die Tiere verhalten sich so, als würden sie durch biologisch relevante Belohnungen entlohnt – durch Nahrung, Wasser, Sexualität und so weiter.

Die Freisetzung von Neurotransmittern wie Dopamin in bestimmten Hirnregionen kann man messen. Bei Ratten bewirkt eine elektrische Selbstreizung des medialen Vorderhirnbündels eine deutliche Ausschüttung von Dopamin aus den dortigen Axonendigungen in den Nucleus accumbens. Des Weiteren führt auch das Vorhandensein natürlicher Belohnungen wie Nahrung, Wasser oder Geschlechtspartner dazu, dass eine merkliche Menge Dopamin in den Nucleus accumbens freigesetzt wird. Das Gleiche scheint für süchtig machende Drogen zuzutreffen – bei allen kommt es zu einer Übertragung von Dopamin aus dem medialen Vorderhirnbündel auf den Nucleus accumbens.

Leshner (1997) bemerkt: »Obwohl alle untersuchten Drogen irgendwelche charakteristischen Wirkungsmechanismen aufweisen, ist praktisch allen missbrauchten Drogen gemeinsam, dass sie entweder direkt oder indirekt auf eine einzige Bahn im Gehirn wirken. Diese Bahn, das so genannte mesocorticolimbische Belohnungssystem, erstreckt sich von der Area tegmentalis ventralis zum Nucleus accumbens und projiziert auch in Regionen wie das limbische System und den orbitofrontalen Cortex. Offenbar ist eine Aktivierung dieses Systems entscheidend daran beteiligt, dass Drogenabhängige immer wieder Drogen nehmen. Dies ist aber keine Einzelwirkung einer bestimmten Droge – alle süchtig machenden Drogen beeinflussen diesen Schaltkreis.«

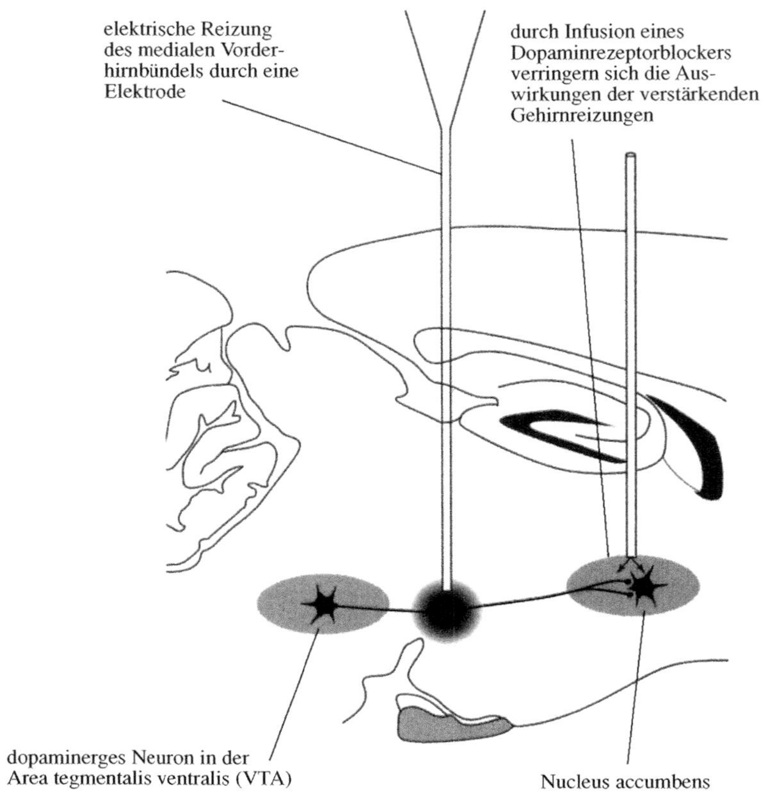

6.7 Der grundlegende Belohnungsschaltkreis. Die belohnende Wirkung der elektrischen Reizung des aufsteigenden dopaminergen Systems im medialen Vorderhirnbündel wird durch Infusion von Dopaminrezeptorantagonisten im Nucleus accumbens (einer Zielregion des medialen Vorderhirnbündels) blockiert. Das Gehirn der Ratte in der Abbildung zeigt nach rechts.

Beispiele für die wichtigsten Schaltkreise, die von den drei Hauptklassen suchterzeugender Drogen aktiviert werden, zeigt Abbildung 6.8. Das Belohnungssystem für Cocain und Amphetamin (a) beinhaltet dopaminerge Fasern in der Area tegmentalis ventralis (VTA), die zum Nucleus accumbens und zum präfrontalen Cortex projizieren. Auch am Belohnungssystem für Opiate sind diese Strukturen beteiligt, aber auch der Locus coeruleus der Amygdala und das zentrale Höhlengrau. Bei Alkohol beinhaltet das Belohnungssystem die Bahn VTA → Nucleus accumbens und beeinflusst andere Strukturen mit $GABA_A$-Rezeptoren, darunter die Großhirnrinde, das Kleinhirn, der Hippocampus, die Colliculi und die Amygdala. All diese süchtig machenden Drogen beeinflussen das Belohnungssystem Dopamin-VTA → Nucleus accumbens, jede aber zusätzlich auch noch andere Hirnsysteme. Die Aktivierung des Schaltkreises VTA → Nucleus accumbens ist vermutlich der Grund dafür, dass all diese Drogen süchtig machen, die Aktivierung an-

a) Kokain und Amphetamine

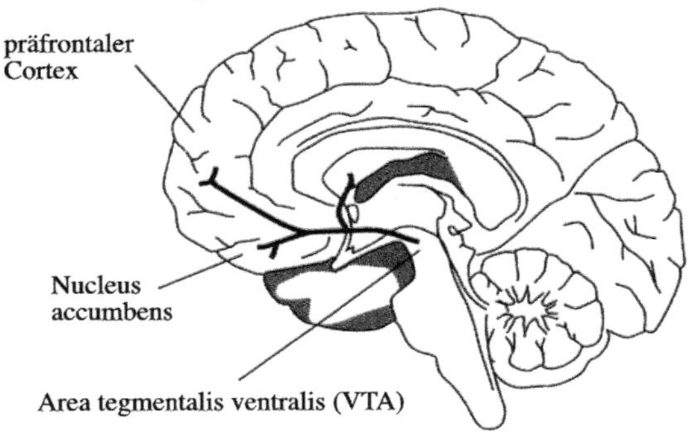

b) Opiate

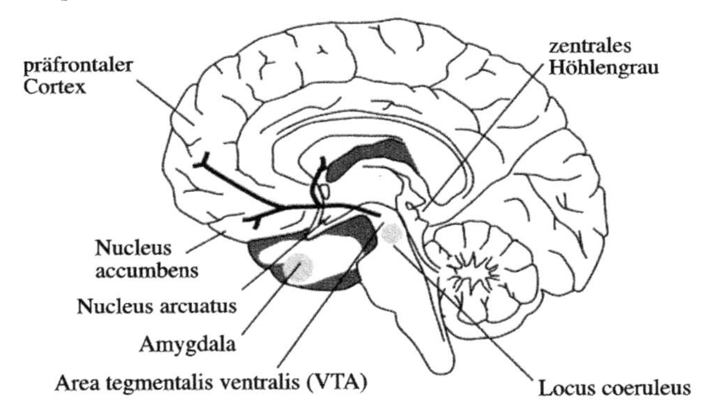

c) Alkohol

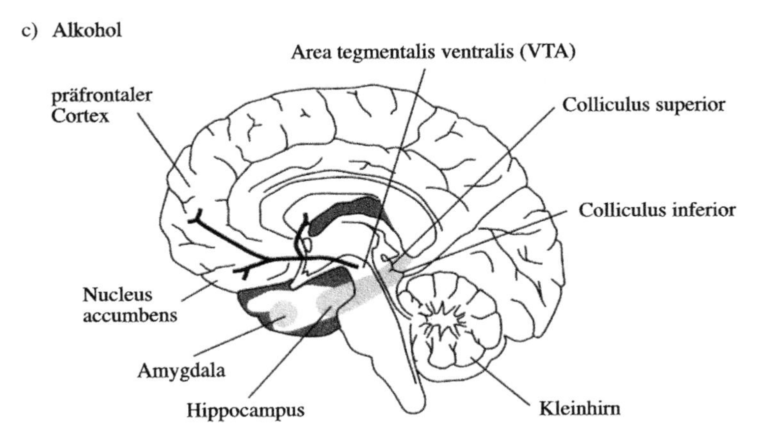

6.8 Das Cocain- und Amphetamin-Belohnungssystem (a) umfasst Neuronen, die Dopamin verwenden und in der Area tegmentalis ventralis (VTA) liegen. Diese Neuronen sind mit dem Nucleus accumbens und anderen Regionen wie dem präfrontalen Cortex verbunden.
Das Opiat-Belohnungssystem (b) umfasst ebenfalls diese Strukturen. Zusätzlich beeinflussen die Opiate aber auch Strukturen, die auf chemische Substanzen des Ge-

hirns reagieren, welche die Wirkung von Drogen wie Heroin und Morphin nachahmen. Zu diesem System gehören der Nucleus arcuatus, die Amygdala, der Locus coeruleus und das zentrale Höhlengrau.
Am Alkohol-Belohnungssystem (c) sind ebenfalls die VTA und der Nucleus accumbens beteiligt; es wirkt sich auf Strukturen aus, die GABA (Gamma-Aminobuttersäure) als Neurotransmitter verwenden. GABA ist in zahlreichen Regionen des Gehirns weit verbreitet, etwa in der Großhirnrinde, im Kleinhirn, im Hippocampus, in den Colliculi superiores und inferiores, in der Amygdala und im Nucleus accumbens. Die Area tegmentalis ventralis (VTA) und der Nucleus accumbens sind die beiden Strukturen, die an den Belohnungssystemen für alle Drogen (einschließlich Alkohol und Tabak) beteiligt sind; bei bestimmten Drogen könnten aber auch noch andere Mechanismen eine Rolle spielen.

derer Gehirnstrukturen die Ursache, dass jede Droge andere typische Wirkungen und Effekte hervorruft.

Die Chemie von Gehirn und Körper scheint der wichtigste Faktor beim Suchtverhalten zu sein, aber auch verhaltensbiotische und psychische Faktoren können erheblich dazu beitragen. Einer der interessantesten Gesichtspunkte bei der Morphinabhängigkeit ist, dass die Toleranz gegenüber Morphin zu einem bestimmten Grad durch Konditionierung erworben oder erlernt werden kann. Ratten, denen man – in der gleichen Umgebung – wiederholt Morphin injiziert, entwickeln eine spürbare Toleranz gegenüber der Droge; sie können eine Morphindosis überleben, die tödlich für sie wäre, wenn man sie ihnen in einer anderen Umgebung verabreichte. Dieses Phänomen erlernter Toleranz mag die Ursache für eine Reihe von Todesfällen durch Überdosen unter Heroinabhängigen sein, wenn sie sich beispielsweise die hohe Dosis, an die sie sich gewöhnt haben, in einer fremden und ungewohnten Umgebung spritzen.

Wir haben bereits angemerkt, dass einer der Hauptgründe dafür, dass ein Süchtiger eine Droge begehrt und konsumiert, das als Craving bezeichnete heftige Verlangen ist. Die Forschungen von George Koob und seinen Mitarbeitern am Scripps Research Institute haben die Amygdala mit dem Craving in Zusammenhang gebracht. Mit Koobs Worten (in Mueller 1996, Seite 5): »Wir glauben, dass Erinnerungen im Zusammenhang mit Drogenmissbrauch in der Amygdala in ein heftiges Verlangen umgewandelt werden, eine Droge erneut zu nehmen... Man stelle sich einen Drogenabhängigen vor, der sein Cocain gewöhnlich an einer bestimmten U-Bahn-Haltestelle kauft und in der Regel kurz nach dem Kauf die Wirkung der Droge erlebt. Auf diese Weise verbindet der Drogenabhängige im Geist letztendlich die U-Bahn-Haltestelle – normalerweise ein neutraler Bestandteil seiner Umgebung – mit den positiven, belohnenden Wirkungen des Cocains.« Selbst nach einer Rehabilitation kann der Anblick der U-Bahn-Haltestelle ein heftiges Verlangen nach Cocain auslösen. Bei diesem Craving handelt es sich somit um einen erlernten Effekt – erlernt durch die nachdrückliche Verstärkung der süchtig machenden Droge. Durch entsprechende Läsionen der Amygdala lässt sich bei Tieren offenbar ein Craving verhindern. Wir werden in einem späteren Kapitel erfahren, dass die Amygdala auch an den Phänomenen der erlernten Furcht und Angst entscheidend beteiligt ist, die sich nicht allzu sehr von den äußerst unangenehmen Aspekten des Cravings unterscheiden, wie sie ein Süchtiger erfährt.

Hormone und das endokrine System

Das *endokrine System* ist neben dem Nervensystem das zweite große Kommunikationssystem im Körper. Abbildung 6.9 zeigt die Verteilung der wichtigsten endokrinen Drüsen im Körper. Das endokrine System gibt seine Informationen über das Blut weiter. Die Hauptdrüse, die *Hypophyse* oder *Hirnanhangsdrüse*, und der ihr vorgeschaltete Hypothalamus sezernieren Kontrollhormone in den Blutkreislauf. Diese Hormone aktivieren spezifische Rezeptoren in ihren Zielorganen, die daraufhin weitere Hormone in das Blut abgeben, welche auf wieder andere Gewebe und auch zurück auf die Hypophyse und das Gehirn wirken (Tabelle 6.1). Das endokrine System ist sowohl für die Aktivierung und die Kontrolle solch grundlegender Verhaltensfunktionen wie Sexualität, Emotionen und Stressreak-

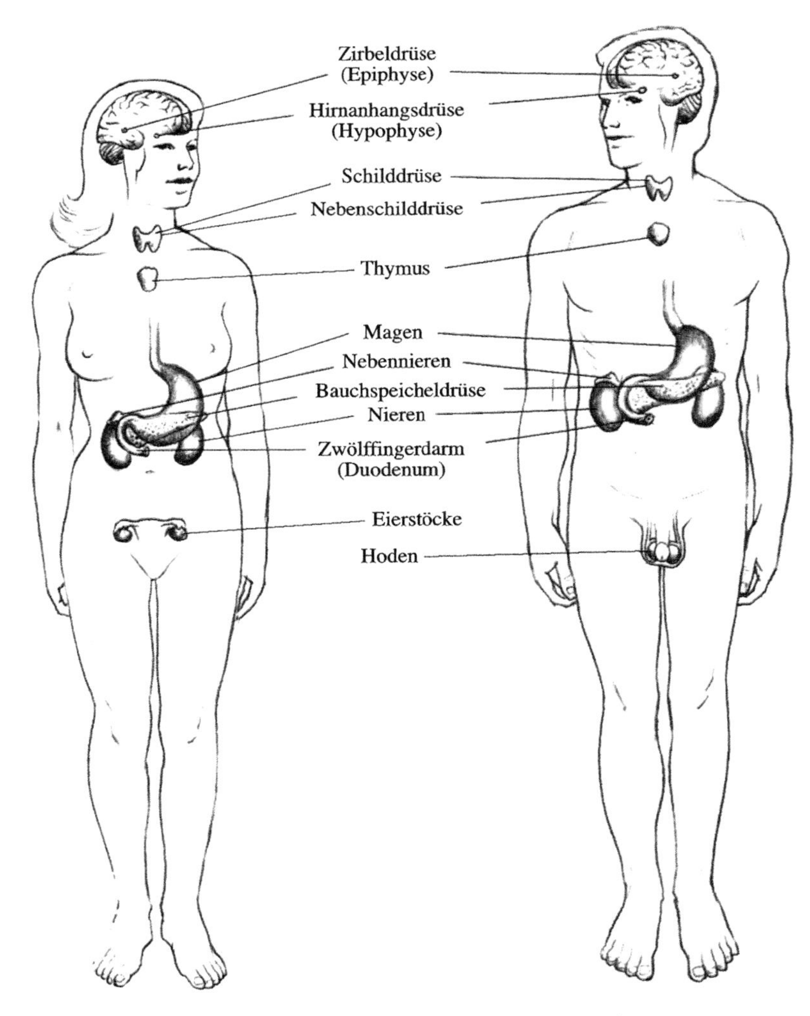

6.9 Lage der wichtigsten endokrinen Drüsen (Hormondrüsen).

Tabelle 6.1: Übersicht über die wichtigsten Hormone, die in den Körperkreislauf freigesetzt werden

Drüse	Hormon	Hauptfunktion: Steuerung von
Hypophysenvorderlappen (Adenohypophyse)	Wachstumshormon (Somatotropin, STH, HGH)*	Wachstum; Organstoffwechsel
	schilddrüsenstimulierendes Hormon (Thyreotropin, TSH)	Schilddrüse, Stoffwechsel
	adrenocorticotropes Hormon (Corticotropin, ACTH)	Nebennierenrinde
	Prolactin	Milchbildung in der Brust
	gonadotrope Hormone: follikelstimulierendes Hormon (FSH, Follitropin), luteinisierendes Hormon (LH, Luteotropin)	Geschlechtsorgane (Bildung der Keimzellen und Synthese von Sexualhormonen)
Hypophysenhinterlappen	Oxytocin	Milchsekretion; Gebärmutterkontraktionen
(Neurohypophyse)**	Vasopressin (antidiuretisches Hormon, ADH)	Wasserausscheidung
Nebennierenrinde	Cortisol	Organstoffwechsel; Reaktion auf Stress
	Androgene	Wachstum; sekundäre männliche Geschlechtsmerkmale und – bei Frauen – sexuelle Aktivität
	Aldosteron	Natrium- und Kaliumausscheidung
Nebennierenmark	Adrenalin (Epinephrin) Noradrenalin (Norepinephrin) Opioide	Organstoffwechsel; Herz-Kreislauf-Funktionen; Stressreaktionen
Schilddrüse	Thyroxin (T_4) Triiodthyronin (T_3)	Energiestoffwechsel; Wachstum
	Calcitonin	Calciumgehalt im Plasma
Nebenschilddrüse	Nebenschilddrüsenhormon (Parathormon, PTH)	Calcium- und Phosphatgehalt im Plasma
Geschlechtsorgane weiblich: Eierstöcke	Östrogene Progesteron	Fortpflanzungssystem; Wachstum und Entwicklung
männlich: Hoden	Testosteron	Fortpflanzungssystem; Wachstum und Entwicklung

Drüse	Hormon	Hauptfunktion: Steuerung von
Bauchspeicheldrüse (Pankreas)	Insulin Glucagon	Organstoffwechsel; Glucosegehalt im Plasma
	Somatostatin	Wachstum
Nieren	Renin	Nebennierenrinde
	Erythropoetin (ESF)	Bildung roter Blutkörperchen
	1,25-Dihydroxy-Cholecalciferol (Vitamin D_3)	Calcium-Gleichgewicht
Verdauungstrakt	Gastrin Secretin Cholecystokinin gastrisches inhibitorisches Peptid (GIP) Somatostatin	Verdauungstrakt; Leber; Bauchspeicheldrüse; Gallenblase
Thymus	Thymushormone (z. B. Thymosin)	Entwicklung der weißen Blutkörperchen
Zirbeldrüse (Epiphyse)	Melatonin	sexuelle Reifung (?)

*Die Namen und Abkürzungen in Klammern sind Synonyme.
**Die Neurohypophyse speichert und sezerniert diese Hormone; synthetisiert werden sie im Hypothalamus.
Quelle: Verändert nach Vander A. J.; Sherman, J. H.; Luciano, D. S. *Human Physiology: The Mechanisms of Body Function*. 5. Aufl. New York (McGraw-Hill) 1991.

tionen als auch für die Regulation von fundamentalen Körperfunktionen wie Wachstum, Energieverbrauch und Stoffwechsel von entscheidender Bedeutung.

Der Schlüssel für alle spezifischen Hormonwirkungen ist das *Hormonrezeptormolekül*. Hormonrezeptoren sind in ihrer Funktion den Neurotransmitterrezeptoren sehr ähnlich. Ein bestimmter Hormonrezeptor wird nur durch sein spezielles Hormon aktiviert (und durch chemisch nahe verwandte Verbindungen wie etwa synthetische Hormonanaloga). Die einzigen Körperzellen, die auf ein bestimmtes Hormon reagieren, sind jene, die Rezeptormoleküle für dieses Hormon aufweisen. Oxytocin zum Beispiel wirkt nur auf Gewebe in der Brust und der Gebärmutter von Frauen oder weiblichen Tieren, weil allein diese Gewebe Oxytocinrezeptoren besitzen. Es verursacht keine Kontraktionen anderer Muskelgewebe, weil dort die entsprechenden Rezeptoren fehlen.

Zu den wichtigsten *endokrinen Drüsen* gehören die Gonaden (Eierstöcke und Hoden), die Nebennieren, die Schilddrüse, die Bauchspeicheldrüse, der Thymus, die Zirbeldrüse und natürlich die Hypophyse (Abbildung 6.9 und Tabelle 6.1). Die Nieren und der Verdauungstrakt wirken ebenfalls als endokrine Drüsen. Das Wort endokrin bedeutet soviel wie „nach innen absondern“: Endokrine Drüsen geben ihre Stoffe innerhalb des Körpers in den Blutstrom ab. Dagegen sezernieren *exo-*

krine Drüsen Substanzen nach außen; Beispiele hierfür sind die Schweiß-, Tränen- und Speicheldrüsen.

Die Aktivität aller endokrinen Drüsen steht unter der direkten Kontrolle der Hypophyse oder Hirnanhangsdrüse (Abbildung 6.10), die an der Hirnbasis direkt unterhalb des Hypothalamus liegt. Die Hypophyse wiederum unterliegt der Steuerung durch den *Hypothalamus*, eine kleine Struktur an der Hirnbasis, die aus mehreren verschiedenen Gruppen von Nervenzellen besteht. Der Hypothalamus ist für die Regulation der grundlegenden Körperfunktionen entscheidend: Er kontrolliert das autonome Nervensystem, die Funktionen von Herz und Blutgefäßen, die Temperaturregulation, Essen und Trinken, Sexualität und Lust. Der Hypothalamus übt seine Wirkung auf das Gehirn und das übrige Nervensystem sowie auf das endokrine System über die Steuerung der Hypophyse aus.

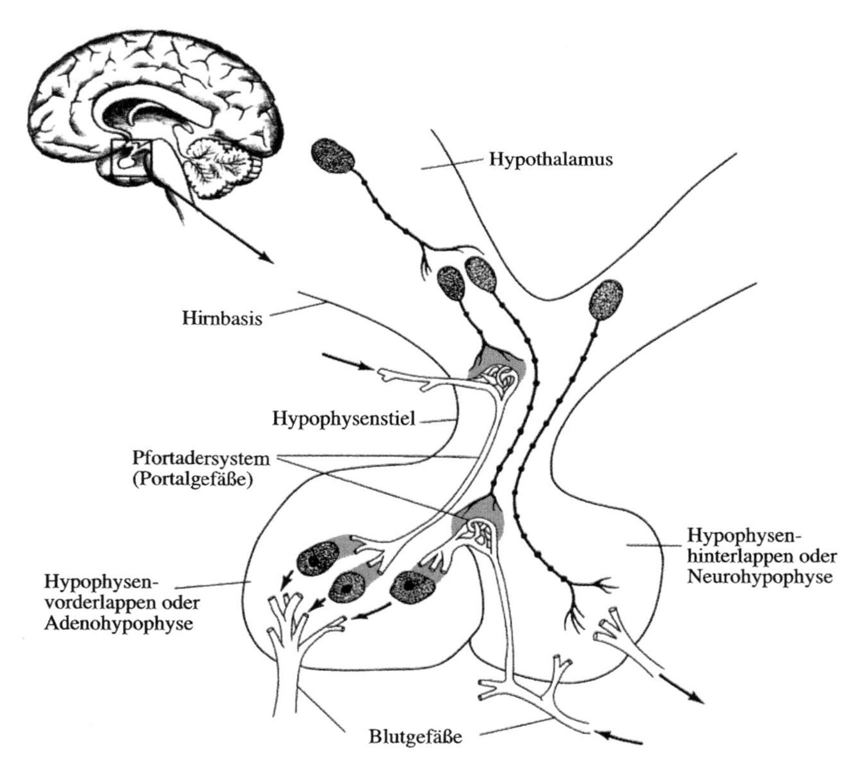

6.10 Die Hypophyse oder Hirnanhangsdrüse sitzt wie ein gestielter Fortsatz des Hypothalamus an der Hirnbasis. Die Neurohypophyse (der Hypophysenhinterlappen) dient im Grunde nur als unterstützendes Gewebe für die Endigungen von Nervenfasern aus dem Hypothalamus, die Hormone in den Blutstrom entlassen. Die Adenohypophyse (der Hypophysenvorderlappen) ist dagegen eine echte Drüse. Ihre Zellen geben Hormone in den Blutstrom ab, wenn sie ihrerseits durch Hormone stimuliert werden, die von Nervenzellen im Hypothalamus stammen. Diese Hypothalamushormone fließen in den Portalgefäßen direkt aus dem Hypothalamus in die Adenohypophyse.

Die Hypophyse wird oft als Hauptdrüse des endokrinen Systems bezeichnet. Sie liegt im Körper unmittelbar unterhalb des Hypothalamus und geht in ihn über. Tatsächlich sollte man eigentlich den Hypothalamus als die Hauptdrüse betrachten: Schließlich kontrolliert er direkt und streng die Aktivität der Hirnanhangsdrüse. Die Beziehung zwischen Hypothalamus und Hypophyse ist erst in den letzten Jahren klar herausgearbeitet worden. Der Hypothalamus besteht aus Nervenzellen und ist insofern natürlich im strengen Sinne keine Drüse, wohingegen ein Teil der Hypophyse echtes Drüsengewebe darstellt und keine Nervenzellen besitzt.

Wir wollen ein Beispiel herausgreifen, um zu verstehen, wie das System arbeitet. Unter Stressbedingungen produziert der Hypothalamus ein Hormon, das so genannte *Corticotropin-Releasing-Hormon* (CRH; das englische Wort *releasing* bedeutet „Freisetzung") (auch Corticoliberin genannt). Dieses wird durch den Pfortaderblutstrom direkt zu den Zellen des Hypophysenvorderlappens transportiert, wo es die Freisetzung des adrenocorticotropen Hormons (ACTH; Corticotropin) in den Körperkreislauf auslöst. ACTH wirkt unmittelbar auf Zellen in der Nebennierenrinde und veranlasst sie, Cortisol ins Blut auszuschütten. Cortisol ist das Stresshormon und mobilisiert den Körper für den Umgang mit Belastungen.

Diese allgemeine Reaktionskaskade gilt im Prinzip für die Wirkungen aller Hormondrüsen. Darüber hinaus gibt es noch einen weiteren, sehr wichtigen Schritt: die *Rückkopplungs-* oder *Feedback-Kontrolle*. Die erhöhte Blutkonzentration des Cortisols wirkt auf den Hypothalamus und die Hypophyse zurück und verringert den Ausstoß an CRH und ACTH – ein Beispiel für ein System mit negativer Rückkopplung, ähnlich der Temperaturregulation durch einen Thermostaten. Wenn der Cortisolspiegel im Blut ansteigt, werden die „Thermostaten" in Hypothalamus und Hypophyse abgeschaltet, wenn er sinkt, werden sie angeschaltet.

Die Hypophyse besteht in Wirklichkeit aus zwei Drüsen: dem Vorderlappen, der Adenohypophyse, und dem Hinterlappen, der Neurohypophyse (Abbildung 6.10). In der Embryonalentwicklung leitet sich die *Neurohypophyse* von der Neuralleiste ab, jenen Zellen, die später das Nervensystem bilden. Sie ist im Grunde genommen ein Teil des Hypothalamus, der aus dem Gehirn herausragt, und keine eigenständige Drüse. Die Neurohypophyse stellt einfach eine Anhäufung von Zellen dar, welche die Endigungen von Neuronen versorgen und unterstützen, deren Zellkörper in zwei Regionen des Hypothalamus liegen. Diese Nervenendigungen sind der einzige funktionelle Teil der Neurohypophyse, soweit es um die Hormonausschüttung geht. Die Hormone, die von den Nervenzellkörpern im Hypothalamus gebildet werden, gelangen durch axoplasmatischen Transport zu ihren Endigungen in der Neurohypophyse; dort werden sie dann gespeichert. Wenn diese Nervenzellen geeignete Reize empfangen, geben ihre Endigungen die Hormone direkt in den Blutstrom ab. Die hypothalamischen Nervenendigungen in der Neurohypophyse setzen, soweit man weiß, lediglich zwei Hormone frei: *Oxytocin* und *Vasopressin*.

Der Vorderlappen der Hypophyse, die *Adenohypophyse*, ist eine echte Drüse und enthält keine Nervenzellen aus dem Hypothalamus. Trotzdem unterliegt seine Aktivität der strengen Kontrolle durch den Hypothalamus. Wie das geschieht, war jahrelang ein Rätsel. Die Antwort erwies sich als überraschend einfach. Mehrere Regionen des Hypothalamus sind stark von Blutgefäßen durchsetzt, die direkt vom Hypothalamus zur Adenohypophyse ziehen und deren gesamte Drüsenzellen versorgen. Dieses Gefäßsystem wird *Pfortader-* oder *Portalgefäßsystem* genannt. Die mit dem Pfortadersystem verbundenen Bereiche des Hypothalamus entlassen Hormone direkt in diese Gefäße, in denen sie dann zu den endokrinen Zellen der Adenohypophyse transportiert werden. Dort regen sie die Zellen an, ihrerseits Hormone in den Blutstrom (wie oben für CRH → ACTH angegeben) und damit in den allgemeinen Kreislauf abzugeben. Die Hypophysenhormone werden schließlich zu allen Körperorganen und -geweben transportiert (Abbildung 6.11). Die wichtigsten Hormone des Hypothalamus, die auf den Vorderlappen der Hypophyse einwirken, sind in Tabelle 6.2 zusammengefasst.

Alle Hormone (außer Dopamin), die von den Nervenzellen des Hypothalamus sezerniert werden, sind relativ kleine, einfache Peptide mit Längen zwischen drei (TRH) und 34 (GnRH) Aminosäuren. Alle Hormone, die von den Drüsenzellen des Hypophysenvorderlappens ausgeschüttet werden, sind entweder einfache Peptide oder Peptide mit einer Kohlenhydratgruppe, so genannte *Glykoproteine*. Die Hormone des Körpers weisen unterschiedliche chemische Grundstrukturen

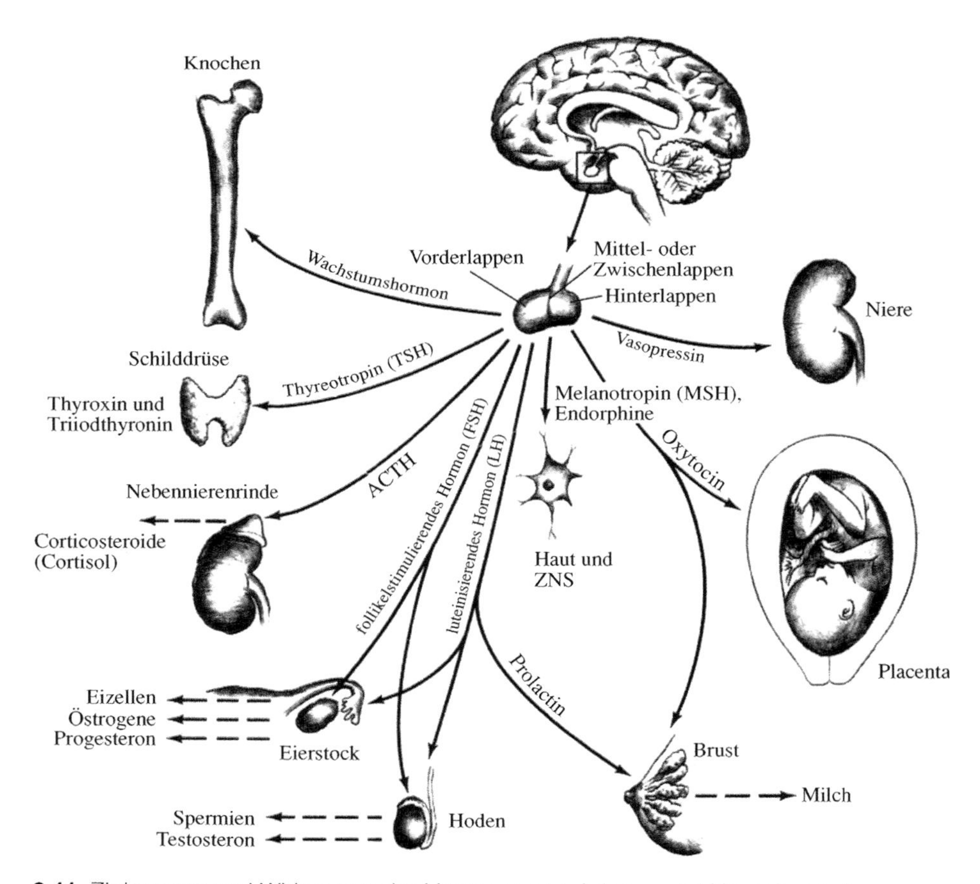

6.11 Zielorgane und Wirkungen der Hormone aus Adeno- und Neurohypophyse.

Tabelle 6.2: Die wichtigsten Releasing-Hormone (Liberine) des Hypothalamus und ihre Wirkungen auf den Hypophysenvorderlappen

Releasing-Hormon des Hypothalamus*	Wirkung auf den Hypophysenvorderlappen
Corticotropin-Releasing-Hormon (CRH, Corticoliberin)	stimuliert die Sekretion von ACTH (Corticotropin)
Thyreotropin-Releasing-Hormon (TRH)	stimuliert die Sekretion von TSH (Thyreotropin)
Somatotropin-Releasing-Hormon (SRH, GRH, GHRH)	stimuliert die Sekretion des Wachstumshormons (Somatotropin, HGH, *human growth hormone)*
Somatostatin (ebenfalls bekannt als Somatotropin-Release-Inhibiting-Hormon, SIH)	hemmt die Sekretion des Wachstumshormons
Gonadotropin-Releasing-Hormon (GnRH, Gonadoliberin)	stimuliert die Sekretion von LH und FSH
Prolactin-Releasing-Hormon (PRH)	stimuliert die Sekretion von Prolactin
Prolactin-Release-Inhibiting-Hormon (PIH)	hemmt die Sekretion von Prolactin

*Die chemischen Strukturen aller hypothalamischen Hormone, außer der des PRH, sind bekannt (es sind allesamt Peptide). Bei PIH handelt es sich eigentlich um den Neurotransmitter Dopamin.
Quelle: Verändert nach Berne, R. M., Levy, M. N. *Physiology*. 2. Aufl. St. Louis (C. V. Mosby Co.) 1988.

auf, darunter auch Peptidverbindungen. Sexualfunktionen und Stress gehören zum Aufgabengebiet der *Steroidhormone,* die sich im Grunde vom Cholesterin ableiten und von den Peptiden strukturell völlig verschieden sind.

Die chemischen Strukturen aller hypothalamischen Hormone sind mittlerweile bekannt, ebenso die Strukturen aller Hypophysenvorderlappenhormone. Gleichfalls bekannt ist der molekulare Aufbau der meisten Hormone des Körpers. Wie Sie sicher schon erraten haben dürften, wirken alle Hormone des Gehirns auf Rezeptoren in der Membran von Zellen der Zielorgane im Körper ein, um dort *second messen*ger-Systeme in Gang zu setzen. Es handelt sich ausnahmslos um Peptide (oder Peptide mit einigen Kohlenhydratmolekülen), die wie bluteigene Neurotransmitter funktionieren. Demgegenüber beeinflussen Steroidhormone, die den Keimdrüsen und Nebennieren entstammen, die Zielzellen in einer ganz anderen Weise (Abbildung 6.12). Sie werden intakt durch die Zellmembran hindurch transportiert und heften sich an intrazelluläre Rezeptoren, welche unmittelbar auf die DNA einwirken.

Ein weiteres sehr wichtiges Merkmal hypothalamischer Hormone, das man erst vor kurzem erkannt hat, betrifft ihr Freisetzungsmuster: Es ist pulsatil. Die Hormone werden nicht gleichförmig, sondern in Pulsen, kleinen endokrinen Eruptionen gleich, ausgeschüttet. Diese stoßweise Freisetzung ist erforderlich, um eine angemessene Sekretion der Zielhormone im Hypophysenvorderlappen in Gang zu halten. Die Notwendigkeit pulsatiler Ausschüttung sorgte in früheren Untersu-

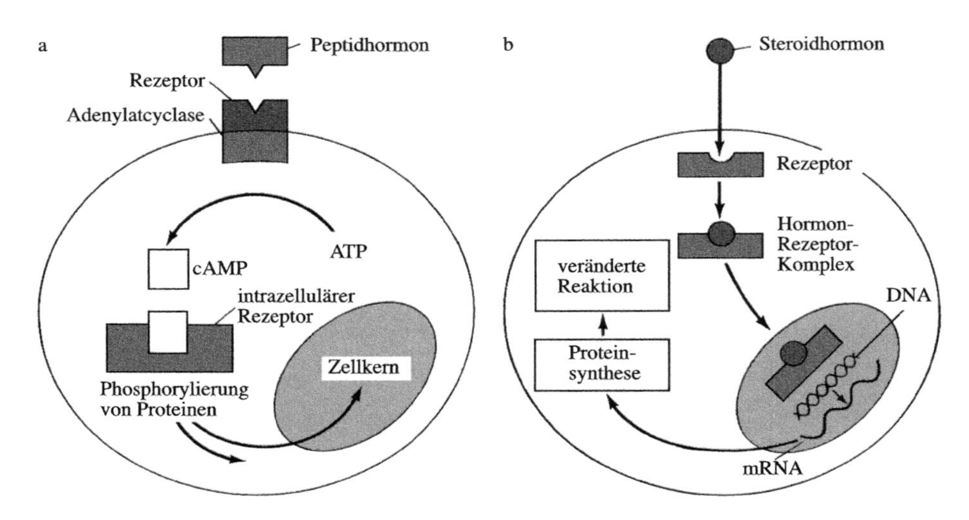

6.12 Die zwei Arten von Hormonwirkungen auf Zielzellen. a) Peptidhormone heften sich an Rezeptoren auf der Membran ihrer Zielzellen und aktivieren dadurch *second messenger*-Systeme im Zellinneren. b) Dagegen werden Steroidhormone in intakter Form in die Zelle hineintransportiert (Translokation), binden erst dort an ihre Rezeptoren und wirken dann direkt auf die DNA beziehungsweise RNA im Zellkern und damit auf die Proteinsynthese ein.

chungen für einige Verwirrung, als man die Wirkungen ins Blut eingebrachter hypothalamischer Hormone studierte. Obwohl man die betreffenden Hormone in derselben Konzentration wie die natürlichen Hormone injizierte, zeigten sie nur einen geringen Effekt, weil sie entweder kontinuierlich oder in einem Stoß verabreicht wurden. Injiziert man sie jedoch in einem pulsatilen Muster, rufen sie exakt die gleichen Wirkungen hervor wie die natürlichen Hormone.

Es ist sinnvoll, hier nochmals zu betonen, dass Hormonwirkungen überaus spezifisch sein können. Oxytocin wird von der Neurohypophyse (also von den hypothalamischen Nervenendigungen) in den Blutstrom entlassen und zu allen Körpergeweben und -organen transportiert. Eine Wirkung entfaltet es jedoch nur in zwei Geweben: in der weiblichen Brust und in der Gebärmutter (Uterus), weil nur diese Gewebe Oxytocinrezeptoren besitzen. Außerdem wirkt es nur unter bestimmten Bedingungen. Im Brustgewebe löst es einen Milchausstoß durch eine Kontraktion der Milchgänge aus, aber nur, wenn die Frau entsprechend Milch produziert, das heißt, wenn sie vor kurzem ein Kind geboren hat und stillt. Oxytocin bewirkt darüber hinaus am Ende der Schwangerschaft Uteruskontraktionen. Die hohe Spezifität des Hormons beruht auf der Existenz von Rezeptoren auf den Brust- und Gebärmutterzellen, die nur am Ende der Schwangerschaft und während des Stillens aktiv sind. Die spezifischen Zellen, auf die ein Hormon einwirkt, werden als Zielzellen bezeichnet.

Bei vielen Neurotransmittersystemen bewirkt die sekundäre Botschaft letztlich Veränderungen in den Ionenkanälen der Nervenzellmembran, die eine erhöhte oder verringerte Aktivität – das heißt, Aktionspotenzialfrequenz – zur Folge haben. Bei den meisten Hormonen verändern die *second messenger*-Systeme nicht die Ionenpermeabilitäten (außer in Muskelzellen wie etwa im Uterus), sondern lösen einige andere Veränderungen in der Aktivität der Zielzelle aus. So kann der Hormon-Rezeptor-Komplex die DNA, also das genetische Material im Zellkern, und die an der Proteinsynthese beteiligte RNA (Ribonucleinsäure) beeinflussen, und zwar in einer Weise, dass die Zelle neue Substanzen bildet oder ihre Aktivitäten anderweitig verändert (Abbildung 6.12).

Das Studium der Neuropeptide – Peptide, die sich auf das Nervensystem auswirken – ist zur Zeit ein sehr aufregendes Forschungsgebiet. Die klassischen Peptidhormone, die von der Hypophyse ausgeschüttet werden, wirken sich nachdrücklich auf Gehirn und Körper aus, und diese Wirkungen sind gut verstanden; es gibt aber viele andere Peptide, deren Funktion man erst ansatzweise versteht. In Tabelle 6.3 sind zahlreiche solche Peptide und die beteiligten Hirnregionen aufgeführt. Die biologische Wirkung dieser Peptide kann beträchtlich sein. Die Zahl möglicher kleiner Peptide, die aus zwei bis zehn Aminosäuren aufgebaut sind, ist größer als 10^{13}! Vielleicht harren noch zahlreiche neue Peptide ihrer Entdeckung.

Hormone und Geschlecht

Sexualverhalten ist ein außergewöhnliches Phänomen. Obwohl für das Überleben des Individuums ohne jeden Belang, ist der Geschlechtstrieb äußerst machtvoll. Eine geschlechtsreife männliche Ratte überquert ohne Umwege ein elektrisch geladenes Gitter, das ihm einen kaum zu ertragenden Stromschlag versetzt, um zu einem brünstigen Weibchen zu gelangen. Das Sexualverhalten wie auch die körperlichen Geschlechtsmerkmale unterstehen der Kontrolle des endokrinen Systems. Nervenzellen in bestimmten Hirnregionen haben eine hohe Dichte an Hormonrezeptoren, die spezifisch für die Produkte des endokrinen Systems sind. Darüber hinaus nimmt man heute an, dass die Geschlechtshormone die Kontrolle über Wachstum und Entwicklung einer bestimmten Region des Gehirns selbst ausüben. Wir untersuchen dieses System beispielhaft dafür, wie Gehirn und Hormone miteinander in Wechselwirkung treten.

Eine Steuerung der geschlechtlichen Entwicklung, der Erhaltung der körperlichen Geschlechtsmerkmale und des Sexualverhaltens durch Hormone ist allgegenwärtig. Bevor wir uns der Entwicklung der männlichen und weiblichen Geschlechtsmerkmale zuwenden, ist es notwendig, dass wir ein bisschen mehr über die Sexualhormone und die Kontrollsysteme, denen sie unterliegen, erfahren. Das Hauptkontrollsystem sind der Hypothalamus und die Hypophyse. Nach heutigem Wissensstand setzt der Hypothalamus genau ein Hormon frei, das die Adenohypophyse anregt, Geschlechtshormone auszuschütten. Dieses so genannte *Gonadotropin-Releasing-Hormon* (GnRH; Gonadoliberin) wird von Nervenzellen im Bereich der Nuclei praeoptici des Hypothalamus sezerniert und in den Portalgefäßen direkt zur Adenohypophyse transportiert; dort bewirkt es die Freisetzung zweier Hormone: des *follikelstimulierenden Hormons* (FSH; Follitropin) und des *luteinisierenden Hormons* (LH; Luteotropin). Deren Namen beziehen sich auf ihre Wirkungen auf das weibliche Fortpflanzungssystem. Als *Follikel* bezeichnet man die sich entwickelnde Eizelle und das sie umgebende Gewebe im Eierstock

Tabelle 6.3: Einige Beispiele für die Coexistenz von klassischen Neurotransmittern und Peptidtransmittern (nach Hökfelt et al. 1986)

klassischer Transmitter	Peptid	Hirnregion
Dopamin	Cholecystokinin (CCK)	ventrales Mittelhirn
	Neurotensin	ventrales Mittelhirn Nucleus arcuatus
Noradrenalin	Enkephalin	Locus coeruleus
	Neuropeptid Y (NPY)	Medulla oblongata
	Vasopressin	Locus coeruleus
Adrenalin	Neurotensin	Medulla oblongata
	Neuropeptid Y (NPY)	Medulla oblongata
	Substanz P	Medulla oblongata
	Neurotensin	Nucleus solitarius
	Cholecystokinin (CCK)	Nucleus solitarius
Serotonin (5-HT)	Substanz P	Medulla oblongata
	Thyreotropin-Releasing-Hormon (TRH)	Medulla oblongata
	Substanz P + TRH	Medulla oblongata
	Cholecystokinin (CCK)	Medulla oblongata
	Enkephalin	Medulla oblongata, Brücke, Area postrema
Acetylcholin	Enkephalin	obere Olive, Rückenmark
	Substanz P	Brücke
	vasoactive intestinal polypeptide (VIP)	Großhirnrinde
	Galanin	basales Vorderhirn
	calcitonin gene-related peptide (CGRP)	motorische Kerne der Medulla oblongata
Gamma-Aminobuttersäure (GABA)	Motilin (?)	Kleinhirn
	Somatostatin	Thalamus, Großhirnrinde, Hippocampus
	Cholecystokinin (CCK)	Großhirnrinde
	Neuropeptid Y (NPY)	Großhirnrinde
	Galanin	Hypothalamus
	Enkephalin	Netzhaut (Auge), ventraler Globus pallidus
	opioide Peptide	Basalganglien
Glycin	Neurotensin	Netzhaut (Auge)

Quelle: Black, I. B. *Symbole, Synapsen und Systeme. Die molekulare Biologie des Geistes*. Heidelberg (Spektrum Akademischer Verlag) 1993. Detailliertere Informationen finden sich in der angegebenen Quelle sowie bei: Cooper, J. R.; Bloom, F. E.; Roth, R. H. *The Biochemical Basis of Neuropharmacology*. 6. Aufl. New York (Oxford University Press) 1991.

(Ovar). Das Corpus luteum, der *Gelbkörper*, ist eine Struktur im Ovar, die aus dem Follikel hervorgeht. Als man die Bezeichnungen FSH und LH einführte, nahm man an, dass im männlichen Organismus andere Hypophysenhormone in Aktion treten, doch es zeigte sich in der Folgezeit, dass sie bei beiden Geschlechtern identisch sind. Sowohl beim Mann als auch bei der Frau sind die Gonaden die einzigen Zielorgane für diese Geschlechtshormone aus der Adenohypophyse. Beim Mann wirken FSH und LH nur auf die Hoden, bei der Frau nur auf die Eierstöcke (Abbildung 6.13).

Von diesem Punkt an gibt es zwischen den Geschlechtern jedoch eine scharfe Trennung. Beim geschlechtsreifen Mann bringt LH Zellen in den Hoden dazu, das männliche Sexualhormon *Testosteron zu* bilden und auszuschütten; FSH sorgt für die Entwicklung und das Wachstum von *Spermienzellen.* Testosteron wiederum wirkt auf viele Gewebe, um die typisch männlichen Geschlechtsmerkmale auszuprägen und zu erhalten. Darüber hinaus vermindert es die Freisetzung von GnRH sowie hypophysärem FSH und LH – ein Beispiel für ein System mit negativer

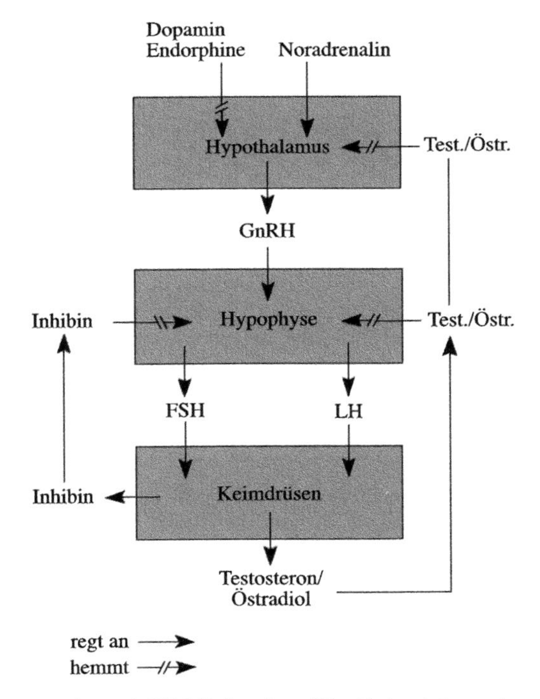

6.13 Regulation der LH- und FSH-Sekretion. Die Keimdrüsensteroide Östradiol (bei der Frau) und Testosteron (beim Mann) üben eine negative Rückkopplung 1) auf der Ebene der Hypophyse aus, wo sie die stimulierende Wirkung von GnRH auf die LH- und FSH-Sekretion hemmen, und 2) auf der Ebene des Hypothalamus, wo sie die GnRH-Freisetzung hemmen. Ein gesondertes Keimdrüsenprodukt, das Inhibin, wirkt auf die Hypophyse zurück, um dort selektiv die Ausschüttung von FSH zu unterdrücken. Hemmende Modulation durch Endorphine und Dopamin sowie eine stimulierende Modulation durch Noradrenalin sind für die Regulation der LH- und FSH-Sekretion ebenfalls von Bedeutung.

Rückkopplung. Bei geschlechtsreifen Frauen stimuliert FSH zu Beginn des Fortpflanzungszyklus die Reifung des Follikels im Ovar. In Verbindung mit LH fördert es das schnelle Wachstum des Follikels und steigert die Sekretion von *Östrogenen* (vor allem Östradiol) aus den Eierstöcken. Sobald sich die Östrogenkonzentrationen im Blut einem kritischen Wert nähern, verringert die Hypophyse die Ausschüttung von FSH und GnRH, was ein weiteres Beispiel für ein System mit negativer Rückkopplung darstellt. Ein anderes Keimdrüsenprodukt, das Inhibin, wirkt auf die Hypophyse zurück, um dort selektiv die Freisetzung von FSH zu hemmen. Die hohen Östrogenspiegel im Blut bewirken außerdem eine verstärkte Sekretion von LH aus der Hypophyse, die nun ihrerseits die *Ovulation* (den *Eisprung*) auslöst. Zu diesem Zeitpunkt steigt die Ausschüttung eines weiteren Hypophysenhormons, des *Prolactins*, und erleichtert die Bildung des Gelbkörpers (Corpus luteum).

Das Corpus luteum ist eine „temporäre endokrine Drüse", die Östrogene und Progesteron sezerniert. *Progesteron* dient dazu, das Fortpflanzungssystem auf die Einnistung des befruchteten Eies vorzubereiten sowie Schwangerschaft und Stillfähigkeit aufrechtzuerhalten. In Abwesenheit eines befruchteten Eies degeneriert das Corpus luteum, und mit ihm verschwinden auch die Gelbkörperhormone; der Zyklus wiederholt sich dann mit der Bildung eines neuen Corpus luteum. Diese Zyklen treten auf, weil die Konzentration an zirkulierenden Sexualhormonen, die die Gonadotropinbildung in der Hypophyse hemmen, mit dem Zugrundegehen des Corpus luteum wieder abnimmt.

Der Mechanismus, durch den der Gelbkörper nach der Empfängnis erhalten wird, ist noch nicht ganz verstanden. Östrogene und Progesteron werden durch das Corpus luteum auf Konzentrationen gehalten, die eine normale Zyklusaktivität verhindern. (Einige Pillen zur Empfängnisverhütung enthalten Östrogene und Gestagene – Vertreter jener Gruppe von Steroidhormonen, zu der auch das Progesteron gehört.) Während der Schwangerschaft treten mehrere Veränderungen ein, welche die Erhaltung der Frucht und Anpassungsreaktionen der Mutter an die Gegenwart dieses heranwachsenden „Fremdkörpers" gewährleisten. Weiterhin ist von Bedeutung, dass die Prolactinsekretion aus Zellen des Hypophysenvorderlappens während der Schwangerschaft stetig ansteigt. Dies führt zu einem Wachstum des Brustdrüsengewebes und unmittelbar nach der Geburt zur Bildung von Milchprotein (Casein). Darüber hinaus blockiert Prolactin die Synthese von GnRH, wodurch es die normale Freisetzung von LH und damit den Eisprung verhindert.

Bisher haben wir in unserer Diskussion nur die Wirkungen der vorherrschenden Geschlechtshormone berücksichtigt. Einige Zellen in den Eierstöcken setzen jedoch auch Testosteron frei und einige Zellen in den Hoden Östradiol; man nimmt an, dass diese Zellen eine Rolle für die Rückkopplungsregulation der Ausschüttung der Geschlechtshormone des Gehirns spielen. Auch Neurotransmittern kommt eine Schlüsselfunktion bei der Kontrolle der Geschlechtshormone des Gehirns zu. So ist beispielsweise Dopamin ein Hypothalamus-Releasing-Hormon (PIH, Prolactin-Inhibiting-Hormon), das die Freisetzung von Prolactin aus der Adenohypophyse deutlich hemmt; mit chemischen Analoga von Dopamin lassen sich Störungen infolge zu starker Prolactinausschüttung erfolgreich behandeln.

Auch von der Nebenniere werden Geschlechtshormone ausgeschüttet. Ein Teil der Nebenniere, die *Nebennierenrinde*, sezerniert Hormone, die ähnliche Wirkungen haben wie Testosteron (Androgene), und solche, die an Stressreaktionen und anderen Funktionen beteiligt sind. *Androgene* werden sowohl bei Männern als auch bei Frauen aus den Nebennieren freigesetzt. Im weiblichen Organismus sollen die Nebennierenandrogene den Geschlechtstrieb irgendwie beeinflussen. Beim Mann scheint Testosteron hierfür die entscheidende Rolle zu spielen. Bei beiden Geschlechtern erfüllen die Nebennierenandrogene wichtige Aufgaben bei Wachstum und Entwicklung.

Alle Hormone, die von der Nebennierenrinde sezerniert werden, sind in ihrer chemischen Struktur sehr ähnlich und den Geschlechtshormonen verwandt. Es handelt sich bei all diesen Hormonen um *Steroide* – Lipidmoleküle mit einer charakteristischen Anordnung von vier Kohlenstoffringen. Die Steroide besitzen dasselbe Steroidgrundgerüst und unterscheiden sich nur in den Seitenketten.

Alle Steroidhormone leiten sich vom Cholesterin ab, das vorwiegend mit der Nahrung aufgenommen, aber auch vom Körper selbst produziert wird. Cholesterin mag zwar in übermäßigen Mengen nicht gesund sein, aber für ein normales Sexualleben ist es unabdingbar. Nicht alle chemischen Schritte, die an der Synthese der verschiedenen Steroidhormone beteiligt sind, laufen in jeder FSH/LH-Zielzelle ab. Testosteron wird vornehmlich in den Hoden gebildet, Östrogene und Progesteron in den Eierstöcken und Androgene sowie das Stresshormon Cortisol in der Nebennierenrinde. Der Grund dafür ist, dass jeweils nur jene spezifischen Enzyme, die nötig sind, um die für die Zielzelle typischen Verbindungen zu produzieren, in dieser Zelle in sehr großen Mengen vorhanden sind. So kommen etwa die für die Herstellung von Cortisol erforderlichen Enzyme ausschließlich in den Zellen der Nebennierenrinde vor.

Geschlechtshormonrezeptoren im Gehirn

Mit Hilfe radioaktiv markierter Hormone hat man Rezeptoren für Östrogen und Testosteron im Gehirn entdeckt. Wie andere neurochemische Rezeptormoleküle sind es Proteine, aber ihre genaue Struktur kennt man noch nicht. Der Östrogenrezeptor ist hoch spezifisch für Östrogen und war vorher nur in Geweben wie dem Uterus, auf den Östrogen wirkt, gefunden worden. Die Östrogenrezeptoren des Gehirns treten in erster Linie in Hypophyse und Hypothalamus auf, kommen aber auch in bestimmten Regionen des Mittelhirns und in einer Struktur des limbischen Systems, der Amygdala, vor.

Die Verteilung der Östrogen- und Testosteronrezeptoren im Gehirn scheint gut mit den tatsächlichen Wirkungsorten dieser Hormone übereinzustimmen, die vor allem in einigen Kernbezirken des Hypothalamus liegen. Das Vorkommen von Rezeptoren für Geschlechtshormone in einer Struktur des limbischen Systems wie der Amygdala legt nahe, dass auch sie eine Rolle beim Sexualverhalten spielen muss; welche, ist jedoch noch unbekannt.

Angesichts der starken Wirkungen der Geschlechtshormone auf das Verhalten erwachsener Tiere erscheint die Annahme vernünftig, dass diese Hormone während der körperlichen Entwicklung an der Differenzierung der Geschlechts-

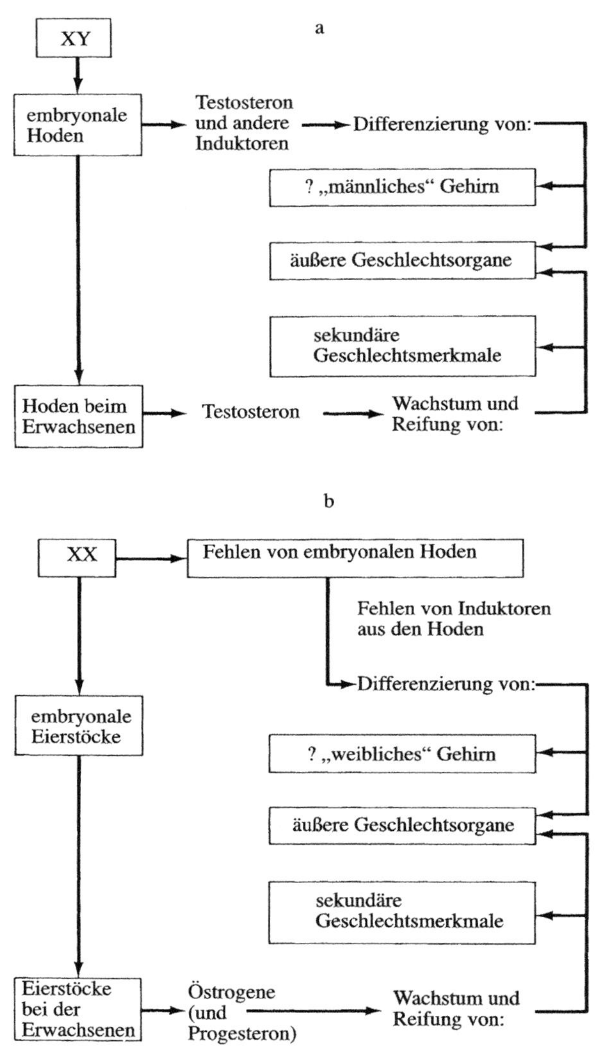

6.14 Zusammenfassendes Schema der Differenzierung der primären und sekundären Geschlechtsmerkmale in der Entwicklung von a) Männern und b) Frauen.

organe und -merkmale beteiligt sind, und das trifft auch zu (Abbildung 6.14). So zeigen genetisch männliche Ratten, die innerhalb von zehn Tagen nach der Geburt kastriert werden, als erwachsene Tiere gegenüber anderen Männchen das sonst für Weibchen typische Duckverhalten. Verabreicht man fünf Tage alten, genetisch als Weibchen determinierten Ratten Testosteron (das männliche Hormon), dann beeinträchtigt dies dauerhaft die Regulation ihres sexuellen Zyklus im Erwachsenenalter und blockiert ihre sexuelle Reaktionsbereitschaft gegenüber männlichen Tieren. In einem Experiment injizierte man der Mutter eines genetisch weiblichen

Affenfetus eine Zeitlang vor der Geburt Testosteron – mit dem Ergebnis, dass sie ein von den Genen her weibliches Tier mit einem deutlichen, gut ausgeprägten Penis, wenn auch ohne Hoden, gebar. Nach Messungen des Dominanz- und Aggressionsverhaltens, das normale männliche und weibliche Affen klar unterscheidet, konnte dieses Tier als Männchen gelten.

Während der Entwicklung kastrierte Ratten reagieren als ausgewachsene Tiere auf Hormoninjektionen nicht mit dem ihrem genetisch vorgegebenen Geschlecht entsprechenden Sexualverhalten. Darüber hinaus kann die Injektion eines Androgens während einer bestimmten kritischen Entwicklungsperiode die normale Entwicklung jener Hypothalamus-Hypophysen-Mechanismen beeinträchtigen, die für die Periodik der Fortpflanzungsfunktionen beim Weibchen verantwortlich sind. Diese beiden Befunde bedeuten, dass hormonelle Prozesse nicht nur die Differenzierung der primären und sekundären Geschlechtsmerkmale beeinflussen, sondern auch an der Entwicklung und Differenzierung der Gehirnmechanismen mitwirken, die bei Weibchen die Reproduktionszyklen und bei beiden Geschlechtern das Sexualverhalten kontrollieren.

Als weitere Folgerung aus diesen Untersuchungen ergibt sich, dass im Prozess der sexuellen Differenzierung die Entwicklung des „weiblichen Systems“ gegebenenfalls unterdrückt und die des männlichen verstärkt wird. Das heißt, ohne die männlichen Gonadenhormone läuft die Geschlechtsdifferenzierung nach dem weiblichen Grundmuster ab. Bei Säugern scheint also die grundlegende, genetisch (genotypisch) bestimmte sexuelle Disposition (der Phänotyp) die weibliche zu sein. Damit die Differenzierung entsprechend dem männlichen Muster vonstatten geht, müssen männliche Gonaden und Hormone vorhanden sein.

Geschlechtsunterschiede im Gehirn

Zwischen den Gehirnen von erwachsenen männlichen und weiblichen Ratten gibt es deutliche anatomische Unterschiede. Das Gehirn folgt dabei denselben Regeln wie die Geschlechtssysteme: Der Grundplan ist angeborenermaßen weiblich. Erst männliche Hormone führen zur Ausbildung eines männlichen Gehirns. Ohne sie entwickelt ein genetisch männliches Tier ein weibliches Gehirn. Die Verwendung von Ratten bei Untersuchungen der Geschlechtsunterschiede im Gehirn bietet einen großen Vorteil: Obwohl sich die Fortpflanzungssysteme bei der Ratte vor der Geburt entwickeln, bilden sich die geschlechtsabhängigen Gehirnveränderungen erst nach der Geburt aus. Bei vielen Arten, einschließlich des Menschen, scheinen beide Differenzierungsprozesse bereits vor der Geburt abzulaufen.

Die entscheidende Gehirnregion ist der *Nucleus praeopticus medialis* des Hypothalamus. Diese Region kontrolliert die Ausschüttung des Gonadotropin-Releasing-Hormons, jenes Hypothalamushormons, das – wie wir gesehen haben – die Hypophyse zur Freisetzung der Geschlechtshormone LH und FSH veranlasst. Bei erwachsenen Ratten ist der strukturelle Unterschied zwischen Männchen und Weibchen in dieser Hypothalamusregion so groß, dass man ihn auf Hirnschnitten sogar ohne Mikroskop erkennen kann (Abbildung 6.15). Der mediale Nucleus praeopticus ist in männlichen Gehirnen viermal größer als in weiblichen. Die Anzahl der Nervenzellen pro Volumeneinheit ist jedoch beim Weibchen größer.

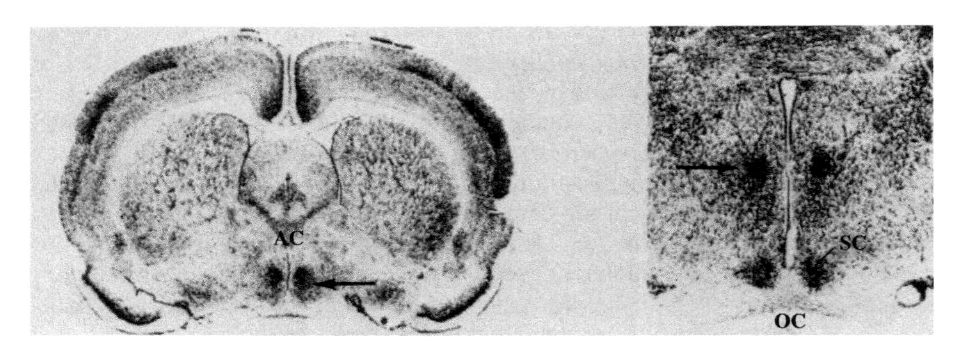

Männchen

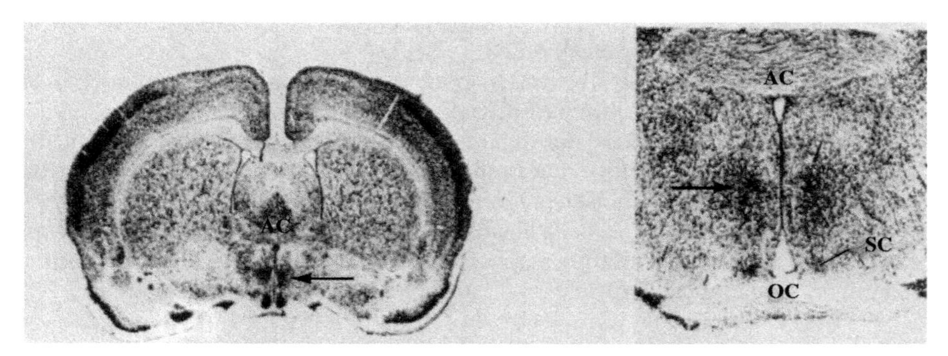

Weibchen

6.15 In dem durch das Geschlecht beeinflussten Erscheinungsbild des medialen Nucleus praeopticus des Hypothalamus kann man einen deutlichen strukturellen Unterschied zwischen dem Gehirn eines normalen erwachsenen Rattenmännchens und dem eines Weibchens erkennen (Pfeile), links bei geringer, rechts bei stärkerer Vergrößerung. (AC steht für Nucleus arcuatus, SC für Nucleus suprachiasmaticus und OC für das Chiasma opticum.)

Trotz der geringeren Ausdehnung kommen also beim Weibchen pro Größeneinheit mehr synaptische Verbindungen vor. Zumindest bei der Ratte beginnt sich dieser Unterschied in der Gehirnstruktur kurz nach der Geburt herauszubilden. Er unterliegt der Kontrolle durch Testosteron, wie sich bei einer Serie von Untersuchungen zeigte, bei denen man die Testosteronkonzentrationen in neugeborenen Tieren verändert hatte.

Die Entwicklung dieses dauerhaften strukturellen Unterschieds im Gehirn zwischen Männchen und Weibchen, der durch eine frühe Hormoneinwirkung verursacht wird, ist von beträchtlicher Bedeutung. Das Verhalten unterliegt der direkten Kontrolle durch das Gehirn, und Hormone können ihren Einfluss auf das Verhalten über ihre Wirkung auf das Gehirn ausüben. In dem beschriebenen Fall lässt eine frühe Hormoneinwirkung einen permanenten Unterschied in der Gehirnstruktur zwischen den Geschlechtern entstehen. Aufgrund eines solchen Unterschieds können erwachsene Tiere ein unterschiedliches Sexualverhalten an den Tag legen, auch wenn gar keine unmittelbare Hormoneinwirkung erfolgt.

Es gibt einige Hinweise darauf, dass bestimmte Regionen des ausgereiften menschlichen Gehirns geschlechtlich dimorph sein könnten. Ein bestimmter Bereich des Balkens, jenes massiven Faserstranges, der die beiden Hirnhälften miteinander verbindet, scheint bei Frauen mehr Fasern aufzuweisen als bei Männern. Wenigstens eine Zellregion des Hypothalamus scheint bei Männern ausgedehnter zu sein. Allerdings sind dieses Befunde umstritten. Doch die hauptsächliche und eigentliche Entdeckung, war ein Bericht eines Wissenschaftlers vom Salk-Institut in San Diego, demzufolge die besagte Region des Hypothalamus bei erwachsenen homosexuellen Männern kleiner sei als bei heterosexuellen Männern. Dies führt zwangsläufig zu dem Schluss, dass Homosexualität angeboren und nicht erworben ist: Vorgeburtliche Entwicklungsfaktoren, am wahrscheinlichsten hormonelle Einflüsse, führen dazu, dass sich ein weiblicher statt eines männlichen Hypothalamus ausbildet, der letztlich Verhaltensmuster und geschlechtliche Neigungen bestimmt.

Diese Hypothese vom „homosexuellen Gehirn" hat ihre Probleme: Erstens ist noch nicht klar bewiesen, dass die betreffende hypothalamische Region bei Männern und Frauen tatsächlich dimorph ist; zweitens ist diese Region des menschlichen Hypothalamus nicht mit jenem Kern identisch, der bei Ratten geschlechtlich dimorph ist; und drittens ist nichts über die möglichen Funktionen dieser Hypothalamusregion bekannt. Offensichtlich ist noch sehr viel zu erforschen, ehe sich diese Hypothese halten lässt.

Östrogen und kognitive Fähigkeiten

In den letzten Jahren haben sich buchstäblich Millionen von Frauen während und nach der Menopause einer Östrogenersatztherapie unterzogen. Mit Östrogen und verschiedenen Kombinationen unterschiedlicher Östrogen- und Progesteronformen kann man die Symptome der Menopause (die „fliegende Hitze") behandeln; außerdem bieten sie einen deutlichen Schutz gegen einen später eintretenden Verlust der Knochendichte (Osteoporose) sowie gegen Erkrankungen der Herzkranzgefäße nach der Menopause. Eine mögliche negative Nebenwirkung ist eine leichte Zunahme der Erkrankungen an Brustkrebs, wie sie in einigen Studien ermittelt wurde (in anderen aber auch nicht).

Ein bemerkenswerter „Nebeneffekt" der Östrogenersatztherapie betrifft die geistigen (kognitiven) Funktionen. Einer Reihe von Studien zufolge verbessern sich die kognitiven Fähigkeiten bei älteren Frauen nach einer Östrogenbehandlung. Genauer gesagt, scheint Östrogen einen Schutz gegen ein Nachlassen der geistigen Fähigkeiten zu bieten, das normalerweise bei älteren Frauen auftritt. Ältere Männer zeigen ein ähnliches Nachlassen der geistigen Fähigkeiten, aber noch hat man in dieser Bevölkerungsgruppe keine Östrogentherapie ausprobiert. (Haben Sie eine Idee, warum?)

Noch erstaunlicher sind Berichte, dass sich durch eine Östrogenersatztherapie das Eintreten der Alzheimer-Krankheit hinauszögern lässt und dass sich diese auch nicht so schlimm entfaltet. Victor Henderson und seine Kollegen führten an der

Universität von Südkalifornien eine der umfangreichsten Studien über die Östrogenersatztherapie an einer ansonsten sehr gesunden Population älterer Frauen in einer wohlhabenden Gemeinde von Pensionären im Süden von Kalifornien durch. Die Ergebnisse waren äußerst vielversprechend.

Es gibt in der wissenschaftlichen Literatur grundlegende Arbeiten, die dazu beitragen könnten, die Schutzwirkung von Östrogen auf die Funktion des Gedächtnisses bei älteren Frauen zu erklären. Die ersten Studien auf diesem Gebiet stammen von Timothy Teyler und seinen Mitarbeiten an der Medizinischen Fakultät der Universität Ohio in Rootstown im US-Bundesstaat Ohio. Sie entdeckten, dass sich durch Zugabe von Östrogen zum Hippocampus *in vitro* (zu Hippocampusstücken, die aus dem Gehirn von Ratten entnommen und in einer Kulturschale am Leben erhalten wurden) die synaptische Übertragung in einer entscheidenden Region des Hippocampus deutlich erhöhen ließ. Zusammen mit meinem Kollegen Michael Foy, einem ehemaligen Mitarbeiter Teylers, habe ich entdeckt, dass Östrogen auch Entwicklung und Ausmaß der (in Kapitel 4 erörterten) Langzeitpotenzierung (LTP) im Hippocampus deutlich verbessert. Wie wir später noch sehen werden, gilt die LTP als ein wichtiger möglicher Mechanismus der Gedächtnisspeicherung im Gehirn. Möglicherweise ergeben sich einige der Effekte von Östrogen zur Bewahrung des Gedächtnisses bei älteren Frauen dadurch, dass es sich auf den Hippocampus auswirkt – zum Beispiel in einer verbesserten Speicherfähigkeit des Gedächtnisses.

Zusammenfassung

Der Nachweis von Nervenzellrezeptoren im Gehirn, die auf Opium und seine Derivate – Morphin und Heroin – ansprechen, ist ein verblüffendes Forschungsergebnis der neueren Zeit. In der Folge stieß man auf Hirnopiate – von Nervenzellen und Hypophyse hergestellte Substanzen, die auf ebendiese Rezeptoren einwirken und sehr ähnliche Effekte wie Morphin hervorrufen: Sie lindern Schmerzen und lösen angenehme Empfindungen aus. Die Hirnopiate sind allesamt Peptide – Ketten von Aminosäuren – und entstammen drei Superhormonfamilien, die von Genen der entsprechenden Zellen exprimiert werden. Diese drei riesigen Eiweißmoleküle werden gespalten, um die viel kleineren opioiden Peptide hervorzubringen: Beta-Endorphin, Met- und Leu-Enkephalin sowie die Dynorphine. Die Enkephaline findet man in Nervenzellen, die zum langsamen Schmerzsystem gehören; Beta-Endorphin wird von der Hypophyse freigesetzt.

Es gibt drei Aspekte der Drogensucht: die Abhängigkeit, in deren Verlauf das Suchtmittel immer häufiger konsumiert wird; die Toleranz, die bewirkt, dass immer größere Mengen erforderlich werden, um die (gemeinhin angenehmen) Empfindungen hervorzurufen, die anfänglich zum Drogengebrauch geführt haben; und der Entzug, jene unangenehmen Symptome und Gefühle, die auftreten, wenn der Konsum eingestellt wird. Mit der Hypersensitivitätstheorie, derzufolge der wiederholte Gebrauch eines Suchtmittels zu ausgeprägten Veränderungen an den Rezeptoren der Droge im Gehirn führt, lassen sich die Entzugserscheinungen sowie zelluläre Aspekte der Sucht gut erklären.

Das Belohnungssystem des Gehirns wurde von Olds und Milner entdeckt. Ratten versetzen sich in Versuchen wiederholt leichte Stromstöße in bestimmten Gehirnregionen. Zum Belohnungsschaltkreis des Gehirns gehören die dopaminergen Neuronen im Mittelhirn (in der Area tegmentalis ventralis), die ihre Axone über das mediale Vorderhirnbündel zum Nucleus accumbens und anderen Bereichen des Vorderhirns aussenden. Eine elektrische Reizung dieses Schaltkreises führt wie Nahrung, Wasser, Geschlechtspartner und *süchtig machende Drogen* zu einer Freisetzung von Dopamin in den Nucleus accumbens. Dopaminagonisten steigern diese Effekte, Dopaminantagonisten blockieren sie. Dieser Schaltkreis scheint eine wichtige Rolle bei der Wirkung aller süchtig machenden Drogen zu spielen, obgleich diese auch andere spezifische Wirkungen haben können.

Chemisch gesehen sind die Hirnopiate Teile viel größerer Moleküle, von denen einige im System von Hypothalamus und Hypophyse gebildet werden. Dieses endokrine System ist das zweite große Kommunikationssystem in Gehirn und Körper (das erste stellen die Nervenfasern dar). Viele Nervenzellgruppen im Hypothalamus setzen Peptidhormone frei, die unmittelbar die Hormonsekretionen aus der Hypophyse steuern. Der Hypophysenhinterlappen (Neurohypophyse) ist eigentlich nur ein Bereich, in den Nervenfaserendigungen aus dem Hypothalamus ausgelagert sind; die Hormone werden aus diesen Endigungen direkt in den Blutstrom ausgeschüttet. Der Hypophysenvorderlappen (Adenohypophyse) ist eine echte Drüse, die jedoch einer engen Kontrolle durch hypothalamische Hormone unterliegt; der Hypothalamus setzt die Hormone in ein örtliches Blutgefäßsystem frei, das sie zum Hypophysenvorderlappen trägt, wo sie die Ausschüttung von Hypophysenhormonen in Gang setzen. Alle hypothalamischen und hypophysären Hormone sind Peptide. Verhältnismäßig neuen Befunden zufolge sollen viele Peptidhormone wie auch andere Substanzen in den Nervenzellen gemeinsam mit klassischen Neurotransmittern vorkommen, die wir in den vorangegangenen Kapiteln bereits besprochen haben. Sie sind colokalisiert, existieren nebeneinander. Ein Beispiel ist Substanz P, die in den langsam leitenden Schmerzfasern neben dem schnellen erregenden Transmitter Glutamat vorkommt.

Hormone, die von der Hypophyse in den allgemeinen Blutkreislauf ausgeschwemmt werden, wirken auf Zielorgane im Körper ein (auf Keimdrüsen, Nebennieren, Magen und so weiter), wo sie verschiedenartige Reaktionen hervorrufen. Viele dieser Zielorgane setzen dann ihrerseits Hormone frei (einige davon sind Peptide, andere vom Cholesterin abgeleitete Steroidhormone), die vielfältige andere Wirkungen herbeiführen, zu denen auch die wichtige Rückkopplung auf die Hormonfreisetzung in Hypothalamus und Hypophyse zählt.

Als Beispiel für hormonelle Wirkungen führten wir geschlechtliche Entwicklung und Sexualverhalten an. Das hypothalamische Hormon GnRH wird von Nervenzellen der präoptischen Region des Hypothalamus sezerniert und über Blutgefäße zum Hypophysenvorderlappen transportiert, wo es die Freisetzung von LH und FSH in Gang setzt. Bei der erwachsenen Frau wirken sie auf die sich entwickelnde Eizelle und das umgebende Eierstockgewebe und rufen so die Freisetzung von Östrogenen aus dem Eierstock hervor. Beim erwachsenen Mann wirken sie auf die Hoden ein; LH veranlasst Hodenzellen dazu, Testosteron auszuschütten, und FSH ist für die Entwicklung und das Wachstum der Spermien verantwortlich. Nervenzellen verschiedener Hirnregionen – von Hypothalamus, Amygdala und Mittelhirn – besitzen spezifische Rezeptoren für Östrogene und Testosteron, sodass diese Hormone einen unmittelbaren Einfluss auf Gehirnsysteme und damit letztlich auf das Verhalten ausüben können. Der grundlegende genetische Plan für die Entwicklung geschlechtlicher Merkmale und geschlechtlichen Verhaltens ist weiblich. Fehlt Testosteron in der frühen Entwicklung (beim Menschen vor der Geburt, bei Ratten danach), bildet ein genetisch männliches Individuum sowohl weibliche Körpermerkmale wie auch weibliche Hormonsysteme aus. Neuere Forschungen an Ratten zeigten, dass Testosteron nicht nur männliche Individuen hervorbringt, sondern bei diesen auch eine im Vergleich zu weiblichen Individuen deutliche Größenzunahme des so genannten sexuell dimorphen Kerns (des Nucleus praeopticus medialis des Hypothalamus) verursacht. Obwohl die Beweislage beim Menschen weniger klar ist, so scheint es doch auch hier strukturelle Unterschiede zwischen männlichen und weiblichen Gehirnen zu geben. Einem kürzlich erschienenen, sehr umstrittenen Bericht zufolge sollen männliche Homosexuelle ein eher „weiblich“ als „männlich“ strukturiertes Gehirn besitzen. Wie unlängst berichtet wurde, schützt die Östrogenersatztherapie bei Frauen nach der Menopause gegen eine Verschlechterung des Gedächtnisses und verzögert das Eintreten der Alzheimer-Krankheit.

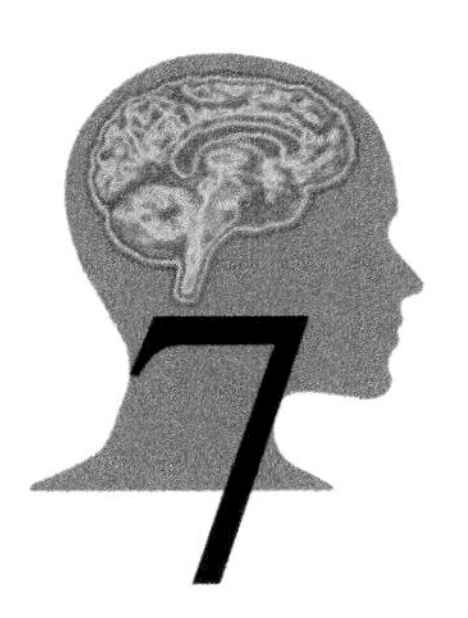

7 Biologische Befehlsgewalt – Schaltzentrale Hypothalamus

Sexualität ist ein elementarer und mächtiger Trieb. Doch so wichtig er für die Erhaltung der Art sein mag, zum Überleben des Einzelnen trägt er nichts bei. Hierfür sind andere grundlegende Antriebe entscheidend: Stress, Schlaf, Temperaturregulation, Hunger und Durst. Diese elementaren Antriebe oder Motivationen versuchen, wenn man so will, den Organismus in optimaler Verfassung zu halten. Sie entstehen als Folge innerer Mangelzustände, wenn beispielsweise nicht genügend Stoffwechselenergie zur Verfügung steht. Dann treiben sie den Organismus wieder in die optimale Verfassung, indem sie ihn zum Beispiel Nahrung aufnehmen lassen. Dies ist das Prinzip der *Homöostase*. Das Sexualverhalten scheint eine Ausnahme zu bilden: Hier gibt es keinen „optimalen Zustand", und wenn sich ein sexuell reifes Individuum nicht sexuell betätigt, so scheint dies mit Homöostase nichts zu tun zu haben. Dennoch wird das Sexualverhalten im Grunde von derselben Biomaschinerie angetrieben, die den Organismus auch dazu drängt zu essen, zu trinken und andere körperliche Bedürfnisse wie Schutz und Schlaf zu befriedigen.

Wir haben den Begriff *Trieb* verwendet, ohne ihn wirklich zu definieren. Jeder weiß, was es bedeutet, hungrig zu sein; der „Hungertrieb" bedarf kaum einer Erläuterung. Von ähnlich zwingender Natur sind alle anderen elementaren biologischen Triebe, auch die Sexualität. Einige Wissenschaftler benutzen daher den Begriff *Motivation,* wenn sie ganz allgemein von Trieben sprechen. Wird einer dieser Triebe wirksam, dann wartet das Tier, auch das menschliche Tier, mit Sicherheit nicht untätig ab, sondern beginnt, eine außerordentliche Aktivität an den Tag zu legen. Wir werden dazu getrieben, uns zu verhalten. Auf menschliches Verhalten bezogen, besitzt der Begriff „Motivation" natürlich zahlreiche Bedeutungen, von grundlegenden Motiven wie Hunger bis hin zu komplexen psychischen Motiven wie Habgier und Idealismus. Hier beschränken wir die Diskussion auf die grundlegenden Antriebe. Den verschiedenen elementaren Trieben liegen unterschiedliche spezielle Neuronenschaltkreise zugrunde. Neuere Forschungen zur Biologie der Motivation lassen allerdings vermuten, dass ein gemeinsames Belohnungssystem des Gehirns im Dienste aller Triebe steht. Sind nämlich die biotischen Triebe befriedigt, stellen sich Lust- oder Belohnungsgefühle ein. Anscheinend existiert im Säugerhirn (einschließlich des medialen Vorderhirnbündels) ein einheitliches Belohnungs- oder Lustsystem, das bei allen elementaren Trieben wirksam wird und darüber hinaus sogar bei „abnormen" Trieben, die als Folge einer Sucht oder von elektrischer Reizung entstehen.

Alan Epstein, eine führende Autorität in der Erforschung der biologischen Substrate elementarer Triebe, betonte, der eigentliche Grund, warum großhirnige, langlebige Tiere – Säuger – motiviertes Verhalten an den Tag legten, liege darin, dass sie die Bedürfnisse subjektiv fühlten. Wenn wir Durst empfinden, trinken wir Flüssigkeiten; wenn wir Hunger verspüren, suchen und essen wir Nahrung; wenn wir müde sind, schlafen wir. Wir wissen noch nicht viel über die Hirnmechanismen, die diese Gefühle hervorrufen, doch wissen wir schon eine ganze Menge über die Nervenmaschinerie, die diese elementaren homöostatischen Motive steuert.

Der Hypothalamus

Für alle elementaren Motive ist die Tätigkeit des Hypothalamus von überragender Bedeutung. Erstaunlicherweise vermag diese geringe Menge Hirngewebe – einige wenige Kubikmillimeter, die wenige kleine Nervenzellansammlungen (Kerne) enthalten – Verhalten und Erfahrung nachhaltig zu beeinflussen. Abbildung 7.1 zeigt die ungefähre Lage und die relative Größe des Hypothalamus im Primatengehirn. Der Hypothalamus umfasst etwa 15 Kerne. Unter funktionellen Gesichtspunkten lassen sich diese in drei Gruppen einteilen, von denen die wichtigste, die *periventrikuläre Zone,* dicht beim dritten Ventrikel liegt. In diesem Kerngebiet befinden sich „endokrine" Nervenzellen, die steuernd auf die Hypophyse einwirken, wie auch Nervenzellansammlungen, die für die Kontrolle von Biorhythmen verantwortlich sind. Ein zweites Kerngebiet, die *mediale Zone,* empfängt Signale aus dem Vorderhirn, insbesondere aus dem limbischen System (Hippocampus und Amygdala), und gibt selbst Information an die „endokrine" Kerngruppe weiter. Ein drittes Kerngebiet, die *laterale Zone,* wird hauptsächlich über das mediale Vorderhirnbündel, die wichtigste aufsteigende Dopaminbahn des Gehirns, mit Nachrichten versorgt. Offensichtlich bildet es einen Teil dieses Systems, zu dem es sowohl aufsteigende als auch absteigende Bahnen beisteuert. Die Kerne der medialen Zone des Hypothalamus entsenden ebenfalls Nervenfasern zur lateralen Zone und versorgen diese so mit Informationen aus den limbischen Strukturen des Vorderhirns.

Ein Querschnitt durch das Gehirn veranschaulicht die Lage einiger wichtiger Hypothalamuskerne und ihre Beziehungen zu angrenzenden Hirnstrukturen (Abbildung 7.2). An dieser Stelle werde ich nur jene Kerne herausstellen, auf die ich im weiteren Verlauf dieses Kapitels näher eingehen werde. Die Unterteilung dieser Kerne in drei Längszonen kommt in Abbildung 7.3 deutlich heraus. Endokrine Nervenzellen im vorderen Bereich der periventrikulären Zone, die *Nuclei praeoptici,* enthalten Gonadotropin-Releasing-Hormon (GnRH), das Sexualfunktio-

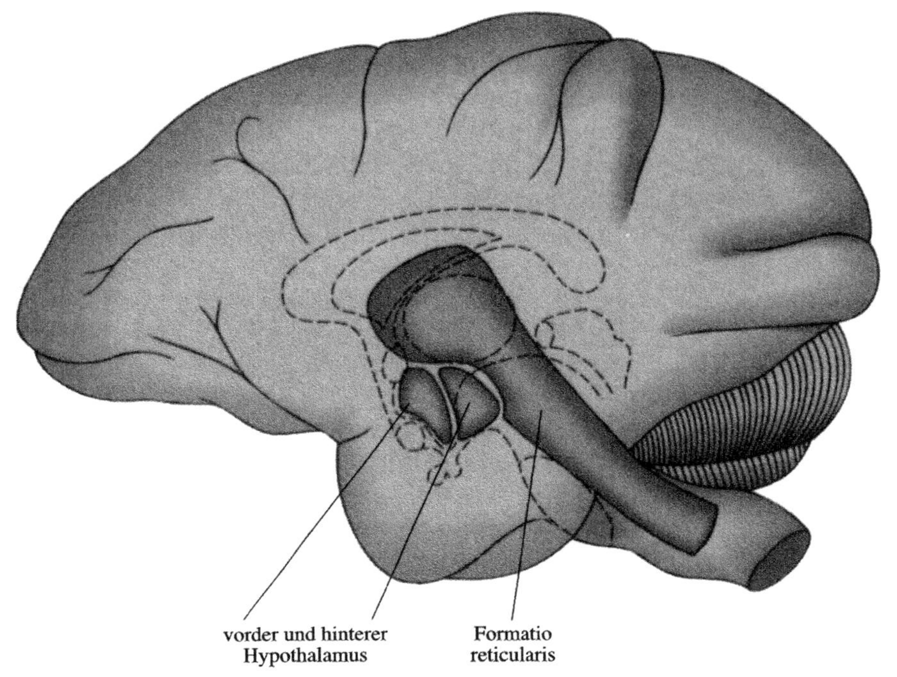

7.1 Schematische Darstellung eines Affengehirns, welche die ungefähre Lage des Hypothalamus im Verhältnis zur Formatio reticularis zeigt. Beide befinden sich in der Tiefe des Gehirns. Die vorderen und hinteren Anteile des Hypothalamus sind als zwei getrennte Lappen dargestellt, die genau unter dem rostralen (zum vorderen Körperende hin gelegenen) Abschnitt der röhrenförmigen Formatio reticularis liegen.

nen entscheidend beeinflusst. Nervenzellen im mittleren Bereich dieser Zone bilden den *Nucleus paraventricularis* des Hypothalamus; sie enthalten Corticotropin-Releasing-Hormon (CRH), das eine maßgebliche Rolle bei der Stressbewältigung spielt, sowie Thyreotropin-Releasing-Hormon (TRH), das für den Stoffwechsel unentbehrlich ist. Ferner finden sich dort Nervenzellen, die Oxytocin und Vasopressin enthalten. Am hinteren Ende der periventrikulären Zone stößt man schließlich auf dopaminhaltige Nervenzellen, die dort gemeinsam mit Nervenzellen für das Somatotropin-Releasing-Hormon (SRH) sowie mit zwei die Biorhythmen entscheidend mitbestimmenden Kernen vorkommen.

In der medialen Zone trifft man auf mehrere gut abgrenzbare Kerne: den *Nucleus praeopticus medialis*, den *Nucleus hypothalamicus anterior*, den *Nucleus dorsomedialis* und den *Nucleus ventromedialis* sowie das *Corpus mamillare*. Hierbei ist zu beachten, dass sich die Namen dieser Kerne meist schlichtweg auf ihre Lage im Hypothalamus beziehen und nichts über ihre Funktion aussagen. Dies gilt bedauerlicherweise für fast alle Hirnstrukturen. Die frühen Anatomen vermochten Formationen im Gehirn, darunter auch Kerne des Hypothalamus, schon zu einer

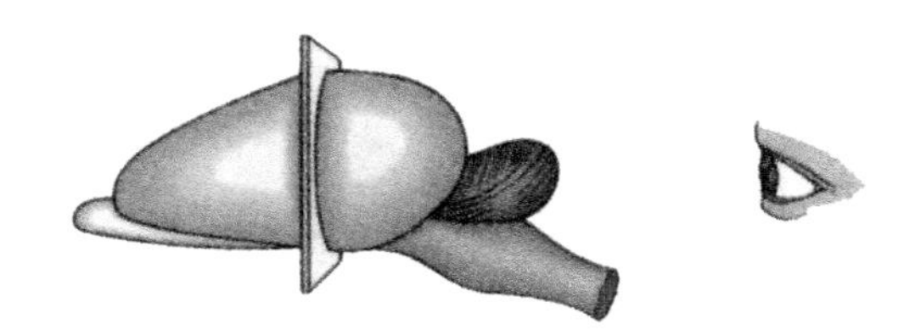

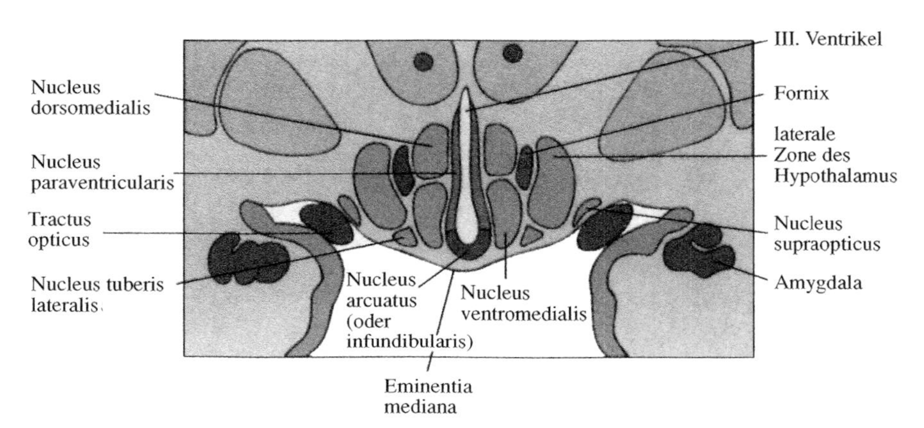

7.2 Querschnitt durch das Gehirn, der einige Kerne des Hypothalamus veranschaulicht. (Die obere Schemazeichnung zeigt die Schnittebene am Gehirn einer Ratte; der eigentliche Schnitt darunter gibt die Verhältnisse in einem menschlichen Gehirn wieder.) Zu den Kernen, die im Text angesprochen werden, gehören die laterale Zone (oder Feld) und die supraoptischen, ventromedialen, dorsomedialen und paraventrikulären Kerne. Der Fornix verbindet als Faserzug die hippocampale Region (das limbische Vorderhirn) mit dem Hypothalamus; die Amygdala ist eine weitere Struktur des limbischen Vorderhirns, die eng mit dem Hypothalamus verbunden ist.

Zeit zu erkennen und zu benennen, als man noch weit davon entfernt war, ihre möglichen Funktionen auch nur annähernd zu verstehen.

Die laterale Zone des Hypothalamus ist anatomisch sehr unscharf definiert – es ist mühevoll, hier einzelne Kerne auszumachen –, und zahlreiche Anatomen betrachten sie als die nach vorn reichende Verlängerung der Formatio reticularis des Hirnstammes. Wenn man dem lateralen Kerngebiet des Hypothalamus eine bestimmte Funktion zuordnen kann, dann die der allgemeinen Regulierung des Aktivitätszustands – der Aufmerksamkeit und des Erregungsniveaus. Schließlich erkennt man in Abbildung 7.3 den Nucleus accumbens; er ist ein wichtiges Ziel des in Kapitel 6 diskutierten Belohnungssystems des Gehirns. Der Begriff *accumbens* bedeutet übrigens „sich dazulegen", also eine weitere Lagebezeichnung.

Die Kerne der periventrikulären Zone stellen die wichtigsten efferenten oder signalaussendenden Nervenzellgruppen des Hypothalamus dar. Bei der Erörterung des Phänomens Stress werden wir uns auf einen bestimmten Kern dieser Region konzentrieren, um die grundlegenden Organisationsprinzipien des Hypothalamus zu veranschaulichen. An dieser Stelle ist es entscheidend festzuhalten, dass

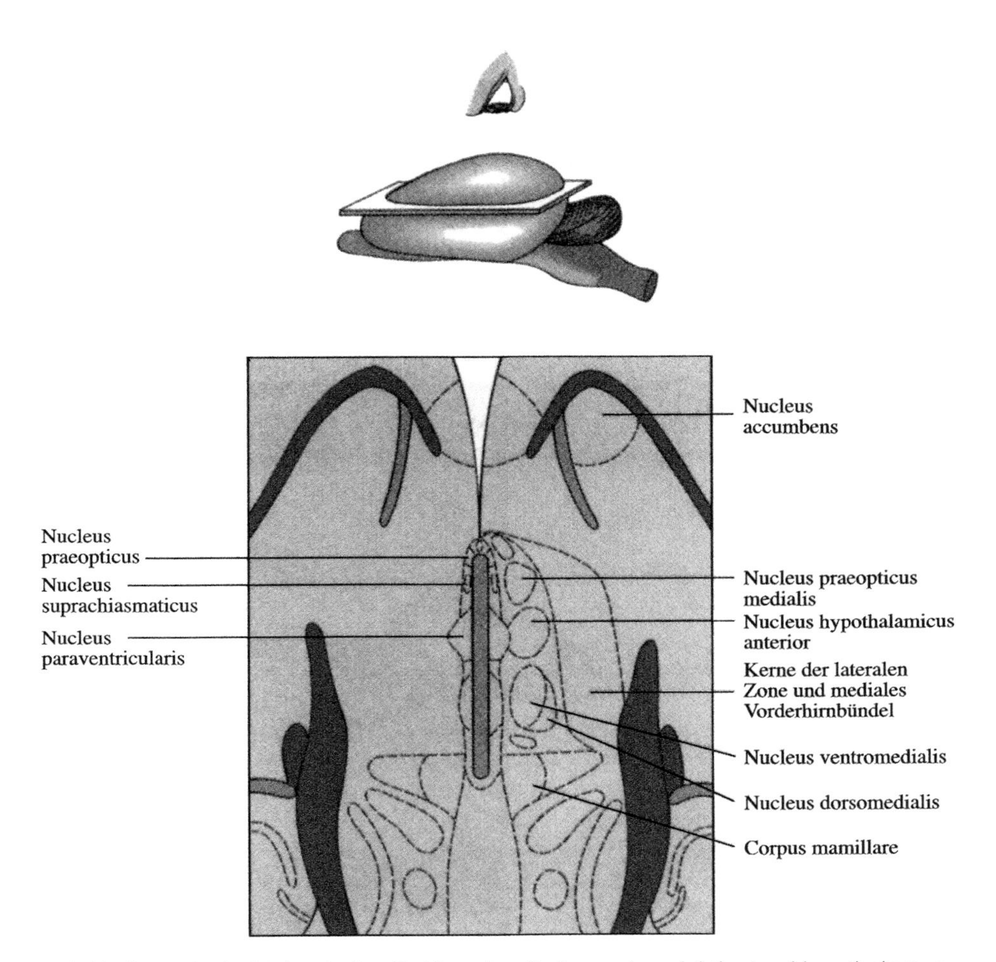

7.3 Horizontalschnitt durch das Gehirn, der die Lage der wichtigsten Hypothalamuskerne in ihrer Reihenfolge von vorne (oben) nach hinten darstellt. Links sind nur die Kerne der periventrikulären Zone eingezeichnet; die Kerne der medialen und lateralen Zone sieht man rechts. Nur die ihm Text angeführten Kerne sind mit einer Bezeichnung versehen. Der supraoptische Kern ist nicht sichtbar, da er sich weit unterhalb des Nucleus paraventricularis unmittelbar über den Sehnerven befindet. Der Nucleus accumbens gehört nicht zum Hypothalamus.

diese signalaussendenden Kerne des Hypothalamus zwei klar voneinander getrennte Projektionssysteme hervorbringen. Das eine zieht natürlich zur Hypophyse. Hier setzen endokrine Neuronen des Hypothalamus Hormone entweder direkt aus der Neurohypophyse frei oder indirekt, indem sie die Adenohypophyse über das Portalgefäßsystem dazu veranlassen, hypophysäre Hormone auszuschütten. Das andere Projektionssystem setzt sich aus absteigenden Nervenfasern hypothalamischer Neuronen zusammen, die auf motorische Kerne des autonomen Nervensystems im Rückenmark sowie auf Kerne des Hirnstammes einwirken. Hierbei handelt es sich nicht um ein Hormonsystem, sondern um eine gewöhnliche

Nervenleitungsbahn, die Information durch synaptische Übertragung an Zielneuronen weitergibt. Diese beiden efferenten Informationssysteme des Hypothalamus entstammen unterschiedlichen Nervenzellgruppen der periventrikulären Zone. Der springende Punkt ist, dass der Hypothalamus sowohl hormonelle (hypophysäre) als auch neuronale (dem autonomen Nervensystem zugehörige) Substrate der motivationalen und emotionalen Aspekte von Verhalten und Erfahrung unmittelbar kontrolliert.

Stress

Die meisten von uns braucht man nicht darauf aufmerksam zu machen, wenn sie unter Stress stehen. Wir wissen es einfach, sobald wir es fühlen, und wir fühlen uns oft gestresst. Stress ist das Los der menschlichen Existenz im „Zeitalter der Angst".

Unser heutiges Verständnis von Stress geht auf die klassischen Arbeiten von Hans Selye zurück, der in den dreißiger Jahren den Begriff des *allgemeinen Adaptationssyndroms* entwickelte. Seine grundlegende Entdeckung bestand darin, dass der Körper sich an zahlreiche unterschiedliche Stressformen durch ein allgemeines, einheitliches Set von Reaktionen anzupassen versucht. Bis dahin hatten viele Wissenschaftler die Ansicht vertreten, dass verschiedene Stresseinflüsse ganz unterschiedlich auf den Körper wirkten; so glaubte man beispielsweise, eine Unterkühlung setze völlig andere Reaktionen in Gang als ein Blutverlust. Selye machte jedoch deutlich, dass alle starken Stressoren dieselben drei Reaktionsstadien hervorrufen. Als Erstes setzt die *Alarmreaktion* mit Schock ein, infolge derer Blutdruck, Körpertemperatur und Muskeltonus abfallen (Der Leser wird zweifellos zumindest schon einmal einen milden Schock nach einer mehr oder weniger leichten Verletzung erlebt haben, insbesondere, wenn er dabei Blut verloren hat). Das zweite Stadium der Anpassungsreaktion nannte Selye das *Widerstandsstadium,* in dem sich der Körper zur Wehr setzt. Handelt es sich jedoch um einen massiven Stresseinfluss, der über längere Zeit einwirkt, so bricht der Widerstand des Körpers zusammen, und er tritt in die dritte Phase, das *Erschöpfungsstadium,* ein. Unter anderem kommt es in diesem Stadium zu einer deutlichen Schwächung des Immunsystems.

Selye konzentrierte sich auf körperliche Stressoren. Nehmen wir Blutverlust als einfaches und gängiges Beispiel – selbst eine Blutspende beim Roten Kreuz kann das allgemeine Adaptationssyndrom in Gang bringen. Bei starkem Blutverlust fallen Blutdruck und Körpertemperatur sofort ab, und Schwächegefühle bis hin zur Ohnmacht treten auf – die Alarmreaktion mit Schock hat eingesetzt. Der Schock bringt den Hypothalamus dazu, Corticotropin-Releasing-Hormon (CRH) freizusetzen, welches die Hypophyse dazu veranlasst adrenocorticotropes Hormon (ACTH) auszuschütten. ACTH bringt die Nebennierenrinde dazu, Glucocorticoide (Cortisol) auszuschwemmen, die in vielerlei Weise auf die Gewebe des Körpers einwirken und ihn auf die Auseinandersetzung mit dem Stress vorbereiten. Dies ist das Widerstandsstadium, und all dies kann uns passieren, wenn wir zum erstenmal Blut spenden. Doch schon bei der zweiten Blutspende werden diese Reaktionen wahrscheinlich nicht mehr auftreten.

Warum nicht? Diese einfache und gut belegte Beobachtung verrät uns, dass Stress bei weitem mehr bedeutet als nur körperliches Trauma. Blutverlust ist ein körperlicher Stressor, ganz klar – und wir spenden jedesmal die gleiche Menge Blut. Jedoch spielen, wie wir alle wissen, auch psychische Faktoren eine entscheidende Rolle bei der Stresserzeugung, und zwar bei allen Säugetieren, nicht nur beim Menschen. Die einfache Ratte kann genauso stark unter psychischem Stress leiden wie der komplizierte *Homo sapiens*. In den letzten Jahren hat sich der Brennpunkt der Stressforschung vom körperlichen Trauma an sich zu psychischen oder, genauer gesagt, psychobiotischen Faktoren verlagert – Psyche und Bios lassen sich nie völlig voneinander trennen. Zahlreiche Formen des Stresses, insbesondere chronischer Stress, überspringen die anfängliche Alarmreaktion, führen aber in unterschiedlichem Ausmaß zum Widerstandsstadium und, im Extremfall, sogar zum Erschöpfungsstadium.

Die Nebenniere

Die Nebenniere ist beim Menschen die Drüse, die entscheidend dazu beiträgt, mit Stress fertig zu werden. Sie besteht in Wirklichkeit aus zwei fast völlig voneinander unabhängigen Drüsen, dem zentralen *Nebennierenmark* und einer äußeren Schicht, der *Nebennierenrinde* (Abbildung 7.4). Das Nebennierenmark funktioniert ähnlich wie die sympathischen Ganglien. Es wird von den Axonen der autonomen präganglionären Neuronen im Rückenmark kontrolliert (siehe unten). Allerdings gibt es im Nebennierenmark keine postganglionären Nervenzellen. Stattdessen bilden die präganglionären Axonendigungen mit Drüsenzellen in der Medulla, die man *chromaffine Zellen* nennt, Synapsen aus. Wenn die chromaffinen Zellen durch die präganglionären Neuronen aktiviert werden (durch Freisetzung von ACh), geben sie Noradrenalin und Adrenalin direkt in den Blutstrom ab. Beim Menschen wird vor allem Adrenalin ausgeschüttet, aber auch eine kleine Menge an Noradrenalin.

Fast jede Art von plötzlichem Stress – sei er nun körperlicher oder psychischer Natur – bewirkt im sympathischen Teil des autonomen Nervensystems, dem *Notfall-* oder *Alarmsystem,* eine gesteigerte Aktivität. Dies wiederum veranlasst das Nebennierenmark, mehr Adrenalin und Noradrenalin ins Blut auszuschütten. Man spürt das unmittelbar: Das Herz beginnt sofort heftig zu schlagen. Des Weiteren bewirken Adrenalin und Noradrenalin eine Erhöhung des Blutdrucks, einen trockenen Mund, Schweißabsonderung an den Handflächen und unter den Armen sowie mehrere Veränderungen im Stoffwechsel, die eine sofortige Energieversorgung sicherstellen. Die meisten dieser Effekte stellen sich auch durch direkte Wirkungen des sympathischen Nervensystems auf die Zielorgane ein. Die Ausschüttung von Adrenalin und Noradrenalin durch das Nebennierenmark verstärkt diese Wirkungen. Das Nebennierenmark ist im Grunde genommen ein Glied des sympathischen Anteils des autonomen Nervensystems, obwohl es sich in mancher Hinsicht wie eine endokrine Drüse verhält.

Die Nebennierenrinde hingegen ist eine typisch endokrine Drüse, sie besteht aus Drüsengewebe und umgibt das Nebennierenmark. Unter bestimmten Umständen schütten Nervenzellen in einer Region des Hypothalamus, dem Nucleus paraven-

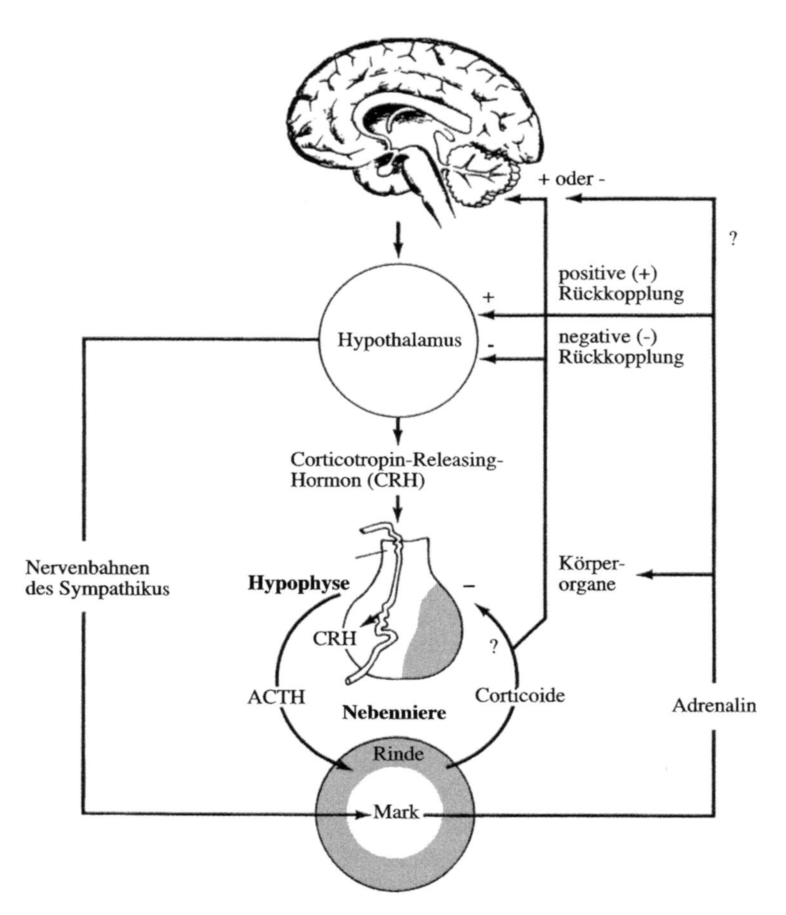

7.4 Schematische Darstellung der Beziehungen zwischen der Hypophyse und der Nebenniere – der Hypophysen-Nebennieren-„Achse". Das Nebennierenmark schüttet Adrenalin aus, das auf Körperorgane und zurück auf den Hypothalamus (und vielleicht auch auf andere Hirnregionen) wirkt, um die Aktivität des autonomen Nervensystems zu steigern. Die Nebennierenrinde gibt Corticoide wie etwa Cortisol ab, die ebenfalls Körperorgane beeinflussen und auf Hypophyse, Hypothalamus und andere Hirnregionen zurückwirken. Die höchste Dichte an Corticoidrezeptoren im Gehirn findet sich übrigens im Hippocampus.

tricularis, das *Corticotropin-Releasing-Hormon* (CRH) in den Pfortaderstrom aus. Es wird in diesem lokalen Blutgefäßsystem direkt zur Adenohypophyse transportiert, wo es die Freisetzung von *adrenocorticotropem Hormon* (ACTH) in den allgemeinen Blutkreislauf auslöst. Wenn das adrenocorticotrope Hormon die Nebennierenrinde erreicht, veranlasst es die endokrinen Zellen dort, das Stresshormon Cortisol (bei Ratten Corticosteron) und eine kleine Menge Aldosteron auszuschütten. (Die Freisetzung von Androgenen, des dritten Typs von Nebennierenrindenhormonen, wird nicht durch ACTH stimuliert.)

Aldosteron reguliert im Körper den Gehalt an den grundlegenden Ionen Natrium, Kalium und Chlorid, indem es kontrolliert, in welchem Maße diese Ionen in der Niere resorbiert werden. Die Abgabe von Aldosteron durch die Nebennierenrinde steht vor allem unter der Kontrolle des Kaliumspiegels im Blut und des extrazellulären Flüssigkeitsvolumens. Dementsprechend spielt es eine wichtige Rolle als Auslöser für Durst und Flüssigkeitsaufnahme (siehe unten).

Die Hauptwirkung des ACTH besteht darin, die Nebennierenrinde zur Abgabe von *Cortisol* zu veranlassen, das allein auf diesem Weg freigesetzt werden kann. Cortisol übt starke Wirkungen auf alle Körpergewebe aus. Es erhöht die Glucosekonzentration im Blut und regt auch den Abbau von Proteinen zu Aminosäuren an, hemmt die Aufnahme von Glucose durch die Körpergewebe (nicht aber durch das Gehirn) und reguliert die Reaktion des Herz-Kreislauf-Systems auf dauernden Bluthochdruck (Hypertonie). All diese Wirkungen sind ideal dafür geeignet, einem Tier zu helfen, mit Stress fertig zu werden. Ein Tier, das einer Bedrohung gegenübersteht, muss normalerweise mit Fressen aufhören, benötigt aber Energie in Form von Glucose im Blut; besonders das Gehirn bedarf einer beträchtlichen Glucosezufuhr. Die erhöhten Aminosäurekonzentrationen im Blut helfen bei der Reparatur möglicher Gewebeschäden. Auch ein gesteigerter Gefäßtonus ist von großer Bedeutung. Aus unbekannter Ursache erweitern sich unter Stress sofort bestimmte Arterien, wodurch der Blutdruck sinkt. Cortisol wirkt dem entgegen und erhält den richtigen Blutdruck aufrecht.

Die erhöhte Cortisolausschüttung ist eine normale Reaktion auf Stress und eine nützliche Anpassung. Doch wie bei den meisten Dingen im Leben ist zu viel davon schädlich. Anomal hohe Cortisolkonzentrationen, die über längere Zeiträume hinweg bestehen bleiben, können zu Bluthochdruck führen. Dieser kann beispielsweise infolge einer unglücklichen Lebens- oder Berufssituation auftreten, die längeren oder chronischen Stress mit sich bringt. Lang anhaltend hohe Cortisolspiegel schädigen auch das Immunsystem; die Fähigkeit des Körpers, mit Infektionen fertig zu werden, lässt merklich nach – eine Tatsache, die für die heutigen Aids-Epidemien von großer Bedeutung ist.

Das autonome Nervensystem

Das autonome Nervensystem ist in erster Linie für die Aufrechterhaltung eines optimalen inneren Körpermilieus zuständig. Es funktioniert im Allgemeinen unwillkürlich und wirkt auf die glatte Muskulatur des Verdauungstrakts, auf das Herz und auf die exokrinen Drüsen. Das autonome Nervensystem besteht aus zwei Abteilungen, der sympathischen und der parasympathischen (Abbildung 7.5). Der *Sympathikus,* also der sympathische Anteil des autonomen Nervensystems, fungiert als Erregungsmechanismus für den ganzen Körper und versetzt ihn in Aktionsbereitschaft. Er kann seine Wirkung sehr schnell entfalten und ein Tier angesichts einer wahrgenommenen Gefahr auf „Kampf oder Flucht" vorbereiten.

Die Aktivierung des *Parasympathikus* zeitigt gewöhnlich Wirkungen, die denen des Sympathikus entgegengesetzt sind. Die meisten der Eingeweide-(Körper-)Organe haben eine *doppelte antagonistische Innervierung,* das heißt, sie werden von Nerven des Sympathikus *und* des Parasympathikus versorgt (Abbildung 5.8 in Ka-

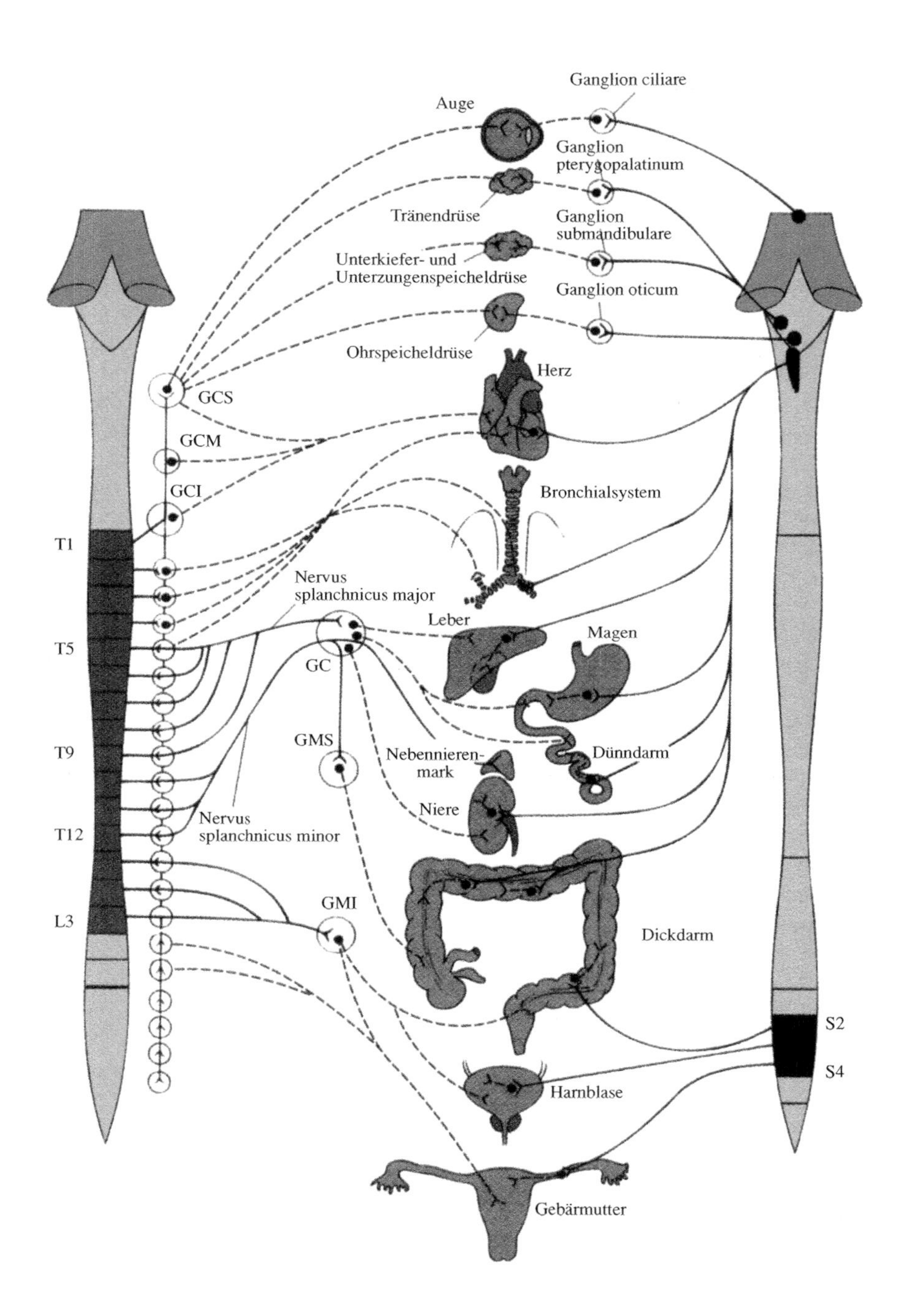

pitel 5). Beim Herzen beispielsweise bewirkt eine gesteigerte Sympathikusaktivität eine Beschleunigung des Herzschlags, wohingegen eine erhöhte Aktivität des Parasympathikus (die durch den Vagusnerv vermittelt wird) die Herzfrequenz senkt. Das autonome Nervensystem übt charakteristischerweise durch beide Tei-

◀ **7.5** Aufbau des autonomen Nervensystems. Links ist das sympathische System, rechts das parasympathische System dargestellt. Folgende Abkürzungen für die sympathischen Ganglien wurden verwendet (von oben nach unten): GCS, Ganglion cervicale superius (oberes Halsganglion); GCM, Ganglion cervicale medium (mittleres Halsganglion); GCI, Ganglion cervicale inferius (unteres Halsganglion); GC, Ganglion coeliacum; GMS, Ganglion mesentericum superius; GMI, Ganglion mesentericum inferius. Rückenmark: T1–T12, Brustmarksegmente; L3, drittes Lendenmarksegment; S2, S4, Kreuzmarksegmente. Das Schema zeigt die Verhältnisse beim Menschen, lässt sich aber auch auf andere Wirbeltiere übertragen.

le eine gleichgewichtige Kontrolle aus, was als *Tonus* bezeichnet wird. Aufgrund des Tonus kann die Herzfrequenz entweder durch eine Erhöhung der sympathischen oder durch eine Abnahme der parasympathischen Erregung gesteigert werden, da jeweils die algebraische Summe der beiden Eingänge die Antwort des Organs bestimmt.

Die Neurotransmitter des autonomen Nervensystems sind gut verstanden. In der Tat hat man sowohl Acetylcholin (ACh) als auch Noradrenalin zuerst aus dem autonomen Nervensystem isoliert und hier ihre Funktion als Neurotransmitter nachgewiesen. Die Axone der präganglionären Neuronen aus beiden Abteilungen – Sympathikus wie Parasympathikus – kommen aus dem Gehirn und dem Rückenmark und bilden in peripheren Ganglien Synapsen. Wie alle anderen präganglionären Neuronen bei Wirbeltieren verwenden sie ACh als Neurotransmitter. Im sympathischen Anteil des autonomen Nervensystems liegen die Synapsen der präganglionären Neuronen in einer Reihe von Ganglien direkt neben dem Rückenmark, dem so genannten *Grenzstrang*. Die postsynaptischen Nervenzellen in den sympathischen Ganglien des Grenzstranges entsenden ihre Axone zu all den verschiedenen Zielorganen – beispielsweise zu Herz und Darm – und bilden dort spezielle, vornehmlich neuromuskuläre Synapsen aus. Bei der Eingeweidemuskulatur handelt es sich nicht um gestreifte Skelettmuskelfasern, sondern um glatte Muskulatur. Als Neurotransmitter an den neuromuskulären Synapsen zwischen den postganglionären sympathischen Nervenzellen und den glatten oder den Herzmuskelzellen dient Noradrenalin.

In deutlichem Gegensatz dazu stehen die parasympathischen präganglionären Axone, die aus dem unteren Hirnstamm und aus dem Sakral- oder Kreuzmarkbereich des Rückenmarks kommen; sie ziehen in die Nähe ihrer Zielorgane und haben ihre Synapsen in Ganglien, die nahe bei diesen Organen liegen. Ihr Neurotransmitter ist, wie erwähnt, ACh. Die postganglionären Nervenzellen des Parasympathikus bilden wiederum vornehmlich mit der Muskulatur der Zielorgane (mit glatten oder mit Herzmuskelzellen) Synapsen aus, an denen ebenfalls ACh als Neurotransmitter dient.

Das autonome Nervensystem steht unter der direkten Kontrolle verschiedener Kernbereiche des Hirnstammes. Diese werden ihrerseits vom Hypothalamus und von bestimmten limbischen Vorderhirnstrukturen beeinflusst. Das autonome Nervensystem ist also das periphere signalübertragende System, das die Wirkungen jener Hirnstrukturen vermittelt, die sehr direkt an den mit Emotion und Motivation gekoppelten Verhaltensaspekten beteiligt sind. Das Nebennierenmark gehört, wie wir gesehen haben, zweifellos zum sympathischen Nervensystem. Das Nebennierenmark und die sympathischen Ganglien arbeiten eng zusammen und verstärken sich gegenseitig, um den Organismus in Aktionsbereitschaft zu versetzen.

Die hypothalamische Kontrolle der Stressreaktion

Der speziell für Stress zuständige Hypothalamuskern ist der *Nucleus paraventricularis,* der in Abbildung 7.3 dargestellt ist. Es handelt sich um ein Gewebe, das lediglich einen halben Quadratmillimeter ausfüllt und etwa 10 000 Nervenzellen enthält. Zwei Arten *endokriner Neuronen* kommen in diesem Kern vor: Große Nervenzellen, die Oxytocin und Vasopressin zur Freisetzung an den Hypophysenhinterlappen leiten (und nicht direkt an der Stressreaktion beteiligt sind), und kleinere Nervenzellen, die Corticotropin-Releasing-Hormon (CRH) in die Portalgefäße entlassen, sodass sekretorische Zellen der Adenohypophyse ACTH an den Blutkreislauf abgeben. Wie schon erwähnt, veranlasst ACTH die Nebennierenrinde, Cortisol auszuschütten.

Neben den endokrinen Nervenzellen gibt es im Nucleus paraventricularis weitere Neuronen, deren Nervenfasern sich mit Nervenzellen der Formatio reticularis, des Hirnstammes und des Rückenmarks verbinden. Die meisten dieser Nervenzellen enden an präganglionären Neuronen des autonomen Nervensystems, die eine Gruppe an sympathischen, die andere an parasympathischen präganglionären Nervenzellen (Abbildung 7.5).

Interessanterweise scheint es im Nucleus paraventricularis keine Interneuronen, also innerhalb des Kerns miteinander verschaltete Nervenzellen, zu geben. Die Aktivität des Kerns wird demnach ziemlich direkt von den einlaufenden Nervenimpulsen bestimmt. Unglücklicherweise sind die Dateneingänge des Nucleus paraventricularis verwickelt; Dutzende davon sind beschrieben worden. Wir wollen uns hier auf die vier offensichtlich bedeutendsten Eingangssysteme beschränken. Da wäre zunächst ein *„autonomer" Eingang,* der hauptsächlich vom Nervus vagus (der sowohl sensorische als auch motorische Fasern führt) gespeist wird und den Nucleus paraventricularis über autonome Kerne im Hirnstamm erreicht. Dieses System leitet vermutlich Informationen über den Zustand der inneren Organe weiter. Das zweite Eingangssystem entspringt dem *Subfornicalorgan,* einer kleinen Struktur außerhalb der Blut-Hirn-Schranke, die selbst über keine solche Schranke verfügt; wie wir später sehen werden, spielen diese Struktur und ihre Faserzüge zum Nucleus paraventricularis eine Schlüsselrolle für das Durstempfinden. Das *limbische System des Vorderhirns,* insbesondere Hippocampus, Amygdala und präfrontale Großhirnrinde, leitet eine dritte Gruppe von Eingangssignalen weiter. Schließlich erhält der Nucleus paraventricularis noch zahlreiche Informationszuflüsse aus *anderen hypothalamischen Kernen.*

Auch wenn uns darüber hinaus keine gesicherten Erkenntnisse vorliegen, so steht doch fest, dass die „Stress"-Neuronen des Nucleus paraventricularis, also die CRH-haltigen Nervenzellen, durch Veränderungen des körperlichen Zustands aktiviert werden können; dies geschieht beispielsweise, wenn der Organismus Blut verliert (der Blutdruckabfall erregt sensorische Fasern des Vagusnervs) oder wenn er sich einer Bedrohung oder Gefahr ausgesetzt sieht (dann erfolgt die Erregung über Vorderhirnstrukturen). Die CRH-haltigen Nervenzellen besitzen auch Cortisolrezeptoren, sodass sie sich kontinuierlich über die Aktivität der Nebennierenrinde informieren können. Wie bereits erörtert, verringert Cortisol die CRH-Ausschüttung dieser Neuronen. Als weitere Hirnstrukturen mit einer hohen Dichte an Cortisolrezeptoren stellten sich interessanterweise Hippocampus und Amygdala heraus, also gerade diejenigen Strukturen, die Nervenfasern zum Nucleus paraventricularis entsenden.

Die Hypothese vom biochemischen *switching*

In Kapitel 6 haben wir festgestellt, dass zahlreiche Nervenzellen des Gehirns mehr als ein Neuropeptid enthalten, das als Neurotransmitter oder Modulatorsubstanz agieren könnte. Der Hypothalamus scheint sich dieses Prinzip in extremer Weise zunutze zu machen. In den CRH-haltigen Nervenzellen des Nucleus paraventricularis können tatsächlich acht verschiedene neuroaktive Substanzen vorkommen! Unter anderem handelt es sich dabei um CRH, Dynorphin, Dopamin und Angiotensin. Der heute an der Universität von Südkalifornien tätige Larry Swanson und seine Mitarbeiter konnten schlüssig nachweisen, dass einzelne Nervenzellen einige dieser neuroaktiven Substanzen in größeren oder kleineren Mengen produzieren, je nachdem, welche Arten von Stress auf sie einwirken. Denken Sie hierbei daran, dass diese Substanzen durch die DNA im Zellkern exprimiert, über die RNA hergestellt und dann zu den Nervenfaserendigungen der sezernierenden Neuronen des Nucleus paraventricularis transportiert werden. Steigt beispielsweise die Cortisolkonzentration im Blut an, so stellt ein Nervenzelltyp des Nucleus paraventricularis vermehrt CRH, jedoch in unveränderter Menge Vasopressin her. Ein anderer Neuronentyp hingegen drosselt die Produktion beider Peptide. Andere Ausdrucksformen des Stresses können völlig andere Veränderungen in der Peptidexpression von Nervenzellen des Nucleus paraventricularis hervorrufen.

Swanson nimmt an, dass die Nervenzellen bei unterschiedlichen Stressarten unterschiedliche Peptidhormone und Nervenüberträgerstoffe in charakteristischer Menge und Zusammensetzung herstellen und so eine Feinabstimmung der Reaktion erlauben, die dem jeweiligen Stressor am effektivsten entgegenwirkt. Abbildung 7.6 veranschaulicht die Hypothese vom biochemischen *switching* („Umschalten"). Kernpunkt dieser Hypothese ist, dass ein anatomisch festgelegter Schaltkreis seine Funktion verändern kann, indem er seine Peptidproduktion in den Nervenzellen umstellt. Sie bietet ein faszinierendes Beispiel biochemischer Plastizität, die nicht auf anatomischer Plastizität aufbaut.

Die psychobiologische Natur des Stresses

Stress ist ein subjektives Phänomen. Die Rate der Cortisolsekretion ist erstaunlich empfindlich gegenüber psychischen Faktoren. Eine scheinbar unbedeutende Erfahrung wie ein Umgebungswechsel kann bei Ratten einen massiven Anstieg der Corticosteronfreisetzung auslösen (das Corticosteron von Ratten ist dem menschlichen Cortisol analog). Geht ein Mensch an Bord eines Flugzeugs, so steigt die Cortisolausschüttung oft gewaltig. Eine Cortisolabgabe bedeutet stets, dass CRH

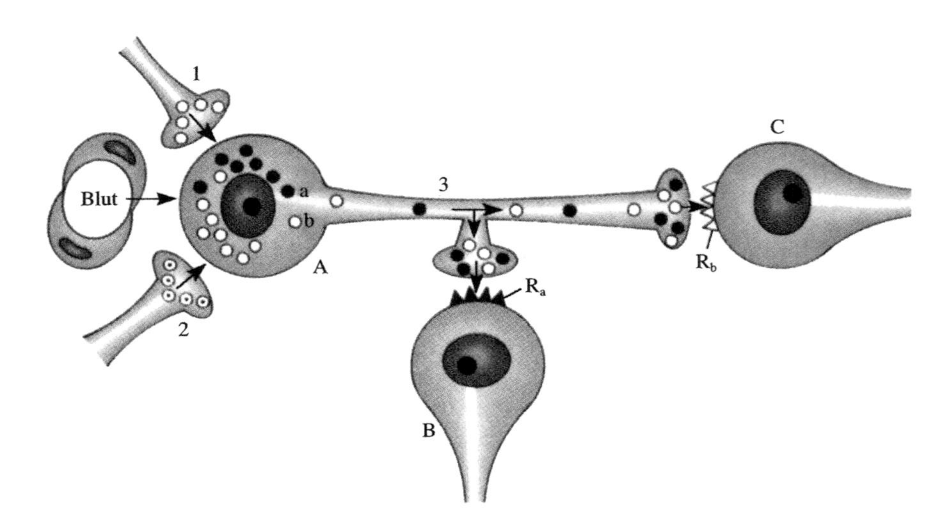

7.6 Biochemisches *switching* („Umschalten“) innerhalb eines neuroanatomisch festgelegten Schaltkreises. Es kann in einem veränderten Verhältnis der Neuropeptide a und b in einer bestimmten Nervenzelle (A) zum Ausdruck kommen, wenn diese zwei unterschiedliche Zelltypen (B, C) innerviert, die jeweils Rezeptoren (R_a, R_b) für das eine oder das andere Neuropeptid ausgebildet haben. Der a/b-Quotient lässt sich durch Substanzen verändern, die über Nervenimpulse aus den Fasern 1 und 2 freigesetzt werden, oder durch Steroidhormone, die aus benachbarten Kapillaren übertreten.

aus dem Hypothalamus und ACTH aus der Hypophyse freigesetzt wurde. Das ausgeschüttete Cortisol wirkt auf Hypothalamus und Hypophyse zurück und hemmt dort die Abgabe von CRH und ACTH. Wenn die ACTH-Freisetzung abnimmt, verringert sich auch die Cortisolausschüttung durch die Nebennierenrinde. Die Abgabe dieser Substanzen scheint viel feiner abgestimmt und empfindlicher für Umwelt- und psychische Faktoren zu sein als die erhöhte Aktivität des sympathischen Nervensystems als Reaktion auf plötzlichen Stress oder einen Notfall.

Seit vielen Jahren ist bekannt, dass sich das Verhältnis zwischen der Leistungsfähigkeit bei zahlreichen Lern- und Geschicklichkeitsaufgaben und dem Aktivierungsgrad des Organismus bei Menschen und anderen Säugern durch eine umgekehrte U-Funktion beschreiben lässt (Abbildung 7.7). Bei äußerst niedrigem Aktivierungsgrad – etwa im Schlaf – wird beispielsweise überhaupt keine Leistung erbracht. Ist man erschöpft und sehr müde, so ist man nur zu geringen Leistungen imstande. Ist man hellwach, energiegeladen und angeregt, kann man Höchstleistungen vollbringen. Bei extremer Aktivierung und unter starkem Stress verschlechtert sich die Leistung hingegen. Im Allgemeinen beeinträchtigt Stress die Leistungsfähigkeit in gleichem Maße, wie seine Intensität zunimmt – was in der rechten Seite des umgekehrten Us seinen Ausdruck findet.

Heute weiß man, dass Stress nicht einfach mit körperlichem Trauma gleichzusetzen ist. Rufen wir uns noch einmal das Beispiel des Blutspendens ins Gedächtnis. Wie stark eine Situation den Organismus belastet, hängt davon ab, wie der Betreffende sie versteht, deutet, einschätzt und für sich bewertet. Es ist im Wesentli-

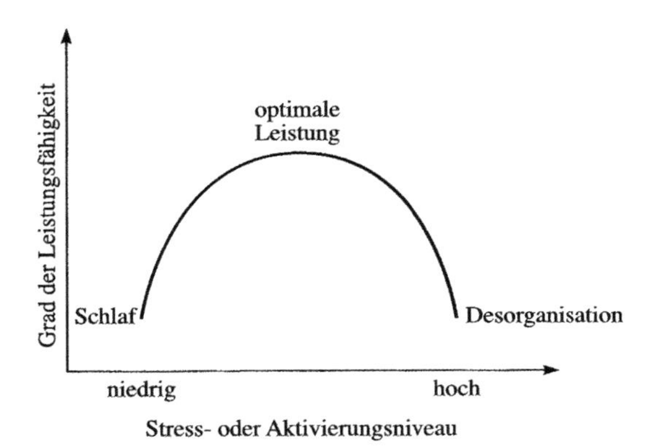

7.7 Umgekehrte U-Funktion, die das Stress- und Aktivierungsniveau in Beziehung zur Leistungsfähigkeit setzt. Zahlreiche Aufgaben, darunter das Lernen, werden bei mittlerem Stressniveau am besten bewältigt.

chen ein „kognitives“ Phänomen, das weniger vom Wesen der Situation selbst abhängt als vielmehr davon, wie das Individuum sie auslegt. Die für das Stressempfinden maßgeblichen Aspekte sind Unsicherheit und Kontrolle: Je weniger das Individuum über eine potenziell gefährliche Situation weiß und je weniger Kontrollmöglichkeiten ihm zur Verfügung stehen, desto mehr fühlt es sich belastet. Umgekehrt gilt, dass die Kontrollierbarkeit umso besser und die Situation umso weniger belastend empfunden wird, je besser das Individuum sie durchschaut und je sicherer es sich ihrer ist. Wir Menschen und andere Säugetiere scheinen von Natur aus nach Sicherheit zu streben. Dies könnte der Grundstein für die Existenz zahlreicher Glaubenssysteme sein. Ein Mensch, der sich einem Glaubenssystem fest verschrieben hat, „versteht“ die Welt und die sie kontrollierenden Faktoren tatsächlich, auch wenn seine Anschauungen durchaus unzutreffend sein können.

Im Schrifttum finden sich zahlreiche Beispiele für die kognitiven Aspekte des Stresses, sowohl von Menschen als auch von Tieren. Bei einer lange zurückliegenden Untersuchung eines Ruderbootrennens in Harvard entdeckte man bei der Besatzung, dass sich die Zahl ihrer Eosinophilen (eine Blutmessgröße für Stress) vier Stunden nach dem Rennen verringert hatte. Man hätte diesen Abfall gänzlich körperlichen Stressoren zuschreiben können, die während des Rennens aufgetreten waren, aber die Steuermänner und Trainer wiesen ähnlich verringerte Eosinophilenzahlen auf, obwohl sie lediglich unter psychischem Stress gestanden hatten.

Eine klassische Studie an Fallschirmspringern führten Seymour Levine von der Stanford-Universität und Holger Ursin von der Universität Oslo in Norwegen durch. Sie untersuchten Blutwerte und Verhalten einer Gruppe norwegischer Fallschirmspringer in Ausbildung, nachdem diese wiederholt an einem Führungsseil von einem Zehnmeterturm abgesprungen waren. Nach dem ersten Sprung stellte man eine drastisch erhöhte Cortisolkonzentration im Blut fest; doch schon beim zweiten Sprung blieb sie auf normalen Werten, die sie auch nach den folgenden Sprüngen beibehielt. Auch schätzten die Ausbildungsteilnehmer ihr Angstempfinden nach dem ersten und zweiten Sprung völlig anders ein: Nach dem zweiten

Sprung verspürten sie kaum noch Angst, obwohl sie vor dem ersten Sprung ein sehr hohes Angstniveau angegeben hatten.

Betrachten wir ein Beispiel aus der Tierforschung, in dem Hunde einer Reihe unvorhersagbarer oder vorhersagbarer elektrischer Schläge ausgesetzt wurden. Unter vorhersagbaren Bedingungen präsentierten die Untersucher den Tieren einen Ton, bevor sie den Stromstoß verabreichten. In der unvorhersagbaren Bedingung fehlte dieses akustische Signal. Die Reaktion der Nebennierenrinde, die man in den nachfolgenden Tests beobachtete, bestätigte, wie wichtig es ist, Unsicherheit durch Vorhersagbarkeit zu vermindern. Die Nebennierenrinden der Tiere, die vor dem Stromstoß kein Signal erhielten, reagierten zwei- bis dreimal heftiger als die jener Tiere, denen man die Stromstöße vorher angekündigt hatte.

Hierbei ist festzustellen, dass die Methoden, die man in dieser Studie einsetzte, typischerweise bei Experimenten zur gelernten Hilflosigkeit Anwendung finden. *Gelernte Hilflosigkeit* entsteht, wenn der Organismus über längere Zeit hinweg unangenehmen Reizen ausgesetzt ist, die er weder vorhersehen noch kontrollieren kann. Man hat beobachtet, dass Tiere, die dieser experimentellen Anordnung unterworfen waren, auf lange Zeit hinaus in ihrer Fähigkeit beeinträchtigt waren, unter nachfolgenden Versuchsbedingungen angemessene Leistungen zu erbringen. Darüber hinaus stieg die Aktivität der Nebennierenrinde bei diesen Versuchstieren viel deutlicher an, wenn sie mit neuen Reizen konfrontiert wurden, als dies bei Kontrolltieren geschah. Folglich reagiert ein Organismus, der sich einer Reihe unkontrollierbarer und unvorhersagbarer unangenehmer Reize ausgesetzt sieht, nicht nur unter diesen Bedingungen mit einem drastischen Anstieg der Nebennierenrindenaktivität, sondern er entwickelt auch Langzeitdefizite, die sich unter völlig anderen Testbedingungen zeigen.

In einer Untersuchung von Jay Weiss von der Rockefeller-Universität wurden Ratten sehr unangenehmen Stromschlägen ausgesetzt. Die Ratten einer Gruppe konnten den Stromstoß beenden oder aufschieben, indem sie an einem Rad drehten. Die zweite Gruppe besaß keine Möglichkeit, die Stromstöße zu kontrollieren. Die Tiere dieser Gruppe wurden mit denen der ersten über Drähte verbunden, sodass sie immer dann einen Stromschlag bekamen, wenn auch die Tiere der ersten Gruppe einen erhielten; anders als diese konnten sie jedoch nichts dagegen unternehmen. Ratten aus der Gruppe, die keine Kontrolle über die elektrischen Schläge hatte, entwickelten in viel stärkerem Maße Magengeschwüre als jene, die die Stromstöße kontrollieren konnten.

Bei Untersuchungen in meinem Labor fanden Seymour Levine, Michael Foy und ich heraus, dass Stress in ausreichender Menge bei Ratten die hippocampale Langzeitpotenzierung (LTP), einen möglichen Mechanismus der Gedächtnisspeicherung, verhindert (Kapitel 4). In einer weiteren Studie erforschte Tracey Shors (mittlerweile an der Rutgers-Universität) Stress mithilfe einer Aufgabe zum Fluchtlernen. Hierbei erhielten die Ratten im Versuch einen Stromstoß auf der einen Seite eines doppelten Gitterkäfigs, von der aus sie durch eine Öffnung auf die andere Seite entkommen konnten, auf der keine Stromstöße verabreicht wurden. Die Tiere lernten sehr rasch, bei Verabreichung des Stromstoßes auf die andere Seite des Käfigs zu wechseln. In einer Versuchsreihe wurde jede dieser Ratten mit je einer zweiten Ratte verbunden, die keine Kontrolle über die Situation hatte; diese erhielten den gleichen Stromstoß, vermochten diesen aber nicht zu vermeiden.

Bei den Versuchsratten, die lernen konnten, dem Stromstoß zu entgehen, zeigte sich nur eine leichte Erhöhung der Corticosteronkonzentration und eine geringe Beeinträchtigung der hippocampalen LTP. Die Corticosteronkonzentration der mit ihnen verbundenen Ratten war jedoch deutlich erhöht und auch die hippocampale LTP beeinträchtigt – obgleich beide Ratten genau die gleichen Stromstöße erhielten.

Bei neueren Forschungen in meinem Labor untersuchten Jeansok Kim, nun an der Yale-Universität, und Michael Foy, inzwischen an der Loxola-Marymount-Universität, wie sich Stress auf den Prozess der Langzeitdepression (LTD, *long-term depression*) im Hippocampus von Ratten auswirkt. Mit der Langzeitdepression im Kleinhirn haben wir uns in Kapitel 4 befasst. Die LTD im Hippocampus ist dieser insofern ähnlich, als sie durch wiederholte, niedrig frequente Reizung induziert wird, es können jedoch andere Mechanismen daran beteiligt sein. Auf jeden Fall aber steigert vorausgegangener Verhaltensstress, der die hippocampale LTP nachdrücklich beeinträchtigt, die hippocampale LTD deutlich. Überdies scheinen diese beiden Stresswirkungen durch ein und denselben Typ von Glutamatrezeptor vermittelt zu werden, den NMDA-Rezeptor (Kapitel 4). Im Hinblick auf die Gehirnfunktion insgesamt hat die hippocampale LTP einen erhöhten Output des Hippocampus an andere Gehirnregionen zur Folge, während er bei einer LTP verringert ist. In Kapitel 11 werden wir uns diesen Prozessen der LTP und LTD als mögliche Mechanismen der Gedächtnisspeicherung im Säugergehirn noch ausführlicher widmen.

Das Entscheidende bei Stress ist, dass der Organismus in Unsicherheit schwebt. Situationen sind stressvoll, wenn der Organismus sie als unvorhersagbar und unkontrollierbar ansieht. Studien an Kriegsteilnehmern in Vietnam scheinen dies zu bestätigen. Soldaten einer erfahrenen, von den *Special Forces* rekrutierten Kampfeinheit, die man über einen bevorstehenden Angriff informiert hatte, widmeten sich sehr ausgiebig und mit Eifer aufgabenorientierten Tätigkeiten wie dem Ausbau von Verteidigungsanlagen. Die Konzentration eines Cortisolabbauprodukts im Urin stieg am Tag des erwarteten Angriffs nicht an. Zwar konnten sie das Verhalten des Feindes nicht direkt beeinflussen, sie hatten jedoch das Gefühl, die Situation im Griff zu haben. Ihr junger Kommandant hingegen war sich nicht sicher, ob seine erfahrenen Soldaten die Befehle, die sie von ihm erhalten würden, als unangebracht betrachten würden. Die Konzentration des Cortisolmetaboliten in seinem Urin war am Tag des erwarteten Angriffs deutlich höher als sonst.

Diese Forschungen zum Stress lassen darauf schließen, dass Strategien zur Stressbewältigung dann erfolgreich sind, wenn sie Vorhersagbarkeit, Verständnis der Zusammenhänge, Wissen und das Gefühl der Kontrolle vermitteln. Manchmal hilft es vielleicht schon, ganz einfach irgendwas zu tun, auch wenn man die Situation dadurch nicht wirklich in den Griff bekommt. Seymour Levine stellte in einer Studie fest, dass der Corticosteronspiegel im Serum von Ratten nach starken unvorhersehbaren Stromstößen bedeutend weniger anstieg, wenn man den Tieren im Anschluss erlaubte zu kämpfen, als bei Ratten, denen man denselben Stromstoß versetzte, aber nicht die Möglichkeit zum Kämpfen bot.

Biorhythmen

Biorhythmen sind ein gemeinsames Merkmal allen Lebens. Sie können von weniger als eine Sekunde, wie beim Herzschlag, bis zu einem Jahr bei Saisonbrütern dauern. Der deutlichste Biorhythmus in der Natur ist jedoch der 24-stündige *circadiane Rhythmus* (vom lateinischen *circa* für „ungefähr" und *dies* für „Tag"). Alle Lebewesen – von Bakterien über Blaugrünalgen (Cyanobakterien) und Pflanzen bis zum Menschen – zeigen einen solchen circadianen Rhythmus. Bei Tieren tritt dieser am auffälligsten im Ausmaß der Aktivität zutage.

Der circadiane Rhythmus

Lange Zeit nahm man an, circadiane Rhythmen seien einfach durch Tag und Nacht vorgegeben. Ratten zum Beispiel sind Nachttiere: Sie werden nachts aktiv und schlafen während des Tages. Der circadiane Aktivitätsrhythmus von Ratten ist recht regelmäßig. Üblicherweise folgen Säugetiere und Vögel präzisen circadianen Zyklen. Der Mensch, die meisten anderen Primaten sowie etliche Greifvogelarten sind stark visuell ausgerichtet und tagaktiv. Die Beute der Greifvögel (etwa Mäuse) bleibt – sinnvollerweise – tagsüber inaktiv. Einige circadiane Rhythmen des Menschen sind in Abbildung 7.8 zusammengestellt.

Der circadiane Aktivitätsrhythmus wird nicht direkt durch Licht oder Dunkelheit kontrolliert. Hält man Ratten bei konstanter Helligkeit oder Dunkelheit, zeigen sie auch weiterhin (lebenslang) einen normalen circadianen Aktivitätszyklus. Er wird sich allerdings gegenüber dem tatsächlichen Tag-Nacht-Wechsel etwas verschieben, denn die Tiere besitzen keine Möglichkeit festzustellen, ob es draußen gerade hell oder dunkel ist. Für einige Untersuchungen haben Menschen monatelang in Höhlen oder Bunkern mit einer konstanten mäßigen Beleuchtung gelebt. Sie alle folgten einem normalen circadianen Schlaf-Wach-Rhythmus, wenngleich sich dieser gegenüber dem Tag-Nacht-Zyklus draußen verschob. Bei Menschen pendelt sich der circadiane Rhythmus näher bei 25 als bei 24 Stunden ein – ein weiteres Rätsel. Sonderbar genug ist, dass der Mondzyklus ebenfalls ungefähr 25 Stunden beträgt.

Irgendeine Art innerer Uhr muss den circadianen Rhythmus eines Lebewesens regulieren. Unter den normalen Lebensumständen synchronisiert der Tag-Nacht-Wechsel die innere Uhr. Wird der Hell-Dunkel-Zyklus umgedreht, verändern Ratten nach und nach ihren Rhythmus; nach ungefähr einer Woche sind sie wieder während der Dunkelphase aktiv und ruhen bei Licht. Wenn jemand um die halbe Erde fliegt, kann es bis zu zwei Wochen dauern, ehe sich sein Schlaf-Wach-Zyklus vollständig umgekehrt hat. Diese erzwungenen Veränderungen des Schlaf-Wach-Rhythmus, denen sich in unserem Zeitalter des Flugzeugs viele Leute routinemäßig unterziehen – für die unangenehmen Begleiterscheinungen hat sich das Wort „Jetlag" eingebürgert –, werden von etlichen Wissenschaftlern als ernstlicher Stress für den Organismus gewertet. Interessanterweise erfolgt die Ausschüttung von Hormonen ebenfalls in einer circadianen Rhythmik. Beispiele hierfür zeigt Abbildung 7.9.

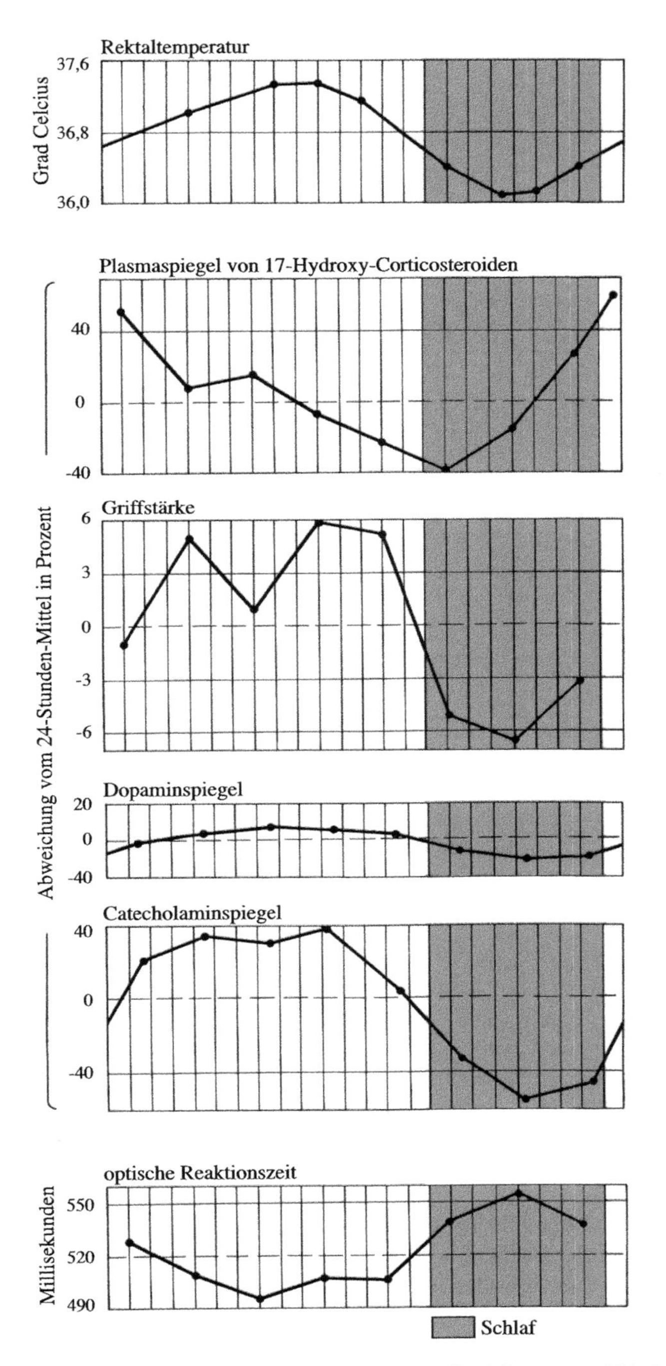

7.8 Beim Menschen folgen viele Aspekte von Körperfunktionen und Verhalten circadianen Rhythmen; einige Beispiele sind hier dargestellt.

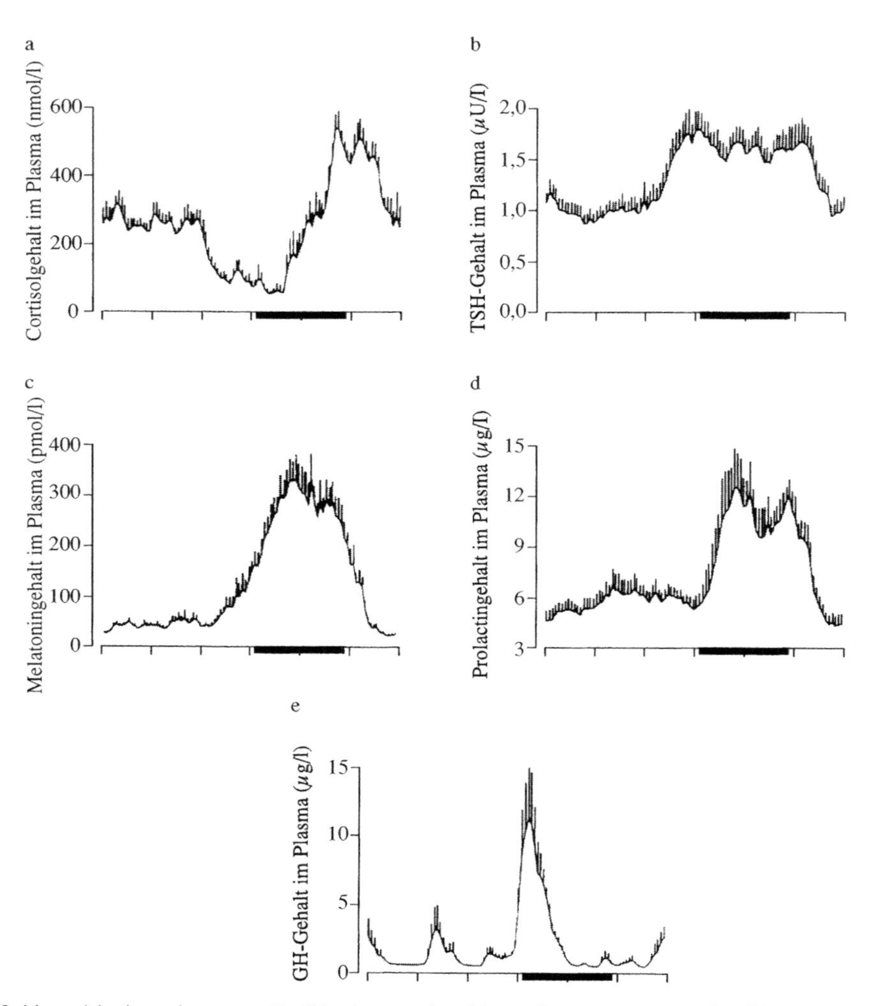

7.9 Verschiedene hormonelle Rhythmen des Menschen, gemessen im Plasma in einem 24-Stunden-Zyklus. Waagrechte schwarze Balken stehen für die durchschnittliche Schlafdauer. a) Cortisol; b) schilddrüsenstimulierendes Hormon (Thyreotropin); c) Melatonin; d) Prolactin; e) Wachstumshormon (GH). Die größte absolute Veränderung während des Zeitraums von 24 Stunden zeigt Melatonin.

Eine übergeordnete Uhr im Gehirn der Säugetiere ist erst vor kurzem identifiziert worden. Es handelt sich um eine Struktur im Hypothalamus, die man als suprachiasmatischen Kern oder *Nucleus suprachiasmaticus* bezeichnet; wegen der paarigen Anordnung spricht man häufig auch von den zwei suprachiasmatischen Kernen oder Nuclei (SCN). Wie schon der Name andeutet, liegen die SCN unmittelbar oberhalb des *Chiasma opticum,* der Kreuzung der beiden Sehnerven. Relative Größe und Struktur dieser kleinen hypothalamischen Kernbereiche scheinen bei so verschiedenen Lebewesen wie Maus und Mensch im Wesentlichen

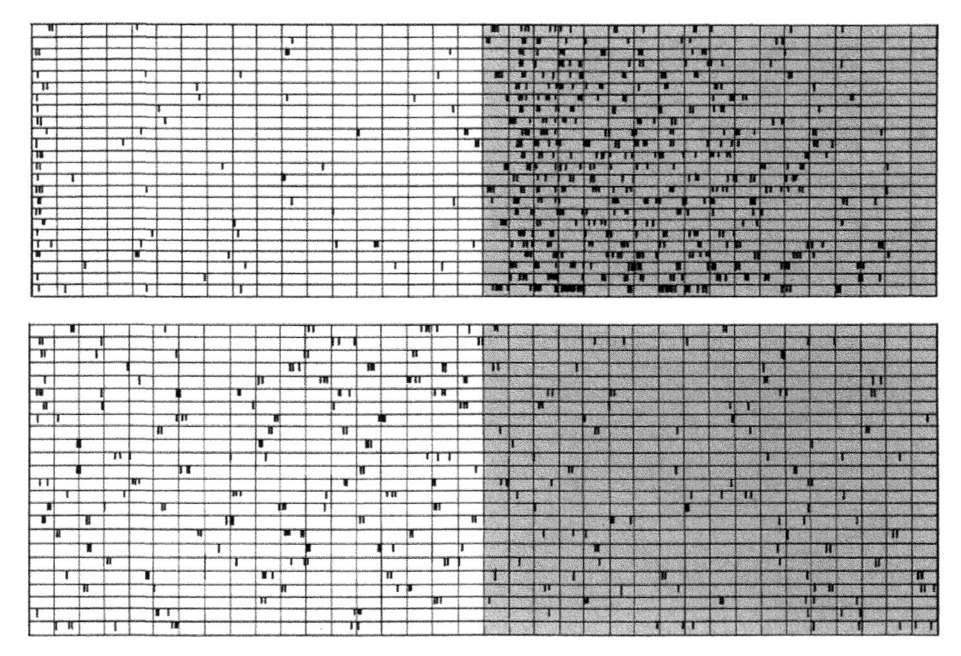

7.10 Der normale Aktivitätszyklus eines Hamsters ist im oberen Diagramm anhand des Wassertrinkens gezeigt; die schwarzen Balken geben die Trinkphasen an. Hamster sind nachtaktive Tiere, und sie trinken fast ausschließlich während der Dunkelphase des 24-stündigen Hell-Dunkel-Zyklus. Die Auswirkungen der Zerstörung der Nuclei suprachiasmatici sind im unteren Diagramm dargestellt: Die Trinkphasen verteilen sich jetzt rein zufällig über die Hell- und Dunkelperioden, obwohl das Tier auch weiterhin sehen kann.

gleich zu sein. Offensichtlich erfüllen sie ihre Aufgabe bei allen Säugetieren in gleicher Weise. Wird der SCN zerstört, so geht der circadiane Aktivitätsrhythmus bei Säugern vollständig verloren (Abbildung 7.10).

Einige Sehnervenfasern, die vom Auge kommen, zweigen am Chiasma opticum, deutlich vor dem Eintritt in den Thalamus, vom Sehnerv ab und innervieren die Neuronen der SCN (Abbildung 7.11). Licht aktiviert die Sehnervenfasern und die Nervenzellen der SCN; bei Dunkelheit sind sie weniger aktiv. Dieser Einfluss vom Sehnerv her dient dazu, die Aktivität der SCN-Neuronen den Außenreizen entsprechend zu *modifizieren*, nicht dazu, sie grundsätzlich zu kontrollieren. Wenn die Sehnerven eines Tieres durchtrennt sind, zeigen die SCN-Neuronen weiterhin einen circadianen Aktivitätszyklus – genau wie das Tier selbst –,wenngleich sich dieser Zyklus relativ zu Licht und Dunkelheit verschieben wird.

Demzufolge scheinen die Nervenzellen der SCN einen eingebauten 24-Stunden-Zyklus von erhöhter und erniedrigter Aktivität aufzuweisen. Es scheint sich bei ihnen um *Schrittmacherneuronen* zu handeln. Obwohl dieser interne Rhythmus der SCN-Neuronen durch die Aktivität des Sehnervs modifizierbar ist, kann er offensichtlich auch in Abwesenheit irgendwelcher neuronaler Eingänge exis-

a

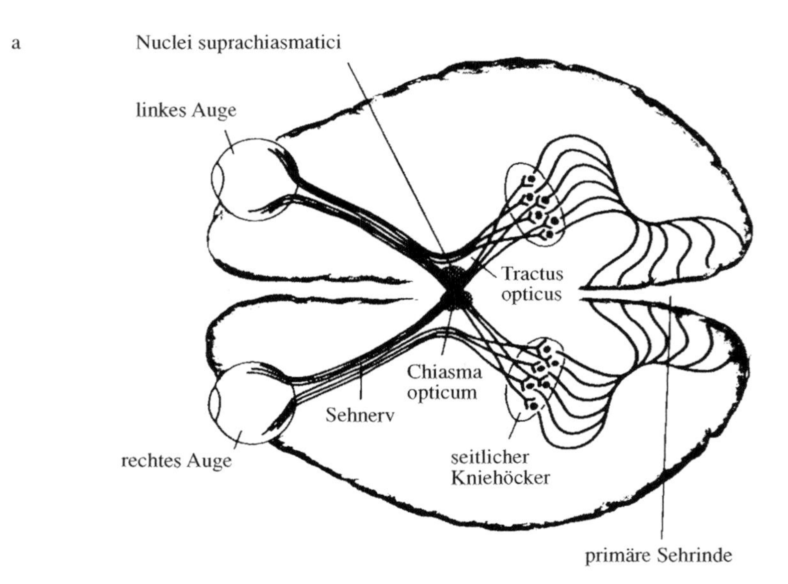

b

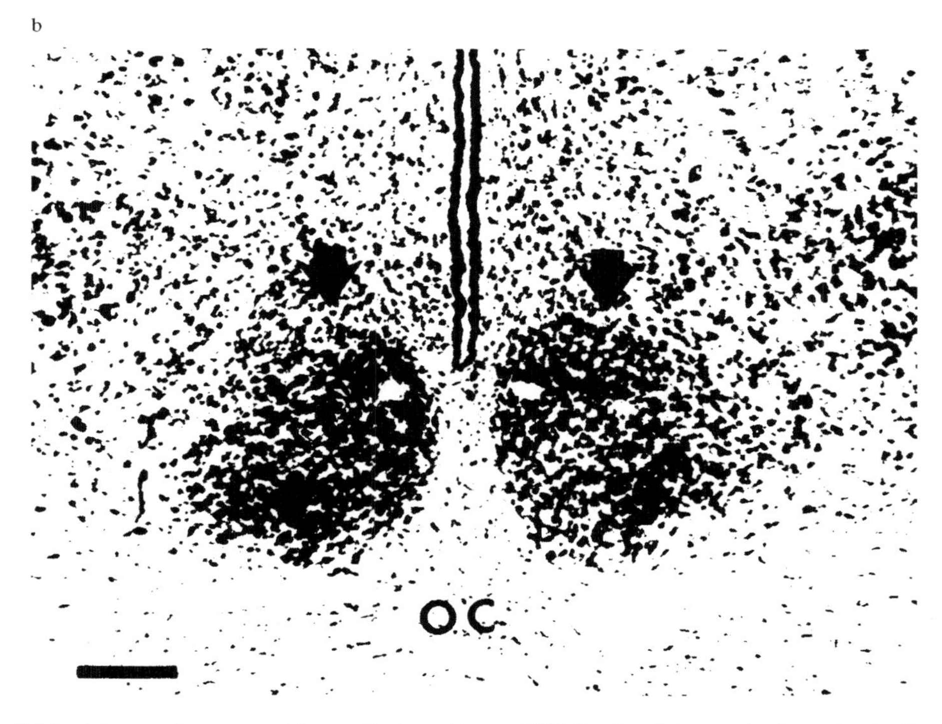

7.11 a) Lage der suprachiasmatischen Kerne (SCN), die sich unmittelbar oberhalb des Chiasma opticum, der Sehnervenkreuzung, befinden. Jeder von ihnen empfängt visuelle Informationen aus beiden Sehnerven. b) Mikroskopisches Erscheinungsbild des SCN oberhalb des Chiasma opticum (OC). Der Balken unten links ist 100 Mikrometer (100 Millionstel eines Meters) lang.

tieren. Denn sogar wenn man die SCN operativ vom übrigen Gehirngewebe isoliert, zeigen ihre Nervenzellen weiterhin einen circadianen Aktivitätszyklus. Es scheint, als liege dieser Rhythmus irgendwie in den Genen der SCN-Neuronen (und vielleicht auch in allen anderen Zellen) verschlüsselt.

In jüngsten Studien wurden einige der Apekte der genetischen Kontrolle der Schrittmacherneuronen in den SCN identifiziert. Eine bemerkenswerte Mutation mit der Bezeichnung *tau* – bei Hamstern eine Mutation eines Gens – brachte Tiere mit einem 20-Stunden-Rhythmus hervor. Bringt man bei Hamstern des Wildtyps (in der Genetik bedeutet der Ausdruck „Wildtyp" ganz einfach, dass es sich um normale Tiere ohne genetische Veränderungen handelt, und bezieht sich nicht auf das wilde oder natürliche Verhalten) Läsionen (Verletzungen) an den SCN an, geben diese den normalen 24-Stunden-Rhythmus völlig auf, wie wir bereits angemerkt haben. Verpflanzt man SCN-Gewebe von Hamstern der *tau*-Mutante in Wildtyp-Hamster mit Läsion der SCN, so zeigen diese einen 20-Stunden Rhythmus. Folglich wird die circadiane Aktivität in den SCN selbst erzeugt.

Die SCN stellen die Hauptuhr für die Kontrolle des 24-stündigen Aktivitätszyklus dar. Eine Zeitlang hielt man sie für die einzige derartige Uhr im Gehirn. Neuere Arbeiten lassen jedoch vermuten, dass der 24-Stunden-Zyklus der Körpertemperatur eine eigene, zumindest teilweise davon unabhängige Uhr haben könnte. Normalerweise ist der Temperaturzyklus eng mit dem Schlaf-Wach-Rhythmus synchronisiert, wobei die Körpertemperatur sich während des Schlafens erniedrigt. Dennoch wird der circadiane Temperaturzyklus durch Läsionen der SCN, die bei Ratten und Affen den circadianen Aktivitätszyklus vollständig zum Erliegen bringen, nicht zerstört.

Etliche weitere Prozesse im Körper folgen circadianen Rhythmen. Selbstverständlich gibt es neben dem 24-Stunden-Zyklus, wie schon angemerkt, noch weitere Rhythmen. Dem Menstruationszyklus beispielsweise liegt eine viel höhere Zeitkonstante zugrunde, nämlich vier Tage bei weiblichen Ratten und 28 Tage bei geschlechtsreifen Frauen. Ein separater Hypothalamuskern, der Nucleus paraventricularis, der sich genau vor dem SCN befindet, scheint bei der Erzeugung des Menstruationszyklus eine entscheidende Rolle zu spielen. Menschen scheinen darüber hinaus noch einen sehr viel kürzeren Rhythmus, nämlich einen Aufmerksamkeitszyklus von etwa zwei Stunden, aufzuweisen. Beschäftigt man sich während der Wachzeit mit Aufgaben, scheinen Aufmerksamkeit und Leistungsfähigkeit etwa alle zwei Stunden abzuflachen und wieder zuzunehmen. Welche Hirnstrukturen für diesen Aufmerksamkeitszyklus verantwortlich sind, ist nicht bekannt.

Das dritte Auge

Alle Wirbeltiere, einschließlich des Menschen, besitzen ein drittes Auge, die *Zirbeldrüse* oder *Epiphyse*; diese Struktur besitzt Lichtsinneszellen (Photorezeptoren) und reagiert auf Licht. Beim Menschen und anderen höheren Wirbeltieren sind diese Lichtsinneszellen jedoch degeneriert. Bei niederen Wirbeltieren liegt diese dann als *Pinealorgan* bezeichnete Struktur auf der dorsalen Oberfläche des

Gehirns direkt unter der Schädeldecke (Abbildung 7.12); diese ist dünn genug, dass Licht direkt auf die Photorezeptoren dieses Organs einwirken kann.

Bei höheren Säugetieren ist die Epiphyse in den Tiefen des Gehirns verborgen und liegt genau unter dem Hinterende des Balkens. Aber dennoch wird sie bei allen Säugetiere, den Menschen eingeschlossen, indirekt durch Licht beeinflusst. Die SCN projizieren zu einem Kern im Hypothalamus, dem Nucleus paraventricularis, und dieser über das autonome Nervensystem (das Ganglion cervicale superius oder obere Halsganglion) zur Epiphyse.

Die Epiphyse sezerniert *Melatonin*, das in zwei Schritten aus Serotonin synthetisiert wird (Kapitel 5). Die circadiane Rhythmik der Melatoninausschüttung zeigt die höchste bisher bekannte Amplitude. Melatonin wird direkt in den Blutkreislauf freigesetzt und ist somit ein echtes endokrines Hormon; die Ausschüttung er-

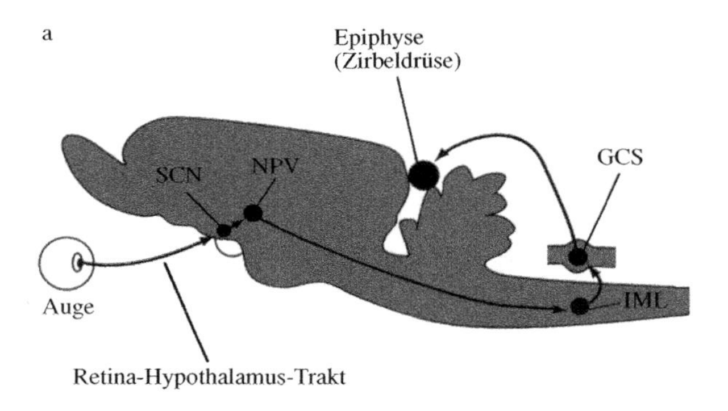

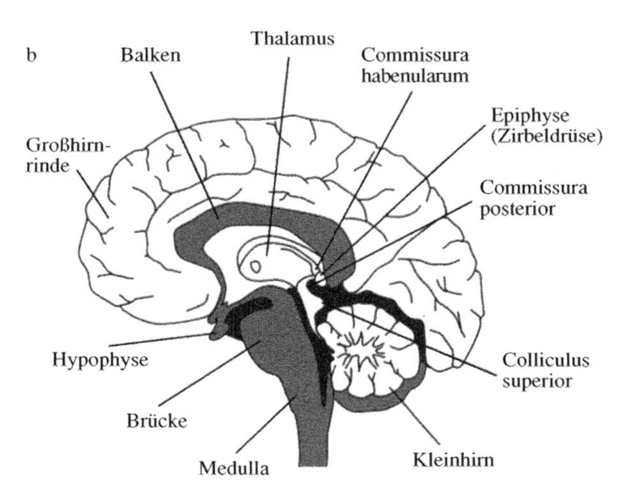

7.12 a) Der Schaltkreis für die Kontrolle der Epiphyse (Zirbeldrüse) bei der Ratte; b) die Lage der Epiphyse im menschlichen Gehirn. Bei (a) projiziert der Schaltkreis – aktiviert durch Licht – vom Auge zum Nucleus suprachiasmaticus (SCN), von dort zu einem Kern im Hypothalamus, dem Nucleus paraventricularis (NPV), weiter über eine mit IML bezeichnete Bahn zu einem Ganglion des autonomen Nervensystems, dem Ganglion cervicale superius (GCS), und von hier schließlich zur Epiphyse.

folgt bei Nacht durch die indirekte Bahn von den SCN, wie in Abbildung 7.12 dargestellt.

Die Funktionen von Melatonin versteht man erst jetzt richtig. Bei niederen Säugetieren, die sich saisonal fortpflanzen, kann es das Wachstum und die Funktion der Keimdrüsen kontrollieren: Lange Tage lösen die Entwicklung der Hoden aus, kurze Tage induzieren eine Rückbildung der Gonaden. Die Fortpflanzung des Menschen ist nicht saisonal gebunden, und die mögliche Rolle von Melatonin für die menschlichen Sexualfunktionen ist noch nicht bekannt.

Die Melatoninrezeptoren, die man im Gehirn gefunden hat, sind auf Regionen der Hypophyse, der vorderen Hypothalamusbereiche und die SCN verteilt. Diese Regionen sind bis zu einem gewissen Grad am Schlaf beteiligt. Da Melatonin das Einsetzen der Dunkelheit signalisiert, könnte es als Auslöser für normalen Schlaf fungieren – eine logische, aber bisher noch nicht bewiesene Schlussfolgerung. Aus diesem Grund nehmen heute viele Weltreisende Melatonin, um damit die Auswirkungen des Jetlag zu verringern. Manche Menschen schwören darauf, andere sind hingegen weniger begeistert. Interessanterweise scheint es, als sei Melatonin der stärkste bisher im Körper entdeckte Radikalfänger. Freie Radikale entstehen bei bestimmten chemischen Reaktionen in Zellen und können Nervenzellen schädigen oder sogar zum Absterben bringen. Man vermutet, dass freie Radikale für die Schäden an Neuronen bei alternden Menschen verantwortlich sein könnten.

Schlaf

Aus welchem Grunde Menschen eigentlich schlafen müssen, ist bisher nicht bekannt. Allein die körperliche Ruhe kann es sicher nicht sein, denn was den Stoffwechsel betrifft, ist Schlaf kaum besser, als ruhig ein Buch zu lesen. Und auch für das Gehirn bedeutet Schlaf keineswegs Ruhe. Doch so weit wir wissen schlafen alle Wirbeltiere.

Mit dem Schlaf verhält es sich ähnlich wie mit dem circadianen Rhythmus: Er ist ein Kennzeichen der meisten Tiere – zumindest aber von denjenigen mit einem Nervensystem. Die Anzeichen für Schlaf im Verhalten der Tiere sind offensichtlich: eine stark herabgesetzte motorische Aktivität, eine mangelnde Reaktionsfähigkeit auf schwache Sinnesreize und eine rasche Umkehrbarkeit. Wendet man diese Definition an, so ist eindeutig, dass Honigbienen schlafen. Es gibt jedoch beträchtliche innerartliche wie auch zwischenartliche Unterschiede darin, wie viel Schlaf gebraucht wird. Die durchschnittliche Schlafdauer des Menschen beträgt acht Stunden; manche Menschen schlafen aber auch zehn Stunden und länger, andere wiederum geben sich mit vier oder fünf Stunden zufrieden. Unter den Säugetieren schlafen Opossums mehr als 19 Stunden täglich, Giraffen hingegen nur 1,9 Stunden pro Tag. Einige Vögel haben die ungewöhnlichsten Schlafmuster entwickelt: Bei ihnen schläft immer jeweils nur eine Hirnhälfte, und nur das Auge auf der gegenüberliegenden Seite ist geschlossen. Interessanterweise lässt sich das gleiche Schlafmuster auch bei Delfinen beobachten. Vielleicht vermögen Vögel und Delfine hierdurch während des Schlafes eine gewisse Aufmerksamkeit und Wachsamkeit aufrechtzuerhalten.

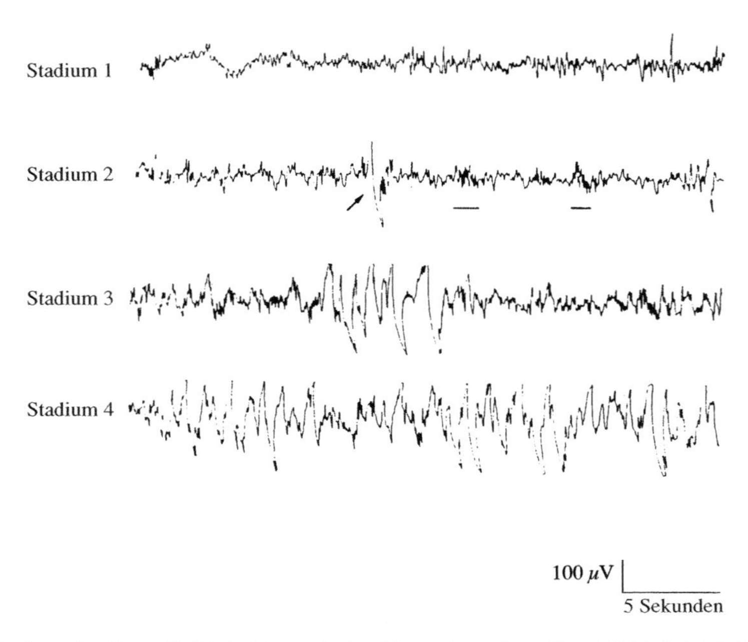

7.13 Stadien des Non-REM-Schlafes beim Menschen. Der Non-REM-Schlaf des Menschen lässt sich in vier unterschiedliche Stadien einteilen. In Stadium 1 wird die rhythmische Aktivität von acht Hertz des entspannten Wachzustands durch das gemischte Muster mit niedriger Amplitude des Stadium-1-Schlafes ersetzt. Der Stadium-2-Schlaf ist definiert durch das Aufreten großer Wellen, die man als K-Komplexe bezeichnet (angedeutet durch den Pfeil), sowie regelmäßig zu- und abnehmende Stöße einer Aktivität von acht Hertz, bei denen man von Schlafspindeln spricht (angezeigt durch die beiden unterstrichenen Bereiche). Beim Übergang von Stadium 1 in Stadium 4 nehmen die Amplitude des EEGs sowie der zeitliche Prozentsatz langsamer (niedrigfrequenter) Wellen zu.

Die recht überraschenden Fakten, die ich gerade für die Schlafmuster bei Säugetieren beschrieben habe, wurden durch Messungen der aktuellen elektrischen Aktivität des Gehirns festgestellt; dazu verwendet man in der Regel ein Elektroencephalogramm (EEG). Zur Messung werden einfach Elektroden auf der Kopfhaut angebracht. Beim Menschen zeichnete diese Gehirnwellen zum erstenmal Hans Berger 1929 auf. Wie zu erwarten, werden diese oszillierenden Spannungsänderungen größtenteils von der Großhirnrinde direkt unter der Schädeldecke erzeugt. Durch das EEG lässt sich die summierte Aktivität von buchstäblich Tausenden von Nervenzellen in Form von Aktionspotenzialen und synaptischen Potenzialen (EPSPs und IPSPs) aufzeichnen. Man geht im Allgemeinen davon aus, dass in verschiedenen Neuronen in der Großhirnrinde bei der aktiven Verarbeitung von Information unterschiedliche Prozesse ablaufen. Misst man nun die summierte Aktivität vieler Neuronen, so werden sich folglich ihre unterschiedlichen Aktivitäten aufheben, und das EEG wird eine sehr niedrige Amplitude aufweisen – rasche und nach dem Zufallsprinzip sich verändernde Aktivitäten. Genau so sieht ein EEG bei einer wachen Person mit voller Aufmerksamkeit aus (Abbildung 7.13). Bei einer ruhenden oder schlafenden Person sind die Neuronen im „Leerlauf" und können ihre Aktivität synchronisieren – sie sind im „Gleichklang" und ergeben langsamere Wellen höherer Amplitude.

Bis zu den fünfziger Jahren des 20. Jahrhunderts betrachtete man Schlaf als „gleichförmigen" Zustand mit schwankender Tiefe. Somit erstreckten sich die EEG-Stadien des Schlafes von rascher Aktivität bei niedriger Amplitude im Wachzustand über die vier Schlafstadien 1 bis 4 mit zunehmender Spannungsamplitude und abnehmender Frequenz der Wellen (Abbildung 7.13). Diese Form des Schlafes bezeichnet man daher als ruhigen oder Tiefschlaf (englisch *slow-wave sleep*) (auch orthodoxer oder *slow wave*-Schlaf). Dann entdeckte man, dass es zwei verschiedene Formen von Schlaf gibt: Zusätzlich zu dem durch langsame Wellen gekennzeichneten Schlaf einen als *REM-Schlaf* (vom englischen *rapid eye movement*) bezeichneten Schlaf. Dieser ist charakterisiert durch fortwährende rasche Augenbewegungen (als würde die Person in einem Traum Dinge „ansehen"). Das EEG zeigt beim REM-Schlaf ein Aktivitätsmuster, wie es für das rege, wache Gehirn charakteristisch ist (Abbildung 7.14). Ein weiteres Unterscheidungsmerkmal ist die deutlich geringere Spannung der Nackenmuskeln (einer Person, die im Sitzen eindöst, fällt oft plötzlich der Kopf auf die Brust). Bei Männern kommt es während des REM-Schlafes auch zu Peniserektionen, die aber durch reflexartige Veränderungen des Muskeltonus und der Blutversorgung bedingt sind, nicht durch sexuelle Träume – zumindest nehmen wir das an.

Die andere Form des Schlafes wird einfach Non-REM- oder NREM-Schlaf (von *non-rapid eye movement*) genannt. Ein EEG der Großhirnrinde zeigt die langsamen Wellen, die man üblicherweise mit Schlaf assoziiert, und die Spannung der Nackenmuskeln ist höher als beim REM-Schlaf. Der normale Nachtschlaf besteht aus einem regelmäßigen Wechsel von Abschnitten mit NREM- und solchen mit REM-Schlaf. Im Laufe der Nacht werden die REM-Phasen immer dominierender (Abbildung 7.15). Ein weiterer Unterschied zwischen REM- und NREM-Schlaf ist die Schlaftiefe. Jemand kann durch äußere Reize (etwa Geräusche) leichter aus dem NREM-Schlaf aufgeweckt werden als aus dem REM-Schlaf, obwohl das EEG der Großhirnrinde beim REM-Schlaf dem Wachzustand ähnelt.

Der interessanteste Unterschied zwischen REM- und NREM-Schlaf betrifft das Träumen. Kurz nachdem man den REM-Schlaf entdeckt hatte, berichteten Wissenschaftler, dass Personen, die aus dem REM-Schlaf aufgeweckt wurden, fast immer aussagten, sie hätten geträumt, während aus dem NREM-Schlaf geweckte Personen viel seltener von Träumen berichteten. Nachfolgende Untersuchungen ließen einige Zweifel an diesem Befund aufkommen, aber es geht hier wohl mehr um graduelle Unterschiede. Bedeutsamer als die unterschiedliche Häufigkeit der Traumberichte ist vielleicht, dass die Träume, die eine aus dem REM-Schlaf geweckte Person wiedergibt, viel lebhafter und phantastischer sind und damit unserer typischen Vorstellung von Träumen eher entsprechen als die während des NREM-Zustands. Die Träume, über die nach dem Aufwachen aus dem NREM-Schlaf berichtet wird, sind blass und ähneln mehr Gedanken oder Tagträumen.

Die Entdeckung des REM-Schlafes und seiner Verbindung mit dem Träumen eröffnete die aufregende Möglichkeit eines neuen Biofensters zur Seele. Vorher hatte man Träume einzig und allein dadurch untersuchen können, dass man Personen beim Aufwachen oder später dazu befragte. Die Erinnerungen an Träume

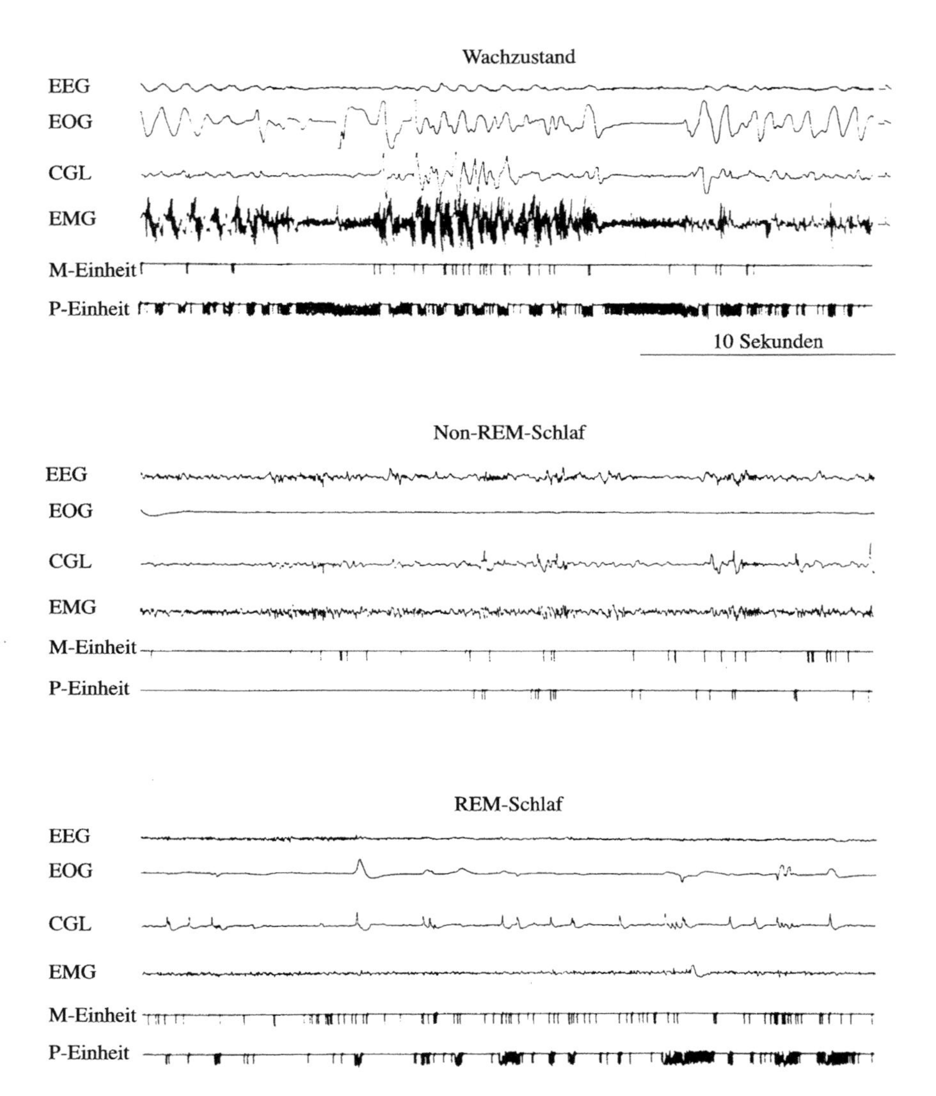

7.14 Die Aktivität der Neuronen in den meisten Regionen des Gehirns ähnelt beim REM-Schlaf eher dem Muster im Wachzustand als dem des Non-REM-Schlafes. Diese Abbildung zeigt die simultane Aufzeichnung in einer Einheit der medialen Medulla des Hirnstammes (M-Einheit) und einer Einheit der medialen Brücke (Pons) des Hirnstammes (P-Einheit). Man beachte die Aktivierung beider Einheiten während des Wachzustands wie auch während des REM-Schlafes.

sind aber bekanntlich sehr vage. Heute können die Forscher schlafende Versuchspersonen gezielt während der REM-Phasen (also der intensiven Traumphasen) wecken. Sowohl REM- als auch NREM-Schlaf treten bei allen Säugetieren, bei denen man das Schlafen untersucht hat, und sogar bei Vögeln auf. Es scheint vernünftig, anzunehmen, dass zum Beispiel Hunde auch träumen. Hundebesitzer ha-

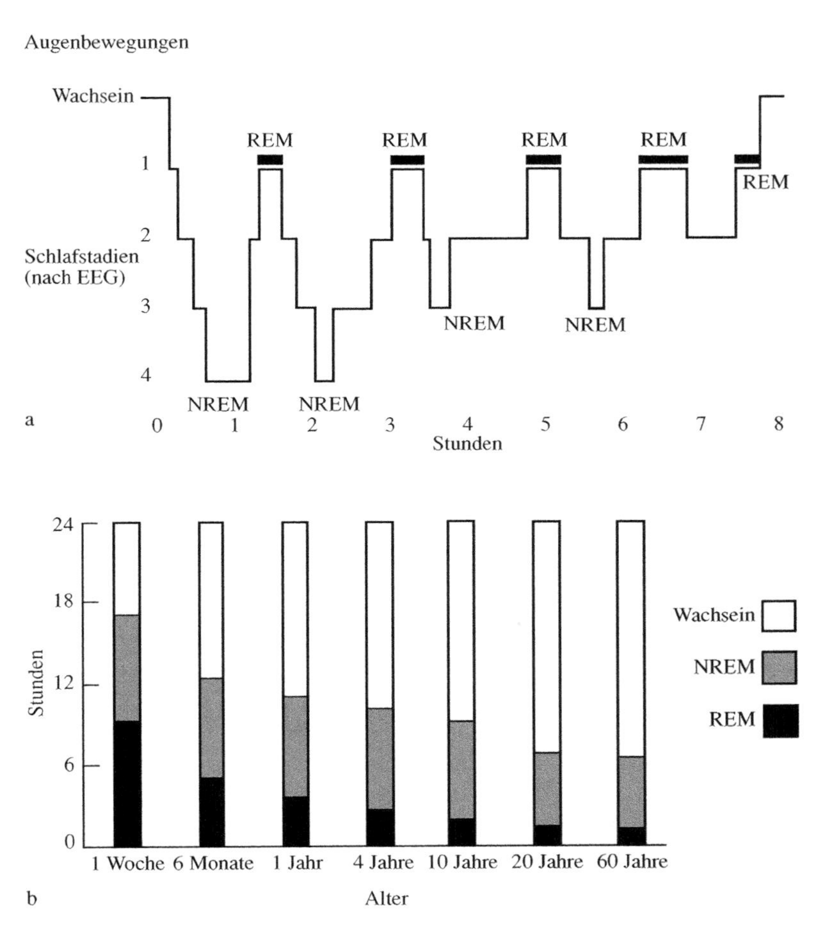

7.15 a) Typische REM- und NREM-(Non-REM-)Phasen während des nächtlichen Schlafes. Die Stärke der Augenbewegungen in den beiden Schlafzuständen (REM bedeutet *rapid eye movement*) steht mit den EEG-Veränderungen in Beziehung. (Die EEG-Stadien des Schlafes werden aus dem Muster der Hirnwellen bestimmt, die sich von der Kopfhaut ableiten lassen.) Stadium 1 entspricht dem Wachzustand und dem REM-Schlaf, die übrigen Stadien gehen mit NREM-Schlaf einher. Phasen schneller Augenbewegungen sind durch schwarze Balken gekennzeichnet. b) Die relativen Anteile von Wachsein, NREM- und REM-Schlaf in verschiedenen Altersstufen.

ben wahrscheinlich schon einmal beobachtet, wie ihr Hund während des REM-Schlafes seine Pfoten in einem regelmäßigen Rhythmus bewegt, als ob er in seinem Traum laufen würde.

Auf jeden Fall zeigen alle Säugetiere REM-Schlaf, ob sie nun träumen oder nicht. Die Forscher hofften anfänglich, das Problem, die dem REM-Schlaf zugrunde liegenden Hirnsysteme und -mechanismen herauszuarbeiten, in absehbarer Zeit lösen zu können, doch diese Aufgabe hat sich als weitaus schwieriger herausgestellt als angenommen.

Etliche Theorien über die Hirnmechanismen des Schlafes kamen auf und wurden wieder verworfen. Nur einige wenige Tatsachen blieben bestehen. Die Formatio reticularis des Hirnstammes übt einen im Allgemeinen erregenden oder aktivierenden Einfluss auf das Vorderhirn aus und scheint an der generellen Regulation von Wachsein oder Erregung beteiligt zu sein. Obgleich Hans Berger die charakteristischen Anzeichen für Schlaf im menschlichen EEG der Großhirnrinde bereits vor über 70 Jahren entdeckte, wissen wir nach wie vor relativ wenig über die neuronalen Mechanismen, die Schlaf und Wachsein induzieren und kontrollieren. Zur Auslösung des NREM- und REM-Schlafes scheint es zwei wichtige Kontrollsysteme zu geben. Der durch langsame Wellen gekennzeichnete NREM-Schlaf wird offenbar durch Neuronen am Vorderende des Hypothalamus – der so genannten basalen Vorderhirnregion – gesteuert. Läsionen dieses Hirnbereichs führen bei Tieren dazu, dass sie ständig wach sind (und schließlich sterben); durch elektrische Reizung dieses Bereichs lässt sich NREM-Schlaf induzieren. Vermutlich enthalten diese Neuronen Acetylcholin (ACh) als Neurotransmitter und projizieren weit in den Thalamus, die Großhirnrinde und andere Strukturen des Vorderhirns.

Das offensichtlich für die Auslösung des REM-Schlafes entscheidende Gehirnsystem beinhaltet eine Gruppe von Nervenzellen im Bereich der Brücke in einem großen Kern, den wir hier einfach als Brückenkern (Nucleus pontinus) bezeichnen wollen. Bei Läsionen dieses Nucleus zeigen Tiere keinen REM-Schlaf mehr, während sich durch elektrische Reizung dieser Region der REM-Schlaf induzieren lässt. Interessant ist, dass diese REM-Schlaf auslösenden Neuronen im Bereich der Brücke vermutlich ebenfalls Acetylcholin (ACh) als Neurotransmitter verwenden. Die Aktivität dieser Neuronen ist in Abbildung 7.14 dargestellt. Sie bilden den Ursprung der so genannten PGO-Spitzen – großer, zackenförmiger Wellen, die in der Pons, dem lateralen Nucleus geniculatus (dem Kern zur visuellen Verschaltung im Thalamus) sowie in der Occipitalregion (dem Sehzentrum) der Großhirnrinde aufgezeichnet werden.

Das größte Rätsel über den Schlaf ist, wozu er überhaupt notwendig ist. Tiere sterben, wenn man sie am Schlafen hindert, und gesunde Menschen werden verrückt; einigen Berichten zufolge sterben auch sie schließlich ohne Schlaf. Das Schlafbedürfnis kann überwältigend stark werden, wenn man lange nicht geschlafen hat. Und doch wissen wir nicht, welche physiologische Funktion der Schlaf im Körper hinsichtlich Ruhe, Stoffwechsel oder Gehirnaktivität eigentlich erfüllt. Die vielleicht einfachste Erklärung wäre die Existenz einer Schlafsubstanz, welche die Schlafzustände des Gehirns hervorruft und in ihrer Konzentration zunimmt, solange jemand wach ist. Obwohl bereits mehrere Stoffe als Kandidaten für diese „Substanz S" vorgeschlagen worden sind, steht ein überzeugender Beweis für diese Hypothese noch aus.

Temperaturregulation

Warmblütige (gleichwarme) Tiere, also Vögel und Säugetiere, besitzen zwei unterschiedliche Möglichkeiten, ihre Körpertemperatur zu regulieren. Die eine besteht einfach in Verhaltensänderungen: Das Tier kann einen wärmeren oder kälteren Platz aufsuchen. An der anderen Art der Regulation ist eine Reihe von Reflexen beteiligt, die vom Hypothalamus ausgelöst und in den meisten Fällen über das autonome Nervensystem vermittelt werden: veränderter Stoffwechsel; Schwitzen, Hecheln und Erweiterung der Blutgefäße in der Haut, um den Körper abzukühlen; Zittern und Kontraktion der Blutgefäße in der Haut, um Wärme zu erzeugen. Die Temperaturregulation durch Verhaltensweisen ist der wesentlich ältere Mechanismus – und der einzige, der wechselwarmen Tieren zur Verfügung steht. Eidechsen zum Beispiel bevorzugen an einem kühlen Morgen einen sonnenbeschienenen Felsen.

Gegenwärtig spricht einiges dafür, dass Hypothalamusneuronen der präoptischen Region wie Thermometer arbeiten. Ihre Impulsfrequenz reagiert sehr empfindlich auf die Temperatur des dort zugeführten Blutes. Eine lokale Erwärmung oder Abkühlung dieser Region ruft bei Säugetieren sowohl Verhaltens- als auch reflektorische Reaktionen hervor, die der Temperaturkontrolle dienen. Kühlt man den Bereich um den Hypothalamus ab, betätigen die so behandelten Versuchstiere einen Hebel, um die Temperatur in ihrem Versuchskäfig zu erhöhen, und zittern. Die betreffenden Nervenzellen im Hypothalamus haben hinsichtlich der Temperatur einen sehr engen Vorzugsbereich – den *Sollwert*. Weicht die Bluttemperatur vom Sollwert ab, lösen die Neuronen geeignete Verhaltensweisen und physische Reflexe aus (Abbildung 7.16).

Sinnesinformationen aus den Temperaturrezeptoren in der Haut beeinflussen ebenfalls das Temperaturkontrollsystem im Hypothalamus. Ausgefeilte Untersuchungen von Eleanor Adair am Pierce Institute in New Haven, Connecticut, enthüllten eine sehr enge Beziehung zwischen den Kontrollfunktionen, die temperaturempfindliche Nervenzellen des Hypothalamus einerseits und die Hauttemperatur andererseits auf Reflexe und Verhaltensmechanismen der Temperaturregulation bei Affen (und damit wahrscheinlich auch bei Menschen) ausüben. In die

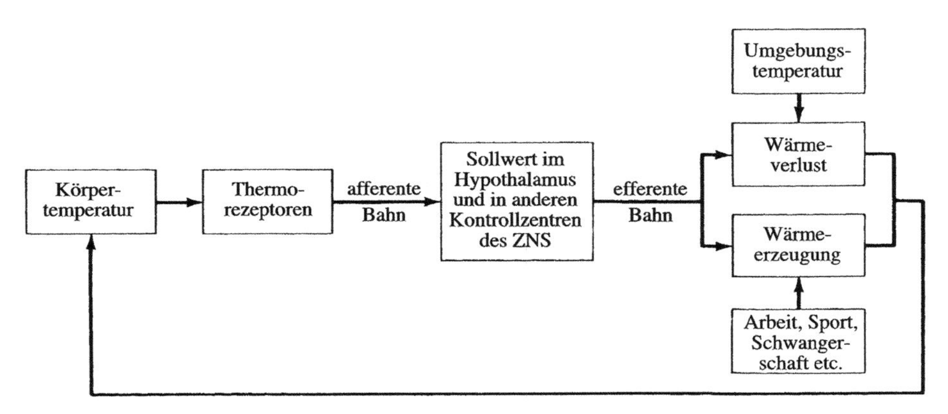

7.16 Schema der Temperaturregulation. Man nimmt an, dass es im Hypothalamus einen Sollwert für die Körpertemperatur gibt und dass dieses Kontrollzentrum direkt die Bluttemperatur und indirekt Sinnesinformationen aus Haut und Körper „verrechnet". Bei Abweichungen vom Sollwert aktiviert der Hypothalamus die Wärm- oder Kühlmechanismen des Körpers (zum Beispiel Zittern oder Schwitzen), um eine konstante Körpertemperatur aufrechtzuerhalten.

temperaturempfindliche Region des Hypothalamus von Affen implantierte die Forscherin eine erwärmbare Sonde, mit der sie die Temperatur im Hypothalamus (die normalerweise von der Temperatur des Blutes bestimmt wird) zum einen aufzeichnen und zum anderen geringfügig von den üblichen 37 Grad Celsius abweichen lassen konnte. Die Affen ihrerseits vermochten die Lufttemperatur im Versuchsraum genauestens zu steuern, indem sie einen Hebel betätigten. Wurde die Temperatur im Hypothalamus leicht angehoben, so verringerten die Affen die Raumtemperatur genau so weit, dass die Temperatur im Hypothalamus (durch leichtes Abkühlen des Blutes) auf ihren normalen Wert zurückkehrte, und umgekehrt. So gestaltet sich das Zusammenspiel von Hypothalamus- und Hauttemperatur bei der Kontrolle der Körpertemperatur erstaunlich präzise.

Durch eine Infektion hervorgerufenes Fieber hat seine Ursache in einer Veränderung des hypothalamischen Sollwertes. Pyrogene – Substanzen, die von infektiösen Bakterien und anderen Fieber auslösenden Agentien gebildet werden – bewirken eine Erhöhung des Sollwertes. Die normale Körpertemperatur wird von den Nervenzellen im Hypothalamus der fiebernden Person als zu niedrig wahrgenommen: Die Person friert und zittert, und die Körpertemperatur steigt, bis sie den neuen, anomal hohen Sollwert erreicht hat. Acetylsalicylsäure (Aspirin®) wirkt möglicherweise direkt auf die für den Sollwert verantwortlichen Nervenzellen ein und „stellt" sie auf den Normalwert „zurück"; daher vermag es Fieber zu senken.

Interessanterweise suchen Eidechsen, denen man Pyrogene verabreicht, eine wärmere Umgebung auf, als ob sie versuchten, Fieber zu erzeugen. Untersuchungen von Evelyn Satinoff an der Universität von Delaware lassen vermuten, dass bei Säugetieren der Ortswechsel – die stammesgeschichtlich ältere Verhaltensweise der Temperaturregulation – womöglich teilweise von anderen hypothalamischen Regionen kontrolliert wird als reflektorische Regulationen wie Zittern und Schwitzen.

Durst und Trinken

Tiere besitzen im Allgemeinen eine ausgezeichnete Fähigkeit, die Flüssigkeitsmenge in ihren Körpergeweben zu regulieren. Bei höheren Tieren scheint der vorrangige Kontrollmechanismus dabei in Durstempfindungen zu bestehen, die eine starke Motivation aufbauen, Wasser zu suchen und zu trinken.

Das erste Durstsignal kommt aus dem *Nucleus supraopticus,* einer Gruppe von Nervenzellen im Hypothalamus, die reagiert, wenn ihre Größe (ihr Volumen) schrumpft. Hierzu kommt es, wenn Wasser aus dem Zellinneren in die extrazelluläre Flüssigkeit übertritt. Dies wiederum geschieht, wenn die Osmolarität (der Salzgehalt) der Extrazellulärflüssigkeit ansteigt. Und dies passiert wiederum, wenn wir nach einem Flüssigkeitsverlust nicht genug Wasser zum Ausgleich zu uns nehmen oder wenn wir Salz essen. Treten die schrumpfungssensiblen Nervenzellen in Aktion, so veranlassen sie endokrine Nervenzellen des Nucleus supraopticus dazu, Vasopressin über die Neurohypophyse auszuschütten. Die Durstneuronen rufen auch die Durstempfindung wach (auf welche Weise wissen wir noch nicht). Interessanterweise liegt die Schwelle für die Vasopressinausschüttung beträchtlich niedriger als die für Durstempfindungen. Steigt der Salzgehalt in der

Extrazellulärflüssigkeit an, so wird zunächst Vasopressin freigesetzt; Durst verspüren wir erst später.

Das Körperorgan, das die Wassermenge im Blut direkt reguliert, ist die *Niere*. Wenn der Wassergehalt des Körpers absinkt, wird weniger Urin gebildet; nimmt man zu viel Flüssigkeit zu sich, entsteht wesentlich mehr Urin. Vasopressin beeinflusst unmittelbar Strukturen der Niere und bewirkt, dass der Körper Wasser zurückhält. Sobald der Wassergehalt des Blutes allerdings auf zu niedrige Werte abfällt, muss Wasser von außen zugeführt werden. Die Niere übt nicht nur Kontrolle darüber aus, wie viel Urin gebildet wird. Sie regt auch den Hypothalamus dazu an, Durstempfindung und Trinkverhalten auszulösen, sobald der Flüssigkeitsspiegel sinkt und sie selbst durch Vasopressin aktiviert worden ist. Sie gibt zu diesem Zweck eine Substanz in das Blut ab, die man *Renin* nennt und die ihrerseits die Bildung des „Dursthormons“ *Angiotensin II* herbeiführt. Die Niere wirkt somit als endokrine Drüse.

Als Angiotensin II entdeckt wurde, nahm man zunächst an, dass es direkt auf entsprechende Nervenzellen im Hypothalamus einwirken würde. Man fand jedoch bald heraus, dass es die Blut-Hirn-Schranke nicht überwindet. Die Wirkung von Angiotensin II auf den Hypothalamus erfolgt über eine Zwischenstation, an der eine kleine Struktur in einem der Gehirnventrikel, das *Subfornicalorgan*, beteiligt ist. Die in den Gehirnventrikeln enthaltene Cerebrospinalflüssigkeit (Liquor) steht in ungehindertem Austausch mit dem Blut. Sie befindet sich allerdings außerhalb der Blut-Hirn-Schranke. Zellen vom Gliatyp kleiden die Ventrikel aus und bilden eine ähnliche Barriere wie um die Blutgefäße im Gehirn. Das Subfornicalorgan liegt auf und in dieser Ventrikelauskleidung; die Fasern seiner Nervenzellen ziehen zum Gehirn und wirken auf den Hypothalamus ein. Die Zellkörper im Ventrikel besitzen spezielle Rezeptoren für Angiotensin II (Abbildung 7.17). Zusammenfassend kann man festhalten, dass Angiotensin II über die Nieren ins Blut freigesetzt wird, wenn sich die Wassermenge im Blut erniedrigt. Es tritt dann in die Cerebrospinalflüssigkeit über und aktiviert die Nervenzellen des Subfornicalorgans, die wiederum das Durstsystem im Hypothalamus stimulieren.

Ein weiteres extrazelluläres Durstregulationssystem wird durch einen plötzlichen Abfall des Blutdruckes, zum Beispiel bei einer starken Blutung, in Aktion gesetzt. Druckrezeptoren im Herzen und in den herznahen großen Venen verringern in solchen Fällen ihre Aktivität, was den Nucleus supraopticus im Hypothalamus veranlasst, Durstempfindungen hervorzurufen, und außerdem eine verstärkte Ausschüttung von Vasopressin aus der Neurohypophyse (über den Hypothalamus) auslöst.

Der Neurowissenschaftler Alan Watts hat an der Universität von Südkalifornien eine interessante Wechselwirkung zwischen Durst und Essverhalten entdeckt. Er gab Ratten über einen Zeitraum von fünf Tagen nur Salzwasser zu trinken und löste dadurch chronischen intrazellulären Durst aus. Aufgrund der höchst effizienten Arbeitsweise ihrer Nieren sind Ratten in der Lage, mehrere Tage lang Salzlösung zu sich zu nehmen. Allerdings entwickeln sie extremen Durst, wie sich anhand der Tatsache zeigt, dass sie rasch große Mengen Wasser aufnehmen, wenn sie die Gelegenheit dazu erhalten. Nahrung stand den Ratten bei diesen Versuchen uneingeschränkt zur Verfügung. Am Ende des fünften Tages der Salzwasserauf-

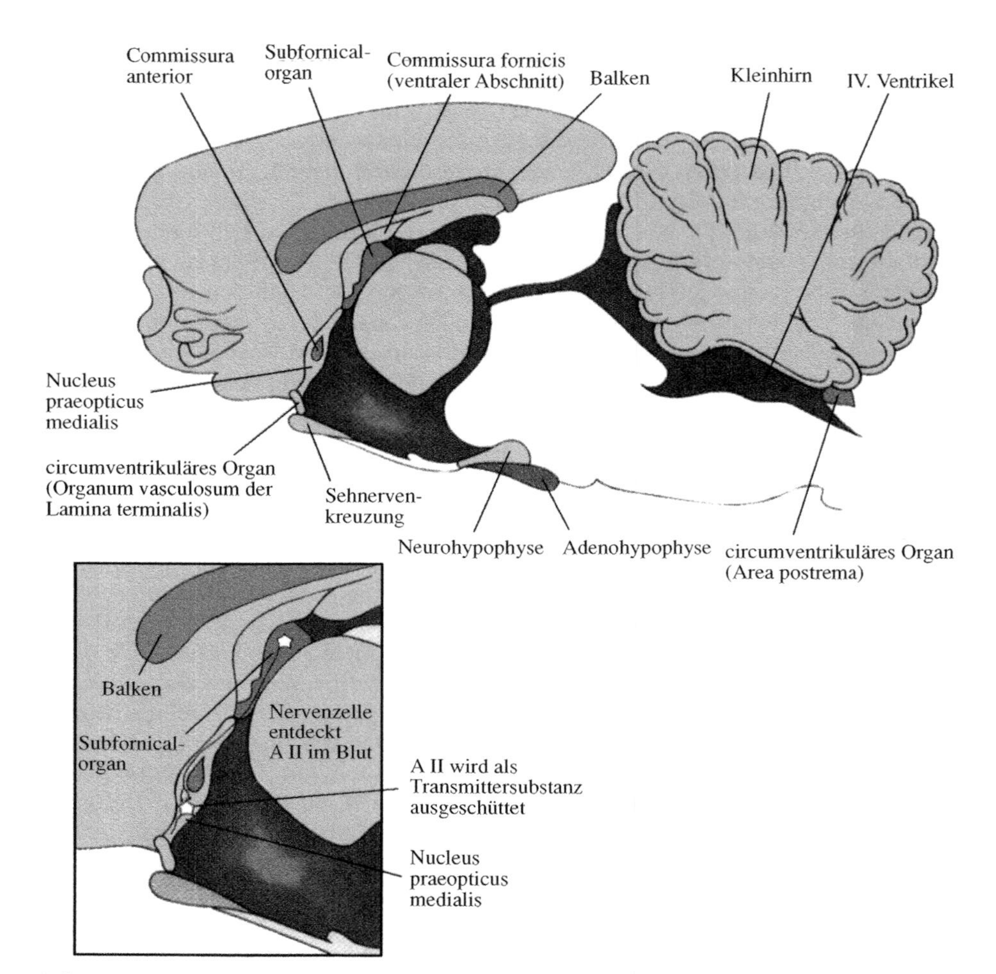

7.17 Längsschnitt durch das Rattenhirn, der die Hauptbestandteile der circumventrikulären (um die Hirnkammern gruppierten) Organe veranschaulicht. Die Ausschnittsvergrößerung im Kasten zeigt das Subfornicalorgan und seine mögliche Funktion bei Durst (A II steht für Angiotensin II).

nahme nahmen die Ratten nur noch 20 Prozent ihrer normalen Nahrungsmenge zu sich und verloren an Gewicht.

Diese umfangreiche Austrocknung und der Durst nach Trinken der Salzlösung regen im Gehirn Mechanismen an, die dem Körper helfen, Wasser zu sparen – unter anderem verringert sich das Bedürfnis, Nahrung aufzunehmen. Wenn die Tiere anschließend normales Wasser zu trinken erhielten, tranken sie dieses gierig und begannen binnen von Minuten, wieder normal Nahrung zu sich zu nehmen. Bei Ratten scheint das Trinken von Salzwasser zur Gewichtsreduktion zu funktionieren, für den Menschen sei es jedoch nicht unbedingt empfohlen!

Hunger und Essen

Hunger und Durst haben ganz unterschiedliche Eigenschaften. Niemand wird jemals süchtig nach Wasser, aber viele Leute leiden, wie schon erwähnt, an Esssucht. Fettleibigkeit ist ein ernsthaftes medizinisches Problem, genau wie das Gegenteil, die Magersucht (Anorexia nervosa).

Das Angebot an Nahrung war im Laufe der Evolution stets durch ein Auf und Ab gekennzeichnet. Es war für Tiere äußerst wichtig, bei gutem Nahrungsangebot so viel wie möglich aufzunehmen und eine möglichst große Menge Energie aus der Nahrung für schlechte Zeiten zu speichern. Schlank zu sein war hingegen nicht sehr adaptiv. Wie es scheint, haben Gehirn und Körper eine Reihe von Mechanismen entwickelt, welche die Nahrungsaufnahme fördern, aber nur wenige, die sie zügeln. Dies ist damit ein Beispiel dafür, wie Mechanismen, die eigentlich ein Überleben sichern und die Fitness steigern sollen, in der modernen Welt zu ungeheuer nachteiligen Verhaltensweisen führten. In den Vereinigten Staaten sind heute 32 Prozent aller Erwachsenen übergewichtig, und bei Kindern ist der Anteil der Übergewichtigen in den letzten 16 Jahren um 40 Prozent angestiegen. Ähnliche Trends lassen sich in anderen Industrieländern beobachten.

Ähnlich wie beim Schlaf wissen wir heute über die Hirnmechanismen, die Hunger und Essverhalten kontrollieren, weniger, als die Wissenschaftler vor 20 Jahren zu wissen glaubten. Vor einigen Jahren fand man heraus, dass beidseitige Läsionen in der lateralen Zone des Hypothalamus (lateraler Hypothalamus, LH) Tiere dazu veranlassten, das Fressen einzustellen und zu verhungern, wenn man sie nicht zwangsernährte. Beidseitige Läsionen in einem anderen Bereich, dem Nucleus ventromedialis (ventromedialer Hypothalamus, VMH), lösten dagegen bei Tieren einen „Bärenhunger" aus, sodass sie weit mehr fraßen als normal und fettleibig wurden. Diese Befunde führten direkt zur Zwei-Zentren-Theorie des Hungers, die ein LH-Hungerzentrum und ein VMH-Sättigungszentrum einschloss (Abbildung 7.18). Diese Vorstellung ist heute nicht mehr haltbar.

Die wirksame Läsion im lateralen Hypothalamus scheint in Wirklichkeit die zum Gehirn aufsteigenden Dopaminbahnen, das mediale Vorderhirnbündel, zu zerstören. Das Ergebnis sind sensorische Ausfallssyndrome („Neglekte"), die von John Marshall und Phillip Teitelbaum seinerzeit an der Universität von Pennsylvania entdeckt wurden. Erfolgt die Läsion des LH nur auf einer Seite, so ignoriert das Tier alle Reize, die ihm auf dieser Seite dargeboten werden. Eine beidseitige Läsion des LH führt zu einem schwerwiegenden Defekt: Das Tier ignoriert praktisch sämtliche Außenreize, einschließlich Nahrung. Tatsächlich könnte man die Wirkung der Dopaminbahnzerstörung als extremen Motivationsverlust charakterisieren, weil das Tier nicht mehr motiviert ist, auf irgendetwas zu reagieren. Erinnern wir uns aus Kapitel 6, dass dieses Dopaminprojektionssystem zum Nucleus accumbens der „Lustschaltkreis" ist.

Befunde aus anderen Forschungsrichtungen lassen vermuten, dass Nervenzellen des lateralen Hypothalamus einen Einfluss auf das Essverhalten haben. Zum einen beherbergt der LH glucostatische Neuronen, deren Impulsfrequenz sehr empfindlich auf Änderungen der Glucosekonzentration im Blut (des Blutzuckerspiegels) reagiert. Diese Nervenzellen sind sicherlich in der Lage, Hunger (einen niedrigen Glucosespiegel im Blut) oder Sättigung (einen hohen Glucosespiegel im

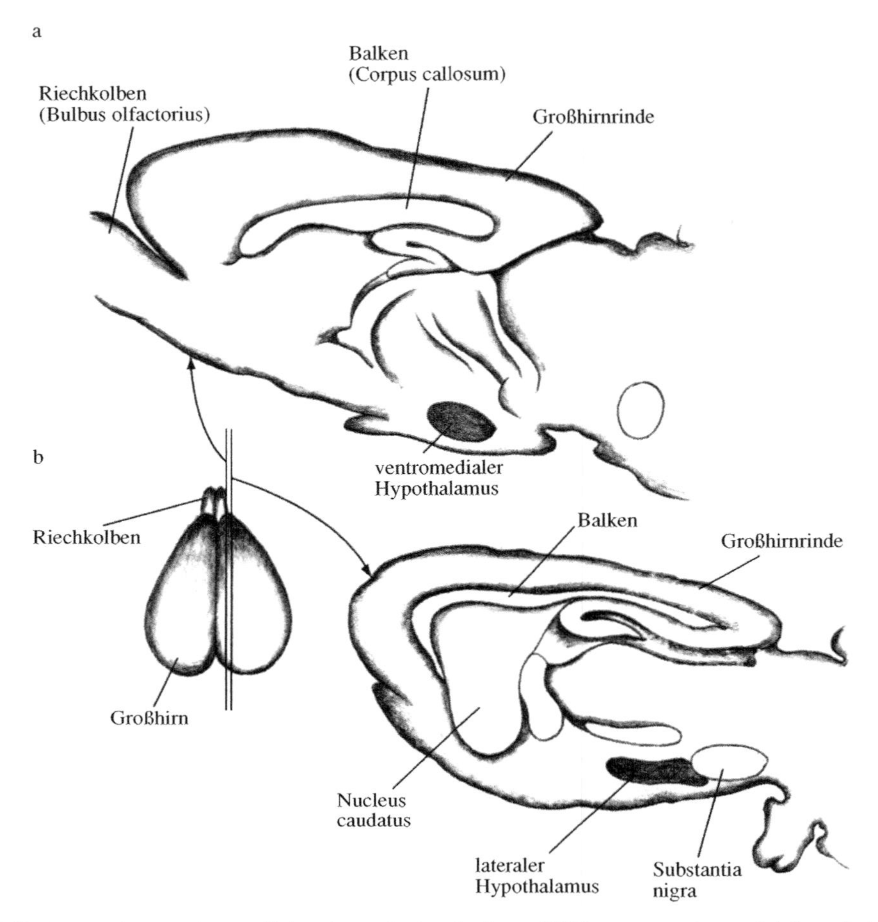

7.18 Lage des ventromedialen hypothalamischen „Sättigungszentrums" (a) und des lateralen hypothalamischen „Hungerzentrums" (b) im Rattenhirn. Das kleine Bild links zeigt eine Ansicht von oben auf das Gehirn und die zwei Schnittebenen, die in a und b dargestellt sind. Neuere Hinweise lassen Zweifel an dieser einfachen „Zwei-Zentren"-Vorstellung der Kontrolle von Hunger und Essverhalten aufkommen.

Blut) aufzuspüren. Darüber hinaus lässt sich eine anhaltend verringerte Nahrungsaufnahme dadurch auslösen, dass man auf chemischem Wege Nervenzellkörper im LH zerstört, die durch den VMH ziehenden dopaminhaltigen Nervenfasern jedoch unversehrt lässt (anders als bei LH-Läsionen, denen das gesamte Gewebe der Region zum Opfer fällt, führt dieser Eingriff nicht zu einer verminderten Dopaminkonzentration im Vorderhirn).

Auch die Auswirkung der Läsion des ventromedialen Hypothalamus ist in jüngster Zeit neu interpretiert worden. Zunächst deutete eine sorgfältige anatomische Analyse von Paul Sawchenko und seinen Kollegen vom Salk Institute in San Diego darauf hin, dass die Folgen der Läsion nicht auf die Beschädigung des

VMH, sondern vielmehr auf die Verletzung einer Projektionsbahn aus dem Nucleus paraventricularis zurückgingen, also jenes hypothalamischen Stresskernes, den wir bereits ausführlich behandelt haben. Ebenfalls fand man heraus, dass Läsionen im ventromedialen Bereich des Hypothalamus nicht zu übermäßigem Essen und Fettleibigkeit führten, wenn gleichzeitig die Vagusnerven durchtrennt wurden. Der Vagusnerv enthält, wie wir bereits erwähnt haben, sowohl regulatorisch wirksame präganglionäre Neuronen, die zum Magen-Darm-Trakt – sowie zum Herzen und zu anderen Organen – ziehen, als auch sensorische Nervenfasern, die von dort kommen. Die VMH-Läsion scheint irgendwie die sensorisch-motorischen Wirkungen der Vagusnerven so zu verändern, dass es zu verstärkter Nahrungsaufnahme kommt. Wenn ein Tier oder ein Mensch ein Hungergefühl im Magen verspürt, das heißt, wenn sich hungerbedingte Magenkontraktionen einstellen, dann wird der- oder diejenige mehr essen. Eine Durchtrennung der Vagusnerven schaltet möglicherweise das Hungergefühl aus.

Viele Faktoren kontrollieren Hunger und Nahrungsaufnahme, darunter Nervenzellen im Hypothalamus, die auf den Blutglucosespiegel reagieren, der Grad der Magenfüllung, der Geschmack der Nahrung, die Tageszeit (ob es normale Essenzeit ist oder nicht) und so weiter. In jüngster Zeit hat man einige Hormonsysteme entdeckt, die eine entscheidende Rolle bei der Regulation von Hunger und Essverhalten spielen (Abbildung 7.19). Man weiß inzwischen, dass der Verdauungstrakt auch als endokrine Drüse fungiert: Er gibt mehrere Peptidhormone in das Blut ab, die den Hunger beeinflussen. Eines von ihnen, das Cholecystokinin (CCK), verhindert die Nahrungsaufnahme, wenn es hungrigen Tieren systemisch (in den Blutstrom) gespritzt wird. Interessanterweise kann man den „Sättigungs"-Effekt des CCK unterbinden, indem man den Vagusnerv durchtrennt. Doch könnte CCK weiterhin in der Lage sein, über eine Struktur wie das Subfornicalorgan, das die Blut-Hirn-Schranke umgeht, indirekt auf den Hypothalamus einzuwirken. In der Tat gibt es in Gehirnregionen wie dem Hypothalamus CCK-Rezeptoren, und durch direktes Verabreichen von CCK ins Gehirn lässt sich die Nahrungsaufnahme unterbinden. Diese „Darmhormone" sind sicherlich wichtig für die Kontrolle von Hunger und Essverhalten.

Zu den drastischeren Sättigungshormonen ist das kürzlich entdeckte *Leptin* zu zählen, das Produkt eines als OB-Gen (für *obesity* – Fettleibigkeit) bezeichneten Gens. Leptin wird von Fettzellen in den Blutkreislauf freigesetzt und gelangt von hier ins Gehirn, wo es seine Funktionen erfüllt: die Nahrungsaufnahme zu reduzieren, den Glucosespiegel im Serum und den Insulinspiegel zu senken sowie die Stoffwechselrate zu erhöhen (Abbildung 7.19b). Alle diese Wirkungen führen zu einer Verringerung der Fettmasse und des Körpergewichts. Es gibt jedoch einen Stamm fettleibiger Mäuse, dem dieses OB-Gen fehlt; verabreicht man diesen Mäusen Leptin, schränken sie ihre Nahrungsaufnahme dramatisch ein, und ihr Gewicht verringert sich erheblich. In Indien fand man eine Familie, in der zwei Vettern das OB-Gen fehlt; in ihrem Blut zirkuliert somit kein Leptin. Bei der Geburt waren sie noch normal, aber schon nach kurzer Zeit entwickelten sie extremes Übergewicht.

Neuronen im Nucleus arcuatus des Hypothalamus (Abbildung 7.2) scheinen ein Ziel der Wirkung von Leptin im Gehirn zu sein. Diese Neuronen enthalten das Hypothalamuspeptid mit Namen Neuropeptid Y (NPY), das übrigens appetithem-

a

Sättigungs-
signale

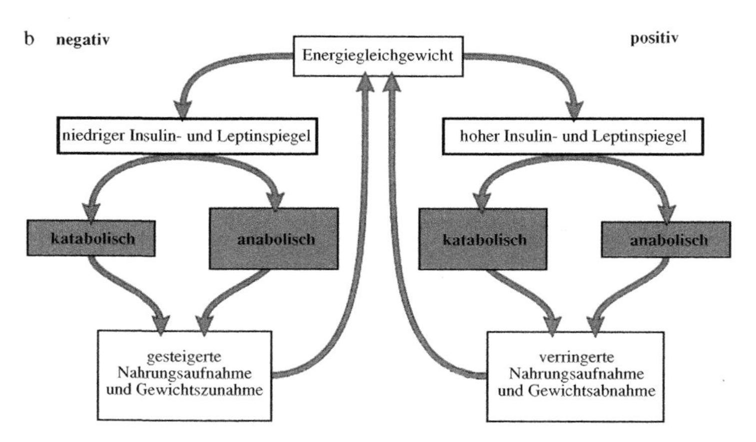

7.19 a) Die Rolle von Sättigungssignalen für die Kontrolle der Nahrungsaufnahme. Nach Beginn der Nahrungsaufnahme erzeugen das Erkennen, die Verarbeitung und die Absorption der Nahrung „Sättigungssignale", die eine negative Rückkopplung zum Zentralnervensystem bewirken; diese Signale sammeln sich an und bewirken, dass eine Mahlzeit beendet wird. Die Signale erreichen das Gehirn über afferente Fasern des vegetativen Nervensystems und über die Nahrung. b) Die allgemeine Verschaltung, die der Regulation des Körpergewichts zugrunde liegt. Ein Energiegleichgewicht wird erreicht, wenn anabolische und katabolische Einflüsse über lange Zeiträume ausgeglichen sind. Die Hormone Leptin und Insulin werden direkt proportional zum Umfang der Fettmasse sezerniert.

mend wirkt. Die NPY-Neuronen projizieren wiederum auf den Nucleus paraventricularis (NPV) – den gleichen Kern, bei dem Läsionen eine übermäßige Nahrungsaufnahme und Übergewichtigkeit bewirken und in dem Nervenzellen das Stresshormon CRH freisetzen. Diese Nervenzellen projizieren nun auf den Nucleus ventromedialis des Hypothalamus, das eigentliche Hungerzentrum.

Das klingt, als wäre Leptin das ideale Mittel zur Gewichtsreduktion. Tatsächlich laufen derzeit klinische Tests an Menschen. Allerdings besteht ein potenzielles Problem. Es gibt einen Mäusestamm, dem die Leptinrezeptoren in Gehirnregionen wie dem Nucleus arcuatus fehlen, auf die Leptin normalerweise wirkt. Diese Tiere sind ebenfalls fettleibig, und es nützt nichts, wenn man ihnen Leptin verabreicht. Möglicherweise ist zumindest bei manchen Menschen die Ursache des Übergewichts, dass ihnen Leptinrezeptoren im Hypothalamus fehlen und nicht der Mangel an Leptin wie bei den beiden Vettern in Indien.

Der Leser mag sich vielleicht an den Wirbel erinnern, der unlängst um zwei Mittel zur Gewichtsreduktion gemacht wurde, die von der amerikanischen Behörde FDA (Food and Drug Administration) zugelassen, in großem Umfang verschrieben und dann abrupt wieder zurückgezogen wurden. Diese beiden Mittel – Fenfluramin und Dexfenfluramin (Redux) – stimulieren beide die Freisetzung von Serotonin und hemmen seine Wiederaufnahme; somit führen sie zu einem erhöhten Serotoninspiegel in den Synapsen des Gehirns (Kapitel 5). Serotonin selbst kann als Appetitzügler wirken. Unglücklicherweise verursachten diese beiden Mittel offenbar auch eine Herzklappeninsuffizienz – eine Nebenwirkung mit potenziell tödlichen Folgen – und wurden daher wieder vom Markt genommen.

Den Gegensatz zur Fettleibigkeit bilden die beiden miteinander verwandten Essstörungen Magersucht oder Anorexia nervosa (AN) und Bulimie (Ess-Brech-Sucht) oder Bulimia nervosa (BN). AN ist dadurch charakterisiert, dass die Betroffenen ihr Körpergewicht freiwillig unter dem normalen Niveau halten, große Angst vor Gewichtszunahme haben sowie durch Amenorrhoe (Ausbleiben der Menstruation). BN geht gewöhnlich mit normalem Gewicht einher, es kommt aber mindestens zweimal pro Woche zu ausschweifenden Essgelagen und anschließendem willentlich hervorgerufenem Erbrechen. Etwa drei Prozent der Frauen in den Vereinigten Staaten sind von diesen Erkrankungen betroffen (bei Männern sind sie eher selten). Wie bei anderen ernstlichen psychischen Erkrankungen spielen sowohl kulturelle als auch genetische Faktoren eine Rolle. Daher treten AN wie auch BN häufiger in Industrieländern auf. In den USA versuchen 27 Prozent der weiblichen Jugendlichen weiter abzunehmen, obwohl sie glauben, das „richtige Gewicht" zu haben – im Vergleich zu weniger als zehn Prozent der männlichen Jugendlichen. Bei kaukasischen Frauen treten AN und BN noch in viel höherer Anzahl auf; von manchen wird dies auf unterschiedliche Auffassungen verschiedener ethnischer Gruppen hinsichtlich des körperlichen Idealbildes zurückgeführt. So entwickeln schwarze Frauen in der Regel keine Essstörungen und sind weniger unzufrieden mit ihren Körpern als weiße Frauen mit ähnlichem Körpergewicht. Andererseits deuten vergleichende Untersuchungen an eineiigen und zweieiigen Zwillingen darauf hin, dass auch genetische Faktoren eine Rolle spielen.

AN ist eine sehr ernst zu nehmende Erkrankung, von der sich nur 50 Prozent der Erkrankten völlig erholen und an der pro Jahrzehnt etwa fünf Prozent sterben. Das eigentliche Problem ist, dass wir die zugrunde liegenden biologischen und psychologischen Ursachen nicht richtig verstehen. Eine Hypothese beruht auf dem Serotoninspiegel im Gehirn. Wie bereits erwähnt, wirkt Serotonin appetitzügelnd. Es gibt einige Hinweise darauf, dass die Serotoninkonzentration bei untergewichtigen Personen niedrig ist, aber höher als normal bei AN-Patienten nach einer langen Genesungsphase. Ein nicht sehr überzeugender Fall.

BN ist eine alte und „ehrenhafte" Erkrankung. Viele Leser werden schon gehört haben, dass sich die Edelleute im alten Rom an üppigen Essgelagen labten, sich anschließend willentlich übergaben, um sich sofort darauf wieder dem Bankett anzuschließen. BN ist verbreiteter als AN, aber viel weniger gravierend. Sie wurde sogar erst in den achtziger Jahren als Essstörung erkannt. Junge Frauen mit Symptomen der BN scheinen sich auch übertriebene Sorgen um ihre Körpermaße und Figur zu machen.

Kommentar

Es ist interessant festzustellen, dass die Biokontrollmechanismen für Sexualität, Stress und Durst auf die grundsätzlich gleiche Weise funktionieren. Hypothalamus und Hypophyse setzen Hormone frei, die ihre Zielorgane dazu veranlassen, andere Hormone auszuschütten, die ihrerseits sowohl Körpergewebe beeinflussen als auch regulierend auf die Aktivitäten von Hypothalamus und Hypophyse zurückzuwirken. Für Schlaf und Hunger kennt man noch keine Zielhormone, also Substanzen, die von Körperorganen ausgeschwemmt werden, doch vermuten wir, dass es solche gibt. Die Evolution ist sehr konservativ. Hat sich ein Mechanismus zur Steuerung bestimmter vitaler Erfordernisse – der für das Überleben des Einzelnen oder der Art notwendigen Triebe – bewährt, so ist es wahrscheinlich, dass er bei all solchen Bedürfnissen oder Trieben mitwirkt.

Zusammenfassung

Organismen werden dazu getrieben, elementare biologische Bedürfnisse zu befriedigen: Hunger, Durst, Schlaf und Sexualität. Der Hypothalamus, eine kleine Anhäufung von etwa 15 Kernen (Nervenzellansammlungen) an der Basis des Vorderhirns ist die Hauptschaltzentrale des Nervensystems für diese Grundbedürfnisse, er steuert aber auch Stressreaktionen und den Ausdruck von Gefühlen. Drei Zonen hypothalamischer Kerne lassen sich unterscheiden: die periventrikuläre Zone, welche die Hypophyse kontrolliert, die Kerne der medialen Zone, die sich mit speziellen Bedürfnissen beschäftigen, und die laterale Zone, in der sich das mediale Vorderhirnbündel, das aufsteigende Dopaminsystem, befindet.

Beim Stress spielen neben physischen auch psychische Faktoren eine Rolle: Ungewissheit und Kontrollverlust in potenziell gefährlichen Situationen scheinen die Hauptursachen für das Stressempfinden zu sein, während die Fähigkeit, solche Situationen zu durchschauen und beeinflussen zu können, die besten Voraussetzungen für eine erfolgreiche Stressbewältigung bieten. Stress – egal ob durch eine körperliche Verletzung oder die persönliche Einschätzung einer Situation hervorgerufen – bringt den Hypothalamus dazu, Corticotropin-Releasing-Hormon (CRH) freizusetzen, das seinerseits die Adenohypophyse veranlasst, adrenocorticotropes Hormon (ACTH) in den Blutstrom auszuschütten. Unter der Einwirkung von ACTH schwemmt die Nebennierenrinde das Stresshormon Cortisol aus, welches den Körper in die Lage versetzt, sich mit dem Stressor auseinanderzusetzen. In Stresssituationen beeinflusst der Hypothalamus auch auf direktem Wege das autonome Nervensystem, um den Körper auf Notfälle vorzubereiten, und macht ihn über Vorderhirnstrukturen bereit zu „Kampf oder Flucht“. Gleichzeitig schätzen Vorderhirnstrukturen ab, ob es sich um potenziell gefährliche oder belastende, mit anderen Worten, unkontrollierbare Situationen handelt, und aktivieren über limbische Strukturen den Hypothalamus.

Der circadiane Schlaf-Wach-Rhythmus untersteht der direkten Kontrolle des hypothalamischen Nucleus suprachiasmaticus. Dieser Kern verfügt über einen eigenen eingebauten 24-Stunden-Schrittmacher, der die Aktivität steuert. Er wird durch einlaufende visuelle (Licht-)Reize „eingestellt“ und moduliert und behält den 24-Stunden-Rhythmus auch dann bei, wenn die optischen Sinneseindrücke fehlen. Man unterscheidet zwei Arten von Schlaf: Schlaf, der nicht von raschen Augenbewegungen begleitet wird (NREM), sowie Schlaf, in dem sich die Augen rasch bewegen (REM), wobei das Träumen mit dem REM-Schlaf in Verbindung steht. Der NREM-Schlaf wird offenbar durch eine Region im basalen Vorderhirn kontrolliert, von der Acetylcholin(ACh)-Neuronen weit in das Vorderhirn projizieren; ACh-haltige Nervenzellen in der Brücke lösen offenbar einzelne kurze REM-Schlaf-Phasen aus und aktivieren PGO-Spitzen in Pons, lateralem Nucleus geniculatus und in der Occipitalregion der Großhirnrinde. Warum es Schlaf gibt und wozu er notwendig ist, wissen wir bislang noch nicht.

Die Temperaturregulation wird von der präoptischen Region des Hypothalamus gesteuert. Es gibt zwei Gesichtspunkte der Temperaturregulation, nämlich Verhalten und Reflexe. Der Verhaltensmechanismus, nämlich einen kälteren oder wärmeren Ort aufzusuchen, ist der ältere (wechselwarmen Tieren steht nur dieser Mechanismus zur Verfügung). Bei Warmblütern (Gleichwarmen) setzen temperaturregistrierende Nervenzellen des Hypothalamus, die äußerst empfindlich auf die Bluttemperatur ansprechen, geeignete Reflexe wie Zittern oder Schwitzen in Gang. Diese Nervenzellen scheinen einen „Sollwert“ für die Temperatur zu haben und bestrebt zu sein, das Blut auf diesem Wert zu halten.

Durst ist der grundlegende Mechanismus, mit dem höhere Tiere den Flüssigkeitsspiegel des Körpers regulieren. Sinkt der Wassergehalt des Blutes, so schrumpfen Zellen im Nucleus supraopticus des Hypothalamus (wie alle anderen Zellen) aufgrund des Wasserverlusts. Im Gegensatz zu anderen Zellen sind sie jedoch in höchstem Maße dafür sensibilisiert, diese Schrumpfung wahrzunehmen, und aktivieren daraufhin zwei Mechanismen: Hormonausschüttung und Durstempfindung. Der erste, empfindlichere dieser beiden Mechanismen veranlasst diese Nervenzellen dazu, aus Nervenfaserendigungen in der Neurohypophyse Vasopressin freizusetzen. Über den Blutstrom beeinflusst Vasopressin direkt Zellen der Niere, sodass sie eine Vorläufersubstanz des Angiotensin II ausschütten. Angiotensin II aktiviert schließlich über das Subfornicalorgan den Hypothalamus und andere Hirnsysteme, was zu Durstgefühl und Flüssigkeitsaufnahme führt. Ein durch Rezeptoren im Herz festgestellter erniedrigter Blutdruck kann ebenfalls Durst und Trinken auslösen. Wie kürzlich entdeckt wurde, nehmen Ratten weniger Nahrung zu sich, wenn man bei ihnen Durst auslöst, indem man ihnen nur Salzwasser zu trinken gibt; sobald wieder normales Wasser zur Verfügung steht, kehrt sich dieser Effekt sofort wieder um.

Über Hirnstrukturen, die für Hunger und Essen verantwortlich sein sollen, weiß man derzeit weniger, als es noch vor wenigen Jahren schien. Heutzutage glaubt man nicht mehr an die Hypothese, dass es zwei hypothalamische Zentren (eines für Hunger und eines für Sättigung) gibt. Das so genannte Hungerzentrum im lateralen Hypothalamus scheint in Wirklichkeit über das mediale Vorderhirnbündel (Dopaminbahn) zu wirken – Läsionen in diesem Bereich verhindern nicht nur das Essen, sondern lösen auch sensorische Neglekte für unterschiedliche Reize aus. Nervenzellen in dieser Region nehmen jedoch sehr empfindlich Änderungen des Blutglucosespiegels wahr. Das ventromediale „Sättigungs"-Zentrum (ist es beschädigt, so überfressen sich die Tiere und werden übergewichtig) scheint eher mit sensorischen Informationen aus den Verdauungsorganen in Verbindung zu stehen, die über den Vagusnerven einlaufen; außerdem ist offenbar auch der Nucleus paraventricularis (NPV) – der „Stress"-Kern – daran beteiligt.

Die Nahrungsaufnahme untersteht einer vielfältigen und komplexen hormonellen Kontrolle. So hemmt das Hormon Cholecystokinin (CCK), das von Zellen des Darmes nach der Aufnahme von Nahrung ausgeschüttet wird, das Essverhalten. Das von Fettzellen im Körper freigesetzte Hormon Leptin ist ein wirkungsvoller Appetitzügler. Es bindet unter anderem an die Leptinrezeptoren von Neuronen im Nucleus arcuatus des Hypothalamus. Diese Neuronen enthalten das Neuropeptid Y (NPY) und projizieren auf den „Stress"-Kern, den NPV. Zwei von der FDA als Appetitzügler zugelassene Mittel wurden wieder zurückgezogen, weil sie offenbar Herzklappeninsuffizienz auslösen können. Diese Mittel bewirkten eine Zunahme der Konzentration von Serotonin, eines Neurotransmitters mit appetitzügelnder Wirkung, in Gehirn und Körper.

Magersucht oder Anorexia nervosa (AN) ist eine sehr ernst zu nehmende psychische Erkrankung, bei der es zu einer willentlichen extremen Gewichtsreduktion bei Frauen kommt; in etwa fünf Prozent der Fälle führt sie sogar zum Tode. Die unmittelbare Ursache ist Unterernährung, die zugrunde liegenden biologischen Faktoren sind aber noch nicht richtig verstanden. Möglicherweise spielt die Serotoninkonzentration im Gehirn eine Rolle. Bei Ess-Brech-Sucht oder Bulimia nervosa (BN) kommt es zu übermäßigen Essgelagen und willentlich ausgelöstem Erbrechen; diese Krankheit ist weniger gravierend als AN, aber auch hier ist über die Ursachen noch wenig bekannt.

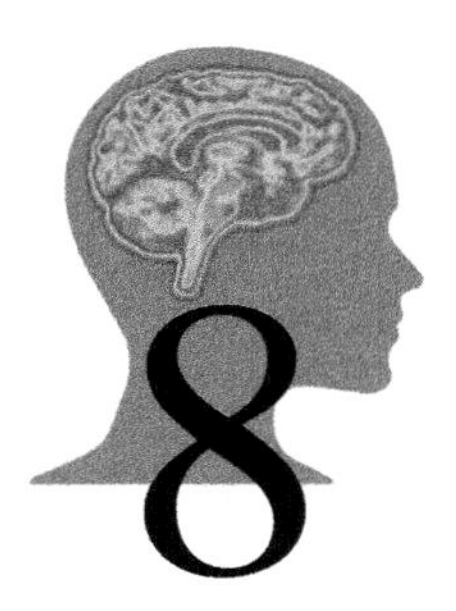

8 Sensorische Prozesse

Menschen und andere Tiere sind erstaunlich sensibel gegenüber Reizen. Auge und Ohr des Menschen sind praktisch so empfindlich, wie es die physikalischen Grenzen von Licht und Schall zulassen. Bei bestimmten Wellenlängen können die Rezeptorzellen des menschlichen Auges auf ein einzelnes Photon (ein Lichtquant) reagieren, die kleinste Lichtmenge, die es überhaupt gibt. Und das menschliche Ohr vermag Töne zu registrieren, die zu schwach sind, um mit physikalischen Geräten gemessen werden zu können.

Wahrnehmungssysteme zeigen mit verblüffender Deutlichkeit die prägende Kraft der Evolution. Das Auge eines Kraken ähnelt dem des Menschen in vielerlei Hinsicht, obwohl Krake und Mensch eine sehr unterschiedliche Entwicklungsgeschichte durchgemacht haben. Doch offensichtlich repräsentiert ein solches Auge die beste Lösung für das Problem, visuelle Reize wahrzunehmen. Es gibt unter den sensorischen Rezeptoren zahlreiche Beispiele solcher konvergenter Entwicklungen. Im Allgemeinen reagiert ein Tier auf diejenigen Reize am empfindlichsten, welche für die adaptiven Verhaltensweisen, die es ihm ermöglichen, in seiner speziellen Umgebung zu leben, von Bedeutung sind. Fledermäuse und Delfine zeigen Echoorientierung, das heißt, sie senden Ultraschalllaute aus und können sich aus deren Reflexionen ein Bild von den Gegenständen in ihrer dunklen und trüben Umgebung machen. Sie hören Laute, deren Frequenz fünf- oder sechsmal über dem liegt, was ein Mensch wahrnehmen kann. Honigbienen können ultraviolettes Licht sehen. Viele Blumen, die für uns eher langweilig aussehen, reflektieren große Mengen an ultraviolettem Licht und mögen einer Biene daher weitaus anziehender erscheinen.

In diesem Kapitel wollen wir uns vornehmlich mit dem Sehsystem als Beispiel eines Wahrnehmungssystems befassen. Diese Auswahl hat zwei Gründe: Über das visuelle System der Wirbeltiere weiß man mehr als über alle anderen sensorischen Systeme von Wirbeltieren, und bei Primaten ist es das für adaptives Verhalten wichtigste Sinnessystem.

Das Sehsystem

Letzten Endes besteht die Aufgabe des Auges darin, Informationen über die sichtbare Welt an das Gehirn weiterzugeben (Abbildung 8.1). Dies geschieht über die Fasern des *Sehnervs* (Nervus opticus). Die Zellen, die diese Fasern entsenden – die so genannten *Ganglienzellen* –, liegen in der Netzhaut (Retina) des Auges; ihre Axone ziehen zum Gehirn. Die Ganglienzellen sind die entscheidende Einheit für die Weitergabe visueller Information aus dem Auge. Sie scheinen wie normale Neuronen zu arbeiten. Wenn sie durch Erregungen, die von anderen Nervenzellen in der Netzhaut bei ihnen eingehen, bis über eine bestimmte Schwelle depolarisiert werden, bildet sich am Axonhügel ein Aktionspotenzial aus, das sich

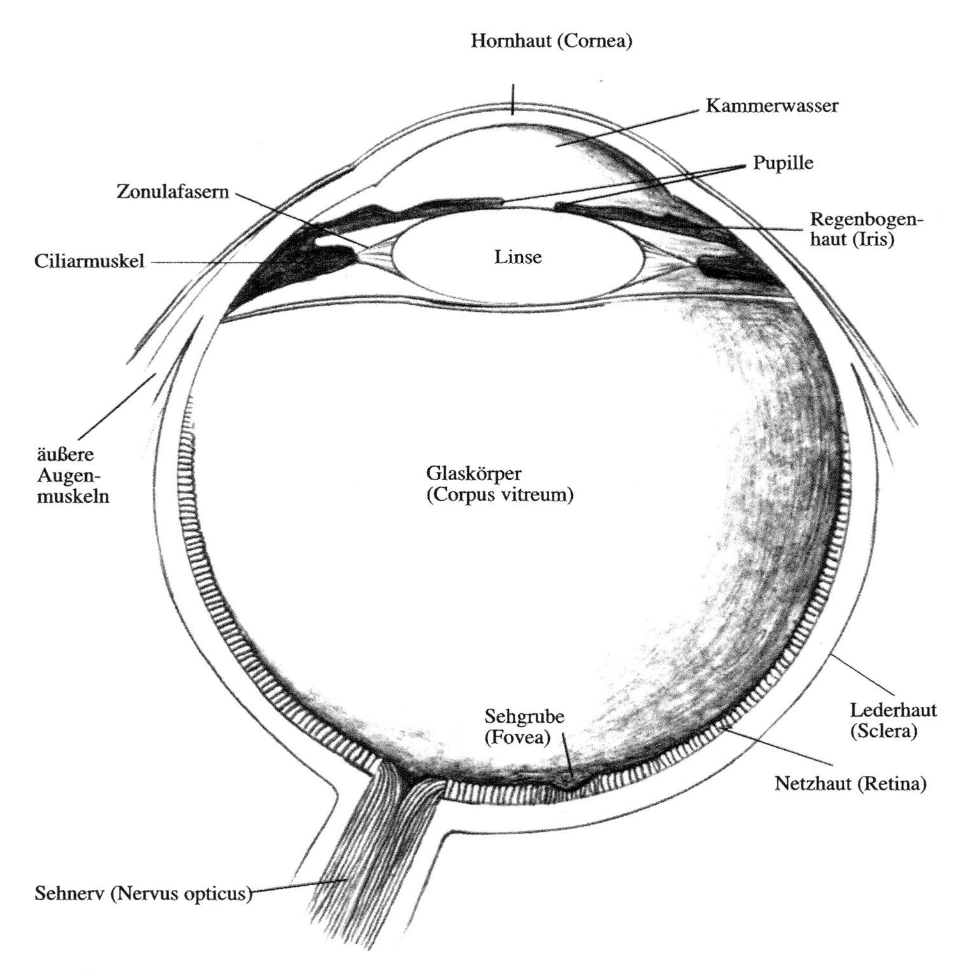

8.1 Das menschliche Auge. Die Linse fokussiert Bilder auf die Netzhaut auf der Rückseite des Auges. Die Fovea centralis, die Sehgrube, ist die Region, auf die der Blickmittelpunkt projiziert wird. Sie vermittelt das beste Detailsehen.

schnell (die Axone sind myelinisiert) in Richtung Gehirn fortpflanzt. Wir werden in Kürze untersuchen, wie Ganglienzellen Sehreize verschlüsseln.

Die *Linse* des Auges arbeitet ganz ähnlich wie die Linse einer Kamera. Sie projiziert ein recht scharfes Bild der sichtbaren Umgebung auf die *Netzhaut,* jene Schicht von Photorezeptoren und Nervenzellen, die die Rückseite des Auges auskleidet. Wie in einer Kamera ist das Bild auf der Retina umgekehrt. Gegenstände rechts vom Blickmittelpunkt erzeugen ein Bild auf der linken Hälfte der Netzhaut und umgekehrt, Gegenstände oberhalb des Mittelpunktes werden auf den unteren Bereich projiziert und umgekehrt. Die Form der Linse wird durch den ringförmigen *Ciliarmuskel* (und die an ihm ansetzenden Zonulafasern) so verändert, dass nahe oder weit entfernte Gegenstände jeweils auf die Retina fokussiert werden. Der Betrag, um den die Linse verändert werden muss, liefert überdies Hinweise auf die Entfernung naher Objekte.

Beim Menschen wird ein vollständiges, wenn auch umgekehrtes Bild der Umgebung auf die Netzhaut jedes Auges projiziert (Abbildung 8.2). Die beiden Augen sehen die Welt aus leicht unterschiedlichen Winkeln. Diese kleine Abweichung der auf die Netzhaut geworfenen Bilder liefert zusätzliche Informationen über die Entfernung von Gegenständen, besonders von solchen, die mehr als etwa einen Meter entfernt sind.

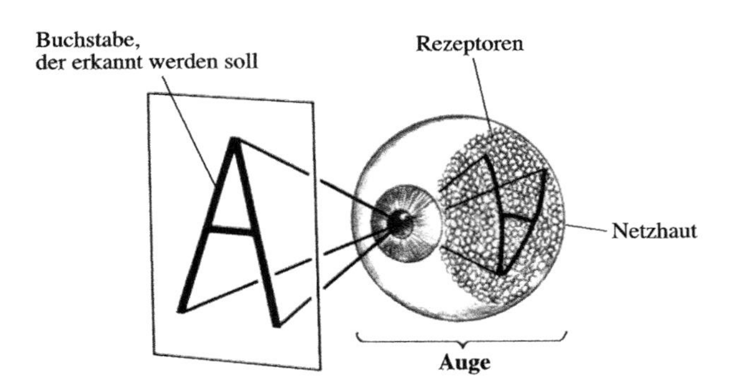

8.2 Bei einem auf die Retina projizierten Bild sind links und rechts sowie oben und unten gegeneinander vertauscht.

Den Vorteil von zwei Augen gegenüber einem für das Entfernungssehen oder die Tiefenwahrnehmung kann man abschätzen, indem man eine räumliche Szene zuerst mit beiden Augen und anschließend mit nur einem betrachtet. Tiefe lässt sich zwar auch mit einem Auge wahrnehmen, aber der entsprechende Eindruck ist weitaus schwächer, als wenn man beide Augen benutzt. Die Tatsache, dass jedes Auge die gesamte Umgebung sieht und dass die Bilder, die in jedem Auge auf die Netzhaut geworfen werden, leicht voneinander abweichen, hat wichtige Folgen für die Organisation der Sehregionen im Gehirn und für deren normale Entwicklung beim Menschen sowie bei anderen Säugetieren, wie wir gleich erörtern wollen.

Photorezeptoren

Alle Sehsysteme nehmen ihren Anfang in Photorezeptoren – Zellen, die auf Lichtenergie reagieren (Abbildung 8.4). Alle Photorezeptorzellen enthalten ein oder mehrere Pigmente (Farbstoffe), die chemisch auf Licht reagieren. Über die Biochemie dieser Pigmente ist viel bekannt. Strukturell leitet sich die an Proteine gebundene chemische Substanz, die das Sehen vermittelt – das so genannte *Retinal* –, vom Vitamin-A-Molekül ab (was erklärt, warum man für eine gute Sehkraft Vitamin-A-haltige Nahrungsmittel essen sollte).

Im Wirbeltierauge kommen zwei Typen von Photorezeptoren vor, Zapfen und Stäbchen. Im Allgemeinen sind die *Stäbchen,* die Hell-Dunkel- und Grauwertwahrnehmungen vermitteln, viel lichtempfindlicher als die Zapfen: Sie haben deutlich niedrigere Reaktionsschwellen und können viel kleinere Lichtmengen wahrnehmen. Die Stäbchen des menschlichen Auges enthalten ein einziges Pigment, das so genannte Rhodopsin. *Rhodopsin* ist eine Verbindung aus Retinal und einer Variante des Proteins *Opsin. Zapfen* vermitteln ein genaues Detail- und das Farbensehen. Im menschlichen Auge gibt es drei Typen von Zapfen: Einer ist am empfindlichsten für rotes, der zweite für grünes und der dritte für blaues Licht. In jedem der drei Zapfentypen befindet sich ein Pigment, das aus Retinal und einer Variante des Opsinproteins besteht, die für eine der drei Wellenlängen des Lichtes am empfindlichsten ist.

Zapfen sprechen auf niedrige Lichtstärken nur schwach an. Wenn wir in der Dämmerung draußen sind und beobachten, wie es Nacht wird, dann können wir feststellen, dass die Umgebung allmählich ihre gesamte Farbe verliert und alle Gegenstände Grautöne annehmen. Mit zunehmender Dunkelheit stellen die Zapfen ihre Tätigkeit ein, und schließlich sehen wir nur noch mit den Stäbchen. Die *Fovea centralis* oder *Sehgrube,* also die Region, auf die der Mittelpunkt des Gesichtsfeldes projiziert wird, ist ausschließlich aus dicht gepackten Zapfen aufgebaut. Wenn wir etwas betrachten, wird der Punkt, den wir fixieren, auf die Fovea centralis, die Zone des schärfsten Sehens, fokussiert. Weiter weg von der Fovea nimmt die Dichte der Zapfen ab, und die Stäbchen werden zahlreicher. Einen blassen Stern kann man am besten erkennen, wenn man ein paar Grad von ihm wegschaut, sodass sein Bild neben die Sehgrube auf denjenigen Bereich der Netzhaut projiziert wird, wo die Stäbchen am dichtesten sind.

Einige Tiere, insbesondere nachtaktive, besitzen hauptsächlich oder ausschließlich Stäbchen, andere dagegen weisen überwiegend oder nur Zapfen auf. Menschen, Menschenaffen und andere Primaten haben sowohl Zapfen als auch Stäbchen. In der Tat scheinen die Netzhäute von Rhesus- und anderen Altweltaffen mit der menschlichen Netzhaut identisch zu sein: Sowohl Rhesusaffen als auch Menschen besitzen Stäbchen und drei Typen von Zapfen. Mittlerweile glaubt man, dass sich die Gene für die Zapfenpigmente und Rhodopsin in der Evolution aus einem gemeinsamen Urgen entwickelt haben. Die Analyse der Aminosäuresequenzen in den unterschiedlichen Opsinen deutet darauf hin, dass das erste Pigmentmolekül, das farbiges Licht absorbiert, für Blau empfindlich gewesen sein dürfte. Dieses führte dann zur Entstehung eines weiteren Pigments, welches sich wiederum aufspaltete und rot- und grünempfindliche Pigmente hervorbrachte. Im Gegensatz zu Altweltaffen besitzen Neuweltaffen lediglich zwei Zapfenpigmente, ein blaues und eins für langwelligeres Licht, das den Vorläufer für die rot- und grünempfindlichen Pigmente von Menschen und anderen Altweltprimaten darstellen soll. Die Evolution der rot- und grünempfindlichen Pigmente muss somit nach der Trennung der Kontinente der Alten und Neuen Welt vor ungefähr 130 Millionen Jahren erfolgt sein. Die Netzhaut der Neuweltaffen mit nur zwei farbempfindlichen Pigmenten liefert ein vollendetes Modell menschlicher Rotgrünblindheit. Genetische Analysen der unterschiedlichen Formen menschlicher Farbenfehlsichtigkeit lassen vermuten, dass in Millionen von Jahren einige Menschen vier statt drei Zapfenpigmente besitzen und die Welt in ganz anderen Farben sehen werden, als wir es heute können.

Den Beweis, dass die drei Zapfenpigmente sämtliche sichtbaren Farben verschlüsseln, liefern Verhaltensuntersuchungen am Menschen, bei denen es um Farbzuordnungen geht. Bei einer Art dieser Experimente wird dem Probanden ein kreisförmiges Feld gezeigt, dessen eine Hälfte in einer beliebigen, vom Wissenschaftler wählbaren Farbe erscheint; die andere Kreishälfte wird von drei Lichtquellen beleuchtet, die so abgestimmt sind, dass sie Licht jener Wellenlängen aussenden, für die die drei Zapfenpigmente jeweils am empfindlichsten sind. (Die Licht emittierenden Quellen können Laser sein, die Licht praktisch einer einzigen Wellenlänge liefern.) Die Versuchsperson versucht, durch Steigerung oder Senkung der Intensität der drei farbigen Lichter die vorgegebene Farbe der einen Kreishälfte zu reproduzieren. Auf diese Weise können die Versuchspersonen jede nur erdenkliche Farbe exakt angleichen. Unsere gesamte Farbwahrnehmung baut auf der relativen Erregung der drei Zapfentypen auf.

Lichtumwandlung – vom Photon zum Neuron

Praktisch alle Schritte des Sehvorgangs – vom Eintreffen des Photons auf dem Photorezeptorstäbchen bis hin zur synaptischen Aktivierung von Nervenzellen der Netzhaut – sind mittlerweile entschlüsselt. Es ist außergewöhnlich, was dort passiert. Zunächst aber noch ein weiteres Wort zum Retinal: Es handelt sich um ein verhältnismäßig einfaches Molekül; es ist in das hoch komplexe Eiweißmolekül Rhodopsin eingebettet, das seinerseits in die Membran des Stäbchens eintaucht und diese durchspannt (Abbildung 8.3). Retinal liegt in einer besonderen chemischen Struktur als so genanntes *11-cis-Retinal* vor. Wenn ein Photon auf das Stäbchen trifft, ändert das Retinal seine momentane Struktur und wird dann als *all-trans-Retinal* bezeichnet. Dieser Vorgang spielt sich innerhalb weniger Picosekunden ab (eine Picosekunde ist der milliardste Teil einer Sekunde). Der grundlegende Prozess besteht also in der Umwandlung eines Lichtquants in eine atomische Bewegung. Sowohl Retinal als auch das Protein Opsin ändern ihre Gestalt fortlaufend über mehrere Zwischenformen hinweg, bis sie zu *Metarhodopsin II* werden. Danach spaltet sich das Molekül in all-*trans*-Retinal und das Protein Opsin auf, um wieder verwertet zu werden.

Die Gesamtdauer vom Auftreffen des Photons bis zur Bildung von Metarhodopsin II beträgt wenige Millisekunden, eine Zeitspanne, die dem Nervensystem keine Mühen bereitet. Metarhodopsin II spielt die Schlüsselrolle. Es aktiviert eine Substanz namens *Transducin,* die ihrerseits *cyclisches GMP,* eines der gängi-

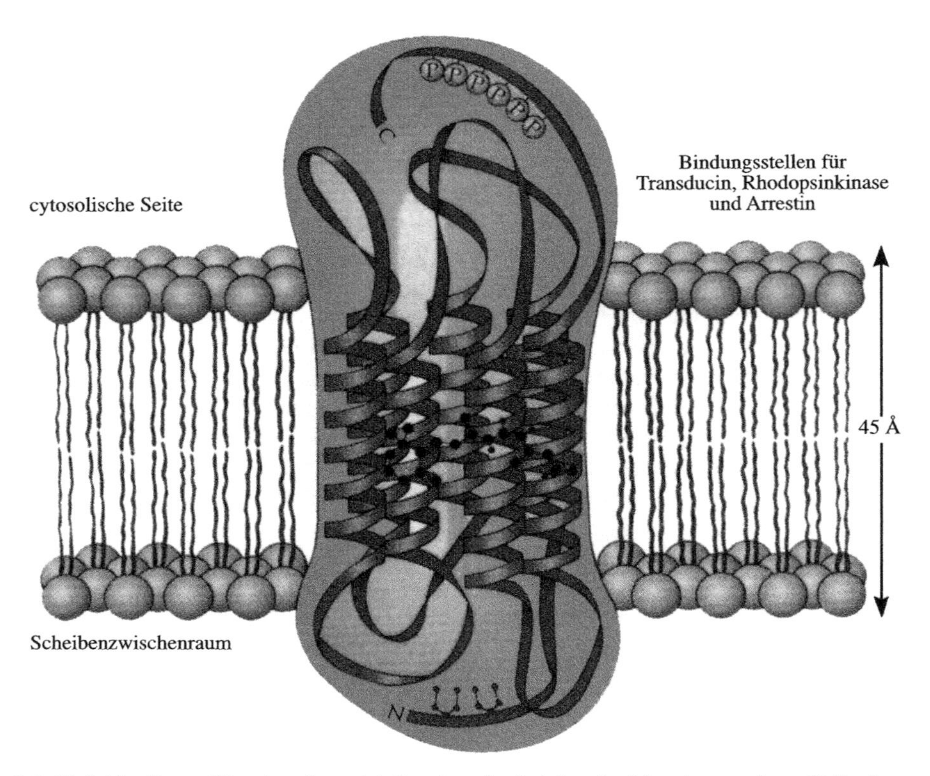

8.3 Vollständiges Rhodopsinmolekül, eingebettet in die Membran einer Stäbchenzelle der Netzhaut. Es handelt sich um ein hoch komplexes Eiweißmolekül, dessen entscheidender lichtempfindlicher Bestandteil, Retinal, allerdings ein sehr einfaches Molekül darstellt (schwarze Punkte und Linien), das tief im Rhodopsinmolekül eingebettet ist.

gen *second messenger*-Systeme in Nervenzellen, anregt. Dieser Vorgang im Stäbchen verändert unmittelbar Ionenkanäle in der Stäbchenmembran. Für ein *second messenger*-System ist dies höchst ungewöhnlich; üblicherweise beeinflussen *second messenger*-Systeme Ionenkanäle nur indirekt über die intrazelluläre Maschinerie – wenn überhaupt. Auch der nächste Schritt in diesem Geschehen ist eine Überraschung: Die Wirkung des aktivierten cyclischen GMP besteht darin, Natriumkanäle zu schließen! Würden Sie dies bei einer Nervenzelle tun, so blockierten Sie damit Aktionspotenziale und EPSPs. Der Vorgang vom Auftreffen des Photons bis zum Schließen der Natriumkanäle geht mit einer außergewöhnlichen Verstärkung einher. Ein einzelnes Photon, das ein einziges Rhodopsinmolekül erregt, aktiviert rund 500 Transducinmoleküle, was wiederum dazu führt, dass cyclisches GMP Hunderte von Natriumkanälen schließt, die etwa einer Million Natriumionen den Eintritt ins Stäbchen verwehren. Folglich blockiert ein einziges Photon eine Million Natriumionen.

Die Stäbchenzellen bilden Synapsen mit Nervenzellen der Netzhaut. Diese ähneln in gewisser Weise gewöhnlichen schnellen erregenden Synapsen, und es scheint, dass die Stäbchen *Glutamat*, das Arbeitspferd unter den schnellen erregenden Überträgerstoffen, freisetzen. Der Kniff bei der synaptischen Wirkung eines Stäbchens ist, dass im Dunkeln viele seiner Natrium-(Na^+)-Kanäle geöffnet sind, was dem Zustand von Natriumkanälen in ruhenden Nervenzellen genau entgegengesetzt ist. Folglich ist die Stäbchenmembran deutlich depolarisiert. Im Dunkeln beträgt das Ruhepotenzial der Stäbchenmembran rund –30 Millivolt. Wenn Photonen auf das Stäbchen einwirken, werden die Na^+-Kanäle geschlossen, was zu einem negativeren Membranpotenzial führt – in Richtung Hyperpolarisation. Anders als gewöhnliche Synapsen scheint die Stäbchensynapse kontinuierlich Glutamat freizusetzen. Im Dunkeln ist die Synapse depolarisiert und schüttet eine Höchstmenge an Glutamat aus. Wenn ein Lichtquant auf das Stäbchen trifft, so schließen sich die Na^+-Kanäle, und die Membran wird hyperpolarisiert mit der Folge, dass weniger Glutamat freigesetzt wird.

Die Bestandteile der Netzhaut sind in der Abbildung 8.4 schematisch dargestellt. Die direkteste Verknüpfung zwischen den Rezeptoren von Stäbchen und Zapfen und den Ganglienzellen erfolgt über die bipolaren Zellen. Erinnern wir uns, dass die Ganglienzellen ihre Axone als Sehnerven zum Gehirn entsenden. Das Auge stellt sich uns als periphere, außerhalb des Gehirns gelegene Struktur dar, und das ist größtenteils richtig. Aber der entscheidende Teil des Auges, die Netzhaut, ist tatsächlich Teil des Gehirns. Während der embryonalen Entwicklung wächst die Netzhaut aus dem Gehirn hervor, um sich mit den anderen Geweben – der Linse, der Hornhaut und so weiter – zu verbinden und das Auge zu bilden. So kann man sich die Netzhaut als ein ausgelagertes Miniaturgehirn vorstellen, das dazu konzipiert ist, Sehinformationen zu verarbeiten.

Wir hatten die Stäbchen verlassen, als sie unter dem aktivierenden Einfluss von Licht weniger Glutamat an den bipolaren Zellen freisetzten, als sie dies im Dunkeln tun. Dies sollte eine stärkere Hyperpolarisation jener Dendriten bipolarer Zellen nach sich ziehen, die mit diesen Stäbchen Synapsen bilden, und dies ist in der Tat der Fall. Die bipolaren Zellen (und die Horizontalzellen) der Netzhaut haben die besondere Eigenart, keine Aktionspotenziale zu erzeugen. In dieser Hinsicht verhalten sie sich wie Stäbchen – wenn sie depolarisiert werden, setzen sie mehr Neurotransmitter an den Ganglienzellen frei, und wenn sie hyperpolarisiert werden, weniger. Dies scheint sich hinsichtlich der Informationsmenge, die sie übermitteln können, sehr vorteilhaft auszuwirken – sie reagieren sehr empfindlich auf feine Nuancierungen in der von den Stäbchen freigesetzten Transmittermenge, die ihrerseits von geringen Veränderungen in der Lichtmenge abhängt, die auf die Stäbchen einwirkt. Als Fazit dieses gesamten Informationsverarbeitungsprozesses sollten die Ganglienzellen im Dunkeln viele Aktionspotenziale erzeugen, doch aufhören, Aktionspotenziale zu entwickeln, wenn Licht auf die Stäbchen fällt – und so ist es in der Tat. Es ergibt sich folgerichtig aus der erregenden synaptischen Wirkung von Glutamat.

Doch reagieren eine ganze Reihe anderer Ganglienzellen völlig entgegengesetzt – sie erzeugen mehr Aktionspotenziale, wenn Licht auf die sie beeinflussenden Stäbchen fällt, und weniger Aktionspotenziale, wenn es dunkel ist. Es stellte sich heraus, dass Glutamat viele bipolare Zellen in der Tat hyperpolarisiert. Wie es das macht, ist noch unbekannt. Doch ist hieraus zu folgern, dass Ganglienzellen, die unter der Kontrolle dieser hyperpolarisierenden bipolaren Zellen stehen, auf Licht reagieren, und nicht auf Dunkelheit.

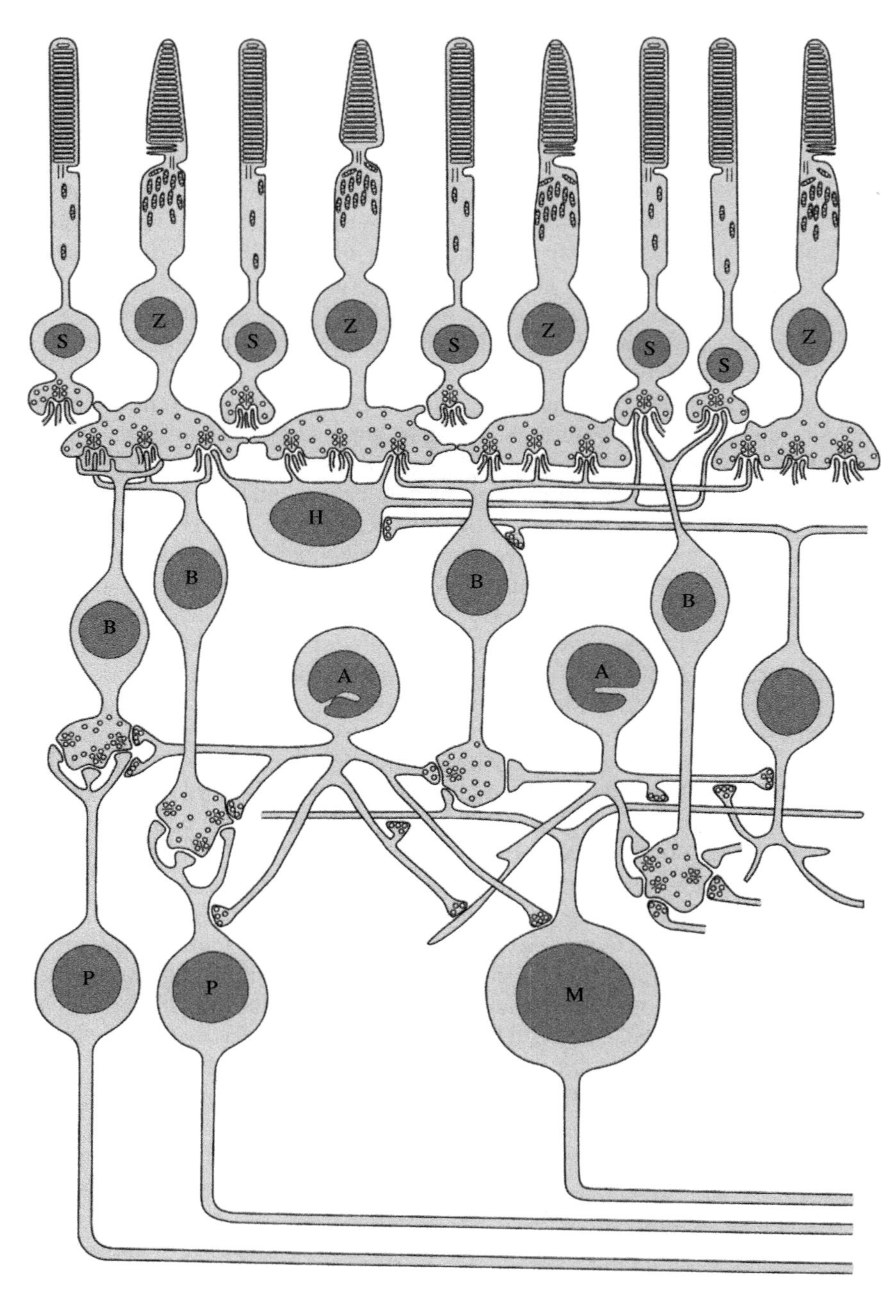

8.4 Schema der Bestandteile der Primatennetzhaut. S, Stäbchen; Z, Zapfen; B, bipolare Neuronen; H, Horizontalzellen; A, amakrine Neuronen; M, M-Ganglienzelle; P, P- Ganglienzellen. Die beiden Typen von Ganglienzellen bilden zusammen den Sehnerv (Nervus opticus) und die beiden Sehströme.

Rezeptive Felder

Wenn ein kleiner Lichtfleck auf ein Wirbeltierauge fällt, bildet die Linse diesen auf eine bestimmte Stelle der Netzhaut ab. Wenn der Lichtfleck umherwandert, bewegt sich auch sein Bild auf der Retina. Nehmen wir an, wir zeichnen die Aktionspotenziale einer einzelnen Ganglienzelle auf, vielleicht, indem wir eine Mikroelektrode ganz in ihre Nähe oder in ihr Axon im Sehnerv einstechen. Bei Dunkelheit wird die Zelle eine charakteristische Entladungsrate aufweisen, sagen wir, ein Aktionspotenzial pro Sekunde. Sobald Licht auf die Netzhaut fällt, aktiviert es einige Zapfen- und Stäbchenrezeptoren. Wenn diese in der Nachbarschaft der erfassten Ganglienzelle liegen und über die neuronalen Schaltkreise in der Netzhaut mit ihr verbunden sind, dann wird das Licht das Entladungsmuster der Ganglienzelle beeinflussen. Abhängig von den neuronalen Verschaltungen wird die Ganglienzelle erregt (dann feuert sie stärker) oder gehemmt werden (dann feuert sie mit einer geringeren als der spontanen Entladungshäufigkeit). Der gesamte Bezirk der Netzhautoberfläche, der die Ganglienzelle auf diese Weise beeinflussen kann, wird als ihr *rezeptives Feld* bezeichnet.

Bei Säugetieren sind die meisten rezeptiven Felder der Ganglienzellen auf der Netzhaut einfache runde oder ovale Flecken. Tatsächlich können Ganglienzellen lediglich zwei Haupttypen von rezeptiven Feldern haben, und jede einzelne Ganglienzelle weist nur einen Typ auf: On-Zentrum/Off-Umfeld oder Off-Zentrum/On-Umfeld (Abbildung 8.5). Beim On-Zentrum/Off-Umfeld-Typ erregt ein Lichtfleck, der auf den zentralen Bezirk des rezeptiven Feldes fällt, die Ganglienzelle und führt zu einer Zunahme ihrer Impulsfrequenz („An"schaltung). Wenn der Lichtfleck in den Off-Umfeld-Bezirk wandert, hindert er die Ganglienzelle am Feuern („Aus"schaltung). Genau das Umgekehrte gilt für den Off-Zentrum/On-Umfeld-Typ des rezeptiven Feldes.

Farbinformationen einmal ausgenommen, sind diese einfachen Muster reagierender Ganglienzellen alles, was das Gehirn aus dem Auge zu „sehen" bekommt. Die Lichtintensität scheint in der Frequenz der Entladungen der Ganglienzellen verschlüsselt zu sein: Helles Licht bewirkt stärkeres Feuern. Da auf die Netzhaut ein Gesamtbild der visuellen Umgebung projiziert wird, erhielte man eine ziemlich vollständige Repräsentation des Retinabildes, wenn man die Aktivität von allen der mehr als eine Million Ganglienzellen des Auges aufzeichnen würde. Allerdings würden die Ganglienzellen lediglich anzeigen, ob auf den jeweiligen Feldern mehr oder weniger Licht vorhanden ist, nichts weiter – ganz ähnlich wie die Bildpunkte auf einem Fernsehschirm.

Die Mechanismen, über die Stäbchen, Zapfen und Interneuronen der Netzhaut Licht in eine Aktivierung von Ganglienzellen umwandeln, sind ein fesselndes Thema. Entscheidend für das, was das Gehirn sieht, ist jedoch – wenn es um die Tiere und ihr Verhalten geht – allein die Information, die aus den Ganglienzellen kommt. Ein höchst interessanter Umkehrtrend fand in der Evolution der Wirbeltiernetzhaut statt. Die Netzhäute von Reptilien und Amphibien haben die gleichen neuronalen Grundelemente wie Säugetiere, doch sind die Schaltpläne verschieden. Beispielsweise wird im Sehsystem des Frosches praktisch die gesamte Information in der Netzhaut verarbeitet. Bei Säugetieren erfolgt nur noch ein sehr geringer Teil der Informationsverarbeitung in der Netzhaut (außer beim Farbense-

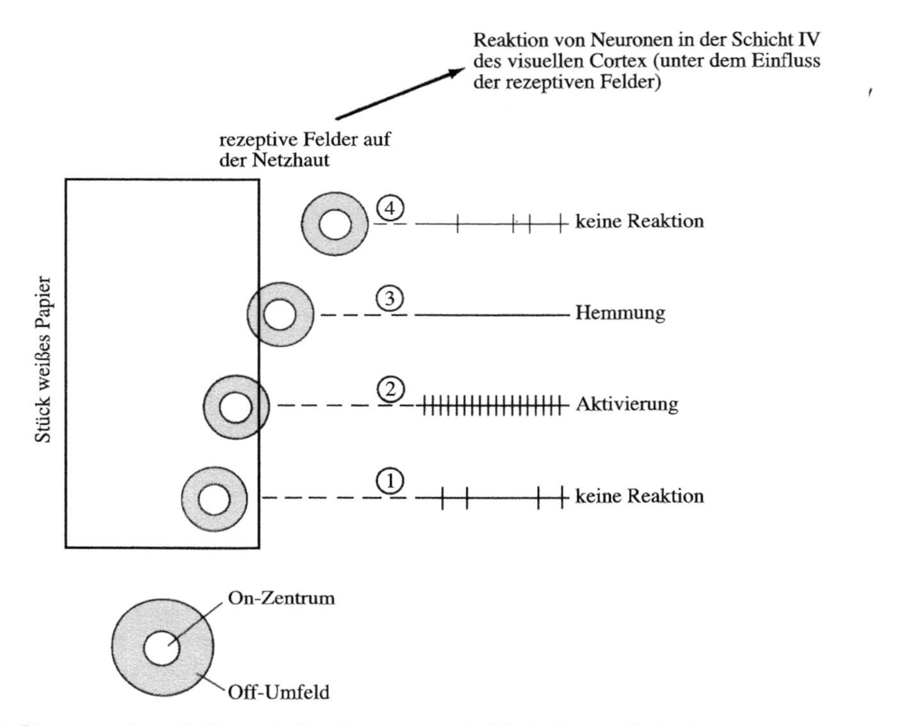

8.5 Die rezeptiven Felder mit On-Zentrum und Off-Umfeld auf der Retina werden am stärksten aktiviert, wenn sich eine Kante, eine Hell-Dunkel-Grenze oder ein Lichtfleck über das Feld erstreckt (Fall 2 in der Abbildung).

hen, für das die maßgebende erste Verschlüsselung hier stattfindet). Hiervon ausgehend sollte man erwarten, dass die rezeptiven Felder der Ganglienzellen von niederen Wirbeltieren sehr viel komplizierter sind, und dies ist auch der Fall.

Beim Frosch findet man mehrere verschiedene Typen von rezeptiven Feldern. Tatsächlich kann man die visuell gesteuerten Verhaltensweisen des Frosches allein aus diesen rezeptiven Feldern ziemlich gut vorhersagen. Ein Typ von rezeptivem Feld wurde von seinem Entdecker Jerome Lettvin am Massachusetts Institute of Technology als *bug detector,* also als „Fliegendetektor", bezeichnet. Eine bestimmte Klasse von Ganglienzellen reagiert nämlich nur auf ein kleines dunkles Objekt, das sich unregelmäßig bewegt. Wenn man einem normalen Frosch einen solchen Reiz anbietet, wird er – in der Hoffnung auf ein vorbeifliegendes Insekt – seine Zunge vorschnellen lassen und das Objekt zu fangen versuchen. Dieses Beutefangverhalten wird durch die Aktivierung der „Fliegendetektor"-Ganglienzellen ausgelöst. Die Analyse der Bedeutung des visuellen Reizes erfolgt also in der Netzhaut; eine Verarbeitung im Gehirn ist dafür nicht notwendig.

Dass diese speziellen „Fliegendetektor"-Ganglienzellen in der Froschnetzhaut einen so komplexen Typ eines rezeptiven Feldes aufweisen, liegt an dem komplizierten Schaltplan der Interneuronen in der Retina selbst. Diese Ganglienzellen (man bezeichnet sie als *W-Ganglienzellen*) reagieren in der Tat nur schwach auf diffuses Licht, sind aber sehr empfindlich für Bewegungen dunkler Objekte. Diese wesentlich komplexeren rezeptiven Felder sind vermutlich auf die Wirkungen amakriner Zellen in der Netzhaut zurückzuführen (Abbildung 8.4). Sie sind die einzigen Interneuronen der Netzhaut, die Aktionspotenziale erzeugen, und sie vermögen die Ganglienzellen auf vielfältige Weise zu beeinflussen.

Bei verschiedenen Reptilien hat die Netzhaut im Verlauf der Evolution sehr spezifische und spezialisierte Verschaltungen erfahren. Von den Dinosauriern nimmt man an, dass sie stark visuell ausgerichtete Tiere mit einem sehr kleinen Gehirn waren. Ihre Netzhaut funktionierte möglicherweise als ein ziemlich vollständiges visuelles Gehirn. Gerade der entgegengesetzte Trend entwickelte sich bei den Säugetieren. Höhere Säuger wie Carnivoren und Primaten haben die einfachsten On-Off-Felder. Bei ihnen findet die Verarbeitung der visuellen Information primär im Gehirn, nicht in der Netzhaut, statt. Wenn eine komplexe Verarbeitung visueller Informationen erfolgen soll, wie das der Fall ist, wenn Erfahrung und Lernen beteiligt sind, dann muss sie im Gehirn stattfinden. Würde allein die Netzhaut alle Sehreize verschlüsseln, könnten wir niemals lesen lernen, weil die Ganglienzellen der Retina keine rezeptiven Felder haben, die selektiv auf die Buchstaben des Alphabets reagieren. Wir müssen erst lernen, Buchstaben und Wörter zu sehen.

Anscheinend zeichnete sich im Laufe der Wirbeltierevolution die ursprünglichere Netzhaut dadurch aus, dass vor allem amakrine Zellen auf Ganglienzellen einwirkten. Frösche, Schildkröten und andere wechselwarme Tiere (vielleicht auch die Dinosaurier?) besitzen vor allem W-Ganglienzellen. Einfache Wirbeltiere verarbeiten, wie bereits erwähnt, die erforderliche Sehinformation in der Netzhaut. Eine komplexere Verarbeitung muss im Gehirn erfolgen, und dies ist im Endeffekt adaptiver. Offensichtlich herrschte ein starker Druck der natürlichen Selektion in Richtung auf eine komplexere und erfolgreichere Verarbeitung von Sehinformationen und folglich auch auf ein größeres Gehirn. Frösche fangen und fressen nur sich bewegende Beutetiere. Kürzlich zugrunde gegangene Fliegen dürften für einen Frosch ein vortreffliches Mahl darstellen, doch ist die Netzhaut von Fröschen so verschaltet, dass sie auf regungslose Gegenstände nicht anspricht. Ein Frosch würde inmitten eines Feldes toter Fliegen vor Hunger sterben. Der evolutionäre Druck, der bei den Säugetieren dazu führte, dass die Sehinformationen im Gehirn verarbeitet werden, tritt hier klar zutage. Einfache Säuger wie Eichhörnchen oder Kaninchen haben viel mehr richtungsempfindliche Ganglienzellen vom W-Typ als Katzen und Affen.

Bei Primaten kann man zwei Haupttypen von Ganglienzellen unterscheiden, *M-* und *P-Ganglienzellen* (Abbildung 8.4). Diese Bezeichnung leitet sich vom visuellen Thalamus her, dem seitlichen Kniehöcker oder Corpus geniculatum laterale (der weiter unten beschrieben wird), wohin diese beiden Zelltypen projizieren. Die P-Ganglienzellen projizieren auf kleine (parvozelluläre) Zellen, die M-Ganglienzellen auf große (magnozelluläre) Zellen in diesem Kniehöcker. Die P- und M-Zellen der Retina unterscheiden sich auf mehrere Arten. Die rezeptiven Felder der Dendriten von P-Zellen sind selbst an der gleichen Stelle der Netzhaut weitaus kleiner als die von M-Zellen; außerdem leiten die Axone der M-Zellen viel schneller als die der P-Zellen, und die P-Zellen reagieren nachhaltig auf Reize, während die M-Zellen nur vorübergehend eine Reaktion zeigen.

Wichtig ist aber, dass die meisten P-Zellen im Gegensatz zu M-Zellen farbempfindlich sind; dafür reagieren diese viel empfindlicher auf Schwarz-weiß-Reize mit geringem Kontrast – auf Formen – als P-Zellen. Am allerwichtigsten ist vielleicht, dass aus diesen beiden Ganglienzelltypen der Netzhaut zwei teilweise getrennte Sehströme (*visual streams*) im Gehirn des Menschen und anderer Primaten hervorgehen.

Die Sehbahnen

Bei Säugetieren sind die Projektionswege vom Gesichtsfeld über die Netzhaut zum Gehirn anatomisch etwas kompliziert. Bei niederen Wirbeltieren wie dem Frosch überkreuzen sich die Erregungsbahnen vollständig: Die gesamte Eingangsinformation vom rechten Auge (vom rechten Gesichtsfeld) zieht zur linken Gehirnseite und umgekehrt. Solche Tiere besitzen keinen *binokularen Gesichtssinn*. Bei niederen Säugetieren wie der Ratte oder dem Kaninchen überschneiden sich die Gesichtsfelder beider Augen teilweise. Hier kommt es zu einer unvollständigen Überkreuzung: Ungefähr 80 Prozent der Fasern von der linken Retina und 20 Prozent von der rechten ziehen zur rechten Gehirnhälfte. Die Projektionen aus den beiden Netzhäuten überlappen sich, sodass vielleicht 30 Prozent der Sehrinde (des primären visuellen Cortex) Informationen von beiden Augen erhalten und damit binokulares Sehen vermitteln können. Bei Hund und Katze beträgt die Überlappung ungefähr 80 Prozent, sodass sie ein beträchtliches binokulares Sehvermögen besitzen. Primaten einschließlich des Menschen sehen praktisch vollständig binokular; die linke Hälfte jeder Netzhaut projiziert auf den linken visuellen Cortex, die rechte Hälfte auf den rechten (Abbildung 8.6). Das bedeutet natürlich, dass die rechte Sehrinde ihre gesamte Information von der linken Gesichtsfeldhälfte erhält und die linke die ihrige von der rechten Gesichtsfeldhälfte. Eine chirurgische Entfernung der linken Sehrinde eliminiert alle visuelle Information von der gesamten rechten Hälfte des Gesichtsfeldes beider Augen.

Obwohl auch schon ein Auge allein aus verschiedenen Quellen Informationen über Tiefe oder Entfernung von Objekten gewinnen kann, liefert das binokulare Sehen, bei dem Zellen im visuellen Cortex die Eingangsinformation beider Augen miteinander vergleichen können, doch weit bessere Aufschlüsse. Unter den Säugetieren zeichnen sich Räuber wie Katzen und Wölfe durch ein besonders gutes binokulares Sehvermögen aus; sie können sehr genau abschätzen, wie weit eine Beute entfernt ist. Viele ihrer Beutetiere wie Kaninchen oder Hirsche haben ein deutlich schwächer entwickeltes binokulares Sehvermögen. Stattdessen stehen ihre Augen weit seitlich am Kopf, sodass sie auch Bewegungen hinter sich wahrnehmen können. Der ausgezeichnete binokulare Gesichtssinn der Primaten beruht wahrscheinlich auf der Tatsache, dass sie auf Bäumen leben oder dass zumindest ihre Vorfahren dies taten; ein Affe, der beim Sprung die Entfernung zum nächsten Ast falsch einschätzt, wird seine Gene nicht weitergeben können.

Bei Primaten ziehen Sehnervenfasern von der linken Hälfte jeder Netzhaut (die jeweils die rechte Gesichtsfeldhälfte repräsentiert) zum *linken seitlichen Kniehöcker* (Corpus geniculatum laterale) des Thalamus und Fasern von den beiden rechten Retinahälften zum *rechten seitlichen Kniehöcker* (Abbildung 8.6).

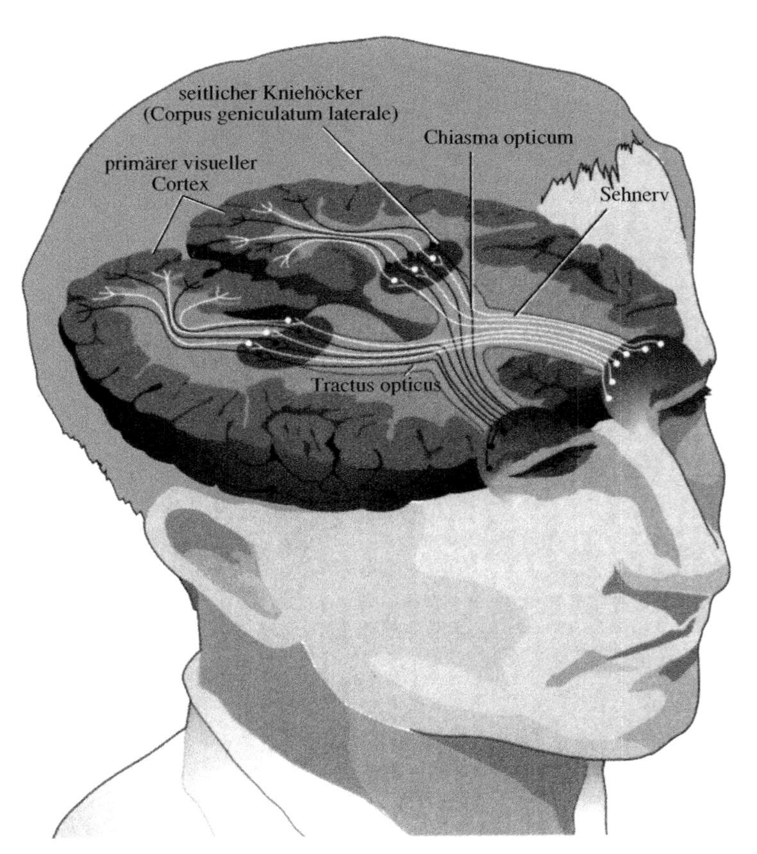

8.6 Der Verlauf der Sehbahn bei einem Erwachsenen verdeutlicht die Auftrennung der Axone. Die dem rechten Auge zugeordneten Axone sind weiß gepunktet, die dem linken Auge zugeordneten schwarz durchgezogen dargestellt. Benachbarte Ganglienzellen der Retina jedes Auges senden ihre Axone zu benachbarten Neuronen im seitlichen Kniehöcker (Corpus geniculatum laterale). Ähnlich projizieren die Nervenzellen des Kniehöckers mit ihren Axonen auf die Sehrinde. Das System bildet ein topographisch ordentliches Muster, auf dem zum Teil solche Eigenschaften wie binokulares Sehvermögen beruhen.

Dort, wo die Fasern sich treffen und zur gegenüberliegenden Seite ziehen, bilden sie die *Sehnervenkreuzung* (Chiasma opticum). Auf dem Weg zwischen den Netzhäuten und der Sehnervenkreuzung werden die Fasern als *Sehnerven* (Nervi optici) und auf der Strecke zwischen Sehnervenkreuzung und Zentralnervensystem als *optische Trakte* (Tractus optici) bezeichnet. Sie sind über Synapsen auf die Kerngebiete des thalamischen Corpus geniculatum laterale verschaltet; von dort gehen Projektionen zur Sehrinde des Cortex. Die Nervenstränge vom Tractus opticus zum Corpus geniculatum laterale und weiter zur Großhirnrinde stellen bei höheren Wirbeltieren die Hauptsehbahn dar; bei niederen Wirbeltieren sind noch mehrere andere Verknüpfungen von Bedeutung.

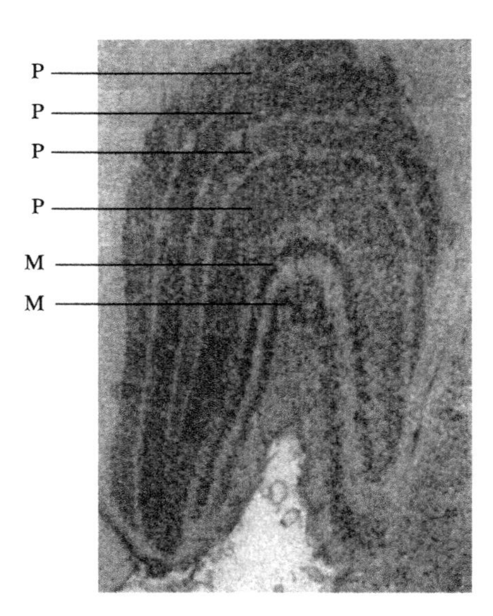

8.7 Anatomische und funktionelle Unterteilung des seitlichen Kniehöckers (Corpus geniculatum laterale). Im Querschnitt erkennt man sechs Schichten dieser subcorticalen Struktur: zwei gehören zur magnozellulären (M) und vier zur parvozellulären (P) Bahn.

Die seitlichen Kniehöcker, die Informationen von den Sehnerven zum visuellen Cortex verschalten, bestehen bei Affen und Menschen aus jeweils sechs Schichten. Diese sind, was die von beiden Augen einlaufenden Erregungen betrifft, vollständig getrennt. Die zweite, dritte und fünfte Schicht des linken Corpus geniculatum laterale erhalten Informationen von der linken Hälfte der linken Netzhaut, die erste, vierte und sechste Schicht solche von der linken Hälfte der rechten Netzhaut; für den rechten seitlichen Kniehöcker ist es umgekehrt. Die Neuronen in den obersten vier Schichten sind kleinzellig (parvozellulär) und erhalten Projektionen von den P-Ganglienzellen der Retina. Hingegen sind die Neuronen der unteren beiden Schichten großzellig (magnozellulär); hierhin projizieren die M-Ganglienzellen der Netzhaut (Abbildung 8.7)

Alle sechs Schichten des linken Corpus geniculatum laterale projizieren auf die Schicht IV des linken visuellen Cortex und alle sechs Schichten des rechten Kniehöckers entsprechend auf die rechte Sehrinde. Die Eingangsinformation aus den verschiedenen Schichten des Corpus geniculatum laterale wird so auf den visuellen Cortex verteilt, dass eine bestimmte Zelle in der Schicht IV nur Information von dem einen oder dem anderen Auge erhält, nie jedoch von beiden. Tatsächlich sind die Zellen der Schicht IV des visuellen Cortex, wie wir noch sehen werden, so in Säulen angeordnet, dass eine bestimmte Säule auf das linke Auge antwortet, die ihr benachbarte auf das rechte Auge und so fort (Abbildung 8.8).

Die Bahnen von der Retina zur Großhirnrinde zeigen eine strenge Organisation und Ordnung. Benachbarte Bereiche der Netzhaut sind mit benachbarten Zellen des Corpus geniculatum laterale verbunden. Sogar die Zellen in dessen verschie-

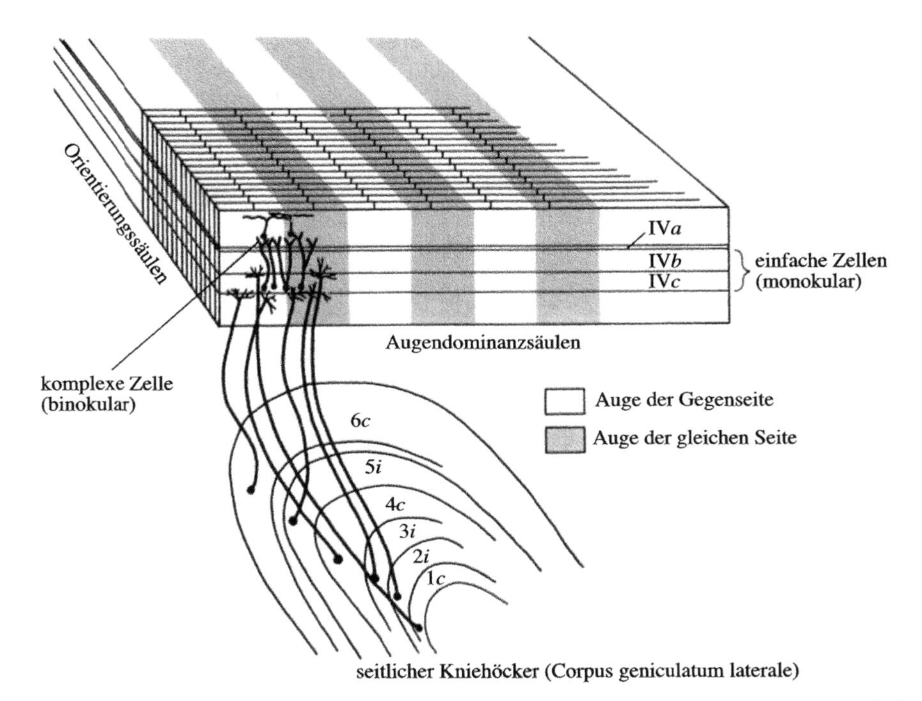

8.8 Projektionen aus beiden Augen auf den seitlichen Kniehöcker und weiter auf die Schicht IV der Sehrinde. Die oberste und die vierte Schicht des Corpus geniculatum laterale (6*c* und 4*c*) empfangen Informationen vom Auge der gegenüberliegenden Seite (dem kontralateralen Auge) und projizieren auf eine Zellsäule in der Schicht IV der Sehrinde (genauer der Schicht IV*c*), wohingegen die Kniehöckerschichten 5*i* und 3*i* Informationen vom Auge der gleichen Seite (dem ipsilateralen) erhalten und Signale an die benachbarte Zellsäule in der Schicht IV*b* übermitteln.

denen Schichten sind so angeordnet, dass jene, die Informationen von einer bestimmten Region der Retina erhalten, auch am nächsten beieinander liegen.

Die Sehrinde

Das primäre visuelle Feld der Großhirnrinde, das auch als *Area striata* bezeichnet wird, liegt im Hinterhauptslappen in der hinteren Region jeder Gehirnhälfte. Im Wesentlichen besteht eine 1:1-Repräsentation der Netzhautbezirke auf die Rinde des Hinterhauptsbereichs, doch wird nahezu die Hälfte des primären visuellen Cortex für den „gelben Fleck" der Netzhaut mit der Sehgrube in Anspruch genommen. Die Fovea centralis ist zwar nur eine kleine Region auf der Retina, aber der zentrale Brennpunkt im Auge und, wie wir schon früher festgestellt haben, die Zone des schärfsten Sehens. Entsprechend ist ihr ein beträchtlicher Anteil an der Sehrinde zugewiesen.

Untersuchungen von David H. Hubel und Torsten N. Wiesel haben eine Fülle von Informationen über die Art und Weise geliefert, wie Zellen in der Sehrinde bei höheren Säugetieren die Gestalt eines sichtbaren Gegenstandes verschlüsseln. (1981 bekamen sie für ihre Arbeiten den Nobelpreis.) Die verhältnismäßig einfachen rezeptiven Felder und Antwortmuster, die oben für die Ganglienzellen der Säugetiernetzhaut beschrieben wurden (On-Zentrum/Off-Umfeld beziehungsweise Off-Zentrum/On-Umfeld), scheinen bei Katzen, Affen und Menschen auch auf der Ebene des Corpus geniculatum laterale beibehalten zu werden. Komplexe informationscodierende Vorgänge finden erst in den Zellen der Sehrinde statt.

Eine Gruppe von Zellen im primären visuellen Cortex besitzt den gleichen Typ von rezeptiven Feldern wie die Ganglienzellen in der Netzhaut und die Schaltzellen im seitlichen Kniehöcker: die primären Empfängerneuronen in der Schicht IV. Diese Zellen nehmen aus dem Corpus geniculatum laterale Erregungen auf und sind ebenfalls „monokular", das heißt, sie erhalten ihre Eingangsinformation nur aus einem Auge. Sie treten in der Schicht IV zu räumlich alternierenden Zellgruppen zusammen, die entweder durch das rechte oder durch das linke Auge angeregt werden. Die so angeordneten Gruppen monokularer Zellen in der Schicht IV liefern die Grundinformation für die anderen Neuronen der Sehrinde (Abbildung 8.8).

Die Neuronen in anderen Schichten als Schicht IV der Sehrinde erhalten ihren Input direkt oder indirekt von den Neuronen dieser Schicht, die von beiden Augen aktiviert wurden – also in gewissem Maße binokulare Informationen. Die meisten Neuronen in der Sehrinde zeigen kompliziertere Antwortmuster als die primären Empfängerzellen der Schicht IV. Sie reagieren, als sei das Aufspüren bestimmter Merkmale ihre Aufgabe. Es ist leicht zu verstehen, wie derartige „Merkmalsdetektoren" aus den einfachen On-Zentrum/Off-Umfeld-Zellen der Schicht IV aufgebaut sein können (Abbildung 8.9). Nehmen wir an, alle Neuronen, die durch die rechte Kante eines Blattes Schreibmaschinenpapier erregt werden – also durch primäre Sinneszellen aktivierte Zellen –, seien auf ein weiteres Neuron in der Sehrinde verschaltet. Dieses Neuron wird somit durch die rechte Kante aktiviert: Es handelt sich um einen neuronalen „Detektor für senkrechte Kanten". Nehmen wir nun an, das Papier würde leicht gedreht. Die schiefe rechte Kante wird jetzt eine andere Gruppe von primären Sinneszellen aktivieren. Wenn jene Zellen alle auf ein anderes Neuron verschaltet sind, so stellt dieses einen „Kantendetektor" für aus der Senkrechten gekippte Kanten dar. Auf diese Weise kann das gesamte Spektrum von möglichen Orientierungen in der Rinde aufgebaut werden.

Zellsäulen in der Sehrinde

Eine überraschende Entdeckung von D. H. Hubel und T. N. Wiesel war, dass der primäre visuelle Cortex in Form von Säulen organisiert ist. Wenn man eine Mikroelektrode in die Rinde einsticht und in einer Bahn vorwärtsschiebt, die senkrecht (das heißt im rechten Winkel) zur Oberfläche verläuft, reagieren alle Zellen, auf die man dabei trifft, nur auf Kanten der gleichen Orientierung; verschiedene Zellsäulen sprechen auf Kantenreize mit unterschiedlicher Orientierung an. Ein kleiner Netzhautbezirk projiziert jeweils auf eine kleine Cortexregion. Innerhalb dieses Cortexbereichs gibt es viele verschiedene Säulen, deren Zellen jeweils auf unterschiedlich orientierte Reize reagieren. Der Aufbau aus vertikalen Säulen

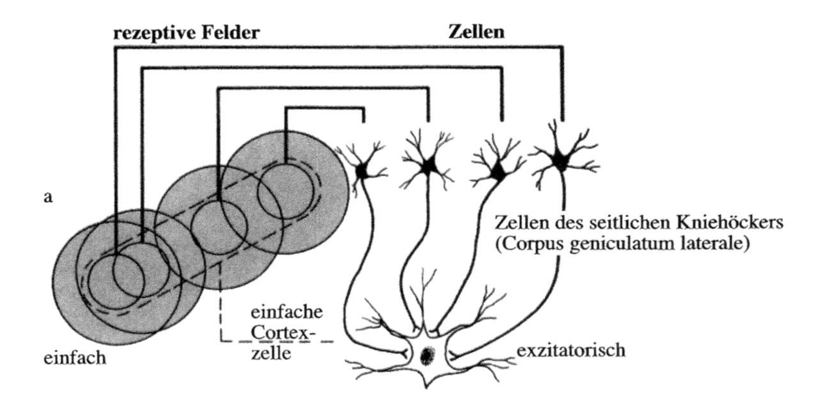

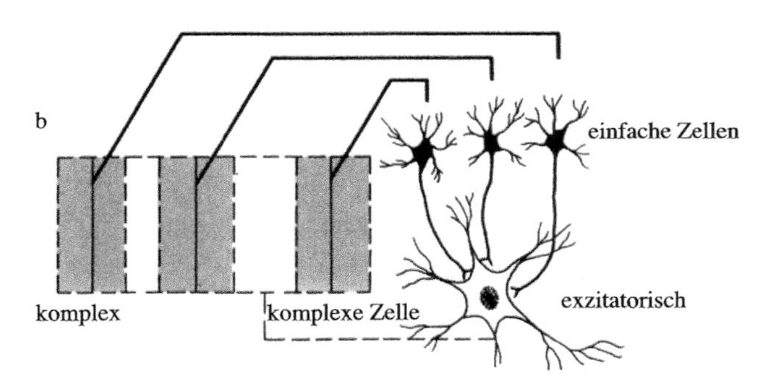

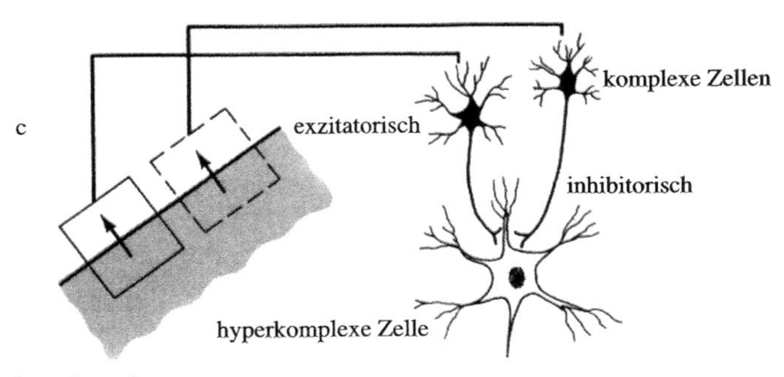

8.9 Wie komplexere rezeptive Felder in der Sehrinde aufgebaut sein könnten. a) Jedes einfache On-Off-Feld einer Gruppe aktiviert jeweils eine Nervenzelle im seitlichen Kniehöcker; diese wiederum sind so auf eine Cortexzelle verschaltet, dass eine gerade Kante auf der Netzhaut die Rindenzelle maximal aktiviert. b) Mehrere solcher einfachen „Kanten"-Zellen projizieren auf eine andere Zelle (die man als komplex bezeichnet); diese wird folglich durch Kantenkonturen in einem größeren Netzhautbezirk aktiviert. c) Solche komplexen Zellen sind so mit einer anderen (hyperkomplexen) Zelle verbunden, dass diese am besten auf eine Ecke oder einen Winkel reagiert.

scheint ein sehr allgemeines Prinzip in der Großhirnrinde zu sein; zuerst entdeckt wurde es von Vernon B. Mountcastle von der Johns-Hopkins-Universität im somatosensorischen Cortex. In der Sehrinde sprechen sehr viele unterschiedliche Säulentypen auf verschiedene Reizorientierungen an. Des Weiteren ist die neuronale Organisation, die für diese säulenförmige „Abstraktion" der Orientierung eines Reizes erforderlich ist, im Sehsystem auf die Großhirnrinde beschränkt. Bei den Zellen des seitlichen Kniehöckers findet man keine solche Organisation. Wahrscheinlich spielt die Verschlüsselung der Reizorientierung durch die Zellsäulen im visuellen Cortex eine Rolle bei der neuronalen Rekonstruktion des sichtbaren Raumes.

Zusammenfassend kann man festhalten, dass die rezeptiven Felder der meisten Zellen im primären visuellen Cortex nicht konzentrisch oder kreisförmig sind – außer bei den Zellen der Schicht IV –, sondern eher rechteckig oder „kantenförmig". Neben dem Umriss eines Objekts stellen die Ausrichtung des rezeptiven Feldes und die Bewegung des entsprechenden Umrisses über das Feld hinweg die entscheidenden Variablen dar. Eine Zelle feuert, wenn der Kantenreiz eine bestimmte Orientierung aufweist. Eine Bewegung dieser Kante in eine Richtung unter einem bestimmten Winkel ist der wirkungsvollste Stimulus. Um es allgemeiner auszudrücken: Die meisten Zellen der primären Sehrinde reagieren auf Kanten oder Grenzen bestimmter Orientierung, und dies oftmals nur, wenn jene sich in eine bestimmte Richtung bewegen.

Die Mehrzahl der Zellen im primären visuellen Cortex ist binokular für die entsprechenden rezeptiven Felder der Retina jedes Auges, was bedeutet, dass sie durch Reize aktiviert werden können, die auf eines der beiden Augen treffen. (Die Ausnahme sind wiederum die primären Empfängerneuronen in der Schicht IV.) Erinnern wir uns, dass vergleichbare Netzhautbezirke der beiden Augen auf die gleiche Region der Sehrinde projiziert werden. Wenn wir auf einen bestimmten Punkt schauen, wird ein kleiner Gegenstand, der etwas rechts von diesem Punkt liegt, auf die gleiche kleine Region der linken Netzhauthälfte jedes Auges projiziert, und diese beiden Regionen wiederum projizieren auf einen kleinen Bezirk in der linken Sehrinde.

Obwohl die meisten Zellen im primären visuellen Cortex binokular sind, zieht eine bestimmte Zelle gewöhnlich das eine Auge dem anderen vor, indem sie stärker reagiert, wenn dieses Auge gereizt wird. Dies bezeichnet man als *okulare Dominanz* oder Augendominanz. Die funktionellen Zellsäulen in der Sehrinde sind sowohl nach okularer Dominanz als auch nach Orientierung organisiert. Die grundlegenden Funktionseinheiten der Sehrinde sind in Abbildung 8.9 durch Schattierung gekennzeichnet. Jede Einheit besteht aus zwei benachbarten Säulenreihen. Die eine Reihe enthält Zellen, die Informationen bevorzugt aus dem linken Auge beziehen, die andere solche, die in erster Linie auf Signale aus dem rechten Auge ansprechen. Jede senkrechte Scheibe innerhalb einer Reihe ist auf eine etwas unterschiedliche Orientierung der Bewegung eines Reizes spezialisiert. Alle Scheiben zusammen repräsentieren Bewegungen in alle Richtungen eines Kompasses, das heißt, von oben → unten (null Grad) über links → rechts (90 Grad), unten → oben, rechts → links bis zurück nach oben → unten. Die gesamte funktionelle Einheit enthält somit die vollständige Information über die Orientierung eines Reizes sowie die Eingangsinformation aus jeder Netzhaut. Hubel und Wiesel stellten nachdrücklich fest, dass die Zellsäule die dynamische Funktionseinheit der Sehrinde ist.

Von den Nervenzellen, die auf eine Kante mit einer bestimmten Orientierung reagieren – den „Kantendetektoren" –, sagt man, dass sie einfache rezeptive Felder haben (Abbildung 8.9). Es ist leicht zu verstehen, wie eine Reihe von Zellen mit konzentrischen oder kreisförmigen rezeptiven Feldern in der Schicht IV so mit einer Kantendetektorzelle verbunden sein kann, dass diese von einer Konturgrenze mit einer bestimmten Orientierung aktiviert wird, also von einer Kante, die auf eine bestimmte Gruppe von Rezeptorzellen im Auge fällt. Ein solches einfaches Kantendetektorneuron reagiert nur, wenn die Kante auf einen genau definierten Ort auf der Netzhaut des Auges fällt.

Ein anderer Typ von Neuronen in der primären Sehrinde wird komplex genannt (Abbildung 8.9). Eine *komplexe Nervenzelle* reagiert ebenfalls am besten auf eine Konturgrenze mit einer bestimmten Orientierung, aber das Bild der Kante muss nicht auf eine genau definierte Position der Netzhaut fallen. Wenn die Konturgrenze sich irgendwo innerhalb einer bestimmten Netzhautregion befindet, dann feuert das komplexe Neuron. Andere Nervenzelltypen, die man in der Sehrinde findet, bezeichnet man als hyperkomplex. Sie reagieren gewöhnlich über weite Bereiche der Netzhaut hinweg auf bestimmte Größen und Formen von Gegenständen. Ein Beispiel für eine *hyperkomplexe Zelle* zeigt Abbildung 8.10. Diese Zelle ist ein „90-Grad-Winkel-Detektor"; sie reagiert am besten auf eine Ecke oder einen rechten Winkel irgendwo innerhalb ihres rezeptiven Feldes, antwortet aber nicht auf eine gerade Kante.

Ein Wort zur Vorsicht ist hier angebracht. Einzelne Zellen in der Sehrinde reagieren auf bestimmte und manchmal abstrakte Aspekte der visuellen Reize. In mancherlei Hinsicht sind diese Reaktionen analog zu unseren Wahrnehmungserfahrungen. Sowohl wir selbst als auch die Zelle in Abbildung 8.10 scheinen auf rechte Winkel zu reagieren. Man ist versucht, daraus zu schließen, dass diese Eigenschaften des rezeptiven Feldes einer Zelle „Wahrnehmung" sind. Solche Schlussfolgerungen können wir jedoch noch nicht ziehen. Um Hubel und Wiesel zu zitieren:

> »Was kommt nach dem primären visuellen Cortex, und wie wird die Information bezüglich der Orientierung auf höheren Ebenen ausgewertet? Darf man sich letztlich eine Zelle vorstellen, die spezifisch auf irgendein ganz spezielles Objekt reagiert? (Normalerweise wird als dieses besondere Objekt die eigene Großmutter gewählt, aus Gründen, die uns nicht klar sind.) Unsere Antwort darauf ist, dass wir die Existenz einer solchen Zelle bezweifeln, aber wir haben keine vernünftige Alternative anzubieten. Lange darüber zu spekulieren, wie das Gehirn arbeiten könnte, ist glücklicherweise nicht der einzige Weg, der dem Wissenschaftler offen steht. Das Gehirn zu erforschen, macht mehr Spaß und scheint ergiebiger zu sein.« (Aus Hubel, D. H.; Wiesel, T. N. (1979) S. 96.)

Wir beginnen gerade erst zu verstehen, wie sich die Grundmuster der neuronalen Verbindungen in der primären Sehrinde während des Wachstums und der Entwicklung des Gehirns ausbilden. Der visuelle Cortex im Gehirn eines Kindes besitzt eine erstaunliche Plastizität und ist sehr sensibel für Seherfahrungen. Dieses Thema wollen wir ausführlich in Kapitel 10 aufgreifen.

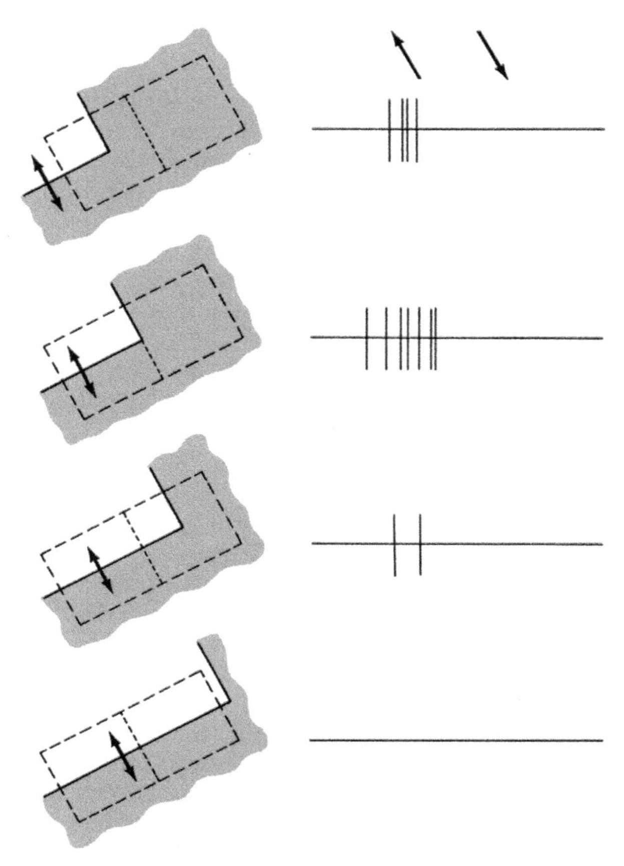

8.10 Beispiel für eine hyperkomplexe Zelle im visuellen Cortex, die am besten auf eine sich bewegende Ecke (einen rechten Winkel) reagiert.

Entdeckung der Blobs

Erst vor wenigen Jahren wurde ein neuer Organisationstyp in der primären Sehrinde von Primaten entdeckt – die so genannten *Blobs*. Bei entsprechender Färbung findet man solche Blobs über die gesamte primäre Sehrinde verteilt. Bei diesen Blobs handelt es sich um Regionen oder Gruppen von Zellen mit erhöhter Stoffwechselaktivität. Die Neuronen in der unmittelbaren Umgebung der Blobs zeigen eine geringere Stoffwechselaktivität und werden als „Interblob-Regionen" oder *Interblobs* bezeichnet. Bei einer Färbung, die eine Stoffwechselaktivität anzeigt, erscheint die Fläche der Sehrinde als Patchwork von Blobs. Die Blobs befinden sich in den Zentren der Scheiben der okularen Dominanz und erstrecken sich von den Zellschichten I bis III und dem unteren Bereich von Schicht IV bis VI. Jeder Blob misst etwa 0,15 Millimeter im Durchmesser und ist rund 0,5 Millimeter vom nächsten entfernt (Abbildung 8.11).

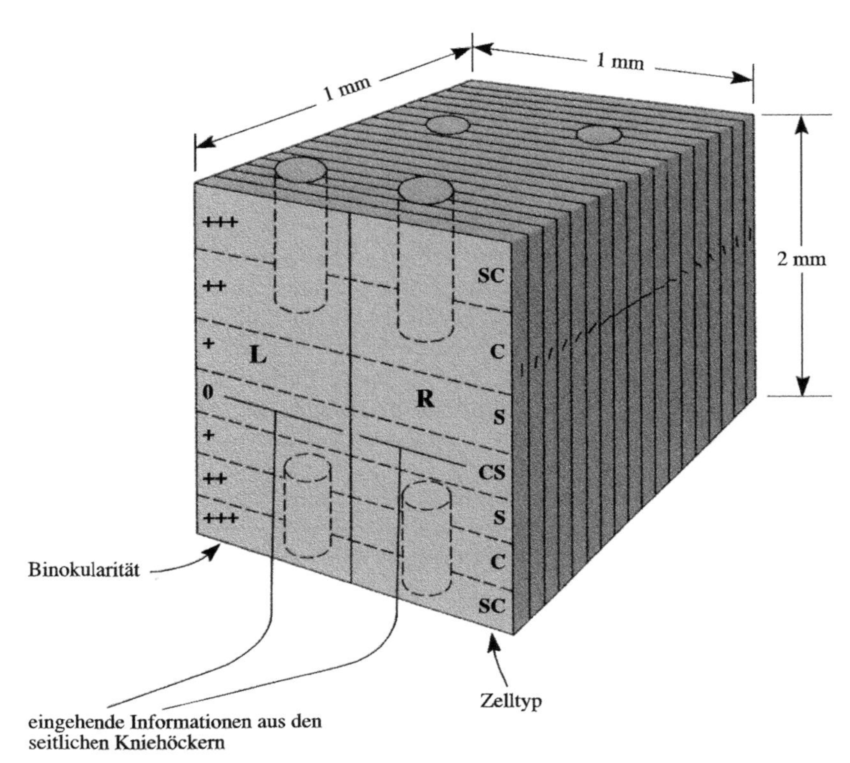

8.11 Hypersäule: 1 mm × 1 mm × 2 mm großer Block aus der Großhirnrinde, der alle erforderlichen Zellen enthält, um einen Ausschnitt des sichtbaren Raumes zu analysieren. In die Hypersäule gehen Informationen aus beiden Augen ein. Überdies kommen dort alle Typen einfacher (*simple*, S) und komplexer (*complex*, C) Zellen vor, die alle möglichen Orientierungen bevorzugen und unterschiedliche Grade der Binokularität aufweisen. Außerdem finden sich farbempfindliche Zellen in den stiftähnlichen Gebilden oder „Blobs", die in die Hypersäule eingelassen sind. (Vergleiche auch Abbildung 8.8.)

Wozu sind diese Blobs gut? Wie sich zeigte, reagieren die Neuronen in den Bereichen der Blobs empfindlich auf Farbreize, diejenigen in den Interblobs hingegen nicht. Das klingt vertraut? Die P-Zellen der Retina, die auf Farben reagieren, projizieren über kleine Neuronen in den Schichten I bis IV zum seitlichen Kniehöcker und weiter zu Neuronen in den Blobs; die M-Zellen dagegen projizieren über die großen Zellen in den Schichten V und VI des seitlichen Kniehöckers auf Nervenzellen in den Interblobs der primären Sehrinde. Warum die farbempfindlichen Neuronen in den Blobbereichen eine so hohe Stoffwechselaktivität zeigen, wissen wir nicht genau; auf jeden Fall ist sie aber vorhanden. Vielleicht wird mehr Bioenergie benötigt, um unterschiedlich auf Farbreize zu reagieren.

Farbwahrnehmung

Farbe ist die unmittelbarste Sehempfindung. Stellen wir uns vor, wir wollten einem von Geburt an Blinden beschreiben, was es heißt, Farben zu sehen. Größen und Umrisse von Gegenständen lassen sich mit Worten relativ einfach beschreiben, aber es gibt keine Möglichkeit, Farben in Worte zu fassen. Farbe ist ein Erfahrungswert. Kinder können Dingen Farben zuordnen, lange bevor sie die Namen der Farben lernen. Ältere Untersuchungen an englischsprachigen Erwachsenen, denen man eine Vielzahl von Farben zeigte, haben ergeben, dass ihr Farbengedächtnis für die drei grundlegenden Farben rot, grün und blau viel besser ist als für die Zwischentöne, die schwieriger zu beschreiben sind. Zunächst nahm man an, das bessere Gedächtnis für diese Farben sei erlernt: In der englischsprachigen Welt (wie auch im Deutschen) sind die Bezeichnungen für die Primärfarben durch die Sprache vorgegeben. Doch tatsächlich ist das Gegenteil der Fall. Anthropologische Untersuchungen an einem Volk, das in seiner Sprache nur zwei Ausdrücke für Farben kennt, haben gezeigt, dass sich diese Menschen ebenfalls an Primärfarben am besten erinnern, obwohl sie zu wenig Worte haben, um sie alle zu beschreiben. Die Primärfarben werden durch die Farbrezeptoren im Auge bestimmt, nicht durch Sprache oder Kultur.

Farbe existiert nicht in der Welt; es gibt sie nur im Auge des Betrachters. Gegenstände reflektieren Licht zahlreicher unterschiedlicher Wellenlängen, aber diese Lichtwellen selbst haben keine Farbe. Tiere entwickelten ein Farbensehen als Möglichkeit, zwischen den verschiedenen Lichtwellen zu unterscheiden. Das Auge wandelt verschiedene Wellenlängenbereiche auf eine sehr einfache Weise in Farben um. Wie wir bereits erfahren haben, gibt es im menschlichen Auge drei Typen von Zapfen oder Farbrezeptoren, die eines von drei verschiedenen lichtempfindlichen Pigmenten besitzen – ein rot-, grün- oder blauempfindliches. Die Zapfen sind mit unterschiedlichen Nervenzellen verbunden und geben Farbinformation an das Gehirn weiter.

Eine bestimmte farbempfindliche Ganglienzelle, deren Axon vom Auge zum Gehirn zieht, reagiert, sagen wir, auf rotes Licht, das in das Auge fällt, wird aber durch grünes Licht gehemmt. Eine andere spricht auf Grün an und wird durch Rot gehemmt. Eine weitere Klasse von Farbneuronen reagiert auf Gelb und wird durch Blau gehemmt, eine vierte Gruppe reagiert genau umgekehrt. Russell De Valois von der Universität von Kalifornien in Berkeley entdeckte als Erster diese entgegengesetzten Reaktionen von Farbneuronen in Auge und Gehirn. Bereits im 19. Jahrhundert waren zwei Haupttheorien des Farbensehens entwickelt worden. Die Theorie von Young und Helmholtz sprach sich für drei Primärfarbrezeptoren im Auge aus: rot, grün und blau (trichromatische Theorie). Die Theorie von Hering (heute oft als Hering-Jameson-Hurvich-Theorie bezeichnet) ging von gegensätzlichen Rezeptorenpaaren aus: rot-grün und gelb-blau (Gegenfarbentheorie). De Valois konnte mit seinen Arbeiten den ungewöhnlichen Beweis erbringen, dass zwei Theorien, die in starkem Widerspruch zueinander stehen, doch beide richtig sind. Im Auge kommen tatsächlich drei Primärfarbrezeptoren vor, aber die neuronalen Verschaltungen der Nervenzellen im Auge, die Farbinformation an das Gehirn übermitteln, wandeln die Information von diesen Rezeptoren in entgegengesetzte Farbmeldungen um.

De Valois fand heraus, dass es sich bei zahlreichen Zellen des visuellen Thalamus, der seitlichen Kniehöcker, ebenfalls um farbverschlüsselnde Zellen handelt, die entgegengesetzt verarbeiten. Folglich projizieren sich detaillierte Informationen über die Farben von Gegenständen auf die Sehrinde. Wie bereits angemerkt, projizieren die farbempfindlichen P-Zellen über den seitlichen Kniehöcker auf die corticalen Blobs. Als Margaret Livingstone und David Hubel (der die Blobs entdeckte) die Aktivität von Nervenzellen im Zentrum eines Blobs aufzeichneten, entdeckten sie, dass die Zellen keine Unterschiede bezüglich der Orientierung machten. Stattdessen hatten die meisten entgegengesetzt verarbeitende farbspezifische rezeptive Felder. Auf weißes Licht sprachen sie nicht an, doch kleine farbige Flecken ließen sie heftig reagieren. Tatsächlich erwiesen sich ihre farbspezifischen rezeptiven Felder als komplexer als jene der seitlichen Kniehöcker; sie verarbeiten offenbar „doppelt" entgegengesetzt. (Hubel und Livingstone nannten die Zellen dieser rezeptiven Felder *Doppelgegenfarbenzellen.)* So wird eine Zelle durch rotes Licht im Zentrum ihres Feldes erregt und durch Grün gehemmt, in den umgebenden Partien des rezeptiven Feldes aber durch Grün erregt und durch Rot gehemmt.

Die Neuronen in den Blobs von Feld V1 projizieren auf Bereiche von Feld V2, die man als „schmale Streifen" (englisch *„thin stripes"*) bezeichnet, und von dort auf ein weiteres Sehfeld mit der Bezeichnung V4. Semir Zeki vom Londoner University College berichtete als erster darüber, dass die Nervenzellen des Feldes V4 vorzugsweise auf Farbe ansprechen (Abbildung 8.13). Die meisten dieser Zellen scheinen hoch selektiv zu sein und nur auf eng umschriebene Wellenlängenbereiche des Lichtes anzusprechen. All die verschiedenen Zellen zusammengenommen reagieren auf sämtliche Wellenlängen des Lichtes, die wir als Farben wahrnehmen. Diese Zellen befassen sich ausschließlich mit Farben, und nicht mit der Form, der Größe oder der Bewegung von Reizen. Aus klinischen Berichten über Patienten, die eine Schädigung des Feldes V4 erlitten hatten, geht hervor, dass deren Fähigkeit, Farben wahrzunehmen, beeinträchtigt ist, nicht aber die Fähigkeit, Formen und Bewegung zu sehen.

Visuelle Wahrnehmung

Der vielleicht bemerkenswerteste Aspekt des Sehvermögens ist die Tatsache, dass wir die Welt als nahtlos zusammenhängend erkennen – eine Welt voller Objekte, Farben und Bewegungen, die auf irgendeine Weise alle zusammenhängen. Die visuelle Wahrnehmung ist so hervorragend, weil es im Gehirn eine Lösung dafür gibt, die unterschiedlichen Aspekte visueller Erfahrungen zu analysieren; verschiedenen Aspekten des Sehens sind einfach getrennte Bereiche der Sehrinde zugeordnet. Zum erstenmal erkannt hat man dies bei Untersuchungen von Patienten mit räumlich begrenzten Hirnschädigungen; bei diesen Patienten waren die visuellen Erlebnisse sehr selektiv beeinträchtigt.

Eines der dramatischsten Beispiele für eine selektive visuelle Wahrnehmung betrifft das Erkennen menschlicher Gesichter. Patienten mit derartigen Schädigungen sind sich zwar bewusst, dass sie Gesichter sehen, vermögen aber keine Personen individuell zu erkennen (man spricht von Prosopagnosie). Mitunter erkennen sie nicht einmal ihr eigenes Gesicht im Spiegel; wenn sie zufällig gegen den Spiegel stoßen, entschuldigen sie sich bei der Person im Spiegel. Auch ihre eigenen Verwandten oder Ehegatten können sie nur an der Stimme erkennen. Die individuellen Merkmale eines Gesichts können sie jedoch beschreiben. Andere Formen lokaler Hirnschädigungen können zum Verlust des Farbensehens führen, während Formen oder Objekte weiterhin normal wahrgenommen werden; oder das Formensehen geht verloren, wohingegen das Farbensehen unbeeinträchtigt ist; mitunter werden zwar Objekte normal wahrgenommen, nicht aber ihre Bewegungen. Eine noch andere Form der Schädigung, die sich auf eine Seite des visuellen Gehirns beschränkt, führt zu sensorischen Ausfallssyndromen („Neglekt"). Ein solcher Patient stellte ein „fremdes" Bein in seinem Bett fest, warf es hinaus – und fiel dabei selbst aus dem Bett.

Aus der Sehrinde des Affen sind 32 visuelle Felder bekannt, und wahrscheinlich besitzt der Mensch noch mehr (Abbildung 8.12). Der Einfachheit halber werde ich diese visuellen Felder schlicht als V1, V2 und so weiter bezeichnen. Dabei entspricht V1 dem primären visuellen Cortex. Ein visuelles Feld ist definiert als Bereich mit einer Karte der Netzhaut wie beim Feld V1. Der Input für das Feld V2 stammt überwiegend aus V1, der für V3 aus V1 und V2 und so weiter; die visuelle Information erfährt gewissermaßen eine stufenweise Konzentration. In Abbildung 8.12 ist das Ganze natürlich stark vereinfacht dargestellt. Einige der visuellen Felder sind in Wirklichkeit innerhalb der Fissuren verborgen. Ein genaueres Bild der Verhältnisse zeigt Abbildung 8.13.

Zusätzlich zu der Trichterwirkung gibt es einen weiteren wesentlichen Unterschied zwischen den Nervenzellen im Feld V1 und denen in den Feldern V2, V3, V4 und so weiter: Die meisten Neuronen der übergeordneten Felder reagieren gleich gut auf Informationen aus beiden Augen. Bei vielen dieser binokularen Zellen unterscheidet sich die Reaktion ein bisschen für jedes Auge, was die neuronale Grundlage für die Tiefenwahrnehmung sein könnte. Wir erkennen eine dreidimensionale Welt, weil wir mit beiden Augen sehen. Wenn ein Gegenstand weit entfernt ist, dann schauen die beiden Augen auf ihn fast parallel. Sobald sich der Gegenstand näher zum Gesicht bewegt, richten sich die Augen mehr und mehr zur

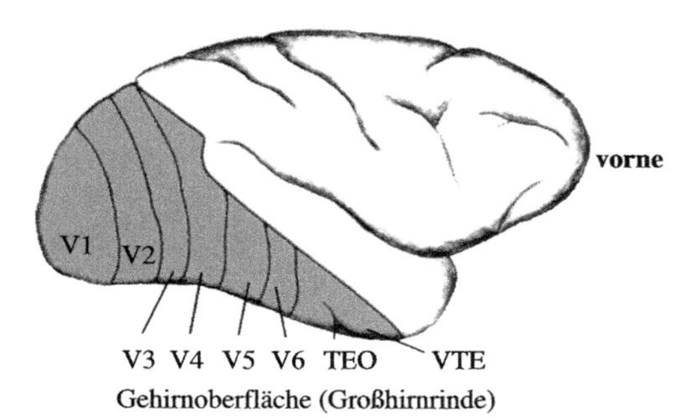

8.12 Hoch schematische Darstellung einiger der visuellen Felder in der Großhirnrinde des Affen. (VTE steht für visuell-temporales Feld, TEO für posteriores temporales Feld). Jede dieser Regionen weist eine vollständige Projektion von der Netzhaut auf: eine Karte oder ein Schema des Gesichtsfeldes (hier der linken Hälfte des Gesichtsfeldes, da die rechte Hirnhälfte abgebildet ist).

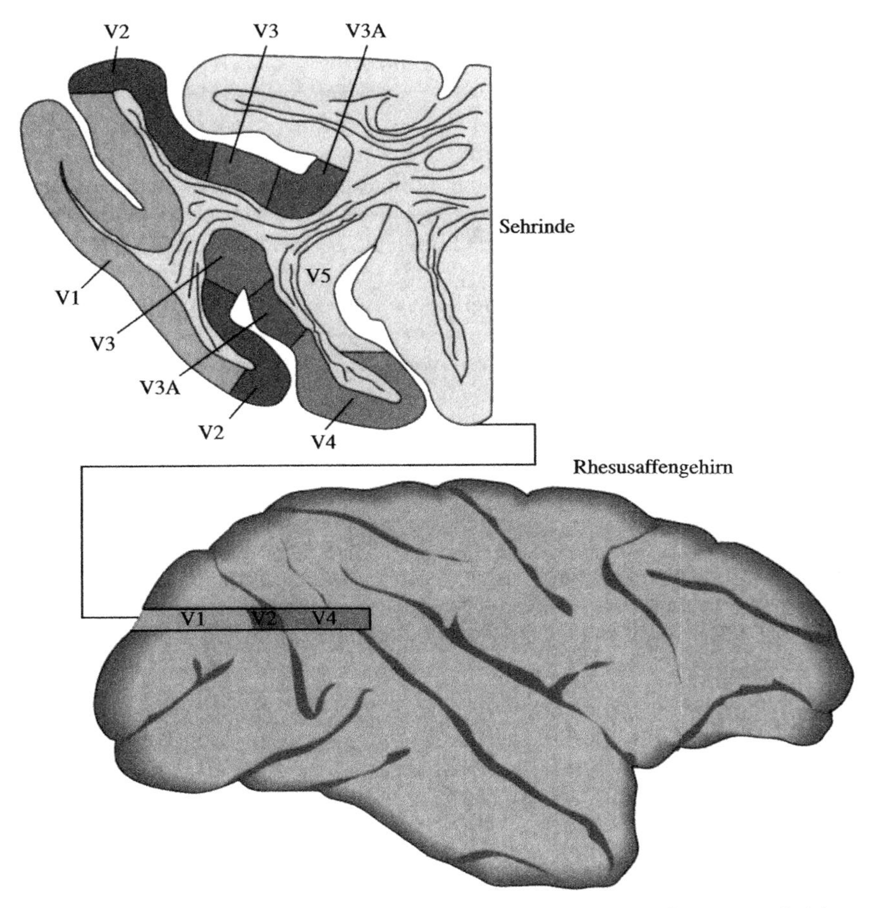

8.13 Eine wirklichkeitsnähere Darstellung einiger der visuellen Felder im Gehirn von Rhesusaffen (Altweltaffen, die ein ähnliches visuelles System aufweisen wie der Mensch). Der oben abgebildete Querschnitt durch das Gehirn (links) in der unten angedeuteten Ebene zeigt Teile des primären visuellen Cortex (V1) und einige der anderen visuellen Felder (V2–V5).

Nase hin aus. Das Bild des Gegenstandes fällt in beiden Augen auf leicht unterschiedliche Netzhautbereiche. Diese so genannte retinale Disparität (oder Disparation), die sich in unterschiedlichen Reaktionen der binokularen Zellen in den übergeordneten (sekundären) visuellen Feldern widerspiegelt, ist die wichtigste visuelle Informationsquelle über den dreidimensionalen Raum. 3-D-Bilder und -Filme werden produziert, indem man zwei nebeneinanderstehende Kameras mit unterschiedlichen Farbfiltern verwendet; wenn man sich nun zum Anschauen der Bilder eine Pappbrille mit unterschiedlich gefärbten Filtern für jedes Auge aufsetzt, erscheinen die Aufnahmen mit einem Mal dreidimensional, weil man sie wie durch die beiden Kameras sieht – genau so, wie wir normalerweise die Welt durch beide Augen betrachten.

Bei klassischen Läsionsstudien entdeckten Mortimer Mishkin und Leslie Ungerleider an den National Institutes of Health in Bethesda in der Großhirnrinde von Primaten zwei getrennte Ströme visueller Information (Abbildung 8.14). Beide Ströme haben ihren Ursprung im Feld V1. Der ventrale Strom projiziert über höhere visuelle Felder auf die infero-temporalen Bereiche im Schläfenlappen (Lobus temporalis) und umfasst vor allem das Sehen und Erkennen von Objekten. Der dorsale Strom zieht über höhere visuelle Felder in die parietalen Bereiche; hier wird die Position und Bewegung von Objekten einschließlich des eigenen Körpers sowie die Beziehung des Sich zu Objekten verarbeitet.

Ein verblüffender Aspekt des visuellen Systems ist das Ausmaß, in dem M-Zellen und P-Zellen in der Retina getrennt auf die beiden Ströme visueller Information projizieren. Einige Details dieser zweigleisigen Organisation sind in Abbildung 8.15 wiedergegeben. Die M-Zellen projizieren über den seitlichen Kniehöcker zum Feld V1 – genauer über die Schicht IV Cα zu IVβ – und zu Interblob-Regionen und dann weiter zu V2, V3 und V4 sowie in parietale Bereiche. Besonders gut sprechen die Zellen im Feld V5 auf die Bewegung eines Gegenstandes vor einem der beiden Augen an. Weder die Konturen des Objekts noch die Bewegungsrichtung sind von Bedeutung, nur die Bewegung an sich. Feld V5 spielt auch eine wichtige Rolle für die Tiefenwahrnehmung. Wie bereits erwähnt, verlieren Menschen mit einer Läsion des analogen Bereichs die Fähigkeit, Bewegungen zu sehen, können aber weiterhin uneingeschränkt Farben und Formen wahrnehmen.

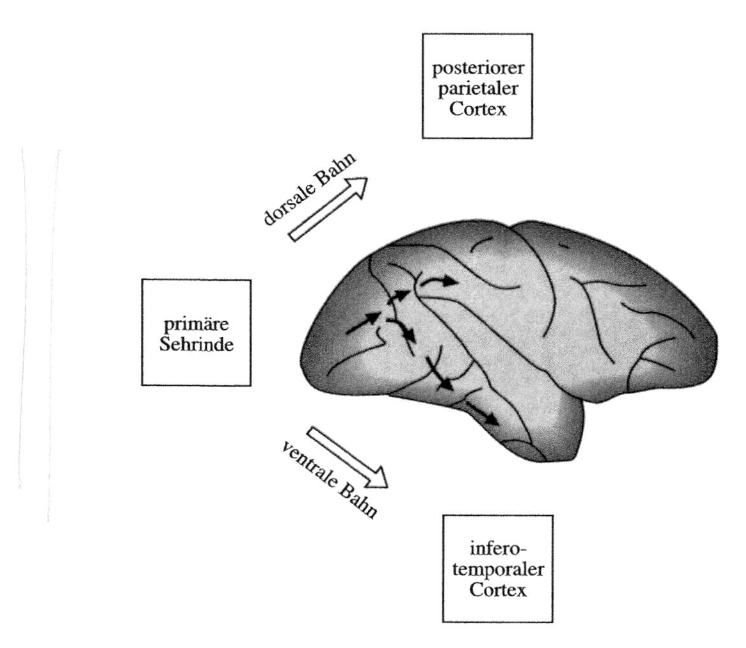

8.14 Die beiden Sehströme in der Großhirnrinde von Primaten. Der ventrale Strom vom primären visuellen Cortex zum temporalen Cortex betrifft das Sehen und Erkennen von Objekten (Was-System), im dorsalen Strom zum parietalen Cortex geht es um die Position von Objekten im Raum (Wo-System).

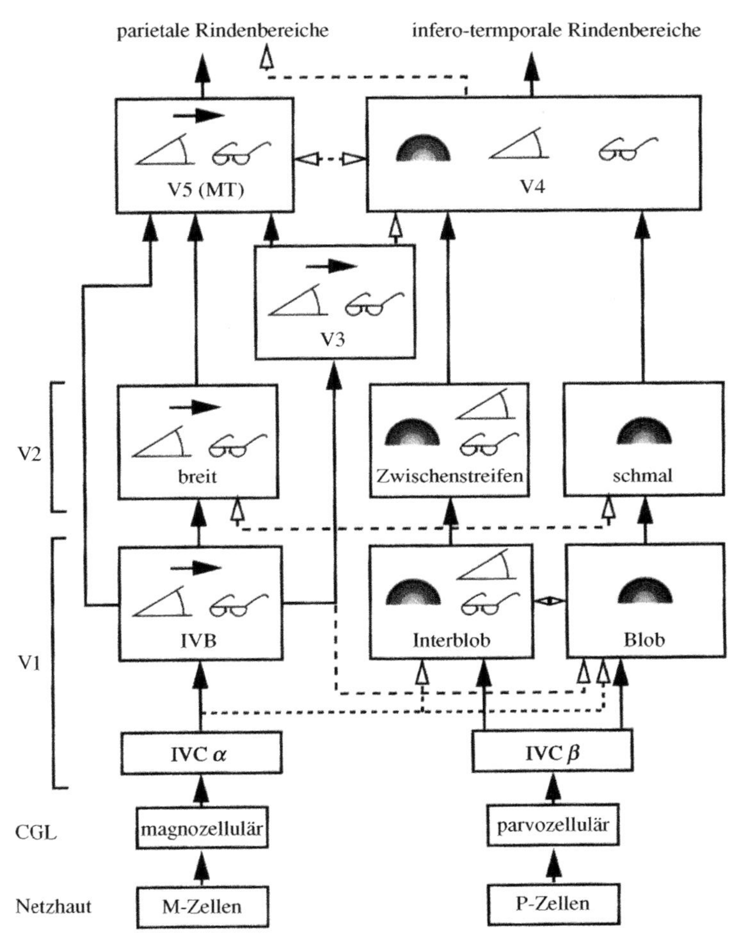

8.15 Anatomische Verschaltungen der frühen visuellen Bahnen und Felder bei Rhesusaffen. Die wichtigsten vorwärts verlaufenden Verschaltungen, welche die Hypothese weitgehend getrennter M- und P-Bahnen stützen, sind durch durchgezogene Linien dargestellt. Gestrichelte Linien zeigen Querverbindungen zwischen den hypothetischen M- und P-Bahnen an. Die Symbole in den Kästen stehen für die vorherrschende Selektivität der Neuronen für die vier verschiedenen Unterteilungsmöglichkeiten der Wahrnehmung: Farbe (Regenbogensymbol), Richtung (fetter waagerechter Pfeil), Umriss oder Orientierung von Linien (Winkel) sowie Disparität (Brille). Abkürzungen: CGL, Corpus geniculatum laterale (seitlicher Kniehöcker); M, (großzellige oder magnozelluläre) M-Zelle; P, (kleinzellige oder parvozelluläre) P-Zelle; V1–V5, visuelle Felder.

Die P-Zellen projizieren auf die Schicht IV Cβ und die Blobs und von hier auf die Felder V2, V4 und die infero-temporalen Rindenbereiche. Man sollte aber nicht vergessen, dass die Auftrennung der M-Zellen auf den Strom zum parietalen Cortex und der P-Zellen zum infero-temporalen Cortex nicht vollständig ist, sodass es zu intensiven Wechselwirkungen kommt (gestrichelte Linien in Abbildung 8.15). Dennoch besteht eine eindeutige funktionelle Spezialisierung des dorsalen (Raum, Wo-System) und ventralen (Objekt, Was-System) Stromes.

Formwahrnehmung

Ein sekundäres visuelles Feld (V6 oder TEO in Abbildung 8.12) ist möglicherweise auf die Entschlüsselung von Umrissen von Gegenständen spezialisiert. Wenn V6 bei Affen zerstört wird, verlieren sie die Fähigkeit, verschiedene zweidimensionale Muster voneinander zu unterscheiden. Einfachere Eigenschaften von Gegenständen, wie die Größe, können sie jedoch noch wahrnehmen. Das vielleicht bemerkenswerteste aller visuellen Felder scheint keine Karte von der Netzhaut aufzuweisen, und lange Zeit hielt man es nicht für ein visuelles Feld. Diese Region, das visuell-temporale (VTE) Feld, liegt in der Assoziationsrinde des Schläfenlappens und empfängt die komplexe und hoch verarbeitete Information aus V6 und anderen sekundären visuellen Feldern. Wenn das visuell-temporale Feld bei Affen zerstört wird, haben die Tiere große Schwierigkeiten, bestimmte Arten von visuellen Aufgaben zu erlernen, insbesondere im Zusammenhang mit dem Erkennen von Objekten.

Die Entdeckung, dass das VTE-Feld eine ganz bestimmte Art von visueller Information empfängt, war ein klassischer wissenschaftlicher Glücksfall. So wie die Geschichte erzählt wird, untersuchten Charles Gross und seine Kollegen an der Harvard-Universität an Affen die Reaktionen von Zellen im VTE-Feld auf visuelle Reize. Sie verwendeten Lichtpunkte, Kanten und Balken – die üblichen Standardreize. Die Nervenzellen in der VTE-Region reagierten ein klein wenig auf diese einfachen Reize, nicht jedoch auf Berührungen oder auf Töne. So schien es den Wissenschaftlern zwar, dass diese Region ein visuelles Feld sei, aber kein sehr ausgeprägtes. Nachdem sie eine bestimmte Zelle lange mit nur minimalen Ergebnissen untersucht hatten – die Zelle reagierte kaum auf ihre Reize –, entschlossen sie sich, es mit einer anderen zu versuchen. Als Geste zum Abschied von dieser Zelle hob einer der Wissenschaftler die Hand vor dem Auge des Affen und winkte. Die Zelle feuerte plötzlich wie wild. Man braucht eigentlich nicht zu erwähnen, dass die Wissenschaftler bei dieser Zelle blieben. Sie schnitten sofort verschiedene Handumrisse aus Papier aus und probierten sie aus. Die Zelle mochte offensichtlich eine erhobene Hand in Form einer Affenhand am liebsten. Die Zellen im visuellen Feld VTE scheinen am besten auf spezifische, komplexe Umrisse zu reagieren. Einige Neuronen in diesem Feld reagieren selektiv auf Affengesichter, vermutlich analog zu dem Bereich der beim Menschen für das Erkennen von Gesichtern zuständig ist.

Tatsächlich hat für viele der sekundären visuellen Felder die Arbeit gerade erst begonnen. Nach unserem derzeitigen Informationsstand können wir davon ausgehen, dass alle Felder die grundsätzliche Organisation in Säulen aufweisen: Zellgruppen, die sich von der Oberfläche in die Tiefe erstrecken, haben gemeinsame funktionelle Eigenschaften. Der große Vorteil einer säulenförmigen Anordnung ist der, dass mehrere Dimensionen an Information quasi aufgefaltet werden können. Nehmen wir das visuelle Feld V1 als Beispiel. Seine zweidimensionale Oberfläche stellt eine räumliche Karte oder Skizze der Netzhaut, der rezeptiven Oberfläche des Auges, dar und repräsentiert damit die räumliche Dimension der Welt, die wir sehen. Die großen Säulen, die sich über die Rinde erstrecken, sind für Informationen aus dem rechten oder aus dem linken Auge dominant. Innerhalb jeder großen Augendominanzsäule gibt es viele kleine Säulen oder Scheiben, deren Zellen jeweils auf eine unterschiedliche Orientierung reagieren. Eingelassen in die Säulen des Feldes V1 sind die Blobs, die die farbverschlüsselnden Nervenzellen enthalten. Somit stellt das Feld V1 eine fünfdimensionale Anordnung dar, mit zwei Dimensionen für die flächenhafte Ausdehnung der Netzhaut, zwei Dimensionen, die rechtwinklig zueinander durch den Cortex verlaufen und auf Informationen von dem einen oder anderen Auge beziehungsweise auf bestimmte Orientierungen von Linien ansprechen, und schließlich einer Dimension für Farbe. Irving Biederman von der Universität von Südkalifornien hat eine Hypothese der visuellen Wahrnehmung von Formen erstellt; dieser Hypothese zufolge gibt es eine begrenzte Anzahl grundlegender visueller Formen, die er als „*geons*" bezeichnet und die mit den Eigenschaften der Neuronen in der Sehrinde in Beziehung stehen.

Das somatosensorische System

Die Organisation der Großhirnrinde in Säulen wurde zuerst von Vernon B. Mountcastle an der Johns-Hopkins-Universität bei Untersuchungen der somatosensorischen Areale des Cortex von Katzen und Affen entdeckt. Diese Cortexregionen empfangen Informationen aus der Haut und dem übrigen Körper. Die Körperoberfläche ist auf dem somatischen Cortex Stück für Stück repräsentiert, sodass sich auf ihm ein „Homunculus", ein kleiner Mensch, abbildet (Abbildung 8.16). Diese bemerkenswerte topographische Projektion wurde von Clinton Woolsey und anderen in den Vereinigten Staaten und Lord Adrian in England entdeckt. Innerhalb jeder kleinen Region dieser Körperoberflächenkarte – zum Beispiel in der Region, die dem rechten Zeigefinger entspricht –, gibt es sehr kleine, sich durch die Rinde erstreckende Zellsäulen, die auf unterschiedliche Reizqualitäten reagieren. Die eine Zellsäule spricht nur auf leichte Berührung an, eine andere nur auf starken Druck. Die verschiedenen Dimensionen der Hautempfindungen sind in Säulen verschlüsselt, die im rechten Winkel zu der über die Cortexoberfläche ausgebreiteten Karte der Körperoberfläche verlaufen.

Die primäre somatosensorische Bahn, die oft als *mediales Lemniscussystem* bezeichnet wird, überträgt Informationen über Berührung, Druck und Gelenkstellung (Abbildung 8.17). Die Schmerzbahn (die in Kapitel 6 beschrieben ist) übermittelt Schmerz- und Temperaturempfindungen aus Haut und Körper.

Haut und Körper sind mit einer Vielzahl von speziellen sensorischen Rezeptoren ausgestattet. Die *Vater-Pacinischen Körperchen* sind auf die Übertragung von Druckreizen spezialisiert; andere Druckrezeptoren geben Informationen über Gelenkbewegungen weiter. An der Basis jedes Körperhaares befinden sich Druckrezeptoren, die dessen Bewegungen anzeigen. Die oberen Hautschichten sind mit wieder anderen Druck- und Berührungsrezeptoren durchsetzt. Spezielle Rezeptoren scheinen die Temperatur zu registrieren, dagegen scheint Schmerz von freien Nervenendigungen in der Haut und in anderen Körpergeweben wahrgenommen

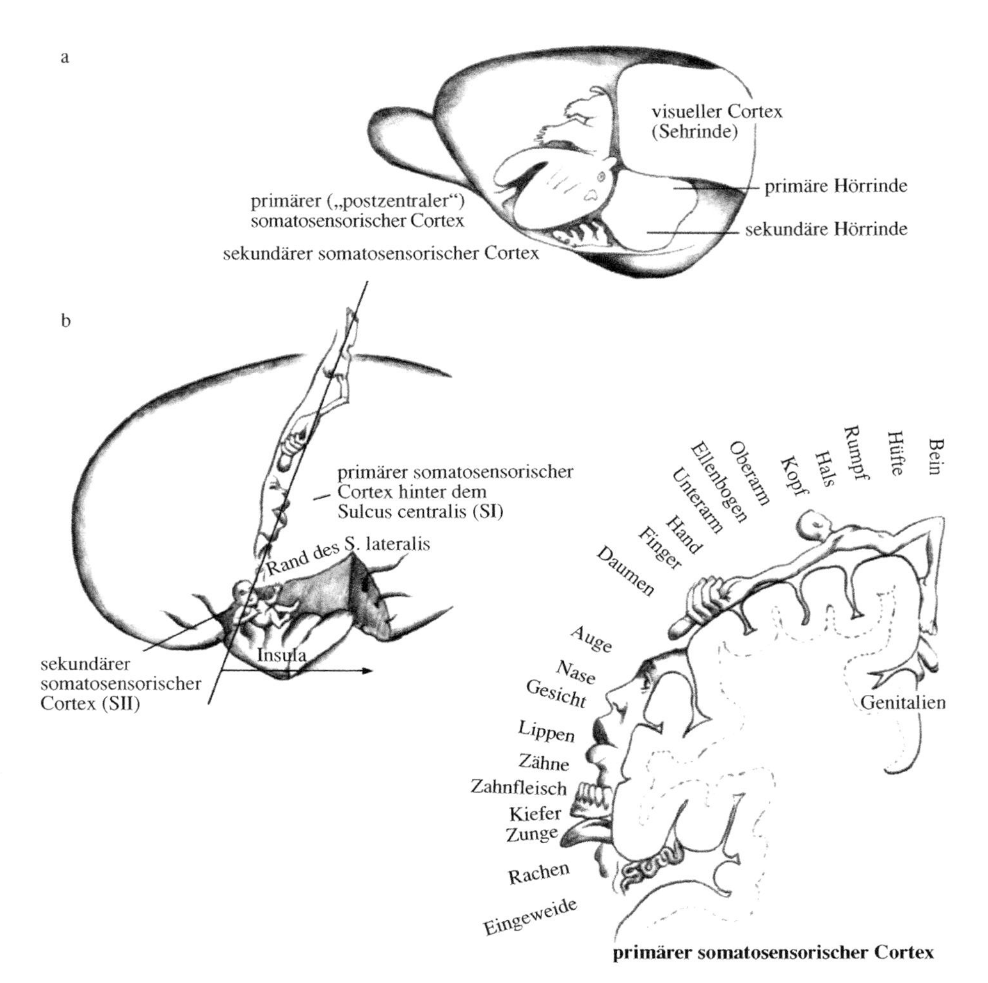

8.16 Karte der Körperoberfläche auf den somatosensorischen Arealen der Großhirnrinde der Ratte (a) und des Menschen (b). Der „Rattunculus" ist besser erkennbar und weniger verzerrt als der Homunculus. Die Projektionsbahnen sind überwiegend gekreuzt: Die rechte Körperhälfte projiziert auf die linke Hälfte (Hemisphäre) der Großhirnrinde und umgekehrt.

zu werden. Es ist nicht völlig klar, wie viele verschiedene Rezeptortypen es in der Haut gibt oder in welchem Ausmaß die unterschiedlichen Erfahrungsdimensionen oder -qualitäten verschiedenartigen Rezeptoren entsprechen.

Im medialen Lemniscussystem treten die sensorischen Fasern in das Rückenmark ein, ziehen dort im *Hinterstrang* (Funiculus dorsalis) aufwärts und bilden Synapsen mit Zellen in Kerngebieten im hinteren Bereich des Hirnstammes aus. Die Fasern aus diesen Kerngebieten überkreuzen sich und steigen in einer Bahn auf, die man als *mediale Schleife* (Lemniscus medialis) bezeichnet. Diese tritt mit Schaltkernen des Thalamus, dem *ventrobasalen Komplex* (Nucleus ventrobasalis),

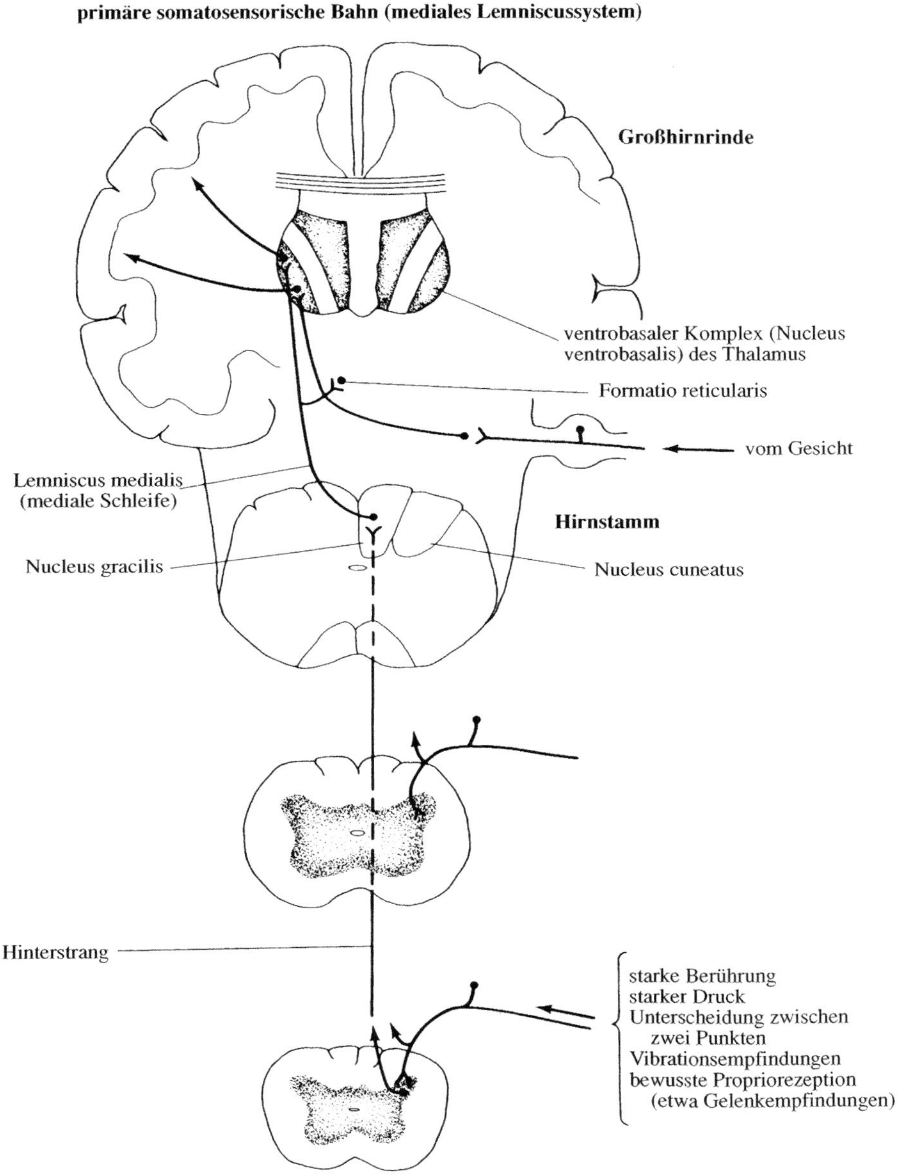

primäre somatosensorische Bahn (mediales Lemniscussystem)

Großhirnrinde
ventrobasaler Komplex (Nucleus ventrobasalis) des Thalamus
Formatio reticularis
vom Gesicht
Lemniscus medialis (mediale Schleife)
Hirnstamm
Nucleus gracilis
Nucleus cuneatus
Hinterstrang
starke Berührung
starker Druck
Unterscheidung zwischen zwei Punkten
Vibrationsempfindungen
bewusste Propriorezeption (etwa Gelenkempfindungen)

8.17 Das mediale Lemniscussystem ist die wichtigste zentrale Bahn für Empfindungen aus Haut und Körper. Die Information wird auf derselben Körperseite, aus der sie kommt, über das Rückenmark hinauf zum Nucleus gracilis am rückwärtigen Ende des Hirnstammes verschaltet. Die von hier ausgehenden Fasern kreuzen anschließend und verlaufen über die mediale Schleife (Lemniscus medialis) bis zum Thalamus (Nucleus ventrobasalis) und von dort weiter zur Großhirnrinde. Die schnelle Schmerzbahn nimmt einen ähnlichen Verlauf, unterscheidet sich aber in ein paar Einzelheiten (Abbildung 6.4).

in synaptischen Kontakt. Die thalamischen Kerne wiederum projizieren auf den primären somatosensorischen Bereich der Großhirnrinde. Die schnelle Schmerzbahn ähnelt in ihrem Verlauf dem Lemniscussystem (Kapitel 6). Die Repräsentation der Körperoberfläche auf dem primären somatosensorischen Cortex (SI) ist in Abbildung 8.16 für Ratte und Mensch dargestellt. Die Körperoberfläche wird auf dem SI kontralateral repräsentiert – die linke Körperseite in der rechten Hemisphäre und umgekehrt. Obwohl die allgemeine Organisation dieses Cortexbereichs bei allen Säugern vergleichbar ist, unterscheiden sich die Einzelheiten beträchtlich. Man sollte die Zeichnungen nicht „wörtlich" nehmen. Sie geben lediglich die relative Größe der Cortexfläche, die jeder Region der Körperoberfläche gewidmet ist, und die topographischen Beziehungen an.

Wir haben bisher vom somatosensorischen Cortex gesprochen, als handele es sich um eine einzige Fläche. In Wirklichkeit enthält er jedoch vier vollständige Karten der Körperoberfläche, von denen jede eine andere Empfindung codiert (Abbildung 8.18). Dies zeigten Jon Kaas – mittlerweile an der Vanderbilt-Universität – und seine Mitarbeiter in eleganten Studien. Die vier Areale bei Primaten werden 1, 2, 3a und 3b genannt, wobei man sich nach der ursprünglichen Bezeichnung des menschlichen somatosensorischen Cortex richtet. Die Nervenzellen in 3b und 1 reagieren auf Berührung (sowohl schnelle als auch langsame Anpassung), die Neuronen in 3a auf afferente Fasern der Muskulatur und die in 2 sowohl auf Berührung als auch auf Muskelreize. Bei Läsionen von Areal 1 geht die Unterscheidungsfähigkeit für die Beschaffenheit von Objekten verloren, aber nicht für ihre Größe, während es bei Läsionen von Areal 2 gerade umgekehrt ist. Areal 3a scheint somatosensorische und motorische Funktionen zu kombinieren (es liegt in unmittelbarer Nachbarschaft des primären motorischen Cortex).

Schließlich gibt es noch einen zweiten somatosensorischen Bereich (SII), der erstmals von Clinton Woolsey entdeckt wurde (Abbildung 8.16). Hier ist die gesamte Körperoberfläche repräsentiert und auch hier laufen Projektionen vom Nucleus ventrobasalis des Thalamus ein (wie bei den Feldern von SI). Im Gegensatz zu SI erfolgen die Körperprojektionen auf jeder Seite von SII bilateral von beiden Seiten des Körpers. Der Bereich SII spielt eine entscheidende Rolle bei der Unterscheidung der Beschaffenheit und Größe von Objekten. Außerdem ist er für die Übertragung von Informationen von einer Hand auf die andere notwendig. Wenn Affen und Menschen eine taktile Unterscheidung mit einer Hand gelernt haben, können sie diese normalerweise sofort auch mit der anderen Hand treffen; nach Entfernen des Areals SII geht diese Fähigkeit jedoch verloren. Interessanterweise sind ein wichtiges indirektes Ziel der Projektionen von SII Strukturen des limbischen Systems, der Hippocampus und die Amygdala. Auch bei komplexen sensorisch-motorischen Verschaltungen, etwa beim Greifen eines Gegenstands, scheint SII eine Rolle zu spielen.

Eine grundlegende Verallgemeinerung kann bezüglich der Projektionen der Körperoberfläche auf die Rinde gemacht werden: Die Cortexmenge, die einer bestimmten Region der Körperoberfläche gewidmet ist, ist der Einsatzhäufigkeit und Empfindlichkeit dieser Region direkt proportional. Beim Affen ist die den Hand- und Fußbereichen zugeordnete Cortexfläche so groß, dass andere Repräsentationsregionen der Haut beiseite geschoben wurden. Der Handbereich ist so stark erweitert, dass er den Kopfbereich in zwei räumlich voneinander getrennte Bezirke

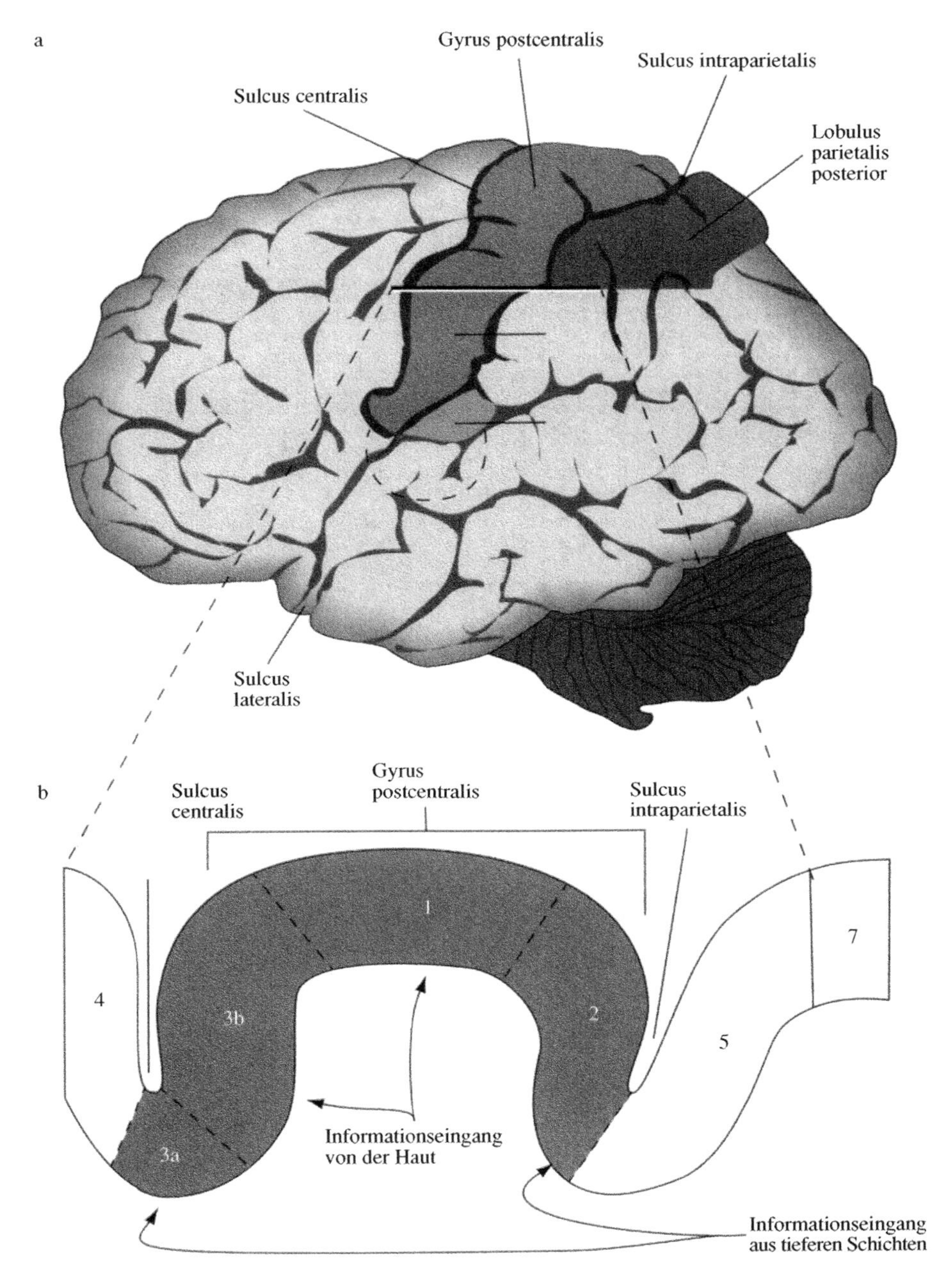

8.18 Anatomische und funktionelle Organisation der vier Felder des primären somatosensorischen Cortex (SI). a) Lage des SI im Gyrus postcentralis und seine Beziehung zum SII und dem somatosensorischen Assoziationscortex (dem Lobulus parietalis posterior). b) Ein Querschnitt durch den Gyrus postcentralis zeigt, dass der primäre somatosensorische Cortex in vier anatomisch und funktionell unterschiedliche Bereiche unterteilt ist.

gespalten hat: Ohr und Hinterkopf liegen oberhalb, der Gesichtsbezirk unterhalb der Handregion.

Bei Menschen ist die für die Finger zuständige Cortexfläche noch stärker vergrößert als der Handbereich beim Affen, und auch der Gesichtsbereich ist erweitert. Was die Großhirnrinde betrifft, scheint der Mensch vor allem aus Fingern, Lippen und Zunge zu bestehen, was dem Verhalten von *Homo sapiens* tatsächlich gut entspricht. Die relative Entwicklung der Rindenprojektionen der Hautregionen lässt sich von der Ratte, bei der die Rindenrepräsentation, der „Rattunculus", weniger verzerrt ist, bis zum Menschen verfolgen, bei dem eine unterschiedliche Vergrößerung einzelner Hautregionen eine beträchtliche Verzerrung der Rindenrepräsentation, des Homunculus, hervorgerufen hat (Abbildung 8.16).

Die Allgemeingültigkeit des Prinzips, dass die relative Menge an somatosensorischem Cortex (und Thalamus) der Einsatzhäufigkeit und Empfindlichkeit einer bestimmten Körperregion proportional ist, wurde eindrucksvoll in einer Untersuchungsserie von Wally Welker an der Universität von Wisconsin bestätigt. Er bestimmte die relativen Mengen von Thalamus- und Cortexgewebe, die bei vier verschiedenen Säugern – Klammeraffe, Waschbär, Ratte und Schaf – unterschiedlichen Körperregionen zugeordnet sind, und setzte sie mit dem charakteristischen Verhalten dieser Tiere in Beziehung (Abbildung 8.19). Zum Beispiel setzt der Klammeraffe als Tastorgan häufig seinen Schwanz ein, der Waschbär nimmt dazu die Vordertatzen, die Ratte die Schnurrhaare und das Schaf Lippen und Zunge. Welker trieb die Generalisierung noch einen Schritt weiter, indem er bei verschiedenen Tieren die relativen Größen der drei wichtigsten sensorischen Schaltkerne im Thalamus miteinander verglich – jener Kerne, die mit Sehen, Fühlen und Hören

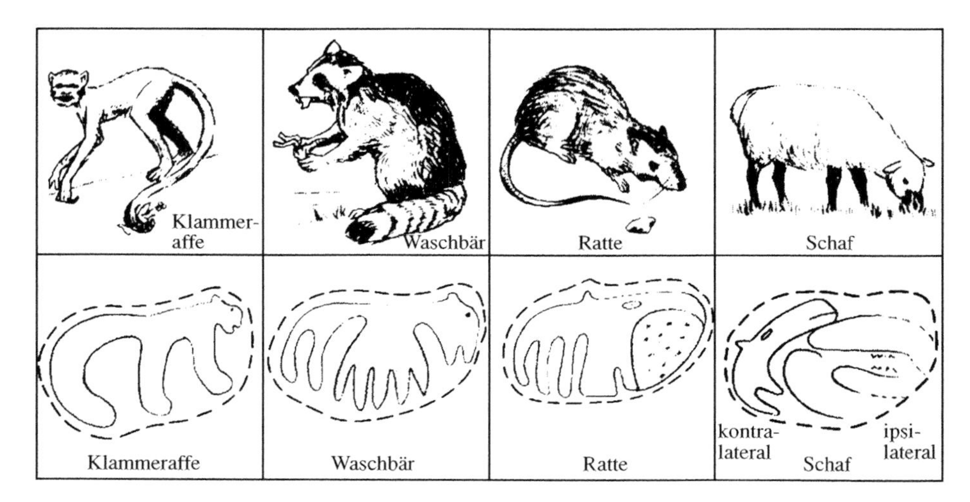

8.19 Im Bereich der Sinnesmodalität Berührung sind bei so genannten „Tastern" jene Körperregionen, die das Tier in seinem Verhalten am häufigsten braucht und die am empfindlichsten sein müssen (obere Reihe), im somatosensorischen Cortex der Großhirnrinde (untere Reihe) sehr großflächig repräsentiert. Der Klammeraffe erkundet seine Umgebung mit dem Schwanz, der Waschbär mit seinen Vorderpfoten, die Ratte mit ihren Schnurrhaaren und das Schaf mit Lippen und Zunge.

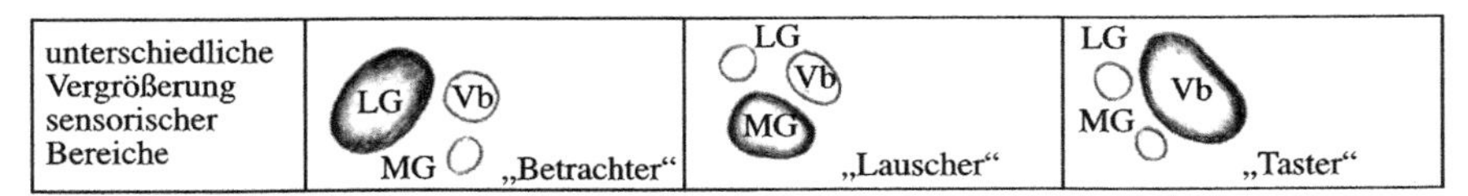

8.20 Relative Größen der visuellen (LG), auditiven (MG) und somatosensorischen (Vb) Relaisstationen des Thalamus bei Tieren, die sich als „Betrachter“ (zum Beispiel Affen), „Lauscher“ (zum Beispiel Ratten) oder „Taster“ (zum Beispiel Waschbär) einordnen lassen. Die Abkürzungen stehen für Corpus geniculatum laterale (LG), Corpus geniculatum mediale (MG) und Nucleus ventrobasalis (Vb).

befasst sind (Abbildung 8.20). Deren relative Größen entsprechen zwar der relativen Menge an Großhirnrinde, die dem jeweiligen über diese Kerne verschalteten Sinn gewidmet ist, aber die Beziehungen sind im Thalamus wohl leichter zu erkennen. Der größte der drei Kernbereiche und die zugehörige Rindenregion werden jeweils demjenigen Sinn entsprechen, den das Tier in erster Linie einsetzt, um seine Umgebung zu erkunden. Primaten (einschließlich des Menschen) sind Augentiere oder „Betrachter“ und haben daher relativ große visuelle Thalamus- und Rindenregionen. „Taster“ wie der Waschbär oder die Ratte besitzen größere somatosensorische Thalamus- und Cortexbereiche. Tiere wie Fledermäuse und Delfine schließlich sind vorwiegend aufs Hören ausgerichtet („Lauscher“) und weisen große auditive Thalamus- und Rindenbezirke auf.

Thomas Woolsey und Hendrick van der Loos von der Johns-Hopkins-Universität fanden heraus, dass im somatosensorischen Cortex der Ratte für jedes Schnurrhaar ein eigener Bereich zu existieren scheint, der auf Informationen von eben diesem Haar spezialisiert ist, was mit dem ausgiebigen Gebrauch der Schnurrhaare zur Erforschung der Umwelt korreliert. Jedes Schnurrhaar (jede Vibrisse) ist mit Druckrezeptoren verbunden, die auf Bewegungen des Haares sehr empfindlich reagieren. Sie übertragen die Druckinformation auf den somatosensorischen Thalamus, der sie wiederum an den Gesichtsbereich im somatosensorischen Feld der Großhirnrinde weiterleitet. Jede Vibrisse wird in der Rinde jeweils durch eine einzelne Säule aus Nervenzellen in der Schicht IV repräsentiert, die in etwa tonnen- oder fassförmig ist (weshalb man sie im Englischen als *whisker barrel* bezeichnet). Ein solches Schnurrhaartönnchen besteht aus einem Zylinder von Nervenzellen, der einen zentralen Bereich mit weitaus weniger Neuronen umgibt. In den kleinen Räumen zwischen den Tönnchen kommen fast keine Nervenzellen vor. Wenn man das entsprechende Rindengewebe histochemisch anfärbt, kann man die Tönnchen tatsächlich erkennen (Abbildung 8.21). Jede dieser Säulen aus Nervenzellen verschlüsselt die Bewegung eines einzelnen Schnurrhaares. Cortexsäulen sind also nicht bloße Abstraktionen aus Untersuchungen der Nervenzellaktivität, sondern zumindest im Fall der Schnurrhaartönnchen echte kleine Strukturen im Gehirn.

Ein außergewöhnlicher Aspekt des somatosensorischen Cortex ist seine große Kapazität für Plastizität, die erst in den letzten Jahren erkannt wurde. Nehmen wir an, Sie würden bei einem Unfall einen Finger verlieren. Dieser Finger ist in den corticalen Feldern von SI detailliert repräsentiert. Was aber geschieht mit dieser Repräsentation, wenn der Finger nicht mehr da ist? Bei Affen entdeckten Micha-

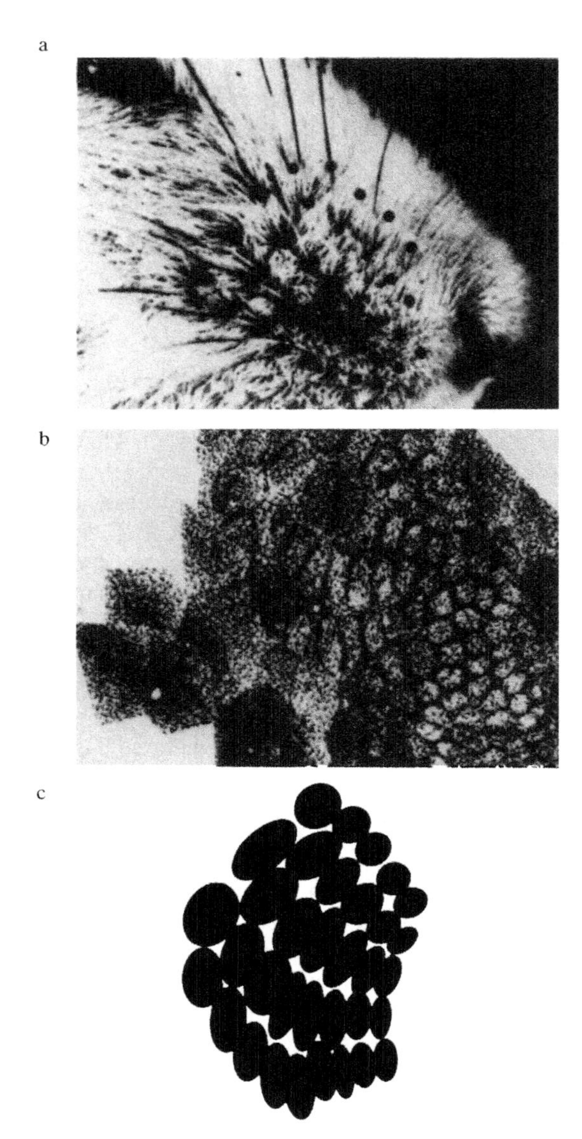

8.21 Im somatosensorischen Cortex von Ratte und Maus gibt es für jedes Schnurrhaar eine eigene Säule von Neuronen. In der Schicht IV bilden die Nervenzellen für ein Schnurrhaar jeweils eine tonnen- oder fassartige Struktur aus („Schnurrhaartönnchen", englisch *whisker barrel*). Bild a zeigt die Schnauze einer Maus mit den durch Punkte markierten Vibrissen. In b ist ein Schnitt durch die Schicht IV des somatosensorischen Cortex zu sehen, der Informationen aus der Schnauze empfängt; man beachte die Zellzylinder (Tönnchen), die jeweils einem einzelnen Schnurrhaar zugeordnet sind. Das Muster dieser Strukturen ist in c schematisch dargestellt.

el Mezernick und seine Mitarbeiter an der Universität von Kalifornien in San Francisco, dass die Repräsentation des verlorenen Fingers vollständig verschwand; stattdessen übernahmen die Repräsentationen der benachbarten Finger das aktive Feld, das zuvor dem nun fehlenden Finger zugedacht war. Was noch dramatischer war: Wenn die Forscher einen Finger eines Affen kontinuierlich durch Vibrationen reizten, dann vergrößerte sich die Repräsentation dieses Fingers in SI! Dieses Phänomen der Plastizität könnte die Phantomschmerzen von Menschen erklären, die eine Gliedmaße verloren haben. Kurz nach einer Amputation haben diese Menschen oft das Gefühl, ihre verlorene Extremität zu spüren. Das „Bewusstsein" für die Extremität verringert sich, und manchmal lässt sich eine solche Empfindung durch Reizung des Gesichts auslösen – weil die Felder für Hände und Gesicht in SI nahe beieinander liegen. Wenn die Person Phantomschmerzen spürt, ist interessanterweise die gesamte fehlende Extremität im „Bewusstsein" vorhanden.

Das Hörsystem

Die Empfindlichkeit des menschlichen Ohres ist so groß, dass eine Bewegung des Trommelfells um weniger als ein Zehntel des Durchmessers eines Wasserstoffatoms zu einer Hörempfindung führen kann. Wäre das Ohr noch etwas empfindlicher, würde die Brownsche Molekularbewegung der Luftmoleküle ein konstantes Rauschen hervorrufen, das andere Töne überdecken würde. Tatsächlich vermögen Menschen mit extrem gutem Gehör unter idealen akustischen Bedingungen, etwa in einem schalldichten Raum ohne Echo, die Brownsche Molekularbewegung zu hören.

Im Gegensatz zu den etwa eine Million Fasern im Sehnerv des Menschen besteht jeder Hörnerv nur aus circa 28 000 Fasern. Trotzdem kann das Ohr auf der Grundlage von Frequenz und Intensität ungefähr 340 000 Einzeltöne unterscheiden, was in etwa der Gesamtzahl an einzelnen Sehreizen entspricht, die auf der Basis von Frequenz (Wellenlänge) und Intensität des Lichtes unterscheidbar sind. Forscher haben jahrelang über die Mechanismen gerätselt, die dieser Effizienz im Hörsystem zugrunde liegen.

Zwei wichtige Begriffe, Tonhöhe und Frequenz, werden oft durcheinandergeworfen. Die *Frequenz* ist die Anzahl physikalischer Schwingungen oder Schallwellen in der Luft oder einem anderen Medium während einer definierten Zeiteinheit; man drückt sie normalerweise in Schwingungen pro Sekunde oder Hertz (Hz) aus. (Heinrich Hertz war einer der Pioniere der Akustik.) Die *Tonhöhe* andererseits ist eine subjektive Empfindung, die mit der Klangfrequenz zusammenhängt. Das mittlere C auf dem Klavier entspricht 261,6 Hz, das C eine Oktave höher 523,2 Hz, das heißt, es hat die doppelte Frequenz. Das zweite (zweigestrichene) C klingt jedoch in seiner Tonhöhe deutlich weniger als zweimal so hoch.

Eine ähnliche Unterscheidung existiert zwischen der physikalischen und der subjektiven Lautstärkeskala. Die Beziehung zwischen der subjektiv empfundenen Lautstärke (der Lautheit) eines Tones und dessen physikalischer Energie (dem Schalldruck) ist ungefähr logarithmisch. Die Dezibelskala, die auf dem Logarithmus des Energieniveaus eines Tones oder Geräusches basiert, verknüpft die subjektiven und physikalischen Maße der Schallintensität miteinander. Das Hörsystem fasst eine sehr weite Spanne von Reizintensitäten – vom Rascheln eines Blat-

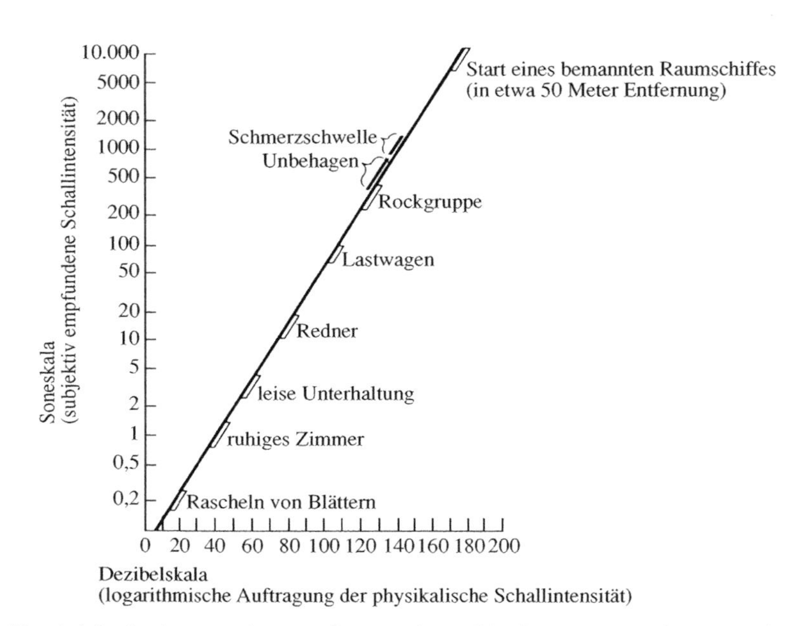

8.22 Vergleich der Lautstärke von Geräuschen. Die Dezibelskala (Abszisse) ist eine logarithmische Skala der physikalischen Schallintensität, die Soneskala (Ordinate) gibt die subjektiv empfundene Schallintensität – die „Lautheit" – wieder. Unsere subjektive Empfindung der Lautstärke (wie laut etwas klingt) steht somit in Beziehung zum Logarithmus der physikalischen Intensität; wir integrieren eine weite Spanne von Schallintensitäten in unsere Wahrnehmung von Lautstärke.

tes im Wind bis zu einem Donnerschlag – in einen Lautheitsbereich zusammen, der vom Wahrnehmungsapparat bewältigt werden kann (Abbildung 8.22).

Der äußere Gehörgang endet an der *Membrana tympani*, dem *Trommelfell*. Das Trommelfell ist über drei kleine Knöchelchen des Mittelohres mit einer Membran verbunden, die das Ende der *Cochlea,* der Schnecke, bedeckt. Die Cochlea, eine aufgerollte Röhre, die einem Schneckenhaus ähnlich sieht (Abbildung 8.23), ist genau genommen eine Röhre in einer Röhre, die beide mit Flüssigkeit gefüllt sind. Die kleinere Röhre, der Schneckengang oder *Ductus cochlearis* (auch Scala media genannt), enthält das eigentliche Hörsinnesorgan. Schwingungen von Geräuschen verursachen eine Bewegung der Flüssigkeit im Ductus cochlearis, die auch Schwingungen der *Basilarmembran* hervorruft. Wenn sich diese ziemlich steife Membran biegt, werden die ihr aufsitzenden Haarzellrezeptoren ausgelenkt und dadurch aktiviert. Die Haarzellen sind von Fasern des Hörnervs (Nervus cochlearis) innerviert, der in das Zentralnervensystem (ZNS) eintritt und zu den Nuclei cochleares, den Hörkernen in der Medulla, zieht. Beim Menschen liegt der Gesamtbereich der hörbaren Frequenzen zwischen ungefähr 15 und 20 000 Hz. Am empfindlichsten reagiert das Ohr jedoch auf Töne zwischen 1 000 und 4 000 Hz. Bei Frequenzen, die diesen Bereich der maximalen Empfindlichkeit über- oder unterschreiten, ist eine immer größere Schallenergie erforderlich, um einen Ton hörbar zu machen (Abbildung 8.24). Verschiedene Belege sprechen dafür, dass die

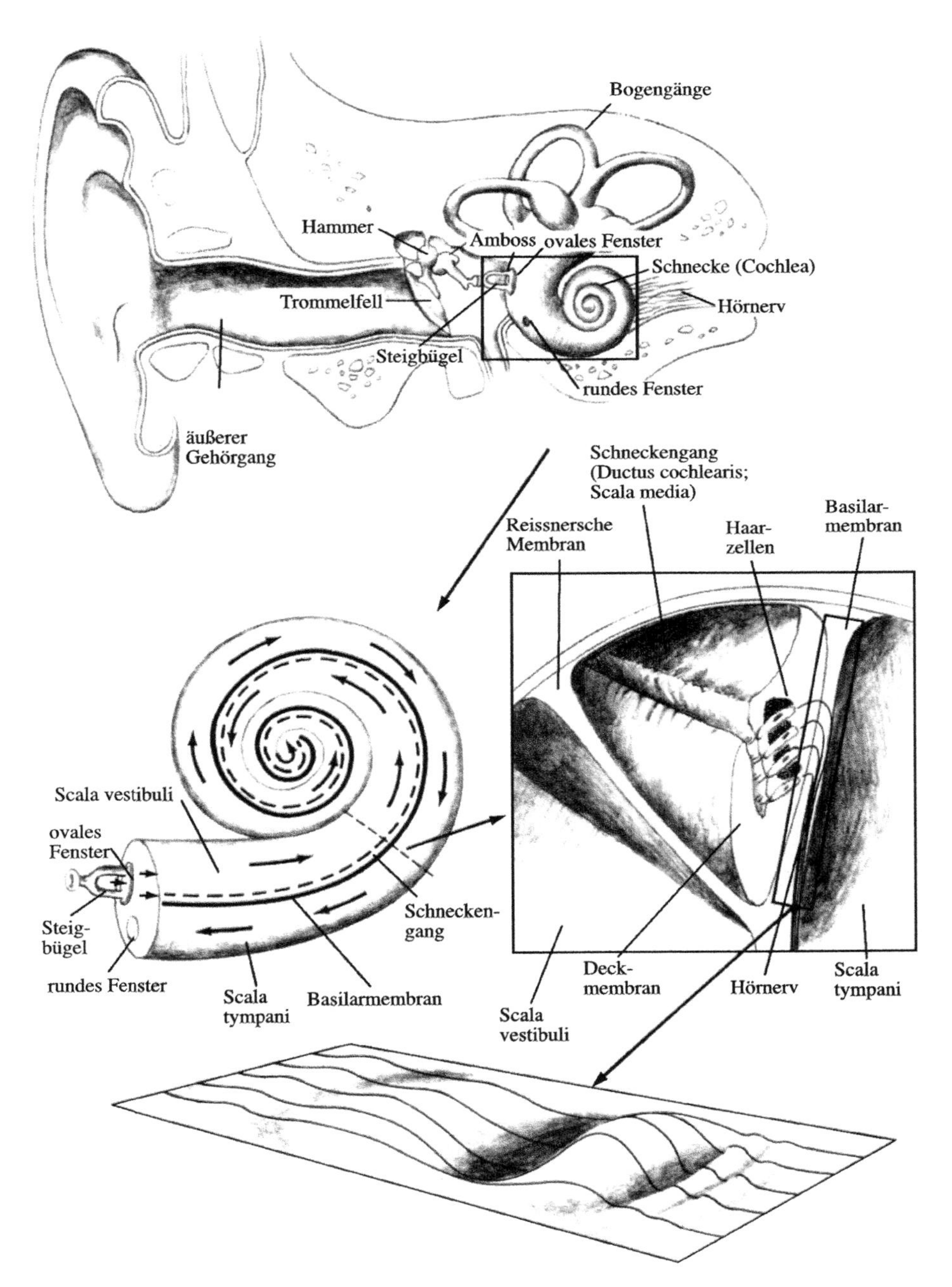

8.23 Die wichtigsten Bestandteile des Ohres. Die Mittelohrknöchelchen übertragen Geräusche (Schwingungen) vom Trommelfell auf eine Membran, die ein Ende der mit Flüssigkeit gefüllten Schnecke (Cochlea) bedeckt. Die Cochlea ist eine aufgerollte Röhre, die von der Basilarmembran durchzogen wird; diese trägt die Haarzellrezeptoren. Ein bestimmter Klang ruft ein Muster von Wellen in der Schnecke hervor, bei dem sich nur bestimmte Zonen von Haarzellen auf der Basilarmembran abbiegen und somit aktiviert werden. Diese wiederum aktivieren die Fasern des Hörnervs.

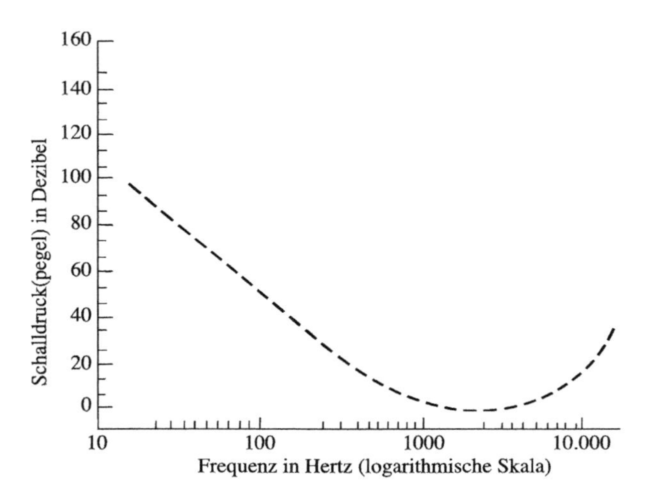

8.24 Die absolute Hörschwellenkurve des Menschen. Wir sind am empfindlichsten für Töne zwischen 1000 und 4000 Hertz (Babygeschrei). Kleinere Tiere reagieren gewöhnlich besonders empfindlich auf Geräusche mit höherer Frequenz. Der Elefant hört am besten bei niedrigen Frequenzen.

physikalischen Eigenschaften der Strukturen von Außen- und Mittelohr – etwa ihre Elastizität und Trägheit – die Form der Frequenz-Hörschwellen-Kurve bestimmen.

Unter den Säugern können Elefanten Töne mit den niedrigsten Frequenzen hören, während kleine Tiere wie die Ratte für extrem hohe Frequenzen besonders empfindlich sind. Der Mensch hat, wie man vermuten würde, ein Frequenzspektrum, das zwischen dem des Elefanten und der Ratte liegt. Katzen können Geräusche zwischen ungefähr 30 und 70000 Hz hören. Fledermäuse und Delfine sind in der Lage, sehr hochfrequente Laute bis ungefähr 100000 Hz (Ultraschall) wahrzunehmen. Wie erwähnt, senden diese Tiere Salven von Hochfrequenzlauten aus und bestimmen aus deren Reflexionen die Positionen von Objekten.

In einer Reihe eleganter Experimente analysierte György (Georg) von Békésy die Bewegungen der Basilarmembran in der Schnecke als Reaktion auf Hörreize. (Die Untersuchungen brachten ihm im Jahre 1962 den Nobelpreis ein.) Im Wesentlichen zeigte Békésy, dass ein Ton einer bestimmten Frequenz in der Cochlea die Bildung von Wanderwellen verursacht. Die Wellen bedingen eine maximale Ausbuchtung eines von der jeweiligen Tonfrequenz bestimmten Bezirks der Basilarmembran.

Als außerordentlicher Erfolg auf dem Gebiet der neurobiomedizinischen Technik kann die Entwicklung des Cochleaimplantats gelten. Wie aus Abbildung 8.23 ersichtlich, liegen die Fasern des Hörnervs entlang der Haarzellen der Basilarmembran im Schneckengang. Das Cochleaimplantat besteht im Grunde einfach aus einer Reihe winziger Elektrodendrähte (zur Zeit nimmt man dazu 22) entlang der Cochlea, mit denen unterschiedliche Teile der Fasern des Hörnervs gereizt werden. In Abbildung 8.25 ist ein solches System gezeigt. Es umfasst auch einen Mikrocomputer mit Sprachprozessor, der Sprachlaute in Reizimpulse umwandelt,

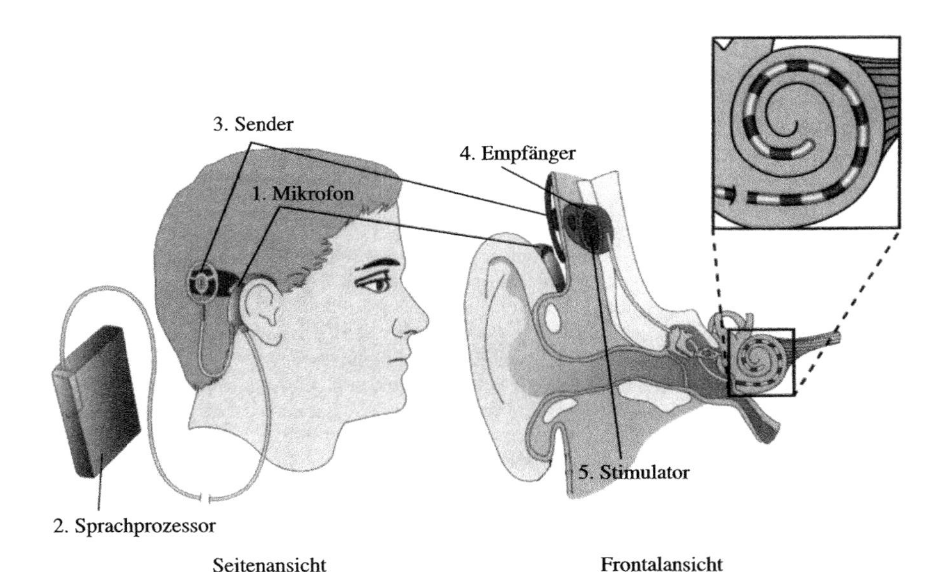

8.25 Die Funktionsweise eines Cochleaimplantats. Geräusche werden über ein Mikrofon aufgenommen (1) und gelangen durch ein Kabel zu einem Sprachprozessor (2), der in einer Tasche am Gürtel oder am Ohr getragen wird; dieser wandelt das Signal in elektrische Impulse um. Die Impulse wandern über das Kabel zurück zu einem Sender (3), der am Kopf befestigt ist und die verschlüsselten Impulse durch die Kopfhaut zu einem Empfänger (4) leitet; dieser ist gleichzeitig ein Stimulator (5) und direkt unter dem Sender in den Knochen eingesetzt. Der Stimulator leitet die Signale an ein Bündel winziger Drähte weiter, die direkt in die Cochlea gefädelt sind und dort Nervenfasern aktivieren; diese übertragen das Signal wiederum zum Hörnerv und weiter zum Gehirn.

die für die Fasern des Hörnervs geeignet sind. Die Kopfhaut wird nicht von Drähten durchzogen; stattdessen sitzt außen auf der Kopfhaut ein Sender und innen ein Empfänger. Mittlerweile haben rund 20 000 Menschen weltweit ein solches Cochleaimplantat.

Hier ist ein dramatischer Bericht über eines der ersten Cochleaimplantate:

»George Garcia (Name geändert) war 49, als er eines Morgens in einer völlig geräuschlosen Welt erwachte. Der frühere Fluglotse Garcia war über Nacht taub geworden. Die Ursache dafür war neben dem jahrelangen Aushalten des Lärms von Tausenden heulender Düsenmaschinen höchstwahrscheinlich eine akute Infektion. Die Ärzte teilten Garcia mit, sein Gehörverlust sei vollständig und unwiderruflich, und auch Hörhilfen würden in seinem Fall nichts nützen. Diese Prognose ließ ihn in eine tiefe Depression stürzen, und er begann stark zu trinken; als auch der Alkohol seine Schmerzen nicht lindern konnte, unternahm er drei Selbstmordversuche.

Mit Hilfe seines Stiefsohnes, der Pfarrer war, gelang es Garcia schließlich, seine Depression zu überwinden und sich damit abzufinden, in einer geräuschlosen Welt zu leben. Er fand Freunde unter anderen Gehörlosen, hörte mit dem Trinken auf und betätigte sich aktiv in der Kirche. Sechs Jahre nach Beginn seiner Gehörlosigkeit schöpfte er schließlich wieder Hoffnung: Er erhielt die Gelegenheit, als Versuchsperson eine der ersten Versionen eines Cochleaimplantats zu testen.

Garcia packte diese Chance beim Schopf. Im Dezember 1988 verpflanzten ihm Chirurgen einen Empfänger in das Schläfenbein hinter dem linken Ohr und fädelten sechs Elektroden durch die Spiralen seiner Cochlea. Mit nervöser Spannung wartete Garcia einen Monat lang, bis er sich von der Operation erholt hatte. Erst jetzt sollten die Ärzte die entscheidenden äußere Teile des Geräts anbringen: ein Mikrofon, um Laute aufzunehmen, einen Sprachprozessor, der diese in Signale umwandelt, die von seinem Hörnerv verarbeitet werden konnten, und einen Sender, um die Signale an das Implantat zu übertragen.

Die nervöse Ungeduld löste sich unverzüglich in Entspannung auf, als Garcia sofort wieder hören konnte; allerdings klangen die Geräusche sehr mechanisch. Mit zunehmender sorgfältiger Praxis klangen die Laute jedoch ständig normaler. Solange er wach war, trug Garcia den Sprachprozessor. Hatte er bisher 45 Prozent aller zweisilbigen Wörter richtig von den Lippen ablesen können, so vermochte er nun 94 Prozent der zweisilbigen Wörter exakt zu hören. Durch das Cochleaimplantat kann er nun ein normales Leben führen. Er kann mit anderen Menschen zusammensitzen und sich an der Unterhaltung beteiligen, und sitzt nicht mehr unbeachtet am Ende des Tisches. Er hört wieder das Miauen einer Katze, das Bellen eines Hundes und wie seine Enkelin „Opa" sagt.« (aus: *Beyond Discovery,* August 1998, S. 1–2)

Die Hörbahn im Gehirn ist viel komplizierter als die visuelle oder die somatosensorische Bahn (Abbildung 8.26). Die Hörinformation wird in mehreren Kerngebieten verschaltet und verarbeitet, bevor sie den Hörkernbereich im Thalamus, den medialen Kniehöcker (Corpus geniculatum mediale), erreicht; von dort wird sie dann auf die Hörrinde umgeschaltet. Da jeder Nucleus cochlearis auf beiden Seiten des Hirnstammes aufsteigende Bahnen entsendet, ist die Hörbahn bilateral.

Was sind die entscheidenden Aufgaben des Hörsystems? Welche Komponenten von Geräuschen sind für Tier und Mensch die wichtigsten? Zunächst konzentrierten sich die Forscher darauf, wie das Hörsystem die Frequenzen von Tönen (die Tonhöhe) verschlüsselt. Tiere können viele verschiedene Töne aufgrund der Tonhöhe unterscheiden – zweifellos eine nützliche Fähigkeit. Für Beutetiere und Räuber könnte jedoch die Fähigkeit, festzustellen, woher ein Geräusch kommt, noch wichtiger sein. Viele Nervenzellen im Hörsystem sind außerordentlich empfindlich für Unterschiede zwischen den Klangeigenschaften an beiden Ohren. Wenn ein Geräusch auf der einen oder der anderen Seite eines Tieres entsteht, dann erreichen die Schallwellen die beiden Ohren zu leicht voneinander abweichenden Zeiten. Das Geräusch wird außerdem für das nähere Ohr etwas intensiver sein.

Die Nervenzellen in einer Region, die man *Oliva superior* oder *Olivenkomplex* nennt (es gibt im Hirnstamm auf jeder Seite einen solchen Komplex), haben zwei große Dendriten: einen rechten, der die eingehende Information vom rechten Ohr und vom rechten Nucleus cochlearis aufnimmt, und einen linken für das linke Ohr und den linken Nucleus cochlearis. Diese Nervenzellen können Unterschiede in der Zeit der Aktivierung durch beide Ohren in der Größenordnung von Mikrosekunden (millionstel Sekunden) registrieren (Abbildung 8.27).

Tiere, die bei Nacht jagen, müssen ihren Weg fast ausschließlich mit Hilfe von akustischen Informationen finden. Sie haben bemerkenswerte Spezialisierungen im Hörsystem entwickelt. Bei der Schleiereule zum Beispiel ist um das Gesicht und die Ohren herum ein spezieller Typ von Federn ausgebildet, die ihr helfen, Töne wahrzunehmen; diese Vögel können Geräusche besser lokalisieren als irgendein anderes Tier. Der Hörkern ihres Mittelhirns (der dem Colliculus inferior der

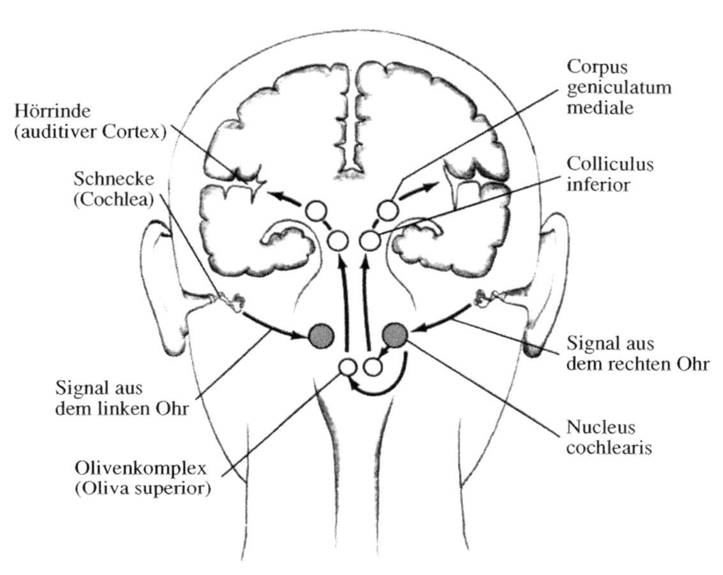

8.26 Vereinfachtes Schaubild der Hörbahn. Die Hörnervenfasern projizieren jeweils auf den Nucleus cochlearis. Von hier aus kreuzen zahlreiche Fasern auf die gegenüberliegende Seite und ziehen dort zum Gehirn, viele bleiben aber auch auf der gleichen Seite. Oberhalb der Ebene der Nuclei cochleares ist das Hörsystem bilateral: Jede Seite des Gehirns erhält Informationen aus beiden Ohren. Es gibt mehrere Schaltkerne im Hörsystem, aber die wichtigste Bahn verläuft vom Nucleus cochlearis zum unteren Hügel der Vierhügelplatte (Colliculus inferior) im Dach des Mittelhirns, von hier aus zu den Kerngebieten des medialen Kniehöckers (Corpus geniculatum mediale) im Thalamus und von dort zur Hörregion der Großhirnrinde.

Säugetiere entspricht) ist sehr groß. Seine Nervenzellen reagieren auf Geräuschinformationen aus beiden Ohren so, dass sie den Vogel mit einer sehr detaillierten und genauen Karte des Raumes vor ihm versorgen. Die Schleiereule „sieht" die Welt buchstäblich mit den Ohren.

Wie verschlüsselt das Hörsystem Tonhöhen? Im 19. Jahrhundert wurden zwei wichtige Theorien aufgestellt: die Ortstheorie (von Helmholtz) und die Frequenztheorie (von Rutherford). Nach der *Ortstheorie* werden Frequenzen durch den Ort der Aktivierung der Haarzellrezeptoren in der Cochlea verschlüsselt. Die *Frequenztheorie* ging dagegen davon aus, dass die Tonhöhe durch die Entladungsfrequenz von Neuronen im Hörsystem codiert wird.

Durch die Arbeiten von Békésy und anderen ist heute klar, dass der Ort der Aktivierung auf der Cochlea den Hauptmechanismus darstellt. Unterschiedliche Tonfrequenzen bewirken die stärkste Aktivierung in verschiedenen Regionen entlang der Basilarmembran der Schnecke. Die Frequenztheorie ist zum Teil deshalb widerlegt, weil ein einzelnes Neuron als Reaktion auf ein Geräusch nicht viel mehr als ungefähr 1 000 Mal pro Sekunde (entsprechend einer Frequenz von 1 000 Hz) feuern kann, wir jedoch Frequenzen von bis zu 20 000 Hz hören können. Die Häufigkeit der Zellentladungen scheint allerdings an unserer Wahrnehmung von niederfrequenten Tönen unterhalb von 1 000 Hz beteiligt zu sein.

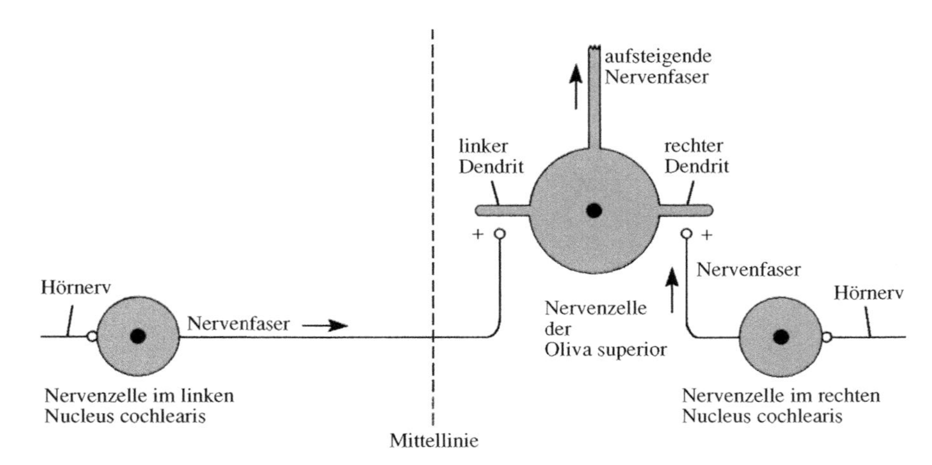

8.27 Schematische Darstellung einer Nervenzelle der Oliva superior. Über die Nuclei cochleares wird sie durch Geräusche, die beiden Ohren dargeboten werden, synaptisch aktiviert. Diese Nervenzellen können Zeitunterschiede im Bereich von Mikrosekunden ausmachen, die zwischen der Aktivierung durch das linke und das rechte Ohr liegen.

Über die funktionelle Organisation der Hörrinde ist weniger bekannt als über die der visuellen oder somatosensorischen Felder. Die Rezeptoroberfläche – in diesem Fall Regionen der Basilarmembran und die entsprechenden Haarzellen – ist auf der Hörrinde kartiert, es gibt also eine Frequenzrepräsentation. Neuere Belege lassen vermuten, dass im auditiven Cortex von Primaten funktionelle Zellsäulen existieren, die selektiv auf Tonfrequenzen reagieren, das heißt, Tonhöhendetektorsäulen. Wie im Falle der somatosensorischen und visuellen Felder scheint es auch mehrere auditive Cortexfelder zu geben – sechs wurden für Affen beschrieben. Obwohl man über sie viel weniger weiß, sind sie wahrscheinlich mindestens genauso komplex wie die sekundären visuellen Felder, insbesondere beim Menschen, der aus den Grundeigenschaften von Lauten auf Sprechen und Sprache abstrahieren kann.

Wie Untersuchungen an Tieren von Norman Weinberger und seinen Mitarbeitern an der Universität von Kalifornien zeigten, ist die Eigenschaft der Neuronen in der Hörrinde, auf Frequenzen zu reagieren, nicht fixiert, sondern kann durch Erfahrung nachdrücklich beeinflusst werden. Ein schematisches Beispiel hierfür zeigt Abbildung 8.28. Im oberen Teil ist die natürliche Abstimmungskurve einer Nervenzelle der Hörrinde dargestellt (a). Dargestellt ist die Schallintensität, die für das Feuern der Nervenzelle erforderlich ist, als Funktion der Tonfrequenz. Die Zelle ist sehr empfindlich für Frequenzen in einem engen Bereich und reagiert am besten bei 10 000 Hz (der „besten" Frequenz). Weinberger trainierte diese Zelle nun, indem er eine etwas andere Frequenz (12 000 Hz) verstärkte; dazu kombinierte er diese mit einem leichten Stromstoß (b). Das Ergebnis ist im unteren Teil der Abbildung zu sehen (c). Tatsächlich lernte die Zelle durch das Training, ihre „beste" Frequenz zu ändern. Diese Untersuchungen könnte sich nachhaltig auf un-

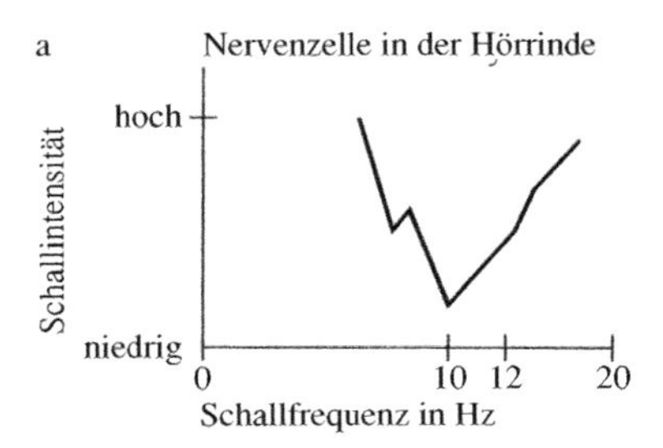

b Die Nervenzelle von a wird nun „trainiert“:
Man kombiniert eine Reihe von Tönen mit einer Frequenz von 12 Hz mit Stromstößen in die Pfote des Tieres.

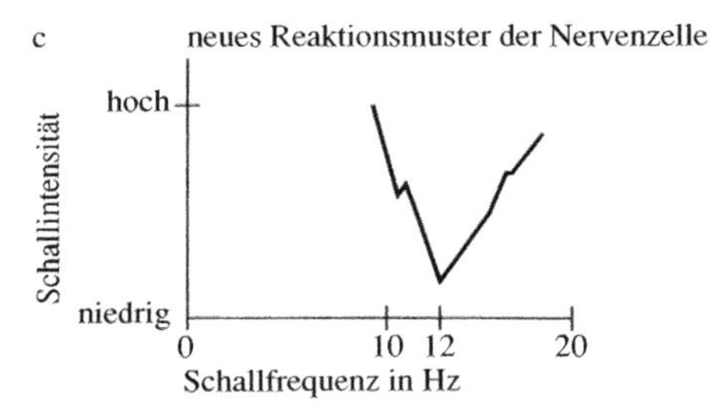

8.28 Die Auswirkung von Training auf die Abstimmungskurve einer Nervenzelle in der Hörrinde. Bei a wurde das Profil der „besten“ Frequenz der Nervenzelle (die Abstimmungskurve) bestimmt, indem man maß, bei welcher Schallintensität die Nervenzelle gerade veranlasst wird zu feuern. Die niedrigste Frequenzschwelle für das Neuron liegt bei 10 000 Hz. Danach durchläuft das Tier eine Versuchsreihe, bei der man einen Ton von 12 000 Hz mit einem Stromstoß kombiniert (b). Anschließend (c) bestimmt man erneut die Abstimmungskurve des gleichen Neurons wie in a. Durch das Training hat sich nun der Schwellenwert für die niedrigste Frequenz auf 12 000 Hz verschoben.

ser Verständnis auswirken, wie die Nervenzellen in den Hörregionen der Großhirnrinde „lernen“, Laute und Geräusche zu „verschlüsseln“.

Zusammenfassung

Tiere, einschließlich Menschen, reagieren ausgesprochen empfindlich auf jene Umgebungsreize, die für ein adaptives Verhalten in ihrer Umwelt von Bedeutung sind. Bei Menschen und anderen Primaten ist das Sehen der wichtigste Sinn. Das menschliche Auge kann die kleinste Einheit der Lichtenergie, ein Photon, wahrnehmen. Die meisten Schritte dieses beeindruckenden Kunststückes der Wahrnehmung, die von den Stäbchenrezeptoren der Netzhaut geleistet werden, sind mittlerweile erforscht. Trifft ein Photon auf ein Stäbchen, aktiviert es die chemisch einfache Substanz Retinal (die dem Vitamin A annähernd gleich ist). Retinal ist im komplexen Protein Rhodopsin eingebettet und erfährt komplizierte Veränderungen seiner Struktur, die zur Aktivierung eines *second messengers* (von cyclischem GMP) führen. Dieser schließt Natriumkanäle in der Stäbchenmembran, sodass eine Million Natriumionen am Eintritt ins Stäbchen gehindert werden. Folglich wird weniger Glutamat an den Synapsen freigesetzt, die das Stäbchen mit Interneuronen der Netzhaut bildet. Diese Interneuronen verarbeiten die Information und leiten zwei Arten von Botschaften an die Ganglienzellen weiter, deren Nervenfasern als Sehnerv zum Gehirn ziehen: Signale aus rezeptiven Feldern vom On-Zentrum/Off-Umfeld-Typ oder vom Off-Zentrum/On-Umfeld-Typ. (Das rezeptive Feld einer Ganglienzelle umfasst den gesamten Netzhautbereich, der die Zelle durch visuelle Reize beeinflusst.) Farben werden bei Menschen (und Altweltaffen) durch drei verschiedene Typen von Zapfen in der Netzhaut verschlüsselt, die jeweils am empfindlichsten auf rotes, grünes oder blaues Licht ansprechen. Die Sehbahn ist so organisiert, dass die Information aus der linken Hälfte jeder Netzhaut (die rechte Hälfte des Gesichtsfeldes) zum linken visuellen Thalamus und zur Sehrinde zieht, und umgekehrt. Die Sehrinden der beiden Hirnhälften sind durch den Balken miteinander verbunden. Im primären visuellen Cortex (V1) sind die einfachen rezeptiven Felder der retinalen Ganglienzellen zu Säulen von Nervenzellen angeordnet, die auf Kanten, Orientierung oder Binokularität ansprechen. Außerdem zieht Farbinformation zu „Blob"-Regionen des Feldes V1. Es gibt noch eine Reihe zusätzlicher Sehfelder, die ihre eingehenden Informationen letztlich aus V1 beziehen und auf besondere visuelle Funktionen spezialisiert zu sein scheinen, so Feld V5 auf Bewegungs- und Tiefenwahrnehmung, Feld V4 auf Farbwahrnehmung und Feld V6 auf Formwahrnehmung.

Die Entdeckung, dass die sensorischen Felder der Großhirnrinde als Säulen organisiert sind, machte man zuallererst im somatosensorischen Cortex. Die Repräsentation der Körperoberfläche projiziert sich über den Thalamus kontralateral auf den primären somatosensorischen Cortex. Innerhalb einer jeden Region dieses Rindenfeldes reagieren die Nervenzellsäulen spezifisch auf leichte Berührung, starken Druck, Gelenkbewegung und so fort. Verschiedenartige Rezeptoren in Haut, Muskeln und Gelenken sprechen speziell auf die jeweilige Reizmodalität an. Im Allgemeinen ist die Landkarte der Körperoberfläche des Tieres, der „Animunculus", in der Weise verzerrt, dass die empfindlichsten Körperregionen am großflächigsten abgebildet sind – vom Standpunkt der Großhirnrinde aus betrachtet, bestehen Menschen hauptsächlich aus Fingern, Lippen und Zunge. Daneben gibt es noch andere, somatosensorische Regionen der Großhirnrinde.

Die Basilarmembran des Innenohres mit den ihr aufsitzenden Haarzellen bildet die Empfangsoberfläche für akustische Reize. Die Frequenz eines Tones wird durch Wanderwellen über der Basilarmembran verschlüsselt, seine Lautstärke durch die Wellenamplitude. Die Fasern des Hörnervs werden über die Haarzellen erregt, die entlang der Basalmembran angeordnet sind. Unterschiedliche Frequenzen eines Schallreizes aktivieren unterschiedliche Nervenfasern, und unterschiedliche Schallintensitäten rufen ein Mehr oder Weniger an Entladungen in den Nervenfasern hervor. Diese Tatsache macht man sich bei den Cochleaimplantaten zunutze, die heute erfolgreich zur Behandlung bestimmter Formen von Gehörlosigkeit eingesetzt werden. Dazu werden entlang der Basilarmembran stimulierende Elektroden eingeführt, die verschiedene Gruppen von Nervenfasern auf unterschiedliche Weise reizen. Komplexe Geräusche wie Sprache werden auf diese Weise durch komplexe Wellenmuster über der Basilarmembran und die entsprechenden komplexen Aktivierungsmuster der Hörnervenfasern verschlüsselt.

Die Hörbahn ist komplexer aufgebaut als die Sehbahn. Sie durchzieht mehrere verschaltende Kerne und ist zu einem großen Teil bilateral ausgerichtet (im Gegensatz zum somatosensorischen System, das kontralateral arbeitet). Das auditive System scheint darauf spezialisiert zu sein, Schallquellen in der Umgebung zu lokalisieren und, zumindest beim Menschen, sehr komplexe Geräusche, wie Sprache, zu analysieren und zu differenzieren. In der Großhirnrinde gibt es mehrere auditive Felder, doch ist über ihre möglichen Funktionen nur wenig bekannt.

Das wichtigste Organisationsprinzip in der Großhirnrinde scheint die Bildung von Zellsäulen zu sein. Alle sensorischen Felder der Großhirnrinde sind in Säulen untergliedert, die offenbar die verschiedenen Erscheinungen oder Dimensionen von Sinneserfahrungen verschlüsseln. Wie sieht es mit den Assoziationsfeldern aus? Das visuell-temporale Feld VTE, dessen Zellen bevorzugt auf eine erhobene Affenhand reagieren, ist ein solches Assoziationsfeld, aber die bisherigen Forschungen lassen noch keine Aussage darüber zu, ob es in Säulen organisiert ist. Allem Anschein nach kommen komplexe funktionelle Nervenzellsäulen in gewissen Assoziationsfeldern der Großhirnrinde vor, die mit willkürlichen oder absichtlichen Bewegungen zu tun haben. Dies wollen wir uns im nächsten Kapitel näher anschauen.

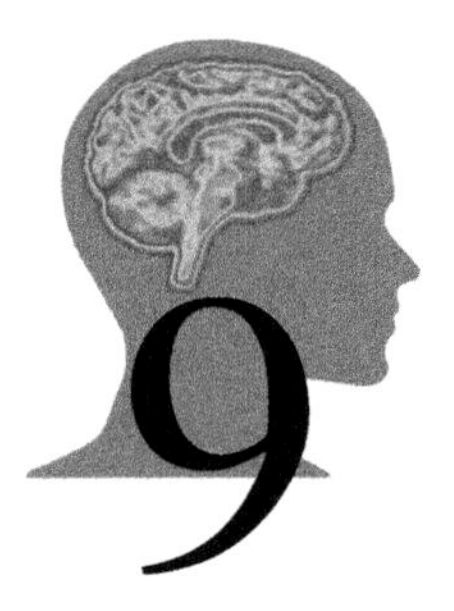

9 Motorische Kontrollsysteme

Die Aufgabe des Gehirns ist es, Verhaltensweisen hervorzubringen. Im Grunde genommen besteht jedes Verhalten aus Bewegungen, die auf der Aktivität der Skelettmuskeln beruhen; die einzigen anderen beobachtbaren Verhaltensäußerungen rühren von der Tätigkeit der glatten und der Herzmuskulatur sowie von Drüsen her. All diese Verhaltensäußerungen werden von motorischen Nervenzellen* erzeugt und kontrolliert. Natürlich gehört weit mehr zum Verhalten von komplexen Organismen, insbesondere des Menschen, als nur die offenkundigen Muskel- und Drüsenwirkungen, die wir messen können. Hormonwirkungen, Lernen und Gedächtnis, Bewusstsein und viele andere Prozesse und Ereignisse finden im Körper und im Gehirn statt und haben oft Folgen für das Verhalten. Sie können jedoch nur über ihre „Produkte" – Muskelbewegungen und Drüsenabsonderungen – zum Ausdruck kommen und beobachtet werden.

Die Skelettmuskulatur, also die quergestreiften Muskeln, die an den Körperknochen ansetzen und die meisten unserer Verhaltensweisen bewirken, werden das Hauptthema dieses Kapitels sein. Dank unserer Skelettmuskeln können wir jedes beliebige komplizierte Verhalten ausführen: Tennis spielen, sprechen und jene komplexen Augenbewegungen in Gang setzen, die uns das Lesen ermöglichen. Im menschlichen Körper gibt es 430 Skelettmuskeln, was schon ahnen lässt, dass die Kontrollsysteme für die integrierten Bewegungen des Verhaltens recht kom-

---

* Anmerkung der Übersetzer; Der Autor verwendet für Nervenzellen, die Skelettmuskulatur, glatte Muskulatur, Herzmuskulatur und Drüsenzellen innervieren, einheitlich die Bezeichnung *motor neuron*. Die Übersetzung unterscheidet zwischen den Begriffen motorische Nervenzelle, Motoneuron, präganglionäres Neuron und postganglionäres Neuron. *Motorische Nervenzellen* sind zentral oder peripher gelegene Neuronen mit motorischen Funktionen an Muskeln jeglicher Art. Der Begriff *Motoneuron* ist in der überwiegenden deutschsprachigen Standardliteratur zur Medizin im Allgemeinen und zur Neurophysiologie im Speziellen für die motorischen Nervenzellen reserviert, die Skelettmuskeln innervieren. Nervenzellen des autonomen Nervensystems, deren Zellkörper im Zentralnervensystem liegen, werden als *präganglionäre Neuronen* bezeichnet und die nachgeschalteten Nervenzellen, die zum Erfolgsorgan ziehen, als *postganglionäre Neuronen*.

plex sein müssen. Jeder Skelettmuskel wird von Axonen der *Alpha-Motoneuronen* innerviert. Die Zellkörper dieser Nervenzellen liegen zum einen in der grauen Substanz des Rückenmarks, wo sie in Gruppen oder Kernen zusammengefasst

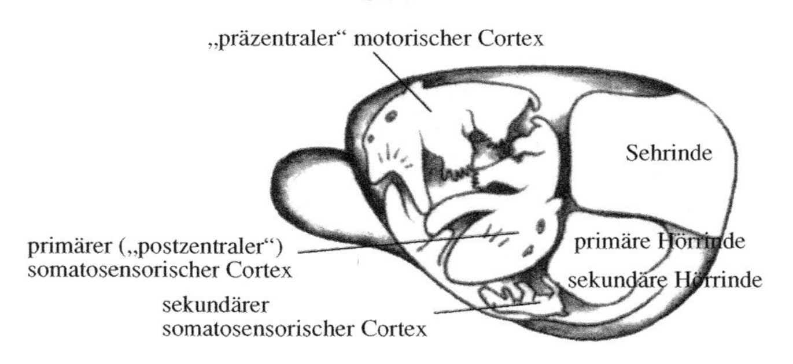

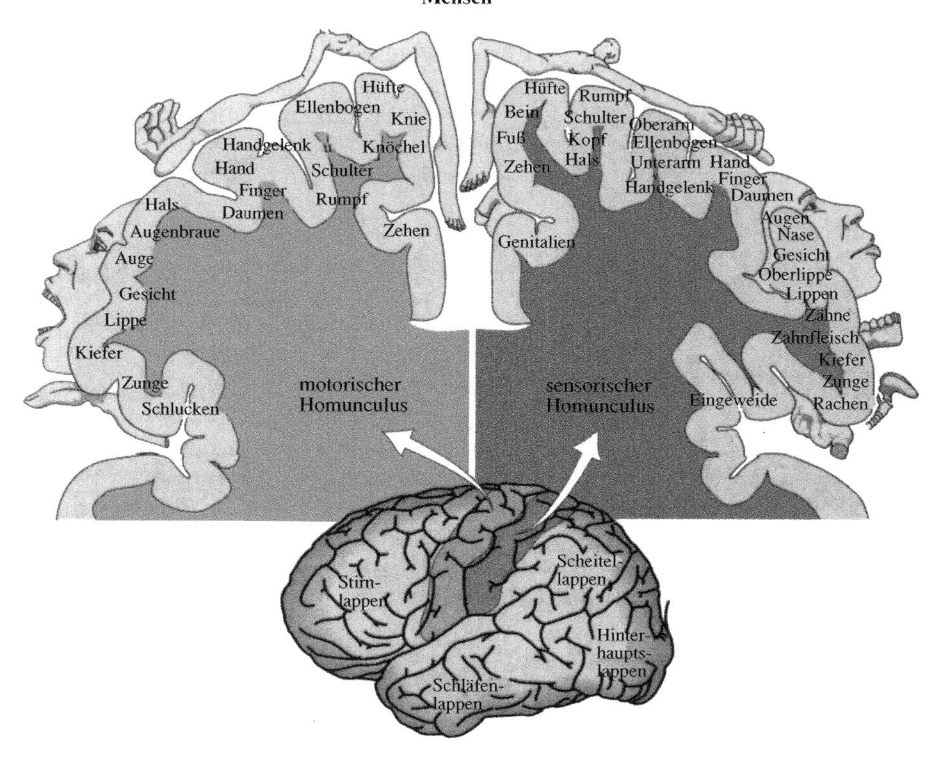

9.1 Motorische und sensorische Felder der Großhirnrinde. Die Repräsentation der Muskelbewegungen ist weitgehend ein Spiegelbild der somatosensorischen Projektionen auf den primären somatosensorischen Cortex (SI). Man beachte, dass die Repräsentation auf der motorischen Karte der Ratte erkennbar rattenähnlich ist, während beim Menschen hauptsächlich Finger, Lippen und Zungen repräsentiert sind – wie beim menschlichen Verhalten.

sind, die jeweils einen Muskel versorgen, zum anderen in den Kerngebieten der motorischen Hirnnerven im Hirnstamm.

Organisationsniveaus oder Funktionshierarchien sind ein nützliches Konzept, wenn man die Gehirnsysteme betrachten möchte, die Bewegungen erzeugen und steuern. Auf der Ebene des Rückenmarks kontrollieren lokale Rückkopplungs- oder Feedback-Schaltkreise jeden Muskel. Dehnungsrezeptoren in der Muskulatur senden Informationen über Muskelspannung und Dehnungsgrad zum Rückenmark, wo ihre Axone direkt mit den Alpha-Motoneuronen, die den Muskel innervieren, Synapsen ausbilden. Die Motoneuronen einer anderen Klasse, die *Gamma-Motoneuronen,* ziehen zu den speziellen Fasern im Muskel, welche die Dehnungsrezeptoren enthalten; sie kontrollieren diese Fasern, indem sie sie aktivieren oder hemmen. Die einzige Möglichkeit für absteigende Bahnen aus dem Gehirn, eine Muskelaktivität hervorzurufen oder zu beeinflussen, besteht in der Einwirkung auf die Alpha- oder Gamma-Motoneuronen. Über das Gamma-System werden wir später mehr erfahren; wichtig ist, dass nur die Alpha-Motoneuronen eine messbare Muskelkontraktion auslösen können.

Eine Vielzahl lokaler Schaltkreise im Rückenmark kontrolliert Reflexbewegungen, und auf jeder höheren Gehirnebene gibt es weitere motorische Kontrollsysteme: im Hirnstamm, im Mittelhirn und im Vorderhirn. Zwei Gehirnstrukturen scheinen fast ausschließlich mit Bewegungsvorgängen befasst zu sein: das Kleinhirn, eine entwicklungsgeschichtlich sehr alte Struktur, und die Basalganglien im Vorderhirn. Ein beträchtlicher Anteil der Großhirnrinde, nämlich der motorische und der somatosensorische Cortex, ist ebenfalls stark an der Bewegungskontrolle beteiligt (Abbildung 9.1). Tatsächlich hat man einmal gesagt, die grundlegende Aufgabe des Gehirns bestehe darin, Bewegungen hervorzubringen.

Das neuromuskuläre System

Was die strukturellen Eigenschaften von Muskelgewebe betrifft, unterscheidet man im Allgemeinen drei Arten: quergestreifte, glatte und Herzmuskulatur (Abbildung 9.2). Die *glatte Muskulatur* und die *Herzmuskulatur* stehen unter der Kontrolle des autonomen Anteils des Nervensystems. Diese Muskeln arbeiten selbst dann weiter, wenn die gesamte neuronale Kontrolle ausgeschaltet ist, wohingegen die *quergestreifte Muskulatur* keine Aktivität mehr zeigt, wenn die mit ihr verknüpften Nerven durchtrennt sind. Mediziner und Biologen ordnen manchmal die quergestreifte Muskulatur als „willkürliche", die glatte und die Herzmuskulatur als „unwillkürliche" Muskulatur ein. Als „willkürlich" kann man alle die Muskelaktivitäten bezeichnen, die eine Person auf Kommando ausführen kann. Einige Menschen lernen, bestimmte Tätigkeiten der glatten Muskulatur, etwa den Herzschlag, zu kontrollieren; andererseits erfolgen die Reaktionen mancher quergestreifter Muskeln, zum Beispiel Haltungskorrekturen, unwillkürlich oder zumindest unbewusst.

Quergestreifte Muskeln setzen sich aus vielen kleinen längs verlaufenden Fasern zusammen und sind an beiden Enden über Sehnen und festes Bindegewebe mit Knochen verbunden. Jede Muskelfaser ist eine Einheit, aber nicht notwendigerweise eine einzelne Zelle, denn in jeder Faser kommen mehrere Zellkerne vor.

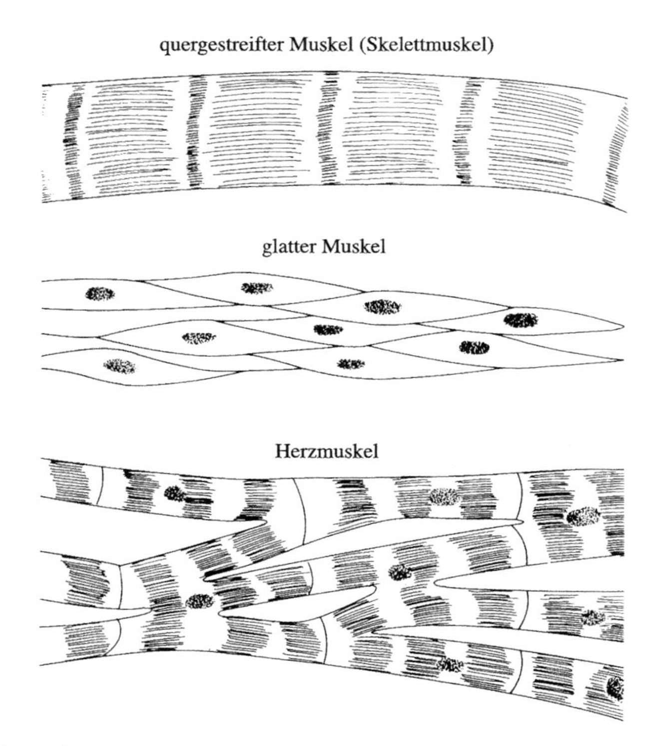

9.2 Muskelgewebsarten.

Es gibt zwei Typen von Fasern in quergestreiften Muskeln: extra- und intrafusale. Die *extrafusalen Fasern* sind diejenigen, die sich aktiv kontrahieren; sie machen den größten Teil der Muskelmasse aus. Die *intrafusalen Fasern* enthalten die Muskelspindeln, die Signale über den Grad der Muskeldehnung zurück an das Rückenmark senden.

Bei einem normalen Tier werden die quergestreiften Muskeln von Nervenfasern aktiviert. Jede efferente (motorische) Nervenfaser, die zu einem Muskel zieht, verzweigt sich und innerviert mehrere Muskelfasern. Die grundlegende Wirkungseinheit des neuromuskulären Systems ist die *motorische Einheit,* die aus einer efferenten Nervenfaser von einem einzelnen Motoneuron sowie den von ihr versorgten Muskelfasern besteht (Abbildung 9.3). Die Anzahl der Muskelfasern pro Nervenfaser (das Verhältnis der Innervierung) reicht von ungefähr 3:1 für kleine Muskeln, die mit der Kontrolle von Feinbewegungen befasst sind, etwa in den Fingern, bis zu über 150:1 für große Muskeln wie in der Rückenmuskulatur. Ein Aktionspotenzial, das sich über das Axon eines einzelnen Motoneurons fortpflanzt, wandert sämtliche Axonäste hinab und aktiviert alle Muskelfasern, die es über seine Verzweigungen erreicht. Der gesamte Komplex dieser Muskelfasern wirkt als eine Einheit; entweder kontrahieren sich alle oder keine.

An den neuromuskulären Endplatten, den Synapsen der Motoneuronen mit den quergestreiften Muskelfasern (Abbildung 9.4), erfolgt die schnelle synaptische

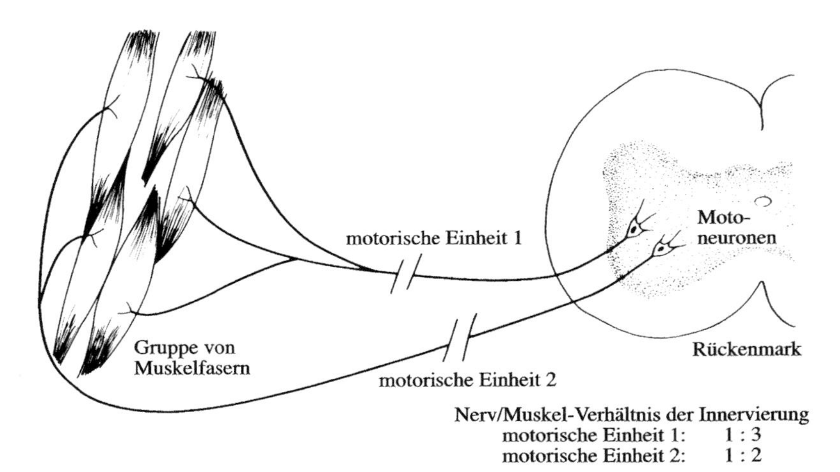

9.3 Eine motorische Einheit besteht aus einem einzelnen Motoneuron und allen Muskelfasern, die es innerviert. Die Axone mancher Motoneuronen innervieren nicht mehr als zwei oder drei Muskelfasern – dies gilt beispielsweise für die Muskeln, die die Finger kontrollieren –, andere dagegen, etwa in der Rückenmuskulatur, mehr als hundert. Eine einzelne quergestreifte Muskelfaser empfängt niemals Signale von mehr als einem Motoneuron.

Übertragung mit Acetylcholin (ACh) als Neurotransmitter, die in Kapitel 4 ausführlich dargestellt wurde. Sobald ein Aktionspotenzial an der Endigung des motorischen Axons ankommt, öffnen sich dort die Calciumkanäle; Ca^{2+} strömt ein, die ACh-Moleküle werden an der Synapse aus ihren Vesikeln freigesetzt, diffun-

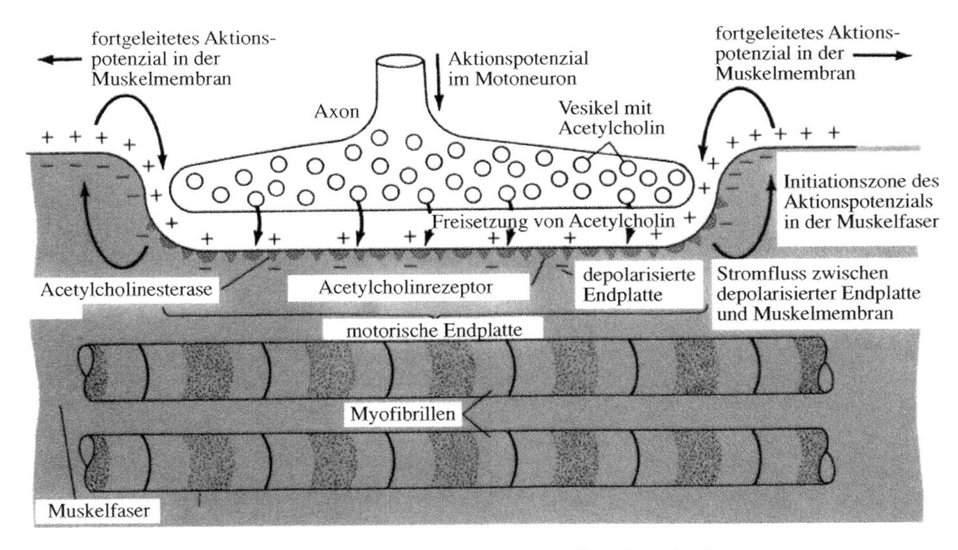

9.4 Neuromuskuläre Endplatte an einer quergestreiften Muskelfaser.

dieren über den synaptischen Spalt zum Muskel und lagern sich an die dortigen ACh-Rezeptoren an. Dies aktiviert die Muskelfaser. ACh wird anschließend durch die Acetylcholinesterase (AChE) abgebaut. Der erste Schritt bei der Muskelkontraktion ist die Depolarisierung der Muskelfasermembran durch die aktivierten ACh-Rezeptoren.

Jede Skelettmuskelfaser ist aus vielen kleineren Fasern aufgebaut, den so genannten *Myofibrillen;* diese erscheinen im Lichtmikroskop quergestreift. Jede Myofibrille besteht aus einer Reihe kontraktiler Elemente, den *Sarkomeren* (Abbildung 9.5). Ein Sarkomer, die kleinste funktionelle Einheit der Muskelaktivität, ist wiederum aus noch kleineren Komponenten aufgebaut, welche die kontraktilen Proteine *Aktin* und *Myosin* enthalten. Diese Proteine kommen in allen Zellen vor und stellen den Grundmechanismus für die Zellbeweglichkeit oder Motilität dar. In quergestreiften Muskeln sind Aktin und Myosin so angeordnet, dass sie Knochen an Gelenken bewegen können – und damit das ganze Tier, nicht bloß einzelne Zellen.

Das anerkannte Modell für die Kontraktion der Skelettmuskeln ist die *Gleitfilamenttheorie (sliding filament model)* (Abbildung 9.6). Aktin- und Myosinfila-

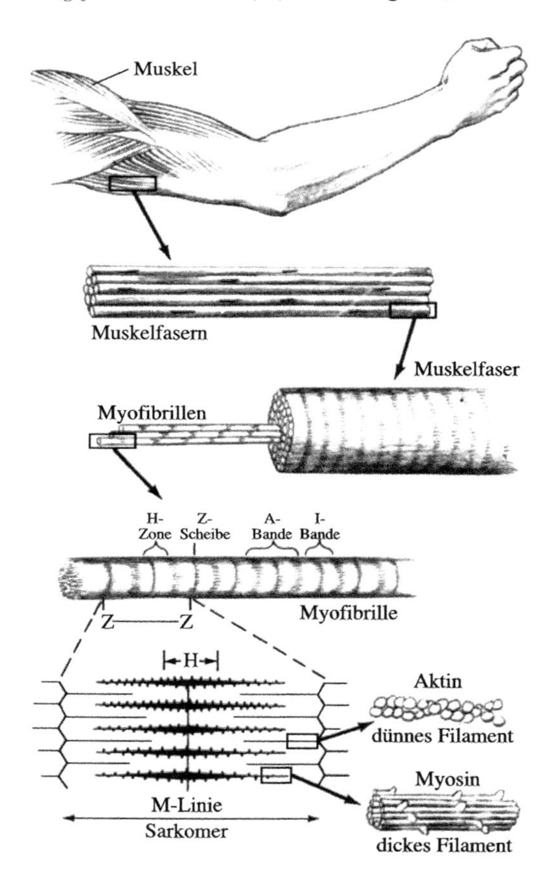

9.5 Der Aufbau einer quergestreiften Muskelfaser.

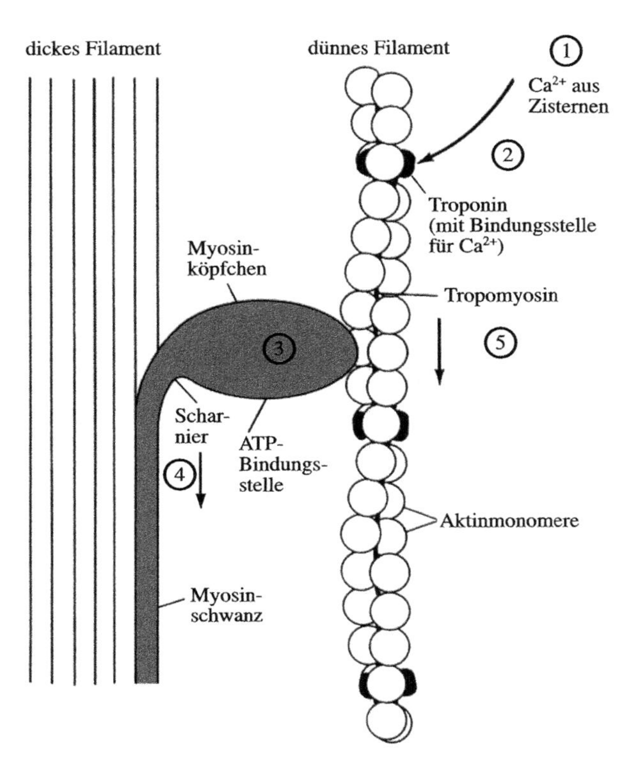

9.6 Die Gleitfilamenttheorie. Die Myosinköpfchen verbinden die dicken und dünnen Filamente einer Muskelfaser miteinander; in aktiviertem Zustand sorgen sie dafür, dass die Filamente aneinander entlanggleiten.

mente sind innerhalb jeder Myofibrille miteinander verzahnt. Die dickeren Myosinfilamente haben große „Köpfe", die rechtwinklig vom Rest des Filaments abstehen und zu den benachbarten, viel dünneren Aktinfilamenten herüberragen. Die Enden dieser Köpfchen binden an die Aktinfilamente, wenn sich der Muskel kontrahiert. Die dünnen Aktinfilamente sind von einem anderen Protein eingehüllt, das Ca^{2+}-Bindungsstellen enthält (Troponin). Die Energie für die Muskelkontraktion stammt vom ATP, das sich an die Myosinköpfchen anlagert und zu ADP abgebaut wird. (Wie wir wissen, verbrauchen Muskelkontraktionen beträchtliche Mengen an Energie.)

Initiiert wird die Kontraktion einer Muskelfaser durch die Wirkung von Calciumionen in der Faser. Wenn sich ACh-Moleküle an ihre Rezeptoren an der Muskelmembran anheften, werden aus internen Speichern im Muskel Calciumionen (Ca^{2+}) freigesetzt. Diese binden an Troponin und lösen in der Muskelfaser eine Reaktion aus, durch die ATP-Bindungsstellen in den Myosinköpfchen freigegeben werden. Durch Einwirkung von ATP auf die Myosinköpfchen gleiten die Aktin- und Myosinfilamente aneinander entlang. Diese komplexen mikroskopischen Ereignisse führen zur Kontraktion des Muskels, der eine enorme Kraft ausüben kann.

Dieser Kontraktionsprozess ist das, was passiert, wenn eine Muskelfaser durch einen einzelnen Nervenimpuls aktiviert wird. Solch eine Kontraktion, eine „Einzelzuckung“, kann man im Labor durch eine einmalige elektrische Reizung eines Motoneurons – etwa in einem Froschbein – hervorrufen. Die Depolarisation der Muskelfaser durch einen einzelnen Nervenimpuls dauert nur ein paar Millisekunden, der Kontraktionsvorgang aber weitaus länger. Die ersten ungefähr zehn Millisekunden nach dem Nervenimpuls passiert nichts. Dann beginnt sich die Muskelfaser zu kontrahieren, wobei sie ungefähr 70 Millisekunden nach der Depolarisation einen Gipfel erreicht. Normalerweise feuern motorische Nervenfasern jedoch nicht nur einmal und bleiben dann inaktiv; sie feuern vielmehr mit einer bestimmten niedrigen Rate, sodass sich die Einzelkontraktionen der Muskelfasern über die Zeit addieren und ein gewisses durchschnittliches Kontraktionsniveau erreicht wird. Wenn sich die Impulsrate der Motoneuronen erhöht, so nimmt auch die Muskelkontraktion zu, und umgekehrt.

Rückenmarksreflexe

Die Nervensysteme der primitivsten Wirbeltiere, etwa von Neunaugen, bestehen im Wesentlichen aus einem Rückenmark mit ein bißchen Hirngewebe am Vorderende, das der Verarbeitung sensorischer Informationen von Licht- und Chemorezeptoren dient. Auch das Rückenmark des Menschen ist ein – wenngleich komplizierteres – System, das adaptives Verhalten hervorbringen kann. Ein Tier (etwa ein Hund oder eine Katze), dessen Rückenmark vom Gehirn abgetrennt ist (Spinalisation), vermag trotzdem den Muskeltonus sowie eine gewisse Haltungs- und Bewegungskontrolle aufrechtzuerhalten. Es kann seine Pfoten bei schmerzhaften Reizen zurückziehen, sich kratzen und sogar sehr einfache konditionierte Reflexe erlernen.

Das Rückenmark ist eine für Bewegungen unverzichtbare Struktur. Es enthält die Motoneuronen, die alle Skelettmuskeln unterhalb des Kopfes innervieren. Damit wir irgendeine Körperbewegung ausführen können, sei es ein Wettlauf oder eine mikrochirurgische Operation, müssen viele dieser Motoneuronengruppen auf sehr exakte und kontrollierte Weise aktiviert werden. Zum größten Teil wirken die motorischen Systeme des Gehirns als Aktivatoren der motorischen Nervenzellen im Rückenmark, doch haben Rückenmarksreflexe (spinale Reflexe) einen wichtigen Anteil an der Bewegungskontrolle.

Dehnungsreflex und Beugereflex

Wir wollen uns kurz zwei einfache Beispiele für Rückenmarksreflexe anschauen: den Dehnungs- und den Beugereflex (Abbildung 9.7). Der *Dehnungsreflex* ist ein *monosynaptischer Reflex;* das bedeutet, es gibt nur jeweils eine Synapse zwischen den sensorischen Fasern und den Motoneuronen, die an dem Reflex beteiligt sind (Reflexbogen). Wenn ein Muskel gedehnt wird, wirken die mit ihm verbundenen sensorischen Fasern über das Rückenmark direkt auf die Motoneuronen ein, die eben diesen Muskel kontrollieren, und bringen ihn so zur Kontraktion. Der Patel-

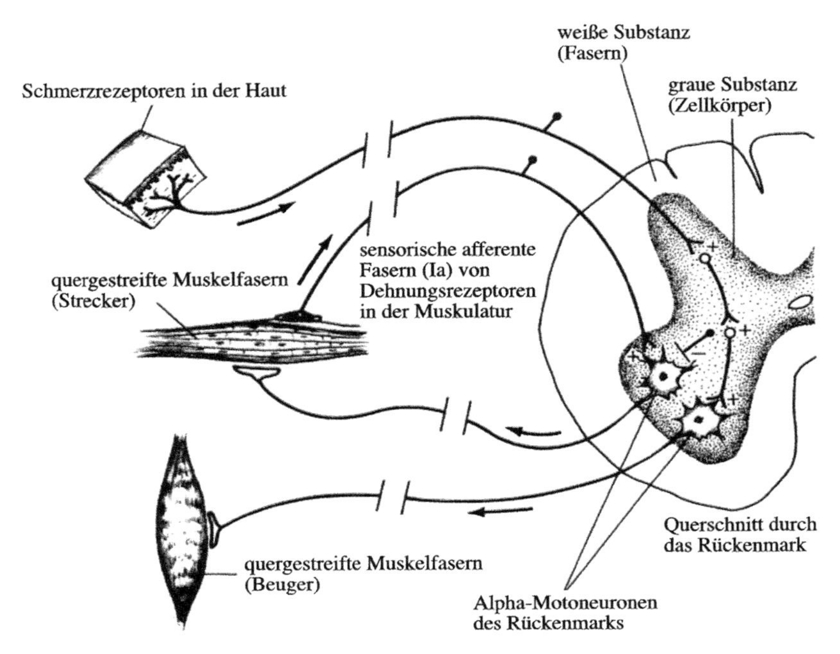

9.7 Wie die motorische Kontrolle von Muskeln auf sensorische Informationen aus Haut und Muskulatur reagiert. Wenn ein Streckmuskel (Strecker oder Extensor) gedehnt wird, werden die großen Ia-Fasern in den Muskelspindeln aktiviert und leiten Signale direkt an die Alpha-Motoneuronen desselben Muskels weiter; daraufhin kontrahiert sich dieser (Dehnungsreflex). Wenn dagegen die über dem Streckmuskel befindliche Hautpartie gezwickt wird, bewirken die Afferenzen aus der Haut über Interneuronen eine Hemmung der Motoneuronen, die mit diesem Strecker verbunden sind; gleichzeitig aktivieren sie die zu den entsprechenden Beugemuskeln (Flexoren) ziehenden Motoneuronen und sorgen so dafür, dass der betreffende Körperteil von dem Schmerzreiz zurückgezogen wird (Beuge- oder Flexorreflex).

larsehnenreflex ist ein Beispiel für einen Dehnungsreflex. Ein Schlag auf die Patellarsehne genau unterhalb der Kniescheibe führt zu einer Dehnung des Streckmuskels des Beines und damit zur Aktivierung der Dehnungsrezeptoren, die wiederum die zugehörigen Alpha-Motoneuronen im Rückenmark aktivieren. Die Alpha-Fasern signalisieren dann dem Muskel, sich zu kontrahieren, wodurch das Bein gestreckt wird. Die allgemeine Funktion von Dehnungsreflexen besteht allerdings nicht darin, Kniezuckungen oder andere schnelle Muskelkontraktionen zu verursachen. Sie dienen vielmehr dazu, die Körperhaltung und den Gesamttonus der Muskeln aufrechtzuerhalten, während wir Bewegungen ausführen. Statt als Reflex sollte man sich dies besser als ein Kontrollsystem vorstellen, das jeweils darauf abzielt, den Kontraktionsgrad gedehnter Muskeln zu steigern.

Der *Beuge-* oder *Flexorreflex* ist eine grundlegende Strategie zur Vermeidung körperlicher Verletzungen. Wenn wir mit einem Finger eine heiße Herdplatte berühren, ziehen wir ruckartig den Arm zurück, noch bevor wir die Hitze oder den

Verbrennungsschmerz richtig spüren. Der Beugereflex ist ein *polysynaptischer Reflex,* das heißt, zwischen den sensorischen Fasern und den Motoneuronen, die den Reflexbogen bilden, liegt mehr als ein Satz von Synapsen. Die Berührung einer heißen Herdplatte aktiviert die schnellen Schmerzfasern in der Haut der Finger. Diese Fasern sind über Interneuronen mit dem Rückenmark verschaltet und wirken stark auf die Motoneuronen ein, welche die Beugemuskeln (Flexoren) aktivieren. Diese Muskeln führen zu einer Beugung im entsprechenden Gelenk und damit zum Zurückziehen des Armes oder des Beines von der Gefahrenquelle.

Alle höheren motorischen Systeme im Gehirn wirken auf die motorischen Nervenzellen der Reflexmaschinerie des Rückenmarks ein, und zwar über Bahnen, die über Gehirn und Rückenmark absteigen. Spinale Reflexe, besonders der Dehnungsreflex, sind dauernd in Aktion und unterliegen dem Einfluss sensorischer Eingangsinformationen aus den Muskeln, den Gelenken, der Haut und anderen Quellen im Körper.

Die sensorische Information aus den Muskeln

Die sensorische Kontrolle der Reflexaktivität erfolgt auf zwei Wegen. Der erste ist die Kontrolle über die Sinnesrezeptoren in den Muskeln und Sehnen, die ziemlich vollständige Informationen über den Muskelzustand auf Rückenmark und Gehirn übertragen: über den Grad der Muskelspannung sowie über Geschwindigkeit, Ausmaß, Richtung und Dauer von Änderungen in der Spannung und so fort. Die andere Art der Kontrolle üben die Gamma-Motoneuronen im Rückenmark aus, die unmittelbar die sensorischen Rezeptoren in den Muskeln beeinflussen. Gamma-Motoneuronen rufen keine direkten Änderungen in der Muskelspannung hervor, sondern modifizieren den Aktivitätsgrad bestimmter Dehnungsrezeptoren in den Muskeln. In gewissem Sinne ist diese Wirkung das Gegenstück zum herkömmlichen Reflex, denn hier bestimmt nicht die sensorische Eingangsinformation den motorischen Output (also die Muskelaktivität), sondern der motorische Output die sensorische Eingangsinformation. Die sensorischen Eingänge von den Muskeln lösen natürlich Änderungen im motorischen Output aus, wodurch wiederum der sensorische Input modifiziert wird, und so weiter. Das System stellt ein ziemlich komplexes und elegantes Beispiel für eine Rückkopplungs- oder Feedback-Kontrolle dar (Abbildungen 9.8 und 9.9).

Es gibt zwei Typen von Muskelfaserbündeln: die normalen, die aus extrafusalen Fasern aufgebaut sind, also den kontraktilen Elementen der Muskeln, die schon oben erörtert wurden, und die selteneren Bündel aus intrafusalen Fasern in den Muskelspindeln. In allen Skelettmuskeln sind stets wenige *Muskelspindeln* in den normalen Muskelfaserbündeln verteilt. Die an den extrafusalen Faserbündeln beziehungsweise an Sehnen aufgehängten Muskelspindeln liegen immer parallel zu den normalen Faserbündeln. Obwohl die intrafusalen Fasern Muskelfasern darstellen und zur Kontraktion fähig sind, kontrahieren sie sich doch nur sehr schwach und tragen nicht zur effektiven Zugkraft des Muskels bei, die vollständig den Kontraktionen der extrafusalen Faserbündel überlassen bleibt. Die Gamma-Motoneuronen des Rückenmarks aktivieren die intrafusalen Fasern der Muskelspindeln und bewirken deren Kontraktion, wodurch wiederum die afferenten Fa-

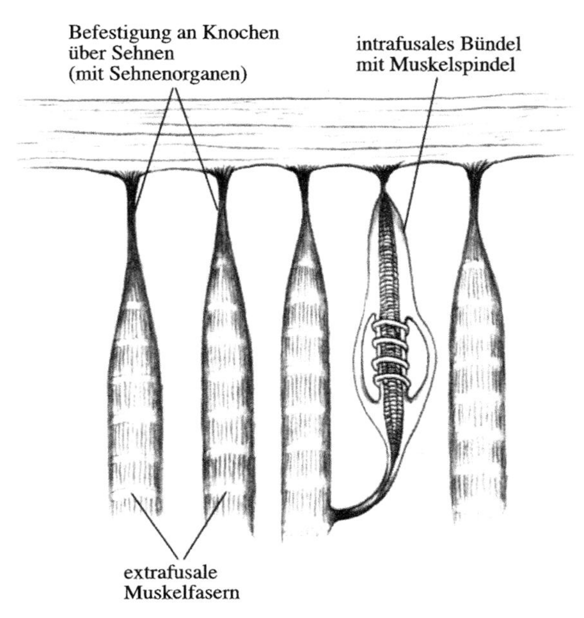

9.8 Anordnung intrafusaler und extrafusaler Fasern in einem Muskel. Der gesamte Zug, der von einem Muskel ausgeübt wird, erfolgt über die extrafusalen Faserbündel. Das intrafusale Bündel mit der Muskelspindel ist parallel dazu geschaltet. Es wird gedehnt und somit erregt, wenn der Muskel gezogen oder gestreckt wird. Wenn er sich dagegen aktiv kontrahiert, wird die auf die Muskelspindel ausgeübte Dehnung aufgehoben und die Spindel folglich nicht aktiviert. Die Sehnenorgane in den Sehnen, über welche die Muskelfasern an den Knochen ansetzen, sind im Gegensatz dazu in Serie mit den extrafusalen Bündeln geschaltet, sodass sie gedehnt und aktiviert werden, ob der Muskel nun passiv gestreckt wird oder sich kontrahiert.

sern der Spindeln gedehnt und angeregt werden. Diese Fasern wirken ihrerseits auf die Alpha-Motoneuronen zurück, die zu dem Muskel ziehen und Veränderungen in der Muskelspannung hervorrufen.

Weil die Muskelspindel mit den Muskelfaserbündeln parallelgeschaltet ist, wird die auf sie ausgeübte Spannung verringert, wenn sich die extrafusalen Fasern kontrahieren. Dies vermindert die Aktivität der afferenten (sensorischen) Gamma-Fasern der Spindel. Wenn der Muskel gedehnt wird, strecken sich auch die Spindeln und werden folglich aktiviert. Die Ia-Spindelfasern haben eine mäßig hohe Spontanentladungsrate, die allerdings in direkter Beziehung zum Grad der Muskelspannung steht. Die Endigungen der afferenten Fasern der Muskelspindeln findet man in deren erweiterten zentralen Bereichen.

Das Gamma-Motoneuronen-System hat eine generelle Bedeutung, die über ihre Rolle bei der Aktivität der Rückenmarksreflexe hinausreicht. Etliche aus dem Gehirn und höheren Regionen des Rückenmarks absteigende Bahnen üben eine exzitatorische und inhibitorische Kontrolle über die Gamma-Motoneuronen aus. Auf diese Weise können viele übergeordnete Kontrollsysteme die Muskelspannung beeinflussen, ohne notwendigerweise direkt eine Kontraktion oder Entspan-

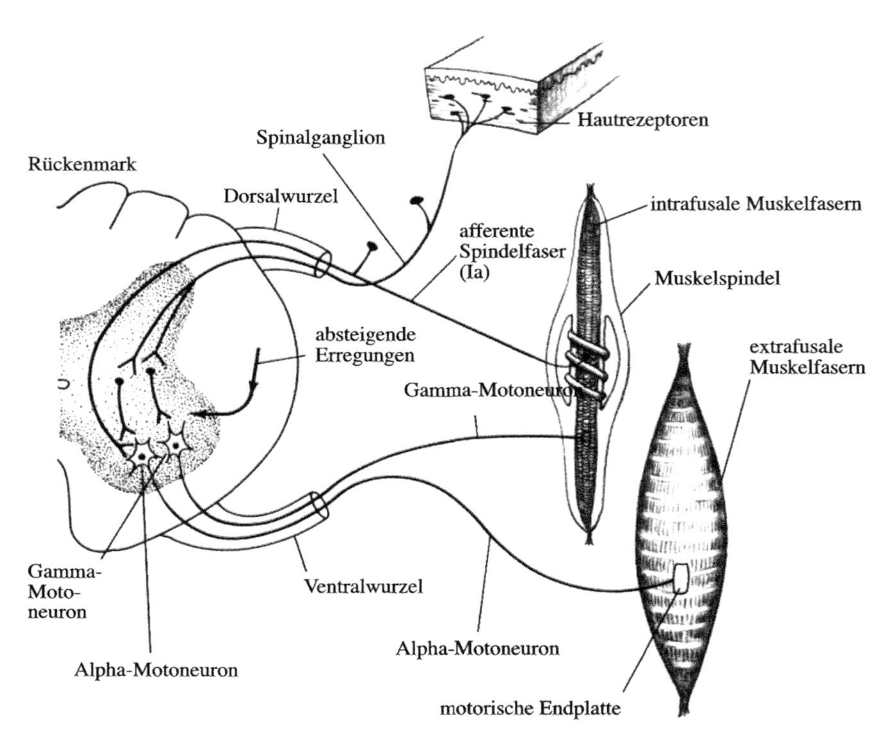

9.9 Neuronale Verschaltung einer Muskelspindel, die mit spezialisierten, intrafusalen Muskelfasern ausgestattet ist und über ihre sensorische Ia-Faser Informationen über den Dehnungsgrad des Muskels weiterleitet. Die Muskelspindel wird ihrerseits durch einen speziellen Typ von Motoneuron, das Gamma-Motoneuron, kontrolliert, das in aktiviertem Zustand eine Kontraktion der intrafusalen Fasern bewirkt und so die Muskelspindel aktiviert. Die angeregte sensorische Ia-Faser der Spindel ruft dann im Rückenmark die Aktivierung des Alpha-Motoneurons und darüber die Kontraktion der extrafusalen Fasern desselben Muskels hervor.

nung der kontraktilen Muskelfasern zu bewirken. Eine Zu- oder Abnahme im Kontraktionsgrad der Muskelfasern der Spindel verändert die Aktivität der afferenten Spindelfasern und folglich die Wahrscheinlichkeit, dass die kontraktilen Muskelfasern reagieren werden. Dies ist bis zu einem gewissen Grad unabhängig vom Kontraktionszustand der Muskelfasern: Ein Sprinter zum Beispiel zeigt unmittelbar vor dem Startschuss eine hohe Reaktionsbereitschaft, obwohl er sich nicht bewegt.

Der andere bedeutsame Rezeptortyp im Muskel sind die *Golgi-Sehnenorgane* oder -Rezeptoren. Sie bestehen im Wesentlichen aus einer afferenten Nervenfaser, deren Endigungen in den Sehnen zwischen Muskel und Knochen liegen. Diese Nervenfasern verzweigen sich vielfach zwischen den einzelnen Sehnenfasern nahe des muskulären Ursprungs der Sehnen.

Physikalisch ausgedrückt, sind die Sehnen und Sehnenorgane mit den Muskelfaserbündeln in Serie (hintereinander) geschaltet. Die Sehnenorgane werden aktiviert, wenn ein Muskel sich kontrahiert, weil der Muskel dann an den Sehnen zieht und auf die Sehnenorgane infolgedessen eine Kraft einwirkt. Wird der Muskel durch passiven Zug gestreckt (wie das der Fall ist, wenn sich der jeweils antagonistische Muskel kontrahiert), werden die Sehnenorgane ebenfalls aktiviert. Ein Sehnenorgan hat jedoch eine relativ hohe Entladungsschwelle und wird durch die mäßige Ruhespannung eines Muskels nicht angeregt. Folglich bewirken nur eine starke passive Dehnung sowie eine ziemlich schnelle Änderung in der Muskelspannung durch eine rasche aktive Kontraktion einen Aktivitätsausbruch in den afferenten Fasern des Sehnenorgans. Dessen spontane Entladungsrate bei einer bestimmten Muskelspannung ist niedriger als die einer Muskelspindel.

Die komplexen und verwickelten sensorischen Rückkopplungssysteme für die Muskulatur legen die Vermutung nahe, dass Bewegungsabläufe entscheidend von solch einer Rückkopplung abhängen. Es ist seit vielen Jahren bekannt, dass ein Affe, bei dem alle Dorsalwurzeln, welche die sensorische Information aus einem Arm weiterleiten, durchtrennt werden, diesen Arm einfach nicht mehr einsetzt. Neuere Untersuchungen deuten jedoch darauf hin, dass sich bei Affen selbst dann ein auffallendes Maß an Bewegungskontrolle entwickeln kann, wenn jegliche sensorische Information aus beiden Armen fehlt. Solche Affen können zum Beispiel lernen, einen Arm bis zu einem gewissen Grad zu bewegen, um ihr Ohr vor einem schädigenden Reiz zu schützen, auch wenn man sie hindert, ihre Arme zu sehen. Eine erlernte Armbewegung kann sich also in vollständiger Abwesenheit sensorischer Informationen über Position und Bewegung des Armes ausbilden. Wie wir noch sehen werden, gibt es Rückkopplungssysteme höherer Ordnung innerhalb des Gehirns selbst, die an die motorischen Hirnsysteme Informationen darüber zurückliefern, wo sich Körper und Gliedmaßen für eine bestimmte Bewegung befinden sollten.

Seit einiger Zeit ist Schädigungen des Rückenmarks mehr Aufmerksamkeit zuteil geworden, weil der Schauspieler Christopher Reeves eine solche Verletzung erlitt. Beschädigungen der Wirbelsäule kommen recht häufig vor und können Bewegungen und Körperempfindungen beeinträchtigen. Wird dabei das untere Rückenmark vollständig durchtrennt, führt dies zur Lähmung des Unterleibs und der Beine (Querschnittslähmung). Bei einer Durchtrennung des Rückenmarks auf Höhe des Halses wird der gesamte Körper einschließlich der Atmung gelähmt. Oft wird das Rückenmark jedoch trotz umfangreicher Schädigungen nicht vollständig durchtrennt, sodass sich manche Funktionen mitunter wieder herstellen lassen. In der Vergangenheit galten die zurückbleibenden Schäden als dauerhaft, weil die geschädigten Nervenfasern nicht mehr neu wachsen können. Mittlerweile besteht jedoch großer Enthusiasmus, weil man Möglichkeiten sieht, ein Neuwachsen und somit eine Regeneration der Nerven induzieren zu können.

Das Kleinhirn

Das Kleinhirn (Cerebellum) ist eine der entwicklungsgeschichtlich ältesten Strukturen des Nervensystems von Wirbeltieren. Es ist schon bei Fischen und Reptilien gut entwickelt und bei Vögeln und Säugern noch weitaus komplizierter. Bei Säugetieren besteht das Cerebellum aus einer außerordentlich großen Anzahl von Nervenzellen; ironisch hat man einmal gesagt, dass von den mutmaßlich 10^{11} Nervenzellen des Gehirns 10^{12} von den Körnerzellen im Kleinhirn gestellt werden. Die allgemeine Funktion des Kleinhirns ist zweifellos motorischer Natur; seine Wirkungsmechanismen beginnt man jedoch erst allmählich näher zu verstehen.

Die Gesamtstruktur des Kleinhirns ist in etwa analog zu der des Großhirns: Zellschichten bilden eine *Rinde* (Cortex) aus *grauer Substanz,* welche die *weiße Substanz* und mehrere tief gelegene *Kerne* oder Nuclei (Ansammlungen von Nervenzellkörpern) umhüllt. Das Kleinhirn erscheint stark gefältelt, und ein beträchtlicher Anteil seiner Rinde ist in Furchen versteckt. Grob gesagt, liegt das Cerebellum dorsal (oberhalb) vom Hirnstamm und hinter dem Großhirn (Abbildung 9.10). Bei Primaten ist es fast vollständig von den Hinterhauptslappen der Großhirnhälften bedeckt.

Im Kleinhirn laufen alle Arten von sensorischen Informationen ein. Auf der Kleinhirnrinde findet sich – genau wie auf der Großhirnrinde – eine detaillierte somatosensorische Karte mit Projektionen von Haut und Körper. Zudem wird das Kleinhirn durch den starken Input aus den Muskelspindeln und anderen Muskelrezeptoren mit wichtigen Detailinformationen über den Kontraktionszustand der Muskeln versorgt. Zahlreiche Eingänge von den Bogengängen des Ohres übermitteln Informationen über die Position des Kopfes. Nervenzellen, die auditive und visuelle Information übertragen, ziehen ebenfalls zum Kleinhirn; sie liefern allerdings nicht annähernd so feine Details, wie das für die Großhirnrinde der Fall ist. Die wichtigsten vom Kleinhirn abgehenden Bahnen werden über eine Vielzahl von Hirnstrukturen verschaltet, die mit der Bewegungskontrolle befasst sind. Von besonderer Bedeutung sind vielfältige wechselseitige Verbindungen zwischen dem Cerebellum und den sensorischen und motorischen Feldern der Großhirnrinde.

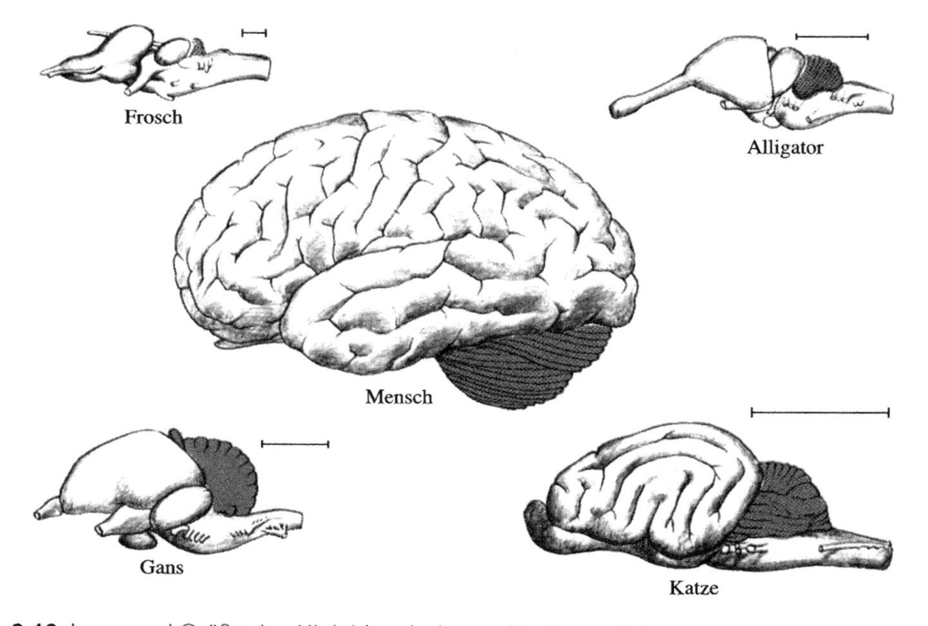

9.10 Lage und Größe des Kleinhirns bei verschiedenen Arten.

Masao Ito, Neurowissenschaftler an der Universität Tokio, machte eine höchst interessante Entdeckung, die viele der Vorstellungen veränderte, die man sich zuvor über die funktionelle Organisation des Kleinhirns gemacht hatte. Jede Information, die die Kleinhirnrinde verlässt, läuft über die Axone der *Purkinje-Zellen,* großer Neuronen in der Kleinhirnrinde. Die meisten dieser Axone ziehen zu den *subcorticalen Kleinhirnkernen,* einige zu den *Vestibulariskernen* (Nuclei vestibulares). Ito wies nach, dass jede Purkinje-Zelle inhibitorische Wirkungen auf all die Zellen ausübt, an denen ihre Axone endigen. Genauer gesagt, sie löst an all ihren Zielzellen eine postsynaptische Hemmung aus. Es gibt starke Hinweise darauf, dass die inhibitorische Transmittersubstanz, die von den Axonendigungen der Purkinje-Zellen freigesetzt wird, Gamma-Aminobuttersäure (GABA), der inhibitorische Aminosäuretransmitter, ist (Kapitel 4).

Es mag etwas rätselhaft erscheinen, dass die Purkinje-Zellen ausschließlich inhibitorisch wirken. Da sie als einzige Zellen Informationen aus der Kleinhirnrinde entsenden, könnte man den Eindruck gewinnen, das Cerebellum sei eine große Masse von Nervengewebe, deren einzige Aufgabe darin besteht, zu hemmen. In Wirklichkeit ist das nicht der Fall. Die wichtigsten Informationen, die das Kleinhirn, als Ganzes betrachtet, verlassen, kommen von den Zellen, die die subcorticalen Kleinhirnkerne bilden. Die sensorischen Eingänge, die das Kleinhirn erhält, laufen sowohl zur Kleinhirnrinde als auch zu den darunterliegenden Kernen. Die Zellen in den subcorticalen Kernbereichen weisen normalerweise ein hohes Aktivitätsniveau auf. Da die Purkinje-Zellen der Kleinhirnrinde zum größten Teil an diesen Zellen endigen, können die inhibitorischen Wirkungen ihrer Axone als übergeordnete Schleife fungieren, um die zeitlichen Aktivitätsmuster in den Zellen der subcorticalen Kleinhirnkerne zu regulieren und abzustimmen. Die Kleinhirnrinde wird somit zu einem System, das seinen Einfluss dadurch ausübt, dass es kontinuierlich und selektiv die permanente Aktivität jener subcorticalen Zellen moduliert oder dämpft, die auf die motorischen Systeme des Gehirns einwirken.

Der neuronale Schaltplan des Kleinhirns gehört zu den am besten verstandenen im Gehirn. Die grundlegenden Verschaltungen sind, wie in Abbildung 9.11 zu sehen ist, relativ einfach. Es gibt zwei Haupteingangswege in das Cerebellum: die Kletter- und die Moosfasern. Die *Kletterfasern* stammen aus einem Kerngebiet des Hirnstammes, der *unteren Olive* oder Oliva inferior, das wiederum Informationen aus mehreren Hirnregionen und Rückenmarksbahnen empfängt. Die *Moosfasern* kommen aus mehreren Bezirken von Gehirn und Rückenmark. Auf dem Weg zur Kleinhirnrinde passieren sowohl die Kletter- als auch die Moosfasern die tiefen Kleinhirnkerne und treten mit ihnen in synaptischen Kontakt. Somit gibt es einen Informationsfluss von anderen Hirnstrukturen zu den Neuronen der tiefen Kernbereiche und wieder zurück zu anderen Hirnbezirken. Die umfangreiche Kleinhirnrinde liegt oberhalb der tiefen Kerne und wirkt nur auf diese ein, und zwar ausschließlich hemmend.

Die Kletterfasern aus den Nervenzellen der unteren Olive streben sehr präzise und ortsgenau zur Kleinhirnrinde. Jede Purkinje-Zelle geht mit genau einer Kletterfaser eine synaptische Verbindung ein. Die Nervenfaser eines jeden Neurons der unteren Olive verzweigt sich und versorgt mehrere Purkinje-Zellen mit Kletterfaserendigungen. Das Axon der Kletterfaser wickelt sich zellkörpernah um die Dendriten der Purkinje-Zellen und übt eine starke erregende Wirkung an der

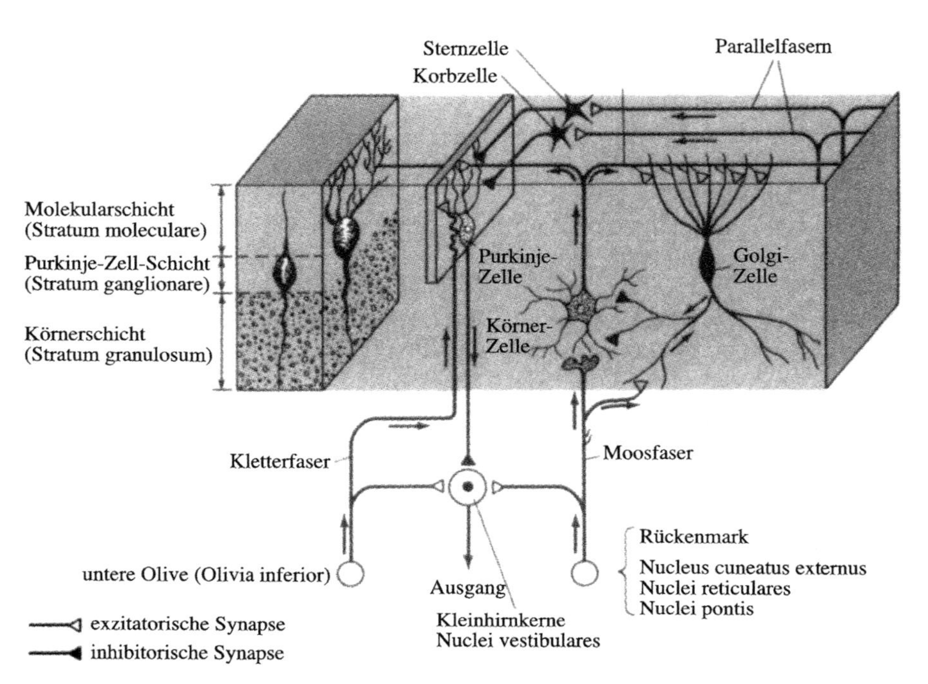

9.11 Dieses grundlegende Schaltbild der Kleinhirnrinde gilt für ein weites Artenspektrum. Die Purkinje-Zellen werden direkt durch Kletterfasern und indirekt – über Körnerzellen und Parallelfasern – durch Moosfasern erregt. Die Stern- und Korbzellen, die über die Parallelfasern aktiviert werden, sind inhibitorische Interneuronen, die auf die Purkinje-Zellen hemmend wirken. Die Golgi-Zellen hemmen die Körnerzellen, wenn sie selbst durch die Parallelfasern erregt werden. Die von den Purkinje-Zellen weitergeleiteten Signale wirken inhibitorisch auf die Zellen ihrer Zielstrukturen, der Kleinhirn- und Vestibulariskerne.

Synapse aus. Tatsächlich bildet diese Kletterfasersynapse die Ausnahme von der Regel, dass eine einzelne exzitatorische Synapse nicht in der Lage ist, ein Aktionspotenzial an einer Gehirnnervenzelle auszulösen (Kapitel 3). Sie schafft es sehr wohl – aber in Wirklichkeit bildet diese einzelne Kletterfaser viele Synapsen aus, wenn sie sich um die Dendriten der Purkinje-Zellen legt.

Die möglichen Funktionen der Kletterfasern aus der unteren Olive gaben ein spannendes Rätsel auf. Die Nervenzellen der Olive, und damit ihre Kletterfaseraxone, feuern spontan sehr langsam, alle zwei bis vier Sekunden; das ist viel zu selten, um beispielsweise Informationen über die Lage oder Bewegung von Gliedmaßen zu übermitteln. Die Kletterfasern werden offensichtlich besonders dann aktiv, wenn Bewegungen falsch ausgeführt werden, wenn man beispielsweise eine Treppe hinuntergeht, nicht aufmerksam genug ist und unten angelangt denkt, es käme eine noch weitere Stufe. Beim Lernen durch Bestrafung – mittels eines unangenehmen unkonditionierten Reizes, beispielsweise eines Stromstoßes – scheint das Kletterfasersystem dem Kleinhirn Informationen über den unkonditionierten Reiz zu liefern (Kapitel 11). Das Kletterfasersystem der unteren Olive scheint im Großen und Ganzen also Fehlermeldungen weiterzugeben – Signale, die dem Kleinhirn zu verstehen geben, dass bei einer Bewegung ein Fehler unterlaufen ist.

Die Moosfasern gehen in der Kleinhirnrinde Verbindungen mit den allgegenwärtigen Körnerzellen ein, aus denen die Parallelfasern hervorgehen. Eine einzige Parallelfaser kann im Vorüberziehen mit den Dendriten von bis zu 100 Purkinje-Zellen Synapsen bilden und übt hier eine schwache erregende Wirkung aus. Allerdings münden auf jeder Purkinje-Zelle etwa 200 000 Synapsen von Parallelfasern! Die Kleinhirnrinde besitzt auch mehrere Arten von Interneuronen, die alle inhibitorisch wirken. Über die Verbindung zwischen Moosfasern und Körnerzellen erhält das Kleinhirn genaueste Informationen über die Lage und Bewegung von Gliedmaßen, über die gerade stimulierten Hautabschnitte der Körperoberfläche sowie über Hör- und Sehreize. In Kapitel 8 haben wir gesehen, dass es in den somatosensorischen und motorischen Arealen der Großhirnrinde vielfältige „Karten" gibt, die die Hautoberfläche repräsentieren. Auch die Kleinhirnrinde verfügt über solche Karten, sie sind jedoch aufgebrochen und zersplittert, sodass sich ein Teil des Gesichts durchaus neben einem Finger abgebildet finden kann. Die Topologie der Körperoberfläche bleibt in der Kleinhirnrinde, anders als bei den Hautoberflächenkarten der Großhirnrinde, nicht erhalten. Diese *zersplitterte Somatotopik* der Kleinhirnrinde hat Wally Welker von der Universität von Wisconsin genauestens herausgearbeitet.

Die Kleinhirnrinde unterscheidet sich auch noch in anderer Hinsicht von der Großhirnrinde. Der Schaltplan, die cytoarchitektonische Organisation, ist überall in der Kleinhirnrinde einheitlich. In den Kapiteln 1 und 8 haben wir gesehen, dass dies für die Großhirnrinde nicht zutrifft – beispielsweise ist Schicht IV in sensorischen, Schicht V in motorischen Arealen besonders stark ausgeprägt und so fort.

Ein weiteres erstaunliches Merkmal der Kleinhirnrinde ergibt sich aus dem Tatbestand, dass ihre cytoarchitektonische Organisation bei allen Säugern, von der Maus bis zum Menschen, dieselbe ist. Doch wuchs diese außergewöhnlich gleichförmige Struktur in der Evolution genauso rasch, wie sich die Großhirnrinde ausdehnte. Die Fläche der menschlichen Kleinhirnrinde ist riesig; sie kann mit der Fläche der Großhirnrinde konkurrieren, da sie bedeutend stärker gefältelt ist. Das *Neocerebellum,* die entwicklungsgeschichtlich jüngste Region der Kleinhirnrinde, steht mit den in der Evolution jüngst entstandenen Regionen der Großhirnrinde, den Assoziationsfeldern, in Verbindung.

Die außergewöhnliche Organisation der Kleinhirnrinde – die Tatsache, dass die einzigen Ausgangsneuronen, nämlich die Purkinje-Zellen, jeweils nur eine Kletterfaser, aber 200 000 Parallelfasern in Empfang nehmen – gab Anlass zu Spekulationen über ihre mögliche Funktion. Wissenschaftler, die theoretische Modelle neuronaler Systeme erarbeiten, an erster Stelle David Marr vom Massachusetts Institute of Technology, vermuten, dass das Kleinhirn eine Lernmaschine par excellence sei, deren Aufgabe darin bestehe, Gedächtnisspuren für geübte Bewegungen zu formen, zu speichern und wieder abzurufen. Die Pioniere der Neurowissenschaft, die sich mit der grundlegenden funktionellen Organisation des Kleinhirns beschäftigten, Sir John Eccles, Masao Ito und János Szentágothai, formulierten es folgendermaßen:

»Die gewaltige Rechenmaschine des Kleinhirns, der vielleicht mehr Nervenzellen angehören als dem gesamten übrigen Nervensystem, erweckt die Vorstellung, dass die Kleinhirnrinde nicht einfach eine festgelegte Rechenanlage ist, sondern in ihrer Struktur jene Nervenverbindungen beherbergt, die im Zusammenhang mit gelernten Fertigkeiten entwickelt wurden. Wir müssen begreifen, dass das Kleinhirn eine wichtige Rolle bei der Ausführung aller geübten Bewegungen spielt und dass es folglich aus Erfahrung lernen kann, sodass die Weise, in der es jegliche Eingangsinformationen verarbeitet, von dieser „erinnerten Erfahrung" abhängt.« (Eccles, J. C.; Ito, M.; Szentágothai, J. *The Cerebellum as a Neuronal Machine*. New York (Springer) 1967. S. 314.)

Neuere Forschungsergebnisse aus meinem Labor haben bestätigt, dass dies auf das Lernen elementarer motorischer Fertigkeiten in der Tat zutrifft (Kapitel 11).

Die vielleicht wichtigste funktionelle Verbindung des Kleinhirns führt zu den motorischen und somatosensorischen Arealen der Großhirnrinde. Das Cerebellum und der Motorcortex bilden ein mächtiges Schleifensystem, das bei der Kontrolle von Bewegungen ständig aktiv ist. Fasern aus den tiefen Kleinhirnkernen überkreuzen sich und verlaufen aufwärts zu einem großen Kernbereich im Thalamus, wo sie enden. Die Thalamuskerne projizieren auf die motorischen Felder der Großhirnrinde. Es gibt eine sehr genaue Punkt-zu-Punkt-Projektion der Kleinhirnbezirke auf die motorische Rinde. Der Motorcortex entsendet seinerseits Fasern in absteigende Bahnen, um Motoneuronen zu kontrollieren, und viele weitere zu Kernbereichen in der Brücke (Pons) des Hirnstammes, den *Brückenkernen* (Nuclei pontis). Diese wiederum projizieren über die Moosfasern auf das Kleinhirn.

Wenn ein Tier eine willkürliche Bewegung ausführt, sind sowohl die Nervenzellen des Cerebellums als auch die des Motorcortex stark aktiviert. Edward Evarts und seine Kollegen von den National Institutes of Health in den USA verglichen die Aktivität von Nervenzellen in den beiden Strukturen miteinander, während ein trainierter Affe eine Bewegung ausführte. Interessanterweise steigern die Neuronen im Kleinhirn ihre Aktivität vor denen im Motorcortex. Dies lässt vermuten, dass das Kleinhirn dem wie auch immer gearteten Mechanismus, der eine willkürliche Bewegung auslöst, irgendwie „näher" steht.

Die Basalganglien

Bei Säugern sind die Aufgaben einer Gruppe von Hirnkernen, die man Basalganglien nennt (Abbildung 9.12), nicht ganz geklärt. Es handelt sich dabei um eine Gruppe großer Kerne, die in der weißen Substanz des Vorderhirns unterhalb der Großhirnrinde eingebettet sind. Mit vielen Regionen der Großhirnrinde sind sie in großem Umfang verschaltet. Wir wissen, dass sie etwas mit der Bewegungskontrolle zu tun haben. Die Parkinson-Krankheit ist unter den verschiedenen klinischen Syndromen, die bei Menschen als Folge einer Schädigung der Basalganglien auftreten, das bekannteste. Diese chronische und fortschreitende Bewegungsstörung kommt bei ungefähr 100 von 100 000 Menschen der Gesamtbevölkerung vor; allerdings ist die Inzidenz bei älteren Leuten weitaus höher. Die Schwere der Erkrankung variiert sehr stark und reicht von geringen motorischen Problemen bis

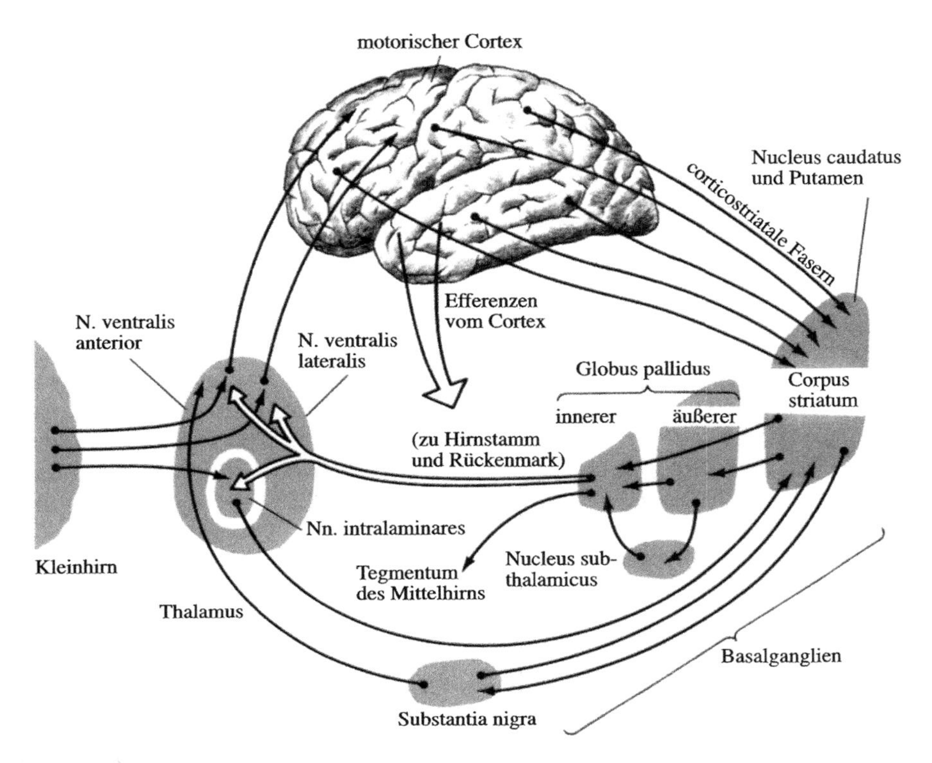

9.12 Hauptverbindungen der Basalganglien: Corpus striatum mit Nucleus caudatus und Putamen, Globus pallidus, Nucleus subthalamicus und Substantia nigra. Die Dopaminbahn von der Substantia nigra zum Nucleus caudatus ist an der Parkinson-Krankheit beteiligt. Die wichtigste Eingangsinformation für die Basalganglien kommt direkt aus verschiedenen Regionen der Großhirnrinde. Der Output der Basalganglien wird hauptsächlich über den Thalamus zu den motorischen Feldern der Großhirnrinde weitergeleitet.

zu einer massiven Behinderung. Vielleicht haben Sie schon einmal ältere Menschen mit dieser Krankheit gesehen; sie machen typischerweise kleine, schlurfende Schritte, gehen gebeugt, und nicht selten führen sie sich wiederholende Bewegungen wie „Pillendrehen" mit den Fingern aus. Das Hauptsyndrom der Parkinson-Krankheit ist die Schwierigkeit, willkürliche Bewegungen in Gang zu setzen und zu Ende zu führen. Das liegt nicht etwa daran, dass die Muskeln zu sehr erschlafft sind; der Muskeltonus kann sogar zu hoch sein, wenn die Muskulatur in Ruhe ist. Betroffene Personen zeigen oftmals ein sichtbares Zittern der Gliedmaßen (Tremor). Mit den heutigen Behandlungsmethoden kann man die Symptome dieser Krankheit erheblich mildern. In der Tat zählen diese Therapien zu den Erfolgsstorys der Grundlagenforschung in den Neurowissenschaften.

Bereits seit längerer Zeit ist bekannt, dass an der Parkinson-Krankheit Anomalien der Basalganglien beteiligt sind. Bei Autopsien zeigten sich im Gehirn von Menschen, die an dieser Krankheit litten, in der Substantia nigra (der „schwarzen Substanz" oder dem schwarzen Kern) deutlich weniger Nervenzellen als normal.

Die *Substantia nigra* ist eine Struktur des Mittelhirns, deren Name darauf beruht, dass ihre Nervenzellen durch das Vorkommen des Pigments Melanin dunkel erscheinen. Der Hauptprojektionsort der Substantia nigra ist der *Nucleus caudatus* (der Schweif- oder Schwanzkern), der ebenfalls zu den Basalganglien gehört. Ein Fortschritt im Verständnis der Parkinson-Krankheit kam mit der Entwicklung der Histofluoreszenzmethode, mit der man Neurotransmitter sichtbar machen kann. Untersuchungen von Gehirnen verstorbener Parkinson-Patienten offenbarten immer wieder einen deutlich verringerten Dopamingehalt in Substantia nigra und Nucleus caudatus (Kapitel 5).

Das ältere Modell der grundlegenden Funktionen der Basalganglien besagte, dass sie eine entscheidende Rolle bei der Initiierung von willentlichen Bewegungen spielen. Abgeleitet wurde dieses Modell von der Tatsache, dass Parkinson-Patienten Schwierigkeiten haben, Bewegungen zu initiieren. Seit man jedoch Aufzeichnungen an einzelnen Nervenzellen lebender, sich normal verhaltender Tiere, besonders Affen, durchführen kann, wurde klar, dass die Neuronen in den Basalganglien im Verhältnis zur Initiation einer Bewegung relativ spät aktiv werden, später als solche in Strukturen wie der Großhirnrinde und dem Kleinhirn. Zur Zeit gibt es mehrere widersprüchliche Hypothesen über die Funktion der Basalganglien. Die ableitenden Bahnen aus den Basalganglien, beispielsweise zum Thalamus (Abbildung 9.12), sind inhibitorisch, was die allgemeine Ansicht stützt, dass sie irgendwie als „Bremse" wirken, um unerwünschte Bewegungen zu verhindern.

Die Entdeckung des niedrigen Dopamingehalts in den Basalganglien von Parkinson-Patienten legte unmittelbar eine Therapie nahe: die Gabe von Dopamin. Entsprechende Versuche blieben jedoch ohne Erfolg. Wie sich herausstellte, durchquert Dopamin die Blut-Hirn-Schranke nicht. L-Dopa jedoch, die Substanz, aus der in den Nervenzellen Dopamin gebildet wird, ist dazu fähig (Kapitel 5). Die Verabreichung von L-Dopa ruft bei vielen Parkinson-Patienten eine dramatische und schnelle Verbesserung hervor. Man nimmt an, dass die erhöhte Menge an L-Dopa die wenigen verbliebenen Dopaminneuronen in der Substantia nigra, die auf den Nucleus caudatus projizieren, dazu befähigt, mehr Dopamin zu bilden, und dadurch normalere Funktionen ermöglicht.

Warum sich die Parkinson-Krankheit bei einigen Leuten ausprägt, bei anderen nicht, bleibt ein Rätsel. Aufgrund bestimmter Hinweise hat man die Möglichkeit erwogen, dass sie die Folge einer bestimmten Form der Grippe sein könnte. Ein Neurologe in Boston hält angeblich eine Kiste „Chivas Regal" für den bereit, der einen Parkinson-Patienten findet, der nicht an jener Grippeform erkrankt war. Beweise für die Grippehypothese gibt es allerdings nicht.

Keine Therapie ist perfekt und kein Medikament ohne Nebenwirkungen. L-Dopa verursacht Appetitlosigkeit, manchmal Übelkeit und Erbrechen sowie andere unangenehme Effekte. Die Nebenwirkungen können mit weiteren Medikamenten bis zu einem bestimmten Grad kontrolliert werden. Vor kurzem tauchten aus den Labors neue Varianten von L-Dopa auf, die viele dieser Nebenwirkungen nicht hervorrufen. In einem Fall wurde auch Dopamin selbst an ein lipophiles (fettlösliches) Trägermolekül gebunden, das die Blut-Hirn-Schranke durchdringen und somit in das Gehirn gelangen kann.

Eine weitere Nebenwirkung von L-Dopa und anderen dopaminhaltigen Medikamenten ist weitaus ernster. Wie wir in Kapitel 5 gesehen haben, kann L-Dopa psychotische Symptome auslösen, die der Schizophrenie ähneln. Der Grund hierfür ist der, dass die Basalganglien nicht das einzige Dopaminsystem im Gehirn sind. Dopaminhaltige Nervenzellen projizieren auch, wie wir in Kapitel 5 gesehen haben, auf das limbische System und die Großhirnrinde. Wenn dieses andere Dopaminsystem bei Opfern der Parkinson-Krankheit normal ausgebildet ist, dann bewirkt die Gabe von L-Dopa dort eine Überproduktion von Dopamin.

Als Langzeitmedikation zur Behandlung von Schizophrenie eingesetzt verursachen einige Dopamin-Antagonisten eine Bewegungsstörung, die man als *tardive Dyskinesie* bezeichnet; diese ist gekennzeichnet durch reflexartige, unwillkürliche, recht bizarre Gesichtsbewegungen der Patienten. Man vermutet, dass die tardive Dyskinesie durch eine kompensatorische Überproduktion von Dopamin in der Projektion der Substantia nigra zu den Basalganglien herrührt. Wenn zu viel Dopamin tatsächlich solche Bewegungsstörungen hervorrufen kann, dann sollten auch Parkinson-Patienten, die über einen längeren Zeitraum mit L-Dopa behandelt wurden, diese Symptome entwickeln – und das wurde wirklich in einigen Fällen beobachtet.

Als sehr hilfreich für die Erforschung der Mechanismen, die der Parkinson-Krankheit zugrunde liegen, erwies sich ein äußerst unglücklicher Zufall. In den achtziger Jahren entwickelten vier junge Drogenabhängige in Nordkalifornien schwere Parkinson-Symptome. Da es ausgesprochen ungewöhnlich ist, dass junge Menschen an der Parkinson-Krankheit erkranken, versuchten die behandelnden Neurologen, der Ursache auf den Grund zu gehen. Wie sich herausstellte, nahmen alle vier eine damals neu entwickelte synthetische Form von Heroin, die mit einer Substanz namens MPTP (1-Methyl-4-phenyl-1,2,5,6-tetrahydropyridin) verunreinigt war. Diese Substanz bewirkte das Absterben von Dopaminneuronen, vor allem in der Substantia nigra. Verabreicht man Affen MPTP, so entwickeln sie ebenfalls die Parkinson-Symptomatik. Bei Affen lassen sich die Symptome der durch MPTP hervorgerufenen Erkrankung durch L-Dopa erfolgreich behandeln, und wie bei einigen menschlichen Patienten kann eine Behandlung mit L-Dopa über eine längere Zeitspanne auch bei Affen unwillkürliche Bewegungsstörungen hervorrufen. Somit haben wir nun zum ersten Mal einen wirklich viel versprechenden Modellfall dieser menschlichen Krankheit bei Tieren.

Seit einiger Zeit versucht man die Parkinson-Krankheit durch Transplantation von Hirngewebe zu behandeln. Bei diesem fast schon heroischen Unterfangen pflanzt man wirklich Gewebe in die entscheidende Region des Gehirns ein, in der Dopaminmangel herrscht. Wie andere Gewebe, so versucht auch das Gehirn, das fremde Gewebe abzustoßen. Daher besteht ein Verfahren darin, patienteneigenes Nebennierengewebe ins Gehirn zu übertragen. Die Zellen der Nebennieren enthalten die zur Catecholaminsynthese notwendigen Enzyme, sodass sie im Gehirn Dopamin herstellen können – falls sie am Leben bleiben. Am meisten verspricht allerdings der Versuch, lebendes Hirngewebe aus dem Dopaminsystem abortiver (fehlgeborener oder abgetriebener) Feten in die kritischen Hirnregionen von Parkinson-Patienten zu implantieren. Fetales Fremdgewebe wird nicht so schnell abgestoßen wie fremdes Gewebe erwachsener Organismen.

Diese Operationsverfahren befinden sich derzeit noch im Experimentalstadium, und es bleibt noch vieles zu erforschen. Unglücklicherweise ist dieses Thema zu einem gewichtigen Politikum geworden. Zahlreiche Menschen (allerdings nicht alle), die Schwangerschaftsabbrüche ablehnen, wenden sich auch gegen die Verwendung des Gewebes abgetriebener Feten in der medizinischen Forschung. Meiner Ansicht nach sollte man diese beiden Gesichtspunkte voneinander trennen. Unabhängig davon, wie man zur Abtreibung steht, ist Gewebe aus legalen Schwangerschaftsabbrüchen verfügbar. Wenn man es nicht für die Forschung nutzt, die damit vielleicht eine erfolgreiche Behandlung für eine zerstörerische und lebensbedrohliche Erkrankung zu entwickeln vermag, wird es ganz einfach weggeworfen.

Der motorische Cortex

Der primäre motorische (oder motorisch-sensorische) Cortex wurde 1871 entdeckt, als Gustav Fritsch und Eduard Hitzig zeigten, dass bei einem Hund eine Reizung des vorderen Teiles der Großhirnrinde Muskelbewegungen der jeweils entgegengesetzten Körperseite auslöste. Wie sich herausstellte, ist diese Rindenregion, in der als Betz-Zellen bezeichnete Riesenneuronen vorkommen, in erster Linie mit der Steuerung von Bewegungen befasst.

Die elektrische Reizung bestimmter Punkte auf dem motorischen Cortex bei narkotisierten Tieren und Menschen offenbart eine sehr detaillierte und vollständige Karte der Bewegungen von Gliedmaßen, Gesicht und Körper. Die Schemazeichnungen der Abbildung 9.1 geben die Körperregionen wieder, die sich bei Reizung des jeweiligen Rindenbezirks bewegen. Man erkennt, dass die primäre motorische Rinde in vielerlei Hinsicht ein Spiegelbild des somatosensorischen Cortex darstellt. Das Muster der Repräsentation von Bewegungen auf dem motorischen Cortex zeigt beim Menschen eine deutliche Vergrößerung der Kontrollregionen für Hände, Lippen und Zunge, wie das auch für den somatosensorischen Cortex der Fall ist. Der Bezirk für die Hand auf dem menschlichen Motorcortex ist viel ausgedehnter als bei irgendeiner anderen Art. Jede Region des primären motorischen Cortex kontrolliert Muskeln auf der Gegenseite des Körpers.

Die verzerrten Vergrößerungen in den Repräsentationen bestimmter Körperteile korrelieren, wie wir das schon beim somatosensorischen Cortex gesehen haben, eng mit dem Gebrauch des entsprechenden Körperbereichs beim Verhalten. Menschen setzen ihre Lippen und ihre Zunge sowie ihre Hände weit häufiger und mit einer viel feineren Motorik ein als andere Tiere. Entsprechend hat sich der Motorcortexbereich, der diese Bewegungen repräsentiert, stark vergrößert, um für eine gute und exakte Kontrolle zu sorgen. Bei der Ratte ist die Region, die Kopf-, Nasen- und Schnurrhaarbewegungen repräsentiert, vergrößert, was ihre Art und Weise, die Welt zu erkunden, unterstützt – genau wie das für ihren somatosensorischen Cortex zutraf.

Wir haben bislang die Bewegungskontrollfunktion des Motorcortex betont, ihm fließen aber auch sensorische Informationen zu. Andererseits können durch Reizung des somatosensorischen Cortex auch Bewegungen ausgelöst werden. Die Kartierung von Muskeln und Bewegungen auf dem Motorcortex entspricht eng der Repräsentation der Körperoberfläche auf dem unmittelbar hinter ihm gelegenen somatosensorischen Cortex; die beiden Repräsentationen sind praktisch Spiegelbilder voneinander. Das motorische und das somatosensorische Feld der

Großhirnrinde sind somit in Organisation und Funktion beide sowohl sensorisch als auch motorisch; das eine ist jedoch sensorischer, das andere motorischer in seiner Funktion – daher die Unterscheidung.

Bei unserer Erörterung des Motorcortex haben wir uns bisher in erster Linie mit Bewegungen befasst, die durch elektrische Reizung ausgelöst wurden. Das gibt natürlich nicht unbedingt die wesentlichen Aufgaben des Motorcortex bei der Bewegungssteuerung wieder. Die Entfernung des primären motorischen Cortex führt bei Menschen zum Verlust besonders akkurater und geschickter Bewegungen, besonders solcher von Fingern und Hand. Ältere Untersuchungen von Karl Lashley zeigten, dass der Motorcortex, obwohl er für genaue oder diffizile Bewegungen notwendig ist, beim Erlernen oder Behalten bestimmter Abfolgen von Bewegungen keine wesentliche Rolle spielt. Lashley trainierte Affen darauf, Geschicklichkeit erfordernde Tätigkeiten auszuführen – etwa das Öffnen eines komplizierten Kastens –, um an Futter zu gelangen. Dann entfernte er ihren Motorcortex. Nachdem die anfängliche Lähmung abgeklungen war, zeigten die Tiere wieder die richtige Abfolge von Reaktionen, die notwendig war, um die Belohnung zu bekommen. Ihre Bewegungen waren zwar unbeholfen und ungeschickt, aber sie erfolgten in der richtigen Reihenfolge.

Bisher haben wir uns auf den primären motorischen Cortex konzentriert. In Wirklichkeit gibt es aber noch mehrere weitere Bezirke des Cortex, die in großem Umfang an der Kontrolle von Bewegungen beteiligt sind. Zwei wichtige Bezirke, die bei Menschen und Affen genau vor dem primären motorischen Cortex liegen, sind der prämotorische Cortex und der supplementärmotorische Cortex (Abbildung 9.13). Nach gegenwärtigem Stand unterscheidet man im Bereich vor der Zentralfurche von Menschen und Affen sogar etwa neun motorische Areale. Zusätzlich gibt es parietale Assoziationsregionen, die am Vorderende der dorsalen Sehbahn und hinter dem primären somatosensorischen Cortex liegen und in großem Umfang an komplexen Bewegungsabläufen beteiligt sind, etwa als Auslöser für Bewegungen, um an gesehene Gegenstände zu gelangen.

Sowohl der prämotorische als auch der supplementärmotorische Cortex sind eindeutig motorische Bezirke. Man könnte sie beim Menschen sogar für noch bedeutender halten als den primären motorischen Cortex. Bei Affen sind primärer motorischer und prämotorischer Cortex etwa gleich groß; bei Menschen ist das prämotorische Areal jedoch sechsmal größer. Der prämotorische Cortex ist für die zeitliche Steuerung von Bewegungen, insbesondere von willentlichen Bewegungen, zuständig. Der supplementärmotorische Cortex scheint in viel größerem Umfang an der Erzeugung von Sprachlauten beteiligt zu sein als der primäre motorische Cortex. Am ehesten kann man diese zusätzlichen motorischen Bereiche im Zusammenhang mit zunehmend komplexeren und kognitiven Aspekten der Bewegungskontrolle sehen – im Gegensatz zu den sehr diskreten tatsächlichen Bewegungen, die im primären motorischen Cortex verschlüsselt sind.

Zwei wichtige aus dem Motorcortex absteigende Systeme vermitteln die Kontrolle der Rinde über Bewegungen. Bei dem einen System, der *Pyramidenbahn,* liegen die Zellkörper überwiegend im Motorcortex, und die Axone ziehen zu den cranialen motorischen Kernbereichen und den motorischen Regionen des Rückenmarks hinab. Viele dieser Axone entsenden allerdings auf etliche subcorticale Ebenen noch Kollateralen (Seitenäste), über die sie andere Hirnregionen beeinflussen.

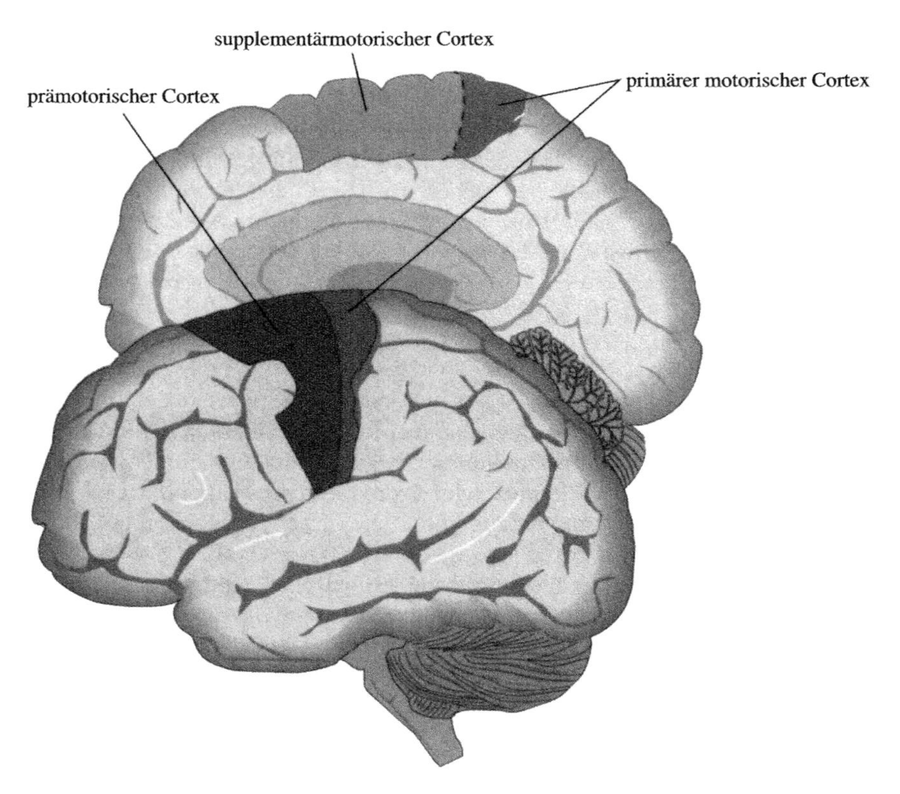

9.13 Motorische Bezirke des Primatengehirns. Das Affengehirn zeigt nach links; die untere Darstellung zeigt eine Seitenansicht, die obere einen Schnitt durch die Mittellinie. Der supplementärmotorische und der prämotorische Cortex lassen sich anhand ihres histologischen Aussehens und ihrer Funktionen noch weiter unterteilen.

Das zweite System, das vom Motorcortex ausgeht, ist nach dem Ausschlussprinzip definiert: Es besteht aus allen übrigen absteigenden motorischen Bahnen, die man willkürlich unter der Bezeichnung *extrapyramidales System* zusammenfasst. Die Existenz des zweiten Bahnensystems wird durch die Tatsache belegt, dass eine Reizung der Großhirnrinde nach vollständiger beidseitiger Zerstörung der Pyramidenbahn Bewegungen hervorrufen kann. Obwohl die Fasern der absteigenden Bahnen zum großen Teil dem Motorcortex entstammen, kommen auch einige aus anderen Rindenregionen, insbesondere aus dem somatosensorischen Cortex und bestimmten Assoziationsfeldern.

Die Pyramidenbahn hat aufgrund ihres späten Erscheinens im Verlauf der Evolution Interesse erregt. Am weitesten ist sie bei Säugern entwickelt, insbesondere bei Primaten. Angesichts des corticalen Ursprungs der Pyramidenbahn ist es nicht allzu überraschend, dass sie in der Evolution eine späte Erfindung ist. Interessanterweise bildet ein beträchtlicher Teil der Fasern der Pyramidenbahn bei Primaten einschließlich des Menschen, nicht aber bei anderen Säugetieren, monosynaptische Verbindungen mit den Motoneuronen des Rückenmarks aus. Der Motorcortex übt dadurch eine direkte und starke Kontrolle über diese Motoneuronen aus.

Die Pyramidenbahn scheint bei der Ausführung von Bewegungen, die hohe Geschicklichkeit erfordern, eine wesentliche Rolle zu spielen. Durchtrennt man bei Schimpansen und niederen Affen die Pyramidenbahn beidseitig, so kommt es zu einer Beeinträchtigung der Bewegungsgenauigkeit. Während die Tiere eine Bewegung ausführen, sind sie nicht in der Lage, diese reibungslos abzuändern. Gröbere Bewegungen des Körpers sind dagegen nicht sonderlich beeinträchtigt: Affen mit vollständig durchtrennter Pyramidenbahn können relativ normal laufen, klettern und umherspringen. Andererseits gibt es in der klinischen Literatur einen Bericht über einen Konzertpianisten, der geübte Klavierstücke auch nach Beschädigung der Pyramidenbahn noch spielen konnte.

Ein Beispiel für das Entladungsmuster einer Pyramidenbahnzelle im Motorcortex während einer kleinen Bewegung ist in Abbildung 9.14 dargestellt; sie stammt aus den Untersuchungen von Edward Evarts und seinen Mitarbeitern an den Natural Institutes of Health. Der getestete Affe hatte gelernt, eine Telegrafentaste zu drücken, sobald ein Licht aufleuchtete. Immer wenn das Licht anging, stieg die Aktivität der Pyramidenbahnzelle schnell an; im Motorcortex war die Entladung nach ungefähr 150 Millisekunden zu registrieren. Die tatsächliche Bewegung im Handgelenk setzte 250 Millisekunden, also eine viertel Sekunde, nach dem Anschalten des Lichtes ein. Somit ging das Feuern der Motorcortexzelle dem Bewegungsbeginn um ungefähr 100 Millisekunden voraus.

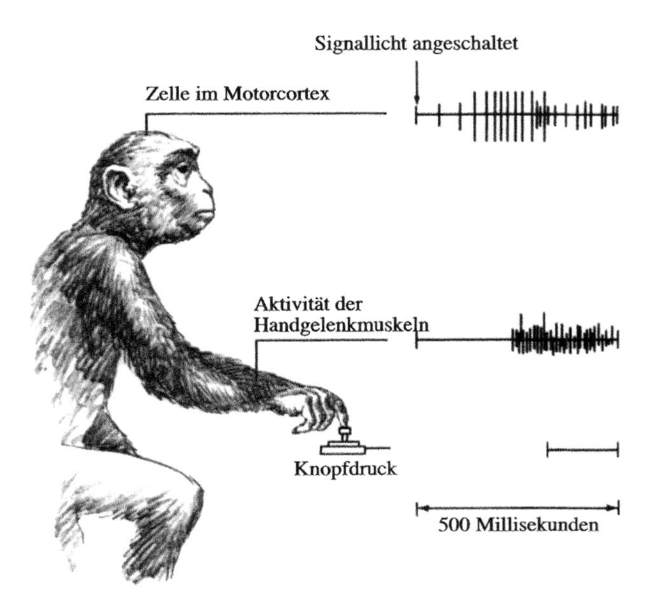

9.14 Der Affe ist darauf trainiert, eine Taste zu drücken, sobald ein Signallicht aufleuchtet. Die Zelle im motorischen Cortex beginnt ungefähr 150 Millisekunden nach dem Anschalten des Lichtes zu feuern, etwa 100 Millisekunden, bevor die Muskelaktivität einsetzt.

Das zeitliche Muster der Aktivität der Motorcortexzelle in Beziehung zu der Verhaltensreaktion war etwas überraschend. Allgemein galten der Motorcortex und die übrige Großhirnrinde als die höchsten Hirnregionen, in denen die abstraktesten Aspekte von Verhalten und Erfahrung verschlüsselt und analysiert werden. Für den Motorcortex scheint das jedoch nicht zuzutreffen. Die Reaktionen der Zellen dort sind sehr eng mit der tatsächlichen Ausführung von Feinbewegungen gekoppelt. Sie antworten zwar durchaus, bevor die jeweilige Bewegung einsetzt, aber lange nachdem der Affe den Entschluss dazu gefasst hat: Der Motorcortex ist mit der eigentlichen Ausführung von Feinbewegungen befasst, nicht mit den vorausgehenden Prozessen, die das Tier erst zu der entsprechenden Entscheidung führen.

Eine sehr grundlegende Frage zu den Funktionen der Großhirnrinde betrifft das „Auslesen" der Information. Wie wird die Information aus den vielen Millionen Nervenzellen des Motorcortex im Gehirn zusammengesetzt, sodass eine einzelne, präzise Bewegung entsteht? Nehmen wir an, Sie brächten einem Affen bei, eine kleine Lichtquelle irgendwo vor sich in seiner Reichweite zu berühren. Nun zeichnen Sie die Aktivität einzelner Neuronen seines Motorcortex auf, während das Tier seine Hand in eine bestimmte Richtung ausstreckt. Leiten Sie die Impulse einer Nervenzelle ab, die gerade feuert, wenn das Tier zur Bewegung ausholt, so erwarten Sie möglicherweise, dass dieses bestimmte Neuron nur dann reagiert, wenn der Affe in diese bestimmte Richtung greift. Elegante Studien von Apostolos Georgopoulis und Mitarbeitern an der Johns-Hopkins-Universität enthüllten, dass etwas ganz anderes passiert. Über einen weiten Bereich hinweg antwortete jedes Neuron, dessen Aktivität sie aufzeichneten, in welche Richtung der Affe auch greifen mochte. Woher wusste der Affe dann aber, wohin er tatsächlich greifen sollte? Diese Frage erinnert an die Diskussion der „Großmutter"-Zelle in der Sehrinde, die wir in Kapitel 8 führten. (Auf den motorischen Cortex übertragen, hieße die Existenz von „Großmutter"-Zellen, dass es für jede bestimmte Greifrichtung jeweils eine Nervenzelle gäbe.)

Georgopoulis' Untersuchungen zufolge gibt es keine „Großmutter"-Neuronen im Motorcortex. Es trifft nicht zu, dass jede Bewegungsrichtung exakt durch eine Neuronengruppe verschlüsselt wird. Addiert man jedoch das breite Band bevorzugter Bewegungen eines jeden Neurons für alle Nervenzellen zusammen, so erhält man ein überraschendes Ergebnis: Die Summe der Reaktionen (also der resultierende Vektor) aller Nervenzellantworten auf die Greifbewegung in eine vorgegebene Richtung sagt den Zielort mit großer Genauigkeit voraus (Abbildung 9.15). Die Aktivität aller beteiligten Neuronen zusammengenommen verschlüsselt präzise die Bewegungsrichtung. Einzelne Zellen des motorischen Cortex sind eher grob als fein auf die Bewegungsrichtung abgestimmt, was man manchmal als „Grobverschlüsselung" (*coarse coding)* bezeichnet; doch wird die Bewegungsrichtung eindeutig und genau durch eine Nervenzellpopulation verschlüsselt, die auf Richtungen uneinheitlich reagiert.

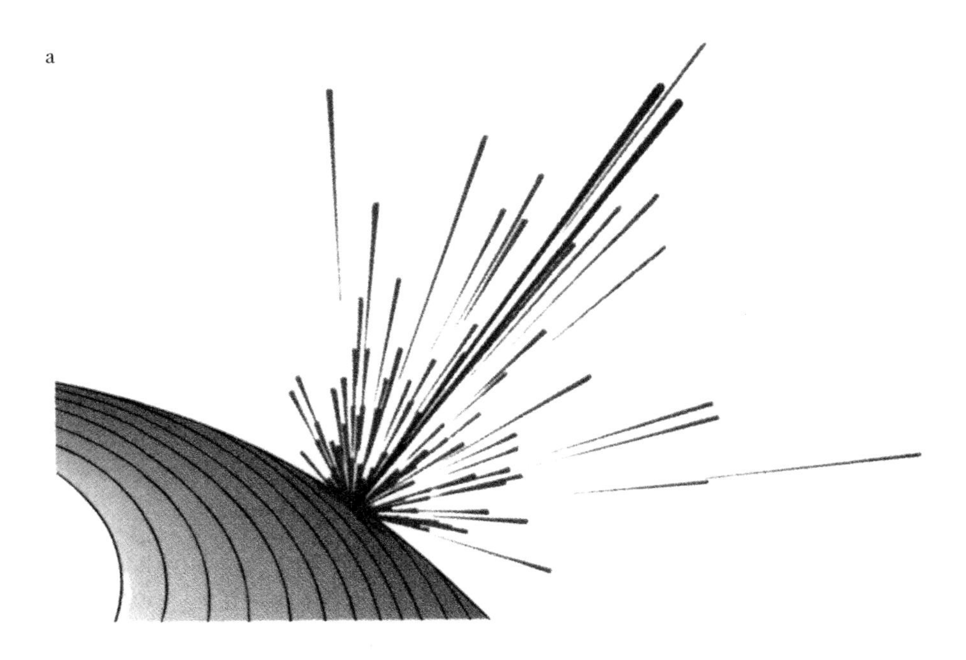

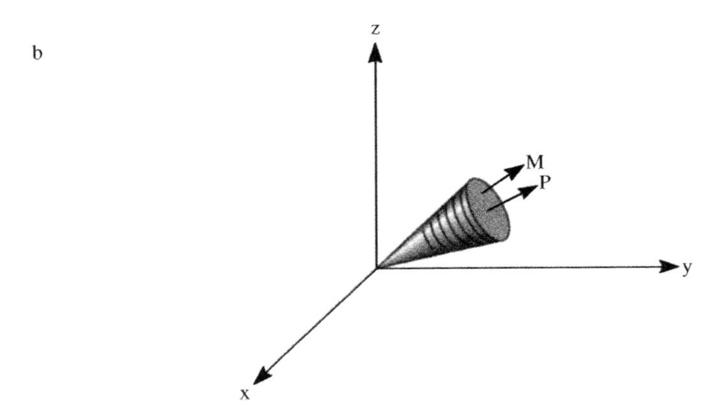

9.15 a) Schar der „Bewegungsvektoren" von 224 Zellen im Motorcortex eines Affen. Jede dieser Zellen feuerte, wenn der Affe in verschiedene eng benachbarte Richtungen griff; tendenziell am stärksten war die Reaktion aber für eine ganz bestimmte Richtung, die mit der tatsächlichen Bewegungsrichtung (breite Linie) nicht unbedingt eng übereinstimmen musste. Addiert man jedoch alle einzelnen Richtungsvektoren, so zeigte der resultierende Vektor (breiteste Linie) die tatsächliche Bewegungsrichtung exakt an. b) Darstellung des 95-Prozent-"Konfidenzkegels" (der statistischen Signifikanz) um die Resultierende P. Der Vektor M der Bewegungsrichtung liegt innerhalb des Kegels.

Bewegungskontrollsysteme im Gehirn

Als sich aus den Arbeiten von Evarts herauskristallisierte, dass der Motorcortex viel stärker mit der genauen Ausführung von willkürlichen Feinbewegungen befasst ist als mit ihrer Initiation, begann man, auch andere motorische Einheiten des Gehirns mit Evarts Technik zu untersuchen. Die wichtigsten für Bewegungsabläufe zuständigen Strukturen des Gehirns sind in Abbildung 9.16 dargestellt, zusammen mit einigen der wesentlichen Verbindungsbahnen.

Nervenzellen im Kleinhirn beginnen ihre Aktivität lange vor den Zellen des Motorcortex zu erhöhen, wenn eine Bewegung initiiert wird. Eine Abkühlung des entsprechenden Kleinhirnbezirks bei Affen stört und verlangsamt spürbar die Initiation willkürlicher und erlernter Geschicklichkeit erfordernder Bewegungen. Das Kleinhirn ist, wie wir oben festgestellt haben, stark mit dem Motorcortex verbun-

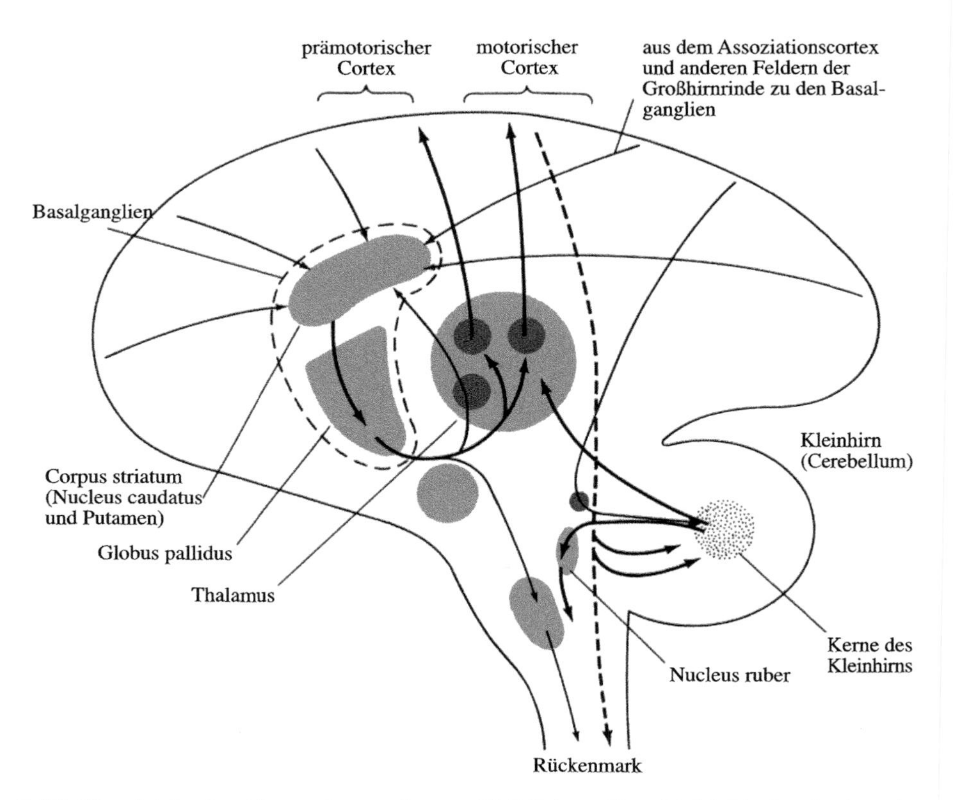

9.16 Die wichtigsten Hirnsysteme, die an willkürlichen, Geschicklichkeit erfordernden Bewegungen beteiligt sind. Sie könnten – vereinfacht dargestellt – wie folgt zusammenarbeiten: Nehmen wir an, dass die ursprüngliche Entscheidung, eine Bewegung durchzuführen, im Assoziationscortex fällt. Sie kann auf direktem Wege an die Basalganglien und weniger direkt an das Kleinhirn weitergegeben werden. Basalganglien und Kleinhirn erhöhen ihre Aktivität und aktivieren ihrerseits über den Thalamus die motorischen Felder der Großhirnrinde. Der Motorcortex wirkt dann auf Motoneuronen im Rückenmark ein, um den entsprechenden Bewegungsvorgang auszulösen.

den. Interessanterweise zeigen auch Neuronen in den Basalganglien bei der Initiation einer willkürlichen Bewegung eine frühe Aktivitätszunahme.

Wichtige Untersuchungsergebnisse von Vernon Mountcastle und seinen Kollegen an der Johns-Hopkins-Universität weisen darauf hin, dass eine Region des parietalen Assoziationscortex, die direkt neben dem primären somatosensorischen Cortex liegt, bei Affen – und analog dazu beim Menschen – ebenfalls von großer Bedeutung für die Initiation von Bewegungen sein kann. So werden Nervenzellen in dieser Region aktiv, wenn ein Affe einen Gegenstand betrachtet und sich dann nach ihm streckt; sie werden dagegen nicht aktiviert, wenn man dem Tier den Gegenstand nur vorhält oder wenn man seine Gliedmaßen passiv bewegt. Das Tier muss den Gegenstand sehen und die Entscheidung treffen, nach ihm zu greifen, damit die Nervenzellen im Assoziationscortex aktiviert werden. Diese „Intentions"-Neuronen sind in Säulen angeordnet. Eine Säule von Zellen reagiert, wenn der Affe seine Augen aktiv auf den Gegenstand richtet, eine andere, wenn er beginnt, seinen Arm auszustrecken, eine weitere, wenn seine Hand den Gegenstand berührt, und so fort. Es gibt mindestens sechs solcher funktioneller Säulentypen und natürlich zahlreiche Säulen jedes Typs. Zumindest bei Primaten scheint also die Entscheidung, eine willkürliche Bewegung auszuführen, zum Teil in der Assoziationsrinde zu entspringen.

Neuere Arbeiten von Mountcastle und seinen Mitarbeitern widmeten sich der Frage, wie diese „visuellen Intentions"-Neuronen einen optischen Reiz verschlüsseln. Einzelne Nervenzellen sind auf die Richtung der Sehreize grob abgestimmt – jede von ihnen reagiert auf Stimuli aus einer Vielzahl von Ursprungslokalisationen. Addiert man jedoch die Reaktionen dieser Nervenzellpopulation, so sagt der resultierende Vektor die Richtung, aus der der Reiz stammt, sehr genau voraus. Genau dieses Prinzip – nämlich Grobverschlüsselung durch einzelne Nervenzellen, aber Feinabstimmung durch eine Gesamtheit von Neuronen – haben wir schon für jene Nervenzellen des Motorcortex beschrieben, deren Aufgabe es ist, die Richtung einer Greifbewegung zu verschlüsseln.

Das Erlernen von Geschicklichkeit erfordernden Bewegungen und die Erinnerung daran

Die vorliegenden Beweise sprechen dafür, dass das Kleinhirn eine wesentliche Rolle für das assoziative Lernen und die Erinnerung an grundlegende, Geschicklichkeit erfordernde Bewegungen spielt. Wie sieht es aber mit komplexen Bewegungen aus, die besonders viel Geschick erfordern? Okihide Hikosaka und Mitarbeiter in Japan warfen vor kurzem durch eine Versuchsreihe Licht auf diese wichtige Frage. Sie brachten Affen eine Reihe sehr komplizierter visuell-motorischer Aufgaben bei, die sehr viel Geschicklichkeit erfordern; die Affen mussten so schnell wie möglich eine bestimmte Tastenfolge auf einer Tastatur eintippen, um mit Saft belohnt zu werden. Es dauerte ziemlich lange, bis sie die einzelnen Abfolgen gelernt hatten – die Tiere arbeiteten über ein Jahr an diesen Aufgaben. Zum Zeitpunkt des entscheidenden Experiments hatten sie einige der Aufgaben gelernt und etwa ein Jahr lang ständig wiederholt, bis zu einem Punkt, an dem sie automatisiert waren. Andere lernten sie gerade.

In den entscheidenden Experimenten wurden bestimmte Gehirnregionen reversibel inaktiviert, während die Tiere ihre Aufgaben ausführten. Zur Inaktivierung verabreichte man eine kleine Menge des $GABA_A$-Agonisten Muscimol (Kapitel 4). Diese Substanz aktiviert $GABA_A$-Rezeptoren und hyperpolarisiert Neuronen über einen Zeitraum von etwa zwei Stunden, wodurch diese völlig abgeschaltet werden. Anschließend erholen sich die Neuronen wieder in vollem Umfang. Das Muscimol wurde über Dauerkanülen verabreicht (Abbildung 9.17).

Durch Inaktivierung einer entscheidenden Region des prämotorischen Cortex wurde die Leistung des Affen bei Aufgaben, die gerade erst gelernt wurden, deutlich beeinträchtigt, während sie sich bei gut gelernten Aufgaben nicht leistungsmindernd auswirkte. Andererseits ließ sich das Abschneiden bei nachhaltig gelernten Aufgaben merklich beeinträchtigen, indem man eine ausschlaggebende Region des Kleinhirns (den Nucleus interpositus) inaktivierte, während gerade gelernte Aufgaben davon unberührt blieben.

Aus diesen Ergebnissen lässt sich logisch folgern, dass der Neocortex – vor allem der prämotorische Cortex – eine wichtige Rolle für das Erlernen komplexer visuell-motorischer Aufgaben spielt, die viel Geschicklichkeit erfordern. Das

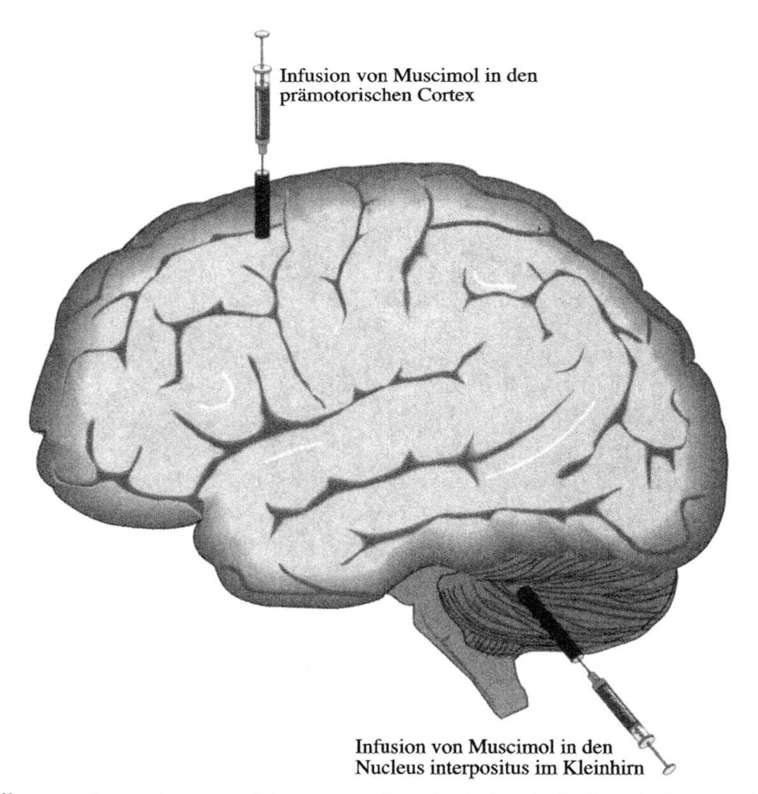

9.17 Affen wurden sehr komplizierte visuell-motorische Aufgaben beigebracht. Einige dieser Aufgaben lernten sie sehr nachhaltig, andere hatten sie gerade erst gelernt. Nun inaktivierten die Versuchsleiter entweder den prämotorischen Cortex oder den Nucleus interpositus im Kleinhirn (durch Infusion mit Muscimol) reversibel, während das Tier beide Formen von Aufgaben ausführte. Für weitere Einzelheiten siehe Text.

Kleinhirn ist hingegen der Ort, an dem letztendlich die Erinnerungsbilder (Engramme) gespeichert werden, wenn eine Aufgabe nachhaltig gelernt wurde. Dies stimmt mit der generellen Beobachtung überein, dass das Erlernen einer neuen motorischen Aufgabe (beispielsweise eines Golfschlages) Konzentration und Aufmerksamkeit (also ein Mitwirken der Großhirnrinde) erfordert. Am besten ist es jedoch, über einen geübten Schlag gar nicht nachzudenken, sondern ihn einfach ablaufen zu lassen (Kleinhirn). Die Indizien dafür, dass das Kleinhirn an Lernen und Gedächtnis beteiligt ist, sind relativ neu und bilden eine aufregende Geschichte, die in Kapitel 11 ausführlicher diskutiert wird.

Zusammenfassung

Man kann den Standpunkt vertreten, dass es die Hauptaufgabe des Gehirns ist, adaptives Verhalten zu erzeugen – nämlich Bewegungen. Tatsächlich wirken eine Reihe von Hirnsystemen ganz entscheidend dabei mit, Bewegungen zu erzeugen und zu steuern. Der Übersichtlichkeit halber betrachtet man diese Systeme zur motorischen Steuerung am besten als eine Rangordnung von Funktionsträgern. Auf der untersten Ebene rangieren die Muskeln selbst mit den Rückenmarksreflexen, die eine Basiskontrolle über sie ausüben. Die quergestreiften oder Skelettmuskeln werden von Fasern der Motoneuronen aktiviert, wobei ACh als Überträgersubstanz fungiert. Auf eine Erregung antwortet die einzelne Muskelfaser mit einer Alles-oder-Nichts-Reaktion. Doch ist die Gesamtreaktion des Muskels, der sich aus vielen Fasern zusammensetzt, natürlich abstufbar. Bei dem Vorgang, der der Muskelkontraktion zugrunde liegt, aktivieren Calciumionen die Aktin- und Myosinproteine, sodass sie sich miteinander verbinden und die Aktin- und Myosinfilamente aneinander entlanggleiten.

Muskeln verfügen über verschiedene Arten von Sinnesorganen: Sehnenorgane, deren Rezeptoren auf Spannung ansprechen, und Muskelspindeln, deren Rezeptoren auf eine Dehnung des Muskels reagieren. Zwei Typen motorischer Nervenfasern versorgen die Muskeln: Fasern der Alpha-Motoneuronen bringen die extrafusale Muskulatur zur Kontraktion, während Fasern der Gamma-Motoneuronen, die an den intrafusalen Muskelfasern ansetzen und die Muskelspindeln zur Kontraktion bringen, die Dehnungsrezeptoren in den Spindeln und über diese dann auch die Alpha-Motoneuronen aktivieren. Motorische Systeme des Gehirns können also auf Alpha-Motoneuronen einwirken, um Bewegungen auszulösen, oder auf Gamma-Motoneuronen, wodurch nicht unbedingt eine Bewegung entstehen muss, der Muskel jedoch reaktionsbereiter wird. Die so genannte Gamma-Schleife ruft den monosynaptischen Reflex (beispielsweise den Patellarsehnenreflex) hervor: Der Schlag auf eine Sehne dehnt die Muskelspindeln, deren sensible Fasern direkt (über nur eine Synapse) mit den Alpha-Motoneuronen verbunden sind. Diese Reflexschleife dient hauptsächlich dazu, die Muskelspannung und Körperhaltung aufrechtzuerhalten und situationsangemessen zu verändern. Der Beugereflex ist ein polysynaptischer (mehrere hintereinanderliegende Synapsen einbeziehender) Schutzreflex, der die Gliedmaßen aus dem Einflussbereich schmerzhafter und potenziell gefährlicher Reize bringt.

Das Kleinhirn ist ein sehr großes Gebilde, das sich bei Wirbeltieren schon früh in der Evolution entwickelt hat. Wahrscheinlich war es die erste spezialisierte Hirnstruktur für die Kontrolle und Koordination von Bewegungen. Das Kleinhirn ist sehr stark gefältelt und weist eine mehrere Zellen dicke Rindenschicht auf, deren Fläche es mit der des Großhirns aufnehmen kann. Die Kleinhirnkerne liegen in der weißen Substanz des Kleinhirns verborgen und bilden (zusammen mit den Vestibulariskernen) die einzigen Nervenfaserausgänge, die vom Kleinhirn zu anderen Hirnsystemen ziehen. Eingangssignale erhält das Kleinhirn über zwei wichtige Fasersysteme: über die Kletterfasern, die von der unteren Olive zur Kleinhirnrinde (mit einer Eins-zu-Eins-Verschaltung auf die Purkinje-Zellen) und zu den Kleinhirnkernen ziehen, sowie über die Moosfasern aus den Brückenkernen und anderen Quellen. Die Kletterfasern versorgen das Kleinhirn hauptsächlich mit somatosensorischen Informationen und arbeiten offensichtlich als System zur Fehlerkorrektur; die Moosfasern informieren die Kleinhirnkerne und (via Parallelfasern) die Kleinhirnrinde ausführlich über den Zustand der Muskulatur, die Bewegungen der Gliedmaßen sowie über Hör- und Sehinformationen. Purkinje-Zellen sind die einzigen Nervenzellen, die Nachrichten aus der Kleinhirnrinde hinausleiten. Allerdings ziehen ihre Fasern lediglich zu den Kleinhirnkernen (und den Vestibulariskernen), und ihre einzige Aufgabe besteht darin, ihre Zielneuronen zu hemmen. Modelle des Kleinhirns veranschaulichen, dass es, um geschickte Bewegungen zu erlernen und im Gedächtnis zu speichern, in etwa wie eine „Lernmaschine" funktionieren könnte; diese Sichtweise wird durch neuere Forschungsergebnisse nachhaltig bestätigt.

Die Basalganglien sind große Nervenzellansammlungen in der Tiefe des Vorderhirns. Sie sind, wie das Kleinhirn, eng mit der Großhirnrinde verbunden. Schädigungen der Basalganglien führen zu ernsthaften Bewegungsstörungen; am bekanntesten dürfte hier die Parkinson-Krankheit sein. Die größten Schwierigkeiten bereitet es Parkinson-Patienten, willkürliche Bewegungen in Gang zu setzen, aber auch der Bewegungsablauf ist gestört. Die Parkinson-Krankheit entsteht, wenn dopaminhaltige Nervenzellen der Substantia nigra, deren Fasern die Basalganglien versorgen, zugrunde gehen. Einige Drogenabhängige, die sich zufällig die Substanz MPTP verabreichten, entwickelten Parkinson-Symptome – die Substanz zerstörte Domapinneuronen in der Substantia nigra. Das Gleiche hat sich in Experimenten an Affen bestätigt, wodurch nun zum ersten Mal ein guter Modellfall dieser Krankheit bei Tieren vorliegt.

Die motorischen Felder der Großhirnrinde sind bei Primaten und Menschen am stärksten ausgeprägt. Von hier leiten ihre Nervenzellen die Ausgangssignale direkt, das heißt monosynaptisch, an Alpha-Motoneuronen weiter. Die primäre motorische Rinde (und die Pyramidenbahn) scheinen hauptsächlich an der unmittelbaren Steuerung Geschicklichkeit erfordernder Bewegungen, insbesondere des Mundes, der Hände und der Finger, beteiligt zu sein. Aus neueren Forschungsergebnissen lässt sich schließen, dass nicht die einzelnen Nervenzellen des Motorcortex die Richtung einer Greifbewegung (wenn beispielsweise ein Affe nach einem Gegenstand langt) sehr präzise verschlüsseln; vielmehr gibt der resultierende Vektor aus den Greifrichtungen, die diese Neuronen bevorzugen, die tatsächliche Bewegungsrichtung mit großer Exaktheit an (Feinabstimmung auf der Grundlage von Grobverschlüsselung). Bezüglich der Initiation von Willkürbewegungen herrscht noch ziemliche Ungewissheit, doch weisen Befunde darauf hin, dass der Anstoß, der die willkürlichen Bewegungen von Primaten in Gang setzt (wenn sie beispielsweise nach einem Gegenstand, den sie sehen, greifen), möglicherweise aus corticalen Assoziationsfeldern des Scheitellappens stammt.

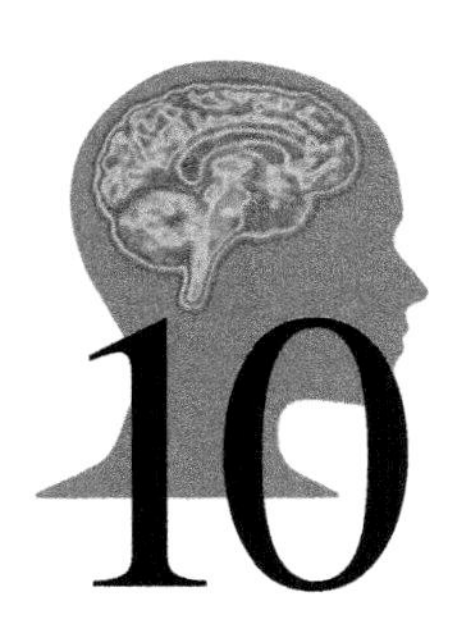

10

Der Lebenszyklus des Gehirns: Entwicklung, Plastizität und Altern

Das menschliche Gehirn wächst und entwickelt sich aus einer befruchteten Eizelle zu einer Struktur mit Milliarden von Nervenzellen, die unzählige Synapsen, Bahnen und Schaltkreise ausbilden. Im Verlauf der neunmonatigen Entwicklung im Mutterleib (Abbildung 10.1) vergrößert sich das Gehirn der menschlichen Frucht mit der erstaunlichen Geschwindigkeit von 250 000 Nervenzellen pro Minute. Die Milliarden von Zellen des Zentralnervensystems entwickeln sich auf eine zunächst chaotisch erscheinende Weise und wandern dann zu ihren festgelegten Zielen. Die wichtigsten Schaltkreise im Gehirn sind praktisch bei allen Säugetieren gleich: Es gibt einen hohen Grad an „Vorherbestimmung" oder „fester Verdrahtung" im Säugerhirn. Die Pläne hierfür stammen natürlich letzten Endes von den Genen sowie den Wechselwirkungen, die diese im Laufe der Entwicklung des Organismus von der befruchteten Eizelle zum Erwachsenen mit ihrer intrazellulären Umgebung, dem Cytoplasma, eingehen.

Momentan schätzt man die Gesamtzahl der Gene in der menschlichen DNA auf rund 30 000 (einst nahm man bis zu 100 000 Gene an). Vielleicht etwa die Hälfte dieser Gene übt ihre Funktion ausschließlich im Gehirn aus; dies lässt ahnen, wie enorm komplex die genetische Kontrolle über das Gehirn und seine Entwicklung ist. Vielleicht glauben Sie, die Gene bestimmten die Verknüpfungen zwischen den Nervenzellen des Gehirns exakt vorher, doch sprechen schon einfache Berechnungen gegen diese Annahme. Das menschliche Gehirn besitzt im wahrsten Sinne des Wortes Billionen von Synapsen, viel zu viele, als dass die Gene sie bis in alle Einzelheiten vorgeben könnten.

Das gegenwärtig am vollständigsten beschriebene Nervensystem gehört einem wenig anmutigen Geschöpf, dem Fadenwurm *Caenorhabditis elegans*. Er besitzt 302 Nervenzellen und rund 7 000 Synapsen, die alle identifiziert worden sind. In diesem einfachen und ursprünglichen Wirbellosen scheinen alle synaptischen Verknüpfungen in der Tat durch die Gene festgelegt zu sein. Das Nervensystem

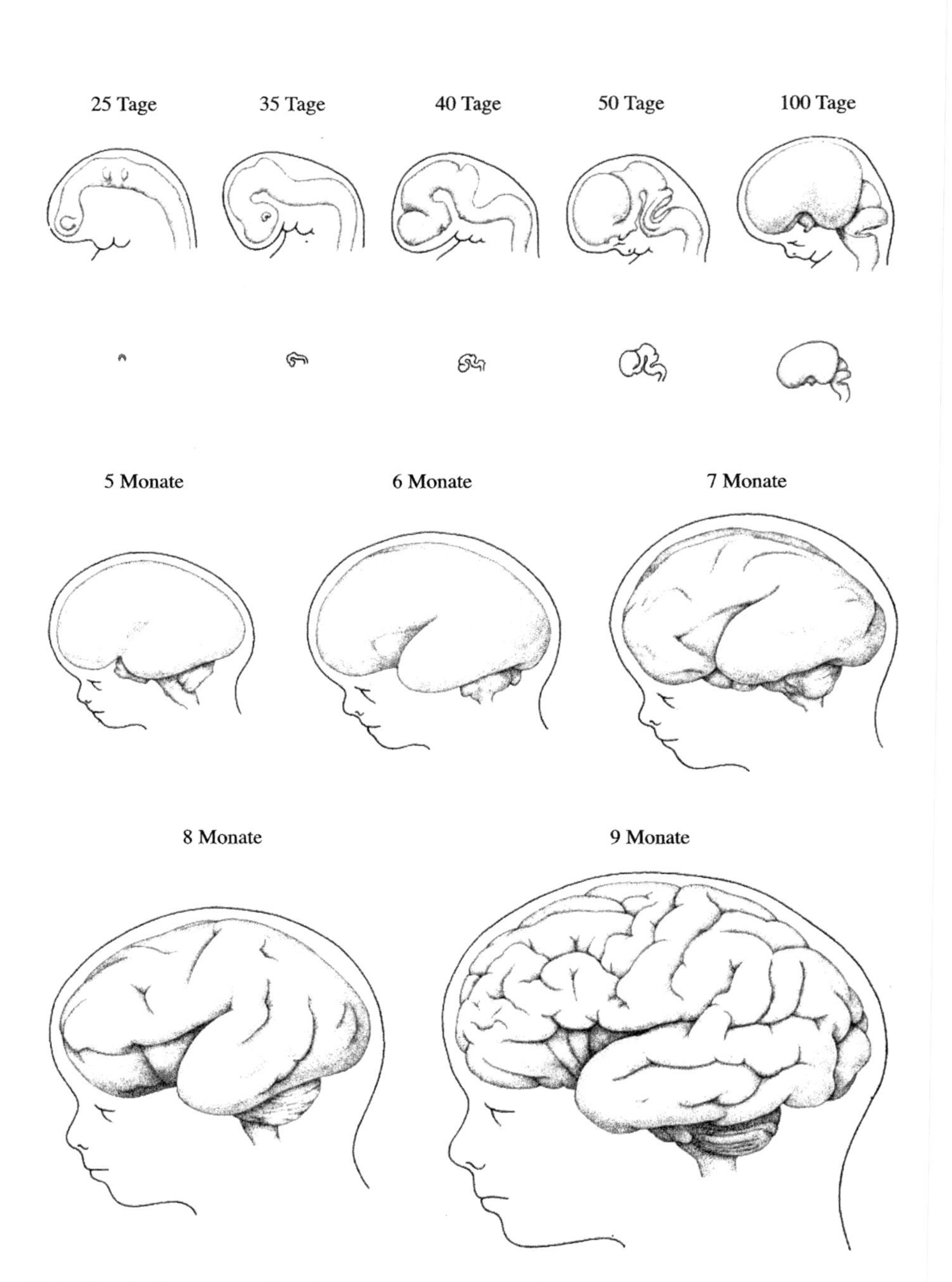

10.1 Entwicklungsstadien des embryonalen und fetalen menschlichen Gehirns vom 25. Tag bis zur Geburt. Die Abbildungen für den fünften bis neunten Monat entsprechen knapp einem Drittel der natürlichen Größe. Die Darstellungen für die ersten 100 Tage sind dagegen stark vergrößert – die wirklichen Dimensionen zeigen die Zeichnungen direkt darunter (man beachte den kleinen Fleck bei 25 Tagen). Die drei Hauptabschnitte des Gehirns – Vorder-, Mittel- und Rautenhirn – beginnen als Anschwellungen des Neuralrohres. Während das menschliche Gehirn wächst, dehnen sich die Großhirnhemisphären enorm aus und überlagern fast das ganze übrige Gehirn.

von C. *elegans* entwickelt sich auf eine starre, genetisch gesteuerte Weise. Wird die Zelle, die dazu bestimmt ist, Neuron 48 zu werden, zerstört, so wachsen die übrigen Nervenzellen heran, nur Neuron 48 nicht.

Der anspruchslose Zebrabärbling bietet eine einzigartige Gelegenheit, die genetische Steuerung der Gehirnentwicklung beim Wirbeltier zu studieren. Viele dieser Fische entwickeln sich als Klone aus demselben befruchteten Ei. Sie alle besitzen, wie auch menschliche eineiige Zwillinge, dieselben Gene. Untersucht man die Gehirne von Zebrabärblingsklonen bei der Geburt auf ihre anatomische Feinstruktur, also auf ihre einzelnen synaptischen Verknüpfungen hin, zeigt sich, dass das Gehirn eines jeden Individuums einzigartig und von den anderen verschieden ist. Alle größeren Leitungsbahnen und Kerne sind natürlich dieselben, doch unterscheiden sich die synaptischen Verknüpfungen im Detail voneinander. Also legen nicht die Gene allein die synaptischen Verknüpfungen im Wirbeltiergehirn bis in die letzten Feinheiten fest. Vielmehr müssen Entwicklungsprozesse die detaillierte Ausformung der Hirnstruktur ganz entscheidend mit beeinflussen.

Heute sind wir der Ansicht, dass bei Säugetieren nicht nur Entwicklungsfaktoren, sondern auch Erfahrungen von der Befruchtung bis zum Tod die Feinstruktur jedes einzelnen Gehirns stetig formen und neu gestalten. Der allgemeine Bauplan ist für alle menschlichen Gehirne gleich, in der Feinorganisation zeigen sich jedoch von Mensch zu Mensch große Unterschiede, die auf Erbfaktoren, Entwicklungsfaktoren und die Erfahrungen zurückzuführen sind, die jeder Einzelne im Laufe seines Lebens macht. Sollte es gelingen, Erinnerungen an synaptischen Verknüpfungen „abzulesen", so wären wir eines Tages in der Lage, Lebenswege anhand der Erinnerungen zu rekonstruieren, die im Gehirn gespeichert sind.

Wie das menschliche Gehirn heranwächst und sich zu einer Struktur äußerster Komplexität entwickelt, ist ein tiefes Geheimnis. Wir erwähnten bereits, dass das genetische Material der Chromosomen keine vollständige „Blaupause" des Gehirns in sich trägt. An der Organisation der Entwicklung sind Bestandteile der befruchteten Zelle außerhalb des Kerns entscheidend mitbeteiligt. Norman Wessells, ein Entwicklungsbiologe an der Universität von Oregon, hat das Bild von einem Hauptvertrag und mehreren Unterverträgen verwendet, um die Rolle der DNA und des Cytoplasmas bei der Embryonalentwicklung zu beschreiben. Die Kern-DNA, das Erbmaterial, ist der Hauptvertrag. Er legt den Plan für die wichtigsten Zellbausteine fest, die Proteine, die der Zelle ihre Struktur geben und verschiedenste Aufgaben im Zellinneren übernehmen, und bestimmt auch die Grundregeln, nach welchen eine Zelle ihre jeweilige Aufgabe auszuführen hat. Außerhalb des Kernes jedoch sorgen spezielle Stoffe in verschiedenen Bezirken des befruchteten Eies für „Unterverträge", die wesentliche Zusatzinformationen über Form und Funktion der Zelle und ihrer Abkömmlinge liefern. Später, wenn sich Gewebe ausbilden, steuern die Wechselwirkungen zwischen diesen noch detailliertere Unterverträge bei.

Ein spezielles Beispiel für die Wechselwirkung zwischen den Kern-(DNA-)Instruktionen und Einflüssen von außerhalb des Zellkernes liefert der graue Halbmond eines befruchteten Froscheies (Abbildung 10.2). Wenn ein Froschei seine erste Teilung oder Furchung durchläuft, wird der graue Halbmond normalerweise so gespalten, dass jede der beiden neuen Zellen einen Teil davon bekommt. Wenn man diese zwei Zellen voneinander trennt, entwickeln sie sich zu normalen einei-

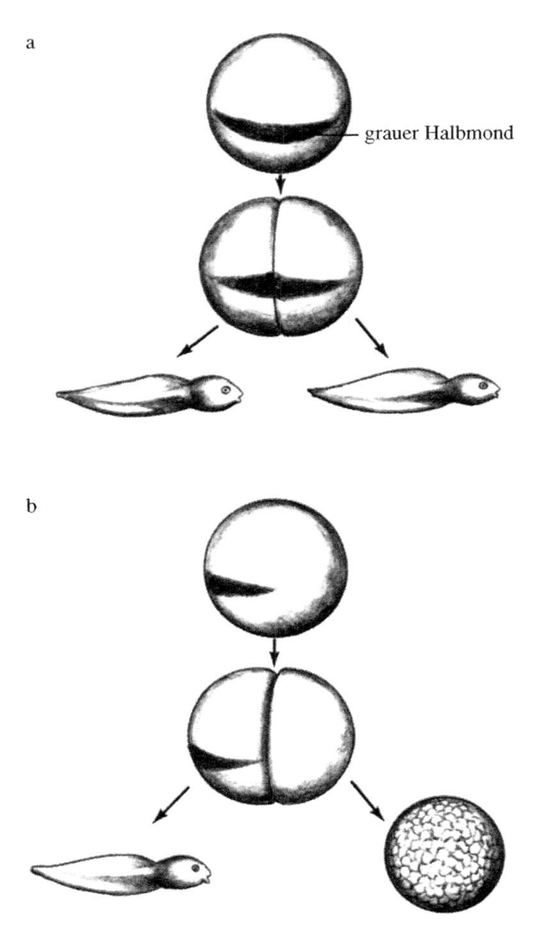

10.2 Die Bedeutung des grauen Halbmondes bei der Entwicklung eines befruchteten Froscheies (Zygote). a) Normalerweise kommt es bei der ersten Zellteilung zu einer Halbierung des grauen Halbmondes; es entwickeln sich zwei normale Kaulquappen. b) Wenn die Zygote jedoch so gespalten wird, dass der gesamte graue Halbmond in eine Zelle zu liegen kommt, entwickelt sich nur diese Zelle zu einer Kaulquappe, obwohl sich die Kern-DNA verdoppelt hat und in beiden Zellen vollständig vorliegt.

igen Zwillingskaulquappen. Verläuft die Furchung des Froscheies jedoch so, dass eine Zelle den gesamten grauen Halbmond erhält und die andere nichts davon, dann entwickelt sich nur die erste Zelle zu einer Kaulquappe, obwohl beide Zellen die normale DNA-Ausstattung aufweisen. Der graue Halbmond liegt außerhalb des Kernes und enthält keine DNA, aber er trägt für die Entwicklung wesentliche Informationen. Letztlich ist natürlich auch für die Entwicklung des grauen Halbmondes die DNA verantwortlich.

Die Schlüsselfrage beim Wachstum des menschlichen Gehirns ist, wie sich seine genauen, vielfältigen und äußerst komplizierten neuronalen Verschaltungen entwickeln. Die endgültigen Antworten auf diese Frage wird man auf der Ebene einzelner Nervenzellen und ihrer Wechselwirkungen untereinander sowie der Ebene ihrer Wachstums- und Wanderungsprozesse und der dafür verantwortlichen physikalischen und chemischen Vorgänge finden. Bisher allerdings liegen erst sehr wenige Antworten dieser Art vor. Wir wollen uns zunächst größeren Ereignissen zuwenden – dem Wachstum der Hauptbestandteile des menschlichen Gehirns – und dann auf die Frage nach den Mechanismen zurückkommen.

Man nimmt an, dass die Entwicklung des Nervensystems dem allgemeinen Prinzip der *Induktion* folgt. Die Mechanismen scheinen eher Unterverträgen zu entsprechen als sich direkt vom Hauptvertrag der DNA abzuleiten. Die ersten Nervenzellen entstehen aus Zellen des äußeren Keimblatts des Embryos, des Ektoderms, und zwar im Zuge von Wechselwirkungen mit den darunterliegenden Zellen, die später zum Rückgrat und zu anderen Geweben werden und das so genannte Mesoderm aufbauen. Bevor die Ektodermzellen mit denen des Mesoderms in Wechselwirkung treten, können sie sich entweder zu Nerven- oder zu Hautzellen entwickeln. Wahrscheinlich geben die Mesodermzellen eine oder mehrere Substanzen ab, die bestimmte Ektodermzellen veranlassen, sich zu Neuronen zu differenzieren (Induktion).

Mit fortschreitender Gehirnentwicklung wird das Schicksal der Nervenzellen zunehmend stärker determiniert (festgelegt). Zunächst treten die induzierten Ektodermzellen im Embryo zu einem schmalen Zellband zusammen, der *Neuralplatte* (Abbildung 10.3). Deren vorderes Ende wird sich später zum Vorderhirn und zum neuralen Anteil des Auges, der Netzhaut, entwickeln. Wenn man ein kleines Stück des sich entwickelnden Ektoderms früh genug entfernt, werden die entnommenen Zellen wieder ersetzt, und Vorderhirn- und Augenentwicklung laufen normal ab. Entfernt man solch ein Stück jedoch in einem etwas späteren Stadium aus der Neuralplatte, kommt es entweder im Vorderhirn oder im Auge – abhängig davon, wo das Gewebe herstammt – zu einem dauerhaften Defekt.

Die Neuralplatte wächst, faltet sich ein und bildet das *Neuralrohr*, das ursprüngliche röhrenförmige Nervensystem, wie man es noch bei einfachen Tieren wie etwa Würmern findet. Bei höheren Tieren wird im Laufe der weiteren Entwicklung das Schicksal jeder Region des Neuralrohres zunehmend determiniert. Mit Hilfe chemischer Markierungssubstanzen, die man sehr früh in der Entwicklung auf verschiedene Hirnregionen eines Versuchstieres aufbringt, kann man im Gehirn des erwachsenen Tieres anhand der markierten Bereiche die endgültigen Bestimmungsorte der Zellen identifizieren.

Die Zellen des Nervensystems entstehen ursprünglich innerhalb der Neuralplatte und vermehren sich im Neuralrohrstadium rasch. Danach stellen – zu verschiedenen Zeiten – einzelne Gruppen von Zellen die Teilung ein und wandern zu ihren Bestimmungsorten. Die Wanderung scheint durch Vorgänge im Zellkern ausgelöst zu werden; sie setzt ein, sobald der betreffende Neuronentyp aufhört, sich zu teilen und Tochterzellen hervorzubringen. Aus noch nicht geklärten Gründen beginnen Nervenzellen, wenn sie ihre Fähigkeit zur DNA-Synthese verlieren, zu ihren endgültigen Plätzen im Gehirn oder in einem anderen Abschnitt des Nervensystems zu wandern. Von dieser Regel gibt es einige Ausnahmen. Die Körnerzellen der Kleinhirnrinde teilen sich auch noch, nachdem sie die Körnerschicht erreicht haben.

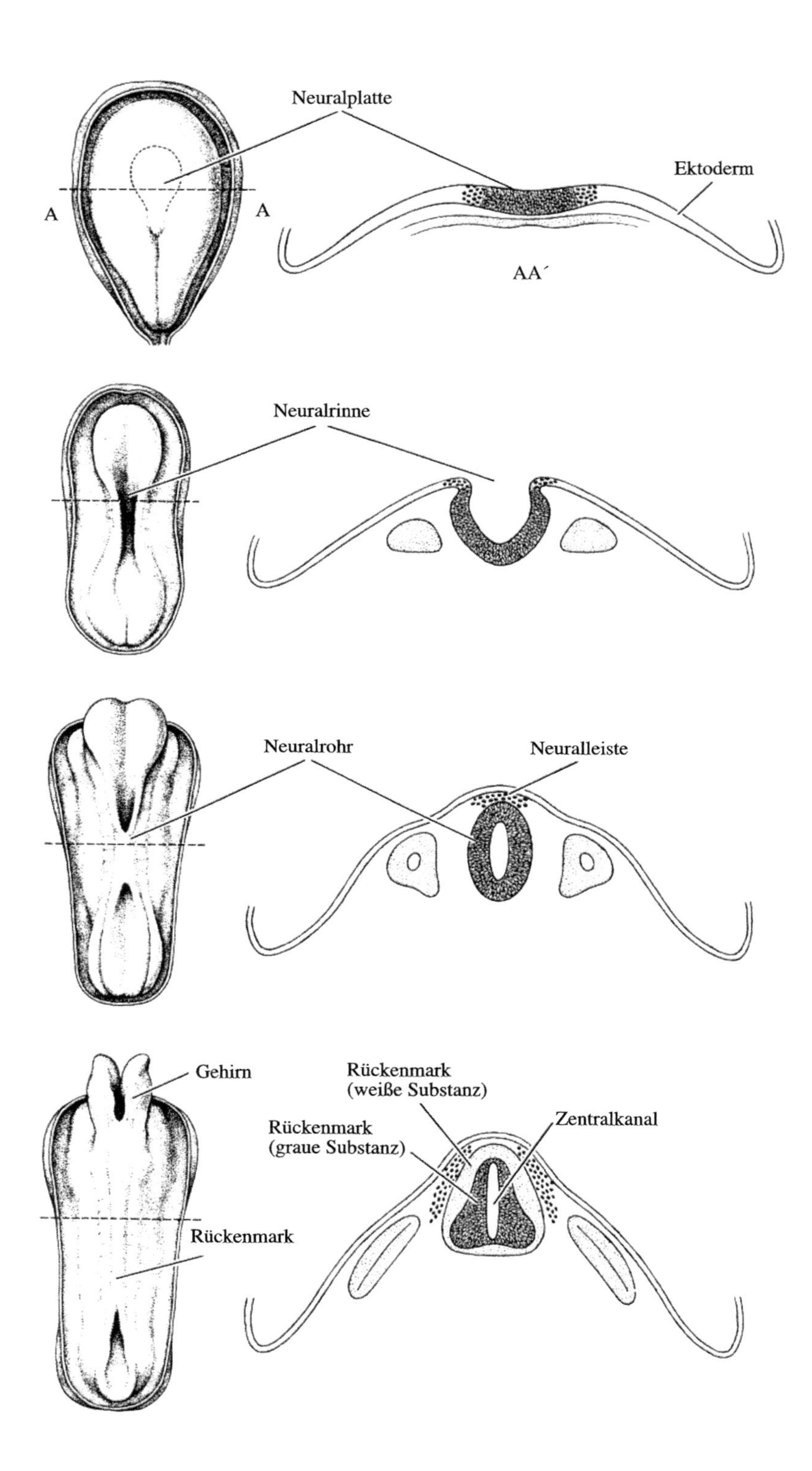
Neuralplatte
A
A
Ektoderm
AA´
Neuralrinne
Neuralrohr
Neuralleiste
Gehirn
Rückenmark
(weiße Substanz)
Rückenmark
(graue Substanz)
Zentralkanal
Rückenmark

◀ **10.3** Die frühe Entwicklung des Nervensystems beim Menschen. Die Zeichnungen auf der linken Seite zeigen jeweils Aufsichten, die Abbildungen rechts Querschnitte. Die Zellen des Nervensystems entstammen dem Ektoderm (dem Keimblatt, aus dem die Haut hervorgeht) und bilden zunächst die Neuralplatte, die sich dann zum Neuralrohr einfaltet. Wenn die sich entwickelnden Nervenzellen Axone aussenden, bildet sich die Grundform der grauen (Zellkörper) und der weißen Substanz (Axone) des Rückenmarks.

Am 25. Tag ähnelt das Nervensystem des menschlichen Embryos dem eines Wurmes. Um den 40. bis 50. Tag ist das Gehirn eindeutig das eines Wirbeltieres, aber man könnte es mit dem eines Fisches verwechseln. Am 100. Tag lässt es sich dann eindeutig als das Gehirn eines Säugetieres identifizieren, und im fünften Monat hat es das Aussehen eines Primatengehirns erreicht. Von diesem Zeitpunkt an jedoch verläuft die Entwicklung – die starke Ausdehnung und Ausgestaltung des Vorderhirns, der Großhirnrinde und des Kleinhirns – in einer für den Menschen einzigartigen Weise. Auf der Tatsache, dass die frühen Entwicklungsstadien des menschlichen Gehirns und Embryos beziehungsweise Fetus grob dem Ablauf der Evolution von niedrigeren zu höheren Lebensformen folgen, beruht die alte Erkenntnis, dass „die Ontogenie die Phylogenie rekapituliert". In einem offensichtlichen Sinne ist dies zwar richtig, aber es hat keine tiefere Bedeutung. In jedem Entwicklungsstadium hat das Gehirn einer bestimmten Art seine ganz speziellen Eigenheiten (Abbildung 10.4).

Mechanismen der Gehirnentwicklung

Wie entsteht die Vielzahl der spezifischen Leitungsbahnen und neuronalen Verknüpfungsmuster, die in jedem menschlichen Gehirn im Grunde gleich sind? Es gibt drei verschiedene Prinzipien – oder eigentlich nur Theorien –, die an den festen Verdrahtungen des Gehirns mitzuwirken scheinen: erstens chemische Signale, zweitens die Konkurrenz von Zellen und Axonendigungen und drittens durch Fasern gelenkte Zellbewegungen.

Chemische Signale

Am leichtesten zu verstehen ist das Konzept der chemischen Signale, des *trophischen Wachstums:* Auswachsende Nervenendigungen heften sich an bestimmte Neuronen oder andere Zellen an, weil sie eine chemische Affinität zu diesen aufweisen. Chemische Gradienten bestimmter Substanzen fördern das Wachstum von Axonen in eine bestimmte Richtung und zu einer definierten Gruppe von Zielzellen.

Diese allgemeine Vorstellung wurde vor einigen Jahren von Roger Sperry am California Institute of Technology entwickelt. Sperrys klassische Experimente, welche die Wirkung trophischer Faktoren zeigten, sind sehr einfach. Zunächst durchtrennte er den Sehnerv eines Frosches. Anders als bei Säugetieren regeneriert sich beim Frosch der durchtrennte Sehnerv; er stellt die Verbindung zum Ge-

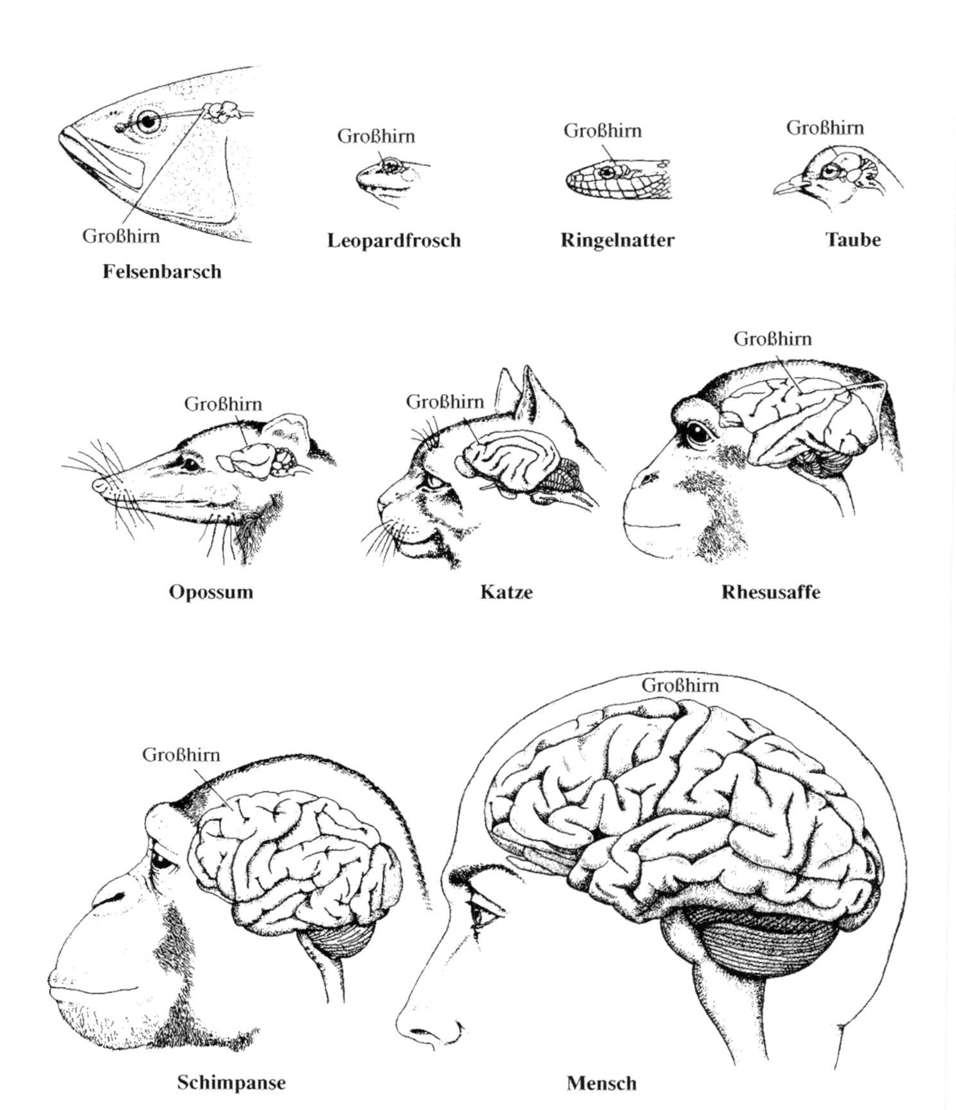

10.4 Die fortschreitende Vergrößerung des Großhirns bei Wirbeltieren wird aus dieser Abbildung ersichtlich, die eine repräsentative Auswahl von Wirbeltiergehirnen zeigt (jeweils im gleichen Maßstab). Bei niederen Wirbeltieren ist das Großhirn recht klein. Bei Carnivoren (Raubtieren) und insbesondere bei Primaten nehmen sowohl seine Größe als auch seine Komplexität deutlich zu.

hirn und damit die normale Sehfähigkeit des Auges wieder her. Ein Test auf gutes Sehvermögen ist bei einem Frosch ebenfalls einfach. Man lässt das Tier eine Weile hungern, bedeckt dann das Auge, dessen Sehnerv intakt ist, und präsentiert dem Frosch eine Fliege. Er wird seine Zunge herausschnellen lassen und versuchen, die Fliege zu fangen. Wenn das Auge normal funktioniert, wird die Zunge genau auf die Beute zielen. Einfache Beobachtungen dieser Art legten nahe, dass die Endigungen des Sehnervs nach dem Eingriff jeweils so zum Gehirn hin auswuchsen, dass sie wieder Verbindung mit eben den Stellen aufnahmen, mit denen sie zuvor verknüpft gewesen waren. (Erinnern wir uns, dass die Zellkörper der Sehnervenfasern die Ganglienzellen in der Netzhaut sind.)

Natürlich konnten die Sehnervenendigungen bei ihrem erneuten Wachstum von den verbliebenen durchtrennten und degenerierenden Fasern des Sehnervs geleitet worden sein. Vielleicht wuchs jede neue Faser einfach die von dem absterbenden Axon zurückgelassene Bahn entlang. Um das herauszufinden, schnitt Sperry den Sehnerv eines weiteren Frosches durch und drehte dessen Auge um 180 Grad. Jetzt lagen die auswachsenden Fasern gegenüber von absterbenden Fasern, die völlig andere Zielorte im Gehirn hatten. Würde eine Faser nun dem Weg des benachbarten absterbenden Axons folgen, träte sie mit dem falschen Areal im Sehhirn in Verbindung. Die Ergebnisse waren bemerkenswert (Abbildung 10.5). Nachdem sich sein Sehnerv regeneriert hatte, schnappte der Frosch immer mit einer nach unten gerichteten Bewegung nach einer Fliege, die sich oberhalb von ihm befand, und umgekehrt. Die Sehnervenfasern waren zu denjenigen Bezirken des visuellen Gehirns hin ausgewachsen, mit denen sie ursprünglich verbunden gewesen waren. Da das Auge aber nun gedreht war, sah für den Frosch oben wie unten aus und unten wie oben. Das Sehhirn des Frosches ist nicht plastisch, sodass er sein Verhalten nie ändern wird. Das visuelle Gehirn von Säugern ist viel plastischer, wie wir später in diesem Kapitel noch sehen werden. Menschen können sich an Linsen gewöhnen, welche die sichtbare Welt auf den Kopf stellen, und lernen, ihre Umgebung wieder richtig herum zu sehen.

Sperrys Untersuchungen bewiesen, dass durchtrennte Sehnervenfasern, die zu völlig unterschiedlichen Bereichen des Sehhirns ziehen, an den jeweils zugehörigen absterbenden Axonen entlangwachsen, um zu ihren richtigen Zielorten zu gelangen. Am einfachsten lässt sich dies damit erklären, dass irgendein chemischer Faktor das wachsende Axon zu seinem Bestimmungsort lenkt. Tatsächlich kann man sich kaum eine andere Erklärung vorstellen.

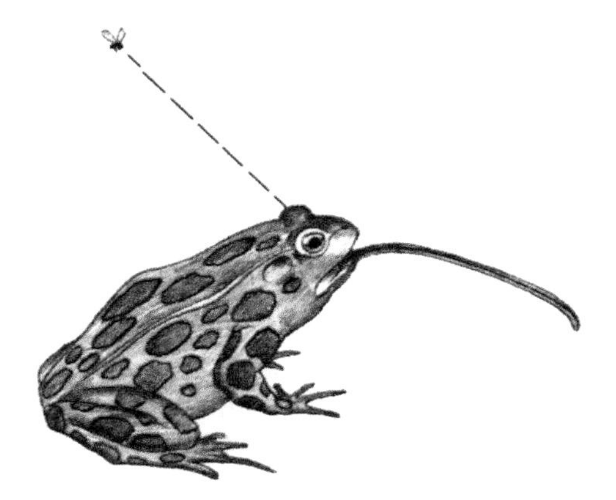

10.5 Ein Frosch mit verkehrt herum eingesetztem Augapfel schnappt abwärts nach einer Fliege, die sich über ihm befindet. Wenn man den Sehnerv durchtrennt und das Auge um 180 Grad dreht, wachsen die Nervenfasern wieder ins Gehirn aus und verbinden sich mit ihren ursprünglichen Stellen.

Wenn chemische Signale Axone irgendwie zu ihren richtigen Bestimmungsorten dirigieren, wie das die Experimente von Sperry eindrücklich nahe legen, dann muss es eine Vielzahl solcher Faktoren geben, damit das Wachstum der buchstäblich Tausenden von verschiedenen Bahnen im Gehirn korrekt gesteuert wird. Das erste derartige chemische Signal, das man entdeckte, war der *Nervenwachstumsfaktor* (NGF, vom englischen *nerve growth factor*). 1951 entdeckten Rita Levi-Montalcini und Viktor Hamburger diese Substanz im Hühnchenembryo, und man hat sie anschließend bei allen Wirbeltieren gefunden. (Levi-Montalcini erhielt für diese Forschungen den Nobelpreis.) Chemisch stellt NGF ein großes Proteinmolekül dar. Es ist für einen bestimmten Typ von Nervenzellen spezifisch, nämlich die Neuronen der sympathischen Ganglien. Eine Injektion von NGF in einen Hühnchenembryo bewirkt einen sechsfachen Anstieg der Anzahl der Neuronen in den sympathischen Ganglien. NGF kann eine deutliche Zunahme der Teilungsrate von Nervenzellen im sich entwickelnden Nervensystem auslösen.

Vielleicht noch bemerkenswerter ist der trophische Einfluss des NGF. Levi-Montalcini injizierte den Faktor in das Gehirn neugeborener Ratten. (Ratten kommen in einem sehr frühen Entwicklungsstadium zur Welt, und ein großer Teil des Gehirnwachstums findet noch nach der Geburt statt.) Normalerweise wachsen von sympathischen Ganglien ausgehende Axone nur zu den Zielorganen im Körper, aber niemals in das Gehirn hinein. Bei Ratten jedoch, denen man NGF injiziert hatte, wuchsen zahlreiche sympathische Axone in das Gehirn hinein zum Ort der Injektion. Wahrscheinlich diffundierte der Faktor vom Injektionsort weg und bildete so einen chemischen Gradienten, dessen Konzentration an der Injektionsstelle am höchsten und in der Peripherie des Nervensystems, wo sich die sympathischen Nervenzellen befinden, am geringsten war. Dieser Gradient lenkte nun das Wachstum der Fasern über eine sehr weite Entfernung zu ihrem neuen und anomalen Ziel, nämlich dem Ort der NGF-Injektion im Gehirn.

Mittlerweile wurden auch mehrere andere Wachstumsfaktoren in Gehirnen von Säugetieren identifiziert. Diese Hirnwachstumsfaktoren stellen uns möglicherweise in Aussicht, eines Tages Hirnschäden beheben oder sogar degenerative Hirnkrankheiten wie die Alzheimer-Krankheit behandeln zu können.

Zellwettstreit und Zelltod

Ein anderer allgemeiner Prozess zur Steuerung neuronaler Verbindungen ist der *Zelltod* oder zumindest der Tod von Axonendigungen. Wir werden dies noch ausführlicher behandeln, wenn wir erörtern, wie die Fasern des Sehsystems Verbindungen mit dem visuellen Feld der Großhirnrinde ausbilden. Ein einfaches Beispiel für diesen Mechanismus liefert das Auswachsen von motorischen Axonen zur Innervierung von Skelettmuskelfasern (Abbildung 10.6). In Kapitel 9 haben wir gesehen, dass ein einzelnes Motoneuron jeweils eine oder – im typischeren Fall – mehrere Muskelfasern versorgt. Eine bestimmte Muskelfaser empfängt Informationen nur von einem einzigen motorischen Axon. Im sich entwickelnden Ungeborenen empfängt jede Muskelfaser aber zunächst Axonendigungen von mehreren Motoneuronen. Dabei entstehen richtige, funktionstüchtige synaptische Verbindungen. Mit fortschreitender Entwicklung jedoch ziehen sich die verästel-

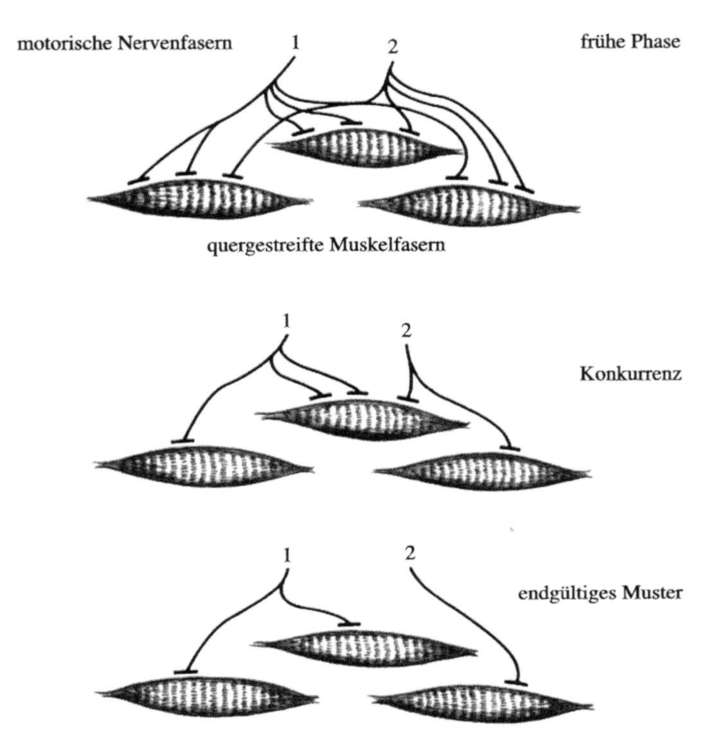

10.6 Konkurrenz bei der Entwicklung der Innervierung gestreifter Muskelfasern durch motorische Axone. In einem frühen Stadium kommt es zu einer beträchtlichen Überlappung, aber mit fortschreitender Entwicklung endet der „synaptische Wettstreit" jeweils mit einem bestimmten Axon, das über alle anderen dominiert. So bildet sich schließlich das endgültige Muster nichtüberlappender axonaler Kontakte aus.

ten Endigungen der meisten motorischen Axone zurück, und es kommt zur vollständigen Dominanz eines einzigen Motoneurons über eine bestimmte Muskelfaser. Es ist, als würden die motorischen Axone einen Wettkampf ausfechten, und das mit der stärksten Innervation würde gewinnen. Die anderen Synapsen sterben ab und verschwinden. Entscheidend in diesem Wettstreit scheint die Aktivität an der neuromuskulären Endplatte – die Aktivierung der Muskelfaser durch das dominante Axon – zu sein.

Der Prozess des Rückzugs und des Zellverlustes scheint im Nervensystem allgemein verbreitet zu sein. Um ein anderes Beispiel zu nennen: In manchen Kernbereichen des Hörsystems gibt es vor der Geburt viel mehr Nervenzellen als danach. Auch hier bilden sich zunächst mehr Neuronen und Synapsen aus, als gebraucht werden; die Axone treten dann in Wettstreit miteinander, und die Anzahl der Synapsen und Nervenzellen verringert sich. Es ist leicht einzusehen, wie ein derartiger Prozess die Organisation des embryonalen Gehirns fein abstimmen und so zu der sehr präzisen und vielfältigen Organisation der synaptischen Verbindungen im Gehirn des Erwachsenen führen kann. Wenn wir hören, dass Leute im Alter Nervenzellen und Synapsen verlieren, und uns das beunruhigt, dann sollten wir uns daran erinnern, dass wir vor der Geburt schon weit mehr Neuronen und Synapsen verloren haben.

Fasergelenkte Zellbewegung

Einen dritten Prozess, der die Ausbildung fest verdrahteter Schaltkreise im Gehirn erklären hilft, könnte man als „Bootstrap“-Prozess bezeichnen. (Das englische Wort bedeutet ursprünglich „Stiefelschlaufe“; in der Elektrotechnik versteht man unter einer Bootstrap-Schaltung eine Schaltung, welche die Ausgangsspannung auf den Eingang rückkoppelt.) Kurz gesagt, entsendet bei diesem Prozess ein sich entwickelndes Neuron eine Faser, die schließlich an eine Grenze, etwa die Gehirnoberfläche, stößt und nicht weiter wachsen kann; der Zellkörper wandert daraufhin seine Faser entlang bis zu dieser Grenze.

Ein deutliches Beispiel für diesen Vorgang liefern die Purkinje-Zellen im Kleinhirn (Abbildung 10.7). Diese Zellen sind dazu bestimmt, die wichtigsten Nervenzellen der Kleinhirnrinde zu werden. Sie übertragen Informationen aus der Rinde hauptsächlich auf die tiefen Kleinhirnkerne, die ihrerseits Signale an andere Hirnregionen weiterleiten. Wie kommt es dazu, dass eine Purkinje-Nervenzelle ihren Zellkörper in der Kleinhirnrinde hat und ihr Axon von dort zu einem tiefen Kerngebiet weit unterhalb der Rinde aussendet?

Die zukünftigen Purkinje-Nervenzellen entstehen in einem sehr frühen Stadium der Gehirnentwicklung nahe am Ventrikel des hohlen Rautenhirns (des Rhombencephalons). Andere Zellen in dieser unspezifischen Ursprungsregion sind dazu bestimmt, zu den tiefen Kleinhirnkernen zu werden. Einige der neu gebildeten Zellen entsenden einen Fortsatz, der die sich entwickelnden Zellen des Rhombencephalons durchzieht, bis er nicht mehr weiter wachsen kann. Anschließend wandert der Zellkörper seine Faser entlang hinauf, bis er die Grenzfläche erreicht. Diese äußerste Oberfläche des Rautenhirns differenziert sich später zur Kleinhirnrinde, und der Zellkörper der Purkinje-Zelle liegt damit am richtigen Ort. Ihre Faser wird zu einem Axon, das vom Zellkörper in der Kleinhirnrinde zum ehemaligen Ausgangspunkt der Zelle – den tiefen Kleinhirnkernen – zieht. Letztlich überträgt die Zelle also Informationen entgegengesetzt zu ihrer ursprünglichen Wachstumsrichtung.

Die Entwicklung der Großhirnrinde

Das Wissen um die Entwicklungsprozesse kann uns dabei behilflich sein, die einzigartigen Strukturmerkmale spezieller Hirnregionen zu verstehen. In Kapitel 7 haben wir die säulenförmige Organisation des visuellen Cortex kennen gelernt, also die Tatsache, dass die Rinde in senkrechte Säulen von Nervenzellen mit besonderen funktionellen Eigenschaften untergliedert ist. Auch die übrige Großhirnrinde ist, wie wir wissen, anatomisch in Säulen organisiert (Kapitel 1). Ihre Entstehung beginnt die Großhirnrinde als einzelne, nur wenige Zellen dicke Schicht, die so genannte *Ventrikulärzone*. Während sich die Zellen vermehren, hören einige von ihnen auf, sich zu teilen, und bewegen sich nach oben, um eine

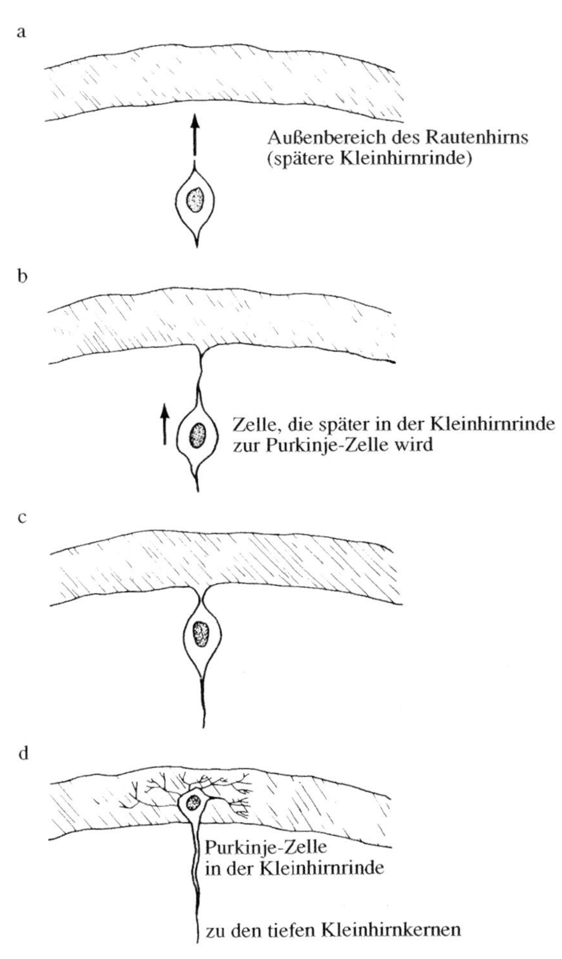

10.7 Der „Bootstrap"-Prozess der Wanderung von Zellkörpern. a) Eine Purkinje-Zelle des Kleinhirns hat ihren Ursprung in einer Region des Hirnstammes, die sich später zu den Kleinhirnkernen entwickelt. b) Zunächst wächst eine Faser von der Zelle aus, bis sie das Dach des Rautenhirns erreicht und nicht mehr weiter wachsen kann. c) Nun wandert der Zellkörper das Axon aufwärts bis zur Hirnoberfläche, die später zur Kleinhirnrinde wird. d) Der Zellkörper der Purkinje-Zelle befindet sich jetzt in seiner richtigen Lage, nämlich in der Rinde des Kleinhirns; die Faser wird zu seinem Axon, das in Kontakt mit Zellen in den Kleinhirnkernen tritt und somit das korrekte Verbindungsmuster herstellt.

weitere Zellschicht zu bilden. Von hier aus ziehen wieder einige Zellen nach oben und formieren die nächste Zellschicht und so fort. So entsteht als erste die unterste Schicht der Großhirnrinde, Schicht VI. Schicht V bildet sich als nächste, und ganz am Schluss entsteht die oberste Schicht I (Abbildung 10.8). Auf diese Weise wird den horizontal angeordneten Zellschichten eine säulenförmige Organisation zuteil.

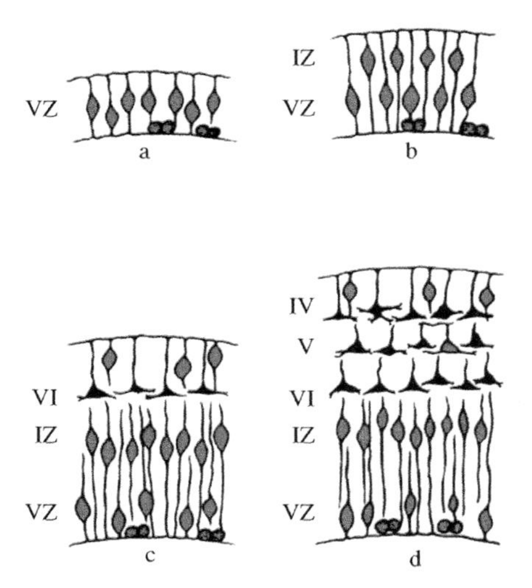

10.8 Entwicklung der Großhirnrinde. a) Anfangs ist das Neuralrohr nur wenige Zellen dick und besteht im Wesentlichen aus der Ventrikulärzone (VZ). b) Während sich die Zellen vermehren, hören einige von ihnen auf, sich zu teilen, und bewegen sich nach oben in die Intermediärzone (IZ). c) Die Zellen der Intermediärzone wandern dann in die Peripherie, um dort ihre endgültigen Positionen einzunehmen; die Zellen, die zuerst auswandern, bilden die unterste Großhirnrindenschicht (Schicht VI). d) Später auswandernde Zellen bilden die mehr zur Oberfläche hin gelegenen Schichten (hier die Schichten V und IV).

Ein Zelltyp, der für die Entwicklung der Großhirnrinde besonders wichtig erscheint, ist die Nervenzelle der sekundären Rindenzone oder *subplate zone*. Die Zellkörper der *subplate*-Neuronen liegen unterhalb der sich entwickelnden Großhirnrinde in der weißen Substanz. Sie senden ihre Axone in die Rinde hinauf und scheinen physiologisch aktiv zu sein, indem sie Synapsen mit den heranwachsenden Nervenzellen der Großhirnrinde bilden. Ihre Axone dienen möglicherweise auch dazu, das Wachstum corticaler Nervenzellen und einsprießender Nervenfasern zu leiten, beispielsweise der Projektionsfasern der sensorischen Nervenzellen des Thalamus, die dazu bestimmt sind, synaptische Verbindungen mit den Nervenzellen der Schicht IV in den sensorischen Arealen des Cortex einzugehen. Bemerkenswert ist der Umstand, dass die *subplate*-Neuronen absterben, sobald die Entwicklung der Großhirnrinde abgeschlossen ist. Zu diesen temporären Nervenzellen ist noch einiges zu sagen, wenn wir auf Details in der Entwicklung der Sehrinde eingehen werden.

Der Wachstumskegel

Um zu verstehen, wie sich Nervenleitungsbahnen bilden, ist es wichtig zu wissen, wie eine Nervenfaser wächst. An ihrem wachsenden Ende besitzt die Nervenfaser – der Neurit oder das Axon – eine besondere Struktur, den so genannten *Wachstumskegel* oder Wachstumsconus (Abbildung 10.9), der sich mit dem Wachstum

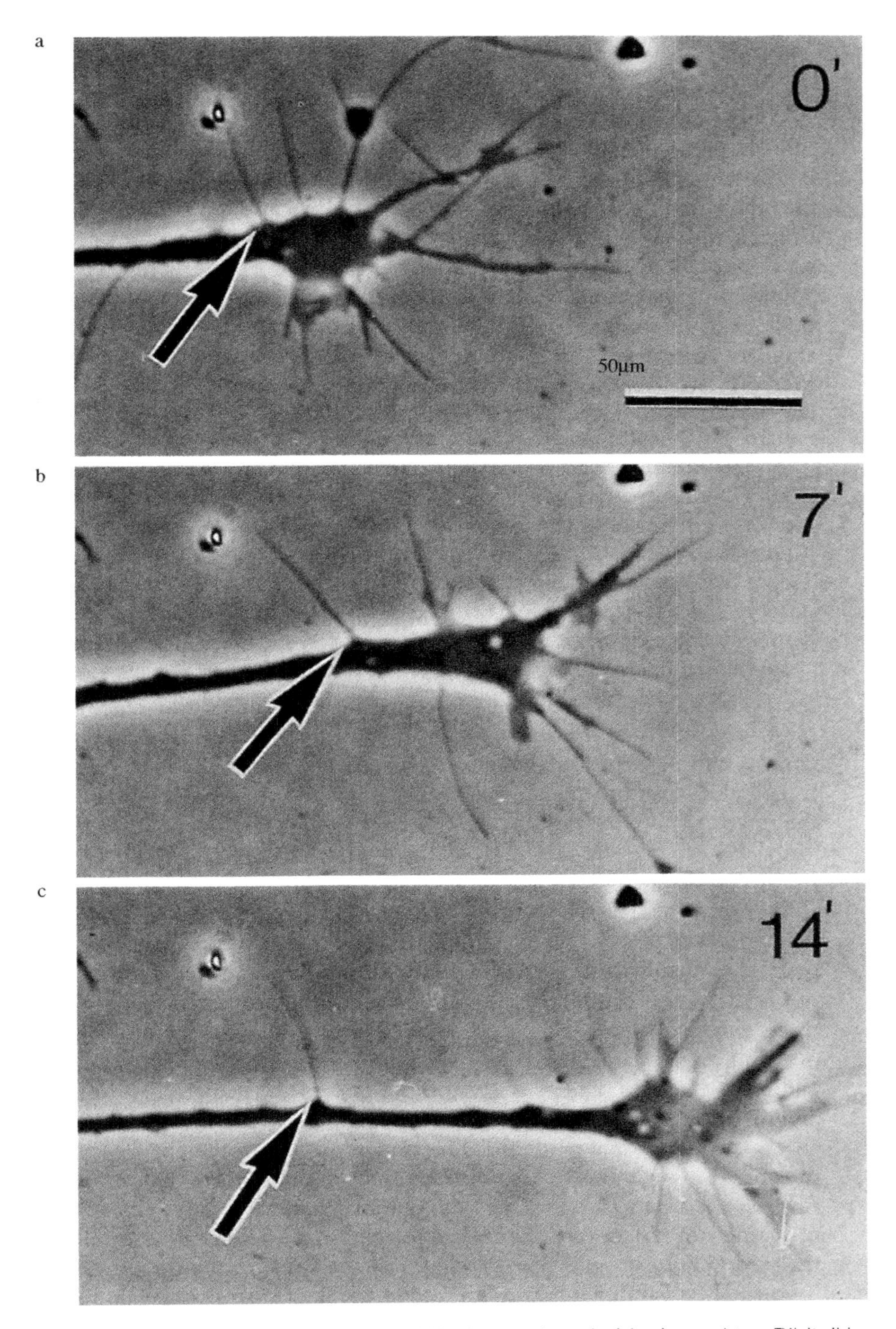

10.9 Rasche Vorwärtsbewegung eines Wachstumskegels (der im rechten Bildteil befindlichen kolbenartigen Struktur, aus der zahlreiche Fäden hervorsprießen) in einer Gewebekultur. Diese drei Aufnahmen (a–c) erfolgten in Abständen von sieben Sekunden.

des Neuriten vorwärts bewegt. Zu einem Wachstum der Nervenfaser am Übergang zwischen Neurit und Zellkörper könnte es kommen, indem a) der Zellkörper den Neuriten beständig weiter herauspresst, b) der Neurit insgesamt an Länge zunimmt oder c) das Wachstum ausschließlich am Wachstumskegel erfolgt. Mit einem einfachen Experiment ließ sich zeigen, dass Letzteres der Fall ist. Bringt man Partikel einer lichtundurchlässigen Substanz auf den Neuriten unmittelbar hinter dem Wachstumskegel auf, so bleiben sie stets in der exakt gleichen Entfernung vom Zellkörper auf ihm sichtbar; folglich geht das Wachstum am Wachstumskegel vor sich, der ein immer längeres Axon hinter sich lässt.

Vermutlich stammt die Membran, die am Wachstumskegel hinzugefügt wird, aus Membranvesikeln, die im Zellkörper hergestellt und in den Neuriten hinausbefördert werden, wo sie mit dem Wachstumskegel verschmelzen. Die meisten reifen Nervenzellen des Gehirns bewegen sich praktisch nicht; es ist der Wachstumskegel des sich entwickelnden Axons, der sich durch den Raum schiebt, und zwar genau in der Weise, in der die Muskelfasern des erwachsenen Organismus arbeiten. Um sich fortbewegen zu können, benötigt der Wachstumskegel eine Art kontraktiler Mechanismen – und diese besitzt er in der Tat. Die wichtigsten Bestandteile des Wachstumskegels sind Aktin und Myosin, also jene Proteine, die unter anderem in der quergestreiften Muskulatur vorkommen.

Die Vorgänge, die dem Wachstumskegel die Wachstumsrichtung vorgeben, dürften sich unter anderem trophischer chemischer Signale und der fasergelenkten Zellbewegung bedienen. Adhäsion ist ein weiterer Faktor – der Wachstumskegel mag an dem einen Zell- oder Fasertyp haften bleiben, an dem anderen nicht. Interessanterweise können auch elektrische Felder die Wachstumsrichtung beeinflussen. Die elektrochemischen Gradienten im sich entwickelnden Ungeborenen können stark genug sein, um die Wachstumsbewegung des Wachstumskegels zu steuern. Ob es sich hierbei tatsächlich um einen Mechanismus handelt, der dem aussprießenden Axon in der normalen Entwicklung den Weg weist, ist noch unbekannt.

Wenn wir die Mechanismen verstehen, die bekanntermaßen bei der Verdrahtung des sich entwickelnden Gehirns mitwirken, so ist dies womöglich nur ein Spalt in der Tür zum endgültigen Verständnis davon, wie das Gehirn zu dem wird, was es ist. Bringen wir mehr über die elementaren Vorgänge von Wachstum und Entwicklung des Gehirns in Erfahrung, so werden wir eines Tages vielleicht in der Lage sein, beschädigte Gehirnteile nachwachsen zu lassen. Hirnschäden zählen in der heutigen Zeit infolge der Entwicklung von Auto und Motorrad zu den schwersten Plagen der Menschheit.

Plastizität in der Entwicklung: Das Sehsystem

Erfahrung spielt bei der endgültigen Entwicklung und Feinabstimmung der neuronalen Schaltkreise im Gehirn eine entscheidende Rolle. Wichtige Einblicke in diese Vorgänge haben Untersuchungen des visuellen Systems geliefert. David Hubel, Torsten Wiesel und ihre Mitarbeiter, darunter Carla Shatz, die heute an der Universität von Kalifornien in Berkeley arbeitet, sowie Michael Stryker, heute an der Universität von Kalifornien in San Francisco, machten zahlreiche Schlüsselentdeckungen hierzu. Bereits in Kapitel 8 haben wir erfahren, dass der seitliche Kniehöcker (Corpus geniculatum laterale) – ein Kerngebiet des Thalamus, das Informationen vom Sehnerven auf die Sehrinde umschaltet – bei Affen und Menschen in sechs Schichten untergliedert ist, die bezüglich der Information aus den beiden Augen vollständig voneinander getrennt sind. Alle sechs Schichten des linken Kniehöckers projizieren auf die Schicht IV des linken visuellen Cortex und alle sechs Schichten des rechten auf die Schicht IV des rechten visuellen Cortex. Am Beispiel der Katze (die ein etwas einfacher organisiertes Corpus geniculatum laterale besitzt; siehe unten) ist in Abbildung 10.10 das Projektionsmuster für zwei Schichten des seitlichen Kniehöckers und eine bestimmte Region der Sehrinde schematisch dargestellt. Die Schicht 1 des linken Corpus geniculatum laterale, die Eingänge ausschließlich aus dem rechten Auge enthält, projiziert auf Nervenzellen in alternierenden Säulen der Schicht IV der linken Sehrinde. Die Nervenzellen der Schicht 2, die Informationen aus dem linken Auge empfangen, projizieren auf Nervenzellen in den übrigen Säulen der Cortexschicht IV.

Der seitliche Kniehöcker der Katze, des bevorzugten Versuchstieres für Untersuchungen des Sehsystems, besteht aus nur drei Schichten, aber das Prinzip der getrennten, durch jeweils eines der beiden Augen aktivierten Schichten ist das gleiche. Die oberste und die unterste Schicht nehmen Information aus dem Auge der gegenüberliegenden Körperseite auf, die mittlere erhält Signale vom Auge derselben Seite. Bei Katze und Mensch sind die topographischen Projektionen von der Netzhaut auf den seitlichen Kniehöcker hoch organisiert. Benachbarte Netzhautbezirke sind auf benachbarte Kniehöckerzellen verschaltet.

Die primären Empfängerneuronen in der Schicht IV der Sehrinde sind allesamt *monokular,* das heißt, sie empfangen Eingangsinformationen nur aus, sagen wir, der Schicht 1 des seitlichen Kniehöckers (kontralaterales Auge) oder nur aus der Schicht 2 (ipsilaterales Auge), aber niemals aus beiden gemeinsam. Die rezeptiven Felder dieser primären Empfängerneuronen in der Rindenschicht IV entsprechen im Wesentlichen denen im seitlichen Kniehöcker, die wiederum mit denen der Ganglienzellen in der Netzhaut übereinstimmen: einfache On-Zentrum/Off-Umfeld- oder Off-Zentrum/On-Umfeld-Felder. Die Merkmalsdetektoreigenschaften der komplexeren Nervenzellen im visuellen Cortex sind das Ergebnis der Verarbeitung dieser einfachen, von den primären Empfängerneuronen der Schicht IV weitergegebenen Information durch die neuronalen Netzwerke in der Sehrinde, wie wir in Kapitel 8 gesehen haben.

Wie entsteht das elegante und exakte Muster von Verbindungen zwischen den beiden Augen und den alternierenden Säulen primärer Empfängerneuronen im visuellen Cortex? Bei Katzen, Affen und Menschen bleibt ein Auge, das von Geburt an eine bestimmte Zeit lang geschlossen gehalten wird oder aufgrund einer Anomalie, etwa eines Katarakts (Linsentrübung), nicht richtig funktioniert, für immer blind (Abbildung 10.11). Das Auge selbst ist nach Öffnung oder nach Entfernung des Katarakts von der Optik her normal oder kann durch eine Kontaktlinse leicht entsprechend korrigiert werden. Des Weiteren scheinen auch die Zellen in der Netzhaut und im seitlichen Kniehöcker normal zu funktionieren. Trotzdem ist das zeitweilig ausgeschaltete Auge blind. Die Veränderungen, die für diesen visuellen Funktionsverlust verantwortlich sind, finden in der Sehrinde statt.

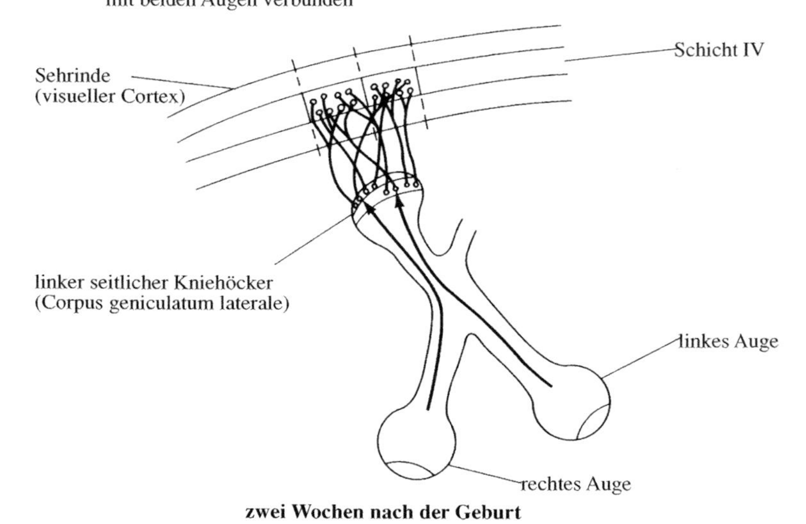

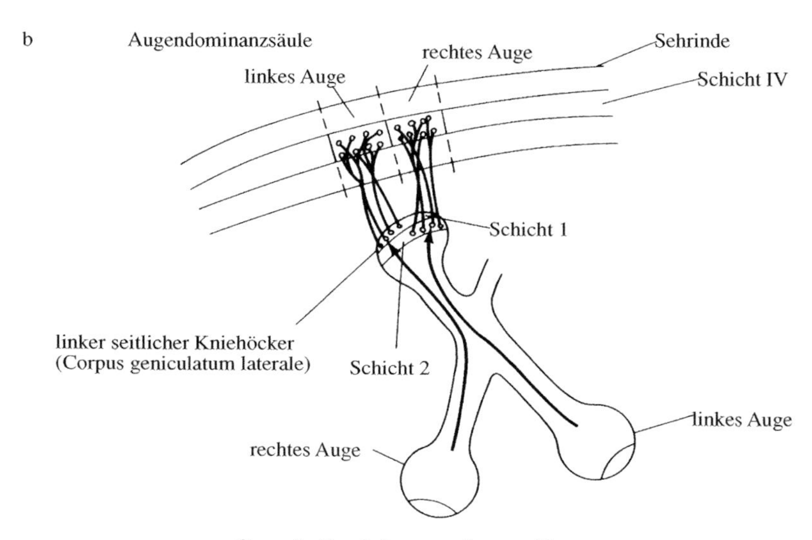

10.10 Entwicklung der Verschaltung zwischen Kniehöcker und Sehrinde im visuellen System der Katze. a) Kurz nach der Geburt erreichen die von den getrennten Schichten des seitlichen Kniehöckers (und folglich von den beiden Augen) kommenden Informationen die Zellsäulen in der Schicht IV der Sehrinde in vollständiger Überlappung. b) Muster der Verbindungen von den beiden Augen zu den Schichten des seitlichen Kniehöckers und weiter zu den Zellen in den Säulen der Schicht IV beim erwachsenen Tier; die Eingangsinformationen von den beiden Augen werden nun vollständig getrennt an alternierende Zellsäulen in der Schicht IV des visuellen Cortex weitergeleitet. (Für übergeordnete Schichten gilt diese Trennung nicht mehr; siehe Kapitel 8.)

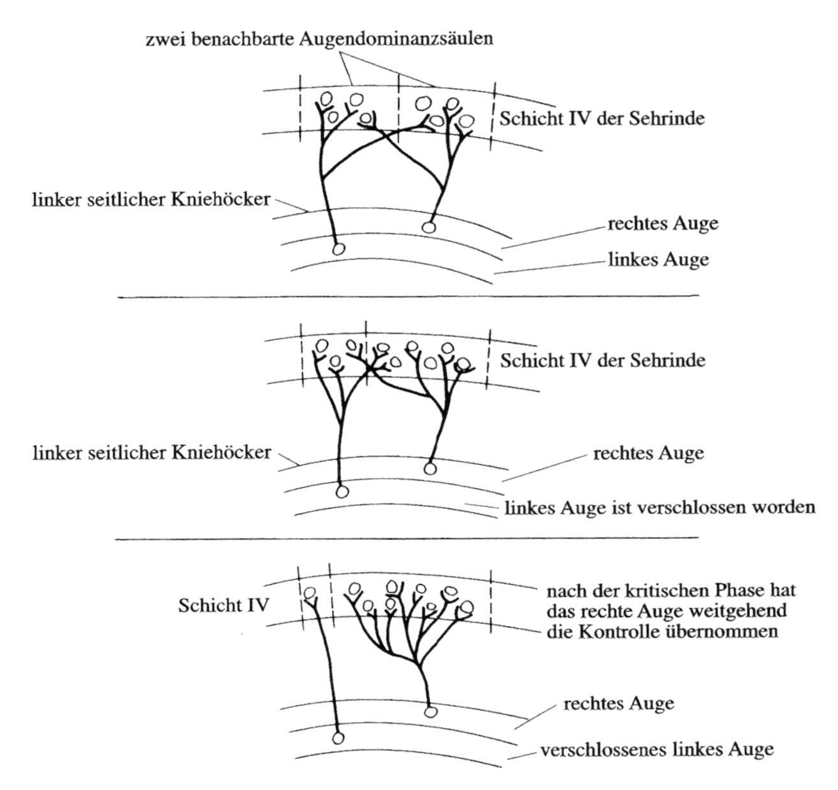

10.11 Folgen des Verschlusses eines Auges während einer frühen Entwicklungsphase, bei einer Katze oder einem Affen zum Beispiel von Geburt an bis zu dem Zeitpunkt, zu dem das Verknüpfungsmuster beim erwachsenen Tier normal ausgebildet ist. Der Entzug der normalen Sehreize für das verschlossene Auge führt dazu, dass die Eingänge aus dem unbehinderten Auge (über den seitlichen Kniehöcker) auf zunehmend mehr Zellen in der Schicht IV der Sehrinde übergreifen. Die Dominanzsäulen des offenen Auges werden dadurch immer größer, während die des geschlossenen Auges bis auf letztlich nur noch zehn Prozent der Sehrinde schrumpfen. (Normalerweise stellen die Säulen jedes Auges ungefähr jeweils 50 Prozent des visuellen Cortex.)

Die postnatalen sensiblen Phasen (oder kritischen Perioden), während derer der Verschluss eines Auges eine dauerhafte Beeinträchtigung seiner Sehfähigkeit hervorrufen kann, sind unterschiedlich lang. Bei Katzen und Affen erstreckt sich diese Periode von der Geburt bis zu einem Alter von mehreren Monaten. Über diesen Zeitraum hinweg wird die Auswirkung eines Augenverschlusses zunehmend geringer. Ein Verschluss während der ersten zwei Monate nach der Geburt zieht eine viel stärkere Beeinträchtigung nach sich als ein Verschluss im fünften und sechsten Monat. Beim Menschen scheint die sensible Phase ungefähr die ersten sechs Lebensjahre anzudauern. Das Geschlossenhalten eines Auges über wenige Wochen hinweg kann bei einem Kleinkind vermutlich schon ein messbares Defizit hervorrufen.

Die kritische Periode in der Entwicklung des Sehsystems entspricht einem Zeitraum, in dem sich die Schaltkreise im visuellen Feld der Großhirnrinde noch ausbilden. Sobald das System vollständig entwickelt ist, hat der Verschluss eines Auges keine Auswirkung mehr auf das Sehen. Bei einem Erwachsenen kann sich ein Katarakt in einem Auge über Jahre hinweg entwickeln, bevor er entfernt wird, und doch erlangt dieses Auge nach dem Eingriff seine Sehfähigkeit (mit einer Kontaktlinse) vollständig zurück. Die Tatsache, dass sich beim Menschen die sensible Phase für das Sehen über sechs Jahre erstreckt, legt nahe, dass zu dieser Zeit die entsprechenden Verschaltungen und die Feinabstimmung der Verknüpfungsmuster vor sich gehen. Die normale Seherfahrung hat tief greifende Auswirkungen auf die Entwicklung der Schaltkreise im visuellen Gehirn.

Wenn man bei Katzen oder Affen von Geburt an über den gesamten kritischen Zeitraum hinweg beide Augen geschlossen hält und erst danach öffnet, bleiben die Tiere funktionell blind. Beim Menschen scheint sich nach der Korrektur einer Erkrankung, die das Sehen während der sensiblen Phase verhinderte, zwar ein gewisses Sehvermögen wieder einzustellen, aber das Detailsehen ist stark beeinträchtigt. Wenn beide Augen allerdings für nur relativ kurze Zeiträume geschlossen bleiben, kommt es zu weit geringeren Funktionseinschränkungen als bei einem einseitigen Verschluss.

Die meisten Arbeiten über die Entwicklung des Sehsystems und über den Entzug visueller Reize (Deprivation) wurden an der Katze durchgeführt, weil deren Sehrinde bei der Geburt weniger weit ausdifferenziert ist als die von niederen Affen oder anderen Primaten. Wahrscheinlich entwickeln sich die Sehvorgänge bei Katzen, Affen und Menschen auf grundlegend gleiche Weise, wenn auch zu etwas unterschiedlichen Zeiten.

Zwei Techniken waren für das Verständnis der Entwicklung des Sehsystems und der Auswirkungen visueller Deprivation auf das Gehirn entscheidend: zum einen die Aufzeichnung der Aktivität einzelner Nervenzellen in der Sehrinde, zum anderen *anatomisches Tracing*, die anatomische Lokalisation neuronaler Verbindungen mit Hilfe radioaktiv markierter Substanzen („Tracer"). Wenn man eine radioaktiv markierte Aminosäure in ein Auge injiziert, wird sie von den Ganglienzellen in der Netzhaut aufgenommen und zu deren Nervenendigungen im seitlichen Kniehöcker transportiert. Hier erfolgt ein transneuronaler Transport – ein glücklicher Umstand im Sehsystem (und anderen sensorischen Systemen): Die markierte Aminosäure überquert irgendwie die Synapsen zwischen den Ganglienzellen und den Zellen des seitlichen Kniehöckers, wird von diesen Zellen aufgenommen und schließlich zu deren Axonendigungen befördert, die in die Schicht IV der Sehrinde projizieren.

Mikroelektrodenaufzeichnungen und anatomisches Tracing ergeben übereinstimmend, dass sich das Sehsystem der Katze im Wesentlichen nach folgendem Muster entwickelt. In den ersten zwei Lebenswochen gibt es noch keine Augendominanzsäulen (mit einem jeweils bevorzugten Auge) in der Sehrinde und überhaupt kaum Anzeichen für irgendeine okulare Dominanz. Radioaktiv markierte Aminosäuren – ob sie nun von dem einen oder von dem anderen Auge aus transportiert werden – bilden im visuellen Cortex ein einheitliches Band. Nervenzellen, die man in dieser Entwicklungsphase mit einer Mikroelektrode untersucht, erweisen sich als binokular, das heißt, sie reagieren gleichermaßen auf die Reizung des linken oder des rechten Auges (Abbildungen 10.10 und 10.11).

Bei Katzen ist das Muster der Projektionen auf die Schicht IV der Sehrinde also bei der Geburt noch weitgehend undifferenziert. Dies steht in bemerkenswertem Gegensatz zu dem Muster bei einer jungen erwachsenen Katze. Im Alter von einigen Monaten wird nämlich eine in ein Auge injizierte Aminosäure zu alternierenden Säulen im Cortex transportiert, und einzelne Zellen der Schicht IV reagieren nur auf Informationen aus dem einen oder dem anderen Auge, wie sich mittels Mikroelektrode zeigen lässt.

Im Laufe der nachgeburtlichen Entwicklung treten die Axonendigungen aus den Schichten des seitlichen Kniehöckers (die Informationen aus den beiden Augen weiterleiten) miteinander in Wettstreit. In einem kleinen Bezirk kommt es zur Dominanz der Eingänge aus dem linke Auge, in der benachbarten kleinen Region gewinnt das andere Auge die Oberhand. Jüngste Forschungen gewähren Einblick in zwei Prozesse, die für die Entwicklung der Augendominanzsäulen entscheidend zu sein scheinen. Erstens müssen die Nervenzellen elektrisch aktiv sein, wie Michael Stryker von der Universität von Kalifornien in San Francisco in raffinierten Experimenten mit einer Substanz namens Tetrodotoxin (TTX) nachwies. TTX, das Gift des Kugelfisches, blockiert Natriumkanäle und unterbindet so sämtliche Aktionspotenziale der Nervenzellen. Infundierte Stryker die Substanz zu der Zeit in die Großhirnrinde, zu der sich die Fasern des seitlichen Kniehöckers in getrennte Säulen für die Informationsaufnahme aus beiden Augen aufteilten, so blieb die Entwicklung der Augendominanzsäulen aus. Rufen wir uns ins Gedächtnis, dass die normale Seherfahrung während dieser Phase Voraussetzung für eine normale Entwicklung der Augendominanzsäulen ist. Wird die elektrische Aktivität der Nervenzellen im Cortex unterbunden, so kann die Seherfahrung dieser Aufgabe nicht nachkommen.

Beim zweiten Prozess spielen die *subplate*-Neuronen (Abbildung 10.12) eine Rolle. Wie wir bereits erfahren haben, gibt es diese Nervenzellen nur, solange sich die Großhirnrinde entwickelt. In der Sehrinde senden sie ihre Axone sowohl zur Schicht IV als auch zur Schicht I. Anscheinend erregen sie über Synapsen die Nervenzellen der Schicht IV. Carla Shatz und ihre Mitarbeiter spritzten jungen Katzen in der ersten Woche nach der Geburt eine Chemikalie, welche die Zellkörper, nicht aber die Fasern in der weißen Substanz unmittelbar unter der Großhirnrinde zerstörte. Dies vernichtete die *subplate*-Neuronen, doch nicht die Nervenzellen in der heranwachsenden Sehrinde. Der Cortex wurde dann viel später untersucht (mehr als sieben Wochen danach), als man davon ausgehen konnte, dass die Entwicklung der Augendominanzsäulen abgeschlossen war. Bemerkenswerterweise hatten sich direkt oberhalb des Bereichs, in dem die *subplate*-Neuronen zerstört worden waren, keine Augendominanzsäulen entwickelt, während sie an anderen Stellen der Sehrinde normal ausgebildet waren. Irgendwie leiten die *subplate*-Neuronen Wachstum und Aufteilung der Nervenzellen, die vom seitlichen Kniehöcker kommen und unterwegs zu den entsprechenden schmalen Bereichen der Schicht IV sind, um dort Augendominanzsäulen hervorzubringen. Und auch hier ist es von Bedeutung für die normale Entwicklung, dass die Augen der jungen Katzen in diesem Zeitraum, nach der ersten postnatalen Woche, geöffnet sind und das Sehsystem elektrisch aktiv ist. Shatz mutmaßt, die *subplate*-Neuronen sei-

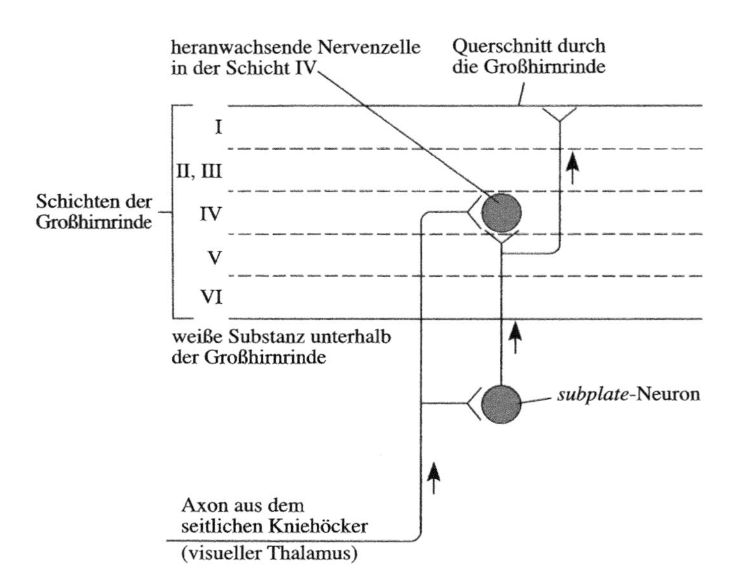

10.12 *Subplate*-Neuron. Dieser Nervenzelltyp entwickelt sich unterhalb der Großhirnrinde in der weißen Substanz, von wo er seine Axone hinauf in die Schicht IV (die Empfangsregion für Sinnesinformationen) der Großhirnrinde sendet, damit sie sich dort mit heranwachsenden Nervenzellen synaptisch verbinden. Er sendet auch Axonkollateralen an die Rindenoberfläche. *Subplate*-Neuronen sind physiologisch aktiv und lenken vermutlich die Entwicklung sensorischer Empfangsfelder in der Großhirnrinde. Wenn der Cortex ausgereift ist, sterben sie ab.

en möglicherweise in der Lage, die Wechselwirkungen zwischen den Kniehöckerfasern und den Nervenzellen der Großhirnrindenschicht IV zu modulieren, indem sie Glutamatrezeptoren vom NMDA-Typ aktivieren (Kapitel 4).

Was passiert mit den Augendominanzsäulen in der Sehrinde, wenn ein Auge von Geburt an geschlossen gehalten wird? Wie sich gezeigt hat, sind die Säulen für dieses Auge viel kleiner als die für das normale Auge (Abbildung 10.11) – eine bemerkenswerte Demonstration der Auswirkungen von Erfahrungen auf Wachstum und Entwicklung des Nervensystems. Der Erfahrungsunterschied besteht in diesem Fall zwischen der normalen visuellen Stimulation und den bloßen Licht-Schatten-Reizen, die durch das geschlossene Augenlid dringen. Ohne die normale Seherfahrung kommt es im Cortex zu einer Vorherrschaft der Eingänge (über den seitlichen Kniehöcker) aus dem offenen Auge und zur Übernahme eines wesentlichen Anteils der Dominanzsäulen des verschlossenen Auges. Wie das passiert, weiß man noch nicht, aber die Botschaft ist klar: Eine normale sensorische Erfahrung ist für eine normale Gehirnentwicklung von entscheidender Bedeutung. Diese Untersuchungen an Katzen haben einen offensichtlichen Bezug für Kinder mit Sehstörungen, bei denen ein Auge besser funktioniert als das andere; solche Störungen sollten so bald als möglich nach der Geburt korrigiert werden.

Einige neuere Arbeiten lassen vermuten, dass Noradrenalin an der Ausbildung der Augendominanzsäulen in der Sehrinde während der sensiblen Phase beteiligt ist. Noradrenalinneuronen im Locus coeruleus reifen während des für das Sehsystem kritischen Zeitraumes heran. Diese Neuronen projizieren vom Locus coeruleus im Hirnstamm weit verteilt und diffus auf die Großhirnrinde und das limbische System. Wenn sie aktiviert werden, setzen sie an ihren Endigungen Noradrenalin frei. Man nimmt heute an, dass dieses Noradrenalinsystem kein schnelles synaptisches Transmittersystem darstellt, sondern eher wie ein lokales Hormon wirkt und über ein *second messenger*-System modulierende Einflüsse ausübt.

Wenn man jungen Katzen zu Beginn der sensiblen Phase das Neurotoxin 6-Hydroxydopamin in den Bereich des Locus coeruleus injiziert, werden durch diese Substanz die Noradrenalinneuronen zerstört. So behandelten Katzen verschloss man dann während der sensiblen Phase ein Augenlid (monokulare Deprivation). Die okulare Dominanz blieb unverändert: Die Säulen in der Rinde, die von dem offenen Auge aktiviert wurden, erweiterten sich nicht, und jene, die dem geschlossenen Auge zugeordnet waren, schrumpften nicht. Es scheint, als sei Noradrenalin für die neuronale Plastizität der Sehrinde notwendig.

Bei anderen mit 6-Hydroxydopamin behandelten Katzen, denen man ein Auge verschlossen hatte, brachte man während der sensiblen Phase Noradrenalin direkt in die Sehrinde ein. Bei diesen Tieren veränderte sich die okulare Dominanz zugunsten des offenen Auges. Offenbar hatte das der Sehrinde direkt zugeführte Noradrenalin die normale Noradrenalinquelle, den Locus coeruleus, ersetzt.

Das folgende Experiment erbrachte sogar noch eindrucksvollere Ergebnisse. Man verschloss bei normalen erwachsenen Katzen lange nach Ablauf der sensiblen Phase ein Auge. Dies allein würde keine Auswirkung auf die Organisation der Sehrinde haben. Die Wissenschaftler führten dann aber der Sehrinde dieser Katzen direkt Noradrenalin zu. Es kam zu Veränderungen der Augendominanz: Die Säulen im visuellen Cortex, die durch das offene Auge aktiviert wurden, dehnten sich aus, jene für das geschlossene Auge schrumpften. Offensichtlich war durch die direkte Zugabe von Noradrenalin bei den erwachsenen Katzen quasi eine neue sensible Phase für die Sehrinde geschaffen worden. Solch eine Induktion neuronaler Plastizität könnte von praktischer Bedeutung für die Behandlung bestimmter Anomalien beim Menschen, zum Beispiel des Schielens, sein. Wenn ein Kind von Geburt an schielt und dieser Zustand nicht früh genug behoben wird, dann vermindert sich die Funktionstüchtigkeit des betroffenen Auges.

Das Konzept kritischer oder sensibler Entwicklungsphasen gilt sehr allgemein. Ein beeindruckendes Beispiel, das ebenfalls das Sehsystem betrifft, ist die Prägung bei Vögeln. Nestflüchter – Vögel, die von Geburt an laufen und Nahrung sammeln können wie etwa Hühner und Gänse – lassen sich in einem kurzen Zeitraum von ungefähr zwei Tagen nach der Geburt auf fast jedes Objekt prägen, das größer ist als sie selbst und sich bewegt. Normalerweise handelt es sich dabei um die Mutter, aber in deren Abwesenheit entwickeln die Jungvögel eine vergleichbare Bindung auch an Ersatzobjekte. Fast jeder kennt wohl die Bilder, auf denen Konrad Lorenz, der Entdecker der Prägung, von einer Schar junger Gänse verfolgt wird, die offensichtlich überzeugt sind, er sei ihre Mutter.

Laboruntersuchungen zur Prägung bei Küken zeigen, dass eine bestimmte Region des Vorderhirns, das so genannte *mediale Hyperstriatum ventrale* (Corpus hyperstriatum ventrale), der entscheidende Ort für die Ausbildung einer „Gedächtnisspur" für den prägenden Reiz zu sein scheint. Eine Zerstörung dieses Gehirnbezirks unterbindet die Prägungsreaktion; außerdem finden in dieser Region, wie Untersuchungen zeigen, anatomische und chemische Veränderungen statt, die mit dem Prägungsvorgang korreliert sind. Bei diesem Prozess kommt es zu einer gewissen Asymmetrie zwischen den Hirnhälften. Die Prägung liefert ein höchst interessantes Modell für eine sehr spezifische Form des Lernens, die bei bestimmten Vögeln nur in einem sehr begrenzten, frühen Abschnitt der Entwicklung des Nervensystems erfolgen kann.

Stellen Sie sich vor, dass es in frühen Stadien der Entwicklung eines Säugetieres zu irgendeiner Art von Defekt kommt, sodass die Frucht eine Gliedmaße nicht ausbildet. Wird der entsprechende Bereich des somatosensorischen Cortex, nachdem das Tier geboren und ausgereift ist, die fehlende Gliedmaße repräsentieren oder nicht? Das mag klingen wie die Frage nach dem Huhn oder dem Ei, doch ist sie von tief reichender Bedeutung, wenn wir verstehen wollen, wie die Entwicklung der Großhirnrinde organisiert ist. Ein ausgesprochen gutes Modell, an dem sich dieses Problem untersuchen lässt, sind die Schnurrhaartönnchen *(whisker barrels)* im somatosensorischen Cortex von Nagern, die wir schon in Kapitel 8 vorgestellt haben. Wie Sie sich vielleicht erinnern werden, wird jedes Schnurrhaar in der Großhirnrinde durch einen Ring oder ein Tönnchen von Nervenzellen repräsentiert, die äußerst empfindlich auf Bewegungen des Schnurrhaars reagieren. Thomas Woolsey und Mitarbeiter, die an der Washington-Universität in St. Louis tätig sind, unternahmen ein mittlerweile klassisches Experiment. Während einer frühen Entwicklungsphase entfernten sie eine komplette Zellreihe in der Schnauzenregion des Tieres und ließen es dann weiter heranreifen. Nachdem sich die Schnurrhaartönnchen in der Großhirnrinde ausgebildet hatten, fehlte die komplette Reihe jener corticalen Tönnchen, die das Gegenstück zur Reihe der entfernten Schnurrhaare bildete (Abbildung 10.13).

Dieses Experiment demonstrierte, dass die Organisation der somatischen Großhirnrinde in frühen Entwicklungsphasen äußerst plastisch ist, aber auch, dass die Organisation des Cortex von der Organisation der Körperperipherie und vermutlich auch von der normalen Aktivität der entsprechenden Nervenleitungsbahnen während der Entwicklung abhängt. Wie aber steht es mit erwachsenen Tieren? Amputiert man Affen einen Finger, dann verkleinert sich das rezeptive Feld des Fingers im somatosensorischen Cortex, wie wir im letzten Kapitel gesehen haben. Stimuliert man hingegen den Finger über einen langen Zeitraum hinweg durch Vibration, dehnt sich das rezeptive Feld des Fingers aus.

Jüngst zeigte ein sehr aufregendes Experiment, dass sich der somatosensorische Cortex des erwachsenen Tieres massiv reorganisieren kann. Vielleicht erinnern Sie sich noch an den Versuch, den wir in Kapitel 9 beschrieben haben: Man unterband bei Affen jeglichen Zufluss von Sinnesinformationen aus den vorderen Gliedmaßen, indem man die dazugehörigen Hinterwurzeln durchtrennte. Sie waren fähig zu lernen, ihre Arme selbst ohne visuelle Kontrolle akkurat zu bewegen. Hieraus folgerten wir, dass die cerebralen motorischen Systeme das Gehirn auf direktem Weg mit Information über die mutmaßliche Stellung der Gliedmaßen im Raum versorgen, auch wenn der sensorische Informationsfluss aus den Gliedmaßen ausbleibt. Zwölf Jahre später, als die Affen älter waren, wurde der somatosensorische Cortex kartiert. In der Großhirnrinde war es zu einer außerordentlichen Reorganisation gekommen. Das Areal, das normalerweise die vorderen

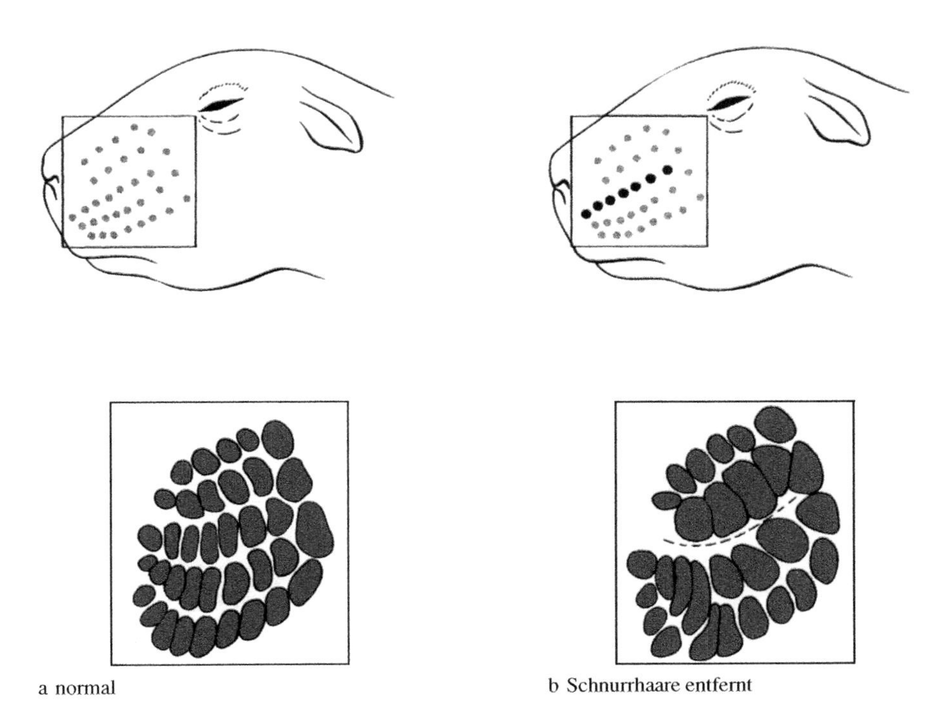

10.13 Entwicklung der rezeptiven Felder eines Schnurrhaartönnchens im somatosensorischen Cortex eines Nagers. a) Normale Entwicklung. b) Entfernt man eine Reihe Schnurrhaare in einer frühen Entwicklungsphase, bilden sich die dazugehörigen Tönnchen in der Großhirnrinde nicht aus und fehlen beim erwachsenen Tier völlig.

Gliedmaßen abbildet, fehlte. Dafür hatte sich die Rindenregion, die das Gesicht repräsentiert, über den gesamten Bereich ausgedehnt, den sonst der Arm innehat (Abbildung 10.14). Man sollte meinen, das Gesicht sei infolgedessen sensorisch empfindlicher und unterscheidungsfähiger. Außerdem lässt es die Möglichkeit in Betracht kommen, dass sich bei Menschen, die einen größeren Teil ihres Zuflusses an Sinnesinformation einbüßen, die verbleibenden, andere sensorische Eingangsinformation repräsentierenden Rindenareale ausdehnen, um den Verlust auszugleichen. So könnte das scharfe Gehör von Personen, die seit jungen Jahren blind sind, nicht nur auf die herkömmliche Erklärung zurückzuführen sein, dass sie auditorischen Signalen mehr Aufmerksamkeit schenkten, sondern zum Teil auch darauf, dass sich ihre Großhirnrinde reorganisiert. Doch ist dies natürlich reine Spekulation.

Die Auswirkungen von Seherfahrungen auf die Entwicklung des visuellen Cortex liefern ein spezifisches Beispiel dafür, wie frühe Erfahrungen die Gehirnentwicklung beeinflussen können. Viele Untersuchungen haben gezeigt, dass sich bei Säugetieren Fülle und Vielfalt früher Erfahrungen ebenfalls stark auf Gehirnentwicklung und Verhalten auswirken können. Die wegbereitenden Arbeiten auf diesem Gebiet wurden von den Psychologen Mark Rosenzweig und David Krech zusammen mit der Neuroanatomin Marion C. Diamond und dem Neurochemiker Ed-

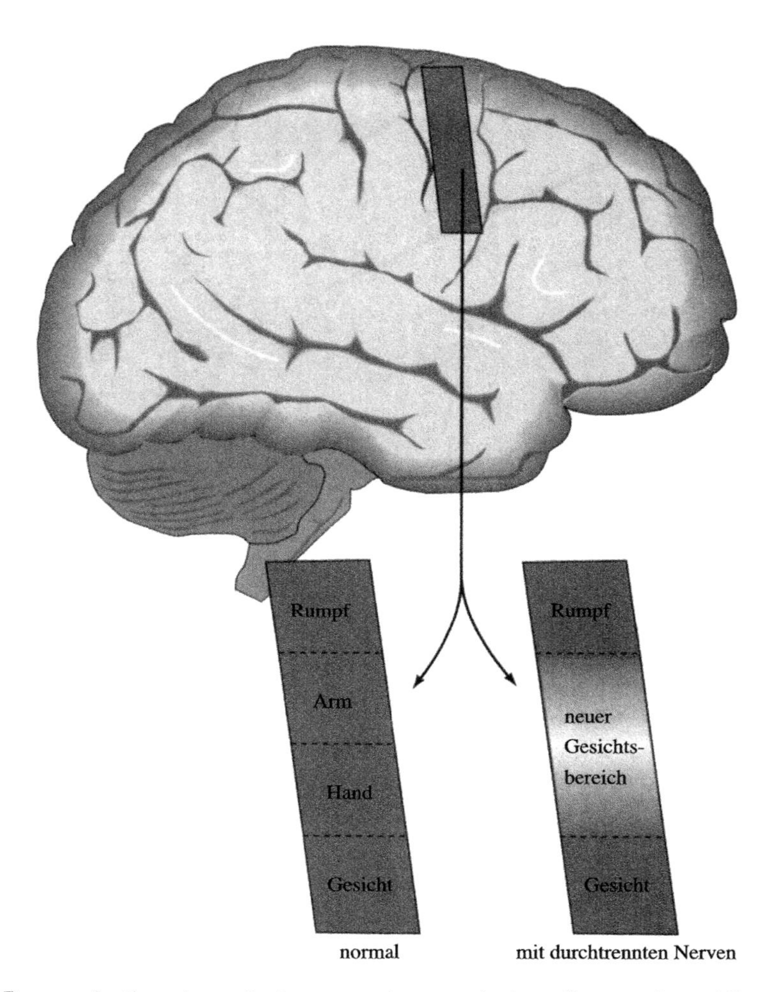

10.14 Reorganisation des primären somatosensorischen Cortex eines Affen, nach Deafferenzierung (Durchtrennung der afferenten Nerven) der vorderen Gliedmaßen zwölf Jahre zuvor. Im unteren Teil der Abbildung ist ein vergrößerter Ausschnitt des primären somatosensorischen Cortex für das normale Tier (links) und das Tier mit den durchtrennten Nerven (rechts) dargestellt. Man beachte, dass die Repräsentation des Gesichtsbereichs auf dem Cortex vergrößert ist und nun die gesamten Rindenareale umfasst, die zuvor durch die Vordergliedmaße (Hand und Arm) mit den nun durchtrennten Nerven eingenommen wurde. Der Affe schaut nach rechts.

ward Bennet an der Universität von Kalifornien in Berkeley durchgeführt. Rosenzweig und Krech konstruierten für Ratten eine an Reizen reiche Umgebung und zogen sie in verschiedenen sozialen Gruppen aus jeweils mehreren Tieren auf. (Ein Beispiel für eine ihrer Behausungen ist in Abbildung 10.15 zu sehen.) Brüder und Schwestern der „reichen" Ratten (Kontrolltiere aus demselben Wurf) wurden einzeln in normalen Laborkäfigen („arme" Ratten) oder in sozialen Grup-

10.15 Eine an Reizen reiche Behausung für Ratten.

pen in großen Laborkäfigen („arme, soziale" Ratten) aufgezogen. All diese „reichen" und „armen" Ratten wurden ausreichend mit Nahrung und Wasser versorgt und sauber gehalten.

Rosenzweig und seine Kollegen bestimmten etliche Eigenschaften der Rattengehirne, besonders der Großhirnrinde, und testeten auch die Verhaltensfähigkeiten der Tiere. Praktisch alle Messungen zeigten eine verstärkte Hirnentwicklung bei den reichen verglichen mit den armen Ratten. Die Werte für die armen, sozialen Ratten lagen etwa in der Mitte. Tatsächlich spiegeln sich die Auswirkungen früher Erfahrungen bereits im Gehirngewicht wider: Reiche Ratten haben schwerere Gehirne als arme. Die reichen Tiere erwiesen sich auch beim Lernen im Labyrinth und bei anderen komplexen Verhaltensaufgaben als überlegen.

Neuere Arbeiten über die Auswirkungen von Erfahrungen auf das Gehirn stützen sich vor allem auf zwei Messgrößen: die Anzahl und Komplexität von Dendriten und die Anzahl der dendritischen Dornen. Einen Großteil dieser Untersuchungen führten William Greenough und seine Mitarbeiter an der Universität von Illinois durch. Die Dendriten eines Neurons sowie sein Zellkörper stehen, wie wir aus Kapitel 2 wissen, in synaptischem Kontakt mit anderen Nervenzellen. In der Großhirnrinde sind die Dendriten zahlreicher Neuronen mit Tausenden von dornartigen Fortsätzen *(dendritic spines)* bedeckt. Jeder Dorn ist der postsynaptische Bereich einer Synapse, die eine Axonendigung eines anderen Neurons mit eben diesem Dendriten ausbildet. Die präsynaptische Axonendigung lagert sich an und um den dendritischen Dorn. Man sieht diesen Synapsentyp allgemein als exzitatorisch an.

In der Großhirnrinde einer reichen Ratte weisen einige Nervenzellen signifikant mehr komplexe Dendriten und dendritische Dornen auf als in der Rinde einer armen Ratte. Da die Dornen (wahrscheinlich exzitatorische) Synapsen sind, könnte eine reichhaltige Umgebung in einer frühen Entwicklungsphase zu mehr exzitatorischen synaptischen Verbindungen im Gehirn führen. Ob die Ausbildung neuer synaptischer Verbindungen in der Großhirnrinde tatsächlich dazu dient, die von den reichen Ratten angelegten Gedächtnisinhalte zu verschlüsseln, weiß man nicht. Möglicherweise bilden sich mehr exzitatorische Synapsen als Ergebnis einer stärkeren Reizung und Erregung (und von mehr Noradrenalin?), ohne direkt mit der Gedächtnisspeicherung in Zusammenhang zu stehen.

Nach einer anderen Interpretation sind eigentlich die reichen Ratten die normalen Tiere, denn in freier Wildbahn leben Ratten in einer Umgebung, die reich an Reizen und Stress, wenn vielleicht auch nicht an Nahrung, ist. Demzufolge wären die armen Ratten einem anomalen Erfahrungsentzug ausgesetzt und bilden deshalb anomal wenig exzitatorische Synapsen in der Großhirnrinde. Rosenzweig und seine Kollegen zogen Laborratten in einer halbnatürlichen Umgebung in der „freien Wildbahn" von Berkeley draußen vor der Tolman Hall (dem Psychologiegebäude) auf und fanden eine gewisse Bestätigung für diese Theorie: Das Gehirn jener „wilden" Tiere war ebenso gut oder noch besser entwickelt als das der reichen Laborratten.

Die Auswirkungen einer reichhaltigen Umgebung auf das Gehirn sind nicht ganz und gar dauerhaft. Setzt man reiche Ratten später in eine reizarme Umgebung, so entwickelt sich das Gehirn bis zu einem gewissen Grade zurück. Interessanterweise zeigen arme Ratten einige Anzeichen einer zunehmenden Gehirnentwicklung, wenn man sie durch Labyrinthe laufen lässt und anderen Verhaltenstests unterzieht. Die Versuchs- und Lernerfahrungen können offensichtlich eine gewisse Gehirnentwicklung induzieren, sogar noch bei jungen erwachsenen Tieren. Auch Stress kann ein wichtiger Faktor sein. Seymour Levine von der Stanford-Universität zeigte, dass Ratten, die man in einem frühen Lebensstadium Stresserlebnissen in Form von Stromstößen aussetzte, als Erwachsene Lernaufgaben besser meisterten als nicht gestresste Kontrolltiere.

Die meisten Untersuchungen über die Auswirkungen früher Umwelterfahrungen auf die Gehirnentwicklung sind an Ratten und Mäusen durchgeführt worden. Greenough hat auch den Einfluss von Erfahrungen auf die Gehirnentwicklung an Affen untersucht. Eine Affengruppe wurde von kurz nach der Geburt an in Einzelkäfigen gehalten; eine andere lebte in ähnlichen Käfigen, hatte aber jeden Tag Gelegenheit, mit Artgenossen zu spielen. Eine dritte Gruppe zog man zusammen mit Affen aller Altersstufen in zwei großen benachbarten Räumen auf, die mit Spielzeug und Klettermöglichkeiten ausgestattet waren. Bei den reichen Affen wiesen die Hauptneuronen des Kleinhirns, die Purkinje-Zellen, eine signifikant höhere dendritische Komplexität auf als bei den Affen aus den armen oder armen, sozialen Gruppen. Das Kleinhirn ist, wie wir gesehen haben, stark an der Kontrolle von Bewegungsabläufen beteiligt und hat möglicherweise auch etwas mit der Verschlüsselung von erlernten Reaktionen zu tun.

Zusammenfassend lässt sich sagen, dass Erfahrungen starke Wirkungen auf die Entwicklung von Dendriten und die Ausbildung von Synapsen im Gehirn entfalten können, besonders während früher Wachstums- und Entwicklungsphasen.

Synapsen – die Orte der funktionellen Verbindung zwischen Nervenzellen – sind viel plastischer, als man früher dachte. Offensichtlich können sie innerhalb von Tagen oder gar Stunden entstehen und wieder verschwinden.

Aufgrund dieser Studien über die Auswirkungen einer angereicherten Umgebung auf die Gehirnentwicklung und das Verhalten von Tieren wurde von manchen Seiten befürwortet, Menschenkindern eine extrem reichhaltige Umgebung voller Glöckchen, Pfeifen, beweglicher Objekte und so weiter zu bieten. Bisher gibt es allerdings noch keinerlei Beweise dafür, dass solche „überreiche“ Umwelten sich auf irgendeine Weise auf die Entwicklung von Kindern auswirken, die unter normalen Umständen aufwachsen. Die normale Umgebung, die fürsorgliche Eltern oder auch andere Pflegepersonen bieten, scheint vollkommen ausreichend zu sein. Andererseits führen tragische Situationen, bei denen Menschenkinder außer zum Essen und Kleiderwechsel in Krippen alleine gelassen werden, ganz ähnlich wie bei den Ratten, die in einer reizarmen Umgebung aufwuchsen, zu einer erheblich retardierten Entwicklung. Die erheblichen Einflüsse früher Erfahrungen auf die Gehirnentwicklung von Ratten und Affen zählten zu den Gründen, weshalb man solche Programme wie *Headstart* ins Leben rief, in der Hoffnung, benachteiligte Kinder im Vorschulalter könnten von frühen angereicherten sozialen und pädagogischen Erfahrungen profitieren. Obgleich solche Programmen sehr sinnvoll erscheinen, bleibt noch zu abzuwarten, wie vorteilhaft sie sich auf die spätere kognitive Entwicklung auswirken.

Altern und Gehirn

Die durchschnittliche Lebenserwartung beträgt heute in industrialisierten Ländern wie den Vereinigten Staaten weit über 70 Jahre und nimmt kontinuierlich zu. Die maximale Lebensspanne ist jedoch nicht angestiegen, sondern liegt nach wie vor bei gut 100 Jahren.

Die Tatsache, dass die maximale Lebensspanne des Menschen trotz besserer medizinischer Versorgung – und der Ausschaltung vieler Krankheiten – nicht zunimmt, lässt vermuten, dass es eingebaute Alterungsfaktoren gibt. Lange Zeit nahm man an, dass in erster Linie die Organe für das Altern verantwortlich seien: dass Herz, Nieren und andere Organe einfach ermüden würden. Heute weiß man, dass das nicht die vollständige Antwort ist. Leonard Hayflick, der damals am Childrens Hospital Medical Center in Oakland arbeitete, brachte normale menschliche Körperzellen, die er unterschiedlich alten Individuen entnommen hatte, in Zellkultur. Zellen eines menschlichen Embryos verdoppeln sich ungefähr 50 Mal, bevor sie absterben, hingegen teilen sich Zellen, die man einem Menschen mittleren Alters entnimmt, nur ungefähr 20 Mal.

Hayflick machte sich nun daran zu bestimmen, ob diese Kontrolle über die Zellalterung in der DNA des Zellkerns, also im „Hauptvertrag“, begründet lag oder im Zellkörper außerhalb des Kernes, in den „Unterverträgen“. Er tauschte zwischen menschlichen Embryonalzellen und adulten Zellen die Kerne aus und fand heraus, dass sich eine Zelle mit dem Kern eines Erwachsenen nur 20 Mal teilte, egal ob der Zellkörper nun von einem Embryo oder von einem Erwachsenen stammte. Kam der Kern dagegen aus einer Embryonalzelle, teilte sich die Zelle ungefähr 50 Mal. Hayflicks Untersuchungen legen nahe, dass ein Teil des Alterungsprozesses genetisch bedingt ist, also unter der Kontrolle der Kern-DNA steht. Der einzige unsterbliche Zelltyp beim Menschen ist die Krebszelle.

Eine genetische Uhr, welche die Anzahl der Zellteilungen in einer menschlichen Körperzelle regelt, kann allerdings nicht die ganze Erklärung für den Alterungsprozess sein. Die wichtigsten Zellen im menschlichen Körper, die Nervenzellen im Gehirn, teilen sich nach der Geburt nicht mehr. Ein Zurückstellen der genetischen Uhr des Alterns in den Körperzellen würde daher das Problem eines möglichen Verfalls des Gehirns nicht lösen. Die Alterung ist heute zu einem wichtigen Forschungsgebiet in der Biologie und den Neurowissenschaften geworden, was sicher nicht zuletzt mit dem zunehmenden Alter einflussreicher Teile der Bevölkerung zusammenhängt.

Viele Jahre lang ging man davon aus, dass es beim normalen Altern zu erheblichen Verlusten von Nervenzellen im Gehirn, vor allem in der Großhirnrinde, käme. Tatsächlich führten klassische Studien, bei denen die Zahl der Neuronen in bestimmten Regionen ermittelt wurde, zu Schätzungen, denen zufolge im Alter von 95 Jahren ungefähr 50 Prozent der Neuronen des Neocortex abgestorben seien. Heute glauben wir, dass diese Resultate falsch und eher auf Artefakte bei den Methoden zur Zellzählung zurückzuführen sind. Mark West in Dänemark und andere entwickelten mittlerweile neue, viel genauere, so genannte stereologische Methoden zur Bestimmung der Zellzahl. Aufgrund dieser neuen Studien hat es den Anschein, als träten in den meisten Regionen des Neocortex und des Hippocampus keine signifikanten Nervenzellverluste während des Alterns auf. In manchen Teilen des Gehirns sind Verluste von Neuronen zu erkennen. Zwei Beispiele hierfür sind die acetylcholinhaltigen Neuronen des Nucleus basalis an der Basis des Vorderhirns und die Purkinje-Zellen in der Kleinhirnrinde. Letztere könnten für die Tatsache verantwortlich sein, dass ältere Menschen größere Schwierigkeiten haben, neue motorische Fähigkeiten zu lernen; mit anderen Worten: Was Hänschen nicht lernt, lernt Hans nimmermehr.

Gedächtnis und Altern

Der geistige Verfall, der mit dem normalen Alterungsprozess beim Menschen einhergeht, ist stark überbetont worden, zum Teil wohl dadurch, dass man nicht klar zwischen der normalen Alterung und einer schweren Form von Senilität, der so genannten Alzheimer-Krankheit (siehe unten), getrennt hat. Laboruntersuchungen der Gedächtnisfähigkeiten nicht seniler älterer Leute deuten darauf hin, dass die altersbedingten Gedächtnisverluste nicht groß sind. Das Kurzzeitgedächtnis ist nicht beeinträchtigt, möglicherweise aber die Fähigkeit, seine Aufmerksamkeit zwischen zwei oder mehr Eindrücken, die von außen einströmen, zu teilen – etwa wenn man auf einer Party gerne einer Person zuhören und gleichzeitig die Unterhaltung von Leuten in der Nähe verfolgen möchte. Das Langzeitgedächtnis, also die Fähigkeit, neue Informationen für einen langen Zeitraum zu speichern, zeigt allerdings eine deutliche Abnahme mit dem Alter, wenn auch erst ab dem sechsten Lebensjahrzehnt oder später.

Die meisten Untersuchungen über die Auswirkungen des Alterns auf die Fähigkeiten des Menschen litten an einem subtilen, aber gewichtigen Fehler, dem so genannten „Kohorten"-Problem. Ein Beispiel: Wenn wir die Gedächtnisleistungen von zwei Personengruppen vergleichen wollten – einer Gruppe von 20-jährigen und einer von 70-jährigen –, dann besäßen diese Gruppen ganz offensichtlich recht unterschiedliche Erziehungen und Erfahrungen. Ein 70-jähriger, der 1932 zehn Jahre alt war, genoss eine völlig andere Schulbildung als jemand, der heute 20 Jahre alt ist. Unter anderem gab es 1932 kein Fernsehen. In diesem Zusammenhang bedeutet „Kohorte" eine Gruppe gleichaltriger Leute zum gleichen Zeitpunkt, die man über ihre Lebensspanne hinweg beobachtet. Wir sollten also eigentlich Frau X im Alter von 20 Jahren mit ihr selbst im Alter von 70 Jahren vergleichen, wenn wir Veränderungen der Gedächtnisfähigkeit exakt feststellen wollen. Die derzeit verfügbaren Daten über Gedächtnisfähigkeiten deuten darauf hin, dass Menschen, die heute 60 Jahre alt sind, bei Gedächtnistests bedeutend besser abschneiden als Menschen, die 1930 60 waren (und damals untersucht wurden). Was auch immer der Grund dafür sein mag, das Gedächtnis älterer Leute scheint sich im Laufe der Jahrzehnte verbessert zu haben.

Senilität und die Alzheimer-Krankheit

Senilität ist ein ziemlich weit gefasster Begriff, der sich auf Hirnfunktionsstörungen bezieht, die im Alter auftreten. Sie kann viele Ursachen haben, zu denen Hirnschäden, Schlaganfälle, Alkoholismus und die Alzheimer-Krankheit zählen. Das auffallendste Symptom der Senilität sind die Gedächtnisstörungen. Ein untragbar hoher Anteil der Menschen über 65 Jahre – nämlich zehn bis 15 Prozent – leidet an milden bis schweren Symptomen der Senilität. Die Alzheimer-Krankheit ist traditionell als schwere Senilität, die sich vor dem 65. Lebensjahr entwickelt, definiert worden. Da die Symptome der Senilität jedoch bei über und unter 65 Jahre alten Menschen ähnlich sind, wird heute auch die Senilität, die sich nach 65 entwickelt, in die Alzheimer-Krankheit eingeschlossen, sofern die diagnostischen Kriterien erfüllt sind. Über 50 Prozent der Personen, die Symptome von Senilität zeigen, lassen sich in diese Kategorie der Alzheimer-Patienten einordnen – in den Vereinigten Staaten über eine Million Menschen. Die Zahl der Neuerkrankungen an der Alzheimer-Krankheit steigt mit dem Alter und wird zu einem ernstlichen Problem in unserer alternden Gesellschaft werden. Derzeit ist einer von vier Amerikanern über 85 an der Alzheimer-Krankheit erkrankt.

Die Symptome der Alzheimer-Krankheit umfassen deutliche Beeinträchtigungen kognitiver Funktionen, des Gedächtnisses, der Sprache und der Wahrnehmungsfähigkeiten. Bei einigen Patienten entwickelt sich die Krankheit ganz langsam und allmählich, bei anderen ziemlich rasch. Das erste und offensichtlichste Anzeichen sind Verluste des Kurzzeitgedächtnisses, insbesondere der Fähigkeit, neue Informationen ins Langzeitgedächtnis zu übertragen. Seit einiger Zeit bereits kennt man deutliche pathologische Veränderungen im Gehirn, die mit der Alzheimer-Krankheit in Verbindung stehen: so genannte *senile Plaques*, das sind Anhäufungen anomaler Zellfortsätze, die Proteinklumpen umgeben, ferner Knäuel aus Neurofilamenten innerhalb von Nervenzellen, ein Rückgang von Dendriten an

Nerven sowie der Verlust von Neuronen (Abbildung 10.16). Diese Veränderungen – vor allem die Plaques, die Knäuel und die Neuronenverluste – sind besonders gut im Hippocampus und in bestimmten Bereichen der Großhirnrinde zu erkennen, jenen Regionen, die am stärksten mit komplexen kognitiven Vorgängen und mit dem Gedächtnis befasst sind. Allerdings können sich bei gesunden älteren Menschen ebenfalls einige Plaques und Knäuel entwickeln. Bedauerlicherweise schreitet die Alzheimer-Krankheit fort – die Menschen verlieren nach und nach ihre Langzeiterinnerungen und sterben schließlich mit zunehmendem Abbau des Gehirns.

Möglicherweise spielt der Neurotransmitter Acetylcholin (ACh) eine gewisse Rolle bei der Alzheimer-Krankheit. Als man die Gehirne einer Reihe von Patienten untersuchte, die an der Alzheimer-Krankheit verstorben waren, zeigte sich ein merklicher Zellverlust im Basalkern, der ACh-Nervenzellen enthält, die ihre Fasern zur Großhirnrinde senden, sowie deutlich geringere Konzentrationen chemischer Substanzen, die mit dem cholinergen System in Verbindung stehen. Wie wir aber gerade erwähnt haben, tritt auch beim normalen Altern ein gewisser Verlust an ACh-Neuronen im Nucleus basalis auf.

Seit einiger Zeit ist bekannt, dass anticholinerge Substanzen, die den Effekten von ACh entgegenwirken, das Gedächtnis von Ratten und Affen stören, während

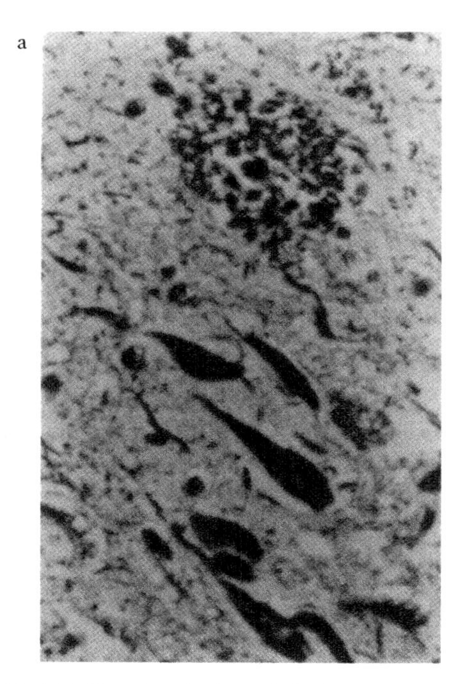

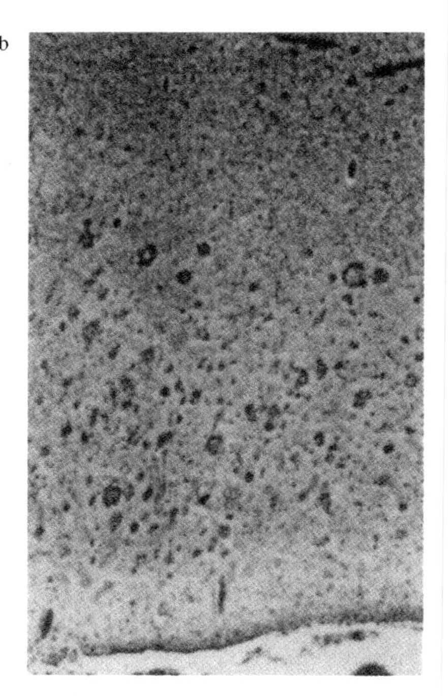

10.16 Mikroskopische Aufnahmen von senilen Plaques und Knäueln in der Großhirnrinde eines Patienten, der an der Alzheimer-Krankheit verstarb. Links: Die starke Vergrößerung lässt oben einen senilen Plaque und unten mehrere Neurofilamentknäuel erkennen. Rechts: Bei schwächerer Vergrößerung sieht man im Großhirnrindenquerschnitt zahlreiche Plaques und Knäuel in den darunterliegenden Nervenzellen (Pfeile).

Cholinesterasehemmer, also AChE blockierende Wirkstoffe, die Erinnerung erleichtern. Wird AChE an seiner Abbautätigkeit gehindert, so steht mehr ACh zur Verfügung. Folglich scheint mehr ACh gut fürs Gedächtnis zu sein und weniger ACh schlecht, jedenfalls bei Ratten. Dasselbe gilt allerdings auch für eine Anzahl anderer Substanzen, beispielsweise für Noradrenalin. Noch ist unklar, ob der Verlust an ACh-Nervenzellen die einzige oder überhaupt eine wichtige Ursache für die Alzheimer-Krankheit darstellt und ob es einen kausalen Zusammenhang zwischen dem Auftreten seniler Plaques, dem Verlust an Nervenzellen in Großhirnrinde und Hippocampus und der deutlichen Reduzierung der ACh-Neuronen im Basalkern gibt.

Es liegen relativ eindeutige Beweise aus Studien an normalen jungen Erwachsenen vor, dass Medikamente, welche die Funktion von ACh im Gehirn verbessern – etwa Physostigmin, ein Antagonist von AChE – die Gedächtnisleichtung verbessern, dass diese jedoch durch Medikamente, die zur Funktion von ACh antagonistisch wirken – wie Scopolamin, ein Antagonist des muscarinergen ACh-Rezeptors – beeinträchtigt wird. Unglücklicherweise hat Physostigmin unerwünschte Nebenwirkungen. Allerdings hat man mittlerweile neue Klassen von Medikamenten entwickelt, die AChE entgegenwirken, um mit ihnen die Alzheimer-Krankheit zu behandeln. Ein solches Medikament ist Tacrin (Cognex); es ist inzwischen weithin in Gebrauch. Seine Nebenwirkungen sind ähnlich denen von Physostigmin, aber weniger gravierend; bei einigen Patienten treten Übelkeit und Erbrechen auf.

Tacrin wurde in einer Reihe klinischer Tests an Alzheimer-Patienten erprobt; am ehesten scheinen sich damit Gedächtnisstörungen und kognitive Defizite, wie sie in den frühen Stadien der Krankheit zutage treten, erfolgreich behandeln zu lassen. Bei grundlegenden Kognitionstests schneiden Patienten nach Verabreichung dieses Medikaments ein wenig – aber doch signifikant – besser ab. Tacrin kann die Alzheimer-Krankheit nicht verhindern, nur den Verlauf etwas verlangsamen. Aber auch dies hat einschneidende Folgen. Wenn mit diesem Medikament behandelte Patienten nur wenige Monate länger zu Hause bleiben können, bevor sie in Pflegeheime kommen, dann lassen sich dadurch buchstäblich Beträge in Milliardenhöhe einsparen, ganz abgesehen von der besseren Lebensqualität für die Patienten zumindest in diesem Zeitraum.

Es wurde eine ganze Reihe von Tests entwickelt, um die Alzheimer-Krankheit gleich in den Anfangsstadien zu erkennen. Bei den meisten handelt es sich um einfache Gedächtnistests wie etwa den Mini-Mental-Test (*mini-mental status exam*). Mit Hilfe dieser Tests lassen sich jedoch lediglich Alzheimer- (oder zumindest Demenz-) Patienten feststellen, bei denen die Krankheit schon so weit fortgeschritten ist, dass bereits eindeutige Gedächtnisstörungen und damit einhergehend Verluste von Neuronen im Gehirn eingetreten sind.

Ein Test erwies sich als recht viel versprechend, um die frühen Anfangsstadien der Krankheit zu diagnostizieren oder sogar ihren weiteren Verlauf zu prognostizieren; er ergab sich eher unerwartet aus Studien zur klassischen Konditionierung von Diana Woodruff-Pac an der Temple-Universität und Paul Solomon am Williams College. Abbildung 10.17 zeigt ein Beispiel für eine solche Studie zur Lidschlagkonditionierung. Auffällig ist die massive Beeinträchtigung des Lernens bei Alzheimer-Patienten im frühen Stadium im Vergleich zu gleichaltrigen Kontroll-

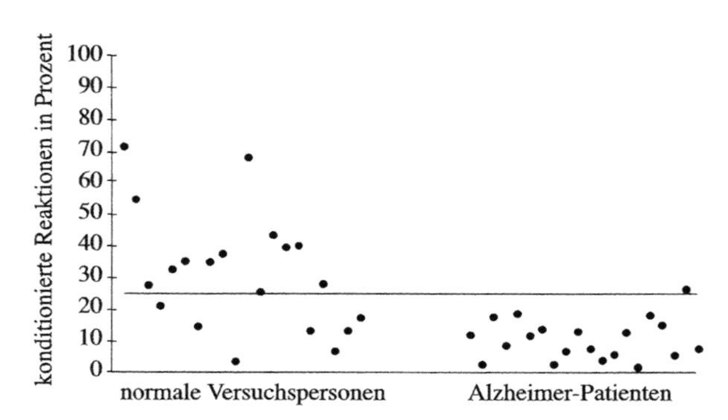

10.17 In diesem Versuch zur klassischen Konditionierung, wurde die Fähigkeit untersucht, die Lidschlagreaktion zu erlernen; dabei wurde eine Gruppe von Patienten, die als wahrscheinliche Alzheimer-Patienten eingestuft worden waren (rechts), mit einer zweiten Gruppe gleichaltriger normaler Kontrollpersonen (links) verglichen. Bemerkenswert ist, dass keiner der Alzheimer-Patienten über einen Wert von 25 Prozent konditionierter (bedingter) Reaktionen (CR für *conditioned response*) hinauskam, die meisten der normalen Versuchspersonen diesen Wert jedoch erreichten.

personen. Ebenso bemerkenswert ist, dass einige der *normalen* Versuchspersonen genauso schlecht abschnitten wie die Alzheimer-Patienten. Im Laufe einer drei Jahre dauernden Folgestudie erkrankten einige dieser normalen Menschen, die schlecht abgeschnitten hatten, an Alzheimer, aber keiner derjenigen, deren Ergebnis besonders gut war!

Mittlerweile liegen recht gesicherte Belege dafür vor, dass an der Entwicklung der Alzheimer-Krankheit genetische Faktoren beteiligt sind (Abbildung 10.18), wobei man zwei Aspekte der erblichen Beteiligung unterscheidet. Bei der einen Form vermutet man, dass das Vorhandensein eines Gens die Ursache ist und zur Entwicklung der Krankheit führt. Drei solche abnormale Gene hat man bisher identifiziert: APP auf Chromosom 21, PS1 auf Chromosom 14 und PS2 auf Chromosom 1. In allen Fällen sind diese Gene mit einem frühen Einsetzen der Krankheit – im Alter unter 60 Jahren – assoziiert. Allerdings zeichnen diese drei genetischen Faktoren nur für rund zehn Prozent der Alzheimer-Fälle verantwortlich.

Ein weiteres Gen steht auf ganz andere Weise mit der Alzheimer-Krankheit in Zusammenhang: Das Gen APOE auf Chromosom 19. Es tritt in drei verschiedenen Formen (Allelen) auf, die man als 2, 3 und 4 bezeichnet. Bei Vorhandensein von APOE4 (nicht jedoch bei 2 und 3) erhöht sich die Anfälligkeit für die Alzheimer-Krankheit bei Menschen im Alter von über 65 Jahren. Allerdings ist APOE4 nicht die Ursache für die Alzheimer-Krankheit – es erhöht nur einfach die Wahrscheinlichkeit, dass sich die Krankheit in höherem Alter ausbilden wird. Man findet es bei 40 Prozent der Alzheimer-Patienten. Damit bleiben aber weiterhin 50 Prozent Alzheimer-Patienten übrig, für die noch kein Zusammenhang hergestellt werden kann.

Großes Interesse hat auch die Idee gefunden, dass möglicherweise Umweltfaktoren eine Prädisposition für die Alzheimer-Krankheit bewirken könnten. Einer früheren Hypothese zufolge sollte dies das Vorhandensein von Aluminium sein. Zum gegenwärtigen Zeitpunkt hat man aber keine speziellen Substanzen in der

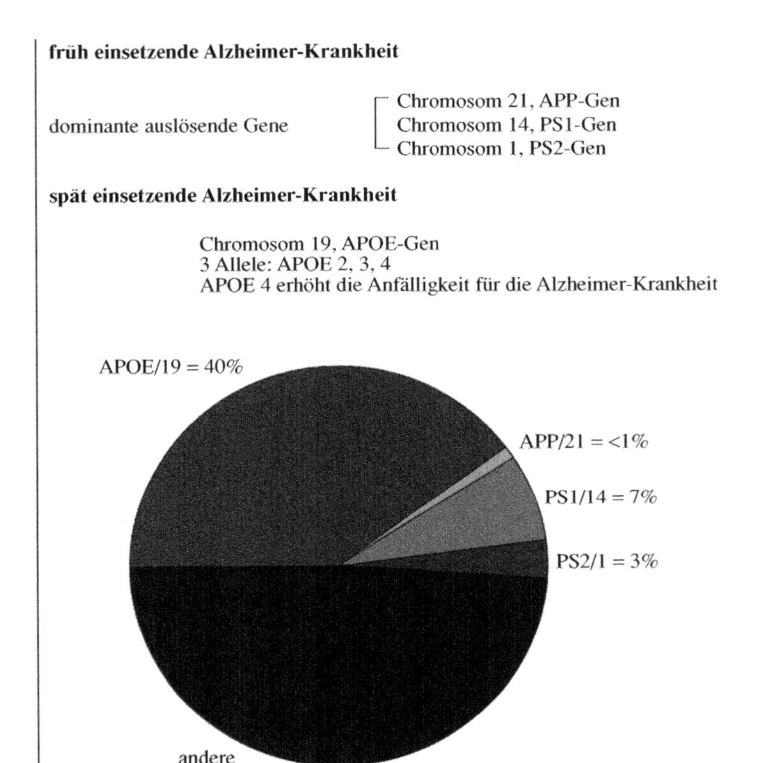

10.18 Der Prozentsatz von Alzheimer-Fällen, bei denen eine bestimmte genetische Anomalie festgestellt wurde. Für Details siehe Text.

Umwelt als Schuldige identifiziert. Bisher haben wir nur fundamentale Ursachen betrachtet, über die – abgesehen von den genetisch bedingten zehn Prozent – nur wenig Beweise vorliegen.

Mehr weiß man über die unmittelbaren oder proximalen Ursachen. Für die abnormen Ansammlungen von fibrillärem Material, die zum Absterben von Neuronen sowie zur Bildung von Knäueln und Plaques führen, könnte direkt ein Protein in den Zellen verantwortlich sein, das die Bezeichnung beta-APP (für *amyloid precursor protein*) trägt. Noch wissen wir aber nicht, warum dies geschieht.

Der heute allgemein vorherrschenden Auffassung zufolge beginnen bestimmte Gene auf einmal damit, Proteine zu exprimieren, die Plaques und Knäuel hervorrufen, oder sie hören auf, solche Proteine zu bilden, die derartige Veränderungen verhindern; möglicherweise tun sie auch beides. Sofern sich diese Vermutungen bewahrheiten, läge eine medikamentöse Behandlung im Bereich des Möglichen. Sollten die Gene beispielsweise beginnen, die Produktion abnormer Proteine zu veranlassen, so ließen sich vielleicht Medikamente entwickeln, welche die Expression dieser Proteine verhüteten. Eventuell werden in der endgültigen vorbeugenden Behandlung irgendwelche gentechnologischen Verfahren eine Rolle spielen. Untersuchungen von Ursachen und Therapiemöglichkeiten der Alzheimer-

Krankheit bilden heute einen der betriebsamsten Forschungsbereiche in der Neurowissenschaft.

Zusammenfassung

Von der Befruchtung bis zur Geburt bilden sich im menschlichen Embryo und Fetus in jeder Minute durchschnittlich 250 000 neue Nervenzellen. Wie die Vielzahl dieser Nervenzellen wandert, wächst und sich zum menschlichen Gehirn entwickelt, ist eines der großen Geheimnisse der Neurowissenschaft. Der Entwurf für die Entwicklung der strukturellen Organisation des menschlichen Gehirns findet sich in den Genen; Entwicklungsprozesse, wie beispielsweise die Induktion, sind mitentscheidend. Darüber hinaus unterliegt die Feinstruktur der synaptischen Verknüpfungen keiner direkten genetischen Steuerung, sondern wird vielmehr während der gesamten Entwicklung von der Befruchtung bis zum Tod durch Erfahrung geformt und überarbeitet.

Zu den Mechanismen von Nervenwachstum und -entwicklung zählen chemische Signale, der Wettstreit von Zellen und Nervenfaserendigungen sowie fasergelenkte Zellbewegungen. Bestimmte Typen von Zellen setzen chemische Signale (beispielsweise NGF) frei, mit denen sie das Wachstum von Nervenfaserendigungen auf sich lenken. In einer verhältnismäßig späten Phase der vorgeburtlichen Entwicklung gibt es im Körper weitaus mehr Nervenzellen und wetteifernde Synapsen als im erwachsenen Organismus. Nur einige von ihnen setzen sich durch. Zahlreiche Nervenzellen und Synapsen gehen infolge dieses Wettstreits zugrunde, was zu einer Feinabstimmung der Verknüpfungen im Gehirn des Erwachsenen führt. Des Weiteren senden die Neuronen wachsende Nervenfasern aus, an deren Ende sich Wachstumskegel befinden, die für das eigentliche Längenwachstum sorgen. In vielen Fällen wachsen die Axone so lange weiter, bis sie an eine Grenze, beispielsweise die Oberfläche des Gehirns, stoßen. Der Zellkörper bewegt sich dann die Nervenfaser entlang hinauf, um seine endgültige Position einzunehmen, wie es beispielsweise die Purkinje-Zellen in der Rinde des Kleinhirns tun.

Anhand der Entwicklung des Sehsystems im Gehirn haben wir viel darüber erfahren, wie sich die Großhirnrinde organisiert und entwickelt. In frühen Phasen der Entwicklung empfangen Nervenzellen der Schicht IV der Großhirnrinde (über den visuellen Thalamus) Informationen aus beiden Augen. Schließlich jedoch beziehen die Zellen die eingehenden Informationen entweder aus dem einen oder aus dem anderen Auge. Für diesen Prozess synaptischer Selektion ist die normale Nervenzellaktivität, die sich aus der Seherfahrung nach der Geburt ergibt, unbedingt erforderlich. In einem weiteren Prozess von zentraler Bedeutung spielen *subplate*-Neuronen eine Rolle; diese reifen heran, dirigieren die vorwärts wachsenden Nervenfasern in die richtigen und entscheidenden Positionen der Großhirnrinde und gehen danach zugrunde.

Organisation und Reorganisation der Großhirnrinde beschränken sich nicht auf den Zeitraum der Entwicklung; sie scheinen sich über das gesamte Leben eines jeden Individuums hinzuziehen. Untersuchungen an Affen zeigten, dass ein veränderter Zufluss an Information, beispielsweise aus den Fingern, die rezeptiven Felder im somatosensorischen Cortex rasch größer und kleiner werden lassen kann. Erfahrungen während des Wachstums und der Entwicklung nach der Geburt sowie im Erwachsenenalter haben einen tief greifenden Einfluss auf Wachstum und Entwicklung der Großhirnrinde. Angereicherte Erfahrung kann zu einer dickeren Großhirnrinde sowie zu einer größeren Zahl und komplexeren Organisation synaptischer Verknüpfungen in den Rinden von Großhirn und Kleinhirn führen.

Die nachteiligen Auswirkungen normalen Alterns auf Hirnfunktion und Erinnerungsprozesse sind oftmals übertrieben dargestellt worden. Es gibt keine altersabhängigen Störungen des Kurzzeitgedächtnisses, und eine Beeinträchtigung der Fähigkeit, neue Information in den Langzeitspeicher zu übertragen, scheint frühestens im sechsten Lebensjahrzehnt oder noch später in Erscheinung zu treten. Die Alzheimer-Krankheit allerdings ist ein verheerendes Leiden, das massive Veränderungen im Gehirn hervorruft (Plaques, Neurofilamentknäuel, Verlust von Nervenzellen) und mit entsprechenden Störungen von Gedächtnisfunktionen und Erinnerungen einhergeht. Eine wirkungsvolle Behandlung dieser schrecklichen Erkrankung, die bis zu fünfzehn Prozent der Menschen über 65 Jahre befällt, gibt es bislang noch nicht.

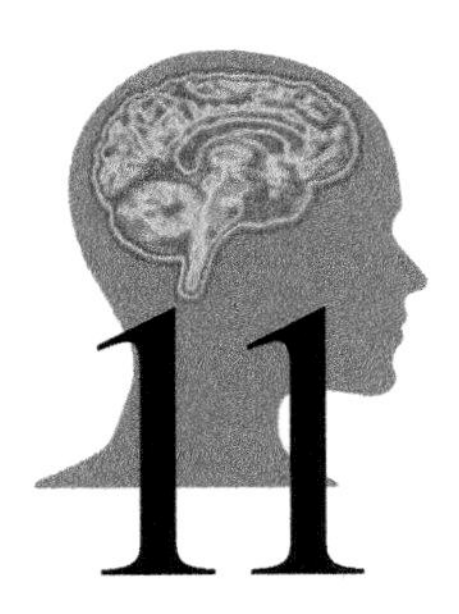

11

Lernen, Gedächtnis und Gehirn

Gedächtnis ist das außergewöhnlichste Phänomen in der Natur. Während Sie gerade dieses Buch lesen, sind buchstäblich Millionen Bits von Informationen in Ihrem Langzeit- oder permanenten Gedächtnis gespeichert worden. Ihr Gedächtnisspeicher umfasst Ihren Wortschatz und Ihr Sprachwissen, Ihr gesamtes Faktenwissen, Ihre Erinnerungen an die eigenen Lebenserfahrungen und an die Menschen, die Sie kennen gelernt haben, all Ihre erworbenen motorischen Fertigkeiten vom Gehen und Sprechen bis hin zum Schwimmen und Tennisspielen und vieles, vieles mehr. Irgendwie speichert das Gehirn all diese unterschiedlichen Informationen, sodass sie leicht zugänglich und nutzbar sind. Zwar ist es durchaus möglich, dass das Gedächtnis eines jeden gebildeten Erwachsenen ebenso viele Informationsbits speichert, wie sein Gehirn Nervenzellen hat. Das heißt aber keineswegs, dass bestimmte Erinnerungen in bestimmten Nervenzellen abgelegt sind. Stattdessen nehmen wir an, dass das Gehirn Erinnerungen verschlüsselt und speichert, indem sich das Muster und die Erregbarkeit unzähliger synaptischer Verbindungen zwischen den Nervenzellen ändern. Dabei spielen unterschiedliche Hirnsysteme besondere Rollen für bestimmte Aspekte des Lernens und Gedächtnisses, wie später in diesem Kapitel noch deutlich werden wird. *Lernen* bezieht sich übrigens auf den Erwerb von Informationen oder von motorischen Fertigkeiten und *Gedächtnis* auf deren Anwendung.

In dem vereinfachten Schema in Abbildung 11.1 ist das Wesentliche der Wechselwirkungen zwischen den grundlegenden Gedächtnisvorgängen erfasst, insbesondere Aspekte des Kurzzeit- und des Langzeitgedächtnisses. Haben Sie ein fotografisches Gedächtnis? Können Sie, nachdem Sie eine Textseite oder Zahlenliste überflogen haben, wegschauen und das Material dann vor ihrem „geistigen Auge“ erscheinen lassen und exakt wiederholen? Die meisten von uns sind hierzu nicht in der Lage, doch hat man einige Menschen mit dieser Fähigkeit aufgespürt und einer Untersuchung unterzogen. Einen berühmten Fall hielt der russische Neuropsychologe Alexander Luria in seinem Buch *The Mind of a Mnemonist* fest. Die von Luria nur als „S.“ vorgestellte Versuchsperson vermochte sich lange

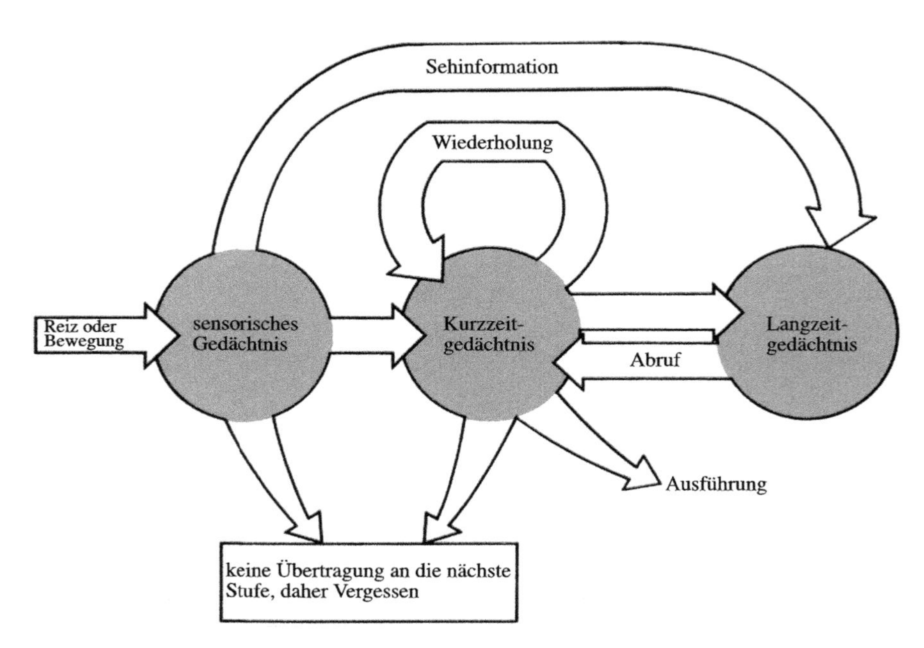

11.1 Hypothetisches Schema der Organisation des menschlichen Gedächtnisses. Sensorische Informationen, zu denen auch Informationen über gerade gelernte Bewegungen (etwa beim Tennisspielen) gehören, laufen in ein sensorisches oder „ikonisches" Gedächtnis ein, wo sie für kurze Zeit in allen Einzelheiten festgehalten werden. Ein Teil dieser Informationen gelangt in einen Speicher des Kurzzeitgedächtnisses (wenn wir uns beispielsweise eine neue Telefonnummer merken). Manche Seheindrücke werden auch direkt aus dem ikonischen ins Langzeitgedächtnis überführt. Wieder andere Informationen aus dem Kurzzeitgedächtnis lassen sich – gewöhnlich durch Wiederholung oder Übung – ins Langzeitgedächtnis übertragen. Weiterhin werden Erinnerungen aus dem Langzeitgedächtnis ständig in das Arbeitsgedächtnis übertragen. Einige Aspekte unserer in stetigem Fortgang befindlichen Erfahrung (episodisches Gedächtnis) scheinen automatisch, auch ohne Übung, aus dem Kurzzeit- ins Langzeitgedächtnis zu gelangen. Ein Großteil der Informationen aus dem ikonischen und dem Kurzzeitgedächtnis werden allerdings nicht gespeichert und gehen einfach verloren. Wenn wir uns an etwas erinnern, so wird dieser Gedächtnisinhalt aus dem Langzeitspeicher in das Kurzzeit- oder Arbeitsgedächtnis zurückgerufen. Die Ausführung – wenn wir beispielsweise unsere Erinnerungen wiedergeben oder bei motorischen Fertigkeiten offenbar immer geschickter werden – ist das Nettoergebnis all dieser Vorgänge. Das Arbeitsgedächtnis kann man im Großen und Ganzen mit Bewusstsein oder Bewusstheit gleichsetzen (Kapitel 12).

Zahlenlisten zu merken, die man ihm vorlas, lange Listen mit Gegenständen, die man ihm zeigte, und sogar Listen mit komplizierten mathematischen Formeln (obwohl er nicht mit der Mathematik vertraut war). Selbst eine Matrix mit Zufallszahlen, die man ihm 16 Jahre zuvor präsentiert hatte, rief er sich fehlerfrei in Erinnerung! Dabei war S. nicht einmal überdurchschnittlich intelligent und beschwerte sich tatsächlich, sein Gedächtnis stehe ihm im Wege, wenn er Probleme zu lösen versuche. Bilder aus der Vergangenheit und Zahlenlisten brächen durch und störten seine Denkprozesse.

Vorgänge des Kurzzeitgedächtnisses

Tatsächlich haben wir alle visuelle fotografische Erinnerungen – so weit die gute Nachricht. Die schlechte besteht darin, dass diese Erinnerungen nur etwa eine Zehntelsekunde anhalten. Diese überraschende Entdeckung machte der Psychologe George Sperling bei raffinierten Experimenten. Er benutzte ein Tachistoskop, ein Gerät, mit dem man Sehreize für sehr kurze Zeit – für wenige Millisekunden – darbieten kann. Sperling zeigte Versuchspersonen eine zufällige Abfolge einzelner Buchstaben, beispielsweise ein Raster aus fünf mal fünf Feldern mit 25 Buchstaben, das keine sinnvollen Wörter ergab. Das Raster blieb für wenige Millisekunden sichtbar, dann sollten die Versuchspersonen die Buchstaben wiedergeben. Die Probanden waren lediglich in der Lage, vier bis fünf Buchstaben korrekt zu wiederholen, meist diejenigen in den Ecken des Rasters. Aber es dauerte natürlich mindestens eine Sekunde, bis die Versuchspersonen die Buchstaben nennen konnten, nachdem sie das Raster gesehen hatten.

Dann gab Sperling eine kleine Hilfestellung: Er ließ an der Stelle des Rasters einen Lichtpunkt aufleuchten, wo sich vorher ein Buchstabe befunden hatte. Diesen Hinweis präsentierte er zu unterschiedlichen Zeiten, kurz nachdem das Buchstabenraster erloschen war. Erschien der Hinweis innerhalb von 100 Millisekunden nach Verschwinden des Rasters, so konnten sich die Testpersonen fast immer korrekt an den Buchstaben erinnern, der sich zuvor an der Stelle des Lichtpunktes befunden hatte, ganz egal, welche Position er im Raster nun einnahm. Mit anderen Worten, die Versuchspersonen konnten das gesamte Buchstabenraster etwa 100 Millisekunden lang im Gedächtnis behalten. Sperling dehnte die Zeitspanne zwischen dem Erlöschen des Buchstabenrasters und dem Aufleuchten des Hinweisreizes systematisch aus und stellte fest, dass sich das fotografische Gedächtnis innerhalb von ungefähr 200 Millisekunden abbaut (Abbildung 11.2). Dieses äußerst kurzzeitige fotografische Gedächtnis bezeichnet man als *ikonisches Gedächtnis,*

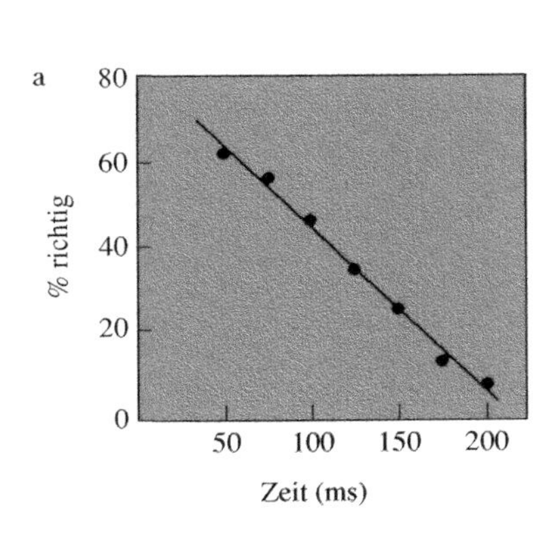

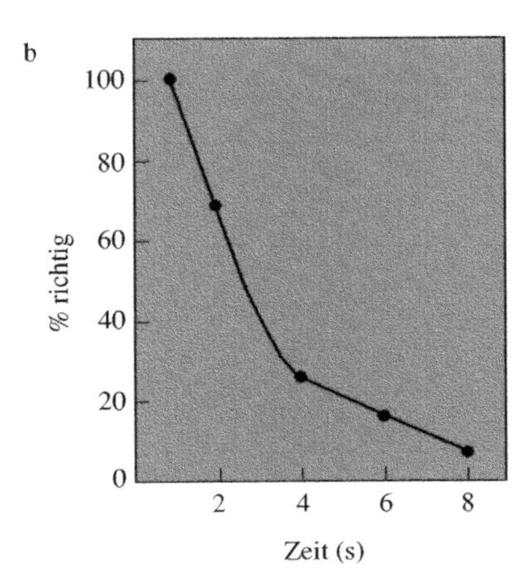

11.2 Zerfall des Gedächtnisses. a) Zeitverlauf des Zerfalls des sensorischen (ikonischen) Gedächtnisses nach sehr kurzer (wenige Millisekunden dauernder) Darbietung einer Reihe visueller Informationen. b) Zeitlicher Verlauf des Zerfalls des Kurzzeitgedächtnisses.

nach dem griechischen Wort *ikon* für „Bild". Überraschenderweise kennt man noch nicht die Hirnsysteme, die ikonische visuelle Erinnerungen aufbewahren. Netzhaut und Sehbahn einschließlich der Sehfelder der Großhirnrinde kommen als Kandidaten in Frage, Beweise hierfür gibt es jedoch keine.

Das Kurzzeitgedächtnis und seine ärgerliche Flüchtigkeit sind uns allen wohl bekannt. Wir suchen uns eine Nummer aus dem Telefonbuch, behalten sie die paar Sekunden, die wir brauchen, um sie zu wählen, und schon ist sie aus unserem Gedächtnis verschwunden. Um sie zu behalten, müssen wir sie einige Male wiederholen, sie aufsagen, geradeso wie man sich die Zeilen eines Theaterstücks oder Gedichts aufsagen muss, um den Text ins Langzeitgedächtnis zu überführen. Sorgfältige Untersuchungen des Kurzzeitgedächtnisses, bei denen die Versuchspersonen am Aufsagen gehindert wurden, indem sie beispielsweise rückwärts zählen sollten, ließen den Schluss zu, dass das Kurzzeitgedächtnis innerhalb von etwa zehn Sekunden praktisch auf Null zusammenschrumpft (Abbildung 11.2). Außerdem verfügt das Kurzzeitgedächtnis nur über eine sehr begrenzte Aufnahmekapazität – es kann bis zu ungefähr sieben Items einer völlig neuen Information, etwa eine Telefonnummer, fassen.

Die eindrucksvollen Experimente des Psychologen Saul Sternberg lassen uns einen Spaltbreit in die Hirnmaschinerie des Kurzzeitgedächtnisses blicken. Sternberg legte seinen Probanden eine Reihe zufälliger Ziffern hintereinander vor, um eine Kurzzeitgedächtniseinheit zu formen. Die Anzahl der Ziffern der Gedächtniseinheit variierte von eins bis sechs. Einige Sekunden, nachdem er die Gedächtniseinheit präsentiert hatte, bot er eine Testziffer an. Gehörte sie zur präsentierten Einheit, so sollte die Versuchsperson einen „Ja"-Hebel betätigen, ansonsten einen „Nein"-Hebel. Sternberg hielt ganz einfach fest, wie lange eine Versuchsperson brauchte, bis sie ihre Antwort gab; er maß also die Reaktionszeit der Versuchsperson, die *Antwortlatenz*. Die Ergebnisse waren verblüffend. Die Antwortlatenz beschrieb eine praktisch vollendete Gerade, die proportional zu der Anzahl zu

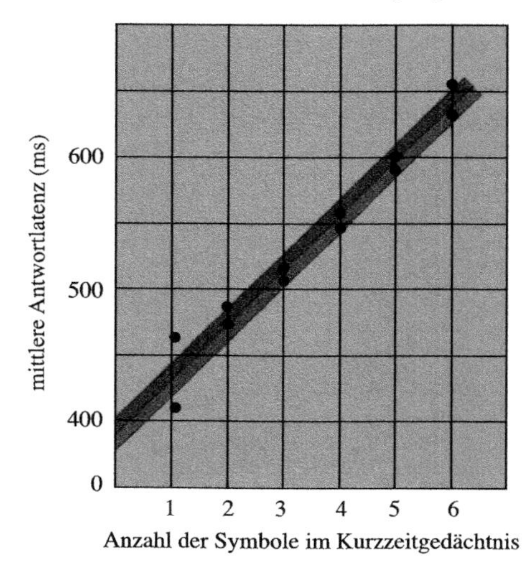

11.3 Beziehung zwischen der Anzahl der Items im Kurzzeitspeicher und der Antwortlatenz, während Versuchspersonen ihren Gedächtnisspeicher durchforsten.

merkender Symbole anstieg (Abbildung 11.3). Dies deutete darauf hin, dass die Suche im Gedächtnis seriell (vom ersten zum letzten Symbol der Gedächtniseinheit) und sehr rasch vonstatten geht, im Mittel etwa 25 bis 30 Symbole pro Sekunde. Man fühlt sich an eine computerartige Maschine erinnert, die in starrer Manier eine Erinnerungsdatenbank durchforstet.

Aber anders als im psychologischen Labor hat das Kurzzeitgedächtnis im alltäglichen Leben meist mit Ereignissen zu tun, die uns zumindest teilweise vertraut sind, wie wenn wir uns beispielsweise mit jemandem unterhalten und dabei Erinnerungen aus dem Langzeitspeicher aufrufen. Das Kurzzeitgedächtnis verschmilzt hier mit dem Langzeitgedächtnis und der Erfahrung. Dieses natürlichere Kurzzeitgedächtnis ist kontinuierlich und wird von einigen mit Bewusstheit und Bewusstsein gleichgesetzt; man nennt es häufig das *Arbeitsgedächtnis*.

Allan Baddeley aus Cambridge in England, eine führende Kapazität auf dem Gebiet des Arbeitsgedächtnisses, charakterisiert es als temporären Informationsspeicher im Zusammenhang mit der Durchführung anderer, komplexerer Aufgaben. Er schlägt ein System aus vielen Komponenten vor, bestehend aus einem Aufmerksamkeitssystem, der *zentralen Exekutive*, das unterstützt wird durch „Sklaven"-Systeme, die für die vorübergehende Speicherung von visuellen oder verbalen Informationen zuständig sind. Er prägte die sehr treffenden Begriffe „räumlich-visueller Notizblock" (*visuospatial sketchpad*) für die temporäre Speicherung visueller Informationen und „phonologische Schleife" (*phonological loop*) für die zeitweise Speicherung verbaler Sprachinformationen (Abbildung 11.4). Wie wir noch sehen werden, steht diese Ansicht offenbar mit Ergebnissen über Gehirnsubstrate des Kurzzeitgedächtnisses in Einklang.

Die Beteiligung präfrontaler Regionen des Cortex am Kurzzeitgedächtniss von Affen wurde erstmals im Jahr 1935 von dem Wissenschaftler C. F. Jacobsen be-

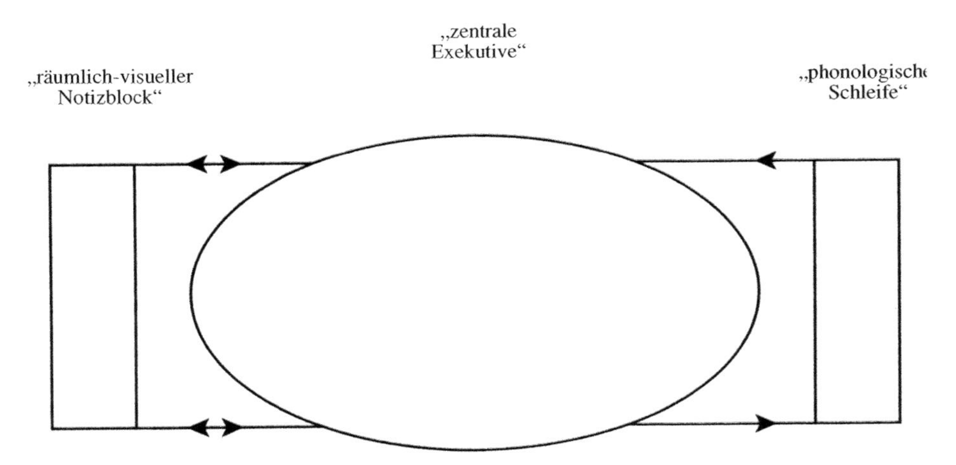

11.4 Schematische Darstellung der Vorgänge im Arbeitsgedächtnis nach Auffassung von Baddeley. Kurzzeitige räumlich-visuelle Informationen werden im „räumlich-visuellen Notizblock" festgehalten, kurzzeitige verbale Erinnerungen in der „phonologischen Schleife". Das zentrale Exekutivsystem hat zu diesen Kurzzeitspeichern ebenso Zugang wie zum Langzeitspeicher und verarbeitet die Information. Bisweilen wird dieses System mit Bewusstheit oder Bewusstsein gleichgesetzt.

schrieben. Überdies „zähmten" Jacobsens großflächige Läsionen die Tiere deutlich. Ein Neurochirurg, der dies erfuhr, begann sofort, Stirnlappengewebe bei Menschen zu entfernen – also das Verfahren der frontalen Lobektomie zu praktizieren –, um psychiatrische Störungen zu behandeln. Viele tausend Operationen später sah man ein, dass dieses zerstörende Verfahren kaum eine Hilfe für die Behandlung von Geisteskrankheiten bot. Dieses Verfahren, das ein höchst unglückliches Kapitel in der Geschichte der Psychiatrie bildet, wird heute nicht mehr angewandt.

Die Standardaufgabe, mit der man das Kurzzeitgedächtnis bei Affen testet, arbeitet nach dem Prinzip der verzögerten Antwort. Man zeigt dem Affen zwei Futternäpfe, von denen der eine mit einem Lieblingsfutter lockt; und beide werden dann mit den gleichen Gegenständen abgedeckt. Für kurze Zeit wird zwischen Affe und Gegenständen eine undurchsichtige Scheibe herabgelassen. Dann zieht man die Trennscheibe hoch, und der Affe muss mit einer Greifbewegung den Gegenstand über dem Futter entfernen, um an es heranzukommen. Man beachte, dass es sich hierbei nicht eigentlich um eine visuelle Unterscheidung handelt, sondern vielmehr um die Erinnerung an einen Standort, also um einen *räumlichen* Aspekt des Kurzzeitgedächtnisses. Zerstört man eine eng umschriebene Region des Stirnlappens (den *Sulcus principalis*), so beraubt man das Tier damit weitgehend der Fähigkeit, diese Aufgabe zu bewältigen, auch wenn die Verzögerungszeiten verhältnismäßig kurz sind (Abbildung 11.5).

Man beachte die Lage des Sulcus principalis (SP) in Abbildung 11.5, den Bereich mit der Bezeichnung 9/46; man bezeichnet diese Region als dorsolateralen präfrontalen Cortex. Läsionen in diesem Bereich beeinträchtigen die Leistung des Tieres nicht, wenn es zeitverzögert Objekte visuell miteinander in Übereinstimmung bringen soll. Bei Läsionen des ventrolateralen präfrontalen Cortex (47/12 und 45 in Abbildung 11.5) sind die Tiere bei dieser Aufgabe jedoch gehandikapt. Bringt man beide Läsionen gleichzeitig an, so schneiden Affen bei Aufgaben, für die das Arbeitsgedächtnis benötigt wird, erheblich schlechter ab.

Einen Großteil der Informationen, die uns gegenwärtig über den präfrontalen Cortex von Affen vorliegen, verdanken wir den beiden Wissenschaftlern Patricia Goldman-Rakic von der Yale-Universität und Joachim Fuster von der Universität von Kalifornien in Los Angeles. Sie haben zusätzlich zu Läsionsstudien die Aktivität einzelner Neuronen des präfrontalen Cortex analysiert, während der Affe mit Verzögerungsaufgaben beschäftigt war. Dabei stießen sie auf Neuronen, die während der zeitlichen Verzögerung mit zunehmender Geschwindigkeit feuern – als hielten sie benötigte Information im Arbeitsgedächtnis.

Bei Menschen gestaltet sich die Rolle des präfrontalen Cortex komplizierter. Zum einen ist er viel ausgedehnter (Abbildung 11.5); manche behaupten sogar, es sei jener Bereich der Großhirninde, der uns überhaupt erst zum Menschen mache. (Ich persönlich bin der Ansicht, dass die Sprachzentren des Gehirns uns zum Menschen machen.) Die vorliegenden Informationen scheinen tatsächlich recht gut mit Baddeleys Charakterisierung des Arbeitsgedächtnisses in Einklang zu stehen. Es gibt Hinweise aus der klinischen Literatur, dass die Beschädigung eines recht begrenzten Bereichs im linken parietalen Cortex das Kurzzeitgedächtnis für sprachliche Informationen massiv beeinträchtigt. Ein klassisches Beispiel hierfür ist der von Elizabeth Warrington und Timothy Shallice in England untersuchte Fall von

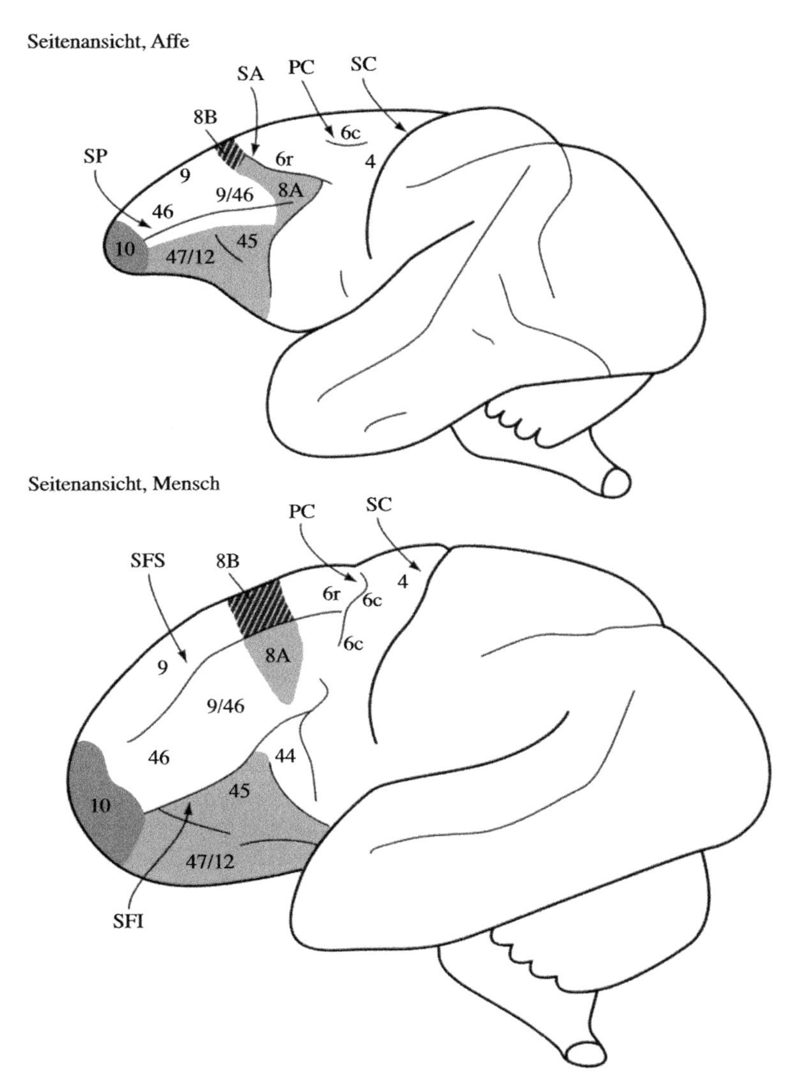

11.5 Der Stirnlappen, gesehen von der Seitenfläche des Gehirns eines Affen und eines Menschen. Er besteht aus dem Teil des Gehirns, der vor der Zentralfurche (Sulcus centralis, SC) liegt. Den hinteren Teil bilden der primäre motorische Cortex (Feld 4) und der prämotorische Cortex (PC, Feld 6). Der große Rindenteil noch weiter vorne ist der präfrontale oder frontale granuläre Cortex (die Nummern 8, 9, 10, 12, 44, 45, 46). Bei Affen liegt der präfrontale Cortex vor dem Sulcus arcuatus (SA) Der Sulcus principalis (SP) des Affen und der Sulcus frontalis superior (SFS) des Menschen enthalten in ihrer Tiefe große Teile des Cortex.

K. F.: K. F. verfügte offenbar über ein normales visuelles Kurzzeitgedächtnis, aber praktisch über keine verbale Gedächtnisspanne für Zahlen. Er konnte bestenfalls zwei genannte Zahlen wiederholen. (Normale Menschen bringen es problemlos

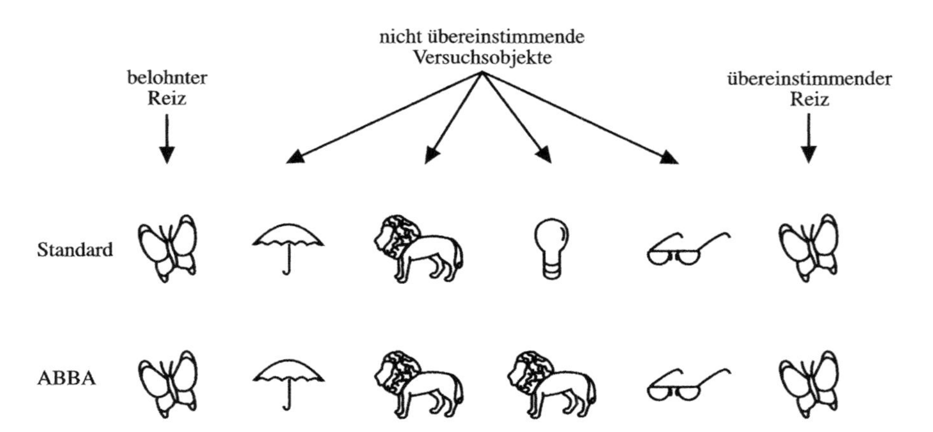

11.6 Beispiele für optische Reize, die man Affen präsentierte, um die Codierung von Erinnerungen in den Neuronen der Region IT zu untersuchen. Reagierte ein Neuron auf einen Schmetterling, zeigte man dem Tier anschließend einige andere Reize und danach erneut den Schmetterling (Standard). Als Kontrolle für einfache Wiederholung eines Reizes, wurde einer der dazwischen präsentierten Stimuli (der Löwe bei ABBA) zweimal gezeigt. Für weitere Einzelheiten siehe Text.

auf sieben.) Das erinnert verblüffend an Baddeleys „phonologische Schleife". Andere Patienten mit Läsionen der visuellen Assoziationszentren in der rechten Hemisphäre leiden unter einem dramatischen selektiven Verlust des visuellen Kurzzeitgedächtnisses – entsprechend Baddeleys „räumlich-visuellem Notizblock".

Bemerkenswerte Untersuchungen der Nervenaktivität in jener Region, die im Cortex von Affen als visueller Notizblock dienen könnte, hat Robert Desimone am National Institute of Mental Health durchgeführt. Beim Menschen gibt es offenbar zwei Aspekte des Kurzzeitgedächtnisses. Schlägt man eine Telefonnummer nach, so bleibt sie lange genug im Gedächtnis, um sie wählen zu können, verschwindet danach aber wieder – ein passiver Vorgang. Andererseits kann es vorkommen, dass man sie gerne über einen längeren Zeitraum behalten möchte – ein aktiver Prozess. Desimone führte hierzu Aufzeichnungen an Neuronen des temporalen Bereichs IT durch, der vordersten, „höchsten" Region für das Erkennen von Objekten in der ventralen Sehbahn. Dazu ließ er Affen zwei Arten von Versuchen durchlaufen (Abbildung 11.6) und zeichnete dabei die Aktivität eines Neurons auf, das auf einen bestimmten Reiz, etwa einen Schmetterling, reagierte. Zuerst zeigte er den Schmetterling, danach mehrere andere Reize und schließlich erneut den Schmetterling. Um eine Belohnung zu erhalten, musste der Affe jedes Mal einen Hebel drücken, wenn dieser übereinstimmende Reiz präsentiert wurde. Viele Nervenzellen reagierten geringer auf den zweiten passenden Testreiz (in Form des Schmetterlings). Die Nervenzelle „erkannte" sozusagen, dass sie diesen Reiz schon einmal gesehen hatte, und war daher beim zweiten Mal „weniger interessiert". Dies galt auch, wenn keine Belohnung geboten wurde, also bei der zweiten Präsentation eines Objekts, das nicht belohnt wurde (der zweite Löwe in Abbildung 11.6). Hierbei handelt es sich eindeutig um einen passiven visuellen Gedächtnisprozess, möglicherweise eine Art Habituation (siehe später). Eine zweite Klasse von Neuronen zeigte jedoch eine erhöhte Reaktion, wenn der besagte Reiz „Schmetterling" ein zweites Mal präsentiert wurde – jener Reiz, der bei einer richtigen Reaktion des Tieres belohnt wurde. Bei der erneuten Präsentation eines nicht belohnten Reizes (beispielsweise des Löwen) trat diese verstärkte Reaktion *nicht* auf. Nach Ansicht von Desimone zeigt die verstärkte Reaktion dieser Klasse von Nervenzellen einen Vorgang an, der von starken Bemühungen des Affen zeugt: Das Tier versucht sich mit allen Mitteln zu erinnern, um die Belohnung in Form von Fruchtsaft zu erhalten.

Was aber haben diese Phänomene des visuellen und verbalen Kurzzeitgedächtnisses mit dem präfrontalen Cortex zu tun? Beim Menschen werden Vorgänge des Kurzzeitgedächtnisses durch Läsionen des präfrontalen Cortex im Normalfall nicht beeinträchtigt, in diesem Fall auch viele Aspekte des Langzeitgedächtnisses nicht. Wie ausführliche Studien von Arthur Shimamura an der Universität von Kalifornien in Berkeley und anderen Arbeitsgruppen zeigten, scheinen Läsionen des Stirnlappens eher die Prozesse als die Fakten des Gedächtnisses zu beeinträchtigen. So sind solche Patienten stark eingeschränkt darin, Informationen *abzurufen*. Sie haben ein spezielles Problem mit dem „Quellengedächtnis" (*source memory*): Sie können sich zwar an Fakten erinnern, die sie vor kurzem gelernt haben, aber nicht mehr daran, wo und wann sie diese gelernt haben. Diesen Typ des Gedächtnisses bezeichnet man als *episodisch* – man kann sich an Dinge erinnern, die man erlebt hat. Im Gegensatz zu diesem Gedächtnis steht das generelle Wissen, beispielsweise das Vokabular, das nicht mit eigenen Lebenserfahrungen verbunden ist; hierbei spricht man von *semantischem* Gedächtnis. (Wir werden das Langzeitgedächtnis später in diesem Kapitel noch ausführlicher erörtern.) Ein weiteres Merkmal bei Läsionen des präfrontalen Cortex ist der Verlust des so genannten *„tip-of-the-tongue"*- Gedächtnisses („es liegt mir auf der Zunge") – eine häufige Erfahrung aller Menschen, denen klar ist, dass sie etwas wissen, nur im Augenblick nicht darauf kommen.

Schon zuvor hatten bedeutende Studien von Brenda Milner an der McGill-Universität ergeben, dass Patienten mit beschädigtem präfrontalem Cortex starke Erinnerungslücken haben, was die zeitliche Abfolge von Ereignissen angeht, auch wenn sie sich an die Ereignisse selbst uneingeschränkt erinnern können. In den Versuchen zeigte sie solchen Patienten zunächst eine Reihe von Bildern oder Gemälden jeweils einzeln hintereinander; irgendwann zeigte sie dem Patienten dann zwei Bilder und fragte, welches er zuerst gesehen habe. Patienten mit Läsionen des präfrontalen Cortex sind bei dieser Aufgabe (die Menschen ohne solche Schäden normalerweise keine Schwierigkeiten bereitet) stark eingeschränkt, erinnern sich jedoch sehr gut daran, die Bilder schon einmal gesehen zu haben.

Wenn sich diese recht unterschiedlichen Aspekte von Läsionen des präfrontalen Cortex mit irgendeinem Begriff zusammenfassen lassen, dann ist dies seine Exekutivfunktion, vergleichbar mit einem Prozessor, der sich verschiedene Kurzzeitspeicher der weiter hinten liegenden visuellen und sprachlichen Felder zunutze macht, um Langzeiterinnerungen zu speichern und abzurufen. Nicht die Erinnerungen sind beeinträchtigt, sondern vielmehr die Fähigkeit, Erinnerungen zu handhaben und zu verarbeiten: genau das, was Baddeley als „zentrale Exekutive" bezeichnete.

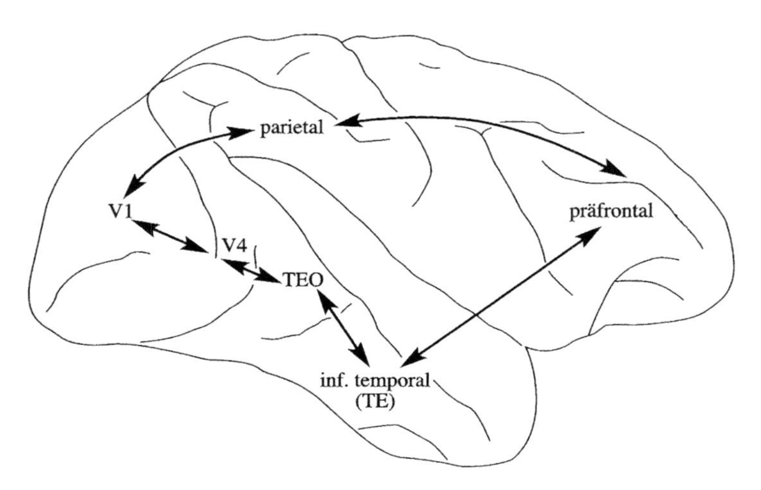

11.7 Die beiden Sehströme in der Großhirnrinde eines Affen. Ein dorsaler Strom verläuft von V1 durch die Assoziationsregionen zum parietalen Cortex und codiert das räumliche Sehen sowie die visuelle Leistung. Ein ventraler Strom verläuft von V1 durch die ventralen visuellen Assoziationsregionen (V4 und TEO) zum vorderen Bereich des Schläfenlappens (TE) und verschlüsselt die visuelle Erkennung. Beide Bahnen sind mit dem präfrontalen Cortex verknüpft.

Bei Affen gibt es ausgeprägte wechselseitige Verknüpfungen zwischen den parietalen Cortexregionen, die den Raum verschlüsseln – dem Ende des dorsalen Sehstromes von Mishkins – und dem dorsolateralen präfrontalen Cortex, der für die verzögerte Reaktion bei räumlichen Aufgaben notwendig ist (Abbildung 11.7). Ähnliche starke Verknüpfungen bestehen zwischen den Regionen des Schläfenlappens, die Objektwahrnehmung und -erkennung codieren, und dem ventrolateralen präfrontalen Cortex, der für die verzögerte Reaktion bei Objektaufgaben erforderlich ist. Vor kurzem haben Charles Gross und seine Mitarbeiter an der Princeton-Universität eine mit dem Hören assoziierte Cortexregion indentifiziert, die bei Affen für das auditive Kurzzeitgedächtnis zuständig und damit möglicherweise analog zum Bereich der „phonologischen Schleife" beim Menschen ist. Alle diese Ergebnisse deuten auf eine enge Übereinstimmung mit Baddeleys Beschreibung des Arbeitsgedächtnisses hin.

Für den Menschen postulieren wir, dass der präfrontale Cortex die von Baddeley vorgeschlagene zentrale Exekutivfunktion erfüllt; dabei dienen das visuelle Kurzzeitgedächtnis in der hinteren visuellen Assoziationsregion des Cortex als „räumlich-visueller Notizblock" und die Region des verbalen Kurzzeitgedächtnisses im posterioren parietalen Cortex (K.F.-Läsion) als „phonologische Schleife". Bei Menschen wie bei Affen bestehen intensive Verknüpfungen der Regionen des visuellen und verbalen Kurzzeitgedächtnisses mit den Regionen des präfrontalen Cortex.

Zu weiteren, allerdings eher spekulativen Aspekten der Funktion des Präfrontallappens gehören Schizophrenie und Gewalt. Bei *in vivo*-Studien ergibt sich offensichtlich recht durchgängig, dass bei Schizophrenie-Patienten die Stoffwechselrate im präfrontalen Cortex verändert ist. Goldman-Rakic und ihre Mitarbeiter haben eine recht wirkungsvolle dopaminerge Projektion zum präfrontalen Cortex bei Affen aufgezeigt. Da Anomalien des Dopaminsystems im Gehirn mit Schizophrenie einhergehen (Kapitel 5), könnte dieses System möglicherweise auch für einige Aspekte der ungeordneten Denkprozesse verantwortlich sein, die für Schizophrenie charakteristisch sind.

Vor kurzem stellten Adrian Raine und seine Mitarbeiter an der Universität von Südkalifornien in ersten Untersuchungen einen Zusammenhang zwischen dem präfrontalen Cortex und dem Auftreten von Gewalt her. Sie führten dazu vergleichende *in vivo*-Untersuchungen an normalen Versuchspersonen und verurteilten Mördern durch. Die meisten der des Mordes überführten Personen töteten offenbar im Affekt in der Regel ein einzelnes Opfer, oftmals einen Verwandten oder Freund. Einige von ihnen waren jedoch auch Massenmörder, die vor ihrer Festnahme mehrere Morde begingen. Sie hatten ihre Morde sorgfältig geplant und nicht impulsiv begangen. Raine und seine Mitarbeiter fanden heraus, dass die Aktivität des präfrontalen Cortex bei den Mördern, die in einem Wutanfall töteten, im Vergleich zu normalen Personen sehr stark reduziert war, wenn man sie einer Aufgabe unterzog, an der der präfrontale Cortex beteiligt ist. Bei den Massenmörder war der präfrontale Cortex interessanterweise normal aktiviert. Man ist geneigt, daraus zu schließen, dass bei den Affektmördern die frontale Kontrolle des impulsiven Verhaltens reduziert war, wohingegen diese Funktion bei den Massenmördern intakt war. Der erste dokumentierte Fall einer Schädigung des präfrontalen Cortex war im Übrigen der des Eisenbahnarbeiters Phineas Gage, dem 1868 durch eine Explosion eine Eisenstange durch Schädel und Vorderhirn getrieben wurde. Durch diesen Unfall wandelte er sich von einem vernünftigen, hart arbeitenden Mann zu einer äußerst impulsiven, unfreundlichen Person, die zu Wutanfällen neigte.

Das Langzeitgedächtnis

Anders als beim fotografischen Gedächtnis von S. gelangen bei uns anderen neue Informationen und motorische Fertigkeiten durch Übung in den Speicher des Langzeit- oder permanenten Gedächtnisses. Womöglich handelt es sich beim visuellen Langzeitgedächtnis in der Tat um eine Besonderheit, die es nur beim Menschen gibt. Dies demonstrierte ein aufregendes Experiment des Psychologen Ralph Haber von der Universität Rochester. Haber sammelte Tausende privater Diapositive, Bilder von Menschen und Orten, von Leuten der Gemeinde, in der er lebte. Im Rahmen einer Einführungsvorlesung in Psychologie am College führte er den Studenten über tausend Dias vor, eines nach dem anderen im Abstand von einer Sekunde. Zwei Tage später, bei der nächsten Vorlesung, zeigte er dieselben Bilder, doch paarweise mit einem neuen Dia, das er daneben projizierte. Die Position des bereits gesehenen Dias wechselte zufällig – mal befand es sich rechts, mal links. Nach jedem Diapaar sollten die Studenten ganz einfach angeben, welches Bild, das rechte oder das linke, sie bereits gesehen hatten. Erstaunlicherweise waren ihre Schätzungen zu 90 Prozent richtig. Es schien, als seien einige Aspekte der Seheindrücke eines jeden Bildes auf irgendeine Weise direkt ins visuelle Lang-

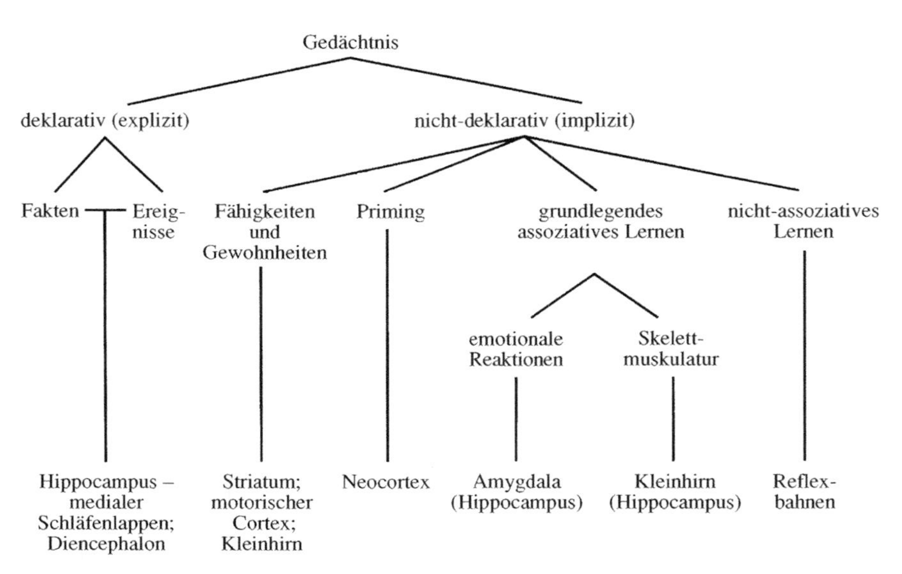

11.8 Versuch einer schematischen Darstellung der verschiedenen Typen oder Aspekte des Langzeitgedächtnisses und der damit assoziierten Gehirnstrukturen. Für Einzelheiten siehe Text.

zeitgedächtnis eingetreten, ohne jegliches Üben oder Einstudieren. Denken Sie an all die Gesichter, denen Sie in Ihrem Leben schon begegnet sind. Wenn sie eines davon wiedersehen, werden Sie es wahrscheinlich wiedererkennen, selbst wenn Sie es Jahre zuvor nur flüchtig wahrgenommen hatten und auf keinen Fall in der Lage sind, ihm einen Namen zuzuordnen. Die Fähigkeit des visuellen Gedächtnisses, Gesichter zu speichern und wiederzuerkennen, scheint es einzig bei Menschen und vielleicht anderen Primaten zu geben. Primaten sind Tiere mit visuellen Fähigkeiten, die sie besonders dazu befähigen, in sozialen Gruppen zu leben.

Offenbar gibt es beim Menschen und anderen Tieren mehrere verschiedene Arten des Langzeitgedächtnisses (Abbildung 11.8). An jedem dieser Prozesse scheinen – zumindest in gewissem Umfang – unterschiedliche Gehirnsysteme beteiligt zu sein. Grundlegend unterschieden werden die beiden Hauptkategorien *prozedurales* (nichtdeklaratives, implizites) Gedächtnis (das Lernen des „Wie“) und das *deklarative* (explizite, bewusste) Gedächtnis (das Lernen des „Was“). In Wirklichkeit ist die Kategorie des prozeduralen Gedächtnisses eine Art Sammelsurium, das verschiedene (später beschriebene) Formen von Gedächtnissystemen vereint. Beim deklarativen Langzeitgedächtnis lassen sich offenbar mindestens zwei unterschiedliche Formen oder Aspekte unterscheiden. Ein Typ ist zeitbezogen oder *episodisch;* er wurde von Endel Tulving von der Universität Toronto beschrieben. Wir erinnern uns daran, was wir zum Frühstück gegessen haben, worüber wir uns in der vergangenen Woche mit einem Freund unterhalten haben und wie wir unseren letzten Geburtstag verbracht haben. Jeder von uns verfügt über einen enormen Erinnerungsspeicher bezüglich unserer eigenen Erfahrungen. Wir erinnern uns in etwa daran, wann und in welcher Reihenfolge wir diese Erfahrungen gemacht haben. Ein anderer Gedächtnistyp ist das *semantische* Wissen. Wir haben die Bedeutung von Wörtern und das Einmaleins im Kopf, erinnern uns aber nicht daran, wann wir diese Dinge gelernt haben. Das semantische Wissen ist nicht zeitbezogen.

Lernt man eine Fremdsprache (semantisches Gedächtnis), so verbindet man die fremdsprachigen Worte und Sätze mit ihren deutschen Entsprechungen und konzentriert sich darauf, diese Verknüpfungen viele Male zu wiederholen. Sobald man die Sprache fließend spricht und die Bedeutungen gut beherrscht, werden sie im Langzeitgedächtnis gespeichert. Normalerweise fällt uns nicht auf, dass wir eine neue Sprache im Gedächtnis gespeichert haben, aber wenn wir sie brauchen, ist sie da.

So ist es auch, wenn wir eine neue motorische Fertigkeit erwerben, sei es Tennis oder Klavier spielen: Wir lernen, bestimmte Reize mit einer bestimmten, exakten Bewegungsabfolge zu verbinden, eine Tätigkeit, die beträchtliche Anstrengung und Konzentration abverlangt. Diese reizbezogenen Bewegungen müssen wir viele Male üben. Beherrschen wir die motorische Fertigkeit sicher, brauchen wir uns nicht mehr auf sie zu konzentrieren – sie hat Einzug ins Langzeitgedächtnis gehalten. Gewöhnlich fällt uns nicht auf, dass wir diese motorische Fertigkeit im Gedächtnis gespeichert haben, aber wenn wir sie brauchen, ist sie da. Semantisches Lernen und der Erwerb motorischer Fertigkeiten haben zahlreiche grundlegende Eigenschaften miteinander gemein. So ist es bei beiden Gedächtnisarten wirkungsvoller, seine Übungsstunden zu verteilen; das heißt, es ist besser, sieben Tage lang täglich eine Stunde als an einem Tag sieben Stunden am Stück zu trainieren.

Ein allgemeines Schema der Organisation des Gedächtnisses bei Säugern zeigte Abbildung 11.1. Wir fassen noch einmal zusammen: Sinneseindrücke, die über Augen, Ohren und andere Sinnesorgane einlaufen, werden für sehr kurze Zeit im ikonischen Gedächtnis festgehalten. Handelt es sich um ein Gesicht oder den Anblick einer Szene, so kann zumindest ein Teil der Information direkt ins Langzeitgedächtnis übertreten. Einige Informationsüberreste aus dem ikonischen Gedächtnis verweilen noch ein paar Sekunden lang im Kurzzeitgedächtnis. Braucht man diese Erinnerungen im Arbeitsgedächtnis, so werden sie länger vorhanden sein. Handelt es sich um eine neue Information oder eine neue motorische Fertigkeit, und wird diese nicht geübt, dann kann ein Teil davon ins Langzeitgedächtnis gelangen, das meiste wird jedoch verloren gehen. Durch ausreichende Übung lässt sich die Information im Langzeitgedächtnis abspeichern, wo sie praktisch für immer erhalten bleiben kann. Ein geringer Teil der fortlaufenden Erfahrungen wird indes kontinuierlich in den Langzeitspeicher übertragen.

Habituation und Sensibilisierung

Die einfachsten und ursprünglichsten Lernformen, Habituation und Sensibilisierung, bezeichnet man als *nichtassoziativ*. Unter *Habituation* (Gewöhnung) versteht man einfach, dass sich die Reaktion auf einen Reiz abschwächt, wenn dieser wiederholt dargeboten wird. *Sensibilisierung* (Sensitivierung) bedeutet hingegen, dass die Reaktion auf einen Reiz zunimmt, nachdem eine (gewöhnlich starke) Reizung stattgefunden hat. Setzt man eine Ratte (oder einen Menschen) einem plötzlichen lauten Geräusch aus, wird das Tier einen Satz machen oder losrennen. Präsentiert man das gleiche Geräusch wiederholt, ohne dass andere Dinge geschehen, dann hört die Ratte (oder der Mensch) allmählich auf, auf das Geräusch hin loszuspringen (Habituation). Versetzt man der Ratte (oder dem Menschen) hingegen kurz vor dem lauten Geräusch einen schmerzhaften Stromstoß, so wird das Tier auf das Geräusch noch heftiger reagieren als vor dem Stromstoß (Sensibilisierung).

Die Habituation lässt sich mühelos in das allgemeine Schema des Säugetiergedächtnisses einordnen (Abbildung 11.1). Die erste oder einige wenige Darbietungen des Reizes erreichen das Kurzzeitgedächtnis und gehen dann verloren. Doch bildet sich nach mehreren Wiederholungen eine Erinnerung an den Reiz und an die Tatsache, dass er nicht mit bedeutsamen Konsequenzen – wie Belohnung oder Bestrafung – verknüpft ist; diese Erinnerung wird im Langzeitgedächtnis gespeichert. In groben Zügen ist dies die Theorie der Habituation, die der russische Neurowissenschaftler E. Sokolov aufstellte. Er behauptete ferner, ein fortwährend dargebotener Reiz würde (im Kurzzeitgedächtnis) mit der im Langzeitgedächtnis gespeicherten Erinnerung an diesen Reiz verglichen. Stimmten beide überein, so reagiere das Tier oder der Mensch nicht. Präsentiere man dann plötzlich einen ganz anderen Reiz, so könne dies eine Sensibilisierung auslösen, weil dann auf einmal eine große Diskrepanz zwischen der Darbietung des neuen Reizes im Kurzzeitgedächtnis und der Repräsentation des bereits habituierten Reizes aus dem Langzeitgedächtnis bestehe.

Habituation ist, wie bereits erwähnt, einfach eine Abschwächung einer Reaktion auf einen wiederholten Reiz unter normalen Verhaltensbedingungen. Es handelt sich um einen Prozess, der im Zentralnervensystem abläuft und sich von Vorgängen wie Rezeptoradaptation oder Muskelermüdung unterscheidet. Sensibilisierung (Sensitivierung) ist die andere Seite der Medaille: eine Verstärkung der Reaktion, normalerweise infolge irgendeines anderen (starken) Reizes. Habituation und Sensibilisierung von Verhaltensreaktionen kommen bei allen Tieren mit einem Nervensystem vor. Eine Seeanemone, die zum niedrigsten Tierstamm mit einem Nervensystem gehört, zeigt deutlich Gewöhnungseffekte. Wenn man sie berührt, zieht sie sich sofort zusammen; berührt man sie kurz darauf ein zweites Mal, ist die Kontraktion geringer. (Probieren Sie dies aus, wenn sie einmal an der Küste sind.) Folglich kann sogar ein Nervennetz, die einfachste Form eines Nervensystems, habituieren.

Weil Habituation bei einem weiten Spektrum von Tieren auftritt – von Seeanemonen bis zum Menschen –, könnte es gut sein, dass ihr ein gemeinsamer neuronaler Mechanismus zugrunde liegt. Ein Vergleich von Gewöhnungsprozessen bei verschiedenen Tierarten kann auch dazu dienen, Verhalten zu definieren und von Vorgängen wie der Muskelermüdung zu unterscheiden. Die Gemeinsamkeiten der Habituation bei höheren und niederen Tieren ermöglichen es zudem, weniger komplexe Systeme wie Rückenmarksreflexe und Reflexe bei einfachen Tieren als Modellsysteme zu verwenden, um die grundlegenden Mechanismen zu analysieren.

Drei Arbeitsgruppen haben in erster Linie dazu beigetragen, dass wir die Verhaltens- und neuronalen Prozesse der Habituation und der Sensibilisierung besser verstehen: Eugene Sokolov und seine Mitarbeiter in Moskau; Eric Kandel und seine zahlreichen Mitarbeiter, die an der Columbia-University das Nervensystem der Meeresschnecke *Aplysia* (Seehase) erforschten; sowie der Autor und sein Kollege W. Alden Spencer, die an der Medical School der Universität von Oregon in Portland überwiegend über Rückenmarksreflexe bei Säugetieren arbeiteten.

Untersuchungen an Säugetieren und Wirbellosen haben gezeigt, dass Habituation und Sensibilisierung zwei völlig verschiedene Prozesse sind, sowohl was das Verhalten betrifft als auch bezüglich der Nervenzellen. Gewöhnung scheint auf einem Prozess *synaptischer Depression* zu beruhen, einer Verminderung der Übertragungseffektivität an bestimmten Synapsen als Ergebnis wiederholter Aktivierung (Abbildung 11.9). Der grundlegende Prozess erfolgt präsynaptisch: Die

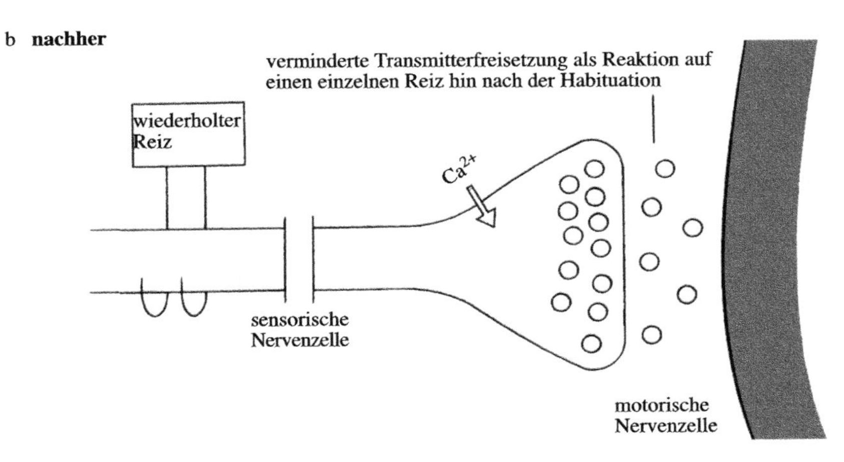

11.9 Grundlegende Mechanismen der Habituation. Als Folge der wiederholten Reizung wird auf jeden Reiz hin weniger Neurotransmitter aus der präsynaptischen Endigung freigesetzt, was zu verringerten postsynaptischen Reaktionen führt, obwohl der Reiz selbst konstant bleibt. Dieser Vorgang der synaptischen Depression kommt nicht nur einfach dadurch zustande, dass der Neurotransmitter aufgebraucht ist, sondern auch durch Veränderungen in der Ionenleitfähigkeit in der präsynaptischen Endigung, das heißt, durch abnehmenden Calciumeinstrom.

Wahrscheinlichkeit, dass Neurotransmitter an der Synapse freigesetzt wird, nimmt ab. Man beachte, dass dies der synaptische Mechanismus sein könnte, auf dem Sokolovs Theorie der Habituation aufbaut. Der Vorgang der Sensibilisierung scheint, wie Analysen auf Synapsenniveau zeigen, eine Art überlagerte Verstärkung zu sein, die entweder präsynaptisch oder postsynaptisch erfolgt.

Die Habituation erfolgt, wie man nachweisen konnte, über eine Synapse hinweg. Der Mechanismus besteht, wie bereits gesagt, darin, dass die Wahrscheinlichkeit einer Transmitterausschüttung sinkt. Der Überträgerstoff ist jedoch nicht verbraucht; dafür scheinen weniger Ca^{2+}-Ionen in die Nervenendigung einzuwandern. (Sie erinnern sich, dass der Calciumeinstrom die Transmitterfreisetzung an der Nervenendigung in Gang setzt.) Der verminderte Ca^{2+}-Einstrom seinerseits scheint durch ein *second messenger*-System vermittelt zu sein, das infolge wiederholter Aktivierung offenbar die Ca^{2+}-Kanäle verändert.

Die Sensibilisierung kann präsynaptisch erfolgen, aufgrund eines erhöhten Ca^{2+}-Einstroms in die Endigung, oder postsynaptisch, was zu einer erhöhten Empfindlichkeit der postsynaptischen Nervenzelle (des Zielneurons) führt. Doch entwickelt sich durch wiederholtes Sensibilisierungstraining eine lang anhaltende Steigerung der Empfindlichkeit, bei der sich – zumindest bei *Aplysia* – tatsächlich strukturelle Veränderungen an der Synapse zu vollziehen scheinen.

Gewöhnung tritt normalerweise bei Reizen ein, die ungefähr einmal pro Sekunde bis einmal pro Stunde (oder in noch größeren Abständen) aufeinanderfolgen. Reize, die häufiger als ungefähr einmal pro Sekunde dargeboten werden, können Ermüdungserscheinungen hervorrufen. Nicht bei allen Synapsen ist eine Habituation möglich. Im Hörsystem reagieren Synapsen zuverlässig auf bis zu mehrere hundert Impulse pro Sekunde. Im Allgemeinen zeigen die sensorischen Systeme kaum Gewöhnungseffekte. Diese treten vorwiegend an solchen Stellen im Nervensystem auf, wo sensorische Eingänge auf motorische Bahnen verschaltet sind. Im Sinne der Anpassung ist es sinnvoll, die Welt zwar exakt zu sehen, zu hören und zu fühlen, aber trotzdem „entscheiden" zu können, ob man auf einen bestimmten Reiz reagieren möchte oder nicht.

Ein Tier spricht gewöhnlich auf einen neuartigen Reiz oder ein neues Ereignis an. Wenn diese jedoch wiederholt auftreten und keine interessanten Konsequenzen haben, wird das Tier nicht weiter darauf reagieren. In diesem Sinne ist die Habituation eine sehr nützliche Verhaltensanpassung, denn ohne sie würden Tiere die meiste Zeit damit verbringen, auf alle möglichen irrelevanten Reize zu reagieren. Es ist jedoch, wie wir bereits sagten, sinnvoll, dass die höheren Hirnregionen auch weiterhin exakte sensorische Informationen über das Ereignis empfangen, das die Habituation auslöst – schließlich könnte es irgendwann einmal bedeutsam werden. Jemand, der die Straße, in der er wohnt, entlanggeht, hört nicht etwa auf, die vertrauten Dinge zu *sehen*; er reagiert nur nicht mehr darauf (das heißt, er wird nicht auf sie aufmerksam).

Die Sensibilisierung ist ebenfalls eine sehr sinnvolle Anpassung. Ein plötzlicher oder schmerzhafter Reiz versetzt ein Tier in Alarmbereitschaft und steigert die Wahrscheinlichkeit wie auch die Stärke etlicher Reaktionen. Wenn wir ein lautes, unerwartetes Geräusch hören (oder man in Südkalifornien merkt, dass der Boden unter den Füßen zu schwanken beginnt), werden wir sofort wachsam und reaktionsbereit; unser autonomes Nervensystem, genauer gesagt sein sympathischer

Anteil, wird aktiver (wir spüren ein Kribbeln im Körper, und unser Herz schlägt schneller), und wir schauen uns nach der Quelle des Geräusches um, das Gefahr bedeuten könnte, oder nach einem Versteck. Sobald wir uns überzeugt haben, dass das Geräusch keine Gefahr bedeutet oder die Erde aufhört zu beben, endet auch die Sensibilisierung. Entsprechend reagiert ein Tier, dem man im Labor einen stark sensibilisierenden, aber nie schädlich wirkenden Reiz wiederholt darbietet. Auch die Sensibilisierung unterliegt der Habituation.

Assoziatives Lernen und Gedächtnis

Der Begriff *assoziatives Lernen* beschreibt eine sehr weit gefasste Kategorie, unter die ein Großteil unseres prozeduralen und deklarativen Lernens fällt, vom Furchterwerb bis zum Sprechenlernen und vom Fremdsprachenlernen bis zum Erlernen des Klavierspielens. Im Wesentlichen geht es beim assoziativen Lernen darum, Verknüpfungen zwischen Reizen und/oder Reaktionen beziehungsweise Bewegungsabfolgen zu bilden. Man unterscheidet üblicherweise zwischen klassischem und instrumentellem Konditionieren oder Lernen. Beim *klassischen* oder *pawlowschen Konditionieren* handelt es sich um ein Verfahren, bei dem ein neutraler Reiz, der *bedingte Reiz* oder *konditionierte Stimulus (CS)* – in der Regel ein Geräusch oder Licht – mit einem Reiz gepaart wird, der eine Reaktion hervorruft, dem *unbedingten Reiz* oder *unkonditionierten Stimulus* (US); dies kann beispielsweise Nahrung sein, die den Speichelfluss in Gang setzt, oder ein dem Fuß versetzter Stromstoß, auf den hin die Gliedmaße weggezogen wird.

Der russische Physiologe Iwan Pawlow stieß zufällig auf die klassische Konditionierung, als er die Verdauungsvorgänge bei Hunden untersuchte – ein berühmter Fall von unerwarteter Entdeckung. Pawlow erhielt übrigens den Nobelpreis für seine Arbeiten über die Verdauung. Er beobachtete, dass Hunde bereits zu speicheln beginnen, wenn sie lediglich den Futternapf sehen; er entschloss sich, die Experimente auszudehnen um festzustellen, ob die Hunde auch auf einen Glockenton hin speichelten, der die Fütterungszeit ankündigte. Pawlow trainierte Hunde darauf, in einem Geschirr zu stehen, und fütterte sie, nachdem er eine Glocke hatte erklingen lassen, mit Fleischpulver (Abbildung 11.10). Er zeichnete den reaktiven Speichelfluss der Tiere auf. Zunächst rief die Glocke überhaupt keine Reaktion hervor; das Fleischpulver löste natürlich reflektorisch den Speichelfluss aus, die so genannte *unkonditionierte Reaktion* (UR), früher auch als *unbedingter Reflex* bezeichnet. Nach einigen Darbietungen begannen die Tiere, wie Pawlow bemerkte, schon auf den Glockenton hin zu speicheln, bevor sie noch das Fleischpulver erhalten hatten. Dieses Verhalten bezeichnet man als *konditionierte Reaktion* (CR) oder *bedingten Reflex.*

Diesen Konditionierungstyp nannte man später Belohnungs- oder Appetenzkonditionierung. Folgte auf den Glockenton oder einen anderen Reiz ein unangenehmes Ereignis, beispielsweise ein starker Stromstoß, so wurden eine ganze Reihe autonomer Reaktionen konditioniert. Dieser Konditionierungstyp wird oft als Aversions- oder Furchtkonditionierung bezeichnet. Ein wesentliches Kennzeichen der pawlowschen Konditionierung ist, dass Versuchstier oder Versuchsperson keinen Einfluss darauf haben, wann der konditionierte und der unkonditionierte Sti-

a

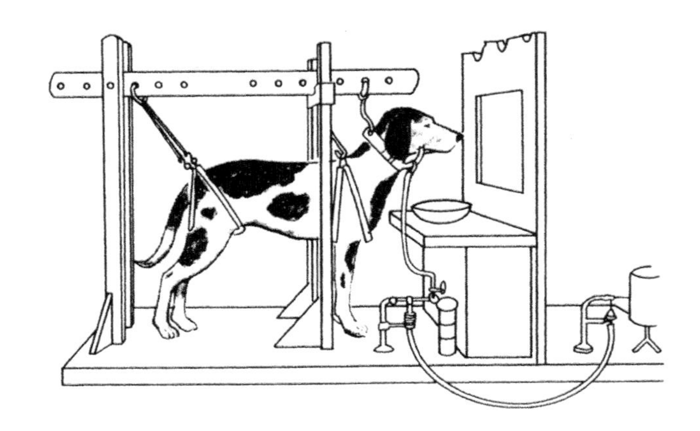

b **verzögerte Konditionierung**

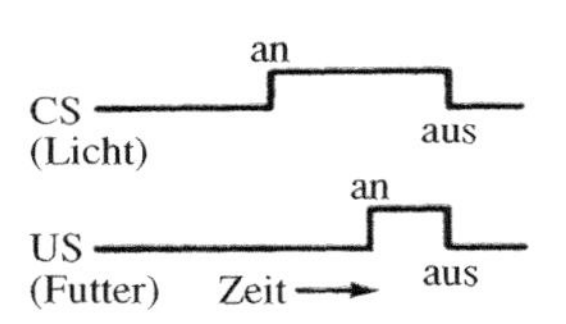

c **vor der Konditionierung**

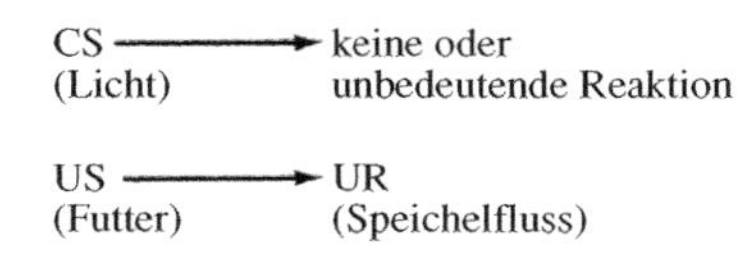

während der Konditionierung

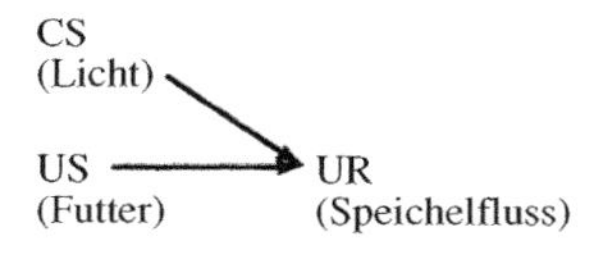

nach der Konditionierung

CS → UR
(Licht) (Speichelfluss)

d

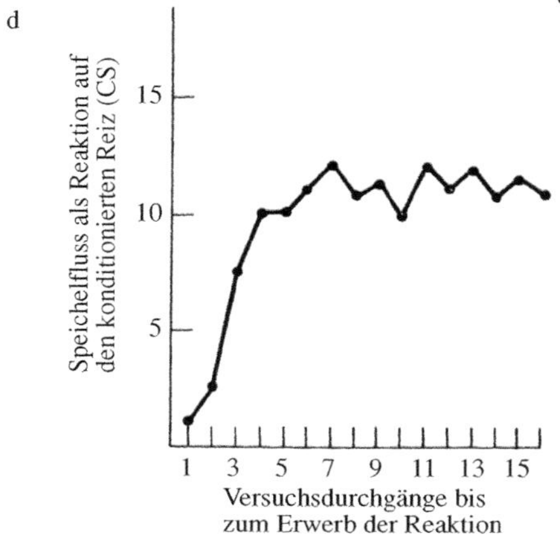

◀ **11.10** Pawlowsche (klassische) Konditionierung. a) Die Versuchssituation. b) Dem unbedingten Reiz oder unkonditionierten Stimulus (US) – in diesem Fall Futter – geht ein bedingter oder konditionierter Stimulus (CS) – ein Lichtsignal oder Glockenton – voraus. c) Zunächst führt nur das Futter zum Speichelfluss (unbedingter Reflex oder unkonditionierte Reaktion, UR), nicht aber das Licht (CS). Nach wiederholter Kopplung löst dann auch der konditionierte Stimulus allein den Speichelfluss aus. Es hat eine Assoziation zwischen CS und US stattgefunden. Diese pawlowsche oder klassische Art der Konditionierung funktioniert am besten, wenn zwischen CS und anschließendem US nur eine kurze Zeitspanne liegt (200 Millisekunden bis zu wenigen Sekunden, je nach Art der zu erlernenden Reaktion), vorausgesetzt, der CS geht dem US voraus (b). d) Die konditionierte Reaktion (CR), also der Speichelfluss als Reaktion auf Licht, wird schnell erlernt. Wenn man das Futter anschließend weglässt, aber weiterhin Lichtsignale gibt, verschwindet die konditionierte Speichelflussreaktion wieder; man nennt dies Auslöschung oder Extinktion.

mulus auftreten; dies bestimmt allein der Untersucher. Instrumentelles Lernen umschreibt eine Situation, in der Tier oder Proband sich in bestimmter Weise verhalten müssen, um eine Belohnung zu bekommen oder eine Bestrafung zu vermeiden. Sie können das Auftreten des unkonditionierten Stimulus also selbst beeinflussen.

Alle Aspekte des Lernens und Gedächtnisses lassen sich diesen umfassenden Kategorien unterordnen. Wie wir aber gesehen haben, lässt sich das assoziative Langzeitgedächtnis auf mehrere verschiedene Weisen untergliedern, beispielsweise in ein deklaratives, episodisches, semantisches oder prozedurales Gedächtnis. Manche Fachleute wenden hier unter Umständen ein, dass sich einige Gesichtspunkte des deklarativen Gedächtnisses, insbesondere das episodische Gedächtnis, grundsätzlich von anderen Aspekten des assoziativen Gedächtnisses unterscheiden und ihrem Wesen nach nicht einmal als assoziativ bezeichnet werden sollten.

Kontiguität und Kontingenz

Das Konzept des assoziativen Lernens ist uralt; die klassischen griechischen Philosophen hatten es beobachtet, und die britische Schule der „assoziationistischen" Philosophen des 18. und 19. Jahrhunderts formulierten es aus. Die Grundannahme ist äußerst simpel: Ereignisse, die dazu neigen, zeitlich zusammenzutreffen, werden vom Gehirn miteinander verknüpft. Hält man einen Finger in eine Flamme, kommt es unmittelbar zu Schmerzen und dem Zurückziehen des Fingers. Die zeitliche Verknüpfung von Ereignissen bezeichnet man als Kontiguität. Sie bildet eine unabdingbare Voraussetzung für assoziatives Lernen.

Bedeutenden Untersuchungen des Psychologen Robert Rescorla von der Universität von Pennsylvania zufolge führt Kontiguität allein in vielen Situationen des assoziativen Lernens nicht zum gewünschten Erfolg. Nehmen wir einmal an, Sie untersuchten erworbene Furcht an einer Gruppe von Ratten. In mehreren Versuchsdurchgängen setzen Sie die Tiere einem Ton aus, dem ein schwacher Stromstoß folgt, ein Stromstoß, der zwar aversiv oder unangenehm, aber nicht unbedingt schmerzhaft ist. Messen Sie anschließend die Furchtreaktion der Tiere, so werden

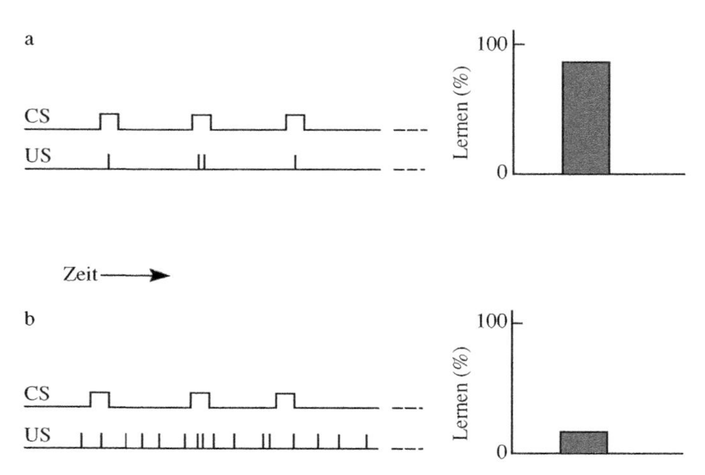

11.11 Rolle der Kontingenz beim assoziativen Lernen, a) Ratten erhalten einen CS (einen Ton), der in einer Reihe von Versuchsdurchgängen stets mit einem US (einem Stromstoß am Fuß) gepaart wird. Gemessen wird, wie stark die Furchtreaktion ist, die sie auf den Ton hin entwickeln – sie lernen ausgesprochen gut. b) Ratten durchlaufen dieselbe *Anzahl* von Versuchsdurchgängen, in denen Ton (CS) und Schock (US) gepaart sind, erhalten allerdings auch einige isolierte Stromstöße, die nicht mit dem Ton in Verbindung stehen. Unter diesen Bedingungen, unter denen die Kontingenz zwischen Ton und Stromstoß (also die Wahrscheinlichkeit, dass Ton und Schock gemeinsam auftreten) viel geringer ist, lernen Tiere (wie auch Menschen) viel schlechter.

Sie feststellen, dass der Ton nunmehr eine lebhafte Furchtreaktion hervorruft. Kontiguität reicht hier aus, um das Lernergebnis zu erzielen. Nun nehmen wir an, Sie verabreichten einer anderen Gruppe von Ratten sowohl eine Reihe von elektrischen Schlägen ohne Ton als auch die gleiche Anzahl von Stromstoß-Ton-Sequenzen wie der zuvor getesteten Gruppe. Sie werden feststellen, dass der Ton in dieser Gruppe von Ratten eine wesentlich geringere Furchtreaktion auslöst als in der ursprünglichen Gruppe. Dies scheint dem zu widersprechen, was man eigentlich erwarten würde: Obwohl die Tiere der zweiten Gruppe *mehr* Stromstöße erhielten als die der ersten, entwickelten sie doch eine viel *geringere* erworbene Furcht. In ausgedehnten und raffinierten Studien wies Rescorla nach, dass der Lernerfolg in dieser Art von Situation davon abhängt, wie hoch der Anteil der Versuchsdurchgänge ist, in denen Ton und Stromstoß gemeinsam präsentiert werden (Abbildung 11.11). Und tatsächlich, wird der Stromstoß in einer ausreichenden Anzahl von Versuchsdurchgängen allein dargeboten, so entwickeln die Tiere auch dann keinerlei Furcht, wenn sie Ton und Stromstoß genauso oft gepaart erhalten haben wie die Ratten der ersten Gruppe. Rescorla stellte heraus, dass *Kontingenz*, das Verhältnis zwischen den beiden Ereignissen, die entscheidende Voraussetzung für assoziatives Lernen ist. In welchem Ausmaß gelernt wird, hängt von der Wahrscheinlichkeit oder Kontingenz ab, mit der beide Ereignisse zusammen auftreten – es richtet sich also danach, wie hoch der Anteil der paarweisen Darbietungen an der Gesamtzahl der Reizpräsentationen ist. Einfache Kontingenz ist zwar notwendig, reicht aber als Erklärung für Lernen nicht aus.

Der Psychologe Richard Herrnstein von der Harvard-Universität gelangte zu ähnlichen Ergebnissen für Lernsituationen, die unterschiedliche Reaktionshäufigkeiten mit unterschiedlichen Belohnungen verknüpften. Die Versuchspersonen konnten zwei Hebel drücken; die Wahrscheinlichkeit der Belohnung (durch Geld) lag bei jedem Hebel auf einem anderen Wert unter 1, beispielsweise bei 35 Prozent für Hebel 1 und bei 65 Prozent für Hebel 2. In der Häufigkeit, mit der die Versuchspersonen jeden der beiden Hebel drückten, spiegelt sich die prozentuale Häufigkeit, mit der ein Hebeldruck belohnt wurde, direkt proportional wider – ein Umstand, dessen sich die Teilnehmer nicht bewusst waren. Herrnstein nannte dies das *Matching-Gesetz:* Die Häufigkeit, mit der Säugetiere (und Vögel) eine bestimmte Reaktion an den Tag legen, ist direkt proportional zu der Wahrscheinlichkeit, mit der eine Belohnung erfolgt. Die Kontingenz zwischen Reaktion, also dem Hebeldruck, und der Belohnung steuerte das Verhalten sehr genau. Beachten Sie hierbei, dass die Versuchspersonen in dieser Situation mehr Geld gewonnen hätten, wenn sie nur den Hebel gedrückt hätten, dessen Belohnungsquote 65 Prozent betrug.

Die pawlowsche Konditonierung repräsentiert den vielleicht fundamentalsten Aspekt des assoziativen Lernens (Abbildung 11.4). Allgemein formuliert handelt es sich um einen Vorgang, bei dem der Organismus von Erfahrung profitiert, sodass sein künftiges Verhalten besser an seine Umgebung angepasst ist. Im Speziellen ist die pawlowsche Konditionierung die Art und Weise, in der Organismen, einschließlich der Menschen, ursächliche Zusammenhänge in der Welt begreifen lernen. Sie entwickelt sich, weil Organismen den Beziehungen zwischen Ereignissen in ihrer Umwelt ausgesetzt sind. Rescorla sagt hierzu: »Ein solches Lernen ist eines der wichtigsten Mittel des Organismus, die Struktur seiner Welt zu erfassen.« (Aus: Rescorla, R. A. (1988). S. 152.) Von diesem Standpunkt aus betrachtet, haben wir es bei der pawlowschen Konditionierung mit einem fundamentalen Aspekt komplexen kognitiven Lernens zu tun. In den modernen pawlowschen und kognitiven Konzepten von Lernen und Gedächtnis geht man davon aus, dass das Individuum eine Repräsentation der kausalen Struktur der Welt erlernt und diese anhand seiner Erfahrungen angleicht, um sie in Einklang mit den tatsächlichen Kausalzusammenhängen in der Welt zu bringen; dabei strebt es an, jegliche Missverhältnisse oder Widersprüche zwischen seiner inneren Repräsentation und der äußeren Realität abzumildern.

Vor 75 Jahren leitete Karl Lashley, damals an der Johns-Hopkins-Universität tätig, die Suche nach Spuren des Langzeitgedächtnisses im Säugerhirn ein (er bezeichnete sie als „Engramme"). Lashley hob den heute offensichtlichen Tatbestand hervor, dass sich die neuronalen Mechanismen der Erinnerungsspeicherung so lange nicht analysieren lassen, bis man weiß, wo sich die Gedächtnisspuren im Gehirn befinden. Gegen Ende seiner beruflichen Laufbahn, im Jahr 1950, hatte man noch keine Gedächtnisspur orten können, und so zog Lashley den folgenden, eher pessimistischen Schluss:

> »Diese Untersuchungsreihe hat [bis 1950] eine Menge von Informationen darüber geliefert, was und wo Gedächtnis nicht ist. Es ist ihr nicht gelungen, irgendetwas unmittelbar über die wahre Natur des Engramms zu entdecken. Wenn ich mir die Befunde bezüglich der Lokalisation der Gedächtnisspur nochmal vor Augen führe,

habe ich manchmal das Gefühl, man müsse daraus schließen, dass Lernen einfach nicht möglich sei. Es ist schwierig, sich einen Mechanismus vorzustellen, der die hierfür erforderlichen Bedingungen erfüllt. Nichtsdestoweniger, auch wenn die Befunde dagegen sprechen, kommt Lernen gelegentlich vor.« (Lashley, K. S. *In Search of the Engram*. In: *Soc. Exp. Biol. Symp*. 4 (1950). S. 454–482, hier S. 477f.)

Lashleys ursprünglichem Wort folgend, konzentrierte sich die Suche nach Hirnsubstraten des Gedächtnisses von Wirbeltieren in den letzten 40 Jahren hauptsächlich darauf, Systeme im Gehirn zu identifizieren, die für unterschiedliche Aspekte von Lernen und Gedächtnis entscheidend sind. Ziel ist es, die Sitze von Langzeit- oder permanenter Gedächtnisspeicherung im Gehirn ausfindig zu machen. Lassen sich die entscheidenden Gedächtnissysteme identifizieren, so sollte es auch möglich sein, die Erinnerungen selbst innerhalb dieser Schaltkreise zu orten und somit die Biomechanismen der Gedächtnisbildung und -Speicherung zu untersuchen.

Viele Lernprozesse bei Vögeln und Säugetieren sind assoziativ, das heißt – wie schon erwähnt –, die Tiere lernen, einen Reiz mit einer Reaktion oder einem Ereignis zu verknüpfen. Lernen erfolgt mit der größten Bereitschaft, wenn es einen adaptiven Wert hat und beispielsweise dem Futtererhalt oder der Vermeidung von Verletzungen dient. Dies wird oft als „ökologische Validität" bezeichnet. Es gibt klare biotische Zwänge, was gelernt werden kann. Die Umwelt einer Ratte in freier Wildbahn ähnelt einem Labyrinth, und bei Labyrinthversuchen im Labor zeigen Ratten sehr gute Lernerfolge, besonders wenn sie auf diese Weise an Futter gelangen oder einer Bestrafung entgehen. Tauben lernen ohne weiteres, auf eine Taste zu picken, um Körner zu erhalten, denn diese Verhaltensweise gleicht dem natürlichen Aufpicken von Körnern. Ratten dagegen können ein solches Picken nicht erlernen, und Tauben schneiden in Labyrinthversuchen schlecht ab. Menschen erlernen Sprache leicht, alle anderen Arten sind gänzlich dazu unfähig. Besonders Vögel können auf einige interessante und recht spezifische Weisen lernen. Wie wir in Kapitel 2 gesehen haben, verdoppelt sich die „Gesangsregion" im Gehirn eines männlichen Kanarienvogels in ihrer Größe, wenn der Vogel vor der Brutzeit seinen neuen Gesang erlernt, und schrumpft nach der Paarungszeit wieder, wenn er den Gesang vergisst.

Ein verblüffendes Beispiel für biologisch adaptives Lernen ist das *Geschmacksaversionslernen*. Schaffarmern war dieses Phänomen hinlänglich bekannt. Sie legten als Köder für Wölfe vergiftete Schafkadaver aus. Die Wölfe, die nicht gleich daran zugrunde gingen, erkrankten schwer und griffen danach nie mehr ein Schaf an. Im Labor untersuchte erstmals John Garcia, damals an der Universität von Kalifornien in Los Angeles, das Geschmacksaversionslernen. Er ließ Ratten eine bestimmte Lösung probieren, die sie normalerweise mögen, etwa Saccharin (Süßstoff), löste aber anschließend durch Strahlung oder Injektion von Lithiumchlorid Übelkeit aus. Nach dieser Erfahrung mieden die Tiere Saccharin, als handele es sich dabei um ein Gift. Der bemerkenswerteste Aspekt dieses Phänomens ist, dass der CS (der Geschmack von Saccharin) über eine Stunde vor dem Eintreten des US (der Übelkeit) erfolgt. Auf irgendeine Weise wird diese Assoziation über einen sehr langen Zeitraum hergestellt.

Bisher kennen wir die entscheidenden Bahnen im Gehirn, die vom Gift zum Geschmacksaversionslernen führen, noch nicht. Zumindest bei Ratten ist zumindest im Anfangsstadium des Geschmacksaversionslernens die Area postrema beteiligt. Dabei handelt es sich um eines von mehreren solchen Organen außerhalb der Blut-Hirn-Schranke, die durch Substrate im Blut aktiviert werden können. Sie selbst können wiederum direkte neuronale Auswirkungen auf die zentralen Strukturen des Gehirns ausüben. Das entscheidend an Durst beteiligte Subfornicalorgan ist ein weiteres solches Beispiel. Durch Läsionen der Area postrema kann man die Entwicklung des Geschmacksaversionslernens bei Ratten verhindern. Zu den wichtigsten zentralen Strukturen, die am Geschmacksaversionslernen beteiligt sind, gehören das Geschmackszentrum der Großhirnrinde und die Amygdala (siehe unten). Wie wir aus häufiger Erfahrung beim Menschen wissen, ist es möglich, die Geschmacksaversion gegen Alkohol, die sich nach dem ersten übermäßigen Genuss entwickelt, zu überwinden, wenn man sich bemüht.

Pawlowsche (klassische) Konditionierung von Furcht
War alle haben uns schon einmal gefürchtet. Zu den Symptomen der Furcht zählen Reaktionen des vegetativen Nervensystems, Herzklopfen, trockener Mund, feuchte Handflächen, Kribbeln unter den Armen, kognitive Verarbeitung der Furcht auslösenden Situation und eine entsprechende Verhaltensreaktion (beispielsweise Wegrennen oder Stehen bleiben). Durch Studien an dem beliebtesten Labortier, der Ratte, hat man viel über die Gehirnsubstrate der Furcht in Erfahrung gebracht. Ratten zeigen recht deutliche, leicht zu messende Anzeichen für Furcht, darunter vegetative Reaktionen wie erhöhten Blutdruck und höhere Herzfrequenz, sowie Verhaltensreaktionen wie Erstarren und verstärkte Reaktion. Wir wollen uns hier auf die Studien konzentrieren, in denen das Erstarren und die verstärkte Reaktion gemessen wurden.

Michael Davis und seine Mitarbeiter an der Yale-Universität untersuchten die erworbene Furcht anhand einer so genannten „verstärkten Schreckreaktion" (*startle potentiation*). Davis machte sich eine klassische Untersuchung erworbener Furcht zunutze, die das Forscherteam um Judson Brown an der Universität von Iowa vor vielen Jahren durchgeführt hatte. Zunächst maßen sie die Schreckreaktion von Ratten auf ein plötzliches lautes Geräusch hin, während sich die Tiere in einem Stabilometerkäfig befanden, der die Kraft aufzeichnete, mit der sie den Schrecksprung vollführten. Dann setzten sie die Ratten in einen anderen Käfig und verabreichten ihnen hier in einer Reihe von Versuchsdurchgängen jeweils ein Lichtsignal und einen Stromschlag in fixer Kopplung – die klassische Konditionierung einer Furchtreaktion auf Licht. Dann brachten die Untersucher die Ratten in den Stabilometerkäfig zurück und verglichen die Stärke der Schreckreaktion, die auf das laute Geräusch hin erfolgte, mit der Stärke der Schreckreaktion, die die Tiere zeigten, wenn dem lauten Schreckgeräusch unmittelbar der Lichtreiz voranging. Erwartungsgemäß rief der Lichtreiz, der erworbene Furcht auslöste, eine viel stärkere Schreckreaktion auf das Geräusch hervor. Diesen Effekt nannten Brown und seine Mitarbeiter *fear potentiation of startle,* was sich in etwa mit „furchtverstärkte Schreckreaktion" übersetzen lässt (Abbildung 11.12).

Davis versuchte anhand dieses Experiments den „Furchtschaltkreis" im Gehirn ausfindig zu machen. Zunächst musste er jedoch den „auditiven Schreckschaltkreis" des Gehirns aufspüren, was mehrere Jahre in Anspruch nahm. Wie in Abbildung 11.13 dargestellt, erregt der akustische Schreckreiz Kerne der Hörbahn im

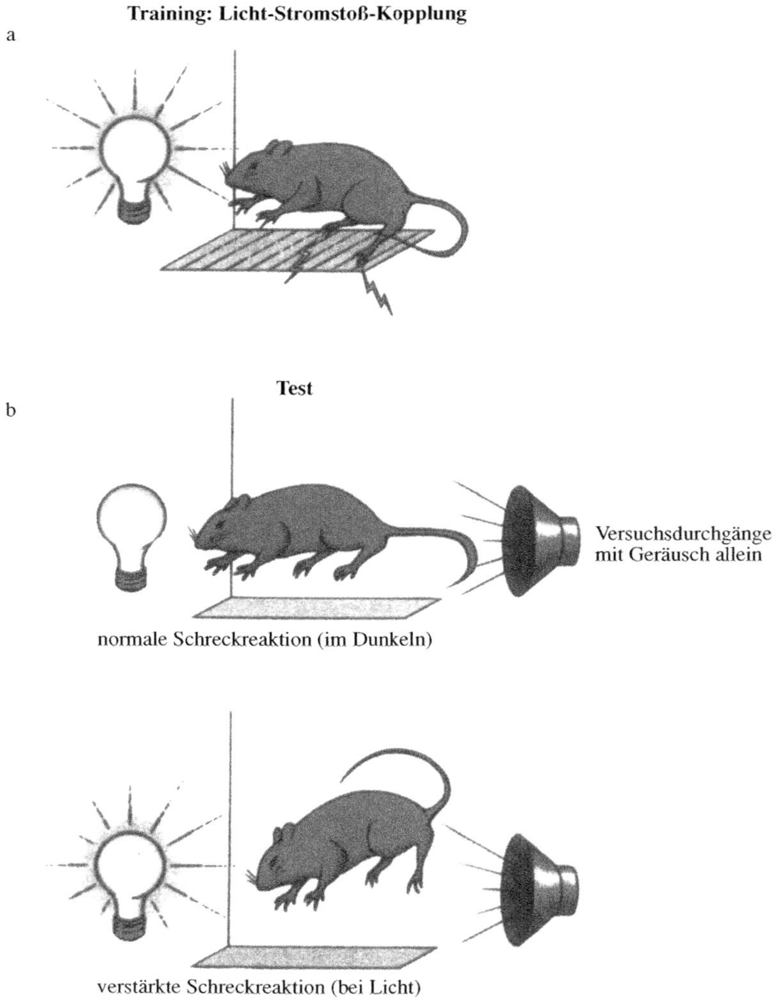

a Training: Licht-Stromstoß-Kopplung

b Test

Versuchsdurchgänge mit Geräusch allein

normale Schreckreaktion (im Dunkeln)

verstärkte Schreckreaktion (bei Licht)

11.12 Konditionierte Verstärkung einer Schreckreaktion. a) Zunächst wird der Ratte eine konditionierte Furchtreaktion beigebracht: Sie erhält einen Lichtreiz (CS) gemeinsam mit einem elektrischen Schlag am Fuß (US) in einer bestimmten Umgebung (Kammer). b) Als nächstes untersucht man die Schreckreaktion der Ratte auf ein lautes Geräusch hin. Schließlich wird der Licht-CS gemeinsam mit dem Geräusch dargeboten, und das gleiche laute Geräusch löst nun eine viel stärkere Schreckreaktion aus, als wenn es allein präsentiert wird.

Hirnstamm, die Informationen auf einen Kern der Formatio reticularis umschalten, der schließlich motorische Kerne aktiviert, die die Schreckreaktion in Gang setzen. Dann nahmen Davis und seine Kollegen eine Furchtkonditionierung an den Tieren vor (Licht-Stromschlag), die zu einer ausgeprägten furchtverstärkten Schreckreaktion führte, und erforschten die Gehirnschaltkreise, die dieser erwor-

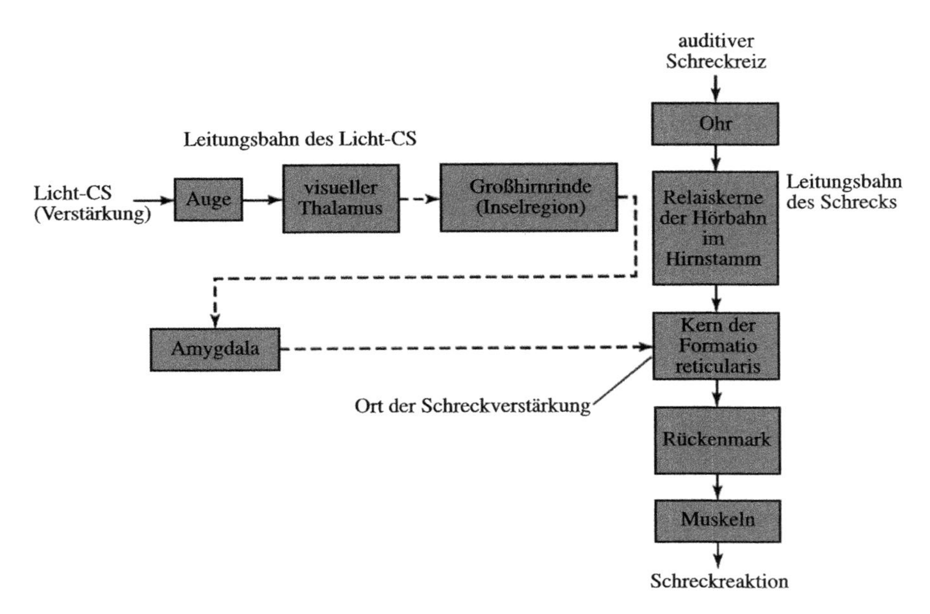

11.13 Hirnschaltkreis für die konditionierte Verstärkung der Schreckreaktion. Die Leitungsbahn des Schrecks auf ein lautes Geräusch hin schaltet von Kernen der Hörbahn auf einen Kern der Formatio reticularis und von dort auf motorische Kerne des Hirnstammes und des Rückenmarks um, die die Schreckreaktion in Gang setzen. Die konditionierte Verstärkung der Schreckreaktion durch den Licht-CS schaltet von visuellen Bahnen auf Abschnitte der Großhirnrinde, dann auf die Amygdala und von dort schließlich auf den Kern der Formatio reticularis, der die verstärkte Schreckreaktion in die Wege leitet.

benen Furchtverstärkung zugrunde lagen. Dabei machten sie sich eine Reihe von Techniken zunutze – sie zerstörten Strukturen und Leitungsbahnen, reizten den Schaltkreis elektrisch, stellten die wichtigsten Nervenbahnen anatomisch dar und schafften es, die meisten der CS-Schaltkreise für die auf den konditionierten Lichtreiz erworbene Furcht zu identifizieren (Abbildung 11.13).

Joseph LeDoux und seine Mitarbeiter von der Universität New York benutzten zur Furchtkonditionierung einen Hörreiz – beispielsweise einen Ton – und ein einfaches Maß, um die erworbene Furcht zu beurteilen, nämlich Veränderungen des Blutdrucks. Sie koppelten also Ton und Stromstoß miteinander und wiesen eine erworbene Veränderung des Blutdruckverhaltens als Reaktion auf den Ton nach. Sie entdeckten, dass es für den konditionierten Hörreiz sowohl direkte Verbindungen vom auditiven Thalamus (dem medialen Kniehöcker) zur Amygdala als auch Verbindungen von der Hörrinde des Großhirns zur Amygdala gibt. Die Hörrinde erhält natürlich auch unmittelbar Eingangssignale aus dem auditiven Thalamus. Beide Leitungsbahnen lassen sich dazu benutzen, Informationen über einen konditionierten Hörreiz an den Mandelkern weiterzuleiten. In einer neueren Studie hat LeDoux Erstarren als Maß für erworbene Furcht benutzt.

Michael Fanselow und seine Mitarbeiter an der Universität von Kalifornien in Los Angeles machten sich die Reaktion des Erstarrens von Ratten zunutze, um die

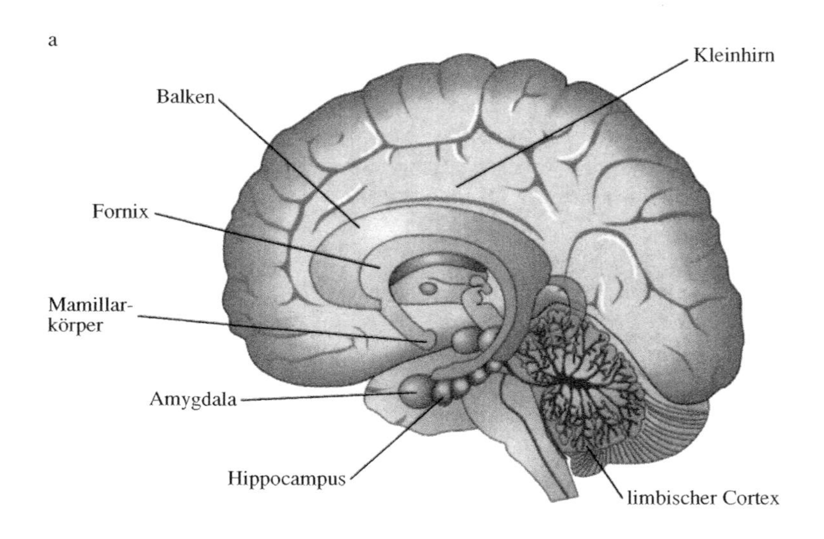

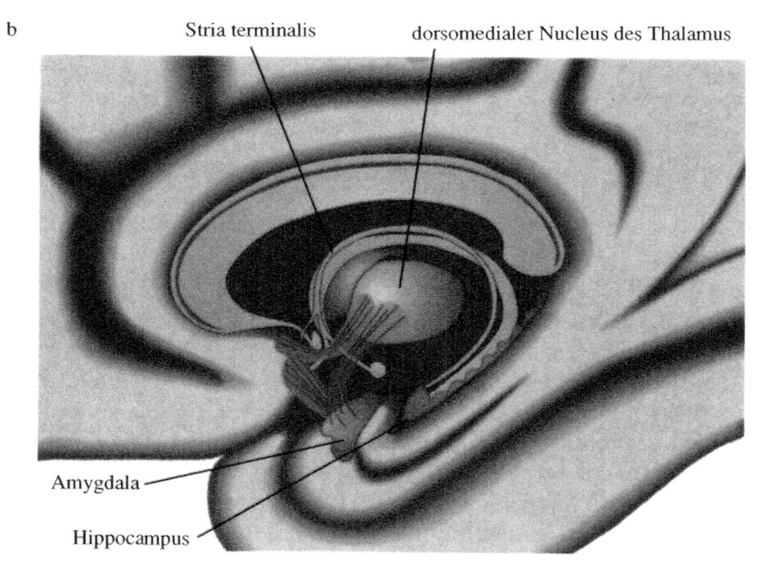

11.14 a) Lage der Amygdala im vorderen Schläfenlappen. b) Die vergrößerte Ansicht zeigt das Größenverhältnis von Amygdala und Schläfenlappen, Hippocampus sowie Stria terminalis-Bahn.

Gehirnsubstrate für Furcht umfassend zu untersuchen. Alle drei Arbeitsgruppen (Davis, Fanselow und LeDoux) vermochten zu zeigen, dass bei entsprechenden Läsionen der Amygdala die erworbene Furcht ausgelöscht wird. Fanselow konnte zudem nachweisen, dass sich durch solche Läsionen auch nicht erworbene Furcht aufheben lässt. Ratten zeigen in Gegenwart einer Katze eine massive

Furchtreaktion: Sie erstarren vor Furcht. Nach Läsionen der Amygdala klettern die nun arglosen Ratten sogar auf die Katze hinauf und versuchen sie zu beißen. Die Amygdala (der Mandelkern) ist übrigens eine große Struktur, die tief im Vorderhirn verborgen liegt und von der schon seit vielen Jahren bekannt ist, dass sie irgendwie an der Entstehung von Gefühlen beteiligt ist (Abbildung 11.14).

Bei Läsionen der Amygdala verschwinden alle Anzeichen erworbener Furcht: Erstarren, erhöhter Blutdruck und verstärkte Schreckreaktion. Aber ist die Amygdala Sitz der Gedächtnisspur für Furcht, oder befindet sie sich lediglich auf der Eingangs- oder Ausgangsseite der Spur? Die bislang vorliegenden Befunde stützen die Auffassung, dass sich zumindest die anfängliche Gedächtnisspur der Furcht in der Amygdala formiert. Schädigungen des auditiven Thalamus beispielsweise verhindern, dass Furcht auf einen Ton, nicht aber auf einen Lichtreiz hin erworben wird. Ist hingegen die Amygdala beschädigt, so lässt sich die Reaktion weder auf den Lichtreiz noch auf den Ton konditionieren. Folglich sollte sich diese Struktur nicht auf der Eingangsseite der Gedächtnisspur befinden. Läsionen des Hypothalamus wiederum können verschiedene Furchtreaktionen selektiv beeinflussen: Ist die laterale Zone des Hypothalamus (LH) zerstört, so verhindert dies, dass Blutdruckveränderungen erworben werden, während Läsionen im zentralen Höhlengrau (einem Teil des langsam leitenden Schmerzsystems) ein anderes Verhaltensmaß für Furcht zum Verschwinden bringen – das Erstarren. Die Läsion im LH beeinflusst jedoch nicht die Furchtreaktion des Erstarrens, und die Schädigung im zentralen Höhlengrau bleibt ohne Wirkung auf den Blutdruck. Diese Ergebnisse deuten darauf hin, dass sich der Hypothalamus und das zentrale Höhlengrau auf der Ausgangsseite der Gedächtnisspur der Furcht befinden, und unterstützen die Auffassung, die Spur formiere sich in der Amygdala aus.

Die zugrunde liegende Logik ist folgende: Wird der Ort der Gedächtnisbildung geschädigt, so verschwindet die erworbene Furcht, ganz gleich welcher Art die Eingangsbahn des konditionierten Reizes ist (etwa auditiv oder visuell) und auch unabhängig von der konditionierten Reaktion (beispielsweise Blutdruck oder Erstarren). Genau diese Auswirkungen ergeben sich bei einer Läsion der Amygdala. Andererseits ließ sich durch eine Läsion der Hörbahn die erworbene Furcht auf Töne, nicht jedoch auf Licht, auslöschen und umgekehrt bei einer Schädigung der Sehbahn; die sensorischen Eingangsbahnen sind also nicht der Ort des Gedächtnisses. Genauso verschwindet bei Läsion eines Reaktionssystems (beispielsweise des lateralen Hypothalamus) die Blutdruckreaktion bei Furcht, aber nicht die Reaktion des Erstarrens; das Umgekehrte gilt bei Schädigungen des zentralen Höhlengraus. Die neuronalen Ausgangsbahnen, der Hypothalamus und das zentrale Höhlengrau, sind somit ebenfalls nicht der Sitz des Gedächtnisses. Demnach scheint die Amygdala der aussichtsreichste Kandidat hierfür zu sein.

Der überzeugendste Hinweis darauf, dass die Gedächtnisspur für Furcht in der Amygdala gebildet wird, kommt aus dem Labor von Davis. Gemeinsam mit seinen Mitarbeitern brachte er während der Furchtkonditionierung APV in die Amygdala ein, eine Substanz, die Glutamatrezeptoren vom NMDA-Typ blockiert. Dabei benutzten sie ihre Methode, die Schreckreaktion durch Furcht zu verstärken. Sie stellten fest, dass APV das Erwerben von Furcht sowohl auf einen akustischen als auch auf einen optischen konditionierten Reiz (CS) vollständig verhinderte. Blockiert man die NMDA-Rezeptoren im Hippocampus, dann findet auch keine

Langzeitpotenzierung (LTP) statt, wie wir in Kapitel 4 gesehen haben. Bereits erworbene Furcht ließ sich aber durch die Infusion von APV nicht beseitigen.

Erworbene Furcht gehört aber zum permanenten oder Langzeitgedächtnis. Wird etwa die Langzeiterinnerung an Furcht in der Amygdala gespeichert? Die Forschungsergebnisse aus dem Labor von James McGaugh an der Universität von Kalifornien in Irvine sprechen dagegen. Die Forscher trainierten Tieren durch instrumentelles Lernen eine Furchtreaktion an und setzten dann entweder sofort nach dem Training oder aber mehrere Tage später Läsionen in der Amygdala. Erfolgte die Schädigung unmittelbar nach dem Training, so ging das Furchtgedächtnis verloren, doch setzte man sie einige Tage später, beeinflusste die Läsion die Furchterinnerung kaum! Wir werden auf diese Frage noch einmal zurückkommen, wenn wir das instrumentelle Lernen diskutieren; Aufgaben dieser Art verwendete McGaugh. Nach derzeitigem Stand der Belege muss man jedoch davon ausgehen, dass Läsionen der Amygdala die pawlowsche konditionierte Furcht dauerhaft beseitigen.

Nichtsdestoweniger scheint sich die erste Furchterinnerung an Licht- und Tonreize in der Amygdala zu formieren. Wie wir später in diesem Kapitel noch sehen werden, spielt der Hippocampus eine zentrale Rolle für das Gedächtnis – bei Nagern insbesondere für das räumliche Gedächtnis, die Erinnerung an Orte. Jeansok Kim und Michael Fanselow von der Universität von Kalifornien in Los Angeles konditionierten Ratten darauf, sich vor einem bestimmten Ort oder einer Umgebung zu fürchten – einem speziellen, besonders gestalteten Käfig, in dem sie elektrische Schläge erhalten hatten. Setzten die Untersucher die Tiere am Tag nach dem Training in diesen Käfig, so erstarrten sie auf der Stelle, auch ohne elektrisch gereizt zu werden – ein Zeichen der erworbenen Furcht für diese Umgebung (den Käfig). Läsionen des Hippocampus erfolgten entweder am Tag nach dem Furchttraining oder ein, zwei beziehungsweise vier Wochen später. Die Furcht vor der Umgebung (das Erstarren) verschwand bei den Tieren, deren Hippocampus man am Tag nach dem Training geschädigt hatte, nicht aber bei den Tieren, bei denen der Eingriff später stattfand. Damit haben wir eine weitere Hirnstruktur, die für die initialen Furchterinnerungen bedeutsam ist, in diesem Fall nicht die Amygdala, sondern den Hippocampus. Das Langzeitgedächtnis für Furcht scheint jedoch anderswo im Gehirn gespeichert zu werden. Übrigens, die Umgebung ist anscheinend ein sehr natürlicher Reiz, um Furcht auszulösen, wie Sie vielleicht wissen werden, wenn Sie sich jemals nachts allein im verwahrlosten Viertel einer fremden Stadt wiedergefunden haben. Diese pawlowsche erworbene kontextbezogene Furcht geht jedoch immer verloren, wenn Läsionen der Amygdala erfolgen.

Zusammenfassend kann man Folgendes festhalten: Die klassische konditionierte (pawlowsche) Furcht gegenüber allen Arten von Reizen – ob an Licht, Töne oder die Umgebung gekoppelt –, die sich in allen Typen von Reaktionen äußert – Erstarren, verstärkte Schreckreaktion oder erhöhter Blutdruck – lässt sich durch entsprechende Läsionen der Amygdala beseitigen, unabhängig davon, wann diese Läsion vorgenommen wird. Die pawlowsche erworbene Furcht gegenüber der Umgebung geht auch bei Schädigungen des Hippocampus verloren, aber nur dann, wenn die Läsion kurz nach dem Training erfolgt. Somit spielt die Amygdala eine entscheidende Rolle für die pawlowsche erworbene Furcht, der Hippocampus jedoch eine modulatorische.

Furcht ist ein sehr unspezifisches lernbares Verhalten, in das sowohl viele Arten von Reaktionen hineinspielen, insbesondere solche des sympathischen Nervensystems und des hypothalamo-hypophysäradrenergen Systems, als auch Verhaltensweisen wie Erstarren oder Flucht. Tatsächlich erinnert sie sehr an das beginnende Syndrom (Abfolge von Reaktionen), das auf einen plötzlich auftretenden Stressor hin einsetzt (Kapitel 7). Eine ausgeklügelte psychologische Theorie unterscheidet beim Erlernen des Umgangs mit unangenehmen Ereignissen zwei charakteristische Phasen oder Prozesse: eine unspezifische Anfangsphase, in der Furcht erworben wird, und eine anschließende Phase, in der spezifische Verhaltensweisen erlernt werden, um aversiven Reizen oder Situationen entgegenzutreten. Beispiele spezifischer erlernter Reaktionen sind die Beugung des Beins, um einem Stromstoß an der Pfote zu entgehen, und das Schließen des Lids, um das Auge vor einem unangenehmen Luftstoß zu schützen. Einzelne Reaktionsabfolgen können natürlich sehr viel komplexer sein; Beinbeugung und Lidschlag sind elementare Bewegungen, auf die man in Labors immer wieder zurückgreift.

Klassische (pawlowsche) Konditionierung diskreter Reaktionen
Eine ungeheure Zahl von Untersuchungen beschäftigte sich mit der klassischen Konditionierung der Lidschlagreaktion bei Menschen und anderen Säugern. Der Lidschlagreflex lässt die grundlegenden Gesetzmäßigkeiten des pawlowschen Konditionierens bei Menschen wie anderen Säugern gleichermaßen gut zutage treten. Das Verfahren besteht im Grunde darin, einem neutralen konditionierten Reiz (CS), beispielsweise einem Ton oder einem Lichtreiz, rund eine Viertelsekunde später einen Luftstoß aufs Auge (den unkonditionierten Stimulus, US) folgen zu lassen. Anfangs reagiert das Auge nicht auf den CS und beantwortet nur den Luftstoß mit einem Lidschlagreflex. Nach einer Reihe von Versuchsdurchgängen fangen die Augenlider an, sich auf den CS hin zu schließen, noch bevor der US auftritt. Gut trainierte Versuchspersonen schaffen es, den Lidschlag zeitlich so exakt abzupassen, dass das Augenlid genau dann am festesten geschlossen ist, wenn der Luftstoß auf das Auge trifft (Abbildung 11.15). Dieses äußerst adaptive Timing des Lidschlags (CR) entwickelt sich, wenn CS und US innerhalb des Zeitintervalls, in dem Lernen stattfinden kann, also innerhalb von 100 Millisekunden bis zu einer Sekunde, aufeinander folgen. Die konditionierte Lidschlagreaktion stellt somit eine zeitlich sehr präzise abgestimmte elementare motorische Fertigkeit dar.

Vor einigen Jahren entschlossen sich einige Kollegen und ich dazu, die Fülle von verhaltensbezogenen Informationen, die über die Lidschlagkonditionierung zur Verfügung standen, auszuwerten und als Modellsystem zur Ortung von Gedächtnisspuren im Gehirn heranzuziehen. Isidore Gormezano von der Universität von Iowa und zahlreiche seiner Studenten hatten umfassende Verhaltensdaten über die Lidschlagkonditionierung bei Kaninchen veröffentlicht – bei diesen Tieren waren alle Merkmale der erworbenen Reaktion und der Kontrollverfahren herausgearbeitet worden –, und daher wählten wir als Versuchstiere Kaninchen.

Wie stellt man es an, eine Gedächtnisspur zu finden? Als wir uns an die Arbeit machten, hatten wir keine Vorstellung davon, welche Hirnstrukturen oder Systeme daran mitwirken. Wir entschlossen uns, die Aktivität von Nervenzellen in zahlreichen Gehirnsystemen aufzuzeichnen, während das Tier die konditionierte Re-

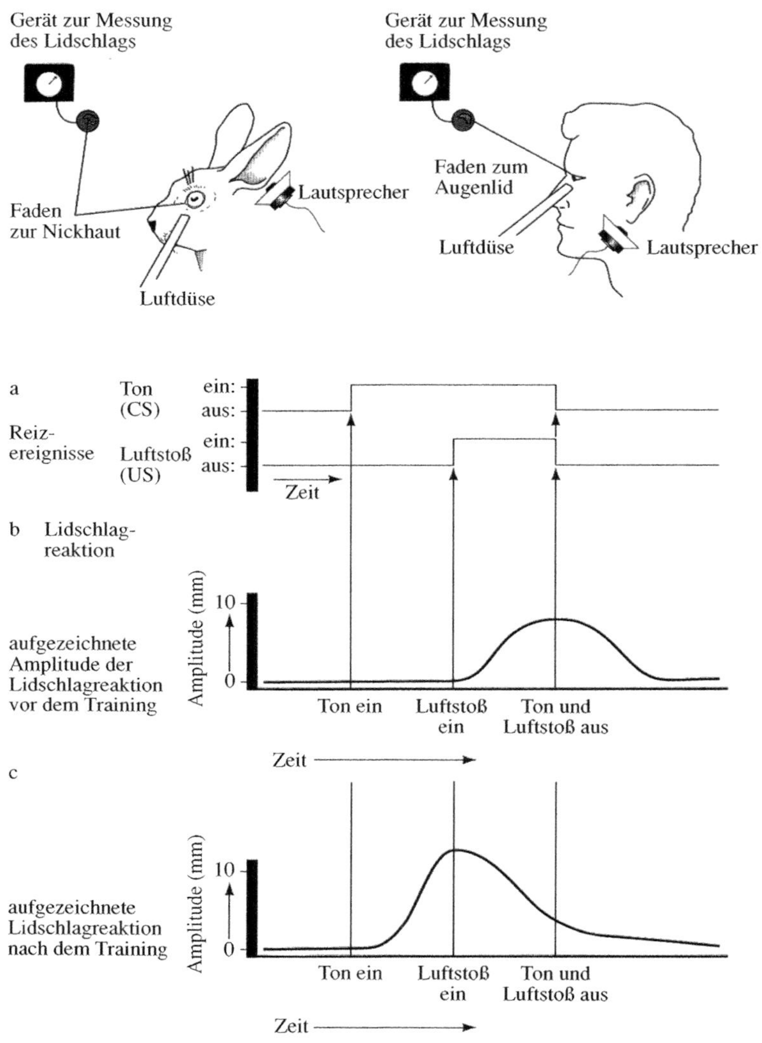

11.15 Schematische Darstellung des Ablaufs der Lidschlagkonditionierung bei Kaninchen und Mensch. Zu Beginn des Trainings reagiert das Augenlid nicht auf den Ton (CS), schließt sich aber reflektorisch auf den Luftstoß (US) hin. Nach dem Training schließt das Lid schon auf den Ton hin – eine konditionierte Reaktion – und ist dann zu Beginn des Lufststoßes maximal geschlossen.

aktion erwarb. So hofften wir, Hirnbereiche zu finden, in denen die neuronale Aktivität zunimmt, bevor die konditionierte Reaktion einsetzt, und im Vorfeld erkennen lässt, welche Form – Amplitude und Zeitverlauf – die tatsächliche konditionierte Lidschlagreaktion (CR) haben wird. Ein Beispiel für eine solche Reaktion – neuronale Aktivität, die eine Gedächtnisspur widerspiegelt – zeigt Abbildung 11.16. Wir entwickelten ein miniaturisiertes Mikrosteuerungssystem, um Mikroelektroden in das Hirngewebe einzubringen, ohne die Tiere zu quälen. Neuere *in vivo*-Untersuchungen haben gezeigt, dass bei Menschen und Kaninchen genau die gleichen Gehirnregionen (beispielsweise das Kleinhirn) bei der Lidschlagkonditionierung aktiviert werden.

Zwei Gehirnsysteme ließen eindrucksvolle Beispiele möglicher neuronaler Erinnerungsspuren erkennen: der Hippocampus und das Kleinhirn. Das in Abbildung 11.12 dargestellte Beispiel stammt vom Nucleus interpositus des Kleinhirns. Beschädigte man den Hippocampus, so verschwand die gelernte Lidschlagreaktion nicht; bei Läsionen des Kleinhirns trat die Reaktion hingegen nicht mehr auf. Nachfolgende Untersuchungen in unserem und anderen Labors bestätigten diese Ergebnisse. Der Hippocampus spielt dann eine wichtige Rolle für die Lidschlagreaktion, wenn sich die Lernsituation erheblich schwieriger gestaltet. Von mehreren Seiten gibt es Hinweise darauf, dass unter bestimmten Bedingungen im Hippocampus möglicherweise eine Erinnerungsspur erstellt wird (siehe unten).

Diese Erinnerungsspur höherer Ordnung im Hippocampus ist allerdings nicht erforderlich, um die konditionierte Reaktion grundlegend zu erlernen oder sich ihrer zu erinnern – ganz im Gegensatz zu einer Region des Kleinhirns (Abbildung 11.16). Der dortige entscheidende Bereich ist sehr klein – Läsionen von nicht mehr als einem Kubikmillimeter machen Lernen vollständig und dauerhaft unmöglich, wenn sie vor dem Training ausgeführt werden, und löschen die Erinnerung vollständig und dauerhaft, wenn sie nach dem Training erfolgen. Wichtig ist, dass Läsionen, die die Fähigkeit, die CR zu erlernen und zu erinnern, zum Verschwinden bringen, keinerlei Einfluss auf die Reflexantwort des Tieres haben – nämlich auf einen Luftstoß mit Blinzeln zu reagieren. Kürzlich kam man bei Untersuchungen an Menschen mit Kleinhirnschädigungen zu exakt den gleichen Befunden, die wir an Kaninchen erhoben hatten. Wahrscheinlich lassen sich daher alle Ergebnisse, die wir an Kaninchen erzielt haben, auch auf den Menschen übertragen.

Allerdings beweist die Tatsache, dass eine kleine Schädigung im Cerebellum die Fähigkeit zum Lernen und Erinnern der konditionierten Reaktion vernichtet, noch nicht, dass es sich bei der zerstörten Region um den Sitz der Erinnerungsspur handelt. Um dies zu belegen, muss man den gesamten zugrunde liegenden Gehirnschaltkreis ans Licht bringen, vom Ton als konditionierten Stimulus (CS) über den Luftstoß auf die Hornhaut des Auges als unkonditionierten Stimulus (US) bis hin zur Lidschlagreaktion als konditionierter Reaktion (CR). Dies bestimmte den nächsten Schritt in unserer Arbeit. Wir setzten Läsionen, reizten elektrisch, leiteten Nervenzellaktivitäten ab und stellten Leitungsbahnen anatomisch dar, und so gelang es uns, den in Abbildung 11.17 schematisierten Schaltkreis zu identifizieren. Kurz gesagt, die Information über den Ton (CS) wird von Kernen der Hörbahn auf Brückenkerne umgeschaltet und erreicht von dort aus über Moosfasern das Kleinhirn. Die Information über den Luftstoß auf die Hornhaut (US) wird von somatosensorischen Kernen (im Falle des Luftstoßes am Auge einem Trigeminuskern) an die untere Olive und von dort aus über Kletterfasern ans Kleinhirn weitergeleitet (Kapitel 9, insbesondere Abbildung 9.11, sowie Abbildung 11.16). Die Leitungsbahn für die konditionierte Reaktion nimmt ihren Ausgang vom Nucleus interpositus des Kleinhirns, zieht zum Nucleus ruber und von dort hinab zu den motorischen Kernen des Hirnstammes, die die erlernte Lidschlagreaktion in Gang setzen.

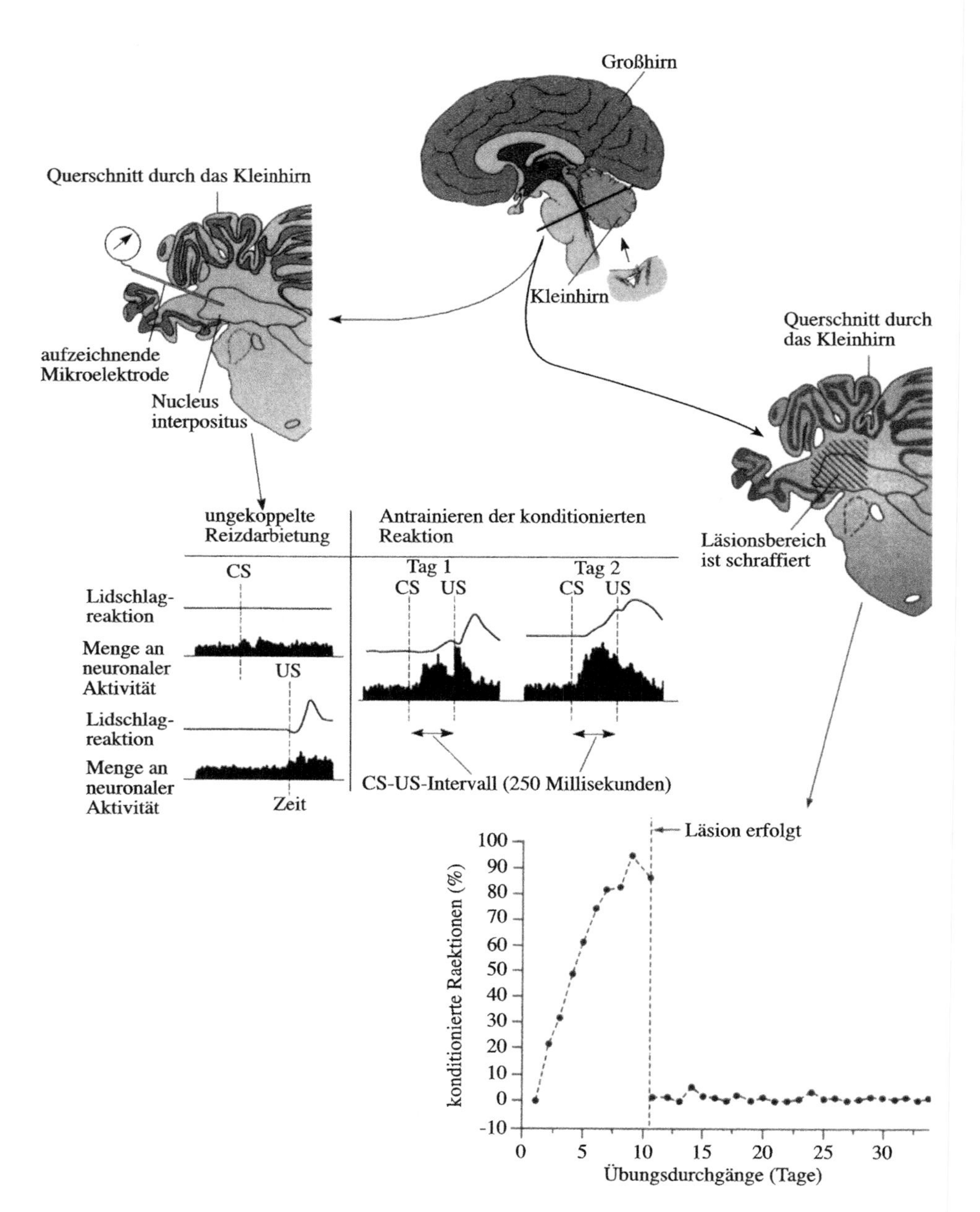

11.16 Bildungsort der Gedächtnisspur für die konditionierte Lidschlagreaktion. Die entscheidende Struktur ist der Nucleus interpositus im Kleinhirn. In dieser Region aufgezeichnete neuronale Aktivität (linkes Diagramm) zeigt eine erhöhte Aktivität, anhand der sich die Form der konditionierten Lidschlagreaktion ziemlich genau vorhersagen lässt. Durch eine Läsion in diesem Bereich (rechtes Diagramm) wird die konditionierte Lidschlagreaktion auf der Seite der Schädigung vollkommen und dauerhaft beseitigt; die Läsion hat jedoch keine Auswirkungen bezüglich des reflektorischen Lidschlags auf einen unkonditionierten Reiz (US) hin.

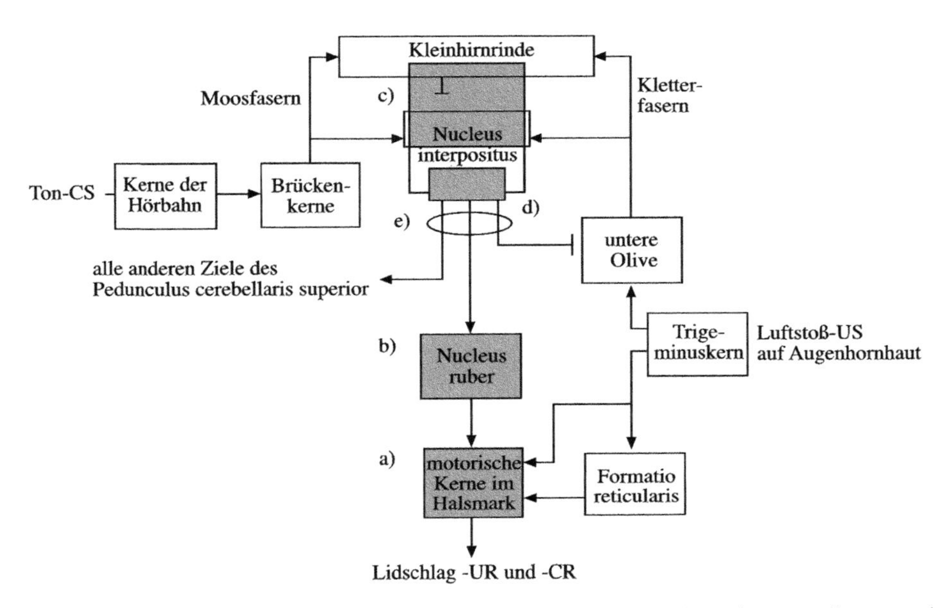

11.17 Vereinfachte schematische Darstellung der wesentlichen (notwendigen und hinreichenden) Schaltkreise des Gehirns für die Lidschlagkonditionierung. Der konditionierte Tonreiz (CS) wird über die Brückenkerne durch Moosfasern ins Kleinhirn verschaltet; der unkonditionierte Stimulus (US) in Form eines Luftstoßes auf die Hornhaut des Auges wird ebenfalls auf das Kleinhirn verschaltet, aber über die untere Olive durch Kletterfasern. Um die Region der Gedächtnisbildung zu lokalisieren, wurden die schattierten Bereiche während des Trainings reversibel inaktiviert. Durch Inaktivierung der motorischen Kerne (a), des Nucleus ruber (b) sowie des Ausgangs aus dem Kleinhirn (e) ließ sich verhindern, dass eine konditionierte Reaktion auftrat; das galt aber nicht für das Lernen an sich. Ganz im Gegensatz dazu wurde Lernen durch eine Inaktivierung der entscheidenden Region des Kleinhirns (c) völlig unterbunden. Daher muss die Gedächtnisspur im Kleinhirn gebildet werden.

Nachdem wir den gesamten Schaltkreis identifiziert hatten, der für das Lernen und Erinnern der konditionierten Reaktion notwendig und hinreichend ist, widmeten wir uns der Aufgabe, den Sitz der Gedächtnisspur in diesem Schaltkreis aufzustöbern. Wir nahmen an, sie müsse sich in Regionen befinden, wo Informationen von CS und US zusammenlaufen und gemeinsam Neuronen aktivieren. In der unteren Olive ist dies nicht der Fall, und es passiert offensichtlich auch nicht in den Brückenkernen; es geschieht aber im Kleinhirn, und zwar sowohl in der Kleinhirnrinde als auch im Nucleus interpositus. Wir entwickelten unterschiedliche Beweisführungen gegen die Annahme, die Gedächtnispur könne in irgendeiner der Strukturen des Schaltkreises außerhalb des Kleinhirns zu finden sein. Diese Beweise waren allerdings indirekt.

Doch stieß man in jüngerer Zeit auf direkte Beweise, die unserer Ansicht nach belegen, dass die Gedächtnisspur im Kleinhirn formiert wird. Unser Kollege David Lavond von der Universität von Südkalifornien entwickelte ein Kältesondenverfahren, mit dem sich umschriebene Hirnbereiche durch Kühlung vorübergehend inaktivieren lassen, ohne sie zu beschädigen. Den gleichen Effekt, nämlich eine umkehrbare Inaktivierung, erzielten wir, indem wir Pharmaka infundierten, beispielsweise das lokale Betäubungsmittel Lidocain oder den GABA-Agonisten Muscimol, der $GABA_A$-Rezeptoren auf Nervenzellen aktiviert und durch Hyperpolarisation zeitweise stillegt (Kapitel 4). Der Grundgedanke dabei ist, eine bestimmte Gehirnregion während des Trainings vorübergehend auszuschalten. Gehört sie zu dem Schaltkreis, der für die Bildung der Gedächtnisspur maßgebend ist, dann wird unter der Inaktivierung während des Trainings keine konditionierte Reaktion auftreten. Handelt es sich um den Ort, an dem sich die Gedächtnisspur formiert, so zeigt das Tier nach Ende der Inaktivierung keinerlei Zeichen des Lernerfolgs und muss mit dem Training ganz von vorn beginnen. Folgt hingegen die Region, die während des Trainings ausgeschaltet ist, dem Sitz der Gedächtnisspur im entsprechenden Schaltkreis, so treten bei gleichzeitiger Inaktivierung während des Übens keine konditionierten Reaktionen auf. Hebt man jedoch die Inaktivierung auf, so zeigt das Tier auf der Stelle, dass es gelernt hat: Es präsentiert gut ausgebildete konditionierte Reaktionen.

Sowohl die mittels vorübergehender Kühlung erhobenen Befunde aus Lavonds Labor als auch unsere, mit pharmakologischer Inaktivierung erzielten Ergebnisse sind eindeutig und übereinstimmend. Legt man die entscheidende Kleinhirnregion völlig still, so zeigen die Tiere während des Trainings keine konditionierte Reaktion und nach dem Training keine Anzeichen dafür, dass sie gelernt haben – sie müssen mit dem Training ganz von vorn beginnen. Schaltet man den Ausgang aus dem Nucleus interpositus und seine Zielstruktur, den Nucleus ruber (Abbildung 11.17), vorübergehend aus, lassen sich während des Trainings keinerlei Zeichen einer konditionierten Reaktion beobachten. Beendet man die Inaktivierung jedoch, so demonstrieren die Tiere, dass sie während des Trainings unter Inaktivierung eine vollständige konditionierte Reaktion erworben haben. Die Schlussfolgerung liegt auf der Hand: Die wesentliche Langzeitgedächtnisspur wird in einer sehr begrenzten Region des Kleinhirns formiert und gespeichert. Soweit wir wissen, ist dies der erste schlüssige Nachweis des Sitzes einer Langzeitgedächtnisspur im Säugerhirn.

Es ist wichtig festzuhalten, dass sich unsere Befunde nicht nur auf die konditionierte Lidschlagreaktion anwenden lassen; sie gelten für das assoziative Lernen jeder diskreten Bewegung. Indem wir den entsprechenden Schaltkreis des Kleinhirns aktivieren, können wir jedwede Bewegung in Gang setzen: die Beugung der Gliedmaßen, die Drehung des Kopfes und so fort. Diese Bewegungen lassen sich alle durch Training an einen beliebigen neutralen Stimulus, beispielsweise einen Ton oder Lichtreiz, koppeln. Wie wir bereits feststellten, bilden derartige zeitlich genau abstimmbare Bewegungen Musterbeispiele für das Erlernen elementarer motorischer Fertigkeiten. Daher stützen unsere Ergebnisse nachhaltig die klassischen Theorien, die das Kleinhirn als Apparatur zum Erlernen und zur Speicherung motorischer Fertigkeiten ansehen (Kapitel 9, Seite 299).

Instrumentelles Lernen: Konsolidierung und Modulation des Gedächtnisses

Die Fahndung nach Hirnsubstraten, die dem instrumentellen Lernen zugrunde liegen könnten, beschäftigt weite Kreise. Tausende von Studien haben sich angesammelt, seit sich Karl Lashley vor 80 Jahren auf die Suche nach dem Engramm machte. Hierbei kam eine unübersehbare Vielfalt unterschiedlicher experimenteller Aufgabenstellungen zum Einsatz, von der in einem einzigen Versuchsdurchgang erlernten passiven Vermeidung über die von B. F. Skinner an der Harvard-Universität entwickelten operanten Verfahren bis hin zu Labyrinthlernen und Problemkäfigen. Der Einfachheit halber behandeln wir hier die Untersuchungen an Affen und Menschen gesondert von der enormen Zahl von Studien, die an Ratten und Mäusen durchgeführt wurden. Die Gehirnschaltkreise, die den Gedächtnisaufgaben des instrumentellen Lernens zugrunde liegen, hat man bislang noch nicht herausarbeiten können; es wurden allerdings schon beachtliche Fortschritte erzielt. Anstatt uns durch die unüberschaubare und manchmal wenig überzeugende Literatur durchzukämpfen, greifen wir uns die Gedächtniskonsolidierung und -modulation als Beispiel für einen der interessantesten Forschungsbereiche auf diesem Gebiet heraus.

Die Geschichte der Konsolidierung hat zwei Ursprünge. In den vierziger Jahren setzte Carl Duncan von der Northwestern-Universität erstmalig Elektrokrampfstimulationen ein, um das Gedächtnis zu stören. Er unterzog Ratten einem instrumentellen Vermeidungstraining. Die Tiere befanden sich auf der einen Seite eines Wechselkäfigs, einem Kasten mit Metallgitterboden, der aus zwei Abteilen besteht, die durch einen Gang miteinander verbunden sind. Sobald ein Licht aufleuchtete, hatten die Tiere zehn Sekunden Zeit, um in das andere Abteil hinüberzuwechseln, sonst erhielten ihre Füße über den Metallgitterboden einen elektrischen Schlag. 18 Tage lang wurden sie täglich einem Versuchsdurchgang unterzogen. Kontrolltiere lernten die Aufgaben rasch und vermochten den Stromstoß an allen außer den ersten paar Tagen zu vermeiden. In einigen Gruppen löste Duncan bei den Versuchsratten über Ohrklips Elektroschocks (also elektrische induzierte generalisierte Krampfanfälle) aus, und zwar in Zeitabständen von 20 Sekunden bis 14 Stunden nach dem jeweiligen täglichen Versuchsdurchgang. Die Resultate waren bemerkenswert. Tiere, die 20 Sekunden nach dem Lerndurchgang Elektroschocks erhielten, lernten überhaupt nichts. Je größer der Zeitabstand zwischen Lerndurchgang und Elektrokrampfstimulation war, desto besser lernten die Tiere. Erfolgte der Elektroschock eine Stunde oder später nach dem Training, zeigte ihr Gedächtnis überhaupt keine Störungen.

Duncans Resultate stimmten mit den Ergebnissen psychiatrischer Untersuchungen überein, bei denen man Patienten mit unterschiedlichen geistigen Erkrankungen einer Elektroschock- oder Elektrokrampftherapie (EKT) unterzogen hatte. Der Grundgedanke dabei war, dass es eine Zeitspanne gibt, während der frische Erinnerungen instabil sind und durch Krampfanfälle im Gehirn gelöscht werden können. Bei Patienten mit Geisteskrankheiten hoffte man, die frischesten Erinnerungen und Ängste stärker beeinträchtigen zu können als festgefügte Erinnerungen. Mit einer Ausnahme erwiesen sich Elektroschocks als wenig hilfreich für die Patienten. Diese Ausnahme bilden schwere Depressionen. Noch heute sprechen einige schwer depressive Patienten nicht auf die zahlreichen, derzeit verfügbaren Antidepressiva an. Diesen wenigen Menschen helfen Elektroschocks, und bei diesen findet die Elektrokrampftherapie immer noch Anwendung.

Elektroschocks leiten eine *retrograde Amnesie* ein: Ereignisse, die kurz vor den Schocks stattgefunden haben, werden vergessen. Dies geschieht entlang eines

Gradienten: Je älter die Erinnerung, desto eher bleibt sie im Gedächtnis. Dieser Gradient kann jedoch weit zurückreichen. Nach einer Reihe von Elektrokrampfbehandlungen sind Patienten unter Umständen nicht mehr in der Lage, sich an irgendeine ihrer Erfahrungen zu erinnern, die bis zu einem Jahr oder länger zurückliegen. Glücklicherweise kehren die meisten dieser Erinnerungen gewöhnlich wieder zurück, wobei allerdings Ereignisse, die unmittelbar ins zeitliche Umfeld der Elektroschocks fallen, im Allgemeinen nicht mehr erinnert werden. Dies gilt nicht nur für Menschen, sondern auch für Ratten.

Duncans Experiment brachte eine Lawine von Forschungen ins Rollen. Man spürte zahlreichen möglichen Erklärungen für die Gedächtnisstörung nach. Zu den unhaltbaren Erklärungsversuchen zählten die Auffassungen, dass die stark aversiven Eigenschaften der Elektroschocks dafür verantwortlich seien (konditionierte Furcht); dass eine Kopplung der Elektroschocks an die Apparatur stattfände (auf die Umgebung konditionierte Furcht); dass die Körperkrämpfe das entscheidende Moment seien. Da die Elektroschocks das Gedächtnis auch dann in Mitleidenschaft zogen, wenn sie narkotisierten Tieren und Menschen verabreicht wurden, schienen diese drei Möglichkeiten auszuscheiden. James McGaugh und seine Mitarbeiter an der Universität von Kalifornien in Irvine zeigten, dass man den entscheidenden Gedächtnisverlust herbeiführen kann, indem man die Amygdala durch elektrische Reizung ausschaltet; Krampfanfälle des gesamten Gehirns sind gar nicht nötig. Auf die Amygdala kommen wir später zurück.

Der zweite Ursprung der Geschichte um die Konsolidierung reicht bis an den Anfang unseres Jahrhunderts zurück, als Karl Lashley und Clark Hull in Untersuchungen unabhängig voneinander nachwiesen, dass Tiere bedeutend leichter lernten, sich in einem Labyrinth zurechtzufinden, wenn sie zuvor Strychnin oder Coffein erhalten hatten. Da sie diese Substanzen vor dem Training verabreichten, war es möglich, dass sie sich stärker auf die Leistung bei der Durchführung der Aufgabe als auf die Gedächtnisleistung der Tiere auswirkte. McGaugh und andere zeigten aber, dass die Substanzen den gleichen förderlichen Effekt auf das Gedächtnis *(memory facilitation,* Gedächtnisförderung) ausübten, wenn die Tiere sie kurz nach dem Training erhielten anstatt davor. Auch mögliche Belohnungswirkungen der Substanzen schlossen sie aus.

Die meisten neueren Untersuchungen über Gedächtnisförderung benutzten einfache Lernverfahren, die mit einem Versuchsdurchgang auskommen. Bevorzugt wird die passive Vermeidung. Man setzt das Tier in ein beleuchtetes Abteil und erlaubt ihm, in ein dunkles Abteil überzuwechseln (Ratten mögen die Dunkelheit). Doch steht das Bodengitter im dunklen Abteil unter Strom. Nachdem das Tier einen Schlag erhalten hat, entfernt man es aus dem Käfig. Am nächsten Tag setzt man es wieder in das beleuchtete Abteil und misst die Zeit, die verstreicht, bis es in das dunkle Abteil eintritt – man geht hierbei davon aus, das Gedächtnis sei umso besser, je länger diese Zeitspanne ist. Für sich allein genommen, kann dieser Test zu Fehldeutungen führen. Ein Beruhigungsmittel wie ein Barbiturat beispielsweise, das das Tier träge macht, würde ein verfälschtes Bild des Gedächtnisses erzeugen. Aber auch andere Tests kamen zum Zuge, so die aktive Vermeidung, die Duncan bei seinen Elektroschockstudien benutzte. Und schließlich benutzte man noch Lernaufgaben, bei denen Futter als Belohnung gegeben wurde.

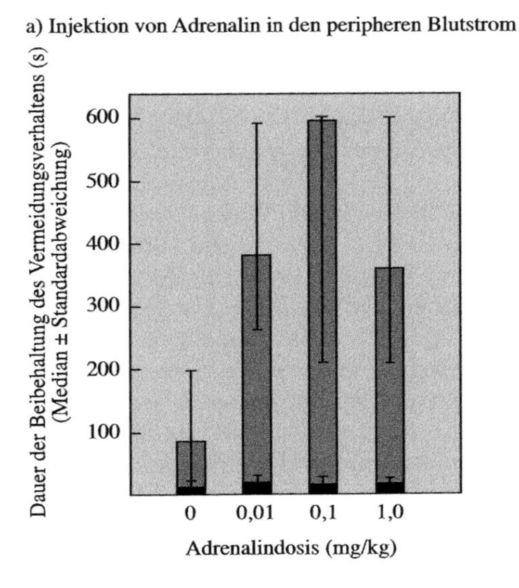

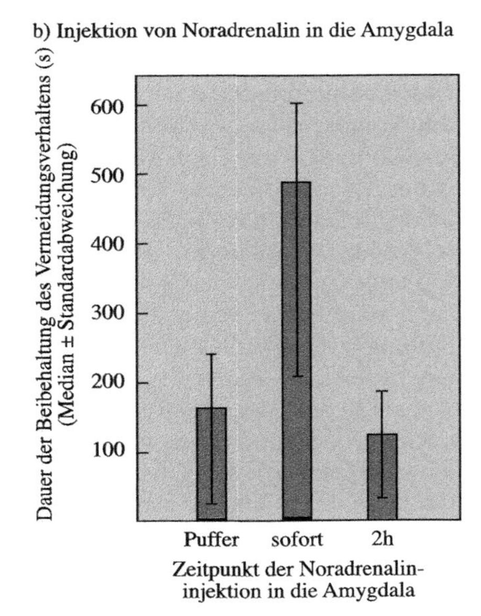

11.18 a) Wirkung steigender Dosen peripher (in den Blutstrom) injizierten Adrenalins auf Ratten, die ihre Gedächtnisleistung in passiven Vermeidungsaufgaben trainiert haben (je besser sie sich erinnern, desto länger behalten sie das Vermeidungsverhalten bei). Bei einer mittleren Dosis (0,1 Milligramm pro Kilogramm Körpergewicht) funktioniert das Gedächtnis am besten. Insgesamt beschreibt die Beziehung zwischen Gedächtnisleistung und Dosis eine ebensolche umgekehrte U-Funktion wie die Beziehung zwischen gespannter Aufmerksamkeit und Leistung (Abbildung 7.6). b) Die Gedächtnisleistung lässt sich genauso gut verbessern, wenn man Noradrenalin direkt in die Amygdala einspritzt, es gilt dieselbe Dosis-Wirkung-Beziehung wie in (a). Hier zeigen wir auch den zeitlichen Verlauf der Gedächtnisförderung: Es ist viel effektiver, die Substanz direkt nach dem Training in den Mandelkern zu spritzen als zwei Stunden später.

Fazit dieser Untersuchungen ist, dass zahlreiche Pharmaka die Gedächtnisleistung in all diesen Aufgaben verbessern oder stören können, wenn sie nach dem Lernvorgang verabreicht werden. Es hängt nur von der Art des Wirkstoffs und seiner Dosierung ab (Abbildung 11.18). Früher glaubte man, sowohl die Störung des Gedächtnisses durch Elektroschocks als auch seine Verbesserung oder Verschlechterung durch Pharmaka wirke auf einen Konsolidierungsprozess im Gehirn ein, beispielsweise auf kreisende elektrische Hirnaktivität, die allmählich Erinnerungen präge. Wäre dies der Fall, dann sollte es einen Konsolidierungsgradienten geben, eine verhältnismäßig fixe Zeitspanne. Doch gibt es keinen Gradienten, oder genauer gesagt, es gibt ihrer viele, die stark von einzelnen Merkmalen des jeweiligen experimentellen Verfahrens abhängig sind. Diese und andere Schwierigkeiten, die das einfache Konzept der Konsolidierung aufwarf, brachte die Wissenschaftler dazu, weniger die Konsolidierung als vielmehr die *Modulation* in den Vordergrund zu stellen. Die meisten Forscher auf diesem Gebiet glauben, Elektroschocks oder Pharmaka modulierten, wie gut neuere Erinnerungen im Langzeitgedächtnis gespeichert würden.

Adrenalin gehört zu den Substanzen, die Gedächtnisleistungen am wirksamsten fördern. Natürlich handelt es sich um einen Nervenüberträgerstoff im autonomen Nervensystem und ein wichtiges Hormon, das das Nebennierenmark zusammen mit Noradrenalin ausschüttet, wenn der Organismus unter Stress steht. Mit anderen Worten erinnern sich Menschen und andere Säuger im täglichen Leben für gewöhnlich am besten an solche Erfahrungen, die sie in einem Zustand der Aufmerksamkeit und mäßiger Anspannung gemacht haben. Die Wirkung gedächtnisfördernder Wirkstoffe wie Adrenalin beschreibt die gleiche umgekehrte U-Funktion zwischen Gedächtnisleistung und Dosis, die man im Allgemeinen auch zwischen Leistung und gespannter Aufmerksamkeit findet (vergleiche Abbildungen 11.18 und 7.8). Dies wurde als „Blitzlicht"-Phänomen bezeichnet – ältere Leser werden sich daran erinnern, wo sie sich befanden und was sie gerade taten, als sie von der Ermordung Präsident Kennedys hörten; jüngeren Lesern wird noch im Gedächtnis sein, wo sie waren, als sie erfuhren, dass die Raumfähre *Challenger* explodiert war. Uns bleiben jene Ereignisse am nachhaltigsten in Erinnerung, die uns in einen Zustand mäßiger Aufmerksamkeit und Stress – also an die Spitze der umgekehrten U-Funktion – versetzen.

Dieses befriedigende Erklärungsgebäude für das Konzept der Gedächtnismodulation drohte zusammenzubrechen, als man feststellte, dass Adrenalin die Blut-Hirn-Schranke nicht ohne weiteres passieren kann. Systemisch (in den Blutstrom) verabreichte Adrenalindosen, die eine maximale Verbesserung der Gedächtnisleistung hervorriefen, waren viel zu gering, als dass nennenswerte Mengen davon ins Gehirn hätten eindringen können. Wie aber konnten sie dann die Erinnerungsspeicherung beeinflussen? Wenigstens zwei alternative Möglichkeiten kommen als Erklärung in Frage. Die eine geht davon aus, dass gedächtnisfördernde Substanzen über eine Struktur wie die Area postrema oder das Subfornicalorgan wirken. Wie wir an früherer Stelle in diesem Kapitel erfahren haben, liegen diese Strukturen außerhalb der Blut-Hirn-Schranke. Sie lassen sich von Substanzen, die sich im Blut befinden (Angiotensin II für Durst) beeinflussen und schicken Nervenfasern zum Hypothalamus. Die andere Möglichkeit zieht in Betracht, dass Adrenalin sensorische Fasern des autonomen Nervensystems stimuliert – wie Sie sich erinnern werden, versorgt der Vagusnerv das Gehirn über sensorische Nervenfasern umfassend mit Informationen über den Zustand des Herzens, des Magens und anderer innerer Organe. Zum jetzigen Zeitpunkt favorisiert man diese Hypothese; welche die richtige ist, ist bislang jedoch noch nicht geklärt.

Gesetzt den Fall, dass systemisch injizierte Substanzen indirekt auf das Gehirn einwirkten und so die Gedächtnisleistung verbesserten, wo könnten sie dann angreifen? Neuere Arbeiten aus McGaughs Labor lassen vermuten, dass die Amygdala (Mandelkern) die entscheidende Struktur darstellt. Äußerst geringe Substanzdosen erleichterten (beziehungsweise erschwerten) die Erinnerung, wenn sie direkt in die Amygdala eingebracht wurden. Zerstört man die Amygdala, so können systemisch verabreichte Pharmaka das Gedächtnis nicht mehr verbessern. McGaughs derzeitige Arbeitshypothese über die Rolle der Amygdala bei der Förderung und Störung von Gedächtnisleistungen ist in Abbildung 11.19 veranschaulicht. Dieses Konzept vermag die Wirkungen unterschiedlicher Arten von Wirkstoffen wie Adrenalin, Noradrenalin, Naloxon (einem Opiatantagonisten) und Picrotoxin (einem GABA-Antagonisten) zu erklären.

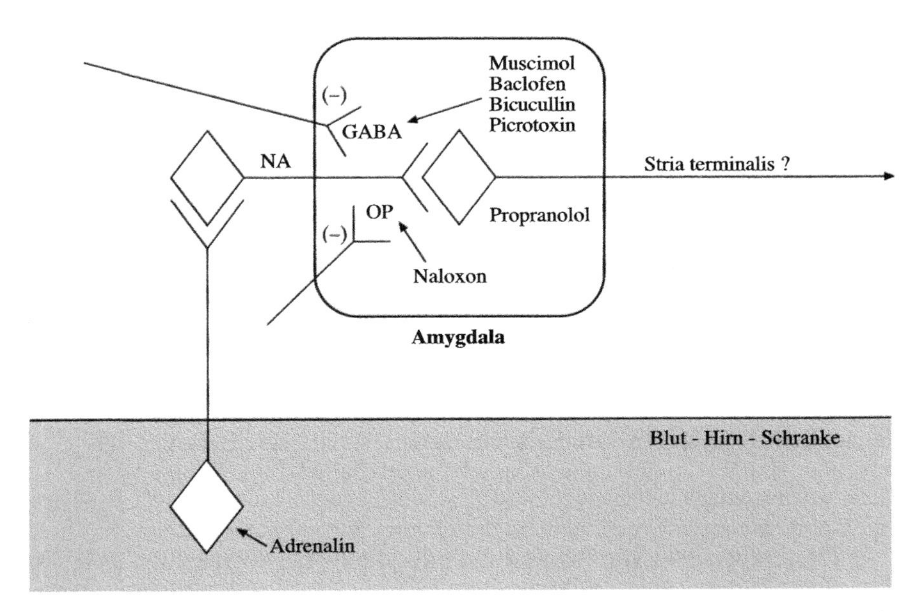

11.19 McGaughs Amygdalahypothese der Gedächtnismodulation. Sowohl peripheres Adrenalin als auch zentrales Noradrenalin (NA) wirken auf Nervenzellen der Amygdala ein, wie es auch verwandte Substanzen (Propranolol) tun. GABA und seine Agonisten (Muscimol, Baclofen) beeinträchtigen das Gedächtnis, seine Gegenspieler (Bicucullin, Picrotoxin) fördern es, vermutlich indem sie GABA-Synapsen beeinflussen. Opiate (OP) und hirneigene Endorphine verschlechtern ebenfalls die Gedächtnisfunktion, ihr Antagonist (Naloxon) hingegen erleichtert die Erinnerung über seine Wirkung an Opiatsynapsen. Ebenso sollen Substanzen, die an noradrenergen Synapsen ansetzen, über diese die Gedächtnisfunktionen beeinflussen.

Mit der Amygdalahypothese lassen sich sowohl fördernde als auch beeinträchtigende Wirkungen von Hormonen und Pharmaka auf die Gedächtnisspeicherung erklären. Sie verrät uns allerdings nicht, wo die Erinnerungen selbst eigentlich gespeichert werden. Bei unserer Erörterung der konditionierten Furcht führten wir auch McGaughs Experiment an, demzufolge Schädigungen der Amygdala Furchtreaktionen, die durch instrumentelles Lernen (passive Vermeidung) erworben wurden, abschwächten, wenn die Läsion kurz nach der Lernerfahrung erfolgte. Beschädigte man die Amygdala hingegen einige Tage nach dem Lernvorgang, so wirkte sich dies nicht auf die Erinnerung an die erworbene Furcht aus. Das Langzeitgedächtnis für diese Erfahrung befindet sich also nicht in der Amygdala. Zum gegenwärtigen Zeitpunkt wissen wir nicht, wo im Gehirn diese Erinnerungen abgelegt werden. Diese sehr gut reproduzierbaren Ergebnisse für instrumentelles Lernen (passive Vermeidung) weichen von den dauerhaften Auswirkungen der Amygdalaläsionen bei der pawlowschen konditionierten Furcht ab. Bislang kennen wir noch nicht die Ursachen, warum diese beiden verschiedenen Methoden so unterschiedliche Ergebnisse erbringen.

Gibt es eine Gedächtnispille? Die meisten Substanzen, die Ratten das Erinnern erleichtern, sind äußerst gefährlich – sie sind entweder sehr giftig oder rufen ernste Nebenwirkungen hervor – und für Menschen nicht zu empfehlen. Trotz gegenteiliger Gerüchte gibt es bis heute keine wirksamen Gedächtnispillen oder -drogen. Eine frei verfügbare Substanz, die das Gedächtnis fördert, gibt es allerdings – Zucker. Umfassenden Untersuchungen von Paul Gold und seinen Mitarbeitern an der Universität von Virginia zufolge verbessern Traubenzuckerinjektionen das Gedächtnis von Ratten genauso gut wie Adrenalin. Auch jungen erwachsenen Menschen erleichtert Traubenzucker (Glucose) das Erinnern, und auch ältere Menschen mit Gedächtnisproblemen können von seiner Wirkung profitieren. Probieren Sie das Experiment doch einmal bei sich selbst: Essen Sie einen Schokoladen- oder Müsliriegel nach jeder Vorlesung und dann einen weiteren eine Stunde vor der Prüfung.

Menschliches Gedächtnis und Tiermodelle

Wie aus Abbildung 11.8 zu ersehen war, gibt es Untersuchungen an Menschen zufolge mindestens zwei verschiedene Arten des Langzeitgedächtnisses: das deklarative (das Lernen des „Was") sowie das prozedurale (das Lernen des „Wie" oder motorischer Fertigkeiten). Die Unterscheidung zwischen deklarativem und prozeduralem Gedächtnis entwickelte sich aus Studien an Patienten, die Schädigungen im mittleren Bereich des Schläfenlappens, insbesondere des Hippocampus, erworben hatten. Das deklarative Gedächtnis wird oft einfach in Form von Erinnerungen definiert, deren wir uns bewusst sind und die wir beschreiben können.

Der Hippocampus hat eine überragende Stellung als die Hirnstruktur erlangt, die bei Säugetieren speziell für das Gedächtnis zuständig ist. Der Anstoß, der das Interesse an den Gedächtnisfunktionen des Hippocampus weckte, ergab sich aus den Folgen eines hirnchirurgischen Eingriffs an einem mittlerweile berühmten Patienten namens H. M. (in der klinischen Literatur gibt man niemals die Namen der Patienten an; man benutzt Initialen, üblicherweise nicht die echten, um die Privatsphäre der Patienten zu schützen). H. M. hatte sich vor vielen Jahren umfassenden neurochirurgischen Eingriffen unterzogen, um seine schwere, lebensbedrohliche Epilepsie behandeln zu lassen. Die Operation vermochte seine epileptischen Anfälle verhältnismäßig erfolgreich zu beseitigen, wirkte sich jedoch äußerst ungünstig auf seine Gedächtnisleistungen aus. Noch heute erzielt H. M. einen überdurchschnittlichen Intelligenzquotienten und macht bei gewöhnlichen Unterhaltungen einen völlig normalen und passablen Eindruck. Allerdings ist seine Fähigkeit, neue Informationen und Erfahrungen im Langzeitgedächtnis zu speichern, empfindlich gestört; es bietet sich das Bild einer *anterograden Amnesie*. Falls wir H. M. vorgestellt würden und uns eine Weile mit ihm unterhielten, den Raum verließen und wenige Minuten später wieder zurückkehrten, würde sich H. M. nicht mehr daran erinnern, uns getroffen und mit uns gesprochen zu haben. Sein Verlust der Fähigkeit, neue Dinge zu lernen, insbesondere sich an seine eigenen Erfahrungen zu erinnern, reicht bis etwa in die Zeit seiner Operation, genau genommen bis in eine Phase zurück, deren Beginn wenige Monate vor dem Eingriff lag, und ist damit ein Beispiel für zeitlich begrenzte retrograde Amnesie.

Andere gängige Aspekte des Gedächtnisses sind bei H. M. unversehrt. Seine weiter zurückliegenden Erinnerungen an Ereignisse und Erfahrungen, die vor der

Operation lagen, sind intakt und normal. Sein Gedächtnis für motorische Fertigkeiten funktioniert unauffällig. Er kann komplexe neue Geschicklichkeit erfordernde Bewegungen, wie beispielsweise Tennisspielen, in etwa genauso gut erlernen wie gesunde Menschen. Auch sein Kurzzeitgedächtnis funktioniert normal, sodass er sich neue Telefonnummern lange genug merken kann, um sie so gut wie jeder andere zu wählen. Doch wenn wir gebeten werden, uns die Nummer einzuprägen, können wir das, indem wir sie immer wieder für uns wiederholen, vielleicht auch, indem wir uns eine „Eselsbrücke" – eine Gedächtnisstütze – ausdenken, mit deren Hilfe wir uns an die Zahlen erinnern. H. M. ist dazu nicht in der Lage. Er vermag zwar sehr gut Eselsbrücken zu bilden, die ihm helfen sollen, sich an Dinge zu erinnern, doch wirkt das nur, solange er die Information ständig für sich wiederholen kann. Sobald er abgelenkt wird, vergisst er sowohl die Nummer als auch die Eselsbrücke. Sie werden niemals im Langzeitgedächtnis gespeichert.

Es ist schwierig, sich vorzustellen, was es bedeutet, immer in der Gegenwart zu leben. H. M. hat es in einem Interview einmal so ausgedrückt: »Gerade im Moment frage ich mich: Habe ich etwas Verkehrtes getan oder gesagt? Also, im Augenblick scheint für mich alles klar zu sein, aber was ist unmittelbar vorher passiert? Das ist es, was mich beunruhigt. Es ist, als ob man aus einem Traum aufwachen würde. Ich kann mich einfach nicht mehr erinnern.« (Milner, B. *Amnesia Following Operation an the Temporal Lobes*. In: Whitty, C. W. M.; Zangwill, O. L. (Hrsg.) *Amnesia*. London (Butterworths) 1966. S. 112–115.)

Bei dem Hirneingriff, der bei H. M. durchgeführt worden war, hatte man den Hippocampus entfernt. Wie bei fast allen Hirnstrukturen gibt es auf jeder Seite einen Hippocampus, einen in jedem Schläfenlappen. Die einseitige Entfernung scheint die Gedächtnisfähigkeit nicht sonderlich zu beeinträchtigen. Im Falle von H. M. wurden jedoch beide entfernt, genauer gesagt, ganze Teile der beiden Schläfenlappen einschließlich Hippocampus sowie Teilen der Amygdala und der angrenzenden Großhirnrinde.

Der Hippocampus gehört zum limbischen System des Gehirns, einem alten System, das bei primitiven Wirbeltieren wie Krokodilen die höchsten Hirnregionen darstellt. Bei Säugetieren hat sich die Großhirnrinde enorm vergrößert und den Hippocampus eingeschlossen; was die Größe betrifft, ist sie schließlich zur eindeutig dominierenden Struktur geworden. Bei einer Ratte ist der Hippocampus zwar noch fast so groß wie die Großhirnrinde, bei Affen und Menschen aber nimmt der Cortex bedeutend mehr Raum ein. Trotzdem spielt der Hippocampus bei allen Säugetieren, einschließlich des Menschen, eine überaus wichtige Rolle für Lernen und Gedächtnis. H. M. liefert einen Beweis dafür. Der Hippocampus und die Strukturen des limbischen Systems sind in Abbildung 11.20 schematisch dargestellt.

Die Entfernung des Hippocampus bei H. M. führte nicht zum Verlust seiner Erinnerungen an sein Leben, seines Wortschatzes und der Kenntnisse, die er vor seiner Operation erworben hatte; sie hindert ihn aber, neue, nach diesem Eingriff auftretende Gedächtnisinhalte zu speichern. Folglich ist der Hippocampus nicht der Ort, an dem dauerhafte ereignisbezogene (episodische) und faktenbezogene (semantische) Erinnerungen gespeichert werden; er scheint vielmehr eine entscheidende Rolle bei der Übertragung neuer Inhalte in das Gedächtnis zu spielen. Wir haben betont, wie schwer es H. M. fällt, sich neue Erfahrungen und neue Fakten zu merken. Sein deklaratives Gedächtnis ist gestört. Sein prozedurales Gedächtnis, das für das Erlernen neuer motorischer Fertigkeiten zuständig ist, arbeitet, wie

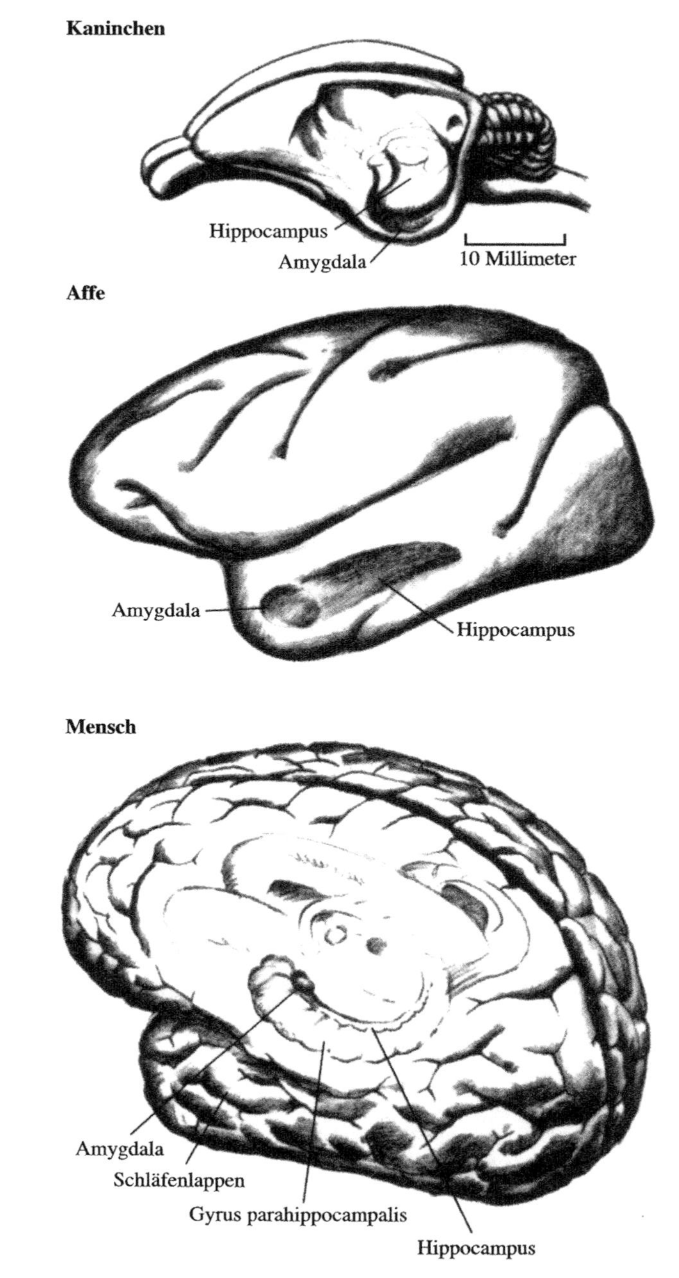

11.20 Hippocampus und Amygdala (Mandelkern), die in der Tiefe des Schläfenlappens verborgen sind, bei Kaninchen, Affe und Mensch.

bereits erwähnt, normal. Tatsächlich ist er in der Lage, hoch komplexe neue Geschicklichkeitsaufgaben zu erlernen. Ein eindrucksvolles Beispiel bietet das Spiegellesen. Halten Sie einen Text vor den Spiegel und versuchen Sie, ihn zu lesen – das ist ausgesprochen schwierig. Nach ausgiebigem Training kann es Durchschnittsmenschen gelingen, Spiegelschrift zu lesen. Man übte dies mit H. M. und stellte fest, dass er es genauso gut lernte wie gesunde Menschen – mit dem einzigen Unterschied, dass er sich nach der Übungsstunde nicht daran erinnerte, was er gelesen hatte, während normale Versuchspersonen dies natürlich tun.

Nach H. M. hat man eine Anzahl weiterer Patienten mit Schädigungen im Bereich des mittleren Schläfenlappens und anterograder Amnesie untersucht. Larry Weiszkrantz und Elizabeth Warrington von der Universität Oxford konnten zeigen, dass diese Patienten problemlos die konditionierte Lidschlagreaktion erwerben können (prozedurales Gedächtnis), obwohl sie sich an den Lernprozess selbst nicht erinnern. Patienten mit Kleinhirnschäden sind hingegen nicht in der Lage, dieses Verhalten zu erlernen, erinnern sich aber daran, Töne gehört und Luftstöße am Auge gespürt zu haben.

In den Jahren seit der Entdeckung der ebenso dramatischen wie tragischen Gedächtnisstörungen von H. M. versuchte man buchstäblich in Hunderten von Untersuchungen an Tieren, die Symptome von H. M. zu erzeugen. Über das erste scheinbar erfolgreiche tierische Modell der Amnesie von H. M. berichtete Mishkin 1979, der mit Affen arbeitete. Wir werden diese Forschungen weiter unten beschreiben. Es ist mittlerweile jedoch klar, dass Schädigungen des Hippocampus bei niederen Säugetieren eine ganze Reihe von Defiziten im Rahmen von Leistungen hervorrufen, die mit dem Gedächtnis in Zusammenhang stehen, und dass die Neuronen des Hippocampus eine mit dem Gedächtnis korrelierte Aktivität zeigen. Die vielleicht bemerkenswerteste Entdeckung bezüglich der Nervenzellen des Hippocampus sind „Ortszellen" (*place cells*) bei Ratten – Neuronen, die offenbar bestimmte Orte im Raum codieren. Übereinstimmend mit diesen Ortszellen bewirken Schädigungen des Hippocampus bei Ratten und Mäusen, dass diese bei räumlichen Aufgaben wie Labyrinthen und Wasserlabyrinthen schlechter abschneiden. Wir werden diese Forschungen im Zusammenhang mit der Kognition in Kapitel 12 diskutieren.

Aber selbst bei niederen Säugetieren ist der Hippocampus auch an anderen Aspekten des Gedächtnisses beteiligt als an der Codierung des Raumes. Ratten vermögen lange Abfolgen unterschiedlicher Gerüche zu lernen. Wie Forschungen von Gary Lynch und seinen Mitarbeitern an der Universität von Kalifornien in Irvine ergaben, können Ratten eine sehr große Zahl unterschiedlicher Gerüche in Folge erlernen – möglicherweise ein Beispiel für ein semantisches Gedächtnis? Zwar hindern Läsionen des Hippocampus die Ratten nicht daran, die geruchliche Unterscheidung zu lernen, aber ihre Fähigkeit, lange Abfolgen zu erlernen, ist beeinträchtigt; das Gleiche gilt für ihre Befähigung, solche Unterscheidungen umzukehren, das heißt, zu lernen, auf Düfte zu reagieren, auf die sie zunächst gelernt hatten, nicht zu reagieren.

Howard Eichenbaum (mittlerweile an der Universität Boston) und seine Mitarbeiter stellten Ratten vor die Aufgabe, sogar noch schwierigere Aspekte des Duftlernens zu meistern. Er brachte ihnen eine natürliche Aufgabe bei: Sie mussten sich durch Sand mit einem geruchlichen Hinweis graben, um eine Belohnung in

Form von Getreidekörnern zu erhalten. Danach lernten sie eine Reihe von Assoziationsaufgaben mit Düften, wobei jeweils zwei Gerüche miteinander gekoppelt waren. Anschließend mussten sie eine zweite Serie von duftgekoppelten Assoziationen lernen; hierbei war immer einer von zwei gekoppelten Düften bereits in der ersten Serie vorgekommen. Nehmen wir an, in der einen Versuchsreihe sei Duft A mit Duft B gekoppelt gewesen, in der zweiten dann Duft B mit Duft C. Präsentierte man den Ratten nun das Duftpaar A + C, so verhielten sie sich, als wären A und C gekoppelt gewesen, obgleich das nicht der Fall war. Die Tiere leiteten einen Zusammenhang zwischen den beiden Düften ab. Durch Hippocampusläsionen ließ sich nicht verhindern, dass die Tiere die Reihe der Duftassoziationen lernten, aber die Tiere vermochten nun keinerlei Zusammenhänge mehr abzuleiten, die sie nicht direkt gelernt hatten. Eichenbaum vergleicht diese Art von Störung insofern mit Amnesie beim Menschen, als die Ratten mit den Hippocampusläsionen keine flexiblen Assoziationen mehr erkennen ließen. Im Übrigen zeigen diese Studien, dass die einfache Ratte in der Lage ist, sehr komplexe assoziative Lernaufgaben zu bewältigen.

Untersuchungen an Menschen mit Amnesie wie H. M. deuten darauf hin, dass diese nicht imstande sind, den *Spurenreflex* der konditionierten Lidschlagreaktion zu lernen, wenn zwischen dem Abschalten des konditionierten Stimulus (CS) und dem Anschalten des unkonditionierten Stimulus (US) (siehe oben) eine Phase ohne Reize (im typischen Fall von 500 bis 1 000 Millisekunden) eingeschoben ist. Diesen Effekt entdeckten Paul Solomon und Donald Weisz im Labor des Autors an Kaninchen. Es gelang ihnen zu zeigen, dass die Tiere bei beidseitigem Entfernen des Hippocampus große Schwierigkeiten hatten, einen Spurenreflex zu lernen, wenn der zeitliche Abstand zwischen dem Abschalten des Tones (CS) und dem Anschalten des Luftstoßes auf die Augenhornhaut (US) 500 Millisekunden betrug – also bei einem Spurenintervall von 500 Millisekunden. Im Rahmen noch neuerer Untersuchungen entfernten Jeansok Kim und Robert Clark im Labor des Autors den Hippocampus unmittelbar nach der Spurenkonditionierung, wodurch das Gedächtnis davon völlig verloren ging. Erfolgte die Läsion jedoch erst einen Monat nach dem Training, so blieb die Gedächtnisspur intakt – also eine anterograde Amnesie und eine zeitlich begrenzte retrograde Amnesie, genau wie bei H. M. In einer bemerkenswerten Reihe von Beobachtungen in jüngster Zeit bestätigten Robert Clark und Larry Squire an der Universität von Kalifornien in San Diego das Spurendefizit bei Amnesiepatienten. Zusätzlich fanden sie heraus, dass einige normale Versuchspersonen die Spurenreflexreaktion lernten, andere dazu jedoch nicht imstande waren. Denjenigen, die sie lernten, waren die Zusammenhänge zwischen den Reizen bewusst, dass beispielsweise ein Ton bedeutet, dass kurz danach ein Luftstoß folgt; bei denen, die sie nicht lernen konnten, war das nicht der Fall. Der Spurenreflexreaktion der Lidschlagkonditionierung könnte das einfachste Beispiel für eine vom Hippocampus abhängige Aufgabe für das deklarative Gedächtnis sein, die sich bei Tieren analysieren lässt.

Andere Formen von Aufgaben, in denen Ratten (und Kaninchen) nach Hippocampusläsionen Beeinträchtigungen zeigten, sind beispielsweise räumliche Änderungen, wobei ein Tier zwischen den beiden Seiten eines einfachen T-Labyrinths hin und her gehen muss; Unterscheidungsumkehr, wobei ein Tier zunächst lernt, auf einen Reiz A und nicht auf B zu reagieren, und anschließend sein Verhalten umkehren muss (also auf B reagieren und nicht auf A); und die oben beschriebene Furchtkonditionierung bezüglich der Umwelt. Auch wenn es schwierig ist, daraus etwas allgemein Gültiges abzuleiten, haben viele dieser Aufgaben doch einiges gemeinsam – unter anderem Erinnerung an Zusammenhänge, an Beziehungen zwischen Reizen, Ereignissen und Umfeldern, mögliche Analoga des deklarativen Gedächtnisses.

Eine der bedeutendsten Studien hierzu führte Mortimer Mishkin 1979 am National Institute of Mental Health durch; seinen Berichten zufolge rief ein beidseitiges Entfernen des Hippocampus und verwandter Strukturen im Schläfenlappen von Affen eine Amnesie hervor, die dem Syndrom von H. M. ähnelte. Mishkin übte mit Affen eine einfache Aufgabe für das visuelle Kurzzeitgedächtnis ein, in der es um das Wiedererkennen von Objekten ging. Einem Affen wird zunächst ein Bauklotz oder ein Spielzeug vorgesetzt, unter dem ein Futterschälchen mit einer Erdnuss verborgen ist. Der Affe streckt die Hand nach dem Gegenstand aus, nimmt ihn weg und holt sich die Erdnuss. Nach einem Verzögerungsintervall, während dem sich vor dem Affen eine undurchsichtige Scheibe befindet, sodass er die Objekte nicht sehen kann, hält man ihm ein anderes Tablett vor, auf dem sich das bekannte Objekt sowie ein neues befinden, die beide jeweils ein Futterschälchen bedecken. Aber nur das Schälchen unter dem neuen Gegenstand enthält eine Erdnuss. In der entsprechenden Versuchsserie mit unterschiedlichen Gegenständen (Abbildung 11.21) muss der Affe das Prinzip erlernen, immer den neuen Gegenstand auszuwählen, und sich damit natürlich stets daran erinnern, welches der alte war. Affen fällt es leicht, diese Aufgabe zu lernen. Man bezeichnet sie als *delayed nonmatching to sample task,* was so viel wie „Aufgabe mit verzögerter Aufdeckung einer Nichtübereinstimmung mit einem Muster" bedeutet. (Interessanterweise fällt den Tieren die *delayed matching to sample*-Aufgabe, bei der sie jedes Mal das alte, also übereinstimmende Objekt herausfinden müssen, deutlich schwerer.) Die *delayed nonmatching to sample*-Aufgabe bereitete den Tieren große Schwierigkeiten, wenn der Schläfenlappen beschädigt war, und zwar insbesondere dann, wenn die Verzögerungszeiten lang waren.

Die effektiven beidseitigen Läsionen in Mishkins Studie betrafen den Hippocampus, die Amygdala sowie corticale Bereiche des mittleren Schläfenlappens (Abbildung 11.22). In Folgestudien von Mishkins Arbeitsgruppe sowie von Larry Squire und Stuart Zola an der Universiät von Kalifornien in San Diego wurde deutlich, dass die Amygdala nicht an der Erkennung von Objekten beteiligt ist, dass jedoch die Rindenregionen in unmittelbarer Nachbarschaft zum Hippocampus (Abbildung 11.22) ebenso wie der Hippocampus selbst hierfür sehr wichtig sind. Je mehr dieser Strukturen entfernt werden, desto empfindlicher wird das Objekterkennungsgedächtnis gestört. Das Gleiche gilt für Menschen mit Läsionen im Bereich des mittleren Schläfenlappens; je mehr diese Strukturen beschädigt sind, desto gravierender ist die Amnesie. Das ist eine bemerkenswerte Übereinstimmung der Gehirnfunktionen von Menschen und Affen im Hinblick auf das Gedächtnis.

Wie sieht es mit dem „semantischen" Gedächtnis aus, Ihren episodischen Erinnerungen an Fakten und Informationen, die nicht in Ihrer eigenen Erfahrung zeitlich markiert sind? Vielleicht ist die Unterscheidung zwischen semantischem und episodischem Gedächtnis in Wirklichkeit nur eine Sache des Ausmaßes. Wann haben Sie zum ersten Mal die Bedeutung des Wortes „Tomate" gelernt? Sie können

Nichtübereinstimmungsaufgabe mit verzögerter Antwort

visuelle Diskriminierungsaufgabe

Verzögerung

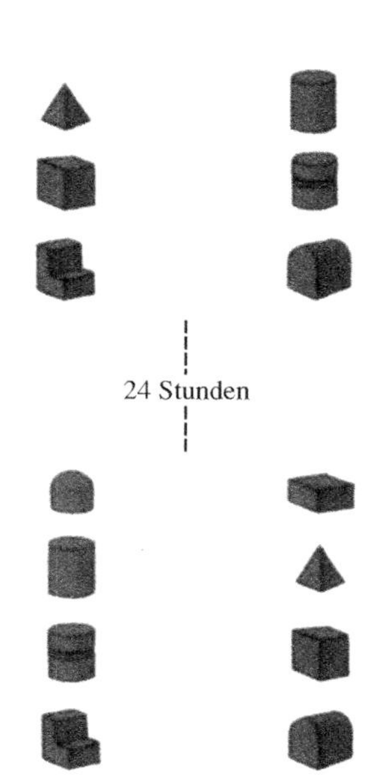

◀ **11.21** Kurzzeit- und Langzeitgedächtnisaufgaben für Affen. In der linken Spalte ist eine Nichtübereinstimmungsaufgabe mit verzögerter Antwort *(delayed nonmatching to sample task)* dargestellt. Man präsentiert dem Tier einen Gegenstand und belohnt es. Anschließend werden eine undurchsichtige Scheibe herabgelassen, das alte und ein neues Objekt auf das Tablett platziert und nur das neue mit einer Belohnung gekoppelt. Wählt das Tier den neuen Gegenstand, so erhält es die Belohnung, und sein Verhalten wird als richtige Antwort gewertet. Nun kommen immer weitere unterschiedliche Gegenstandspaare zum Einsatz. Das Tier muss die Regel (neue Objekte zu wählen) lernen, braucht sich den jeweiligen Gegenstand aber nur über den kurzen Zeitraum der Verzögerung hinweg zu merken. Beim visuellen Unterscheidungslernen, das in der rechten Spalte veranschaulicht ist, testet man das Tier immer wieder mit demselben Gegenstandspaar, bis es stets das richtige Objekt auswählt; dann trainiert man es mit dem nächsten Paar und so weiter. Das Tier muss sich dann über 24 Stunden hinweg oder noch länger erinnern, welche Gegenstände die richtigen waren – eine Aufgabe, die das visuelle Langzeitgedächtnis beansprucht.

sich nicht daran erinnern, weil sie es so oft gehört und verwendet haben. Semantische Erinnerungen (Vokabular, Fakten etc.) sind möglicherweise nichts weiter als ständig wiederholte episodische Erinnerungen, so oft wiederholt, dass Sie keine Erinnerung mehr daran haben, wann Sie sie das erste Mal gelernt haben. Wie Untersuchungen an Affen von Mishkin und anderen gezeigt haben, wird die visuelle Unterscheidung von Objekten – zu lernen, auf bestimmte Objekte zu reagieren (Abbildung 11.21), analog zum semantischen Gedächtnis – durch beidseitige Cortexläsionen am vorderen Schläfenlappen massiv gestört; in dieser Region endet in einem als TEO bezeichneten Bereich (Abbildung 11.7) die ventrale Sehbahn.

Einzelne Messungen in dieser Region brachten Neuronen mit sehr komplexen rezeptiven Feldern ans Licht – die nur auf komplizierte visuelle Objekte reagieren, ganz ähnlich wie die von Charles Gross entdeckten „Hand"-Zellen (Kapitel 8). Werden die Erinnerungen an komplizierte Objekte von diesen Zellen gespeichert, oder codieren diese Zellen einfach nur komplexe Eigenschaften von Reizen, damit diese an einen Gedächtnisspeicher an anderer Stelle verschaltet werden können? Diese grundlegende Frage ist immer noch nicht entschieden.

Das Areal TEO ist nicht Teil des Systems mittlerer Schläfenlappen–Hippocampus, das am Objekterkennungsgedächtnis beteiligt ist. Bei Affen mit Läsionen des Areals TEO ist das Objektlernen (die visuelle Unterscheidung) gestört, aber nicht das Erkennen von Objekten; das Umgekehrte gilt für Affen mit Läsionen des Hippocampussystems. Bei H. M. waren beide Formen des Lernens beeinträchtigt, wie Sie sich vielleicht erinnern, ganz besonders aber das Lernen, bei dem neue Informationen – sowohl episodische als auch semantische – im Langzeitgedächtnis gespeichert werden. Somit könnte es durchaus sein, dass die Aufgabe zur Objekterkennung bei Affen, eine echte Aufgabe für das Arbeitsgedächtnis (siehe oben), als Modell für menschliche Amnesie nicht so recht geeignet ist. Ich selbst zumindest bin beeindruckt von dem Ausmaß, in dem Läsionen unterschiedlicher Assoziationsfelder der Großhirnrinde bei Affen Prozesse des Kurzzeit- oder Arbeitsgedächtnisses stören. Das Kurzzeit- oder Arbeitsgedächtnis scheint das Spezialgebiet der Großhirnrinde zu sein. Die Indizien für eine Langzeitspeicherung von Erinnerungen in der Großhirnrinde sind hingegen weniger überzeugend, zumindest, was die Studien an Affen angeht.

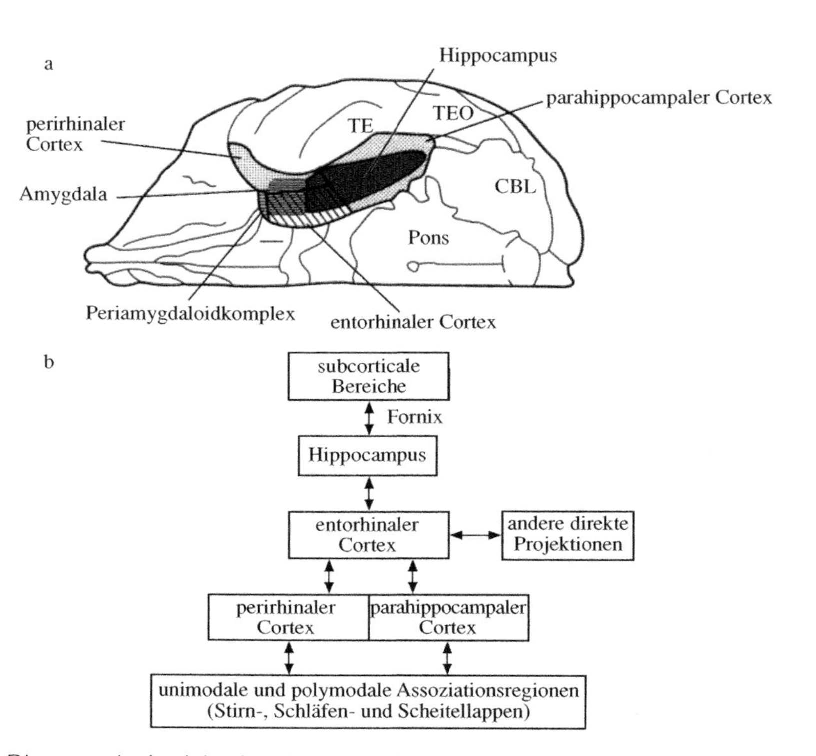

11.22 Die ventrale Ansicht der Hirnhemisphäre eines Affen (das heißt von unten gesehen) zeigt die entscheidenden Regionen für das deklarative Gedächtnis. Der Hippocampus ist ganz schwarz dargestellt; direkt davor liegt die Amygdala (das schwarzweiß gestreifte Rechteck). Der perirhinale Cortex, der Periamygdaloidkomplex, der entorhinale Cortex und der parahippocampale Cortex sind ebenfalls am deklarativen Gedächtnis beteiligt. Bei Schädigung dieser Rindenregionen und des Hippocampus ist das deklarative Gedächtnis proportional zur Menge des geschädigten Gewebes gestört (getestet durch verzögerte Nichtübereinstimmungsaufgaben). Die Amygdala selbst scheint an dieser Form von Gedächtnis keinen Anteil zu haben. (Abkürzungen: CBL, Cerebellum; TE und TEO sind die visuellen Assoziationszentren der ventralen Sehbahn im Schläfenlappen.)

Untersuchungen an Menschen mit Hirnschäden wie H. M. haben einiges Licht auf die Unterscheidung zwischen episodischem und semantischem Gedächtnis geworfen. Die präfrontalen Bereiche sind für die zeitlichen Aspekte des Gedächtnisses besonders bedeutend (siehe oben). Quellenamnesie durch Schädigungen im Bereich des Stirnlappens ist durch die Unfähigkeit gekennzeichnet, sich daran zu erinnern, wann man etwas erlebt hat – das Charakteristikum des episodischen Gedächtnisses. Das System mittlerer Schläfenlappen–Hippocampus ist entscheidend für das Erlernen *neuer* episodischer Erinnerungen, nicht aber für Erinnerungen an weit Zurückliegendes. Andererseits können umfangreiche Schädigungen des temporalen Cortex das semantische Wissen beeinflussen. In Arbeiten von Elizabeth Warrington in London und anderen sind dramatische Fälle von Patienten beschrieben, deren Schläfen- und Scheitellappen in großem Umfang beschädigt waren, die aber lediglich die Namen aller Obst- und Gemüsesorten oder nur die Namen von Küchengeräten vergessen hatten. Die Orte, Schaltkreise und Mechanismen des Langzeitgedächtnisses im menschlichen Gehirn harren immer noch ihrer Entdeckung.

Implizites Gedächtnis

Neueren Arbeiten zufolge, die insbesondere auf Daniel Schacter zurückgehen, der jetzt an der Harvard-Universität tätig ist, bleibt Patienten mit Schädigungen des Schläfenlappens eine bestimmte Fähigkeit des erfahrungsbezogenen Gedächtnisses erhalten: das *implizite Gedächtnis*. Grob vereinfacht gesagt, gehört zu der Art des deklarativen Gedächtnisses, die bei H. M. gestört ist, Bewusstheit – normalerweise sind wir uns unserer Erinnerungen bewusst, wenn wir sie uns ins Gedächtnis rufen *(explizites Gedächtnis)*. Das implizite Gedächtnis funktioniert, auch ohne dass wir uns dessen bewusst sind. Wenn Leute beispielsweise eine Liste mit Wörtern einstudieren, können wir ihr explizites Gedächtnis überprüfen, indem wir sie bitten, die Worte zu wiederholen oder sie aus einer längeren Liste herauszusuchen. Ihr implizites Gedächtnis könnten wir testen, indem wir ihnen eine Liste vorlegten, auf der nur jeweils die ersten beiden Buchstaben eines jeden Wortes verzeichnet wären; anstelle des Wortes „Tomate" gäben wir „To-" vor und bäten die Probanden, das erste Wort zu nennen, das ihnen einfiele. Diese Aufgabenart bezeichnet man als *priming* („Zündung"). Patienten mit anterograder Amnesie wie H. M. bewältigen die implizite Aufgabe mit praktisch normalen Leistungen, obwohl sie die explizite nicht lösen können – sie können sich der Worte auf Anfrage nicht erinnern. Offensichtlich „kennen" sie die korrekten Worte, ohne sich ihrer bewusst zu sein.

Es gibt sogar einige Hinweise darauf, dass Patienten, denen man während einer Operation unter Vollnarkose Wortlisten vorliest, später implizite Erinnerungen an die Worte erkennen lassen, obwohl sie sich darüber überhaupt nicht im Klaren sind. Die Quintessenz hieraus ist, dass das Gehirnsystem, das dem expliziten (deklarativen) Gedächtnis zugrunde liegt und zu dem Hippocampus und der mittlere Bereich des Schläfenlappens zählen, für das implizite Gedächtnis offenbar entbehrlich ist.

Eine *in vivo*-Studie von Larry Squire in Zusammenarbeit mit Marcus Raichle von der Washington-Universität in St. Louis und weiteren Mitarbeitern unterscheidet zwischen Hirnregionen, die bei expliziten und impliziten Gedächtnisaufgaben aktiviert sind. Vor dem PET-Scan hatten die Probanden eine Liste mit Wörtern auswendig gelernt. In der einen Versuchsbedingung sollten sie sich während des vierzigsekündigen Scans an diese Wörter erinnern (deklaratives oder explizites Gedächtnis). In einer anderen Versuchsbedingung setzte man den *priming*-Test, das „Zünden", ein. Die Probanden nannten jeweils nur das erste Wort, das ihnen in den Sinn kam, wenn sie die ersten beiden Buchstaben eines Wortes sahen (implizites Gedächtnis). Den Ergebnissen nach zu urteilen, steigerte die explizite oder deklarative Aufgabe die Durchblutung im rechten Hippocampus, während die Aufgabe für das implizite Gedächtnis vor allem den Blutfluss in den okzipitalen oder visuellen Arealen der rechten Großhirnrinde zunehmen ließ. Diese Resultate unterstützen die bereits zuvor dargelegte Auffassung, dass für explizites

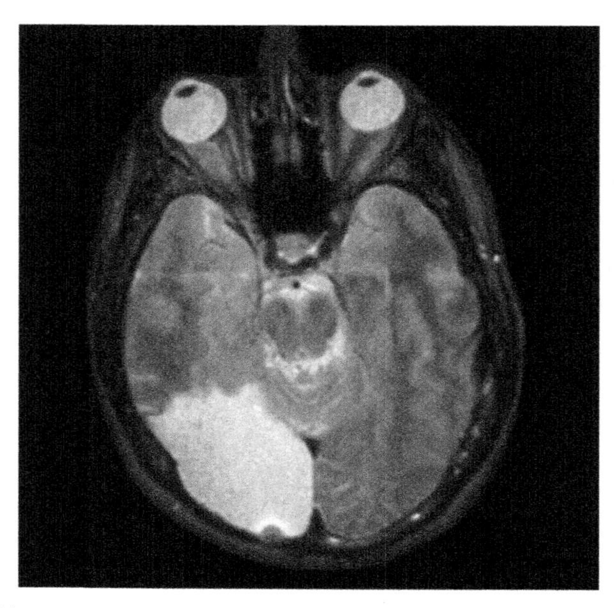

11.23 Diese Magnetresonanzaufnahme zeigt den Verlust der rechten Occipitalregion bei einem Patienten. Das verloren gegangene Gewebe wurde durch Flüssigkeit ersetzt, die heller grau erscheint als das intakte Gewebe. Die rechte Hemisphäre ist links auf dem Bild zu sehen. Bei visuellen Aufgaben, die das implizite Gedächtnis betreffen, zeigte dieser Patient deutliche Störungen, während er bei deklarativen Gedächtnisaufgaben (beim Wiedererkennen zuvor gesehener Wörter) normal abschnitt.

und implizites Gedächtnis vermutlich unterschiedliche Gehirnstrukturen zuständig sind.

Ebenfalls nachdrücklich gestützt wird diese Auffassung durch eine neuere Studie von John Gabrielli und seinen Mitarbeitern an der Stanford-Universität. Sie arbeiteten mit Patienten, deren *priming*-Gedächtnis erheblich beeinträchtigt war. Lässt man sie im Rahmen einer standardisierten *priming*-Aufgabe zunächst eine Liste mit Wörtern studieren und präsentiert ihnen anschließend die ersten beiden Buchstaben der Wörter, so schneiden sie viel schlechter ab als normale Menschen oder Amnesiepatienten wie H. M. Wenn sie jedoch einfach so nach den Wörter gefragt werden – eine unkomplizierte deklarative Gedächtnisaufgabe –, dann lösen sie diese Aufgabe genauso gut wie die normalen Versuchspersonen. Die entscheidende Region der Schädigung (Abbildung 11.23) umfasst offensichtlich visuelle Assoziationsfelder des Cortex. Gabrielli führte auch elegante *in vivo*-Studien durch, in denen sich zeigte, dass diese Regionen aktiviert werden, wenn die normalen Probanden mit *priming*-Aufgaben beschäftigt sind.

Mechanismen der Langzeitspeicherung von Erinnerungen

Gut gelernte Langzeiterinnerungen sind von Dauer. Also müssen bleibende Veränderungen irgendwelcher Art an Nervenzellen stattgefunden haben. Alles, was wir über die Funktion von Nervenzellen wissen, sagt uns, dass diese Veränderungen an den Synapsen, den Verbindungsstellen zwischen Nervenzellen, eintreten müssen. Zwei große Gruppen von Veränderungen sind hier möglich: strukturelle und funktionelle.

Eine überwältigende Masse an Beweisen belegt, dass sich Erfahrung in strukturellen Veränderungen an Synapsen niederschlägt. Dies gilt in besonderem Maße für Erfahrungen in frühen Lebensabschnitten. William Greenough und seine Mitarbeiter von der Universität von Illinois haben durch zahlreiche Experimente schlüssig herausarbeiten können, dass eine breite Palette früher Erfahrungen bei Hauptneuronen (Ausgangsneuronen) zu einer stärkeren dendritischen Verzweigung führt, und zwar insbesondere in Rindenstrukturen. Darüber hinaus scheint sich Zahl der (exzitatorischen) Synapsen auf den Dornen der Dendriten drastisch zu erhöhen (Kapitel 10). Mögliche strukturelle Veränderungen an Nervenzellen, die auf spezifische Lernerfahrungen zurückgehen, stellen uns vor ein viel schwierigeres, bislang ungelöstes Problem.

Als wir elementare Lernprozesse anhand eines Ganglions von *Aplysia* erörterten, merkten wir kurz an, dass man die Langzeitsensibilisierung auch als Modell für assoziatives Lernen benutzt hat. Wie Eric Kandel und seine zahlreichen Mitarbeiter herausfanden, führt die Langzeitsensibilisierung an der modifizierbaren Synapse zwischen sensorischer und motorischer Nervenzelle beim Kiemenrückziehreflex zu deutlichen strukturellen Veränderungen an dieser Synapse. Wir sollten an dieser Stelle vielleicht festhalten, dass die kurzfristigeren Prozesse der Sensibilisierung und des klassischen Konditionierens an dieser Synapse über ähnliche Mechanismen abzulaufen scheinen und folglich die langfristige Sensibilisierung als Modell für die Gedächtnisbildung herangezogen wird. Ob es auch im Säugerhirn zu strukturellen Veränderungen jener Art kommt, die man an der sensibilisierten Synapse von *Aplysia* beobachtet, ist zur Zeit noch nicht bekannt.

Müssen Gene aktiv werden, um die Struktur zu ändern? Geht also Gedächtnisbildung mit einer veränderten Genexpression in Nervenzellen einher? In Kapitel 10 haben wir gesehen, dass etwa 50 000 Gene des Menschen allein in den Nervenzellen des Gehirns aktiv sind – also Proteine exprimieren. Proteine sind natürlich die Bausteine aller Zellen, auch der Nervenzellsynapsen. Manche Substanzen verhindern (blockieren) die Proteinsynthese, beispielsweise das Antibiotikum Puromycin. Vor einigen Jahren trainierte man in zahlreichen Studien Säugetiere, zumeist Ratten, mit Aufgaben für das Langzeitgedächtnis. Dabei injizierte man einigen Tieren Proteinsynthesehemmer, anderen nicht. Blockierte man die Proteinsynthese kurz nach dem Training, so beeinträchtigte dies deutlich das Gedächtnis. In den meisten Studien wurden die Hemmstoffe systemisch (ins Blut oder Körpergewebe) injiziert, sodass sie überall im Körper wirkten und die Tiere schwer erkrankten. In sorgfältigen Untersuchungen brachte Bernard Agranoff von der Universität von Michigan Goldfischen eine einfache Aufgabe bei und spritzte ihnen Puromycin direkt ins Gehirn. Die Ergebnisse waren beeindruckend. Injizierte er die Substanz innerhalb von 30 Minuten nach dem Training, so ging die Erinnerung daran verloren. Spritzte er Puromycin unmittelbar vor dem Training, so lernten die Tiere anfangs, doch blieb die nachfolgende Erinnerung aus, was darauf schließen lässt, dass das Kurzzeitgedächtnis ohne Proteinsynthese auskommt, das Langzeitgedächtnis hingegen nicht. Kandel und seine Mitarbeiter zeigten, dass lokal infundierte Proteinsynthesehemmer die Entwicklung einer Langzeitsensibilisierung an der *Aplysia*-Synapse verhinderten.

All diese Indizien zusammen sprechen dafür, dass Proteinsynthese, und folglich Genexpression, notwendig sind, um dauerhafte Erinnerungen zu bilden. Sind aber Proteinsynthese und damit Genaktivität unbedingt erforderlich, um strukturelle synaptische Veränderungen hervorzurufen? Die Antwort lautet Nein. In einem bedeutenden theoretischen Aufsatz legten Gary Lynch und Michel Baudry, damals beide an der Universität von Kalifornien in Irvine, dar, wie Vorgänge an der Synapse strukturelle Veränderungen erzeugen können, die zu einem merklichen Anstieg der synaptischen Erregbarkeit führen, ohne dass neue oder zusätzliche Proteine vonnöten sind. Bestimmte Proteine können ihre Gestalt richtiggehend verändern, wenn sie aktiviert werden – das Aktin und Myosin des Muskels bieten ein augenfälliges Beispiel hierfür. Lynch und Baudry argumentieren, bestimmte Strukturproteine an der Synapse ließen sich durch Kaskaden intrazellulärer Prozesse aktivieren, die durch Ca^{2+}-Einstrom in Gang gesetzt werden. Die aktivierten Strukturproteine könnten dann synaptische Proteine dazu veranlassen, ihre Gestalt und damit die Eigenschaften der Synapse zu verändern. Dieser Vorgang kommt ohne Genexpression aus. Strukturelle Veränderungen, ob sie nun auf Genexpression oder andere Mechanismen zurückgehen, modifizieren Synapsen auf direkte Weise. Wie können jedoch nichtstrukturelle beziehungsweise funktionelle Veränderungen Langzeiterinnerungen speichern? Eigentlich haben wir bereits in Kapitel 7 ein Beispiel für funktionelle Veränderung ohne strukturellen Wandel angeführt: Larry Swansons Hypothese vom biochemischen *switching*. Hier haben allerdings Veränderungen in der Genexpression stattgefunden.

Die beiden bekanntesten funktionellen Mechanismen, die zur Gedächtnisspeicherung dienen sollen, sind Langzeitpotenzierung (LTP) und Langzeitdepression (LTD). Mit dem Mechanismus der Langzeitpotenzierung haben wir uns in Kapitel 4 ausführlich beschäftigt. Es handelt sich dabei an vielen Synapsen um eine lang dauernd gesteigerte synaptische Erregbarkeit, die aus einer assoziativen Aktivierung der NMDA-Calciumkanäle resultiert. Wie bereits erwähnt, unterstützen einige Forschungsrichtungen die Auffassung, dass Erinnerungen zumindest über eine gewisse Zeitspanne hinweg im Hippocampus gespeichert werden. Dass bei dieser Speicherung ein Prozess wie die Langzeitpotenzierung (LTP) beteiligt ist, erscheint durchaus wahrscheinlich. Richard Morris von der Universität Edinburgh in Schottland erforschte in Zusammenarbeit mit Gary Lynch und Michel Baudry die Rolle der Glutamatrezeptoren vom NMDA-Typ im Hippocampus für das räumliche Gedächtnis der Ratte. Wie wir gesehen haben, ist die Aktivierung von NMDA-Rezeptoren entscheidend für die Entstehung einer LTP im Hippocampus. Sie brachten den NMDA-Antagonisten APV in den Hippocampus ein und untersuchten im Wasserlabyrinth, wie sich dies auf das Gedächtnis der Tiere auswirkt. Bei dieser Testaufgabe muss das Tier schwimmend eine Plattform finden, die unter Wasser verborgen ist. Das Wasser ist undurchsichtig, und die einzigen Anhaltspunkte, die das Tier besitzt, sind die räumlichen Unterscheidungsmerkmale in der Umgebung des Labyrinths. Ratten fällt es leicht, diese Aufgabe zu erlernen. Als man jedoch die NMDA-Rezeptoren des Hippocampus blockierte, störte dies das Gedächtnis bei dieser Aufgabe deutlich. Ein weiteres Indiz aus einer anderen Forschungsrichtung zugunsten der LTP stammt aus den bereits erwähnten Arbeiten von Michael Davis, denen zufolge sich Furchtkonditionierung verhindern lässt, wenn man APV in die Amygdala einbringt (LTP kann auch in der Amygdala hervorgerufen werden). Wieder andere Hinweise ergaben sich aus den Untersuchungen, die George Tocco und andere gemeinsam mit Michel Baudry in meinem Labor an der Universität von Südkalifornien durchführten. Lernen Kaninchen die konditionierte Lidschlagreaktion, so beobachtet man, dass die hippocampale Nervenzellaktivität, wie schon erwähnt, in massiver Weise lernabhängig beteiligt ist. Gleichzeitig werden die Glutamatrezeptoren vom AMPA-Typ im Hippocampus deutlich stärker besetzt. Aktuellen Forschungen im Labor von Gary Lynch an der Universität von Kalifornien in Irvine und in unseren Labors an der Universität von Südkalifornien zufolge könnte es sich bei der erhöhten Aktivierung oder Bindungsaffinität des AMPA-Rezeptors um einen Mechanismus handeln, der der Entstehung der Langzeitpotenzierung zugrunde liegt (Kapitel 4).

Tim Bliss und T. Lomo entdeckten Langzeitpotenzierung im Hippocampus, und sie ist seitdem auch in anderen Strukturen beobachtet worden, beispielsweise in der Amygdala und in der Großhirnrinde. Es wäre gut denkbar, dass sie sich als Mechanismus für die dauerhafte Gedächtnisspeicherung in der Großhirnrinde entpuppt, falls einige Arten des dauerhaften Gedächtnisses, beispielsweise das visuelle und das deklarative Gedächtnis, tatsächlich dort ihren Sitz haben. In ähnlicher Weise wurde die Langzeitdepression (LTD) zunächst von Ito im Kleinhirn entdeckt und mittlerweile auch im Hippocampus und in der Großhirnrinde beobachtet. Erinnern wir uns aus Kapitel 4 und 9: Wenn man Parallelfasern und Kletterfasern der Kleinhirnrinde wiederholt gemeinsam aktiviert, so verringert dies nachhaltig die erregende Wirkung der Parallelfasern an Synapsen mit Purkinje-Zellen, eine Wirkung, die vermutlich Glutamatrezeptoren des AMPA-Typs vermitteln. Bei Untersuchungen in meinem Labor an der Universität von Südkalifornien schwächte die Lidschlagkonditionierung die Reaktion der Purkinje-Zellen auf die Parallelfasern ab, die durch den Ton-CS aktiviert waren. Darüber hinaus wird die durch den Kletterfaserstimulus ausgelöste Verhaltensreaktion normal gelernt, wenn Moosfasern und Kletterfasern in entsprechender Weise gemeinsam stimuliert werden. Dies scheint dafür zu sprechen, dass der Prozess der LTD in der Kleinhirnrinde möglicherweise ein entscheidender Mechanismus zur Gedächtnisspeicherung bei der klassischen Konditionierung diskreter Reaktionen (des Erlernens motorischer Fertigkeiten) ist.

Bemerkenswerterweise besteht der Mechanismus, der zur LTD führt, in einer Drosselung der AMPA-Rezeptorfunktionen, während der Mechanismus der LTP in einer Aktivitätssteigerung der AMPA-Rezeptorfunktionen gesehen wird. Der AMPA-Rezeptor (von dem es eigentlich mehrere Subtypen gibt) bildet womöglich den Schlüssel zur dauerhaften Erinnerungsspeicherung im Säugerhirn. Gegenwärtig deuten einige Belege darauf hin, dass lang dauernde LTP im Hippocampus mit Veränderungen der Genexpression einhergeht, nicht jedoch solche von kurzer Dauer.

Zusammenfassung

Die Fähigkeit des menschlichen Gehirns, Erinnerungen zu speichern und abzurufen, stellt das vielleicht außergewöhnlichste Phänomen in der Natur dar. Jeder von uns beherbergt in seinem Langzeitgedächtnis buchstäblich Millionen von Informationsbits.

Im Gedächtnis finden mehrere verschiedene zeitabhängige Gedächtnisprozesse statt: Das ultrakurze sensorische oder ikonische Gedächtnis währt etwa 100 Millisekunden, das Kurzzeitgedächtnis bleibt wenige Sekunden bestehen, das Arbeitsgedächtnis bildet eine Brücke für neue Erfahrungen, und das Langzeitgedächtnis speichert Erinnerungen dauerhaft. Neue Reize oder Ereignisse werden in allen Einzelheiten flüchtig im ikonischen Gedächtnis gespeichert, einige Teile davon im Kurzzeitgedächtnis aufbewahrt, und manche von ihnen gehen, wenn sie (bei verbalen Informationen) aufgesagt oder (bei motorischen Fertigkeiten) praktisch geübt worden sind, allmählich ins Langzeitgedächtnis über.

Am Kurzzeit- oder Arbeitsgedächtnis ist ein System aus vielen Komponenten beteiligt, darunter ein Aufmerksamkeitssystem, das Baddely als die „zentrale Exekutive“ bezeichnet (und das vielleicht im präfrontalen Cortex liegt); diesem zu Hilfe kommt ein „Sklaven“-System, das zuständig ist für die vorübergehende Speicherung von visuellen Informationen (der „räumlich-visuelle Notizblock“, dessen Sitz sich möglicherweise im hinteren visuellen Assoziationscortex befindet) oder verbale Sprachinformation (die „phonologische Schleife“, vermutlich im hinteren Scheitel-Schläfen-Bereich des Cortex).

Das Langzeitgedächtnis lässt sich in mehreren Kategorien beschreiben. Zum nichtassoziativen Gedächtnis gehören die Habituation, eine verminderte Reaktion auf wiederholt dargebotene Reize, und die Sensibilisierung, eine Verstärkung der Reaktion auf einen starken oder erregenden Stimulus hin. Beim assoziativen Lernen werden Beziehungen zwischen Reizen und/oder Reaktionen beziehungsweise Bewegungssequenzen geknüpft. Eine elementare Form des assoziativen Lernens ist die klassische oder pawlowsche Konditionierung, bei der neutrale Reize mit verstärkenden appetetiven oder aversiven (belohnend oder bestrafend wirkenden) unkonditionierten Reizen gekoppelt werden. Beim instrumentellen Lernen muss der Organismus eine bestimmte Reaktion ausführen, um eine Belohnung zu erhalten oder eine Bestrafung zu vermeiden. Langzeitliches assoziatives Lernen und Erinnern lässt sich auf verschiedene Weise untergliedern: in das episodische (ereignisgebunden) und semantische (Wissen), beides Aspekte des deklarativen (erfahrungsabhängigen) Gedächtnisses und in das prozedurale Gedächtnis (motorische Fertigkeiten, pawlowsche Konditionierung).

Die meisten Lernerfahrungen, die wir und andere Säugetiere machen, sind assoziativ. Entscheidende Prozesse sind dabei Kontiguität (enge zeitliche Verbindung zwischen Reizen und Ereignissen) und Kontingenz (die Wahrscheinlichkeit, dass die Reize und Ereignisse in enger zeitlicher Verbindung auftreten werden). Durch elementares assoziatives Lernen (pawlowsche Konditionierung) erfahren Organismen, einschließlich Menschen, die Zusammenhänge zwischen Ursache und Wirkung in ihrer Welt. Die zeitliche Gesetzmäßigkeit des assoziativen Lernens besagt, dass das Signal (der konditionierte Stimulus, CS) in einer ganzen Reihe von Lernsituationen der Verstärkung (dem unkonditionierten Stimulus, US) einige Zeit vorausgehen muss. Obwohl das CS-US-Intervall, bei dem am besten gelernt wird, von Aufgabe zu Aufgabe stark variiert, so bleibt die Art der funktionellen Beziehung doch bei allen Aufgaben gleich.

Habituation dürfte entsprechenden Untersuchungen zufolge darauf zurückzuführen sein, dass die Wahrscheinlichkeit der Transmitterfreisetzung an synaptischen Endigungen infolge wiederholter Aktivierung abnimmt, was vermutlich dadurch bedingt ist, dass weniger Calciumionen in die präsynaptischen Endigungen einströmen, wenn das Aktionspotenzial einläuft, was wiederum darauf zurückzuführen sein dürfte, dass wiederholt *second messenger*-Systeme in der Nervenfaserendigung aktiviert worden sind. Die (kurzzeitige) Sensibilisierung scheint demgegenüber darauf zu beruhen, dass die Wahrscheinlichkeit der Transmitterausschüttung zunimmt, da vermehrt Calciumionen in die präsynaptische Endigung einwandern, weil Neurotransmitter aus Terminalen der Sensibilisierungsbahn auf *second messenger*-Systeme an der Nervenendigung einwirken. Die Erregbarkeit der postsynaptischen Nervenzellmembran kann sich bei der Sensibilisierung ebenfalls verändern.

Bei der Konditionierung von Furcht (ein neutraler Reiz wird an einen aversiven, beispielsweise einen elektrischen Schlag, gekoppelt) wie auch bei der furchtverstärkten Schreckreaktion scheint die Amygdala (der Mandelkern) eine entscheidende Rolle zu spielen. Läsionen der Amygdala mildern die erworbene Furcht auf neutrale Stimuli aller Modalitäten (Ton oder Licht) und schwächen auch alle Aspekte der Furchtreaktion (Erstarren, Herzfrequenzverhalten) ab, während Schädigungen des Hippocampus besondere Aspekte der Furchtreaktion (gegenüber dem Umfeld) zum Verschwinden bringen können. Bringt man NMDA-Antagonisten in die Amygdala ein, so verhindert dies das Erlernen, nicht aber den Ausdruck erworbener Furcht, was vermuten lässt, dass ein Prozess wie die Langzeitpotenzierung in der Amygdala eine Rolle spielt.

Das klassische Konditionieren diskreter erlernter Bewegungen (Lidschlag, Beinbeugung) hängt entscheidend vom Kleinhirn ab. Die Leitungsbahn des neutralen CS (Ton, Licht) aktiviert Moosfasern, die zum Kleinhirn ziehen, und der aversive US (Luftstoß auf die Hornhaut, Stromstoß an der Pfote) erregt die untere Olive und ihre Kletterfaserprojektionen zum Kleinhirn. Kleine Läsionen des Nucleus interpositus des Kleinhirns löschen bei konditionierten Stimuli aller Modalitäten sämtliche Komponenten der konditionierten Reaktion, lassen den Reflex auf den unkonditionierten Stimulus aber unbehelligt. Untersuchungen, die sich die vorübergehende Inaktivierung zunutze machten, lassen vermuten, dass die Gedächtnisspur im Kleinhirn gebildet und gespeichert wird.

Die Konsolidierung des Gedächtnisses ist ein mächtiges und eindrucksvolles Phänomen – am besten erinnert man sich an Dinge, die man in einem Zustand gespannter Aufmerksamkeit gelernt hat. Zahlreiche Substanzen können, wenn sie dem Tier nach dem Verhaltenstraining gespritzt werden, die Gedächtnisleistung in späteren Versuchsdurchgängen einer instrumentellen Lernaufgabe merklich verbessern oder verschlechtern. Wie beim pawlowschen Erwerben von Furcht, so spielt auch hier die Amygdala eine entscheidende Rolle. Interessanterweise heben Läsionen der Amygdala sowohl fördernde als auch beeinträchtigende Wirkungen von Substanzen auf das Gedächtnis auf. Beschädigt man die

Amygdala kurz nachdem das Tier eine instrumentelle Aufgabe (charakteristischerweise eine passive oder aktive Vermeidung) erlernt hat, so tilgt dies nachfolgende Erinnerungen; erfolgt die gleiche Amygdalaläsion eine Woche nach der Lernerfahrung, so stört dies das Gedächtnis nicht. Die Amygdala scheint also einen wesentlichen Anteil an der ersten Formierung der Erinnerungen zu haben, das Langzeitgedächtnis befindet sich hingegen an anderer Stelle.

Beim Langzeitgedächtnis des Menschen lassen sich zwei Katogerien unterscheiden: das deklarative (das Lernen des „Was") und das prozedurale (das Erlernen von Fertigkeiten oder des „Wie"). Die erworbene Furcht ist vielleicht ein simples Beispiel für das deklarative Gedächtnis, die Lidschlagkonditionierung für das prozedurale Gedächtnis. Deklarative Erinnerungen sind Erinnerungen für unsere eigene Erfahrung und unser Wissen, sowohl episodischer (zeitlich gebundener) als auch semantischer Art (Allgemeinwissen). Bei Schädigungen von Rindenbezirken im mittleren Bereich des Schläfenlappens und des Hippocampus sind die Vorgänge des deklarativen Gedächtnisses nachdrücklich gestört: je größer die Läsion ist, desto stärker ist die Beeinträchtigung. Der Patient H. M. ist hierfür das klassische Beispiel. Sein prozedurales Gedächtnis für motorische Fertigkeiten und komplexe Abfolgen der Problemlösung (sowie die Lidschlagkonditionierung) ist bei ihm hingegen normal.

Neueren Forschungen zufolge beeinträchtigen Läsionen des Hippocampus die Leistung bei Gedächtnisaufgaben des deklarativen Typs auch bei niederen Säugetieren deutlich; Beispiele hierfür sind Umgebungsfurcht bei Ratten, die Spurenreflexreaktion der Lidschlagkonditionierung bei Kaninchen sowie umgekehrte Duftunterscheidung und komplexe Aufgaben zum assoziativen Lernen bei Ratten. Bei allen diesen Aufgaben scheinen Zusammenhänge zwischen Reizen, Ereignissen und Umfeld eine Rolle zu spielen. Studien an Primaten ergaben enge Parallelen zum deklarativen Gedächtnis beim Menschen. Bei Läsionen des Hippocampus und verwandter Rindenstrukturen sind solche Aufgaben wie die Nichtübereinstimmungsaufgabe mit verzögerter Antwort, die von einigen Forschern als analog zum episodischen Erinnern oder Erkennungsgedächtnis angesehen werden, nachhaltig gestört. Auf der anderen Seite beeinträchtigt eine Schädigung im vorderen Bereich des Schläfenlappens (im Areal TEO) die Fähigkeit von Tieren, langfristig oder dauerhaft visuelle Erinnerungen zu speichern, was möglicherweise analog zum semantischen Gedächtnis sein könnte.

Das implizite Gedächtnis des Menschen wird als Beispiel für prozedurales Gedächtnis angesehen. Der entscheidende Vorgang hierbei ist das *priming*. Versuchspersonen studieren zunächst Wortlisten, erhalten anschließend von jedem Wort die ersten beiden Buchstaben präsentiert und werden gefragt, um welche Wörter es sich handeln könnte. Sie schneiden dabei signifikant besser ab als nach dem Zufallsprinzip. Interessanterweise zeigen Amnesiepatienten mit Schädigungen im mittleren Bereich des Schläfenlappens und/oder des Hippocampus bei solchen *priming*-Aufgaben normale Leistungen. Bei Patienten mit Läsionen der visuellen Assoziationsregionen des Cortex ist das *priming*-Gedächtnis jedoch stark gestört, während sie bei deklarativen Gedächtnisaufgaben normal abschneiden. Diese Ergebnisse deuten auf eine doppelte Dissoziation der Gehirnregionen hin, die für die beiden Gedächtnisformen entscheidend sind.

Bis heute sind uns die Mechanismen, die Langzeiterinnerungen im Gehirn bilden, noch nicht bekannt. Langzeitpotenzierung, die zuerst im Hippocampus entdeckt wurde, und Langzeitdepression, die man zuerst in der Kleinhirnrinde beobachtete, kommen beide in Hippocampus und Großhirnrinde vor. Zur Zeit sind sie die aussichtsreichsten Kandidaten, die als Mechanismen der Gedächtnispeicherung in Frage kommen.

Ist die Proteinsynthese gestört, so wird die Gedächtnisbildung in Nervensystemen von Wirbellosen sowie bei bestimmten Arten von Lernsituationen bei Fischen und Säugern merklich beeinträchtigt oder verhindert. Offensichtlich geht die Formierung des Langzeitgedächtnisses mit Veränderungen in der Genexpression einher. Die molekulare Biologie des Gedächtnisses ist ein viel versprechender neuer Forschungsbereich.

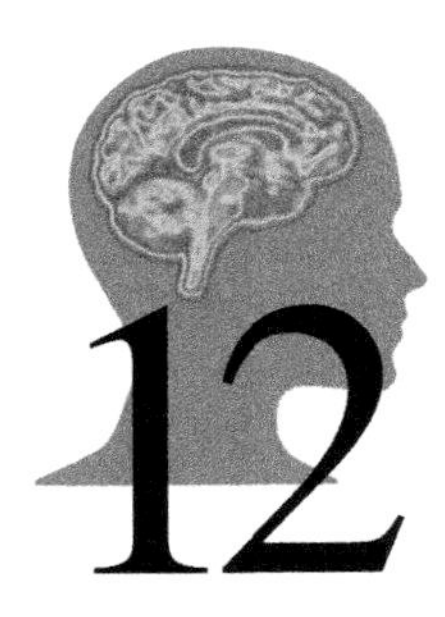

12

Kognitive Neurowissenschaft

Das Gebiet der kognitiven Neurowissenschaft ist der natürliche Zusammenschluss der Neurobiologie mit der Kognitionsforschung – gewissermaßen die Erforschung von Gehirn und Geist. Als Beginn der Kognitionswissenschaft gilt 1960, als die beiden renommierten Psychologen George Miller und Jerome Bruner von der Harvard-Universität beim Dekan des Harvard College ihr Gesuch vorbrachten, ein

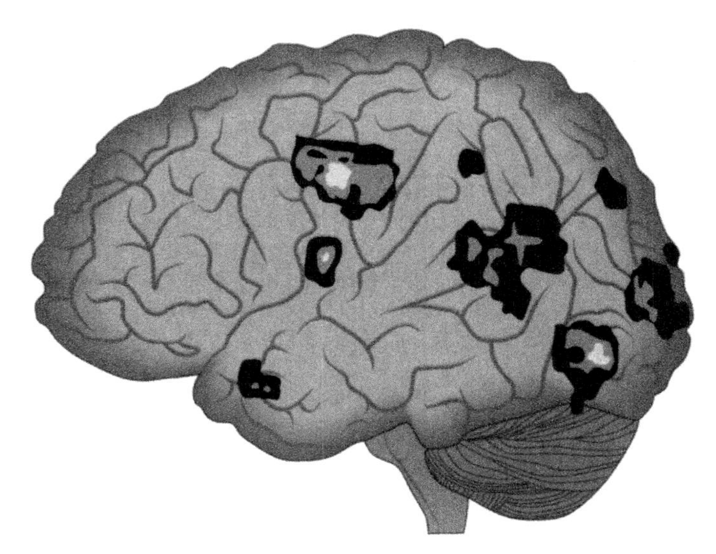

12.1 Diese Darstellung des Gehirns zeigt die Aktivierungsmuster bei einem Schizophreniepatienten, der auditive (Wörter) und visuelle Halluzinationen erlebt. Diese Aktivierung tritt nur in der linken Hemisphäre auf und auch nur während Halluzinationen. Die vorderen Sprachfelder sind ebenfalls aktiviert – könnte der Patient die Wörter erzeugen, die er als Halluzinationen erlebt? Siehe hierzu im Text auf Seite 472.

Institut für Kognitionswissenschaft zu gründen. Der Dekan erwiderte darauf, er sei die ganze Zeit davon ausgegangen, Harvard selbst sei ein solches Institut.

Ihre wichtigsten Wurzeln hat die Kognitionswissenschaft in der Psychologie, der Linguistik, der Computerforschung und selbst in der Philosophie. Um einen der führenden Forscher auf diesem Gebiet, Michael Gazzaniga, zu zitieren: Die kognitive Neurowissenschaft »muss exakt sein und auf den besten und überzeugendsten Beobachtungen der Geheimnisse der Natur aufbauen. Andererseits muss sie auf intelligente, eindringliche und belegbare Weise erforschen, was die ursprünglichen Daten darüber aussagen, wie das Gehirn den Geist ermöglicht« (Gazzaniga, M. S. (Hrsg.) *The New Cognitive Neurosciences*. Cambridge, Mass. (MIT Press) 1999, S. xii). Philosophisch interessierte Leser werden bemerkt haben, dass „kognitive Neurowissenschaft" eine neue Bezeichnung für das Jahrhunderte alte Problem von „Körper und Geist" oder „Leib und Seele" ist, ein Problem, das nie zu aller Zufriedenheit gelöst wurde. Dieser Frage werden wir uns gegen Ende des Kapitels ausführlich zuwenden. Für den Augenblick wollen wir die in der Neurowissenschaft verbreitete Ansicht vertreten, dass der Geist, was immer er auch sei, als Eigenschaft aus dem Funktionieren des Gehirns hervorgeht.

Ein entscheidendes Maß, durch das man über das Verhalten Zugang zum Geist erhält, ist die Reaktionszeit. Als Erster verwendete der holländische Physiologe Franciscus Donders in elegant einfachen Studien die Reaktionszeit als Maß für geistige Ereignisse. Er maß, wie lange Versuchspersonen brauchten, um auf Präsentation eines Lichtreizes eine Taste zu drücken. Anschließend präsentierte er Licht unterschiedlicher Farbe, und die Probanden mussten die Taste dann drücken, wenn sie die Farbe erkennen konnten. Sie brauchten dazu 50 Millisekunden länger als bei der reinen Reaktion auf Licht. Die geistige Leistung, eine Farbe zu erkennen, brauchte demnach 50 Millisekunden.

In Kapitel 11 haben wir ein Beispiel für die Nutzung der Reaktionszeit aus neuerer Zeit angeführt: Saul Sternbergs Experiment, bei dem die Versuchspersonen ihr Kurzzeitgedächtnis durchforsteten, um festzustellen, ob ein Gegenstand auf der Liste stand, die sie sich eingeprägt hatten. Je mehr Gegenstände diese Liste umfasste, desto länger war die Reaktionszeit. Eines der eindringlichsten Beispiele sind Roger Shepards Studien an der Stanford-Universität zur geistigen Drehung von Objekten. Er zeigte den Versuchspersonen jeweils Paare geometrischer Objekte, wie in Abbildung 12.2 dargestellt, und fragte sie dann, ob die beiden Objekte identisch seien oder unterschiedlich, das heisst, ob man ein Objekt so drehen könne, dass es mit dem anderen zur Deckung kommt. Der Drehwinkel wurde jeweils verändert und dann die Reaktionszeit gemessen, welche die Person brauchte, um mit „ja" oder „nein" zu antworten. Die Beziehung zwischen Reaktionszeit und Rotationswinkel ist vollkommen linear. Irgendwo im Gehirn gibt es eine „Maschinerie", die das Objekt dreht. An diesem Prozess sind offenbar mehrere Gehirnregionen beteiligt, darunter präfrontale und parietale Bereiche der rechten Hemisphäre; den genauen Schaltkreis für diese außerordentliche Maschinerie kennen wir allerdings noch nicht.

Eine neue Art der Untersuchung hat das Gebiet der kognitiven Neurowissenschaft völlig revolutioniert: die bildgebenden Verfahren (englisch *brain imaging*). Durch diese neue Technologie kann man verfolgen, was in einem normalen menschlichen Gehirn abläuft, wenn Menschen sehen, wahrnehmen, lernen, sich

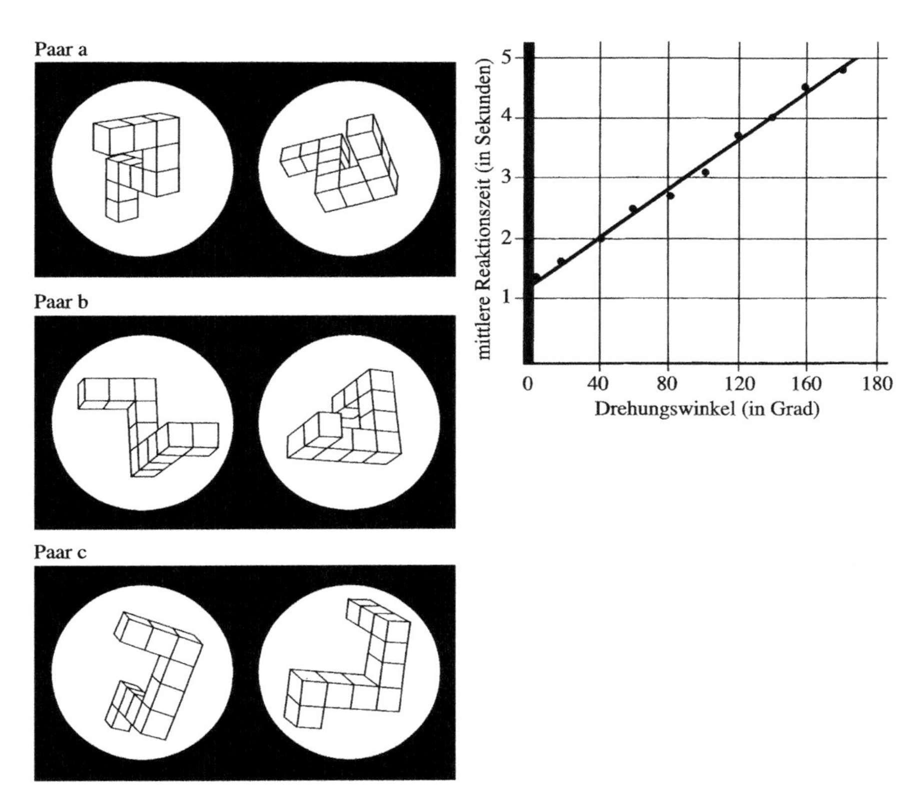

12.2 Geistige Drehung von Objekten.
Linke Seite: Die Versuchspersonen sollten sagen, ob die beiden Objekte eines Paares identisch sind, das heisst, ob man eines davon so drehen kann, dass es mit dem anderen zur Deckung kommt. Objektpaar a ist in der Ebene der Buchseite gedreht (das heißt, um einen Punkt in der Mitte der Figur gedreht). Bei Objektpaar b erfolgte die Drehung senkrecht zur Buchseite (das heißt, um eine Linie, die auf der Seite von oben nach unten verläuft). Die Formen von Paar c sind nicht identisch; sie lassen sich nicht so drehen, dass sie genau deckungsgleich sind.
Rechte Seite: Mit zunehmendem Drehungswinkel zwischen den Objekten eines Paares brauchen die Versuchspersonen länger für die Antwort. (Die Punkte stehen für die tatsächlichen Reaktionszeiten der Probanden; die Diagonale entspricht der optimalen Anpassung, also der Zeit, die eine Person brauchen sollte, um auf den jeweiligen Winkel zu reagieren.) Die Beziehung zwischen Reaktionsverzögerung und Drehwinkel ist linear; das bedeutet, dass die geistige Drehung in recht gleichmäßiger Geschwindigkeit vonstatten geht (um ungefähr 60 Grad pro Sekunde).

mit etwas befassen, denken und sich etwas vorstellen. Wir stehen aber erst am Beginn dieser außerordentlichen Technologie. Die Methoden dieser bildgebenden Verfahren und die dadurch gemachten Entdeckungen bilden einen wichtigen Aspekt dieses Kapitels.

Es ist zunehmend klar geworden, dass alle Säugetiere, zumindest von der Maus bis zum Menschen, Verhaltensphänomene zeigen, die man als kognitiv bezeichnen kann. Das erinnert mich an die Erfahrung von John B. Watson, der sich für seine Dissertation an der Universität Chicago vorstellen musste, er sei die Ratte, die durch ein Labyrinth laufe, und durch diese Selbstbeobachtung die subjektive Erfahrung der Ratte beschreiben sollte. Watson empfand dies als derart unmöglich, dass er sich dagegen auflehnte, und schließlich den *Behaviorismus* begründete, eine Fachrichtung der Psychologie, die den Geist völlig aus der Psychologie ausschloss. Die kognitive Psychologie entwickelte sich in gewisser Hinsicht als Rebellion gegen den Behaviorismus, aber nicht als Rückkehr zur Selbstbeobachtung. Im Fall von Tieren (nicht Menschen) studieren die Neurowissenschaftler deren Verhalten und die Aktivität ihrer Gehirne und setzen beides miteinander in Beziehung.

Raum, Ort und Hippocampus

Wir wollen unsere Diskussion der kognitiven Neurowissenschaft damit beginnen, wie Nagetiere ihre Umwelt (den Raum) verschlüsseln. Ratten und Mäuse leben in einer Welt aus komplexen Räumen, die einem Labyrinth ähnelt. Sie vermögen in eindrucksvoller Weise innere Bilder der räumlichen Gegebenheiten ihrer Umwelt zu erstellen, und in den letzten Jahren haben wir recht viel darüber in Erfahrung gebracht, wie dies im Gehirn abläuft.

Eine der bemerkenswertesten Entdeckungen bezüglich des Hippocampus gelang John O'Keefe in London mit der Identifizierung der „Ortszellen" (*place cells*). Er zeichnete die Aktivität einzelner Neuronen in Bereichen des Hippocampus von Ratten auf, die sich frei bewegen konnten. Wenn das Tier eine Laufbahn entlang lief, dann feuerte ein bestimmtes Neuron nur, sobald die Ratte an einer bestimmten Stelle vorbeikam, wie er feststellte. Diese Entdeckung der Ortszellen hat dazu geführt, dass sich bald zahlreiche Neurowissenschaftler damit befassten, Aufzeichnungen von Ortszellen durchzuführen (Abbildung 12.5 zeigt hierfür ein Beispiel, das auf Seite 422 erklärt wird).

Aus den vielen Forschungen lässt sich zusammenfassend sagen, dass Ortszellen Pyramidenzellen im Hippocampus sind. Um eine bestimmte Umgebung „auszufüllen", sind nur wenige Ortszellen erforderlich. Das soll heißen, jede Zelle reagiert auf einen Teil der räumlichen Umwelt des Tieres, und vielleicht 15 Zellen verschlüsseln eine bestimmte Umgebung insgesamt. James Ranck von der Universiät New York konnte Folgendes zeigen: Dieselbe Zelle, die eine bestimmte Stelle in der einen Umgebung, etwa einer Laufbahn, verschlüsselt, kann nach Umsetzen der Ratte in eine andere Umgebung, beispielsweise eine Kiste, eine andere Stelle in der Kiste verschlüsseln, die völlig anders ist als die Stelle, auf die sie in der Laufbahn reagierte.

Die vielleicht bemerkenswertesten Studien, die in jüngster Zeit an Ortszellen des Hippocampus durchgeführt wurden, gelangen Bruce McNaughton und Carol Barnes und ihren Mitarbeitern an der Universität Arizona. Sie entwickelten ein System, mit dem sie die Aktivität vieler einzelner Nervenzellen des Hippocampus – nicht weniger als 120 – gleichzeitig aufzeichnen konnten; dazu verwendeten sie bewegliche Mikroelektroden, die sie in den Kopf der Tiere implantierten. Ein Beispiel für eine solche Untersuchung an einer Maus zeigt Abbildung 12.3.

Wie die Wissenschaftler herausfanden, ist jede Umgebung des Tieres durch die überlappenden „Ortsfelder" aus Hippocampusneuronen ausgefüllt. Diese neuro-

12.3 Eine Maus mit implantierten Mikroelektroden, die gleichzeitig Aufzeichnungen von zahlreichen einzelnen Neuronen des Hippocampus machen können, während sich das Tier frei bewegen kann.

nale Karte der Umwelt ist stabil und so zuverlässig, dass man die Position des Tieres in seiner Umgebung mit beachtlicher Genauigkeit angeben kann, indem man lediglich die neuronalen Ortsfelder betrachtet, das heisst, indem man gleichzeitig das Feuerungsmuster vieler Nervenzellen des Hippocampus analysiert. Die relative Anordnung der rezeptiven Ortsfelder variiert in verschiedenen Umgebungen, weshalb die Ortsfelder in jeder Umgebung neu ausgebildet werden müssen; dabei wird die räumliche Information durch das Feuern ganzer Ensembles (Gruppen) von Neuronen repräsentiert, und nicht nur durch einzelne Zellen.

Eine verblüffende Beobachtung wurde hinsichtlich des Schlafes gemacht. Wenn sich eine Ratte in einer bestimmten räumlichen Umgebung aufgehalten und für diese einen eingehenden neuronalen „Ensemble-Code“ ausgebildet hat, bleibt dieses Muster neuronaler Aktivität erhalten, während das Tier schläft, insbesondere während der REM-Phase des Schlafes (Kapitel 7). Träumt das Tier von dem Labyrinth? Wir wissen es nicht. Nach Ansicht der Forscher Bruce McNaughton und Matt Wilson ist dies vielleicht ein Konsolidierungsprozess, durch den die tägliche Erfahrung in Langzeiterinnerung umgewandelt wird.

Sind die Ortszellen erlernt? Sie scheinen sehr rasch, fast spontan gebildet zu werden, wenn man ein Nagetier in eine neue Umgebung setzt. Dies steht in deutlichem Gegensatz zu den vielen Versuchsreihen und langen Zeiträumen, die erforderlich sind, bis ein solches Nagetier ein kompliziertes Labyrinth lernt. Zum

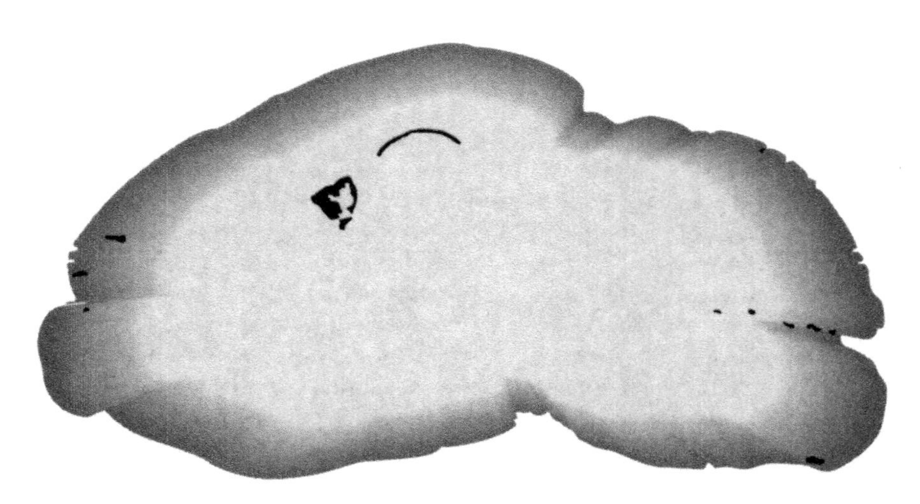

12. 4 Das Gehirn einer genetisch veränderten Knockout-Maus. Die kleine dunkle Linie ist die Pyramidenzellschicht eines Teils des Hippocampus (Feld CA_1). Die Zellen sind so gefärbt, weil ein Subtyp des NMDA-Rezeptors genetisch ausgeschaltet wurde.

gegenwärtigen Zeitpunkt sind die Zusammenhänge zwischen Ortszellen, Lernen und Gedächtnis noch unklar. Sicher ist jedoch, dass Läsionen des Hippocampus das Raumlernen und die Gedächtnisleistung von Nagetieren beeinträchtigen. Nach einer gängigen Hypothese sollen die Ortszellen zunächst durch einen Prozess wie die Langzeitpotenzierung (LTP, siehe Kapitel 4) gebildet werden. Susumu Tonegawa (der für seine immunologischen Forschungen den Nobelpreis erhielt), Matt Wilson und ihre Mitarbeiter am MIT entwickelten eine äußerst interessante Mäusemutante, eine so genannte „*knockout*“-Maus, bei der das Gen für eine Untereinheit des Glutamat-NMDA-Rezeptors ausgeschaltet und aus dem Genom entfernt ist. (Wir beschreiben die Technologie des Ausschaltens von Genen kurz im Anhang.) Sie schalteten speziell das NMDA-RI-Gen aus, aber lediglich an einer ganz bestimmten Stelle, im Feld CA_1 des Hippocampus (Abbildung 12.4). So konnten sie zeigten, dass es bei diesem Tier nicht möglich war, in dem Feld CA_1 eine LTP zu induzieren, obgleich die LTP-Induktion in anderen Regionen des Hippocampus normal verlief. Um im Feld CA_1 eine LTP auszulösen (durch Reizung der dorthin verlaufenden Fasern mit hoher Frequenz), ist der NMDA-Rezeptor erforderlich. Außerdem zeigten diese Tiere deutliche Beeinträchtigungen beim Erlernen einer räumliche Aufgabe mit einem Labyrinth.

Entsprechend traten Anomalien in der Organisation der Ortsfelder der Hippocampusneuronen im Feld CA_1 auf. In Abbildung 12.5 sind die Ortsfelder von normalen Wildtyp-Mäusen mit denen von NMDA-RI-Knockout-Mäusen in einfachen Umgebungen verglichen. Die Ortsfelder der normalen Mäuse sind ziemlich fest bestimmten Orten der Umgebung zugeordnet. Bei den Knockout-Mäusen zeigten sich weitaus größere Ortsfelder mit weniger diskreter Organisation. Zu beachten ist allerdings, dass die CA_1-Neuronen der Knockout-Mäuse nach wie vor Ortsfelder aufwiesen, wenn auch weniger organisiert als bei normalen Mäusen. Somit bleibt weiter offen, welche Rolle die LTP für das Entstehen der Ortsfelder

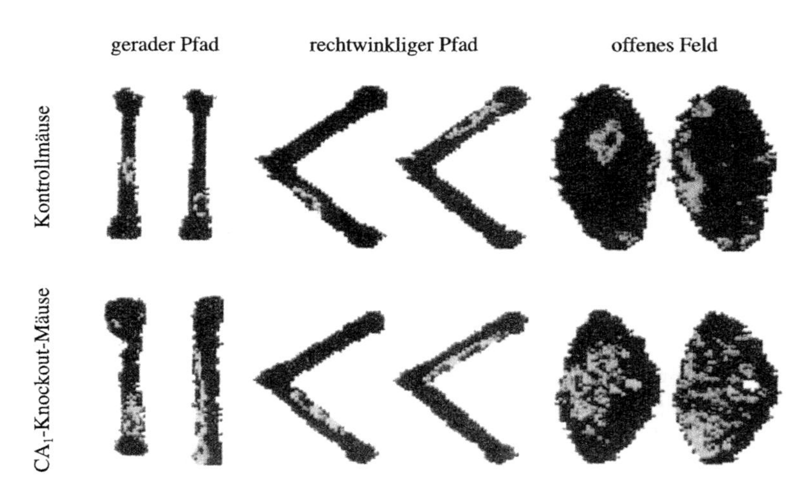

12.5 Ortsfelder einzelner Neuronen im Hippocampus von Kontrollmäusen und den Knockout-Mäusen aus Abbildung 12.4. Eine bestimmte Schattierung zeigt den Bereich der Umgebung an (ein gerader Pfad, ein rechtwinklig verlaufender Pfad und ein offenes Feld), auf den ein bestimmtes Neuron reagiert. Bei den Knockout-Mäusen sind die Ortsfelder diffuser.

spielt. Wir wissen auch noch nicht, ob die Hippocampusneuronen von Menschen und anderen Primaten ebenfalls Ortsfelder zeigen. Die Funktion des Hippocampus für das Gedächtnis scheint bei Primaten recht deutlich von der bei Nagetieren abzuweichen (Kapitel 11).

John O'Keefe und seine Mitarbeiter entwickelten eine Methode, um die Gehirnsubstrate der räumlichen Orientierung bei Menschen zu erforschen. Sie verwendeten dazu eine computergenerierte virtuelle Kleinstadt, in der sich die Versuchspersonen zurechtfinden mussten. Mit Hilfe von bildgebenden Verfahren stellten sie fest, dass eine Aktivierung des rechten Hippocampus damit verknüpft war, dass die Personen genau wussten, wo sich bestimmte Orte befanden, und sich präzise orientieren konnten. Um an diese Orte zu gelangen, musste der rechte Nucleus caudatus aktiviert werden. Zudem waren die rechten Scheitelregionen (die dorsale, für das „Wo" zuständige Sehbahn), der linke Hippocampus und der frontale Cortex aktiviert; auch das Kleinhirn zeigte an einigen Stellen starke Aktivierung.

Bildgebende Verfahren: Fenster zum Geist

In der Geschichte der Hirnforschung gab es mehrere technische Entwicklungen, welche die Erforschung des menschlichen Gehirns revolutionierten. Eines der ersten Beispiele hierfür war das Elektroencephalogramm (EEG) zur Messung der elektrischen Aktivität des Gehirns über Elektroden auf der Kopfhaut. Mit dieser Methode lassen sich auch elektrische Potenziale messen, die durch plötzliche Reize wie Lichtblitze, Knacklaute oder Antippen der Haut hervorgerufen werden. Computermethoden, mit denen man einen Durchschnittswert dieser Signale im

Laufe der Versuchsreihe bilden kann, können so kleine Signale aus dem Hintergrundrauschen herauslösen, die bei einem einzelnen Versuchsdurchlauf gar nicht zu erkennen sind. Durch direkte Aufzeichnung an der Gehirnoberfläche, der Großhirnrinde, von Tieren oder bei neurochirurgischen Eingriffen an Menschen kann man diese Signale mit ausreichender Genauigkeit lokalisieren. Um ein evoziertes Potenzial von der Großhirnrinde aufzuzeichnen, bringt man einen relativ großen Elektrodendraht von vielleicht einem halbem Millimeter Durchmesser auf der Oberfläche des Cortex an. Dieser zeichnet dann die summierte elektrische Aktivität von vielen Hunderten oder Tausenden von Nervenzellen auf, die in der Nähe der Elektrode aktiviert werden. Durch Aufzeichnung von der Oberfläche der Kopfhaut lässt sich die Gehirnregion, welche die Aktivität erzeugt, hingegen nicht sehr gut lokalisieren. Andererseits erfolgt diese Messung der elektrischen Aktivität des Gehirns in Echtzeit ohne Einschränkung der zeitlichen Auflösung; Veränderungen der Hirnaktivität lassen sich genauso schnell messen, wie sie eintreten. Solche Veränderungen erfolgen in der Regel in Zeiträumen von mehr als einer Millisekunde.

Die nächste wichtige Entwicklung war die Mikroelektrode zur Aufzeichnung der elektrischen Aktivität einzelner Neuronen. Diese Methode wurde vor allem in Studien an Tieren angewandt, aber auch bei neurochirurgischen Eingriffen an Menschen. Durch Aufzeichnung der Aktivität einzelner Neuronen lassen sich Gehirnfunktionen bei Tieren sehr präzise lokalisieren. So dachte man beispielsweise aufgrund der Forschungen mit evozierten Potenzialen, die primäre somatosensorische Region der Großhirnrinde von Primaten bestünde aus nur einer Repräsentation der Körperoberfläche, aus einem „Homunculus". Die Aufzeichnung an einzelnen Nervenzellen ergaben jedoch, dass sich in diesem Bereich in Wirklichkeit vier vollständige Repräsentationen der Körperoberfläche finden, also vier Homunculi (Kapitel 8).

Wir befinden uns heute inmitten einer technischen Revolution – im Zeitalter der bildlichen Darstellung des Gehirns. Zum ersten Mal ist es möglich, exakt lokalisierte Bilder von Ereignissen zu erhalten, die im Gehirn von normalen, gesunden Menschen ablaufen. Wir werden nun kurz auf die am häufigsten angewandten Methoden der bildlichen Darstellung des menschlichen Gehirns eingehen. Hierbei handelt es sich in der Tat um eine äußerst aufregende Verschmelzung von Physik, Biologie, Neurowissenschaft und Medizin. Die immens verbesserten Methoden zur medizinischen Diagnose, die nun durch die bildgebenden Verfahren verfügbar sind, waren der Antrieb für einen Großteil dieser Technologien.

Positronenemissionstomographie

Die vielleicht am leichtesten verständliche Methode zur bildlichen Darstellung des Gehirns ist die Positronenemissionstomographie (PET). Sie besteht im Wesentlichen darin, dass der Versuchsperson radioaktive biologische Sonden verabreicht werden, die normalerweise direkt in den Blutstrom injiziert werden; anschließend misst man die vom Gehirn (oder einem anderen Zielgewebe) abgestrahlte Strahlung mit einer Reihe spezieller Detektoren. Warum aber sollte diese Methode eine Lokalisierung aufzeigen? Die radioaktive Substanz diffundiert rasch durch das

Gehirn und den gesamten Körper. Die Antwort ist recht überraschend. In einer Pionierleistung zeigten Seymore Kety und Louis Sokolov, dass es zu einer äußerst raschen Zunahme des Blutflusses in einen lokalen Bereich von Neuronen kommt, wenn das Aktivitätsniveau dieses Bereichs ansteigt. Folglich wird in dieser Region eine nachweisbar höhere Konzentration von Radioaktivität vorliegen.

Für diese Methode verwendet man Positronen, Elementarteilchen mit der Masse eines Elektrons, die aber positiv geladen sind. Isotope mehrerer häufiger Elemente, beispielsweise Kohlenstoff (^{11}C), Sauerstoff (^{15}O), Stickstoff (^{13}N) und Fluor (^{18}F), geben große Mengen an Positronen ab. Wenn nun ein Positron auf ein Elektron trifft, heben sich die beiden auf und werden in zwei Gammaquanten umgewandelt, die man im Gehirn leicht feststellen und lokalisieren kann.

Dass diese radioaktiv markierten Substanzen einer Person injiziert werden müssen, scheint aber nicht gerade eine sonderlich gute Idee zu sein. Glücklicherweise haben sie jedoch eine sehr kurze Halbwertszeit – etwas mehr als zwei Minuten für ^{15}O und rund 110 Minuten für ^{18}F. Ihre Radioaktivität ist zu rasch verbraucht, als dass sie die Person schädigen könnten. Die radioaktiven Isotope dieser Elemente sind Bestandteile von Verbindungen, die man injizieren kann, beispielsweise ^{15}O in Wasser ($H_2{}^{15}O$) und ^{18}F in Glucose. Gewonnen werden die radioaktiven Isotope in einem Teilchenbeschleuniger, der wegen der kurzen Halbwertszeiten am Ort der Bilderzeugung vorhanden sein muss. Da Kohlenstoff in allen organischen Verbindungen vorkommt und Stickstoff in vielen, kann man mit Hilfe der PET zahlreiche biologische Funktionen untersuchen, etwa die Proteinsynthese oder die Wechselwirkungen von Neurotransmittern und Rezeptoren.

Mit der PET misst man somit einen lokal begrenzten Anstieg der Durchblutung einer bestimmten Region oder mehrerer Regionen des Gehirns. Andererseits braucht es einige Zeit (in der Größenordnung von Sekunden bis Minuten), bis man die PET-Bilder erhält, sodass sich hiermit keine raschen Veränderungen der neuronalen Aktivität feststellen lassen. Eine weitere Warnung ist aufgrund der Tatsache angebracht, dass diese Methode gesteigerte neuronale Aktivität anzeigt, was vermutlich gleichermaßen für inhibitorische wie auch exzitatorische Neuronen gilt. Aber bei Messungen lokal begrenzter Veränderungen der neuronalen Aktivität ist vielleicht nicht so bedeutend, ob die Anstiege durch inhibitorische oder exzitatorische Neuronen bewirkt werden.

Magnetresonanztomographie

Die physikalische Grundlage der Magnetresonanztomographie (MRT, auch Kernspintomographie genannt) ist komplex und erfordert gute Kenntnisse der Physik von Elektrizität und Magnetismus. Zum Glück ist das Endprodukt leicht zu verstehen: Es handelt sich um ein einfaches Bild gesteigerter „Aktivität". Im Wesentlichen besteht diese Methode darin, dass die Person in ein sehr starkes, schwankendes Magnetfeld gebracht wird. Die Atomkerne wirken wie magnetische Dipole und ändern in variierenden Magnetfeldern ihren Spin, was man feststellen kann. Die in der Hirnforschung überwiegend angewandte Methode wird als funktionelle Magnetresonanztomographie (fMRT) bezeichnet und macht sich das gleiche allgemeine biologische Phänomen zunutze wie die PET, nämlich regionale Veränderungen der Durchblutung. Wenn sich die vom Hämoglobin transportierte Sauerstoffmenge verändert, ändert sich dadurch auch das Ausmaß, inwieweit Hämoglobin ein Magnetfeld stört. Somit werden mit der fMRT Veränderungen im Sauerstoffgehalt des Blutes gemessen, die sich ergeben, weil lokal begrenzte Bereiche anders durchblutet werden.

Die funktionelle Magnetresonanztomographie bietet eine Reihe von Vorteilen:

- Sie beruht auf normalen Signalen, die von der Person abgegeben werden; es muss nichts injiziert werden.
- Die potenzielle räumliche Auflösung ist groß – unter einem Millimeter.
- Die Methode arbeitet im Bereich der Radiofrequenzenergie, und die Körpergewebe sind für diesen Bereich durchlässig.
- Die zeitliche Auflösung ist schnell.

Bis Veränderungen der Durchblutung eintreten, braucht es eine Sekunde oder mehr. Mit der fMRT kann man jedoch in weniger als 40 Millisekunden relative Veränderungen feststellen, das heißt, von Zeitpunkt A zu Zeitpunkt B oder von Ort A zu Ort B. Aus diesen Gründen ist die fMRT zunehmend die Methode der Wahl für die bildliche Darstellung des Gehirns. Natürlich gibt es auch einige Nachteile. Man braucht dazu sehr starke Magneten, und diese sind ausgesprochen kostspielig. Je stärker der Magnet ist, desto besser ist die Auflösung, aber Hochleistungsmagneten sind potenziell gefährlich wegen der starken Magnetfelder. Zum gegenwärtigen Zeitpunkt wissen wir noch nicht, ob diese starken Magnetfelder das Gehirn oder andere Gewebe schädigen können; noch gibt es aber keine Hinweise auf eine solche Schädigung.

Die Subtraktionsmethode

Die Untersuchung von Verhaltensphänomenen wie Aufmerksamkeit, Lernen und Sprache ist notwendig, um den Zustand des Interesses – beispielsweise die Zuwendung zu einem bestimmten Reiz – gegenüber dem Ruhezustand (Kontrolle) vergleichen zu können, in dem eine Person gar nichts beachtet. Die Abweichung in der Aktivität von Gehirnregionen zwischen diesen beiden Zuständen ist ein Maß für das Interesse. Das ist im Wesentlichen die Subtraktionsmethode, die auf Donders ursprünglicher Methode beruht, geistige Ereignisse zu messen. Anhand eines einfachen Beispiels wollen wir diese Methode verdeutlichen. Stellen wir uns der Einfachheit halber vor, dass wir das Gehirn in ein räumliches Gitter aus zwei mal zwei Feldern unterteilen. Mit Hilfe eines bildgebenden Verfahrens bestimmen wir die gesteigerte Aktivität in jedem der vier Felder, wenn die Probanden mit sprachlichen Handlungen beschäftigt sind.

Wir möchten ergründen, welches der vier Felder aktiv wird, wenn die Versuchsperson Wörter sieht, und nicht nur einfache visuelle Reize dargeboten bekommt. Wir präsentieren ihr Wörter auf einem Bildschirm und stellen fest, dass zwei Felder im Gittermodell des Gehirns aufleuchten:

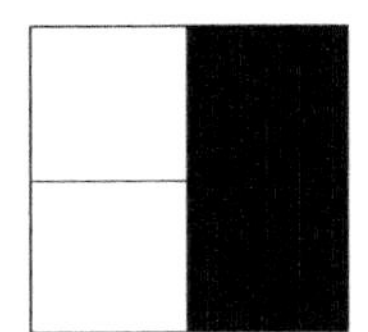

Aber die Versuchsperson sieht nicht nur die Wörter, sondern auch den Bildschirm, der auch eine Art visuellen Reiz darstellt. Wir lassen sie nun lediglich den Bildschirm anschauen und entdecken, dass nur ein Feld im Gittermodell des Gehirns aufleuchtet:

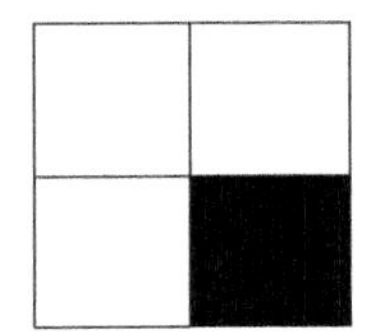

Dies ist vermutlich die primäre Sehregion der Großhirnrinde, die aufleuchtet, wenn irgendein visueller Reiz dargeboten wird. Wir subtrahieren nun dieses Bild von jenem, das wir erhalten hatten, als der Proband auf den Bildschirm mit Wörtern schaute, und es ergibt sich das folgende Bild:

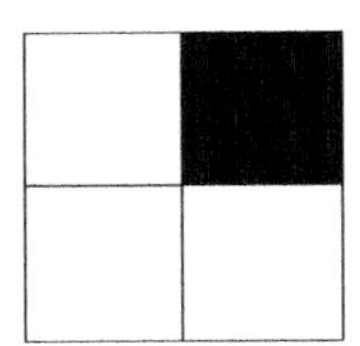

Folglich sollte das letzte Bild die Hirnregion anzeigen, die spezifisch aktiviert wird, wenn Menschen Wörter anschauen, und nicht nur einfache visuelle Reize (das heißt Bildschirme) präsentiert bekommen.

Die Korrelationsmethode

Noch eine weitere Methode ist sehr nützlich, wenn man versucht, die Aktivierung des Gehirns mit Verhaltensphänomenen in Zusammenhang zu bringen: die Korrelationsmethode. Die einzelnen Versuchspersonen weichen in ihrer Leistung erheblich voneinander ab, insbesondere bei komplizierten Gedächtnisaufgaben. Man kann nun Proband für Proband das Ausmaß der Aktivierung einer Gehirnregion damit in Beziehung setzen, wie viel gelernt und im Gedächtnis behalten wurde. Unter diesen Bedingungen kann es vorkommen, dass der Ruhezustand (Kontrolle) und der Zustand der Erinnerung in der Subtraktionsmethode keinerlei Abweichung zeigen, sich aber höchst signifikante Korrelationen zwischen dem Ausmaß der Gehirnaktivität und dem Umfang des Gelernten und der Gedächtnisleistung ergeben. Wir werden später zwei solche Beispiele aufzeigen, eines für erlernte Furcht und eines für die Lidschlagreaktion.

In den letzten Jahren hat man die Methoden der bildlichen Darstellung des Gehirns und elektrischer Messungen der Hirnaktivität kombiniert. Die Bilder ermöglichen eine anatomische Lokalisierung, durch die elektrischen Messungen von EEG und evozierten Potenzialen erhält man ein exaktes Maß für die Veränderungen der Gehirnaktivität mit der Zeit. Entwickelt und erstmals eingesetzt hat diese kombinierte Technologie Michael Posner, ein Pionier auf dem Gebiet der kognitiven Neurowissenschaft, in eleganten Studien der Gehirnsubstrate kognitiver Prozesse. Wir werden an späterer Stelle einige Beispiele für seine Forschungen geben.

Aufmerksamkeit

Aus häufiger Erfahrung über sehr lange Zeit hinweg ist Menschen bekannt, dass es zwei Aspekte der Aufmerksamkeit gibt. Die Orientierung ist der erste und auffälligste Prozess: Wenn Menschen (oder andere Säugetiere) einem bestimmten Reiz oder einem Geschehen in ihrer Umwelt Beachtung schenken, dann schauen sie dorthin, sie wenden ihm – je nach Art – ihre Augen, ihre Ohren oder ihre Nase zu. Sie richten ihre Aufmerksamkeit auf den Reiz oder das Geschehen.

Der andere Aspekt der Aufmerksamkeit ist die *gerichtete Bewusstheit* (*focusing of awareness*), die William James folgendermaßen definiert hat: »Sie besteht darin, dass der Geist in klarer, lebhafter Form einen von scheinbar mehreren gleichzeitig möglichen Gegenständen oder Gedankengängen in Besitz nimmt.« Jeder von uns hat schon einmal die Erfahrung gemacht, ein Buch zu lesen und dabei von jemandem angesprochen zu werden. Entweder konzentriert man sich dann auf das Buch oder die sprechende Person, auch wenn die Augen auf dem Buch bleiben.

Die Aufmerksamkeit ist eindeutig selektiv, wie bei dem Phänomen auf Cocktailpartys, wo man einer Unterhaltung zuhört, die sich um einen selbst dreht, aber hinter dem Rücken abläuft, während man die Person, die einem direkt anspricht, nicht „hört“. In einer klassischen Studie zeigte der Kognitionspsychologe Ulric Neisser, seinerzeit an der Cornell-Universität, Versuchspersonen zwei direkt übereinander projizierte Filme zweier unterschiedlicher Spielsportarten. Die Personen vermochten sich erstaunlich leicht auf ein Spiel zu konzentrieren und dabei das andere völlig zu ignorieren. Wie aber Anne Triesman zeigte, werden doch in gewissen Ausmaß Informationen bezüglich des Inputs verarbeitet, auf den man sich nicht konzentriert. Wenn man Versuchspersonen in beiden Ohren gleichzeitig eine unterschiedliche Botschaft präsentierte, konnten sie sich recht problemlos auf nur eine davon konzentrieren und die andere ignorieren. Wurde jedoch in der eigentlich ignorierten Botschaft ihr Name genannt, so bemerkten sie das sofort.

Damals noch an der Universität von Oregon, entwickelte Michael Posner sehr einfache Methoden, um die selektive Aufmerksamkeit von Menschen zu quantifizieren; diese Techniken wurden auch mit Erfolg bei Affen angewendet. Ein Beispiel hierfür zeigt Abbildung 12.6. Die Versuchsperson starrt auf einen Fixpunkt, ohne ihre Augen zu bewegen (was sich mit Hilfe einer Kamera beweisen lässt). Nun leuchtet eines der beiden Rechtecke zu beiden Seiten des Fixpunktes kurz auf

Hinweis durch Aufleuchten

Ziel auf der Seite der gerichteten Aufmerksamkeit

Ziel auf der ignorierten Seite

12.6 Eine Modellaufgabe zur Erforschung der selektiven Aufmerksamkeit. Zunächst leuchtet ein Objekt auf, um die Aufmerksamkeit der Versuchsperson auf eines der beiden seitlich vom Fixpunkt liegenden Rechtecke zu richten (links oben). Der Proband blickt stets nur auf den zentralen Fixpunkt. Anschließend erscheint auf einer der beiden Seiten – der vorgegebenen (oben rechts) oder der anderen (unten) – ein Reiz; bei Drücken der Taste wird automatisch die Reaktionszeit aufgezeichnet.

– der Hinweis, sich auf dieses Rechteck zu konzentrieren. Anschließend wird in einem der beiden Rechtecke (dem selektierten oder dem ignorierten) kurz ein Objekt präsentiert (beispielsweise ein Stern). Die Versuchsperson soll eine Taste betätigen, sobald sie den Stern sieht. Wie zu erwarten, ist die Reaktionszeit signifikant kürzer, wenn der Stern in dem Rechteck präsentiert wird, auf das sich die Aufmerksamkeit richtet, als in dem ignorierten.

Robert Desimone und Jeffrey Moran untersuchten mit Posners Methode am National Institute of Mental Health in Bethesda im US-Bundesstaat Maryland, wie sich die selektive Aufmerksamkeit auf die Nervenzellen im visuellen Assoziationscortex von Affen auswirkt. Sie arbeiteten an Bereichen der ventralen (für „Objekte“ zuständigen) Sehbahn im Schläfenlappen (Kapitel 8). Die Nervenzellen in diesem Bereich weisen große rezeptive Felder auf, die, sagen wir, zehn Grad des Gesichtswinkels abdecken (der Gesichtswinkel ist ein Maß dafür, eine wie große Fläche der Netzhaut daran beteiligt ist – die gesamte Netzhaut entspricht in etwa einem Halbkreis von 180 Grad). Als Erstes wurden Reize in den rezeptiven Feldern „identifiziert“ (beispielsweise Balken, Kanten), die das Neuron aktivierten, an dem die Aufzeichnung erfolgte.

Der Affe war gut darauf trainiert, auf einen Fixpunkt außerhalb des Gesichtsfeldes zu starren. Anschließend brachte man ihm bei, sich auf einen Teil des Gesichtsfeldes zu konzentrieren, während er weiterhin den Fixpunkt fixierte. Nun präsentierte man entweder auf der selektierten oder der ignorierten Seite des Gesichtsfeldes einen wirkungsvollen Reiz. Die Ergebnisse waren eindrucksvoll. Die meisten Neuronen reagierten weniger auf den Reiz, wenn er nicht in dem selektierten Bereich des Gesichtsfeldes erfolgte, als wenn er sich in dem befand, auf das sich die Aufmerksamkeit richtete. Es war ein eindeutiger *Gating*-Effekt zu beobachten.

Für eine Studie der selektiven Aufmerksamkeit von Menschen arbeitete Desimone mit Leslie Ungerleider, einem Neurowissenschaftler des NIMH und Experten für bildgebende Verfahren, zusammen. Sie präsentierten eine Vielzahl von Objekten im Gesichtsfeld und stellten mit Hilfe der fMRT eine Region der ventralen Sehbahn für Objekte im Schläfenbereich des Cortex dar. Die Repräsentationen der Objekte auf dem Cortex standen auf kompetitiv-suppressive Weise miteinander in Wechselbeziehung. Das heißt, wenn sich die Aufmerksamkeit auf eines der Objekte richtete, wirkte dies den suppressiven Einflüssen auf dieses Objekt und Objekte in der Nähe entgegen – ein Ergebnis, das den Daten bei Affen verblüffend ähnlich war.

In einer weiteren Studie in Desimones Labor mussten die Tiere lernen, effektive Reize zu unterscheiden. Bei der Unterscheidungsaufgabe gab es zwei Schwierigkeitsgrade, und die Tiere schnitten bei der schwierigeren Aufgabe besser ab. Interessanterweise werden die neuronalen Reaktionen bei der schwierigeren Aufgabe größer. Diese Studien an Affen zeigen sowohl eine selektive Abnahme der neuronalen Reaktion auf ignorierte Reize als auch selektive Reaktionen auf Reize, auf welche die Aufmerksamkeit gerichtet ist – wie bei den Affen und Menschen in den Verhaltensstudien zur Aufmerksamkeit.

Im Jahr 1985 wechselte Michael Posner an die Washington-Universität in St. Louis, um dort mit der Arbeitsgruppe des Neurologen Marcus Raichle zusammenzuarbeiten, die sich mit der bildlichen Darstellung des Gehirns befasste. Diese Zusammenarbeit erbrachte die erste Studie, bei der kognitive Prozesse im menschlichen Gehirn bildlich dargestellt wurden. Der Leser sei darauf verwiesen, unbedingt einen Blick in ihr bemerkenswertes Werk *Bilder des Geistes* (Literaturliste) zu werfen. Den Mittelpunkt ihrer Arbeiten bildeten PET-Scans von Vorgängen im Zusammenhang mit Aufmerksamkeit. Sie kombinierten diese Beobachtungen mit Studien an Patienten mit Hirnverletzungen, die unterschiedliche Defizite im Aufmerksamkeitsverhalten aufwiesen.

Wenn die Versuchspersonen gebeten werden, ihre visuelle Aufmerksamkeit innerhalb eines Teils des Gesichtsfeldes zu verschieben, so wird eine Region im rechten Scheitellappen aktiviert, ganz gleich, ob die Aufmerksamkeit im rechten oder linken Gesichtsfeld verschoben wird (Abbildung 12.7). Der entsprechende Bereich im linken Gesichtsfeld wird nur aktiviert, wenn sich die Aufmerksamkeit auf das rechte Gesichtsfeld richtet. Abbildung 12.8 zeigt eine generelle schematische Darstellung der entscheidenden Vorgänge bei der Aufmerksamkeit. Wenn eine Person die visuelle Aufmerksamkeit verschieben muss, dann muss sie diese zunächst loslösen, wodurch, wie gerade gezeigt, der parietale Cortex aktiviert wird. Anschließend muss die Person Aufmerksamkeit und Augen auf das erwartete neue Ziel richten; daran ist eine große visuelle Region im Mittelhirn beteiligt, der Colliculus superior. Schließlich kommt noch ein weiteres Hirnsystem ins

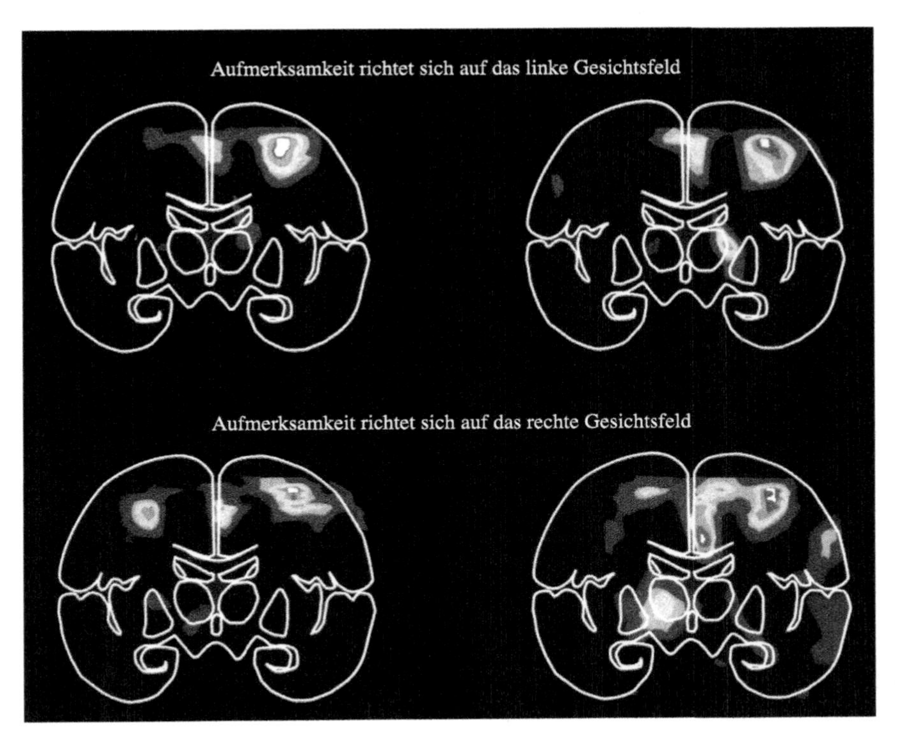

12.7 PET-Scans verdeutlichen, dass der rechte Scheitellappen aktiviert wird, wenn sich die Aufmerksamkeit innerhalb einer Hälfte des Gesichtsfeldes verschiebt, ungeachtet, auf welche Hälfte des Feldes sich die Aufmerksamkeit richtet. Der linke Scheitellappen wird nur dann aktiviert, wenn die Aufmerksamkeit auf das rechte Gesichtsfeld gerichtet ist.

Spiel, ein Kern des Thalamus mit Namen Pulvinar; dadurch verbessert sich die neuronale Verarbeitung in der frontalen und anderen Regionen.

Wie wir im nächsten Abschnitt über bildliche Darstellung von Lernprozessen und Gedächtnis noch sehen werden, spielen die präfrontalen Bereiche des Cortex eine entscheidende Rolle für das Arbeitsgedächtnis. Zusammen mit einer Region des vorderen Gyrus cinguli erfüllen sie eine Exekutivfunktion und kontrollieren die Verarbeitung sensorischer Information (Abbildung 12.9). In New York erforschte eine Gruppe von Wissenschaftlern unter der Leitung von Ralph Benedict mit Hilfe der PET die Aktivierung des Gehirns bei auditiven Aufmerksamkeitsaufgaben, und zwar mit Aufgaben zu einfacher, gerichteter und geteilter Aufmerksamkeit. Bei allen Aufmerksamkeitsaufgaben waren ähnliche Gehirnregionen aktiviert, darunter der vordere Gyrus cinguli und der rechte vordere mediale Stirnlappen. Diese Ergebnisse passen gut zu Posners Diagramm für die ausführenden Kontrollfunktionen (Abbildung 12.9) und zeigen, dass die frontalen Regionen sowohl an visuellen als auch an auditiven Aufmerksamkeitsaufgaben beteiligt sind.

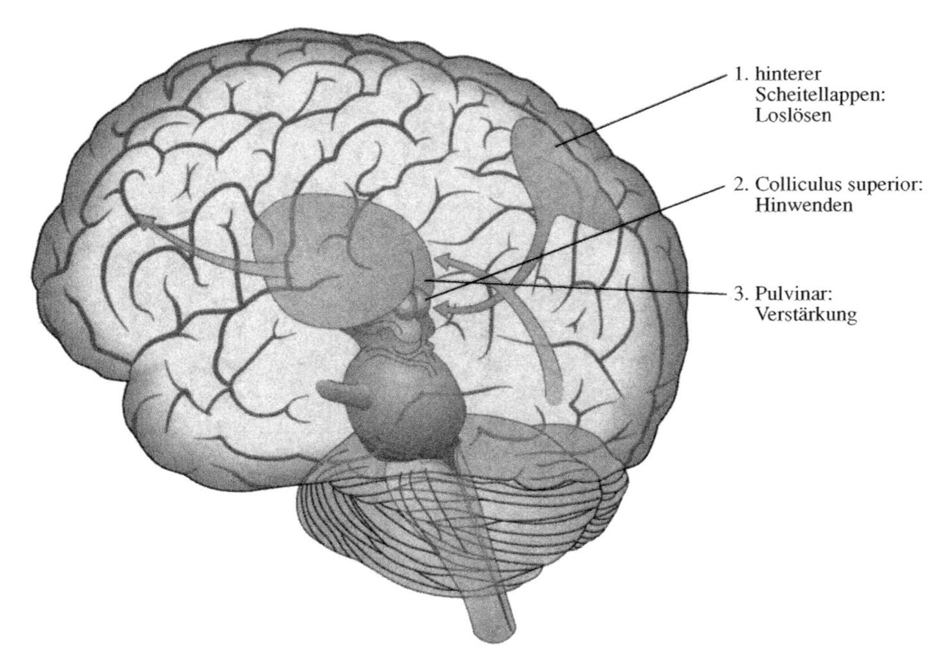

12.8 Die drei Bereiche des Orientierungsnetzwerks erfüllen drei Funktionen, die für eine gerichtete Aufmerksamkeit erforderlich sind. Zunächst wird die Aufmerksamkeit von einem Punkt losgelöst und dann dem erwarteten Zielort zugewandt; schließlich wird der Reiz an der Stelle verstärkt, auf die sich nun die Aufmerksamkeit richtet.

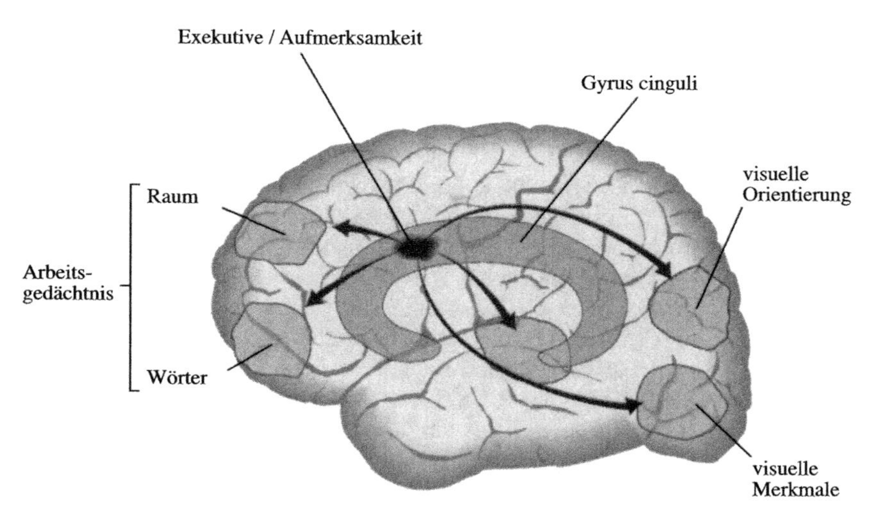

12.9 Von seiner Kontrollstelle im vorderen Gyrus cinguli aus erfüllt das ausführende Aufmerksamkeitsnetzwerk mehrere Funktionen, darunter die Kontrolle des Arbeitsgedächtnisses, die visuelle Orientierung und die Verarbeitung visueller Merkmale.

Eine Struktur, die eine große Rolle für motorische Funktionen spielt, ist das Kleinhirn. Wie wir in Kapitel 11 gesehen haben, ist es von entscheidender Bedeutung für das Erlernen grundlegender geschickter Bewegungen – die klassische Konditionierung diskreter Reaktionen wie Lidschlag und Extremitätenbeugung. Interessanterweise scheint es auch an komplexeren kognitiven Prozessen wie Aufmerksamkeit und Sprache beteiligt zu sein. In einer fMRT-Studie in San Diego charakterisierte eine Arbeitsgruppe unter der Leitung von Eric Courchesne die Rolle des Kleinhirns für die Aufmerksamkeit. Sie verwendete dazu drei Aufgaben: 1) eine Aufgabe zur visuellen Aufmerksamkeit, bei der keine motorischen Aktivitäten im Spiel waren, 2) eine motorische Aufgabe und 3) eine kombinierte Aufgabe aus beiden. Überraschenderweise aktivierte die visuelle Aufmerksamkeit eine bestimmte Region des Kleinhirns, die motorische Aufgabe hingegen eine ganz andere. Wie das Kleinhirn mit dem Aufmerksamkeitssystem der Großhirnrinde bei der visuellen Aufmerksamkeit interagiert, ist noch nicht bekannt.

Lernen und Gedächtnis

Erlernen motorischer Fertigkeiten

Es mehren sich die Hinweise darauf, dass das Kleinhirn eine entscheidende Rolle für das motorische Lernen spielt und auch der Ort sein könnte, an dem Erinnerungen an gut gelernte motorische Fertigkeiten gespeichert werden. An dieser Stelle ist es jedoch wesentlich zu betonen, dass die anderen wichtigen motorischen Systeme, insbesondere die motorischen Bereiche des Neocortex und der Basalganglien, ebenfalls daran beteiligt sind (Kapitel 9). Dies stimmt auch mit den Ergebnissen von Studien mit bildgebenden Verfahren überein, die eine ausgedehnte Aktivierung der Großhirnrinde in den Frühstadien des Trainings zeigen sowie eine Verschiebung der Aktivierung auf das Kleinhirn (in manchen Studien auch auf das Striatum), wenn die Geschicklichkeitsaufgabe gut gelernt ist. Die bemerkenswerten Studien von Okihide Hikosaka über die Rolle des prämotorischen Cortex und des Kleinhirns für das Erlernen motorischer Fertigkeiten haben wir bereits in Kapitel 9 beschrieben. Seine Ergebnisse deuteten im Wesentlichen darauf hin, dass die motorischen Bereiche der Großhirnrinde eine wichtige Funktion für das Erlernen komplexer motorischer Fertigkeiten erfüllen, aber dass der Sitz des Langzeitgedächtnisses für gut gelernte motorische Fertigkeiten offensichtlich im Kleinhirn ist.

Diese Ergebnisse stimmen mit unserer allgemeinen Erfahrung beim Erlernen komplizierter neuer motorischer Fertigkeiten wie einem Golfschlag überein. Anfangs konzentrieren wir uns bewusst auf jeden Aspekt der Bewegung, woran in großem Umfang die Großhirnrinde beteiligt ist. Mit fortschreitendem Lernprozess wird der Golfschlag mehr und mehr automatisiert – und wir sind uns der einzelnen Bestandteile der Bewegung weniger bewusst. Wenn wir den Schlag schließlich sehr gut gelernt haben, können wir ihn am besten unbewusst ausführen (Kleinhirn). Es ist sogar so, dass es den Schlag beeinträchtigt, wenn wir während der Ausführung über die Bewegung nachdenken. Es ist, als würde sich die Großhirnrinde störend auf die Ausführung der Bewegung durch das Kleinhirn auswirken.

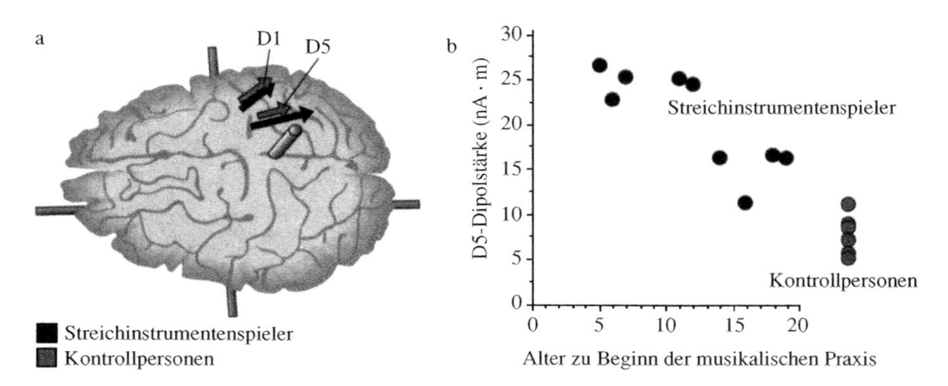

12.10 a) Die Ausdehnung der Repräsentation des linken kleinen Fingers (D5) im Verhältnis zum Daumen (D1) bei Streichinstrumentenspielern. b) Das Ausmaß dieser Vergrößerung des kleinen Fingers (D5-Dipolstärke) als Funktion des Alters, in dem der Musiker zu spielen begann.

Erfahrungen mit somatosensorischen Reizen (und motorischer Ausführung) können die Repräsentation der Körperoberfläche auf den primären somatosensorischen Bezirken der Großhirnrinde bei Affen tief greifend verändern, wie wir in Kapitel 8 festgestellt haben. Wie sieht es aber mit Menschen aus? Edward Taub und seine Mitarbeiter untersuchten mit Hilfe der MRT die Repräsentationen der Finger im somatosensorischen Cortex von geübten Streichinstrumentenspielern im Vergleich zu Kontrollpersonen. Sie achteten ausschließlich auf die Finger der linken Hand (die in erster Linie zum Spielen von Streichinstrumenten gebraucht werden). Die Ergebnisse waren verblüffend. Im Vergleich zu den Kontrollpersonen war die Repräsentation des fünften (kleinen) Fingers der linken Hand stark vergrößert, viel stärker als die des Daumens (Abbildung 12.10). Darüber hinaus nahm die Größe der Repräsentation mit den Jahren der Erfahrung als Musiker zu. Durch Gebrauch werden die Felder der Großhirnrinde beim Menschen offenbar genauso vergrößert wie bei Affen.

Assoziatives Lernen diskreter Bewegungen

Wie wir in Kapitel 11 gesehen haben, kann man die klassische Konditionierung der Lidschlagreaktion und anderer diskreter Reaktionen als assoziatives Lernen elementarer geschickter Bewegungen ansehen. Das Kleinhirn ist bei Menschen und anderen Säugetieren für diese Form des Lernens unabdingbar. Arbeiten an Kaninchen verdeutlichten, dass Neuronen in begrenzten Regionen des Kleinhirns in großem Umfang an dieser Lernform beteiligt sind. Christine Logan und Scott Grafton erstellten an der Universität von Südkalifornien eine PET-Studie zur Aktivierung des menschlichen Gehirns während der Lidschlagkonditionierung. Ein Beispiel hierfür zeigt Abbildung 12.11. Um die konditionierte Reaktion zu erlernen, ist genau wie bei Kaninchen eine hochgradig korrelierte Aktivierung des Nucleus interpositus und von Regionen der Kleinhirnrinde erforderlich. Wei-

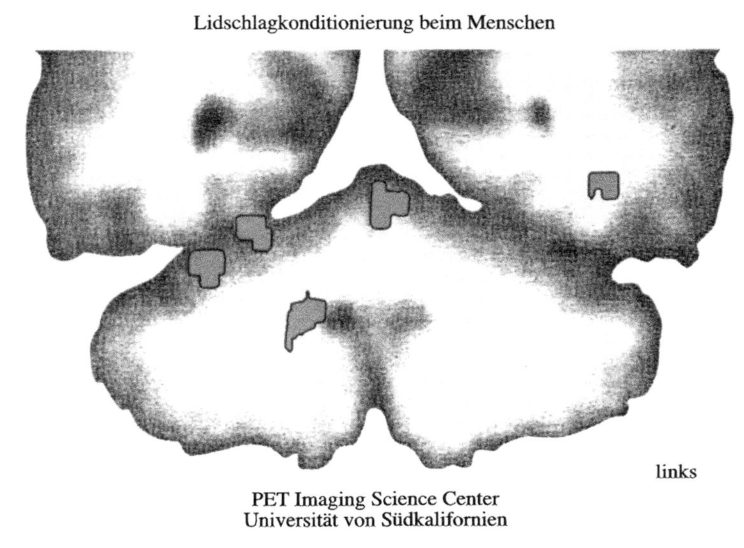

12.11 PET-Scan der Regionen des menschlichen Kleinhirns, die bei der klassischen Konditionierung der Lidschlagreaktion aktiviert werden. Die aktivierten Regionen zeigen in positiver Korrelation zum Ausmaß des Gelernten gesteigerte Aktivität. Diese mit dem Lernen in Zusammenhang stehende Aktivierung zeigt sich am Nucleus interpositus des Kleinhirns und in Regionen der Kleinhirnrinde – und damit an den gleichen Bereichen des Kleinhirns, die auch bei Kaninchen aktiviert sind, die diese Aufgabe lernen.

tere Studien der Lidschlagkonditionierung mit bildgebenden Verfahren erbrachten ebenfalls eine Aktivierung des Kleinhirns wie auch des Hippocampus, und auch diese Ergebnisse stimmen mit denen der Untersuchungen an Kaninchen überein.

Furchtlernen

Der Amygdala kommt eine entscheidende Rolle bei der Furcht und Furchtkonditionierung von Tieren zu, wie wir in Kapitel 11 festgestellt haben. Dass das Gleiche auch für Menschen gilt, ergaben die bemerkenswerten Studien von James McGaugh, Larry Cahill und ihren Mitarbeitern an der Universität von Kalifornien in Irvine. Sie zeigten Versuchspersonen während PET-Aufzeichnungen Filme, die entweder emotional neutral oder emotional aufwühlend waren. Jeder Proband sah Filme beider Kategorien im Abstand von mehreren Tagen; dabei wurde jedesmal eine PET durchgeführt. Drei Wochen später wurde dann überprüft, inwieweit sich die Testpersonen an den Inhalt der Filme erinnerten. Wie aufgrund des „Blitzlicht"-Phänomens (Kapitel 11) zu erwarten, konnte sich die Personen deutlich mehr Informationen aus den emotional aufwühlenden Filmen in Erinnerung rufen als aus den neutralen Filmen. Die mit der PET aufgezeichneten Daten zeigten eine höchst signifikante Korrelation zwischen der Aktivität in der rechten Amygdala und der Informationsmenge, die von den emotionalen Filmen im Gedächtnis blieb (Abbildung 12.12); die Korrelation war sogar fast perfekt, r = 0,93.

Die Ergebnisse von Läsionsstudien an Menschen stehen auffallend in Einklang mit diesen Resultaten. Antonio Damasio und seine Mitarbeiter an der Universität von Iowa berichteten von einem Patienten mit beidseitiger Schädigung der Amyg-

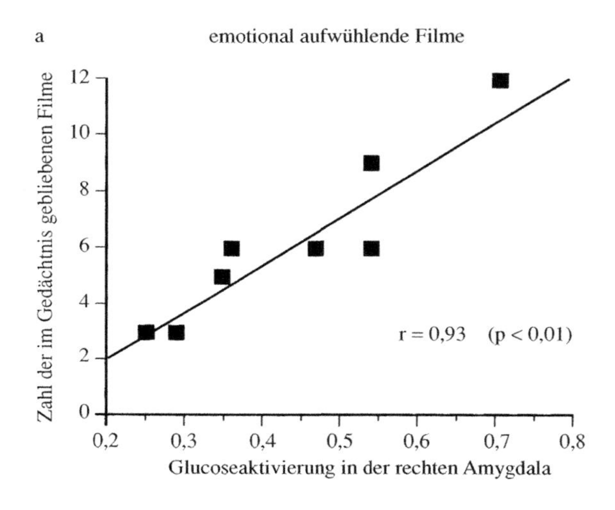

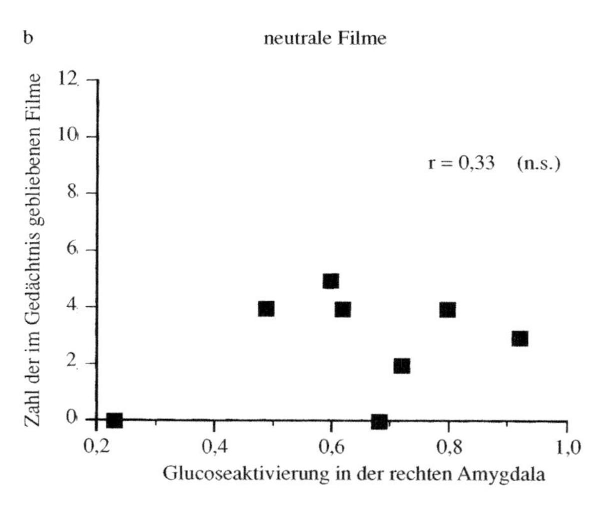

12.12 Grafische Darstellung des Zusammenhangs zwischen der Zahl der Dinge, die aus den beiden Filmvorführungen in Erinnerung blieben – a) emotional aufwühlende Filme, b) neutrale Filme – und dem Ausmaß der Glucoseaktivierung (ein Index für die neuronale Aktivität). Man beachte die enge Beziehung zwischen der Zahl der erinnerten Dinge und dem Ausmaß der Nervenzellaktivität in der rechten Amygdala bei den emotional aufwühlenden Filmen.

dala, der auf auditive oder visuelle Reize hin keine konditionierten vegetativen Reaktionen entwickeln konnte (Furchtkonditionierung), stattdessen aber „deklarative" Fakten über die Reize lernte. Ein zweiter Patient mit beidseitiger Schädigung des Hippocampus erwarb zwar die konditionierten vegetativen Reaktionen, aber nicht das „deklarative" Wissen über diese Reize. Somit lag eine doppelte Dissoziation von Furchtlernen (Amygdala) und Faktenlernen (Hippocampus) vor.

Arbeitsgedächtnis

In Kapitel 11 haben wir die möglichen Gehirnsubstrate für das Arbeitsgedächtnis ausführlich diskutiert. Baddeley folgend wurde die Hypothese erstellt, dass die Stirnlappen eine Exekutivfunktion erfüllen und mit einem posterioren „räumlich-visuellen Notizblock" für das visuelle Kurzzeitgedächtnis und einer „phonologischen Schleife" für das verbale Kurzzeitgedächtnis in Wechselwirkung treten. Die Ergebnisse der Studien mit Hilfe von bildgebenden Verfahren stimmen im Allgemeinen mit dieser Ansicht überein (Abbildung 12.9). Wir berichten hier über Studien von drei Forschungsgruppen: von Edward Smith und seinen Mitarbeitern an der Universität von Michigan, von Endel Tulving und seine vielen Mitarbeitern an der Universität Toronto sowie Buckner und Mitarbeitern der Arbeitsgruppe in St. Louis.

Die Forschungen von Smith deuten darauf hin, dass das verbale Arbeitsgedächtnis eine Speicherkomponente enthält, an der der linke parietale Cortex beteiligt ist, und eine Wiederholkomponente, welche die frontale Sprachregion (die Brocasche Sprachregion) wie auch zusätzliche motorische Bereiche umfasst. Am räumlichen Arbeitsgedächtnis ist die rechte Hemisphäre beteiligt, darunter auch Felder des hinteren Scheitel-, Hinterhaupts- und Frontalbereichs. Hier dienen die parietalen und prämotorischen Regionen der Wiederholung. Mit ausführenden Prozessen im Zusammenhang mit dem verbalen Arbeitsgedächtnis ist der linke präfrontale Cortex befasst.

Die Untersuchungen von Tulving und Buckner konzentrieren sich auf die Verschlüsselung und das Abrufen von Informationen. Der linke präfrontale Cortex ist mehr für das Abrufen von Information aus dem semantischen Gedächtnis zuständig und verschlüsselt gleichzeitig neue Aspekte der wieder erlangten Informationen für das episodische Gedächtnis. Demgegenüber ist der rechte präfrontale Cortex mehr damit befasst, episodische Erinnerungen abzurufen. Wie wir uns erinnern, enthält das episodische Gedächtnis zeitlich markierte Erinnerungen eigener Erlebnisse, wohingegen das semantische Gedächtnis Allgemeinwissen umfasst. Beispiele hierfür zeigt Abbildung 12.13.

Leslie Ungerleider, James Haxby und ihre Mitarbeiter am National Institute of Mental Health haben separate Stirnregionen für das räumliche Arbeitsgedächtnis und das Arbeitsgedächtnis für Gesichter definiert. Sie machten sich dabei zunutze, dass die Aktivierung einer Gehirnregion während der Aufgabe aufrechterhalten bleiben muss, damit sie als Bereich des Arbeitsgedächtnis gelten kann. Beispiele hierfür zeigt Abbildung 12.14. Diese Ergebnisse stehen in Einklang mit den Aufzeichnungen an Nervenzellen von Affen, die separate Stirnbereiche für das räumliche Arbeitsgedächtnis (den Bereich um den Sulcus principalis) und einer mehr ventral gelegenen Stirnregion ergeben, die an dem Arbeitsgedächtnis für Muster, Farben, Objekte und Gesichter beteiligt ist.

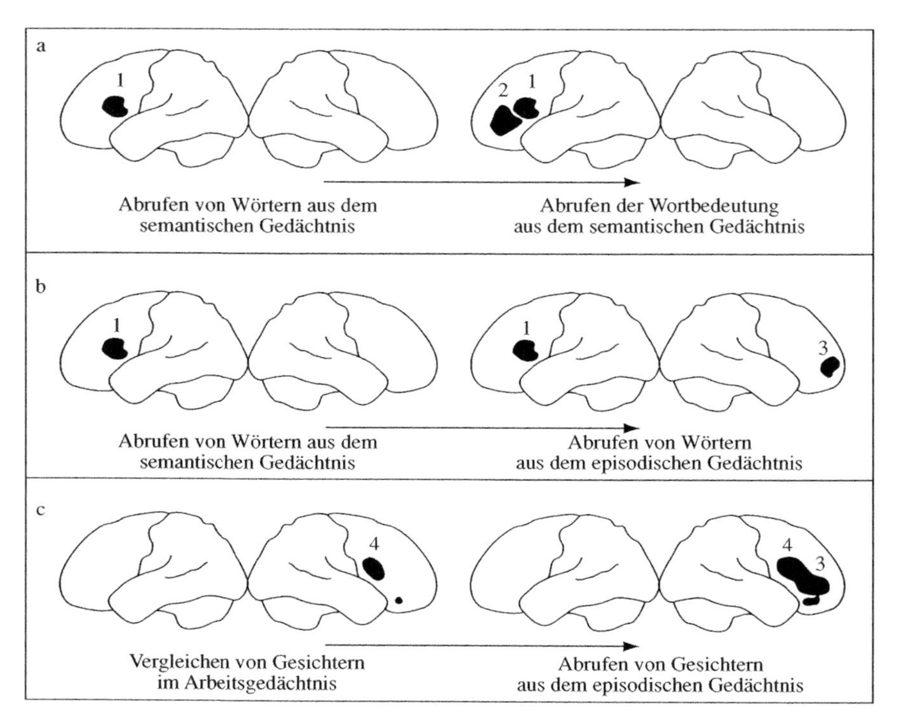

12.13 Regionen des Stirnlappens, die durch verschiedene Aufgaben zum Abrufen von Erinnerungen aktiviert werden (PET-Darstellung). Zu beachten ist, dass beim Abrufen von Gesichtern aus dem episodischen Gedächtnis die gleiche rechte vordere präfrontale Region aktiviert wird (mit 3 bezeichnet) wie beim Abrufen von Wörtern. Im Falle des Abrufens von Gesichtern ist dieser Bereich aber zusätzlich zu einer weiter hinten rechts liegenden seitlichen Region (als 4 bezeichnet) aktiviert, die in keiner der verbalen Aufgaben in Erscheinung tritt.

Langzeitgedächtnis

Den Unterschied zwischen implizitem und explizitem Gedächnis haben wir bereits in Kapitel 11 herausgestellt. Für das implizite Gedächtnis – beispielsweise in *priming*-Studien – braucht es keine Bewusstheit; daher zeigen Patienten mit Schädigungen im Bereich mittlere Schläfenregion–Hippocampus wie H. M., die bei deklarativen Aufgaben für das explizite Gedächtnis stark beeinträchtigt sind, hierbei keine Ausfälle. Auf die Berichte von John Gabrielli und seinen Mitarbeitern an

12.14 Regionen mit deutlich anhaltender Aktivität bei einer einzelnen Versuchsperson ▶ bei der Arbeitsgedächtnisverzögerung für Gesichter (weiß umrandet) und für räumliche Anordnung (schwarz umrandet).

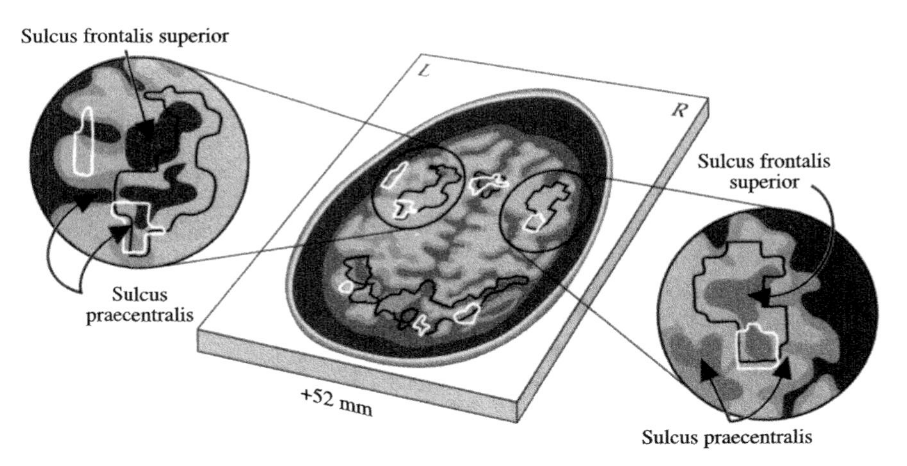
Sulcus frontalis superior
L
R
Sulcus frontalis superior
Sulcus praecentralis
+52 mm
Sulcus praecentralis

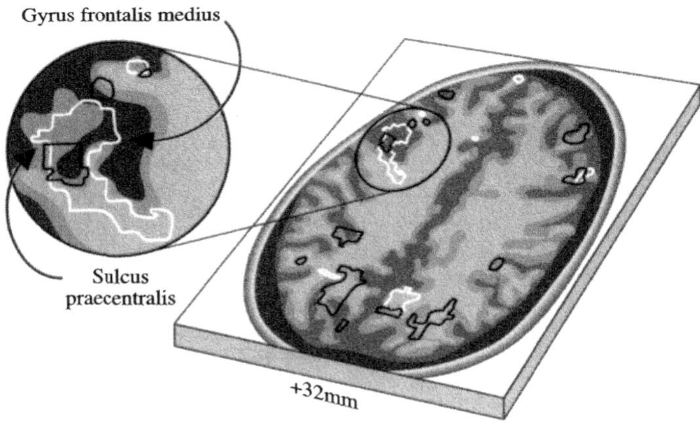
Gyrus frontalis medius
Sulcus praecentralis
+32mm

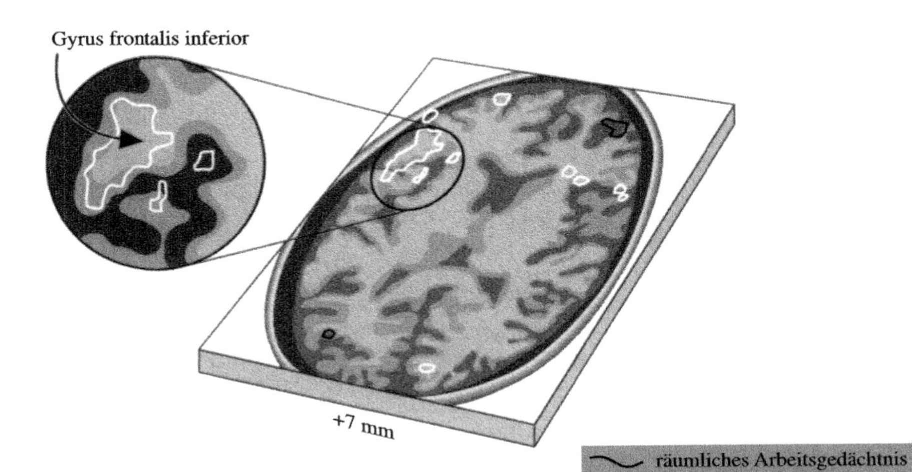
Gyrus frontalis inferior
+7 mm
räumliches Arbeitsgedächtnis
Arbeitsgedächtnis für Gesichter

der Stanford-Universität über Patienten mit großflächigen Läsionen der visuellen Assoziationsregionen sind wir bereits eingegangen. Diese Patienten schnitten bei visuellen *priming*-Aufgaben merklich schlechter ab, bei Aufgaben zum deklarativen Gedächtnis jedoch normal. Gabrielli führte auch Studien mit bildgebenden Verfahren an normalen Personen durch, bei denen die rechten hinteren visuellen Assoziationsregionen bei *priming*-Aufgaben deutlich aktiviert waren.

In Kapitel 11 erwähnten wir auch die Studie von Squire und Raichle, bei der sich eine erhöhte Aktivierung des rechten Hippocampus bei einer deklarativen Aufgabe und der Sehfelder der rechten Hemisphäre bei einer visuellen Aufgabe zum impliziten Gedächtnis zeigte. Eine Reihe von Studien mit bildgebenden Verfahren konzentrierte sich auf die Verarbeitung deklarativer Erinnerungen. In der gerade genannten Studie berichtete Squire über einen Anstieg im rechten Hippocampus bei Aufgaben zum deklarativen Gedächtnis. Eine Beteiligung des Hippocampus war zu erwarten, wenn auch nicht unbedingt des rechten Hippocampus. Interessanterweise handelt es sich hierbei um einige der wenigen Studien, die bei deklarativen Gedächtnisaufgaben eine erhöhte Aktivität des Hippocampus erbrachte. Häufiger wurde in diesem Zusammenhang festgestellt, dass die ventralen und lateralen Bereiche des Schläfenlappens zusammen mit den temporalen und frontalen Sprachregionen (auf die wir später eingehen) beteiligt waren.

Ungerleider und Mitarbeiter stellten zusammenfassend gegenüber, welche Regionen mit dem Erkennen von Farben assoziiert sind und welche mit dem Wissen über Handlungen. Wie aus Abbildung 12.15 zu ersehen, sind ausgedehnte Bereiche daran beteiligt, aber mit unterschiedlichen Orten für verschiedene Aufgaben. Allgemeiner gesagt sind viele Bereiche der Großhirnrinde, des Hippocampus und des Kleinhirns bei Aufgaben aktiviert, in denen Erinnerungen abgerufen werden müssen. Offenbar sind bestimmte Formen des Wissens aber lokalisiert.

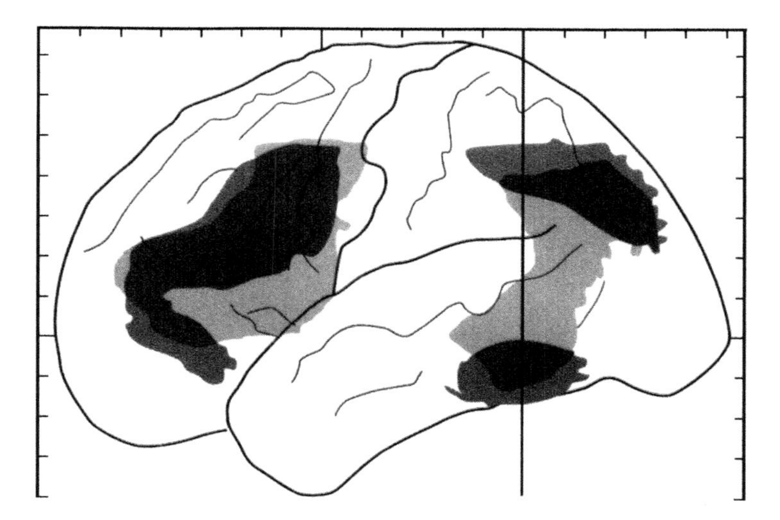

12.15 Diese Seitenansicht der linken Hemisphäre zeigt Regionen erhöhter Aktivität (PET), wenn Versuchspersonen Farbbezeichnungen (mittlere Schattierung) und Begriffe für Handlungen erzeugten (hellste Schattierung), im Vergleich zur Benennung von Objekten. Die am dunkelsten schattierten Regionen sind Überlappungsbereiche.

Zum gegenwärtigen Zeitpunkt kennen wir eine überwältigende Zahl von Orten im Gehirn, an denen bei verschiedenen Formen von Gedächtnisaufgaben eine Aktivierung erfolgt. Man hat dieses Forschungsgebiet mit einer gewissen Skepsis als moderne „Phrenologie" bezeichnet. Die Phrenologie war das Dogma im 19. Jahrhundert, man könne die geistigen und persönlichen Eigenschaften einer Person anhand der Höcker an ihrem Schädel ertasten. Heute ertasten wir aber nicht die Kopfhaut, sondern betrachten Aktivierungen im Gehirn. Die Technik der bildlichen Darstellung des Gehirns ist ein noch relativ neues Feld, das sich aber rasch entwickelt. Es wird weiterhin erforderlich sein, den zeitlichen Informationsfluss von einer aktivierten Region zur nächsten zu bestimmen; die elektrischen Aufzeichnungen von der Kopfhaut bei einem EEG und evozierte Potenziale liefern solche ergänzenden Daten, zum Beispiel in der Arbeit von Posner.

Möglicherweise werden wir durch die Kombination von bildgebenden Verfahren und anderen Techniken eines Tages ein detailliertes und exakt lokalisiertes Bild der aktuell ablaufenden Informationsverarbeitung im Gehirn erhalten. Wir stehen hierbei erst am Anfang. Um in vollem Umfang zu verstehen, wie das Gehirn Informationen verarbeitet, müssen wir die tatsächlichen neuronalen Schaltkreise auf der Ebene der Nervenzellen sowie ihre Verknüpfungen und Wechselwirkungen untereinander identifizieren und charakterisieren. Dies geschieht im Augenblick in Studien an Tieren, ist aber noch nicht für den Menschen möglich.

Sprache und Sprechen

Sprache ist das erstaunlichste Verhalten im Tierreich. Es ist dasjenige artspezifische Verhalten, das Menschen von allen anderen Tieren restlos unterscheidet. Wir gebrauchen unsere Muttersprache so natürlich und fließend, dass wir uns der außergewöhnlichen Komplexität des Prozesses gar nicht bewusst sind. Bevor wir uns den Substraten der Sprache im Gehirn widmen, sind ein paar Worte zur Natur der Sprache angebracht.

Sprache ist natürlich ein Mittel der Kommunikation. Außer den Menschen sind zahlreiche andere Tiere dazu in der Lage, Information weiterzugeben (Bienen beispielsweise durch ihren „Schwänzeltanz"). Die menschliche Sprache aber erlaubt, *alles Mögliche* mitzuteilen, sogar Geschichten über Einhörner, die es niemals gegeben hat. Die Erklärung hierfür liefert der Tatbestand, dass die Bedeutungseinheiten (die Morpheme oder Wörter) in unterschiedlicher Weise nach bestimmten Regeln miteinander verknüpft werden können, sodass sich unterschiedliche Bedeutungen vermitteln lassen.

Die elementarste Einheit der Sprache ist das *Phonem,* der kleinstmögliche Laut, der ein Wort von einem anderen unterscheidet. Das Wort „Art" besitzt die drei Phoneme a, r und t. Wechselt man irgendeines davon aus, entstehen verschiedene Wörter: „Ort", „Ast", „Arm". Jede Sprache hat bestimmte Regeln für die Kombination von Phonemen. Weder im Deutschen noch im Englischen können wir ein Wort bilden, das mit einem t beginnt, dem direkt ein l folgt, wie etwa „tlip". Bei einem anderen Wort, „glip", funktioniert das prächtig, doch hat es bislang keine Bedeutung. Sollte, wie Eric Warner von der Russell Sage Foundation es ausdrückt, etwas Neues des Weges kommen, das einen Namen braucht, so wäre „glip" bereit, willig und geeignet. Alle Sprachen beruhen auf verschiedenartigen Kombinationen von etwa 90 Phonemen. Das Englische beispielsweise gebraucht (ebenso wie das Deutsche) 40 von ihnen, und andere Sprachen haben zwischen 15 und 40 dieser Basisphoneme oder Laute.

Morpheme sind Kombinationen von Phonemen zu elementaren Einheiten der Bedeutung, üblicherweise zu Wörtern. „Boote" besitzt zwei Morpheme, „Boot" und „e", das Pluralmorphem, das „mehr als ein Boot" besagt. Auch Morpheme folgen Regeln. Betrachten wir „glip" als Ausgangsform für ein Verb, mit dem wir auszudrücken wünschen, dass jemand nicht zu glippen ist. Klar, der Betreffende ist „unglippbar". Wir wissen, dass dies die richtige Form ist, obwohl es „glip" gar nicht gibt.

Die englische Sprache besitzt (wie auch die deutsche) mehr als 100 000 Morpheme, die, auf verschiedene Weise angeordnet, den Millionenwortschatz des Englischen ergeben. Ein gebildeter angloamerikanischer Erwachsener verfügt über ein Vokabular von rund 40 000 Wörtern (von denen er im normalen Alltag allerdings nur wenige Tausend einsetzen wird). Ein außergewöhnlicher Mensch dieses Sprachraums beherrscht vielleicht 100 000 Wörter. (Der deutsche Wortschatz umfasst – ohne Mundart- und Fachbegriffe – zwischen 300 000 und 500 000 Wörtern. Der deutschsprachige Durchschnittssprecher verfügt der Literatur zufolge über einen Allgemeinwortschatz von etwa 15 000 Wörtern.)

Schließlich lassen sich die Wörter nach bestimmten Regeln, der so genannten *Syntax,* zu Sätzen kombinieren. Die Regeln einer Sprache wie Deutsch oder Englisch wurden nicht festgelegt, bevor sich die Sprache entwickelte; sie existieren in uns Sprechenden. Viele Regeln sind niedergeschrieben worden – die Grammatikregeln des Schulunterrichts –, doch gab es die Regeln schon lange, bevor die erste Grammatik verfasst wurde. Den komplexesten Aspekt der Sprache bildet schließlich die *Semantik,* die Weise, in der Sprache Bedeutung zum Ausdruck bringt.

Sehen wir uns an, was passiert, wenn eine Person zu einer anderen spricht. Der Sprecher muss Gedanken in gesprochene Sprache übersetzen, indem er sich der Syntax und der Semantik bedient, um Satzmuster zu bilden, welche die gewünschten Bedeutungen übermitteln, wobei er die Sprachlaute benutzt, um die Sätze korrekt auszusprechen. In einer Untersuchung mit bildgebenden Verfahren von Miranda van Turennout und Mitarbeitern in den Niederlanden, über die 1998 in *Science* berichtet wurde, bestimmte diese Gruppe von Neurowissenschaftlern, wie viel Zeit vom Abrufen von Eigenheiten der Syntax bis zur phonologischen Information tatsächlich benötigt wird, also grob gesagt die Zeit vom Gedanken zur Aktivierung des Sprachsystems. Es braucht nur 40 Millisekunden! Der Zuhörer muss die Sprachlaute benutzen, um die Wörter zu verstehen, die Syntax, um das Muster der Wörter zu entschlüsseln, und die Semantik, um hinter die Bedeutung zu kommen. Unglaublicherweise geht dieser komplexe Prozess vom Denken zum Sprechen und vom Sprechen zum Denken praktisch unbewusst vonstatten.

Der moderne Forschungszweig der Psycholinguistik hat viel dazu beigetragen, wesentliche Merkmale der Sprache aufzuklären. Noam Chomsky vom Massachusetts Institute of Technology war bei der Entwicklung dieses Fachgebiets besonders einflussreich. Chomsky stellte die Hypothese auf, dass Sprachen zwei Arten von Strukturen besäßen: oberflächliche Strukturen, die zu den speziellen Formen und Aufeinanderfolgen von Wörtern in der jeweiligen Sprache in Beziehung stünden, und „tiefe" Strukturen, die eine grundlegendere Form der Organisation oder Syntax darstellten und möglicherweise allen Sprachen gemeinsam seien.

Stark vereinfacht dargestellt, haben die folgenden Sätze voneinander abweichende Oberflächenstrukturen, doch alle dieselbe „Tiefenstruktur" – ein Subjekt, das auf ein Objekt einwirkt (aber sie haben nicht alle die gleiche Bedeutung):

Kirsten isst den Keks.

Der Keks wurde von Kirsten gegessen.

Kirsten aß den Keks.

Der Keks aß Kirsten.

Roger Brown von der Harvard-Universität analysierte umfassend, wie Kinder Sprache erwerben. Seiner Auffassung nach erlernen Kinder Semantik und Grammatik von Sprachen in einer allgemeingültigen Abfolge von Schritten, die er natürlichen Spracherwerb nennt. Es gelang ihm, eine Reihe von Phasen des Sprachenlernens zu charakterisieren, die alle Kinder ungeachtet ihrer Muttersprache durchlaufen. Das Ausmaß, in dem Kleinkinder Sprache lernen, ist höchst erstaunlich. Irgendwann zwischen dem zehnten und fünfzehnten Monat sprechen sie das erste Wort. Doch schon vorher, im Alter von weniger als acht Monaten, erkennen Kinder Wörter und erinnern sich an sie. Mit zwei Jahren kennen sie rund 50 Wörter; wenn sie acht Jahre alt sind, umfasst ihr Wortschatz 18 000 Wörter. Zwischen dem ersten und dem achten Lebensjahr lernen sie sieben neue Wörter pro Tag! Offenbar ist die Tiefenstruktur aller Sprachen annähernd gleich. In einer frühen Phase „plappert" der Säugling im Wesentlichen alle Laute (Phoneme) aller Sprachen. Einigen Sprachwissenschaftlern zufolge entwickeln Kinder zunächst eine ähnliche universale tiefe Grammatik, wie dies Browns Untersuchung andeutet.

Besonders bemerkenswert ist die rasche Entwicklung eines Sprachverständnisses bei Kleinkindern. Irgendjemand hat einmal gesagt, beim Verstehen lernen von Sprache begebe man sich in einen phonetischen Dschungel. Die Sprache der Erwachsenen ist alles andere als einheitlich, und es gibt zahlreiche Variationen bekannter Laute in einer bestimmten Sprache. Einige Laute sind jedoch wichtiger als andere. Kleinkinder müssen es bewerkstelligen zu unterscheiden, welchen phonetischen Abweichungen sie Aufmerksamkeit schenken müssen und welche sie ignorieren können. Patricia Kuhl und ihre vielen Mitarbeiter an der Universität von Washington und anderenorts analysierten, auf welche Art und Weise Mütter in den Vereinigten Staaten, in Russland und in Schweden mit ihren Babys sprechen. In allen Ländern nahmen die Mütter die gleiche Form von „Babysprache" an; Vokale betonten und streckten sie besonders – die entscheidenden Laute, die Kleinkinder bewältigen müssen. Könnte die „Babysprache" möglicherweise eine angeborene Neigung von Erwachsenen sein, auf diese Weise zu Kleinkindern zu sprechen, weil dies eine sehr adaptive Funktion erfüllt?

Interessanterweise legen Sprachen kaum Zeichen von Evolution oder Entwicklung an den Tag. Alle Sprachen, vom Englischen bis hin zu den rätselhaften Dialekten isoliert lebender australischer Aborigines, besitzen den gleichen Grad an Komplexität und ähnliche allgemeine Eigenschaften. Es ist, als ob die Menschen mit einem wohl durchdachten, komplexen und auf ihre Lebensnotwendigkeiten abgestimmten Sprachsystem bestückt in die Welt gekommen seien. Kurzum, man sollte glauben, dass unser Gehirn Sprech- und Sprachzentren besitzt, die in gewisser Weise vorbestimmt oder vorprogrammiert sind.

Soweit wir wissen, evolvierte das menschliche Gehirn vor weit über 100 000 Jahren bereits zu seiner endgültigen heutigen Form; seit sehr langer Zeit sind also keine Veränderungen der Struktur oder Organisation des Gehirns aufgetreten. Die geschriebene Sprache und damit das Lesen wurden jedoch erst vor etwa 10 000 Jahren erfunden. Lesen ist also letztlich eine unnatürliche Handlung. Es gab keinen Evolutionsdruck, der auf die Entwicklung der Fähigkeit zu lesen im Gehirn hingewirkt hätte. Daher ist man geneigt zu spekulieren – und das ist wirklich nur Spekulation –, dass die menschliche Spezies sehr spezielle, fotografieartig visuelle Gedächtnisfähigkeiten entwickelte. In der Wildnis hat eine solche Fähigkeit sicherlich Vorteile mit sich gebracht. Lesen zu lernen ist für Kinder eine schwierige, langwierige Aufgabe; noch mehr gilt das für Menschen, die erst als Erwachsene Lesen lernen. Vielleicht sind die Regionen des Gehirns (der Großhirnrinde), die sich für ein spezialisiertes visuelles Gedächtnis (und andere Fähigkeiten?) entwickelten, genau jene Regionen, die zum Lesen lernen dienen. Unsere kulturelle Evolution hat uns gezwungen, bestimmte Bereiche unseres Gehirns für Aufgaben zu benutzen, für die sie von der Natur nie vorgesehen waren. Andererseits entwickelte sich die gesprochene Sprache zusammen mit der Evolution unserer Art und ist eindeutig natürlich und adaptiv.

Die natürliche Sprache ist eine motorische Handlung (sprechen), eine auditorische Handlung (Wörter hören) und auf komplexe Weise mit Gedankenprozessen verbunden. Große Bereiche der menschlichen Großhirnrinde sind auf Sprache spezialisiert, und dies auf sehr spezielle Weisen. Wie wir später sehen werden, kann eine Schädigung des einen oder anderen dieser Bereiche dazu führen, dass man zwar gesprochene, nicht aber geschriebene Sprache versteht, und nicht umgekehrt. Sollte es jemals einen triftigen Grund für eine derart detaillierte Lokalisation von Funktionen in der Großhirnrinde gegeben haben, dann dürfte es die Sprache gewesen sein.

Sprache bei Tieren?

Sprache, so wie wir sie charakterisiert haben, soll bei Tieren in freier Natur im Allgemeinen nicht vorkommen. Allerdings gibt es bei Affen einige interessante Beispiele, die Sprache sehr nahe kommen. Die meisten Affen sind Gemeinschaftstiere, die in Gruppen leben und Laute von sich geben, die den Gruppenmitgliedern ganz klar verschiedenartige Bedeutungen vermitteln. Totenkopfäffchen, eine kleine in Südafrika beheimatete Art, verfügen über eine Vielfalt derartiger Mitteilungslaute. Einer Studie zufolge gibt es in der Hörrinde dieser Affen einige Nervenzellen, die ganz gezielt auf diese arttypischen Laute ansprechen, aber nicht auf bloße Töne – sie reagieren wie Merkmalsdetektoren für Laute, die bestimmte Sinngehalte vermitteln.

Über ein außergewöhnliches Beispiel erworbener Sprache bei Affen berichteten Pete Marler und seine Mitarbeiter von der Rockefeller-Universität. Sie studierten Vervetmeerkatzen, die frei und in natürlichem Zustand im Amboseli-Nationalpark in Kenia, Afrika, leben. Vervetmeerkatzen stoßen Alarmrufe aus, um die Gruppe vor einem herannahenden Raubfeind zu warnen. Alle erwachsenen Tiere geben dieselben drei verschiedenartigen Laute von sich, um drei gängige Feinde zu bezeichnen: Leoparden, Adler und Pythons. Der Leopardenalarm ist ein kurzer tonaler Schrei, der Adleralarm ein tiefes abgehacktes Grunzen und der Pythonalarm ein spitzes „Schnattern". Es ließen sich noch andere Alarmrufe unterscheiden, unter anderem einer für Paviane und einer für fremde Menschen, der aber nicht für Menschen galt, die sie kannten.

Die Rockefellergruppe konzentrierte sich auf die Leoparden-, Adler- und Schlangenalarme. Befanden sich die Affen am Boden und stieß ein Affe den Leopardenalarmruf aus, so stürmten auf einmal alle hoch in die Bäume, wo sie vor den für Leoparden typischen Angriffen aus dem Hinterhalt am sichersten zu sein schienen. Gab ein Affe den Adleralarm von sich, schauten alle sofort hoch in die Luft und eilten in dichtes Gebüsch. Bei Schlangenalarm suchten alle mit ihren Blicken den Boden um sich herum ab. Die Untersucher zeichneten diese Laute auf und spielten sie einzelnen Affen vor, mit demselben Ergebnis.

An den Alarmrufen der jungen Affen ließen sich die vielleicht interessantesten Beobachtungen machen. Die erwachsenen Tiere verhielten sich sehr spezifisch. Wenn sie einen Vertreter der etwa hundert anderen Tierarten von Säugern, Vögeln und Reptilien, denen sie regelmäßig begegneten, erblickten, gaben sie die drei Warnlaute nicht ab. Die Jungtiere hingegen stießen die Alarmrufe gegenüber einem viel weiteren Spektrum von Arten und Gegenständen aus – beispielsweise gegenüber Objekten, die keine Gefahr bedeuteten, wie Warzenschweinen, Tauben und fallenden Blättern. Doch machten selbst die Jungtiere Unterschiede zwischen den einzelnen Kategorien: Sie gaben Leopardenalarm bei erdbewohnenden Säugern, Adleralarm bei Vögeln und Pythonalarm bei Schlangen und anderen langen schmalen Gegenständen. Mit zunehmendem Alter benutzten die Jungtiere die Warnrufe immer spezifischer. Dies ist zweifellos ein Beispiel für erlernte Kommunikation, vielleicht sogar für einen sehr ursprünglichen Vorläufer einer Grundform der Sprache.

Können Menschenaffen Sprache lernen? Jahrelang schlugen die Bemühungen, Schimpansen gesprochene Sprache beizubringen völlig fehl. Schimpansen sind einfach nicht zum Sprechen veranlagt. In jüngerer Zeit unternommene Anstrengungen bedienten sich hingegen der Zeichensprache, um Schimpansen Sprache beizubringen – und verzeichneten damit beträchtliche Erfolge. Beatrice und Allen Gardner von der Universität von Nevada führten eine Schimpansin namens Washoe in die amerikanische Gebärdensprache *(American Sign Language)* ein.

Es gibt gute Gründe dafür, den Schimpansen als Tiermodell für Spracherwerb heranzuziehen. Der Schimpanse ist der nächste lebende Verwandte des Menschen – 99 Prozent der DNA von Schimpansen und Menschen sind identisch. Die Gardners begannen die junge Washoe in der Gebärdensprache zu unterrichten, so als ob sie einem Kind gesprochene Sprache beibrächten. Sie lebten mit ihr zusammen, redeten mit ihr ständig in der Gebärdensprache und belohnten sie für den richtigen Gebrauch von Gebärden. Washoe lernte mehr als hundert Gebärden und vermochte sie zu Sätzen zu verknüpfen, die bis zu fünf Gebärden lang waren.

Ein Hauptstreitpunkt auf dem Feld der Sprache ergibt sich nicht durch die Frage, ob Schimpansen ein großes Vokabular an Zeichen erlernen und damit sehr effektiv kommunizieren können. Die Forschungen der Gardners und Untersuchungen anderer Gruppen zeigen ziemlich klar, dass sie das können. Die Auseinandersetzung geht vielmehr darum, ob es sich hierbei um eine „echte" Sprache handelt – also ein Kommunikationssystem mit Syntax und tiefer Struktur. Als David Premack an der Universität von Kalifornien in Santa Barbara tätig war, trainierte er die Schimpansin Sarah darauf, mit unterschiedlich geformten Gegenständen, als Symbole für Wörter, zu kommunizieren. Sarah lernte, mehrere Hunderte solcher Symbole zu gebrauchen und tat dies sehr wirkungsvoll. Premack führte mit Sarah eine Reihe von Untersuchungen durch, um herauszufinden, bis zu welchem Grad ihr Gebrauch der Symbole Spracheigenschaften aufwies. Die Antwort lautete anscheinend, dass er solche Eigenschaften nicht besaß. Ein wesentlicher Unterschied zwischen Sarah und Washoe, die Gebärdensprache erlernt hatte, ergab sich allerdings dadurch, dass Sarah sich ihrer Symbole nur in der Testsituation, aber nicht spontan bediente, während Washoe die Gebärden die ganze Zeit über aus eigenem Antrieb benutzte.

Eine Entdeckung, die sich als äußerst wichtig erweisen könnte, machten Sue Savage-Rumbaugh und Duane Rumbaugh, die am Yerkes Primate Center in Atlanta im US-Bundesstaat Georgia tätig sind. Die Forscher dort gebrauchen eine einfache, aus Symbolen bestehende Sprache *(Yerkisch* genannt); die Schimpansen können sich mitteilen, indem sie die Symbole auf einer großen Tastatur drücken. Wie in anderen Studien lernten die Schimpansen dies sehr leicht – sie konnten ihre Bedürfnisse und Gefühle äußern, und sie drückten die richtigen Symbole, die Bilder von Gegenständen zeigten. Wie in anderen Schimpansenstudien, so lernten auch die Schimpansen der Rumbaughs nicht, auf gesprochene Sprache zu antworten.

In den vorangegangenen Untersuchungen hatten die Rumbaughs mit gewöhnlichen Schimpansen *(Pan troglodytes)* gearbeitet. Zwergschimpansen oder Bonobos *(Pan paniscus)* bilden eine andere Art, die nur in einem bestimmten Landstrich Afrikas vorkommt. Die Zwergschimpansen sind eigentlich nicht kleiner als der gewöhnliche Schimpanse, sie haben jedoch längere und schlankere Knochen, neigen dazu, längere Zeit aufrecht auf ihren Füßen zu gehen, und verfügen über eine größere Bandbreite natürlicher Lautbildungen. Sie scheinen menschenähnlicher zu sein und unterscheiden sich in der Tat so deutlich von gewöhnlichen Schimpansen, dass man für sie eine eigene Gattung vorgeschlagen hat – *Bonobo.*

Matata war einer der ersten Zwergschimpansen, der von den Rumbaughs untersucht wurde. Sie wurde wild gefangen und ihr Sohn Kanzi in Yerkes geboren. Im Gegensatz zu gewöhnlichen Schimpansen war Kanzi im Alter von sechs Monaten eifrig damit beschäftigt, Laute zu plappern; anscheinend versuchte er, menschliche Sprache nachzuahmen. Von dieser Zeit an bis zu einem Alter von zweieinhalb Jahren begleitete Kanzi Matata zu ihren Trainingstunden in Yerkisch. Dann wurde er für mehrere Monate von seiner Mutter, die für Zuchtzwecke vorgesehen war, getrennt und von Menschen betreut. Die Rumbaughs versuchten nun, Kanzi Yerkisch in einer Weise beizubringen, die dem natürlichen Spracherwerb der Menschen näher kommt (keine Futterbelohnung für richtige Antworten, keine gesonderten Versuchsdurchgänge). Er begann die Tastatur korrekt und ungezwungen zu benutzen, was kein gewöhnlicher Schimpanse jemals zuvor getan hatte. Und durch einen bloßen Zufall entdeckte man, dass Kanzi dabei war, Englisch zu lernen! Zwei der Untersucher unterhielten sich miteinander. Der eine sprach ein Wort zu dem anderen, und Kanzi rannte zum Apparat und drückte das entsprechende Symbol. Wie ein Test ergab, verfügte Kanzi zu diesem Zeitpunkt über ein Vokabular von rund 35 englischen Wörtern.

Ein interessantes Resultat dieser Arbeiten der Rumbaughs mit Schimpansen für die Praxis betrifft Menschen, die aufgrund von schwerer Retardierung, Autismus oder anderen Erkrankungen ganz extreme Lernschwierigkeiten haben und nie eine gesprochene Sprache erlernten. Zufällig waren einige dieser Personen aber in der Lage, Yerkisch zu lernen – sie lernten, die richtigen Symbole auf der Yerkisch-Tastatur zu drücken, um ihre Bedürfnisse auszudrücken. Daraufhin entwickelten die Rumbaughs tragbare Computer mit Tastatur, mit denen sich gesprochenes Englisch in Yerkisch übersetzen ließ; mit diesen vermochten die stark gehandicapten Menschen mit anderen zu kommunizieren und daher ein normaleres, zufriedeneres Leben zu führen.

Die Debatte um eine „echte" Sprache bei Schimpansen mag ein bisschen akademisch anmuten – sie lernen, ausgezeichnet zu kommunizieren, besonders mit Symbolen und Gebärdensprache. In der Natur verfügen sie und viele andere Primaten, wie bereits erwähnt, über einfache Kommunikationssysteme stimmlicher Art oder mit Hilfe von Gebärden. Doch streifen wir hier nur die Oberfläche einer viel tiefer liegenden Frage, bis zu welchem Ausmaß nämlich die menschliche Sprache durch die Struktur des menschlichen Gehirns vorgegeben ist. Eine bestimmte Sprache wird offensichtlich erlernt. Vielleicht sind alle Aspekte der Sprache, einschließlich Syntax und Tiefenstruktur, erlernt. Vor einigen Jahren unternahm der hervorragende Psychologe B. F. Skinner heldenhafte Anstrengungen, um nachzuweisen, dass Kinder Sprache auf der Grundlage von Belohnung und Verstärkungen lernen. Zahlreiche Gegenargumente sprechen, wie bereits erwähnt, für den mehr deterministisch-biologischen Ansatz. In einem interessanten Beispiel geht es darum, wie Kinder die Vergangenheitsform von Verben lernen. Sie lernen die Regel, nach der man die Vergangenheitsform regelmäßiger Verben bildet, und durchlaufen dann eine Phase, in der sie diese Regel irrtümlicherweise auf unregelmäßige Verben anwenden, wie etwa „Ich grabte ein Loch". Von ihren Eltern haben sie das Wort „grabte" nie gehört, und Grammatikunterricht haben sie mit ihren drei oder vier Jahren auch keinen erhalten; sie kommen ganz von selbst auf diese allgemeine Regel. Es lässt sich nur schwer vorstellen, wie dies durch Belohnung erlernt werden könnte. Allerdings ist es, wie wir später sehen werden, möglich, ein künstliches assoziatives Lernnetzwerk in einen Computer einzuprogrammieren, der solche allgemeinen Regeln lernt und in einem Stadium seines Spracherwerbs falsch anwendet.

Substrate der Sprache im Gehirn

Bei gesunden Erwachsenen stützt sich die Sprache auf ein ganz klar umrissenes Set organischer Substrate im Gehirn, insbesondere der Großhirnrinde. Die Sprachregionen der Großhirnrinde sind örtlich umschrieben und üblicherweise in der linken Hirnhälfte angesiedelt (Abbildung 12.16). Tatsächlich gibt es deutliche strukturelle Asymmetrien zwischen bestimmten Sprachrealen der linken Hemisphäre und ihren Pendants in der rechten Hirnhälfte. Besonders eindrucksvoll ist das vergrößerte hintere Sprachfeld, die so genannte Wernickesche Sprachregion, der linken Hemisphäre. Dieses Areal erstreckt sich um das Ende der Sylvischen Fissur herum, jener großen Furche, die Schläfenlappen und Stirnlappen voneinander trennt. Bei den meisten Menschen ist dieses Rindenfeld auf der linken Hirnseite viel größer als auf der rechten.

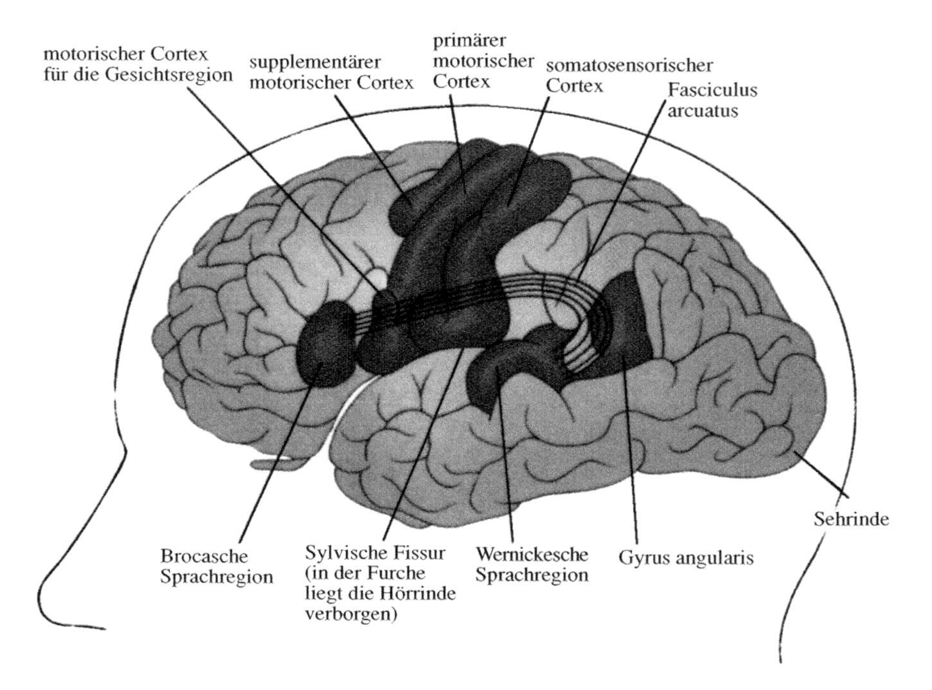

12.16 Die wichtigsten Sprachregionen des menschlichen Gehirns dürften in der linken Hirnhälfte angesiedelt sein, da Schädigungen der rechten Hirnhälfte nur selten zu Sprachstörungen führen. Die Abbildung zeigt ferner den motorischen und supplementären (ergänzenden) motorischen Cortex, den somatosensorischen Cortex sowie die Hörrinde und die Sehrinde. An jenen Bereich des Motorcortex, der die Bewegung der Muskeln von Lippen, Kiefer, Zunge, weichem Gaumen und Stimmbändern steuert, grenzt die Brocasche Sprachregion, die offenbar Programme enthält, die diese Muskeln beim Sprechen aufeinander abstimmen. Eine Schädigung des Brocaschen Areals hat ein langsames und mühsames Sprechen zur Folge, doch bleibt das Sprachverständnis intakt. Die Wernickesche Sprachregion liegt zwischen den Heschlschen Querwindungen, die auditorische Reize als Erste empfangen (primäre Hörrinde), und dem Gyrus angularis, der als Zwischenstation zwischen den Hör- und Sehregionen fungiert. Wird die Wernickesche Sprachregion geschädigt, ist die Sprache zwar fließend, doch inhaltlich weitgehend ohne Sinn; das Sprachverständnis geht gewöhnlich verloren. Wernickesche und Brocasche Sprachregionen sind durch ein Nervenfaserbündel, den so genannten Fasciculus arcuatus, miteinander verbunden. Wenn dieses Bündel Schaden nimmt, ist die Sprache fließend, doch anormal, und der Patient kann Wörter verstehen, aber nicht wiederholen.

Sprache und Hemisphärenasymmetrien

Die Arbeiten von Marianne LeMay und Norman Geschwind von der Medizinischen Fakultät der Harvard-Universität sowie Untersuchungen anderer Wissenschaftler haben diese Forschungen bis auf unsere Vorfahren ausgedehnt. Schläfenlappen und Sylvische Fissur hinterlassen deutliche Erkennungszeichen und Grate an der inneren Oberfläche des Schädels, deren beide Seiten sich bei anatomisch modernen Menschen aufgrund der links gelegenen vergrößerten Sprachregion unterscheiden. Ebendiese Zeichen einer vergrößerten linken Schläfenregion fanden sich auch im Schädel unseres grobschlächtig aussehenden Vetters, des Neandertalers. Neandertaler mögen vielleicht grobschlächtig ausgesehen haben, doch waren ihre Gehirne so groß wie die heutiger Menschen, wobei die hinteren Regionen anscheinend größer und die vorderen kleiner waren als bei uns. (In dem Roman *Ayla und der Clan des Bären* stellt die Schriftstellerin Jean M. Auel einige interessante Spekulationen über mögliche Unterschiede zwischen dem „Geist" der Neandertaler und dem Geist anatomisch moderner Menschen an.) Der seinerzeit untersuchte Neandertalerschädel ist mehr als 30 000 Jahre alt und wurde in Frankreich gefunden. Noch bemerkenswerter ist, dass sich die gleichen Merkmale einer vergrößerten Sprachregion auch am Schädel des in Asien gefundenen Pekingmenschen erkennen lassen, einem unserer vor noch längerer Zeit lebenden Vorfahren der Spezies *Homo erectus*. Der untersuchte Schädel soll 300 000 Jahre alt sein. Andere Befunde lassen ebenfalls vermuten, dass die Neandertaler eine Sprache besaßen, obgleich es darüber heftige Debatten gibt (siehe die Ausgabe der Zeitschrift *Science* vom 20. November 1999). Sie bestatteten ihre Toten in ritueller Weise zusammen mit Gegenständen, die auf eine Religion hindeuten, und eine solche dürfte es ohne Sprache wahrscheinlich nicht gegeben haben. Obwohl wir keine derartigen zusätzlichen Hinweise auf Sprache beim *Homo erectus* besitzen, spricht die vergrößerte Sprachregion allein sehr dafür, dass er zu sprechen vermochte.

Die erstaunliche Tatsache, dass sich die Größe des menschlichen Gehirns in den letzten drei Millionen Jahren vervierfacht hat, lässt sich nur durch den machtvollen modellierenden Einfluss der natürlichen Auslese erklären. Sprache ist der wesentliche Unterschied zwischen Menschen und Menschenaffen, und ein Großteil der menschlichen Großhirnrinde ist mit Sprache beschäftigt. Es scheint auf der Hand zu liegen, dass die verbesserte Kommunikation, die mit der Sprachentwicklung einherging, großhirnige Gemeinschaftstiere im evolutionären Wettstreit ums Überleben bevorteilte. Zwar besitzen auch einige große Menschenaffen, Schimpansen und Orang-Utans, auf der linken Hirnseite ein vergrößertes Rindenfeld in einem Bereich, das der Lokalisation der menschlichen Sprachregionen entspricht, doch kommt nichts der menschlichen Asymmetrie gleich. Niedere Affen zeigen diese Art von Hirnasymmetrie jedenfalls nicht.

Dass es in der linken Hemisphäre des menschlichen Gehirns Sprachregionen gibt, ist seit knapp hundert Jahren durch Untersuchungen an Patienten mit Hirnschäden bekannt. Die Entdeckung anatomischer Unterschiede zwischen den beiden Hirnhälften ist recht neu. Bei der Mehrzahl der Menschen dehnt sich die hintere Sprachregion nicht nur stärker über die linke Hemisphäre aus, ihr Gewebe ist auch mikroskopisch betrachtet mächtiger: Die linke Sprachregion weist bis zu 700

Prozent mehr Gewebe auf als die entsprechende Region der rechten Hirnhälfte. Der Unterschied zwischen den beiden Hirnhälften entwickelt sich beim menschlichen Fetus um die 31. Woche nach der Befruchtung herum.

Das urtümliche Zeichen einer Hemisphärendominanz war die Händigkeit. Rund 90 Prozent der Menschen aller Kulturen und aller geschichtlichen Epochen waren und sind Rechtshänder. Selbst unsere zeitlich entferntesten, als menschenähnlich zu bezeichnenden Verwandten, die Australopithecinen, die vor mehreren Millionen Jahren in Afrika lebten, sind möglicherweise überwiegend rechtshändig gewesen. Australopithecinen gingen aufrecht und benutzten anscheinend grob behauene Steinwerkzeuge, obwohl ihre Gehirne nur in etwa so groß waren wie die heutiger Schimpansen. Der Weise nach zu urteilen, in der sie auf die Schädel der Tiere, die sie fraßen, einschlugen, waren sie rechtshändig.

Sowohl der Sinnesinformationsfluss von der Hand zum Gehirn als auch die motorische Steuerung der Hand durch das Gehirn erfolgen gekreuzt – die linke Hemisphäre ist für die rechte Hand zuständig und umgekehrt. Wie die linke Hemisphäre dazu gekommen ist, sowohl Händigkeit als auch Sprache zu dominieren, ist unklar, es lässt sich jedoch folgendes vermuten: Händigkeit spielt bei motorischen Aufgaben und dem Erwerb motorischer Fertigkeiten eine Rolle. Auch Sprechen ist eine sehr komplexe motorische Fertigkeit. Wenn die linke Hirnhälfte auf motorische Fertigkeiten, einschließlich des Sprechens, spezialisiert ist, dann ist es sinnvoll, das Sprachverständnis in der gleichen Hemisphäre unterzubringen. Wie wir noch sehen werden, gibt es in der linken Hirnhälfte zwei wichtige Sprachregionen: die „motorische" oder Brocasche Sprachregion und die „verstehende" beziehungsweise „sensorische" oder Wernickesche Sprachregion. Die rechte Hirnhälfte ist der linken an Wichtigkeit überlegen, wenn es um bestimmte Arten räumlicher Funktionen, wie beispielsweise das Begreifen dreidimensionaler Muster, sowie um gewisse Aspekte von Musik, gefühlsmäßigem Verhalten und Aufmerksamkeit geht.

Obwohl die Sprachregionen bei der weit überwiegenden Mehrzahl der Menschen in der linken Hemisphäre angesiedelt sind, gibt es auch Ausnahmen. Bei etwa fünf Prozent der Rechtshänder und bei ungefähr 30 Prozent der Linkshänder befinden sich die Sprachareale in der rechten Hirnhälfte. Die Frage, wo die Sprachregionen lokalisiert sind, erlangt zentrale Bedeutung, wenn eine Hirnoperation ansteht. Eine Schädigung der Sprachregionen kann sich auf das Leben der Patienten verheerend auswirken; ein vergleichbarer Schaden in der anderen Hirnhälfte ist weit weniger beeinträchtigend – typischerweise kann die räumliche Orientierung gestört sein, sodass es beispielsweise Schwierigkeiten bereitet, Landkarten zu lesen und sich in der Umgebung zurechtzufinden. Es sind also Fähigkeiten betroffen, an denen es vielen von uns ohnehin mehr oder weniger mangelt. Der Neurologe Juhn Wada von der Universität von British Columbia hat einen sehr einfachen Test entwickelt, mit dem sich bestimmen lässt, welche Hemisphäre die Sprachareale beherbergt. Man spritzt ein Barbiturat (ein Schlafmittel), sagen wir, in die linke Halsschlagader – diese Arterie versorgt die linke Hirnhälfte mit Blut. Sitzt die Sprache in der linken Hemisphäre, dann geht sie innerhalb weniger Sekunden verloren. Zirkuliert das Barbiturat einige Zeit später durch die rechte Hirnhälfte, ist es verdünnt und von geringerer Wirkung. Ist die Sprache also in der rechten Hemisphäre angesiedelt ist, geht sie nicht unmittelbar verloren.

Sprachregionen der Großhirnrinde

Praktisch alle Kenntnisse, die Wissenschaftler über Hirnmechanismen besitzen, die für Sprache relevant sind, entstammen Untersuchungen an jenen bedauernswerten Menschen, die eine Schädigung der Sprachregionen erlitten und infolge dessen Störungen des Sprechens und Schreibens – eine so genannte *Aphasie* – entwickelt haben. Bei kleinen Kindern wirken sich Hirnschäden völlig anders auf die Sprache aus als bei Erwachsenen. Wird die gesamte dominante Hemisphäre zerstört, ist das Kind vollständig sprachunfähig, erholt sich jedoch im Laufe mehrerer Monate und entwickelt schließlich eine nahezu unauffällige Sprache. Solche Aufsehen erregenden Genesungen kommen bei Erwachsenen nicht vor.

Der letzte Teil der gemeinsamen Leitungsbahn für Sprache beginnt in der unteren Gesichts- und Mundregion des *primären motorischen Cortex*. Dieses Rindenfeld sendet seine Bewegungsbefehle die Pyramidenbahn hinab zu den motorischen Kerngebieten des Hirnstammes, die die Bewegungen von Kehlkopf, Zunge und Mund steuern (Abbildung 12.16; siehe auch Kapitel 9). Werden diese Rindenareale geschädigt, so führt dies zu Muskelschwäche und undeutlichem Sprechen – es fällt den Patienten schwer, Laute zu artikulieren –, doch bilden sich diese Symptome in der Regel weitgehend zurück. Das Sprachverständnis ist hierbei nicht beeinträchtigt, ebenso wenig die Fähigkeit zu schreiben, sofern das für die Hand zuständige motorische Rindenfeld verschont geblieben ist. Die Störung betrifft weniger die Sprache als vielmehr das deutliche Sprechen, da die Kontrolle über die Motoneuronen schwächer ist.

Der *supplementäre* (ergänzende) *motorische Cortex* (Abbildung 12.16) ist eine faszinierende Großhirnrindenregion bei Menschen und anderen Primaten (Kapitel 9). Wird er elektrisch gereizt, kann er komplexe Bewegungen auslösen, und er empfängt auditive, visuelle wie auch somatosensorische Sinnesinformationen. Jüngere Forschungsarbeiten deuten darauf hin, dass er als „Supermotorcortex" fungiert. PET-Scan-Untersuchungen geben Hinweise darauf, dass die Aktivität dieser Rindenregion zunimmt, wenn komplexe Abfolgen willkürlicher Bewegungen vollführt werden, wie etwa lautes Zählen oder Sequenzen von Fingerbewegungen. Die bloße Vorstellung, Fingerbewegungen zu machen, lässt sie aufleuchten, nicht aber innere Gespräche. Sie ist keine Sprachregion an sich, wohl aber an Sprechbewegungen beteiligt. Die operative Entfernung dieser Rindenregion aus der linken Hemisphäre führt zu einer so genannten globalen Aphasie – dem vollständigen Verlust des Sprachvermögens – doch ist dieser Verlust vorübergehend und dauert nur wenige Wochen an. Die Patienten erholen sich praktisch vollständig.

Die *Brocasche Sprachregion* befindet sich vor dem motorischen Cortex im seitlichen Abschnitt der Hemisphäre (Abbildung 12.16). Das grundlegende Problem, das bei Schädigung des Brocaschen Areals auftritt, betrifft das Sprechen – die Sprache ist nicht flüssig und die Sprachproduktion nur gering. Auch die Grammatik ist gestört: Kleine Bestandteile der Sprache wie „zu" und „das" werden ebenso weggelassen wie die korrekten grammatischen Endungen von Wörtern. Nicht beeinträchigt ist die Fähigkeit, die Zunge als solche zu bewegen. Die Schädigung des Brocaschen Areals zieht also eine Störung der Sprache, und nicht nur

12.17 Die Sprachfelder des Gehirns und ihre mutmaßliche Wechselwirkung beim Nachsprechen eines gehörten oder geschriebenen Wortes. Oben: Wenn man ein Wort hört, wird die auditive Empfindung über die primäre Hörrinde empfangen; das Wort kann aber erst verstanden werden, wenn das Signal im Wernickeschen Areal verarbeitet worden ist. Beim Nachsprechen wird ein Teil der „Repräsentation" dieses Wortes aus dem Wernickeschen Areal über ein als Fasciculus arcuatus bezeichnetes Nervenfaserbündel auf die Brocasche Sprachregion übertragen. Dort aktivieren die eintreffenden Signale ein „Programm" für die Artikulation, das an das Gesichtsfeld der motorischen Rinde weitergegeben wird. Der motorische Cortex seinerseits steuert die Muskeln von Lippen, Zungen, Kehlkopf und so weiter. Unten: Wenn man ein geschriebenes Wort liest, wird die visuelle Information zunächst von der primären Sehrinde aufgezeichnet und dann wahrscheinlich auf den Gyrus angularis umgeschaltet, wo vermutlich die Assoziationen zwischen der visuellen Gestalt des Wortes und dem entsprechenden auditiven Muster im Wernickeschen Areal hergestellt werden. Das Nachsprechen erfolgt dann über die gleichen Systeme von Nervenzellen, als spräche man ein gehörtes Wort. ▶

eine motorische Störung, nach sich. Wie es scheint, verschlüsselt die Brocasche Sprachregion überdies wesentliche Aspekte der Syntax.

So gibt es bedeutsame Hinweise darauf, dass eine Schädigung des Brocaschen Areals auch das Sprachverständnis in Mitleidenschaft zieht, insbesondere wenn die Bedeutung von der Syntax abhängt. Eric Warner gibt dafür ein besonders illustratives Beispiel an. Schauen Sie sich die folgenden beiden Sätze an:

Das Gebäck, das der Junge isst, ist knusprig.

Das Mädchen, das der Junge liebt, ist groß.

Im ersten Satz braucht man nicht die Syntax, um die Bedeutung zu erfassen. Jungen essen Gebäck, aber Gebäck isst keine Jungen, und Gebäck kann knusprig sein, Jungen jedoch nicht. Im zweiten Beispiel kann sowohl der Junge das Mädchen als auch das Mädchen den Jungen lieben, und jeder von ihnen könnte groß sein. Nur die Syntax liefert die Information, dass der Junge das Mädchen liebt und das Mädchen groß ist. Patienten mit einem geschädigten Brocaschen Areal verstehen Sätze wie den ersten problemlos, haben aber große Schwierigkeiten, Sätze wie den zweiten zu verstehen, bei denen die Bedeutung entscheidend von der Syntax abhängt.

Ausgedehnte Schädigungen der *Wernickeschen Sprachregion,* des hinteren Sprachareals, verursachen massive Störungen von Sprachverständnis und Sprechen. Diese Patienten sind in der Lage, rasch und wohl artikuliert Laute zu äußern und sogar richtige Redewendungen und Wortfolgen von sich zu geben, doch ist das, was sie hervorbringen, keine Sprache. Die Äußerungen haben zwar den richtigen Rhythmus und in etwa den Klang normaler Sprache, aber sie vermitteln keinerlei Information. Wernicke-Patienten sind praktisch vollkommen unfähig, gesprochene wie geschriebene Sprache zu verstehen, obwohl Hör- und Sehvermögen grundsätzlich normal sind.

Norman Geschwind von der Harvard-Universität hat die früheren Konzepte von Carl Wernicke über die Hirnfunktionen bei Sprache weiter ausgebaut, indem er die Verbindungen zwischen den verschiedenen sensorisch-rezeptiven, Assoziations- und sprachmotorischen Feldern analysierte. Um die Bedeutung der verbindenden Bahnen zu betonen, hat er die Aphasien auch als „Diskonnektionssyndrome" bezeichnet. In wenigen Worten lassen sich Geschwinds Vorstellungen so umreißen:

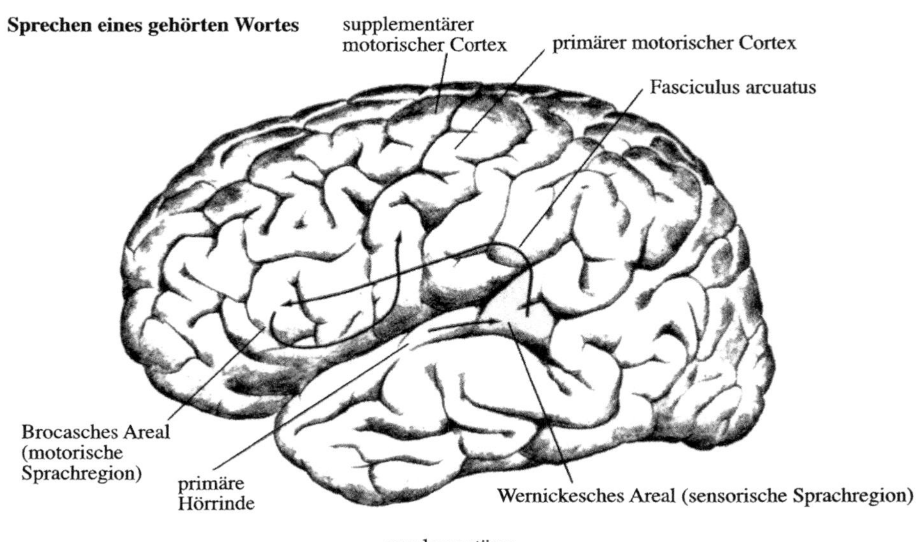

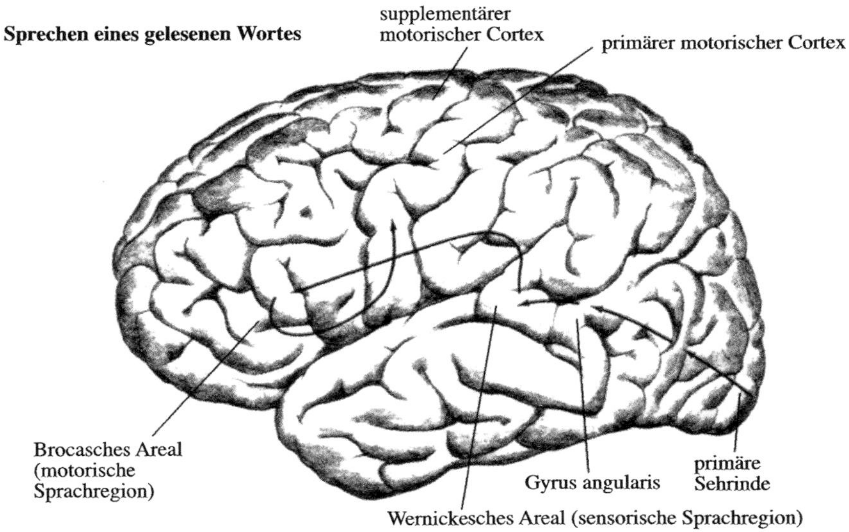

Das Wernickesche Areal ist entscheidend für Begriffsbildung und Entstehung von Sprache. Wenn ein Satz gesprochen werden soll, entspringt er quasi in dieser Region, wird über den Fasciculus arcuatus auf das Brocasche Areal übertragen, das die richtige Abfolge von Lauten initiiert, und anschließend an die motorische Rinde weitergegeben, die das Sprechen des Satzes steuert (Abbildung 12.17). Nach Geschwind wird ein Wort, das man hört, von der primären Hörrinde (die beim Menschen auch als Heschlsche Querwindungen bezeichnet wird) vermutlich über auditive Assoziationsfelder auf das Wernickesche Areal übertragen, wo es verstanden wird. Wenn man ein geschriebenes Wort sieht (Abbildung 12.2), wird es auf den primären visuellen Cortex (die Area striata) projiziert, anschließend auf ein visuelles Assoziationsfeld, von dort aus auf die als *Gyrus angularis* bezeichnete Region, die vermutlich der Integration von visueller und auditiver Information dient, und schließlich auf das Wernickesche Areal, das sein Verständnis ermöglicht. Soll ein gehörtes Wort nachgesprochen werden, wandert die Information über dieses Wort aus der Hörrinde zum Wernickeschen Areal und anschließend zum Gyrus angularis, von dort zurück zum Wernickeschen Areal und weiter zum Brocaschen Areal und zum motorischen Cortex. Wenn ein geschriebenes Wort auszusprechen ist, läuft die entsprechende Information von der primären Sehrinde über den visuellen Assoziationscortex zum Gyrus angularis, dann zum Wernickeschen und von dort zum Brocaschen Areal und schließlich zum Motorcortex. Um das Bild noch komplizierter zu machen, treten auditive und visuelle Informationen über den Balken, das Corpus callosum, von einer Hemisphäre in die andere über.

Diese ziemlich komplexe Hypothese über die Hirnmechanismen beim Sprechen wurde aus Untersuchungen an Personen entwickelt, die sehr spezielle und selektive Störungen der Sprech- und Sprachfunktion aufwiesen. Eine Läsion, die auf den Fasciculus arcuatus, die Verbindung zwischen Wernickeschem und Brocaschem Areal (Abbildung 12.16), begrenzt ist, ruft eine so genannte *Leitungsaphasie* hervor. Die Betroffenen verstehen gesprochene und geschriebene Sprache perfekt, aber ihr Sprechen ist gravierend verändert und ähnelt dem von Patienten mit einer Schädigung des Wernickeschen Areals, die zwar fließend, jedoch ohne Sinngehalt sprechen. Die Fähigkeit, gesprochene Sätze zu wiederholen, ist stark beeinträchtigt. Brocasches und Wernickesches Areal sind beide normal, aber das Wernickesche Areal übt keine Kontrolle mehr über die andere Region aus.

Vor vielen Jahren beschrieb der französische Neurologe Joseph Déjérine einen Patienten, der die Fähigkeit zu lesen und zu schreiben verloren hatte, der aber sprechen und gesprochene Sprache verstehen konnte. Eine solche Erkrankung wird als *Alexie* mit *Agraphie* (Lese- und Schreibunfähigkeit) bezeichnet. Die Autopsie offenbarte eine Läsion im linken Gyrus angularis, dem auditiv-visuellen Assoziationsfeld. Der Patient wird Wörter und Buchstaben zwar korrekt gesehen haben, aber nur als bedeutungslose Muster, da solche visuellen Muster zuerst mit den auditiven verbunden werden müssen, bevor ein Wort verstanden werden kann. Das auditive Muster eines Wortes muss in ein visuelles Muster umgewandelt werden, bevor man es buchstabieren und niederschreiben kann. Gehörte Wörter konnte der Patient dagegen über Hörrinde und Wernickesches Areal verarbeiten und nach Weiterleitung an das Brocasche Areal auch aussprechen.

Ein anderer von Déjérines Patienten stellte eines Morgens beim Aufwachen fest, dass er nicht mehr lesen konnte. Man fand heraus, dass der Verschluss einer Hirnarterie (ein „Hirnschlag") ihn für die rechte Gesichtsfeldhälfte blind gemacht hatte. Die linke Sehrinde war vollständig geschädigt. Das erklärte zwar die halbseitige Blindheit des Patienten, nicht aber seine Lesestörungen. Er konnte sprechen, gesprochene Sprache verstehen und auch schreiben. Sein Sehen in der linken Gesichtsfeldhälfte war normal. Eine Untersuchung nach seinem Tod ergab, dass nicht nur die linke Sehrinde, sondern auch der hintere Bereich des Corpus callosum, das Information zwischen den Hemisphären übermittelt, zerstört war. Folglich konnte visuelle Information zwar zur rechten Sehrinde und zu den rechten Assoziationsfeldern gelangen, nicht jedoch zum linken Gyrus angularis, der für die Integration der Seh- und Hörinformation entscheidenden Region, oder zum linken Wernickeschen Areal kreuzen.

Die Areale der Großhirnrinde, die Sprachfunktionen steuern, insbesondere jene des hinteren Assoziationscortex, namentlich Wernickesche Sprachregion und Gyrus angularis, sind tatsächlich örtlich umschrieben, aber verhältnismäßig groß. Es gibt Hinweise in der Literatur, dass die Sprachfunktionen feinkörnig in unterschiedlichen corticalen Subregionen lokalisiert sein könnten, die an der Speicherung unterschiedlicher Aspekte und Klassen von Wörtern mitwirken. In London untersuchte Elizabeth Warrington zwei Aufsehen erregend anschauliche Fälle. Bei den beiden Patienten waren unterschiedliche Areale im Bereich der hinteren Sprachregionen zu Schaden gekommen, das genaue Ausmaß der Schädigung kannte man jedoch nicht. J. B. R. war ein junger Mann, der im Rahmen einer infektiösen Enzephalitis (einer Gehirnentzündung durch Krankheitserreger) einen ausgedehnten Hirnschaden erlitten hatte. Seine Aphasie war dadurch charakterisiert, dass seine Fähigkeit, abstrakte wie konkrete Wörter zu verstehen und zu benennen, gestört war. Innerhalb der Kategorie der konkreten Wörter hatte er erhebliche Schwierigkeiten mit den Namen von Lebewesen und Lebensmitteln, nicht aber mit den Bezeichnungen von Gegenständen. V. E. R. war eine ältere Hausangestellte mit einer schweren Aphasie, die sie sich infolge eines größeren linkshirnigen Schlaganfalls zugezogen hatte. Sie war kaum noch dazu in der Lage, Bezeichnungen für Gegenstände zu verstehen, selbst nicht für gängige Küchenutensilien, die ihr höchst geläufig gewesen sein dürften, doch war ihre Leistung in Bezug auf Lebewesen und Lebensmittel überraschend gut. Die Verluste für bestimmte Kategorien von Hauptwörtern ergänzten sich bei diesen beiden Patienten.

George Ojemann von der Universität von Washington in Seattle schaltete bei bewusstseinsklaren Patienten, die sich zur Behandlung epileptischer Störungen einer Hirnoperation unterzogen, einen kleinen Bezirk der Großhirnrinde durch inaktivierende elektrische Reize aus; dies führte zu Ausfällen im Sprachverständnis sowie beim Sprechen. Das Band corticalen Gewebes, das entscheidend an der Sprache beteiligt ist, zieht von der Brocaschen Sprachregion und dem für das Gesicht zuständigen Areal des primären motorischen Cortex um die Sylvische Fissur herum zurück zur Wernickeschen Sprachregion. Schaltet man das Brocasche Areal aus, sind sowohl die Mundbewegungen wie auch die Erkennung der elementaren Sprachlaute (der Phoneme) gestört. Überdies fanden sich in der Nähe der Wernickeschen Sprachregion Bezirke, deren Ausschaltung ausschließlich zu Störungen bei der Benennung oder beim Schreiben führte, und sogar Bereiche, die nur für Syntax zuständig waren. Ojemanns Befunde werfen Fragen bezüglich der herkömmlichen Betrachtungsweise der Brocaschen und Wernickeschen Sprachregionen auf. Durch inaktivierende elektrische Reizung vermochte er in beiden Arealen ähnliche Benennungsstörungen auszulösen. In der Wernickeschen Sprachregion fand er mehrere Bezirke für Benennungen, die jeweils nur sehr klein und umschrieben waren – nicht mehr als fünf Millimeter pro Bereich. Existenz und Grenzen der beiden Sprachregionen hatte man hauptsächlich durch Untersuchungen an älteren Patienten definiert, die Hirnschäden durch Schlaganfälle erlitten hatten. Die Organisation, vielleicht auch die Verletzlichkeit der Sprachareale könnte sich altersabhängig ändern. Ojemanns Patienten waren verhältnismäßig

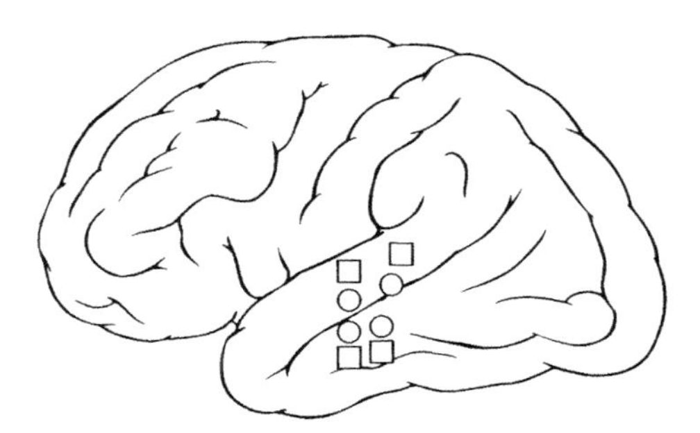

12.18 Spezifische Auswirkungen einer inaktivierenden Reizung von kleinen Bezirken der linksseitigen Großhirnrinde auf die Fähigkeit, Gegenstände in Griechisch (Vierecke) und Englisch (Kreise) zu benennen. Griechisch war die Zweitsprache des Patienten, bei dem sich die Inaktivierung als absolut spezifisch für die jeweilige Sprache erwies: An Stellen, deren Reizung Griechisch inaktivierte, ließ sich nicht die Fähigkeit, Gegenstände in Englisch zu benennen, beeinträchtigen, und umgekehrt.

jung. Ein anderer wichtiger Punkt ist, dass seine Patienten alle unter Epilepsie litten – ihre Gehirne waren nicht normal.

Darüber hinaus entdeckte Ojemann ein gesondertes Areal, das für das visuelle Kurzzeitgedächtnis spezifisch ist. Es stimmt gut mit jener Region für visuelles Kurzzeitgedächtnis überein, die sich aus den Untersuchungen von Warrington und Weiszkrantz an hirngeschädigten Patienten ableiten ließ. Am meisten verblüffen vielleicht die Ergebnisse einer Untersuchung von Ojemann an bilingualen Personen – Menschen, die zwei Sprachen fließend beherrschen, beispielsweise Englisch und Griechisch. Reizte man die zentralen Bereiche von Brocascher oder Wernickescher Sprachregion, führte dies dazu, dass die Funktionen für beide Sprachen zum Erliegen kamen; in manchen Bezirken schaltete die Reizung aber nur Griechisch oder nur Englisch aus (Abbildung 12.18). Kurzum, möglicherweise kommen in den Spracharealen unterschiedliche Subregionen zum Einsatz, wenn man eine zweite Sprache lernt.

Ein weiteres faszinierendes Beispiel dafür, dass Sprachfunktionen möglicherweise an verschiedenen Orten lokalisiert sind, entstammt Studien an japanischen Patienten mit Hirnverletzungen. Im Japanischen gibt es zwei Formen geschriebener Sprache, die Bilderschrift *(Kanji)*, die sich aus dem Chinesischen ableitet, und eine alphabetische Schreibschrift *(Kana)*. Anscheinend kann sich ein Hirnschaden unterschiedlich auf die Fähigkeit auswirken, diese beiden Schriftarten zu lesen und zu schreiben. So kann, je nach geschädigter Region, das Lesen der Bilderschrift viel stärker erschwert sein als das Lesen der Schreibschrift, und umgekehrt.

Bilder der Sprache im Gehirn

Die bildgebenden Verfahren haben unser Wissen über Hirnsubstrate, die der Sprache zugrunde liegen, um einige komplizierende Befunde ergänzt. Arbeiten von Michael Posner (jetzt am Cornell Medical College), Marcus Raichle sowie Steven Peterson und Mitarbeitern an der Washington-Universität in St. Louis konzen-

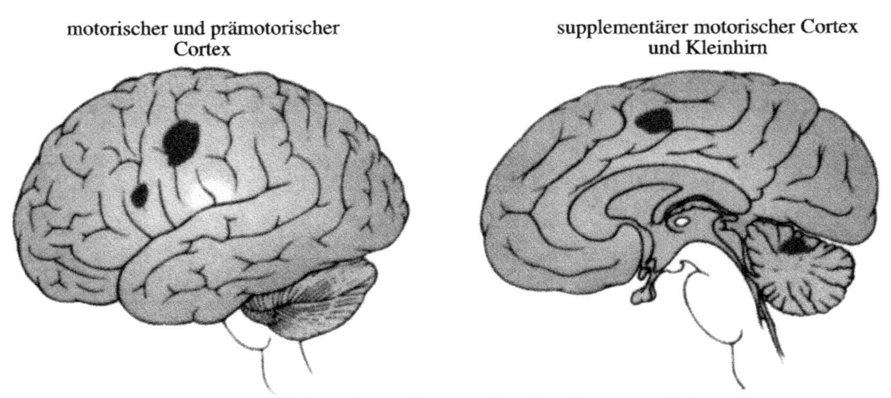

12.19 Ergebnisse von PET Scan-Untersuchungen an Probanden, die Substantive laut nachsprachen, die auf einem Bildschirm gezeigt wurden. Der Befund für bloße Wortpräsentationen ohne Nachsprechen ist subtrahiert. Zu den (dunkel gefärbten) Arealen, die bei Wortbenennung selektiv aktiv wurden, zählten der primäre und der supplementäre motorische Cortex, die Brocasche Sprachregion sowie das vordere Kleinhirn.

trierten sich auf Wörter. Sie benutzten die $H_2^{15}O$-Technik (siehe Seite 425), um Veränderungen des regionalen Blutflusses zu messen. Den Versuchspersonen präsentierten sie entweder einfach Wörter, oder sie ließen sie Wörter oder Gedanken, die sie mit den Wörtern verknüpften, über einen Aufzeichnungszeitraum von vierzig Sekunden vor sich hersagen. Die Untersucher verwendeten die Subtraktionsmethode, um Hirnareale aufzuspüren, die insbesondere mit verschiedenen Aspekten der Sprache zu tun haben (siehe oben).

Insgesamt entdeckten die Forscher eine Anzahl von Regionen in der Großhirnrinde und der Kleinhirnrinde, die bei diesen Aufgaben aktiviert wurden. Wenn die Probanden Wörter lediglich anschauten, regte dies Bereiche der hinteren Großhirnrinde (Sehfelder) an, und wenn sie Worte lediglich hörten, waren erwartungsgemäß die für das Hören zuständigen Areale aktiv. Sollten die Versuchspersonen Wörter nachsprechen (Subtraktion der bloßen Wortpräsentation), wurde eine Anzahl motorischer Systeme tätig, zu denen der primäre und supplementäre motorische Cortex und das vordere Kleinhirn zählten. Zusätzlich wurde auch ein Teil der Brocaschen Sprachregion aktiv (Abbildung 12.19). Diese Ergebnisse gelten sowohl für die visuelle als auch für die auditive Präsentation der Wörter. Und wieder waren die Befunde nicht unerwartet.

Die überraschendsten Resultate ergaben sich bei den semantischen Subtraktionsaufgaben (Abbildung 12.20). Hier zeigten sich in einem Areal an der medialen (zur Mitte hin gelegenen) Wand der Großhirnhemisphäre, dem *vorderen Gyrus cinguli*, mehrere Aktivitätsherde. Diese Region gehört zum präfrontalen Cortex, der an Exekutivfunktionen beteiligt ist (siehe oben). Zusätzlich fanden sich noch auffallende Aktivitätsherde in lateralen (seitlich gelegenen) Regionen der rechten Kleinhirnhälfte. Bei dieser Analyse ist zu beachten, dass die Bilder für das motorische Verhalten an sich, das Sprechen der Wörter, abgezogen worden sind. Die

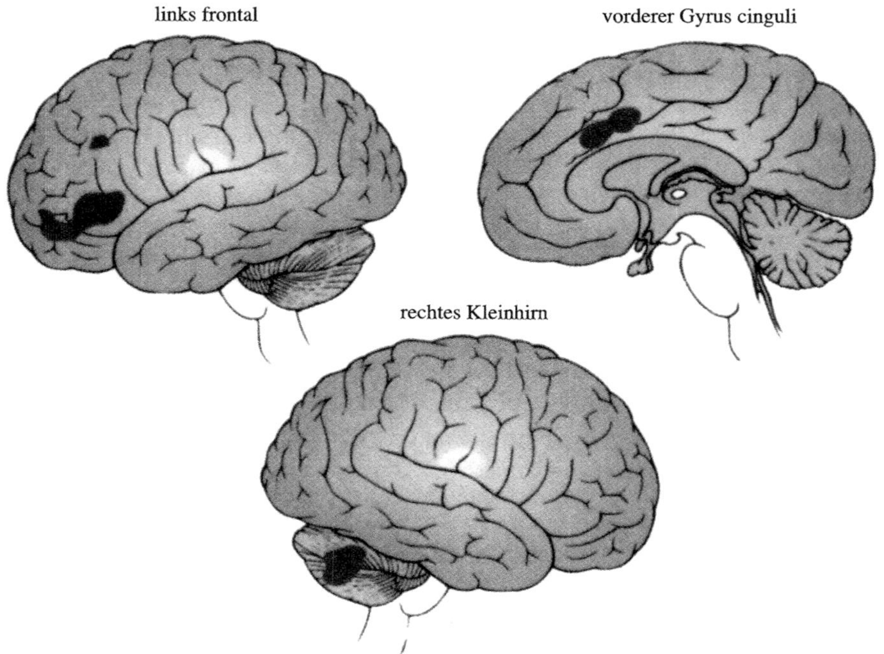

12.20 PET Scan-Befunde von Probanden, die auf ein dargebotenes Substantiv mit dem passendsten Verb antworten sollten. Die Bilder für das bloße Nachsprechen von Substantiven (Abbildung 12.19) wurden abgezogen. Mehrere Aktivitätsherde zeigten sich im vorderen Gyrus cinguli (vordere mediale Wand der Großhirnrinde – oben rechts), im vorderen seitlichen präfrontalen Cortex (oben links) und in der seitlichen Kleinhirnrinde (unten). Beachten Sie, dass sich diese Regionen des präfrontalen Großhirns und des seitlichen Kleinhirns in der Evolution des menschlichen Gehirns zuletzt herausgebildet haben.

Aktivierung vorderer Großhirn- und seitlicher Kleinhirnregionen, die durch die semantischen Aufgaben ausgelöst wurde, erfolgte nicht, wenn die Versuchspersonen die dargebotenen Wörter lediglich sprachen. Folglich dürften bislang unvermutete Bereiche der präfrontalen Großhirnrinde und der seitlichen Kleinhirnrinde eine besondere Rolle für Semantik und Bedeutung, die komplexesten Aspekte der Sprache, spielen. Diese Assoziationsfelder des Großhirns und Kleinhirns haben sich in der Evolution zuletzt entwickelt und sind im menschlichen Gehirn besonders ausgeprägt.

Julie Fiez, die mit der Arbeitsgruppe in St. Louis zusammenarbeitete, untersuchte einen Patienten mit Schädigung der gleichen Region auf der rechten Seite des Kleinhirns. Er war bei der Aufgabe, in der Verben gebildet werden sollten, in zweierlei Hinsicht deutlich beeinträchtigt: Erstens vermochte er die Aufgabe nicht normal zu lernen und zweitens assoziierte er mit den dargebotenen Wörtern zahlreiche andere Wörter als Verben. Das Kleinhirn spielt eindeutig eine wichtige Rolle für die komplexeren Aspekte der Syntax und Semantik von Sprache.

Stottern und Legasthenie

Ein verbreitetes Sprachproblem, das hier Erwähnung finden sollte, ist das Stottern; es kommt bei Männern viel häufiger vor als bei Frauen. Wir haben bislang noch nicht die leiseste Ahnung, ob hierbei irgendwelche Hirnanomalien eine Rolle spielen könnten. Der Volksmund sagt, Stottern entstehe, wenn man ein linkshändiges Kind zwinge, Rechtshänder zu werden, aber es gibt keine handfesten Belege für diese Annahme. In einer umfassenden Studie wurden 2035 Verwandte von 397 nicht miteinander verwandten Stotterern untersucht. Die Ergebnisse zeigten ganz klar, dass Stottern familiär gehäuft vorkommt. Der Defekt scheint nicht an ein einzelnes Gen gebunden, womöglich aber signifikant vererbbar zu sein.

Aphasien sind die schwersten, durch ausgedehnte Hirnschäden verursachten Sprachdefekte. Legasthenie ist eine viel weiter verbreitete Sprachstörung, die milde bis schwer ausgeprägt sein kann. Legasthenische Kinder haben Schwierigkeiten, lesen und schreiben zu lernen. Im Schrifttum findet sich die Beschreibung des unglücklichen Falles eines legasthenischen Kindes, das bei einem Unfall getötet und anschließend obduziert wurde. Hierbei zeigte sich, dass das Muster, in dem die Nervenzellen angeordnet waren, in einem Teil der Wernickeschen Sprachregion deutlich vom Normalen abwich. Obwohl nur ein Einzelfall, lässt er die Möglichkeit in Betracht kommen, dass Legasthenie durch Hirnanomalien bedingt sein könnte. Legasthenie kommt bei Jungen fünfmal häufiger vor als bei Mädchen. Ein möglicher Faktor hierfür ist der Balken. Männliche Personen haben anscheinend weniger Fasern im hinteren Abschnitt des Balkens, der die visuellen Assoziationsfelder der beiden Hemisphären miteinander verbindet. Diese Leitungsbahnen sind für das Lesen unentbehrlich, wenn zugleich eine der beiden Sehrinden beschädigt ist.

Durch Untersuchungen mit bildgebenden Verfahren aus neuerer Zeit verstehen wir die neuronalen Zusammenhänge der Legasthenie inzwischen deutlich besser. Besonders illustrativ ist eine Studie von Guenevere Eden und Mitarbeitern am National Institute of Mental Health in Bethesda. Mit Hilfe der fMRT untersuchten sie, inwieweit das Feld MT (V5, siehe Kapitel 8) bei männlichen Legasthenikern und Kontrollpersonen durch bewegliche Reize aktiviert war (diese Region ist besonders an der Wahrnehmung von Bewegungen beteiligt). Bei den normalen Kontrollpersonen zeigte sich eine erhebliche Aktivierung in diesen Bereich, bei den Legasthenikern hingegen nicht. Bot man den beiden Gruppen jedoch unbewegliche Muster an, so resultierte dies bei beiden in einer gleich starken Aktivierung der Felder V1/V2. Der entscheidende Punkt hierbei ist, dass das Feld V5/MT ein Teil des großzelligen (magnozellulären – M) visuellen Systems ist. Dieses System ist ausschlaggebend dafür, Bewegungen normal wahrzunehmen, und Wahrnehmungsstudien an Legasthenikern deuten darauf hin, dass diese Bewegungen weniger gut erkennen können.

In einer PET-Studie am Natural Institute of Aging wurde analysiert, in welchem Umfang der Gyrus angularis im Vergleich zu Hinterhauptsregionen bei normalen und legasthenischen Männern beim Lesen aktiviert ist. Bei den normalen Versuchspersonen zeigte sich eine starke Korrelation zwischen der Aktivierung (das heißt erhöhter Durchblutung) im Gyrus angularis und in der Hinterhauptsregion. Ganz im Gegensatz dazu schien die Verbindung zwischen Gyrus angularis und Re-

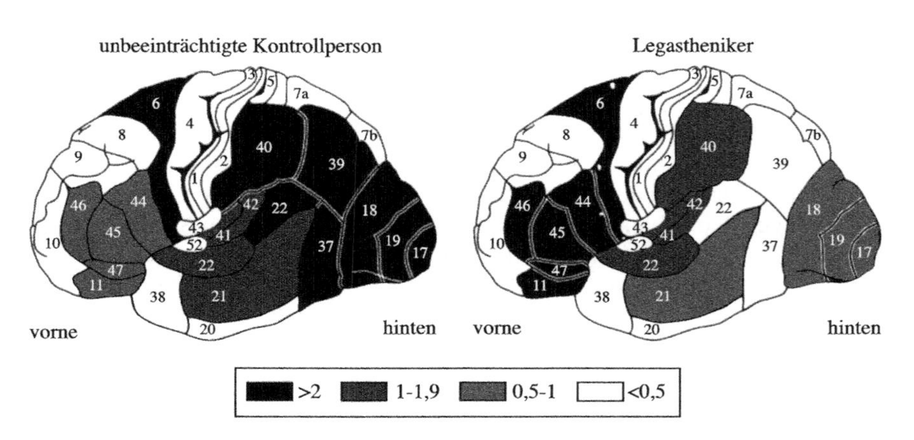

12.21 Ausmaß der Aktivierung von Gehirnregion (je dunkler, desto stärker) bei Legasthenikern im Vergleich zu normalen Versuchspersonen während komplizierter Aufgaben, für die ein Verständnis der Phonologie, das heißt ein semantischen Gedächtnis, erforderlich ist. Bei den Legasthenikern zeigte sich eine relative Unteraktivierung in den hinteren Regionen (Wernickesche Sprachregion, Gyrus angularis und Area striata) sowie eine Überaktivierung des frontalen Cortex. Die Ziffern beziehen sich auf die Brodmannschen Rindenfelder der Großhirnrinde.

gionen des Hinterhaupts bei Legasthenikern unterbrochen zu sein; es war kein Zusammenhang zwischen den Veränderungen in der Durchblutung zwischen diesen beiden Regionen zu erkennen.

Weitere PET-Studien bezüglich des Lesens, die Sally Shaywitz und zahlreiche ihrer Mitarbeiter an der Yale-Universität und der Universität von Texas durchführten, erbrachten ebenfalls das Ergebnis, dass der Gyrus angularis bei Legasthenikern in geringerem Maße aktiviert war. Auch in der Wernickeschen Sprachregion und der primären Sehrinde ließ sich bei Legasthenikern im Vergleich zu Kontrollpersonen eine verminderte Aktivierung bei Leseaufgaben feststellen. Besonders bedeutend war jedoch, dass bei den Legasthenikern auch eine Überaktivierung in einer Region des präfrontalen Cortex gefunden wurde. Diese Unterschiede zwischen Legasthenikern und Nicht-Legasthenikern sind recht beachtlich, wie auch Abbildung 12.21 verdeutlicht.

Neben den Problemen mit dem Lesen haben viele legasthenische oder andersweitig sprachlich behinderte Kinder Schwierigkeiten, gesprochene Sprache zu verstehen. Einfallsreiche Untersuchungen von Michael Menzenich von der Universität von Kalifornien in San Francisco, Paula Tallal von der Rutgers-Universität und deren Mitarbeitern zeigten, dass solche Kinder große Defizite aufweisen, schnell aufeinander folgende phonetische Elemente der Sprache zu erkennen. Ähnliche Schwierigkeiten hatten sie, rasche Veränderungen nichtsprachlicher Laute zu erfassen. Die Forscher trainierten eine Gruppe dieser Kinder an Computer-"Spielen", mit denen eigentlich die zeitliche Verarbeitungsfähigkeit auditiver Reize verbessert werden soll. Nach acht bis 16 Stunden Training über einen Zeitraum von 20 Tagen vermochten die Kinder schnelle Abfolgen von Sprachreizen sehr viel besser zu erkennen. Tatsächlich verbesserten sich auch ihre Sprachfunktionen deutlich.

Konnektionistische Modelle des Spracherwerbs

Vor einigen Jahren erschien mit einem Mal das Konzept der neuronalen Netze auf dem Schauplatz von Psychologie und Informatik, und es scheint so etwas wie eine Revolution für unser Verständnis von komplexen oder kognitiven Prozessen bei Menschen und anderen Säugern in Gang gebracht zu haben. Neuronale Netze sind keine echten neuronalen Schaltkreise, aber sie besitzen gewisse Ähnlichkeiten. Der elementare Aufbau des künstlichen Netzes besteht aus Knoten oder Neuronen, die mit anderen Knoten in einer Weise verknüpft sind, die den synaptischen Verbindungen zwischen Nervenzellen sehr ähnlich sind (Abbildung 12.22). Jeder dieser Verknüpfungen wird ein synaptisches Gewicht zugeordnet, das für erregende Verbindungen zwischen 0 und 1 und für hemmende Verbindungen zwischen 0 und –1 rangiert. Diese Netze sind lernfähig; ihre synaptischen Gewichte können sich durch Erfahrung ändern. In einem typischen Netz können die synaptischen Gewichte anfangs willkürlich zwischen –0,5 und +0,5 festgesetzt werden. Das Netz wird dann mit irgendeiner Art von Eingangsinformation versorgt; das Netz verarbeitet den Eingang und vergleicht seine Ausgabeinformationen mit der gewünschten oder richtigen Ausgabe. Die Differenz zwischen tatsächlicher und erwünschter Aktivität an den Ausgabeknoten stellt den so genannten Fehler dar. „Ziel" des Netzes ist es, den Fehler durch wiederholte Versuche auf ein vernach-

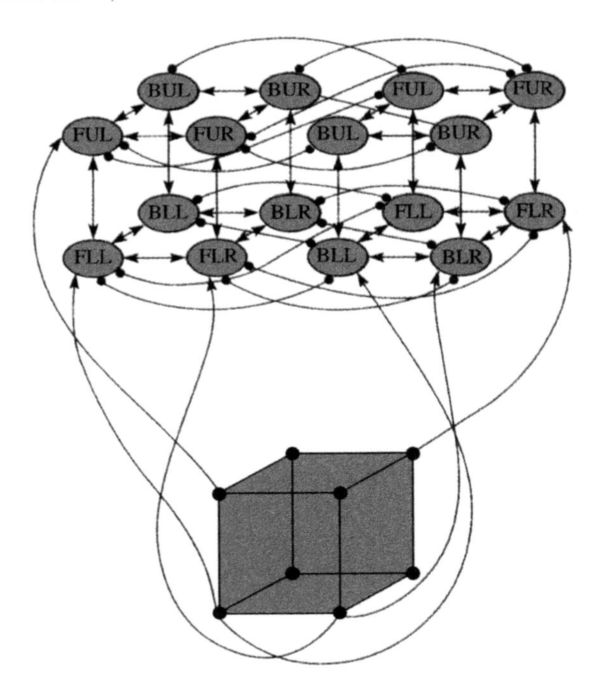

12.22 Schematische Darstellung eines neuronalen Netzwerks. Die Pfeile stehen für erregende Verbindungen, die Punkte für hemmende. Dieses kleine Netzwerk vermag viele Aspekte zu erklären, die die Wahrnehmung des Neckerschen Würfels betreffen. (Wenn Sie sich den Würfel anschauen, scheint er wechselweise aus der Seite heraus- und in die Seite hineinzuragen.)

lässigbares Niveau herunterzuschrauben. Zu diesem Zweck wird dem Netz eine Fehler korrigierende Formel oder ein Algorithmus eingegeben. Das Netz existiert nicht wirklich, sondern wird vielmehr in einem Computer simuliert (Abbildung 12.22). In der Tat sind mehrere neuronale Netze als komplexe Transistorsysteme gebaut worden. Ein eindrucksvolles Beispiel stellt das Transistorschaltkreismodell der Netzhaut des Auges dar, das Bewegung erkennen soll und von Carver Meade vom California Institute of Technology entwickelt wurde.

Zu den interessantesten kognitiven neuronalen Netzen zählen jene, die dazu entwickelt wurden, den Prozess des Spracherwerbs modellhaft darzustellen. David Rumelhart und Jay McClelland konzipierten seinerzeit an der Universität von Kalifornien in San Diego ein erstes Netz, das die Vergangenheitsform von Verben lernen sollte. Als Eingangsinformationen präsentierte man dem Netz lediglich Verben und ihre Vergangenheitsformen. Die Regeln, mit denen man dieses Tempus bildet, wurden nicht eingegeben; stattdessen sollte das Netz diese Regeln an Beispielen lernen. Die Forscher fütterten das Netz mit Verben und ihren Vergangenheitsformen entsprechend der Häufigkeit, mit der diese im Englischen benutzt werden. Im Kern ging es um die Frage, wie das Netz lernt, die richtigen Vergangenheitsformen der regelmäßigen und unregelmäßigen Verben zu bilden.

Verblüffenderweise schien das Netz die Vergangenheitsformen von Verben auf ziemlich die gleiche Weise zu lernen wie kleine Kinder. Es lernte die allgemeinen Regeln zur Bildung der Vergangenheitsformen regelmäßiger Verben, bevor es die Vergangenheitsformen unregelmäßiger Verben korrekt konstruieren konnte. So kam es während des Lernprozesses dazu, dass es unregelmäßige Verben wie regelmäßige Verben in die Vergangenheit setzte, beispielsweise „grabte" statt „grub" ausgab. Dieses Ergebnis lässt tief reichende Schlussfolgerungen auf die Natur der Sprache zu. Dem Netz waren keine grundlegenden grammatischen Strukturen eingegeben worden. Vielmehr leitete es die abstrakten Regeln zur Bildung der Vergangenheitsformen strikt aus Beispielen ab; es lernte die Regeln durch „Rückschlüsse". Wenn ein einfaches Netz mit wenigen hundert Einheiten auf diese Weise lernen kann, so dürfte das hoch komplexe menschliche Gehirn dies auch können. Vielleicht ist im Gehirn gar keine tiefe Sprachstruktur vorgegeben.

Mark Seidenberg, der jetzt an der Universität von Südkalifornien tätig ist, und McClelland haben dieses „Netzwerk der Vergangenheitsformen" zu einem viel allgemeineren Netzwerk des Spracherwerbs ausgearbeitet. Dieses Netz bewältigt erfolgreich Testaufgaben, die der effektiven Leistung von Menschen sehr nahe kommen, beispielsweise rascher auf häufiger als auf seltener benutzte Wörter zu antworten. Das vielleicht erstaunlichste Ergebnis trat zutage, als Seidenberg und McClelland das Netzwerk beschädigten, indem sie einige Einheiten entfernten. Das Netzwerk arbeitete dann gerade so, als hätte es Legasthenie.

Eines der vorrangigsten Ziele auf dem Gebiet der künstlichen Intelligenz ist es momentan, Computerprogramme zu entwickeln, die gesprochene Sprache verstehen und die passende Antwort geben (sprechen). Dieses Ziel versucht man gerade zu erreichen, denn die Netze von Rumelhart und McClelland sowie von Seidenberg und McClelland scheinen darauf hinzudeuten, dass es eines Tages möglich sein wird, sich mit einer Maschine sinnvoll zu unterhalten.

Bewusstsein

Das Wesen des menschlichen Bewusstseins oder der Bewusstheit gehört seit jeher zu den größten Rätseln, mit denen sich Philosophie und Wissenschaft beschäftigen. Jeder von uns ist davon überzeugt, dass wir Bewusstsein besitzen. Allerdings lässt es sich nicht unmittelbar messen, sondern nur über die Beschreibungen, die wir von ihm geben. Von Sprache einmal abgesehen, ist es nicht leicht, vom Verhalten auf Bewusstsein zu schließen; daraus resultieren auch die zahlreichen, über Jahre hinweg geführten Debatten um die Frage, ob Tiere Bewusstsein besitzen. Unter evolutionären Gesichtspunkten betrachtet, erscheint es unwahrscheinlich, dass nur Menschen ein Bewusstsein haben; dies entspräche in der Tat einer sehr anthropozentrischen Sichtweise. Die Evolution arbeitet in sehr kleinen Schritten, wenn sie körperliche Merkmale von Tieren verändert. Was auch immer Bewusstsein sein mag, wir besitzen es in großem Maße, woraus sich folgern lässt, dass es sich graduell aus ersten Anfängen bei einfachen Tieren entwickelt haben dürfte, da es adaptive Vorteile mit sich bringt.

Bewusstsein wird üblicherweise als Teil des „Geistes" betrachtet. William James und viele andere Psychologen haben es mehr oder weniger mit dem Kurzzeit- oder Arbeitsgedächtnis gleichgesetzt (Abbildungen 11.3 und 11.4). Ihr Bewusstsein – das, worüber Sie sich in einem bestimmten Augenblick bewusst sind – ist der Inhalt Ihres Kurzzeit- oder Arbeitsgedächtnisses. Natürlich sind Sie sich auch dessen bewusst, was Sie hören, sehen tasten und riechen, insbesondere dann, wenn Sie den jeweiligen Sinnesreizen gerade Beachtung schenken. Ihre Bewusstheit beschäftigt sich damit, über etwas nachzudenken oder Tagträumen nachzuhängen, was auch unterschwellige verbale Prozesse (Denken in Wörtern) und Bilder einschließt. Ihre Bewusstheit erstreckt sich ebenfalls zurück in die Vergangenheit: Sie sind sich über Ereignisse bewusst, die gerade passiert sind, und vage bewusst über Dinge, die sich früher ereignet haben. Sie sind sich ferner bis zu einem gewissen Grad über einige Aspekte der Erfahrung und des Wissens bewusst, die noch weiter zurückliegen und im Langzeit- oder permanenten Gedächtnis gespeichert sind. Bewusstheit umfasst die augenblickliche Situation, das Arbeitsgedächtnis und einige Auszüge aus dem Langzeitgedächtnis. Der vielleicht eindrucksvollste Aspekt des Bewusstseins ist sein einheitlicher und geschlossener Charakter. Robert Doty von der Universität Rochester formulierte es treffend: »Die digitalen Entladungen weit verstreuter Nervenzellen bringen das ungekörnte Panorama des dreidimensionalen farbigen Raumes hervor, den das normal sehende Auge dem Gehirn übermittelt.« (Doty, R. W. In: John, E. R. (Hrsg.) *Machinery of the Mind.* Boston (Birkhäuser) 1990. S. 3–13). Doch umfasst der Geist mehr als nur Bewusstsein, namentlich die gewaltigen Speicher an Wissen, Erfahrung und Fertigkeiten, die im Langzeitgedächtnis aufbewahrt werden und über die Sie sich im jeweiligen Augenblick nicht bewusst sind, die Sie jedoch aus dem „unbewussten" Geist wieder ins Bewusstsein zurückrufen können.

Bewusstsein und Großhirnrinde

Immer mehr Belege sprechen dafür, dass die Großhirnrinde das entscheidende neuronale Substrat des Bewusstseins bildet, selbstverständlich in Gemeinschaft mit seinen afferenten und efferenten Verbindungen zu anderen Hirnstrukturen. Eines der eindrucksvollsten Beispiele hierfür ist das Blindsehen, das Larry Weiskrantz von der Universität Oxford gründlich untersucht hat. Menschen, deren primäre Sehfelder in der Großhirnrinde gänzlich zerstört wurden, sind völlig blind, zumindest was ihr bewusstes Erleben angeht. Sie nehmen visuelle Reize nicht mehr bewusst wahr. Würden Sie einem solchen Patienten einen Lichtfleck an verschiedenen Orten seines Gesichtsfeldes darbieten und ihn bitten, auf den Flecken zu zeigen, so antwortete er Ihnen: „Welcher Lichtfleck? Ich sehe überhaupt nichts.“ Blieben Sie hartnäckig und sagten dem Patienten, er solle irgendwo hinzeigen, so zeigte er präzise auf das Licht, wo auch immer es sich befände, leugnete aber immer noch, es bewusst wahrzunehmen. Diese Patienten weichen auch Gegenständen aus – wenn sie durch ein Zimmer gehen, laufen sie um Stühle und andere Dinge herum, bestehen aber weiter darauf, absolut nichts zu sehen.

Das vielleicht dramatischste Beispiel für Blindsehen bietet der von Weiskrantz untersuchte Patient D. B. Er vermochte ziemlich genau auf die Position eines Lichtfleckes zu zeigen, behauptete jedoch unumstößlich, diesen nicht zu sehen. Skeptiker argumentierten, Blindsehen sei in Wirklichkeit ein Fall von Restsehen und würde beispielsweise durch Streuung des Lichtes auf der Netzhaut auf funktionelle Bereiche herrühren. Wie Weiskrantz demonstrierte, war D. B. nicht imstande, auf ein Objekt zu zeigen, wenn dieses auf den Blinden Fleck der Retina fiel, der im Zentrum der großen Gesichtsfeldlücke (Skotom) lag (jenem Bereich der Netzhaut, der auf die beschädigte Sehrinde projizierte). Obgleich sich D. B. also nicht bewusst über Objekte war, die in die Gesichtsfeldlücke außerhalb des Blinden Fleckes fielen, war sein Sehsystem durchaus in der Lage, solche Objekte im Raum zu lokalisieren und dies seinen motorischen Systemen zu übermitteln.

Blindsehen scheint etwas Paradoxes zu sein. Das Sehvermögen ist eindeutig ein Beispiel für „Encephalisation der Funktion“ im Laufe der Evolution von Säugetieren (die Funktionen werden im Neocortex lokalisiert). Niedere Säugetiere können Objekte auch noch dann aufgrund visueller Anhaltspunkte lokalisieren, wenn ihnen der Neocortex vollständig entfernt wurde. Der Colliculus superior, die große visuelle Struktur im Mittelhirn, erhält detaillierte retinotope Informationen und projiziert auf die prämotorischen und motorischen Systeme, um das Verhalten zu steuern. Menschen und andere Primaten scheinen jedoch bezüglich aller Aspekte des Sehvermögens auf den Neocortex angewiesen zu sein. Wie aber können dann blindsehende Personen Objekte lokalisieren? Sie erinnern sich vielleicht aus Kapitel 8, dass es zwei Sehströme in der Sehrinde von Primaten gibt (Abbildung 8.14). Die dorsale Bahn ist das System, das auf die Lokalisierung von Objekten im Raum spezialisiert ist. Bei Patienten wie D. B. ist jedoch die primäre Sehrinde (V1) zerstört; wie gelangt bei ihnen visuell-räumliche Information in die dorsale Sehbahn? Tatsächlich gibt es eine Projektion vom Colliculus superior zum Pulvinar, einem Kern des Thalamus, der nicht mit dem hauptsächlichen visuellen Kern, dem Nucleus geniculatus lateralis, identisch ist. Der Pulvinar wiederum projiziert auf den posterior-parietalen Cortex, die dorsale Sehbahn (Abbildung

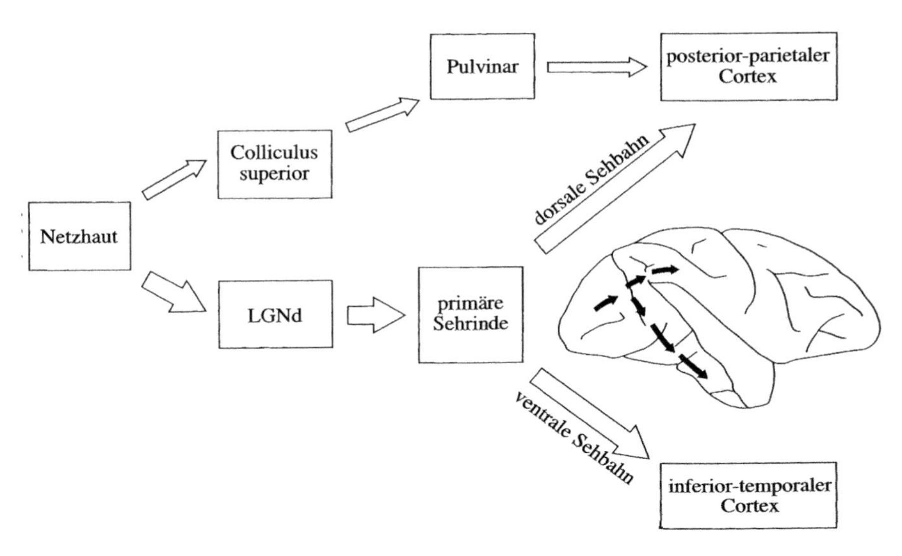

12.23 Eine alternative Möglichkeit, wie visuelle Informationen die dorsale Sehbahn (räumliche Lokalisierung) erreichen können, wenn Feld V1 zerstört ist. Informationen gelangen von der Netzhaut zum Colliculus superior (CS) im Mittelhirn, von dort zum Pulvinar, einem Kern im Thalamus, und von hier wiederum zum posterior-parietalen Cortex. Diese Weg der Information könnte eine Erklärung für das Phänomen des Blindsehens sein.

12.23). Dieses System könnte eine Erklärung für die noch in Resten vorhandenen visuellen Funktionen von D. B. sein.

Von bemerkenswerten Dissoziationen visueller Funktionen wurde auch bei Patienten berichtet, bei denen die dorsale parietale Sehbahn beziehungsweise die ventrale temporale Sehbahn geschädigt war (siehe hierzu das unter weiterführender Literatur aufgeführte faszinierende Buch *The Visual Brain in Action* von David Milner und Melvin Goodale). Patienten mit entsprechenden Schädigungen in der Scheitelregion können Objekte erkennen und beschreiben, sie aber nicht lokalisieren, erreichen und greifen.

Patienten mit Läsionen der dorsalen Sehbahn in der rechten Scheitelregion leiden unter einem besonderen Syndrom, das man als *Neglekt* bezeichnet. Sally Springer von der Universität von Kalifornien in Davis und ihr Kollege George Deutsch von der Universität von Alabama in Birmingham liefern eine anschauliche Beschreibung dieser Störung:

> »Ein Patient in einem Rehabilitationskrankenhaus wacht morgens auf und fängt an, sich zu rasieren. Als er den Rasierapparat zurücklegt und zum Frühstück geht, sieht man, dass er nur die rechte Seite seines Gesichtes rasiert hat. Während des Frühstücks sucht der Patient angestrengt seine Kaffeetasse, bis ihn jemand darauf aufmerksam macht, dass sie direkt links von seinem Teller steht. Beim Mittagessen lässt er das Essen auf der linken Seite des Tellers unberührt, bittet aber um einen Nachschlag – nur um darauf hingewiesen zu werden, dass er noch etwas auf seinem Teller hat. Wenn man ihn bittet, eine Uhr zu zeichnen, zeichnet er zwar einen richtigen

Kreis, ordnet aber dann alle Ziffern in der rechten Hälfte des Kreises an. Soll er eine Person darstellen, zeichnet er nur die rechte Körperhälfte und läßt den linken Arm und das linke Bein weg. Wenn man ihn auf die Zeichnungen anspricht, sagt er, dass sie seiner Meinung nach in Ordnung sind.« (Aus Springer, S. P.; Deutsch, G. *Linkes – Rechtes Gehirn*. 3. Aufl. Heidelberg (Spektrum Akademischer Verlag) 1995, S. 183.)

Sie erinnern sich vielleicht an den Patienten, der das „fremde" Bein aus seinem Bett warf (Kapitel 8, Seite 262). Er war sich der linken Seite seines eigenen Körpers nicht bewusst. Beispiele für Zeichnungen eines solchen Patienten zeigt Abbildung 12.24. Im typischen Fall verfügen solche Patienten über eine gewisse visuelle Funktion – so schildern sie beispielsweise Lichtblitze, die ihnen im linken Gesichtsfeld dargeboten wurden –, aber im Allgemeinen sind sie sich nicht darüber bewusst, was im linken Gesichtsfeld vorhanden ist.

Patienten mit entsprechender Schädigung der ventralen temporalen Sehbahn können Objekte zwar nicht erkennen, sie aber im Raum lokalisieren. Wir wollen hier ein Beispiel aus den Arbeiten von Martha Farah betrachten, die mittlerweile

12.24 Zeichnungen eines Patienten mit ziemlich großflächiger Schädigung der posterioren occipitoparietalen Regionen der *rechten* Hemisphäre verdeutlichen das Phänomen des *Neglekts*. Solche Patienten verhalten sich, als ob die gesamte linke Seite des Raumes, bisweilen sogar die gesamte linke Seite ihres eigenen Körpers, nicht existiere.

an der Universität von Pennsylvania arbeitet. Solche Patienten befinden sich in einem Zustand, den man als *visuelle Agnosie* bezeichnet. Der Patient mag in der Lage sein, die charakteristische Form und Funktion, sagen wir, eines Stuhles mit Worten zu beschreiben oder sogar einen Stuhl nach einer Vorlage so korrekt nachzuzeichnen, dass wir ihn als Stuhl erkennen können. Zeigt man ihm jedoch einen richtigen Stuhl, so hat er keinerlei Ahnung, worum es sich dabei handelt.

Was das Bewusstsein angeht, ist klar, dass der Neocortex für die Fähigkeit erforderlich ist, Sehempfindungen zu beschreiben. In der Regel umfassten die Regionen des Neocortex, die offenbar für die subjektive Bewusstheit visueller Erlebnisse ausschlaggebend sind, höhere visuelle Assoziationszentren als die primären Regionen, welche die sensorischen Informationen empfangen, wie im Falle des visuellen Neglekts. Francis Crick, der für seine Beteiligung an der Entdeckung der DNA-Struktur bekannte Nobelpreisträger, postulierte, dass an den neuronalen Systemen, die entscheidend für das visuelle Bewusstsein sind, Interneuronen in höheren visuellen Assoziationsregionen beteiligt sind.

Also bedarf die subjektive bewusste Wahrnehmung von Sinnesreizen offenbar der sensorischen und Assoziationsareale der Großhirnrinde. Andere Aspekte des Bewusstseins scheinen ebenfalls in der Großhirnrinde repräsentiert zu sein. Kommen bestimmte Regionen der menschlichen Großhirnrinde zu Schaden, sind Störungen des visuellen und auditiven Kurzzeitgedächtnisses die Folge (Kapitel 11). H. M. liefert ein Beispiel anderer Art. Er verfügt über ein unauffälliges Kurzzeitgedächtnis und ein verhältnismäßig normales Bewusstsein beziehungsweise eine normale Bewusstheit. In der Tat ist seine Großhirnrinde weitestgehend intakt. Allerdings ist seine Bewusstheit in Richtung Vergangenheit gekappt, da seine Erfahrungen nicht im Langzeitgedächtnis gespeichert werden. Rufen Sie sich in Erinnerung, wie er selbst seine Bewusstheit beschrieb – so, als sei er gerade aus einem Traum erwacht, an den er sich nicht erinnern könne.

Bewusstsein bei Split-Brain-Patienten

Die bemerkenswertesten Studien zu den Hirnsubstraten des menschlichen Bewusstseins führten Roger Sperry und Michael Gazzaniga vom California Institute of Technology durch (Gazzaniga ist heute an der Universität Dartmouth tätig). Sperry erhielt 1981 den Nobelpreis. Manche Patienten leiden an einer Form der Epilepsie, die mit einer abnormen elektrischen Aktivität auf einer Seite des Gehirns einhergeht, die sich dann über den Balken, der die beiden Hirnhälften miteinander verbindet, auf die andere Seite ausbreitet und schwere Krampfanfälle hervorruft. In der Abbildung 12.25 blicken wir auf die Oberseite des Gehirns hinunter, dessen vorderer Teil zum oberen Rand der Seite weist. Die beiden Hemisphären wurden etwas voneinander entfernt, um den Blick auf den Balken freizugeben, einer Struktur, die aus vielen Millionen Nervenfasern besteht, die alle von einer Hirnhälfte zur anderen kreuzen. Dieses gewaltige quer verlaufende Faserband erstreckt sich in etwa über die halbe Länge des Gehirns von hinten nach vorne und verknüpft so die einander entsprechenden Assoziationsfelder der beiden Hälften der Großhirnrinde miteinander. Neurochirurgen entdeckten, dass sie eini-

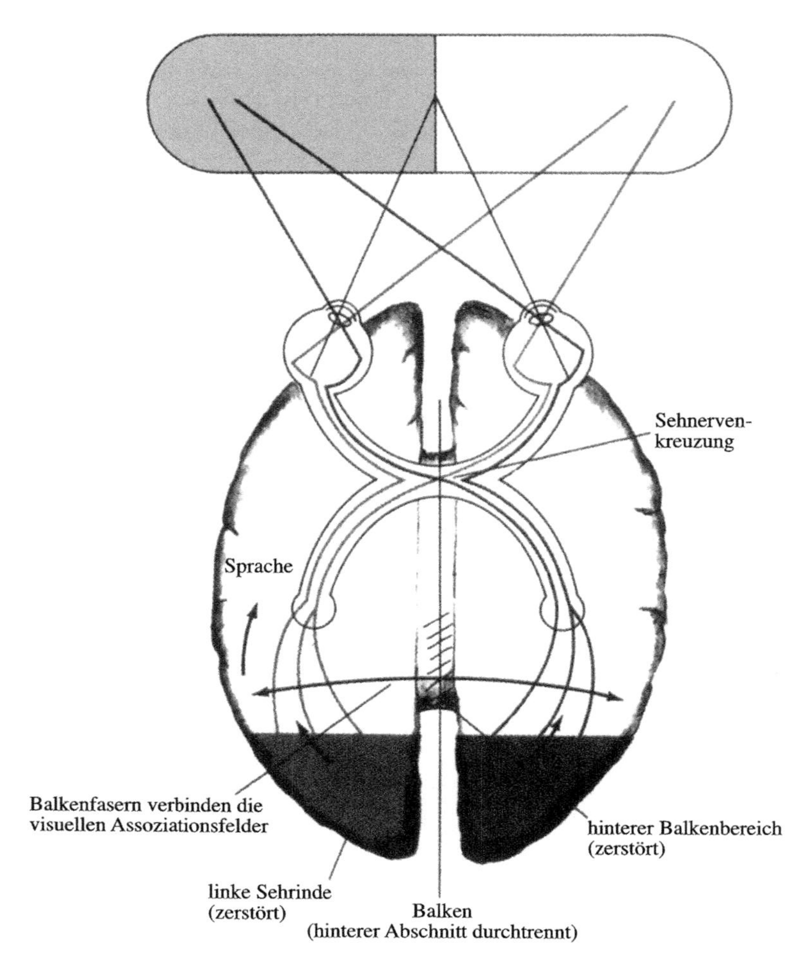

12.25 Weg der visuellen Eingangsinformation in die linke und rechte Großhirnrinde beim Menschen. Die linke Hälfte jedes Gesichtsfeldes (die rechte Hälfte jeder Netzhaut) leitet ihre Information zur rechten Sehrinde und umgekehrt. Visuelle Assoziationsfelder der beiden Hemisphären sind durch den Balken miteinander verbunden. Bei Sperrys Patienten wurde der Balken durchtrennt.

gen Epilepsiepatienten sehr helfen konnten, wenn sie die Nervenfasern des Balkens durchtrennten.

Das Überraschendste an diesem drastischen chirurgischen Eingriff, der so genannten *Split-Brain-Operation*, war, dass er sich auf den ersten Blick in keiner Weise nachteilig auf die Patienten auszuwirken schien. In der Tat ging es ihnen, nachdem die Operation die Krampfanfälle erfolgreich beseitigt hatte, viel besser. Die Patienten hatten nicht an Intelligenz eingebüßt, und es zeigte sich auch keines der typischen Symptome eines Hirnschadens, obwohl man immerhin die Verbindung zwischen den beiden Hirnhälften unterbrochen hatte.

Bei Menschen mit durchtrenntem Balken ist es leicht, nur mit der linken oder nur mit der rechten Hemisphäre in Kontakt zu treten (Abbildung 12.25). Erstens sendet die linke Hälfte jedes Auges ihre Information zur linken Sehrinde und umgekehrt. Bietet man nur der linken Hälfte eines jeden Auges einen visuellen Reiz dar (also im rechten Gesichtsfeld, da die Linse die Bilder umkehrt), so geht diese Information nur an die linke Hirnhälfte. Zweitens verlaufen sowohl die Bahnen für die somatosensorischen Informationen aus der Hand als auch die Bahnen für die motorische Steuerung der Hand gekreuzt, nämlich zwischen der linken Hand und der rechten Hemisphäre und umgekehrt. Die rechte Hemisphäre kann eine taktile Information (eine Tastempfindung) aus der linken Hand empfangen und diese steuern oder mit ihr kommunizieren; dasselbe gilt für die linke Hirnhälfte und die rechte Hand. Die Ausgangsleistung einer jeden Hirnhälfte lässt sich abschätzen, indem man die motorische Funktion der Hände beurteilt, wenn keine visuelle Information zur Verfügung steht – also beispielsweise jede Hand hinter einem Schirm testet, der sie den Blicken des Patienten entzieht. Drittens ist das Hörsystem bilateral – beide Hemisphären empfangen gesprochene Information aus beiden Ohren.

Die Versuchsanordnung ist in Abbildung 12.26 dargestellt. Die Patienten (alle waren Rechtshänder und ihre Sprachregionen in der linken Hemisphäre lokalisiert) starrten auf einen Fixpunkt, während die Sehinformation – Wörter, Zeichnungen oder Bilder – kurzzeitig der linken oder rechten Hirnhälfte dargeboten wurde. Die Patienten konnten entweder mündlich antworten oder, indem sie eine

12.26 Versuchsanordnung, um die Informationsausgänge der beiden Hemisphären bei Menschen mit durchtrenntem Balken zu beurteilen. Wenn der Blick des Probanden auf einen Punkt im Zentrum des Gesichtsfeldes fixiert ist, lässt der Untersucher ein Wort oder ein Bild rechts oder links neben dem fixierten Punkt auf einem durchscheinenden Schirm aufleuchten. In dem hier gezeigten Beispiel wandert die Information zur linken Hemisphäre. Die Versuchsperson soll entweder verbal (indem sie das aufleuchtende Wort vorliest) oder nonverbal (indem sie den genannten Gegenstand aus den zahlreichen Gegenständen auf dem Tisch aussucht) antworten. Die Gegenstände auf dem Tisch sind den Blicken des Patienten durch einen Schirm entzogen und lassen sich nur durch Betasten identifizieren.

der beiden Hände hinter dem Schirm bewegten. Denken Sie daran, dass der Balken bei diesen Patienten durchtrennt war.

Die erste Split-Brain-Studie an Menschen lief an, als Gazzaniga als graduierter Student zu Sperry ans California Institute of Technology stieß. Der Neurochirurg Joseph Bogen begann eine Reihe von Balkendurchtrennungen an Patienten mit schweren epileptischen Erkrankungen, und die drei arbeiteten vom ersten Patienten, W. J., an zusammen. Die Operation an sich war ein großer Erfolg. Die wesentlichen Befunde ließen sich bei W. J. recht deutlich erkennen. Vor der Operation integrierte er die Information aus beiden Hemisphären uneingeschränkt für alle Sinnesmodalitäten zu einem Ganzen, so wie alle normalen Menschen es tun. Nach der Operation hatte W. J. zwei getrennte Innenleben oder geistige Systeme, ein jedes mit seinen eigenen Anlagen und Fähigkeiten zu lernen, sich zu erinnern sowie Gefühl und Verhalten zu erleben. Gazzaniga formulierte es so: »W. J. lebt munter in Downey, Kalifornien, ohne das enorme Ausmaß der Befunde zu ahnen oder sich darüber im Klaren zu sein, dass er sich verändert hat.«

Lassen Sie uns die Ergebnisse genauer ins Auge fassen. Wenn man der linken Hemisphäre ein Wort signalisierte, so konnte der Patient es unmittelbar sprechen und mit seiner rechten Hand schreiben. Er schien normal zu funktionieren. In auffälligem Gegensatz dazu konnte der Patient das Wort weder sprechen noch schreiben, wenn man es der rechten Hemisphäre darbot. Trotz dieses Befundes zeigte sich bald, dass die rechte Hirnhälfte sehr wohl dazu in der Lage war, Gegenstände zu erkennen. Der Trick bestand darin, eine Weise zu finden, in der sie sich dem Experimentator mitteilen konnte. Zeigte man der rechten Hirnhälfte eine Gabel, und erlaubte man der linken Hand, die zahlreichen Gegenstände, einschließlich einer Gabel, hinter dem Schirm zu befühlen, dann wählte sie ohne Umschweife die Gabel aus und hielt sie hoch. Die rechte Hemisphäre war nonverbal, aber nicht unfähig. Nachdem er die Gabel korrekt identifiziert hatte, konnte der Patient immer noch nicht sagen, was es war. Erlaubte man allerdings der rechten Hand, die Gabel von der linken Hand zu übernehmen, sagte der Patient sofort „Gabel".

Die rechte Hirnhälfte offenbarte aber doch ein gewisses beschränktes Wortverständnis. Wenn man ihr einfache Wörter statt Bilder von Gegenständen auf den Bildschirm projizierte, vermochte der Patient den Gegenstand oftmals zu identifizieren, indem er ihn mit seiner linken Hand betastete. In ähnlicher Weise konnte der Patient, wenn man ihm einen Bleistift in die linke Hand hinter dem Schirm gab und eine Serie von Wörtern, einschließlich des Wortes „Bleistift", vor seiner rechten Hemisphäre passieren ließ, mit seiner linken Hand ganz korrekt das Wort „Bleistift" signalisieren. Doch konnte er das Wort immer noch nicht sprechen. Im Vergleich zur linken Hemisphäre erwies sich die rechte Hirnhälfte in räumlichen Aufgaben, wie Bauklötze anordnen oder einen Würfel dreidimensional zeichnen, deutlich überlegen. Dies zeigte sich eindrucksvoll, als man Zeichnungen einfacher Figuren von jeder Hand separat anfertigen ließ (Abbildung 12.27). Die Vorlage wurde jeweils nur der entsprechenden Hemisphäre (der rechten Hemisphäre für die linke Hand und umgekehrt) dargeboten. Die linkshändigen Zeichnungen sind klar besser, und dies, obwohl alle Patienten Rechtshänder waren.

Emotionale Wahrnehmungen und Reaktionen schließlich wurden von der rechten Hemisphäre recht gut, wenn auch nonverbal, gehandhabt. Gazzaniga beschrieb einen Fall, bei dem einer Patientin im Rahmen einer Serie der üblichen Bilder, die

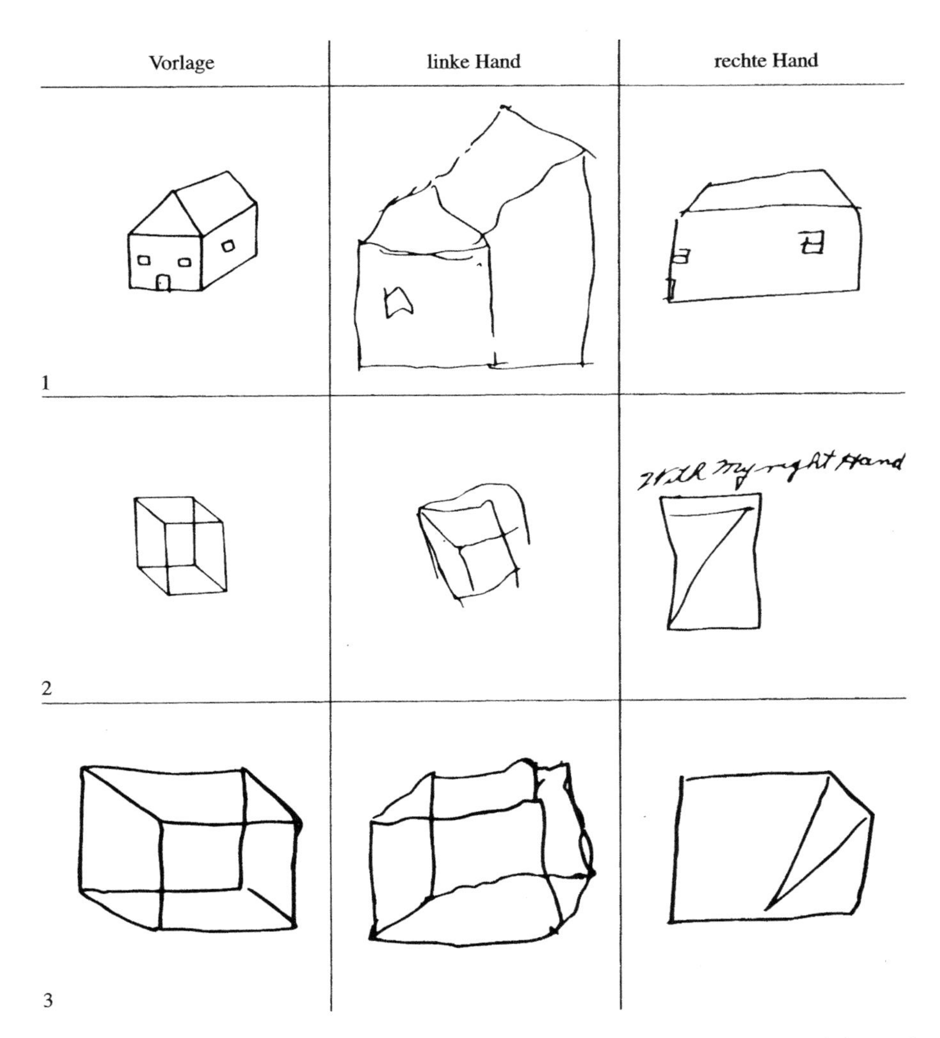

12.27 Zeichnungen von drei Split-Brain-Patienten, die sie mit der linken und der rechten Hand angefertigt haben. Die linkshändigen Zeichnungen sind bei allen drei Patienten (die Rechtshänder waren) deutlich besser als die rechtshändigen. Diese Zeichnungen veranschaulichen die Überlegenheit der rechten Hemisphäre bei räumlichen Aufgaben und solchen, die eine visuelle Konstruktion erfordern.

man der linken oder der rechten Hemisphäre präsentierte, das Bild einer nackten Frau gezeigt wurde. Als die Untersucher das Bild vor der linken Hemisphäre aufleuchten ließen, lachte die Patientin und identifizierte es. Bot man es der rechten Hirnhälfte dar, gab sie an, dass sie nichts sehe, lachte aber. Als man sie fragte, warum sie lache, antwortete sie, sie wisse es nicht und bemerkte: „Oh, dieser lustige Apparat."

Bei einem anderen Patienten gerieten die beiden Hemisphären gelegentlich miteinander in Konflikt. So erlebte er eines Morgens, dass seine linke Hand (seine nonverbale rechte Hemisphäre) mit seiner rechten Hand rang, als er versuchte, seine Hose anzuziehen. Während seine rechte Hand die Hose hochzog, zog die linke sie hinunter. Ein anderes Mal war er wütend auf seine Frau und wollte sie mit der linken Hand packen, doch seine rechte Hand ergriff die linke und versuchte, sie davon abzuhalten.

Unlängst untersuchten Gazzaniga und seine Mitarbeiter einen recht ungewöhnlichen Fall einer Linkshänderin, die sich einer Durchtrennung des Balkens unterzog, um eine schwere Epilepsie zur behandeln. Nach dem Eingriff war bei ihr eine vollständige Dissoziation zwischen gesprochener und geschriebener Sprache zu erkennen. Ihre linke Hemisphäre war dominant für Sprache. Wenn man ihrer linken Hemisphäre Wörter darbot, konnte sie diese, wie zu erwarten, sprechen, aber nicht schreiben. Der rechten Seite präsentierte Wörter vermochte sie mit ihrer linken Hand zu schreiben, konnte sie jedoch nicht aussprechen. Die Aufteilung der beiden Sprachfunktionen auf die beiden Hemisphären stützt die Ansicht, dass für gesprochene und geschriebene Sprache ganz unterschiedliche Gehirnregionen zuständig sind, wie wir schon früher bei unserer Diskussion der Sprache vermuteten. Diese Versuchsperson war allerdings ungewöhnlich; die meisten Split-Brain-Patienten sind Rechtshänder und können Wörter, die man ihrer linken Hemisphäre darbietet, sowohl sprechen als auch schreiben.

Mit einem Satz, die rechte Hemisphäre ist nicht minderwertig, sie ist ganz einfach anders. Die rechte Hemisphäre scheint auf räumliche und synthetisierende (sowie musikalische) Aufgaben spezialisiert zu sein und die linke auf verbale, analysierende und sequenzielle Aufgaben, wie wir bereits im Zusammenhang mit Hemisphärenasymmetrien erwähnt haben. Diese Hemisphärenspezialisierungen treten bei Patienten mit durchschnittenem Balken auf Aufsehen erregende Weise zutage. Aber auch bei uns Übrigen, deren beide Hirnhälften selbstverständlich glatt und unauffällig zusammenarbeiten, findet man diese Spezialisierungen. Joseph Hellige von der Universität von Südkalifornien hat dies in einer Reihe von Testsituationen nachgewiesen. Lässt man Wörter oder räumliche Gegenstände vor der rechten oder linken Hemisphäre aufleuchten, antwortet der Proband rascher (mit einer kürzeren Reaktionszeit), wenn der linken Hirnhälfte Wörter und der rechten Hirnhälfte Gegenstände präsentiert werden. Der interessierte Leser sei hier auf Helliges 1993 erschienenes Buch zu diesem Thema verwiesen (siehe Weiterführende Literatur).

Bilder und Vorstellungen

Erstellen geistiger Bilder

Wir haben bereits an früherer Stelle in diesem Kapitel die bahnbrechenden Studien von Roger Shepard und seinen Mitarbeitern zur Drehung von Objekten im Geist erwähnt. Die Versuchspersonen mussten ein geistiges Bild oder eine Repräsentation eines dreidimensionalen Objekts erstellen und dieses dann vor ihrem „geistigen Auge" drehen, um so festzustellen, ob es mit einem anderen Objekt übereinstimmt.

Was aber ist die Grundlage der geistigen Bilder? Diese Frage stand im Mittelpunkt einer heftigen Debatte in den Anfangstagen der Psychologie, zu einer Zeit, als die einzige hierfür zur Verfügung stehende Methode subjektive Selbstbeobachtung war. Die Vertreter der einen Denkrichtung behaupteten, an Denken seien immer geistige Bilder beteiligt; die Anhänger einer entgegengesetzten Ansicht brachte Argumente für bildloses Denken vor. Die richtungsweisenden Studien von Sternberg und Shepard zeigten, dass Menschen mit geistigen Bildern arbeiten können und man diese Prozesse objektiv analysieren kann, nämlich durch Messung der Reaktionszeiten.

Was geschieht im Gehirn, wenn wir ein geistiges Bild formen? Stephen Kosslyn von der Harvard-Universität hat sich der Untersuchung der bildlichen Vorstellungen von Menschen mit bildgebenden Verfahren verschrieben. In den letzten Jahren erforschte er mit solchen Methoden geistige Bilder. In seinen ersten Studien verwendete er dazu die PET. Seine Versuchspersonen mussten die Augen schließen und sich vorstellen, einen Buchstaben des Alphabets zu sehen. Dabei gab es zwei Bedingungen: sich den Buchstaben sehr klein oder sehr groß vorzustellen. Die PET ergab eine erhöhte Aktivität, die sich auf die Region der Fovea centralis von Feld V1 beschränkte, für den kleinen Buchstaben, aber einen großflächigeren aktivierten Bereich für den größeren Buchstaben. Diese Bereiche stimmten eng mit den Feldern von V1 überein, die aktiviert werden, wenn Versuchspersonen tatsächlich einen großen oder kleinen Buchstaben sehen, das heißt mit den eindeutig nachgewiesenen topographischen Projektionen der Netzhaut auf der primären Sehrinde. In der Folgezeit zeigten mehrere fMRT-Studien ebenfalls eine Aktivierung von Feld V1, wenn Versuchspersonen gebeten wurden, sich verschiedene visuelle Reize und Szenen vorzustellen.

Skeptiker wandten ein, diese so genannten Bilder seien nichts weiter als tief greifende Veränderungen der Durchblutung und deuteten nicht darauf hin, dass geistige Bilder dieselben Bereiche der Sehrinde aktivieren, die auch aktiviert werden, wenn man die Objekte tatsächlich sieht.

Martha Farah und ihre Kollegen untersuchten eine Patientin, bei der ein Hinterhauptslappen einschließlich der gesamten primären Sehrinde in diesem Bereich entfernt worden war. Sie konnten diese Patientin vor und nach der Operation untersuchen und fragten sie, in welchem Sehwinkel Objekte in ihren geistigen Bildern auftauchten. Dies ist ein Maß dafür, ein wie großer Anteil der Netzhaut und somit der Sehrinde von den Bildern eingenommen wird. Nach der Operation berichtete die Patientin, dass der Gesichtswinkel ihrer Bilder nur noch etwa halb so groß sei wie vor dem Eingriff. Kosslyn sah dies als stützenden Beleg für seine Ansicht an, dass zur Erzeugung visueller geistiger Bilder eine bestimmte Aktivierung innerhalb von Feld V1 notwendig ist.

Weitere Unterstützung erhält Kosslyns Hypothese durch eine Studie von Scott Grafton, der mittlerweile an der Universität Dartmouth arbeitet, und seinen Mitarbeitern. Sie stellten ihren Versuchspersonen eine Aufgabe, bei der sie die Orientierung von Gittern mit Hilfe des Tastsinns herausfinden sollten. Zur Darstellung verwendeten sie die PET, und die Gitter präsentierten sie so, dass sie mit ihnen die Fingerkuppen berührten. In den Kontrolldurchgängen berührten die Gitter die Fingerkuppen einfach in unterschiedlicher Orientierung. Die Versuchspersonen wurden dann gebeten, ihre Aufmerksamkeit auf die Orientierung des Gitters auf der

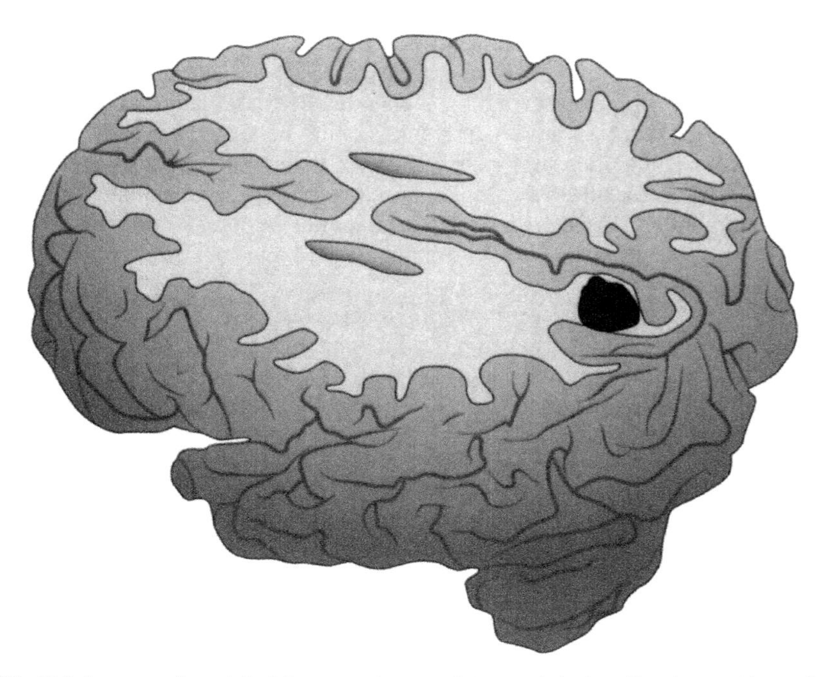

12.28 Aktivierung einer lokal begrenzten parieto-occipitalen Region, während eine Versuchsperson ihre Aufmerksamkeit selektiv einem taktilen Reiz zuwendet und so „mit dem geistigen Auge fühlt".

Fingerkuppe zu richten und die verschiedenen Orientierungen zu unterscheiden. Unter diesen Bedingungen ergab sich eine deutliche und lokal sehr begrenzte erhöhte Aktivierung einer Region im linken parieto-occipitalen Cortex (Abbildung 12.28). Nach Ansicht der Autoren spiegelt diese Aktivierung wider, dass die Unterscheidung der Orientierung durch den Tastsinn möglich ist, weil mit geistigen Bildern einhergehende visuell-räumliche Prozesse ablaufen.

Wie steht es mit Halluzinationen? Eines der Kennzeichen von Schizophrenie ist das episodische Auftreten auditiver Halluzinationen – der Patient hört Worte, die zu ihm gesprochen werden, obwohl das gar nicht der Fall ist (Kapitel 5). Mit Hilfe von bildgebenden Verfahren kann man feststellen, ob die Hörregionen während solcher auditiven Halluzinationen tatsächlich aktiviert sind. Das aufschlussreiche Gehirnbild in Abbildung 12.1 stammt von einem Schizophreniepatienten, der auditive und visuelle Halluzinationen aktiv erlebte. Man beachte, dass die Hörrinde und die hinteren auditiven und visuellen Assoziationsregionen deutlich aktiviert sind – aber nur in der linken Hemisphäre. Wenn die gleiche Person keine Halluzinationen hatte, zeigte sich auch keine Aktivierung. Somit ist klar, dass es bei Halluzinationen zur Aktivierung der entsprechenden Hirnregionen kommt. Ein weiterer interessanter Aspekt der hierbei gefundenen Ergebnisse ist, dass auch frontale Sprachregionen aktiviert waren. Spricht der Patient oder die Patientin womöglich tatsächlich subvokal die Wörter, die er beziehungsweise sie als Halluzinationen erlebt? Nach Vermutung einiger Wissenschaftler könnte man auf diese

Weise auditive Halluzinationen erklären, insbesondere solche, bei denen der Patient meint, es würden Sätze zu ihm „gesprochen".

Die Thematik der geistigen Bilder wird gegenwärtig heftig diskutiert. Die Frage lautet weniger, ob bei der Entstehung solcher Bilder die entsprechenden Regionen des Cortex aktiviert werden; sie stellt sich vielmehr nach dem Muster der Aktivierung. Wenn Sie eine komplexe Szene mit Bewegung und Aktion sehen, sind Ihre über 32 visuellen Felder alle auf sehr spezifische Weise aktiviert. Ergibt sich das gleiche Aktivierungsmuster in den Feldern ihrer Sehrinde, wenn Sie sich die gleiche Szene nur vorstellen? Derzeit lässt sich diese Frage noch nicht beantworten.

Schlaf und Träumen

Wenn es überhaupt einen eindeutigen Fall für die Existenz geistiger Bilder gibt, dann sind dies Träume, in denen die Bilder bisweilen allzu realistisch sein können. Eine Arbeitsgruppe am National Institute of Health maß mit Hilfe der PET die Aktivität der Großhirnrinde während des REM-Schlafes bei Menschen. Wir erinnern uns aus Kapitel 7, dass der REM-Schlaf mit höherer Wahrscheinlichkeit mit Träumen – oder zumindest mit lebendigeren Träumen – assoziiert ist. Die Ergebnisse waren recht Aufsehen erregend:

> »Der REM-Schlaf ging mit einer selektiven Aktivierung von Feldern im extrastriären visuellen Cortex einher, vor allem in der ventralen Verschaltungsbahn, sowie mit einer unerwarteten Verminderung der Aktivität in der primären Sehrinde. Die lokale Zunahme der Durchblutung im extrastriären Cortex war signifikant mit einer Abnahme in der Area striata korreliert. Außerdem war hiermit auch noch eine Aktivierung von limbischen und paralimbischen Regionen assoziiert, allerdings mit einer deutlichen Aktivitätsminderung in den frontalen Assoziationsregionen einschließlich der seitlichen orbitalen und dorsolateralen präfrontalen Rindenfelder. Dieses Muster könnte als Modell für Hirnmechanismen während des REM-Schlafes dienen, wobei visuelle Assoziationsregionen und ihre paralimbischen Projektionen als geschlossenes System operieren könnten, das losgelöst ist von den Regionen an beiden Enden der visuellen Hierarchie, über die Wechselwirkungen mit der Außenwelt vermittelt werden.« (Braun et al. (1998), Seite 98)

Hypnose

Die Grundlagen der Hypnose sind seit Jahrzehnten heiß umstritten. Handelt es sich um einen veränderten Zustand oder einfach nur um eine erhöhte Kooperativität williger Personen? Zu den einschneidenden Auswirkungen der Hypnose zählt, dass sich durch sie Schmerzen lindern lassen. Entsprechend hypnotisierte Menschen klagten nicht über Schmerzen, wenn man sie mit Nadeln stach. Andererseits gibt es auch nichthypnotisierte Menschen, die angeblich keine Schmerzen empfinden, wenn man ihnen nur genug Geld dafür bezahlt. Die eingehendsten kognitiven Verhaltensstudien über Hypnose führten Ernest und Josephene Hilgard an der Stanford-Universität durch. Dabei gelangten sie zu dem Schluss, dass es sich

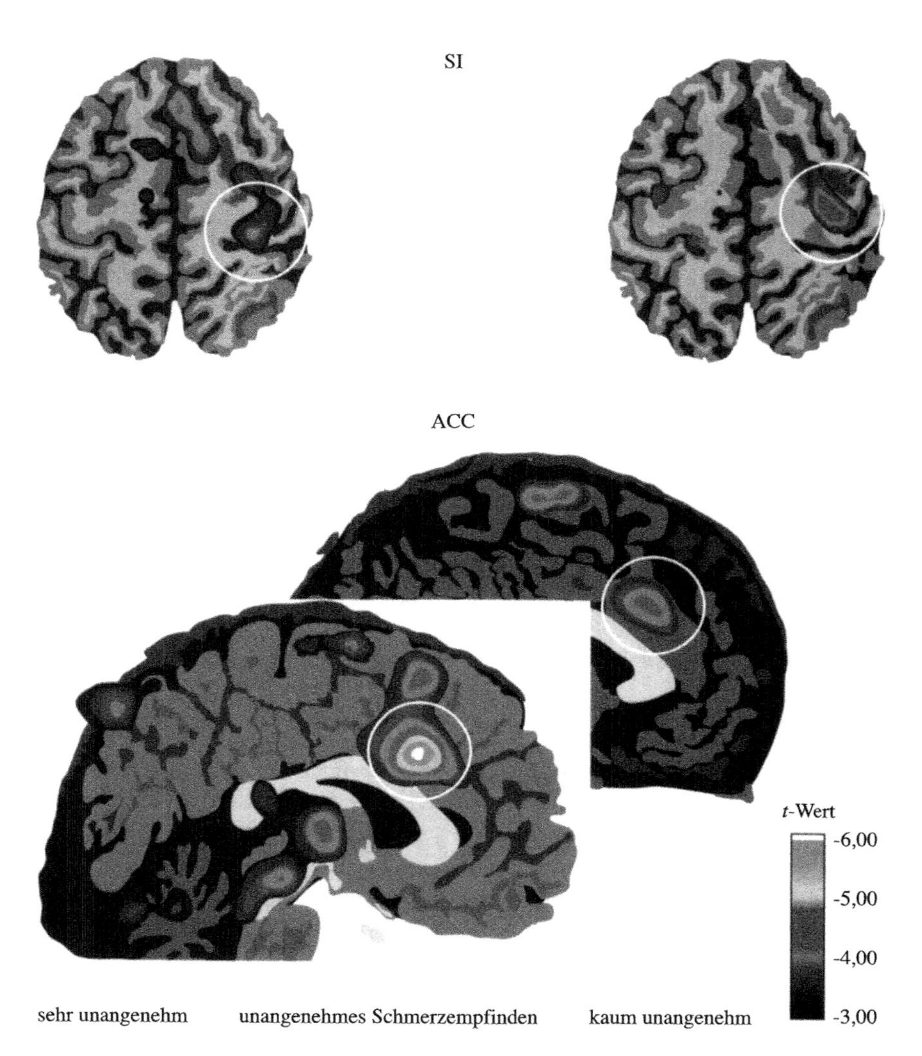

12.29 Veränderungen der mit Schmerz einhergehenden Aktivität, wenn hypnotisch eine sehr unangenehme oder eine kaum unangenehme Empfindung suggeriert wurde (linkes beziehungsweise rechtes PET-Bild). Die Aktivierung des primären somatosensorischen Cortex (SI) blieb bei Hypnose unbeeinflusst, aber der vordere Gyrus cinguli (Bereich ACC des limbischen Systems) zeigt eine erheblich stärkere Aktivierung, wenn die Hypnose ein sehr unangenehmes Schmerzempfinden suggerierte. Der tatsächliche Reiz bestand darin, dass die Hand in Wasser von 35 Grad Celsius (neutral) beziehungsweise 47 Grad Celsius (schmerzhaft heiß) getaucht wurde. Die hier gezeigten Ergebnisse stammen alle von dem Reiz bei 47 Grad, der aber als neutral oder schmerzhaft suggeriert wurde.

bei Hypnose offenbar um einen veränderten Bewusstseinszustand handelt, aber nur in dem Sinne, dass die kognitive Struktur der Bewusstheit irgendwie durch Suggestion verändert war.

Nun kamen die bildgebenden Verfahren ins Spiel. In Montreal untersuchte eine Arbeitsgruppe mit Hilfe der PET mögliche Veränderungen der Gehirnaktivität durch Hypnose. Sie setzten Reize ein, die schmerzhaft heiß waren, und versuchten die „empfundenen" Schmerzen durch hypnotische Suggestion stärker oder geringer werden zu lassen. Eine Reihe von Regionen der Großhirnrinde wird durch Schmerzreize ganz normal aktiviert. Mit der subjektiven unangenehmen Empfindung von Schmerz wurde ein Bereich innerhalb des vorderen Gyrus cinguli in Verbindung gebracht. Die Aktivierung in diesem Bereich ging deutlich zurück, wenn die Schmerzen durch Hypnose suggestiv beseitigt wurden (Abbildung 12.29). Der primäre sensorische Bereich war hingegen unverändert aktiviert. Somit erhielt die Großhirnrinde ungeachtet der Hypnose die gleiche primäre Schmerzbotschaft. Aber das subjektive unangenehme Empfinden des Schmerzes, das vermutlich durch den Gyrus cinguli vermittelt wird, nahm deutlich ab. Damit ist klar, dass Hypnose einen veränderten Zustand des Gehirns bewirkt.

Schlussfolgerung

In seiner Nobelpreisrede vertrat Sperry mit Nachdruck die Ansicht, dass man das Bewusstsein als etwas betrachten müsse, das eine „integrierende, ursächliche und steuernde Bedeutung für Hirnfunktion und Verhalten" besitze. Viele Jahre lang hatte die behavioristische Bewegung in der Psychologie das Bewusstsein aus dem psychologischen Themenkreis ausgeschlossen. Die Arbeiten von Sperry und zahlreichen anderen, die sich der Untersuchung von Hirnfunktion und Verhalten widmeten, haben dies geändert. Sperry sagte: »Die geistigen Kräfte des bewussten Geistes sind wieder an ihren Platz im Gehirn der objektiven Wissenschaft zurückgekehrt, von dem sie lange Zeit durch materialistisch-behavioristische Prinzipien ausgeschlossen waren.«

Bewusstsein sei eine Eigenschaft, die sich aus dem außerordentlich komplex ablaufenden Funktionieren unseres Gehirns, insbesondere der Großhirnrinde ergebe, argumentierte Sperry. Nur wenige Neurowissenschaftler werden diese Ansicht in Frage stellen. Aber Sperry ging noch weiter. Er postulierte, Bewusstsein könne sogar kausal auf das Gehirn einwirken und so dessen Funktionsweise ändern. Leider verfügen wir noch nicht über irgendwelche Möglichkeiten, Bewusstsein physikalisch zu messen, sodass wir Sperrys Hypothese nicht überprüfen können. Es trifft immer noch zu, dass wir Bewusstsein einzig dadurch erforschen können, dass wir Verhalten, sei es nun verbal oder von anderer Art, messen und daraus Bewusstsein *ableiten*.

Unsere eigene Erfahrung hat uns immer zu verstehen gegeben, dass unser Verhalten zu einem großen Teil das Ergebnis von Tätigkeiten und Handlungen unseres bewussten Geistes ist. In der Tat kommt es nur dann zu Überraschungen, wenn unser Verhalten aus Beweggründen zu resultieren scheint, die unser bewusster Geist nicht nachvollziehen kann – wie bei Freudschen „unbewussten" Antrieben. Bewusstsein ist ein außergewöhnliches System, das dazu dient, unsere Sinneseindrücke zu einer geschlossenen fortlaufenden Erfahrung der Welt zu vereinigen und diese Erfahrung mit unseren Erinnerungen und unserem Wissen verbindet, um unser Verhalten zu strukturieren und zu steuern.

Es besteht aller Grund zu der Annahme, dass die Evolution Bewusstsein positiv selektiert hat. Das Bewusstsein ist ein sehr wirksames und unitäres Mittel, um die sehr komplizierte Maschine unseres Körpers und Gehirns zu betreiben. Daraus ergibt sich, wie bereits erwähnt, dass Menschen nicht die einzigen mit Bewusstsein ausgestatteten Tiere sind. Die Indizien weisen auf die Großhirnrinde als das neurale Substrat des Bewusstseins hin. Vielleicht kam es in den letzten drei Millionen Jahren deshalb zu der außergewöhnlichen Größenzunahme der menschlichen Großhirnrinde, weil sich mit ihr Ausmaß und Tiefe des Bewusstseins erweiterten, was der menschlichen Art den entscheidenden Wettbewerbsvorteil im Kampf ums Überleben lieferte.

Natur, Bedeutung und „Wirklichkeit“ von Bewusstsein oder Bewusstheit waren Gegenstände endloser Debatten. Die meisten Wissenschaftler bevorzugen es, diese gewaltigen Fragen zu umgehen, und behandeln das Bewusstsein als ein Produkt der Evolution des Gehirns. Anhand eines Fragebogens, den man ihnen zuschickte, wurden zahlreiche Neurowissenschaftler gebeten, Tiere nach dem Grad ihres Bewusstseins in eine Rangfolge einzuordnen. Die Ergebnisse entsprachen genau dem, was man vielleicht erwartet hätte: Primaten und eventuell Meeressäuger rangierten ganz oben, danach folgten Raubtiere, dann Nager und so weiter. Ernsthafte Zweifel wurden bezüglich eines Bewusstseins bei Fliegen und Würmern geäußert. Das Ergebnis des Fragebogens repräsentiert natürlich bloß Meinungen, doch korreliert die Meinung hierbei recht eng mit der Evolution von Vorderhirn und Großhirnrinde.

Zusammenfassung

Das Fachgebiet der kognitiven Neurowissenschaft entstand aus dem natürlichen Zusammenschluss der Neurowissenschaft mit der Kognitionsforschung – und entspricht somit dem Studium von Gehirn und Geist. Den Forschungsschwerpunkt bilden die komplexeren Aspekte von Verhalten und Erfahrung. Die Reaktionszeit lieferte hierbei ein objektives Maß für Erfahrung und machte die objektive Erforschung von Phänomenen wie Durchforsten des Kurzzeitgedächtnisses und Drehung von Objekten im Geist möglich.

Ortsfelder für Neuronen im Hippocampus verschlüsseln die Umgebung eines Tieres. Tatsächlich kann jede Umgebung so codiert werden, dass sich der Aufenthaltsort des Tieres bestimmen lässt, indem man die überlappenden Ortsfelder analysiert. Der synaptische Prozess der Langzeitpotenzierung (LTP) könnte der Bildung von Ortsfeldern unterliegen, die sich sehr rasch ausbilden, wenn das Tier in eine neue Umgebung kommt. Wenn sich Menschen im Raum orientieren, beispielsweise in einer Stadt, so ist daran sowohl der rechte Hippocampus beteiligt als auch die rechte Scheitelregion des Cortex, die Zielregion der dorsalen Sehbahn, und das Kleinhirn.

Verfahren zur bildlichen Darstellung des Gehirns haben das Studium der menschlichen Gehirnfunktionen revolutioniert. Die beiden im Wesentlichen heute angewandten Methoden sind die Positronenemissionstomographie (PET) und die Magnetresonanztomographie (MRT). Beide messen im Grunde Veränderungen der Durchblutung in umgrenzten Bereichen; ein Anstieg der Durchblutung an bestimmten Stellen deutet vermutlich auf eine erhöhte neuronale Aktivität an diesen Stellen hin. Für die PET wird der Person eine kurzlebige radioaktive Substanz injiziert, für die MRT wird nichts verabreicht. Zwei andere Analysemethoden sind die Subtraktionsmethode, bei der ein Kontrollbild von einem Testbild abgezogen wird, das heißt, der Anblick eines Wortes minus dem Anblick des Bildschirmes, und die Korrelationsmethode, bei der man das Ausmaß der erhöhten Aktivierung mit einer Verhaltensleistung in Beziehung setzt, etwa beim Umfang von Lernen oder Erinnerung.

Aufmerksamkeit umfasst Orientierung, Zuwenden der Rezeptoren zu einem Reiz hin sowie gerichtete Bewusstheit und ist außerdem selektiv: Es ist unmöglich, ständig gleichermaßen aufmerksam zwei Szenen oder Unterhaltungen zu verfolgen. In Studien an Affen zeigte sich, dass Neuronen der für das Objektsehen zuständigen ventralen Sehbahn des Schläfenlappens bei Aufmerksamkeit selektiv reagieren. Wenn ein Mensch seine Aufmerksamkeit auf einen visuellen Reiz richtet, kommt es zu einer Aktivierung im Scheitellappen. Verschiebt sich die Aufmerksamkeit, indem man beispielsweise die Augen einem anderen Reiz zuwendet, dann kommt der Colliculus superior, eine visuelle Region des Mittelhirns, ins Spiel, wie auch der Pulvinar, ein Kern des Thalamus. Der präfrontale Cortex und der vordere Gyrus cinguli (ein Teil des limbischen Systems) spielen eine entscheidende Rolle für „Exekutiv"-Funktionen und steuern Prozesse der Verarbeitung von Sinnesreizen und der Aufmerksamkeit. Das Kleinhirn ist ebenfalls an Vorgängen der Aufmerksamkeit beteiligt.

Am Erlernen komplexer motorischer Fertigkeiten wirken motorische und höhere motorische Regionen der Großhirnrinde, das Kleinhirn und die Basalganglien mit. Bereiche der Großhirnrinde sind besonders zu Beginn des Lernens involviert, ist die Fähigkeit jedoch erst einmal gut gelernt, dann übernimmt das Kleinhirn den entscheidenden Part; es scheint derjenige Bereich zu sein, in dem die Gedächtnisspuren für die Fertigkeiten gespeichert werden. Wenn Menschen die konditionierte Lidschlagreaktion lernen, werden die gleichen Regionen des Kleinhirns aktiviert wie bei Kaninchen. Ähnlich ist die Amygdala sowohl bei Menschen als auch bei Ratten ausschlaggebend für erworbene Furcht und Gedächtnisbildung. Interessanterweise vergrößert sich bei einer äußerst intensiv praktizierten Fertigkeit wie dem Spielen eines Streichinstruments die Repräsentation der am meisten benutzten Finger auf der Großhirnrinde.

Die Ergebnisse von Untersuchungen mit bildgebenden Verfahren stehen in bemerkenswertem Einklang mit den Charakterisierungen des Arbeitsgedächtnisses anhand des Verhaltens (Kapitel 11). Ein Speicherkompartiment für das verbale Arbeitsgedächtnis liegt im linken Scheitelbereich des Cortex, eine Wiederholungskomponente in der Brocaschen Sprachregion. An ausführenden Prozessen des verbalen Gedächtnisses ist der linke präfrontale Cortex beteiligt. Für das räumliche Arbeitsgedächtnis sind Regionen auf der rechten Seite im occipitalen, parietalen und präfrontalen Bereich zuständig.

Beim Abrufen von Erinnerungen ist der linke präfrontale Cortex mehr am Zugriff auf Informationen aus dem semantischen Gedächtnis und an der Verschlüsselung von abgerufener Information für das episodische Gedächtnis beteiligt. Interessant ist, dass der rechte präfrontale Cortex mehr für den Zugriff auf das episodische Gedächtnis zuständig ist.

Das deklarative Gedächtnis umfasst vor allem den rechten Hippocampus, ventrale und laterale Bereiche des Schläfenlappens und die Sprachregionen (im linken Cortex). Im Gegensatz dazu sind am impliziten Gedächtnis, wie bei der *priming*-Aufgabe, besonders die visuellen Assoziationszentren auf der rechten Seite involviert. Allgemeiner gesagt werden viele Regionen der Großhirnrinde, der Hippocampus und das Kleinhirn bei Gedächtnisaufgaben aktiviert, bestimmte Arten von Wissen scheinen jedoch nicht an unterschiedlichen Stellen lokalisiert zu sein. Die bildliche Darstellung des menschlichen Gehirns bei komplexen Phänomenen wie Lernen und Gedächtnis steckt noch in den Kinderschuhen.

Sprache ist das einzige artspezifische Verhalten, durch das sich der Mensch von allen anderen Tieren abhebt. Es scheint, als hätten sich Sprechen und Verstehen gesprochener Sprache im Laufe der Evolution des *Homo sapiens* entwickelt. Jedes Kind lernt seine Muttersprache offenbar ohne jegliche Mühe. Zwischen dem zweiten und achten Lebensjahr erwerben durchschnittlich begabte Kinder Sprache mit der erstaunlichen Geschwindigkeit von acht neuen Wörtern pro Tag. Die natürliche Sprache ist das Sprechen. Lesen und Schreiben sind erst in jüngerer Zeit entwickelte unnatürliche Fertigkeiten. Das Gehirn hatte seine vollständige anatomisch moderne Gestalt schon lange, bevor die Schrift entwickelt wurde.

Die elementarste Einheit der Sprache ist das Phonem, der kleinste Sprachlaut. Phoneme werden zu Morphemen kombiniert, den elementarsten Einheiten der Bedeutung, üblicherweise Wörtern. Die Regeln, die die Wortfolge in einem Satz vorgeben, bilden die Syntax, und die Weise, in der Sprache Bedeutung vermittelt, ist die Semantik. Affen haben beeindruckende erlernte Kommunikationssysteme entwickelt, und Menschenaffen kann man Gebärden- und Symbolsprache lehren. Allerdings ist bislang unklar, ob „sprechende Menschenaffen" eine Syntax und „tiefe" grammatische Strukturen, Schlüsselmerkmale der menschlichen Sprache, entfalten.

Bei den meisten Menschen ist die linke Hemisphäre auf Sprache spezialisiert – die strukturellen Unterschiede treten deutlich zutage –, und die „Sprachregion" der linken Hemisphäre ist größer als das entsprechende Areal der rechten Hirnhälfte. Stark vereinfacht dargestellt, bearbeitet die hintere oder Wernickesche Sprachregion die Semantik und die vordere oder Brocasche Sprachregion die Syntax. Eine Schädigung des Wernickeschen Areals führt zu fließender, doch sinnloser Sprache, und eine Schädigung des Brocaschen Areals zu verkürzter und agrammatischer, doch sinnvoller Sprache. In der traditionellen Sichtweise ruft eine Schädigung der Wernickeschen Sprachregion eine schwere Störung des Sprachverständnisses hervor, während eine Schädigung der Brocaschen Sprachregion eine solche nicht nach sich zieht; allerdings behindert auch eine Schädigung des Brocaschen Areals das Verständnis, sobald die Syntax, der grammatische Aufbau eines Satzes, die Bedeutung vermittelt.

Norman Geschwind erarbeitete eine Theorie der Organisation von Spracharealen und ihrer Störungen, „Diskonnektionssyndrome" genannt, die ein großes Spektrum derartiger Beeinträchtigungen, beispielsweise des Schreibens, Lesens und Verstehens, zu erklären vermag. Neuere Forschungen legen die Vermutung nahe, dass möglicherweise mehrere umschriebene Bezirke der Großhirnrinde spezifische Sprachfunktionen ausüben, wie etwa bei dem Patienten, dessen corticale Repräsentationen für Englisch und Griechisch unterschiedlich lokalisiert waren. Studien mittels bildgebender Verfahren deuten darauf hin, dass bei semantischen Wortaufgaben eine Reihe umschriebener Hirnbezirke tätig werden, zu denen auch Bereiche im präfrontalen Cortex und im lateralen Kleinhirn gehören. Schließlich sind computerprogrammierte Netzwerkmodelle des Spracherwerbs entwickelt worden, die offensichtlich eine grammatische Tiefenstruktur entfalten und bei Schädigung typische Zeichen einer Aphasie (vom Wernicke-Typ) an den Tag legen.

Die Ergebnisse von Untersuchungen der Sprache mit Hilfe von bildgebenden Verfahren decken sich im Allgemeinen mit denen, die man bei Hirnverletzungen der hinteren und vorderen Sprachregionen erhielt. Bei Aufgaben zur Verarbeitung von Sprache werden zusätzlich der Bereich des vorderen Gyrus cinguli und Regionen des rechten Kleinhirns deutlich aktiviert. Bei Legasthenie, einer Form von Sprachstörung, zeigen die Betroffenen Lese- und Schreibschwierigkeiten. Inzwischen mehren sich Hinweise aus Untersuchungen mit bildgebenden Verfahren, dass schwere Fälle von Legasthenie mit Anomalien in Gehirnregionen einhergehen. So ist beispielsweise die Aktivierung des Sehfeldes V5 (MT) durch bewegliche Reize bei Legasthenikern gestört. Ähnlich ist auch der Gyrus angularis (die visuell-auditive Sprachassoziationsregion) von Legasthenikern beim Lesen weniger aktiviert als bei Kontrollpersonen. Anscheinend kann Legasthenie auch mit Schwierigkeiten verbunden sein, rasch ändernde Laute der Sprache wahrzunehmen. Durch praktisches Üben von Aufgaben zur auditiven Verarbeitung im Schläfenbereich lassen sich die Sprachfertigkeiten von legasthenischen Kindern verbessern.

Bewusstsein lässt sich grob mit Kurzzeit- und Arbeitsgedächtnis – also dem, dessen sich ein Mensch in einem bestimmten Moment bewusst ist – gleichsetzen. Die Großhirnrinde scheint das essenzielle Substrat des Bewusstseins zu sein. Völlige Zerstörung des Areals V1 der beiden Sehrinden führt zu Blindsehen: Die Patienten haben jegliche Fähigkeit verloren, irgendeinen visuellen Reiz bewusst wahrzunehmen, und dennoch können sie Gegenstände im Raum orten, auch wenn sie steif und fest behaupten, sie könnten es nicht.

Die klassischen Untersuchungen von Sperry, Gazzaniga und anderen an Split-Brain-Patienten weisen darauf hin, dass die Durchtrennung des Balkens, jenes mächtigen Nervenfaserbandes, das die beiden Hirnhälften miteinander verbindet, zwei Hemisphären mit anscheinend getrenntem „Bewusstsein" hinterlässt. Die linke Hemisphäre (der rechtshändigen Patienten) konnte gesehene Gegenstände normal benennen. Die rechte Hemisphäre konnte Gegenstände auf Bildern durch Betasten identifizieren (mit der linken Hand, die mit der rechten Hirnhälfte in Verbindung steht), doch konnte sie nicht benennen.

Was Bewusstsein auch sein mag, Menschen scheinen davon aller Wahrscheinlichkeit nach in reichlichem Maße zu besitzen, und es ist evolutionär hochadaptiv. Geht man hiervon aus, so sollten auch Tiere anderer Arten in unterschiedlichem Grad über Bewusstsein verfügen. Möglicherweise verhalten sich Ausmaß oder Komplexität des Bewusstseins bei Tieren proportional zum Entwicklungsgrad der Großhirnrinde.

Es ist klar, dass Menschen geistige Bilder von Objekten formen und diese Objekte im Geist manipulieren können wie in den Studien zur geistigen Drehung. Untersuchungen mit bildgebenden Verfahren zeigen übereinstimmend, dass entsprechende Regionen des Cortex aktiviert sind, beispielsweise Sehfelder, wenn Personen visuelle geistige Bilder erzeugen. Noch ist aber nicht klar, ob diese im Zusammenhang mit geistigen Bildern gemessenen Aktivierungen im Detail mit dem Aktivierungsmuster übereinstimmen, das sich zeigt, wenn die Person tatsächlich diesen Reiz sieht.

Auditive Halluzinationen sind ein Kennzeichen von Schizophrenie. Wie Untersuchungen mit bildgebenden Verfahren gezeigt haben, ist die Hörrinde tatsächlich aktiviert, wenn ein solcher Patient Halluzinationen erlebt. Interessanterweise sind auch die frontalen Sprachzentren aktiviert. Könnte es sein, dass der Patient die Wörter, die er als Halluzinationen wahrnimmt, in Wirklichkeit subvokal erzeugt?

Die lebhaftesten geistigen Bilder erscheinen uns in Träumen, besonders während des REM-Schlafes. Auch hier deuten die Untersuchungen mit bildgebenden Verfahren darauf hin, dass es dabei zu einer deutlichen selektiven Aktivierung von visuellen Assoziationsregionen und limbischen Strukturen kommt, und die Aktivität in der primären Sehrinde und im präfrontalen Cortex beim Träumen verringert ist.

Schließlich konnte man mit Hilfe bildlicher Darstellungen des Gehirns auch eindeutige Zusammenhänge mit der Hypnose feststellen. Dazu versetzt man hypnotisierten Personen einen leicht schmerzhaften Reiz und suggeriert ihnen, dass dieser schmerzhaft beziehungsweise nicht schmerzhaft sei. In beiden Fällen ist der primäre sensorische Cortex gleichermaßen aktiviert. Der vordere Gyrus cinguli ist jedoch selbst bei identischem Reiz nur bei der Suggestion „schmerzhaft“ aktiviert, nicht aber, wenn der Reiz als „nicht schmerzhaft“ suggeriert wurde.

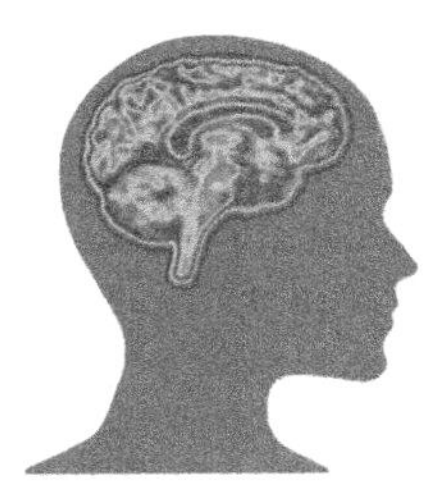

Nachwort

Der amerikanische Kongress erklärte die Jahre von 1990 bis 1999 zum „Jahrzehnt des Gehirns“. In der Tat hat sich unser Verständnis des Gehirns, des Geistes und des Verhaltens in den vergangenen zehn Jahren rasch erweitert; dies ist zum größten Teil zwei neuen Entwicklungen zu verdanken: der Möglichkeit, die Aktivität des arbeitenden menschlichen Gehirns bildlich darzustellen, und der Analyse der genetischen Substrate von Gehirnentwicklung und Verhalten, dem Gebiet der Neurogenetik.

Die Molekularbiologie wird das Studium der elementaren Prozesse der Nervenzelle zunehmend beherrschen. Praktisch alles, was ein Neuron tut, hängt im Grunde von der Aktivität von Genen ab, die unterschiedliche Mengen und Arten von Proteinen herstellen. Unser Wissen um nervenzellspezifische Proteine und ihre genetischen Substrate wächst derzeit exponentiell. In Kapitel 7 erfuhren wir, dass verschiedene Formen von Stress bestimmte Nervenzellen des Hypothalamus dazu bringen können, Genexpression und Synthese unterschiedlicher Mengen und Arten von Peptidhormonen und Neurotransmittern so umzustellen, dass sie verschiedene Wirkungen auf ihre Zielzellen ausüben. Den molekularen Mechanismus dieses *switching* („Umschalten“) werden wir sehr bald besser verstehen. Doch die Frage, wodurch diese Umschaltung in Gang gesetzt wird, wenn man, beispielsweise, im Wald einem Bären begegnet, wird viel schwieriger zu beantworten sein. Genau in dieser Hinsicht unterscheiden sich Gehirn und Leber. Beide sind aus sehr ähnlichen Zellen mit derselben DNA aufgebaut. Doch wenn man eine Leberzelle gesehen hat, hat man unter funktionellen Gesichtspunkten alle Leberzellen gesehen. Dabei geht es weniger darum, dass es unterschiedliche Typen von Nervenzellen gibt, sondern vielmehr um die Art und Weise, in der diese Zellen miteinander verknüpft sind und funktionieren, um jene Information zu übermitteln und zu verarbeiten, die ein hypothalamisches Neuron bestimmte Peptide herstellen lässt. Die Muster der Verknüpfungen und Wechselwirkungen zwischen den Nervenzellen sind es, die das Gehirn einzigartig machen. Analysen, die sich auf die Ebene der Genexpression beschränken, können uns niemals Klarheit darüber verschaffen, wie die Begegnung mit einem Bären zu einer veränderten Genexpression in Nervenzellen des Hypothalamus führt.

Unser Wissen von den biochemischen Mechanismen der Hormon- und Neurotransmitterwirkungen wächst rapide. Die Molekülstrukturen praktisch aller Hormone und die Sequenzen der sie determinierenden Gene sind entschlüsselt. Im Laufe der nächsten zehn Jahre dürften auch die meisten Rezeptoren der Hormone und Neurotransmitter sowie die Sequenzen ihrer Gene entschlüsselt sein. Dieser Forschungsbereich zählt zu den aktivsten in der Neurowissenschaft. Ebenso lernen wir mit großen Schritten immer mehr über den „Ausspeicherer", den Nervenschaltkreis zwischen Hypothalamus und vegetativem sowie somatomotorischem System, der Lebewesen dazu bringt, nach Nahrungs- und Wasserentzug zu essen und zu trinken. Doch habe ich zu Beginn von Kapitel 7 angemerkt, dass höhere Tiere vor allem deswegen trinken und essen, weil sie sich hungrig und durstig *fühlen*. Gegenwärtig wissen wir im Grunde nichts über die Substrate dieser Gefühle im Nervensystem, außer dass sie schließlich auf den Hypothalamus einwirken. Das neurale Fundament solcher Gefühle muss die Tätigkeit enorm komplexer Nervenschaltkreise einbeziehen.

Die Erforschung der Hirnsubstrate von Lernen und Gedächtnis befindet sich in einem höchst aufregenden Stadium. In rasch zunehmendem Maße lernen wir die Schaltkreise und Leitungsbahnen des Nervensystems zu würdigen, die die unentbehrlichen Substrate für unterschiedliche Formen des Lernens und Erinnerns bilden. Gleichzeitig schreitet auch die Analyse elementarer Mechanismen der synaptischen Plastizität, LTP und LTD, mit Siebenmeilenstiefeln voran. Doch müssen sich diese beiden Forschungsrichtungen noch treffen. Momentan sind LTP und LTD Mechanismen auf der Suche nach Phänomenen, und die verschiedenen Formen des Lernens und des Erinnerns sind Phänomene auf der Suche nach Mechanismen. Wir hoffen inbrünstig, dass sich beide treffen werden. Das Grundproblem, das Karl Lashley 1929 formulierte, bleibt bestehen: Will man Mechanismen der Erinnerungsspeicherung analysieren, so muss man zunächst die Orte der Speicherung im Gehirn ausfindig machen. Für einfachere Formen des Lernens ist dies bald geschafft: für die klassische Konditionierung von Furcht (der Mandelkern) und für diskrete Verhaltensreaktionen (das Kleinhirn). Erst wenn dies vollbracht ist, können wir eine lückenlose Kausalkette ziehen zwischen, sagen wir, der LTP im Mandelkern oder der LTD im Kleinhirn und den sich im Verhalten äußernden Erinnerungen. Ernstere Schwierigkeiten dürfte der Hippocampus bereiten, eine Struktur, in der vornehmlich LTP stattfindet. Bei Menschen, aber offenbar auch bei anderen Primaten ist er ganz offensichtlich für die Speicherung (und/oder den Abruf) deklarativer/erfahrungsbezogener Gedächtnisinhalte erforderlich. Über die Ausspeicherung – den Nervenschaltkreis vom Hippocampus zu den als Verhalten beobachtbaren Erinnerungen – ist praktisch nichts bekannt.

Zurück zur Molekularbiologie, die uns wahrscheinlich im Laufe des nächsten Jahrzehnts die Grundlagen von LTP, LTD und anderen Aspekten synaptischer Plastizität auf biochemischer, molekularstruktureller und genetischer Ebene in allen Einzelheiten verstehen lassen wird. Stellen Sie sich einmal vor, LTP und LTD wären die Mechanismen der Gedächtnisspeicherung im Säugerhirn. Werden wir, wenn wir all dies erreicht haben, verstehen, wie Erinnerungen im Gehirn gespeichert werden? Die Antwort ist ein ganz klares Nein. Alles, was LTP und LTD tun, besteht darin, die Informationsübertragung an jenen Synapsen, an denen sie auftreten, zu verstärken oder zu hemmen. Die Eigenart der so verschlüsselten Erinnerungen wird vollständig durch die besonders komplexen Nervenschaltkreise des Gehirns festgelegt, welche die Erinnerungen bilden. Molekulargenetische Analysen werden uns eines Tages Aufschluss darüber geben, wie die *Mechanismen* der Gedächtnisspeicherung beschaffen sind, und uns vielleicht auch den Weg zu den Speicherorten weisen, sie werden uns aber niemals sagen können, *was* Erinnerungen sind. Dies vermag nur eine detaillierte Charakterisierung der Schaltkreise im Nervensystem, die Erinnerungen verschlüsseln, speichern und abrufen.

Schließlich sind unsere aktuellen Kenntnisse von den komplexeren, kognitiven Aspekten der Hirnfunktion – Sprache, Gedanken, Bewusstsein – bruchstückhaft. Die neuen bildgebenden Verfahren führen uns mit immer mehr Einzelheiten vor Augen, welche Hirnregionen bei komplexen geistigen Handlungen tätig werden. Hier wird es zu raschen Fortschritten kommen. Doch stellen diese Vorgänge das Ergebnis von Tätigkeiten immens komplizierter Schaltkreise im Gehirn dar. Auf dieser Ebene wird man die Netzwerke des Nervensystems nur allmählich verstehen können. Die verhältnismäßig neue Forschungsdisziplin mathematisch-informatischer Analyse neuronaler Netzwerke wird hierbei von wachsender Bedeutung sein. Selbst für unseren derzeitigen Wissensstand, der die Nervenschaltkreise für einfache Verhaltensaspekte umfasst, sind die Schaltkreise bei weitem zu verflochten, um sie auf verbal-qualitativer Ebene zu begreifen. Nur wenn wir Computermodelle dieser Schaltkreise entwickeln, können wir verstehen, wie sie auf quantitativer Ebene arbeiten.

Noch vor wenigen Jahren schienen „Cyborgs" (*cybernetic organisms* – kybernetische Organismen), Systeme aus lebenden Nervenzellen, die symbiontisch mit Siliciumchips zusammenleben und voll funktions- und rechenfähig sind, ins Reich der Science-Fiction zu gehören. Mittlerweile existieren jedoch solche Nerven-Silicium-Systeme. Zugegeben, gegenwärtig handelt es sich dabei um relativ einfache Systeme, aber sie versprechen sehr viel im Hinblick darauf, geschädigte Teile von Gehirn und Rückenmark reparieren oder sogar ersetzen zu können; letztendlich vielleicht sogar die Symbiose von menschlichem Gehirn-Geist und der Intelligenz von Maschinen – die echten Cyborgs aus *Star Trek*.

Auch wenn wir eine ganze Menge über Nervenzelle und Gehirn erfahren haben, so merken wir beim sorgfältigen Lesen dieses Buches doch sehr deutlich, dass es noch viel zu lernen gibt. Wir haben noch keine Antwort auf die „großen" Fragen: Wodurch werden Schizophrenie, Alzheimer-Krankheit, Drogensucht, Neurosen und viele andere Hirnstörungen verursacht, und wie können wir sie heilen? Auf welche Weise verschlüsselt und speichert das Gehirn Erinnerungen? Wie kommt es, dass wir ein nahtloses Bild der Welt sehen und wahrnehmen? Wie wird Sprache im Gehirn verschlüsselt? Was ist Bewusstsein, und wie entsteht es im Gehirn? Die Analyse der immens komplizierten Nervennetzwerke des Gehirns, die im Dienste eines riesigen Spektrums von Verhaltensmerkmalen, vom Dursten bis zum Denken, stehen – also all jene wichtigen Aufgaben umfassen, die das Gehirn erfüllt –, vollzieht sich nur allmählich. Beschäftigungsmöglichkeiten wird es in der Hirnforschung in den nächsten Jahrhunderten in Hülle und Fülle geben.

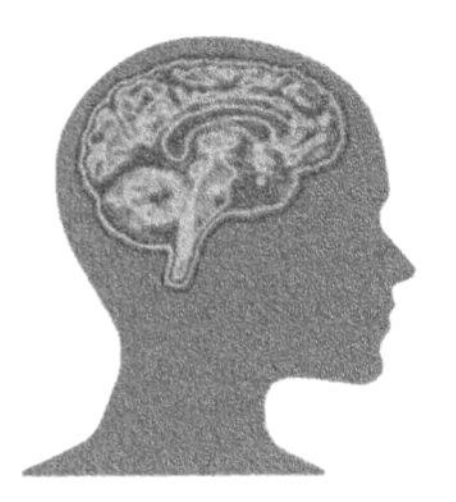

Anhang: Ein wenig Chemie und Physik, Pharmakologie und Molekularbiologie

Atome und Moleküle

Die Welt der modernen Physik ist ein fremdartiges und wundersames Terrain: Die Kerne von Atomen bestehen aus „Quarks", denen die Physiker „Farbe" (*color*), „Geschmack" (*flavor*), „Schönheit" (*beauty*) und „Charme" (*charm*) zuschreiben; sie wie auch die Elektronen, die den Kern umkreisen, besitzen Teilchen- und Welleneigenschaften zugleich. Zum Glück braucht man die schwierige Materie der Teilchenphysik nicht zu beherrschen, um etwas von Atomen und Elektrizität zu verstehen. Ein älteres Atommodell, nämlich das von Niels Bohr, ist für unsere Zwecke gut geeignet und viel einfacher. Nach diesem Modell bestehen die chemischen Elemente aus Atomen; diese wiederum setzen sich aus einem Kern, der aus Protonen und Neutronen aufgebaut ist, und Elektronen zusammen, die den Kern wie „Planeten" umkreisen. Jedes Elektron besitzt eine negative (Elementar-)Ladung. Was das genau bedeutet, ist nicht völlig klar, aber die Ladung eines Elektrons ist die kleinste Einheit negativer Ladung, die es gibt. Ein Proton hat eine positive Ladung, die der negativen Ladung des Elektrons gleichwertig, aber entgegengesetzt ist. Protonen besitzen eine beträchtliche Masse, während das Elektron praktisch als masselos gelten kann. (In Wirklichkeit hat es den eintausendachthundertundsechsunddreißigsten Teil der Protonenmasse.) Neutronen haben ungefähr die gleiche Masse wie Protonen, aber keine Ladung: Sie sind elektrisch neutral.

Die gewöhnliche Form des Wasserstoffs – des einfachsten chemischen Elements (H) – besitzt gerade ein Proton im Kern und ein Elektron, das es umkreist (Abbildung A.1). Eine seltenere Form, das Deuterium, hat neben dem Proton noch ein Neutron im Kern, wodurch es eine zweimal so große Masse wie gewöhnlicher Wasserstoff besitzt (schwerer Wasserstoff). Wenn Elektron und Kern eines Wasserstoffatoms voneinander getrennt werden, repräsentieren die beiden Einheiten

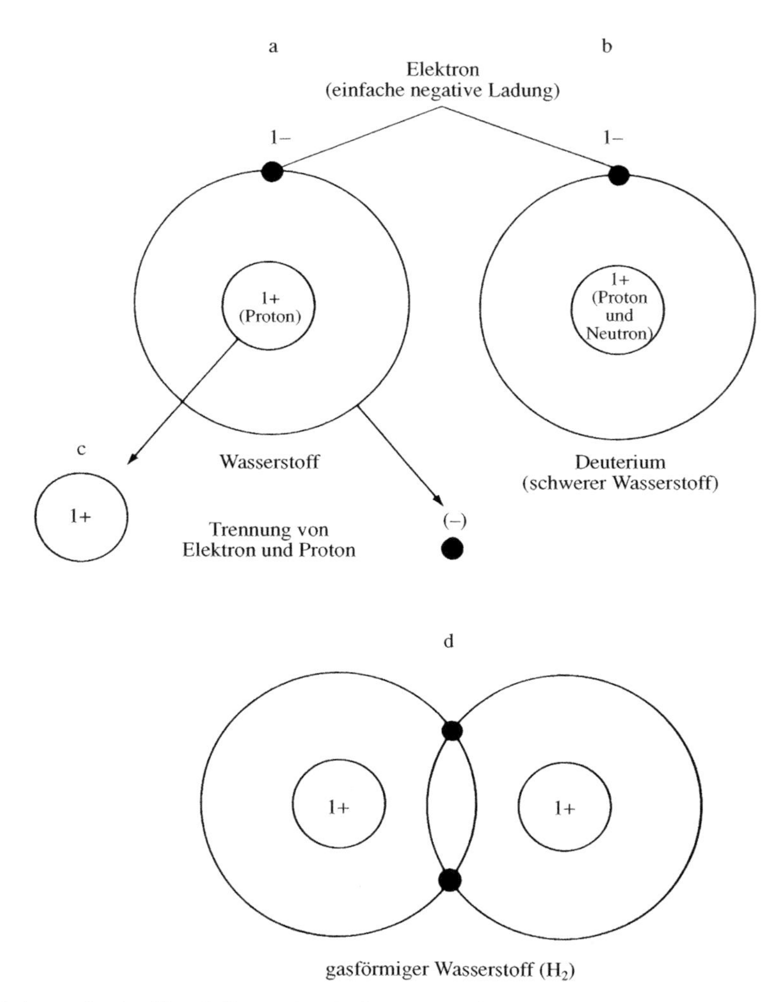

A.1 Schematische Darstellung des Aufbaus von Atomen und Molekülen am Beispiel des Wasserstoffs: a) Ein gewöhnliches Wasserstoffatom hat einen Kern, der aus einem Proton besteht, und ein Elektron, das ihn umkreist. b) Eine viel seltenere Form von Wasserstoff ist der schwere Wasserstoff, das Deuterium; in seinem Kern befindet sich neben dem Proton noch ein Neutron. c) Das Elektron und das Proton von Wasserstoff lassen sich voneinander trennen und bilden dann reine negative und positive (Elementar-)Ladungen. d) Im gasförmigen Zustand teilen sich zwei Wasserstoffatome ihre Elektronen und bilden ein kovalent gebundenes Molekül, H_2. Jedes Atom erhält so den vollen Satz von zwei Elektronen in seiner Schale.

eine negative und eine positive Elementarladung. Elektrizität beziehungsweise elektrischer Strom ist einfach die Bewegung von Elektronen in einem leitenden Medium wie Metall oder Wasser. Gute Leiter besitzen zahlreiche Elektronen, die verhältnismäßig frei sind und sich daher leicht von ihren Atomen wegbewegen können. Wenn in einem Draht Strom fließt, wandert jedes einzelne Elektron jeweils nur über eine sehr kurze Entfernung: Schon bald „stößt" es gegen ein anderes Elektron und überträgt seine Energie darauf. Eine Serie solcher Elektronenzusammenstöße lässt den Strom im Draht „fließen". Weil Elektronen praktisch masselos sind, wandert elektrischer Strom fast so schnell wie Licht, also knapp 300 000 Kilometer pro Sekunde.

Atome verbinden sich miteinander zu Molekülen oder chemischen Verbindungen, wobei sie Elektronen teilen oder austauschen. Das Element Wasserstoff liegt in der Natur als Gas aus Wasserstoffmolekülen vor, die aus je zwei Wasserstoffatomen bestehen. Ein solches H_2-Molekül bildet sich, wenn zwei Wasserstoffatome jeweils ihr Elektron mit dem anderen teilen. Dabei entsteht eine vollständige erste Elektronen-"Schale" (wie es im Teil d der Abbildung A.1 schematisch dargestellt ist). In dem Atommodell, das wir hier verwenden, besetzen Elektronen aufeinander folgende Elektronenschalen. Die erste kann nur zwei Elektronen aufnehmen. Atome sind stets bestrebt, ihre äußerste Elektronenschale vollständig zu besetzen, auch wenn sie dazu ein paar Elektronen abgeben oder sich einige aneignen müssen, die ihnen nicht gehören. In gasförmigem Wasserstoff verbinden sich die Atome paarweise, sodass jedes der beiden Atome im Wasserstoffmolekül den vollständigen Satz von zwei Elektronen besitzt. Wenn sich Atome ihre Elektronen vollständig teilen, spricht man von einer kovalenten Bindung.

Die nächsten zwei Elektronenschalen nach der ersten Schale sind erst mit acht Elektronen vollständig besetzt. Im Allgemeinen sind Atome, die lediglich ein Elektron benötigen, um ihre äußerste Schale zu vervollständigen, oder solche, die nur ein einziges Elektron in dieser Schale aufweisen, die chemisch reaktivsten. Wasserstoff mit nur einem Elektron ist hoch explosiv; sein Einsatz in dem deutschen Zeppelin „Hindenburg" hatte 1937 verheerende Folgen. Helium besitzt in seinem Kern zwei Protonen und hat mit zwei Elektronen eine vollständige erste Schale. Es ist daher äußerst reaktionsträge; es explodiert nicht und wird heutzutage in kleineren und größeren Luftschiffen verwendet.

Das Kohlenstoffatom bildet die Grundlage für alle organischen Moleküle, also jene Verbindungen, aus denen die Lebewesen bestehen. Es besitzt im Kern sechs Protonen (und in seiner häufigsten Form sechs Neutronen) und außen folglich auch sechs Elektronen (Abbildung A.2). Die erste Schale ist mit zwei Elektronen vollständig, die äußere Schale mit vier Elektronen aber nur zur Hälfte besetzt. Daher teilt Kohlenstoff diese vier Elektronen sehr bereitwillig mit anderen Elementen; dass es sie ganz und gar abgibt oder die fehlenden Elektronen von anderen Atomen oder Molekülen abzieht, kommt praktisch nicht vor. Die Neigung des Kohlenstoffs, kovalente Bindungen einzugehen, ist die Wurzel allen Lebens. Kovalente Bindungen sorgen für stabile Molekülformen. Kohlenstoff tritt also nicht nur sehr leicht mit anderen Atomen oder Molekülen zusammen, sondern bildet auch sehr stabile Verbindungen, die ihre Grundstruktur beizubehalten trachten. Hierin liegt ein Schlüsselphänomen sämtlicher lebender Systeme. So muss zum Beispiel das genetische Material in allen Zellen, die Desoxyribonucleinsäure oder DNA, eine stabile Struktur aufweisen, da die Information, die das gesamte Aktivitätsrepertoire einer Zelle steuert, in der Reihenfolge ihrer chemischen Bausteine, der Nucleotide, verschlüsselt ist und die Grundform des Moleküls viel mit der Übertragung dieser Information zu tun hat. Wenn die Nucleotide allzu leicht ihre Plätze wechselten oder sich von einer Verbindung in eine andere umwandelten oder wenn sich das ganze DNA-Molekül zu sehr in seiner Form veränderte, könnte die DNA Informationen nicht genau genug übertragen, um die Funktion der Zelle aufrechtzuerhalten.

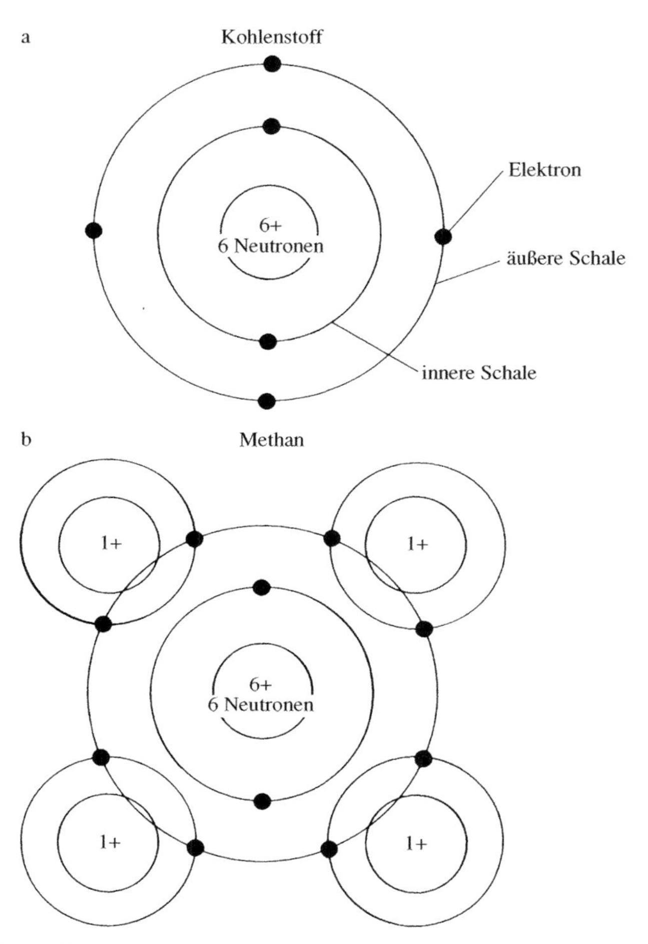

A.2 Ein Kohlenstoffatom (a) hat nur vier Elektronen in seiner äußeren Schale, die erst mit acht vollständig gefüllt ist. Kohlenstoff neigt daher dazu, sich mit anderen Atomen Elektronen zu teilen und somit kovalente Bindungen einzugehen. Im Methan (b), einem Gas mit der chemischen Formel CH_4, teilt sich ein Kohlenstoffatom seine Elektronen mit vier Wasserstoffatomen. Durch diese kovalenten Bindungen vervollständigt nicht nur das Kohlenstoffatom seine äußere Schale, da es vier Elektronen hinzugewinnt, sondern auch jedes der vier Wasserstoffatome, die jeweils an einem Elektron mehr teilhaben.

Ionen

Elemente, die hoch reaktiv sind, teilen sich meistens keine Elektronen mit anderen, sondern neigen eher dazu, Elektronen abzugeben oder aufzunehmen und so anstelle von Molekülen „allein stehende", elektrisch geladene Atome zu bilden. Derartige Atome nennt man Ionen. Koch- oder Tafelsalz (Natriumchlorid) ist ein bekanntes Beispiel einer ionischen Verbindung. Die Natrium- und die Chloridionen kommen jeweils als separate Ionen vor, nicht als Natriumchloridmoleküle. Ionenverbindungen neigen dazu, Kristalle zu bilden (wie die Kochsalzkristalle), weil die entgegengesetzt geladenen Ionen untereinander schwache Bindungen ausbilden. Solche Substanzen lassen sich leicht in Wasser lösen; dabei entstehen ionische Lösungen, in denen die einzelnen Ionen jeweils von Wassermolekülen

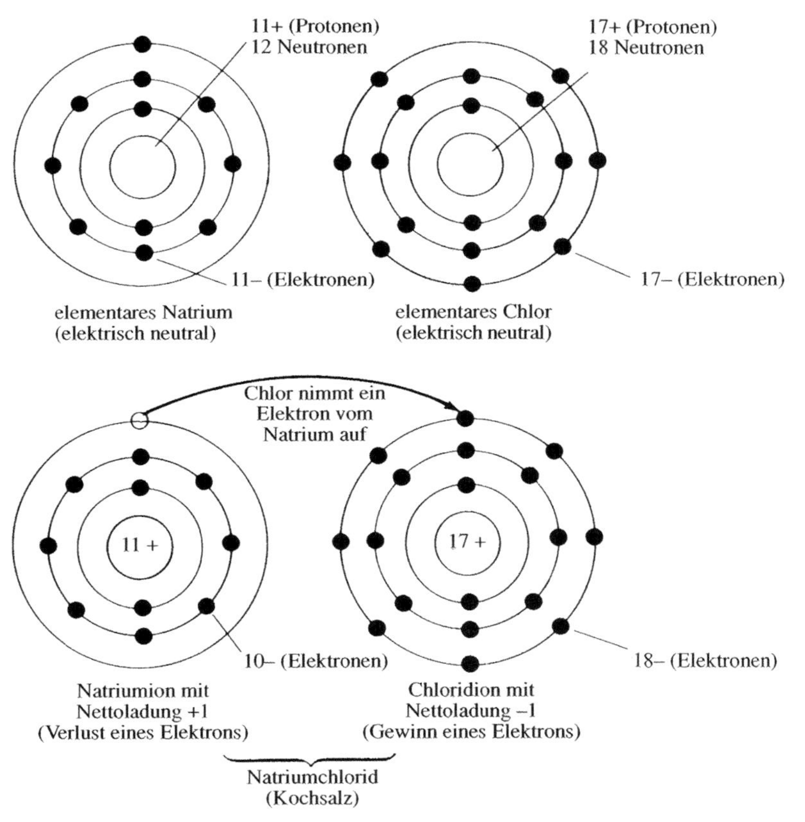

A.3 Bildung einer Ionenverbindung. a) Die atomaren Formen von Natrium und Chlor. Natrium hat nur ein Elektron in seiner äußeren Schale, Chlor sieben. Diese Schale braucht aber acht Elektronen, um vollständig besetzt zu sein. Folglich sind Natrium und Chlor hoch reaktive Elemente, die sich explosionsartig zu Natriumchlorid (NaCl, Kochsalz) verbinden. Bei diesem Prozess zieht Chlor das äußerste Elektron des Natriums zu sich hinüber (b) und wird dadurch zum einfach negativ geladenen Chloridion (Cl^-); das um ein Elektron ärmere Natrium stellt sich nun als einfach positiv geladenes Na^+-Ion dar.

umgeben sind. Im Allgemeinen gilt für Atome, die leicht Ionen bilden, dass ihnen entweder in der äußeren Schale, die, nehmen wir an, acht Elektronen braucht, um vollständig zu sein, ein oder zwei Elektronen fehlen oder dass sie in dieser Schale nur ein oder zwei Elektronen besitzen. Elementares Natrium, das insgesamt elf Elektronen hat, weist in der äußeren Schale lediglich ein Elektron auf, das es leicht abgibt; dadurch entsteht ein Natriumion mit einer Ladung von +1 (Na^+). Natriumionen haben jeweils ein positiv geladenes Proton im Kern mehr als Elektronen, die ihn umkreisen (Abbildung A.3). Ein Chloratom braucht ein Elektron, um seine äußere Schale auf acht Elektronen zu vervollständigen. Wenn es dieses Elektron aufnimmt, wird es zum Chloridion mit einer Nettoladung von –1 (Cl^-). Dieses Ion hat also ein Elektron mehr als Protonen. Natrium ist in atomarer Form ein hoch giftiges, explosives Metall, Chlorgas (ein Molekül aus zwei Chloratomen) ein tödliches Gift. Beide sind extrem reaktiv und kommen somit außerhalb des Chemielabors nicht sehr lange in atomarer Form vor. Gibt man die beiden Gifte zusammen, bildet sich explosionsartig eine lebenswichtige ionische Verbindung, das Kochsalz.

Mehrere Ionen sind direkt an den Aktivitäten einer Nervenzelle beteiligt: Natrium mit seiner Ladung von +1 (Na^+), Chlorid mit seiner Ladung von –1 (Cl^-), Kalium mit seiner Ladung von +1 (K^+) und Calcium mit seiner Ladung von +2 (Ca^{2+}). Gelöste Proteinmoleküle im Zellinneren nehmen leicht Elektronen auf und bilden so negativ geladene Ionen (Anionen), die für eine negative Aufladung der Innenseite der Zellmembran gegenüber der Ladung von Null in der Gewebsflüssigkeit außerhalb sorgen. Die negative Ladung innen bleibt erhalten, weil die Proteine zu groß sind, um die Zellmembran zu passieren.

Ionen und Elektrizität: Der Nervenimpuls

Wenn es zu einem Nervenimpuls kommt, öffnen sich in der Zellmembran für kurze Zeit Kanäle, durch die Ionen, vor allem Na^+, in die Zelle einströmen (siehe Kapitel 2). Elektrizität oder elektrischer Strom ist, wie gesagt, die Bewegung von geladenen Teilchen, und da Ionen eine Ladung haben, fließt während eines Nervenimpulses Strom. Man muss hier aber deutlich zwischen dem Ionenfluss durch die Nervenmembran und dem Strom unterscheiden, der innerhalb und außerhalb der Membran fließt, wenn dies eintritt. Wenn sich Ionen durch die Zellmembran bewegen, wechseln positiv geladene Teilchen wie Na^+, K^+ oder Ca^{2+} oder negativ geladene wie Cl^- die Seite. Diese lonenflüsse, die außer- und innerhalb der Zelle einen Strom erzeugen, sind jedoch viel langsamer als der elektrische Strom selbst, der dem Fluss von Elektronen entspricht.

Die Bewegung der geladenen Teilchen erzeugt ein elektrisches Feld. Auf der Innen- und der Außenseite der Neuronenmembran befinden sich Flüssigkeiten, die Strom relativ gut leiten. Wenn positiv geladene Ionen in die Zelle hineinströmen, versuchen auch Elektronen einzudringen (und positive Ladungen nach außen zu gelangen), um den elektrischen Kreislauf (den Stromkreis) zu schließen (Abbildung A.4). Doch die Natriumionen strömen nur einwärts – und dies nur dann, wenn ihre Kanäle offen sind. In dieser Phase des Aktionspotenzials können sich keinerlei Ionen nach außen bewegen. (In Wirklichkeit gibt es einen ganz geringen

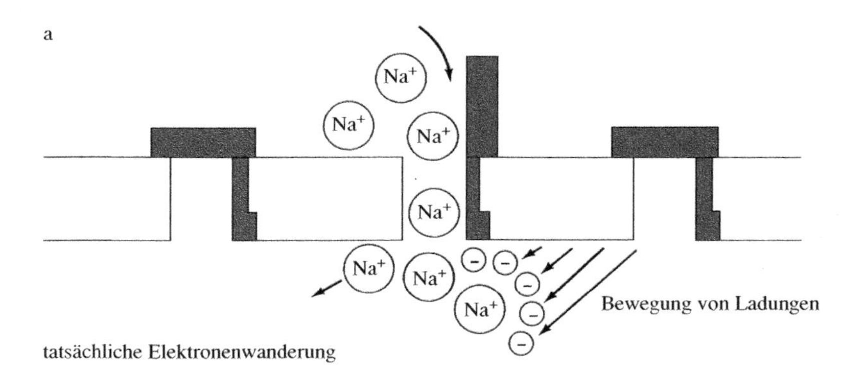

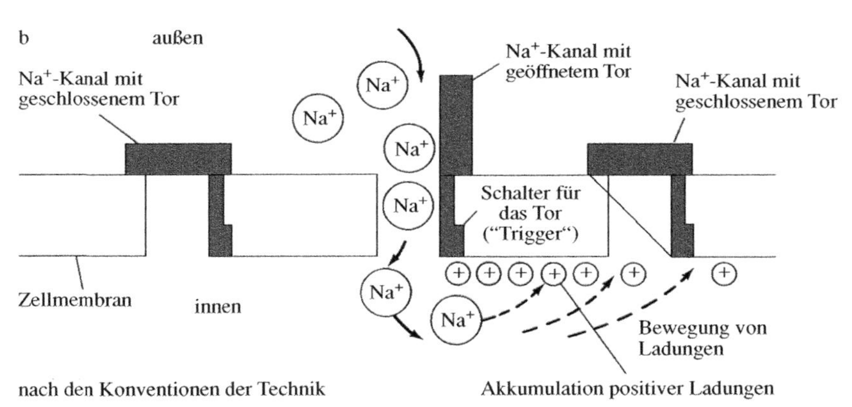

A.4 Diese Zeichnungen zeigen, wie elektrische Ladung fließt, wenn sich das Tor eines Na^+-Kanals öffnet und Na^+ dort in das Axon einströmt. Von der Innenseite der Membran strömen Elektronen auf die positiv geladenen Natriumionen zu (a). Ein bestimmter Bereich der inneren Membranoberfläche erhält dadurch eine weniger negative Ladung; das Ausmaß der Veränderung hängt dabei von der Nähe zu den einströmenden Natriumionen ab. In b ist der Stromfluss entsprechend der technischen Konvention dargestellt: Danach häufen sich auf der Innenseite der Axonmembran positive Ladungen an.

Ausstrom von Kaliumionen, wie wir in Kapitel 2 gesehen haben, aber das können wir hier vernachlässigen.)

Wie bereits erwähnt, fließt Strom (wandern Elektronen) fast mit Lichtgeschwindigkeit. Die Membran einer Nervenfaser setzt dem elektrischen Strom jedoch einen hohen Widerstand entgegen. Somit können nicht viele Elektronen die Membran durchdringen. Für transatlantische Telefonkabel gilt Ähnliches. Zwischen der Innenseite eines solchen Kabels und dem neutralen Meereswasser außerhalb besteht ein Spannungsunterschied. Es kann jedoch so gut wie kein Strom zwischen Wasser und Kabel fließen, weil Letzteres von einer dicken Isolierschicht umhüllt ist, die einen hohen elektrischen Widerstand aufweist. Folglich fließt der Strom die ganze Strecke von New York nach London im Inneren des Kabels die Drähte entlang und schließt so den elektrischen Kreislauf.

Es mag etwas verwirrend sein, wie in der Technik der Stromfluss beschrieben wird. Elektrizität wurde schon untersucht, lange bevor man wusste, dass man es mit einer Bewegung von Elektronen zu tun hat, und die Forscher nahmen früher an, Strom fließe von Plus nach Minus. Tatsächlich ist es genau umgekehrt: Negativ geladene Elektronen fließen von einem negativen zu einem positiven Bereich. Die ursprüngliche, willkürliche Festlegung hat sich jedoch erhalten, sodass man immer noch sagt, der Strom fließe von Plus nach Minus.

Wir haben gesehen, dass Nervenfasern und transatlantische Kabel Strom auf recht ähnliche Weise leiten und dass der Strom, der an der Neuronenmembran durch einwärts fließende Natriumionen erzeugt wird, sich im Prinzip mit der Geschwindigkeit elektrischen Stroms ausbreitet. Warum wird dann eine Synapse am Ende eines Axons nicht ohne jede Verzögerung aktiviert? Warum wandert ein Nervenimpuls so langsam, nämlich mit Geschwindigkeiten zwischen einem und gut 300 Kilometern pro Stunde? Ein Grund dafür liegt darin, dass die Elektrizitätsmenge, die fließt, rasch abnimmt, je weiter sie sich von ihrem „Generator" entfernt, jenem kleinen Bereich auf dem Axon, wo die Natriumkanäle offen sind und Natriumionen einwärts strömen (Abbildung A.4). Die Elektrizitätsmenge nimmt auch in transatlantischen Kabeln mit der Entfernung ab, aber in weitaus geringerem Maße, da der Draht im Inneren des Kabels ein viel besserer Leiter ist als das Axoplasma des Axons.

Wenn Natriumionen durch die Membran einwärts strömen, bilden sie einen Bereich erhöhter positiver Ladung. Infolgedessen fließen Elektronen von den unmittelbar benachbarten Membranbereichen dorthin (Abbildung A.4a). Der Elektronenfluss ist genau an der Stelle am größten, wo die Natriumionen einströmen, und folglich entsteht die stärkste positive Ladung im Bereich des nächsten (geschlossenen) Natriumtores. Nach den Konventionen der Technik versucht positive Ladung hinauszuströmen, wenn positiv geladene Natriumionen durch die Membran einwärts fließen (Abbildung A.4b). Doch wie auch immer man den Stromfluss beschreibt, das Ergebnis ist das Gleiche. Die Innenseite der Membran direkt neben dem offenen Natriumkanal wird ein bisschen weniger negativ als im Ruhezustand. Wenn sich die Ladung der Membraninnenseite an dem geschlossenen Natriumkanal direkt neben dem offenen genügend stark verringert hat – etwa von –70 Millivolt auf –60 Millivolt –, dann wird der elektrische Schalter („Trigger") an diesem geschlossenen Tor aktiviert, das daraufhin sofort aufspringt. Dieser Prozess setzt sich das ganze Axon entlang fort.

Mit der Geschwindigkeit, mit der sich Elektronen wie in Abbildung A.4a von der Membraninnenseite zu den einströmenden Natriumionen hin bewegen, fließt auch der Strom in der leitenden Flüssigkeit des Axoninneren (also nahezu mit Lichtgeschwindigkeit). Es dauert aber viel länger, bis der nächste Na^+-Kanal aufspringt. Warum? Die Zellmembran weist eine weitere elektrische Eigenschaft auf: Sie wirkt als Kondensator mit einer bestimmten Kapazität. Ein Kondensator besteht allgemein aus zwei leitenden Oberflächen, die durch eine isolierende Schicht voneinander getrennt sind. In elektrischen Schaltungen handelt es sich meist um zwei Metallplatten oder -folien, zwischen denen sich Luft, Papier, Glas oder ein anderer Nichtleiter befindet. Wenn eine Spannungsquelle, etwa eine Batterie, mit einem Kondensator verbunden wird, sammelt sich auf den beiden Platten so lange Ladung an, bis ein Gleichgewicht erreicht ist (Abbildung A.5). Genauer gesagt,

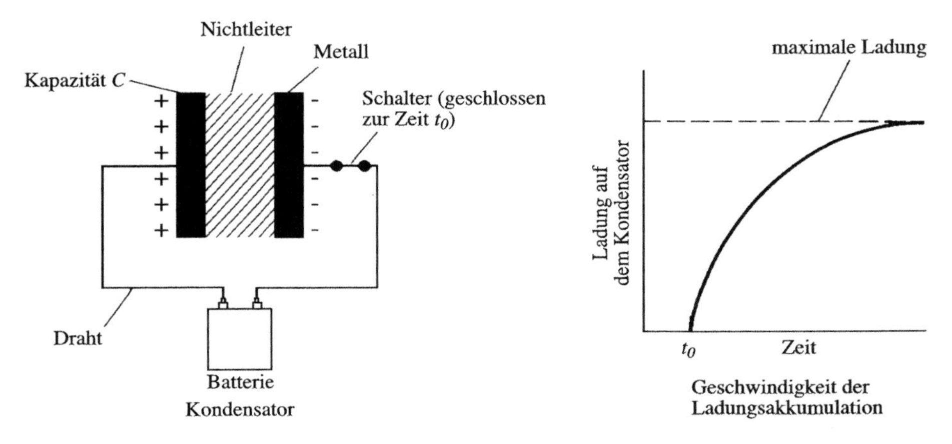

A.5 Die Zeichnung links zeigt einen einfachen Plattenkondensator, der über einen Schalter mit einer Batterie verbunden ist. Wenn man den Schalter schließt (zurzeit t_0), beginnen sich auf den beiden Metallplatten des Kondensators entgegengesetzte Ladungen anzusammeln. (Genauer gesagt, akkumulieren Elektronen auf der Platte, die mit dem negativen Pol der Batterie verbunden ist, und werden von der anderen abgezogen.) Das Diagramm rechts zeigt den Zeitverlauf der Akkumulation von Ladung (Elektronen) auf dem Kondensator, nachdem der Schalter geschlossen wurde. Die Zeit, die bis zur maximalen Aufladung des Kondensators vergeht, kann fast gleich Null sein, aber auch mehrere Sekunden betragen und hängt von der Kapazität C des Kondensators und vom Widerstand der Schaltung ab.

auf der Platte, die mit dem negativen Pol der Batterie gekoppelt ist, häufen sich Elektronen an, während von der mit dem positiven Pol verbundenen Platte Elektronen abfließen; meist stellt man es jedoch so dar, als würden auf der einen Platte positive und auf der anderen negative Ladungen akkumulieren.

Wenn der Schalter in einem Schaltkreis wie dem in Abbildung A.5 gezeigten geschlossen wird, fließt kurzzeitig Strom, bis der Kondensator voll aufgeladen ist. Wenn man den Schalter dann öffnet, bleibt die Ladung auf dem Kondensator erhalten, bis seine beiden Platten durch einen Leiter, zum Beispiel einen Draht, miteinander verbunden werden; dann entlädt er sich. Das Entscheidende bei einem Kondensator ist die Geschwindigkeit der Ladungsakkumulation. Diese ist viel niedriger als die Geschwindigkeit des elektrischen Stroms. Es gibt Kondensatoren, die Sekunden brauchen, um ihre volle Ladung zu erreichen. Die Geschwindigkeit der Ladungsakkumulation wird durch die Kapazität C des Kondensators und den Widerstand der Schaltung bestimmt. In einem idealen, widerstandsfreien Schaltkreis würde sich der Kondensator auf der Stelle aufladen. Das Schaltbild in Abbildung A.5 enthält keinen eingebauten Widerstand, aber in Wirklichkeit hätte der leitende Draht einen. Je größer der Widerstand in einem Schaltkreis ist, desto länger dauert die Aufladung des Kondensators.

Wie schon gesagt, wirkt die Nervenzellmembran wie ein Kondensator. Die zwei leitenden Flüssigkeiten inner- und außerhalb der Membran sind den Platten analog, und die Membran selbst, die einen relativ hohen Widerstand hat, wirkt als Isolator. Kommen wir noch einmal zur Abbildung A.4 zurück. Natriumionen sind durch das offene Tor eingeströmt, und es fließt Strom: Auf der Membraninnenseite nahe dem nächsten noch geschlossenen Tor sammelt sich (positive) Ladung an. Die Geschwindigkeit aber, mit der diese Ladung im Bereich des geschlossenen Tores akkumuliert, wird durch die Kapazität und den Widerstand der Membran bestimmt; somit ist sie viel geringer als die Geschwindigkeit, mit der sich die Elektronen auf die einströmenden Na^+-Ionen zubewegen. Erst nach vergleichsweise langer Zeit hat sich so viel positive Ladung angesammelt, dass die Schwelle für die Öffnung des Kanaltores erreicht ist; wegen der sehr kurzen Entfernungen geschieht dies allerdings trotzdem in Bruchteilen einer Millisekunde. Die Geschwindigkeit der Ladungsakkumulation auf der Innenseite der Membran bestimmt die Geschwindigkeit des Nervenimpulses und wird selbst von der Kapazität der Membran bestimmt; diese wiederum hängt vom Membranwiderstand sowie von der Größe beziehungsweise Oberfläche der Membran ab. Das ist der Grund dafür, warum Axone mit einem größeren Durchmesser schneller leiten.

Es ist an der Zeit, die Begriffe „Elektrizität" und „Strom" etwas schärfer zu fassen. Wenn man von Elektrizität spricht, bezieht man sich meist auf Ladungsmengen beziehungsweise auf die Menge der jeweils beteiligten geladenen Teilchen, also die Elektronenanzahl. Die Einheit der *Ladung* ist das Coulomb. Ein Coulomb entspricht ungefähr 6×10^{18} Elektronen. Gewöhnlich wird uns aber weniger interessieren, wie viele Elektronen insgesamt an einem elektrischen Prozess beteiligt sind, als vielmehr, wie viele von ihnen über einen bestimmten Zeitraum von einem Ort zum anderen fließen. Diese Eigenschaft des elektrischen Stromes, die Anzahl der pro Zeiteinheit bewegten Ladungen, bezeichnet man als *Stromstärke* (I). Sie wird in Ampere (A) gemessen. Ein Ampere ist ein Coulomb, also 6×10^{18} Elektronen, pro Sekunde. Wenn man eine elektrische Schaltung oder einen Nervenimpuls beschreibt, verfällt man leicht in die genau genommen schlechte Gewohnheit, vom „Stromfluss" zu sprechen. Strom fließt eigentlich nicht, sondern ist ein Maß für den Fluss von Elektronen.

Jeder wirkliche elektrische Schaltkreis, sei es in einem Computer oder in einer Nervenzelle, hat einen bestimmten Widerstand. Die jeweiligen Leiter – Drähte, Bahnen auf einem Mikrochip oder intra- und extrazelluläre Flüssigkeiten – sind nicht perfekt und setzen dem Elektronenfluss einen Widerstand entgegen. Einen

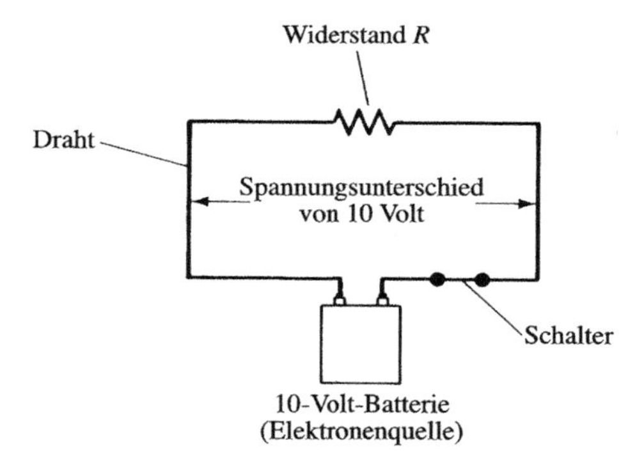

A.6 Ein sehr einfacher elektrischer Schaltkreis mit einer Batterie einer bestimmten Spannung (U), einem Schalter und dem Widerstand R. Die Stärke des im Schaltkreis fließenden Stroms wird durch den Ausdruck $I=U/R$ angegeben.

ganz einfachen elektrischen Schaltkreis zeigt die Abbildung A.6. Er besteht lediglich aus einer Batterie als Elektronenquelle und einem Draht, der ihre Pole verbindet. Dieser Draht hat einen bestimmten *Widerstand*, der mit dem Symbol R bezeichnet und in Ohm gemessen wird.

Eine weitere elektrische Eigenschaft ist die *Spannung* (U). Sie beschreibt, wie viel Energie zur Verfügung steht. In einer Batterie ist chemische Arbeit verrichtet worden, um positive und negative Ladungen voneinander zu trennen. Je mehr Ladungen getrennt wurden, desto mehr Energie war dazu erforderlich, und desto mehr Energie kann die Batterie folglich liefern. Die Energiemenge entspricht dem Produkt aus Ladungsmenge (Elektronenanzahl) und Spannung: $q \times U$. Sie lässt sich nach der Maßeinheit Joule als J bezeichnen. Aus $J = Uq$ ergibt sich danach als „Definition" der Spannung $U = J/q$.

Um zu unserem einfachen Schaltkreis zurückzukehren: Die Batterie hat eine bestimmte, festgelegte Spannung. Wenn wir den Schalter schließen, fließen Elektronen durch den Draht (der einen Widerstand aufweist) vom negativen zum positiven Pol. Die Spannung U (in Volt) gibt die Energie an, die die Batterie zur Verfügung stellt, die Stromstärke I (in Ampere), die Geschwindigkeit des Elektronenflusses durch den Draht, und der Widerstand R (in Ohm) ist das Maß für die Behinderung dieses Flusses durch den Draht.

In Kapitel 3 haben wir das Bild vom Wasser benutzt, das durch einen Schlauch fließt. Die Spannung entspräche hier dem Wasserdruck, der elektrische Widerstand dem Widerstand des Schlauches gegenüber dem Wasserfluss – ein Schlauch mit geringem Durchmesser hat einen höheren Widerstand als einer mit großem Durchmesser – und die Stromstärke der Geschwindigkeit, mit der das Wasser den Schlauch verlässt und die man in Liter Wasser pro Minute ausdrücken könnte.

In einfachen elektrischen Schaltkreisen (wie dem in Abbildung A.6) stehen Spannung, Widerstand und Stromstärke über das Ohmsche Gesetz miteinander in Beziehung: $U=IR$. (Eine ganz ähnliche Gleichung gilt für den Ausfluss von Wasser aus einem Schlauch.) Nehmen wir für unseren einfachen Schaltkreis an, dass die Batterie eine 10-Volt-Batterie ist und dass der Draht einen Widerstand von 5 Ohm hat. Die Stromstärke ergibt sich dann aus der Beziehung $U = IR$ beziehungsweise $I = U/R$: $I = 10/5 = 2$ Ampere. Wenn der Widerstand des Drahtes höher wäre – sagen wir 20 Ohm –, würde Strom einer Stärke von 10/20 = 0,5 Ampere fließen.

Wenn wir in unsere einfache elektrische Schaltung einen Kondensator einbauen und den Widerstand variabel machen, erhalten wir ein „Modell" der Nervenzellmembran (Abbildung A.7) mit einer Batterie (dem Ruhepotenzial, das auf der Verteilung der Ionen innen und außen und damit auf der Tätigkeit der Energie verbrauchenden Natrium-Kalium-Pumpe sowie den geschlossenen beziehungsweise offenen Ionenkanälen beruht), einem wechselnden Widerstand und einer bestimmten Kapazität. Im Ruhezustand fließt kein Strom über die Membran. Sobald sich jedoch die Natriumtore öffnen, strömt positive Ladung durch die Membran (hier handelt es sich um echte positive Ladung, nämlich die Na^+-Ionen), und es beginnt ein elektrischer Strom zu fließen, der die positive Ladung auf der Membraninnenseite direkt neben den offenen Natriumkanälen ansteigen lässt. Die Aufladung der als Kondensator wirkenden Membran nimmt zu, bis die Schwelle erreicht ist, bei der die Öffnung der noch geschlossenen Natriumkanäle an dieser

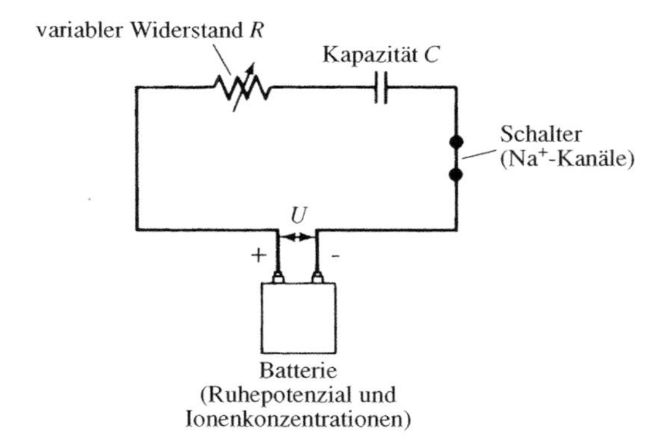

A.7 Vereinfachtes Schaltkreismodell einer Nervenzellmembran. *R* gibt den Widerstand für die beteiligten Ionenarten (Natrium, Kalium und Chlorid) an und ist variabel (Pfeil); beispielsweise nimmt während der Anfangsphase des Aktionspotenzials der Widerstand der Membran gegenüber den einströmenden Natriumionen rapide ab. Die Membran hat auch eine Kapazität *C*. Ein wirklichkeitsnäherer Modellschaltkreis müsste für jeden Ionentyp einen separaten variablen Widerstand sowie einen gewissen „Leckwiderstand" haben.

Stelle der Membran ausgelöst wird. Dieser Prozess setzt sich die Membran entlang weiter fort.

Als Hodgkin und Huxley versuchten, die Ionenströme während eines Aktionspotenzials zu messen, standen sie dem Problem gegenüber, dass sich alle Größen ändern. Die Spannung lässt sich mit Elektroden innen und außen an der Axonmembran einfach messen, aber auch die Stromstärke und der Widerstand ändern sich. Wenn sich die Natriumtore öffnen, fällt der Membranwiderstand ab; er sinkt ebenfalls, wenn sich die in geringerer Anzahl vorhandenen geschlossenen Kaliumkanäle öffnen. Wie wir in Kapitel 3 festgestellt haben, entwickelten Hodgkin und Huxley ein Spannungsklemmensystem, das über einen Rückkopplungsmechanismus die Spannung konstant hält; so konnten sie die sich ändernden Ströme messen, was ihnen wiederum ermöglichte, die Veränderungen im Widerstand zu bestimmen. Normalerweise gibt man den Kehrwert des Widerstands ($1/R$), die Leitfähigkeit, an. Jede Ionenart hat ihre spezifische Leitfähigkeit oder Permeabilität, wie wir sie aus der Goldman-Gleichung in Kapitel 3 kennen. Während des Aktionspotenzials verändert sich die Leitfähigkeit für Natrium und Kalium, woraus Ionenströme und ein Elektronenfluss resultieren.

Um das Aktionspotenzial in Nerven exakt zu beschreiben, braucht man ein etwas detaillierteres Schaltbild. Doch obwohl jeder der beteiligten Ionentypen seinen eigenen Widerstand hat und stets ein paar Ionen durch die Membran „lecken", kommt man mit einem Modell wie dem in Abbildung A.7 der Realität schon recht nahe. Durch Ausarbeitung des „äquivalenten" Schaltkreises gelang es Hodgkin und Huxley, die Differenzialgleichungen für diese Verschaltung und damit für die Neuronenmembran aufzustellen. Über die Messungen der Ionenströme waren sie dann in der Lage, diese Differenzialgleichungen zu lösen und mit außerordentlicher Genauigkeit alle Erscheinungen eines Aktionspotenzials an einem Nerv vorherzusagen. (Das alles geschah, als noch nicht überall Computer standen, und Huxley löste die Gleichungen in ungefähr zwei Wochen intensiver Anstrengung mit Hilfe äußerst aufwendiger numerischer Näherungsmethoden.)

Rezeptorpharmakologie

Wenn unserem heutigen Verständnis der Funktionsweise von Nervensystemen irgendein bestimmtes Grundkonzept zugrunde liegt, dann jenes, dass Nervenzellen (und die Zellen, die Hormone freisetzen) miteinander kommunizieren, indem sie

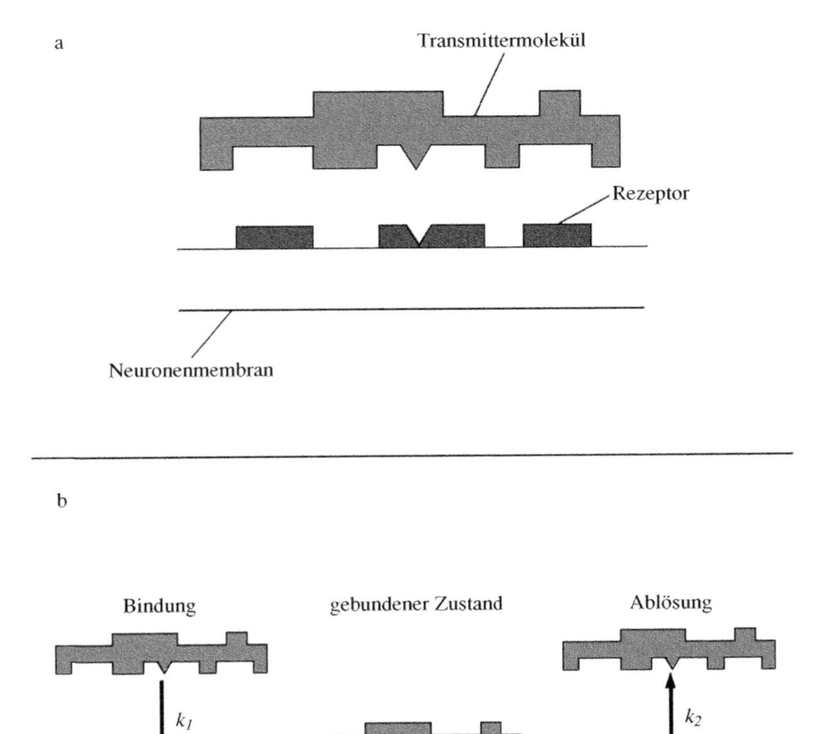

A.8 a) Das Schlüssel-Schloss-Prinzip, nach dem Transmitter (oder auch Medikamente) sich an Rezeptormoleküle anlagern. Zusätzlich zur räumlichen Struktur sind an der Bindung bestimmte Bereiche der Transmitter- und Rezeptormoleküle beteiligt, die Wasser anziehen oder abstoßen oder komplementäre elektrische Ladungen tragen. Vereinfachend kann man all diese Eigenschaften unter dem Begriff „Form" zusammenfassen. b) Ein Transmittermolekül im Prozess der Bindung an seinen Rezeptor (links), im gebundenen Zustand (Mitte) und bei der Ablösung (rechts). Die Bindungsrate (k_1) entspricht nicht notwendigerweise der Ablösungs- oder Dissoziationsrate (k_2).

chemische Überträgersubstanzen ausschütten, die sich an spezielle Rezeptoren auf Neuronen und anderen Zellen binden (siehe die Kapitel 4 bis 6). Aufgrund seiner Form und anderer Eigenschaften passt ein bestimmtes Neurotransmittermolekül in seinen Rezeptor wie ein Schlüssel in sein Schloss (Abbildung A.8).

Transmittermoleküle, so sagt man allgemein, binden an ihre Rezeptoren (siehe Kapitel 4). Diese Art der Bindung ist jedoch von ganz anderem Charakter als die beiden Typen von Bindungen – die kovalente und die ionische Bindung –, die Atome in Molekülen zusammenhalten. Die Bindungskräfte bei Transmittern und Rezeptoren sind sehr viel schwächer. Diese Bindungen hängen von der Form der Transmitter- und Rezeptormoleküle ab sowie davon, welche ihrer Bereiche hydrophob, welche hydrophil sind (das heißt, Wasser abstoßen oder davon angezogen werden) und welche Bereiche gewöhnlich eine negative oder positive Ladung aufweisen. Ein Rezeptor wird hydrophobe und hydrophile Regionen besitzen, die zu denen des Transmitters passen, und geladene Abschnitte, die denen des Transmitters komplementär, also entgegengesetzt, sind.

Da die Kräfte, die Transmitter an Rezeptoren binden, sehr schwach sind, heftet sich ein bestimmtes Transmittermolekül nur kurz an den Rezeptor und löst sich dann wieder ab. Die Bindungs- oder Assoziationsgeschwindigkeit lässt sich ebenso durch eine Konstante kennzeichnen wie die Rate der Ablösung oder Dissoziation (Abbildung A.8). Die Neigung eines Transmitters, sich mit seinem Rezeptor zu verbinden, bezeichnet man als *Affinität.* Im Allgemeinen befinden sich die Rezeptormoleküle auf der Außenfläche der Zellmembran, und zwar jeweils nur eine begrenzte Anzahl pro Zelle. Wenn alle Rezeptoren auf einer Membran von Transmittermolekülen besetzt sind, spricht man von Sättigung. In einer Mischung aus Rezeptor- und Transmittermolekülen – sei es im Gehirn oder in einem Reagenzglas – sind die Vorgänge der Bindung und Ablösung kontinuierlich ablaufende Prozesse. Wenn man mit definierten Konzentrationen sowohl der Rezeptoren als auch der Transmitter beginnt, stellt sich binnen kurzem ein Gleichgewichtszustand ein, in dem die Nettokonzentrationen an freiem und an gebundenem Transmitter konstant sind.

Allgemein zeigen Transmittermoleküle die Tendenz, sich an Membranen auf eine unspezifische, an ihre Rezeptoren aber auf eine sehr spezifische Weise anzuheften. Ein Hauptproblem in der Pharmakologie besteht darin, die Transmitter-Rezeptor-Bindung von der unspezifischen Bindung zu unterscheiden. Typischerweise ist eine Transmitter-Rezeptor-Bindung sowohl durch eine hohe Affinität des Transmitters gegenüber dem Rezeptor charakterisiert als auch durch eine niedrige Kapazität der Rezeptoren gegenüber dem Transmitter; mit anderen Worten, es wird nicht viel Transmitter gebraucht, um die Rezeptoren zu sättigen. Im Gegensatz dazu zeichnet sich die unspezifische Bindung durch eine niedrige Affinität aus und ist praktisch nicht zu sättigen.

Diese Betrachtungen gelten in gleicher Weise für die Wirkung eines Medikaments auf einen Rezeptor. Der Hauptgrund dafür, dass Drogen wie Heroin, LSD und Cocain schon in sehr geringen Dosen starke Einflüsse auf Gehirn, Geist und Verhalten ausüben, besteht darin, dass sie die Rezeptoren täuschen und sich gewissermaßen als die natürlichen Transmitter ausgeben. Zumindest Teile der Drogenmoleküle ähneln in ihrer Form und anderen Eigenschaften den jeweiligen Transmittern. Ein eindrucksvolles Beispiel dafür ist die große Ähnlichkeit eines

Endes des Morphinmoleküls mit einem Abschnitt des natürlichen, hirneigenen Opiats Met-Enkephalin (siehe Abbildung 6.2 und Kapitel 6). Ein Transmittermolekül, eine Droge oder eine andere Substanz, die sich an einen Rezeptor bindet, wird Ligand *(L)* genannt.

Die Geschwindigkeiten, mit der sich ein Ligand an den Rezeptor bindet und wieder von ihm ablöst, lassen sich messen; man kann so bestimmen, ob die Bindung mit einer hohen oder einer niedrigen Affinität erfolgt und ob es nur einen Typ von Bindungsstellen gibt oder mehrere. Man mischt dazu in einem Reagenzglas bekannte Konzentrationen eines Rezeptors und eines Transmittermoleküls oder Medikaments und misst die im Gleichgewichtszustand *(steady state)* erreichten Konzentrationen von gebundenem und ungebundenem Liganden. Üblicherweise wird in einer Versuchsreihe eine definierte, bekannte Rezeptorkonzentration jeweils mit unterschiedlichen Konzentrationen des zuvor radioaktiv markierten Liganden (des Pharmakons oder des Transmitters) gemischt und die Endkonzentration des noch ungebundenen Liganden bestimmt. Auf diese Weise lassen sich die Gleichgewichtskonzentrationen des freien Liganden und der Ligand-Rezeptor-Komplexe ermitteln.

Um eine Ligand-Rezeptor-Bindung zu untersuchen, ist es sinnvoll, den Anteil der Rezeptoren zu errechnen, die von Liganden besetzt sind; man bezeichnet diese Größe gewöhnlich mit r. Die folgenden Abschnitte zeigen, wie man den Wert r rechnerisch ermitteln kann und was er über eine Bindung aussagt. Leser, die mathematische Gleichungen nicht mögen, können gleich zum letzten Absatz dieses Abschnitts übergehen.

Wenn man einen Liganden L und einen Rezeptor R hat, kann man den Bindungsvorgang so beschreiben:

$$L + R \xrightarrow{k_1} LR$$

Dabei steht LR für die Komplexe aus Rezeptor und gebundenem Liganden, und k_1 gibt die Bindungsrate an.

Für die Ablösung oder Dissoziation gilt:

$$LR \xrightarrow{k_2} L + R$$

wobei k_2 die Dissoziationsrate wiedergibt. Die beiden Gleichungen lassen sich wie folgt miteinander verknüpfen:

$$L + R \underset{k_2}{\overset{k_1}{\leftrightarrow}} LR$$

Das Verhältnis der Geschwindigkeitskonstanten für die Dissoziations- und die Bindungsreaktion, k_2/k_1, definiert die Konstante des Dissoziationsgleichgewichts, die Dissoziationskonstante K_D:

$$K_D = \frac{k_2}{k_1} = \frac{[L][R]}{[LR]}$$

Die eckigen Klammern stehen für Konzentrationen: $[L]$ zum Beispiel ist die Konzentration des betreffenden Liganden.

Der Anteil der von Liganden besetzten Rezeptoren – abgekürzt mit r – ist einfach das Verhältnis der vorhandenen Ligand-Rezeptor-Komplexe zu der Gesamtzahl der Rezeptoren ($R_{ges.}$):

$$r = \frac{[LR]}{[R_{ges.}]}$$

Die Gesamtzahl der vorhandenen Rezeptoren und die Zahl der unbesetzten Rezeptoren sind gegeben durch:

$$[R_{ges.}] = [R] + [LR] \text{ und } [R] = [R_{ges.}] - [LR].$$

Somit gilt:

$$K_D = \frac{[L]([R_{ges.}]-[LR])}{[LR]}$$

Man kann diese Gleichung nach $[LR]$ auflösen:

$$[LR]K_D = [L][R_{ges.}] - [L][LR],$$
$$[LR]K_D + [L][LR] = [L][R_{ges.}],$$
$$[LR]\,([L] + K_D) = [L][R_{ges.}],$$
$$[LR] = \frac{[L][R_t]}{[L]+K_D}$$

Für r ergibt sich damit:

$$r = \frac{[LR]}{[R_t]},\ r = \frac{[L]}{[L]+K_D}$$

Das Ziel all dieser Berechnungen ist es, einen Ausdruck für r zu erhalten, dessen Komponenten man messen kann.

Wenn man r/[L] gegen r aufträgt, ergibt sich eine gerade Linie, sofern es nur einen Typ von Bindungsstellen gibt, zum Beispiel solche mit hoher Affinität (Abbildung A.9). Derartige Grafiken, die sehr nützlich sind, werden Scatchard-Plots genannt. Aus dem x-Achsenabschnitt der Geraden ergibt sich die Anzahl der Bindungsstellen pro Molekül, die Steigung beträgt $-1/K_D$ und ermöglicht daher eine einfache Bestimmung von K_D. Am wichtigsten ist, dass ein Scatchard-Plot immer dann, wenn es zwei verschiedene Typen von Bindungsstellen gibt – zum Beispiel solche mit hoher und andere mit niedriger Affinität –, zwei Geraden mit unterschiedlicher Steigung liefert.

Molekularbiologie: Proteine und Gene

Das Fachgebiet der Neurowissenschaft hat sich bis zu einem Punkt entwickelt, an dem sie ihre Kräfte nun mit denen der Molekularbiologie vereinigen muss. Einige der Kernfragen zu Nervenzelle und Gehirn lassen sich allein auf der Ebene der

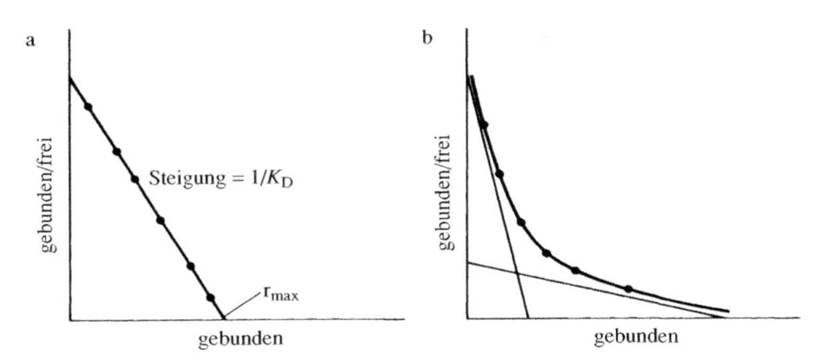

A.9 Scatchard-Plots für die Bindung eines Liganden an einen Rezeptor. Die Ordinate gibt das Verhältnis von gebundenem zu freiem Liganden beziehungsweise *r*/[L], die Abszisse die Menge an gebundenem Liganden (*r*) wieder. (Näheres ist im Text erläutert.) Im Fall a existiert nur ein Typ von Bindungsstellen, wie die Gerade in der Grafik belegt; im Fall b deutet die gebogene Linie an, dass es sowohl Stellen mit hoher als auch solche mit niedriger Affinität gibt. (Nach Cooper, J. R.; Bloom, F. C.; Roth, R. H. *The Biochemical Basis of Neuropharmacology*. 3. Aufl. New York (Oxford University Press) 1978.)

Gene beantworten. Gene halten die erforderliche Information bereit, um Peptide und Proteine herzustellen. Diese wiederum zeichnen für Struktur und Funktion der Nervenzellen und ihrer synaptischen Verbindungen verantwortlich, ganz zu schweigen von ihrer Bedeutung für die Entwicklung von Körper und Gehirn aus einer einzelnen befruchteten Eizelle. Neueren Schätzungen zufolge beträgt die Zahl der Gene in menschlichen Chromosomen etwa 30 000 bis 50 000, wovon etwa die Hälfte ausschließlich in Zellen des Gehirns aktiv ist. Bislang hat man nur wenige dieser Gene beschrieben (sequenziert).

Ein zentrales Thema in der Neurowissenschaft und in den allerersten Kapiteln dieses Buches bildet die Identifikation von Proteinen, insbesondere der chemischen Rezeptoren in Hirnzellen (siehe hierzu die Ausführungen zum ACh-Rezeptorprotein in Kapitel 4). Wir benutzen diese Thematik im Folgenden als Leitfaden, um die molekularbiologischen Grundlagen zu veranschaulichen.

Proteine sind einfach lange Ketten von Aminosäuren (Peptide sind kürzere Ketten), und es gibt nur 20 Standardaminosäuren. Aminosäuren sind kleine Moleküle, die aus Kohlenstoff (C), einer Aminogruppe (NH_2), einer Carboxylgruppe (COOH) und einer variablen Seitenkette (R) bestehen:

$$\begin{array}{rl} & NH_2 \\ & | \\ R - & CH \\ & | \\ HO - & C = O \end{array}$$

Zellen unseres Körpers können einige Aminosäuren herstellen, doch andere, die essenziellen Aminosäuren, müssen wir über eiweißhaltige Nahrung zu uns nehmen.

Wenn wir die genaue Aufeinanderfolge (Sequenz) der Aminosäuren, aus der sich ein Protein zusammensetzt, kennen, dann kennen wir das Protein und können es künstlich herstellen. Die chemischen Eigenschaften des Proteins leiten sich aus seiner Aminosäuresequenz und einigen komplizierenden Faktoren ab, zu denen etwa verschiedene andere anhängende Moleküle, beispielsweise Kohlenhydrate, und die dreidimensionale Gestalt des Proteinmoleküls zählen (siehe zum Beispiel die dreidimensionale Gestalt des ACh-Rezeptors in Abbildung 4.9). Wenn wir die Aminosäuresequenz des Proteins kennen, dann kennen wir (von einigen komplizierenden Umständen abgesehen) die Nucleotidsequenz der Gene, die es exprimierten.

Den meisten Lesern sind die schematischen Darstellungen der DNA-Doppelhelix, der fundamentalen Struktur der Gene, bekannt. Alle Gene setzen sich aus nur vier Molekülen, Nucleotiden, zusammen, die in speziellen Sequenzen angeordnet sind. Jedes Nucleotid ist eine Verbindung aus einem Zuckermolekül (2-Desoxyribose in der DNA und Ribose in der RNA), einer Phosphatgruppe und einer stickstoffhaltigen Base. DNA-Nucleotide verwenden vier Basen: Adenin (A), Guanin (G), Cytosin (C) und Thymin (T); auch RNA verwendet vier Basen, ersetzt aber Thymin durch Uracil (U). Die DNA besteht aus einer Kette von Nucleotiden, die über ihre Phosphatgruppen aneinander gekoppelt sind. Die tatsächlichen Molekülstrukturen der Nucleinsäuren sind für unsere kurze Erörterung nicht von Belang, doch lassen sie sich in zahlreichen Lehrbüchern nachlesen.

Der springende Punkt an dieser Stelle ist, dass die Nucleotidsequenz eines Gens die Aminosäuresequenz des Proteins festlegt, das vom Gen „hergestellt" wird. In der Tat bedarf es einer Sequenz von drei Nucleotiden, um eine Aminosäure präzise zu bestimmen, und diese Tripletts („Codons" genannt) überlappen sich nicht. Da die DNA vier verschiedene Nucleotide besitzt, sind – wenn man jeweils drei auf einmal nimmt – maximal 64 verschiedene Basentripletts möglich. Doch werden tatsächlich nur 20 Aminosäuren hergestellt. (Wenn zwei Nucleotide eine Aminosäure festlegten, also von vieren jeweils zwei auf einmal genommen, ließen sich nur 16 Aminosäuren synthetisieren – folglich sind mindestens drei erforderlich.) In der Tat können mehrere unterschiedliche Codons ein und dieselbe Aminosäure verschlüsseln; so gibt es beispielsweise sechs verschiedene Tripletts für die Aminosäure Leucin.

Die Boten- oder *messenger*-RNA (mRNA) besorgt die Zwischenschritte zwischen den Genen (DNA) und der Fertigung des Proteins. Der DNA-Strang eines Gens erzeugt einen identischen RNA-Strang, der sich nur darin unterscheidet, dass in der mRNA Thymin (T) durch Uracil (U) ersetzt ist. Beispielsweise spezifiziert und „produziert" das mRNA-Codon G–C–U die Aminosäure Alanin, U–G–C steht für Cystein, und so fort für alle 20 Aminosäuren. (Leser mit einigen Hintergrundkenntnissen in Biologie werden erkennen, dass dieser Absatz ganze Bände molekularbiologischen Wissens radikal vereinfacht.)

Dank der außerordentlichen Technologie, die Molekularbiologen entwickelt haben, ist es nun möglich, große Mengen spezifischer Nucleotidsequenzen herzustellen, auch wenn anfangs nur winzige Mengen davon zur Verfügung stehen. Der allerjüngste technologische Durchbruch (im Jahr 1988) heißt Polymerasekettenreaktion *(polymerase chain reaction,* PCR). Unter anderem bedient sie sich bestimmter Bakterien, die nur in einem Geysir des Yellowstone-Nationalparks leben und kochendes Wasser aushalten können.

Lassen Sie uns nun zu den nicotinergen ACh-Rezeptoren zurückkehren. Wie in Kapitel 4 beschrieben, besitzt das elektrische Organ des Zitterrochens sehr viele davon. Hinzu kommt, dass das Gift der Kobra spezifisch an diese Rezeptoren bindet; also wird das Toxin radiomarkiert und dem elektrischen Organ eingeflößt. Das Protein, das den Marker trägt, lässt sich dann reinigen. Wenn wir einmal das reine Rezeptorprotein (eigentlich mehrere Proteinuntereinheiten) in der Hand haben, lässt sich seine Aminosäuresequenz direkt mittels moderner Apparaturen bestimmen, was allerdings schwierig ist; oder es lassen sich durch molekularbiologische Techniken die entsprechende mRNA und anschließend die DNA identifizieren. Wir können auch spezifische Antikörper gegen das Protein anfertigen, indem wir das Protein einem Kaninchen einspritzen. Dieser Antikörper hilft uns, die mRNA zu identifizieren, und lässt sich auch dazu benutzen, die Verteilung des Rezeptorproteins im Gehirn festzustellen. In Bakterienklone eingepflanzt, kann die mRNA große Mengen des Rezeptormoleküls erzeugen. Wir können die mRNA auch in ein Froschei injizieren, welches dann die Rezeptoruntereinheiten produzieren und in die Eimembran einbauen wird; dort setzen sich die Untereinheiten wieder zum Natriumionenkanal zusammen, der sich dann in „Reinkultur" untersuchen lässt.

Wir sind hier über die konkreten Schritte, durch welche die Aminosäuresequenz ermittelt und die richtige mRNA hergestellt wird, hinweggegangen; die Einzelheiten dieser Verfahren sind sehr komplex. In einem Stück echten Hirngewebes gibt es Tausende von Proteinen. Die Arbeit, sie und ihre mRNA- und DNA-Vorläufer zu trennen und zu identifizieren, bleibt eine leidige und weitgehend unvollendete Aufgabe. Unser derzeitiges Wissen beschränkt sich auf ein paar hundert hirnspezifische Proteine. Doch durchläuft dieses Forschungsgebiet eine rasante Entwicklung.

Gentechnik

Natürlich auftretende Mutanten von Mäusen (und anderen Tieren) haben sich als sehr wertvoll erwiesen, um die genetischen Substrate von Krankheiten und Verhaltensanomalien zu analysieren. Viele dieser Mutanten wurden am Jackson Laboratory in Bar Harbor im US-Bundesstaat Maine entdeckt, andere am Cold Spring Harbor Laboratory in Cold Spring Harbor im US-Bundesstaat New York. Ein Beispiel hierfür sind die fettleibigen Mäuse aus Kapitel 7. Diesen Tieren fehlt das Gen für die Herstellung von Leptin, einem Peptidhormon, das regulierend die Nahrungsaufnahme wirkt. Eine andere Mutante, die pcd-Maus (für *Purkinje cell degeneration* – Purkinje-Zell-Degeneration), entwickelt sich bis zwei Wochen nach der Geburt normal; danach degenerieren innerhalb von zwei Wochen sämtliche Purkinje-Zellen in der Großhirnrinde. Alle anderen Neuronen bleiben davon unbeeinflusst. Zusammen mit meinen Studenten verwendete ich diese Maus dazu, die relative Rolle der Großhirnrinde und des Nucleus interpositus bei der klassischen Konditionierung der Lidschlagreaktion zu untersuchen. (Wie aus Kapitel 11 zu ersehen, spielen sowohl die Großhirnrinde als auch der Nucleus interpositus dabei eine wichtige Rolle.)

In den achtziger Jahren wurden mehrere Techniken entwickelt, um die genetische Ausstattung von Mäusestämmen experimentell zu ändern, mit anderen Worten, um Mäusemutanten gezielt zu erzeugen. Das Wesentliche an dieser Technologie ist, dass in ein frühes Embryonalstadium (die Blastocyste) ein anderes oder verändertes Gen eingeführt wird, sodass dieses in die Keimzellen eingebaut wird. Diesen genetisch veränderten Embryo pflanzt man dann einem scheinschwangeren Weibchen ein, wo er seine Entwicklung bis zu Geburt vollendet. Durch Züchten solcher Mäuse erhält man eine stabil mutierte oder „transgene" Mäuselinie. Je nachdem, wie man die Veränderung durchführt, kann man beispielsweise auch ein bestimmtes Gen entfernen – daher der Begriff Knockout-Maus.

Ein anschauliches Beispiel für diese Technologie ist die von Susumu Tonegawa und seinen Mitarbeitern am Massachusetts Institute of Technology geschaffene zweite Generation der *Knockout*-Maus, mit der wir uns in Kapitel 12 beschäftigten (siehe Abbildung 12.4). Bei dieser Maus wurde das Gen, das die R1-Untereinheit des NMDA-Rezeptors codiert, nur in einem begrenzten Bereich des Gehirns entfernt, dem Feld CA1 des Hippocampus. Wie wir gesehen haben, wird durch diese spezifische genetische Läsion (beziehungsweise Knockout) die Induktion der LTP im Feld CA1 nachdrücklich beeinträchtigt, und auch das räumliche Lernen der Tiere ist gestört.

Eine grundsätzliche Problematik bei Knockout-Mäusen betrifft die Möglichkeit von Entwicklungsanomalien oder von Kompensierungsmechanismen. Wenn das Gen von der Befruchtung an fehlt, können vielleicht andere Gene dies während der Embryonalentwicklung kompensieren oder ihre Funktion ändern. Diese Frage ist gegenwärtig heiß umstritten. Glücklicherweise tritt bei den oben angeführten pcd-Mutanten und NMDA-R1-Knockout-Mäusen die Anomalie erst nach der Geburt in Erscheinung, sodass hier das Problem einer abnormen Entwicklung nicht entsteht. Diese neuen Methoden, mit denen transgene Tiere erzeugt werden, bilden erst den Anfang, was die Anwendung der Molekulargenetik zur Erforschung von Gehirnfunktion und Verhalten angeht. Das Beste steht erst noch bevor.

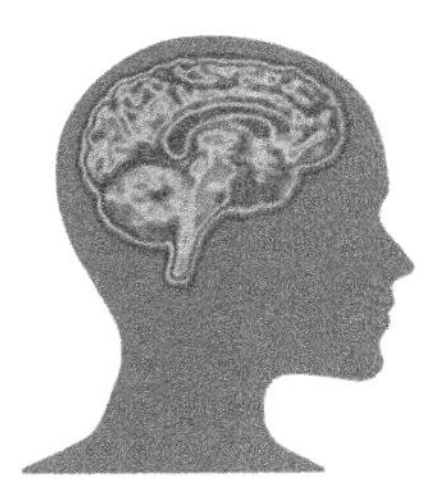

Glossar

absolute Refraktärzeit Die „Spitze"-Phase des Aktionspotenzials (siehe *Spitzenaktionspotenzial*), während der eine erneute Reizung *kein* weiteres Aktionspotenzial auslösen kann. Siehe auch *relative Refraktärphase.*
Acetylcholin (ACh) Neurotransmitter, der im Nervensystem reichlich vorkommt und spezifisch an neuromuskulären Endplatten freigesetzt wird.
Acetylcholinesterase (AChE) Enzym, das für Abbau und Inaktivierung von Acetylcholin im synaptischen Spalt verantwortlich ist.
Adenosintriphosphat (ATP) Hauptenergiequelle von Zellen. Wird ATP zu Adenosindiphosphat (ADP) abgebaut, wird Energie frei. ATP kann auch in cAMP, einen *second messenger* des Nervensystems, umgewandelt werden; siehe *cyclisches Adenosinmonophosphat.*
Adenylatcyclase Enzym, das ATP in cAMP umwandelt. Siehe auch *Adenosintriphosphat.*
afferent Zu einer Struktur hinleitend. Die Nervenfasern, die sich „afferent" zum Zentralnervensystem verhalten, leiten Sinnesinformationen weiter (sensorische Neuronen).
Agonist Wirkstoff, der die Wirkung eines bestimmten Neurotransmitters vortäuscht oder durch seine Wirkung die des Neurotransmitters verstärkt. Siehe auch *Antagonist.*
Aktionspotenzial Rasche, nach dem Alles-oder-Nichts-Gesetz erfolgende Änderung des Membranpotenzials, das sich die Nervenfaser entlang fortpflanzt und so Information entlang der Nervenzelle weiterleitet.
Aldosteron Hormon der Nebennierenrinde, das den Gehalt des Körpers an elementar wichtigen Ionen reguliert, indem es die Natriumwiederaufnahme und die Kaliumausscheidung durch die Nieren verstärkt.
Alzheimer-Krankheit Fortschreitende degenerative Erkrankung, die mit dem Altern in Verbindung steht und kognitive Prozesse, Gedächtnis, Sprache und Wahrnehmung in Mitleidenschaft zieht. Zu den charakteristischen feingeweblichen Veränderungen zählen senile Plaques und Neurofilamentknäuel. Acetylcho-

linneuronen im Nucleus basalis des Vorderhirns sind ebenfalls betroffen, doch ist die Ursache der Erkrankung bislang ungeklärt.
AMPA-Rezeptor Typ von Glutamatrezeptoren im Gehirn, der mit Natrium-Kalium-Kanälen in Verbindung steht. Siehe auch *NMDA-Rezeptor.*
Amygdala (Mandelkern) Ansammlung von Kernen im vorderen Schläfenlappen, die mit Gefühlen und Gedächtnis in Verbindung gebracht werden (auch Corpus amygdaloideum genannt).
Antagonist Wirkstoff, der den Effekt eines bestimmten Neurotransmitters hemmt oder ihm entgegenwirkt. Siehe auch *Agonist.*
anterograde Amnesie Form der Gedächtnisstörung (Amnesie), nach deren Eintritt sich keinerlei neue Erinnerungen mehr speichern lassen. Erinnerungen, die vor der Amnesie gebildet wurden, sind abrufbar. Siehe auch *retrograde Amnesie.*
Antikörper Vom Körper produzierte Proteine, die im Blutstrom zirkulieren und Fremdsubstanzen angreifen.
Aphasie Zentrale Sprachstörung (zum Beispiel Wernicke-Aphasie, Broca-Aphasie und Leitungsaphasie).
Arbeitsgedächtnis Gedächtnis von mittlerer zeitlicher Dauer, das länger als das Kurzzeitgedächtnis, über Minuten hinweg, anhalten kann. Es wird häufig mit Bewusstsein gleichgesetzt.
Area striata Primäre Sehrinde des Hinterhauptslappens.
Assoziationscortex Felder der Großhirnrinde, die vielfältige Sinnesinformationen und motorische Befehle zusammenschließen.
assoziatives Lernen Verhalten, bei dem die Reaktionen auf Reize von den Beziehungen (Assoziationen) zwischen verschiedenartigen Reizen abhängen. Beispiele sind die klassische Konditionierung und das instrumentelle Lernen.
Astrocyt Gliazelle des Zentralnervensystems, die an der Bildung der Blut-Hirn-Schranke beteiligt ist.
Augendominanzsäule Dynamische Funktionseinheit der primären Sehrinde. Diese ist in Säulen orientierungsspezifischer Zellen untergliedert, die Eingangssignale aus einem bevorzugten Auge entgegennehmen. Säulen, die visuelle Informationen aus dem einen oder dem anderen Auge empfangen, liegen im Wechsel nebeneinander.
autonomes (vegetatives) Nervensystem System peripherer Nervenverbindungen, das aus dem sympathischen Nervensystem und dem parasympathischen Nervensystem besteht. Es steuert innere Organe und Drüsen, die für grundlegende vegetative Körperfunktionen maßgeblich sind.
Autorezeptoren Proteinmoleküle in der Membran von Nervenfaserendigungen, die von der Nervenzelle selbst ausgeschüttete Neurotransmitter erkennen und die Menge des freigesetzten Neurotransmitters regulieren.
Axon Lang gezogene, vom Nervenzellkörper ausgehende Faser, über die Information vom Zellkörper zu den Nervenfaserendigungen gelangt.
axonaler (axoplasmatischer) Transport Auf- und Abwärtsbewegung von Zellsubstanzen über die Länge des Axons, wobei bestimmte Proteine die Substanzen entlang von Mikrotubuli durch das Axon vorwärtstreiben.
Balken (Corpus callosum) Großes Bündel von Nervenfasern, das die beiden Großhirnhemisphären miteinander verbindet.

Basalganglien Gruppe von Kernen, bestehend aus Nucleus caudatus, Putamen und Globus pallidus, die an der Bewegungssteuerung beteiligt sind.
Basilarmembran Teil des Innenohrs, dem die Haarzellen aufsitzen. Diese sind mit den Hörnervenfasern verbunden, die zu den Kernen der Hörbahn im Hirnstamm ziehen. Die Basilarmembran ist entscheidend für die Verschlüsselung von Hörinformation.
Benzodiazepine Klasse von Medikamenten, die sich aufgrund ihres beruhigenden Effekts zur Behandlung von Panikstörungen und Angstzuständen eignen.
Betz-Zellen Größte Zellen der Großhirnrinde, die im motorischen Cortex angesiedelt sind und deren Fasern die Pyramidenbahn bilden.
Bewusstsein Unmittelbare Bewusstheit einer Person. Siehe auch *Arbeitsgedächtnis*.
Binokularsehen Teilweises Überlappen der Gesichtsfelder beider Augen.
bipolare Störung Früher auch als „manisch-depressiv" bezeichnete Form einer affektiven Störung, bei der der Patient neben depressiven Phasen mindestens eine Episode einer Manie, einer ungezügelten, heftigen Euphorie, erlebt hat.
Blut-Hirn-Schranke Barriere zwischen Blutstrom und Hirngewebe, die von den Zellen der Kapillarwände und den Astrocyten gebildet wird und nur ganz bestimmte Substanzen passieren lässt.
Broca-Aphasie Zentrale Sprachstörung, die Sprachproduktion und Syntax betrifft und der eine Schädigung seitlich gelegener Bezirke der frontalen Großhirnrinde (der Brocaschen Sprachregion) zugrunde liegt.
Brücke (Pons) Nach vorn gelegener Abschnitt des Hirnstammes, der sich an den gekreuzt verlaufenden Fasern erkennen lässt, die Kleinhirn und Hirnstamm verbinden.
Brückenkerne (Nuclei pontis) Gruppe von Kernen in der Brücke (Pons), die absteigende Signale aus dem motorischen Cortex sowie Eingangssignale aus sensorischen Systemen empfangen und Moosfasern ans Kleinhirn senden.
chemischer Bote Siehe *Neurotransmitter*.
chemisch gesteuerte Ionenkanäle Ionenkanäle, die durch Neurotransmitter oder *second messenger* kontrolliert werden.
cholinerg Auf Acetylcholin oder seine Wirkung bezogen.
circumventriculäre Organe Nervenzellgruppen (zum Beispiel Subfornicalorgan, Area postrema), die sich außerhalb der Blut-Hirn-Schranke befinden, die Hirnkammern (Ventrikel) säumen und als Brücke zwischen den Substanzen der Cerebrospinalflüssigkeit, die die Schranke nicht überwinden können, und Zielstrukturen innerhalb des Gehirns dienen.
Cochlea (Schnecke) Flüssigkeitsgefülltes zusammengerolltes Rohr des Innenohres, das das Mittelohr mit der Basalmembran in Verbindung bringt.
Corpus striatum Sammelbezeichnung für die Hauptkerne der Basalganglien: Nucleus caudatus, Putamen und Globus pallidus.
Cortisol Mit Stress in Verbindung stehendes Hormon, das von der Nebennierenrinde freigesetzt wird und den Abbau komplexer Proteine (gespeicherte Energie) zu Glucose (nutzbare Energie) sowie einen Anstieg des Blutdruckes bewirkt.
cyclisches Adenosinmonophosphat (cAMP) *Second messenger*, der entsteht, wenn Adenosintriphosphat (ATP) durch das Enzym Adenylcyclase umgewandelt wird.

deklaratives Gedächtnis Form des Langzeitgedächtnisses, die sich mit dem Lernen des „Was“ beschäftigt. Es entspricht dem Gedächtnis für Fakten oder allgemeines Wissen. Diese Einteilung schließt episodische und semantische Erinnerungen mit ein. Siehe auch *prozedurales Gedächtnis.*

Dendrit Baumartige Fortsätze, die aus dem Zellkörper einer Nervenzelle hervorsprießen und Information von anderen Nervenzellen in Empfang nehmen.

dendritische Dornen Winzige pilzförmige Auswüchse der Dendriten, die Synapsen mit den Nervenfaserendigungen anderer Neuronen bilden.

Depolarisation Änderung des Membranpotenzials, welche die Negativität verringert und die Zelle erregbarer macht.

Dopamin (DA) Wichtiger Neurotransmitter des Gehirns, der sich auf drei verschiedene Systeme verteilt, die alle ihren Ursprung in Hirnstammstrukturen haben. Er spielt bei Schizophrenie, Parkinson-Krankheit und Belohnungsmechanismen eine Rolle. Siehe auch *mediales Vorderhirnbündel.*

dorsal Rückenwärts, zum Rücken gehörend. Lagebezeichnung für „hinten“ oder „rückseitig“ (beim aufgerichteten Tier) beziehungsweise „obenauf“ (beim Tier im Vierfüßlerstand)

dorsales noradrenerges Bündel (dorsales tegmentales Bündel) Anzahl noradrenerger Fasern, die aus dem Locus coeruleus entspringen und zu höheren Hirnstrukturen ziehen.

dynamisches Gleichgewicht (Fließgleichgewicht) Zustand, der erreicht ist, wenn (zum Beispiel) Ionen so verteilt sind, dass es zu keiner Nettoionenbewegung kommt.

efferent Von einer Struktur wegleitend. Die Nervenfasern, die sich „efferent“ zum Zentralnervensystem verhalten, steuern vor allem Muskeln (motorische Nervenzellen) und Drüsenfunktionen.

elektrotonische Ausbreitung Form der Ausbreitung des elektrischen Stromes, bei der er an seinem Ursprungsort am stärksten ist und sich unterwegs abschwächt.

endokrine Drüsen Organe, die Hormone direkt ins Blut absondern.

endoplasmatisches Reticulum (ER) System membranumsäumter Kanäle im Cytoplasma eines Nervenzellkörpers. Siehe auch *Nissl-Schollen.*

Endorphine Endogene (von Gehirn oder Hypophyse abgesonderte) Opiate, die wie Morphin wirken.

episodisches Gedächtnis Form des Langzeitgedächtnisses, die mit Zeit in Beziehung steht und Erinnerungen an besondere Ereignisse, Orte oder Situationen speichert. Siehe auch *semantisches Gedächtnis.*

Exocytose Vorgang, bei dem membranumschlossenes Material aus der Zelle ausgeschleust wird. Die Membran des Vesikels verschmilzt mit der Zellmembran und öffnet sich nach außen, sodass er seinen Inhalt in den Extrazellulärraum ausschüttet. Auf diese Weise werden Neurotransmitter in den synaptischen Spalt freigesetzt.

exokrine Drüsen Organe, die Hormone in Gänge ausscheiden, die auf der Haut (zum Beispiel Schweißdrüsen) oder in Hohlorgane (zum Beispiel in den Verdauungstrakt) münden.

explizites Gedächtnis Bewusste Nutzung gespeicherter Informationen (zum Beispiel Faktenwissen). Siehe *implizites Gedächtnis.*

extrapyramidales System System aus Basalganglien, Brückenkernen, Kleinhirn und Bereichen der Formatio reticularis, das Bewegung (herkömmlicherweise unwillkürliche Bewegung) steuert.
exzitatorisches (erregendes) postsynaptisches Potenzial (EPSP) Graduierbares (abstufbares) Potenzial, das die Summe kleiner Depolarisationen darstellt.
***first messenger* („primärer Bote")** Bezeichnung für chemische Botenstoffe, die am ersten Schritt der Nervenzellaktivierung mitwirken, indem sie Rezeptoren in der Zellmembran beeinflussen. Siehe auch *second messenger.*
Frequenz In der Akustik die Anzahl von Schwingungen einer Schallwelle pro Sekunde.
Frequenztheorie Theorie der Hörwahrnehmung, derzufolge die Frequenz, mit der Hörnervenfasern feuern, die Frequenz des Tones verschlüsselt.
GABA (Gamma-Aminobuttersäure) Wichtigster schneller hemmender Neurotransmitter des Gehirns.
Ganglienzellen Letzte Zellen der Netzhaut in der Signalleitungskette zum Gehirn und erste Zellen der Sehbahn, die Aktionspotenziale erzeugen.
Ganglion Ansammlung von Nervenzellkörpern außerhalb des Zentralnervensystems.
gap junction Sehr dicht sitzende Verbindung elektrischer Synapsen. Siehe *Synapse.*
gelernte Hilflosigkeit Ergebnis anhaltender Exposition gegenüber unentrinnbaren aversiven (unangenehmen) Reizen, die charakteristischerweise mit einer erhöhten Aktivität der Nebennierenrinde und dauerhaften Defiziten bei anderen Untersuchungen einhergeht.
glatte Muskulatur Muskeln (ohne Querstreifung), die unter der Kontrolle des autonomen Nervensystems stehen und sich beispielsweise in der Wand von Blutgefäßen und des Verdauungstraktes befinden. Glatte Muskeln funktionieren auch ohne Nervensignale.
Glia Nicht-neuronale Zellen, denen man strukturelle Stütz- und „Haushälter"-Funktionen, wie das Abräumen von überschüssigem oder abgebautem Material, zuschreibt. Siehe auch *Schwannsche Zelle, Astrocyt* und *Oligodendrocyt.*
Globus pallidus Kern der Basalganglien, der in der Bewegungssteuerung durch das extrapyramidale System eine erregende Funktion übernimmt.
Glutamat Wichtigster schneller erregender Neurotransmitter im Gehirn.
Glycin Wichtigster schneller hemmender Neurotransmitter im Rückenmark.
Golgi-Apparat Komplex von Membranen, der Substanzen, die im endoplasmatischen Reticulum hergestellt worden und für die Sekretion bestimmt sind, in Vesikel abpackt.
Golgi-Sehnenorgan Spannungsrezeptor am Übergang vom Muskel zur Sehne. Siehe auch *Muskelspindeln.*
Gonadotropin-Releasing-Hormon (GnRH) Hypothalamisches Hormon, das die Freisetzung der Gonadotropine FSH und LH aus dem Hypophysenvorderlappen bewirkt. Auch Gonadoliberin genannt.
G-Protein Eiweißmolekül der Zellmembran, das in angeregtem Zustand die Aktivierung von *second messenger*-Systemen in die Wege leitet.
graue Substanz Bereiche des Zentralnervensystems, die hauptsächlich aus Nervenzellkörpern bestehen und deren Gewebe grau aussieht.

Grenzstrang Kette sympathischer Ganglienzellen in der Nähe des Rückenmarks, die cholinerge motorische Eingangssignale empfangen und noradrenerge Fasern aussenden, die mit Zielorganen des sympathischen Nervensystems Synapsen bilden.
Großhirn (Cerebrum) Strukturen, die dem Hirnstamm aufliegen und zu denen Großhirnrinde, Basalganglien und limbisches System zählen.
Großhirnrinde (Cortex cerebri) Oberflächlichste Schicht der grauen Substanz (Zellkörper) des Gehirns.
Gyrus praecentralis Bereich der Großhirnrinde, der unmittelbar vor der Zentralfurche (Sulcus centralis) liegt und wegen seiner Bedeutung für die Bewegungssteuerung auch motorischer Cortex genannt wird.
Haarzellen Rezeptoren für akustische Reize, die auf der Basilarmembran angesiedelt sind.
Habituation Abnahme der Reaktion auf einen Reiz infolge wiederholter Darbietung des Reizes. Siehe auch *Sensibilisierung* und *nicht-assoziatives Lernen.*
Haloperidol Medikament aus der Klasse der Neuroleptika (Antipsychotika) zur Behandlung der Schizophrenie. Es bindet an Dopaminrezeptoren.
Heroin Künstlich hergestellte, rascher wirksame Form des Morphins, die in der Lage ist, die Blut-Hirn-Schranke zu passieren.
Hippocampus Struktur des limbischen Systems, die mit räumlichem Strukturieren und Gedächtnis zu tun hat. Siehe auch *Langzeitpotenzierung.*
Hirnnerven Zu Bündeln angeordnete Nervenfasern, über die das Gehirn Information an den Kopf aussendet und von ihm empfängt. Siehe auch *periphere Nerven.*
Hörrinde Areal der Großhirnrinde, das akustische Information entgegennimmt. Die Hörrinde befindet sich auf der äußeren Oberfläche des Schläfenlappens, eingebettet in die Sylvische Fissur.
Homöostase Vorgang der Aufrechterhaltung des optimalen Niveaus von Körperstoffen und -funktionen, der oft als Gleichgewichtsprozess verstanden wird.
Hormone Substanzen, die typischerweise von endokrinen Drüsen direkt ins Blut freigesetzt werden und ihre Wirkung auf entfernt liegende Organe ausüben.
hyperkomplexe Nervenzelle Neuron der primären Sehrinde, das auf besondere Formen und Maße von Gegenständen anspricht. Siehe auch *komplexe Nervenzelle.*
Hyperpolarisation Änderung des Membranpotenzials, das die Negativität des Zellinneren verstärkt und die Erregbarkeit der Zelle verringert.
Hypersensitivitätstheorie Theorie, die die entgegengesetzten Wirkungen von Drogenentzug und Drogensucht erklären soll. Der Theorie zufolge versuchen Gehirn und Körper einen gleich bleibenden Zustand aufrechtzuerhalten (siehe *Homöostase),* indem sie den Drogenwirkungen entgegenarbeiten. Wird die Droge entzogen, befindet sich das System in einem hypersensitiven (überempfindlichen) Zustand, bis es sich wieder normalisiert hat.
Hypophyse (Hirnanhangsdrüse) Hauptsteuerungsdrüse des endokrinen Systems, die der Hirnbasis anhängt und hauptsächlich der Kontrolle des Hypothalamus untersteht. Sie setzt eine Reihe verschiedenartiger Hormone frei, die auf Drüsen im ganzen Körper wirken.

Hypophysenvorderlappen (Adenohypophyse) Drüsiger Anteil der Hypophyse, der Hormone über das Portalgefäßsystem unmittelbar ans Blut abgibt.
Hypophysenhinterlappen (Neurohypophyse) Anteil der Hypophyse, der Oxytocin und Vasopressin aus Nervenfaserendigungen des Hypothalamus ins Blut ausschüttet.
Hypothalamus Gruppe von Kernen, die als Hauptsteuerungssystem für das autonome Nervensystem und das endokrine System fungieren und mit zahlreichen Hirnregionen in Verbindung stehen.
ikonisches Gedächtnis Sehr kurzes, weniger als eine Sekunde anhaltendes visuelles Gedächtnis.
implizites Gedächtnis Unbewusste Nutzung in der Vergangenheit erworbener gespeicherter Erfahrungen. Siehe *explizites Gedächtnis.*
Induktion Entwicklungsprozess, der der Differenzierung und dem Schicksal von Zellen, die das Nervensystem bilden werden, zugrunde liegt.
inhibitorisches (hemmendes) postsynaptisches Potenzial (IPSP) Graduierbares (abstufbares) Potenzial, das aus der Summe kleiner Hyperpolarisationen entsteht.
instrumentelles Lernen (instrumentelle Konditionierung) Form des assoziativen Lernens, bei der die Versuchsperson das Auftreten der Reize über ihr Verhalten steuern kann (im Gegensatz zur klassischen Konditionierung).
Interneuron Nervenzelle, die zwei andere Nervenzellen miteinander verbindet. Gewöhnlich sind seine Verbindungen sehr kurz und auf eine bestimmte Region des Nervensystems beschränkt (lokale Verbindungen).
Ionen Atome oder Moleküle mit elektrischer Ladung.
Ionenkanäle Öffnungen in der Zellmembran, die durch spezielle Proteinmoleküle gebildet werden und die es bestimmten Ionen erlauben oder verwehren, die Zellmembran zu passieren. Siehe auch *semipermeabel.*
Kapazität (C) Fassungsvermögen für elektrische Ladung, deren Akkumulationsgeschwindigkeit teilweise vom Widerstand (R) abhängt.
klassische Konditionierung Durch Pawlow allgemein eingeführte Form des assoziativen Lernens, bei der ein neutraler konditionierter Reiz oder Stimulus (CS) mit einem reaktionsauslösenden unkonditionierten Reiz (US) verknüpft wird. Durch wiederholte gemeinsame Darbietung ruft der konditionierte Reiz schließlich eine konditionierte Reaktion hervor, die der unkonditionierten Reaktion ähnlich ist.
Kleinhirn (Cerebellum) Struktur, die der Brücke aufliegt und an der sensomotorischen Koordination beteiligt ist.
komplexe Nervenzelle Neuron der primären Sehrinde, das auf Netzhautbilder von Kanten mit bestimmter Orientierung anspricht. Siehe *hyperkomplexe Nervenzelle.*
Konsolidierung Begriff, der die Informationsüberführung vom Arbeitsgedächtnis in das Langzeitgedächtnis beschreiben soll.
Kurzzeitgedächtnis Kurz dauerndes, rund zehn Sekunden anhaltendes Erinnerungsvermögen, dessen Kapazität auf sieben (± zwei) Items beschränkt ist. Die Information kann durch fortlaufende Wiederholung aufrechterhalten werden. Siehe auch *Arbeitsgedächtnis.*

langsam leitende Schmerzfasern Sehr dünne unmyelinisierte (marklose) Nervenfasern, die Schmerzinformation mit einer Geschwindigkeit von 0,5 bis zwei Metern pro Sekunde fortleiten. Sie sind auch als C-Nervenfasern bekannt und stehen in Zusammenhang mit dumpfem Schmerz. Siehe *schnell leitende Schmerzfasern.*
Langzeitgedächtnis Gespeicherte Erinnerungen, die aus dem Arbeitsgedächtnis übertragen worden sind. Man hält die Kapazität und Dauerhaftigkeit des Langzeitgedächtnisses für unbegrenzt, doch müssen die Items zunächst einmal aufgerufen und vorübergehend ins Arbeitsgedächtnis überführt werden, damit man über sie verfügen kann. Siehe auch *Arbeitsgedächtnis.*
Langzeitdepression *(long term depression,* LTD) Phänomen, bei dem die zunehmende Aktivierung von Eingangssignalen, die zu den Purkinje-Zellen des Kleinhirns ziehen, dazu führt, dass die Erregbarkeit dieser Nervenzellen abnimmt. Siehe *metabotroper Rezeptor.*
Langzeitpotenzierung *(long term potentiation,* LTP) Phänomen, bei dem die wiederholte elektrische Reizung informationszuführender Leitungsbahnen, die zum Hippocampus ziehen, eine verstärkte Erregbarkeit hippocampaler Nervenzellen hervorruft, die über längere Zeit hinweg anhält. Siehe *NMDA-Rezeptor.*
laterale Zone des Hypothalamus (lateraler Hypothalamus, LH) Kerngebiet des Hypothalamus, das an sensorischem Verhalten und bei Belohnung mitwirkt. Läsionen in diesem Bereich haben zur Folge, dass das Tier zu essen aufhört und bestimmte Sinneserfahrungen vernachlässigt (siehe auch *Nucleus ventromedialis* des Hypothalamus). Stimulationen dieses Bereichs scheinen angenehm zu sein und führen dazu, dass das Tier die Verhaltensweisen, die mit den Stimulationen in Zusammenhang stehen, häufiger präsentiert (siehe *basales Vorderhirnbündel).*
Leitungsaphasie Zentrale Sprachstörung, die aus einer Unterbrechung der Verbindung zwischen Brocascher und Wernickescher Sprachregion resultiert. Die Symptome ähneln der Wernicke-Aphasie, und die Patienten haben Schwierigkeiten, gesprochene Sprache zu wiederholen.
Ligand Substanz, die an einen Rezeptor bindet.
limbisches System Gruppe von Kernen, die bei der Entstehung von Gefühl und Motivation mitwirken. Zu den Strukturen zählen Mandelkern, Hippocampus, benachbarte Großhirnrinde, Septumkerne und Teile des Thalamus sowie des Hypothalamus.
Lipid-Doppelschicht *(bilayer)* Deskriptive Bezeichnung für den grundlegenden Aufbau von Zellmembranen: Zwei Schichten von Phospholipiden sind so angeordnet, dass die Wasser liebenden (hydrophilen) Phosphorsäure-„Köpfe“ der Innen- und Außenseite der Zelle zugewandt sind, während die Wasser meidenden (hydrophoben) Glycerid-„Schwänze“ einander gegenüberliegen.
Locus coeruleus Ansammlung bläulichfarbener Nervenzellen im Hirnstamm, die die reichsten Noradrenalinvorkommen des Gehirns bergen.
mediales Lemniscussystem Leitungsbahn, die dabei mitwirkt, Sinnesinformationen über Tastgefühl, Druck und Gelenkstellung zur Großhirnrinde zu verschalten.
mediales (basales) Vorderhirnbündel Wichtigstes dopaminerges Faserbündel, das mit verschiedenen hypothalamischen Kernen in enger Beziehung steht und eine entscheidende Rolle im Belohnungssystem des Gehirns spielt. Die Reizung des

medialen Vorderhirnbündels kann körperliche Belohnungen wie Nahrung, Wasser und Sexualität ersetzen.
Medulla oblongata (verlängertes Mark) Unterer Abschnitt des Hirnstammes, der mehrere Kerne für lebenswichtige autonome Körperfunktionen beherbergt sowie Nervenbahnen, die Gehirn und Rückenmark miteinander verbinden.
Membranpotenzial Spannungsunterschied zwischen Zellinnenraum und dem Extrazellulärraum (–70 Millivolt gibt beispielsweise an, dass sich auf der Innenseite der Zelle mehr negative Ladungen befinden als auf der Außenseite). Das Membranpotenzial wird auch als Potenzialdifferenz bezeichnet.
metabotroper Rezeptor Typ des Glutamatrezeptors, der bei der Langzeitdepression mitwirkt.
Mikrotubuli Winzige Röhren, die der Länge der Nervenfaser nach verlaufen und an denen entlang der axonale Transport stattfindet.
Mitochondrium Organelle im Inneren des Zellkörpers, die die für die Zellfunktion erforderliche Energie produziert. Mitochondrien besitzen ihre eigene DNA und können sich in der Zelle selbständig vermehren.
Mittelhirn (Mesencephalon) Über dem Hirnstamm befindlicher Hirnabschnitt, der nach hinten (dorsal) aus dem Tectum und nach vorn (ventral) aus dem Tegmentum besteht.
Monoamine Klasse von Neurotransmittern mit einer Aminogruppe: Noradrenalin, Dopamin und Serotonin.
Monoaminoxidase (MAO) Enzym, das Monoamintransmitter im synaptischen Spalt abbaut.
Morphem Kombination aus Phonemen. Morpheme bilden die kleinsten Einheiten der Bedeutung in einer Sprache. Im Deutschen beispielsweise gehören hierzu sowohl einsilbige Wörter wie auch das Anhängsel „e“, das „Mehrzahl“ bedeutet (zum Beispiel Hund – Hunde).
Motoneuron Nervenzelle, die efferente Informationen aus dem Zentralnervensystem zur Aktivitätssteuerung von Skelettmuskeln weiterleitet.
motorischer Cortex (Motorcortex) Bereich der Großhirnrinde, der unmittelbar vor der Zentralfurche (Sulcus centralis) in den Stirnlappen angesiedelt ist und bei der Bewegungssteuerung mitwirkt. Siehe auch *Betz-Zellen.*
motorische Einheit Einzelnes Motoneuron und die von ihm innervierten Muskelfasern.
muscarinerger Rezeptor Typ von Acetylcholinrezeptor, der im autonomen Nervensystem vorkommt. Diese Rezeptoren sprechen auf das Gift Muscarin an. Siehe auch *nicotinerger Rezeptor.*
Muskelspindeln Im Muskel gelegene Organe aus intrafusaler Muskulatur, die Information über die Muskeldehnung an das Rückenmark übermitteln.
Myasthenia gravis Krankheit, bei der der Körper Antikörper gegen Acetylcholinrezeptoren bildet. Zu den Symptomen zählen unterschiedliche Grade der Muskelschwäche, die durch die Zerstörung von Rezeptoren der neuromuskulären Endplatten bedingt ist.
Myelin Dünne Scheide einer fettigen Substanz, die Nervenfasern umhüllt und deren Leitungsgeschwindigkeit steigert. Siehe auch *Schwannsche Zelle, Astrocyt* und *Oligodendrocyt.*

Nachpotenzial Langsamere Phase des Aktionspotenzials, die auf das Spitzenaktionspotenzial folgt und während der die Spannung zunächst unter das Niveau des Ruhemembranpotenzials fällt, um sich dann wieder nach oben anzugleichen und zum Ruhemembranpotenzial zurückzukehren. Siehe *relative Refraktärphase.*
Nebennierenmark In der Mitte gelegener Teil der Nebenniere (einer paarigen endokrinen Drüse oberhalb der Nieren), der von der Nebennierenrinde umgeben ist. Das Nebennierenmark enthält chromaffine Zellen, die Adrenalin und Noradrenalin freisetzen, wenn die Aktivität im sympathischen System (Stress) ansteigt.
Nebennierenrinde Teil der Nebenniere (einer paarigen endokrinen Drüse oberhalb der Nieren), die das Nebennierenmark umgibt und bei Männern wie Frauen Testosteron und Stresshormone ausschüttet.
negative Rückkopplung (negatives Feedback) Regulationsmechanismus, bei dem die Aktivierung eines bestimmten Nervensignals dem Entstehungsort des Signals rückgemeldet wird, was dazu führt, dass sich die Aktivität des Signals verringert.
Nernst-Gleichung Mathematische Kalkulation, mit der sich die Potenzialdifferenz vorhersagen lässt, die an einer Membran herrscht, sobald sich dort ein dynamisches Gleichgewicht eingestellt hat.
Nerven Bündel von Nervenfasern außerhalb des Zentralnervensystems. Siehe auch *Nervenbahnen.*
Nervenbahnen (Tractus) Bündel von Nervenfasern im Zentralnervensystem. Siehe auch *Nerven.*
Nervenwachstumsfaktor Besondere chemische Substanz, welche die Entwicklung von Nervenzellen der sympathischen Ganglien und die Nervenzellteilung fördert.
Netzhaut (Retina) Schicht von Photorezeptoren und Nervenzellen, die den Augenhintergrund bedeckt.
Neuralplatte Ektodermale Zellen, die sich als erste zu Nervengewebe differenzieren und entwickeln.
Neuralrohr Langgezogener hohler Spalt, der dadurch entsteht, dass die Neuralplatte sich zusammenfaltet, bis dass ihre Seiten schließlich aneinanderstoßen und ein Rohr bilden. Aus diesem Rohr entwickeln sich Gehirn und Rückenmark.
Neurit Siehe Axon.
neuromuskuläre Synapse (neuromuskuläre Endplatte, motorische Endplatte) Synapse zwischen der Nervenfaserendigung eines Motoneurons und einer Skelettmuskelfaser.
Neuron (Nervenzelle) Elementarer Baustein des Nervensystems; Zelle, die darauf spezialisiert ist, Information zu integrieren und zu übermitteln.
Neurotransmitter Substanz, die aus der Nervenfaserendigung in den synaptischen Spalt freigesetzt wird. Neurotransmitter diffundieren über den Spalt hinweg, um die anliegende Nervenzelle zu erregen oder zu hemmen.
nicht-assoziatives Lernen Verhalten, das als sehr ursprüngliche Form des Lernens betrachtet wird und bei dem die Reaktion nicht auf Verknüpfungen (Assoziationen) zwischen Reizen beruht. Beispiele sind Habituation und Sensibilisierung.

nicotinerger Rezeptor Typ von Acetylcholinrezeptor an der neuromuskulären Endplatte, der auch Nicotin erkennt und auf es anspricht. Siehe auch *muscarinerger Rezeptor.*
Nissl-Schollen Verklumptes endoplasmatisches Reticulum, das sich mit Thionin histologisch anfärben lässt und so Nervenzellkörper markiert.
NMDA-Rezeptor Typ von Glutamatrezeptor, der entscheidend bei der Langzeitpotenzierung mitwirkt.
Noradrenalin (NA) Wichtiger Neurotransmitter des Gehirns und sympathischer Abschnitte des peripheren Nervensystems; auch Norepinephrin genannt.
noradrenerg Auf Noradrenalin oder seine Wirkung bezogen.
Nucleus (Kern) 1. Zellorganelle, die die genetischen Anweisungen für die Zellfunktion, die DNA, beherbergt. 2. Ansammlung von Nervenzellkörpern im Zentralnervensystem.
Nucleus accumbens Kern des Vorderhirns, der dopaminerge Eingangssignale empfängt und Teil eines Systems bildet, das Gefühle von Lust und Belohnung hervorruft.
Nucleus basalis (Basalkern) Bedeutendes Kerngebiet cholinerger Nervenzellen, deren Fasern zum Hippocampus und zur Großhirnrinde ziehen. Dieser Kern des basalen Vorderhirns degeneriert bei Menschen mit Alzheimer-Krankheit.
Nucleus caudatus Größter Kern der Basalganglien, der bei der Hemmung von Bewegung mitwirkt.
Nucleus posterior thalami Kern des Thalamus, der daran beteiligt ist, Information im Rahmen des schnell leitenden Schmerzsystems an die Großhirnrinde weiterzugeben. Siehe auch *ventrobasaler Komplex.*
Nucleus praeopticus Hypothalamischer Kern, der die Ausschüttung von Gonadotropin-Releasing-Hormon (GnRH) steuert und eventuell für die geschlechtliche Entwicklungsrichtung (männlich oder weiblich) verantwortlich ist. Siehe auch *Gonadotropin-Releasing-Hormon.*
Nucleus ruber Kern des Mittelhirns, der bei der Bewegungssteuerung mitwirkt. Der Nucleus ruber empfängt Signale aus Kleinhirn und motorischem Cortex und leitet Signale ans Rückenmark.
Nucleus suprachiasmaticus Kern des Hypothalamus, der kürzlich als Erzeugerquelle zyklischer Biorhythmen identifiziert wurde.
Nucleus supraopticus Kern des Hypothalamus, der an der Regulation von Dursten und Trinken mitwirkt, indem er Flüssigkeitsspiegel anhand von Größe und Schrumpfung seiner Zellen registriert.
Östrogene Gruppe von Sexualhormonen, die hauptsächlich in den Eierstöcken produziert werden und bei der Ausprägung der sekundären weiblichen Geschlechtsmerkmale (zum Beispiel Brustdrüsenentwicklung, breite Hüften und so weiter) mitwirken.
Off-Zentrum/On-Umfeld-Typ Gegenstück zum On-Zentrum/Off-Umfeld-Typ des rezeptiven Feldes. Siehe dort.
okzipitaler Cortex Hinterhauptsregion der Großhirnrinde, die Sehinformation aufnimmt.
Oligodendrocyt Gliazelle, die mit ihren Fortsätzen die Nervenzellen des Zentralnervensystems umschlingt, um Myelin zu bilden.

Oliva superior (Olivenkomplex) Hirnstammstruktur, die Hörinformation aus beiden Ohren aufnimmt und zeitliche Unterschiede beim Eintreffen des Reizes wahrnimmt, was für die Ortung einer Geräuschquelle entscheidend ist.
On-Zentrum/Off-Umfeld-Typ Typ des rezeptiven Feldes einer einzelnen retinalen Ganglienzelle. Ein Lichtpunkt, der auf die Mitte dieses rezeptiven Feldes fällt, erregt diese Nervenzelle, während Licht in seiner Peripherie sie hemmt. Siehe auch *Off-Zentrum/On-Umfeld-Typ*.
Opioide (Opiate) Peptidverbindungen aus Gehirn und Hypophyse, die wie Opium wirken.
Opium Extrakt aus dem Schlafmohn *(Papaver somniferum)*, der Schmerzen lindern und ein angenehmes Gefühl hervorrufen kann.
Organellen Strukturen innerhalb der Zelle (zum Beispiel Kern, Mitochondrien).
Ortstheorie Theorie der Hörwahrnehmung, derzufolge eine bestimmte Tonfrequenz durch Erregung von Haarzellen an bestimmten Stellen der Basilarmembran verschlüsselt wird.
Oxytocin Eines von zwei Hormonen, die über den Hypophysenhinterlappen abgesondert werden. Siehe auch *Vasopressin*.
parasympathisches Nervensystem Teil des autonomen Nervensystems, der bei den Funktionen mitwirkt, die im entspannten Zustand der Selbsterhaltung und der Erholung dienen. Siehe auch *sympathisches Nervensystem*.
Parkinson-Krankheit Bewegungsstörung, bei der dopaminerge Zellen der Substantia nigra eine Rolle spielen. Zu den Symptomen zählen Zittern (Tremor), sich wiederholende Bewegungen und Schwierigkeiten, eine Bewegung in Gang zu bringen.
Patch-Clamp-Verfahren (Membranfleck-Klemmen-Methode) Technik zur Untersuchung der Aktivität einzelner Ionenkanäle, bei der die Spitze einer Glaspipette ein kleines Areal der Membran, einen „Membranfleck" (englisch *patch*), dicht umschließt.
Pawlowsche Konditionierung Siehe *klassische Konditionierung*.
Peptide Klasse von Hormonen. Peptide sind kurze Ketten aus Aminosäuren, den Bausteinen der Proteine.
periphere Nerven Bündel von Nervenfasern, die aus Gehirn und Rückenmark austreten und Informationen aussenden und empfangen. Siehe auch *Hirnnerven*.
Portalgefäßsystem (Pfortadersystem) Blutgefäße, über die Hypothalamushormone den Hypophysenvorderlappen erreichen.
Phonem Kleinstmögliche unterscheidbare Einheit einer Sprache. Im Deutschen entspricht sie gewöhnlich einem Buchstaben des Alphabets.
Pinocytose Vorgang, bei dem eine Substanz (zum Beispiel ein Neurotransmitter) wieder in die Zelle aufgenommen wird. Die Membran schließt die Substanz ein und schnürt sich in den Zellinnenraum ab, wo sie einen Vesikel bildet. Der Vorgang läuft umgekehrt ab wie bei der Exocytose.
postsynaptisch Hinter dem synaptischen Spalt gelegen; typischerweise befindet sich dort ein Dendrit oder ein Zellkörper.
Potenzialdifferenz Siehe *Membranpotenzial*.
präsynaptisch Vor dem synaptischen Spalt gelegen; gewöhnlich wird der präsynaptische Teil einer Synapse durch eine Nervenfaserendigung gebildet.

prozedurales Gedächtnis Form des Langzeitgedächtnisses, die sich auf das Lernen motorischer Fertigkeiten oder des „Wie" bezieht. Siehe *deklaratives Gedächtnis*.
Purkinje-Zelle Hauptnervenzelle der Kleinhirnrinde und ihr ausschließlicher Informationsübermittler an andere Hirnstrukturen, insbesondere an tiefe Kleinhirnkerne und Vestibulariskerne. Die Ausgangssignale der Purkinje-Zellen sind hemmend.
Putamen Kern der Basalganglien.
pyramidales System System zur Bewegungssteuerung (herkömmlicherweise von Willkürbewegungen), das sich aus langen Nervenfasern zusammensetzt, die ihren Ursprung im motorischen Cortex haben.
Pyramidenbahn Bündel von Nervenfasern, die ihren Ausgang von den Betz-Zellen des Motorcortex nehmen und zu den motorischen Kernen der Hirnnerven und den motorischen Regionen des Rückenmarks ziehen.
Quantum Kleinste freisetzbare Menge an Neurotransmittern, die einem einzelnen Neurotransmitter-"Paket" entspricht.
quergestreifte Muskulatur (Skelettmuskulatur) Muskeln, die charakteristischerweise an „willkürlichen" Bewegungen beteiligt sind und zur Funktion Nervensignale benötigen.
räumliche Summation Kumulierende Wirkungen mehrerer Synapsen an einem Neuron, die dessen Wahrscheinlichkeit zu feuern erhöhen.
Ranvierscher Schnürring Nichtmyelinisierter Abschnitt der Nervenfaser zwischen zwei benachbarten Gliazellen.
Raphe-Kerne (Nuclei raphes) Ansammlung von Kernen, die entlang der Mittellinie des Hirnstammes angeordnet sind.
relative Refraktärzeit Die Phase des Nachpotenzials eines Aktionspotenzials, in der sich ein neues Spitzenaktionspotenzial („Spike") nur auslösen lässt, wenn die Reizintensitäten über das übliche Maß hinausgehen. Siehe auch *absolute Refraktärphase*.
Retinal Chemische Substanz, die in den Stäbchen als 11-*cis*-Retinal vorliegt und sich in all-*trans*-Retinal umwandelt, wenn ein Photon auf das Stäbchen trifft.
retrograde Amnesie Gedächtnisverlust für Ereignisse, die zeitlich vor den Eintritt der Amnesie fallen. Siehe auch *anterograde Amnesie*.
Rezeptor Proteinmolekül, das typischerweise in die Zellmembran eingebettet ist und einen bestimmten chemischen Boten erkennt und bindet.
Rhodopsin Lichtempfindliche chemische Substanz, die in den Stäbchen vorkommt und sich aus Retinal und dem Protein Opsin zusammensetzt. Siehe *Retinal*.
Ruhepotenzial Potenzialdifferenz an der Zellmembran im dynamischen Gleichgewicht; es beträgt innen rund –70 Millivolt im Verhältnis zur Außenseite.
Scheitellappen (Lobus parietalis) Oben in der Mitte gelegene Region der Großhirnrinde, die somatosensorische Information aus Haut und Körper empfängt.
Schizophrenie Allgemeine Bezeichnung für eine Gruppe verwandter Psychosen, zu deren Hauptsymptomen der Verlust des Wirklichkeitsbezugs, Denkstörungen und Halluzinationen zählen. Siehe auch *Haloperidol*.

schnell leitende Schmerzfasern Dünne myelinisierte Nervenfasern, die Schmerzinformation mit einer Geschwindigkeit von fünf bis 30 Metern pro Sekunde übermitteln. Sie sind auch als A-Delta-Nervenfasern bekannt und stehen im Zusammenhang mit hellem Schmerz. Siehe *langsam leitende Schmerzfasern.*
Schwannsche Zelle Gliazelle, die ihre Fortsätze um periphere Nerven schlingt und Myelin produziert.
Schwelle Minimalwert, der erreicht werden muss, um einen Ablauf in Gang zu setzen. Im Falle eines Aktionspotenzials ist es die Potenzialdifferenz, die erreicht werden muss, um ein Aktionspotenzial auszulösen.
second messenger **(„sekundärer Bote")** Substanz (zum Beispiel cAMP), die innerhalb der postsynaptischen Zelle wie ein Transmitter wirkt. Eine derartige Wirkung resultiert gewöhnlich aus Veränderungen in der Zelle, die durch einen *first messenger* eingeleitet worden sind. Siehe auch *G-Protein.*
Sehgrube (Fovea centralis) Zentrum der Netzhaut, das dicht mit Zapfen besiedelt und wichtig für scharfes und farbiges Sehen ist.
Sehnerv (Nervus opticus) Der II. Hirnnerv, der sich aus Fasern von Ganglienzellen der Netzhaut zusammensetzt und Sehinformation aus dem Auge ans Gehirn leitet.
Sehnervenkreuzung (Chiasma opticum) An der Hirnbasis befindliche Stelle, an der sich die beiden Sehnerven kreuzen.
seitlicher Kniehöcker (Corpus geniculatum laterale) Paarig angelegter Thalamuskern, der über den Tractus opticus Fasern aus der Netzhaut empfängt und seinerseits die Sehinformation an die Sehrinde weiterleitet.
Semantik Bedeutung von Sprache, sobald sie eine Struktur angenommen hat.
semantisches Gedächtnis Form des Langzeitgedächtnisses, das Wissen, Fakten oder Bedeutungen betrifft und keinerlei Bezug zum „Wann" hat, an dem diese Inhalte gelernt worden sind. Siehe auch *episodisches Gedächtnis.*
semipermeabel Merkmal von Zellmembranen, die bestimmten Ionen die freie Passage durch die Membran erlauben, während sie anderen, gewöhnlich großen Proteinionen, diese verwehren.
Sensibilisierung (Sensitivierung) Steigerung der Reaktion als Folge einer Exposition gegenüber einem charakteristischerweise sehr starken Reiz. Siehe *Habituation* und *nicht-assoziatives Lernen.*
Septumkerne Gruppe von Kernen, die zwischen den vorderen Anteilen der Seitenventrikel angesiedelt sind. Sie sind Teil des limbischen Systems und ein wichtiger Ursprungsort cholinerger Projektionen.
Serotonin (5-HT) Neurotransmitter, der bei Depressionen, Schlaf und der Regulation der Körpertemperatur eine Rolle spielt.
sensorische Neuronen Nervenzellen, die Information aus Haut, Muskeln und Gelenken an das Rückenmark (und damit an das Zentralnervensystem) leiten. Die Zellkörper befinden sich in Ganglien außerhalb des Zentralnervensystems.
Sollwert Optimalwert innerhalb eines Systems, den homöostatische Mechanismen aufrechtzuerhalten suchen. Abweichungen vom Sollwert setzen homöostatische Mechanismen in Gang. Siehe *Homöostase.*
somatische Nerven Periphere Nerven, die die Verbindung zur Skelettmuskulatur und zu den Sinnesrezeptoren von Haut und Muskeln herstellen.

Spätdyskinesien (tardive Dyskinesien) Bewegungsstörung, die durch unkontrollierbare Bewegungen des Gesichts und des Halses gekennzeichnet und auf ein überaktives dopaminerges System zurückzuführen ist. Ursache ist häufig die Behandlung mit Neuroleptika.

spannungsgesteuerte Ionenkanäle Kanäle für elektrisch geladene Teilchen, die je nach Spannungszustand der Membran für bestimmte Ionen entweder geöffnet oder geschlossen sind.

Spannungsklemme Instrument, mit dem sich das Membranpotenzial konstant halten lässt, während man die Ionenströme misst, die die Membran passieren.

Spitzenaktionspotenzial ***(spike)*** Kurze Phase des Aktionspotenzials, das durch einen raschen Wechsel des Ruhepotenzials von –70 Millivolt auf ein Spitzenpotenzial von +50 Millivolt und die Rückkehr zum Ruhepotenzial gekennzeichnet ist. Siehe *absolute Refraktärphase*.

Stäbchen Photorezeptoren, die über die ganze Netzhaut verteilt sind, außerhalb der Sehgrube aber dichter vorkommen. Sie reagieren sehr empfindlich auf Licht und nehmen Grauschattierungen wahr. Siehe auch *Zapfen*.

Steroide Klasse von Hormonen, die sich vom Cholesterin ableiten und folglich keine Aminosäuren enthalten. Steroidrezeptoren befinden sich im Inneren der Zielzelle, und nicht auf der Membranoberfläche. Steroide werden mit Stress und sexuellen Funktionen in Verbindung gebracht. Siehe auch *Peptide*.

***subplate*-Neuron** Spezieller Nervenzelltyp der sekundären Rindenzone, der Zellen und wachsende Fasern zur Großhirnrinde leitet und zugrunde geht, wenn die Entwicklung der Großhirnrinde abgeschlossen ist.

Substantia nigra Ansammlung dunkelfarbiger Nervenzellen im Tegmentum. Diese dopaminhaltigen Neuronen senden ihre Fasern zu den Basalganglien und wirken bei der Steuerung von Bewegungen mit. Siehe auch *Parkinson-Krankheit*.

sympathisches Nervensystem Teil des autonomen Nervensystems, der an der Aktivitätssteigerung in Notfallsituationen mitwirkt und als Gegenspieler des parasympathischen Nervensystems arbeitet.

Synapse Verbindungsstelle zwischen der Nervenfaserendigung und dem Dendriten oder Zellkörper (seltener dem Axon) einer anderen (Nerven-)Zelle. Chemische Synapsen erreichen die Informationsvermittlung über chemische Signale. Elektrische Synapsen erreichen die Informationsvermittlung, indem sie ein elektrisches Feld in der postsynaptischen Zelle induzieren (siehe *gap junction*).

synaptisches Endknöpfchen Spezialisierte Endigung einer axonalen Verzweigung, die Synapsen mit benachbarten Zellen bildet.

synaptischer Spalt Sehr schmaler Spalt zwischen den kommunizieren den Zellen an einer Synapse.

Syntax Angeborene erlernte Regeln, beispielsweise die Grammatik, mit deren Hilfe man eine Sprache aufbaut. Siehe *Broca-Aphasie*.

Tectum Dach des Mittelhirns, bestehend aus den oberen und unteren Hügeln der Vierhügelplatte.

Tegmentum Boden des Mittelhirns, der Kerne wie beispielsweise die Substantia nigra und den Nucleus ruber enthält, die bei der Bewegungssteuerung mitwirken.

Testosteron Geschlechtshormon, das vornehmlich in den Hoden produziert wird und mit der Ausprägung männlicher sekundärer Geschlechtsmerkmale (zum

Beispiel Gesichtsbehaarung, tiefe Stimme und so weiter) in Verbindung steht. Testosteron vermindert (über negative Rückkopplung) auch die Freisetzung von Gonadotropin-Releasing-Hormon.
Thalamus Große Gruppe von Nervenzellansammlungen, die vor dem Mittelhirn und über dem Hypothalamus angesiedelt ist. Der Thalamus dient als letzte Schaltstation für Sinnesinformationen auf dem Weg zur Großhirnrinde.
Tonhöhe Subjektive Wahrnehmung der Frequenz eines Tones.
Tractus opticus (optischer Trakt) Siehe *Sehnerv* und *Nervenbahnen.*
Trommelfell (Membrana tympani) Erste Struktur des Ohres, die bei der Wahrnehmung eines Hörreizes anspricht.
Überempfindlichkeit *(supersensitivity)* Phänomen der Vermehrung postsynaptischer Rezeptoren infolge geringer Verfügbarkeit des Neurotransmitters.
untere Olive (Oliva inferior) Struktur des Hirnstammes, die sensorische Kletterfasern zum Kleinhirn sendet.
Vasopressin (antidiuretisches Hormon, ADH) Eines der beiden Hormone, die über den Hypophysenhinterlappen freigesetzt werden. Siehe auch *Oxytocin.*
ventral Bauchwärts, zum Bauch gehörend. Lagebezeichnung für „vorn“ oder „davor“ (beim aufgerichteten Tier) beziehungsweise „darunter“ (beim Tier im Vierfüßlerstand).
ventrales noradrenerges Bündel Bündel noradrenerger Fasern, die von mehreren Zellgruppen des Hirnstammes in der Nähe des Locus coeruleus aufsteigen und zur Formatio reticularis sowie zum Hypothalamus ziehen.
ventrobasaler Komplex (Nucleus ventralis posterior) Kern des Thalamus, der daran mitwirkt, Information über schnell geleiteten Schmerz, Tastgefühl und Druck (mediales Lemniscussystem) an die Großhirnrinde weiterzugeben. Siehe auch *Nucleus posterior thalami.*
Vesikel Membranumschlossene kleine Pakete, die vom Golgi-Apparat hergestellt, das Axon entlang hinunter zu den Endigungen transportiert und dort angesammelt werden. Die Vesikel einer Nervenfaserendigung enthalten Neurotransmitter.
weiße Substanz Bereiche des Zentralnervensystems, die hauptsächlich aus Nervenfasern bestehen. Die Myelinisierung verleiht dem Gewebe eine weiße Farbe.
Wernicke-Aphasie Zentrale Sprachstörung, bei der das Sprachverständnis und die semantisch korrekte (sinnvolle) Sprachproduktion in Mitleidenschaft gezogen sind. Die zugrunde liegende Schädigung betrifft die Großhirnrinde im Bereich des seitlichen Scheitel- und oberen Schläfenlappens (Wernickesche Sprachregion).
Widerstand (*R*) Maß dafür, wie leicht oder schwer sich geladene Teilchen oder Ionen durch ein Medium hindurchbewegen. Die Einheit des Widerstandes ist Ohm ($R = U/I$).
Zapfen Photorezeptoren, die hauptsächlich in der Sehgrube der Netzhaut konzentriert sind und auf farbiges Licht ansprechen. Diese Zellen sind wichtig für das scharfe und genaue Sehen und im Dunkeln inaktiv. Siehe auch *Stäbchen.*
zeitliche Summation Über die Zeit hinweg kumulierende Wirkungen unterschwelliger Depolarisationen, die bei rascher Aufeinanderfolge ein EPSP aufbauen können, das die Schwelle erreicht und ein Aktionspotenzial auslöst.

Zellkörper Auch als „Soma" bezeichneter Teil der Nervenzelle, der den Kern und andere Organellen enthält, welche die normalen Zellfunktionen in Gang halten.
Zellmembran Dünne Lipid-Doppelschicht, die die Zellorganellen und andere Substanzen, aus denen sich eine Zelle zusammensetzt, umgibt und von der äußeren Umgebung getrennt hält.
zentrales Höhlengrau Bereich des Hirnstammes, der den Aquaeductus cerebri umgibt und der für Schmerzempfindung und -kontrolle von Bedeutung ist. Er steht insbesondere mit der langsamen Schmerzleitung in Verbindung.
Zentralnervensystem (ZNS) Gehirn und Rückenmark.
Zirbeldrüse (Corpus pineale) Kleine Drüse am oberen Ende des Hirnstammes, die an zyklischem Verhalten wie dem weiblichen Fortpflanzungszyklus und dem Schlaf-Wach-Rhythmus mitwirkt.

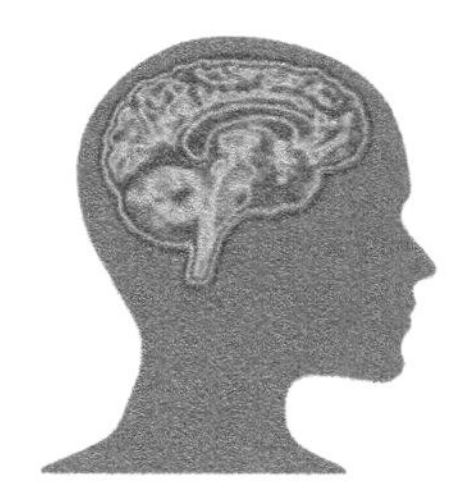

Quellen und weiterführende Literatur

Kapitel 1: Gehirn und Nerven

Adelman, G.; Smith, B. H. (Hrsg.) *Encyclopedia of Neuroscience.* 2. Aufl. Boston (Birkhäuser) 1999.
Brodal, A. *Neurological Anatomy in Relation to Clinical Medicine.* 3. Aufl. New York (Oxford University Press) 1981.
Changeux, J.-P. *Der neuronale Mensch. Wie die Seele funktioniert – die Entdeckungen der neuen Gehirnforschung.* Reinbek bei Hamburg (Rowohlt) 1984.*
Dudel, J.; Menzel, R.; Schmidt, R. F. *Neurowissenschaft. Vom Molekül zur Kognition.* 2. Aufl. Berlin (Springer) 2001.*
Forssman, W. G.; Heym, C. *Neuroanatomie.* 4. Aufl. Berlin (Springer) 1985.*
Granit, R. *The Purposive Brain.* Cambridge, MA. (MIT Press) 1977.
Heimer, L. *The Human Brain and Spinal Cord: Functional Neuroanatomy and Dissection Guide.* New York (Springer) 1983.
Kandel, E.; Schwartz, J.; Jessell, T. *Neurowissenschaften. Eine Einführung.* Heidelberg (Spektrum Akademischer Verlag) 1995.*
Klivington, K. A. *Gehirn und Geist.* Heidelberg (Spektrum Akademischer Verlag) 1992.*
Nauta, W. J. H.; Feirtag, M. (Hrsg.) *Neuroanatomie. Eine Einführung.* Heidelberg (Spektrum Akademischer Verlag) 1990.*
Ornstein, R.; Thompson, R. F. *Unser Gehirn: das lebendige Labyrinth.* Reinbek (Rowohlt) 1990.*

* Alle so markierten Titel wurden für die deutsche Ausgabe zusätzlich aufgenommen oder sind Übersetzungen der entsprechenden Empfehlungen im amerikanischen Original. Viele der genannten Bücher gehen über die Thematik des Kapitels, dem sie hier zugeordnet sind, natürlich hinaus und bieten auch zu weiteren Fragenkomplexen Informationen.

Parent, A. *Carpenter's Human Neuroanatomy.* 9. Aufl. Baltimore (Williams & Wilkins) 1996.
Zilles, K.; Rehkämper, G. *Funktionelle Neuroanatomie.* 3. Aufl. Berlin (Springer) 1998.*

Kapitel 2: Die Nervenzelle

Alberts, B.; Bray, D.; Lewis, J.; Raff, M.; Roberts, K.; Watson, J. D. (Hrsg.) *Molekularbiologie der Zelle.* 3. Aufl. Weinheim (VCH) 1995.*
Cajal, S. R. *New Ideas on the Structure of the Nervous System in Man and Vertebrates.* Cambridge, Mass. (MIT Press) 1990.
John, R.; Südhof, T. C. *Synaptic Vesicles and Exocytosis.* In: *Annual Review of Neuroscience* 17 (1994) S. 216–246.
Kandel, E. R.; Schwartz, J. H.; Jessell, T. M. (Hrsg.) *Principles of Neural Science.* 4. Aufl. New York (Elsevier) 1999.
Kelly, R. B.; Grote, E. *Protein Targeting in the Neuron.* In: *Annual Review of Neuroscience* 16 (1993) S. 95–127.
Nicholls, J. G.; Martin, A. R.; Wallace, B. G. (Hrsg.) *Vom Neuron zum Gehirn.* Heidelberg (Spektrum Akademischer Verlag) 1995.*
Ornstein, R.; Thompson, R. F. *Unser Gehirn: das lebendige Labyrinth.* Reinbek (Rowohlt) 1990.*
Peters, A.; Palay, L.; Webster, H. F. *The Fine Structure of the Nervous System.*3. Aufl. Oxford (Oxford University Press) 1990.
Shepherd, G. M. *Neurobiologie.* Berlin (Springer) 1993.*
Vallee, R. B.; Bloom, G. S. *Mechanisms of Fast and Slow Axonal Transport.* In: *Annual Review of Neuroscience* 14 (1991) S. 59–92.
Zigmond, M. J.; Bloom, F. E.; Landis, S. C.; Roberts, J. L.; Squire, L. R. (Hrsg.) *Fundamental Neuroscience.* New York (Academic Press) 1999.

Kapitel 3: Membranen und Potenziale

Dowling, J. E. *Neurons and Networks: An Introduction to Neuroscience.* Cambridge, Mass. (Belknap Press of Harvard University Press) 1992.
Hess, P. *Calcium Channels in Vertebrate Cells.* In: *Annual Review of Neuroscience* 13 (1990), S. 337–356.
Hodgkin, A. L. *Chance and Design in Electrophysiology: An Informal Account of Certain Experiments on Nerves Carried out between 1934 and 1952.* In: *Journal of Physiologie* (1976) S. 263–271.
Jan, L. Y.; Jan, Y. N. *Cloned Potassium Channels from Eukaryotes and Prokaryotes.* In: *Annual Review of Neuroscience* 20 (1997) S. 91–123.
Johnston, D.; Magee, J. C.; Colbert, C. M.; Christies, B. R. *Active Properties of Neuronal Dendrites.* In: *Annual Review of Neuroscience* 19 (1996) S. 165–186.
Johnston, D.; Wu, S. M. *Foundations of Cellular Neurophysiology.* Cambridge, Mass (MIT Press) 1995.

Nicholls, J. G.; Martin, A. R.; Wallace, B. G. (Hrsg.) *Vom Neuron zum Gehirn*. Heidelberg (Spektrum Akademischer Verlag) 1995.*
Matthews, G. G. *Cellular Physiology of Nerve and Muscle*. 3. Aufl. Palo Alto, Calif. (Blackwell Scientific Publications) 1998.
Numberger M.; Draguhn, A. *Patch-Clamp-Technik*. Heidelberg (Spektrum Akademischer Verlag) 1996.*
Sakman, B.; Neher, E. *Single-Channel Recording*. 2. Aufl. New York (Plenum Press) 1995.
Schmidt, R. F.; Schaible, H.-G. (Hrsg.) *Neuro- und Sinnesphysiologie*. 4. Aufl. Berlin (Springer) 2001.*
Schmidt, R. F.; Thews, G.; Lang, F. (Hrsg.) *Physiologie des Menschen*. 28. Aufl. Berlin (Springer) 2000.*
Shepherd, G. M. *Neurobiologie*. Berlin (Springer) 1993.*
Zigmond, M. J.; Bloom, F. E.; Landis, S. C.; Roberts, J. L.; Squire, L. R. (Hrsg.) *Fundamental Neuroscience*. New York (Academic Press) 1999.

Kapitel 4: Die Erregungsübertragung an Synapsen

Baudry, M.; Davis, J. L. *Long-Term Potentiation: A Debate of Current Issues*. Bd. 3 Cambridge, Mass. (MIT Press) 1996.
Baudry, M.; Davis, L. J.; Thompson, R. F. (Hrsg.) *Synaptic Plasticity: Molecular and Functional Aspects*. Cambridge, Mass. (MIT Press) 1993.
Bliss, T. V. P.; Lomo, T. *Long-lasting Potentiation of Synaptic Transmission in the Dentate Area of the Anesthetized Rabbit Following Stimulation of the Perforant Path*. In: *Journal of Physiology* 232 (1973) S. 331–356.
Ito, M. *Long-Term Depression*. In: *Annual Review of Neuroscience* 12 (1989) S. 85–102.
Johnston, D.; Magee, J. C.; Colbert, C. M.; Christies, B. R. *Active Properties of Neuronal Dendrites*. In: *Annual Review of Neuroscience* 19 (1996) S. 165–186.
Nicholls, J. G.; Martin, A. R.; Wallace, B. G. (Hrsg.) *Vom Neuron zum Gehirn*. Heidelberg (Spektrum Akademischer Verlag) 1995.*
Linden, D. J.; Connor, J. A. *Long-term Synaptic Depression*. In: *Annual Review of Neuroscience* 18 (1995) S. 319–357.
MacDonald, R. I.; Olsen, R. W. *$GABA_A$ Receptor Channels*. In: *Annual Review of Neuroscience* 17 (1994) S. 569–602.
Madison, D. V.; Malenka, R. C.; Nicoll, R. A. *Mechanisms Underlying Long-Term Potentiation of Synaptic Transmission*. In: *Annual Review of Neuroscience* 14 (1991) S. 379–397.
Matthews, G. (1996). *Neurotransmitter Release*. In: *Annual Review of Neuroscience* 19 (1996) S. 219–233.
Reichert, H. *Neurobiologie*. Stuttgart (Thieme) 2000.*
Sakmann, B. *Elementary Steps in Synaptic Transmission Revealed by Currents Through Single Ion Channels*. In: *Science* 256 (1992) S. 503–512.
Sargent, P. B. *The Diversity of Neuronal Nicotinic Acetylcholine Receptors*. In: *Annual Review of Neuroscience* 16 (1993) S. 403–443.
Shepherd, G. M. *Neurobiologie*. Berlin (Springer) 1993.*

Smith, C. U. M. *Elements of Molecular Neurobiology*. New York (Wiley) 1996.
Zigmond, M. J.; Bloom, F. E.; Landis, S. C.; Roberts, J. L.; Squire, L. R. (Hrsg.) *Fundamental Neuroscience*. New York (Academic Press) 1999.

Kapitel 5: Neurotransmitter und chemische Schaltkreise im Gehirn

Cooper, J. R.; Bloom, F. E.; Roth, R. H. *The Biochemical Basis of Neuropharmacology*. 7. Aufl. New York (Oxford University Press) 1996.
Depue, R. A.; Iacono, W. G. *Neurobehavioral Aspects of Affective Disorders*. In: *Annual Review of Psychology* 40 (1989) S. 457–492.
Gingrich, J. A.; Caron, M. G. *Recent Advances in the Molecular Biology of Dopamine Receptors*. In: *Annual Review of Neuroscience* 16 (1993) S. 229–321.
Gottesmann, I. I. *Schizophrenie. Ursachen, Diagnosen und Verlaufsformen*. Heidelberg (Spektrum Akademischer Verlag) 1993.*
Julien, R. M. *A Primer of Drug Action: A Concise, Nontechnical Guide to the Actions, Uses, and Side Effects of Psychoactive Drugs*. 8. Aufl. New York (Freeman) 1998.
Julius, D. *Molecular Biology of Serotonin Receptors*. In: *Annual Review of Neuroscience* 14 (1991) S. 335–360.
Lickey, M. E.; Gordon, B. *Drugs for Mental Illness: A Revolution in Psychiatry*. New York (Freeman) 1983.
Lindner, M. E.; Gilman, A. G. *G-Proteine*. In: *Spektrum der Wissenschaft* 9 (1992) S. 54–62.*
Liu, Y.; Edwards, R. H.; MacKinnon, D. F.; Jamison, K. R.; DePaulo, J. R. *Genetics of Manic Depressive Illness*. In: *Annual Review of Neuroscience* 20 (1997) S. 355–373.
McGue, M.; Bouchard, T. J., Jr. *Genetic and Environmental Influences on Human Behavioral Differences*. In: *Annual Review of Neuroscience* 21 (1998) S. 1–24.
O'Dowd, B. F.; Lefkowitz, R. J., Caron, M. G. *Structure of the Adrenergic and Related Receptors*. In: *Annual Review of Neuroscience* 12 (1989) S. 68–83.
Sadock, B. J.; Sadock, V. A. *Kaplan and Sadock's Comprehensive Textbook of Psychiatry*. 7. Aufl. Baltimore, Md. (Williams & Wilkins) 1999.
Snyder, S. H. *Chemie der Psyche. Drogenwirkungen im Gehirn*. Heidelberg (Spektrum Akademischer Verlag) 1988.*
U. S. Congress, Office of Technology Assessment. *The Biology of Mental Disorders*. Washington, D.C. (U.S. Government Printing Office) 1992.

Kapitel 6: Peptide, Hormone und das Gehirn

Basbaum, A. I.; Field, H. L. *Endogenous Pain Control Systems: Brainstem Spinal Pathways and Endorphin Circuitry*. In: *Annual Review of Neuroscience* 7 (1984). S. 309–338.
Becker, J. B.; Breedlove, S. M.; Crews, D. *Behavioral Endocrinology*. Cambridge, Mass. (MIT Press) 1992.

Black, I. B. *Symbole, Synapsen und Systeme: Die molekulare Biologie des Geistes.* Heidelberg (Spektrum Akademischer Verlag) 1993.*
Carlson, N. R. *Physiology of Behavior.* 6. Aufl. Boston (Allyn and Bacon) 1998.
Cooper, J. R.; Bloom, F. E.; Roth, R. H. *The Biochemical Basis of Neuropharmacology.* 7. Aufl. New York (Oxford University Press) 1996.
Fields, H. L.; Heinricher, M. M.; Mosen, P. *Neurotransmitters in Nociceptive Modulatory Circuits.* In: *Annual Review of Neuroscience* 14 (1991) S. 219–245.
Foy, M. R.; Xu, J.; Xie, X.; Brinton, R. D.; Thompson, R. F.; Berger, T. W. *17 Estradiol Enhances NMDA Receptor Mediated ESPSs and Long-term Potentiation.* In: *Journal of Neurophysiology* 81 (1998) S. 925–929.
Julien, R. M. *A Primer of Drug Action: A Concise, Nontechnical Guide to the Actions, Uses, and Side Effects of Psychoactive Drugs.* 8. Aufl. New York (Freeman) 1998.
Knobil, E.; Neill, J. *The Physiology of Reproduction.* 2. Aufl. New York (Raven Press) 1994.
Koob, G. *NIDA-Funded Studies Shed Light on Neurobiology of Drug Craving.* In: Muller, M. D. *NIDA-Notes* 11, 3 (National Institute on Drug Abuse) 1996, S. 5–6.
Leshner, A. I. *Addiction is a Brain Disease, and it Matters.* In: *Science* 278 (1997) S. 45–47.
Raisman, G. *An Urge to Explain the Incomprehensible: Geoffroy Harris and the Discovery of Control of the Pituitary Gland.* In: *Annual Review of Neuroscience* 20 (1997) S. 529–562.
Self, D. W.; Nestler. E. J. *Molecular Mechanisms of Drug Enforcement and Addiction.* In: *Annual Review of Neuroscience* 19 (1995) S. 463–495.
Wise, R. A. *Addictive Drugs and Brain Stimulation Reward.* In: *Annual Review of Neuroscience* 19 (1996) S. 319–340.

Kapitel 7: Biologische Befehlsgewalt – Schaltzentrale Hypothalamus

Becker, J. B.; Breedlove, S. M.; Crews, D. *Behavioral Endocrinology.* Cambridge, Mass. (MIT Press) 1992.
Carlson, N. R. *Physiology of Behavior.* 6. Aufl. Boston (Allyn and Bacon) 1998.
Cooper, J. R.; Bloom, F. E.; Roth, R. H. *The Biochemical Basis of Neuropharmacology.* 7. Aufl. New York (Oxford University Press) 1996.
Druckman, D.; Bjork, R. A. *In the Mind's Eye: Enhancing Human Performance.* Washington, D.C. (National Academy Press) 1996.
Gregor, R.; Windhorst, U. (Hrsg.) *Comprehensive Human Physiology: From Cellular Mechanisms to Integration.* (2 Bde.) New York (Springer) 1996, Bd. 1
Hatton, G. I. *Function-related Plasticity in Hypothalamus.* In: *Annual Review of Neuroscience* 20 (1997) S. 371–393.
Hobson, A. J. *Schlaf.* Heidelberg (Spektrum der Wissenschaft) 1990.*
Horne, J. *Why We Sleep: The Functions of Sleep in Humans and Other Mammals.* Oxford (Oxford University Press) 1988.

Kim, J. J.; Foy, M. R.; Thompson, R. F. *Behavioral Stress Modifies Hippocampal Plasticity through N-Methyl-D-Aspartat (NMDA) Receptor Activation.* In: *Proceedings of the National Academy of Sciences* 93 (1996) S. 4750–4753.
Logue, A. W. *Die Psychologie des Essens und Trinkens.* Heidelberg (Spektrum Akademischer Verlag) 1998.*
McCormick, D. A.; Bal, T. *Sleep and Arousal: Thalamocortical Mechanisms.* In: *Annual Review of Neuroscience* 20 (1997) S. 182–215.
Shih, J. C.; Chen, K.; Redd, M. J. *Monamine Oxidase: From Genes to Behavior.* In: *Annual Review of Neuroscience* 22 (1999) S. 197–217.
Shors, T. J.; Foy, M. R.; Levine, S.; Thompson, R. F. *Unpredictable and Uncontrollable Stress Impairs Neuronal Plasticity in the Rat Hippocam*pus. In: *Brain Research Bulletin* 24 (1990) S. 663–667.
Swanson, L. W. *Biochemical Switching in Hypothalamic Circuits Mediating Responses to Stress.* In: *Progress in Brain Research* 87 (1991) S. 181–200.
Takahashi, J. S. *Molecular Neurobiology and Genetics of Circadian Rhythms in Mammals.* In: *Annual Review of Neuroscience* 18 (1995) S. 531–553.
Walsh, B. T. *Eating Disorders: Progress and Problems.* In: *Science* 280 (1998) S. 1387–1390.
Watts, A. G. *Dehydration-associated Anorexia: Development and Rapid Reversal.* In: *Physiology and Behavior* 65 (1999) S. 871–878.
Woods, S. C.; Seeley, R. J.; Porte, D. Jr.; Schwartz, M. W. *Signals that Regulate Food Intake and Energy Homeostasis.* In: *Science* 280 (1998) S. 1378–1383.

Kapitel 8: Sensorische Prozesse

Aitkin, L. *The Auditory Cortex: Structural and Functional Basis of Auditory Perception.* London (Chapman & Hall) 1990.
Buonomono, D.; Merzenich, M. M. *Cortical Plasticity: From Synapse to Maps.* In: *Annual Review of Neuroscience* 21 (1998) S. 149–186.
Campenhausen, C. v. *Die Sinne des Menschen.* 2. Aufl. Stuttgart (Thieme) 1993.*
De Valois, R. L.; De Valois K. K. *Spatial Vision.* New York (Oxford University Press) 1990.
Dowling, J. E. *The Retina: An Approachable Part of the Brain.* Cambridge, Mass. (Harvard University Press) 1987.
Dowling, J. E. *Neurons and Networks: An Introduction to Neuroscience.* Cambridge, Mass. (Belknap Press of Harvard University Press) 1992.
Edelman, G. M.; Gall, W. E.; Cowan, W. M. *Auditory Functions.* New York (John Wiley & Sons) 1988.
Finn, R. *Sound from Silence: The Development of Cochlear Implants.* In: *Beyond Discovery,* August 1998.
Hubel, D. H. *Auge und Gehirn.* Heidelberg (Spektrum der Wissenschaft) 1989.*
Hubel, D. H.; Wiesel, T. N. *Die Verarbeitung visueller Informationen.* In: *Spektrum der Wissenschaft* 11 (1979) S. 106–117.
Hudspeth, A. J. *The Cellular Basis of Hearing: The Biophysics of Hair Cells.* In: *Science* 230 (1985) S. 745–752.

Johnson, K. O.; Hsiao, S. S. *Neural Mechanisms of Tactual Form and Texture Perception.* In: *Annual Review of Neuroscience* 15 (1992) S. 227–250.
Kaiser, P. K.; Boynton, R. M. *Human Color Vision.* 2. Aufl. Washington, D. C. (Optical Society of America) 1996.
Loeb, G. E. *Cochlear Prosthetics.* In: *Annual Review of Neuroscience* 13 (1990) S. 357–371.
Merigan, W. H.; Maunsell, J. H. R. *How Parallel are the Primate Visual Pathways?* In: *Annual Review of Neuroscience* 16 (1993) S. 369–402.
Mountcastle, V. B. *Perceptual Neuroscience: The Cerebral Cortex.* Cambridge, Mass. (Harvard University Press) 1998.
Parker, A. J., Newsome, W. T. *Sense and the Single Neuron: Probing the Physiology of Perception.* In: *Annual Review of Neuroscience* 21 (1998) S. 227–277.
Schmidt, R. F.; Schaible, H.-G. (Hrsg.) *Neuro- und Sinnesphysiologie.* 4. Aufl. Berlin (Springer) 2001.*
Schmidt, R. F.; Thews, G.; Lang, F. (Hrsg.) *Physiologie des Menschen.* 28. Aufl. Berlin (Springer) 2000.*
Stryer, L. *Cyclic GMP Cascade of Vision.* In: *Annual Review of Neuroscience* 9 (1986) S. 87–119.
Wandell, B. A. *Computational Neuroimaging of Human Visual Cortex.* In: *Annual Review of Neuroscience* 22 (1999) S. 145–174.
Weinberger, N. M. *Dynamic Regulation of Receptive Fields and Maps in the Adult Sensory Cortex.* In: *Annual Review of Neuroscience* 18 (1995) S. 129–158.
Zeki, S. M. *Das geistige Abbild der Welt.* In: *Spektrum der Wissenschaft* 11 (1992) S. 54–63.

Kapitel 9: Motorische Kontrollsysteme

Andersen, R. A.; Snyder, L. H.; Bradley, D. C.; Xing, J. *Multimodal Representation of Space in the Posterior Parietal Cortex and its Use in Planning Movements.* In: *Annual Review of Neuroscience* 20 (1997) S. 299–326.
Brooks, V. B. *The Neural Basis of Motor Control.* New York (Oxford University Press) 1986.
Eccles, J. C.; Ito, M.; Szentagothai, J. *The Cerebellum as a Neuronal Machine.* New York (Springer) 1967.
Georgopoulis, A. P. *Higher Order Motor Control.* In: *Annual Review of Neuroscience* 14 (1991) S. 361–377.
Georgopoulis, A. P.; Schwartz, A. B.; Kettner, R. E. *Neuronal Population Coding of Movement Direction.* In: *Science* 233 (1986) S. 1416–1419.
Gerfen, C. R. *The Neostriatal Mosaic: Multiple Levels of Compartmental Organization in the Basal Ganglia.* In: *Annual Review of Neuroscience* 15 (1992) S. 285–320.
Gregor, R.; Windhorst, U. (Hrsg.) *Comprehensive Human Physiology: From Cellular Mechanisms to Integration.* (2 Bde.) New York (Springer) 1996, Bd. 1.
Grillner, S.; Wallen, P.; Brodin, L.; Lansner, A. *Neuronal Network Generating Locomotor Behavior in Lamprey: Circuitry, Transmitters, Membrane Properties, and Stimulation.* In: *Annual Review of Neuroscience* 14 (1991) S. 169–199.

Herrup, K.; Kuemerle, B. *The Compartimentalization of the Cerebellum.* In: *Annual Review of Neuroscience* 20 (1997) S. 61–90.
Hikosaka, O.; Miyashita, K.; Miyachi, S.; Sakai, K.; Lu, S. *Differential Roles of the Frontal Cortex, Basal Ganglia, and Cerebellum in Visuomotor Sequence Learning.* In: *Neurobiology and Memory* 70 (1998) S. 137–149.
Ito, M. *The Cerebellum and Neural Control.* New York (Raven Press) 1984.
Matthews, P. B. C. *Mammalian Muscle Receptors and Their Central Action.* London (Edward Arnold) 1972.
Olanow, C. W.; Tatton, W. G. *Etiology and Pathogenesis of Parkinson's Disease.* In: *Annual Review of Neuroscience* 22 (1999) S. 123–144.
Rosenbaum, D. A. *Human Motor Control.* San Diego (Academic Press) 1991.
Schmidt, R. F.; Schaible, H.-G. (Hrsg.) *Neuro- und Sinnesphysiologie.* 4. Aufl. Berlin (Springer) 2001.*
Schmidt, R. F.; Thews, G.; Lang, F. (Hrsg.) *Physiologie des Menschen.* 28. Aufl. Berlin (Springer) 2000.*
Thach, W. T.; Goodkin, H. P.; Keating, J. G. *The Cerebellum and the Adaptive Coordination of Movement.* In: *Annual Review of Neuroscience* 15 (1992) S. 403–442.
Vander, A. J.; Sherman, J. H.; Luciano, D. S. *Human Physiology: The Mechanisms of Body Functions.* 7. Aufl. New York (Mac Graw-Hill) 1997.
Wilkie, D. R. *Muskel: Struktur und Funktion.* Stuttgart (Teubner) 1983.*
Wise, S. P.; Boussaoud, D.; Johnson, P. B.; Caminiti, R. *Premotor and Parietal Cortex: Corticocortical Connectivity and Combinatorial Computations.* In: *Annual Review of Neuroscience* 20 (1997) S. 25–42.
Zigmond, M. J.; Bloom, F. E.; Landis, S. C.; Roberts, J. L.; Squire, L. R. (Hrsg.) *Fundamental Neuroscience.* New York (Academic Press) 1999.

Kapitel 10: Der Lebenszyklus des Gehirns: Entwicklung, Plastizität und Altern

Allendoerfer, K. L.; Shatz, C. J. *The Subplate, a Transient Neocortical Structure: Its Role in the Development of Connections Between Thalamus and Cortex.* In: *Annual Review of Neuroscience* 17 (1994) S. 185–218.
Cowan, W. M. *Entwicklung des Gehirns.* In: *Spektrum der Wissenschaft* 11 (1979) S. 82–92.*
Diamond, M. C. *Enriching Heredity: The Impact of the Environment an the Anatomy of the Brain.* New York (Free Press) 1988.
Fidia Research Foundation. *Proceedings of the Course an Developmental Neurobiology.* New York (Thieme Medical Publishers) 1991.
Finch, C. E. *Longevity, Senescence, and the Genome.* Chicago (The University of the Chicago Press) 1994.
Goodman, C. S. *Mechanisms and Molecules that Control Growth Cone Guidance.* In: *Annual Review of Neuroscience* 19 (1996) S. 341–377.
Gorski, R. A. *Sexual Differentiation of the Brain: Mechanisms and Implications for Neuroscience.* In: Easter, S. S., Jr.; Barald, K. F.; Carlson, M. B. (Hrsg.)

From Message to Mind: Directions in Developmental Neurobiology. Sunderland, Mass. (Sinauer Associates) 1988. S. 256–271.

Hatten, M. E. *Central Nervous System Neuronal Migration*. In: *Annual Review of Neuroscience* 22 (1999) S. 511–540.

Hatten, M. E.; Heintx, N. *Mechanisms of Neural Patterning and Specification in the Developing Cerebellum*. In: *Annual Review of Neuroscience* 18 (1995) S. 385–408.

Heston, L. L.; White, J. A. *Alzheimer-Krankheit. Krankheitsbild – Ursache – Behandlung*. Heidelberg (Spektrum Akademischer Verlag) 1993.*

Knudsen, E. I., Brainard, M. S. *Creating a Unified Representation of Visual and Auditory Space in Brain*. In: *Annual Review of Neuroscience* 18 (1995) S. 19–43.

Levi-Montalcini, R. *Developmental Neurobiology and the Natural History of Nerve Growth Factor*. In: *Annual Review of Neuroscience* 5 (1982) S. 341–362.

Martin, L. G.; Preston, S. H. (Hrsg.) *Demography of Aging*. Washington, D. C. (National Academy Press) 1994.

McGue, M.; Bouchard, T. J., Jr. *Genetic and Environmental Influences on Human Behavioral Differences*. In: *Annual Review of Neuroscience* 21 (1998) S. 1–24.

Pons, T. P.; Garraghty, P. E.; Ommaya, A. K.; Kass, J. H.; Taub, E.; Mishkin, M. *Massive Cortical Reorganization After Sensory Differentiation in Adult Macaques*. In: *Science* 252 (1991) S. 1857–1860.

Price, D. L.; Sisodia, S. S. *Mutant Genes in Familial Alzheimer's Disease and Transgenic Models*. In: *Annual Review of Neuroscience* 21 (1998) S. 479–505.

Purves, D.; Lichtman, J. W. *Principles of Neural Development*. Sunderland, Mass. (Sinauer Associates) 1985.

Selkoe, D. J. *Alterndes Gehirn – alternder Geist*. In: *Spektrum der Wissenschaft* 11 (1992) S. 124–132.*

Shatz, C. J. *Das sich entwickelnde Gehirn*. In: *Spektrum der Wissenschaft* 11 (1992) S. 44–52.*

Wong, R. O. L. *Retinal Waves and Visual System Development*. In: *Annual Review of Neuroscience* 22 (1999) S. 29–48.

Woodruff-Pac, D. S.; Finkbiner, R. G.; Sasse, D. K. *Eyeblink Conditioning Discriminates Alzheimer's Patients from Non-Demented Aged*. In: *Neuroreport* 1 (1990) S. 45–48.

Zigmond, M. J.; Bloom, F. E.; Landis, S. C.; Roberts, J. L.; Squire, L. R. (Hrsg.) *Fundamental Neuroscience*. New York (Academic Press) 1999.

Kapitel 11: Lernen, Gedächtnis und Gehirn

Anderson, J. R. *Kognitive Psychologie*. 3. Aufl. Heidelberg (Spektrum Akademischer Verlag) 2001.*

Baddeley, A. *Human Memory: Theory and Practice*. Boston (Allyn & Bacon) 1998.

Bottjer, S. W.; Arnold, A. P. *Developmental Plasticity in Neural Circuits for Learned Behavior*. In: *Annual Review of Neuroscience* 20 (1997) S. 455–477.

Bransford, J. D., Brown, A. L.; Cocking, R. R. (Hrsg.) *How People Learn.* Washington, D. C. (National Academy Press) 1999.
Bryne, J. H.; Berry, W. O. *Neural Models of Plasticity: Experimental and Theoretical Approaches.* San Diego, Calif. (Academic Press) 1989.
Carew, T. J.; Sahley, C. L. *Invertebrate Learning and Memory: From Behavior to Molecules.* In: *Annual Review of Neuroscience* 9 (1986) S. 435–487.
Changeux, J.-P.; Konishi, M. *The Neural and Molecular Bases of Learning.* Chichester, England (John Wiley & Sons) 1987.
Chen, C.; Tonegawa, S. *Development, Learning, and Memory in the Mammalian Brain.* In: *Annual Review of Neuroscience* 20 (1997) S. 157–184.
Davis, M. *The Role of the Amygdala in Fear and Anxiety.* In: *Annual Review of Neuroscience* 15 (1992) S. 353–376.
Dudai, Y *The Neurobiology of Memory: Concepts, Findings, Trends.* Oxford (Oxford University Press) 1989.
Engelkamp, J. *Das menschliche Gedächtnis.* 2. Aufl. Göttingen (Hogrefe) 1991.*
Gluck, M. A.; Granger, R. *Computational Models of the Neural Bases of Learning and Memory.* In: *Annual Review of Neuroscience* 16 (1993) S. 667–706.
Goldman-Rakic, P. S. *Das Arbeitsgedächtnis.* In: *Spektrum der Wissenschaft* 11 (1992) S. 94–102.
Haberlandt, K. *Human Memory: Exploration and Application.* Boston (Allyn & Bacon) 1999.
Lashley, K. S. *In Search of the Engram.* In: *Society of Experimental Biology Symposia* 4 (1950) S. 454–482.
Linden, D. J.; Connor, J. A. *Long-term Synaptic Depression.* In: *Annual Review of Neuroscience* 18 (1995) S. 319–357.
Loftus, E. F.; Loftus, G. R. (1983). *Human Memory: The Processing of Information.* Hillsdale, N. J. (Erlbaum) 1983.
Logan, C. G.; Grafton, S. T. *Fundamental Anatomy of Human Eyeblink Conditioning Determined With Regional Cerebral Glucose Metabolism and Positron-emission Tomography.* In. *Proceedings of the National Academy of Sciences* 92 (1995) S. 7500–7504.
Lynch, G. *Synapses, Circuits, and the Beginnings of Memory.* Cambridge, Mass. (MIT Press) 1987.
Madison, D. V.; Malenka, R. C.; Nicoll, R. A. *Mechanisms Underlying Longterm Potentiation of Synaptic Transmission.* In: *Annual Review of Neuroscience* 14 (1991) S. 379–397.
Markowitsch, H. *Neuropsychologie des Gedächtnisses.* Göttingen (Hogrefe) 1992.*
Martinez, J. L., Jr.; Kesner, R. P. *Learning and Memory: A Biological View.* 2. Aufl. San Diego, Calif. (Academic Press) 1991.
McGaugh, J. L. *Involvement of Hormonal and Neuromodulatory Systems in the Regulation of Memory Storage.* In: *Annual Review of Neuroscience* 12 (1989) S. 255–288.
McGaugh, J. L. *Neuroscience: Memory – A Century of Consolidation.* In: *Science* 287 (2000) S. 248–251.
Miller, E. K.; Desimone, R. *Parallel Neural Mechanisms for Short-term Memory.* In: *Science* 263 (1994) S. 520–522.

Miyashita, Y. *Inferior Temporal Cortex: Where Visual Perception Meets Memory.* In: *Annual Review of Neuroscience* 16 (1995) S. 245–263.
Rescorla, R. A. *Pavlovian Conditioning: It's Not What You Think It Is.* In: *American Psychologist* 43 (1988) S. 151–160.
Schacter, D. L. *Wir sind Erinnerung. Gedächtnis und Persönlichkeit.* Reinbek (Rowohlt) 2001.*
Squire, L. R. *Memory and Brain.* New York (Oxford University Press) 1987.
Terry, W. S. *Learning and Memory: Basic Principles, Processes, and Procedures.* Boston (Allyn & Bacon) 2000.
Thompson, R. F.; Krupa, D. J. *Organization of Memory Traces in the Mammalian Brain.* In: *Annual Review of Neuroscience* 17 (1994) S. 519–549.
Whitley, C. W. M.; Zangwill, O. L. (Hrsg.) *Amnesia.* London (Butterworth) 1966.
Zola-Morgan, S.; Squire, L. R. *Neuroanatomy of Memory.* In: *Annual Review of Neuroscience* 16 (1993) S. 547–563.

Kapitel 12: Kognitive Neurowissenschaft

Anderson, J. R. *Kognitive Psychologie.* 3. Aufl. Heidelberg (Spektrum Akademischer Verlag) 2001.*
Birbaumer, N.; Schmidt, R. F. *Biologische Psychologie.* 4. Aufl. Berlin (Springer) 1999.*
Cahill, L.; Haier, R. J.; Fallon, F.; Alkire, M. T.; Tang, C.; Keator, D.; Wu, J.; McGAugh, J. L. *Amygdala Activity at Encoding Correlated With Long-term Free Recall of Emotional Information.* In: *Proceedings of the National Academy of Sciences* 93 (1996) S. 8016–8021.
Churchland, P. S.; Sejnowski, T. J. *The Computational Brain.* Cambridge, Mass. (MIT Press) 1992.
Churchland, P. S. *Die Seelenmaschine.* Heidelberg (Spektrum Akademischer Verlag) 2001.*
Courtney, S. M.; Petit, L.; Maisong, J. M.; Ungerleider, L. G.; Haxby, J. V. *An Area Specialized for Spatial Working Memory in Human Frontal Cortex.* In: *Science* 279 (1998) S. 1347–1351.
Desimone, R.; Duncan, J. *Neural Mechanisms of Selective Visual Attention.* In: *Annual Review of Neuroscience* 18 (1995) S. 193–222.
Ebert, T.; Pantev, C.; Wienbruch, C.; Rockstroh, B.; Taub, E. *Increased Cortical Representation of the Fingers of the Left Hand in String Players.* In: *Science* 270 (1995) S. 305–307.
Eden, G. F.; Van Meter, J. W.; Rumsey, J. M.; Maisong, J. M.; Woods, R. P.; Zeffiro, T. *Abnormal Processing of Visual Motion in Dyslexia Revealed by Functional Brain Imaging.* In: *Nature* 382 (1996) S. 66–69.
Farah, M. J. *Visual Agnosia: Disorders of Object Recognition and What They Tell Us About Normal Vision.* Cambridge, Mass. (MIT Press) 1990.
Fitch, R. H.; Miller, S.; Tallal, P. *Neurobiology of Speech Perception.* In: *Annual Review of Neuroscience* 20 (1997) S. 321–349.
Gazzaniga, M. S. (Hrsg.) *The New Cognitive Neurosciences.* Cambridge, Mass. (MIT Press) 1999.

Geschwind, N.; Galaburda, A. M. *Cerebral Lateralization: Biological Mechanisms, Associations, and Pathology.* Cambridge, Mass. (MIT Press) 1987.

Gluck, M. A.; Rumelhart, D. E. (Hrsg.) *Neuroscience and Connectionist Theory.* Hillsdale, N. J. (Laurence Erlbaum) 1990.

Griffin, D. R. *The Question of Animal Awareness: Evolutionary Continuity of Mental Experience.* Los Altos, Calif. (William Kaufmann) 1981.

Hellige, J. *Hemispheric Asymmetry: What's Right and What's Left?* Cambridge, Mass. (Harvard University Press) 1993.

Kolb, B.; Whishaw, I. Q. *Neuropsychologie.* 2. Aufl. Heidelberg (Spektrum Akademischer Verlag) 1996.*

Kosslyn, S. M. *Image and Brain: The Resolution of the Imagery Debate.* Cambridge, Mass. (MIT Press) 1994.

Kuhl, P. K.; Andruski, J. E.; Christovich, I. A.; Christovitch, L. A.; Kozhevnikova, E. V.; Ryskina, V. L.; Stolyarova, E. I.; Sundberg, U.; Lacerda, F. *Cross-language Analysis of Phonetic Units in Language Adressed to Infants.* In: *Science* 277 (1997) S. 684–686.

Martin, A.; Haxby, J. V.; Lalonde, F. M.; Wiggs, C. L.; Ungerleider, L. G. *Discrete Cortical Regions Associated With Knowledge of Color and Knowledge of Action.* In: *Science* 270 (1995) S. 102-105.

Moran, J.; Desimone, R. *Selective Attention Gates Visual Processing in the Extrastriate Cortex.* In: *Science* 229 (1985) S. 782–784.

O'Keefe, J.; Nadel, L. *The Hippocampus as a Cognitive Map.* Oxford (Clarendon Press) 1978.

Petersen, S. E.; Fiez, J. A. *The Processing of Single Words Studied with Positron Emission Tomography.* In: *Annual Review of Neuroscience* 16 (1993) S. 509–530.

Popper, K. R.; Eccles, J. C. *Das Ich und sein Gehirn.* 7. Aufl. München (Piper) 2000.*

Posner, M. I. (Hrsg.) *Foundations of Cognitive Science.* Cambridge, Mass. (MIT Press) 1989.

Posner, M. I.; Petersen, S. E.; *The Attention System of the Human Brain.* In: *Annual Review of Neuroscience* 13 (1990) S. 25–42.

Posner, M. I.; Petersen, S. E.; Fox, P. T.; Raichle, M. E. *Localization of Cognitive Operations in the Human Brain.* In: *Science* 240 (1988) S. 1627–1631.

Posner, M. I.; Raichle, M. E. *Bilder des Geistes.* Heidelberg (Spektrum Akademischer Verlag) 1996.*

Rainville, P.; Duncan, G. H.; Price, D. D.; Carrier, B.; Buchnell, M. C. *Pain Affect Encoded in Human Anterior Cingulate but not Somatosensory Cortex.* In: *Science* 277 (1997) S. 986–971.

Rumelhart, D. E.; McClelland, J. L.; PDP Research Group *Parallel Distributed Processing: Explorations in the Microstructure of Cognition.* Cambridge, Mass. (MIT Press) 1986.

Sathian, K.; Zangaladze, A.; Hoffman, J. M.; Grafton, S. T. *Feeling With the Mind's Eye.* In: *Neuroreport* 8 (1997) S. 3877–3881.

Seidenberg, M. S.; McClelland, J. L. *A Distributed, Developmental Model of Word Recognition and Naming.* In: *Psychological Review* 96 (1989) S. 523–568.

Singer, W. (Hrsg.) *Gehirn und Bewußtsein.* Heidelberg (Spektrum Akademischer Verlag) 1994.*

Springer, S. P.; Deutsch, G. *Linkes – Rechtes Gehirn.* 4. Aufl. Heidelberg (Spektrum Akademischer Verlag) 1998.*

Squire, L. R.; Kandel, E. R. *Gedächtnis. Die Natur des Erinnerns.* Heidelberg (Spektrum Akademischer Verlag) 1999.*

van Turennout, M.; Hagoort, P.; Brown, C. M. *Brain Activity During Speaking: From Syntax to Phonology in 40 Milliseconds.* In: *Science* 280 (1998) S. 572–574.

Wilson, M. A.; McNaughten, B. L. *Dynamics of Hippocampal Ensemble Code for Space.* In: *Science* 261 (1993) S. 1055–1058.

Wilson, M. A.; Tonegawa, S. *Synaptic Plasticity, Place Cells and Spatial Memory: Study With Second Generation Knockouts.* In: *Trends in Neuroscience* 20 (1997) S. 102–106.

Wilson, M. A.; Keil, F. C. (Hrsg.) *The MIT Encyclopedia of the Cognitive Sciences.* Cambridge, Mass. (MIT Press) 1999.

Weiskrantz, L. *Consciousness Lost and Found: A Neurophsychological Exploration.* Oxford (Oxford University Press) 1997.

Weiskrantz, L. *Blindsight: A Case Study and Implications.* Oxford (Clarendon Press) 1986.

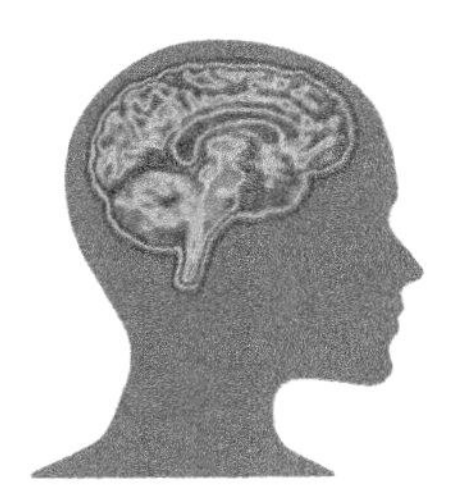

Bildnachweise

1.2 Lichtmikroskopische Aufnahme von C. Gilbert und T. N. Wiesel. Aus Stevens, C. F. *Die Nervenzelle*. In: *Gehirn und Nervensystem*. Heidelberg (Spektrum der Wissenschaft) 1980.

1.2 Nach Curtis, H.; Barnes, N. S. *Biology*. 5. Aufl. New York (Worth) 1989.

1.4 Nach Zigmond, M. J.; Bloom, F. E.; Landis, S. C.; Roberts, J. L.; Squire, L. R. (Hrsg.) *Fundamental Neuroscience*. New York (Academic Press) 1999.

1.5 Nach Nauta, W. J. H.; Feirtag, M. *Die Architektur des Gehirns*. In: *Gehirn und Nervensystem*. Heidelberg (Spektrum der Wissenschaft) 1980.

1.6 Nach Thompson, R. F. *Introduction to Physiological Psychology*. New York (Harper & Row) 1975.

1.7 Nach Carlson, N. R. *Physiology of Behavior*. 6. Aufl. Boston (Allyn & Bacon) 1988.

1.8 Nach Carlson, N. R. *Physiology of Behavior*. 6. Aufl. Boston (Allyn & Bacon) 1988.

1.9 Nach Ranson, S. W.; Clark, S. L. *Anatomy of the Nervous System*. 9. Aufl. Philadelphia (Saunders) 1953.

1.10 Nach Carlson, N. R. *Physiology of Behavior*. 6. Aufl. Boston (Allyn & Bacon) 1988.

1.11 Nach Thompson, R. F. *Introduction to Physiological Psychology*. New York (Harper & Row) 1975.

2.1 Mikroskopische Aufnahme mit freundlicher Genehmigung von Judith Thompson.

2.3 Nach Iversen, L. L. *Die Chemie der Signalübertragung im Gehirn*. In: *Gehirn und Nervensystem*. Heidelberg (Spektrum der Wissenschaft) 1980.

2.4 Aus Stevens, C. F. *Die Nervenzelle*. In: *Gehirn und Nervensystem*. Heidelberg (Spektrum der Wissenschaft) 1980.

2.5 Aus Stevens, C. F. *Die Nervenzelle*. In: *Gehirn und Nervensystem*. Heidelberg (Spektrum der Wissenschaft) 1980.

2.6 Aus Iversen, L. L. *Die Chemie der Signalübertragung im Gehirn*. In: *Gehirn und Nervensystem*. Heidelberg (Spektrum der Wissenschaft) 1980.

2.8 Entsprechend verändert nach Dowling, J. E. *Neurons and Networks: An Introduction to Neuroscience*. Cambridge, Mass. (Harvard University Press) 1992.

2.9 Nach Julien, R. M. *A Primer of Drug Action*. New York (Freeman) 1981.

2.10 Nach Zigmond, M. J.; Bloom, F. E.; Landis, S. C.; Roberts, J. L.; Squire, L. R. (Hrsg.) *Fundamental Neuroscience*. New York (Academic Press) 1999.

3.1 Angelehnt an das Singer-Nicholson-Modell. Nach Wolfe, S. L. *Biology of the Cell*. 2. Aufl. Belmont (Wadsworth) 1981.

3.3 Nach Johnston, D.; Wu, S. M. *Foundations of Cellular Neurophysiology*. Cambridge, Mass. (MIT Press) 1995.

3.11 Aus Stryer, L. *Biochemie*. Völlig neu bearbeitete Auflage. Heidelberg (Spektrum Akademischer Verlag) 1994.*

4.1 Aus Stevens, C. F. *Die Nervenzelle*. In: *Gehirn und Nervensystem*. Heidelberg (Spektrum der Wissenschaft) 1980.

4.9 Aus Dowling, J. E. *Neurons and Networks: An Introduction to Neuroscience*. Cambridge, Mass. (Harvard University Press) 1992.

4.10 Aus Stryer, L. *Biochemie*. Völlig neu bearbeitete Auflage. Heidelberg (Spektrum Akademischer Verlag) 1994.*

4.11 Nach Smith, C. U. M. *Elements of Molecular Neurobiology*. 2. Aufl. New York (Wiley) 1996).

4.12 Mit freundlicher Genehmigung von Michel Baudry.

4.16 Nach Cooper, J. R.; Bloom, F. E.; Roth, R. H. *The Biochemical Basis of Neuropharmacology*. 6. Aufl. New York (Oxford University Press) 1991.

4.17 Nach Mohler, H.; Richards, J. G. *Benzodiazepine Receptors in the Central Nervous System*. In: Costa E. (Hrsg.) *The Benzodiazepines: From Molecular Biology to Clinical Practice*. New York (Raven Press) 1983.

4.18 Nach Siegal, G. J.; Agranoff, B. W.; Albers, R. W.; Uhler, M. E.; Fisher, S. K. (Hrsg.) *Basic Neurochemistry: Molecular, Cellular and Medical Aspects*. 5. Aufl. New York (Raven Press) 1994.

5.1 Elektronenmikroskopische Aufnahme von J. E. Heuser und S. R. Salpeter. Aus Stevens, C. F. *Die Nervenzelle*. In: *Gehirn und Nervensystem*. Heidelberg (Spektrum der Wissenschaft) 1980.

5.4 Nach Coyle, J. T.; Price, D. L.; DeLong, M. R. *Science* 219 (1983) S. 1184–1190.

5.6 Aus Cooper, J. R.; Bloom, F. E.; Roth, R. H. *The Biochemical Basis of Neuropharmacology*. 6. Aufl. New York (Oxford University Press) 1991.

5.8 Aus Thompson, R. F. *Introduction to Physiological Psychology*. New York (Harper & Row) 1975.

5.9 Nach Cooper, J. R.; Bloom, F. E.; Roth, R. H. *The Biochemical Basis of Neuropharmacology*. 6. Aufl. New York (Oxford University Press) 1991.

5.10 Nach Cooper, J. R.; Bloom, F. E.; Roth, R. H. *The Biochemical Basis of Neuropharmacology*. 6. Aufl. New York (Oxford University Press) 1991.

5.11 Nach Iversen, L. L. *Die Chemie der Signalübertragung im Gehirn*. In: *Gehirn und Nervensystem*. Heidelberg (Spektrum der Wissenschaft) 1980.

5.12 Nach Cooper, J. R.; Bloom, F. E.; Roth, R. H. *The Biochemical Basis of Neuropharmacology*. 3. Aufl. New York (Oxford University Press) 1978.

5.14 Nach Cooper, J. R.; Bloom, F. E.; Roth, R. H. *The Biochemical Basis of Neuropharmacology*. 6. Aufl. New York (Oxford University Press) 1991.

5.15 Nach Cooper, J. R.; Bloom, F. E.; Roth, R. H. *The Biochemical Basis of Neuropharmacology*. 3. Aufl. New York (Oxford University Press) 1978.

6.1 Nach Snyder, S. H. *Opiate Receptors and Internal Opiates*. In: *Scientific American* 236/3 (1977) S. 44–56.

6.2 Nach Snyder, S. H. *Opiate Receptors and Internal Opiates*. In: *Scientific American* 236/3 (1977) S. 44–56.

6.3 Nach Siegal, G. J.; Agranoff, B. W.; Albers, R. W.; Uhler, M. E.; Fisher, S. K. (Hrsg.) *Basic Neurochemistry: Molecular, Cellular and Medical Aspects*. 5. Aufl. New York (Raven Press) 1994.

6.4 Nach Snyder, S. H. *Opiate Receptors and Internal Opiates*. In: *Scientific American* 236/3 (1977) S. 44–56.

6.5 Nach Iversen, L. L. *Die Chemie der Signalübertragung im Gehirn*. In: *Gehirn und Nervensystem*. Heidelberg (Spektrum der Wissenschaft) 1980.

6.6 Nach Olds, J. *Pleasure Centers in the Brain*. Scientific American 195 (1956) S. 105–116.

6.7 Nach Carlson, N. R. *Physiology of Behavior*. 6. Aufl. Boston (Allyn & Bacon) 1988.

6.8 Aus *NIDA Notes* 11 (4) (1996). S. 1–20. National Institute of Drug Abuse.

6.9 Aus Thompson, R. F. *Introduction to Physiological Psychology*. New York (Harper & Row) 1975.

6.10 Nach Reichlin, S. *Neural Control of the Pituitary Gland: Normal Physiology and Pathophysiologic Implications*. The Upjohn Company. 1978.

6.11 Nach Carpenter, M. B.; Sutton, J. *Human Neuroanatomy*. 8. Aufl. Baltimore (Williams & Wilkins) 1983.

6.12 Nach Krieger, D. T; Hughes, J. C. (Hrsg.) *Neuroendocrinology*. Sunderland (Sinauer) 1980.

6.13 Aus Berne, R. M.; Levy, M. N. *Physiology*. 2. Aufl. St. Louis, Mo. (C. V. Mosby Company) 1988.

6.14 Nach Vander, A. J.; Sherman, J. H.; Luciano, D. S. *Human Physiology: The Mechanisms of Body Function*. 3. Aufl. New York (McGraw-Hill) 1980.

6.15 Aus Kandel, E. R.; Schwartz, J. H. (Hrsg.) *Principles of Neural Science*. New York (Elsevier/North Holland) 1981.

7.2 Aus Kandel, E. R.; Schwartz, J. H. *Principles of Neural Science*. New York (Elsevier/North-Holland) 1981.

7.3 Swanson, L. W. *Biochemical Switching in Hypothalamic Circuits Mediating Responses to Stress*. In: *Progress in Brain Research* 87 (1991) S. 181–200.

7.4 Verändert nach Thompson, R. F. *Introduction to Physiological Psychology*. New York (Harper & Row) 1975.

7.5 Shepherd, G. M. *Neurobiologie*. Berlin (Springer) 1993.*

7.6 Swanson, L. W. *Biochemical Switching in Hypothalamic Circuits Mediating Responses to Stress*. In: *Progress in Brain Research* 87 (1991) S. 181–200.

7.8 Verändert nach Krieger D. T.; Hughes, J. C. (Hrsg.) *Neuroendocrinology*. Sunderland, Mass. (Sinauer Associates) 1980.

7.9 Nach Greger, R.; Windhorst, U. (Hrsg.) *Comprehensive Human Physiology: From Cellular Mechanisms to Integration*. Bd. 1. New York (Springer) 1996.

7.10 Verändert nach Zucker, I. *Motivation, Biological Clocks, and Temporal Organization of Behavior*. In: Satinoff E.; Teitelbaum, P. (Hrsg.) *Handbook of Behavioral Neurobiology*. New York (Plenum Press) 1983.

7.11 (a) Verändert nach Hubel D. H.; Wiesel, T. N. *Die Verarbeitung visueller Informationen*. In: *Gehirn und Nervensystem*. Heidelberg (Spektrum der Wissenschaft) 1980.* (b) Aus Moore, R. Y. *Central Neural Control of Circadian Rhythms*. In: Ganong, W. F.; Martini, L. (Hrsg.) *Frontiers in Neuroendocrinology*. Bd. 5. New York (Raven Press) 1978.

7.12 Nach Greger, R.; Windhorst, U. (Hrsg.) *Comprehensive Human Physiology: From Cellular Mechanisms to Integration*. Bd. 1. New York (Springer) 1996.

7.13 Nach Greger, R.; Windhorst, U. (Hrsg.) *Comprehensive Human Physiology: From Cellular Mechanisms to Integration*. Bd. 1. New York (Springer) 1996.

7.14 Nach Greger, R.; Windhorst, U. (Hrsg.) *Comprehensive Human Physiology: From Cellular Mechanisms to Integration*. Bd. 1. New York (Springer) 1996.

7.15 Nach Hartman, E. *The Biology of Dreaming*. Springfield, Ill. (Charles C. Thomas) 1967.

7.16 Nach Vander, A. J.; Sherman, J. H.; Luciano, D. S. *Human Physiology: The Mechanisms of Body Function*. 3. Aufl. New York (McGraw-Hill) 1980.

7.17 Carlson, N. R. *Physiology of Behavior*. 4. Aufl. Boston (Allyn and Bacon) 1991.

7.18 Nach Krieger, D. T.; Hughes, J. C. (Hrsg.) *Neuroendocrinology*. Sunderland, Mass. (Sinauer Associates) 1980.

7.19 Nach Woods, S. C.; Seeley, R. J.; Porte, D., Jr.; Schwartz, M. W. *Signals that Regulate Food Intake and Energy Homeostasis*. In: *Science* 280 (1998) S. 1378–1383.

8.1 Nach Lindsay, P. H.; Norman, D. A. *Human Information Processing: An Introduction to Psychology*. 2. Aufl. New York (Academic Press) 1977.

8.2 Nach Lindsay, P. H.; Norman, D. A. *Human Information Processing: An Introduction to Psychology*. 2. Aufl. New York (Academic Press) 1977.

8.3 Nach Stryer, L. *Biochemie*. Völlig neu bearbeitete Auflage. Heidelberg (Spektrum Akademischer Verlag) 1994.*

8.4. Nach Greger, R.; Windhorst, U. (Hrsg.) *Comprehensive Human Physiology: From Cellular Mechanisms to Integration*. Bd. 1. New York (Springer) 1996.

8.6 Nach Shatz, C. J. *Das sich entwickelnde Gehirn*. In: Spektrum der Wissenschaft 11 (1992) S. 44–52.

8.7 Nach Zeki, S. *Das geistige Abbild der Welt*. In: Spektrum der Wissenschaft 11 (1992) S. 54–63.

8.8 Nach Kuffler, S. W.; Nicholls, J. G. *From Neuron to Brain*. Sunderland (Sinauer) 1977.

8.9 Nach Kuffler, S. W.; Nicholls, J. G. *From Neuron to Brain*. Sunderland (Sinauer) 1977.

8.10 Verändert nach Hubel, D. H.; Wiesel, T. N. *Journal of Neurophysiology* 28 (1965) S. 229–289.

8.11 Nach Dowling, J. E. *Neurons and Networks: An Introduction to Neuroscience*. Cambridge, Mass. (The Belknap Press of Harvard University Press) 1992.

8.13 Nach Zeki, S. *Das geistige Abbild der Welt*. In: Spektrum der Wissenschaft 11 (1992) S. 54–63.

8.15 Nach Greger, R.; Windhorst, U. (Hrsg.) *Comprehensive Human Physiology: From Cellular Mechanisms to Integration*. Bd. 1. New York (Springer) 1996.

8.16 Nach Woolsey, C., Penfield, W., Jasper, H. und Geschwind, N. aus verschiedenen Publikationen.

8.17 Nach Shepherd, G. M. *Neurobiology*. 2. Aufl. New York (Oxford University Press) 1988.

8.18 Nach Zigmond, M. J.; Bloom, F. E.; Landis, S. C.; Roberts, J. L.; Squire, L. R. (Hrsg.) *Fundamental Neuroscience*. New York (Academic Press) 1999.

8.19 Verändert nach Welker, W. I. *Brain, Behavior, and Evolution 1* (1973) S. 253–336.

8.20 Nach Woolsey, T. A.; van der Loos, H. *Brain Research* 17 (1970) S. 205–242.

8.21 Nach Lindsay, P. H.; Norman, D. A. *Human Information Processing: An Introduction to Psychology*. 2. Aufl. New York (Academic Press) 1977.

8.22 (oben) Nach Rasmussen, G. L.; Windle, W. F. (Hrsg.) *Neural Mechanisms of the Auditory Vestibular Systems*. Springfield (Thomas) 1960. (unten) Nach Lindsay, P. H.; Norman, D.A. *Human Information Processing: An Introduction to Psychology*. 2. Aufl. New York (Academic Press) 1977.

8.23 Verändert nach Thompson, R. F. *Introduction to Physiological Psychology*. New York (Harper & Row) 1975.

8.24 Nach Lindsay, P. H.; Norman, D. A. *Human Information Processing: An Introduction to Psychology*. 2. Aufl. New York (Academic Press) 1977.

8.25 Nach Finn, R. *Sound from Silence: The Development of Cochlear Implants*. In: *Beyond Discovery*. National Academy of Sciences, August 1998.

9.1 (oben) Nach Woolsey, C. N. In: Harlow, H. F.; Woolsey, C. N. (Hrsg.) *Biological and Biochemical Bases of Behavior*. Madison (University of Wisconsin Press) 1958. (unten) Verändert nach Geschwind, N. *Die Großhirnrinde*. In: *Gehirn und Nervensystem*. Heidelberg (Spektrum der Wissenschaft) 1980.

9.2 Verändert nach Thompson, R. F. *Introduction to Physiological Psychology*. New York (Harper & Row) 1975.

9.4 Nach Vander, A. J.; Sherman, J. H.; Luciano, D. S. *Human Physiology: The Mechanisms of Body Function*. 3. Aufl. New York (McGraw-Hill) 1980.

9.5 Nach Bloom, W.; Fawcett, D. W. *A Textbook of Histology*. 10. Aufl. Philadelphia. (Saunders) 1975.

9.6 Nach Huxley, H. E. In: Lehnfinger A. L. *Biochemistry: The Molecular Basis of Cell Structure and Function*. 2. Aufl. New York (Worth) 1975.

9.8 Verändert nach Thompson, R. F. *Introduction to Physiological Psychology*. New York (Harper & Row) 1975.

9.9 Verändert nach Thompson, R. F. *Introduction to Physiological Psychology*. New York (Harper & Row) 1975.

9.10 Nach Llinas, R. R. *Scientific* American 232/1 (1975) S. 56–71.

9.11 Nach Kandel, E. R.; Schwanz, J. H. (Hrsg.) *Principles of Neural Science*. New York (Elsevier/ North-Holland) 1981.

9.12 Aus: Schmitt, F. O.; Worden, F. G. (Hrsg.) *The Neurosciences: Third Study Program*. Cambridge, Mass. (MIT Press) 1974.

9.14 Nach Evarts, E. V. *Brain Mechanisms in Movement*. In: *Progress in Psychobiology*. New York (Freeman) 1976.

9.15 Georgopoulos, A. P.; Schwartz, A. B.; Kettner, R. E. *Neuronal Population Coding of Movement Direction*. In: *Science* 233 (1986) S. 1416–1419.

9.16 Nach Evarts, E. V. *Brain Mechanisms in Movement*. In: *Progress in Psychobiology*. New York (Freeman) 1976.

10.1 Aus Cowan, W. M. *Die Entwicklung des Gehirns*. In: *Gehirn und Nervensystem*. Heidelberg (Spektrum der Wissenschaft) 1980.

10.2 Nach Curtis, A. S. G. *Journal of Embryology and Experimental Morphology* 10 (1962) S. 410–422.

10.3 Aus Cowan, W. M. *Die Entwicklung des Gehirns*. In: *Gehirn und Nervensystem*. Heidelberg (Spektrum der Wissenschaft) 1980.

10.4 Nach Hubel, D. H. Das Gehirn. In: *Spektrum der Wissenschaft* 11 (1978) S. 36–44.

10.5 Aus Thompson, R. F. *Introduction to Physiological Psychology*. New York (Harper & Row) 1975.

10.8 Nach Dowling, J. E. *Neurons and Networks: An Introduction to Neuroscience*. Cambridge, Mass. (The Belknap Press of Harvard University Press) 1992.

10.9 Mit freundlicher Genehmigung von Dennis Bray.

10.9 Nach Purves, D.; Lichtman, J. W. *Principles of Neural Development*. Sunderland, Mass. (Sinauer Associates) 1985.

10.12 Nach Ghosh, A.; Shatz, C. J. *Involvement of Subplate Neurons in the Formation of Ocular Dominance Columns*. In: *Science* 255 (1992) S. 1441–1443.

10.13 Nach Woolsey, T. A.; Durham, D.; Harris, R. M.; Simons, D. J.; Valentino, K. L. *Somatosensory Development. In: Development of Perception*. Bd. 1. New York (Academic Press) 1981. S. 269–292.

10.14 Nach Pons, T. P.; Garraghty, P. E.; Ommaya, A. K.; Kaas, J. H.; Taub, E.; Mishkin, M. *Massive Cortical Reorganization after Sensory Differentiation in Adult Macaques*. In: *Science* 252 (1991) S. 1857–1860.

10.15 Aus Bennett, E. L.; Diamond, M. C.; Krech, D.; Rosenzweig, M. R. *Science* 146 (1964) S. 610–619.

10.16 Nach Brun, A. *An Overview of Light and Electron Microscopic Changes*. In: Reisberg, B. (Hrsg.) *Alzheimer's Disease*. New York (The Free Press) 1983.

10.17 Nach Woodruff-Pac, D. S., Finkbiner, R. G.; Sasse, D. K. *Eyeblink Conditioning Discriminates Alzheimer's Patients from Non-demented Aged*. In: *Neuroreport* 1 (1990) S. 45–48.

10.18 Nach Zigmond, M. J.; Bloom, F. E.; Landis, S. C.; Roberts, J. L.; Squire, L. R. (Hrsg.) *Fundamental Neuroscience*. New York (Academic Press) 1999.

11.1 Nach Loftus, E. *Memory*. Reading, Mass. (Addison-Wesley) 1980.

11.2 (a) Aus Sperling, G. *The Information Available in Brief Visual Presentations*. In: *Psychological Monographs* 74 (1960) S. 498. (b) Aus Petersen, L. R.; Petersen, M. J. *Short-Term Retention of Individual Verbal Items*. In: *Journal of Experimental Psychology: Learning, Memory, and Cognition* 58 (1959) S. 193–198.

11.3 Nach Sternberg, S. *High Speed Scanning in Human Memory*. In: *Science* 153 (1966) S. 652–654.

11.4 Nach Gazzaniga, M. S. (Hrsg.) *The New Cognitive Neurosciences*. 2. Aufl. Cambridge, Mass. (MIT Press) 1999.

11.5 Nach Zigmond, M. J.; Bloom, F. E.; Landis, S. C.; Roberts, J. L.; Squire, L. R. (Hrsg.) In: *Fundamental Neuroscience*. New York (Academic Press) 1999.

11.6 Nach Miller, E. K.; Desimone, R. *Parallel Neural Mechanisms for Short-term Memory*. In: *Science* 263 (1994) S. 520–522.

11.7 Nach Desimone, R.; Duncan, J. *Neural Mechanisms of Selective Visual Attention*. In: *Annual Review of Neuroscience* 18 (1995) S. 193–222.

11.8 Nach Thompson, R. F.; Kim, J. J. *Memory Systems in the Brain and Localization of a Memory*. In: *Proceedings of the National Academy of Sciences* 93 (1996), S. 13 438–13 444.

11.9 Angelehnt an Kandel, E. R. *Cellular Basis of Behavior*. San Francisco (Freeman) 1976.

11.10 Nach Hilgard, E. R.; Atkinson, R. L.; Atkinson, R. C. *Introduction to Psychology*. 7. Aufl. New York (Harcourt Brace Jovanovich) 1979.

11.11 Nach Rescorla, R. A. *Pavlovian Conditioning: It's Not What You Think It Is*. In: *American Psychologist* 43 (1988) S. 151–160.

11.12 Nach Davis, M.; Hitchcock, J. M.; Rosen, J. B. *A Neural Analysis of Fear Conditioning*. In Gormezano, L; Wasserman, E. A. (Hrsg.) *Learning and Memory: The Behavioral and Biological Substrates*. Hillsdale, N. J. (Lawrence Erlbaum) 1992. S. 153–181.

11.13 Verändert nach Davis, M.; Hitchcock, J. M.; Rosen, J. B. *A Neural Analysis of Fear Conditioning*. In Gormezano, L; Wasserman, E. A. (Hrsg.) *Learning and Memory: The Behavioral and Biological Substrates*. Hillsdale, N. J. (Lawrence Erlbaum) 1992 S. 153–181.

11.14 Nach Carlson, N. R. *Physiology of Behavior*. 6. Aufl. Boston (Allyn & Bacon) 1988.

11.15 Aus McCormick, D. A.; Thompson, R. F. *Cerebellum: Essential Involvement in the Classically Conditioned Eyelid Response*. In: *Science* 223 (1984) S. 296–299.

11.16 Aus Steinmetz, J. E.; Lavond, D. G.; Ivkovich, D.; Logan, C. G.; Thompson, R. F. *Disruption of Classical Eyelid Conditioning after Cerebellar Lesions: Damage to a Memory Trace System or a Simple Performance Deficit?* In: *Journal of Neuroscience* 12 (1992) S. 4403–4426.

11.17 Nach Thompson, R. F.; Kim, J. J. *Memory Systems in the Brain and Localization of a Memory.* In: *Proceedings of the National Academy of Sciences* 93 (1996), S. 13 438–13 444.

11.18 Aus McGaugh, J. L; Liang, K. C. *Hormonal Influences an Memory: Interaction of Central and Peripheral Systems.* In: Will, B. E.; Schmitt, P.; Dalrymple-Alford, J. C. (Hrsg.) *Brain Plasticity, Learning and Memory*. New York (Plenum Press) 1985.

11.19 Nach McGaugh, J. M. *Affect, Neuromodulatory Systems and Memory Storage*. In: Christonson, S. *A. Handbook of Emotion and Memory: Current Research and Theory.* Hillsdale, N. J. (Lawrence Erlbaum) 1992. S. 245–268.

11.20 Kaninchen: Nach O'Keefe, J. O.; Nadel, L. *The Hippocampus as a Cognitive Map.* Oxford (Clarendon Press) 1978. Mensch: Verändert nach Geschwind, N. *Specializations of the Human Brain.* In: *The Brain.* New York (Freeman) 1979.

11.21 Entsprechend verändert nach Mishkin, M.; Appenzeller, T. *Die Anatomie des Gedächtnisses.* In: *Spektrum der Wissenschaft* August (1987) S. 94–104.*

11.22 Nach Squire, L. R.; Zola-Morgan, S. *Memory: Brain Systems and Behavior.* In: *Trends in Neuroscience* 11 (1988) S. 170–175.

11.23 Nach Gabrielle, J. D. E.; Fleishman, D. A.; Keane, M. M.; Reminger, S. L.; Morrell, F. *Double Dissociation Between Memory Systems Underlying Explicit and Implicit Memory in the Human Brain.* In: *Psychological Science* 6 (1995) S. 76–82.

12.1 Nach Posner, M. I.; Raichle, M. E. *Images of Mind.* New York (Freeman) 1997.

12.3 Nach Wilson, M. A.; Tonegowa, S. *Synaptic Plasticity, Place Cells and Spatial Memory.* In: *Trends in Neuroscience* 20 (1997) S. 102–106

12.4 Nach Wilson, M. A.; Tonegowa, S. *Synaptic Plasticity, Place Cells and Spatial Memory.* In: *Trends in Neuroscience* 20 (1997) S. 102–106

12.5 Nach Wilson, M. A.; Tonegowa, S. *Synaptic Plasticity, Place Cells and Spatial Memory.* In: *Trends in Neuroscience* 20 (1997) S. 102–106

12.6 Nach Posner, M. I.; Raichle, M. E. *Images of Mind.* New York (Freeman) 1997.

12.7 Nach Posner, M. I.; Raichle, M. E. *Images of Mind.* New York (Freeman) 1997.

12.8 Nach Posner, M. I.; Raichle, M. E. *Images of Mind.* New York (Freeman) 1997.

12.9 Nach Posner, M. I.; Raichle, M. E. *Images of Mind.* New York (Freeman) 1997.

12.10 Nach Elbert, T.; Pontev, C.; Wienbruch, D.; Rockstroh, B.; Taub, E. *Increased Cortical Representation of the Fingers of the Left Hand in String Players.* In: *Science* 270 (1995) S. 305–307.

12.11 Nach Logan, C. G.; Grafton, S. T. *Functional Anatomy of Human Eyeblink Conditioning Determined with Regional Cerebral Glucose Metabolism and Positron-emission Tomography.* In: *Proceedings of the National Academy of Sciences* 92 (1995), S. 7500–7504.

12.12 Nach Cahill, L.; Haier, R. J.; Fallon, J.; Alkire, M. T.; Tang, C.; Keator, D.; Wu, J.; McGaugh, J. L.; *Amygdala Activity at Encoding Correlated with Long-term Free Recall of Emotional Material.* In: *Proceedings of the National Academy of Sciences* 93 (1996), S. 8016–8021.

12.13 Nach Buckner, P. L.; *Beyond HERA: Contributions of Specific Prefrontal Brain Areas to Long-Term Memory Retrieval*. In: *Psychomic Bulletin and Review* 3 (2) (1996) S. 149–158.

12.14 Nach Courtney, S. M.; Petit, L.; Maisog, J. M.; Ungerleider, L. G.; Haxby, J. V.; *An Area Specialized for Spatial Working Memory in Human Frontal Cortex*. In: *Science* 279 (1998) S. 1347–1351.

12.15 Nach Martin, A.; Haxby, J. V.; Lalonde, F.; Wiggs, C. L.; Ungerleider, L. G.; *Discrete Cortical Regions Associated with Knowledge of Color and Knowledge of Action*. In: *Science* 270 (1995) S. 102–105.

12.16 Nach Geschwind, N. *Language and the Brain*. In: *Scientific American* 226 (1972) S. 76–83.

12.17 Schema entwickelt von N. Geschwind. Abbildung verändert nach Geschwind, N. *Die Großhirnrinde. In: Gehirn und Nervensystem*. Heidelberg (Spektrum der Wissenschaft) 1980.

12.18 Entsprechend verändert nach Ojemann, G. A.; Creutzfeldt, O. D. *Language in Humans and Animals: Contribution of Brain Stimulation and Recording*. In: *Handbook of Physiology: The Nervous System*. Bd. 5. Bethesda, Md. (American Physiological Society) 1987.

12.19 Aus Petersen, S. E.; Fiez, J. A. *The Processing of Single Words Studied with Positron Emission Tomography*. In: *Annual Review of Neuroscience* 16 (1993) S. 509–530.

12.20 Aus Petersen, S. E.; Fiez, J. A. *The Processing of Single Words Studied with Positron Emission Tomography*. In: *Annual Review of Neuroscience* 16 (1993) S. 509–530.

12.21 Nach Shaywitz, S. E.; Shaywitz, B. A.; Pugh, K. R.; Fulbright, R. K.; Constable, R. T.; Mence, W. E.; Shankweiler, D. P.; Liberman, A. M.; Skudlarski, P.; Fletcher, J. M.; Katz, L.; Marchione, K. C.; Lacadie, C.; Gatenby, C.; Gore J. C.; *Functional Disruption in the Organization of the Brain for Reading in Dyslexia*. In: *Proceedings of the National Academy of Sciences* 95 (1998), S. 2636–2641.

12.22 Aus Rumelhart, D. E.; McClellan, J. L.; PDP Research *Group Parallel Distributed Processing: Explorations in the Microstructure of Cognition*. Cambridge, Mass. (MIT Press) 1986.

12.23 Nach Milner, A. D.; Goodale, M. A.; *The Visual Brain in Action*. Oxford, (Oxford University Press) 1996.

12.24 Nach Springer, S. P.; Deutsch, G. *Linkes Rechtes Gehirn*. 4. Aufl. Heidelberg (Spektrum Akademischer Verlag) 1998.*

12.27 Mit freundlicher Genehmigung von Michael S. Gazzaniga.

12.28 Nach Sathian, K.; Zangaladze, A.; Hoffman, J. M.; Grafton, S. T. *Feeling with the Mind's Eye*. Neuroreport 8 (1997) S. 3877–3881.

12.29 Nach Rainville, P.; Ducan, G. H.; Price, D. D.; Carrier, B.; Bushnell, M. C. *Pain Effect Encoded in Human Anterior Cingulate but not Somatosensory Cortex*. In: *Science* 277 (1997) S. 986–971.

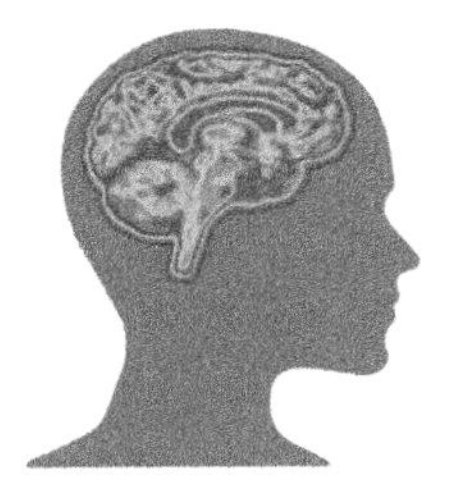

Index

B

D

E

F

G

I

L

M

N

O

P

Q

R

S

T

U

V

W

X

Y

Z

Printed by Printforce, the Netherlands